TRAITÉ ÉLÉMENTAIRE
D'AGRICULTURE

PAR MM.

J. GIRARDIN

CORRESPONDANT DE L'INSTITUT, RECTEUR HONORAIRE
DIRECTEUR ET PROFESSEUR DE CHIMIE AGRICOLE ET INDUSTRIELLE
DE L'ÉCOLE SUPÉRIEURE DES SCIENCES DE ROUEN
CORRESPONDANT DE LA SOCIÉTÉ NATIONALE ET CENTRALE D'AGRICULTURE DE FRANCE
ETC., ETC.

ET

A. DU BREUIL

PROFESSEUR D'ARBORICULTURE ET DE VITICULTURE
DANS LES ÉCOLES D'AGRICULTURE DE L'ÉTAT
ET A L'ÉCOLE D'ARBORICULTURE DE LA VILLE DE PARIS, ETC., ETC.

QUATRIÈME ÉDITION
AVEC 995 FIGURES INTERCALÉES DANS LE TEXTE

TOME PREMIER

PARIS

GARNIER FRÈRES | G. MASSON, ÉDITEUR
6, RUE DES SAINTS-PÈRES, 6 | 120, BOULEVARD ST-GERMAIN

TRAITÉ

D'AGRICULTURE

TOME PREMIER

Paris, impr. Tolmer et C¹ᵉ. — Succursale à Poitiers.

TRAITÉ ÉLÉMENTAIRE
D'AGRICULTURE

PAR MM.

J. GIRARDIN

CORRESPONDANT DE L'INSTITUT, RECTEUR HONORAIRE
DIRECTEUR ET PROFESSEUR DE CHIMIE AGRICOLE ET INDUSTRIELLE
DE L'ÉCOLE SUPÉRIEURE DES SCIENCES DE ROUEN
CORRESPONDANT DE LA SOCIÉTÉ NATIONALE ET CENTRALE D'AGRICULTURE DE FRANCE
ETC., ETC.

ET

A. DU BREUIL

PROFESSEUR D'ARBORICULTURE ET DE VITICULTURE
DANS LES ÉCOLES D'AGRICULTURE DE L'ÉTAT
ET A L'ÉCOLE D'ARBORICULTURE DE LA VILLE DE PARIS, ETC., ETC.

QUATRIÈME ÉDITION
AVEC 955 FIGURES INTERCALÉES DANS LE TEXTE

TOME PREMIER

PARIS

GARNIER FRÈRES | G. MASSON, ÉDITEUR
6, RUE DES SAINTS-PÈRES. | BOULEVARD SAINT-GERMAIN, 120.

1885

TRAITÉ ÉLÉMENTAIRE
D'AGRICULTURE

INTRODUCTION

DÉFINITIONS. — DIVISIONS.

L'*agriculture* a pour objet l'exploitation du sol et la production des substances, alimentaires ou autres, utiles à l'homme et aux animaux domestiques.

Les végétaux sont la matière première sur laquelle s'exerce cette industrie. La terre est, en quelque sorte, la machine qui crée les produits ; les forces réunies de l'homme et des animaux la mettent en état de fonctionner.

L'agriculture, comme toute industrie, a besoin, pour être exercée avec succès, du concours de plusieurs sciences.

Elle emprunte à la *botanique* la connaissance des plantes et les notions qui doivent diriger dans le choix des espèces à cultiver.

La *zoologie* lui indique les espèces d'animaux utiles et les soins qu'il faut apporter dans leur éducation et leur emploi.

La *mécanique* lui fournit les machines, les instruments et ustensiles qui facilitent le travail de l'homme, en le rendant plus prompt, plus parfait, plus économique.

La *physique* lui rend compte de l'influence respective des agents naturels, et lui enseigne les principes sur lesquels reposent l'art des irrigations et la meilleure construction des bâtiments pour l'homme et les animaux.

Enfin la *chimie* lui révèle la connaissance du sol, la manière dont on l'améliore, la valeur comparative des produits végétaux comme substances alimentaires, et les moyens de faire servir à nos besoins tous les produits de a culture.

L'agriculture n'est donc point, comme tant de personnes le

I.

croient, un art grossier qu'on peut pratiquer sans instruction première et au hasard. L'observation seule ne suffit pas pour tirer parti des trésors immenses que la terre recèle dans son sein. Et, de même que l'industrie proprement dite n'a pris son essor que du moment où les sciences ont été appelées à la diriger, de même aussi l'agriculture n'a pris une marche progressive et n'a cessé d'être un art purement manuel que de l'époque où l'homme des champs a senti la nécessité d'appuyer ses pratiques hasardées, ses méthodes routinières, sur les principes sûrs et féconds des théories scientifiques.

Il y a, en agriculture, la science et l'art. La science comprend les principes qui éclairent, dirigent la mise en pratique des procédés, perfectionnent les moyens d'actions, et peuvent seuls conduire à améliorer ce que le hasard a fait découvrir. L'art, c'est l'application directe des méthodes de production, c'est la pratique des faits, c'est le métier.

Le concours de la science et de l'art à la culture des champs constitue l'AGRICULTURE, laquelle comprend la *grande* et la *moyenne culture*, et exige l'emploi des grands instruments aratoires mus par des animaux, notamment de la charrue.

Lorsque la science et l'art s'appliquent à la culture des jardins, c'est alors l'HORTICULTURE, qu'on appelle aussi *petite culture*, parce qu'elle ne produit ni céréales ni bestiaux, et n'est pratiquée qu'à bras d'homme.

Ces deux grandes divisions, qui comprennent chacun un grand nombre de branches distinctes, méritent d'être étudiées séparément. Nous ne nous occuperons dans cet ouvrage que de l'AGRICULTURE proprement dite, que l'on peut envisager successivement sous les quatre points de vue suivants :

I. L'AGRONOMIE, qui est l'ensemble des principes scientifiques empruntés à l'histoire naturelle, à la physique, à la mécanique, à la chimie, et appliqués à la culture. Elle embrasse l'étude :

De l'anatomie et de la physiologie des plantes ;

Des agents naturels de la végétation ;

Des moyens mécaniques et chimiques de fertiliser le sol ;

De la mise en culture du sol.

II. L'ART AGRICOLE, qui est la mise en pratique des meilleurs procédés de culture déduits de l'étude de l'agronomie. Il comprend :

La culture spéciale des plantes herbacées et ligneuses utiles à l'homme ;

Les opérations industrielles qui sont ou peuvent être pratiquées dans les fermes ;

L'étude des *assolements*, c'est-à-dire de l'ordre dans lequel les récoltes différentes doivent se succéder sur le même sol pour en obtenir les meilleurs produits.

III. L'ÉLÈVE ET LES PRODUITS DES ANIMAUX DOMESTIQUES.

IV. L'ÉCONOMIE RURALE, qui est l'application à l'exploitation d'un domaine de tous les faits scientifiques et pratiques fournis par les études précédentes. C'est, à proprement parler, la partie administrative de l'agriculture, car elle comprend tout ce qui a trait aux capitaux engagés dans la culture, à l'organisation des constructions rurales, au service du personnel, des attelages et du mobilier, enfin à la comptabilité.

Tel est, dans un cadre aussi restreint que possible, l'ensemble des études agricoles : c'est dans cet ordre que nous allons procéder à leur développement.

PREMIÈRE PARTIE

AGRONOMIE.

Le but général de la culture étant de favoriser les fonctions des organes des plantes afin d'en obtenir des produits meilleurs et plus abondants, on conçoit que l'étude de la nature des végétaux et des conditions de leur croissance soit un guide indispensable. Le cultivateur doit donc connaître, au moins sommairement, l'organisation ou la structure des plantes, ce qui constitue l'*anatomie végétale* ; les fonctions diverses des organes pendant la vie, c'est-à-dire les phénomènes de la végétation ; ce qui est du ressort de cette autre partie de la botanique, qu'on appelle *physiologie végétale* ; enfin, la nature et l'influence de ces agents naturels, tels que la chaleur, la lumière, l'électricité, l'air et l'eau, qui jouent un rôle de tous les instants dans la vie des plantes.

C'est dans les ouvrages spéciaux qu'il faut puiser ces connaissances préliminaires. De tout ce qui va suivre, nous les supposerons acquises, afin d'éviter les répétitions, et pour ne pas faire double emploi avec les excellents traités que nous possédons déjà sur ces trois branches des sciences physiques et naturelles (1).

Mais ce que nous devons étudier ici, avec tous les développements que comporte l'importance de cette question, c'est le SOL, qui sert de support aux végétaux. C'est dans son sein que germent les semences, que les plantes puisent une grande partie des matériaux nutritifs qui contribuent à leur développement progressif ; c'est enfin sur lui que s'exercent tous les efforts des cultivateurs qui ont entrevu, dès l'antiquité la plus reculée, le rôle influent qu'il joue par rapport à la végétation.

---

(1) Nous recommandons plus particulièrement aux jeunes agronomes la lecture du *Cours élémentaire de Botanique* de de Jussieu, des *Leçons élémentaires* de M. Le Maout, du *Cours élémentaire d'Arboriculture* de M. du Breuil, des *Leçons de Chimie élémentaire* de M. J. Girardin, du *Traité de Physique élémentaire* de MM. Drion et Fernet, et du *Cours élémentaire d'Astronomie et de Cosmographie* de M. Delaunay.

DU SOL.

On appelle SOL, ou TERRE ARABLE, TERRE VÉGÉTALE, la couche terrestre superficielle qui est propre à la culture des plantes.

Formé d'un mélange de différentes matières terreuses pulvérulentes, et des substances végétales et animales en voie de décomposition, le SOL ARABLE OU CULTIVABLE varie à l'infini dans sa composition, et doit sa fertilité, relativement à telle ou telle espèce de culture, à des proportions particulières et à l'état physique de ses composants.

L'agriculture doit donc étudier avec soin chacune des parties constitutives de la croûte superficielle de la terre, rechercher l'influence de chacune d'elles sur la masse du sol, et son action sur la végétation. Muni de ces connaissances, il peut facilement alors classer les terres arables d'après leur nature chimique, et trouver les moyens de modifier leurs propriétés, de manière à rendre productives celles qui, par un vice de composition, sont frappées de stérilité.

L'observation ni la pratique ne pourraient indiquer au cultivateur les causes de l'aridité d'un fonds de terre, et ce qu'il faut pour y remédier. Seule, l'analyse chimique peut l'éclairer à cet égard, en lui dévoilant la présence de parties indispensables à la fertilité. L'art de composer les terres arables et de les disposer à une bonne culture est donc une des connaissances les plus importantes à acquérir. Aucun sujet ne mérite au même degré l'examen réfléchi, les méditations sérieuses de ceux qui cherchent, dans l'exploitation de la terre, une source d'aisance et de prospérité.

STRUCTURE GÉOLOGIQUE DU SOL.

Il est, avant tout, indispensable de rechercher la manière dont les SOLS ARABLES ont été formés à l'origine des choses, et de connaître la constitution intime de notre globe terrestre. Force nous est donc de faire une courte excursion dans le domaine de la GÉOGNOSIE, science qui traite de la structure de la terre.

Les excavations naturelles, les percements ou les sondages que l'homme a eu l'idée d'exécuter dans l'intérieur du sol, soit pour rechercher des eaux pures et abondantes, soit pour y découvrir des mines de charbon de terre, de sel ou de métaux, lui ont bientôt appris que la masse solide du globe n'est pas homogène dans toute son épaisseur, c'est-à-dire formée d'une seule sorte de matière minérale. L'aspect seul de la surface de la terre aurait suffi pour lui démontrer ce fait, car l'individu le moins intelligent n'a pas dû voir sans étonnement et sans intérêt ces natures si diverses de pierres ou de matières terreuses qui s'offrent, pour ainsi dire, à chaque pas. Là, c'est de la *craie* ou de la *marne* qui se montre à découvert; plus loin, ce sant des *sables* blancs, jaunes ou rouges; ailleurs, ce sont des *tourbes* ou des *substances ferrugineuses*, ou des *grès*, ou des *marbres*, ou des *ardoises*, ou des *granits*.

Ces diverses masses minérales, qui forment des COUCHES plus ou moins épaisses, plus ou moins étendues, tantôt disposées en lits horizontaux, tantôt offrant une situation verticale ou plus ou moins inclinée, présentent presque toujours une très grande régularité dans leur superposition. Les substances qui les composent ont été désignées sous le nom de ROCHES.

Souvent une ROCHE est formée par une seule espèce minérale, comme par exemple, la *craie*, la *houille*, le *sel gemme*. Plus souvent encore une ROCHE se compose de l'agrégation de deux ou d'un plus grand nombre d'espèces minérales : tel est le *granit*, qui offre le mélange de trois minéraux différents que l'œil distingue facilement. Il y a donc des ROCHES SIMPLES et des ROCHES COMPOSÉES.

Ce sont ces masses de roches, ou ces COUCHES, qui constituent toute l'écorce solide de la terre. Les unes paraissent avoir été formées par voie de cristallisation; d'autres, par l'action des feux volcaniques; le plus grand nombre présente tous les caractères de dépôts opérés au sein des eaux. Les naturalistes ont réuni, sous le nom de TERRAINS, les couches qui offrent le plus d'analogie entre elles, sous le rapport du mode de formation, de l'ancienneté, de la structure, et ils ont partagé l'écorce minérale en plusieurs parties distinctes ou TERRAINS.

Ou comprend, sous le nom de TERRAINS CRISTALLINS, les couches qui ont été évidemment formées par voie de cristallisation, après avoir subi la fusion ignée, et qui ont habituellement une position verticale ou faiblement inclinée à l'horizon. La plupart sont antérieures à l'apparition des êtres organisés à la surface du globe, car elles ne présentent dans leur intérieur aucun débris, aucun vestige de matières organiques. Les *granits*, avec toutes leurs modifications, les *porphyres*, les *masses de cristal de roche* ou *quartz*, etc., qu'on remarque dans ces terrains, constituent les plus hautes montagnes terminées en pointes aiguës ou en crêtes dentelées, et, dans le sens opposé, on les retrouve aux plus grandes profondeurs que l'industrie humaine ait encore pu atteindre. C'est dans ces terrains qu'on rencontre la plupart des minerais métalliques, exploités pour les besoins des arts.

On nomme TERRAINS DE SÉDIMENT les couches non cristallines qui paraissent avoir été formées au sein des eaux, et qui sont remplies de vestiges et d'animaux et de végétaux. Ces vestiges appartiennent à des familles de poissons, de plantes, de mollusques, qui s'éloignent en général de celles qui sont vacantes aujourd'hui, mais qui s'en rapprochent de plus en plus, à mesure qu'on s'élève dans la succession des terrains. Ces terrains de sédiment, qui forment des couches horizontales très épaisses, très étendues, très nombreuses, comprennent des roches *schisteuses* ou disposées en feuillets plus ou moins semblables à l'ardoise, des *calcaires*, des *craies*, des *marnes*, des *grès*, des *argiles* de diverses couleurs, ainsi que des masses considérables de *houille*, de *plâtre*, de *lignites* ou bois bitumineux fossiles.

On appelle TERRAINS D'ALLUVION les couches qui sont composées de débris des roches précédentes, lesquels ont été entraînés par les eaux, et se sont ensuite déposés à différents endroits ; couches tout à fait analogues à ces monceaux de sable et de limon que les rivières accumulent à leur embouchure et sur leurs bords. Ces alluvions, constituées surtout par des *sables* et des *cailloux roulés*, ont couvert quelquefois des contrées entières, et renferment fréquemment des débris de grands animaux, qui semblent différer des espèces actuellement existantes, ainsi que des coquilles d'eau douce, et parfois des débris d'animaux marins.

Enfin, on désigne sous le nom de TERRAINS VOLCANIQUES ou IGNÉS toutes les couches qui ont été ou qui sont formées par l'action du feu. Les unes ont été produites par des éruptions ignées antérieures à l'apparition de l'homme sur la terre, ou à des époques dont on a perdu le souvenir : ce sont les terrains volcaniques éteints. Les autres se forment encore journellement sous nos yeux par les éruptions des volcans actuellement brûlants (1).

Il ne faut pas croire que les différents terrains dont nous venons de parler se montrent toujours et partout superposés les uns aux autres, en raison de leur ancienneté de formation, et dans l'ordre où nous venons de les énumérer. Dans beaucoup

---

(1) Voir, pour plus de détails sur la géognosie de la terre, le *Cours élémentaire de Minéralogie et de Géologie* de Beudant.

de contrées, les TERRAINS CRISTALLINS sont à découvert à la surface du sol, surtout dans les chaînes de montagnes et dans les points les plus élevés de la terre; ces montagnes offrent toujours des escarpements, ce qui tient à la faible inclinaison de leurs couches. — Les TERRAINS DE SÉDIMENT couvrent d'immenses étendues, et constituent la surface du sol dans un grand nombre de pays; ils forment généralement des plaines ou des collines peu élevées, arrondies, à pentes douces. — Les TERRAINS D'ALLUVION reposent souvent sur les précédents; mais ils sont assis quelquefois directement sur les terrains cristallins; ils forment aussi des plaines ou de petites collines arrondies. — Quant aux TERRAINS VOLCANIQUES, plus circonscrits dans leur développement, on ne les voit que dans un bien petit nombre de pays; ils y recouvrent les autres terrains, et forment, la plupart du temps, des montagnes coniques qui augmentent incessamment par les éruptions qui sortent de leurs flancs.

On peut donc dire que c'est la structure extérieure des terrains qui détermine l'aspect de la surface de la terre, qui donne naissance aux montagnes, aux vallées et à toutes les inégalités qu'on y observe. La surface de ces terrains éprouve tous les jours des dégradations qui la modifient plus ou moins, mais dont les effets sont bien plus lents et moins sensibles que ceux qu'elle paraît avoir éprouvés autrefois. L'action des eaux, de l'air, du feu, est la principale cause de ces dégradations, rarement subites, mais presque toujours progressives. Et c'est à l'action de ces causes, c'est à la décomposition incessante des roches superficielles, qu'est due la formation des SOLS PROPRES A LA CULTURE, ou de ce qu'on appelle vulgairement la TERRE ARABLE.

Mais pour bien concevoir la formation de ces sols, pour bien comprendre la diversité de leur nature chimique, il est nécessaire de connaître, avant tout, les éléments essentiels des roches, c'est-à-dire les substances chimiques qui concourent, le plus communément, à les former. Ces substances sont heureusement peu nombreuses, car il n'y a guère que

La silice,	L'oxyde de fer,
L'alumine,	L'oxyde de manganèse,
La chaux,	L'acide phosphorique,
La magnésie,	L'acide sulfurique,
La potasse,	L'acide carbonique,
La soude,	Le chlore,

qui entrent dans la composition des espèces minérales, et, par suite, des roches d'apparence pierreuse et terreuse. Nous laissons de côté les minerais métalliques proprement dits, car ils ne figurent pas comme éléments essentiels des roches qui sont à la surface du sol.

Voyons donc la nature et les caractères de ces divers composés chimiques dont nous venons de citer les noms, puisque ce sont eux qui forment, en définitive, tous les sols cultivables. Toutefois nous restreindrons leur histoire aux seuls faits que le cultivateur a besoin de connaître.

Silice. — Ce nom, dérivé du mot *silex*, qui désigne le minéral avec lequel on fait les pierres à fusil et à briquet, s'applique à un composé d'oxygène et de *silicium*, doué de propriétés acides; aussi les chimistes le nomment-ils ACIDE SILICIQUE. Ce composé, lorsqu'il est tout à fait pur et cristallisé, constitue le *cristal de roche* ou *quartz*.

C'est également lui qui forme essentiellement : les *pierres meulières*, entre lesquelles on écrase le blé ; les *cailloux* ou *silex*, si fréquents dans les couches de craie, où ils se montrent en lits horizontaux et réguliers ; les *grès,* si utiles pour aiguiser les faux et autres instruments tranchants; les sables de toutes couleurs. Enfin, la plus grande partie des minéraux terreux où des pierres en contiennent à l'état de combinaison : ces *pierres* sont des sels dans lesquels la silice joue le rôle d'acide ; aussi les nomme-t-on, d'une manière générale, des *silicates*.

On voit par là que la silice est une des substances minérales les plus communes; c'est pourquoi on la trouve dans les sols connus.

Dans son état de pureté, elle se présente sous la forme d'une poudre blanche, impalpable, sans odeur et sans saveur. Desséchée et rougie au feu, qui ne peut la fondre, elle est tout à fait insoluble dans l'eau et les acides. Ce n'est que lorsqu'elle est récemment isolée d'une de ses combinaisons, et à l'état de gelée avec l'eau, qu'elle se dissout un peu dans les différents véhicules.

En poudre fine et sèche, elle absorbe la vapeur d'eau à la manière des corps poreux, et sans contracter d'union intime avec elle. Dans un air humide, 100 parties de cette poudre augmentent de 10 à 15 parties en poids; mais elle laisse exhaler l'eau deux fois plus vite que le carbonate de chaux divisé, et cinq fois plus vite que l'alumine au même état de division.

A l'état de sable, elle peut retenir l'eau que l'on verse sur elle, en proportion variable, suivant sa ténuité. Ainsi, le sable à gros grains ne peut retenir que 20 pour 100 environ de son

1.

poids d'eau, tandis que le sable très fin peut en retenir jusqu'à 30 pour 100.

Les terres arables prennent le nom spécial de *siliceuses*, *sableuses*, ou *sablonneuses*, lorsqu'elles renferment plus de 70 pour 100 de silice ou de sable. Cette substance s'y montre, d'ailleurs, sous plusieurs états, avec des propriétés bien distinctes :

1° En grains plus ou moins gros, blancs, durs, rayant le verre, complètement insolubles dans tous les agents, et restant toujours sous cet état ;

2° En poudre impalpable ou en gelée avec l'eau, et alors plus ou moins soluble dans ce liquide ;

3° Enfin à l'état de silicates d'alumine, de chaux, de magnésie, de potasse, de soude. Il est très probable que la silice soluble qu'on trouve dans les terres cultivées provient de la décomposition des fragments de roches feldspathiques, qui fournissent en même temps au sol de la potasse, car toutes les roches qui contiennent de la silice en combinaison se décomposent avec le temps par l'action des agents atmosphériques, ou, pour parler d'une manière plus précise, par l'action réunie de l'eau et de l'acide carbonique. On peut ainsi se rendre compte de la présence constante de la silice dans les eaux des sources, des rivières et des puits, et expliquer la fertilité bien connue de certains sols arrosés par des eaux provenant de terrains feldspathiques.

Des recherches dues à MM. Verdeil et Risler, il ressort que toutes les terres arables contiennent de la silice soluble, dont la qualité représente depuis 5 jusqu'à 20 pour 100 de la totalité des substances minérales que l'eau peut enlever à la terre. D'après les mêmes chimistes, cette plus ou moins grande quantité de silice soluble paraît en rapport avec la proportion d'une matière analogue au sucre, qu'ils ont trouvée parmi les substances qu'une terre cultivable cède à l'eau.

C'est à l'état soluble seulement que la silice peut passer du sol dans les végétaux, par l'absorption qu'en opèrent les racines. C'est surtout dans les feuilles qu'elle s'accumule, et elle se retrouve en abondance dans les produits de leur décomposition ; aussi le terreau de feuilles est-il extrêmement riche en silice. Elle est aussi en assez forte proportion dans les tiges de beaucoup de plantes, notamment dans celles des céréales. Ainsi la paille d'avoine en contient 40 pour 100, la paille d'orge 57 pour 100, la paille de seigle 64 pour 100, la paille de blé 68 à 70 pour 100.

L'épiderme des joncs, des prèles (queue-de-cheval), des rotangs, des palmiers, des feuilles du *chapparal*, arbre des steppes de l'Amérique méridionale, est tellement riche en silice, qu'on emploie souvent ces plantes pour polir le bois et même les métaux.

Pendant longtemps on a cru que c'était à la présence de la silice que les tiges du blé et des autres céréales devaient leur rigidité, c'est-à-dire la faculté de se tenir debout, droite, et de soutenir un épi assez lourd, et on attribuait la *verse* de ces plantes à ce qu'elles ne trouvaient pas assez de silicates alcalins ou terreux dans la terre cultivée. M. Isidore Pierre a fait justice de ces idées en démontrant que dans les blés qui *versent* la proportion de la silice reste la même dans les tiges, tandis qu'elle augmente considérablement dans les limbes des feuilles qui surchargent la plante. De sorte que s'il était possible de rogner les feuilles d'un blé trop fort, il y aurait quelque chance de prévenir la verse en privant le blé d'une partie de la silice qui s'est accumulée dans ses feuilles.

Alumine. — L'alumine, dont le nom est dérivé du mot latin *alumen*, alun, sel très employé dans les arts, est l'oxyde du métal qui a reçu le nom d'*aluminium*. Assez rare à l'état de pureté dans la nature, cet oxyde est, au contraire, très répandu, sous forme de combinaison, dans la plupart des minéraux terreux ou des pierres, dans les schistes, les kaolins, les ocres, les terres à pipe, et dans ces espèces de *terres* qu'on désigne sous le nom spécial d'ARGILES.

L'alumine pure est une poudre légère, blanche, insipide, inodore, tout à fait infusible. Elle est insoluble dans l'eau, malgré la grande affinité qu'elle manifeste pour elle. Elle l'absorbe avec promptitude, s'y délaye aisément et forme une pâte liante, propriété qu'elle communique à toutes les matières avec lesquelles elle est mêlée. Cette pâte, exposée à l'action du feu, se dessèche, durcit et acquiert une telle cohésion, qu'elle ne peut plus se délayer dans l'eau, et résiste pendant longtemps à l'action des liquides les plus énergiques. Non calcinée et délayée dans l'eau, ou à l'état de gelée blanche, l'alumine se dissout très bien dans les acides et dans les lessives alcalines.

Les **argiles**, qui jouent un rôle si important en agriculture, ont surtout pour base l'alumine, qui y est associée, par voie de combinaison, à des quantités variables de silice et d'eau. Dans leur état de pureté, les chimistes les considèrent comme des *silicates d'alumine*, dans lesquels on trouve :

De 46 à 67 p. 100 de silice,
De 18 à 39 p. 100 d'alumine,
Do 6 à 19 p. 100 d'eau.

Mais à ces silicates d'alumine s'ajoute presque toujours, par voie de mélange, du sable ou de la silice libre, de la chaux, du carbonate de chaux ou de magnésie, des oxydes de fer et de manganèse, etc., dont les proportions varient à l'infini. On y trouve encore parfois des pyrites, du mica, des débris de roches feldspathiques, du bitume, des matières organiques. Il y a ordinairement de la potasse, dont la quantité peut s'élever jusqu'à 4 pour 100, d'après Mitscherlich. Cette potasse est à l'état de silicate, et elle provient évidemment de la décomposition du feldspath, du mica et autres roches siliceuses et albumineuses qui ont contribué à la formation des argiles.

Très répandues à la surface de la terre, les argiles appartiennent en quelque sorte à tous les terrains. Elles forment fréquemment des collines remarquables en ce qu'elles ne présentent jamais le moindre escarpement, et sont d'une stérilité complète. C'est surtout dans les terrains les plus modernes qu'on les remarque en couches ordinairement horizontales, souvent fort étendues, et généralement situées à peu de profondeur. La densité de ces couches et leur disposition, qui ne permettent pas à l'eau de les traverser, influent beaucoup sur la direction des eaux souterraines, et déterminent la formation de ces grandes nappes d'eau que la sonde va chercher pour faire ce qu'on appelle les *puits artésiens* ou *jaillissants*.

On reconnaît les argiles à leur toucher gras et onctueux, au poli que le frottement de l'ongle leur communique, à la propriété qu'elles ont de former avec l'eau une pâte ou bouillie glutineuse, qui se laisse allonger en différents sens, et qui, par la cuisson, durcit au point de ne pouvoir plus se délayer dans l'eau et d'étinceler au choc du briquet.

La consistance glutineuse que les argiles prennent avec l'eau les rend assez difficiles à travailler, et cette difficulté se retrouve, quoique à un moindre degré, dans les terrains qui en contiennent une forte proportion. Lorsque les argiles se dessèchent à l'air, elles acquièrent beaucoup de dureté et opposent alors une grande résistance aux instruments aratoires. Les labours pratiqués dans les terres argileuses humides découpent le sol en mottes énormes qui ont bien de la peine à se diviser par la dessiccation.

Les argiles peuvent absorber et conserver 70 pour 100 de

leur poids d'eau; elles ne la laissent écouler que fort difficilement : de là l'usage qu'on en·fait pour construire des bassins étanches. L'eau n'en dissout aucune trace, mais elle peut les retenir fort longtemps en suspension lorsqu'elles sont très divisées; voilà pourquoi les eaux qui coulent à la surface du sol sont ordinairement troubles. Le *limon* déposé par les cours d'eau à leur embouchure ou sur leurs bords est surtout constitué par de l'argile excessivement divisée que les eaux des pluies ont entraînée pendant leur course précipitée sur les pentes.

Les argiles, en raison de la promptitude avec laquelle elles absorbent l'eau, ont la propriété de s'attacher à la langue, en s'emparant de l'humidité qui recouvre cet organe; cette propriété est désignée sous le nom de *happement à la langue*. La plupart répandent une odeur particulière, une odeur *terreuse*, par l'insufflation de l'haleine. C'est cette odeur que l'on perçoit lorsqu'il vient à pleuvoir après une longue sécheresse.

Une des propriétés les plus importantes des argiles au point de vue agricole, c'est de pouvoir absorber et retenir entre leurs particules l'ammoniaque produite par la décomposition des engrais ou que les pluies ramènent de l'atmosphère dans le sol. C'est surtout lorsqu'elles ont été fortement desséchées ou à demi-cuites par l'opération de l'*écobuage*, qu'elles jouissent de cette faculté à un haut degré.

Rien n'est plus facile que de reconnaître la présence de l'ammoniaque dans la plupart des argiles; il suffit d'en introduire quelques fragments dans une fiole, de les humecter d'une solution de soude caustique et d'exposer le tout à une douce chaleur; les vapeurs qui sortent de la fiole ont la propriété de ramener au bleu un papier rouge de tournesol humide qu'on place au milieu d'elles.

Il existe beaucoup d'espèces d'argiles. Les unes sont infusibles et forment avec l'eau la pâte la plus tenace et la plus ductile; on les appelle *argiles plastiques* (argile de forges). D'autres sont fusibles à une forte chaleur, ce qui est dû à ce qu'elles sont mélangées de chaux et d'oxyde de fer en proportions notables; telles sont les *terres à foulon*, la *terre glaise*. Quelques autres font une vive effervescence avec les acides, parce qu'elles renferment une grande quantité de carbonate de chaux; on les appelle *marnes*.

En général, ce sont les argiles, et surtout les *argiles plastiques*, qui, par leur présence, rendent les terres *fortes*, *grasses*, *froides* et *humides* : celles-ci prennent le nom de *terres argileuses* lorsqu'elles renferment 50 pour 100 de leur poids d'argile pure. Ce sont généralement les argiles les plus compactes qui renferment le plus d'alumine.

Très souvent, indépendamment de la silice à l'état de combinaison avec l'alumine, il y a, dans les argiles, de la silice sous forme de sable et à l'état de simple mélange ; celle-ci peut en être séparée par la lévigation, ce qui est impossible pour l'autre.

L'alumine, qui communique aux argiles la plupart de ses propriétés spéciales, ne paraît pas d'une absolue nécessité pour le développement des plantes, car on ne la trouve jamais qu'en très petite quantité dans leurs cendres; il y en a même qui n'en renferment pas, tels sont le blé, les fèves, les pois, les haricots, etc.

Chaux. — La chaux est l'oxyde du métal appelé *calcium*. Cet oxyde ne se rencontre jamais à l'état de liberté; il est toujours combiné à différents acides, et entre autres aux acides carbonique, sulfurique, azotique, silicique et phosphorique.

Privée de ces acides, et à l'état de pureté, la chaux est en fragments irréguliers, d'un blanc grisâtre. Elle est âcre et brûlante; elle détruit aisément les tissus organiques; mais elle perd bientôt ses propriétés au contact de l'air, dont elle absorbe tout à la fois l'humidité et l'acide carbonique. Elle a une si grande affinité pour l'eau, qu'elle l'absorbe avec rapidité en s'échauffant considérablement, et en se réduisant en un poudre blanche et légère qui n'est presque plus caustique; c'est alors ce qu'on appelle de la *chaux éteinte*, composé solide d'eau et chaux. Caustique ou *éteinte*, la chaux n'est que très peu soluble dans l'eau.

Toutes les plantes analysées jusqu'à ce jour contiennent de la chaux; quelques-unes en renferment beaucoup : telles sont, entre autres, les plantes fourragères. Dans les sols d'où elles la tirent, la chaux est surtout à l'état de carbonate.

Carbonate de chaux. — Ce carbonate existe en abondance dans le sein ou à la surface de la terre, puisqu'il forme des montagnes, telles que les Pyrénées, le Jura, les Vosges, les Apennins, une grande partie des Alpes. Il existe encore dans tous les végétaux, et constitue presque entièrement la coquille des œufs, les écailles de l'huître et la croûte terreuse des autres mollusques, madrépores, coraux et polypiers.

Ce sel apparaît sous mille formes distinctes : c'est lui qui constitue les *marbres*, les *pierres lithographiques*, les *pierres de taille* et les *moellons à bâtir*, la *craie*, l'*albâtre*, les *marnes cal-*

caires. Ces différentes substances portent le nom générique de CALCAIRES.

On distinguera toujours une PIERRE CALCAIRE à ce qu'elle se dissoudra presque sans résidu dans la plupart des acides les plus faibles, en produisant une vive effervescence, et à ce que sa solution, claire et limpide, donnera, avec les lessives caustiques et l'acide sulfurique, un précipité blanc très abondant.

Bien que le carbonate de chaux soit tout à fait insoluble dans l'eau, il est peu de sources et de fontaines dont les eaux n'en renferment une certaine quantité; mais alors il est dissous par un excès d'acide carbonique; il y a des sources qui en sont tellement saturées, qu'elles le laissent déposer dès qu'elles sont au contact de l'air. C'est ce qui donne lieu à ces amas plus ou moins considérables de calcaires désignés sous les noms de *tuf* et de *travertin*. Ces eaux sont tout à fait impropres à la boisson et à l'arrosement des plantes.

On reconnaît une eau calcaire : 1° à ce qu'elle forme un dépôt très sensible quand on l'expose pendant quelque temps à l'air libre, ou lorsqu'on la fait bouillir; 2° à ce qu'elle est troublée assez fortement par l'oxalate d'ammoniaque; 3° à ce que, par l'addition de quelques gouttes d'ammoniaque, elle ne se trouble pas immédiatement, mais laisse déposer, au bout d'une heure ou deux, de petits grains cristallins qui se fixent aux parois du verre; ces grains consistent en carbonate de chaux, devenu insoluble par suite de la saturation, par l'ammoniaque, de l'excès d'acide carbonique qui tenait d'abord le sel calcaire en dissolution dans l'eau.

Aucun sol cultivé n'est entièrement dépourvu de carbonate de chaux, mais les proportions de cette substance y sont très variables, ainsi qu'on va le voir par les exemples suivants :

DÉSIGNATION DES TERRES.	CARBONATE DE CHAUX sur 100 parties.	ANALYSTES.
Terre fertile de Suède................	30,00	Bergmann.
Terre des environs de Turin...............	5 à 12	Giobert.
Sol très fertile des alluvions de la Loire.......	30,00	Chaptal.
Sol très fertile de la Touraine..............	25,00	Id.
Sol riche des environs d'Avon........	6,0	H. Davy.
Excellent pâturage de la la vallée de Salisbury.........	57,0	Id.
Terre très fertile de l'île de Cuba............	8,2	Berthier.
Terre végétale de Parigny, près de Pougues (Nièvre).......................	18,0	Id.
Terre à colza des environs de Lille............	1,9	Id.
Terre noire de Tchernoisen (Russie méridionale)......................	0,8	Payen.

Bonne terre à blé des environs d'Angers.......	26 à 18	O. Leclerc-Thouin.
Terre franche très fertile de la vallée d'Auge (Calvados).....................................	12,5	Dubuc.
Terre très fertile des bords de la Seine, au Petit-Quevilly, près Rouen......................	30,76	J. Girardin.
Terre moins fertile de Saint-Martin de Boscherville, près Rouen.......................	44,41	Id.
Terre d'une île de la Seine, en amont de Rouen....................................	18,95	Id.
Terre très fertile de Darnetal (Seine-Inférieure)......................................	10,70	Id.
Terre de bruyère de la forêt de Saint-Étienne-du-Rouvray, près Rouen..................	5,95	Id.
Terre franche du Bois-Guillaume, près Rouen.	2,88	Id.
Terre sableuse du Petit-Quevilly, près Rouen.	2,17	Id.
Terre argileuse de Forges-les-Eaux (Seine-Inférieure)................................	4,16	Id.
Terre blanche des environs de Rouen..........	90,00	Id.

Dans la plupart des sols arables, le calcaire s'y montre, soit en fragments plus ou moins volumineux, soit sous forme de sable, mais plus souvent encore en particules extrêmement ténues, indiscernables, et intimement unies aux autres éléments terreux. Il est évident que, suivant son état, le calcaire communique au sol des qualités différentes, et qu'il est par conséquent utile de tenir compte de sa forme et des propriétés distinctes dont il est pourvu.

Voici, par exemple, pour quelques-unes des terres de la Seine-Inférieure que M. J. Girardin a analysées, sous quelles proportions les divers états du calcaire se présentent :

	GROS GRAVIER.	SABLE MOYEN.	SABLE FIN.	POUDRE TÉNUE.
Terre de Saint-Martin de Boscherville............	13,210	4,970	15,410	10,826
— sableuse du Petit-Quevilly...............	0,230	0,300	0,690	0,950
— très fertile du Petit-Quevilly...............	»	2,380	15,130	13,271
— franche du Bois-Guillaume...............	0,560	0,260	1,094	0,963
— très fertile de Darnetal.	»	1,650	7,280	1,770
— d'une des îles de la Seine, en amont de Rouen...	»	»	6,770	12,189
— argileuse de Forges-les-Eaux.	»	»	1,660	2,500
— de bruyère de Saint-Étienne-du-Rouvray.	»	»	»	5,964
— blanche des environs de Rouen.	»	»	»	90,00

C'est surtout sous la forme de poudre ténue que le calcaire intervient plus efficacement dans la nutrition des plantes. On peut attribuer en partie à cette différence d'états le fait du même degré de fertilité dans des terrains très diversement riches en calcaire, et la fertilité souvent très différente des sols également riches en carbonate de chaux.

Dans tous les cas, lorsque la proportion de sel dépasse 50 pour 100 dans une terre arable, celle-ci prend le nom de *terre calcaire* ou *crayeuse;* elle jouit alors de propriétés spéciales.

Sulfate de chaux. — Un autre sel de chaux, non moins utile à connaître pour l'agriculteur, est celui qui porte le nom de *gypse,* de *plâtre,* de *sulfate de chaux.* C'est l'acide le plus oxygéné du soufre, ou l'acide sulfurique, qui sature la chaux et donne lieu à ce sel. Il est très commun dans la nature, et il forme des bancs plus ou moins épais dans la partie supérieure des terrains de sédiment. Il constitue souvent aussi des collines peu étendues, arrondies, comme celles de Montmartre, de Belleville, de Ménilmontant, aux portes de Paris.

On distingue très bien ce sel du précédent, parce qu'il ne fait aucune effervescence avec les acides, et que l'ongle le raye très facilement, tandis que le carbonate de chaux résiste à cette action. Il est blanc, insipide, indécomposable par le feu le plus violent, et à peine soluble dans l'eau.

Dans son état naturel, il contient 20 pour 100 d'eau de combinaison, et est impropre à former avec elle une matière plastique. On l'appelle alors PLATRE CRU. Lorsqu'on le chauffe dans un four, il perd son eau de combinaison, et se trouve amené à l'état de PLATRE CUIT. Dans cet état, réduit en poudre et gâché avec son volume d'eau, il dégage de la chaleur et se prend, au bout de quelques instants, en une masse ferme qui devient très dure et résistante. Mais le plâtre cuit reprend bientôt, dans l'air, l'eau que la calcination lui a fait perdre, et il ne peut plus faire prise avec l'eau quand on le gâche. On dit communément alors qu'il est *éventé.*

Le sulfate de chaux, malgré son peu de solubilité, existe en dissolution dans la plupart des eaux qui coulent à la surface de la terre; les eaux de sources, et surtout les eaux de puits des terrains calcaires, en sont, pour ainsi dire, saturées. Ces sortes d'eaux sont vulgairement appelées *dures* ou *crues,* parce qu'elles sont de difficile digestion, qu'elles ne peuvent cuire les légumes et dissoudre le savon, et parce qu'elles laissent une croûte épaisse sur les parois des vases dans lesquels on les éva-

pore. Elles précipitent abondamment par l'oxalate d'ammoniaque et par le nitrate ou l'azotate de baryte.

Les eaux de puits, chargées de sulfate de chaux, ne peuvent
être employées pour l'arrosement des végétaux vivaces d'une
longue existence ; l'expérience a démontré que ceux-ci, arrosés
avec ces sortes d'eaux, poussent d'abord faiblement et finissent
par mourir. Quant aux plantes annuelles, comme elles n'ont
qu'une existence de peu de durée, et que d'ailleurs elles tirent
par leurs feuilles la plus grande partie de leur nourriture, les
arrosements qu'on leur donne avec des *eaux séléniteuses* n'ont
pas un grand inconvénient. Presque tous les puits de Paris de
la rive gauche de la Seine contiennent beaucoup de sulfate de
chaux, et les nombreux jardins légumiers qui sont situés dans
cette partie de la ville ne sont pas arrosés par d'autres eaux.
Les légumes ne paraissent pas en souffrir. Il est vrai que la
grande quantité de fumier et de terreau dont le sol de ces jardins est presque uniquement formé peut corriger la mauvaise
qualité des eaux.

Il y a un moyen bien simple de rendre les *eaux séléniteuses*
ou *crues* propres à tous les besoins domestiques et du jardinage.
Il suffit d'y ajouter, quelque temps avant d'en faire usage, une
suffisante quantité de carbonate de soude, soit 322 grammes par
hectolitre d'eau. Par la réaction de ce sel sur le sulfate de
chaux dissous dans l'eau, il se fait du carbonate de chaux qui
se dépose, et du sulfate de soude qui reste en dissolution. Après
l'addition du sel de soude, on laisse reposer l'eau, et, quand
elle est bien éclaircie, on la décante pour s'en servir. La puri-
fication d'un hectolitre d'eau, par ce moyen, ne revient pas à
15 centimes.

Toutes les terres cultivées ne renferment pas de sulfate de
chaux, et, dans celles qui en contiennent, il y en a presque toujours proportionnellement moins que de carbonate de chaux.
Cependant, par exception, il y a quelques sols dans lesquels le
gypse se montre en proportions assez fortes, et qui, par cela
même, sont secs, peu cohérents, absolument comme ceux qui
sont constitués par des sables calcaires ; aussi, dans les régions
méridionales et sèches, ils sont infertiles, à moins qu'ils ne soient
arrosés ou qu'ils ne possèdent un réservoir d'humidité peu profond. Dans les régions humides du Nord, ces sortes de terrains
sont favorables, au moyen d'abondants engrais frais, à la culture des arbres à fruits à noyau. C'est ce qu'on voit très bien à
Montreuil, à Ménilmontant, à Belleville, à Montmartre, dans la
banlieue de Paris, où domine l'élément gypseux.

Le sulfate de chaux éprouve fréquemment dans le sein de la terre une réaction qui le dénature et le change en sulfure de calcium, lorsque, soustrait à l'influence de l'air, il est en présence de l'humidité et d'abondantes matières organiques. Dans ce cas, il devient fort nuisible à la végétation, car tous les sulfures alcalins ne tardent pas à faire périr les racines qui en éprouvent le contact. C'est ce sulfure de calcium qui, par la réaction ultérieure de l'air, donne lieu à la production d'hydrogène sulfuré dont le dégagement rend fétides les matières excrémentitielles, les fumiers, les eaux vaseuses des fossés, des mares, et en général toutes les eaux stagnantes. En aérant fortement toutes ces matières, on fait disparaître la cause de leur odeur, en régénérant le sulfate de chaux par l'oxydation du sulfure de calcium. Ce double effet était utile à connaître, parce qu'il se produit constamment sous nos yeux.

Phosphate de chaux. — Un sel de chaux, beaucoup moins abondant dans le sol que le calcaire proprement dit, c'est le phosphate de chaux, qui, d'ailleurs, est presque toujours associé aux phosphates de magnésie, de fer et d'alumine.

On ne trouve cette espèce minérale en grandes masses, et constituant alors une roche ayant l'aspect du marbre brut, remarquable par sa dureté, que dans un petit nombre de pays, notamment à Logroban en Estramadure (Espagne), à Arendal (Norwège), à Greiner (Tyrol), au Saint-Gothard et dans quelques autres localités de l'Allemagne. Les minéralogistes la désignent sous le nom d'*apatite*.

Mais c'est surtout sous forme de nodules, de rognons, de concrétions, de grains, que le phosphate de chaux est plus répandu. Il se montre ainsi, disséminé ou en lits réguliers, dans presque toutes les assises du terrain crétacé, dans la craie blanche, la craie chloritée et dans les sables verts inférieurs à la craie. Les gisements de ce phosphate sont excessivement abondants dans la région septentrionale de la France, où régulièrement on les exploite comme engrais minéral. Les carrières calcaires des environs de Lille, notamment celles d'Anappe et de Lezennes, les carrières de Bouvines, de Sainghin, les marnes de Cysoing le calcaire de Wissaut (Pas-de-Calais), nombre de points dans les départements de la Meuse, des Ardennes, du Lot, de Tarn-et-Garonne, de l'Aveyron, etc., sont très riches en ces nodules de phosphate de chaux, qu'on a eu le tort de désigner sous le nom de *coprolites*, car rien ne prouve que ce soient les fèces ou excréments d'animaux antédiluviens. Les minéralogistes leur donnent le nom plus rationnel de *phosphorites*.

Du reste, on peut dire que le même sel existe, en particules indiscernables, dans tous les terrains de sédiment plus ou moins riches en coquilles fossiles et en débris d'animaux antédiluviens. On en retrouve même dans les roches cristallines et ignées, qui ont formé par leur décomposition nos sols cultivés.

Il n'est donc pas surprenant qu'il y ait constamment des quantités non négligeables de phosphate de chaux dans la plupart des terres arables, d'autant plus qu'à chaque instant on en introduit par les débris organiques employés comme engrais.

C'est, en effet, un des principes essentiels des organes mous et solides des animaux, notamment des os, qui en renferment plus des 2/5 de leur poids; des liquides qui circulent dans l'économie (sang, lait, urine, etc.). Les excréments de l'homme et des animaux en contiennent une quantité notable; enfin, il fait partie du tissu de presque toutes les plantes, et certaines d'entre elles, les graminées, par exemple, en sont richement pourvues, principalement dans leurs graines. Ainsi dans les cendres du blé on trouve jusqu'à 47 pour 100 d'acide phosphorique en combinaison avec la chaux, la magnésie, la potasse, la soude et l'oxyde de fer.

Toutes les bonnes terres contiennent donc du phosphate de chaux, mais en quantités variables, comme on le voit par les exemples suivants :

DÉSIGNATION DES TERRES.	PHOSPHATE DE CHAUX sur 100.	ANALYSTES.
Terre de Furnes	0,50	Berthier.
Terre riche de Hollande destinée au Lin	0,35	Boussingault.
Terreau des maraîchers de Paris	2,641	Id.
— neuf de Verrières	0,7064	Id.
Terre légère de Bischwiller	1,426	Id.
— du Liebfrauenberg	0,664	Id.
Terre forte de Béchelbronn	0,2941	Id.
Terres diverses des bords de l'Amazone (Amérique mérid.)	0,0363 à 0,1783	Id.
Dunes de Brighton	0,001	Schweitzer.
Humus sableux de Saint-Etienne-du-Rouvray, près Rouen	0,554	J. Girardin.
Terre sablo-calcaire de Saint-Martin-de-Boscherville, près Rouen	1,750	Id.
Terre franche du Bois-Guillaume, près Rouen	0,088	Id.
Terre argileuse de Forges-les-Eaux (Seine-Inférieure)	0,868	Id.

Les sols les plus stériles de la Campine (Belgique) et de la Sologne contiennent environ 1/2 dix millièmes d'acide phosphorique, d'après M. Delanoue. Les terres fertiles naturellement, sans amendement, comme le lœss ou limon de la Belgique et du Nord de la France, contiennent environ 1/2 à 1 millième de phosphate, c'est-à-dire 15 à 20 fois plus que les landes de la France centrale.

D'après M. Schlœsing, il y aurait, en moyenne, dans la terre arable 1 gr. 7 d'acide phosphorique par kilogramme, soit 6 à 7 tonnes par hectare, en admettant une épaisseur de 25 centimètres pour la couche arable et un poids de 1 kil. 5 par litre de terre. D'après M. de Gasparin, les sables granitiques de l'Ardèche en renfermeraient 24,000 kilogr. par hectare dans la couche arable, les alluvions de la Durance 16 tonnes, le diluvion du littoral de la Méditerranée 20 tonnes, les argiles marneuses de la vallée de l'Arve (Haute-Savoie et Suisse) 5 tonnes seulement.

Isolé, le phosphate de chaux est sous la forme d'une poudre blanche, insipide, inodore, complètement insoluble dans l'eau, mais très soluble dans les liqueurs acides, d'où il est précipité par l'ammoniaque en flocons blancs gélatineux. Il se dissout aussi manifestement dans l'eau chargée d'acide carbonique, de sol marin ou d'un sel ammoniacal. Or, ces circonstances se rencontrent constamment dans les conditions ordinaires de la culture, puisque l'eau des pluies est saturée d'acide carbonique, qu'elle contient presque toujours de l'ammoniaque, qu'elle se charge de chlorure en traversant les couches du sol, et qu'elle reçoit, de plus, des sels ammoniacaux par la putréfaction des matières azotées enfouies. On voit donc comment ce sel, insoluble par lui-même, peut pénétrer dans l'organisme végétal.

Voici la preuve de la solubilité du phosphate de chaux contenu dans les terres arables. MM. Verdeil et Risler, voulant déterminer les principes facilement solubles que renferment les terres fertiles du domaine de l'ancien Institut agronomique de Versailles, ont traité toutes ces terres par de l'eau pure, à la température de 50° environ. Les lessives réunies ont été filtrées, puis évaporées à siccité. L'extrait ainsi obtenu a été réduit en cendres. Le résidu minéral de ces cendres renfermait les quantités suivantes de phosphate de chaux :

NOMS DES PIÈCES DE TERRE.	PROPORTION DE CENDRES POUR 100 PARTIES DE L'EXTRAIT.	RICHESSE DES CENDRES EN PHOSPHATES DE CHAUX EXPRIMÉE EN CENTIÈMES.
Tourbe................ ..	54,00	0,92
Faisanderie...............	29,50	2,16
Gazon..................	65,00	2,75
Argile de Galy...........	52,00	3,83
Mail...................	57,00	4,27
Avenue de la Reine........	56,00	6,32
Sablière.	52,06	8,10
Calcaire de Galy.	53,00	9,00
Potager.................	63,00	11,20
Satory...................	67,00	18,50

On comprend que l'action de l'eau tiède ne représente que bien imparfaitement les propriétés énergiquement dissolvantes du sol arable. Toujours est-il que les phosphates apparaissent déjà, par ces expériences, comme éléments importants dans les sols fertiles.

Suivant MM. Paul Thénard et Dehérain, l'acide phosphorique serait le plus habituellement dans ce sol, en combinaison avec le peroxyde de fer et l'alumine, sous forme par conséquent de composés tout à fait insolubles, même dans les acides faibles, comme l'acide carbonique. Si ces composés persistaient dans cet état, il est évident que l'acide phosphorique deviendrait inutile aux plantes ; mais, par suite de réactions nouvelles, il doit être ramené à l'état soluble, ou au moins à l'état de phosphate de chaux soluble dans l'eau chargée d'acide carbonique.

Dans tous les cas, il ressort de ce qui précède que l'acide phosphorique n'entre jamais qu'en fort minime quantité dans les sols arables ; et, en effet, sa proportion moyenne ne dépasse guère 10 kilog. par 10,000 kilog. de terre. Néanmoins cela suffit largement aux besoins des diverses plantes qu'on y cultive.

Magnésie. — On donne ce nom à l'oxyde du *magnésium*. Ce composé n'existe dans la nature qu'en combinaison, surtout avec les acides silicique, carbonique, sulfurique, azotique et phosphorique.

Le carbonate de magnésie accompagne souvent le carbonate de chaux, et, lorsqu'il est en proportions assez considérables par rapport à ce dernier, il communique au sol des propriétés spéciales que nous indiquerons plus tard.

Le sulfate et l'azotate de magnésie, ainsi que le chlorure de magnésium, sont fréquemment en dissolution dans les eaux de sources et de fontaines.

Le phosphate de magnésie accompagne constamment le phosphate de chaux dans les terres arables et dans toutes les eaux minérales. Comme ce dernier, il arrive au sol par les usines, les excréments de l'homme, les fumiers, qui en sont très riches. On le trouve aussi dans les plantes, mais il abonde dans les céréales, et notamment dans leurs semences, pour lesquelles il est tellement nécessaire, qu'elles ne peuvent se développer ni mûrir lorsque le sol en est dépourvu. Ainsi :

Les cendres de maïs en contiennent............ 46,3 pour 100.
— de froment...................... 43,3
— de l'orge. 22,6
— de l'avoine. 20,8
— de pois. 32,4
— de haricots. 31,3

Le phosphate de magnésie, insoluble par lui-même, devient soluble par l'intermédiaire des agents qui opèrent la dissolution du phospahte de chaux.

Quant à la magnésie pure, c'est une poudre blanche, douce au toucher, très légère, inodore et insipide, à peine soluble dans l'eau. Elle verdit le sirop de violette à la manière de la chaux. Tous ses sels sont pourvus d'une grande amertume. Elle est précipitée de ses dissolutions par le sous-phosphate d'ammoniaque, sous la forme d'une poudre blanche et grenue.

Le carbonate de magnésie ressemble beaucoup au carbonate de chaux; il est blanc, insipide, parce qu'il est insoluble ou presque insoluble, mais il est excessivement léger. Une chaleur rouge en expulse l'acide carbonique et laisse de la magnésie *caustique*, qu'on distingue de la chaux *vive*, parce que, arrosée d'eau, elle ne s'échauffe pas, n'augmente pas de volume et ne se délite pas. — Le carbonate de magnésie fait effervescence avec les acides les plus faibles, et, comme le carbonate de chaux, il est soluble dans l'eau chargée d'acide carbonique.

Généralement, dans les sols arables, ce sel n'est qu'une très petite fraction du calcaire qui s'y trouve. Il y en a dans les terres les plus fertiles. Les terres si renommées de la vallée du Nil en contiennent une proportion notable; différents sols du Languedoc, réputés excellents, en renferment de 7 à 12 pour 100. Le *lizard* des Anglais, qui est l'une des plus riches terres du comté de Cornouailles, est caractérisé par une assez forte quantité de carbonate de magnésie.

Ce n'est que par exception qu'on rencontre les deux carbonates terreux en proportions à peu près égales ; c'est ce qui se

voit dans les terrains formés uniquement de débris dolimiques.
On appelle *dolomie* le double carbonate de chaux et de magnésie qui constitue des couches et des montagnes plus ou moins
considérables (Angleterre, Allemagne, Italie, etc.) ; ces sortes de
terrains, comme nous le verrons plus tard, sont peu favorables
à la végétation.

Potasse. — La potasse, anciennement connue sous le nom
d'*alcali végétal*, n'est pas plus un corps simple que les composés
précédents. C'est un oxyde dont le métal a reçu le nom de
potassium.

Cet oxyde fait partie d'un grand nombre de roches et de minéraux, qui le renferment en combinaison avec les acides, et
surtout avec l'acide silicique. Il se trouve en proportions sensibles dans toutes les argiles, dans les pierres calcaires, d'ancienne ou de nouvelle formation, à l'état de silicate, de sulfate
ou de carbonate, avec des quantités plus faibles de chlorure de
potassium.

M. Kuhlmann en a trouvé jusqu'à 0,10 pour 100 dans la craie
blanche, ce qui fait plus d'un kilogramme de potasse par mètre
cube de craie. M. Pesier en a reconnu 4 pour 100 dans les
marnes crayeuses. Certaines terres vertes en contiennent plus
de 10 pour 100, d'après Berthier.

Il n'est donc pas étonnant qu'on trouve de la potasse dans
presque tous les sols arables, surtout dans ceux qui sont remarquables par leur fertilité ; toutefois sa quantité ne s'élève
guère à plus de quelques millièmes. Il y a des temps où les terres
sont naturellement salpêtrées et renferment beaucoup d'azotate de potasse ou *nitre*, comme dans les grandes plaines de la
Chine, de l'Inde, de la mer Caspienne, de la Perse, de l'Arabie,
de l'Égypte, de l'île de Ceylan, de la Hongrie, de l'Ukraine, de
la Podolie, de l'Espagne, etc. ; ce sel vient souvent s'effleurir à
la surface du sol en aiguilles blanches, d'une saveur piquante ;
il est presque toujours accompagné, du reste, d'azotates de
chaux, de magnésie et d'ammoniaque.

Beaucoup de sels de potasse existent en dissolution dans les
eaux terrestres : on en trouve aussi dans les organes des animaux et des plantes. Les cendres des végétaux sont très riches
en sels de potasse, et surtout en carbonate, qui leur communique la saveur âcre et urineuse qu'elles possèdent. C'est ce
carbonate très soluble, qui constitue essentiellement la *lessive*
qu'on obtient en laissant séjourner les cendres, et par suite la
potasse du commerce, quand on a évaporé à sec la lessive et
calciné le résidu dans des fours.

Soude. — La SOUDE, nommée anciennement *alcali minéral*, est l'oxyde du *sodium*. Comme la potasse, avec laquelle elle offre beaucoup d'analogie, elle fait partie de nombre de minéraux et de roches, où elle est associée à la silice, à l'alumine, à la chaux, à la magnésie, à la potasse.

Le tableau suivant montre la richesse en potasse et en soude des principales roches superficielles qui fournissent aux sols cultivables, par leur décomposition incessante, les alcalis que ceux-ci renferment :

DÉSIGNATION DES ROCHES.	POTASSE SUR 100.	SOUDE SUR 100.
Granit de Felensbourg (Schleswig-Holstein).	»	9,01
Gneiss de Gratz.	2,02	3,37
Basalte de Polignac (Haute-Loire)	2,70	3,10
Porphyre rouge de Kreutznach.	5,50	3,55
Feldspath de Finlande.	16,10	»
Albite de Finlande.	»	11,12
Feldspath des Vosges.	12,76	»
Orthose adulaire du Saint-Gothard	16,95	»
Mica de Sibérie.	7,6	»
— noir du Vésuve.	»	8,50
Serpentine du Palatinat.	»	6,00
Kaolin de Saint-Yriex (Haute-Vienne)	2,10 à 2,60	»
Labradorite de l'Etna.	0,22	4,10
Lave vitreuse du Cantal.	5,40	»
Pouzzolane du Vésuve.	4,87	6,23

La soude accompagne encore la potasse dans les argiles et les calcaires ; elle forme beaucoup de sels, et notamment des sulfates, phosphates, chlorures, qui existent dans les eaux, dans les animaux, et son carbonate se montre dans les cendres des végétaux qui vivent dans la mer ou sur ses bords C'est donc lui qui caractérise le produit qu'on appelle *soude* dans les arts, et avec lequel on fabrique la lessive et les savons durs.

La potasse et la soude sont ordinairement désignées sous le nom commun d'*alcalis*. Elles différent essentiellement des autres oxydes métalliques, tels que l'alumine, la chaux la magnésie, par leur grande solubilité, leur saveur âcre et la propriété de verdir fortement les couleurs bleues végétales.

Le *chlorure de sodium* ou *sel marin* se rencontre parfois dans les terres arables, mais en proportions toujours très minimes, si ce n'est dans celles qui sont voisines des bords de la mer ou des étangs salés ; mais, lorsque sa quantité dépasse 2 pour 100, les graminées, les céréales surtout, cessent d'y croître, et ces sortes de terres salées ne peuvent plus porter que les plantes spéciales, dites *plantes à soude*, telles que les arroches, les salicornes, les salsolas, les tamarix, etc.

Les expériences récentes de M. Péligot démontrent que la soude est beaucoup moins répandue dans le sol et par suite dans le règne végétal qu'on ne le suppose généralement, que son rôle n'y est nullement comparable à celui de la potasse, qu'elle ne peut pas la remplacer et même que, si l'on excepte un petit nombre de plantes qui se plaisent au bord de la mer et dans les terrains salés, les végétaux ont pour la soude une indifférence et même une antipathie très prononcée. Nous reviendrons plus tard sur cette question avec plus de détails.

Oxydes de fer et de manganèse. — Ces deux oxydes sont très répandus ; mais, tandis que le premier est très abondant, le second, qui l'accompagne presque toujours, est habituellement en fort petite proportion dans les roches qui les renferment.

Dans les terres arables, c'est surtout à l'état de *peroxyde* que le fer se trouve, soit libre de toute combinaison, soit uni aux acides carbonique, silicique et phosphorique. Dans le premier cas, il peut être *anhydre* ou privé d'eau, et alors il a une couleur rouge ; ou bien il est *hydraté*, c'est-à-dire en combinaison avec l'eau, et alors il a une couleur jaune ou brune. Ce sont ces deux variétés de peroxyde de fer qui colorent la plupart des roches, des pierres, des ocres, des argiles.

Le carbonate de fer se montre aussi dans les roches et dans les eaux qui circulent à la surface du sol ; il y est dissous à la faveur de l'acide carbonique. Les sources ferrugineuses sont facilement reconnues à la pellicule jaunâtre qui les recouvre habituellement, et au dépôt ocracé qu'elles forment au fond et sur les bords des terrains qu'elles parcourent.

Le phosphate de fer accompagne presque partout le phosphate de chaux, notamment dans les coprolites et les nodules des terrains crétacés inférieurs. MM. Paul Thénard et Delanoue disent avoir trouvé l'acide phosphorique toujours combiné au fer dans les bonnes terres arables.

On rencontre aussi quelquefois, mais accidentellement, le fer à l'état de sulfate ou de *couperose verte* dans les terres arables. Celles qui en contiennent beaucoup sont tout à fait stériles ; telle est, par exemple, la terre sulfureuse de Rollat (Somme), analysée par Vauquelin, et dont voici la composition :

Terreau végétal	54,0
Sulfate de fer	10,7
Soufre	8,0
Oxyde de fer	12,7
Sulfate de chaux	7,3
Silice ou sable	2,0
	94,7

Mais, lorsque le sulfate de fer ne se montre dans les terres qu'à des doses excessivement faibles, sa présence contribue à l'activité de la végétation, sans doute parce que, comme l'a établi, le premier, Eusèbe Gris, il favorise la production de la couleur verte dans les parties herbacées, circonstance éminemment favorable à l'absorption et à la décomposition de l'acide carbonique de l'air, et par suite à la fixation du carbone dans le tissu végétal.

Dans les couches profondes des terres arables, le fer est à l'état de protoxyde combiné avec des acides organiques, notamment avec celui qu'on appelle *acide ulmique :* il est alors brunâtre, et c'est lui qui est la cause de la couleur foncée que présentent les tranches de terre que la charrue ramène à la surface du sol. M. Philipps affirme avoir obtenu, par des analyses de sols de différentes contrées, des quantités de protoxyde de fer s'élevant depuis 3 jusqu'à 14 pour 100. — M. Muller en a trouvé de 9 à 11,8 pour 100 dans les terres des côtes basses de la mer du Nord.

Pendant longtemps on a regardé le fer, surtout à l'état de protoxyde, comme nuisible à la végétation. Une interprétation plus rationnelle des faits a détruit cette opinion et l'a fait ranger, au contraire, parmi les agents naturels de la fertilité des sols. Dès qu'il a le contact de l'air humide, il tend à se suroxyder et à passer à l'état d'hydrate de peroxyde de fer ; mais ce changement ne se fait pas sans qu'il y ait de l'eau décomposée : or l'hydrogène de celle-ci, en s'unissant à l'azote de l'air, produit de l'ammoniaque, ce grand élément de toute nutrition végétale. Cette ammoniaque, ainsi procréée incessamment, reste condensée dans les pores du peroxyde de fer formé ; de sorte que ce dernier devient, comme l'argile, un réservoir d'ammoniaque dont les plantes profitent. Il est certain que dans tous les oxydes de fer naturels on a trouvé de l'ammoniaque en proportions notables.

D'un autre côté, les débris organiques enfouis sont brûlés peu à peu et amenés, partie à l'état de nouvelles substances solubles, partie à l'état d'acides carbonique et azotique. Cet effet est rapporté par plusieurs chimistes à l'oxygène de l'air qui intervient sous l'influence du protoxyde de fer qui sert, pour ainsi dire, d'*agent provocateur ;* mais d'autres chimistes pensent que c'est le peroxyde de fer qui, en repassant à l'état de protoxyde, fournit l'oxygène nécessaire à la transformation des matières organiques. Dans cette seconde manière de voir, le protoxyde de fer servirait à emprunter de l'oxygène à l'air pour le reporter sur les matières organiques; ce serait une espèce de rouage intermédiaire pour déterminer l'oxydation de ces matières et les rendre assimilables.

Quoi qu'il en soit, il paraît maintenant à peu près certain que les phénomènes de nitrification et de métamorphoses des débris organiques insolubles en matériaux nouveaux assimilables sont liés et dépendent, en partie du moins, de la présence du fer dans les sols arables.

Nous distinguerons donc, dans les terres, deux sortes d'oxyde de fer, dont l'une concourt à la production de l'ammoniaque et à la fixation de l'oxygène de l'air et de l'eau, et dont l'autre agit comme principe comburant en fournissant de l'oxygène aux matières organiques, tout en ayant la propriété de condenser et de retenir l'ammoniaque dans le sol, dont elle augmente ainsi prodigieusement la fécondité.

Ajoutons que, d'après M. Paul Thénard, le peroxyde de fer joue encore le rôle d'agent conservateur de l'acide phosphorique, qu'il fixe et emmagasine à l'état de phosphate très insoluble, jusqu'à ce que la potasse et les autres agents assimilateurs l'enlèvent et le livrent aux plantes à l'état de phosphate soluble, au fur et à mesure de leurs besoins.

L'oxyde de manganèse est brunâtre, insoluble dans l'eau comme le peroxyde de fer. C'est à l'état de peroxyde, de carbonate, de silicate et de phosphate, qu'il existe dans les terrains cultivés, mais toujours en quantités infinitésimales.

Tels sont les composés chimiques qui servent à constituer, par leur combinaison ou leur mélange, les principaux minéraux terreux qui font partie des roches. Ces minéraux ne diffèrent, le plus souvent, les uns des autres que par de légères variations dans les proportions de leurs principes constituants.

Formation des sols arables. — Ainsi que nous l'avons dit précédemment, c'est par la décomposition des roches qui se montrent à la surface du globe que les SOLS ARABLES ont été formés. Cette décomposition a été opérée par l'action simultanée et continuelle de l'air et de l'eau, qui, en attaquant chimiquement ou mécaniquement les divers éléments des roches, les ont peu à peu désunis, désagrégés et réduits enfin à l'état de particules plus ou moins ténues, que les cours d'eau ont entraînées du haut ou du flanc des montagnes, et transportées dans les plaines, où ces *galets*, ces *sables*, ces *poussières minérales*, ont formé des dépots d'une certaine épaisseur.

Les actions mécaniques et chimiques qui ont opéré cette destruction des roéhes superficielles ne s'arrêtent jamais, et le temps produit des effets non moins remarquables qu'une force vive, mais momentanée. Ainsi le granit, d'une texture si serrée et d'une si grande dureté ; ainsi les porphyres, les basaltes, les marbres, les pierres calcaires, sont peu à peu attaqués, corrodés, minés, réduits en poussière par cette action imperceptible, mais incessante, des agents atmosphériques.

Les effets mécaniques sont produits par l'eau, quand elle change d'état ; c'est-à-dire quand elle se congèle ou se vaporise, ou quand elle est animée d'un mouvement continu ; d'une manière ou d'une autre, elle a une puissance dynamique considérable.

Mais les effets chimiques sont peut-être encore plus étendus et plus généraux. Il sont exercés par l'oxygène et par l'acide carbonique de l'air.

Le premier attaque et se fixe sur le fer, le manganèse, sur les pyrites métalliques, qui sont si fréquemment accolés aux roches de toute nature ; en les changeant en oxydes, en sulfates, en carbonates, il donne lieu à des poussières ou à des efflorescences salines, qui sont facilement entraînées par les eaux, soit en suspension, soit en dissolution.

Le second, l'acide carbonique, est absorbé et condensé plus aisément encore, soit par l'eau, soit par les corps poreux. L'eau chargée de ce gaz dissout, en plus grande proportion que l'eau pure, une foule de substances minérales insolubles par elles-mêmes, notamment les carbonates et les phosphates terreux et métalliques, Elle attaque tous les silicates sans exception, en se substituant à l'acide silicique et formant des bicarbonates alcalins et terreux solubles. La silice, isolée ainsi à l'état gélatineux, est très soluble dans l'eau contenant des carbonates alcalins, sensiblement soluble dans l'eau pure et dans l'eau chargée d'acide carbonique. La chaux, la magnésie surtout, les oxydes de fer et de manganèse, se dissolvent aussi très bien dans ce dernier liquide.

Voilà donc de quelle manière toutes les roches siliceuses, qui sont les plus dures de toutes, finissent par être attaquées et par céder leurs divers principes à l'eau chargée d'acide carbonique qui les humecte ou qui les lave.

Cette explication de la destruction des roches n'est pas une vue purement spéculative ; elle repose sur un grand nombre d'observations et d'analyses dues à Berthier, Fournet et Ebelmen.

Il faut, sans doute, des années pour que cette désagrégation des roches dures, exposées aux influences atmosphériques, se manifeste d'une manière sensible ; mais enfin elle se produit, et avec le temps il se forme à leur surface une couche plus ou moins épaisse d'une poussière sableuse dans laquelle les racines des plantes peuvent pénétrer, à moins que les pluies torrentielles ne transportent au loin et dans des lieux plus bas ces détritus minéraux qui vont alors former des dépôts sédimentaires, si favorables à la végétation.

La nature de ces dépôts varie autant que les couches géologiques qui ont contribué à leur formation. Ainsi les débris des montagnes granitiques ont formé des terres mélangées de silice, d'alumine, de chaux, de magnésie, de potasse et d'oxyde de fer ; les montagnes quartzeuses n'ont fourni que des sables siliceux ; les schistes argileux ont donné lieu à des limons presque entièrement formés d'argile ; les collines de craie ou les montagnes calcaires ont produit des dépôts calcaires.

On peut reconnaître la nature différente de ces dépôts au moyen de la loupe, qui fait découvrir la plupart des minéraux simples ou des débris de roches qui, par leur mélange, concourent à former ces amas sédimentaires.

Toutefois les débris des montagnes, entraînés par les eaux dans les bas-fonds, ne représentent pas toujours, dans les mêmes proportions, les principes essentiels des roches qui ont été attaquées et corrodées par les agents naturels. Cela tient à ce que ces différents principes n'ont pas la même densité et la même affinité pour l'eau. On conçoit que, parvenus au même degré de ténuité, les uns ont dû se déposer très promptement, tandis que les autres ont été entraînés beaucoup plus loin par le courant. C'est pour cette cause que la silice et l'oxyde de fer prédominent dans les dépôts qui ont été formés en premier lieu, tandis que les argiles, la chaux, l'alumine, la magnésie, se montrent successivement dans les dépôts les plus éloignés de leur point d'origine. Les sels alcalins de potasse et de soude sont aussi entraînés par les pluies, en raison de leur solubilité ; en sorte que les détritus des roches feldspathiques sont toujours moins riches en sels alcalins solubles que les roches mêmes.

Voilà ce qui fait qu'il n'est pas toujours possible de prévoir la composition chimique d'un sol d'après la nature des roches sur lesquelles il repose, ni d'après celle des roches qui constituent les coteaux environnants.

La végétation, de son côté, a contribué à la formation des SOLS ARABLES, car il s'est fait en grand ce que nous voyons arriver en petit à la surface de certaines roches qui, d'abord nues et stériles, se couvrent peu à peu de plantes, et finissent par devenir des terres très productives.

Il s'établit sur cette surface, humectée par les pluies, les neiges, les rosées et les brouillards, diverses fongosités, productions éphémères qui ne demandent au sol presque rien, qu'un point d'appui, mais qui lui laissent en échange leurs détritus, c'est-à-dire une légère couche de matières azotées et par conséquent fertilisantes ; dans cette couche apparaissent bientôt des végétaux plus complexes, des mousses, des lichens dont les racines déliées s'insinuent dans les moindres fissures et les font éclater par l'effort continu qu'elles exercent : action destructive, favorisée encore par l'humidité entretenue par ces petits végétaux et par toutes les influences atmosphériques.

Cette première végétation est comme l'avant-garde des graminées, des cypéracées aux racines longues et traçantes, qui prennent encore peu de nourriture au sol, mais qui ont déjà une force plus puissante de disgrégation, et qui, par leurs débris plus considérables, augmentent sans cesse l'épaisseur du dépôt. Celui-ci ne tarde pas à être envahi par ces légions de composées et de papillionacées qui affermissent et améliorent assez le terrain, pour qu'un jour les graines de plantes ligneuses qu'y jettent les vents et les tempêtes le couvrent de forêts.

Le sol ARABLE est alors constitué, et, plus tard, avec le temps, on parvient à y cultiver toutes sortes de végétaux.

Il faut évidemment pour cette succession de produits un temps bien long ; mais la nature, dans ces grandes opérations qui tiennent de celles de la période géologique, n'a pas besoin de compter les années, puisque son Auteur tient les siècles dans ses mains, et que mille ans sont devant lui comme le jour d'hier, qui n'est plus. (Laterrade.)

Tel a été, nous devons le croire, le premier mode de formation du sol arable sur un grand nombre de terrains, et si nous voyons encore aujourd'hui des roches à nu, c'est que leur situation abrupte a empêché l'établissement de toute végétation, ou que les pluies ont successivement entraîné dans les lieux bas le produit de la décomposition des roches et de la végétation des plantes. C'est pour cette raison que le sol des vallées est toujours plus profond, d'une épaisseur inégale et d'une nature très variée, tandis que celui des plateaux offre peu de profondeur, mais beaucoup d'uniformité dans son épaisseur et sa composition.

L'homme a puissamment concouru, pour sa part, à la formation du sol arable. A l'aide de l'épierrement et des labours, par des mélanges raisonnés de terres diverses, au moyen de détritus de plantes et d'excréments d'animaux, il a successivement modifié, changé, amélioré les propriétés du sol primitif, et introduit dans sa composition de nouveaux principes, des substances salines, des matières organiques, qui l'ont rendu propre à toutes les cultures. Aussi peut-on dire, avec Chaptal, que si la nature a préparé les sols, l'homme seul les a disposés de manière à les faire produire selon ses goûts et ses besoins.

L'épaisseur de la couche superficielle dans laquelle les plantes peuvent se développer varie à l'infini, depuis quelques centimètres seulement dans les mauvais sols, jusqu'à un mètre et plus dans les sols de bonne qualité. On appelle *sol superficiel* un terrain qui n'a pas plus de 10 à 13 centimètres d'épaisseur ; *sol moyen*, celui qui a 16 à 18 centimètres, et *sol profond*, celui qui a une profondeur de 24 à 27 centimètres et au delà.

Tout ce qui est au-dessous du sol agraire prend le nom de sous-sol. Le sous-sol n'est donc autre chose que la roche minérale dont la surface a été convertie peu à peu en terre arable, par les diverses causes dont nous venons de parler. Toutefois, pour certains agronomes, le sous-sol proprement dit est la couche minérale dont la composition diffère complètement de celle des couches meubles qu'elle supporte, et qui repose ordinairement sur une couche imperméable à l'eau.

M. de Gasparin, par exemple, établit dans les terrains agricoles les divisions suivantes, rendues plus sensibles par la figure ci-jointe :

1° Le *sol actif* A, partie superficielle, qui est mêlée de terreau, qui reçoit les impressions de l'atmosphère, les sels solubles, dans laquelle se passent les phénomènes de la végétation, et qui est atteinte et remuée par le labour ;

Fig. 1. — *Coupe verticale des couches terreuses qui composent le sol.*

2° Le *sol inerte* B, couche de même nature minérale que la précédente, mais qui n'est pas entamée par les cultures ordinaires ;

3° Le *sous-sol* C ; c'est la couche ou l'ensemble des couches d'une composition minérale différente de celle du sol arable, et qui s'étend depuis le *sol inerte* jusquà la couche imperméable ;

4° Enfin la *couche imperméable* D, située à une profondeur variable, et qui, ordinairement constituée par de l'argile, sert de réservoir inférieur aux eaux des terrains supérieurs.

Quelquefois le *sol arable* repose immédiatement sur la *couche imperméable* ; il n'y a pas alors de *sous-sol*.

Quoi qu'il en soit, la nature du *sous-sol* change à chaque instant, d'une localité à une autre, ce qu'il est très utile de savoir reconnaître ; car le *sous-sol* exerce une grande influence sur les qualités du sol cultivable, et il n'est pas toujours indifférent d'opérer le mélange de ces deux parties si distinctes.

C'est le *sous-sol* qui fait varier la profondeur, la puissance de la couche arable, qui influe sur plusieurs de ses propriétés physiques, et notamment sur son état habituel d'humidité ou de sécheresse ; aussi ne saurait-on assez recommander au cultivateur débutant dans un pays nouveau pour lui l'examen préalable le plus rigoureux du sous-sol ; car il est toujours moins difficile de remédier aux défauts inhérents à la surface qu'à ceux du sous-sol, sur lequel on ne peut agir qu'avec beaucoup de travail, de temps et de dépenses.

Nous reviendrons plus tard sur l'influence du sous-sol, en parlant de la culture de la couche arable, et nous verrons dans quelles circonstances il est avantageux d'en opérer le mélange avec celle-ci pour augmenter la profondeur du terrain agraire.

COMPOSITION CHIMIQUE DES SOLS ARABLES.

Les terres propres à la culture ayant été formées par les détritus des roches superficielles, il semble que, pour connaître la nature chimique de ces terres, il suffirait de savoir celles des roches qui leur ont donné naissance. Mais tant de causes diverses ont contribué à mélanger ces terres les unes avec les autres ; le temps, les végétaux, l'homme enfin, ont successivement apporté tant de modifications à leur constitution, que le caractère primitif de chacune d'elles a disparu, et qu'il faut les juger et les apprécier d'après leur état actuel.

Les sols arables offrent une grande diversité de composition chimique ; mais les différences résident moins dans la nature même des éléments qui les constituent que dans les proportions de ces mêmes éléments. En effet, presque tous renferment comme principes essentiels ou dominants :

De la silice,
De l'alumine,
Du carbonate de chaux.

On y trouve aussi, mais en proportions plus faibles, certains autres composés chimiques qui remplissent des effets d'une haute importance ; tels sont :

Du carbonate de magnésie,
Des oxydes de fer et de manganèse,
Des alcalis et des sels, notamment :
   Des silicates, des phosphates, des sulfates de potasse, de chaux et de magnésie;
   Des chlorures de potassium, de sodium, de calcium et de magnésium;
   De l'ammoniaque et des sels ammoniacaux;
   De l'acide azotique à l'état de sels avec la potasse, la chaux, la magnésie, l'ammoniaque ;
   Des matières organiques plus ou moins définies, à l'état de *terreau* ou d'*humus*.

On y rencontre encore, comme principes accessoires :

Des débris non entièrement déformés de végétaux ou d'animaux,
Des cailloux ou graviers.
Des sables de diverses natures.

Nous connaissons déjà les substances minérales qui font parties des sols ; mais nous avons à étudier, avant d'aller plus loin, l'*humus* ou la partie organique et les autres états sous lesquels l'azote se trouve dans les terres arables, c'est-à-dire l'ammoniaque et l'acide azotique. Ce sont là des questions de la plus haute importance.

Humus ou terreau. — Cet humus, qu'il ne faut pas confondre avec la *terre végétale*, est le premier produit, ou du moins le résultat actuel de la décomposition des végétaux. Tous les ans, les feuilles qui tombent des arbres ou qui se détachent des plantes herbacées, l'écorce qui s'exfolie, les organes des fleurs qui se dessèchent, les racines et les tiges qui meurent, les enveloppes des fruits qui gisent sur le sol, se détruisent peu à peu, sous l'influence réunie de l'air, de l'eau et de la chaleur, et se transforment en une matière noire, onctueuse au toucher, pouvant perdre par la dessiccation l'eau qu'elle a absorbée, et brûler alors en répandant une odeur de foin ou de corne. Eh bien, c'est là l'*humus* ou le *terreau*.

Le terreau provient donc de la décomposition lente du ligneux. Au contact de l'air et de l'humidité, et surtout en présence de la chaux et des sels alcalins, une partie de l'hydrogène du ligneux est brûlée par l'oxygène de l'air, et, une fois l'équilibre rompu, il se fait de l'acide carbonique aux dépens des éléments restants. Par cette double action, les éléments, oxygène et hydrogène, diminuant graduellement, la proportion de carbone augmente à mesure, et alors le ligneux passe à l'état de *terreau charbonneux* qui n'est pas soluble.

Ce *terreau charbonneux,* par son exposition à l'air, donne de l'acide carbonique, devient plus riche en carbone et acquiert la propriété de se dissoudre dans les eaux alcalines. C'est alors le véritable *humus,* qui paraît être un mélange de différents acides noirs que les chimistes désignent sous les noms d'acides *ulmique, humique, géique, crénique,* et *apocrénique.*

Si l'on traite du bon terreau de jardinier par une légère dissolution de potasse, le liquide se colore fortement en brun, acquiert de la consistance et mousse par l'agitation. Si, après avoir filtré ce liquide, on y verse un léger excès d'acide faible, il se précipite d'abondants flocons d'un brun rougeâtre : c'est là l'*acide ulmique* ou *humique,* dont une énorme quantité peut se dissoudre dans une très petite proportion d'alcali.

Le terreau épuisé, puis abandonné dans l'air, donne de nouveau de l'humus soluble, après un certain temps.

Le terreau de jardin est un mélange de ligneux en voie de décomposition, d'humus charbonneux insoluble et d'humus soluble. Une partie de ce dernier est libre, mais la plus grande partie est combinée à la chaux.

Dans cet état, le terreau cède fort peu de chose à l'eau, car l'humate de chaux est extrêmement peu soluble, et il le devient encore moins une fois qu'il a été contracté par la dessiccation. Il faut des quantités énormes d'eau pour le dissoudre et faciliter son absorption. L'ammoniaque libre ne change rien à cet état; mais il est au contraire transformé, avec une merveilleuse facilité, en une combinaison soluble par le carbonate d'ammoniaque.

On comprend alors comment peut être utilisé l'humate de chaux presque insoluble déposé dans le terreau. Le carbonate d'ammoniaque se forme sans cesse par la putréfaction ; il arrive d'ailleurs continuellement au sol par les eaux pluviales, et trois rôles importants lui sont réservés par rapport à l'humus :

1° Il transforme en un sel soluble l'humus libre contenu dans le terreau;

2° Il détermine non moins facilement la solution de celui qui est combiné à la chaux ;

3° Enfin, par sa réaction alcaline, il facilite l'absoption de l'oxygène de l'air, et la conversion du ligneux et du terreau charbonneux en humus parfait.

D'après Soubeiran, qui a fait dans ces derniers temps une

étude sérieuse du terreau, l'humus parfait a la composition suivante :

Carbone...	55,3
Hydrogène...	4,8
Oxygène...	37,4
Azote...	2,5
	100,0

La conversion des matières végétales en humus est toujours fort lente à s'effectuer. Elle est accélérée par une température élevée et le libre contact de l'air; elle est, au contraire, ralentie ou entravée par l'absence de l'humidité et par le contact d'une atmosphère d'acide carbonique qui, en environnant les particules ligneuses, les empêche de rencontrer l'oxygène. Les matières antiseptiques et les acides arrêtent également la pourriture de la fibre ligneuse, tandis que les alcalis et les terres alcalines la favorisent. Dans un sol argileux compacte, l'humidité, l'une des conditions nécessaires à la pourriture des matières végétales qu'il renferme, se maintient le plus longtemps; mais la rencontre de l'air s'y trouve interceptée par la consistance même du terrain, aussi la transformation de ces matières en humus est-elle fort longtemps à se produire. Dans un sol sablonneux et humide, au contraire, et mieux encore dans un terrain composé à la fois de calcaire et de sable, la pourriture procède beaucoup plus rapidement, par suite de l'arrivée facile de l'air, et du contact des matières organiques avec la chaux.

Dans tous les cas, dans le terreau brut il y a, d'après ce que nous avons vu précédemment :

1° Des débris organiques qui n'ont encore éprouvé aucune décomposition;

2° Des débris en voie de décomposition plus ou moins avancée et amenés à l'état d'*humus charbonneux*;

3° Des parties déjà décomposées et arrivées à l'état d'*humus parfait*.

Le terreau, par cela seul qu'il est un mélange complexe de diverses matières organiques en voie de décomposition, est rarement doué de propriétés constantes, caractéristiques et distinctives, puisque les matériaux hétérogènes qui le composent peuvent être dans un état de décomposition plus ou moins complète.

D'ailleurs, il offre encore des modifications suivant la nature des plantes qui ont servi à le produire. C'est ainsi que les débris provenant de plantes riches en tannin donnent un *terreau acide*, comme le sont généralement les *terres de bruyère*. Cette espèce de terreau ne convient pas à tous les genres de cultures, et il y a presque toujours nécessité d'y ajouter de la marne ou de la chaux pour le rendre propre à la fertilisation des sols. — On appelle, par opposition, *terreau doux* celui qui est le résultat de l'altération de toutes les plantes non astringentes ; il peut servir à toutes les cultures. — La *tourbe* est une autre espèce de terreau formé par des plantes qui se sont décomposées sous l'eau.

D'après Théodore de Saussure, si l'on fait macérer pendant deux jours du terreau de bruyère avec le double de son poids d'eau de pluie, 100 grammes de la liqueur filtrée fournissent, par une évaporation ménagée, un extrait brun, noirâtre, non acide, du poids de 388 milligrammes et dans lequel il y a :

Du sucre de raisin très coloré (environ le quart),
Beaucoup de dextrine,
Une substance azotée,
Une matière insoluble (probablement de l'acide ulmique),
Des traces de nitrates de potasse et d'ammoniaque,
— de chlorures de calcium et de potassium,
— de phosphates de potasse et de chaux,
— d'oxydes métalliques et de silice.

Il résulte donc de là que, dans le terreau parfait, il y a des matières organiques, solubles, azotées et non azotées, de l'acide ulmique ou des acides analogues, des sels minéraux solubles et insolubles.

MM. Verdeil et Risler ont fait, en 1852, des recherches sur les matières solubles des terres fertiles, qui corroborent et complètent les faits signalés par Th. de Saussure. Voici les proportions relatives de matières organiques et de matières minérales qu'ils ont trouvées dans 100 parties de l'extrait sec des terres épuisées par l'eau distillée tiède. Ces terres étaient celles qui composent le domaine de l'ancien Institut agronomique de Versailles :

NOMS DES PIÈCES DE TERRE.	MATIÈRES ORGANIQUES.	CENDRES OU SUBSTANCES MINÉRALES.
Satory............	33	67
Gazon............	35	65
Potager............................	37	63
Mail................................	43	57
Avenue de la Reine...............	44	56
Tourbe..............................	46	54
Calcaire de Galy..................	47	53
Sablière...........................	47,04	52,06
Argile de Galy.....................	48	52
Faisanderie.......................	70,5	29,5

I.

3

Ces substances minérales sont des sulfates, carbonates et phosphates de chaux, des chlorures de sodium et de potassium, des silicates de potasse et de soude, de la silice libre, de l'oxyde de fer, quelquefois de la magnésie et des traces d'alumine. Dans les matières organiques domine une substance neutre, analogue au sucre ou à la dextrine, à laquelle MM. Verdeil et Risler attribuent la dissolution des matières minérales insolubles par elles-mêmes. Cette opinion se rapproche beaucoup de celle de Théodore de Saussure, qui a prétendu que les sels insolubles des terres arables sont intimement combinés à la substance organique soluble du terreau, et que c'est celle-ci qui les entraîne à travers les pores imperceptibles ou les cellules absorbantes des radicelles.

Sans nier la part d'influence que peut exercer la partie organique soluble du terreau sur la dissolution des matières salines insolubles, contenues dans une terre, nous devons rappeler que l'acide carbonique dissous dans l'eau a la propriété de rendre solubles les carbonates de chaux, de magnésie, de fer, de manganèse, les phosphates terreux ; de même que l'eau chargée de chlorures alcalins, de sels ammoniacaux, dissout très bien, de son côté, ces mêmes phosphates terreux.

Dans le *terreau véritable* ou l'*humus parfait*, toute la matière organique est loin d'être à l'état soluble ; il y a plus même, c'est que la plus grande partie n'est pas attaquable directement par l'eau. En voici la preuve dans les résultats suivants, obtenus par l'un de nous, M. J. Girardin :

HUMUS DANS 100 PARTIES DES TERRES DE LA HAUTE NORMANDIE.

	HUMUS SOLUBLE, AZOTÉ.	HUMUS INSOLUBLE.
Terre d'une île de la Seine, en amont de Rouen.	0,85	17,30
— argileuse de Forges-les-Eaux..........	0,540	2,666
— forte de Darnetal.....................	»	3,050
— franche du Bois-Guillaume...........	0,673	9,289
— sablo-argileuse de Caudebec-lès-Elbeuf...	0,070	1,600
— — de Franqueville.........	0,250	2,000
— sablo-argilo-ferrugineuse de Blosseville-Bonsecours.	0,176	4,406
— sablo-calcaire des bords de la Seine (Petit-Quevilly)........................	0,447	4,710
— des coteaux de Saint-Martin-de-Boscherville.................	0,35)	4,110
— de bruyère de la forêt de Saint-Etienne-du-Rouvray.	1,120	7,156
— sableuse du Petit-Quevilly............	0,1025	2,74

Il est donc bien constant qu'il n'y a jamais à la fois, dans les terres, qu'une fort minime partie du terreau qui soit immédiatement soluble dans l'eau; mais peu à peu, par suite d'une fermentation lente que subit incessamment la substance organique du terreau en présence de l'air et de l'eau, la partie insoluble se métamorphose et se trouve amenée à l'état de nouvelles matières nutritives solubles, qui remplacent partiellement et successivement celles que les plantes ont déjà consommées.

Il est certain que du terreau, qui semble avoir été épuisé par l'eau de tous ses principes solubles, étant abandonné dans l'air pendant quelque temps, fournit de nouveau des solutions colorées, et même plus colorées que les premières, par suite de la fermentation qu'il a subie au contact de l'air et qui a changé une nouvelle dose de matières insolubles en principes solubles.

Dans l'air humide, le terreau absorbe de l'oxygène et dégage un volume égal d'acide carbonique, en même temps qu'il se produit des matières azotées solubles ou volatiles, ammoniaque et acide azotique. Cette action ne cesse jamais, en sorte que le terreau est une source continuelle d'acide carbonique et de nourriture soluble dont les racines des plantes peuvent profiter.

Mais il n'agit pas seulement par ses éléments organiques sur la végétation; il opère encore par les substances minérales qu'il offre aux plantes, précisément dans un état où leur absorption est facile, à mesure que se décomposent les matières organiques qu'il contient. C'est ainsi que par une de ces admirables harmonies de la nature, une génération qui finit facilite le développement de celles qui la suivent!

L'humus est produit continuellement à la surface de la terre; il se mélange aux matières terreuses qui constituent le sol, et il est la cause principale de leur fertilité. Ceci est démontré par tous les faits de pratique. Il n'y a pas un cultivateur qui ne sache que plus il y a, dans un terrain quelconque, de débris organiques en état de décomposition, plus ce terrain est, en général, favorable à la végétation, et qu'enfin les plantes périssent quand il n'y a pas renouvellement de l'humus végétal. C'est au moyen des fumiers et autres engrais qu'on restitue au sol les principes fertilisants fournis par ce dernier aux récoltes qui se sont succédé.

Les proportions de l'humus ou des matières organiques en décomposition, dans les différents sols, sont excessivement variables, ainsi que nous l'avons déjà vu.

Les terrains tourbeux en contiennent de 50 à 70 pour 100 de leur poids ; mais c'est un terreau *acide*, qui a besoin d'éprouver de profondes modifications de la part des alcalis pour devenir favorable à la végétation des plantes alimentaires. Le sol des forêts, les vieux pâturages, sont encore dans le même cas. — Il existe quelquefois jusqu'à 25 pour 100 de terreau dans les terres de jardins et dans la couche arable d'un petit nombre de sols riches, cultivés depuis longtemps ; mais il y en a généralement moins, même dans les meilleures terres. — Les sols très argileux en renferment parfois de 10 à 12 pour 100. — Les bonnes terres à froment en contiennent habituellement de 4 à 8 pour 100. — L'orge en exige de 2 à 3 pour 100. — L'avoine et le seigle peuvent prospérer sur un terrain qui n'en renferme que 1 1/2 pour 100.

Mais la partie organique du terreau se détruit peu à peu, en présence de l'humidité et de l'air, puisque l'oxygène de ce fluide la convertit en acide carbonique ; avec le temps elle se dissipe, et il ne reste plus que les matières fixes, salines et terreuses, qui s'y trouvaient.

« Cette destructibilité de la terre végétale, dit de Saussure père, est un fait sans exception, et, toutes les fois que les cultivateurs ont voulu suppléer aux engrais par des labours trop fréquemment répétés, ils en ont fait la triste expérience : la terre s'est appauvrie graduellement et les champs sont devenus stériles. » Ce phénomène est d'autant plus apparent et rapide à se produire, que l'on s'avance du nord vers le midi, et c'est pour échapper à ces résultats désastreux que les cultivateurs des pays chauds (Amérique, Afrique, Algérie) ne labourent leurs terres que très superficiellement.

Nous devons à M. Boussingault une expérience directe qui démontre bien la combustion lente du carbone dans une terre végétale soumise à l'action de l'humidité, de l'air et de la lumière.

Cet habile expérimentateur a placé, le 29 juillet 1858, dans un vase cylindrique en verre de deux centimètres de profondeur, 120 grammes de la terre du potager de Liebfrauenberg (Alsace). Cette terre, formant une couche d'un centimètre d'épaisseur, a été entretenue constamment humide avec de l'eau distillée exempte d'ammoniaque. Trois mois après, M. Boussingault a recherché si elle renfermait encore les mêmes proportions de carbone et d'azote. Voici les résultats comparés des deux analyses :

Carbone dans 120 grammes, avant l'exposition à l'air............	2,916
— après la jachère de 3 mois.........	1,926
Perte en carbone..........	0,990
Azote, dans la même terre, avant l'exposition à l'air............	0,3132
— après la jachère................	0,3322
Gain en azote........	0,0190

Il ressort donc bien de cette observation que la terre arable, en abandonnant, par la combustion lente, une partie du carbone appartenant aux matières organiques qu'elle récèle, ne perd pas d'azote ; qu'elle en acquiert, au contraire, dans une certaine proportion, sous la forme d'ammoniaque ou d'acide azotique.

De l'azote des sols arables. — Il est un autre principe essentiel des sols arables dont, pendant longtemps, on n'a tenu aucun compte, mais dont aujourd'hui on reconnaît bien l'importance comme élément de fertilité. Ce principe, c'est l'azote.

Tous les faits acquis par la science jusqu'à ce jour démontrent que l'azote est un des éléments les plus nécessaires au développement des plantes, et que les agents de fertilisation par excellence sont ceux qui renferment le plus de ce principe condensé sous un petit volume. Ils montrent encore que les besoins d'engrais ou de substances azotées, que réclame un sol arable quelconque, sont en rapport direct avec les quantités d'azote soustraites à ce sol par les produits antérieurs récoltés.

Par conséquent, toutes circonstances étant égales d'ailleurs, une terre sera d'autant plus riche ou plus fertile qu'elle renfermera naturellement plus d'azote.

Mais comment et sous quelle forme l'azote se trouve-t-il dans le sol ?

Il y est sous trois états bien distincts :

1° Comme principe élémentaire des matières organiques de nature animale qui entrent dans la composition de l'humus ou des engrais ; par conséquent, engagé dans un état de combinaison qui ne lui permet pas de passer immédiatement dans les plantes, et ne pouvant contribuer à la nutrition végétale qu'autant que cet état de combinaison est détruit et qu'il se forme des composés solubles et ammoniacaux facilement assimilables ;

2° A l'état d'ammoniaque ou de carbonate d'ammoniaque, provenant de la décomposition des matières azotées, ou de l'introduction des eaux de la pluie, qui contiennent toujours du carbonate ou du nitrate d'ammoniaque en dissolution ;

3º A l'état de nitrates ou d'azotates de chaux, de magnésie, de potasse et d'ammoniaque, qui se forment continuellement par une série de réactions chimiques dont l'ensemble porte le nom de *nitrification*.

Avant d'aller plus loin, il est convenable de mettre hors de doute que, dans les sols propres à la culture, il y a de l'azote combiné, mais en proportions variables suivant la profondeur.

Voici des résultats d'analyses que nous empruntons à M. I. Pierre. Ce chimiste a dosé l'azote combiné (non compris les nitrates) contenu dans deux champs-des environs de Caen.
— L'un supporte habituellement de belles prairies artificielles, et n'avait pas reçu d'engrais directement depuis quatre ans.
— L'autre est en assez mauvais état, négligé depuis un ou deux ans, et recouvre des carrières de pierres calcaires.

D'après les quantités d'azote qu'il a retirées de chaque kilog. de terre sèche, et en ramenant le tout à l'hectare, M. I. Pierre représente ainsi qu'il suit les proportions d'azote combiné à diverses profondeurs :

POUR LE PREMIER CHAMP.

Dans la 1re couche de terre jusqu'à 20 centim. de profondeur..... 6,636 kil.
Dans la 2e — de 20 à 40 centimètres.................... 4,628

POUR LE DEUXIEME CHAMP.

Dans la 1re couche jusqu'à 25 centimètres.................... 8,366 kil.
Dans la 2e — de 25 à 50 centimètres.......... 4,959
Dans la 3e — de 50 à 75 centimètres.................... 3,479
Dans la 4e — de 75 centimètres à 1 mètre.................. 2,816

Ces résultats, considérés dans leur ensemble, montrent que, sans tenir compte des nitrates qu'elle contient, une couche de terre d'un mètre d'épaisseur peut renfermer des masses considérables de matières azotées, destinées par la Providence à subvenir à l'entretien et au développement des récoltes à venir.

On voit également que les racines des plantes fourragères pivotantes, lorsqu'elles pénètrent à des profondeurs considérables, peuvent encore y trouver en proportions assez importantes les éléments nécessaires à leur développement.

Il est facile de comprendre, en présence de ces résultats, comment le trèfle peut, sans nuire à la fertilité des couches superficielles, trouver dans le sol, pendant les deux années de sa durée, les 264 kilog. d'azote nécessaires à la production de ses quatre coupes :

Comment le sainfoin peut y trouver, tout en enrichissant

par ses débris la couche céréalifère, les 335 kilog. d'azote dont l'analyse indique la présence dans le produit de ses trois années d'existence ;

Comment la luzerne, sans affamer la couche supérieure du champ qui la nourrit pendant cinq ans, peut prélever sur celui-ci, à l'état de fourrage, près de 800 kilog. d'azote en combinaison ;

Comment enfin les racines de cette plante, qui cessent de se développer normalement dès que la nourriture leur fait défaut, peuvent encore trouver, à deux mètres de profondeur, l'un des éléments que l'on s'accorde à considérer aujourd'hui comme les plus indispensables à la végétation.

Lorsqu'on sait que les engrais qu'on applique aux terres de culture sont ordinairement incorporés dans la couche supérieure à une profondeur qui dépasse rarement 20 à 25 centimètres, on est porté à admettre que cette masse d'azote, trouvée dans le sol à une plus grande profondeur, ne doit pas y avoir été introduite par l'homme directement, et que les matériaux constitutifs du sol primitif avant toute culture, même avant leur désagrégation, pouvaient contenir en combinaison une portion plus ou moins importante de l'azote qui s'y trouve aujourd'hui.

M. Boussingault, de son côté, en s'occupant à constater la présence de l'azote combiné, mais seulement dans la couche superficielle des sols arables, a distingué les trois formes générales sous lesquelles il s'y montre, et a pu établir la quote-part de chacune d'elles.

Voici ce qu'il a trouvé dans 1 kilog. de diverses terres séchées à l'air :

TABLEAU.

	AZOTE DES MATIÈRES ORGANIQUES.	AMMONIAQUE TOUTE FORMÉE.	NITRATES ÉQUIVALENTS A NITRATE DE POTASSE.
Terreau des maraichers de Paris........	10 gr, 503	0 gr, 148	1 gr, 071
Terreau de couche d'un jardin de Verrières...............................	5 281	0 084	0 940
Terre d'un potager de Bischwiller; sol sablonneux fortement fumé...........	2 951	0 020	1 526
Terre légère du potager de Liebfrauenberg................................	2 594	0 020	0 175
Terre forte très argileuse de Bechelbronn, venant de porter du blé.......	1 397	0 009	0 015
Terre des bords du Rio-Madeira (Amazone), argileuse; forêts, cultures de tabac et de canne à sucre...........	1 428	0 090	0 004
Terre prise à l'embouchure du Rio-Trombetto (Amazone), très argileuse; forêts, cultures tropicales.................	1 191	0 030	0 001
Terre prise à l'embouchure du Rio-Negro (Amazone), sable jaune très divisé, d'origine granitique; steppe recouvert d'herbes............................	0 683	0 038	0 001
Terre des bords du lac de Sarraca (Amazone); mélangé d'argile et de sable; cultures tropicales.................	1 820	0 042	»
Terre du plateau de Santarem, élevé de 200 à 300 mètres au-dessus de l'Amazone; sables et argiles avec débris abondants de matières végétales; sol très fertile; riches cultures de cacaotiers...	6 490	0 083	0 011
Terre des bords du Rio-Cupari, au point de jonction avec le Rio-Tapojo; terreau de feuilles naturel des plus fertiles; de 1 à 2 mètres d'épaisseur..............	6 850	0 525	»

Quelles sont ces matières organiques azotées des sols arables ?
Est-ce seulement de l'acide ulmique ou ses congénères ? N'y
a-t-il pas d'autres composés différents ? C'est ce qu'il serait
assez difficile de préciser dans l'état actuel de nos connaissances.
Toujours est-il qu'une partie de l'azote du sol existe à l'état élémentaire dans certaines matières organiques plus ou moins
analogues à l'*humus parfait* de Soubeiran.

De l'ammoniaque des sols arables. — Voyons maintenant,
en particulier, ce qui concerne l'ammoniaque du sol, état sous
lequel l'azote paraît être assimilé par les plantes et sous lequel
il influe notablement sur la fertilité des terres.

L'ammoniaque du sol doit être divisée en trois parties:

1° L'une, qui est retenue comme en réserve par les éléments
absorbants du sol, argiles, oxydes de fer, etc. ;

2° Une autre, qui est employée immédiatement au profit de

la végétation, principalement sous forme d'ulmate d'ammoniaque ;

3° Enfin, la troisième part, échappant à ces deux causes d'absorption, s'évapore et se disperse dans l'atmosphère. Lorsque le sol est richement garni de plantes, la vaporisation de cet alcali doit être retardée, et alors cette partie d'ammoniaque doit augmenter vraisemblablement celle qui tourne au profit de la végétation.

La proportion d'ammoniaque répandue dans l'air est bien peu de chose comparativement à celle que l'on a trouvée dans le sol. Il ne sera pas inutile d'entrer à cet égard dans quelques développements.

Le gaz ammoniac se forme à chaque instant autour de nous et se dégage dans l'atmosphère, soit libre, soit combiné aux acides carbonique et sulfhydrique. En effet, c'est un des produits constants de la respiration des hommes et des animaux, de la décomposition spontanée des matières organiques, et notamment des matières animales qui admettent de l'azote au nombre de leurs éléments ; de là, sa présence dans l'air expiré des poumons ; de là, son dégagement pour ainsi dire permanent dans les fosses d'aisance, les charniers remplis d'immondices, les tas de fumiers, les cimetières, etc. — Il se forme encore par suite de la décomposition de l'eau pendant l'oxydation du fer, la sulfatisation des pyrites au contact de l'air humide. Le calcination des matières organiques, la combustion de la houille, en dégagent aussi. Dans les pays volcaniques, on remarque parfois des dégagements de carbonate d'ammoniaque. — Enfin plusieurs plantes, surtout à l'époque de la floraison, exhalent de l'ammoniaque.

Il n'est donc pas étonnant qu'il y ait constamment de l'ammoniaque dans l'air atmosphérique, et que les eaux pluviales, la neige, la rosée, les brouillards, en renferment de petites quantités, comme Liebig, M. Boussingault et autres chimistes l'ont constaté. C'est à l'état de carbonate que cet alcali existe habituellement dans l'air ; mais, dans les temps d'orage, il y est à l'état de nitrate.

D'après M. Frésénius, il y aurait :

	EN AMMONIAQUE, PAR 1,000 KIL. D'AIR.	EN CARBONATE D'AMMONIAQUE.	EN AMMONIAQUE, PAR MÈTRE CUBE.
Dans l'air du jour......	0,098 gr.	0,283 gr.	0,12 milligr.
— de la nuit....	0,169	0,474	0,20
En moyenne..........	0,133	0,379	0,17

3.

D'autres chimistes ont trouvé des quantités un peu plus fortes, mais très variables entre elles. Si l'on admet, avec M. Marchand, que l'atmosphère pèse 5,263,623,000,000,000,000 de kilog., et qu'on suppose que sa composition soit partout identique, il résulterait des expériences de M. Frésénius que l'air contiendrait, en moyenne, 4,079,042 kilog. d'ammoniaque.

Cette quantité, toute faible qu'elle soit, serait plus que suffisante, comme l'a dit Liebig, pour approvisionner d'azote les milliers de millions d'hommes et d'animaux qui vivent à la surface du globe.

En 1851, M. Barral a déterminé avec soin les proportions d'ammoniaque dans les eaux de pluie de tous les mois de l'année. Il a trouvé, en moyenne, 3 grammes 61 par mètre cube d'eau de pluie tombée à Paris dans les six derniers mois de 1851. Il suit donc, d'après cela, que, pendant cette période, la surface d'un hectare de terrain aurait reçu 7 kilogrammes 670 grammes d'ammoniaque.

Des analyses subséquentes, faites à Paris et en Alsace par M. Boussingault, à Lyon par Bineau, à Caen par M. I. Pierre, à Marseille par M. Martin, à la Saulsaie (Ain) par M. Pouriau, démontrent la présence constante de l'ammoniaque dans les eaux de pluie, mais dans des proportions tantôt plus fortes, tantôt plus faibles, que celles trouvées par M. Barral, ce qui ne doit pas surprendre, puisque les causes de production de l'ammoniaque doivent varier dans chaque localité et à chaque moment.

Les rosées sont beaucoup plus riches en ammoniaque que les eaux pluviales, aussi Bineau porte à 29 kilog. l'ammoniaque qu'elles fournissent à 1 hectare de terre.

M. Boussingault a trouvé dans l'eau provenant de la condensation d'un brouillard très épais, et qui avait duré deux jours et demi, la proportion énorme de 50 millig. d'ammoniaque par litre.

Les eaux des sources, des rivières, des fleuves, contiennent aussi de l'ammoniaque, de 9 à 72 centièmes de millig. par litre.

D'après tous ces faits, il est constant que les pluies, les neiges, les rosées et les brouillards ramènent continuellement dans le sol la majeure partie de l'ammoniaque répandue dans les couches atmosphériques. Il n'est donc pas surprenant de trouver cet alcali dans toutes les terres, même les plus incultes.

Toutefois il faut bien se garder d'admettre avec M. Krocker, qui a voulu doser l'ammoniaque des terres arables, mais qui a suivi un procédé très fautif, que

Chaque kilog. de terre argileuse non fumée contienne jusqu'à 1 gr. 70 d'ammoniaque ;

Chaque kilog. de sable presque pur en renferme jusqu'à 0 gr. 31 ; ce qui porterait à

10, 157 kilog. l'ammoniaque contenue dans l'hectare de l'argile et à 2, 022 kilog. celle contenue dans l'hectare du plus mauvais sable, la couche arable étant supposée avoir, dans les deux cas, une épaisseur de 25 centimètres.

M. Krocker a compté, comme ammoniaque toute formée dans ces terres, celle qu'il a obtenue en calcinant celles-ci avec un mélange de soude et de chaux. Il a ainsi confondu avec l'ammoniaque déjà créée celle que produisent toutes les substances organiques azotées, lorsqu'on les traite de cette manière.

Néanmoins Liebig a conclu de ces analyses fautives que, puisque chaque hectare de terre arable contient, sur une profondeur de 25 centimètres, non pas les *éléments de l'ammoniaque*, mais 2,000 à 10,000 kilog. *d'ammoniaque en nature*, il n'y a nul besoin de fournir aux terres des engrais azotés ! On voit, par là, combien l'esprit de système, en faussant les faits, conduit à des conséquences erronées.

Jamais un hectare de sable ne produira, avec ses propres forces, une bonne récolte de blé, ou de fèves, ou de pommes de terre, ou de chanvre ; et cependant avec ces 2,000 kilog. d'ammoniaque, d'après Liebig, il contiendrait en azote :

18 fois plus qu'il n'en faut pour la récolte du blé,
11 — — des fèves,
6 — — des pommes de terre,
2 — — du chanvre.

Un hectare de terre, il faut bien qu'on le sache, peut contenir assez d'azote engagé dans des combinaisons stables, pour représenter jusqu'à 10,000 kilog. d'ammoniaque théoriquement, et donner néanmoins des récoltes chétives, tandis que, fumé avec 250 kilog. d'ammoniaque à l'état d'engrais, il rendra, par la culture, des produits satisfaisants (Kuhlmann).

L'azote peut être, dans la terre arable, sous quatre états bien distincts, ayant chacun un mode d'action fort différent au point de vue agricole, à savoir :

A l'état de matières organiques très difficilement décomposables,

A l'état de matières organiques aisément putrescibles,

A l'état d'ammoniaque toute formée,

A celui d'acide azotique ou mieux de nitrates alcalins.

Confondre ces états, considérer comme directement assimilable par les plantes tout l'azote que représente l'ammoniaque obtenue dans la calcination d'une terre avec la chaux sodée, c'est là une grosse erreur qui a conduit Liebig et son école à formuler cette singulière doctrine, dont les praticiens se sont fort égayés avec raison :

« Qu'il n'y a aucune terre qui ne puisse fournir une récolte sans le secours des engrais, puisque la quantité d'ammoniaque qu'elle renferme est quarante fois plus considérable que celle que réclame la récolte la plus riche en azote ! »

De l'acide azotique des sols arables. — Quant aux nitrates alcalins, autre source d'azote pour les plantes, on les trouve constamment, quoiqu'en bien faible quantité, dans toutes les espèces de terres, et ils s'y régénèrent sans cesse. Dans les pays chauds, dans les Indes, l'Afrique, l'Italie, l'Espagne, c'est surtout du nitrate de potasse qui se forme et existe dans la couche superficielle du sol. Dans les climats tempérés et dans ceux du Nord, ce sont principalement les nitrates de chaux, de magnésie et d'ammoniaque qui se produisent.

Plus les terres sont poreuses, calcaires, et mélangées de matières animales en putréfaction, plus elles se chargent de ces sels, dont la formation spontanée est désignée sous le nom de *nitrification*. Les matières organiques, en se décomposant, émettent de l'ammoniaque ; celle-ci, sous l'influence des bases alcalines du sol, est brûlée par l'oxygène de l'air, et convertie en eau et en acide nitrique, dont les bases s'emparent pour former des nitrates.

Toutefois, l'intervention des matières animales n'est pas indispensable pour que les phénomènes de la nitrification s'accomplissent, puisque dans les cavernes naturelles, à la surface des plaines sableuses, au milieu des déserts où l'on ne voit aucun vestige de ces matières, le salpêtre prend aussi bien naissance que dans l'intérieur de nos habitations. Dans les pays chauds, la fréquence des orages, le nombre et la violence des détonations électriques, peuvent seuls donner l'explication du phénomène de la nitrification des terres, puisque l'on sait que la foudre, en traversant l'air, détermine la formation d'une grande quantité d'acide azotique. Celui-ci, rencontrant l'ammoniaque de l'air, produit de l'azotate que les pluies amènent sur le sol, où les bases alcalines le décomposent et donnent alors lieu aux matériaux salpêtrés.

Liebig avait admis que, dans nos climats, on ne trouvait d'acide nitrique que dans les pluies d'orage. Mais les recherches de M. Barral ont démontré que cet acide se rencontre dans toutes les eaux pluviales, et il en a trouvé, en moyenne, 19 grammes 09 dans chaque mètre cube d'eau de pluie tombée à Paris dans les six derniers mois de 1851 ; d'où il suit que, pendant cette période, la surface d'un hectare de terrain aurait reçu 31 kilog. 830 d'acide nitrique.

Les expériences faites par Bineau à l'Observatoire de Lyon, en 1853, l'ont conduit à des conclusions analogues.

Toutes les eaux terrestres doivent, par conséquent, renfermer et renferment en effet des nitratres, mais en proportions très variables. Il y a bien longtemps déjà qu'on a remarqué que certaines d'entre elles exercent sur les prés des effets extrêmement marqués, quoique souvent on n'y trouve que des traces à peine dosables d'ammoniaque. C'est que ces eaux contiennent ordinairement des nitrates qui concourent comme l'ammoniaque, mieux même que celle-ci peut-être, à la production végétale.

Les eaux des lacs élevés, les sources qui descendent des montagnes granitiques ou quartzeuses, ne présentent que des quantités très minimes de nitrates, tandis que les eaux de rivières dans lesquelles viennent aboutir une partie des eaux provenant des infiltrations à travers le sol donnent de 3 à 18 grammes de nitrates par mètre cube.

Mais ce sont surtout les eaux des puits et notamment ceux des grandes villes qui sont les plus riches en ces sortes de sels. En voici la preuve :

	NITRATE PAR MÈTRE CUBE.
Eau d'un puits de Besançon, d'après M. Deville.........	198 gr.
— des puits de Paris, d'après M. Boussingault.......	206 gr. à 2,163 gr.
de deux puits maraichers des faubourgs de Paris....	1,268 gr. à 1,546 gr.

M. Barral a trouvé dans l'eau écoulée d'un drainage d'une terre argilo-siliceuse 76 millig. 6 d'acide azotique par litre d'eau, ou 145 gram. 2 de nitrate de potasse par mètre cube, c'est-à-dire douze fois plus que n'en contient la pluie d'orage la plus chargée de nitrate d'ammoniaque.

De tout ce qui précède, on doit donc conclure qu'en dehors de toutes les causes qui peuvent engendrer l'acide nitrique dans l'intérieur du sol, celui-ci en reçoit sans cesse de l'air une proportion notable, et que, par conséquent, il doit renfermer partout une certaine quantité de nitrates alcalins et terreux. Mais cette quantité varie singulièrement, toutefois, avec les alternatives de sécheresse et de pluie, avec le plus ou le moins d'engrais qu'on y incorpore. C'est ce qu'on voit très bien par le tableau suivant, dont les données nous sont fournies par un très intéressant Mémoire publié par M. Boussingault, en 1857.

	ACIDE AZOTIQUE REPRÉSENTÉ PAR NITRATE DE POTASSE DANS		
	Un kilog. de terre sèche.	Un mètre cube.	Un hectare.
Sol d'une forêt de pin dans le Haut-Rhin.......	»	»	»
— d'une autre forêt située au sommet d'une montagne des Vosges.	»	7gr,00	»
Sable de la forêt de Fontainebleau............	»	3 27	»
Terre de bruyère de la forêt de Hatten........	»	12 00	»
Terre de prairies des Vosges et du Haut-Rhin...	»	1 à 11 gr.	»
4 échantillons de terres arables de bonne qualité prises dans les vallées du Rhône, de la Loire, de la Marne, de la Seine............ ...	»	» 0 80	»
15 échantillons d'autres terres des mêmes provenances.......................................	»	1 28 1 33	»
Terre à blé des environs de Reims....	»	10 40	»
Terre de la Touraine....................	»	14 00	»
Terre de la Touraine, falunée depuis 5 ans......	»	108 00	»
Terre d'une serre du Jardin des Plantes........	0 06	89 00	»
Autre terre de même provenance...............	0 00	804 00	»
Terre de la serre du jardin botanique de l'Ecole de médecine...........................	0 121	186 50	»
Terre forte prise à 0m,30 de profondeur au-dessous de la précédente...................	0 107	160 50	»
Terre du potager de Liebfrauenberg en août, après 14 jours de sécheresse.............	0 211	316 05	1,055 kil.
Terre du potager de Liebfrauenberg en août, après 20 jours de pluie.................	0 0087	0 13	43
Terre du potager de Liebfrauenberg en octobre, après 14 jours de sécheresse.............	0 298	447 00	1,490

La forte proportion de nitre dans un sol très abondamment fumé, comme celui d'un potager, véritable type de la culture intense, n'a rien de surprenant, dit M. Boussingault. En effet, incorporer dans une terre bien ameublie de l'engrais d'étable arrivé à un état de décomposition très avancé; faire intervenir, soit des cendres, soit de la marne; labourer pour mélanger et pour favoriser l'accès de l'air; établir des rigoles afin d'éviter la stagnation des eaux, c'est fumer un champ, c'est le préparer à porter d'abondantes récoltes. Or c'est exactement ainsi que l'on procède lorsqu'il s'agit d'établir une nitrière artificielle, avec cette seule différence que dans un climat pluvieux, la nitrière est abritée afin de conserver dans la terre des sels aussi solubles que les nitrates.

On voit, dans le tableau, combien les pluies enlèvent ou déplacent les nitrates dans les sols cultivés, puisque le nitre d'un mètre cube de la terre d'un potager a varié de 316 grammes à 13 grammes, suivant qu'on l'avait dosé avant ou après l'arrivée des jours pluvieux.

Si les résultats précédents démontrent qu'à quelques exceptions près les nitrates ne sont jamais dans les terres qu'en proportions assez faibles, ils font toutefois ressortir un fait capital : c'est la fréquence de ces sels dans la terre végétale, soit qu'elle appartienne au sol forestier situé à une telle hauteur au-dessus des vallées, qu'il ne reçoit, comme engrais, rien autre chose que de la pluie, soit qu'elle fasse partie d'un sol labouré auquel on applique la fumure la plus intense.

Les marnes et les craies renferment toujours des traces manifestes de nitrates. M. Boussingault en a trouvé :

7gr,2 par mètre cube dans une marne très blanche du Loiret,
19 0   —   dans la même laissée à l'air pendant plusieurs années,
25 0   —   dans une marne très argileuse des buttes de Chaumont, près Paris,
16 0   —   dans la craie supérieure des carrières de Meudon, près Paris.

Si l'on dépouille ces marnes de leurs nitrates par des lavages, et qu'on les abandonne pendant plusieurs mois au contact de l'air, elles en fournissent une nouvelle quantité. Il en est de même des terres arables qu'on a lessivées et qu'on remue fréquemment ; elles ne tardent pas à se nitrifier de nouveau.

Acide carbonique du sol. — Un autre principe constant des sols arables, qui n'a pas moins d'influence sur le développement des plantes que les précédents, c'est l'acide carbonique libre, dont nous allons maintenant nous occuper.

Les terres arables jouissent, comme toutes les matières perméables et poreuses, de la propriété d'absorber l'air et les gaz, et de les retenir condensés dans leurs pores. Il est facile de comprendre que, sans cesse en contact avec le fluide de l'atmosphère, contact qui se trouve renouvelé et multiplié par les opérations mécaniques du labourage et du hersage, continuellement humectées, d'ailleurs, par les rosées et les pluies toujours saturées d'air, les terres doivent contenir de l'air en fortes proportions.

Mais cet air, confiné dans les interstices laissés par les particules du sol, ne tarde pas à être modifié dans sa composition. C'est ce qui résulte des nombreuses analyses d'air confiné exécutées, en 1852, par MM. Boussingault et Lévy. Voici les principales conclusions de leur important travail sur cette question.

L'air atmosphérique ordinaire, dans son état normal, a la composition suivante, sur 100 parties en volumes :

Azote.. 79,10
Oxygène... 20,90
Acide carbonique................................... 0,0004

Il renferme donc 4 décilitres d'acide carbonique par mètre cube, ce qui équivaut à 0 gr. 216 de carbone.

Dans le sol, l'air est constamment plus chargé d'acide carbonique. Par exemple, la moyenne obtenue dans les terres cultivées qui n'avaient pas été fumées depuis un an serait, par mètre cube, de 9 litres d'acide carbonique contenant près de cinq grammes de carbone, c'est-à-dire 22 ou 23 fois autant que l'air normal.

Dans les sols récemment fumés, la différence a été bien plus grande encore, puisque l'air pris dans la terre d'un champ où le fumier était incorporé depuis neuf jours renfermait, par mètre cube, 98 litres d'acide carbonique, soit 53 gr. de carbone : environ 245 fois autant que dans l'air extérieur.

Le développement de cette quantité, relativement considérable, d'acide carbonique dans l'air engagé dans la terre végétale, provient évidemment, en grande partie, de la combustion lente du carbone des matières organiques, telles que l'humus, les débris de plantes, les engrais. Cela semble si vrai, que, dans la plupart des cas, le volume du gaz acide carbonique développé représente, à peu de chose près, le volume du gaz oxygène qui a disparu.

Voici les résultats en chiffres, donnés par MM. Boussigault et Lévy, des nombreuses analyses qu'ils ont faites sur l'air extrait des terres arables de diverses natures :

	OXYGÈNE. DANS 100 VOLUMES D'AIR CONFINÉ.	AZOTE.	AC. CARBONIQUE	AIR CONFINÉ DANS 1 HECT. DE TERRE.	AC. CARBONIQUE DE L'AIR CONF. DANS 1 HECT. DE TERRE.
Sol léger, sablonneux, fumé depuis 10 jours.	10,35	79,91	9,74	824 mèt. cub.	18 mèt. c.
Champ de carottes.....	19,50	79,57	0,93	813	8
— de vignes......	19,72	79,22	1,06	988	10
Terre végétale d'une forêt des Vosges......	19,61	79,50	0,87	412	4
Loam, sous-sol de cette forêt..............	19,66	79,55	0,79	247	2
Sable, sous-sol de cette forêt..............	»	»	0,24	309	1
Champ d'asperges an-					

ciennement fumé....	19,02	80,24	0,74	782	6
Champ d'asperges ré-cemment fumé......	18,80	79,66	1,54	782	12
Sol très riche en hu-mus..............	16,45	79,91	3,64	1,472	54
Champ de betteraves...	19,71	79,42	0,87	824	7
— de luzerne......	20,04	79,16	0,80	772	8
— de topinambours.	19,99	79,35	0,66	720	5
Prairie..............	19,41	78,80	1,79	566	10

Il ressort donc de ces recherches :

1° Que dans un hectare de terre arable, fumée depuis près d'une année, l'air confiné contient à peu près autant d'acide carbonique qu'il s'en trouve dans 18,000 mètres cubes d'air atmosphérique ;

2° Que dans l'air renfermé dans un hectare de terre arable récemment fumée l'acide carbonique, dans certaines circonstances, représente celui qui est contenu dans 200,000 mètres cubes d'air normal ;

3° Que dans le loam, sous-sol d'une forêt, en prenant l'épaisseur de 35 centimètres adoptée pour la terre arable, l'air confiné contient autant d'acide carbonique qu'il y en a dans 5,000 mètres cubes d'air pris dans l'atmosphère.

Avant les belles expériences de MM. Boussingault et Lévy, on était bien loin de supposer qu'il y eût autant de gaz acide carbonique emprisonné dans les particules de la terre arable.

C'est à l'action du terreau, du fumier et des autres engrais organiques sur l'oxygène de l'air absorbé par la terre arable et retenu entres ses parties, qu'il faut rapporter, avons-nous dit, la production de cet acide carbonique. Chaque particule de matière organique, ainsi placée au contact de cet air souterrain, est un foyer d'où émane constamment du gaz acide carbonique; émanation bien faible, mais assez continue pour modifier la composition de l'air atmosphérique dont le sol est imprégné.

C'est dans cette atmosphère souterraine que se développent et vivent les racines, et il est très vraisemblable de penser que c'est dans cet acide carbonique du sol, plus que dans celui de l'atmosphère, qu'il faut chercher la principale source du carbone assimilé par les récoltes.

M. Corenwender a publié, en 1856, une série d'expériences qui confirment celles de Th. de Saussure, aussi bien que celles de MM. Boussingault et Lévy. Il a constaté qu'en remuant une terre argileuse avec un couteau pour renouveler les surfaces et imiter jusqu'à un certain point l'effet des labours, des binages et des sarclages profonds, il en sort une plus grande quantité d'acide carbonique que de la même terre non remuée. « Il est évident, dit-il, que par cette opération on soumet à l'action comburante de l'oxygène de l'air de nouvelles molécules de matières organiques, préservées jusqu'alors par le tassement du sol. — Il y a bien longtemps qu'on suit cette pratique en Angleterre. — Je n'obtiens jamais de meilleure récolte en turneps, dit lord Leicester, qu'en remuant profondément le sol entre les lignes. — Moi-même, ajoute M. Corenwender, j'ai pu apprécier les bons résultats obtenus par cette opération. »

Des matières salines des sols. — Indépendamment des matières organiques azotées et non azotées contenues dans l'humus, de l'ammoniaque combinée, des nitrates alcalins et terreux, de l'acide carbonique libre, qui existent dans les sols cultivables, et dont nous connaissons maintenant l'origine, il y a encore, dans des proportions excessivement restreintes, certaines matières salines qui ne remplissent pas des fonctions moins importantes que les principes précédents, et dont pendant fort longtemps on s'était peu préoccupé au point de vue agricole.

Nous voulons parler de ces silicates, phosphates, sulfates, carbonates et chlorures alcalins et terreux qu'on ne rencontre, pour ainsi dire, qu'en quantités infinitésimales, mais qui se montrent dans toutes les terres superficielles, même celles sur lesquelles la main de l'homme ne s'est pas encore exercée pour les rendre propres à la culture.

L'origine de ces matières salines n'est pas difficile à comprendre : dans tous les terrains, il y a, disséminés en plus ou moins fortes proportions, des fragments de minéraux dont se composaient les roches qui leur ont donné naissance. Ces fragments, qu'on peut découvrir facilement à l'aide de la loupe, sont des silicates à bases de potasse, de soude, de chaux, de magnésie, d'alumine, qui, bien que très durs et résistants, non solubles dans l'eau, sont cependant susceptibles d'être attaqués, désagrégés, modifiés par l'action combinée et incessante de l'eau, de l'oxygène de l'air, de l'acide carbonique, comme aussi par les alternatives de chaleur et de froid ; en sorte que peu à peu ils donnent naissance à de nouveaux composés solubles, des carbonates alcalins, des bicarbonates de chaux et de magnésie, de la silice hydratée gélatineuse, que les racines des plantes peuvent absorber.

Cette désagrégation des débris atténués des roches primitives s'effectue d'autant mieux que le sol est plus perméable, et que ses différentes parties sont mises plus fréquemment en contact avec l'air.

Les actions mécaniques et chimiques, qui ont opéré, dans l'origine, la destruction des roches superficielles et contribué ainsi à la formation des terres de culture, ne s'arrêtent jamais.

Si les silicates terreux et alcalins qui constituent les granits et autres roches dures peuvent être ainsi, avec le temps, convertis en bicarbonates et en silice gélatineuse solubles, à plus forte raison les argiles, les schistes et autres roches alumineuses, les calcaires, qui renferment tous des silicates, des sulfates, des phosphates alcalins ou terreux en quantités appréciables, doivent-ils éprouver cette action des éléments de l'air qui met à nu tout à la fois de la silice soluble, des alcalis et des sels alcalins, des bicarbonates et des phosphates que l'eau chargée d'acide carbonique ou de matières organiques peut dissoudre.

Or il n'est pas de terres végétales qui ne contiennent au moins des traces de matière argileuse ou calcaire, des débris de coquilles fossiles plus ou moins riches en phosphates de chaux et de magnésie.

Mais il est une autre source des matières salines qu'on rencontre dans tous les sols ; c'est l'évaporation continuelle qui s'opère à la surface des mers. En effet, l'eau, en s'élevant en vapeurs dans l'atmosphère, entraîne avec elle une quantité notable des matières salines qui y sont en dissolution. Il est certain que l'air qui flotte sur la mer trouble en tous temps la solution de nitrate d'argent.

Dans les régions voisines de l'Équateur, sous la zone torride, la vaporisation s'opère avec une très grande rapidité, puisque, selon de Humboldt, l'épaisseur de la tranche liquide susceptible de se vaporiser est, en moyenne, de $3^{millim}4$ à l'ombre, et de $8^{millim}8$ au soleil pour chaque jour. Dans ces conditions, l'eau des mers cède mécaniquement aux molécules d'eau douce qui se vaporisent d'autres particules contenant tous les principes salins qui la minéralisent.

Chaque courant d'air, quelque faible qu'il soit, qui passe à la surface des eaux, enlève donc, avec les millions de quintaux d'eau de mer qui se vaporisent annuellement, une quantité correspondante des sels qui y sont dissous, et porte sur les terres des chlorures de sodium et de potassium, de la magnésie et les autres principes de l'eau de mer. — Dans les tempêtes, dans les ouragans, les vents, agitant, fouettant, divisant avec violence l'eau salée, en détachent à leur tour de nombreuses vésicules saturées des mêmes principes salins. Ceux-ci sont alors trans-portés au sein des nuages et entrent, en proportions variables, au nombre des éléments que l'analyse permet de constater dans les pluies et les neiges. Les expériences de MM. Brandes, Barral, Marchand, Chatin, Meyrac, Pierre, etc., ne laissent aucun doute à cet égard.

La quantité de matières salines apportées ainsi aux terres par les eaux pluviales est considérable, puisque, d'après les re-cherches et les calculs de M. Barral, les matières versées à Paris par les eaux de pluie sur un hectare, en six mois, s'élè-vent aux chiffres suivants :

Ammoniaque.	7kil,032
Acide azotique	29 695
Chlore	5 910
Chaux	13 114
Magnésie	4 450

Voici ce qu'a trouvé M. Marchand dans une eau de pluie tombée à Fécamp le 14 août 1850, par un vent d'est, et dans une eau de neige tombée au même lieu le 27 mars précédent. Cette neige, amenée par un vent de nord-est, provenait évidemment de l'atmosphère océanique :

PRINCIPES DISSOUS.	EAU DE PLUIE.	EAU DE NEIGE.
Acide sulfhydrique libre ou combiné....	Proportion sensible.	?
Chlorure de potassium	Traces.	Indice douteux.
— de sodium	0,01143	0.017037
— de magnésium	Traces.	Traces.
Iodures et bromures alcalins	Id.	Id.
Bicarbonate d'ammoniaque	0,00174	0,001290
Nitrate d'ammoniaque	0,00189	0,001447
Sulfate de soude anhydre	0,01007	0,015627
— de magnésie	Traces.	Traces.
— de chaux	0,00087	0,000877
Matiere animalisée contenant du fer et du calcium	0,02486	0,023846
Eau pure	999,94914	999,939876
	1000,00000	1000,000000

Si nous considérons les chiffres donnés par M. Marchand comme un terme moyen de la constitution générale des eaux atmosphériques pendant l'année, nous arriverons à cette con-clusion, bien digne de fixer l'attention, que, sur un hectare de terre, il tombe annuellement à Fécamp, comme partout ailleurs sans doute, à quelques variantes près :

137 kil.	»	de matières organiques azotées,
90	166 gr.	de soude,
75	843	de chaux,
59	445	de chlore,
53	095	d'acide sulfurique anhydre,
10	972	d'acide azotique anhydre, représentant 2 kil. 846 d'azote,
10	839	d'ammoniaque, représentant 5 838 —
9	»	de magnésie,
4	042	de peroxyde de fer,

plus de la potasse, de l'iode, du brôme, de l'hydrogène sulfuré, etc., en quantités indéterminées.

Tous ces agents restent, en majeure partie, fixés dans le sol,
ou plutôt dans les pores de l'humus qui s'y trouve déjà, car
cette substance jouit, à un degré plus énergique encore que le
charbon, de la remarquable faculté de s'emparer des principes
salins et organiques contenus dans les eaux.

Si bien que les eaux pluviales, qui lessivent les terres sur
leur passage et entraînent dans les cours d'eau, puis dans la
mer, une partie des matières solubles qui contribuent à leur
fertilité, les leur ramènent périodiquement, puisqu'en tombant
de l'atmosphère elles balayent devant elles, si nous osons ainsi
parler, tout ce qui est en suspension ou en dissolution dans
l'espace. Admirable cycle mystérieux qui répand partout les
principes de vie et de fécondité!

Puisque les couches arables superficielles, quelle que soit
leur origine et leur nature géologique actuelle, reçoivent ainsi
constamment des matières salines, des sels ammoniacaux, des
matières organiques, tant par les eaux pluviales, les neiges, les
brouillards marins, que par la désagrégation des éléments des
roches fragmentaires qui y sont disséminées, on comprend très
bien comment les couches terrestres peuvent se couvrir spontanément d'espèces végétales et nourrir des générations successives de *mauvaises plantes*, sans le concours de l'homme et
sans l'apport des engrais que ce dernier introduit dans les terres
dont il veut augmenter la production.

Après ces détails sur l'humus et tout ce qui en dépend, revenons à la composition générale des sols arables.

Les éléments principaux ou dominants de ces sols, avons-
nous dit, sont au nombre de quatre, à savoir : le *sable*, l'*argile*,
le *calcaire* et l'*humus*.

Ces matières, mélangées en différentes proportions, forment
la variété des sols, et, selon que l'une ou l'autre prédomine
dans la masse de la terre arable, on reconnaît quatre princi-

pales espèces de sols, auxquelles on donne les noms spéciaux de *sols sableux, sols argileux, sols calcaires, sols humifères.*

Le sable, l'argile et le calcaire forment l'assiette minéralogique du terrain et ne jouent guère, surtout les deux premiers, qu'un rôle physique ou mécanique par rapport à la végétation. Ils servent à fixer les racines et à empêcher les plantes de céder à la violence des vents : ils servent de réceptacle aux eaux pluviales et aux débris organiques qui doivent concourir à la nourriture des plantes. Ils agissent encore comme matières poreuses pour retenir l'acide carbonique, l'ammoniaque et l'air, dont la présence n'est pas moins indispensable à la végétation.

En ayant égard à la manière dont interviennent dans le développement des plantes les différentes substances que nous avons signalées jusqu'ici comme faisant partie des terres de culture, on arrive à les partager en trois groupes distincts.

Les unes, inertes, insolubles, gardant toujours leur forme *originelle,* n'ont, à proprement parler, d'autre effet que d'offrir un point d'appui aux racines ; elles déterminent la nature agricole des sols. On peut donc les appeler les *éléments mécaniques.* Tels sont le sable, le gravier, l'argile, le calcaire.

D'autres, qui sont destinées à pénétrer dans l'intérieur de l'organisme végétal et à le développer, sont dans un état de solubilité qui en permet l'absorption immédiate par les racines ou les feuilles. Ce sont donc des *éléments nutritifs,* mais directement *assimilables* ou *actifs,* qui déterminent la fécondité des sols. Tels sont l'humus soluble, l'ammoniaque, l'acide azotique, les matières salines solubles, l'acide carbonique gazeux, etc.

Enfin, certaines substances ne peuvent jouer le rôle d'éléments assimilables qu'après avoir perdu leur forme première et éprouvé des transformations qui les amènent à l'état soluble.

Ce sont encore des *éléments nutritifs,* mais que la nature tient, pour ainsi dire, en réserve pour subvenir à des besoins futurs. C'est ce que les cultivateurs appellent la *vieille force* de la terre, c'est-à-dire la durée probable de sa fertilité.

Le tableau suivant, dû à M. G. Ville, est propre à faire ressortir toutes ces distinctions capitales :

I. Eléments mécaniques...............
- Sable.
- Graviers.
- Argile.
- Calcaire.

II. Eléments assimilables actifs.
- organiques.
  - Humus.
  - Azote
    - Ammoniaque.
    - Acide azotique.
  - Acides phosphorique, sulfurique.
    - — carbonique.
- minéraux..
  - Chlore.
  - Silice.
  - Alcalis : potasse et soude.
  - Terres alcalines : chaux et magnésie.
  - Oxydes de fer et de manganèse.

III. Eléments assimilables en réserve.........
- Détritus organiques.
- Humus charbonneux.
- Minéraux indécomposés.

Un terrain ne possède une grande richesse agricole que lorsqu'il réunit, dans une juste mesure, les trois ordres de principes dont il vient d'être question.

CLASSIFICATION ET DESCRIPTION DES SOLS ARABLES.

Maintenant que nous connaissons d'une manière générale la composition des sols arables, et que nous avons une idée du rôle particulier que remplit chacun de leurs principes constituants, il est convenable de passer en revue les différentes espèces de SOLS que la nature nous offre et sur lesquelles l'agriculteur opère.

Déjà nous avons dit que toutes les terres cultivables peuvent être partagées en quatre grandes classes: les SOLS ARGILEUX, les SOLS SABLEUX, les SOLS CALCAIRES et les SOLS HUMIFÈRES. Chacune de ces classes renferme plusieurs variétés utiles à distinguer. Nous y joindrons une autre classe, les SOLS MAGNÉSIENS.

Voici la classification la plus simple que l'on puisse établir à cet égard :

I. SOLS ARGILEUX......
- Sols d'argile pure.
- — argilo-ferrugineux.
- — argilo-calcaires.
- — argilo-sableux.
  - Terres fortes.
  - Terres franches ou *loams* meubles.

II. SOLS SABLEUX......
- — de sable pur.
- — sablo-argileux, ou *loams* inconsistants.
- — quartzeux, graveleux et granitiques.
- — volcaniques.
- — sablo-argileux-ferrugineux.
- — sablo-humifère ou *terres de bruyère*.

III. Sols calcaires. . . . { Sables calcaires.
                           { Sols crayeux.
                           { — tufeux.
                           { — marneux.

IV. Sols magnésiens.

V. Sols humifères. . . . { Terrains tourbeux.
                         { —   marécageux

Nous allons exposer brièvement les caractères distinctifs de ces différentes variétés de sols.

Des sols argileux. — Les sols argileux ou glaiseux sont ceux dans lesquels l'argile prédomine, et qui, par conséquent, possèdent des caractères analogues à ceux que nous avons reconnus aux argiles pures.

Ces sols offrent donc les propriétés suivantes :

1. Ils sont plus ou moins colorés en brun, en jaune ou en rouge.

2. Ils ont l'odeur et la saveur des argiles : ils happent à la langue.

3. Ils ont beaucoup de compacité et de ténacité ; ainsi, quand on en prend une certaine quantité dans la main, la masse s'agglomère et garde longtemps la forme qu'on lui a donnée.

4. Ils présentent de très larges crevasses durant les sécheresses. Ils se couvrent d'eau pendant les pluies, et adhèrent très fortement aux pieds ainsi qu'à tous les instruments aratoires.

5. Après le labour, ils restent en mottes consistantes, comme l'indique la figure 2.

Fig. 2. — *Terre argileuse après labour.*

6. Secs, ils absorbent l'eau en assez grande quantité, souvent deux fois leur poids, pour former une pâte liante et ductile.

7. Quand on met un fragment de terre argileuse dans un acide, tel que l'acide sulfurique étendu de deux parties d'eau, ce fragment ne produit pas d'effervescence, ou n'en produit qu'une très faible.

8. Quand on en place un fragment au milieu des charbons ardents, il durcit peu à peu ; au bout d'une heure d'une forte chaleur, il est devenu compacte et sonore comme de la poterie, et, dans cet état, il ne peut plus absorber l'eau, ni se délayer.

9. Peu de plantes croissent spontanément sur les sols argileux. Voici celles qu'on y rencontre ordinairement :

Sureau yèble.	Lotier corniculé.
Laitue vireuse.	Orobe tubéreux.
Tussilage pas-d'âne.	Agrostide traçante.
Chicorée sauvage.	Aristoloche commune.

L'yèble caractérise surtout les terres fortes et d'ailleurs fertiles. Un cultivateur voulant acheter une terre, son père, aveugle, manifesta le désir de le suivre sur les lieux pour en faire l'examen. Arrivé à l'endroit indiqué, le vieillard descendit de dessus son âne et commanda à son fils d'attacher sa monture aux *yèbles* des bords de la pièce. « Mais, dit le fils, il n'y a point de ces plantes ici, mon père. — En ce cas, repartit aussitôt le vieillard, aide-moi à remonter sur mon âne, et revenons chez nous. »

L'inspection des plantes qui croissent naturellement sur un terrain donne presque toujours des indications sur sa nature; car, s'il est vrai que certaines plantes s'accommodent de terres fort différentes, on peut dire, d'une manière générale, qu'il y a une relation marquée entre la nature minéralogique des terrains et la végétation qui les couvre.

« Il ne faut pas avoir beaucoup voyagé, dit M. de Gasparin, pour se rappeler que les différents terrains présentent un ensemble particulier de végétation qui constitue leur physionomie spéciale et qui, dans nos souvenirs, se lie indissolublement avec les lieux que nous avons visités. »

Il est donc fort utile, pour juger de la nature d'un terrain, de faire attention aux espèces végétales qui s'y développent spontanément. Les anciens agronomes n'avaient pas méconnu cette influence du sol sur la végétation, et nos paysans tiennent encore un très grand compte, dans l'appréciation qu'ils font d'un terrain, des diverses plantes qui viennent librement à sa surface.

Nous venons de voir les principaux caractères des sols argileux. Ces caractères sont d'autant plus prononcés que la proportion d'argile qu'ils renferment est plus considérable.

Ces sols argileux offrent, dans la pratique, d'assez nombreux inconvénients. Nous n'indiquerons que les principaux.

1. Composés de molécules qui ont une grande force d'agrégation, ils sont, plus que tout autre sol, rebelles à la culture. Un des meilleurs moyens de les rendre productifs, c'est de les labourer fréquemment et de les diviser par tous les moyens

1.   4

possibles. C'est surtout à l'égard de ces terres qu'on peut dire, jusqu'à un certain point, *labour vaut fumier*. Les labours doivent être profonds, car presque toujours la couche cultivable a beaucoup d'épaisseur. Mais, pour être labourés, les sols argileux exigent et plus de force et un temps plus propice que les autres : il faut saisir le moment où la charrue peut y entrer sans qu'une excessive humidité fasse agglomérer les parois de la tranche, au lieu de la diviser, et où cependant la terre ne soit pas trop durcie par la sécheresse. Le labour fait, il faut souvent avoir recours, pour diviser les mottes, non seulement à la herse, mais encore aux rouleaux à pointes, à des cylindres très pesants, à l'extirpateur, aux maillets et autres outils à main.

2. La compacité de ces sols les rend très peu perméables aux eaux : aussi faut-il avoir le soin d'y multiplier les tranchées, les fossés et les rigoles profondes, afin de les bien assainir. Les positions basses ne leur conviennent donc pas. D'un autre côté, quand ils manquent d'eau, ils deviennent excessivement compactes et durs; ils compriment les racines, les empêchent de s'étendre et de jouir de la bienfaisante action de l'air, ce qui arrête la végétation et fait presque toujours périr les plantes.

3. Tous les amendements susceptibles de bien diviser le sol leur sont applicables : le sable, les graviers, les marnes calcaires, la chaux, les cendres, les platras de démolition. La chaux surtout réussit à merveille, parce qu'elle attaque l'argile, met en liberté les alcalis que celle-ci renferme et favorise l'assimilation de la silice en la rendant soluble.

Les récoltes enfouies produisent aussi un excellent effet, parce qu'elles sont, à la fois, des engrais et des amendements. Les fumiers longs de litière présentent le même avantage.

4. Les sols argileux s'approprient très bien les engrais, mais ils ne les cèdent aux plantes que lorsqu'ils en ont en surabondance. Il faut donc leur en appliquer une plus grande quantité; mais aussi, lorsqu'ils ont été une fois bien pourvus de sucs nutritifs, ils conservent plus longtemps leur fécondité.

L'expérience a appris aux praticiens expérimentés que lorsqu'ils mettent en culture des terres argileuses épuisées, la première fumure ne paraît produire aucun effet, ce qui prouve que l'argile s'est emparée de l'engrais et le retient énergiquement dans ses pores. Ce n'est qu'après plusieurs fumures que ces terres, en quelque sorte saturées, finissent par produire d'abondantes récoltes.

M. de Gasparin estime que lorsque ces espèces de terres sont dans cet état, elles contiennent, pour chaque centième d'argile faisant partie du sol, 15 grammes environ d'azote par 100 kilogrammes de terre.

« Les données précédentes, ajoute l'habile agronome, sont de la plus haute importance; elles nous apprennent que toute terre argileuse doit posséder un capital d'engrais convenable avant d'être portée à toute sa valeur. Dans les années de sécheresse, où la masse d'argile n'est pas pénétrée d'une suffisante quantité d'humidité, ce capital peut rester improductif; il reparaît en partie par l'effet des saisons plus humides; mais, dans tous les cas, l'existence de ce *capital dormant* est nécessaire pour que le fumier ajouté produise son effet. »

Les fumiers, dans les sols argileux, ne peuvent être appliqués à la surperficie, car leurs parties utiles et solubles seraient entraînées hors du champ par les eaux pluviales, sans que celui-ci en profitât.

5. On ne purge les terrains argileux du chiendent qu'avec une extrême difficulté.

6. Toutes ces circonstances rendent la culture de ces sols beaucoup plus coûteuse, beaucoup plus difficile, et, en général, beaucoup moins profitable que celle des sols légers ou d'une consistance moyenne; de plus, humides et froids pendant la plus grande partie de l'année, ils donnent des produits tardifs, et, fort souvent, de qualité médiocre.

7. Les herbes naturelles produites par ces sols sont grossières et peu succulentes; ils sont peu convenables aux prairies artificielles, aux légumes, à la plupart des récoltes-racines, et généralement aux plantes à racines bulbeuses ou à tubercules, qui y acquièrent du volume, mais qui sont peu nourrissantes et peu savoureuses. C'est surtout dans ces sortes de terrains que la maladie attaque les pommes de terre, et qu'elles y sont de moins bonne qualité. Il en est de même des fruits.

Ces terrains sont également peu favorables à la production de plusieurs espèces de froments de printemps, du seigle, de l'orge, de l'avoine; mais, en revanche, ils sont très propres à la culture des fèves, des choux, du trèfle, et aucun ne peut les surpasser dans celle des froments d'automne; aussi, dans beaucoup d'endroits, sont-ils désignés sous le nom de *terres à froment*.

Les arbres y donnent des bois moins durs, moins sains, et conséquemment de moindre prix que partout ailleurs; ils y sont plus impressionnables aux fâcheux effets des fortes gelées et de diverses maladies.

Mais tous les sols argileux ne présentent pas au même degré

les mêmes- propriétés et les mêmes défauts, car tous n'ont pas la même composition. Disons quelques mots de ces variétés du sol argileux.

1. TERRES ARGILO-FERRUGINEUSES. Ce sont celles qui renferment une forte proportion d'oxyde de fer; elles sont rouges, noires ou de teinte jaunâtre plus ou moins foncée. Dans les premières, l'oxyde de fer, à l'état anhydre, n'est pas nuisible. Il l'est un peu dans les secondes; on distingue celles-ci des terres riches en humus par leur rudesse, leur densité et la nuance rouge que leur donne la calcination sur une pelle. Quant aux terres jaunes, qui renferment l'oxyde de fer à l'état d'*hydrate*, elles sont ou tout à fait impropres, ou du moins très peu favorables à la culture, à moins qu'elles ne renferment beaucoup de matières organiques; soumises au feu, elles deviennent d'un rouge très prononcé. Ce sont, le plus généralement, des terres ou *glaises* plus propres à la confection des briques qu'à toute autre chose.

Les glaises, étant imperméables à l'eau, sont toujours humides. Il est d'usage de les amender par la chaux. On peut aussi recourir avec succès à l'*écobuage* qui leur communique de la friabilité, les rend perméables à l'air et à l'eau, et détruit l'agrégation de l'argile, dont les principes constituants deviennent ainsi plus facilement assimilables.

Les terrains glaiseux sont généralement très difficiles à cultiver à cause de leur ténacité; la plupart sont, pour ce motif, en nature de bois ou de prairies, dans le département du Nord. Cependant ils peuvent donner de riches récoltes quand ils sont convenablement préparés. Les praticiens flamands prétendent que le blé qui croît sur ces sortes de terre pèse plus que celui qui a été semé sur une terre légère; ce fait peut s'expliquer par la plus grande proportion d'engrais que retient la glaise.

Quand on laisse séjourner un échantillon de terre argilo-ferrugineuse dans de l'acide chlorhydrique étendu, le liquide se colore fortement en jaune rougeâtre, au bout de peu de temps, sans qu'il y ait effervescence et sans que la terre perde sensiblement de son volume; la liqueur, très étendue d'eau, fournit un beau précipité bleu abondant avec le prussiate de potasse; elle noircit aussi avec une décoction d'écorce de chêne.

Voici la composition de deux terres argilo-ferrugineuses, qui sont assez fertiles, à cause de l'abondance des débris organiques qu'elles renferment:

TERRE DE CUBA, TRÈS FAVORABLE A LA CULTURE DE LA CANNE A SUCRE, DU CAFÉ, DU TABAC, ANALYSÉE PAR BERTHIER.

Calcaire blanc en petits fragments.....................		0,2
Débris végétaux....................................		
Terre ténue....	Eau et matières organiques............	25,9
	Argile...........................	50,6
	Peroxyde de fer...................	14,0
	Oxyde de manganèse	1,0
	Calcaire.........................	8,0
		99,7

TERRE D'UNE ILE DE LA SEINE EN AMONT DE ROUEN, TRÈS FAVORABLE A LA CULTURE DE LA GARANCE, ANALYSÉE PAR M. J. GIRARDIN.

Sable fin.......	Siliceux........................	11,28
	Calcaire........................	6,77
Débris organiques grossiers et coquilles...............		1,00
Matières solubles dans l'eau...	Humus soluble azoté...............	
	Carbonates et chlorures alcalins........	0,85
	Sulfates alcalins et sels magnésiens......	
Terre ténue...:	Humus insoluble..................	17,30
	Argile..........................	34,60
	Calcaire avec carbonate de magnésie.....	12,18
	Peroxyde de fer...................	16,02
		100,00

2. TERRES ARGILO-CALCAIRES. Ce sont celles qui renferment une proportion notable de carbonate de chaux; aussi font-elles une effervescence sensible avec les acides; la liqueur qu'on obtient fournit un précipité blanc, plus ou moins abondant, avec l'oxalate d'ammoniaque. Elles sont de plusieurs sortes et peuvent présenter divers degrés de fertilité.

Tantôt le calcaire y est disséminé sous forme de sable ou de très petits graviers, et alors elles offrent beaucoup d'analogie, sous le point de vue pratique, avec les TERRES ARGILO-SABLEUSES, dont nous allons parler dans un instant. Tantôt le calcaire, en parcelles invisibles, est intimement mélangé à l'argile; la masse, homogène dans toutes ses parties, constitue alors ce qu'on appelle les ARGILES MARNEUSES. Ces sortes de terrains conservent les eaux de pluie, autant au moins et plus peut-être que les argiles pures. Ils s'en pénètrent si facilement et à des profondeurs telles, qu'il n'est pas rare de les voir réduits en une sorte de bouillie, jusqu'au delà de la portée des plus longues racines des plantes qui les couvrent. C'est assez dire que, dans les années pluvieuses, on ne peut guère compter sur leurs produits.

4.

Le sarrasin, les pommes de terre, les navets, les vesces, etc.,
sont, avec le blé, les meilleures plantes à y cultiver. C'est surtout pour ces sortes de terres que le drainage est indispensable et qu'il produit des effets merveilleux.

Il arrive quelquefois que les ARGILES MARNEUSES servent de
sous-sol à des sables presque purs. De deux terres à peu près
improductives, il est alors possible, sans de grands frais, de
composer un excellent sol, puisqu'il suffit de les mêler et d'attendre un ou deux ans les effets de cet amendement.

Depuis les argiles qui contiennent une faible quantité de carbonate de chaux jusqu'à celles qui perdent ce nom pour prendre celui de *terres calcaires* proprement dites, il existe une foule
de nuances impossibles à décrire utilement.

Voici la composition de quelques terres argilo-calcaires :

TERRE VÉGÉTALE DE PARIGNY, PRÈS DE POUGUES (NIÈVRE).

		ARGILES MARNEUSES.		
		1re	2e	3e
Argile............................	60,8	68	60	64
Calcaire..........................	18,0	10	11	9
Carbonate de magnésie.............	»	3	4	5
Oxyde de fer......................	4,0	2	3	3
Sable.............................	5,0	17	22	19
Eau..............................	11,0	»	»	»
	98,8	100	100	100

Voici les plantes qui croissent spontanément dans les terrains argilo-calcaires, et qui peuvent, jusqu'à un certain point,
les faire reconnaître :

Anthyllide vulnéraire.   Laitue vireuse.
Potentille ansérine.   Sainfoin cultivé.
    —   rampante.   Chondrille joncée.
Mélique bleue.   Frêne commun.

3. TERRES ARGILO-SABLEUSES. Ces terres contiennent une proportion notable de silice ou de sable mélangé à l'argile ; on peut
l'en extraire facilement en agitant, pendant quelques minutes,
une certaine quantité de la terre dans l'eau. Le sable, plus
lourd, se précipite au fond du vase, et l'argile reste en suspension dans le liquide, qu'on fait écouler. Après plusieurs lavages, le sable est pur. On le reconnaît pour du sable siliceux
ou quartzeux, en ce qu'il est insoluble dans l'acide chlorhydrique, et ne fait point avec lui d'effervescence.

Dans la pratique, on distingue les terres argilo-sableuses en *terres fortes* et en *terres franches*.

Les *terres fortes* ont beaucoup de rapports avec les terres argilo-calcaires, et, comme elles, sont généralement plus difficiles et plus coûteuses à cultiver que la plupart des autres; lorsqu'elles sont dans des positions basses et abritées, elles constituent ce qu'on nomme des *terres froides*. Elles donnent des produits de médiocre qualité, et dont la récolte est souvent fort précaire, surtout dans les départements du Nord et du Centre de la France. Les fèves, les trèfles, les turneps, les choux, sont les meilleures plantes à y cultiver. On a souvent plus d'avantages à planter ces terrains en arbres; les bois blancs y viennent très bien.

Voici quelques analyses de *terres fortes* :

TERRE PRODUISANT, ANNÉE COMMUNE, D'ASSEZ BEAUX FROMENTS, ANALYSÉE PAR OSCAR LECLERC THOUIN.

	Échantillons pris dans deux parties différentes du même champ.	
	N° 1.	N° 2.
Argile...	50	49,5
Sable quartzeux.......................................	29	24,0
Calcaire dû en partie à l'usage fréquent de la chaux..	16	18,0
Humus..	5	8,5
	100	100,0

TERRE FORTE DES ENVIRONS DE BERNAY (EURE).

Eau...	25
Argile un peu ferrugineuse............................	34
Sable fin...	32
Calcaire..	
Oxyde de fer..	9
Débris végétaux.......................................	
	100

Les *terres franches* sont moins lourdes et moins froides que les précédentes, et se rapprochent beaucoup, tant par la composition que par la fertilité, des terres *sablo-argileuses*, dont nous allons bientôt parler. Elles conviennent au plus grand nombre des végétaux usuels, et ont rarement besoin d'amendements, parce que les trois éléments terreux y sont dans des proportions presque égales. Elles contiennent de 10 à 30 pour 100 de calcaire.

Voici quelques analyses de *terres franches* :

TERRE FRANCHE TRÈS FERTILE DE LA VALLÉE D'AUGE, CANTON DE PONT-L'ÉVÊQUE (CALVADOS).

Eau..	20
Argile un peu magnésienne............................	40
Sable grossier brunâtre...............................	25
Chaux avec humus....................................	12,5
Oxyde de fer...	2,5
Débris végétaux......................................	
	100,9

TERRE DE MALLEMONT (BOUCHES-DU-RHONE) D'UNE BONNE PRODUCTION POUR LA GARANCE, ANALYSÉE PAR BERTHIER.

Sable quartzeux......................................	20,0
Carbonate de chaux..................................	37,0
—　　　de magnésie...............................	1,0
Argile...	30,5
Oxyde de fer...	6,0
Eau et matières organiques..........................	5,5
	100,0

TERRE FRANCHE PRISE DANS LA COMMUNE DU BOIS-GUILLAUME (SEINE-INFÉRIEURE), ANALYSÉE PAR M. J. GIRARDIN ; DESSÉCHÉE A 100°.

Gros gravier.....	siliceux...........................	3,550
	calcaire...........................	0,560
Sable moyen.....	siliceux...........................	3,500
	calcaire...........................	0,260
Sable fin........	siliceux...........................	40,461
	calcaire...........................	1,094
Gros débris organiques.............................		5,262
Matières solubles dans l'eau........................		1,210
Terre ténue......	Humus insoluble....................	9,289
	Argile.............................	33,063
	Calcaire...........................	0,963
	Phosphate de chaux.................	0,088
	Carbonate de magnésie..............	0,690
	Oxyde de fer.......................	
		100,000

Des sols sableux. — Les SOLS SABLEUX OU SILICEUX sont ceux dans lesquels, comme l'indique leur nom, le sable prédomine. Ils ont des caractères absolument opposés à ceux des SOLS ARGILEUX.

1. Leur couleur et leur aspect varient suivant la nature du sable qui les constitue essentiellement. Ils sont le plus souvent

jaunâtres ou brunâtres, parfois d'un blanc plus ou moins pur qui leur donne, au premier abord, l'apparence de terres calcaires.

2. Ils n'ont aucune consistance, et presque aucune ténacité dans leurs parties; aussi, lorsqu'on en presse une certaine quantité dans la main, la masse s'agglomère mal, reste pulvérulente et facilement divisible.

3. Ils sont rudes au toucher, et n'adhèrent point à la langue.

4. Ils sont très perméables et ne peuvent retenir l'eau; ils sont donc toujours très secs, comparativement à tous les autres terrains, à moins que la couche cultivable soit peu épaisse, et repose sur une couche d'argile.

5. Ils s'échauffent facilement au soleil, et sont toujours arides et brûlants un été.

6. Ils ne contractent nulle adhérence aux pieds et aux instruments aratoires.

7. Après le labour, ils restent pulvérulents, et offrent à peine des traces de sillons, comme le montre la figure 3.

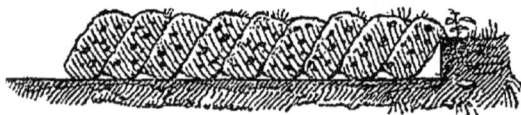

Fig. 3. — *Terre sableuse après le labour.*

8. Ils se délayent facilement dans l'eau, sans former de pâte avec elle, ou du moins ils ne produisent qu'une pâte courte et non ductile.

9. Une terre sableuse, délayée dans l'eau, laisse déposer, en moins d'une minute, une très forte proportion de sable plus ou moins divisé, qu'il est facile de séparer des autres matériaux de la terre par quelques lavages.

10. Une terre semblable ne fait pas d'effervescence, ou n'en fait qu'une très légère avec les acides. Elle y est presque insoluble.

11. La chaleur la dessèche sans la durcir. Elle devient très friable.

13. Les plantes qui se développent spontanément et couvrent habituellement les terrains sablonneux sont les suivantes :

Elime des sables.	Sabline pourpre.	Ciste hélianthème.
Statice des sables.	— à feuilles menues.	— moucheté.
Laiche des sables.	Canche naine.	Oseille petite.
Roseau des sables.	— blanchâtre.	Agrostide des vents.

Fléole des sables.	Fétuque rouge.	Véronique en épi.
Saule des sables.	Orpin âcre.	Saxifrage tridactyle.
Jasione des montagnes.	— blanc.	Filago des champs.
Drave printanière.	Alysse calicinale.	Spargule des champs.
Œillet armérie.	Carline vulgaire.	Bouleau commun.
— des chartreux.	Réséda jaune.	Châtaignier commun.
Plantain corne-de-cerf.	Genêt des Anglais.	Pin maritime.
Géranion sanguin.	— sagitté.	

Les SOLS SABLEUX offrent, dans la pratique, de grands inconvénients; aussi faut-il chercher, par tous les moyens possibles, à y retenir l'humidité. On y parvient en les amendant avec des argiles marneuses, et employant pour engrais les fumiers de cours, ceux des bêtes à cornes, et les récoltes vertes.

Lorsque le sous-sol est argileux, on trouve un grand avantage à le défoncer et à le ramener à la surface. On donne ainsi à la couche cultivable une plus grande profondeur, et celle-ci favorise pour plusieurs années la croissance de la plupart des végétaux, et surtout des plantes à racines pivotantes, telles que luzerne, sainfoin, carottes, betteraves, turneps, etc.

Les terres sableuses manquent de consistance, et, pour peu qu'elles aient une position inclinée, les eaux pluviales les ravinent et détruisent les efforts des cultivateurs. Outre ce grave inconvénient, le sable du sous-sol absorbe l'eau et les engrais liquides, qui s'y infiltrent jusqu'à une profondeur où ils ne peuvent plus servir à la végétation. C'est ce qui fait dire aux habitants des pays sablonneux que ces terres *coûtent cher à nourrir* et cela s'explique parfaitement.

La culture des sols sableux est très facile et peu coûteuse, en raison du peu de cohérence de leurs parties; ils n'exigent pas d'aussi fréquents labours que les autres, parce qu'ils sont facilement pénétrés par les gaz atmosphériques et par les racines. Il est vrai que les mauvaises herbes y germent et s'y multiplient à l'infini, mais il est bien plus aisé de les détruire que dans les sols argileux. Le déchaussement des plantes par suite du gel et du dégel y est moins fréquent, et les produits y sont plus tôt mûrs.

Quand les terrains légers et sablonneux sont convenablement amendés et fournis d'engrais, ils sont propres à la culture de toutes les espèces d'herbages et de grains; et, s'ils sont inférieurs aux terres fortes et argileuses pour la production du froment, ils les surpassent dans celle de l'orge, du seigle et de l'avoine. Ils conviennent mieux aux plantes bulbeuses et à tubercules qu'aux plantes à racines fibreuses.

Parmi les plantes qui doivent fixer l'attention du cultivateur, la pomme de terre est en première ligne ; elle y échappe presque toujours à la maladie, et son produit y est considérable. Comme plantes fourragères, le trèfle et la luzerne sont celles qui lui assurent une récolte certaine. Cette dernière surtout, par la disposition de ses racines pivotantes, qui s'enfoncent souvent à plus d'un mètre de profondeur, souffre rarement des sécheresses auxquelles ces terrains sont exposés.

Les espèces d'arbres propres à former des taillis dans les sols sableux sont le bouleau, le hêtre, le charme, et même le châtaignier et le chêne, si les sables sont fins et profonds. On y plante le premier de ces arbres, et on y sème les autres. Mais, avant tout, il convient que le terrain ait été mis en culture depuis quelques années, qu'on le dispose par des labours profonds, et que l'on ajoute aux plantations ou aux semis, des semis de *joncs marins*. Ceux-ci entretiennent une humidité bienfaisante par leur ombrage, empêchent toute espèce d'herbe de croître et améliorent le sol, en y déposant l'humus produit par les débris de leurs rameaux et la décomposition de leurs racines. Les terres dans lesquelles il a existé des *joncs marins* pendant un certain nombre d'années, remises de nouveau en culture, fournissent plusieurs belles récoltes, sans le secours des engrais.

Pour les plantations de haute futaie, le *pin maritime* ou de *Bordeaux*, le pin d'Écosse ou *sylvestre*, le peuplier blanc ou *ipréau*, le châtaignier et le cerisier sont à peu près les seules espèces à adopter. Les nombreuses plantations d'*ipréau* faites par du Breuil père dans les sables arides de la rive gauche de la Seine, en face de Rouen, prouvent que le peuplier blanc est aussi propre que les espèces résineuses à l'exploitation de ces terres si pauvres.

Examinons maintenant en particulier les principales variétés des SOLS SABLEUX.

1. TERRES SABLO-ARGILEUSES. Elles ne diffèrent des TERRES FRANCHES ARGILO-SABLEUSES que parce que la proportion du sable l'emporte sur celle de l'argile. Ces deux sortes de terres passent, du reste, de l'une à l'autre par des nuances insensibles, et ce n'est qu'autant que le sable est très prédominant qu'on peut distinguer aisément les premières ; elles ont toujours alors un toucher plus rude et moins d'adhérence que les terres franches, et les pluies les rendent moins boueuses que celles-ci. C'est ce que les cultivateurs anglais désignent sous le nom de *loam*.

Les terres sablo-argileuses se couvrent naturellement d'herbes ; les bonnes graminées, le petit trèfle, dominent. Ce sont, sans contredit, les terres les plus fertiles et les plus faciles à cultiver. Tous les engrais leur conviennent ; elles n'exigent ni marnages ni chaulages, au moins dans la plupart des cas. On les trouve dans quelques vallées renommées par leur fertilité, et sur les rives de quelques rivières ; on les retrouve dans les jardins des grandes villes et dans les potagers qui les environnent. — Ce sont surtout les alluvions récentes, sujettes aux inondations, qui offrent la plus grande fécondité. Les inondations les recouvrent d'une couche, souvent très épaisse, d'un limon onctueux, doux au toucher, qui contient en forte proportion de l'argile ou du calcaire très divisé, et toujours beaucoup de matières organiques à divers degrés de décomposition. Les bords du Nil, les rives de la Loire, les prairies des bords de la Seine, et en général toutes les îles submersibles, sont remarquables par leur prodigieuse fécondité.

Voici la composition chimique de quelques *terres sablo-argileuses*.

TERRE ARABLE DES BORDS DU NIL, OU LIMON DU NIL, ANALYSÉE PAR MM.

	Payen et Poinsol.	Lassaigne.	Silliman.	
Silice......................	54,27	42,50	47,39	
Alumine.	10,77	24,25	32,10	
Oxyde de fer................	13,18	13,65	11,20	
Carbonate de chaux...........	6,33	3,85	2,02	} avec crénate de chaux.
Chaux......................	2,86	»	»	
Magnésie.	»	1,05	»	
Carbonate de magnésie.........	4,09	1,20	»	
Sulfate de chaux..............	0,37	»	»	
Oxyde de manganèse...........	»	»	Traces.	
Matières organiques solubles.....	0,35 }	2,80	6,90	
— insolubles. ..	4,46 }			
Chlorures alcalins.............	0,07	»	»	
Eau	3,25	10,70	»	
	100,00	100,00	99,61	

Il est facile de voir que les trois analyses n'ont pas porté sur les mêmes échantillons de terre.

M. de la Jonchère a trouvé que le limon du Nil, à l'état normal, contient 2,10 d'azote pour 1000. Ce chiffre se rapproche de celui que Payen a trouvé pour les terres fertiles. En effet, 1000 parties des terres suivantes, à l'état sec, lui ont donné :

Terre de Boulbenne (Haute-Garonne)... 0,7 d'azote.   Terre peu fertile.
  — de la Cour-Neuve, près Paris.... 2,2 —
  — de Limoges.................. 3,2 —   Terres très fertiles.
  — brune de Russie.............. 1,65 —

SOL FORMÉ PAR LES ALLUVIONS DE LA LOIRE, ANALYSÉ PAR CHAPTAL.

Sable siliceux.. 32
Sable calcaire... 11
Argile.. 31
Calcaire en particules ténues.................................. 19
Débris végétaux... 7
                                                                     —
                                                                      100

TERRE DU LIEUVAIN (HAUTE NORMANDIE), 1re QUALITÉ, ANALYSÉE PAR DUBUC PÈRE.

Sable siliceux rosé très fin............................ 50,0
Alumine... 16,0
Chaux... 12,5
Humus... 2,5
Magnésie, chlorure de calcium..........................
Oxydes de fer, fibres végétales........................ } 7,0
Sel marin...
Eau... 12,0
                                                                      100,0

TERRE D'ORMESSON, PRÈS NEMOURS (SEINE-ET-MARNE), TRÈS FERTILE ET CULTIVÉE EN BLÉ, ANALYSÉE PAR BERTHIER.

Sable quartzeux à grains moyens......................... 15,0
  —   —   très fins..................... 41,5
Argile.. 31,6
Peroxyde de fer....................................... 4,4
Calcaire.. 0,5
Eau et humus.. 7,0
                                                                      100,0

TERRES SABLO-ARGILEUSES DE LA HAUTE NORMANDIE, ANALYSÉES PAR M. J. GIRARDIN.

	Caudebec-lez-Elbeuf.	Francqueville.
Gros gravier siliceux....................	5,80	10,80
Sable moyen siliceux....................	2,50	6,40
Sable fin..............................	70,60	59,56
Gros débris organiques.................	0.28	»
Matières solubles (Humus soluble azoté....	0.07	0.25
dans l'eau... (Sels alcalins..........	0,35	0,40
(Humus insoluble.......	4,60	2,00
(Argile...............	19,40	18,52
Terre ténue.... (Calcaire..............	»	1,03
(Peroxyde de fer.......	Faible quantité.	1,04
	100,00	100,00

I.
                                                                           5

C'est surtout dans ces terres que les forêts se plaisent tout
particulièrement, parce qu'elles renferment de la silice soluble,
des alcalis, et qu'elles sont suffisamment humides.

On voit quelquefois des forêts épaisses sur les terres argilo-
sableuses qui ne renferment pas un atome de chaux, bien que
cette base alcaline entre comme élément essentiel dans les cendres des arbres. Cette anomalie n'est qu'apparente; car les
vents et les pluies suffisent pour amener sur ces terrains les
sels minéraux dont ils manquent. La forêt de Raismes, par
exemple, située au nord-ouest de Valenciennes, est rapprochée
de nombreux affleurements crayeux dont les débris réduits
en poussière et entraînés par les vents peuvent fournir, et bien
au delà, aux besoins de la végétation. De plus, elle croît sur
des sables tertiaires qui empêchent l'excès d'humidité et fournissent des aliments aux plantes par le limon dont ils sont mélangés près de la surface du sol. La forêt de Mormal, dans l'arrondissement d'Avesnes (Nord), est dans le même cas (Meugy).

2. Terres sablo-argilo-calcaires. Ces terres sont des plus fertiles, en raison de la proportion presque égale des trois éléments, terreux. On les rencontre fréquemment sur le bord des
fleuves et des rivières. Dans ce cas, leur fertilité est encore aug-'
mentée, d'abord par l'état de division extrême de leurs éléments puis surtout par la quantité assez forte de matières organiques en décomposition qu'elles renferment.

Voici des analyses de ces sortes de terres :

TERRE RECUEILLIE SUR LES BORDS DE LA SEINE, AU PETIT-QUEVILLY,
PRÈS ROUEN, ANALYSÉE PAR M. J. GIRARDIN.

Sable moyen	Siliceux..............................	3,280
	Calcaire.............................	2,380
Sable fin.........	Siliceux.............................	23,670
	Calcaire............................	15,130
Débris organiques..........................		0,005
Matières solubles dans l'eau...	Humus azoté........................	0,447
	Sels solubles alcalins...............	
	Avec sulfate de magnésie............	0,291
Terre ténue....,.	Humus insoluble....................	4.716
	Argile..............................	32,325
	Calcaire........	13,251
	Oxyde de fer.......................	4,410
	Phosphate de chaux et carbonate de ma-gnésie.............................	0,005
		100,000

SOL DE LA TOURAINE QUI VENAIT DE PRODUIRE UN BEAU CHANVRE,
ANALYSE DE CHAPTAL.

Sable grossier..	49
Argile...	26
Calcaire...	25
	100

SOL A BLÉ TRÈS FERTILE DE DRAYTON, DANS LE MIDDLESEX.
ANALYSE DE H. DAVY.

Sable siliceux et graviers.............................		60,0
	Alumine..........................	11,6
	Silice.............................	12,8
Terre ténue.....	Calcaire...........................	11,2
	Sels et humus.....................	4,4
		100,0

3. TERRES SABLO-CALCAIRES. Ces sortes de terres sont moins
fertiles que les précédentes, en raison de la très faible proportion d'argile qui s'y trouve.

Voici des exemples de ces sortes de terres :

TERRE DES COTEAUX DE SAINT-MARTIN DE BOSCHERVILLE, PRÈS ROUEN.
ANALYSE DE M. J. GIRARDIN.

Gros graviers...	Siliceux...........................	0,530
	Calcaires..........................	13,240
Sable moyen....	Siliceux...........................	4,990
	Calcaire...........................	4,970
Sable fin.......	Siliceux...........................	38,064
	Calcaire...........................	15,410
Matières solubles dans l'eau....	Humus azoté........................	0,200
	Sulfates, phosphates et chlorures alca-lins...............................	2,806
	Sulfates de chaux et de magnésie.......	
Terre ténue.....	Humus insoluble....................	»
	Calcaire...........................	10,826
	Argile.............................	6,270
	Phosphate de chaux.................	1,750
	Oxyde de fer.......................	0,974
	Carbonate de magnésie.............	Traces.
		100,00

TERRE ÉMINEMMENT PROPRE A LA CULTURE DU SAFRAN, DES ENVIRONS
DE PUISEAUX (LOIRET), ANALYSÉE PAR BERTHIER.

Silice et sable quartzeux..............................	45,4
Calcaire...	37,0
Alumine..	9,3
Oxyde de fer...	2,0
Eau et matières organiques.............................	6,3
	100,0

4. Sols de sable pur. On rencontre des sols presque entièrement composés de sable : telles sont les *dunes* ou monticules
qui bordent les rivages de la mer ; telles sont certaines plaines
de sable mouvant, comme celles qui existent sur les côtes méridionales de l'Océan. Si ces sols sont généralement rebelles à
la culture, on peut encore, dans les climats pluvieux, en tirer
parti au moyen des engrais et des amendements. La spergule
est le fourrage qui s'en accommode le mieux. Les pins sylvestre
et maritime, le laricio, le cèdre, y prennent un assez beau développement.

Ces sortes de terrains sont très répandus sur les rives de la
Seine, depuis le Pont-de-l'Arche, jusqu'à Quillebeuf. On les
cultive en seigle, en légumes, surtout en pommes de terre et
en navets.

Voici la composition d'une terre de ce genre prise dans la
commune du Petit-Quevilly, près de Rouen :

Gros graviers...	{	Siliceux........................	9,00
	{	Calcaires......................	0,23
Sable moyen....	{	Siliceux........................	7,25
	{	Calcaire........................	0,30
Sable fin.......	{	Siliceux........................	70,21
	{	Calcaire........................	0,69
Matières solubles	{	Humus soluble azoté.......... 0,1025	
dans l'eau....	{	Sels solubles................. 0,3075	0,41
	(	Humus insoluble................	2,74
	(	Argile.........................	6,80
Terre ténue.....	)	Calcaire.......................	0,95
	(	Peroxyde de fer................	0,91
	(	Carbonate de magnésie.........	0,51
			100,00

Voici, d'après Berthier, la composition d'une terre à seigle
des environs de Nemours, donnant de bonnes récoltes quand
la saison est sèche :

Sable quartzeux................................	90,00
— extrêmement fin......	6,60
Silice..	1,50
Alumine.......................................	0,75
Oxyde de fer..................................	0,30
Carbonate de chaux...........................	0,10
Eau et matières organiques...................	0,75
	100,00

Ce sable, qui est presque pur, n'est cultivé que parce qu'il est très fin, et qu'il est placé dans une plaine au-dessus d'argile plastique qui lui donne constamment de l'humidité.

5. **Terres quartzeuses, caillouteuses, graveleuses, granitiques.** — On donne le nom de QUARTZEUX OU ROCHEUX aux sols qui sont composés, en majeure partie, de fragments plus ou moins volumineux de quartz ou de silice. Tantôt ces blocs font partie de la roche subjacente, tantôt ils sont libres et mouvants : tels sont les champs de la Vendée, de la Bretagne, etc.

On appelle CAILLOUTEUX ceux qui sont formés par des cailloux roulés de 2 à 3 centimètres de diamètre, et GRAVELEUX ceux dont les cailloux ne dépassent pas la grosseur d'une noisette. Ces pierres ne sont pas toutes de même nature; selon la constitution géologique des montagnes dont elles ont été détachées, elles sont tantôt siliceuses, tantôt argileuses, tantôt calcaires; mais les graviers siliceux prédominent toujours dans la masse. Ces sortes de terres sont communes au pied des montagnes; la plaine de la Crau, en Provence, la vallée du Rhône, à son embouchure, les vastes plaines, dites *Graves*, qui s'étendent sur la rive gauche de la Garonne, depuis Langon jusqu'à l'extrémité du Médoc, les plaines de la rive gauche de la Dordogne, etc., en offrent des exemples.

Les terres quartzeuses, caillouteuses et graveleuses sont peu favorables à la culture et ne peuvent guère recevoir de labours; on ne peut les utiliser que pour des plantations, et encore, comme elles sont très chaudes en été, il n'y a vraiment que les arbres et les arbustes à longues racines qui puissent y venir avec profit. La vigne y prospère généralement.

Voici la composition d'une terre graveleuse toujours cultivée en bois, celle du parc Gauthier, dans les environs de Puiseaux (Loiret), analysée par Berthier :

Silice et sable quartzeux...............................	78,5
Alumine.	11,0
Calcaire...	1,0
Peroxyde de fer..	3,0
Eau et matières organiques.............................	6,5
	100,0

On voit que, pour amender cette terre, il suffirait d'y ajouter environ la moitié de son poids de calcaire en poudre.

Les TERRES GRANITIQUES sont formées par un sable argileux très aride par lui-même, qui est le résultat de la destruction et de l'altération des roches granitiques. Suivant la proportion de sable argileux et de graviers quartzeux qui résultent de cette décomposition du granit, le sol, presque toujours de qualité inférieure, est cependant susceptible de quelque produit. Dans la Corrèze et dans les Cévennes, l'abondance du quartz communique une grande stérilité au pays; l'on ne rencontre que de loin en loin des châtaigniers improductifs. Dans quelques cantons privilégiés, comme au nord de Pompadour, le granit, presque entièrement feldspathique, donne une couche de terre végétale de plus de 0ᵐ,33 d'épaisseur, d'une admirable fertilité, dans laquelle les châtaigniers et les chênes acquièrent de superbes dimensions; les magnifiques prairies de Pompadour nourrissent les plus beaux bœufs du Limousin. Toutefois, le seigle, le sarrasin, les pois, les pommes de terre, sont les seules plantes utiles à l'homme qui puissent y réussir dans l'état actuel de la culture; le blé et l'avoine n'y donnent que de très chétifs produits.

Ce sont surtout les châtaigniers qui prospèrent dans les terres granitiques; les arbres verts s'y plaissent assez, la vigne y vient également bien, ainsi que cela se voit notamment à Condrieux, à l'Ermitage, à Saint-Peray et dans quelques autres vignobles renommés de la Bourgogne.

Les TERRES VOLCANIQUES sont des débris d'anciens volcans, ou le produit des éruptions de laves modernes, qu'on ne rencontre que dans quelques localités. Ce sont généralement des terres légères, noires ou noirâtres, souvent pulvérulentes; d'autres fois ce sont de fins débris de ponce, rougeâtres ou grisâtres, que l'on appelle *tufs ponceux;* ce sont ces tufs qui composent une grande partie du sol de la riche campagne de Naples. C'est dans des cendres volcaniques que viennent les vignes qui produisent le *lacryma Christi,* au pied du Vésuve. Les pommes de terre qu'on y cultive acquièrent en peu de temps un développement extraordinaire. La Limagne d'Auvergne est mélangée de beaucoup de débris volcaniques, et c'est une des contrées les plus fertiles.

Les terres volcaniques jouissent donc d'une grande fertilité, surtout lorsqu'on peut leur procurer, en été, une humidité suffisante. C'est aux alcalis, potasse et soude, qu'elles renferment, et qui, par la désagrégation des laves, des tufs et autres débris, deviennent peu à peu aptes à l'assimilation, qu'elles doivent leur fécondité, car il n'y a aucune trace de matière organique.

Voici, en effet, la composition d'une terre volcanique, d'après M. le docteur Sacc:

Silice...	76,67
Alumine et oxyde de fer......................	14,23
Chaux..	1,44
Magnésie.....................................	0,28
Alcali.......................................	7,38
	100,00

6. TERRES SABLO-ARGILO-FERRUGINEUSES. Ces sortes de terres, en raison de leur couleur foncée, de leur tendance à s'agglomérer en espèces de poudingues plus ou moins compactes, et de l'abondance du peroxyde de fer qu'elles contiennent, sont très arides et peu propres aux cultures ordinaires. La meilleure manière d'en tirer parti, c'est de les planter en bouleaux et en châtaigniers.

L'analyse du sol suivant, pris à Blosseville-Bonsecours, près Rouen, fournit un exemple de ces sortes de terrains. M. J. Girardin a trouvé dans la terre séchée à 100° :

Gros gravier siliceux.............................			5,872
Sable moyen siliceux.............................			15,203
Sable fin........	{ Siliceux................		44,800
	{ Calcaire................		traces.
Matières solubles dans l'eau....	{ Humus soluble azoté..........	0,176	
	{ Sulfate de chaux et chlorure de calcium..................	0,171	0,347
Terre ténue.....	/ Humus insoluble..................		4,406
	\ Argile...........................		27,375
	\ Oxyde de fer....................		1,941
	/ Calcaire.........................		
	/ Carbonate de magnésie...........		0,053
	' Phosphate de chaux..............		
			100,000

7. TERRES SABLO-HUMIFÈRES. Ce sont les terres légères qui renferment de l'humus ou terreau doux en quantités assez considérables pour devenir la principale cause de leur fertilité.

Nous citerons, comme exemple de ces sortes de terres, un terrain meuble, ou loam de la Russie méridionale, qui s'étend de la rive gauche du Volga jusqu'à Tcheboksav, et couvre encore un district des plus étendus sur la côte asiatique des monts Ourals. Cette vaste étendue de terrain, qui comprend au moins 80 millions d'hectares, porte le nom de tchornoi-zem. C'est le meilleur sol que la Russie possède pour le blé et les pâturages ; jamais on ne lui a appliqué d'engrais, et il suffit d'une jachère continuée pendant un an ou deux pour lui rendre toute sa fertilité. Après avoir nourri plus de 20 millions d'habitants, il fournit encore plus de 20 millions d'hectolitres à l'exportation.

Le secret de sa grande fertilité consiste en ce qu'il renferme presque 7 pour 100 de matières organiques azotées. Voici, en effet, sa composition, d'après Payen et Poinsot.

Silice.	71,56
Alumine.	11,40
Chaux.	0,80
Magnésie.	1,22
Oxyde de fer.	5,62
Chlorures de potassium et de sodium.	1,21
Acide phosphorique.	traces.
Matières organiques.	6,95
Perte.	1,24
	100,00

1,000 parties de terre sèche renferment 1,65 d'azote.
1,000 parties de la matière organique renferment 24,95 d'azote.

Des sols calcaires. — Les SOLS CALCAIRES sont ceux dans lesquels la proportion du carbonate de chaux l'emporte de beaucoup sur celle des autres éléments terreux. Voici leurs principaux caractères distinctifs.

1. Ils ont, en général, une couleur blanchâtre. On les désigne sous le nom de *terres blanches*.

2. Ils offrent peu de ténacité, et sont assez friables ; aussi, quand on en presse une certaine quantité dans la main, la masse forme une pelote qui ne tarde pas à se désagréger et à tomber en petits fragments.

3. Ils sont généralement secs et arides, parce que, peu profonds, ils reposent sur une couche de tuf ou un banc calcaire qui absorbe très rapidement l'humidité des couches supérieures. Les pluies les rendent plus ou moins boueux ; et, lorsqu'ils se sèchent, la masse s'agglomère à la surface en une croûte plus ou moins épaisse, qui, bien que très friable, réunit au désavantage de se fendiller comme les argiles celui de ne se laisser traverser ni par l'air ni par les pluies peu durables.

4. Humides, ils s'attachent aux pieds et aux instruments ; mais cette adhérence est de courte durée.

5. Après le labour, ils se comportent d'une manière qui tient le milieu entre les sols argileux et les sols sableux, comme on le voit à la figure 4.

6. Ils se délayent facilement dans l'eau, et forment une pâte courte et peu ductile.

7. Ils font une très vive effervescence avec les acides, et se dissolvent, pour la plus grande partie, dans l'acide chlorhydrique.

8. La chaleur les dessèche sans les durcir. Par une forte calcination, ils acquièrent de la causticité ; et, quand on les arrose ensuite d'eau, ils s'échauffent plus ou moins et se délitent.

Fig. 4. *Terre calcaire après le labour.*

9. Voici les plantes principales qui croissent spontanément à leur surface et qui les caractérisent :

Brunelle à grandes fleurs.
Boucage saxifrage.
Germandrée petit chêne.
Potentille printanière.
Seslerie bleuâtre.
Genièvre commun.
Coquelicot.

Arrête-bœuf.
Violette de Rouen.
Chardons.
Gaude.
Frêne commun.
Noisetier commun.

Les *sols calcaires* sont, en général, peu productifs. Leur couleur blanche reflète les rayons solaires ; ceux-ci ne peuvent pénétrer la masse du sol, et il en résulte, à la surface, une réverbération brûlante : double effet également nuisible à la végétation. Les gelées les soulèvent de toutes parts, et déterminent très facilement le déchaussement des racines, ce qui entraîne habituellement la mort des plantes.

Ces terrains consument très rapidement les engrais ; aussi exigent-ils des fumures plus fréquentes que les autres sols. Voilà pourquoi on les appelle *brûlants*. Ce n'est qu'à force d'engrais qu'on parvient à en obtenir des produits satisfaisants.

Oscar Leclerc-Thouin recommande, avec raison, comme une très bonne pratique, de creuser au bas de chaque champ, le long des chemins d'exploitation, partout où les eaux pluviales se dirigent, des fossés ou des mares destinés à recevoir les terreaux et la bonne terre entraînés pendant les temps d'averse et d'orage. On fait de ces dépôts des amas plus ou moins considérables, qu'on mêle ensuite avec des engrais solides ou liquides, et l'on obtient ainsi des composts excellents pour toutes les cultures.

Une des meilleures légumineuses pour ces sortes de sols est la *bourgogne* ou *sainfoin*, comme prairie artificielle. Les pentes rapides doivent être consacrées à des prairies naturelles, composées de plantes vivaces fourragères, ne redoutant point la stérilité de ce terrain, comme la *coronille variée*, le *trèfle flexueux*, deux plantes aussi rustiques que propres à la nourriture des bestiaux. Les points les plus élevés doivent être convertis en plantations d'arbres appropriés au sol. L'arbre de Sainte-Lucie, le merisier des bois, le faux ébénier, l'arbre de Judée, l'aune commun, le noisetier, peuvent entrer dans la composition des taillis; l'if et le cyprès peuvent en varier les nuances. Quant aux plateaux calcaires, les arbres de haut jet qu'on peut y faire venir sont le frêne commun, le vernis du Japon, le pin d'Écosse, le sapin et surtout l'épicéa. Les arbres verts et résineux ne renferment que peu de cendres, et c'est ce qui explique comment ils peuvent réussir sur les sols calcaires où d'autres essences périraient infailliblement.

Les arbres ne croissent jamais avec vigueur dans les terrains qui sont privés de silice. L'aridité des pays calcaires, et notamment des pays crayeux, dont l'aspect est si monotone et si triste, le prouve suffisamment. Dans l'arrondissement d'Avesnes (Nord), les terres calcaires sont beaucoup moins boisées que celles qui sont assises sur les terrains schisteux.

Les variétés des sols calcaires sont en petit nombre.

1. SABLES CALCAIRES. Ils offrent beaucoup d'analogie avec les SABLES GRAVELEUX et les SABLES SILICEUX. Toutefois ils finissent à la longue, par l'effet des pluies, des gelées et du soleil, par se changer en une terre calcaire pulvérulente presque toujours mélangée d'argile.

Ces terrains se trouvent au bas des montagnes de grès vert et le long des rivières qui en découlent. Légers et poreux, ne se réduisant pas en bouillie par l'effet des pluies comme les autres sols calcaires, et n'offrant pas l'inconvénient du déchaussement des plantes en hiver, ils sont très propres à la culture du sainfoin, et, convenablement fumés, peuvent fournir de bonnes récoltes en seigle, orge et avoine. Quand ils ont de la profondeur, ils sont très convenables pour les arbres, les légumes, la vigne, les mûriers. Mêlés à une certaine proportion d'argile, ils deviennent aptes à la culture des froments de printemps.

2. SOLS CRAYEUX. Très communs dans la Champagne et dans une partie de la haute Normandie, ces sols sont à peu près stériles, surtout dans les pays chauds et secs. Dans les climats humides, ils se recouvrent d'une herbe fine et délicate d'excellente qualité pour le bétail : tels sont les herbages de South-Downs et des côtes de Sussex en Angleterre.

L'infertilité des sols crayeux tient autant à l'absence de la silice et des alcalis qu'à leur trop grande sécheresse. C'est surtout dans ces sortes de terres qu'il faut multiplier les prairies artificielles, afin de les améliorer.

Quand les craies reposent sur l'argile et retiennent suffisamment les eaux pluviales, elles sont ordinairement assez productives : telles sont celles de la Touraine ; mais, lorsque la couche imperméable manque, elles sont arides et infertiles, comme on le voit dans cette partie de la Champagne qui a été surnommée *pouilleuse*. Cependant elles sont encore favorables à la vigne.

Voici l'analyse du sol crayeux des environs de Rouen, d'après M. J. Girardin :

	1er échantillon.	2e échantillon.	3e échantillon.	4e échantillon.
Carbonate de chaux.....	83,40	90,00	96,00	92,50
— de magnésie..	»	»	0,80	2,00
Silice................	10,00	2,40	»	
Alumine...............	1,50	6,50	1,80	5,50
Oxyde de fer..........	1,50	des traces	des traces	
Humus................	0,60	0,10	1,40	traces
Eau..................	3,00	1,00	»	»
	100,00	100,00	100,00	100,00

TERRE CRAYEUSE DES COTES D'ANGLETERRE.

Carbonate de chaux...................................	98,54
— de magnésie...................................	0,38
Phosphate de chaux..................................	0,14
Protoxyde de fer....................................	0,08
— de manganèse...................................	0,06
Alumine..	0,16
Silice...	0,64
	100,00

TERRE CRAYEUSE DES ENVIRONS DE BRUMONT, PRÈS DE REIMS.

Carbonate de chaux..................................	66,7
Sable siliceux......................................	27,0
Alumine..	2,3
Phosphate de chaux..................................	2,0
Hydrate de peroxyde de fer...........................	2,0
	100,0

3. Sols tufeux. Dans le langage vulgaire, on appelle très improprement *tuf* un carbonate de chaux plus compacte que la craie ordinaire, assez dur pour être utilisé dans les constructions, et qui forme des bancs, à peu de profondeur, sous les sols crayeux. Lorsqu'il est à nu, il est complètement infertile ; et lorsque, par un labour trop profond, on le ramène à la surface

de la terre arable qui le recouvre, celle-ci devient stérile pendant un temps assez long. Mais, lorsque ce tuf est mélangé à une certaine quantité d'argile et de sable, il perd de ses fâcheuses qualités; le temps, la culture et les engrais l'améliorent successivement. Les sainfoins, les luzernes, les trèfles, les ronces, etc., y réussissent alors assez bien; mais c'est en vigne que son exploitation est le plus avantageuse.

4. TERRES MARNEUSES. Fort souvent, les MARNES proprement dites constituent la surface cultivable d'un pays. Ces sortes de sols sont peu fertiles. Lorsque l'argile y est assez abondante, ils rentrent dans la classe des TERRES GLAISEUSES OU ARGILO-CALCAIRES; quand c'est le calcaire qui prédomine, ils se rapprochent plus ou moins de la craie, et en offrent tous les défauts. Dans ce dernier cas, ils déchaussent presque aussi facilement que la craie, et, comme cette dernière, ils manquent généralement d'humus. Quand ils sont dans une position inclinée, et qu'ils peuvent être humectés à une certaine profondeur, ils sont entraînés par leur propre poids, et glissent parfois à des distances considérables.

Les terres marneuses sont caractérisées par certaines plantes qui y croissent spontanément. Ce sont surtout :

Les tussilages.	Les sauges.
L'ononis arrête-bœuf.	Le trèfle jaune.
Les ronces.	Le mélampyre.
Les chardons.	

Ces sortes de terres renferment toujours plus de 40 pour 100 de calcaire, et de 25 à 35 pour 100 d'argile; le reste se compose de sable, d'oxyde de fer et de carbonate de magnésie.

C'est surtout comme amendement que les marnes sont intéressantes, mais ce n'est pas ici le lieu de les étudier sous cet aspect.

Des sols magnésiens. — Quand la magnésie existe dans les sols à l'état de carbonate, état sous lequel on la trouve dans presque toutes les terres arables en compagnie du calcaire, elle n'a aucune action défavorable sur la végétation.

Quand ce carbonate est plus abondant, lorsqu'il est associé presque à parties égales avec le carbonate de chaux, il forme une roche qu'on appelle *dolomie*, et il agit alors absolument comme le calcaire pur. C'est surtout en Angleterre, en Allemagne et en Italie qu'existent ces calcaires magnésiens; on les y cultive avec succès.

On reconnaît ces calcaires magnésiens à ce qu'ils ne [font

qu'une effervescence lente à froid par les acides, effervescence qui devient plus sensible à chaud ; à ce qu'ils ne se dissolvent que très lentement dans l'acide chlorhydrique ou azotique; que leur dissolution ne précipite pas par l'acide sulfurique lorsqu'elle est un peu étendue d'eau, et qu'elle donne un précipité blanc gélatineux au moyen de l'ammoniaque : caractères que n'offre pas le calcaire pur.

Pendant longtemps on a regardé la présence de la magnésie comme la principale cause de la stérilité de certains sols. Les expériences de Giobert et d'Angelo Abbene démontrent qu'on a fait erreur à cet égard. D'abord, il n'y a jamais de magnésie à l'état caustique, et d'ailleurs on trouve du carbonate de cette base dans les terres les plus fertiles. Les terres si renommées de la vallée du Nil en contiennent une assez forte proportion ; différents sols du Languedoc, considérés comme d'excellente qualité, en contiennent de 7 à 12 pour 100. Enfin Thaër a constaté les qualités améliorantes extraordinaires d'une marne qui renfermait 20 pour 100 de carbonate de magnésie.

Dans les terrains magnésiens stériles, ce n'est donc pas à la magnésie qu'il faut attribuer la stérilité, mais bien à l'état de cohésion de leurs parties, au manque d'engrais, d'argile ou des autres composants, à la grande quantité d'oxyde de fer, etc. On les amende au moyen de substances calcarifères, platras, craie, résidus de cendres, marne, etc.

Des sols humifères. — Sous ce nom générique, nous comprenons les terres qui renferment une forte proportion de débris organiques, mais sous une autre forme que celle d'humus ou de terreau proprement dit ; car, dans leur état naturel, elles sont peu propres à la culture, et ce n'est qu'à l'aide d'amendements et de travaux de toutes sortes qu'on parvient à les convertir en terres de rapport. Ce sont le *terres de bruyère*, les *terres tourbeuses* et les *marais*.

1. TERRES DE BRUYÈRE. Ces terres consistent en sable fin, plus ou moins ferrugineux, associé à une proportion assez notable de terreau ou d'humus qui provient de la destruction des bruyères, des genêts, des fougères, des rhododendrums, des vacciniums et d'autres plantes qui contiennent beaucoup de tannin et de fer. C'est à ce terreau qu'elles doivent la couleur foncée qui les caractérise ; très utiles et préférables à toutes les autres pour certaines plantes de jardin, elles n'offrent que fort peu d'avantages pour la grande culture, parce qu'elles ont rarement assez de consistance et de profondeur, et que, d'ailleurs, en raison de leur couleur noire, elles s'échauffent beau-

coup sous l'influence des rayons solaires et sont très arides en été. Les vastes landes de la Bretagne, de la Sologne, de la Gironde, nous offrent des terres de cette nature, dont on ne tire pas un bien grand parti.

Voici la composition de quelques terres de ce genre :

TERRE DE BRUYÈRE DES LANDES DE BORDEAUX, DANS LA COMMUNE DE CESTAS.

Sable fin siliceux	83
Gros débris organiques	1
Humus	9
Argile	6
Chaux	0,5
Oxyde de fer	0,5
	100,0

TERRE DE MEUDON, PRÈS PARIS, EMPLOYÉE AU JARDIN DES PLANTES.

Sable siliceux	62,0
Gros débris végétaux	20,0
Humus	16,0
Calcaire	0,8
Matières solubles dans l'eau froide	1,2
	100,0

TERRE DE SANNOIS, PRÈS PARIS, EMPLOYÉE PAR LES JARDINIERS FLEURISTES.

Sable siliceux	43,80
Gros débris végétaux	13,25
Humus	31,7
Calcaire	7,1
Matières solubles dans l'eau froide	1,10
Fer attirable à l'aimant	0,13
Corps étrangers apparents	2,92
	100,00

TERRE DE BRUYÈRE PRISE DANS LA FORÊT DE SAINT-ÉTIENNE DU ROUVRAY, PRÈS ROUEN, ANALYSÉE PAR M. J. GIRARDIN.

Gros graviers siliceux		7,560
Sable moyen siliceux		17,814
— fin siliceux		17,520
Gros débris organiques		5,626
Matières solubles dans l'eau	Humus soluble azoté	1,120
	Sulfates, phosphates, chlorures alcalins	1,662
	Sulfate de chaux	
Terre ténue	Humus insoluble	7,156
	Argile	5,190
	Calcaire	5,964
	Carbonate de magnésie et phosphate de chaux	0,388
	Oxyde de fer	traces.
		100,000

C'est surtout l'acide acétique qui donne aux terres de bruyère la réaction qui les caractérise. M. Dehérain a retiré 0 gr. 0179 de cet acide d'un kilog. de terre de bruyère provenant du domaine du Mesnil, près Bracieux (Sologne — Loir-et-Cher).

2. TERRAINS TOURBEUX. Comme nous l'avons déjà dit, la TOURBE est une variété d'humus, produite par la décomposition des plantes sous l'eau. Mais cette substance a des propriétés bien différentes de celle du terreau. Elle est plus ou moins colorée en brun; elle renferme presque toujours des débris d'herbes sèches, non déomposées : elle brûle facilement, avec ou sans flamme, en donnant une fumée semblable à celle du foin brûlé et en laissant pour résidu une braise très légère. Sa texture est tantôt compacte, tantôt grossièrement fibreuse, selon la nature des végétaux non décomposés qu'elle contient.

Toutes les plantes aquatiques concourent à former la tourbe, mais on l'attribue principalement aux espèces [suivantes :

Utriculaires.	Callitriches.
Potamots.	Lenticules.
Cornifles.	Scirpes.
Myriophylles.	Carex.
Conferves.	Pesses.
Sphaignes.	Prêles, etc.

Toutes ces plantes végètent par exception sur les tourbières, et leur donnent une physionomie spéciale. Les tourbières sont, en effet, infertiles pour les autres végétaux.

Les tourbes renferment en grande quantité l'acide ulmique, qui, comme nous l'avons déjà dit, existe aussi en abondance dans le terreau. Il s'y trouve, en outre, des débris de végétaux non altérés ou incomplètement décomposés, des détritus de matières animales, et des substances terreuses qui restent à l'état de cendres après la combustion. Mais, comme parmi ces substances terreuses il n'y a pas d'alcali, les principes acides provenant de la décomposition des plantes restent libres et communiquent une grande acidité au sol; ces principes sont de l'acide acétique, de l'acide phosphorique et du tannin. Le sable, dont les tourbes sont mélangées en proportions extrêmement variées, est toujours de même nature que les roches environnantes; ce qui prouve qu'il est uniquement formé des débris de celles-ci.

Les quantités des différentes matières organiques qui constituent les tourbes sont dans des rapports très divers, comme on peut le voir par les analyses suivantes :

Espèces de tourbes.	Matières organiques sur 100 parties.	Matières minérales sur 100 parties.
De Vassy (Marne).....................	92,8	7,2
De Forges-les-Eaux (Seine-Inférieure)...	92,3	7,7
De Bordeaux (Gironde)................	91,5	8,5
De Ham (Somme).....................	88,3	11,7
De Château-Landon (Seine-et-Marne)....	85,0	15,0
De Clermont (Oise).	82,6	17,4
De Crouy, près Meaux................	81,2	18,8

Les matières minérales contenues dans les tourbes sont ordinairement :

Silice ou sable.	Carbonate de magnésie.
Argile.	Phosphates de chaux et d'alumine.
Carbonate de chaux.	Silicate de potasse.
Oxyde de fer.	Chlorures alcalins.
Sulfate de chaux.	

Au reste, la nature de ces matières varie nécessairement suivant la contrée d'où l'on tire la tourbe, et suvant la couche à laquelle elle appartient. L'absence d'un alcali libre ou carbonaté dans les cendres de tourbe explique pourquoi elles ne sont pas, comme la cendre de bois, propres à la lessive, à la fabrication du verre et du savon.

Les terrains tourbeux sont faciles à reconnaître. Ils ont une couleur d'un brun foncé : ils sont spongieux et élastiques; ils offrent, dans leur masse, les détritus diversement agglomérés des végétaux qui les ont produits. Par la dessiccation, ils perdent la majeure partie de leur poids. Ils s'échauffent et se refroidissent avec une égale lenteur, il est très aisé de les distinguer, en été à leur fraîcheur, en hiver à une température plus élevée que celle des autres terres.

Ces sortes de sols sembleraient, par leur origine et leur composition, devoir renfermer tous les éléments de la fertilité, et cependant il n'en est pas ainsi; ils sont même, dans l'état naturel, si peu favorables à la culture, qu'il y a presque toujours plus d'avantage à les exploiter pour le combustible qu'ils renferment qu'à les transformer en terres de rapport. Leur défrichement est long et pénible. Il faut commencer par les dessécher, puis les amender au moyen de sable ou de graviers, de vase de mer, d'argile, mais surtout de calcaires coquilliers, de marne, de cendres, de chaux vive, afin de faire disparaître l'acidité du sol et de neutraliser les mauvais effets des sels ferrugineux qui y sont souvent en proportions considérables. Le chaulage est absolument nécessaire pour les rendre propres à la culture. L'écobuage est encore une excellente opération.

Ainsi améliorés, les terrains tourbeux constituent des sols très légers qui conviennent parfaitement à la culture des plantes à fortes racines. Ils produisent des récoltes abondantes d'orge et d'avoine, quoique la quantité des grains ne corresponde pas toujours au poids de la paille, et que la qualité du grain ne soit pas en rapport avec sa quantité.

Mais, pour que la culture de ces terrains améliorés soit avantageuse, il faut parer à l'inconvénient qui résulte de leur très grande dessiccation pendant l'été; on y parvient en recouvrant la terre, pour la dérober à l'action solaire, avec des roseaux qui croissent naturellement dans les fossés d'écoulement.

Les trèfles rouge et blanc, le timothy (*fléau des prés*), le fiorin (*agrostide stolonifère à larges feuilles*), sont encore des plantes à y cultiver. Le mieux, c'est de les convertir en prairies à faucher, en imitant la pratique des Écossais, qui ne font qu'une coupe et laissent pourrir sur le sol l'herbe de la seconde pousse. De cette manière, on transforme des marais tourbeux en prairies à foin perpétuelles.

Les terrains tourbeux, bien égouttés et disposés convenablement pour la culture, présentent cet avantage de conserver une humidité permanente. Aux environs de Hagueneau (Alsace), on trouve dans ces sortes de terrains de magnifiques houblonnières, et on y cultive la garance avec un très grand succès.

L'aune, le bouleau, les saules, les peupliers et quelques autres espèces d'arbres à bois blanc viennent assez bien dans les terres tourbeuses suffisamment asséchées.

Les *wateringues* et les *moëres*, entre Saint-Omer et Dunkerque, sont de tous les sols tourbeux du Nord de la France les plus étendus et les mieux cultivés.

3 TERRAINS MARÉCAGEUX. Ces terrains ont ceci de particulier, qu'ils sont recouverts d'eaux stagnantes, au moins une partie de l'année, et qu'ils ne peuvent en être naturellement débarrassés que par les effets de l'évaporation.

Lorsqu'ils sont submergés pendant toute l'année, ils sont impropres à toute culture. Voici les principales plantes qui les caractérisent :

Mâcre ou châtaigne d'eau.	Renoncules.	Fléchière.
Fétuque flottante.	Roseau à balai.	Plantain d'eau.
Laîches.	Massette.	Véronique.
Scirpes.	Ménianthe à 3 feuilles.	Menthe poivrée.
Souchets.	Gratiole officinale.	Épilobe.
Nénufars.	Butôme ou jonc fleuri.	Lithre salicaire.

Lorsque les terrains marécageux ne sont submergés qu'une

partie de l'année, ils peuvent fournir des foins; mais ceux-ci
sont toujours de mauvaise qualité. Les saules, les peupliers,
l'aune, le bouleau, y viennent bien et peuvent servir à leur assainissement. Il est d'autant plus utile de chercher à les dessécher ou à les transformer en étangs, que ces sols marécageux
sont des causes permanentes d'insalubrité.

Les marais des bords de la mer peuvent, à la longue, devenir
des terres très fertiles, lorsqu'ils sont mis à l'abri des grandes
marées. Dans le commencement de leur exploitation, il faut y
cultiver les plantes qui aiment le voisinage de la mer, afin
qu'elles dépouillent peu à peu le sol de l'excès de sel marin
dont il est imprégné; telles sont les salicornes, les salsola, les
arroches, les atriplex, les amarantes, les ansérines, etc., qu'on
utilise à l'extraction de la soude.

Les anciens marais salants produisent des fourrages d'excellente qualité. On sait la réputation des animaux de boucherie
qu'on engraisse dans ces marais, et surtout dans ceux des
côtes de la Charente-Inférieure et de la Normandie.

Comme exemple de la constitution chimique des anciens sols
marécageux, nous rapporterons ici l'analyse de deux terres végétales de la Charente-Inférieure, faite par Berthier. Ces terres
constituent la presque totalité des marais de la Charente-Inférieure et de la Vendée : elles occupent plus de 2,000 kilomètres
carrés, depuis l'embouchure de la Loire jusqu'à celle de la Gironde; on les désigne sous le nom de *bri*. C'est un sol à blé
presque toujours fertile, quand sa superficie n'a pas été épuisée
par un grand nombre de cultures privées d'engrais.

Les échantillons analysés ont été recueillis dans le marais de
Saint-Michel, situé à 15 kilom. du marais de Boice.

	Terre de la superficie.	Terre prise à 1 mètre.
Argile.	77,7	73,8
Oxyde de fer................	5,5	5,5
Carbonate de chaux.	5,0	9,0
Eau et matières organiques.......	11,8	11,7
	100,0	100,0

On n'y a trouvé ni magnésie ni sulfate de chaux.

On ne sait à quoi attribuer la différence de fertilité de ces
deux terres, et il est difficile de croire qu'elle tienne aux légères
différences de composition révélées par l'analyse.

Dans le département de Vaucluse, il y a d'anciens marais,
désignés sous le nom bien significatif de *palus*, qui sont devenus des terres éminemment productives. Ces terres, engrais-

sées de détritus organiques, animaux et végétaux, provenant des
êtres qui vivaient jadis dans ces marais, riches, en outre, en calcaire divisé, sont particulièrement propres à la culture de la
garance, surtout quand leur couche est profonde et que le sous-
sol est frais, sans retenir toutefois d'eaux stagnantes.

Voici, d'après M. Bastel, la composition des bonnes terres à
garance de Vaucluse :

	Orange.	Claussayes.	Courtheson.	Causans.
Calcaire......... ...	41,00	37,00	38,00	47,00
Argile.	18,00	29,00	35,00	28,00
Sable.	35,00	29,00	21,00	20,00
Humus.....	5,50	5,50	5,50	5,00
	99,50	100,50	99,50	100,00

Moyens d'apprécier les qualités des sols arables.

La connaissance de la nature et des qualités des sols arables
est d'une haute importance pour l'agriculteur, car elle seule
peut le guider dans le choix des meilleurs procédés de culture,
lui apprendre le genre d'amendement ou d'engrais qui convient à chaque sorte de sol, et l'éclairer sur la valeur des
terres.

Deux modes bien différents d'expérimentation s'offrent à lui :

1° L'*analyse chimique*, qui indique avec exactitude la composition minérale des sols et les proportions de leurs principaux
éléments ;

2° L'*examen des propriétés physiques*, telles que la densité des
terres, leur puissance d'absorption, la force avec laquelle elles
retiennent l'eau, la facilité avec laquelle elles s'échauffent et se
refroidissent, leur aptitude à se sécher à l'air, etc.

Analyse chimique des sols. — Si les sens, ou des moyens
purement mécaniques, peuvent suffire pour faire reconnaître les
principaux caractères physiques des sols, il n'en est plus de
même quand il s'agit de déterminer la constitution intime de
ces sols, c'est-à-dire la nature et les proportions des composés
chimiques qui les forment. Pour arriver à cette détermination,
il faut nécessairement recourir à l'emploi des procédés que
nous enseigne la chimie ; il faut pratiquer ce qu'on appelle
l'*analyse chimique*.

L'art d'analyser les terres est une des opérations les plus délicates de la chimie, quand on veut apporter à cette opération
la précision et la minutie qui doivent présider à tous les travaux
de laboratoire. Mais, heureusement pour l'agriculteur, des

données approximatives sont ordinairement suffisantes, et d'ailleurs, il peut toujours s'adresser à un chimiste de profession ou à un pharmacien, lorsqu'il tient à connaître, d'une manière exacte, la nature et les proportions des substances qui composent son terrain.

Nous allons donc nous borner à l'indication de moyens simples et peu coûteux, susceptibles d'être mis en pratique par tout cultivateur intelligent, pour acquérir des notions utiles sur la constitution chimique des terres arables. Aujourd'hui que tant de propriétaires instruits habitent la campagne et consacrent leurs loisirs à surveiller les travaux de leurs fermes, l'essai chimique des terres pourrait et devrait être fait par eux. Ils se rendraient par là fort utiles et aideraient puissamment leurs fermiers dans l'amélioration du sol de leur faire-valoir.

Avant de procéder à l'analyse d'une terre, il est bon d'avoir quelques notions sur ses propriétés les plus générales. La vue, le toucher, suffisent pour reconnaître si la terre est sableuse ou argileuse; la couleur blanchâtre des terrains calcaires ou gypseux, la teinte rougâtre de ceux qui contiennent beaucoup de fer, la nuance foncée de ceux qui s'approchent de la nature de la tourbe ou de la terre de bruyère, etc., sont autant d'indices auxquels un cultivateur exercé ne se trompera pas.

Lorsque les pièces qui divisent une propriété offrent un aspect différent, il est indispensable de prendre à part autant d'échantillons, et de multiplier les analyses. Souvent, pour la même pièce de terre il ne suffit pas d'une seule analyse, car il arrive fréquemment que la nature du sol varie à de très petites distances: à quelques mètres d'une veine de terre très calcaire, il peut s'en rencontrer une qui ne le soit aucunement; mais alors, pour un praticien habile, il est presque toujours facile de remarquer, à la simple inspection de la surface du sol, qu'il y a changement de nature; et on l'observe encore bien mieux à la manière dont se comporte la terre dans les labours ou autres travaux de culture, ou à la végétation des plantes qui la couvrent.

Il est donc essentiel de lever des échantillons dans toutes les parties d'une pièce de terre où l'on croit entrevoir un changement de nature chimique, en numérotant avec soin les échantillons, et en rapportant ces numéros sur un croquis figuratif de cette pièce de terre. Après l'analyse, on indique avec détail, sur le plan, les résultats des expériences, c'est-à-dire la composition, en sorte qu'on a ainsi une carte très exacte des variations de constitution de tous les points du champ.

Dans le cas même où le terrain paraît partout, à peu près, de nature identique, il est encore bon de prendre sur divers points de la surface du champ, à une profondeur de 10 à 15 centimètres, des portions de terre, 100 grammes environ, que l'on mêle ensemble pour en composer un échantillon moyen. On sépare de l'échantillon les pierres et les gros graviers; mais on devra en connaître la quantité, et les conserver à part pour en déterminer la nature.

· DESSICCATION DE LA TERRE. Avant tout essai, il convient de ramener les terres, que l'on veut examiner comparativement, à un degré constant de siccité, car, alors même qu'elles paraissent sèches au toucher, elles retiennent encore de l'eau interposée, souvent en proportions très variables, et qu'on ne peut en chasser que par le feu.

Le moyen le plus simple consiste à mettre la terre dans une capsule de porcelaine (*fig.* 5), et à chauffer celle-ci au moyen d'une lampe ou d'un bec de gaz, en plaçant au milieu de la terre un petit thermomètre qui, tout en servant à la remuer, indique la température. Il ne faut pas que celle-ci dépasse 150° ou 160°. A défaut de thermomètre, on met au fond du vase un morceau de bois blanc ou des brins de paille, qui ne

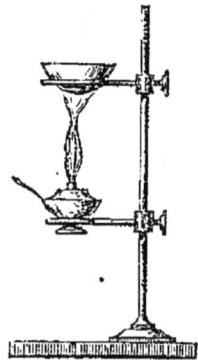

Fig. 5. *Appareil pour dessécher la terre.*

doivent pas roussir. Cette dessiccation peut encore très bien se faire dans un four d'où l'on a retiré le pain, et qui n'est plus assez chaud pour brûler quelques tiges de paille qu'on y jette préalablement comme moyen d'épreuve.

Lorsque la terre, après quelques heures, ne perd plus de son poids, ce que l'on reconnaît en la pesant à des reprises différentes, à quinze ou vingt minutes d'intervalle, on cesse de la chauffer; elle a abandonné presque toute son eau d'interposition. Il importe peu, au reste, de connaître la proportion de celle-ci; ce qu'il y a d'essentiel, c'est de dessécher toutes les terres à la même température, afin qu'elles soient au même point de dessiccation.

Dans l'examen d'une terre, il ne faut pas seulement déterminer les proportions relatives du sable, de l'argile, du calcaire, des sels solubles et des matières organiques; il faut, de plus, constater l'*état physique* de ces différents principes constituants, car leur rôle est loin d'être identique, suivant la forme et la ténuité de leurs parties. Nous avons déjà dit que la silice, le calcaire, impriment au sol des caractères bien différents, selon qu'il s'y montrent à l'état de sable, de graviers ou de particules très fines et indiscernables; et il n'est pas indifférent pour le développement des plantes que les matières organiques du sol soient sous forme de gros débris, d'humus charbonneux insoluble, ou d'humus parfait à l'état soluble.

ANALYSE MÉCANIQUE. La première opération à pratiquer doit donc avoir pour but d'isoler les uns des autres : le *gravier*, le *sable moyen*, le *sable fin*, les *gros débris organiques*, la *terre fine et ténue*, les *matières solubles* qui entrent dans la composition de la terre arable que l'on examine. Voici comment on doit opérer :

1. On fait bouillir, pendant une heure, 100 grammes de la terre desséchée, avec 500 grammes d'eau pure ou distillée, en remplaçant l'eau à mesure qu'elle s'évapore. On jette ensuite le tout sur une crible ou une passoire en fer-blanc dont les trous circulaires ont un demi-millimètre de diamètre, comme la figure 6 le représente.

Fig. 6. *Passoire en fer-blanc.*

On agite bien la terre au milieu de l'eau; toutes les parties fines sont entraînées à travers la passoire, et celle-ci ne retient que le *gravier*, le *sable moyen* et les *gros débris organiques*.

2. On sépare ces trois matières l'une de l'autre, en les agitant dans un vase avec de l'eau (fig. 7). Les *débris organiques*, consistant le plus ordinairement en graines d'herbes, en petits fragments de racines et de tiges, surnagent en raison de leur plus grande légèreté; on les enlève avec une petite écumoire; on les fait dessécher et on en prend le poids.

Fig. 7. *Vase à lévigation.*

Le *sable* et le *gravier*, tombés au fond du vase, sont jetés sur un crible ou une passoire de fer-blanc dont les trous ont 3 millimètres de diamètre. Le *sable moyen* passe au travers; le *gravier* reste sur la passoire. On les dessèche l'un et l'autre et on les pèse.

3. Il est important de déterminer la nature du *sable* et du *gravier*; le plus habituellement ils sont siliceux. On le reconnaît en jetant une pincée de ces substances dans un verre contenant de bon vinaigre, ou, mieux, de l'acide chlorhydrique étendu de deux parties d'eau. Si la matière se comporte dans l'acide comme si on l'eût plongée dans l'eau pure, c'est-à-dire sans produire aucune effervescence et sans se dissoudre, on est certain que c'est de la silice. Mais, si le gravier et le sable renferment des

parties calcaires, leur immersion dans l'acide donnera lieu à une effervescence plus ou moins vive et d'autant plus longue que ces parties calcaires seront plus abondantes; elles se dissoudront dans l'acide, et les parties siliceuses resteront au fond du vase.

On agit alors sur un poids déterminé, 10 grammes par exemple, et on pèse les parties siliceuses après l'action de l'acide et la dessiccation; la perte de poids qu'elles auront éprouvée donnera la proportion des parties calcaires.

4. La terre qui a traversé la première passoire fine renferme encore du *sable fin.* Pour le séparer, on agite la terre dans une terrine avec de l'eau; on laisse en repos pendant une minute, et on décante le liquide trouble sur un filtre (fig. 8); on répète plusieurs fois cette opération et on finit par séparer assez complètement la terre ténue du sable. Ce qui reste dans la terrine est le *sable fin,* qu'on sèche et qu'on pèse.

Fig. 8. *Filtre pour séparer la terre ténue et les substances solubles.*

On s'assurera si ce sable est siliceux ou calcaire au moyen de l'acide, comme il a été dit ci-dessus.

Ce procédé de lévigation présente de nombreuses causes d'erreur, car le délayage de la terre dans l'eau par la simple agitation dans une terrine est insuffisant pour séparer les grains de sable de l'argile, et, de plus, rien n'indique le moment où tout le sable est déposé, par conséquent l'instant qu'il faut saisir pour décanter.

M. Masure, pour obvier à toutes les causes d'erreur dont est susceptible ce dernier procédé, a imaginé un appareil très simple qui permet de doser avec exactitude le sable et l'argile des sols arables.

Son appareil (fig. 9) se compose d'une allonge en verre A reliée à un tube droit T par un tube en caoutchouc C; le tube et l'allonge forment un U allongé, dont l'une des branches T dépasse l'autre de 2 décimètres environ. Un bouchon à siphon S ferme l'allonge. Un vase de Mariotte M, à écoulement constant, est destiné à verser dans le tube T un courant d'eau continu.

Cela posé pour séparer l'argile du sable, on met la terre préalablement délayée dans l'eau aussi parfaitement que possible, dans l'allonge, et on produit, au moyen du flacon de Mariotte, un courant d'eau ascendant, continu et constant.

L'eau, arrivant par la partie inférieure de l'allonge, a une vitesse assez grande pour soulever le sable qui peut déjà s'être déposé; mais, celui-ci tendant à retomber, il s'ensuit qu'il règne constamment dans cette partie de l'appareil une agitation continuelle; des grains de sable montent pendant que d'autres redescendent, et le frottement qui en résulte a pour effet de désunir l'argile et le sable. L'argile, grâce à la légèreté, à la ténuité de ses parties et à leur affinité pour l'eau, est entraînée jusqu'à la partie supérieure de l'allonge, elle se détache peu à peu d'une manière continue et régulière des grains de sable, s'en sépare et est emportée par le courant d'eau dans le récipient R.

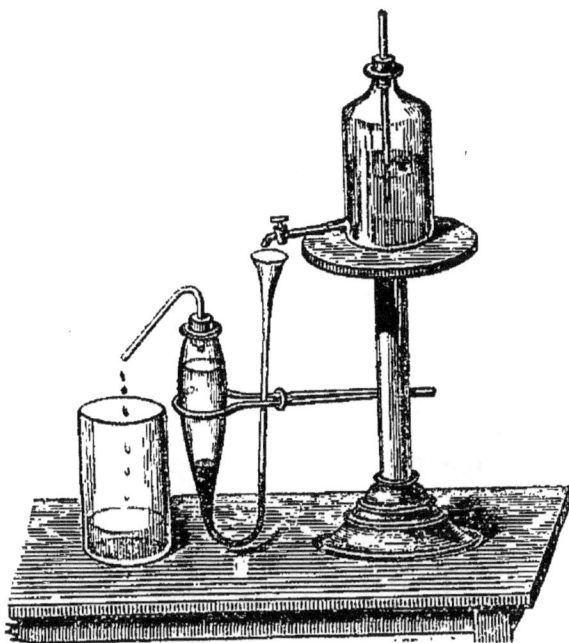

Fig. 9. Appareil de M. Masure, pour la lévigation des terres.

L'écoulement doit d'abord être très long; ce n'est que lorsque l'eau qui coule du siphon devient plus claire qu'on peut augmenter la vitesse d'écoulement, de manière à faire naître une petite veine liquide, mais cette vitesse ne doit jamais dépasser celle qui serait nécessaire pour remplir l'allonge en deux minutes.

Lorsque la lévigation est terminée, c'est-à-dire lorsque aucune parcelle de terre n'atteint plus le siphon, on laisse reposer le liquide trouble qui se trouve dans le récipient, puis on le décante, et on recueille le dépôt sur un filtre comme dans le procédé précédent.

Quant au sable, il suffit pour le doser de redresser l'U que forme l'appareil, l'allonge en haut et le tube T renversé au-dessus d'un grand verre; en faisant arriver dans l'allonge un courant d'eau, tout le sable tombe dans le verre, puis on le recueille sur un filtre.

Comme on le voit, au moyen des opérations mécaniques précédentes, on a obtenu:

Du gravier,
Du sable moyen,
Du sable fin,   } isolés et pesés:
Des débris organiques,
Une matière terreuse très fine sur le filtre:
Enfin, une liqueur limpide qui a traversé le filtre, et qui contient les substances
solubles que la terre pouvait renfermer.

Il s'agit maintenant d'examiner à part la *terre ténue* déposée sur le filtre, et la *liqueur* qui renferme les substances solubles. Nous entrons ici dans les opérations purement chimiques.

EXAMEN DE LA TERRE TÉNUE. Cette matière terreuse contient: la majeure partie de l'*humus*, l'*argile*, les *carbonates de chaux* et *de magnésie*, l'*oxyde de fer*, et le *phosphate de chaux*.

Avant de procéder à son examen, il faut d'abord la dessécher à 150° et en prendre le poids.

1. *Recherche et dosage de l'humus.* Il est facile de découvrir la présence de l'humus dans une terre quelconque. Il suffit de faire bouillir, pendant vingt à trente minutes, une vingtaine de grammes de cette terre avec une dissolution légère de soude ou de potasse; on filtre ensuite. — Si la terre contient des matières organiques, la liqueur filtrée sera brune et elle donnera un précipité floconneux, coloré par l'addition d'un léger excès d'acide sulfurique faible. Dans le cas contraire, la liqueur est à peine colorée, ou même ne l'est pas du tout.

Pour déterminer approximativement la proportion d'humus contenue dans la terre, on chauffe au rouge naissant dans un creuset de grès (fig. 10), pour détruire toute la matière organique. Ce résultat est obtenu, lorsque la matière renfermée dans le creuset n'exhale plus d'odeur sensible, et qu'on n'y aperçoit plus de parties noirâtres. On retire le creuset du feu, et, lorsqu'il est froid, on imbibe la matière qui s'y trouve avec une solution concentrée de carbonate d'ammoniaque. On dessèche avec précaution pour éviter toute projection, et on chauffe au rouge naissant jusqu'à ce qu'il ne se dégage plus de vapeurs. On laisse refroidir de nouveau, après avoir fermé le creuset,

Fig. 10.
Creuset à calcination.

et on pèse la terre calcinée. La perte de poids indique la proportion d'*humus* qu'elle renfermait.

Ce procédé est certainement le plus commode pour le dosage de l'humus, mais il est loin d'être exact, car la perte de poids

comprend, outre la matière organique, une certaine quantité
d'eau retenue par l'argile, et qui n'a disparu qu'à la chaleur
rouge. On est donc exposé à compter de l'eau comme humus,
et à trouver plus d'humus qu'il n'y en a réellement dans la
terre. Le seul procédé pour doser rigoureusement l'humus d'une
terre, c'est l'analyse élémentaire; mais il ne peut être mis en
pratique que par un chimiste de profession. Au reste, ce qu'il y
a d'essentiel, c'est de pouvoir juger approximativement la proportion relative de l'humus dans les différentes terres soumises à l'essai, et la méthode de calcination suffit pour cet
objet.

Lorsque, pendant la calcination, il se dégage une fumée qui
a l'odeur de la corne, du cuir, du poil ou de la plume brûlés,
c'est une preuve qu'il existe dans la terre des substances d'origine animale; elle ne contient que des substances purement végétales, lorsque l'odeur est identique à celle de la fumée du bois
ou de la paille. Le plus souvent, ces deux sortes de matières organiques sont mêlées; mais les moyens pour en connaître les
proportions relatives sont d'une exécution difficile, et au-dessus
de la portée d'un agriculteur. C'est encore au chimiste de profession qu'il faut avoir recours.

2. *Dosage de l'argile.* Pour doser l'*argile* renfermée dans la
terre calcinée, on traite celle-ci par cinq à six fois son poids
d'acide chlorhydrique, étendu de quatre fois son volume d'eau
et additionné d'un peu d'acide azotique.

On agit commodément dans une fiole à médecine (fig. 11).

Fig. 11. *Fiole
à médecine.*

Après quelques heures de contact, et lorsqu'il n'y
a plus aucune effervescence, on s'assure que la
liqueur est encore fortement acide; si elle ne l'était
plus, il faudrait ajouter une nouvelle quantité
d'acide. Lorsque le résidu est ainsi épuisé de
toutes les matières solubles dans l'acide (calcaire,
phosphate de chaux, oxyde de fer), on remplit la
fiole d'eau, on jette le tout sur un filtre; on lave
bien le résidu avec de nouvelle eau, à plusieurs reprises, puis
on calcine au rouge le résidu recueilli sur le filtre et on le
pèse. C'est la partie *argileuse* de la terre.

3. *Dosage de l'acide phosphorique.* La liqueur acide précédente,
recueillie soigneusement avec les eaux de lavage, contient : la
chaux, la magnésie, l'oxyde de fer et l'acide phosphorique. Ce
dernier peut être en combinaison avec la chaux, la magnésie,
l'alumine et l'oxyde de fer; néanmoins on admet qu'il est le
plus ordinairement à l'état de sous-phosphate de chaux, iden-

tique à celui qui constitue les os des animaux, et qui est composé sur 100 parties en poids de :

Acide phosphorique...........................	48,45
Chaux.	51,55
	100,00

On commence par isoler et doser l'acide phosphorique. Pour cela, après avoir concentré la liqueur acide, on la fait bouillir avec un excès de potasse caustique. La chaux, la magnésie et l'oxyde de fer sont complètement précipités, et l'acide phosphorique reste en solution à l'état de phosphate de potasse. On filtre, on sursature la nouvelle liqueur avec de l'acide chlorhydrique, on y ajoute une solution de sel ammoniac, puis de l'ammoniaque caustique en excès, et enfin du sulfate de magnésie, jusqu'à cessation de précipité. On agite fortement avec une baguette de verre sans toucher les parois du vase, on recouvre celui-ci d'une plaque de verre, et on laisse déposer pendant vingt-quatre heures dans un endroit chaud avant de filtrer. Après la filtration, on s'assure que la liqueur ne se trouble plus par l'agitation. On lave le précipité de *phosphate ammoniaco-magnésien*, d'abord avec de l'eau ammoniacale, puis avec de l'eau pure; on le dessèche et on le calcine pour transformer le sel double en *pyrophosphate de magnésie*. Le poids de celui-ci donne le poids de l'acide phosphorique, car on sait que 100 parties de ce sel contiennent 64,28 d'acide sec et correspondent à 132,48 de sous-phosphate de chaux.

4. *Recherche et dosage du peroxyde de fer*. La présence du fer est évidente dans les terres colorées en jaune ou en rouge; mais il est beaucoup de cas où la coloration peut laisser des doutes. Alors on prend environ 10 grammes de la terre que l'on veut essayer, on les fait bouillir dans un acide (sulfurique ou chlorhydrique), on ajoute un peu d'eau et l'on filtre.

Si la terre contient du fer, on verra bientôt, en versant dans la liqueur filtrée quelques gouttes d'ammoniaque, se former un dépôt jaunâtre d'oxyde de fer. La même liqueur noircira par la décoction de noix de galle ou d'écorce de chêne, et donnera un précipité bleu avec le *prussiate jaune de potasse*. Ces indications seront d'autant plus manifestes que le fer sera en plus fortes proportions dans la terre essayée.

Si, au lieu d'oxyde de fer libre, la terre soumise à l'épreuve contenait du fer à l'état soluble (sulfate de fer), comme on l'observe dans certaines argiles vitrioliques stériles, il suffirait de délayer dans l'eau une petite quantité de cette terre, de filtrer après quelque temps, et d'essayer ensuite la liqueur au moyen des réactifs dont il vient d'être question.

Dans le cas le plus général où nous nous plaçons pour faire l'analyse d'une terre, l'oxyde de fer, en mélange avec la chaux et la magnésie, est resté dans le filtre sur lequel on a jeté la liqueur du n° 3 qu'on avait fait bouillir avec la potasse pour en isoler l'acide phosphorique. Ce précipité des trois bases est redissous dans de l'acide azotique; on évapore la liqueur à siccité et on chauffe le résidu à une température de 200° à 250° jusqu'à ce qu'il ne se dégage plus de vapeurs acides. L'azotate de fer seul se décompose et laisse pour résidu du peroxyde de fer. On traite le produit calciné par l'eau, qui dissout les azotates de chaux et de magnésie. On réunit l'oxyde de fer sur un filtre, on le lave bien et on le calcine au rouge pour en prendre le poids.

5. *Dosage de la chaux.* Il ne reste donc plus dans la nouvelle liqueur que la chaux et la magnésie. On y mélange du chlorhydrate d'ammoniaque et un très léger excès d'ammoniaque caustique. Si un précipité se manifeste, on ajoute de nouveau du sel ammoniac pour le faire disparaître. On verse alors de l'oxalate d'ammoniaque dans la liqueur limpide jusqu'à ce que ce réactif ne détermine plus de précipité; on laisse reposer douze heures dans un endroit chaud, puis on recueille l'oxalate de chaux sur un filtre, on le lave et on le sèche. On le calcine ensuite au rouge dans un creuset de platine; celui-ci étant retiré du feu et refroidi, on imbibe la matière qui s'y trouve avec une solution concentrée de carbonate d'ammoniaque. On dessèche avec précaution pour éviter toute projection et on chauffe au rouge naissant; on ferme le creuset avec son couvercle et on le pèse quand il est froid; comme on connaît sa tare, le surplus représente le carbonate de chaux qui s'y trouve. Ce sel contient sur 100 parties en poids : 56,3 de chaux et 43,7 d'acide carbonique.

6. *Dosage de la magnésie.* La liqueur d'où la chaux a été précipitée, étant réunie aux eaux de lavage, est évaporée dans une capsule de platine, et le résidu salin est calciné au rouge. Tous les sels ammoniacaux se volatilisent, l'azotate de magnésie se décompose et il reste de la magnésie caustique. On la pèse, et, par le calcul, on la change en carbonate de magnésie, d'après ce fait que 100 de carbonate de magnésie contiènnent 48,31 de magnésie et 51 69 d'acide carbonique.

Le plus habituellement, la magnésie est en si faible proportion dans les sols arables, qu'on peut négliger d'en tenir compte et qu'on la confond avec le carbonate de chaux. Ce n'est qu'autant qu'elle prédomine qu'il est important d'en déterminer à part la quantité.

A l'aide des opérations successives que nous venons de décrire, on peut donc très aisément isoler et doser les substances suivantes :

Gravier.
Sable moyen.
Sable fin.
Gros débris organiques.
Humus.

Argile.
Carbonate de chaux.
Carbonate de magnésie.
Phosphate de chaux.
Oxyde de fer.

Examen des matières solubles de la terre. — La liqueur provenant de l'ébullition de la terre dans l'eau, et qui a passé à travers le filtre sur lequel on a recueilli la terre ténue, retient en dissolution toutes les matières solubles, sels minéraux ou substances organiques, renfermées dans l'échantillon.

On concentre cette liqueur, sans la faire bouillir, dans une capsule de porcelaine d'une capacité de 3 à 4 décilitres, posée sur un fourneau ordinaire, comme dans la figure 12. On remplit d'abord la capsule et on ajoute le liquide à mesure qu'il s'évapore sans bouillir. On pousse l'évaporation à siccité ; mais, lorsqu'il ne reste plus que très peu de liquide à dissiper, on achève la dessiccation dans une étuve à 100 degrés, afin de ne pas chasser les sels ammoniacaux et de ne pas décomposer l'humus soluble. Lorsque le résidu ne perd plus de son poids, on le pèse.

Fig. 12. *Fourneau évaporatoire avec capsule en porcelaine.*

Ce résidu est incolore, s'il est formé de matières salines ; il est coloré en brun ou en jaune rougeâtre, s'il renferme des substances organiques ou de l'oxyde de fer. Dans le premier cas, il redevient blanc après avoir été chauffé au rouge, parce que les substances organiques sont brûlées ; dans le second cas, il conserve sa couleur jaune rougeâtre.

Dosage des substances volatiles et des cendres. — Après avoir constaté le poids total des substances dissoutes, on arrive à connaître les proportions relatives des matières volatiles ou organiques et des matières minérales fixes ou des cendres, en calcinant le résidu total au rouge jusqu'à ce qu'il ne reste plus aucune parcelle de charbon, et que le résidu terreux ne présente plus de points scintillants quand on le remue doucement avec une petite tige de fer ou de platine. On pèse le résidu terreux encore chaud. La perte de poids qu'il a éprouvée indique la quantité en bloc de l'humus soluble, des sels ammoniacaux et de l'acide azotique.

Constatation de la nature des cendres. —La détermination et le dosage des différentes matières salines solubles de la terre sont des opérations trop délicates et trop difficiles pour un agriculteur ; il faut se borner à constater leur quantité brute, et à reconnaître qualitativement leur nature diverse au moyen de quelques essais.

Ces substances salines sont ordinairement du sel marin, des sulfates alcalins, du sulfate de chaux, des azotates alcalins ou terreux, des phosphates alcalins, du silicate de potasse. Mais, comme ces substances ne sont jamais qu'en très petites proportions dans une terre arable par rapport aux substances insolubles dont il a été question précédemment, il faut, pour rendre plus faciles les essais qualitatifs, opérer sur plusieurs kilogrammes de terre neuve séchée, qu'on épuise par plusieurs décoctions succesives. On jette ensuite sur un filtre et on lave le résidu jusqu'à ce que la dernière eau de lavage n'entraîne plus rien en dissolution ; ce qu'on reconnaît en évaporant quelques gouttes de cette eau de lavage sur une spatule de platine ; celle-ci n'est pas ternie par cette évaporation.

Toutes les eaux étant réunies, on les évapore dans une capsule de porcelaine, de manière à réduire le volume total à celui d'un demi-litre.

Si, pendant le refroidissement, il se dépose une poudre blanche, on a la preuve qu'il y a du *sulfate de chaux*. On recueille cette poudre sur un filtre, on la lave avec de l'eau additionnée d'alcool pour l'examiner à part. On constate que c'est bien du sulfate de chaux.

1° Parce qu'elle se dissout facilement dans l'acide chlorhydrique faible ;

2° Parce que cette solution précipite abondamment :

Par le chlorure de baryum, réactif de l'acide sulfurique, et par l'oxalate d'ammoniaque, réactif de la chaux.

La liqueur concentrée, d'où le sulfate de chaux s'est déposé, est alors essayée par les réactifs suivants :

1° Avec l'azotate de baryte ou le chlorure de baryum, qui, dans le cas de la présence des sulfates alcalins, produira un précipité blanc, pulvérulent, lourd, insoluble dans un grand excès d'acide azotique ;

2° Avec l'azotate d'argent (après avoir acidulé la liqueur par l'acide azotique), qui indique la présence des chlorures par un précipité blanc, caillebotté, insoluble dans l'acide azotique, mais soluble dans l'ammoniaque ;

3° Avec l'oxalate d'ammoniaque, qui signale la chaux par la formation d'un précipité blanc ;

4° Avec l'eau de soude et l'ébullition dans un tube (fig. 13) dans le haut duquel on place un papier rouge de tournesol. Ce papier bleuit par le contact des vapeurs qui sortent du tube dans le cas où il existe des sels ammoniacaux ;

5° Avec l'acide chlorhydrique pur, à volume égal, et quelques gouttes de sulfate d'indigo. En faisant bouillir dans un petit matras il y a décoloration de la liqueur bleue, pour peu qu'il y ait des azotates dans la terre ; la quantité de

Fig. 13. *Tube pour la recherche des sels ammoniacaux.*

ceux-ci est d'autant plus considérable, que le mélange décolore un plus grand volume de sulfate d'indigo.

6° Pour reconnaître l'existence des sels de potasse, on évapore à siccité une certaine quantité de la liqueur en présence d'un excès d'acide chlorhydrique, et on chauffe le résidu vers 200°. On reprend par l'eau, on filtre et on verse dans le liquide du chloride de platine, puis un peu d'alcool. S'il y a de la potasse, il se forme un précipité jaune, pulvérulent, consistant en une combinaison de chloride de platine et de chlorure de potassium.

Voilà les renseignements les plus importants qu'il suffit d'acquérir sur la nature des matières solubles des terres.

Si l'on pratique avec soin les diverses opérations que nous

venons de décrire, on retrouvera, avec une exactitude suffisante, les proportions relatives des principes constituants de la terre soumise à l'essai.

Après l'analyse complète, on dispose les produits les uns sous les autres et on les additionne. Si la somme est égale au poids de la terre employée, l'analyse est exacte. On note avec soin les résultats obtenus sur un registre destiné à cet usage, en indiquant l'origine de la terre et toutes les particularités qui peuvent aider à son signalement.

Pour faire l'examen analytique des terres, il n'est pas besoin, comme on l'a vu, d'un bien grand nombre d'ustensiles et de réactifs chimiques. On trouve ces derniers, à très bon marché, chez tous les pharmaciens des grandes villes. Pour moins d'une cinquantaine de francs, on pourra former la petite collection des objets nécessaires aux recherches chimiques qu'un agriculteur peut être dans le cas de pratiquer.

Des propriétés physiques des sols. — Si la connaissance de la nature chimique des sols est indispensable pour savoir quels sont les différents amendements qui peuvent améliorer leur constitution et nous apprendre certaines de leurs qualités, elle ne suffit pas seule pour rendre compte de leur valeur, de leurs divers degrés de fertilité, de leurs fonctions par rapport à la végétation.

C'est qu'en effet les propriétés physiques de leurs particules ont, peut-être, une influence plus directe que la nature chimique de leurs composants sur la manière dont ils se comportent à l'égard des plantes, des agents atmosphériques, de l'eau, des instruments de culture. Le plus ou moins de ténuité des matières minérales qui les forment, la cohésion, la ténacité, l'adhérence de leurs parties, leur perméabilité à l'air et à l'eau, leur faculté d'absorption pour l'humidité et les gaz, leur pouvoir d'absorber et de retenir la chaleur, etc., exercent bien plus d'influence qu'on ne l'a cru sur les propriétés relatives à l'agriculture, et, fort souvent, ces caractères purement mécaniques ou physiques varient d'un sol à un autre sans que leur nature chimique diffère. Voici quelques exemples à l'appui de ces assertions.

L'*argile pure* forme, dans son état naturel, un sol trop consistant et trop lourd, qui est nuisible à la végétation ; cette même *argile, calcinée,* forme, lorsqu'elle est en poudre fine, un sol poreux qui la favorise.

La *silice* et le *calcaire* composent, sous forme *sablonneuse,* lorsqu'ils prédominent, un sol entièrement sec et chaud, dans lequel les plantes se dessèchent et meurent à cause du manque d'humidité. — Sous forme *pulvérulente,* ils constituent un sol trop humide, sur lequel les plantes souffrent d'un mal contraire au premier.

100 parties de *calcaire* à l'état de *sable,* c'est-à-dire en parcelles dures, ne retiennent que 29 parties d'eau, tandis que 100 parties de la même substance en *poudre fine* en absorbent jusqu'à 85 parties.

100 parties de *sable siliceux* ne retiennent que 25 parties d'eau, tandis que 100 parties de *silice fine,* telle qu'on l'obtient dans les laboratoires, peuvent retenir jusqu'à 280 parties d'eau.

Il est donc bien essentiel d'avoir égard aux propriété physiques des sols, qui, comme on le voit, sont fort souvent indépendantes de leur constitution chimique; mais il faut savoir apprécier et juger ces propriétés au moyen des méthodes rigoureuses d'investigation que la science met en notre pouvoir, et non d'une manière vague et arbitraire, comme le font les simples praticiens. Le meilleur modèle à suivre, sous ce rapport, est sans contredit la méthode d'expérimentation du professeur Schübler, qui occupa, avec tant de distinction, la chaire de chimie agricole à l'Institut d'Hoffwill. Plusieurs autres agronomes, tels que Thaër, Davy, Chaptal, Mathieu de Dombasle, ont bien donné quelques renseignements précieux sur le même sujet, mais aucun n'a soumis les terres à une série d'expériences comparables, et n'a fait une aussi heureuse application des sciences physiques à l'agriculture que Schübler, dans ses *Recherches sur les propriétés physiques des terres.* Dans tout ce qui va suivre, nous mettrons largement à contribution son savant travail, dont la traduction nous a été donnée par M. de Gasparin, qui, dans son remarquable *Mémoire sur la garance,* nous a montré tout le parti qu'on peut tirer des préceptes et des procédés du chimiste allemand.

Les qualités physiques qu'il importe de connaître, pour pouvoir estimer la valeur des sols, sont surtout :

La densité ou poids spécifique,
La ténacité, la cohésion ou l'adhérence,
La perméabilité et la capillarité,
La faculté d'absorber l'eau,
L'aptitude à se dessécher à l'air,
La diminution du volume par la dessiccation.
La faculté d'absorption de l'humidité atmosphérique,
La faculté d'absorption pour les gaz,
La faculté d'absorber et de retenir la chaleur.

Nous allons passer en revue ces diverses propriétés.

Densité ou poids spécifique des terres. — On désigne sous le nom de DENSITÉ ou de POIDS SPÉCIFIQUE le poids d'un volume de terre comparé au même volume d'eau.

Pour le trouver, il y a plusieurs méthodes; mais la plus commode pour les agriculteurs est celle indiquée par sir H. Davy. Elle consiste à prendre le poids de la terre, bien sèche, qu'on doit essayer, en remplissant de cette terre un vase déjà à demi plein d'eau. La différence entre le poids de la terre et le poids de l'eau donne la densité de la terre. Voici comment on opère :

On prend un flacon de verre A à large ouverture, contenant exactement 2 décilitres (fig. 14). On y introduit d'abord 1 décilitre d'eau, mesuré avec soin, puis on achève de le remplir avec la terre séchée à l'étuve ou au four, jusqu'à ce que l'eau monte à l'embouchure du vase B. On constate alors le poids de la terre qu'il a fallu pour cela.

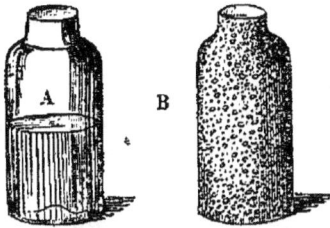

Fig. 14. *Vases en verre pour prendre le poids spécifique des terres.*

Supposons qu'on ait employé, pour remplir entièrement le flacon, 282^{gr},2 de sable calcaire. Il est clair que ces 282^{gr},2 de sable occupent le même volume ou tiennent autant de place qu'un décilitre d'eau, puisqu'il manquait seulement 1 décilitre d'eau pour remplir toute la capacité du flacon.

Or, comme 1 décilitre d'eau, à la température ordinaire, pèse 100 grammes, il s'ensuit que le sable calcaire pèse, sous le même volume, 282 ^{gr}, 2 ou près de trois fois autant. Par conséquent, 2,822 gram. est le poids spécifique du sable calcaire, comparé à celui de l'eau, qui est 1,000

Voici les poids spécifiques que Schübler a trouvés aux espèces principales de terre dans lesquelles on pratique presque toutes les cultures :

	Poids spécifique, celui de l'eau étant 1,000.
Sable calcaire..	2,822
— siliceux..	2,753
Glaise maigre 1......................................	2,701
Glaise grasse 2.	2,652

1. Schübler désigne sous ce nom, en suivant la synonymie de Thaër et de Crome, une argile contenant en moyenne 40 pour 100 de sable siliceux fin, qu'on peut en séparer mécaniquement. C'est la *boulbene* des Languedociens.

2. C'est une argile dont on peut séparer 24 p. 100, en moyenne, de sable siliceux fin.

Terre argileuse [1]	2,603
Argile pure [2]	2,591
Terre arable du Jura [3]	2,526
Terre calcaire fine, ou chaux carbonatée pulvérulente	2,468
Terre arable d'Hoffwill [4]	2,401
Gypse ou sulfate de chaux	2,358
Terre de jardin [5]	2,332
Carbonate de magnésie	2,232
Humus	1,225

Il ressort de ces faits :

1º Que le *sable* est la partie la plus pesante des terres arables;

2º Que les *argiles* sont d'autant plus légères qu'elles contiennent moins de sable;

3º Que la *terre calcaire fine*, le *carbonate de magnésie* et l'*humus* diminuent la densité des sols et les rendent légers, pulvérulents et secs;

4º Qu'une *terre arable* est ordinairement d'autant plus pesante qu'elle contient plus de sable, et, au contraire, d'autant plus légère qu'elle contient plus d'argile, de terre calcaire, et principalement d'humus;

5º Que, par conséquent, on peut conclure, *jusqu'à un certain point*, du poids d'un sol, ses principales parties constituantes; par exemple, qu'une terre qui a une grande densité, 2,50 à 2,60, contient beaucoup de sable, et que celle qui en a une très faible, de 2,0 à 2,20, est abondante en terreau;

6º Enfin, que la qualité que les agriculteurs pratiques attribuent à un sol d'être *pesant* ou *léger* ne s'entend ni de sa densité ni de son poids absolu, puisque les argiles sont, dans l'état sec comme dans l'état humide, plus légères que le sable pur, mais du plus ou moins de résistance que les terres opposent aux instruments de culture, résistance dont nous allons parler.

Il ne faudrait pas déduire de la densité d'une terre le poids d'un volume quelconque de cette terre, d'un mètre cube, par exemple; on arriverait à un chiffre beaucoup trop fort, et cela

---

1. C'est une argile dont on peut encore séparer, terme moyen, 10,75 pour 100 de sable siliceux fin.

2. C'est une argile privée de sable, d'un gris bleuâtre, douce au toucher et un peu grasse, composée, d'après Schübler, de 58 de silice, 36,2 d'alumine et 5,2 d'oxyde de fer.

3. Cette terre, prise dans un vallon du voisinage du Jura, était composée de 63 de sable siliceux, 33,3 d'argile, 1,2 de sable calcaire, 1,2 de carbonate de chaux pulvérulent et 1,2 d'humus.

4. Cette terre, d'un des champs de l'Institut d'Hoffwill, renfermait 51,1 d'argile, 42,7 de sable siliceux, 0,4 de sable calcaire, 2,3 de carbonate de chaux pulvérulent et 3,4 d'humus.

5. Cette terre, légère, noire et fertile, consistait en 52,4 d'argile, 36,5 de sable siliceux, 1,8 de sable calcaire, 2,0 de carbonate de chaux pulvérulent et 7,5 d'humus.

se conçoit, car, dans la terre prise telle quelle dans un champ, les molécules terreuses ne sont pas, comme celles de la terre imbibée d'eau dans le flacon qui nous a servi, exactement pressées les unes contres les autres. Ainsi M. de Garparin a constaté qu'un sol d'une densité de 2,5, ayant été passé à un crible percé de trous de demi-millimètre de diamètre, et placé au-dessus d'une mesure d'un litre, la mesure étant remplie, elle n'a pesé que 1 kilog., le même poids que l'eau ; la terre ayant été bien pilonnée dans la mesure, elle a pesé 1^{kil}, 39. Le sable pur éprouve peu de tassement ; une terre où il abonde pesait 1,39 par litre. Le poids d'un volume de terre doit donc être déterminé directement, en la tassant dans un moule d'une capacité connue.

Ténacité, cohésion, adhérence des terres. — La ténacité et la consistance du sol ont une grande influence sur la végétation et sur la culture. Les cultivateurs désignent ces propriétés par le nom de *sol léger* ou *pesant*. Il convient donc de les soumettre à un examen approfondi, soit dans l'état sec, soit dans l'état humide.

On peut reconnaître approximativement la ténacité d'un sol par le procédé suivant : on humecte la terre avec assez peu d'eau pour que, tassée et roulée entre les mains, elle forme une boule dure d'environ 30 millimètres de diamètre (fig. 15) ; on la laisse sécher au soleil ou sur un poêle, puis on l'examine comparativement.

Fig. 15.
Boule dure en terre.

Pour les sols *très sableux* et *légers,* la consistance est si faible, que la boule s'écrase sous une pression faible, ou même spontanément sous son propre poids ;

Les *bonnes terres arables* résistent plus ou moins à la pression entre les doigts ; mais un certain effort ou un léger choc les réduit subitement en poudre.

Les *glaises,* les *terres argileuses fortes,* exigent le choc d'un corps dur, et restent en fragments que l'on ne peut écraser sous les doigts.

Si l'on fait chauffer au rouge-cerise toutes ces boules, qu'on les laisse refroidir et qu'ensuite on les plonge dans l'eau :

Les *terres sableuses* se désagrégent instantanément ;

Les *terres très calcaires* se délayent plus lentement, et même exigent une pression entre les doigts ;

Les *argiles* et *terres argileuses fortes* conservent leurs formes, et même sont beaucoup plus dures qu'avant d'avoir été chauffées.

Pour éprouver d'une manière plus exacte la ténacité des

terres dans l'*état sec*, on les met en bouillie homogène, puis on en remplit des moules de bois de 45 millimètres de long sur 15 millimètres de côté. On laisse sécher en faisant peser sur chaque moule un poids uniforme de 1 kilogramme. On obtient ainsi des morceaux longs ou des briquettes de chaque terre, qu'on pose sur deux points d'appui éloignés l'un de l'autre de 40 millimètres (fig. 16);

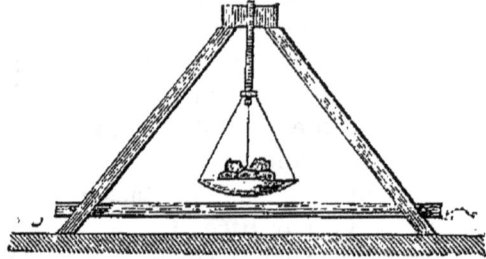

Fig. 16. *Appareil pour déterminer la ténacité des terres.*

on suspend à chaque briquette, au moyen d'une large courroie, qui porte sur tout l'intervalle qui sépare les appuis, un petit plateau de balance, dans lequel on fait couler doucement et sans secousses du petit plomb de chasse, jusqu'à ce que les briquettes se cassent. Le poids qu'elles supportent sert de mesure à leur ténacité.

La quantité de poids que supportent les terres argileuses avant de rompre est énorme. Elle monte, pour l'argile pure, à 11 kil, 100 grammes. La terre calcaire fine, au contraire, ne supporte que 550 grammes.

Dans le tableau suivant, on a pris la ténacité de l'argile (11 kil, 100) pour mesure commune de 100°, et on compare à cette mesure la ténacité des autres terres.

ESPÈCES DE TERRES.	TÉNACITÉ de la terre sèche, celle de l'argile pure étant 100°.	TÉNACITÉ en poids.
Argile pure......................	100,0	11 kil,100
Terre argileuse	83,3	9 ,250
Glaise grasse...................	68,8	7 ,640
— maigre...............	57,3	6 ,360
Terre arable d'Hoffwill...........	33,0	3 ,660
— du Jura.............	22,0	2 ,440
Carbonate de magnésie...........	11,5	1 ,270
Humus..........................	8,7	0 ,970
Terre de jardin.................	7,6	0 ,840
Gypse...........................	7,3	0 ,810
Terre calcaire fine..............	5,9	0 ,550
Sable siliceux..................	0,0	0 ,000
— calcaire.................	0,0	0 ,000

Lorsqu'on travaille une terre dans l'*état humide,* il ne faut pas seulement vaincre la cohésion de la terre même, mais principalement son adhérence aux instruments d'agriculture. Voici le moyen pour déterminer comparativement la force nécessaire pour travailler différentes espèces de terre. On prend deux disques d'une égale grandeur, un décimètre carré, en fer et en bois de hêtre, substances dont on se sert le plus souvent pour confectionner les instrument de culture ; on les attache successivement à l'un des bras d'une balance très sensible, en ayant soin qu'ils y soient en équilibre. On met alors chaque disque en contact parfait avec la terre à examiner (fig. 17), et l'on charge le plateau de la balance de poids, jusqu'à ce que le disque se détache de la terre. La quantité de poids employés donne la mesure de l'adhérence du disque avec la terre.

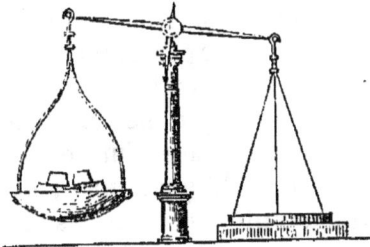

Fig. 17. *Appareil pour déterminer la force d'adhérence des terres.*

Comme il est très important, pour ce genre d'essai, de comparer les terres dans le même état d'humidité, on les emploie chaque fois dans l'état où elles se trouvent quand, après avoir été délayées dans l'eau et jetées sur un tamis, elles ne laissent plus dégoutter d'eau.

Voici les resultats obtenus par ce mode d'expérimentation :

ESPÈCES DE TERRES.	ADHÉRENCE à l'état humide aux instruments de culture sur un décimèsre carré	
	de fer.	de bois de hêtre.
Argile pure....................	1 kil,220	1 kil,320
Terre argileuse..............	0 ,780	0 ,860
— calcaire fine..........	0 ,650	0 ,710
Gypse.......................	0 ,490	0 ,530
Glaise grasse...............	0 ,480	0 ,520
Humus......................	0 ,400	0 ,420
Glaise maigre , ...	0 ,350	0 ,400
Terre de jardin.............	0 ,290	0 ,340
Carbonate de magnésie......	0 ,260	0 ,320
Terre arable d'Hoffwill	0 ,260	0 ,280
— du Jura.............	0 ,240	0 ,270
Sable calcaire..............	0 ,190	0 ,200
— siliceux..............	0 ,170	0 ,190

Voici les conclusions qu'on peut déduire des deux tableaux précédents :

1º Les dénominations de *pesant* et *léger*, si communément appliquées au sol par les agriculteurs, se rapportent au degré de ténacité de la terre et à son adhérence aux instruments de culture ; ainsi ces dénominations annoncent un sol plus ou moins facile à travailler ou un sol plus ou moins consistant, plutôt qu'un rapport de poids.

Par les moyens indiqués précédemment, on peut trouver le degré de cette propriété des différentes terres avec une exactitude suffisante pour la pratique. Un sol est très facile à travailler, si sa ténacité, dans l'état sec, n'excède pas 10º (1 kil, 110) ; au contraire, il est déjà assez difficile à travailler quand cette ténacité va jusqu'à 40º (4 kil, 440). Un sol, dans son état humide, est facile à travailler, lorsqu'une surface d'un décimètre n'est retenue que par un poids de 150 à 300 grammes, mais il est déjà très difficile quand il faut employer un poids de 700 grammes ; l'argile pure exige même un poids de 1 kil, 320 grammes. — Les terres arables sont entre ces extrêmes, avec différents degrés de ténacité et d'adhérence, comme l'indique le dernier tableau.

2º La ténacité et l'adhésion d'un sol ne sont pas en proportion directe de sa faculté de retenir l'eau, puisque la terre calcaire fine et l'humus, qui la possèdent à un degré éminent et à un plus haut degré que l'argile, ont bien moins de ténacité et de cohésion que celle-ci, et forment un sol facile à travailler.

3º Plusieurs espèces de sols légers (les sols sablonneux) gagnent beaucoup de cohésion par l'humidité : le sable sec n'en a aucune ; mouillé, il en acquiert une considérable.

4º L'adhérence à une surface de bois est toujours plus forte que celle à une égale surface de fer. Ce phénomène nous est offert par chaque terre en particulier. Un fait qui se présente dans la pratique en grand pourrait paraître en contradiction avec cette dernière conclusion : ainsi il arrive souvent qu'un sol pesant est plus facile à travailler, par un temps humide, avec des herses de bois qu'avec des herses de fer ; mais cela ne vient que de ce qu'en raison de son poids, l'instrument en fer s'enfonce plus profondément que celui en bois, et présente ainsi plus de surface au frottement.

5º En général, la consistance d'une terre arable est d'autant plus grande qu'elle contient plus d'argile.

Tout le monde a pu observer combien la cohésion des mottes de terre diminue quand un champ fraîchement labouré vient

à geler , et combien elles deviennent alors plus friables.
Schübler a cherché à se rendre compte de ce phénomène, et il
a fait plusieurs essais qui lui ont appris qu'il est nécessaire,
pour que la terre perde de sa ténacité et de sa cohésion par
le froid, qu'elle soit préalablement humide. Dans ces circonstances, la diminution est de moitié pour un grand nombre de
terres ; mais l'argile pure ne peut pas même supporter la pression du doigt.

Ces essais expliquent les bons effets des labours d'automne :
le froid peut pénétrer beaucoup plus dans l'intérieur de la terre ;
sa masse se gèle mieux et garde plus longtemps sa porosité au
printemps, et les labours sont alors moins utiles dans cette saison, car, faits par un temps un peu humide, ils font perdre à la
terre cette porosité que le froid lui avait procurée. Si toute la
terre est humide lors de ces labours de printemps, dans un sol
argileux, le préjudice est considérable et est souvent sensible
pendant plusieurs mois. M. de Gasparin dit que , lorsqu'un
champ, dans le midi de la France, est labouré au printemps,
alors qu'il est un peu humide, on ne peut l'ensemencer en automne, en raison de sa cohésion, qui est telle, qu'il est impossible d'en briser les mottes.

La diminution de cohésion par le froid provient sans aucun
doute de la congélation de l'eau contenue dans la terre ; les
cristaux de glace, en se formant, écartent les particules de la
terre, et les tiennent ainsi à une plus grande distance qu'auparavant. Mais cette diminution de consistance n'est pas toujours de longues durée, car, en labourant bien la terre dégelée,
elle reprend sa cohésion primitive.

Il y a encore une cause qui diminue considérablement la ténacité et la cohésion du sol : c'est l'action d'une forte chaleur,
telle qu'on l'obtient par la pratique de l'*écobuage*. Dans ce
cas, les changements physiques que le sol éprouve ont une
longue durée. Par cette opération, l'argile pure, qui auparavant formait le sol le plus compacte, devient très friable et
très meuble , et l'humectation est impuissante à lui rendre sa
consistance primitive. Dans plusieurs parties de l'Écosse, il est
d'usage d'améliorer le sol en brûlant l'argile.

Perméabilité et Capillarité. — La PERMÉABILITÉ est la
propriété que possède le sol de laisser filtrer l'eau au travers
de sa masse. Cette propriété est fort utile , puisque c'est par
elle que l'eau, les liquides nutritifs ou stimulants, l'air et les
gaz, parviennent aux extrémités spongieuses des racines. Toutes
les pratiques qui ont pour effet de diminuer la cohésion et la

ténacité du sol, telles que le labourage, le hersage, le binage, etc., accroissent en même temps la perméabilité, et favorisent par cela même la végétation.

Pour déterminer la perméabilité comparative des différentes
terres, on prend, de chacune, un poids égal, 1 kilogramme,
par exemple, au même état de siccité. On délaye chacune d'elles
avec un litre d'eau, puis on jette la bouillie sur un tamis placé
au-dessus d'une terrine. Ce tamis est en soie ou en crin, et
semblable à ceux qu'emploient les pharmaciens pour obtenir
les poudres végétales.

On arrose ensuite chaque terre avec 10 litres d'eau; pour
éviter que le niveau de la terre ne se dérange, on aplanit à chaque
fois la surface de la bouillie avec une palette en bois. On note
le temps que met l'eau à traverser la terre, et la vitesse de l'é-
coulement donne le degré relatif de la perméabilité. Les deux
extrêmes, parmi toutes les terres, sont le sable, qui laisse filtrer
l'eau aussi vite qu'on la verse, et l'argile plastique, qui la
laisse à peine couler goutte à goutte.

L'imprégnation des sols par l'eau est bien due à la perméabilité de leurs parties; mais cette propriété seule ne suffit pas
pour expliquer l'ascension et la filtration des liquides environnants jusqu'aux extrémités des racines, lorsque les solutions
en contact ont été absorbées, et pour rendre compte du retour
à la superficie des liquides infiltrés, au fur et à mesure que
l'évaporation entraîne l'eau dans l'atmo-
sphère. Ces effets sont dus à une autre
propriété fort importante des sols et de
toutes les matières poreuses, à la CAPIL-
LARITÉ.

Si l'on plonge dans l'eau des tubes de
verre d'un petit diamètre (fig. 18), on voit
le liquide s'élever dans ces tubes au-
dessus de son niveau habituel et s'y maintenir; son élévation est d'autant plus considérable, que les tubes sont plus étroits.
Ce phénomène dépend de l'affinité du

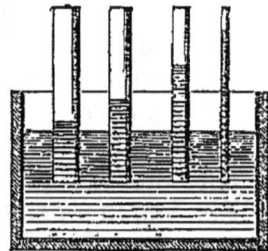

Fig. 18. *Appareil pour
montrer le phénomène de
la capillarité.*

liquide pour le verre, et de l'attraction des molécules du liquide les unes pour les autres.

La nature du solide n'a aucune influence sur ce phénomène,
car il se produit avec tous les solides que le liquide peut mouiller.
Mais si, en outre, ces solides sont perméables, quelle que soit
d'ailleurs l'irrégularité des pores, le liquide monte dans leur
intérieur. Ainsi un morceau de sucre qui ne touche l'eau que

par un point s'en pénètre bientôt jusqu'à son sommet ; la mèche d'une lampe s'imbibe d'huile dans toute sa hauteur ; l'éponge, les pierres tendres, les terres plus ou moins légères, s'humectent rapidement dans toute leur étendue, lorsqu'elles sont en contact avec l'eau par un seul de leurs points inférieurs. Tous ces effets, qui sont, pour ainsi dire, vulgaires, sont autant d'exemples de ce que l'on appelle l'ACTION CAPILLAIRE OU CAPILLARITÉ.

C'est cette action [capillaire qui dissémine l'humidité uniformément dans toutes les parties du sol, qui fait revenir près de sa surface les substances solubles et fixes que l'eau entraîne avec elle, mais qu'elle laisse dans le sol lorsqu'elle est réduite en vapeur. Cette CAPILLARITÉ des terres, qui est une de leurs propriétés les plus importantes, est en rapport avec leur PERMÉABILITÉ, et elle est d'autant plus prononcée et efficace que celle-ci n'est ni trop grande, comme dans les sables, ni trop faible, comme dans les argiles compactes. Il y a donc, comme on voit, utilité pour la pratique à modifier la constitution physique des terres arables de manière à leur donner un degré convenable de perméabilité, puisqu'on favorise ainsi la circulation de l'eau et des solutions nutritives et stimulantes dans toutes leurs parties.

C'est sur la porosité plus ou moins grande des terres qu'est fondée l'efficacité des arrosements ou irrigations par infiltration. La nature nous offre fréquemment des arrosements de ce genre. Ainsi les terrains sablonneux des bords des lacs et des rivières sont souvent arrosés de cette manière à de grandes distances. Ce phénomène se présente d'une manière singulière dans les *dunes* des bords de la mer : non-seulement, par un effet de l'attraction capillaire, l'eau s'élève ou se maintient beaucoup au-dessus du niveau de la mer, mais encore cette eau (soit qu'elle sorte de la mer ou qu'elle provienne d'eau de pluie conservée) est toujours douce ; c'est ce qni explique la possibilité d'une végétation souvent très active dans les *dunes* qui sembleraient condamnées à la stérilité. (De Candolle.)

Faculté d'absorber et de retenir l'eau. — Au premier abord, on pourrait croire que la faculté qu'ont les terres d'absorber et de retenir l'eau ne diffère pas sensiblement de la PERMÉABILITÉ, dont nous venons de parler ; mais, lorsqu'on examine un peu attentivement ces deux genres d'effets, on s'aperçoit qu'ils dépendent de deux propriétés bien distinctes.

Une matière poreuse laisse passer l'eau plus ou moins vite au travers de sa masse sans que, pour cela, on connaisse la quantité d'eau qu'elle retient entre ses particules. Cette quantité dépend de son affinité plus ou moins prononcée pour ce liquide ; or la *perméabilité* n'a aucun rapport avec cette affinité. Si cette affinité n'existait pas, toute l'eau qu'on verse sur une terre, ou resterait à sa surface sans la pénétrer si {elle était dans un complet état de cohésion, ou, si elle était trop divisée, s'écoulerait en totalité à travers ses interstices, sans qu'il en restât la moindre partie dans l'intérieur ; et, dans l'un et l'autre cas, la terre ne pourrait fournir aux racines des plantes l'eau dont elles ont besoin pour leur développement. La propriété d'absorber et de retenir l'eau entre leurs molécules, sans la laisser échapper, est donc une des propriétés les plus importantes des sols, et une de celles qui influent surtout sur leur fertilité.

On apprécie cette propriété de la manière suivante : on prend 20 grammes de la terre à essayer, après l'avoir bien desséchée à 40° ou 50°, en la plaçant, par exemple, pendant une demi-heure, sur un poêle ou sur la sole d'un four après la cuisson du pain. On la mêle avec de l'eau dans une capsule de verre, jusqu'à ce qu'elle forme une bouillie claire ; on verse cette bouillie sur un filtre de papier gris préalablement mouillé et pesé ; on lave la capsule avec de l'eau, qu'on jette aussi sur le filtre, pour qu'aucune parcelle de la terre ne soit perdue. Lorsqu'il ne dégoutte plus d'eau du filtre, on le pèse avec son contenu. L'augmentation de poids résulte de la quantité d'eau absorbée par la terre, et indique la faculté qu'a celle-ci de retenir l'eau.

Supposons le poids de la terre en expérience, dans son état de siccité, égal à...................... 20 gr.
Celui du filtre mouillé, à........................ 5 } 25
Après sa complète imbibition, la terre restée sur le filtre pèse..................................... 35
La quantité d'eau absorbée et retenue par la terre est donc de.......... 10

Faisant alors la proportion :

$$20 : 10 :: x = \frac{1,000}{20} = 50$$

On trouve que la faculté de retenir l'eau est, pour cette terre, de 50 pour 100.

Voici les résultats obtenus, pour les diverses espèces de terres, par cette manière d'opérer :

TABLEAU :

ESPÈCES DE TERRES.	100 PARTIES retiennent d'eau :
Sable siliceux.	25
Gypse.	27
Sable calcaire.	29
Glaise maigre.	40
Terre arable du Jura.	48
Glaise grasse.	50
Terre arable d'Hoffwill.	52
— argileuse.	60
Argile pure.	70
Terre calcaire fine.	85
— de jardin.	89
Humus.	190
Carbonate de magnésie.	456

Les principales conclusions à tirer de ce tableau sont :

1° Que les sables sont les terres qui retiennent le moins d'eau ;

2° Que les terres argileuses en retiennent d'autant plus qu'elles contiennent moins de sable ;

3° Que l'affinité du calcaire pour l'eau est très variable suivant sa forme, puisque, sous forme de sable, il n'absorbe que 29 pour 100 d'eau, tandis qu'à l'état de poudre fine, il en retient jusqu'à 85 pour 100. Ces deux états du calcaire doivent donc être distingués soigneusement dans toute recherche rigoureuse, et il est toujours facile d'isoler la poudre du sable au moyen de la lévigation ;

4° Que l'excessive affinité de la magnésie pour l'eau est, sans doute, une des causes qui rendent impropres à la culture les terres fortement magnésiennes ;

5° Que, de tous les éléments dont un seul est composé, à l'exception de la magnésie, l'humus est celui qui a la plus grande affinité pour l'eau, puisqu'il en retient presque le double de son poids [1].

Aptitude à se dessécher à l'air. — L'aptitude des terres à restituer plus ou moins vite à l'air atmosphérique l'humidité dont elles sont chargées n'est pas moins importante pour la végétation que la faculté de la retenir, et il est toujours avanta-

---

1. Par conséquent, les terres abondantes en humus ont, pour cette raison, une grande affinité pour l'eau, et c'est sous ce rapport qu'on a dit que la valeur des terres était en raison de leur faculté de retenir l'eau. Mais, ainsi que le fait observer avec beaucoup de justesse M. de Gasparin, cette assertion ne serait vraie qu'en comparant entre elles des terres dont la composition minérale serait d'ailleurs identique.

geux que le sol se dessèche plus ou moins promptement. Cette propriété est une de celles qui méritent le plus d'être connues, car il est évident que les sols qui se dessèchent le plus rapidement sont les plus *secs* et les plus *chauds*, tandis que ceux qui retiennent trop opiniâtrément les eaux pluviales sont les plus *humides* et les plus *froids*. Or les uns et les autres nécessitent des amendements très différents.

On peut estimer approximativement la propriété dont il s'agit en constatant, par la perte en poids, pendant une égale durée de temps, dans le même air, combien chaque sorte de terre très mouillée laisse exhaler d'eau sur la proportion qu'elle renferme. Pour ces expériences, on prend les terres dans un état de complète imbibition, telles qu'elles restent sur les tamis dont nous nous sommes servis pous évaluer les divers degrés de perméabilité. On charge des disques de fer blanc verni d'un décimètre carré d'une égale quantité de terre humide; on note le poids de ces disques ainsi chargés, et on les place dans une étuve ou dans un lieu où la température reste constamment à + 30°. L'étuve ou le local est desséché au moyen de fragments de chlorure de calcium fondu qu'on laisse auprès des terres pendant l'opération. Au bout d'une heure, on retire les disques, on les pèse de nouveau, et la perte de poids indique la quantité d'eau évaporée. On fait ensuite dessécher entièrement les terres, comme il a été dit ci-dessus, afin de connaître la proportion d'eau que chaque sorte contenait en commençant.

On réduit la quantité d'eau renfermée dans la terre à 100, pour avoir un point de comparaison générale. Un exemple est nécessaire pour bien faire comprendre la manière d'opérer.

1re PESÉE.		2e PESÉE.	
Poids de la terre humide......	310 gr.	Poids de la terre humide.......	310 gr.
Poids de la même terre, après une heure d'exposition à une chaleur de 30°...........	260	Poids de la terre parfaitement sèche..................	200
Poids de l'eau exhalé en une heure.................	50	Quantité d'eau contenue dans la terre au commencement de l'opération................	110

Voulant savoir maintenant combien perdent 100 parties d'eau, si 110 parties perdent 50, nous avons à faire la proportion suivante :

$$110 : 50 :: x = \frac{100 \times 50}{110} = 45,45$$

Il résulte des expériences de Schübler à cet égard que les

7.

terres suivantes, supposées contenir 100 parties d'eau, perdent,
en 4 heures 4 minutes, à la température de + 18°,75, les quantités d'eau ci-indiquées :

Sable siliceux	88,4
— calcaire	75,9
Gypse	74,7
Glaise maigre	52,0
— grasse	45,7
Terre arable du Jura	40,1
— argileuse	34,9
— arable d'Hoffwill	32,0
Argile pure	31,9
Terre calcaire fine	28,0
— de jardin	24,3
Humus	20,5
Carbonate de magnésie	10,8

On peut conclure de ce tableau :

1° Que les sables et le gypse sont, entre toutes les terres,
celles qui se dessèchent le plus facilement ou perdent le plus
d'eau dans le même temps. C'est pour cette raison qu'ils forment
les sols les plus *chauds*;

2° Que le calcaire agit encore ici d'une manière toute différente, suivant ses différentes formes. En effet, le *sable calcaire*
constitue un sol très chaud, tandis que la *terre calcaire fine* retient très longtemps l'humidité, et même plus longtemps que
l'argile. Néanmoins, sous ce dernier état, la terre calcaire mérite une préférence marquée sur l'argile, parce qu'en raison
de son alcalinité elle exerce une influence chimique sur l'humus,
et parce que, d'ailleurs, elle reste toujours *légère*;

3° Que l'argile se dessèche d'autant plus rapidement qu'elle
est plus sableuse;

4° Que l'humus retient l'eau plus énergiquement et se dessèche moins promptement que la plupart des substances terreuses ordinaires, d'où il suit qu'une faible proportion d'humus
dans une terre arable entretient une humidité utile;

5° Que le carbonate de magnésie contribue à rendre les sols
froids et *humides*, puisqu'il contient le plus d'eau et en laisse
exhaler le moins.

L'évaporation de l'eau, à la surface du sol, varie notablement
suivant que celui-ci est dépourvu ou couvert de plantes. Ainsi
les physiciens nous apprennent que la terre arable, dans l'état
moyen d'humidité où elle est entretenue naturellement, perd
en un an une couche d'eau égale à 24 centimètres, tandis que,
recouverte de végétaux en pleine culture, elle perd dans le même

espace de temps une couche d'eau égale à 27 centimètres. L'évaporation, au reste, n'a guère lieu que pendant le jour, car celle de la nuit est souvent plus que compensée par la rosée.

Toutes les expériences démontrent que la terre, pour être propre à la végétation, ne doit retenir l'eau que dans la proportion qui convient le mieux aux différentes espèce de plantes. Quand elle est trop compacte et retient trop d'eau, elle fait pourrir les racines ; si ensuite elle se dessèche, les racines encore vivantes ne peuvent plus la pénétrer, à cause de la dureté qu'elle acquiert, en sorte que la plante languit en raison des obstacles qu'elle doit vaincre et qu'elle ne peut surmonter. Si, au contraire, le sol est trop léger, la plante ne pousse qu'en raison de la quantité d'eau qui lui est donnée, parce que celui-ci ne retient point l'humidité nécessaire à la végétation et tend à se dessécher beaucoup plus promptement que quand il est compacte.

L'*humidité* du sol agit différemment selon les saisons. A l'époque des chaleurs, elle favorise la germination, elle dissout les substances nutritives, résultat de la décomposition des engrais et des terreaux ; elle sert elle-même d'aliment aux racines ; elle divise le terrain et le rend plus perméable à l'air et aux jeunes chevelus. Mais, quand elle est surabondante, si elle ne fait pas pourrir les germes ou les autres parties souterraines des plantes, elle produit une végétation incomplète, dans laquelle le développement excessif et le peu de consistance des organes foliacés nuisent à la production et encore plus à la qualité des fruits et des graines. — Pendant les froids, elle contribue à rendre l'effet des gelées plus funeste, même pour les arbres de nos climats, ainsi qu'on le voit trop souvent dans les vignobles plantés dans les lieux bas.

L'affinité plus ou moins grande, la *capacité* de certaines terres pour l'eau et la force avec laquelle elles la retiennent, influent beaucoup sur leurs propriétés physiques. Les sols humides sont froids et conséquemment tardifs ; mais ils conservent mieux que d'autres leur fertilité à l'époque des sécheresses. Ceux qui ne se pénètrent pas d'eau sont, au contraire, précoces ; mais les chaleurs de l'été arrêtent de bonne heure et détruisent souvent leur végétation. Les premiers donnent ordinairement des produits plus volumineux ; les seconds, des produits plus savoureux.

Dans tous les cas, le cultivateur a un égal intérêt à éviter une humidité excessive et à empêcher la diminution de celle qui se rencontre en de justes proportions dans le sol. Pour

atteindre le premier but, il doit recourir à des travaux de desséchement et d'écoulement ; pour approcher le plus possible du
second, il doit faire usage des arrosements et de divers moyens
propres à retarder l'évaporation, tels que le *paillage*, les *couvertures* usitées dans le jardinage, et la culture des plantes dont
l'épais feuillage couvre promptement le sol d'un ombrage salutaire.

M. de Gasparin nomme *fraîcheur de la terre* cet état où elle
n'est ni trop humide ni trop sèche, mais où elle conserve en
toute saison la quantité d'eau convenable pour que la végétation y ait lieu d'une manière continue.

Cet état ne peut être jugé d'une manière absolue, puisqu'il
est très susceptible de varier suivant une foule de circonstances
complètement étrangères à la nature de la terre. Le meilleur
moyen de mesurer le degré de *fraîcheur* d'une terre, c'est d'en
prendre un échantillon, à l'aide d'une sonde à 33 centimètres
de profondeur, et, après l'avoir pesé, de le faire sécher dans
une étuve à 100 degrés. La perte de poids qu'il éprouve indique
la quantité d'eau qu'il renfermait, ce qui donne son degré de
fraîcheur.

Une terre est considérée comme *saine*, c'est-à-dire ni trop sèche ni trop humide, lorsque deux ou trois jours après les plus
fortes pluies, elle ne renferme pas plus de moitié de sa capacité
hygroscopique d'eau, et qu'au mois d'août, après huit jours de
sécheresse, elle en renferme au moins 0,10 de son poids.

Les terres qui, à 33 centimètres de profondeur, retiennent
habituellement une quantité d'eau s'élevant de 0,15 à 0,23 de
leur poids, sont réputées *terres fraîches*; celles qui retiennent
moins de 0,10 sont des *terres sèches*; au-dessous de cette quantité, l'herbe commence à jaunir.

La propriété dont il s'agit exerce sur la valeur des terres une
grande influence. Ainsi, dans l'état *sain*, la terre convient au
plus grand nombre de cultures ; on peut même l'employer aux
prairies, car elle fournira toujours la principale récolte, celle du
printemps. *Fraîche*, elle est encore plus propre à toutes les
plantes que l'on cultive pour leurs parties foliacées, telles que
les fourragères. Lorsqu'elle est *sèche*, il est difficile d'en obtenir
des récoltes d'été et d'automne, car, dès les premières chaleurs,
on y voit les plantes, faute de l'humidité nécessaire, jaunir et
se dessécher.

Plus la terre est forte et l'accès de l'air difficile entre ses particules, et plus la grande quantité d'eau est nuisible. Une terre
bien labourée conserve plus longtemps sa fraîcheur dans les

couches inférieures : la continuité étant rompue, la capillarité des particules de la surface ne s'exerce pas aux dépens des couches inférieures, et les premières peuvent être très sèches, tandis que les secondes restent fraîches.

Diminution de volume par la dessiccation. — Presque toutes les terres arables, comme chacun sait, prennent un RETRAIT plus ou moins considérable par la dessiccation ; et, lorsque cette propriété est portée à son maximun, il se produit dans le sol des crevasses qui, si elles sont larges et nombreuses, nuisent singulièrement à la végétation, car les racines chevelues, qui s'approchent plus ou moins de la direction horizontale, et qui fournissent le plus de nourriture aux plantes, se dessèchent et se rompent. Dans plusieurs contrées, l'agriculteur se sert, pour estimer la bonté du sol, d'un moyen très anciennement connu, et qui est fondé en partie sur cette propriété. On creuse une fosse dans le terrain vierge, non labouré, puis on la comble avec la terre même qu'on vient d'en ôter. On regarde le terrain comme d'excellente qualité, si la fosse est entièrement remplie avec la même masse de terre ; il est réputé mauvais dans le cas où il n'y a plus assez de terre pour remplir complètement le trou.

Mais ce mode d'essai est fort inexact, et voici pourquoi : « Un terrain vierge, dit M. de Gasparin, a toujours ses couches inférieures tassées ; ainsi, plus l'on creusera, et mieux l'on trouvera de quoi remplir la fosse avec la terre remuée, quelle que soit la nature du terrain. Il semble donc que l'épreuve indiquée par les auteurs anciens, et répétée à satiété par leurs copistes, ait été imaginée par quelques vendeurs de terres dans le but de les faire trouver toutes bonnes. »

Pour soumettre la faculté de *retrait* des terres à une mesure comparative, on forme avec les différentes terres également humectées des morceaux cubiques égaux, de 30 millimètres de hauteur, longueur et largeur, comme dans la figure 19. On

Fig. 19.
Cube de terre.

les fait dessécher à l'ombre, dans un appartement, à une température de + 15 à 18°. Quand ils ne perdent plus de leur poids, on détermine leur volume actuel à l'aide d'une mesure qui permet d'évaluer chaque côté à un cinquième de millimètre près. Voici les résultats comparatifs obtenus en opérant ainsi :

	1,000 parties perdent de leur volume.
Terre calcaire fine..	50
Glaise maigre..	60

	1,000 parties perdent de leur volume.
Glaise grasse	89
Terre arable du Jura.....................................	95
— argileuse........................	114
— arable d'Hoffwill...................................	120
— de jardin........................	149
Carbonate de magnésie........	154
Argile pure..	183
Humus.................................	200

Le sable siliceux, le sable calcaire et le gypse ne diminuent pas de volume, ou du moins diminuent fort peu, et se brisent au plus léger attouchement.

De ces faits d'expérience, nous pouvons déduire quelques principes généraux :

1° De toutes les terres, l'humus est celle qui prend le retrait le plus considérable : il est égal au cinquième de son volume. L'humus acquiert aussi beaucoup de volume, à mesure qu'on l'humecte. Ces propriétés, si opposées et toujours si tranchées, expliquent comment les terrains qui sont abondamment pourvus d'humus, tels que les bas-fonds de tourbe, s'abaissent ou s'élèvent successivement de plusieurs centimètres, selon leur état de sécheresse ou d'humidité. Dans des terrains tourbeux améliorés, en Irlande, cet effet fut si prononcé, que l'on fut surpris d'avoir tout à coup la vue de la mer d'un château qui semblait enfoncé dans les terres, et qui était surmonté par elles avant qu'on eût opéré leur dessèchement.

2° Entre toutes les terres qui ne contiennent pas d'humus, l'argile est celle qui perd le plus de son volume par la dessiccation ; aussi est-ce surtout dans les terres fortement argileuses que se produisent, pendant l'été, les crevasses les plus nombreuses, les plus larges et les plus profondes. Ce caractère s'efface sensiblement quand on ajoute du sable, du calcaire ou de la marne.

3° La réduction du volume par la dessiccation n'est pas, comme on pourrait le supposer, proportionnée à la faculté des terres pour retenir l'eau. La terre calcaire fine possède une grande affinité pour l'eau, et cependant son retrait est peu de chose, 50 parties sur 1,000, tandis que l'argile perd 183 parties. Cette qualité n'a pas non plus de rapport avec la consistance du sol : l'humus possède une ténacité moindre que l'argile ; néanmoins son retrait est beaucoup plus fort.

4° On explique, en partie, la pulvérisation de la marne, abandonnée aux influences atmosphériques, par la différence de retrait de ses composants : l'argile et la terre calcaire fine. Les points de contact des différentes parties sont écartés par le retrait inégal, et le morceau de marne tombe en fragments ou en poussière.

5° Ceci explique encore, en partie, l'influence salutaire de la marne calcaire, préférable à un simple mélange de sable et d'argile. Le calcaire diminue la consistance et la ténacité du sol; mais il possède, en outre, un plus grand pouvoir absorbant pour l'eau, une forte affinité pour les acides, une action chimique sur l'humus, toutes propriétés dont le sable est dépourvu.

Faculté d'absorption de l'humidité atmosphérique. — Le pouvoir des terres d'absorber, dans leur état sec, l'humidité atmosphérique, est évidemment favorable à la végétation, surtout pendant les temps de sécheresse, puisqu'il compense en partie, pendant la nuit, l'énorme évaporation qui a lieu pendant le jour. Schübler a soumis cette propriété à une mesure comparative, à l'aide de plaques en fer-blanc, sur lesquelles il répandait, en une couche unie, des quantités égales des différentes terres en poudre fine et sèche. Ces terres étaient exposées à un air également chargé de vapeur d'eau, puisqu'elles étaient placées, à la même température (15° à 18°), sous une cloche fermée en bas par de l'eau (fig. 20). Après 12, 24, 48 et 72 heures, les terres étaient pesées avec les plaques; l'augmentation de poids indiquait la quantité d'eau absorbée par chacune d'elles.

Le tableau suivant indique les résultats obtenus de cette manière.

ESPÈCES DE TERRES.	ABSORPTION par 500 centigram. de terre, étendue sur une surface de 36,000 millimètres carrés, en			
	12 heures.	24 heures.	48 heures.	72 heures.
	centigram.	centigram.	centigram.	centigram.
Sable siliceux	0,0	0,0	0,0	0,0
Gypse	0,5	0,5	0,5	0,5
Sable calcaire	1,0	1,5	1,5	1,5
Terre arable du Jura	7,0	9,5	10,0	10,0
— d'Hoffwill	8,0	11,0	11,5	11,5
Glaise maigre	10,5	13,0	14,0	14,0
— grasse	12,5	15,0	17,0	17,5
Terre calcaire fine	13,0	15,5	17,5	17,5
— argileuse	15,0	18,0	20,0	20,5
— de jardin	17,0	22,5	25,0	26,0
Argile pure	18,5	21,0	24,0	24,5
Carbonate de magnésie	34,5	38,0	40,0	41,0
Humus	40,0	48,5	55,0	60,0

Voici ce qu'on peut conclure de ce tableau :

1° Les terres absorbent plus pendant les premières heures, et l'absorption diminue à mesure qu'elles ont acquis plus d'humidité. Ordinairement cette absorption cesse après quelques jours; les terres paraissent alors saturées.

2° Elles absorbent plus la nuit que le jour, vraisemblablement à cause de la température moins élevée pendant la nuit.

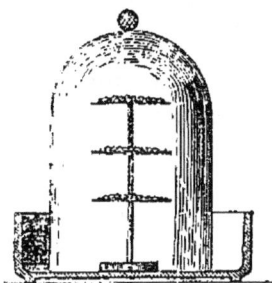

Fig. 20. *Cloche recouvrant des terres pour déterminer la faculté hygrométrique.*

3° De toutes les espèces de terres, c'est l'humus qui enlève le plus d'humidité à l'atmosphère; il surpasse même le carbonate de magnésie.

4° Les argiles prennent d'autant plus d'humidité qu'elles contiennent moins de sable, mais jamais autant que l'humus.

5° Le sable siliceux pur et le gypse sont les seules terres chez lesquelles il n'y ait pas, ou presque pas d'absorption; aussi forment-ils un sol aride. Le gypse calciné, ou plâtre cuit, manifeste précisément la qualité contraire.

6° Quoique les terres arables demandent ordinairement d'autant plus d'humidité qu'elles contiennent plus d'humus, la fertilité du sol ne peut pas être déterminée par ce seul indice ainsi que sir H. Davy le croyait, parce que l'argile pure, la terre calcaire fine et le carbonate de magnésie absorbent beaucoup d'humidité, bien que ne contenant pas la moindre parcelle d'humus. — On voit, dans le tableau précédent, qu'une terre de jardin très fertile, qui contenait 7,2 pour 100 d'humus. a absorbé en douze heures 17,5 d'humidité; une terre arable fertile, 8,0; tandis que l'argile pure et infertile enlevait, dans le même espace de temps, 18,5; la terre calcaire fine, 13,0, et le carbonate de magnésie, 34,5.

7° Cette faculté est *souvent*, mais non *dans tous les cas*, en proportion directe avec la faculté des terres pour retenir l'eau; elle s'accorde moins souvent avec la faculté de se dessécher. Au reste, l'inégalité de la surface et le volume de la terre influent beaucoup sur ces phénomènes.

Faculté d'absorption pour les matières organiques et salines. — Une propriété non moins précieuse des terres arables, mais qui n'a été bien mise en évidence que dans ces dernières terres, c'est d'enlever aux liquides les matières organiques et les matières salines qui s'y trouvent en dissolution et de les retenir dans leurs pores, absolument comme fait le charbon, ainsi qu'on l'avait constaté depuis longtemps.

Tout le monde connaît l'usage que l'on fait du charbon d'os ou *noir animal* pour la désinfection et la dépuration des eaux croupies, pour la décoloration des sirops dans les sucreries et les raffineries, et depuis longtemps M. J. Girardin a montré le parti qu'on peut tirer du même charbon pour dépouiller de la chaux qui la rend imbuvable l'eau qui séjourne dans les citernes trop récemment cimentées [1]. Qu'on filtre du *purin* ou jus de fumier sur une couche de terre arable, qu'elle soit calcaire ou argileuse, on voit le liquide s'écouler sans couleur et sans odeur.

Qu'on filtre de même une solution ammoniacale, l'ammoniaque libre, ou à l'état de sel, reste en très grande partie dans la terre ou à l'état insoluble.

Il en est de même d'une solution de carbonate ou de silicate de potasse, de chlorure de potassium, de phosphate acide de chaux.

M. Way a reconnu que l'argile possède des propriétés antiseptiques particulières, car les matières une fois absorbées par elles ne subissent plus la fermentation putride.

Il a reconnu de plus qu'une bonne terre peut retenir facilement 60 fois autant de principes fertilisants qu'on en introduit généralement sous forme d'engrais.

M. Ubaldini, de son côté, a constaté que les matières isolées de leurs solutions par une terre arable peuvent être ensuite cédées par celle-ci à certains dissolvants et devenir assimilables par l'organisme végétal. Le phosphate de soude, en particulier, a la propriété de rendre soluble la matière organique azotée du sol arable. Les azotates, les sels ammoniacaux et alcalins ont la même faculté.

M. Vœlcker, qui a étudié avec beaucoup de soin les changements que subissent dans leur composition les engrais liquides qui filtrent au travers de la terre arable, a constaté :

1º Que ce sont surtout les sols argileux et calcaires qui absorbent et retiennent dans leurs pores l'ammoniaque, le carbonate de potasse, les phosphates contenus dans ces engrais liquides ;

2º Que plus les terres sont riches en humus, plus leur pouvoir absorbant est prononcé ;

---

1. Consulter à cet égard la 5e édition des *Leçons de chimie élémentaire* de M. J. Girardin, 2e volume, page 204.

3° Que, quelle que soit leur nature, les sols ne retiennent pas sensiblement les azotates, les sels de soude, particulièrement le sel marin.

M. de Gasparin et, à son exemple, la plupart des agronomes attribuaient à l'argile seule, contenue dans les terres arables, la propriété d'accumuler, d'emmagasiner les produits de la décomposition des engrais, et dans leur pensée, le sable et le calcaire ne jouiraient pas de cette propriété. Cette manière de voir est loin d'être exacte, puisque, d'une part, M. Masure a constaté que la surface des graviers et du sable siliceux contenus dans les terres arables se recouvre d'une couche de matières organiques provenant de la décomposition des engrais dans le sol ; et que, d'autre part, M. Brustlein a reconnu que la présence du calcaire est absolument nécessaire pour qu'une terre arable attaque les sels ammoniacaux et absorbe l'ammoniaque libre qui en provient.

Il résulte donc de tous les faits qui précèdent que les terres arables, agissant comme matières poreuses, à l'instar du charbon, absorbent et retiennent les matières utiles aux plantes, les emmagasinent, pour ainsi dire, pour ensuite les fournir au fur et à mesure des besoins de la végétation en les cédant peu à peu aux dissolvants qui viennent au contact des particules terreuses chargées de ces éléments nutritifs.

Faculté d'absorption des gaz. — Les terres, outre la propriétété d'enlever à l'air ambiant de la vapeur aqueuse, ont aussi celle d'absorber l'ammoniaque qui s'y trouve et d'agir par conséquent sur ce gaz comme sur sa dissolution aqueuse.

Mais cette ammoniaque absorbée se dissipe lorsque les terres sont exposées au grand air ou à l'influence d'un courant d'air humide.

Cette ammoniaque jouit d'une grande stabilité tant que les terres restent sèches ; elle est expulsée, dès que l'eau intervient.

Lorsque les terres sont riches en terreau et que l'air est stagnant et humide, une grande partie est transformée peu à peu en acide azotique par l'oxygène de l'air.

Ce dernier élément, le plus important du fluide atmosphérique, est aussi absorbé par les terres arables. Alexandre de Humboldt, le premier, avant 1793, avait déjà remarqué que les terres argileuses, la pierre lydienne, certains schistes, l'humus, peuvent priver l'air de son oxygène. Théodore de Saussure, puis ensuite Schübler, ont généralisé cette observation.

Voici, d'après le dernier expérimentateur, dans quels rapports a lieu cette absorption de l'oxygène par les différentes terres :

	100 parties de terre en poids absorbent en 30 jours :
Sable siliceux...........................	1,6
Gypse.................................	2,7
Sable calcaire..........................	5,6
Glaise maigre..........................	9,3
Terre calcaire fine......................	10,8
Glaise grasse..........................	11,0
Terre argileuse........................	13,6
— arable du Jura.....................	15,2
Argile pure............................	15,3
Terre arable d'Hoffwill.................	16,2
Carbonate de magnésie..................	17,0
Terre de jardin........................	18,0
Humus.................................	20,3

L'absorption, toutefois, n'a lieu que lorsque les terres sont humides ; elle se produit encore quand elles sont recouvertes d'une certaine couche d'eau.

1° L'humus est, de toutes les substances terreuses, celle qui absorbe la plus grande quantité d'oxygène. Le gaz absorbé réagit peu à peu sur lui, lui enlève une partie de son hydrogène pour former de l'eau, et il se dégage, aux dépens des éléments de l'humus, du gaz acide carbonique, dont le volume représente, à peu de chose près, celui de l'oxygène atmosphérique absorbé.

Lorsque l'humus est couvert d'eau, sa couleur brune devient noire, et il se forme de l'*humus charbonné*. Cet effet se produit en grand dans les contrées marécageuses, où l'on trouve fréquemment de la tourbe unie à de l'humus acide et carbonisé, contenant même souvent des acides phosphorique et acétique, qui le rendent presque toujours impropre à la végétation.

La chaleur atmosphérique et le froid ont une influence marquée sur la force de cette absorption de l'oxygène ; la première l'accélère, le second l'empêche. Les terres recouvertes d'une croûte mince de glace se comportent comme les terres parfaitement sèches.

Les terres exposées au soleil présentent un phénomène remarquable lorsqu'elles sont recouvertes d'une légère couche d'eau ; il se forme, au bout de 8 jours, la *matière verte* de Priestley ou plutôt des conferves, et, dès ce moment, il se dégage de l'oxygène du sein du liquide, par suite de la décomposition du gaz acide carbonique absorbé par les petites plantes en végétation.

2° Le fer contenu dans les terres condense aussi une partie de l'oxygène absorbé. Ce fer s'y trouve le plus ordinairement au minimum d'oxydation et en combinaison avec des acides or-

ganiques, notamment avec celui qu'on appelle *acide ulmique*.
C'est ce qui a lieu dans les terres cultivées un peu profondes,
dans les argiles. Dans cet état, le protoxyde de fer a une grande
tendance à s'unir avec une nouvelle dose d'oxygène pour se
changer en peroxyde.

M. Boussingault a constaté, en 1822, que des argiles ramenées par la sonde, de blanches qu'elles étaient, devenaient très
promptement bleues par leur exposition à l'air, et qu'en se co-
lorant ainsi elles condensaient de l'oxygène.

Cette suroxydation du fer joue un rôle évidemment important
dans l'amélioration des sols, par la raison qu'il y a formation
d'ammoniaque aux dépens des éléments de l'air et de l'eau,
ammoniaque que les terres retiennent pour la céder ultérieu-
rement aux plantes.

3° Outre cette absorption chimique d'oxygène, produite par
le fer et l'humus, les terres paraissent s'emparer de ce gaz
d'une manière que l'on peut appeler *physique*, puisque c'est
plutôt une simple adhésion qu'une combinaison chimique. En
effet, il y a des terres qui ne contiennent ni fer ni humus, et
qui, néanmoins, absorbent l'oxygène ; tel est surtout le calcaire
en poudre fine, et encore mieux le carbonate de magnésie, qui
jouit d'une grande porosité. Cette absorption est analogue à
celle des gaz par les corps poreux ou spongieux, par le charbon,
qui restituent les gaz absorbés lorsqu'on les chauffe légèrement ou qu'on les comprime.

Cette propriété des terres d'enlever et de retenir les gaz est
d'une haute importance, et c'est sans doute le principal moyen
dont se sert la nature pour mettre les fluides gazeux, l'oxygène, l'azote, l'acide carbonique, à la portée des racines des
plantes ou des semences, dans un état de condensation qui les
rende plus propres à leur servir d'aliments.

Toutes les expériences des physiologistes ont mis hors de
doute, depuis longtemps, le rôle que joue l'oxygène de l'air dans
la vie des plantes, la participation qu'il prend au développement
des parties organiques, et principalement à la germination des
semences ; aussi un célèbre chimiste de notre temps, M. Dumas,
a-t-il nommé les plantes les *enfants de l'air !*

La présence de l'air est, en effet, tout aussi nécessaire que
celle de l'eau à la germination, et c'est parce qu'elles n'ont point
le contact de ces deux agents que des semences enfouies trop
profondément dans les terres ne lèvent pas. C'est ce que l'on a
souvent observé en remuant des terres qui étaient depuis longtemps tassées : il se développait aussitôt, sur les parties fraî-

chement remuées, un grand nombre de plantes dont les graines
s'y trouvaient enfoncées sans qu'on pût le supposer.

Voici un fait de ce genre dont nous avons été témoin. Dans
le courant de l'hiver de 1848, à Rouen, on exécuta des travaux
de défoncement le long du mur du chemin de ronde de Bicêtre, maison de détention du département. La mauvaise terre et
les pierres furent retirées des fouilles et remplacées par de la
terre extraite de la cour de la chapelle à 1 mètre 60 de profondeur. Cette terre faisait partie de la couche naturelle du sol
converti en jardin, en 1550, après l'assainissement du marais de
Carville, par la création du lit des deux rivières Aubette et Ro-
bec, travail que fit exécuter le cardinal Georges d'Amboise. —
Lorsque, vers 1606, le noviciat des Jésuites fut établi à Bicêtre,
le jardin fut couvert de pierres et de vidange, sur une épaisseur de 60 centimètres environ. C'est donc après 242 ans, que
la terre de la cour de la chapelle a été ramenée à la surface du
sol et mise en contact avec l'air. En 1849, on vit apparaître, sur
les défoncements pratiqués, des plantes assez variées, entre
autres : l'*épilobe des marais*, en grande quantité, la *matricaire*, la
violette à deux couleurs, le *géranion découpé*, la *verge d'or du Canada*, le *seneçon corniculé*, la *petite-ciguë*, la *mercuriale*, le *saule
ordinaire*. Ces plantes sont celles que l'on voit venir naturellement dans les lieux humides, au bord des marais. Leurs graines se sont donc très bien conservées, sous le sol de la cour de
la chapelle de Bicêtre, pendant 242 ans.

C'est un phénomène du même genre que présentent les forêts
en coupes réglées, qui offrent, après chaque coupe, la naissance
d'arbres différents de ceux qui forment l'essence de la forêt. Il
y a un exemple de ce fait dans le département du Nord. Le nom
de *Fague* (de *Fagus*, fayard, hêtre), qu'on donne à la forêt de
Trélon, dans l'arrondissement d'Avesnes, semblerait indiquer
qu'à une époque reculée, cette forêt, dont le chêne est aujour-
d'hui l'essence dominante, n'était peuplée que de hêtres ; et cette
opinion est conforme à la tradition du pays, qui rapporte qu'autrefois la forêt de Trélon était une forêt de fayards.

C'est encore le cas des semences de mauvaises herbes (bluet,
coquelicot, moutarde, coquelourde, grande marguerite, etc.)
qui, au grand désespoir des cultivateurs, apparaissent sur des
terres qui, depuis plusieurs années, semblaient en être tout à
fait débarrassées.

« Les labours, dit O. Leclerc-Thouin, n'ont pas pour unique
but de détruire les mauvaises herbes ;

« De faciliter l'extension des racines et le développement du chevelu, dont les nombreuses extrémités reçoivent, par imbibition, les sucs nutritifs répandus autour d'elles ;

« De mélanger les engrais superficiels dans toute la masse de la couche végétale ;

« D'aider à l'égale répartition de la chaleur atmosphérique et de l'humidité des pluies ;

« De mettre les matières solubles ou fermentescibles dans les circonstances les plus favorables à leur dissolution dans l'eau ou à leur décomposition au moyen de l'oxygène de l'air ;

« Ils ont encore la propriété, et ce n'est pas, dans maintes circonstances, leur moindre avantage, en divisant la terre, en la rendant plus poreuse, et en exposant un plus grand nombre de points de sa surface au contact de l'atmosphère, d'augmenter mécaniquement et peut-être chimiquement sa capacité pour les fluides fécondants, sans lesquels il n'y a point de végétation. D'après cela, quoique les labours ne puissent suppléer complètement aux engrais, on ne peut se refuser à croire qu'ils ajoutent en quelque sorte à leur masse aussi bien qu'à leurs effets, et ce qui le prouverait, c'est que, s'il est démontré que, toutes choses égales d'ailleurs, les terres les plus absorbantes des gaz sont les plus fertiles, il l'est également que les champs les mieux labourés contiennent le plus d'air. »

Que l'on compare plusieurs couches de terre arable, on remarquera toujours que les plus profondes sont moins fertiles que celles qui sont en contact immédiat avec l'atmosphère, et qu'il faut quelque temps pour les faire arriver à un même degré de fertilité, encore bien que leur composition chimique soit identique. On observe souvent ce phénomène sur les terres nouvellement défrichées, qui, après avoir été autrefois très fertiles, paraissent avoir perdu cette qualité, pour être restées longtemps privées de l'influence de l'air. Les cultivateurs disent, dans ce cas, que le sol n'est pas assez *fait*, assez *mûr*, assez *aéré*, et qu'il a besoin des *germes fécondants de l'air*. Des labours fréquemment répétés, en exposant successivement toutes les parties inférieures aux influences atmosphériques, lui rendent bien vite sa fertilité première.

Seulement, lorsque, par le défoncement du terrain ou par des labours profonds, on mêle à la couche superficielle des terres qui ont été longtemps soustraites à l'influence fertilisante de l'air, il faut avoir grand soin de les remuer à la pioche, à la houe, à la herse, à la charrue, à certains intervalles, avant de pratiquer les semailles ; il faut enfin leur donner la plus grande porosité possible, pour que l'air et l'humidité puissent en imprégner successivement toutes les parties, puisque ce n'est qu'à cette condition qu'elles peuvent devenir fertiles et récompenser les soins du cultivateur.

L'Anglais Jethro Tull, au commencement du siècle dernier, était parvenu, en partant des principes que nous venons d'exposer, à faire douze récoltes successives de froment, sans engrais, et uniquement par l'emploi répété de la charrue et de la houe à cheval. Aussi, poussant son système jusqu'à ses dernières conséquences, prétendait-il que le travail peut suffire et que la terre doit produire sans engrais; idées erronées, que les célèbres Duhamel et Lullin de Châteauvieux admirent un instant, mais répudièrent dès que l'expérience leur eut ouvert les yeux.

Laissant de côté ce qu'il y a d'exagéré dans cette doctrine, toujours est-il qu'il est extrêmement utile que les terres soient aérées par les labours. Lorsque nous avons parlé de l'*humus* et de l'*acide carbonique du sol*, nous avons cherché à faire comprendre combien l'absorption de l'air par les terres est d'une indispensable nécessité pour la conversion des matières organiques enfouies en principes nutritifs. Il est évident que plus on développe cette puissance d'absorption dans les terres, plus on les rend fertiles.

De là l'efficacité des labours qui contribuent plus que tout autre moyen à accroître la porosité du sol, et, par suite, l'absorption des gaz atmosphériques. Et de même que les labours sans engrais ne pourraient suffire longtemps pour assurer de bonnes récoltes, de même aussi les engrais sans labours deviendraient à peu près inutiles.

C'est parce que le *drainage*, en enlevant les eaux surabondantes d'une terre, facilite l'arrivée de l'air et des autres gaz atmosphériques jusque dans les parties les plus profondes, et les met de la sorte à la portée des semences et des racines, ainsi qu'au contact des engrais, que cette opération est non moins indispensable, plus nécessaire peut-être que les labours dans les terres *lourdes*, *compactes* et par conséquent toujours trop humides.

Faculté d'absorber et de retenir la chaleur. — Les variations de température dans les sols de différente nature, et leur affinité plus ou moins grande pour absorber ou retenir la chaleur, méritent l'attention de l'agriculteur, car ces circonstances ont la plus grande influence sur la germination et le développement des plantes, surtout au printemps, lorsque la terre n'est pas encore ombragée par le feuillage des arbres.

La température du sol est très variable, suivant les heures

de la journée, la nature du terrain, son exposition, les mouvements de l'air, etc. Nous sommes loin d'avoir, à cet égard, tous les renseignements convenables pour arriver à formuler des lois; les expériences n'ont pas été encore assez nombreuses. Voici les faits les plus saillants qui paraissent acquis :

1° Dans la couche la plus superficielle du sol arable, la température est plus élevée que celle de l'air, dans la journée; c'est le contraire pendant la nuit.

Pendant les étés de 1850 et 1851, Rozet a fait, dans trois stations différentes, à Orange, à Gap et à Tours, une suite d'observations thermométriques à plusieurs heures du jour, pour connaître la loi que suit la marche de la température dans le sol et dans l'air. Il observait en même temps deux thermomètres : l'un, placé horizontalement à un centimètre seulement au-dessous de la surface du sol et couvert de terre; l'autre, suspendu verticalement à l'air libre et à l'ombre, à un mètre au-dessus. Voici ce qu'il a constaté :

A. Tous les sols ne s'échauffent pas de la même manière, mais la loi de variation des différences de températures avec l'air est constante et la même pour tous.

B. Dans les beaux jours de juin, juillet et août, au lever du soleil, les deux thermomètres marquaient sensiblement le même degré. Ensuite le thermomètre du sol surpassait celui à l'air libre, de plus en plus, jusque vers deux heures de l'après-midi, époque du maximum de la différence, qui, dans les jours très chauds, s'est élevée jusqu'à 14°. — Cette différence diminuait ensuite assez vite pour n'être plus que de 1° à 2° au coucher du soleil; puis elle baissait lentement jusqu'au lever, pour devenir nulle de nouveau, et ainsi de suite.

C. Dans les temps couverts, le maximum de la différence est plus faible; il n'a pas dépassé 7°.

D. Quelquefois, après la pluie, la température de la surface du sol est inférieure à celle de l'air, mais pendant un temps assez court.

Les expériences faites par le même physicien pendant l'hiver de 1855 lui ont aussi démontré que la neige préserve le sol d'une quantité notable de froid, puisque depuis — 1° jusqu'à — 6°,5 de froid à l'air, le thermomètre dans la neige ne varie qu'entre 0° et — 2°, et que les différences s'élèvent depuis — 1° jusqu'à — 4°,5.

Quelle que soit l'épaisseur de la couche de neige, les résultats sont les mêmes, en sorte que la neige agit absolument comme un écran interposé entre le sol et l'espace

Quand le sol est découvert de neige dans un petit espace, le contact de l'air et le rayonnement, par une journée claire de janvier, ne lui enlèvent qu'un degré de chaleur.

2° En comparant la marche de la température dans l'air et dans le sol à 2 mètres de profondeur, M. Pouriau, professeur à l'Ecole impériale d'agriculture de la Saulsaie (Ain), a constaté les faits suivants :

A. La température moyenne de l'air ayant été pour trois années d'observations de 10°,36, celle du sol a été de 12°,61. Différence en faveur du sol : 2°,25.

B. Tandis que, dans l'air, la moyenne des différences totales entre les maxima et les minima extrêmes a été de 45°,77, dans le sol, cette moyenne n'a été que de 13°14 ; ce qui fait une différence de 32°,63.

Il en résulte que, si les organes des animaux et des plantes qui vivent dans l'air peuvent éprouver des variations de température de 45°,77, les racines des arbres qui descendent à 2 mètres ont à subir des alternatives de température beaucoup moins grandes et comprises entre 13°,14 d'écart en moyenne.

C. A 2 mètres, la température du sol est plus élevée que celle de l'air en hiver et en automne, moins élevée en été. Au printemps, ces deux températures diffèrent peu entre elles, la différence en plus ou en moins dépendant surtout de la température de l'hiver précédent.

D. La marche de la température dans le sol, jusqu'à 2 mètres de profondeur, peut se résumer ainsi :

Tandis que la température moyenne de l'air commence ordinairement à s'abaisser vers la fin de juillet, dans le sol, au contraire, la chaleur continue à s'accumuler dans les couches supérieures, sous l'influence de la radiation solaire très intense, et à se propager dans les couches inférieures jusqu'à la fin d'août. — A partir de cette époque, les couches supérieures commençant à perdre plus de calorique qu'elles n'en reçoivent, le flux de chaleur change de direction, il se dirige de bas en haut, et ce mouvement ascensionnel, continué jusqu'en février, est d'autant plus rapide, que la température extérieure s'abaisse davantage, c'est-à-dire que la période hivernale est plus rigoureuse. — Enfin, vers le milieu de février ou le commencement de mars, les couches supérieures recommencent à s'échauffer sous l'influence des rayons solaires, dont la direction est devenue moins oblique; les couches souterraines inférieures n'ont plus besoin de fournir de calorique aux couches supérieures, elles ne tardent pas, au contraire, à en recevoir et à entrer dans

I.

8

la période de réchauffement qui se prolonge jusqu'à la fin d'août.

D'après Quetelet, de Bruxelles, à 8 mètres de profondeur, la différence entre l'été et l'hiver va tout au plus à 1° ½ ; et, d'après tous les observateurs, la différence des saisons, dans nos climats, devient insensible à une profondeur de 24 mètres. A Paris, dans les caves de l'Observatoire, qui sont à 28 mètres, la température reste constante à + 11°.

Dans les régions équinoxiales, d'après M. Boussingault, il suffit d'enfoncer le thermomètre à 32 centimètres en terre, dans un lieu qui ne reçoive pas le soleil, pour qu'il marque le même degré, à 1 ou 2 dixièmes près, pendant tout le cours de l'année.

Le degré d'échauffement des terres par les rayons solaires dépend surtout des quatre circonstances suivantes :

1° De la couleur différente de la surface des terres ;

2° De leur composition chimique ;

3° De leurs différents degrés d'humidité ;

4° Des différents angles que forment les rayons du soleil en tombant sur le sol.

Voici ce que l'expérience nous a appris sur l'influence respective de ces circonstances.

1. *Couleur de la surface du sol.* La faculté d'absorber et de retenir la chaleur solaire est singulièrement influencée par la couleur de la surface du sol. Elle est d'autant plus prononcée que cette surface est plus foncée en couleur, et ce fait d'observation pratique est d'accord avec les indications de la science, qui démontrent que les surfaces noires absorbent une plus grande somme de rayons calorifiques, et s'échauffent bien plus rapidement que les surfaces blanches, puisque celles-ci réfléchissent ou renvoient presque tous les rayons solaires qu'elles reçoivent. La température de l'argile dans un vase *blanc* augmente par l'action du soleil de 16°¼, pendant qu'elle s'élève à 24° dans un vase *noir*.

Cette augmentation de température, occasionnée par les surfaces noires, n'est pas seulement passagère, mais elle demeure constamment plus forte pendant toute la durée de l'action solaire. Qu'on laisse exposées au soleil, pendant des heures entières, les mêmes espèces de terres avec des surfaces *blanches* et *noires,* les terres à *surface blanche* auront toujours une température plus faible. La moyenne d'un grand nombre d'essais a fait voir que la coloration en noir d'un sol blanchâtre peut augmenter de 50 pour 100 sa propriété absorbante de la chaleur. Dans les jardins des maraîchers, où l'on cultive les primeurs, pois, fèves, laitues, fraisiers, etc., sur des *ados*, on colore la surface de ceux-ci avec des matières noires , telles que des *terres tourbeuses* et des *terreaux de couche ou de feuilles*. Lampadius, à Freyberg, a obtenu des melons parfaitement mûrs, pendant l'été frais de 1813, et dans le district des mines de Saxe, en saupoudrant la terre d'une couche de charbon pilé, de 4 à 5 centimètres d'épaisseur. C'est encore sur le même fait qu'est fondée la pratique de semer au printemps des *cendres* et de la *terre* sur la neige pour la faire fondre plus vite. C'est ce que font notamment les habitants de Chamouny, d'après de Saussure, pour avancer l'époque où ils pourront ensemencer leurs champs. Qui n'a remarqué que, lorsque le soleil vient à frapper la neige, celle-ci fond d'abord autour des branches d'arbre, des mottes de terre et autres corps colorés ?

Dans le Nord, on réserve aux vignes à fruits rouges les terrains colorés, et l'on met dans ceux qui ne le sont pas les vignes à fruits blancs, qui atteignent plus vite leur point de maturité. L'observation démontre que les raisins donnent des vins d'autant plus spiritueux qu'ils proviennent de terrains plus foncés en couleur. Dans le pays de Liège le sol est, sur plusieurs points, recouvert par les débris d'un schiste bitumineux noirâtre ; eh bien, cette seule circonstance fait que la vigne y est cultivée avec succès à une latitude supérieure de quelques degrés à celle de l'extrême limite normale où sa culture s'arrête sous le même méridien.

Nous avons reconnu que l'époque de la maturité des pommes de terre varie de huit à quinze jours en raison de la couleur du sol où elles sont plantées. Au 25 août, nous avons trouvé vingt-six variétés mûres dans la terre sablo-humifère très colorée, tandis qu'il n'y en avait que vingt dans la terre sableuse, dix-neuf dans la terre argileuse, et seize seulement dans la terre calcaire blanche.

Il y aurait un moyen bien simple et peu coûteux de hâter la maturité des produits dans les sols à surface blanchâtre ou peu colorée : ce serait de recouvrir cette surface avec des matières noires de peu de valeur, telles que des terres tourbeuses, du poussier de charbon, du noir des raffineries hors de service, des escarbilles et des cendres de charbon de terre, etc. Ce serait, en un mot, d'imiter, dans la grande culture, les procédés de la culture maraîchère.

II. *Composition chimique des terres.* Suivant leur nature chimique, les terres ne s'échauffent pas au même degré. C'est ce qu'on voit très bien par le tableau suivant, où la faculté des terres à s'échauffer et à retenir la chaleur, c'est-à-dire leur *capacité pour le calorique*, est exprimée par des chiffres. Le sable calcaire a été pris comme terme de comparaison, parce que c'est lui qui a la capacité la plus forte :

	Faculté de retenir la chaleur.
Sable calcaire......................................	100,0
— siliceux......................................	95,6
Glaise maigre......................................	76,9
Terre arable du Jura..............................	74,3
Gypse..	73,2
Glaise grasse......................................	71,1
Terre arable d'Hoffwill..........................	70,1
— argileuse......................................	68,4
Argile pure..	66,7
Terre de jardin....................................	64,8
— calcaire fine..................................	61,8
Humus..	49,0
Carbonate de magnésie..........................	38,0

1° Ce sont les sables, comme on le voit, qui possèdent au plus haut degré la faculté d'absorber la chaleur à volumes égaux ; ils gardent aussi plus longtemps que les autres la température acquise. C'est pour ces causes que les terres sablonneuses offrent, pendant l'été, une si grande chaleur et tant de sécheresse.

La température des sables monte fréquemment à + 45° dans nos régions septentrionales, en été, au milieu de la journée, tandis que l'air n'a qu'une température de + 22° à 25°. M. de Gasparin a observé, en 1827, à Tarascon, jusqu'à + 51° de température dans une terre sablonneuse, légère et rougeâtre, et il ne croit pas que ce soit encore le *maximum* de chaleur que ces sortes de terres puissent atteindre. Rozet a constaté, en 1830, que la chaleur des sables du bord de la mer, aux environs d'Alger, dépasse quelquefois de 30° celle de l'air.

Même après le coucher du soleil, les sables gardent une température plus élevée que les autres terres. La petite quantité d'eau qu'ils retiennent contribue encore à leur échauffement, puisque l'évaporation de l'humidité enlève moins de chaleur au sol.

2° C'est l'humus qui, de tous les éléments qui composent ordinairement le sol, a la moindre faculté de retenir la chaleur, si l'on compare des volumes égaux; il en retient, au contraire, une très forte, si l'on compare des poids égaux.

3° Le carbonate de magnésie se maintient encore dans un cas d'exception, relativement aux autres terres ; il est à l'extrémité de la chaîne sous tous les rapports.

4° La faculté des terres de retenir la chaleur, si l'on compare des volumes égaux, est presque en rapport direct avec leur poids;

de telle sorte que l'on peut, pour ainsi dire, conclure avec sûreté d'une forte densité à une forte faculté de retenir la chaleur. Le sable, comparé à toutes les autres terres, fait ressortir cette propriété. En effet, c'est le plus lourd, comme on l'a vu précédemment, parmi tous les éléments terreux des sols; c'est aussi celui qui absorbe et retient le plus de chaleur.

III. *Humidité des terres.* La quantité différente d'humidité dont le sol est imprégné influe beaucoup sur son échauffement par les rayons solaires. Des terres humides ont une température moindre de quelques degrés que les terres de la même nature tout à fait sèches. Cette moindre température se maintient jusqu'à la disparition complète de l'eau interposée. La cause de ce phénomène provient sans aucun doute de la grande proportion de calorique que l'eau exige pour son évaporation ou sa conversion en vapeur. La différence de température s'est montrée de 6° à 8°.

Les terres d'une couleur claire, et ayant une grande facilité de retenir l'eau, ne s'échauffent donc que lentement, et forment, par une double raison, un *sol froid*; c'est le cas des *argiles marneuses*, des *marnes calcaires*.

Il est facile, d'après cela, de concevoir pourquoi les pluies survenues en temps inopportun ont pour effet de retarder les récoltes. Elles refroidissent le sol, privent les racines du degré de température qu'elles réclameraient, et mettent le sol hors d'état de profiter utilement de l'action des premiers rayons solaires. Ainsi, à l'égard de la vigne, qui réclame, pour mûrir son fruit, à Madère + 27°, à Bordeaux + 24°, on sait combien peuvent être désastreuses les pluies de septembre et d'octobre.

MM. Becquerel père et fils qui ont entrepris, pendant la saison pluvieuse de 1872, des observations suivies sur la température des sols couverts de bas végétaux et dénudés, ont constaté que la température moyenne du sol couvert de plantes, jusqu'à la profondeur de 60 centimètres, a été presque toujours supérieure à celle du sol dénudé aux mêmes profondeurs.

Pour expliquer cette supériorité d'environ 1 degré d'un sol couvert sur celle d'un sol dénudé de même nature, quant à la composition, pendant une saison humide et un temps de pluie, ces physiciens admettent que, dans le sol couvert de plantes, les racines de ces dernières forment une espèce de feutre qui ne permet pas aux eaux pluviales, qui sont à la température de l'atmosphère, de le traverser aussi facilement que le permettent les sols sableux. Le sol couvert prend donc plus difficilement la température de l'air que l'autre sol.

8.

IV. *Angle d'incidence des rayons solaires.* — L'inclinaison différente du terrain par rapport à la lumière influe beaucoup aussi
sur la chaleur qu'il peut acquérir. Toutes choses égales d'ailleurs, la quantité de chaleur absorbée par le sol est d'autant
plus grande, que l'angle que forme le sol avec les rayons solaires approche davantage de 90°, c'est-à-dire que ces rayons
tombent plus perpendiculairement sur la surface de la terre.

Par conséquent, de trois terrains offrant une situation différente (fig. 21), l'un parfaitement horizontal, A, l'autre légèrement incliné à l'est, B, le troisième fortement incliné vers
l'ouest, SC, il est évident que le premier recevra plus directe-

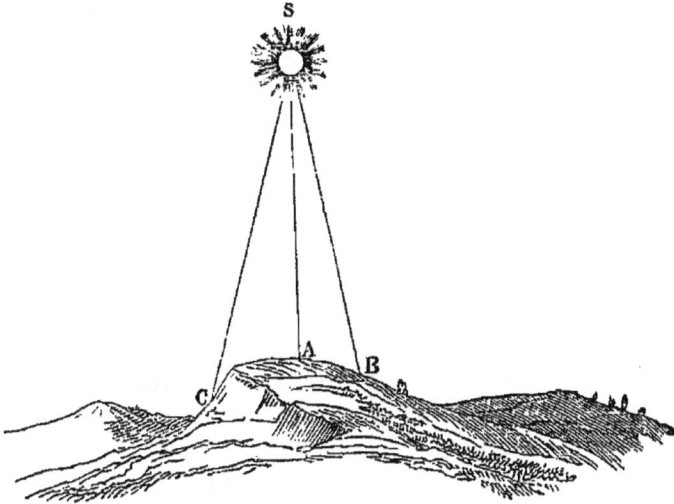

Fig. 21. *Terrains différemment éclairés par les rayons solaires.*

ment les rayons solaires, et sera, par conséquent, beaucoup plus
échauffé que le second, et à plus forte raison que le troisième;
car, sur ceux-ci, les rayons calorifiques glisseront pour aller se
perdre dans l'espace, effets d'autant plus prononcés que le terrain aura une pente plus rapide.

Si, maintenant, on compare les quatre circonstances qui influent sur l'échauffement du sol par l'action solaire, on trouve
que la couleur, l'humidité et l'angle d'incidence des rayons lumineux ont le plus d'influence. Ces trois circonstances peuvent
faire naître des différences de température de 14° à 15°, et même
de 19° à 25°, si l'on a égard à l'angle d'incidence de la lumière,
tandis que la constitution chimique du sol élève à peine la température d'un petit nombre de degrés.

Les détails dans lesquels nous venons d'entrer à l'égard des *propriétés physiques* des sols arables montrent au cultivateur tout ce qu'il y a de curieux et d'important dans cette étude ; mais dans la pratique, pour déterminer la valeur d'une terre, il serait trop long de se livrer à toute la série des expériences que nous avons indiquées. La fixation de leur faculté de retenir l'eau, de leur densité, de leur ténacité, jointe à leur analyse chimique, peut suffire dans la plupart des cas, puisque, de ces propriétés, il est facile d'en conclure presque toutes les autres. Ainsi :

Plus une terre pèse, plus sa faculté de retenir la chaleur et de se dessécher est grande ;

Une terre spécifiquement pesante forme ordinairement un sol poreux, sec et léger ;

Plus une terre possède la faculté de retenir l'eau, et plus elle absorbe ordinairement d'humidité et d'oxygène de l'air, plus elle se dessèche lentement, et, quand elle possède cette faculté à un haut degré, elle constitue habituellement un sol *froid* et *humide*.

La ténacité d'un sol n'est en proportion ni avec sa faculté de retenir l'eau, ni avec son poids ; elle est d'autant plus forte qu'il contient plus d'argile, quoique les différentes espèces d'argile, comme la marne et l'argile brûlée, présentent des exceptions.

Enfin, une dernière circonstance, qui influe beaucoup sur la valeur des terres, et dont il faut toujours tenir compte, c'est la profondeur de la couche arable, c'est-à-dire l'épaisseur de la partie cultivée ou qui renferme de l'humus. Cette terre est d'autant meilleure qu'elle est naturellement plus profonde, ou qu'elle l'est devenue par l'effet de la culture. Les plantes, surtout celles qui ont de longues racines, y viennent bien mieux, peuvent y croître plus rapprochées, et ne souffrent pas autant de la sécheresse et de l'humidité que dans un *sol superficiel*.

DES MOYENS DE FERTILISER LE SOL.

Il est bien rare que, dans l'état ordinaire des choses, les couches terrestres superficielles réunissent les conditions essentielles sans lesquelles il n'y a point de bonne culture. Il faut donc, de toute nécessité, que, par des procédés convenables, celui qui consacre des capitaux à obtenir des productions du sol fasse acquérir aux terres, telles qu'elles existent, les qualités physiques et chimiques d'où dérivent la richesse et la fécondité.

Il y a quatre moyens généraux d'améliorer les sols arables et de les rendre aussi féconds que possible ; à savoir :

1. *Les opérations destinées à y introduire ou à y conserver une humidité convenable ;*

2. *Les opérations mécaniques qui doivent les ameublir ou les aérer.*

3. *L'amendement :*

4. *L'engrais.*

Sans la présence d'une certaine dose d'humidité dans la terre, les fonctions des plantes ne pourraient avoir lieu, puisque les fluides qui circulent dans l'intérieur de leur tissu ne sont presque en totalité que de l'eau aspirée par les racines du milieu dans lequel elles vivent. Mais, à part quelques végétaux qui sont purement aquatiques, le plus grand nombre souffrent d'un excès d'humidité, et, lorsque l'eau apparaît sous forme liquide dans un terrain quelconque, elle apporte à la culture des entraves non moins grandes que son absence complète. De là, la nécessité d'*égoutter*, de *dessécher* les terres trop humides, et d'*irriguer* les terres trop sèches.

L'ameublissement du sol au moyen de certaines opérations mécaniques, telles que le *labour*, le *hersage*, le *binage*, etc., n'est pas moins favorable à la végétation que l'entretien d'une humidité convenable. Lors de la germination des graines, c'est la racine qui apparaît tout d'abord pour fournir la nourriture indispensable à la jeune plante ; pour mieux remplir sa destination, elle ne tarde pas à se ramifier, et elle ne cesse de s'allonger pendant toute la durée de la vie. Il est donc nécessaire que le sol ne mette pas obstacle, par son imperméabilité, à ce développement progressif. D'un autre côté, les parties souterraines des plantes ne peuvent pas plus se passer du concours de l'air que leurs parties foliacées, et, sans la présence continuelle de ce fluide dans le sol, les engrais ne pourraient y subir les modifications qui les convertissent en substances assimilables et nutritives.

On comprend sous le nom d'*amendement* toutes les améliorations, mélanges, additions ou soustractions qu'on exerce sur le sol pour en modifier les qualités physiques, minéralogiques ou chimiques. Ainsi, augmenter la ténacité des terres légères, affaiblir celle des terres fortes, étendre la surface des terres rocheuses et caillouteuses par l'enlèvement des roches et des cailloux qui en encombrent une partie, rétablir l'équilibre de la composition chimique du sol par des additions convenables de sable, d'argile ou de calcaire, rendre les terrains plus aptes à absorber la chaleur, la lumière, les gaz atmosphériques ; tels sont les actes qui rentrent dans ce que nous appelons l'*amendement* du sol.

Les améliorations par addition de matières organiques ou minérales qui concourent directement à la nutrition des plantes constituent le quatrième moyen de fertilité, c'est l'*engrais* du sol. La nécessité de recourir à l'emploi de certaines substances empruntées aux différents règnes, pour maintenir la terre dans un parfait état de fécondité, nous est démontrée par ce fait, qu'après plusieurs récoltes successives sur le même terrain, celui-ci s'appauvrit insensiblement et devient impropre à fournir de nouveaux produits, à moins qu'on ne lui restitue, sous forme de fumiers ou d'engrais, les principes organiques ou salins que les plantes lui ont enlevés.

Nous allons examiner en détail les procédés les plus propres à remplir ces conditions de fertilité.

OPÉRATIONS POUR INTRODUIRE OU CONSERVER DANS LE SOL UNE HUMIDITÉ CONVENABLE.

Desséchement des terrains marécageux. — Nous ne nous arrêterons pas à démontrer l'avantage qui résulte, pour l'agriculture et pour l'état sanitaire d'une localité, du desséchement de ces espaces plus ou moins grands, presque continuellement couverts d'eaux stagnantes, qu'on désigne sous le nom de *marais*.

Il nous suffira de dire que ces terrains, qui produisent à peine quelques herbes grossières et de mauvaise qualité, peuvent, lorsque les opérations du desséchement leur sont convenablement appliquées, devenir d'une remarquable fertilité ; les riches pâturages du pays de Bray et du pays d'Auge, en Normandie, n'étaient, dans l'origine, que des marais inabordables.

Le plus sûr moyen de faire disparaître les marais consiste certainement à exhausser le sol par des remblais. Mais, outre que ce moyen peut être rarement employé faute de terres suffisantes, il est surtout inapplicable sur de grands espaces, en raison du prix trop élevé de la main-d'œuvre. Il faut donc recourir à d'autres procédés, qui varient suivant les causes qui ont donné naissance aux marais. Ces causes sont surtout les suivantes :

Des eaux souterraines sont retenues par des bancs imperméables ; elles augmentent sans cesse sans trouver d'issue, et finissent par refluer à la surface du sol ;

D'autres fois, la conformation de la couche superficielle du sol, et sa position plus basse que les points environnants, permettent aux eaux voisines de s'y réunir de tous les côtés ;

Parfois enfin le terrain a été submergé par un cours d'eau placé à un niveau supérieur.

Examinons successivement les moyens les plus convenables pour le desséchement des marais produits par l'une ou l'autre de ces trois circonstances.

Desséchement des marais formés par l'imperméabilité des couches inférieures du sol. — Le desséchement des grands marais nécessite des travaux d'art et un ensemble d'opérations pour lesquels l'intervention du gouvernement devient indispensable. Ces difficultés, jointes aux capitaux considérables que ces entreprises exigent, font que ces grands travaux se trouvent hors de la porté de l'agriculteur ; nous n'allons donc nous occuper ici que des desséchements qui peuvent être pratiqués d'une manière simple, peu coûteuse, par les propriétaires ruraux.

Avant de commencer un desséchement, il convient de se rendre bien compte des dépenses auxquelles il donnera lieu, car, si le capital à employer doit dépasser la valeur du terrain arrivé à son plus haut degré de fertilité, il faut y renoncer.

Les glaises ou argiles ont la propriété d'être imperméables à l'eau ; il en résulte que les couches glaiseuses qu'on rencontre

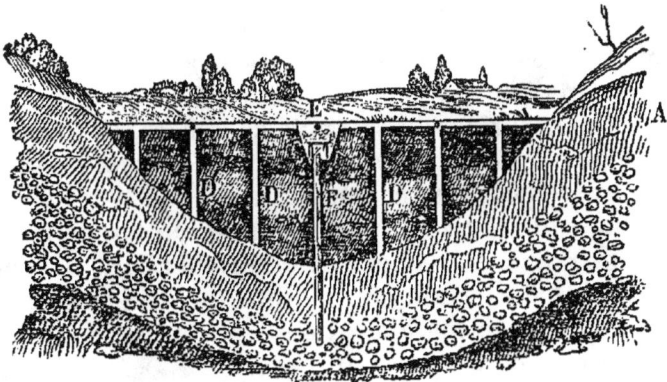

Fig. 22. *Coupe verticale d'un marais en état de desséchement.*

superposées dans le sol retiennent l'eau à leur surface et en forment des réservoirs qui viennent souvent s'épancher au-dessus du sol sous forme de sources. Rarement ces couches argileuses ont une position horizontale. Souvent elles se montrent à la superficie du terrain, puis plongent à une certaine profondeur pour se relever ensuite et se montrer plus loin, ainsi qu'on le voit en A (fig. 22). Supposons qu'une couche de glaise vienne à revêtir, sur toutes ses parois, un bassin semblable à celui que nous avons figuré ; les eaux, après s'y être amassées, ne trouveront pas d'issue ; elles exerceront alors une

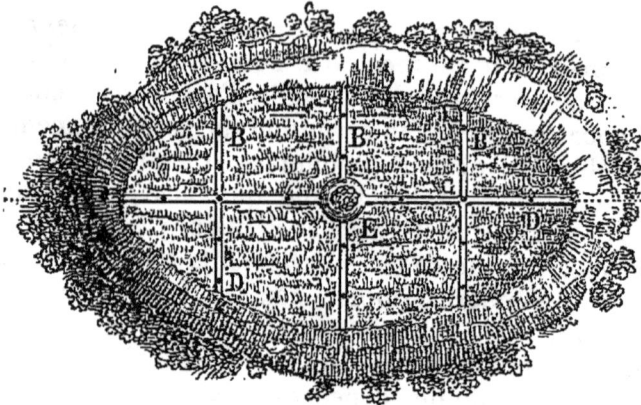

Fig. 23. *Plan de la figure 22.*

sorte de pression sur les couches supérieures, et finiront par se faire jour à la surface. Si cette surface est, comme nous l'avons indiqué (fig. 22 et fig. 23), entourée de point plus élevés, il en résultera que cette partie sera transformée en marais.

Les moyens à employer pour dessécher ces sortes de marais consistent dans deux opérations principales : amener les eaux souterraines à la surface du sol, puis se débarrasser de ces eaux.

Pour *amener les eaux souterraines à la surface*, on a souvent employé avec succès le moyen suivant.

Admettons que la figure 23 représente le plan de la figure 22 et soit le marais à dessécher ; il faudra d'abord déterminer la pente générale du terrain. Supposons que le point le plus bas soit le centre de ce marais. Alors on pratiquera plusieurs fossés transversaux (B), assez larges pour contenir les eaux souterraines, puis un fossé longitudinal (C). Ces fossés présenteront les proportions indiquées par la figure 24, c'est-à-dire qu'ils auront, en largeur, à leur orifice, le double de leur hauteur, plus la largeur de leur base. Ainsi, s'ils offrent 0m,50 à leur base et une hauteur de 1m, ils devront

Fig. 24. *Coupe verticale des fossés d'écoulement pour le desséchement des marais.*

avoir, au sommet, une largeur de 2m,50. Ceci fait, on perce,
dans ces fossés, des trous de sonde (D, fig. 22 et 23) pour donner un libre essor aux eaux comprimées et les faire arriver à
la surface.

Quand ce but est atteint, il reste à se *débarrasser de ces eaux
souterraines*; si le niveau du sol environnant se prête à leur passage, rien n'est plus facile; mais, s'il en est autrement, il faut
avoir recours à un puits absorbant.

Ce puits sera placé au centre (E, fig. 22 et 23), comme étant
le point le plus bas. On pratiquera d'abord une excavation

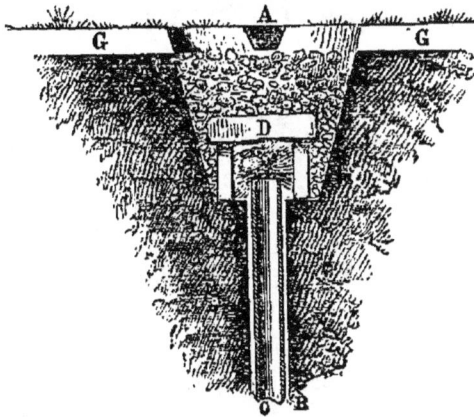

(A, fig. 25) dont l'orifice
présentera 5 mètres de
diamètre, puis on dimi-
nuera ce diamètre à me-
sure que l'on descendra,
afin que les parois ne s'é-
boulent pas. A la profon-
deur de 6 mètres, on
arrêtera l'excavation, on
pratiquera, au centre, un
sondage (B, fig. 25, et F,
fig. 22) qui pénétrera au-
dessous de la couche im-
perméable (A, fig. 22).

Fig. 25. *Détails du puits absorbant indiqué
en E, fig. 22 et 23.*

On introduira dans le
trou de sonde un tube
ou coffre de bois d'aune, d'orme ou de chêne (C, fig. 25).
Pour empêcher l'engorgement de ce tube, l'orifice en sera
couvert avec des branches d'épines chargées d'une grosse
pierre plate (D), soutenue par deux autres pierres latérales.
Enfin on remplira l'excavation avec des pierres jusqu'au niveau du fond du fossé, au milieu duquel est placé le puits absorbant.

Afin que les eaux soient facilement amenées vers ce puits
absorbant ou *boitout*, on donne aux fossés une légère pente vers
ce point. Cette pente doit, toutefois, rester assez peu sensible
pour que la terre des fossés ne soit pas entraînée par les pluies
d'orage et ne vienne pas obstruer les abords du puits.

**Desséchement des marais produits par l'élévation du
sol environnant.** — On conçoit aisément qu'un espace de
terrain à sous-sol peu perméable, entouré de tous côtés par des
points plus élevés dont il reçoit les eaux, soit profondément im-
bibé, et que ces eaux, ne pouvant s'épancher d'aucun côté, res-

tent stagnantes à la surface. S'il s'agit d'un morceau peu considérable, moins d'un hectare, par exemple, le puits absorbant que nous venons de décrire suffira; mais, si le marais présente une certaine étendue, on aura recours à d'autres moyens. Il conviendra d'abord de défendre le terrain contre les eaux qui

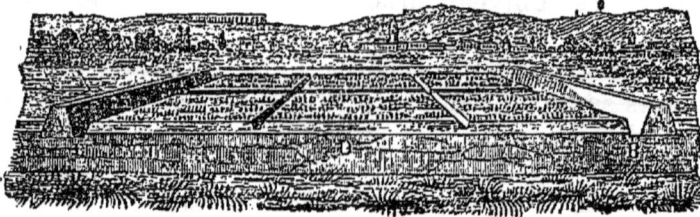

Fig. 26. *Dessèchement d'un marais.*

s'écoulent des parties plus élevées par une digue (A, fig. 26), construite avec les terres provenant du fossé de circonvallation (B) qu'on creuse en dedans de cette digue.

Un point essentiel, c'est que la base de celle-ci soit assise sur une couche de terre imperméable, soit la couche D. Sans cette précaution, les eaux extérieures filtreraient au-dessus et rendraient ce travail inutile. Cette digue doit être plus large à la base qu'au sommet, et son épaisseur ainsi que son élévation au-dessus du sol doivent être en rapport avec le volume d'eau contre lequel on veut se défendre.

Pour se débarrasser ensuite des eaux intérieures, comme elles sont seulement à la surface, il suffit d'étudier la pente générale du terrain. Le point le plus bas étant reconnu, on y établit un puits absorbant. On pratique ensuite, dans le sens de cette pente, plusieurs fossés qui égouttent les terres et dirigent les eaux vers le point le plus bas. Là, on creuse un puits absorbant, ou, si le volume d'eau à enlever est trop considérable, on construit une machine propre à enlever l'eau et à la rejeter par-dessus la digue. Les machines employées dans ce but sont les norias, les roues à godets et à palettes, la vis d'Archimède; elles peuvent être mues par le vent ou la vapeur.

Marais produits par l'abaissement du sol au-dessous du niveau d'un cours d'eau voisin. — Les moyens à employer pour dessécher les marais dus à cette circonstance sont les mêmes que pour le cas précédent.

Quant à l'époque la plus favorable pour l'exécution des travaux relatifs au desséchement des marais en général, c'est l'été. Alors on peut faire plus d'ouvrage dans la journée; on se procure plus facilement les divers matériaux dont on a besoin;

enfin, le sol, moins humide, permet les divers charriages qui sont nécessaires et qu'on ne pourrait y pratiquer pendant l'hiver sans beaucoup de peine.

Nous voudrions pouvoir indiquer la dépense approximative à laquelle ces sortes de travaux peuvent donner lieu. Mais elle est subordonnée à tant de circonstances locales qui peuvent la faire varier de beaucoup, que la moyenne que nous indiquerions ici deviendrait sans utilité pour la pratique.

Assainissement ou égouttement des terres. — Les marais ne sont pas les seuls terrains dans lesquels l'humidité surabonde. Beaucoup de terres labourées et de prairies naturelles présentent cet inconvénient. Dans les terres labourées, il empêche l'air de pénétrer, s'oppose à la décomposition des engrais, et nuit à la nutrition et au développement des plantes. Ces terres ne peuvent être cultivées que fort tard au printemps, il faut y entretenir des attelages plus nombreux; la moindre pluie suspend les travaux, et, quand vient la sécheresse, elles acquièrent beaucoup plus de dureté que les autres. Semées fort tard, elles ne donnent que de chétifs produits, si même la semence n'y pourrit pas au lieu de germer. Enfin, comme la maturité des récoltes y est retardée, celles-ci ne s'y font que dans une saison défavorable. Diminuons donc l'humidité de ces terres, et nous pourrons les cultiver en toute saison, les purger facilement des plantes nuisibles, et les produits seront plus abondants et de meilleure qualité.

Dans les prairies naturelles, cette amélioration n'est pas moins profitable. Le sol, devenu plus ferme, souffre moins du piétinement des bestiaux; les joncs et autres herbes aquatiques disparaissent et font place à des herbes de bonne qualité; lorsque enfin ces prairies sont soumises à l'irrigation, elles profitent mieux de cette opération que si elles étaient déjà saturées d'une humidité stagnante.

Dans tous les cas, l'assainissement des terres soumises à la culture a pour résultat de diminuer l'évaporation, et, par conséquent, le refroidissement du sol, si préjudiciable aux récoltes.

On donne le nom d'*égouttement*, ou d'*assainissement*, aux diverses opérations qui ont pour but d'enlever à la terre l'humidité surabondante qu'y produisent les eaux retenues dans les couches superficielles par l'imperméabilité des couches inférieures et le défaut de pente de la surface.

Pour s'en débarrasser, on pratique soit des *tranchées ouvertes* ou *fossés*, soit des *rigoles couvertes*, dites *coulisses* ou *drains*. Ces deux modes sont également bons, mais il faut savoir faire entre eux un choix judicieux et approprié aux circonstances locales.

Égouttement du sol au moyen des fossés. — Toutes les fois qu'on opère sur un sol assez perméable pour que l'eau puisse le traverser facilement, on peut avoir recours aux *tranchées ouvertes* ou *fossés*; mais, avant toutes choses, il faut étudier la conformation du terrain à égoutter, se rendre compte de sa pente générale, et s'assurer de la possibilité de se débarrasser des eaux surabondantes, soit en les faisant arriver dans un fossé communal, soit en obtenant d'un propriétaire riverain qu'il consente à les recevoir; ces préliminaires terminés, on se met à l'œuvre.

Admettons que la pièce à assainir ait une étendue d'un hectare, qu'elle offre la conformation indiquée par la figure 27, et qu'elle ait une légère pente dans le sens de la ligne A, B. On entoure d'abord le terrain par un fossé d'écoulement (C, D, E, F) destiné à empêcher l'eau du champ voisin d'arriver sur celui qu'on veut égoutter; on pratique, de 40 en 40 mètres, des rigoles (G) qui suivent le sens de la pente du terrain, en naissant du fossé supérieur (C), et se prolongeant jusqu'au fossé inférieur (E). Ce travail peut encore être complété, dans les terres labourées : chaque année, après l'ensemencement du sol, on trace,

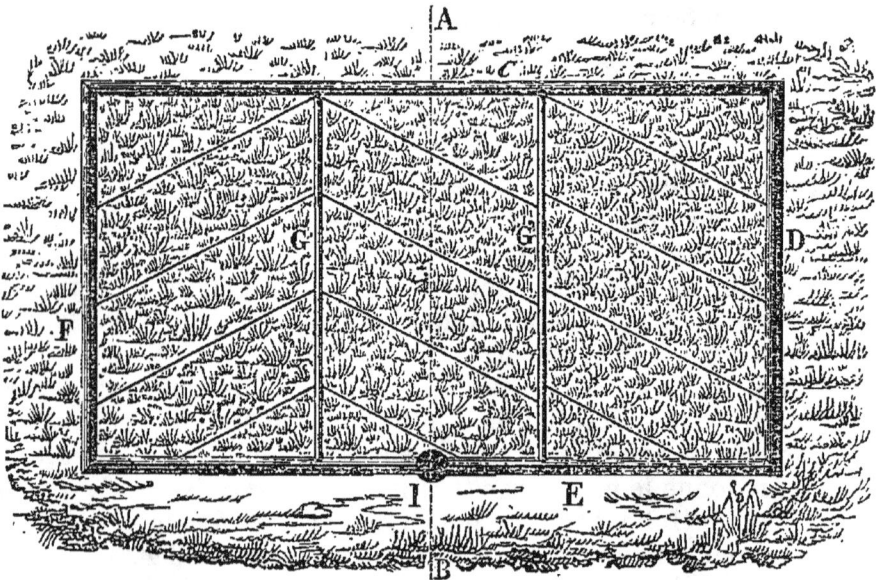

Fig. 27. *Assainissement d'un terrain au moyen de tranchées ouvertes.*

à l'aide de la charrue, des raies obliques de 20 en 20 mètres, destinées à porter dans les rigoles et dans les fossés les eaux surabondantes de la surface.

Quant aux dimensions des fossés et des rigoles, elles sont proportionnées à la quantité d'eau qu'elles doivent recevoir; l'essentiel est de leur donner la pente nécessaire. On suit, à cet égard, les indications données pour les fossés destinés au dessèchement des marais.

Nous avons dit plus haut comment on se débarrassait des eaux provenant de l'égouttement; mais, si les deux moyens indiqués font défaut, il devient nécessaire de pratiquer, vers le point le plus bas du terrain, en I par exemple, un puits absorbant semblable à celui que nous avons décrit pour le dessèchement des marais. Pour faciliter l'arrivée des eaux vers ce point, on donne aux deux fractions du fossé inférieur E une légère pente vers le point I.

Les frais de cet assainissement s'élèvent, d'après Crud, à environ 300 fr. par hectare, non compris le puits absorbant; mais ce dernier travail n'est pas toujours nécessaire.

Ce mode d'égouttement est encore aujourd'hui celui que l'on pratique le plus généralement. Lorsqu'il est bien exécuté, et que les fossés, les rigoles et les raies d'égouttement son parfaitement entretenus, il peut suffire pour les terres que nous avons indiquées. Malheureusement, ces soins d'exécution et d'entretien sont généralement négligés, et l'opération ne donne plus alors que des résultats très incomplets. D'ailleurs, ces fossés ouverts sont gênants pour la circulation des voitures, de la charrue et des bestiaux, et nécessitent la construction d'un certain nombre de ponts.

Dans beaucoup de localités, là où les terres argileuses ont besoin d'être égouttées, au lieu d'avoir recours au système d'assainissement que nous venons de décrire, on divise le terrain par planches auxquelles on donne, au moyen du labour, une

Fig. 28. *Labour en billons.*

pente factice vers les deux bords (fig. 28), et l'eau s'écoule par les raies ainsi formées de chaque côté des planches. Cela s'appelle labourer en *billons.* Mais nous verrons, en traitant des différentes sortes de labour, combien cette méthode offre d'inconvénients pour la culture, et combien elle est plus imparfaite encore que la première.

Égouttement des terres au moyen des coulisses, ou drainage. — Après avoir reconnu combien les fossés ouverts étaient, le plus souvent, insuffisants et combien étaient graves les inconvénients que nous avons signalés, on a eu recours aux fossés couverts, coulisses ou drains.

Ces coulisses sont des fossés garnis de pierres, ou d'autres matières assez solides pour maintenir le vide qui doit donner issue aux eaux. Le tout est recouvert de gazon et de terre, de telle manière que le dessus soit de niveau avec le sol environnant. Ce mode d'assainissement est connu depuis des siècles ; les agronomes latins, Columelle, Palladius en ont fait mention, après l'avoir appris des Étrusques qui, comme on le sait aujourd'hui, étaient de très-habiles cultivateurs.

Actuellement, presque partout, on remplace les pierres, les gazons, les broussailles, les fagots par des tuiles et surtout par des tuyaux en terre cuite nommés *drains*. L'idée de cette substitution, dont les Anglais se font honneur, appartient aux Grecs, aux Étrusques et aux Romains. Dès le temps de leur république, les Romains avaient déjà un magnifique système de drainage établi sur les mêmes principes que le drainage moderne ; c'est ce qui résulte d'une exploration récente, faite par le père Secchi, dans la campagne de Rome, près de la ville d'Alatri, et dont il a rendu compte à l'Académie des sciences à la date du 17 septembre 1864.

Le drainage par tuyaux, suivant la méthode romaine, remonte en France à l'année 1620. En effet, on a trouvé dans le jardin d'un ancien couvent de moines Oratoriens de Maubeuge (Nord) deux drainages complets et réguliers, faits au moyen de tuyaux en grès, s'étendant sous toute la surface de ce jardin à une profondeur de 1ᵐ,20. C'est bien évidemment à ce mode d'assainissement que le jardin des Oratoriens devait son antique célébrité pour sa fécondité, la précocité et la beauté de ses fruits, la friabilité de son sol.

Les Anglais n'ont donc rien à revendiquer, comme on le voit, quant à l'idée première et aux principales conditions d'exécution du drainage. Mais comme il faut toujours être juste, même avec ses rivaux, on ne peut refuser aux agriculteurs de la Grande-Bretagne le mérite d'avoir fait revivre et d'avoir généralisé une des pratiques agricoles les plus anciennes et les plus avantageuses pour assurer la fécondité des terres de culture. Le ciel brumeux de leur pays, qui rend plus nuisible que partout ailleurs l'humidité surabondante du sol, explique très bien la rapide propagation de cette méthode. Nous allons en parler avec l'étendue qu'exige son degré d'utilité. Nous nous arrêterons : 1° à l'examen préalable du terrain ; 2° à la construction des drains ; 3° à la manière de disposer les drains et aux divers systèmes de drainage.

Examen préalable du terrain. — Lorsqu'on a constaté, dans une terre, une dose habituelle d'humidité surabondante, on doit se rendre compte de la manière dont les couches sont superposées, de leur nature, de leur épaisseur, de leur inclinaison respective ; à cet effet, on ouvre de petites tranchées transversales au sommet et à la base du champ. On évalue ensuite la surabondance d'humidité ; puis on recherche si cette humidité provient de la surface, c'est-à-dire des eaux de pluie, qui ont de la peine à s'écouler, ou bien des couches inférieures, c'est-à-dire de petites sources qui coulent d'une manière régulière pendant la plus grande partie de l'année.

Construction des drains. Quand ces connaissances préalables sont acquises, on détermine la *direction* à donner aux drains. En général, on leur fait suivre la plus grande pente du terrain ; l'écoulement des eaux en est plus facile. Après la direction des drains, on s'occupe de leur *profondeur* ; or, comme la culture ordinaire du sol exige $0^m,20$ de profondeur, au moins, et que les labours de défoncement qu'il est parfois utile de donner à la terre peuvent pénétrer jusqu'à $0^m,45$, on laisse, au-dessus du drain, une épaisseur de $0^m,50$ pour que les travaux de culture n'en dérangent pas les matériaux.

Quant à l'espace que ces matériaux doivent occuper en profondeur, il est subordonné à la nature du sous-sol, et aussi au genre de matériaux employés pour maintenir le vide. Si l'on rencontre, à $0^m,70$ ou $0^m,80$, un sous-sol imperméable, il est inutile d'aller au delà, mais il faut s'enfoncer jusqu'à la couche sur laquelle l'eau s'accumule, car autrement les parties du sol comprises entre chaque drain ne seraient qu'imparfaitement assainies. On conçoit aussi que, si les matériaux employés tiennent beaucoup de place, comme les pierres, il faudra les enfoncer plus que s'il s'agit de matériaux de peu d'épaisseur. Ces considérations ont conduit à dire que la profondeur totale des drains pourra varier entre $0^m,80$ et $1^m,65$, suivant les circonstances que nous venons d'indiquer.

La profondeur des drains influe nécessairement sur leur *largeur*, car plus ils sont profonds, plus il faut de place aux ouvriers pour les creuser. Toutefois, comme ce travail est assez coûteux, on ne prendra en largeur que ce qui sera strictement nécessaire, et, comme il importe de donner un peu de talus aux deux côtés de la tranche, on fera la partie supérieure plus large que le fond. Ainsi, pour les drains de 0^m,70 de profondeur, on donnera 0^m,32 de largeur au sommet et 0^m,16 à la base ; pour les drains de 1 mètre de profondeur, on portera la largeur du sommet à 0^m,40 et celle de la base à 0^m,20 ; enfin, ceux de 1^m,65 de profondeur auront 0^m,70 de largeur au sommet et 0^m,35 à la base.

Quand ces diverses questions sont résolues, on procède au *tracé* des drains. Il est important que chacun d'eux forme une ligne parfaitement droite, afin que l'eau ne rencontre aucun obstacle. On trace ces drains au moyen de quelques jalons, d'un cordeau et d'une bêche tranchante, puis on procède au *creusage*.

Le creusage commence par la partie la plus basse, afin que, s'il y a de l'eau dans la terre, elle s'écoule à mesure. Les instruments dont on sert sont la bêche, la pioche, la pelle à puiser ; et, comme la largeur doit toujours aller en diminuant, quand la bêche dont on s'est servi pour commencer le travail devien

Fig. 29. *Bêches pour creuser les drains.*

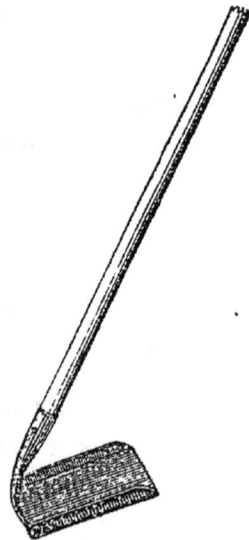

Fig. 30. *Pelle à puiser pour vider les drains.*

trop large, on en emploie de plus étroites. La figure 29 montre ces différentes sortes de bêches. La largeur de la pelle à puiser (fig. 30) doit varier aussi comme celle du fond des drains.

La pioche n'est employée que pour les terrains qui ne peuvent être entamés avec la bêche.

Une *pente* régulière et suffisante est indispensable pour que les drains laissent facilement écouler l'eau qu'ils reçoivent. Plus cette pente est forte, plus cet écoulement est rapide et complet; on obtient un résultat satisfaisant avec un minimum de pente de $0^m,50$ pour 100 mètres. Il est bien entendu que cette pente sera régulière depuis le sommet de chaque drain jusqu'à sa partie inférieure, et cela sans avoir égard aux ondulations du terrain; mais il faudra donner au drain, à sa naissance et à sa base, une profondeur telle, qu'il se trouve suffisamment enfoncé, vers les points les plus déprimés du terrain, pour ne pas gêner les travaux de culture.

Divers moyens ont été employés pour maintenir au fond des drains le vide nécessaire à l'écoulement rapide de l'eau; on a d'abord pratiqué des canaux souterrains à l'aide de la charrue-taupe, mais on a bientôt remarqué qu'ils s'obstruaient facilement, ne duraient que peu d'années, et ne pouvaient être employés dans tous les sols. On a aussi employé le moyen suivant : à $0^m,50$ du fond du drain, on rétrécit tout à coup sa largeur, de manière à produire de chaque côté une sorte d'épaulement; celui-ci reçoit un gazon, l'herbe en dessous, qui sert de couverture à cette rigole souterraine; on couvre ensuite le tout de terre, jusqu'au niveau du sol (fig. 31), mais en évitant d'employer la terre compacte extraite du fond de la tranche, car elle nuirait à l'infiltration des eaux. Ces drains sont peu coûteux, mais ne fonctionnent bien que pendant une quinzaine d'années.

Dans quelques localités, on utilise les broussailles, les fagots :

Fig. 31. *Drain construit au moyen de gazons.*

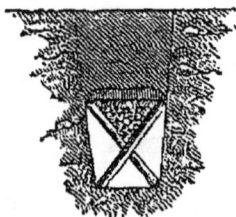

Fig. 32. *Drain construit au moyen de gazons et de fascines.*

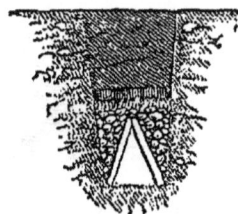

Fig. 33. *Drain construit à l'aide de gazons et de pierres.*

on place de distance en distance, au fond du drain, deux pieux croisés en chevalet sur lesquels on assujettit des fascines en épines, puis on recouvre le tout d'une couche de gazon renversé, et de terre. Ces drains, un peu plus coûteux que les précédents, durent 30 à 40 ans (fig. 32).

Quand la quantité d'eau qui doit s'écouler dans les drains est un peu forte, on forme préalablement un conduit dans le fond, au moyen de grosses pierres plates et brutes convenablement disposées et par-dessus lesquelles on verse des cailloux. La manière de poser ces pierres peut varier; la disposition indiquée par la figure 33 est une des plus convenables. Le tout est recouvert d'une tranche de gazon et de terre, comme nous l'avons dit plus haut. Ces drains sont coûteux, mais ils peuvent durer plusieurs siècles.

Dans les contrées de l'Angleterre où l'on manque d'une quantité suffisante de pierres, on les remplace par des tuiles fabriquées exprès et appelées *tuiles à drain*. Elles sont moulées en courbe (A et B, fig. 34). A chaque tuile courbe s'adapte une autre tuile plate ou *semelle*, qui est un peu plus longue et un peu plus large que la tuile courbe (C, D, E). Chaque tuile a $0^m,37$ de longueur, $0^m,08$ à $0^m,10$ de largeur, sur $0^m,10$ à

Fig. 34. *Tuiles à drains supportées par les semelles.*

$0^m,13$ de hauteur. Ces tuiles doivent être bien cuites, et présenter assez de solidité pour supporter, sans se briser, le poids d'un homme. Elles forment, avec les semelles qui les supportent, un conduit d'environ $0^m,08$ de diamètre, dans lequel l'eau trouve accès en filtrant par les intervalles de jonction.

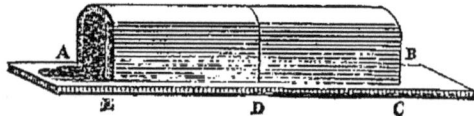

Les agriculteurs anglais, ayant reconnu qu'il n'est pas indispensable que la semelle soit indépendante de la courbe, ont cherché à diminuer les frais de fabrication en moulant les deux

Fig. 35 A. *Conduit ovoïde pour drains.*

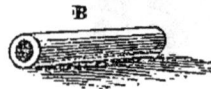

Fig. 36. B. *Conduit cylindrique.*

parties d'une seule pièce; puis, comme il y avait avantage pour l'écoulement de l'eau à avoir une semelle concave, ils ont donné au vide la forme d'un œuf de poule (A, fig. 35). Enfin, ils sont arrivés à rendre les conduits parfaitement cylindriques, en leur

9.

donnant un diamètre de 0^m,03 à 0^m,08, sur 33 de longueur (B, fig. 36). Ils se sont assurés alors que, dans la plupart des cas, à moins qu'il ne s'agisse de sources d'eaux souterraines un peu abondantes ou de drains de premier ordre recevant d'autres drains plus petits et nécessitant des voies plus larges, un conduit de 0^m,03 de diamètre suffit parfaitement.

D'après l'ingénieur anglais Parkes, il est utile de réunir les conduits qui ne dépassent pas 0^m,06 de diamètre, à l'aide de manchons, également en terre cuite, de 0^m,06 de long (fig. 37 et 38), et cela toutes les fois que les drains sont établis dans un sol tourbeux, ou des sables mouvants, ou encore lorsque le terrain présente des diffi-

Fig. 37. *Tuiles disposées pour les drains de grande dimension.*

Fig. 36. *Conduits munis de manchons.*

cultés telles qu'on ne puisse pas faire le fond parfaitement uni, et juste de la largeur suffisante pour la pose des conduits. Sans ces conditions, la juxtaposition des conduits ne pourrait être maintenue et cela nuirait à l'écoulement de l'eau.

Lorsqu'on se servira de tuiles ou de conduits en terre cuite, pour placer au fond des drains, on pourra faire ceux-ci un peu moins profonds que lorsqu'on emploie des pierres ou autres matériaux. De plus, comme la tuile ou les conduits n'occupent qu'une très faible largeur, il sera bon de ne donner au fond des drains que la largeur des tuiles ou des conduits.

La pose des tuiles ou des conduits demande beaucoup de soin. On commence par la partie supérieure du terrain et l'on pose le tout avant de commencer à remplir le drain. Les semelles doivent être rapprochées les unes des autres; on les assujettit solidement et on les met exactement toutes sur le même plan. Les tuiles sont aussi juxtaposées, et de telle sorte que leurs jointures coïncident avec le milieu des semelles, ainsi qu'on le voit dans la figure 34. A mesure que les tuiles sont posées, on les enveloppe solidement avec une tranche de gazon (A, fig. 39) enlevée à la surface; on couvre celle-ci d'une couche de terre plus divisée (B); la terre plus ténue (C) est ensuite tassée par-dessus, et enfin la bonne terre sert à remplir le reste du drain

dont la figure 39 indique la coupe verticale. Les mêmes soins
doivent être pris pour la pose des conduits.

Il ne faut pas que les drains soient trop longs; car, si la pente
est rapide, on peut craindre de voir le drain crever dans quelques-unes de ses parties. Dans ce cas, il vaut mieux le couper
par un drain transversal de plus grandes dimensions, qui reçoit
tous les drains ordinaires, et que l'on nomme drain *conducteur*.

L'ingénieur Parkes conseille de ne
pas donner aux drains de second
ordre plus de 300 mètres de longueur. Il considère aussi comme
indispensable de donner aux conduits de la moitié inférieure un
diamètre d'un sixième plus considérable qu'à ceux de la moitié supérieure, et cela afin de faciliter
l'écoulement des eaux.

En général, on devra tâcher de
faire aboutir les drains ordinaires
dans un fossé ouvert; l'eau s'y
écoule plus facilement, et l'on
s'assure mieux que les drains
fonctionnent bien. Dans ce cas,
on préserve l'orifice, avec quel-
ques grosses pierres, contre les éboulements de terre et autres
accidents extérieurs.

Fig. 39. *Coupe verticale d'un drain
formé de tuiles et de semelles.*

Les drains conducteurs, étant d'un diamètre plus considérable, peuvent présenter une plus grande longueur, mais à la
condition d'être plus larges à leur extrémité inférieure. Ils sont
construits de la même manière que les autres; seulement ils
doivent être placés dans les parties les plus basses des champs.
Il faut leur donner un peu plus de profondeur qu'aux drains ordinaires, afin que ceux-ci y trouvent un débouché facile. Il faut
aussi que la pente soit plus forte, puisque la quantité d'eau qu'ils
transportent est plus considérable. Il sera, en outre, convenable
de les éloigner, autant que possible, des arbres ou des haies,
dans la crainte que les racines de ceux-ci, attirées par l'humidité, ne les obstruent.

Enfin, il importe que la jonction des drains ordinaires avec
les drains conducteurs ne se fassent pas perpendiculairement,
mais obliquement, de manière à former avec eux un angle aigu.
Cette disposition a pour but d'empêcher que les vitesses des petits courants ne se fassent obstacle en se réunissant, ce qui oc-

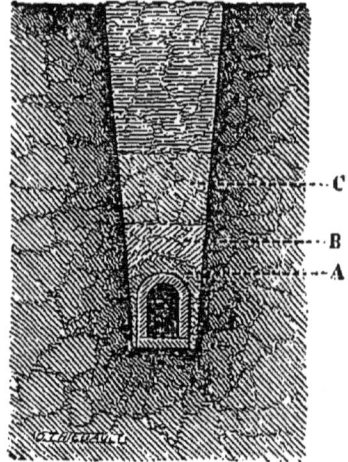

casionnerait des dépôts de vase ou de sable. Il faut aussi, par la
même raison, éviter de faire converger sur le même point du
conducteur deux drains venant en sens contraire.

Divers systèmes de drainage.—Nous venons d'examiner le mode
de construction des drains pris isolément; voyons maintenant
la disposition relative qu'ils doivent avoir lorsqu'on en réunit
plusieurs sur le même terrain.

Drainage simple.—Admettons qu'une pièce de terre (fig. 40) soit

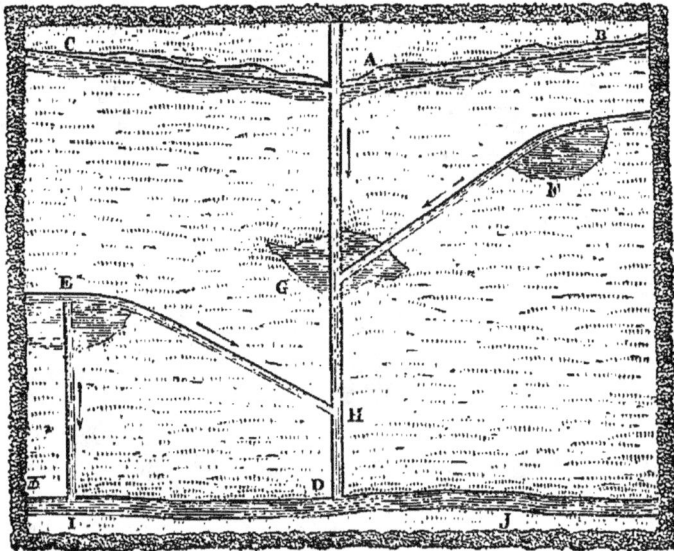

Fig. 40. *Exemple de drainage simple.*

rendue trop humide par la présence de plusieurs sources qui
sourdent à une certaine profondeur, et qui, suivant les couches
perméables et les crevasses qui s'y trouvent, finissent par rencontrer une issue à la surface, où elles s'épanchent aux points
A, E, F, G. On fournit, alors, à ces petites sources un écoulement souterrain en établissant les drains ordinaires CA, AB, GF,
EH, et EI, lesquels viennent tous se rendre dans un drain conducteur AD, qui suit la pente du terrain et vient déboucher sur un
fossé ouvert IJ placé à la base de la pente. Ce drainage pourra
être adopté toutes les fois que l'humidité du sol sera le résultat
de l'épanchement des petites sources à la surface.

Drainage complet.—Ce mode d'assainissement consiste à pratiquer dans la terre une succession de drains, à des distances régulières, ayant entre eux une certaine relation, et formant tout

un système de petits canaux de desséchement. Ce drainage est indispensable pour donner, dans les terres fortes, un écoulement aux eaux de pluie, et procurer à ces terres le degré de perméabilité qui leur manque.

Le mode d'exécution de ce drainage est presque entièrement subordonné à la configuration et à la nature du terrain ; ces

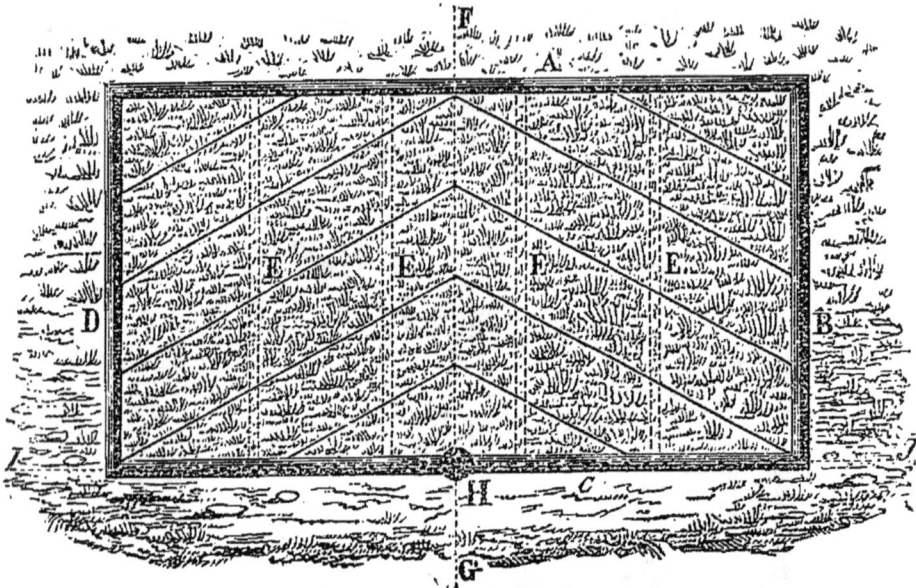

Fig. 41. *Exemple de drainage complet au moyen d'un seul système de drains.*

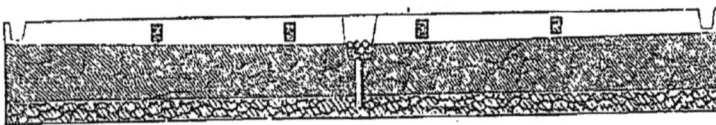

Fig. 42. *Coupe verticale de la figure 41 F, suivant la ligne I J.*

deux circonstances indiquent la direction à donner aux drains et la distance à laisser entre eux.

Nous savons déjà qu'il est préférable de faire suivre aux drains la pente du sol ; car, si on les dirigeait obliquement à cette pente, l'eau, tendant toujours à suivre la plus grande inclinaison du terrain, traverserait la paroi des drains placés du côté de cette pente, et, continuant de s'infiltrer dans le sol de proche en proche, rendrait le drainage inutile. Supposons donc qu'il faille assainir la surface A, B, C, D (fig. 41 et 42), présentant une pente uniforme de F en G ; on entourera ce champ de fossés ouverts, assez profonds pour empêcher l'infiltration des eaux des champs voisins, et tenir lieu de drains conducteurs; puis on donnera aux drains E la direction de la pente générale du terrain, et on les fera déboucher dans le fossé inférieur C, qui conduira les eaux soit dans un fossé communal, soit dans un puits absorbant H.

Comme la surface des terres à assainir présente rarement une seule pente uniforme, il devient souvent nécessaire de modifier la direction des drains suivant les diverses configurations du terrain. Dans ce cas, on forme autant de systèmes de drains qu'il y a de pentes différentes, on fait aboutir chacun de ces systèmes à l'un des drains conducteurs, et l'on fait dégorger ceux-ci dans un autre conducteur central, d'autant plus vaste qu'il aura plus d'eau à recevoir. Prenons comme exemple le champ indiqué par la figure 43. AB est le drain conducteur

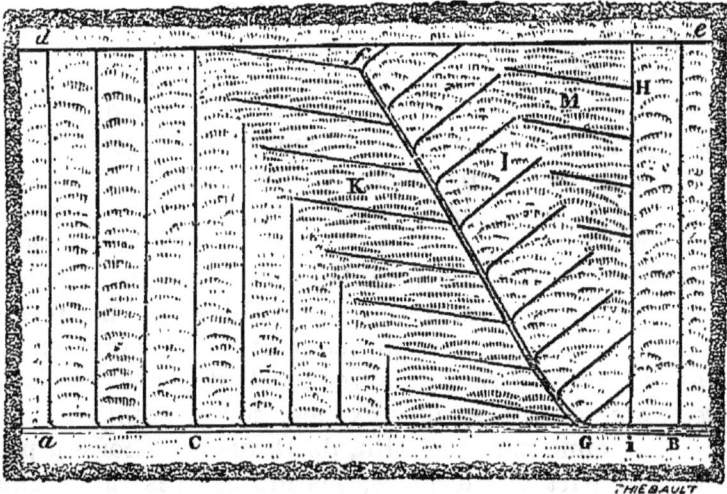

Fig. 43. *Divers systèmes de drainages complets réunis sur le même terrain.*

tracé dans la partie la plus basse du champ. Les drains compris entre A et C courent parallèlement entre eux, depuis le sommet jusqu'au drain conducteur, parce que, dans cette partie, la pente est uniforme, du sommet à la base. Mais, comme il existe une dépression du terrain de F en G, on y a établi un drain conducteur qui reçoit l'écoulement des deux versants K et L, au moyen des drains ordinaires qui y aboutissent, et qui courent parallèlement à cette double pente. Le drain HI est un autre conducteur placé au fond d'une autre dépression, et qui reçoit les eaux de la dépression M, à cause de la hauteur qui s'élève entre L et M. Le champ est défendu de l'infiltration des eaux supérieures par le drain DE, qui court au sommet du terrain. Le drain conducteur FG doit être construit aussi large que AB, mais HI peut n'être pas plus large que les drains ordinaires jusqu'au point H, où les drains latéraux commencent à le joindre. Nous rappellerons que ces divers conducteurs devront augmenter de diamètre à mesure qu'ils approcheront de leur extrémité inférieure, c'est-à-dire de A en B, de F en G, et de H en I. Nous ferons également remarquer que les drains ordinaires qui dégorgent dans le conducteur AB devront avoir leur extrémité courbée, ainsi que nous l'avons recommandé plus haut. Les drains K n'exigent pas cette configuration, parce qu'ils entrent obliquement dans le drain conducteur.

Une autre question non moins importante, c'est de déterminer la *distance à réserver entre les drains*. Le résultat qu'on veut obtenir en creusant un drain est de soutirer l'eau répandue dans le sol environnant; or, quand ce drain est établi, l'eau qui séjournait dans les interstices du sol tend à en prendre la direction, et le mouvement qui s'est produit d'abord dans le voisinage immédiat du drain et sur toute sa longueur se propage latéralement à une distance plus ou moins grande, suivant que le terrain est plus ou moins perméable et que ce drain est plus ou moins profond. La distance à réserver entre les drains dépend donc surtout de leur degré de profondeur et de la plus ou moins grande perméabilité du sol. C'est là une question importante à examiner; car, plus cette distance pourra être grande, moins les drains seront nombreux et la dépense élevée.

Deux opinions différentes existent sur ce point en Angleterre. L'une, soutenue par M. Smith, de Deausten (Ecosse), préconise, pour la plupart des terrains, les drains très rapprochés (6 à 8 mètres), et profonds seulement de 0m,80. L'autre, développée par l'ingénieur anglais Josiah Parkes, donne la préférence aux drains séparés de 13 à 20 mètres et profonds de 1m,33 à 1m,65.

Nous pensons que les partisans de ces deux systèmes sont trop absolus, et que, dans beaucoup de circonstances, les uns ou les autres n'obtiendront que des résultats incomplets. Il pourra arriver, par exemple, que l'on ait à assainir un sol présentant une couche perméable de plus de 2 mètres d'épaisseur; or il est évident que l'on pourra, dans ce cas, faire des drains très profonds (1m,65), et que, leur tirage s'étendant à une grande distance (environ 20 mètres), à cause de la perméabilité du sol, il serait inutile de les placer de 8 en 8 mètres; dans ce cas, le système Parkes présentera un avantage réel. Mais, si l'on rencontre, à peu de profondeur, à 0^m,80 ou 1 mètre, une couche argileuse imperméable, quel avantage y aurait-il à creuser les drains au delà de 0^m,80, puisque l'imperméabilité du sous-sol empêchera que leur action augmente avec la profondeur? Il sera bien préférable de les rapprocher davantage (6 ou 8 mètres), afin de compenser leur peu de profondeur. Là, c'est évidemment le système Smith qu'on devra préférer. On le voit, c'est donc seulement en examinant la nature des différentes couches du sol qu'on pourra résoudre cette importante question.

Saison convenable, état du sol. — Toutes les fois que cela sera possible, on choisira la belle saison pour pratiquer le drainage, c'est-à-dire la fin de l'été et le commencement de l'automne : les jours ont alors une longueur qui permet un travail plus productif ; les terres sont sèches et les charrois des tuyaux s'y effectuent sans creuser des ornières profondes ; on peut laisser les rigoles ouvertes pendant plusieurs jours avant d'y placer les matériaux, et donner ainsi à la terre le temps de s'échauffer, de s'aérer.

Dans les terrains où l'on craint les éboulements, on peut profiter de quelques semaines comprises entre la fin de mars et le commencement d'avril. — Pour les sols marécageux, les terres molles et coulantes, celles qui renferment un grand nombre de sources temporaires, il faut opérer en été.

Les travaux de drainage doivent surtout être effectués quand les terres sont en pâturage, en vieux trèfle ou en luzerne à défricher, parce qu'alors elles ont plus de consistance.

Prix de revient. — Il est assez difficile d'indiquer d'une manière précise la dépense occasionnée par le drainage, pour une surface donnée, tant les circonstances locales peuvent en multiplier les difficultés ; nous pouvons dire, cependant, que le drainage au moyen de cailloux est plus coûteux que lorsqu'on emploie des tuiles, et surtout des conduits en terre cuite ; et cela parce que les rigoles doivent être plus larges, plus profondes, et que l'on ne trouve pas toujours à se procurer facilement la quantité de cailloux dont on a besoin. Cette dépense peut s'élever de 500 à 700 fr. par hectare, tandis qu'elle n'est que de 200 à 300 fr., en moyenne, pour le drainage avec conduits en terre cuite.

D'après les documents statistiques réunis par M. Barral, il y avait en France, au milieu de 1856, environ 35,000 hectares assainis par le drainage. C'est à partir seulement de 1850 que cette opération, faite suivant la méthode écossaise ou anglaise, c'est-à-dire avec des tuyaux en terre cuite, s'est un peu généralisée. Le nombre des fabriques de tuyaux s'élevait déjà, en 1856, à 396. Depuis, il s'est augmenté notablement, car le drainage est devenu de plus en plus populaire, grâce aux effort du gouvernement et des Sociétés d'agriculture, et on estimait, il y a quelques années, à 120,000 le nombre des hectares de terrain drainés ; ces travaux représentaient une dépense de 35 millions. Il y a partout maintenant des services départementaux de drainage, et, partout, les ingénieurs du service hydraulique ont été chargés spécialement de s'en occuper. Il y a, de plus, des compagnies ou des ingénieurs civils qui, pourvus des instruments nécessaires et d'un personnel parfaitement dressé, exécutent les travaux de drainage à bien meilleur compte, et surtout d'une manière plus parfaite que ne pourraient le faire les cultivateurs.

On peut, avec M. Gareau, habile cultivateur de Seine-et-Marne, qui a importé dès 1848, en France, les machines verticales de Clayton pour la fabrication des tuyaux, résumer ainsi qu'il suit les avantages que le drainage procure :

1º Les terres drainées sont plus faciles à cultiver : on y laboure et on y sème plus tôt au printemps et plus tard à l'automne ; elles sont moins humides pendant l'hiver et moins sèches pendant l'été ;

2º Par la suppression des planches étroites et des raies d'écoulement, la surface consacrée aux plantes est plus étendue ;

3º Les eaux de pluie s'écoulent par filtration et ne se répandent plus à la surface ; les terres les meilleures et les engrais ne sont plus entraînés dans les fossés ;

4º Les eaux inférieures ne peuvent plus remonter à la surface, soit par la capillarité, soit par la pression qui tend à leur faire reprendre le niveau d'où elles proviennent ;

5º Une terre drainée n'est jamais saturée d'eau et les plantes, en conséquence, y poussent avec plus d'énergie ;

6º La maturité des plantes est avancée de quinze jours environ par le drainage.

Cette dernière circonstance est due en très grande partie à la surélévation de la température dans les terrains drainés par rapport à celle des mêmes terrains non drainés, à la même profondeur. Il résulte, en effet, des nombreuses observations de MM. Parkes et Molden, que la différence de température entre les deux sortes de terrain est, en moyenne, de 5 degrés et demi à 7 degrés et demi.

Nous ajouterons que le drainage, en augmentant la porosité du sol, par suite de l'écoulement des eaux jadis stagnantes, facilite la pénétration de l'air, et entretient une circulation des fluides gazeux de l'atmosphère qui exerce la plus heureuse influence sur la végétation. Après ce que nous avons dit antérieurement sur le rôle important de l'air confiné dans la terre arable, il n'est pas nécessaire d'insister sur ce nouvel avantage du drainage.

Il est facile maintenant de comprendre pourquoi les racines des plantes descendent, dans un sol drainé, dans des couches plus profondes, où elles peuvent s'étendre en tous sens et où elles trouvent une nourriture qui manque dans les sols non drainés.

Outre les avantages qui précèdent, le drainage en a d'autres non moins importants. Ainsi la santé des bestiaux s'améliore rapidement sur les sols drainés ; les moutons, en particulier, sont mis à l'abri de la pourriture. L'influence sur la santé des hommes n'est pas moins manifeste. Les fièvres épidémiques disparaissent peu à peu des pays dans lesquels on pratique l'opération sur une grande échelle.

On pourrait supposer, en connaissant le pouvoir dissolvant de l'eau, que celle qui a traversé le sol pour se réunir dans les drains et par suite se répandre au dehors des champs cultivés entraîne avec elle, au grand détriment de ceux-ci, une quantité plus ou moins considérable de leurs principes utiles, minéraux ou organiques. Il n'en est rien, comme le démontrent les analyses d'un grand nombre d'eaux de drainage, faites par MM. Way et Krocker ; la quantité de matières dissoutes dans ces eaux ne dépasse pas 4 millièmes un quart ; les sels de chaux forment souvent la moitié du résidu soluble, tandis que la potasse, l'ammoniaque, l'acide phosphorique ne s'y rencontrent qu'en très minimes proportions, en sorte qu'on peut dire qu'à l'exception des azotates, les éléments entraînés par les eaux sont presque tous sans importance pour la végétation.

En définitive, le drainage bien exécuté procure des accroissements de rendement dans les récoltes qui varient depuis 13 jusqu'à 200 pour 100 par hectare. Il est évident que ces résultats ne s'obtiennent pas toujours dès le début ; dans les terres fortement argileuses, spécialement, plusieurs années sont souvent nécessaires pour apprécier complètement les bons effets du drainage. Mais, lorque l'air a établi sa circulation libre et constante dans le sol à l'aide des fissures qui s'y pratiquent, on trouve une terre plus légère, plus friable, plus facile à pénétrer par les racines qui y puisent alors sans entrave les sucs nutritifs nécessaires à une bonne végétation, et le sol ainsi amendé peut être travaillé plus profondément, et dès lors est moins vite usé par les récoltes successives.

Nous ne saurions donc trop recommander aux propriétaires et aux fermiers l'adoption de ce moyen rapide d'augmenter la valeur productive de leurs terres [1].

Irrigations. — Si l'humidité surabondante du sol est nuisible à la végétation, la sécheresse ne lui est pas moins redoutable. Nous savons, en effet, que les végétaux ne peuvent pousser vigoureusement qu'autant que le sol renferme une certaine dose d'humidité qui facilite la germination des graines ; elle hâte la décomposition des engrais ; elle sert de véhicule aux matières nutritives, en les introduisant et en les faisant circuler dans les tissus des plantes ; elle agit enfin en rendant le terrain plus perméable à l'air et aux jeunes racines.

C'est surtout pendant les chaleurs de l'été que le sol se dessèche outre mesure. Cet accident est d'autant plus redoutable à cette époque, que c'est le moment où les plantes ont le plus besoin d'absorber des principes aqueux par leurs racines, afin de réparer les pertes que leur fait éprouver l'évaporation qui se produit par toutes leurs parties vertes.

Il n'y a qu'un seul moyen de rappeler dans ces terrains l'humidité qui leur manque, c'est l'emploi des arrosements, qui, pratiqués sur une grande échelle, prennent le nom d'*irrigations*.

Nous pouvons donc dire que l'irrigation est une sorte d'arrosement en grand.

Partout, dit avec raison M. Puvis, les irrigations longtemps continuées modifient la nature du sol sur lequel on les conduit ; les eaux, même les plus limpides, charrient toujours avec elles, pendant les pluies, des limons précieux et des sels terreux dissous qui, s'infiltrant dans le sol, finissent par améliorer sa nature. Aussi voit-on presque tous les sols anciennement arrosés acquérir de la fertilité, à côté de terres de même nature, qui restent de la qualité la plus médiocre. Il y a là un important accroissement de valeur territoriale, et cette valeur une fois acquise se conserve presque indéfiniment.

Les départements où l'on rencontre les plus grandes surfaces irriguées sont les Vosges, les Bouches-du-Rhône, l'Ariége, la Haute-Saône, les Hautes-Alpes, la Drôme, le Var, etc.

Le système des irrigations n'est pas encore très développé en France, puisque, d'après des renseignements assez précis, on n'estime pas à plus de 180 ou 200,000 hectares l'étendue de nos

---

1. Nous renvoyons, pour plus de détails sur cette question, aux ouvrages spéciaux sur le drainage, et notamment au Traité complet de M. Barral (*Drainage des terres arables*, 2° édition, 4 volumes in-18. Paris, 1856-1860. Librairie agricole de la Maison rustique, rue Jacob, 26).

terrains irrigués, et que les prairies irriguées s'élèvent à peine à 4 ou 5 pour 100 de l'étendue totale des prairies naturelles. Cette proportion est faible, si on la compare aux 400,000 hectares de prés irrigués que nous offrent le Piémont et la Lombardie, dont l'étendue totale équivaut à peine à une dizaine de nos départements. En Angleterre et en Hollande, la moitié du sol cultivable est consacrée aux prairies généralement irriguées, ce qui fait la richesse agricole de ces deux nations. Nous avons donc bien des progrès à faire de ce côté-là !

Les pertes qu'éprouve annuellement notre richesse nationale par la non-utilisation de nos fleuves et de nos rivières à l'irrigation des prairies sont énormes, puisque celles-ci ne profitent pas des masses de matières fertilisantes que charrient sans cesse les cours d'eau. En effet, indépendamment des substances salines que les eaux courantes tiennent en dissolution, il s'y trouve encore en suspension et dans un très grand état de division une foule de détritus organiques et minéraux qui constituent un limon éminemment fertile.

On aura une idée de la quantité de matières utiles, sous ce rapport, par les faits suivants :

Le Gange entraîne à la mer 860,149 mètres cubes de terre par heure, ce qui forme la 200e partie du volume de ses eaux ;

Le Hoan-Ho, ou *fleuve jaune*, en Chine, porte chaque heure à la mer 686 mètres cubes de sédiment terreux ;

Le Nil dépose par heure 5,068 mètres cubes de limon, ce qui forme la 120e partie du volume de ses eaux ;

Le Mississipi en dépose par heure 2,742 mètres cubes ;

Le Rhône, dont le débit annuel est de 54,256 millions de mètres cubes, charrie, en moyenne, dans une année, 21 millions de mètres cubes de limon ;

Le Danube en emporte avec lui plus de 60 millions, et dans les époques d'inondation la proportion des matières en suspension est quarante fois plus grande que dans la saison sèche.

Dans la Loire, il y a souvent 225 à 250 grammes de limon par chaque mètre cube d'eau.

Dans la Seine, la proportion des matières en suspension s'élève quelquefois jusqu'à 1/2000e du volume des eaux.

Ce sont ces limons, ces débris atténués de roches qui forment, par leur dépôt, ces attérissements accumulés aux bords de la mer, tels qu'on les observe à l'embouchure de tous les grands fleuves. Ces terres nouvelles sont douées d'une fertilité vraiment surprenante ; on en a la preuve dans ces *Polders*, dont les Hollandais tirent un si grand parti dans leurs cultures.

Il est facile de comprendre que si ces limons viennent à se déposer, par le moyen d'irrigations bien entendues, à la surface des prairies, celles-ci doivent produire une plus grande masse de foin. Or, il ne faut pas l'oublier, ce foin ainsi produit se transforme dans la ferme en viande pour les hommes, en fumier pour les champs de céréales.

« On reste au-dessous de la vérité, écrit M. Hervé-Mangon, en disant que 20,000 mètres cubes d'eau complètement employés en irrigations produiraient en substances alimentaires l'équivalent d'un bœuf de boucherie. Ainsi, pour ne citer qu'un exemple, les eaux de la Seine, en se perdant sans avoir servi aux arrosages, jettent à la mer une tête de gros bétail de deux en deux minutes [1]. »

La pratique des irrigations est donc éminemment utile ; mais, pour en obtenir tous les avantages désirables, il faut satisfaire à certaines conditions, que nous allons successivement passer en revue.

Conditions générales. — *Qualité des eaux.* — Les eaux employées aux irrigations offrent entre elles des différences bien grandes : leur capacité fertilisante varie en raison des terrains qu'elles parcourent et des substances qu'elles entraînent.

Les *eaux qui s'écoulent des forêts, des marais tourbeux* peuvent être considérées comme les moins favorables ; elles contiennent des principes acides et astringents nuisibles à la végétation. En outre, trop crues, trop froides, elles retardent la végétation au lieu de l'activer. On peut toutefois les améliorer en les laissant exposées au soleil dans des réservoirs, et en y ajoutant des matières fertilisantes.

Les *eaux séléniteuses* et *tuffeuses* obstruent les pores des tissus végétaux, surtout lorsqu'ils sont jeunes, et s'opposent ainsi à leur développement.

Il en est de même des *eaux ferrugineuses*, surtout lorsqu'elles contiennent en dissolution une quantité de fer telle qu'elles déposent sur les plantes une poussière rouge qui n'est autre chose que de l'hydrate et du carbonate de fer.

En général, les eaux sont d'autant meilleures pour les irrigations que, dans leur trajet, elles ont été longtemps exposées à l'influence de l'air ; qu'elles ont parcouru des localités dont le sol était plus fertile ; que leur température est plus élevée ; qu'elles sont chargées d'une plus grande quantité d'oxygène,

---

1. *De l'emploi des eaux dans les irrigations sous différents climats*, par M. Hervé-Mangon. Paris, 1863. Dunod, éditeur.

d'acide carbonique, d'ammoniaque, de matières organiques et de sels minéraux, notamment d'azotates, de phosphates et surtout de sels de potasse. C'est pour cette dernière cause que les eaux qui traversent les villes et les villages doivent être considérées comme les plus favorables pour les arrosements.

M. de Caumont a, le premier, démontré que la puissance fertilisante des eaux de rivières et de sources est relative à la nature des terrains qu'elles ont parcourus, et qu'elles produisent d'autant plus d'effet que les sols qu'elles arrosent diffèrent davantage par leur constitution minéralogique et chimique des terrains qui les fournissent.

Ainsi les rivières qui prennent leur source dans les terrains anciens sont toujours plus fertilisantes que celles qui ont traversé les bancs de calcaires jurassiques ; jamais elles ne sont aussi limpides et leur température est, en général, un peu plus élevée. Elles tiennent en dissolution une quantité notable de potasse, qui produit sur les terrains calcaires, qui en manquent, des résultats remarquables. Les rivières provenant des couches calcaires, peu chargées de matières en suspension, paraissent favoriser sur les prés le développement des carex et des graminées maigres, peu nutritifs pour le bétail. Il est certain que les prairies qu'elles arrosent sont bien inférieures à celles qui sont irriguées par les rivières qui sourdent des terrains anciens ou des terrains argilo-calcaires plus récents. Il est évident que ces derniers cours d'eau, transportant sur les terrains calcaires des parties provenant des terrains argilo-siliceux ou marneux, il y a, indépendamment de l'irrigation proprement dite, amendement des terres les unes par les autres. Il est encore évident que les eaux originaires des couches calcaires, peu favorables sur les sols de même nature, seraient plus propres que d'autres à fertiliser les prairies assises sur des terrains anciens non calcaires.

L'*eau de mer* mêlée à l'eau douce, comme cela a souvent lieu à l'embouchure des fleuves, est très propre aux irrigations. On sait que le fourrage récolté dans ces localités est très salutaire aux bestiaux, et que ceux-ci le mangent avec avidité.

Au surplus, il est toujours facile de s'assurer de la convenance des eaux, en examinant les plantes qui croissent dans leur sein. Ainsi, on peut en général regarder comme très bonnes pour les irrigations celles où végètent en abondance le *cresson de fontaine*, l'*épi-d'eau* ou *potamogeton*, les *véroniques*, la *renoncule aquatique*. Celles où l'on trouve des *roseaux*, des *patiences*, des *ciguës*, des *salicaires*, des *menthes*, des *scirpes* et des *joncs*, sont moins bonnes que les précédentes. Enfin celles qui n'offrent que des *carex* et des *mousses* sont toujours de mauvaise qualité. On peut encore très bien apprécier la qualité des eaux par la végétation qui se montre sur les bords des cours ou ruisseaux qu'elles alimentent. S'ils sont couverts d'une herbe vigoureuse, composée des bonnes plantes des prairies, on peut être certain des bons effets de leurs eaux sur les prés.

Comme on ne peut pas toujours choisir les eaux, il faut savoir améliorer celles qu'on a sous la main. Lorsqu'elles sont froides, peu aérées, ou *incrustantes*, c'est-à-dire déposant du carbonate de chaux ou du *tuf*, comme on dit dans les campagnes, il faut, avant de les faire arriver sur les prés, les faire couler sur des surfaces très étendues, offrant de nombreuses aspérités ou de petites cascades qui, produisant une agitation plus ou moins vive, une sorte de battage, hâtent le dégagement de l'acide carbonique et, par suite, provoquent le dépôt du carbonate de chaux en excès. Quand on n'a pas de terrains semblables à sa disposition, on y remédie en faisant tomber les eaux par de petites chutes sur des piles de fagots qui les divisent.

Pour les eaux astringentes, les eaux ferrugineuses, les eaux trop séléniteuses, on les fait passer à travers un bâtardeau dans lequel on a mis des cendres, des eaux de lessive, des eaux ammoniacales, des urines fermentées ou du purin.

Lorsqu'on peut créer des puits artésiens dans des conditions économiques, il ne faut pas manquer de le faire, surtout dans les pays chauds où l'on arrose généralement avec peu d'eau, parce que l'élévation et l'uniformité de température des fontaines jaillissantes sont éminemment favorables à la croissance des herbes des prairies. Les sondages exécutés dans le sud de l'Algérie démontrent assez les immenses avantages qu'on peut tirer, sous ce rapport, des eaux des puits artésiens.

Il ne faut négliger, non plus, les eaux provenant du drainage, car les azotates qu'elles renferment presque toujours en proportions notables les rendent extrêmement fertilisantes.

Du climat. — L'eau est d'autant plus nécessaire à la végétation et elle agit avec d'autant plus d'énergie sur le développement des plantes, que la température est plus élevée et la lumière plus intense. Lorsque l'action de ces deux agents se fait vivement sentir, les plantes perdent, par la transpiration aqueuse, une grande quantité d'humidité. D'un autre côté, les mêmes causes font que leur énergie vitale est stimulée, qu'elles prennent alors plus de développement, et s'assimilent une plus grande quantité de principes aqueux et salins.

Les irrigations sont donc plus indispensables dans le midi de la France que dans le Centre ; et dans le Nord elles seraient même souvent plus nuisibles qu'utiles, parce qu'elles surchargeraient les tissus des plantes d'une quantité d'humidité qui, ne pouvant pas être assimilée faute d'une température et d'une lumière suffisantes, nuirait à l'abondance et à la qualité des produits.

Choix des cultures à arroser. — L'irrigation n'est pas non plus également avantageuse pour toutes les cultures. En général, elle a pour effet de faire développer une plus grande masse de tiges et de feuilles ; mais elle nuit sensiblement à l'abondance des graines et même à la qualité de celles-ci. D'où il faut conclure qu'elle doit être réservée aux plantes cultivées seulement pour leurs feuilles et leurs tiges, comme les prairies naturelles et artificielles, et qu'on ne devra en user qu'exceptionnellement pour les plantes granifères, telles que les céréales, les légumineuses, les plantes oléagineuses, etc. Ce n'est que dans le midi de la France que ces plantes en réclament les bienfaits. Encore cette opération n'y est-elle pas non plus sans inconvénient, car on est obligé, chaque année, de détruire, en labourant le sol, une grande partie des travaux d'irrigation. De plus, les terres souffrent de cette pratique, soit par le tassement que leur fait éprouver la présence des eaux à la surface, soit par les ravinages que celles-ci exercent, et qui, déchaussant les céréales, exposent leurs racines aux ardeurs du soleil.

Ces diverses considérations font que, dans les contrées même où l'emploi de ces arrosements présente le plus d'avantages, on ne l'applique guère qu'aux prairies, et surtout aux prairies naturelles.

Nature du sol. — Il n'est aucune espèce de terre, placée dans celles des conditions favorables que nous venons d'exposer, sur laquelle les irrigations ne produisent de bons résultats. Toutefois elles ne sont pas toutes également propices à cette opération. Les sols qui en retirent les plus grands avantages sont les plus perméables, ceux qui s'échauffent le plus facilement, tels que les sols sableux et calcaires. Les terres compactes, argileuses, conviennent moins. Elles reçoivent plus difficilement l'action de la chaleur nécessaire pour que l'eau produise un effet salutaire, et se chargent d'une trop grande quantité d'humidité, qui nuit à la végétation en refroidissant le sol outre mesure. Aussi les arrosements doivent-ils y durer moins longtemps, et l'intervalle laissé entre chaque arrosement doit-il être plus grand.

Par le mot *sol* nous entendons, non seulement les couches superficielles, mais aussi et surtout le *sous-sol*, qui joue un rôle plus important peut-être que le sol arable lui-même. Avec un sous-sol perméable, une terre argileuse supportera sans inconvénient des arrosements réitérés et abondants, tandis qu'ils nuiraient aux terrains plus légers placés sur un sous-sol imperméable.

Quant aux terres tourbeuses situées dans une position sèche, elles réclament plus que toutes les autres les irrigations. Les arrosements doivent y être fréquents et de courte durée. Ils doivent se faire à grande eau, car on a remarqué que son passage rapide leur enlève une bonne partie de leurs principes acides et astringents.

Epoques favorables aux irrigations. —Comme les irrigations ont pour but principal de hâter la végétation en tempérant la chaleur excessive du sol et en le préservant de la sécheresse, c'est surtout pendant l'été qu'elles doivent être exécutées. On devra néanmoins choisir une autre époque lorsqu'on voudra profiter du moment où les eaux sont très chargées de matières étrangères, de limons très riches en principes fertilisants.

C'est surtout depuis l'automne jusqu'au printemps, époque des grandes pluies et des fontes de neige, que l'on peut profiter de cette circonstance. D'ailleurs, si les eaux venaient à se troubler ainsi pendant l'été, lorsque les prairies sont couvertes de fourrages, on devrait renoncer à s'en servir, car elles déposeraient une poussière limoneuse sur les tiges des plantes, et rendraient ces fourrages dangereux pour les bestiaux.

Heure de la journée la plus convenable pour irriguer. — L'heure de la journée influe aussi sur le résultat de l'irrigation. On a reconnu qu'il valait mieux l'effectuer le matin, ou mieux encore le soir. Pendant la chaleur du jour, l'eau fraîche répandue sur les plantes leur fait éprouver une transition trop brusque qui compromet leur vigueur.

Quantité d'eau nécessaire pour arroser. — Jusqu'ici on n'a que des notions peu précises sur la quantité d'eau nécessaire pour arroser une étendue donnée de prairies. Il est assez difficile, en effet, d'apprécier non seulement le volume, mais encore la vitesse d'un cours d'eau. D'ailleurs, cette quantité doit varier en raison de la température plus ou moins sèche du climat et de la plus ou moins grande perméabilité du sol. Néanmoins on peut, d'après M. Nadault de Buffon, l'évaluer approximativement pour un hectare de prairie dans le midi de la France :

Par jour..	à	$8^{j mc}.400$
Pendant trente jours................................	à	$2,592^{mc}$ »
Pendant six mois....................	à	$15,552^{m}$ »

1.   10

Ce dernier volume, répandu sur la superficie d'un hectare, représente une couche de 1ᵐ,555. Une quantité moitié moindre est suffisante pour le Nord.

Conditions particulières. — Il est quelques conditions particulières sans le concours desquelles il devient impossible de faire usage des irrigations. Elles se résument dans la possibilité de faire arriver l'eau jusqu'au terrain à arroser, et dans la conformation de celui-ci.

Moyen de faire arriver l'eau jusqu'au terrain à arroser. — Le point le plus important est la jouissance d'un cours d'eau ou d'une fraction de cours d'eau, situé plus haut que la prairie, à l'endroit où l'on veut le faire dériver sur cette dernière.

Si ce cours d'eau est un faible ruisseau favorablement placé par rapport au terrain à arroser, la prise d'eau pourra être effectuée au moyen d'un simple barrage en fascines, un bâtardeau temporaire, que l'on détruit et rétablit chaque fois qu'il en est besoin ; mais, si la prise d'eau doit se faire sur une rivière, on opère différemment.

Si l'on est propriétaire de la totalité de cette rivière, et que l'on ait besoin pour l'irrigation de tout son volume d'eau, le barrage comprend aussi toute sa largeur, sauf une vanne réservée au milieu (fig. 44). Si, au contraire, on ne peut disposer que du tiers de ce volume, ou que l'on n'ait besoin que de cette quantité, on construit un barrage partiel qui, naissant au-dessous du point où l'eau doit pénétrer dans la prairie, s'avance jusqu'au tiers environ de la largueur de la rivière (fig. 45).

Lorsqu'on ne peut établir la prise d'eau assez haut pour la conduire dans la partie supérieure du terrain à arroser, on élève le niveau de la rivière en donnant plus de hauteur au barrage complet (fig. 44), ou bien en rétrécissant davantage le lit de la rivière, et prolongeant le barrage partiel (fig. 45). Mais alors, si les bords de la rivière sont peu élevés, ces barrages peuvent donner lieu à des réclamations de la part des riverains supérieurs, que cet exhaussement inonde. Il devient alors nécessaire de construire des digues le long du cours d'eau.

Si ces moyens étaient insuffisants pour exhausser le niveau, il n'y aurait plus d'autre expédient que d'employer une machine hydraulique.

Moyens artificiels de se procurer de l'eau. — Quand on ne peut disposer que d'un faible filet d'eau, il est souvent absorbé par les rigoles avant de parvenir jusqu'à l'herbe, et il fait dans tous les cas très peu d'effet. On remédie à cet inconvénient par un réservoir dans lequel on réunit cette eau.

Lorsqu'on est propriétaire d'une prairie privée de cours d'eau, mais située à l'embouchure étroite d'une vallée dont on possède les pentes, on peut y construire des rigoles destinées à réunir les

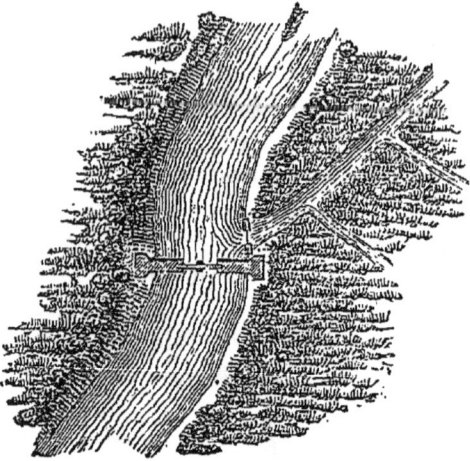

Fig. 44. *Barrage complet pour l'irrigation.*

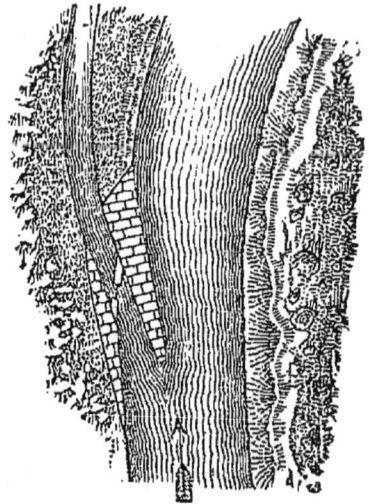

Fig. 45. *Barrage partiel pour l'irrigation.*

eaux des pluies qui tombent dans les parties supérieures, et se procurer ainsi des arrosements en établissant un réservoir artificiel.

Fig. 46. *Réservoir artificiel pour les irrigations.*

Ce réservoir (fig. 46), d'une dimension proportionnée au volume d'eau dont on a besoin pour l'arrossement, est construit au moyen d'un barrage situé à l'embouchure de la vallée. Ce barrage peut être construit intérieurement en terres, si celles-ci ont assez de consistance pour ne permettre aucune infiltration. Ces terres doivent être disposées en talus du côté intérieur. La face extérieure est revêtue de pierres sèches, à l'exception des deux ouvertures A et B réservées à la base, et qui doivent être en maçonnerie cimentée.

Afin que ce barrage conserve quelque solidité, il doit présenter, à son sommet, une épaisseur égale à la moitié de sa hauteur totale, et la largeur de sa base doit égaler trois fois sa hauteur. En outre, sa paroi intérieure est bombée, tandis que l'extérieure est un peu concave.

La hauteur est calculée de manière que le sommet dépasse d'au moins $0^m,50$ le niveau du plus grand volume d'eau qui pourra s'accumuler dans le réservoir. Il sera utile aussi de faire ce réservoir le plus profond possible, afin que l'eau, présentant moins de surface, subisse moins de perte par l'évaporation.

Le réservoir dont nous donnons la figure ici est percé vers sa base de deux ouvertures fermées par des vannes : l'une (A) servant à l'irrigation, l'autre (B) destinée à enlever la vase.

Aperçu d'un système d'irrigation. — Après avoir jeté un coup d'œil sur les diverses circonstances qui rendent les irrigations profitables, et sur les conditions générales de leur pratique, donnons l'aperçu d'un *système d'irrigation*.

Ce système peut être très simple ou très compliqué, selon la proximité ou l'éloignement de l'eau, les facilités ou les difficultés des circonstances locales. L'absence de cours d'eau, et le pressant besoin d'irriguer, forcent parfois à amener les eaux de très loin, au moyen de grands canaux. Ces canaux fertilisent, en les arrosant, des contrées entières, qui seraient condamnées sans cela à une stérilité complète. Le midi de la France nous offre de nombreux exemples de ces travaux. Mais ces grandes entreprises exigent l'intervention du gouvernement. Elles ne peuvent, d'ailleurs, être dirigées que par des hommes spéciaux et nécessitent l'emploi de capitaux si considérables, qu'elles sortent du domaine de l'agriculture proprement dite. Nous ne parlerons donc ici que des irrigations qui peuvent être pratiquées par des propriétaires ruraux.

Le système d'irrigation comprend les travaux relatifs à la prise d'eau, à la disposition de la surface du sol à arroser, à la confection des divers canaux et rigoles, à la pose des vannes, des écluses. Nous venons d'examiner les travaux relatifs à la prise d'eau, étudions les dispositions de la surface du sol.

Il est de la plus grande importance, dans les irrigations, que l'eau qui a été répandue à la surface du sol s'en écoule facilement et ne séjourne pas dans les bas-fonds; car, dès qu'elle devient stagnante, elle favorise le développement des plantes de mauvaise qualité. De là, la nécessité indispensable de dresser préalablement, suivant une forme convenable, le terrain à arroser. Ce travail doit avoir pour résultat : 1° de faire arriver les eaux par des lignes culminantes; 2° de les répandre également sur les versants ou plans inclinés; 3° de faire que le surplus, la portion non absorbée, soit complètement recueilli par les canaux d'écoulement situés à la jonction inférieure des plans inclinés.

La disposition à donner à la surface du sol pour obtenir ces divers résultats varie en raison de la configuration naturelle du terrain. La configuration la plus avantageuse est une pente uniforme et suffisamment prononcée sur toute l'étendue du sol. Il suffit alors de régulariser cette pente, de combler les points plus bas (A, fig. 47) par des terres enlevées sur les points trop

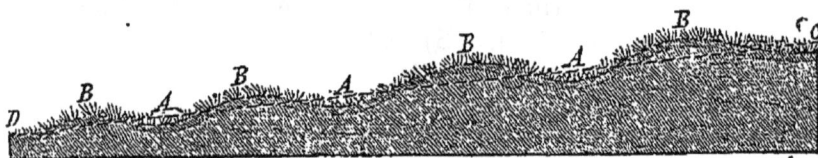

Fig. 47. *Coupe d'un terrain dont la pente est à régulariser.*

élevés (B), de telle sorte qu'il en résulte une surface parfaitement unie, suivant la ligne C, D. Lorsque le terrain est horizontal, ou que la pente n'est pas suffisamment prononcée, il devient nécessaire de créer artificiellement des versants qui facilitent l'écoulement des eaux. A cet effet, on divise le terrain par planches qui en suivent la pente; si celui-ci n'en présente aucune, on l'établit artificiellement pour chaque planche, en la faisant naître du point où l'eau d'irrigation pénètre sur la prairie. On enlève ensuite une certaine quantité de terre sur les côtés de ces planches, puis on la répand au milieu, de manière à obtenir sur chacune d'elles une double pente sur les deux côtés (fig. 48). Chacune de ces planches présente, vers son point culminant (A), une rigole destinée à répandre l'eau de chaque côté, puis une autre rigole (B), à la base de chaque versant, laquelle recueille les eaux qui s'écoulent et les porte en dehors de la prairie.

L'inclinaison des versants varie entre 0m,001 et 0m,100 par mètre, suivant la nature plus ou moins consistante du terrain.

Dans les sols très légers et qui absorbent beaucoup d'eau, la pente doit être peu considérable, afin que l'eau y séjourne plus longtemps et qu'elle ne ravine pas la terre. Dans les terrains compacts, au contraire, ces versants doivent avoir plus de pente.

La largeur à donner à ces planches varie selon la nature du sol. Plus celui-ci est compacte, plus les planches peuvent être

Fig. 48. *Coupe de terrain disposé en planches pour l'irrigation.*
(Voir la figure 50, qui indique le plan de celle-ci.)

larges, parce que l'eau peut y parcourir un plus grand espace sans être absorbée. Dans les terres légères, très avides d'eau, les planches doivent être moins larges. Dans le premier cas, cette largeur pourra être de 40 mètres, et dans le second de 8 mètres environ.

Toutes les fois qu'on opérera des travaux de terrassement pour donner au sol une configuration convenable, on commencera par enlever, sur les points où les travaux devront être exécutés, tout le gazon par plaques régulières; puis, lorsque les remblais et les déblais seront terminés, on remplacera ce gazon en le comprimant suffisamment sur le sol. La surface se couvrira bien plus promptement d'une herbe de bonne qualité.

Les principaux canaux et les rigoles employés pour les irrigations sont : le *canal de dérivation*, les *rigoles principales d'irrigation*, les *rigoles secondaires*, les *canaux de réunion*, les *rigoles d'égouttement*.

Le canal de dérivation (A, fig. 49) reçoit directement les eaux de la rivière sur laquelle est établie la prise d'eau, et distribue cette eau dans les rigoles principales. Il y aurait inconvénient à ouvrir directement ces rigoles sur la rivière si le volume d'eau en était peu considérable : d'abord on ne serait pas maître de distribuer l'eau aussi régulièrement, ensuite il pourrait arriver que la rivière rompît la berge et vînt raviner la prairie.

Le canal de dérivation prend son origine immédiatement au-dessus du point où l'on a établi la vanne ou le barrage (B, fig. 49). On doit le dirriger sur le terrain de manière qu'il puisse

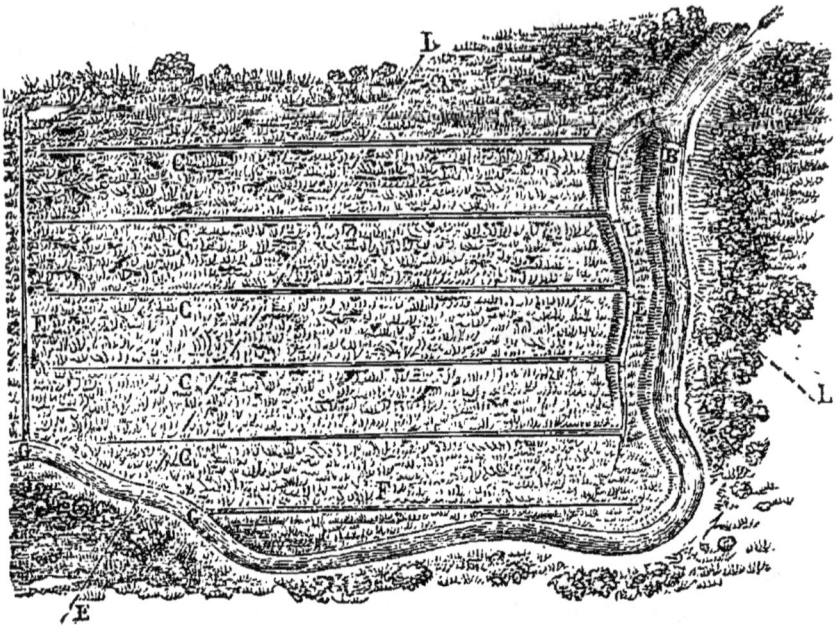

Fig. 49. *Arrosement au moyen d'un canal de dérivation.*

fournir des rigoles principales pour les différents points du sol. Les rives de ce canal devront être un peu plus hautes que le sol, afin qu'on puisse y élever l'eau au-dessus du niveau du terrain environnant, sans qu'elle se répande irrégulièrement de tous côtés.

Le canal de dérivation donne naissance aux rigoles principales d'irrigation (C, fig. 49). Ces rigoles doivent être, autant que possible, dirigées perpendiculairement à la pente générale du terrain, comme le montrent les fig. 49 et 50, dont la pente générale suit la ligne D, E.

Si la prise d'eau était effectuée sur un petit ruisseau, on pourrait placer l'orifice des rigoles principales sur ce ruisseau même (B, fig. 48); il suffirait d'y établir un bâtardeau immédiatement au-dessous du point où ces rigoles prennent naissance.

Les rigoles secondaires (C, fig. 50) servent à distribuer les eaux des rigoles principales sur tous les points qu'on veut arroser.

Placées au sommet des planches bombées, elles sont dirigées
suivant la pente générale du terrain et répandent l'eau sur les
deux rampants.

Les rigoles secondaires ne font pas nécessairement partie du
système d'irrigation. Lorsque le terrain présente une pente

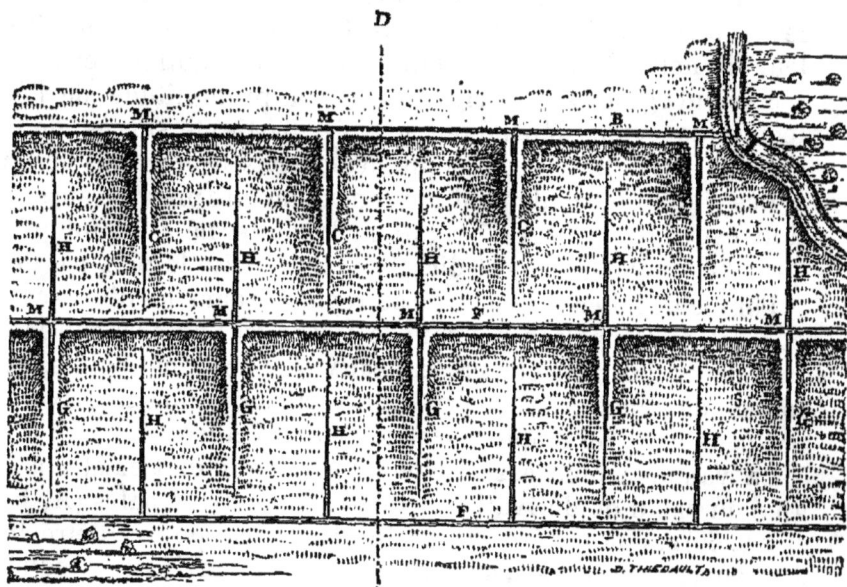

Fig. 50. *Arrosement par reprise d'eau.* (Voir la coupe verticale de ce terrain
à la fig. 48.)

uniforme et suffisante pour faciliter l'écoulement des eaux jusqu'au point le plus bas, ce sont les rigoles principales qui dé-
versent l'eau sur le sol (fig. 49).

La pente de ces canaux et rigoles doit être d'environ $0,^m002$
par mètre. Elle suffit pour que les eaux circulent assez rapidement, sans raviner le fond de ces canaux, ce qui aurait lieu si
l'inclinaison était plus considérable.

A mesure qu'ils s'éloignent de la prise d'eau, les canaux et rigoles doivent diminuer de largeur, pour que les eaux y conservent la même vitesse, quoique en diminuant de volume. La
longueur de ces canaux et rigoles ne doit guère dépasser
20 mètres; car, s'ils étaient plus longs, l'eau ne circulerait plus
avec assez de vitesse vers les extrémités, et la prompte végétation des herbes ne tarderait pas à les obstruer.

Lorsque le terrain offre, dans le sens de sa pente, une largeur au-dessus de 20 mètres, on le divise de 20 en 20 mètres

par un canal de la dimension des rigoles principales (F, fig.50).
On recueille dans chacun de ces canaux, dits de réunion, les
eaux de chaque partie supérieure, puis on les distribue de nouveau sur la partie inférieure, à l'aide de rigoles secondaires
(G). On donne à ce mode d'irrigation le nom d'*arrosement par
reprise d'eau.*

L'irrigation terminée, on enlève les eaux au moyen des rigoles d'écoulement (F, fig. 49, et H, fig. 50), on les reconduit dans
leur lit naturel, ou on les fait passer sur d'autres terrains qui
réclament également l'irrigation. De la promptitude de l'écoulement des eaux dépend en grande partie le succès de l'irrigation. C'est elle qui distingue des marais les terrains irrigués.

Les rigoles d'écoulement devront donc être presque aussi multipliées que les rigoles d'irrigation, dont elles ne diffèrent qu'en ce
que leur embouchure est dirigée vers le point le plus bas du sol.

Pour empêcher les eaux de se répandre dans les divers canaux
et rigoles d'irrigation pendant le temps où l'on suspend les arrosements, ou pour élever les eaux sur certains points, et les
forcer de pénétrer sur certaines parties où elles n'arriveraient
pas sans cela, on emploie les vannes ou écluses.

La vanne la plus essentielle est celle qui doit exister à l'origine du canal de dérivation ou des rigoles principales (A, fig.49
et fig. 50) sur la rivière. Sans elle, la prairie pourrait être inondée par les crues d'eau subites, et, si cela arrivait lorsque les
foins sont avancés et que les eaux sont chargées de limon, il en
résulterait des dommages graves pour la récolte. Des vannes
sont aussi placées à
l'embouchure des ri-
goles d'écoulement
sur la rivière (G,
fig. 49). Elles ont pour
effet d'empêcher l'eau
de pénétrer sur la
prairie lors des crues;
on les lève pendant
l'arrosement.

Sur le canal de dé-
rivation, on doit en-
core placer de petites
vannes immédiate-
ment au-dessous de

Fig. 51. *Vanne.*

la prise d'eau de chaque rigole principale (L, fig. 49), pour en
régler la distribution.

On emploie, pour ces divers usages, plusieurs sortes de vannes ; celle représentée par la fig. 51 est une des plus simples
et des moins coûteuses.

Il est encore utile de placer, en tête de chaque rigole secondaire, sur les rigoles principales, de petits barrages. On en établit aussi immédiatement au-dessous de chacun des points où
les rigoles secondaires prennent naissance sur les rigoles principales (M, fig. 50). Ces petits barrages peuvent être construits
avec des gazons. Dans le Valais, on se sert d'une *vannelette* en
tôle, fort commode, qu'on place et
transporte facilement partout où il
en est besoin (fig. 52).

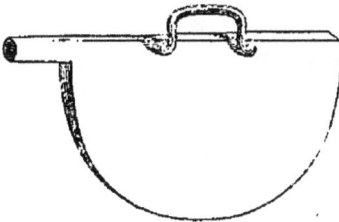

**Différents modes d'arrose-
ment.** — On peut distinguer trois
modes d'arrosement principaux :

*L'arrosage proprement dit, l'arrose-
sement par submersion, l'arrosement
par infiltration.*

Fig. 52. *Vannelette du Valais.*

Ce qui caractérise l'arrosement par irrigation, c'est que l'eau
répandue à la surface du sol, sur une couche très mince, n'y
est jamais stagnante ; elle y court avec une rapidité calculée
de telle sorte que le terrain ne soit pas raviné. Cet arrosement
a pour but unique de rendre au sol l'humidité qui lui manque.
On choisit, pour l'appliquer, le moment où les eaux sont
limpides.

Cet arrosement peut être répété à plusieurs époques de la
végétation. Il est très avantageux dans les printemps chauds et
secs. Cette première opération peut durer dix à douze jours.
Aussitôt que le sol est bien ressuyé, on donne une nouvelle
irrigation qui dure trois jours, puis une troisième de deux jours,
enfin la dernière d'un jour. Après chaque coupe, si le temps
est sec, on pratique un nouvel arrosement qui dure deux ou
trois jours.

L'arrosement par irrigation ne peut donner de résultats avantageux qu'à la condition qu'on répandra sur les prairies arrosées une quantité d'engrais plus considérable que celle qui serait
nécessaire pour des prairies non irriguées. L'irrigation est, en
effet, nécessairement épuisante pour le sol ; et cela de deux
manières différentes : d'abord, elle provoque une production
de matière végétale infiniment plus considérable que celle qui
aurait lieu sans son influence : en second lieu, l'eau délaye le
sol et le dépouille d'une partie de son humus.

Ce n'est donc pas seulement en fournissant aux plantes l'humidité dont elles ont besoin que l'eau des irrigations détermine une plus grande production ; c'est surtout en dissolvant les engrais et en transmettant aux racines des plantes les parties solubles disséminées dans le sol. Tout bon résultat exige donc le concours simultané de l'eau, des engrais, de la chaleur et de la lumière.

Pour répandre l'engrais, deux modes seront à employer, suivant l'origine de l'eau des arrosements. Lorsque cette eau proviendra d'un cours d'eau, d'une rivière, on répandra des engrais sur le sol vers la fin de l'hiver. On pourra cependant se dispenser de cette opération lorsque le cours d'eau, traversant un centre de population, s'y chargera suffisamment de débris organiques. Mais ce cas est extrêmement rare et tout à fait exceptionnel.

Lorsque les eaux d'arrosement proviennent d'un réservoir, on y répand des engrais très solubles qui, se mêlant à l'eau, y sont avec elle également répartis sur le sol.

L'arrosement par submersion consiste à couvrir le terrain, sur toute son étendue, d'une couche d'eau plus ou moins stagnante et d'une certaine épaisseur. Le système des canaux et des rigoles dons nous avons parlé n'est pas nécessaire ici. Il suffit que le terrain n'offre pas de bas-fonds où l'eau pourrait croupir, et que l'ensemble de la surface soit à peu près horizontal, afin que l'on puisse inonder à la fois tous les points. La prairie doit, en outre, être entourée de petites digues au moins sur trois côtés, pour que l'eau puisse y être retenue.

Cette irrigation n'est employée que pour l'amélioration du sol. On choisit le moment où l'eau de la rivière est le plus chargée de limon, de matières organiques, de toutes les substances fertilisantes qu'elle entraîne en ravinant les terres supérieures, afin que ces matières se déposent à la surface de la prairie et concourent à son amélioration.

Aussitôt que l'eau commence à s'éclaircir ou à se putréfier, ce qui se reconnaît à une légère écume blanche qui monte à la surface, on la fait écouler le plus promptement et surtout le plus complètement possible. Ce mode d'irrigation, auquel on a donné le nom spécial de *colmatage*, a une très grande importance pour élever progressivement le niveau naturel du sol et transformer des marais ou des terrains composés seulement de cailloux roulés en excellentes prairies. Les rives de la Moselle, du Rhône et de plusieurs grandes rivières présentent de nombreux exemples de cette utile opération.

L'époque la plus favorable pour ces alluvions est de l'automne au printemps; il y aura't inconvénient à inonder les prés lorsque les herbes ont déjà acquis un certain développement.

L'arrosement par infiltration consiste à ne pas laisser l'eau s'élever, dans les rigoles d'arrosement, au-dessus de leurs bords, de telle façon qu'elle n'agisse sur le sol que par infiltration latérale. Cet arrosement, secondé par une haute température, donne d'excellents résultats, surtout dans les terrains légers, brûlants, très perméables à l'eau, et particulièrement dans les marais nouvellement desséchés, où le sol est spongieux et demande une grande quantité d'eau pour suffire à la végétation.

Cette opération exige une conformation du sol à peu près horizontale, afin que les rigoles d'arrosement puissent porter l'eau sur tous les points. La distribution des rigoles ne diffère de celles employées pour l'arrosement par irrigation proprement dit que parce que les rigoles d'écoulement sont inutiles; les rigoles d'arrosement, principales et secondaires, sont plus profondes; elles sont aussi larges à leur embouchure qu'à leur extrémité; elles sont aussi plus multipliées.

Ce qui s'oppose quelquefois à l'emploi de cet arrosement, c'est que, pour le pratiquer convenablement, il faut avoir un grand volume d'eau à sa disposition; car, l'eau devant être maintenue à la même hauteur, dans les rigoles, souvent pendant plusieurs semaines, il s'en fait une grande déperdition, tant par l'absorption du sol que par l'évaporation.

La hauteur de l'eau dans les rigoles d'arrosement doit rester à $0^m,16$ environ au-dessous du niveau du terrain à arroser. Cette sorte d'irrigation exige aussi que le sol reçoive une plus grande quantité d'engrais que s'il n'était pas arrosé.

OPÉRATIONS POUR AMEUBLIR ET AÉRER LE SOL.

L'ameublissement du sol augmente sa fertilité en facilitant l'allongement des racines; il permet aussi à l'air atmosphérique de pénétrer dans la couche cultivée, d'y stimuler l'action absorbante des racines et de hâter la décomposition des engrais.

Les opérations à l'aide desquelles on pratique l'ameublissement du sol sont les *labours*, les *hersages*, les *roulages* et les *binages*.

DES LABOURS EN GÉNÉRAL.

A l'action fondamentale des labours, qui est l'ameublissement du sol, s'en joignent d'autres d'un ordre secondaire : tels sont la destruction des plantes nuisibles; la possibilité de mélanger avec la surface une partie du sous-sol, lorsque celui-ci peut contribuer à améliorer le sol arable ; l'enfouissement des engrais et des amendements.

L'effet des labours n'est pas seulement de déplacer latéralement la terre de manière à en désunir les particules, et à lui permettre d'absorber l'air et les gaz fertilisants ; c'est encore de la remuer de telle sorte que les parties qui étaient placées au fond de la couche labourée soient ramenées à la surface, et celles de la surface replacées au fond. La couche superficielle, toujours plus fertile en raison de son exposition à l'air et de la décomposition, à sa surface, des matières organiques, se trouve ainsi mise en contact avec les racines des plantes, et la couche inférieure, privée depuis quelque temps du contact de l'air, vient réparer les pertes qu'elle a éprouvées sous l'action absorbante des racines.

Les instruments employés pour effectuer les labours ne remplissent pas tous également bien les conditions que nous venons d'indiquer ; nous allons examiner le travail exécuté par chacun d'eux, ainsi que les circonstances où il devient utile de préférer l'un à l'autre.

Les labours sont pratiqués à l'aide de la *bêche*, de la *fourche*, de la *houe*, de la *charrue*. On tente, il est vrai, depuis quelques années, de remplacer la charrue proprement dite par des machines armées de pioches agissant alternativement. Telles sont les *piocheuses* et les *défonceuses* de MM. Barrat, Guibal de Castre, et Usher, d'Édimbourg. Mais ces machines sont encore trop imparfaites, et elles ne pourront réellement rendre les services qu'on en attend que lorsqu'on pourra labourer à la vapeur. Or nos expositions agricoles de ces dernières années n'ont rien montré qui puisse faire supposer que ce problème soit bientôt résolu. Nous n'avons donc pas, quant à présent, à nous occuper de ces machines.

Labour à la bêche. — La bêche se compose d'un fer à peu près rectangulaire, tranchant par sa partie inférieure, fixé à un manche en bois dont la longueur varie suivant la taille des ouvriers, mais qui ne doit pas dépasser l'aisselle du bras. M. de Gasparin pense que le *ligo* des anciens était un instrument semblable au *liget* de nos provinces méridionales, dont on a fait par corruption *lichet*, *luchet*, *louchet*. Le mot *bêche*, consacré par l'usage des populations et des écrivains du Nord de la France, est plus moderne, mais il a prévalu.

La forme de la bêche n'est pas la même dans toutes les localités et pour tous les usages. Celles que nous indiquons fig. 53 peuvent suffire dans le plus grand nombre de cas.

I.   11

De tous les moyens employés pour ameublir le sol, le labour à la bêche est celui qui remplit le plus parfaitement les conditions que nous venons d'exposer; mais aussi c'est le plus coûteux et le plus lent. Alors même qu'un bénéfice net plus considérable inviterait à y avoir recours, et que le cultivateur

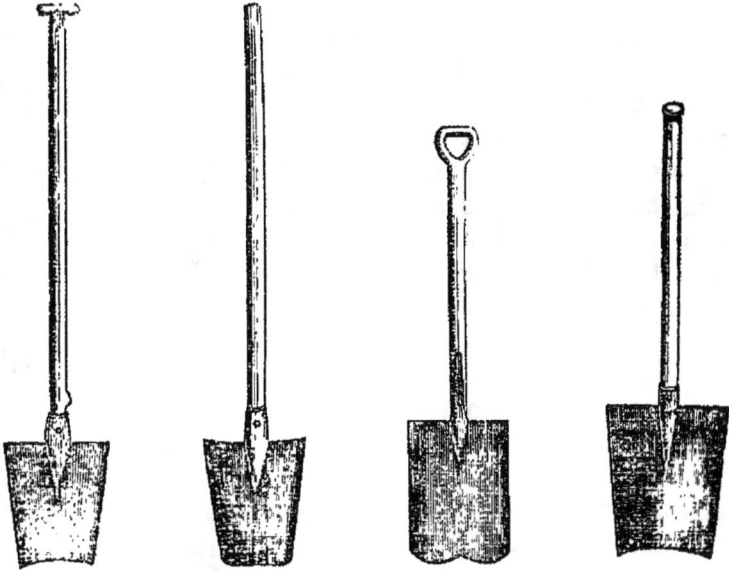

Fig. 53. *Principales sortes de bêches.*

pourrait suffire aux avances qu'une telle opération nécessite, la population ne fournirait pas assez de bras pour l'effectuer sur de grandes étendues. C'est ce qui fait que ce labour n'est guère employé que pour la culture des jardins, ou pour la moyenne culture, dans les localités où le prix de la main-d'œuvre est peu élevé.

Voici, au surplus, en quoi consiste le labour à la bêche. On ouvre sur l'un des côtés du terrain à labourer une tranchée ou

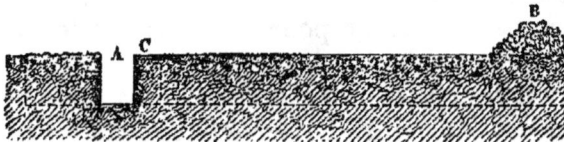

Fig. 54. *Labour à la bêche.*

jauge transversale (A, fig. 54), dont la profondeur règle celle de tout le labour. La terre que l'on extrait de la jauge est portée en B, à l'extrémité opposée de la pièce de terre, et sert à remplir la tranchée qui terminera le terrain labouré. Ceci fait, l'ouvrier coupe avec le fer de la bêche des tranches de terre (C qu'il jette en face de lui dans la jauge, de telle façon que la partie superficielle de chaque tranche de terre soit placée au fond de la tranchée, et que la partie du fond soit ramenée à la surface. Tout en labourant, l'ouvrier doit briser les mottes et donner à la surface du terrain une direction horizontale. Enfin il extrait les racines des plantes traçantes.

Labour à la fourche. — La fourche (fig. 55) est composée d'un fer divisé en trois pointes ou dents égales, fixées à l'extrémité d'un manche semblable à celui de la bêche. L'espèce de fourche la plus convenable pour labourer est celle à dents plates dont nous donnons la figure (55).

Dans la Limagne d'Auvergne le labour est très fréquemment exécuté à la fourche. Mais celle-ci ne présente que deux dents plates, ainsi que le montre la figure 56, A et B. Elles ont $0^m,03$ de largeur et 0^m33, de longueur.

Le travail de cet instrument est presque aussi parfait que celui de la bêche et s'exécute de la même manière. On préfère la fourche à la bêche pour labourer les terrains compacts qui ont acquis trop de dureté.

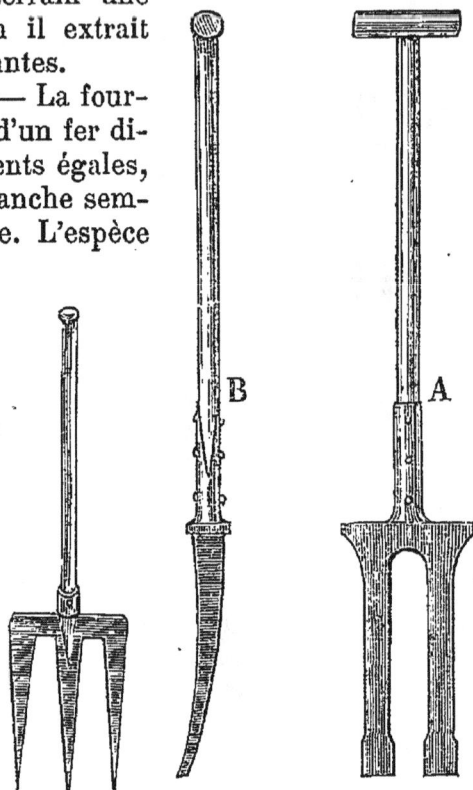

Fig. 55. *Fourche à dents plates.*

Fig. 56, *Bident d'Auvergne ou bêches à barboules.*

Labour à la houe. — Le manche de la houe présente 1 mètre au plus de longueur. Le fer change de forme suivant les besoins, et reçoit des noms différents.

Pour les terres cailouteuses et dures, on emploie le *pic* (fig. 57), qui n'agit que par sa pointe. Sur les terres compactes, durcies par la sécheresse, mais non pierreuses, on emploie la *pioche*, qui, au lieu d'une pointe, présente un fer déjà un peu

élargi (fig. 58). Pour le cas où la terre est alternativement pierreuse et dure, on a un outil à double fin, qu'on appelle la *tour-*

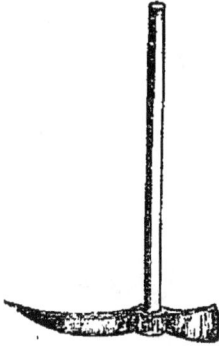

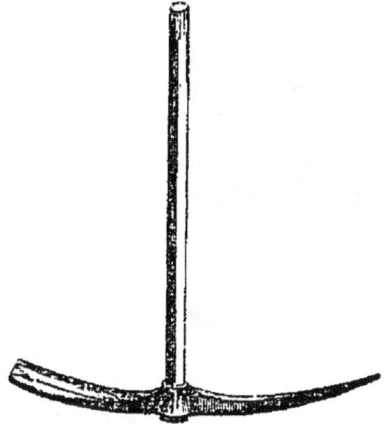

Fig. 57. *Pic.*   Fig. 58. *Pioche.*   Fig. 59. *Tournée.*

née (fig. 59). Pour les terres de médiocre ténacité, on se sert
d'un fer plus ou moins élargi : c'est la *houe* proprement dite
(fig. 60).

Le labour à la houe ne diffère presque pas du bêchage,
mais il s'exécute d'une autre
manière. Après avoir ouvert
une tranchée. parallèle à la
pente du terrain, l'ouvrier,
tourné en face du terrain à
labourer, enfonce l'instrument dans le sol, tire à lui la
terre dans la tranchée, avance
continuellement sur la partie
du sol qu'il vient de labourer, et va par conséquent en
avant, tandis que pour la bêche c'est le contraire.

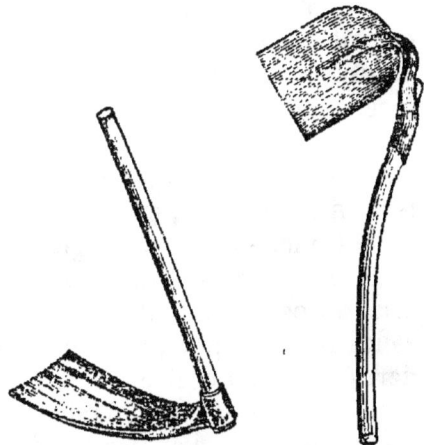

Fig. 60. *Principales sortes de houes.*

Le travail de la houe n'a pas la même perfection que celui de
la bêche ou de la fourche. La terre n'est pas retournée, elle
n'est que déplacée. Il entraîne, d'ailleurs, comme le bêchage,
une grande lenteur, et, par conséquent, un prix de revient
très élevé. Aussi n'est-il pas non plus employé dans la grande
culture.

Il est cependant quelques cas où la houe devient une nécessité : 1° pour pratiquer les labours ordinaires dans les terrains
graveleux et trop en pente pour que la charrue y puisse fonctionner ; 2° pour effectuer le labour de défoncement, lors de la
mise en culture d'un terrain trop caillouteux ou présentant
assez de racines d'arbres pour gêner l'action de la charrue.

Ce dernier travail est pratiqué de la manière suivante : on
ouvre, à l'extrémité du terrain, une tranchée transversale
(B, fig. 61) dont la profondeur règle celle du défoncement en-

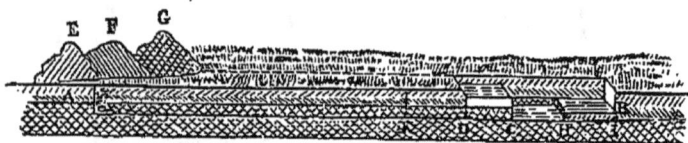

Fig. 61. *Labour de défoncement à la houe.*

tier. La longueur de cette tranchée est calculée sur le nombre
d'ouvriers qu'on emploie à cette opération, chacun d'eux em-
brassant un espace de 2^m environ. Cette tranchée devra présenter une largeur de 2^m, soit de I en C, afin que les ouvriers
ne soient pas gênés dans leurs mouvements. La terre qu'on en
extrait est portée à l'extrémité opposée du terrain, en E, F, G,
où elle est séparée en trois tas distincts : la couche de la surface, celle placée au-dessous, et celle du fond. Ces terres sont
destinées à remplir la tranchée qui terminera le travail. Ceci
fait, les ouvriers, placés dans la tranchée et tournés en face du
terrain à défoncer, entament avec le pic ou la tournée une nouvelle tranche de terre large seulement d'un mètre, c'est-à-dire
de C en D. Ils prennent d'abord le tiers seulement de l'épaisseur de cette nouvelle tranche, et extraient à mesure les pierres
et les racines ; puis, avec une pelle en fer, ils rangent la terre
derrière eux, de H en B, de manière qu'elle n'occupe que la
moitié de la largeur de la tranchée. Ils prennent ensuite le
second tiers de l'épaisseur de la tranche, puis le troisième en
opérant de la même manière. Cette première tranche ainsi déplacée, ils en attaquent une seconde de même étendue, de D
en K, et ainsi de suite jusqu'à l'extrémité du terrain.

Il résulte de ce mode d'opérer qu'on obtient un travail aussi
parfait qu'avec la bêche, c'est-à-dire que la terre se trouve retournée ; celle du fond est ramenée à la surface, et celle de la
surface est placée au fond.

Labour à la charrue. — Le labour à la charrue, moins parfait que les trois précédents, est beaucoup plus économique et surtout beaucoup plus prompt : aussi est-il presque exclusivement employé dans la grande culture. Cette opération présente une telle importance, que nous devons entrer dans les développements nécessaires pour la faire bien apprécier. Nous allons d'abord examiner l'instrument propre à effectuer ce travail, puis nous étudierons les conditions d'un bon labour, indiquant l'espèce de charrue qui convient le mieux à chaque sorte de labour.

La charrue agit sur le sol en séparant et en détachant une bande de terre parallèle à la superficie, en la tranchant à la fois verticalement et horizontalement. Elle doit prendre cette bande de terre à sa gauche, et, en la retournant sur son propre axe, la renverser à sa droite de manière qu'elle soit, autant que possible, à la portée de l'action de la herse qui doit la briser et la pulvériser entièrement (fig. 62). Ce triple effet de trancher la

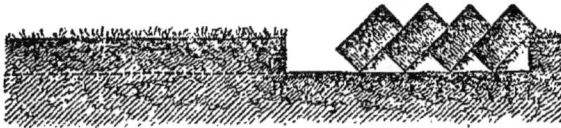

Fig. 62. *Tranches de terre renversées par la charrue.*

terre dans les deux sens, et de renverser cette tranche, s'obtient simultanément au moyen du *coutre*, du *soc* et du *versoir*. Ces trois organes doivent être considérés comme les parties constitutives de la charrue. Examinons-les donc, ainsi que celles qui ne sont qu'accessoires, et cherchons à reconnaître la forme et la disposition qu'il convient de leur donner pour en obtenir le plus facile et le plus complet effet.

Disons d'abord que les diverses sortes de charrues doivent être partagées en trois séries: les *charrues simples* ou *araires*, les *charrues composées* ou *à avant-train*, les *charrues polysocs* .

Des charrues simples ou araires. — L'araire des anciens s'éloignait peu de celui qui est encore en usage dans quelques parties du midi de la France, de l'Italie et en Afrique. Ainsi l'araire de Provence (fig. 63) se compose seulement d'un soc pointu (*b*) avec deux oreilles en bois, en forme de coin (*p*). Cet instrument ne coupe pas les bandes de terre verticalement, mais seulement horizontalement; le soc agit comme un coin, et ces bandes sont soulevées et détachées latéralement. D'un autre côté, elles ne sont ni tournées sur leur propre axe, ni renversées latéralement; elles sont seulement poussées sur les côtés par l'action des deux oreilles.

Depuis plusieurs siècles, on a reconnu l'imperfection de ce travail, et l'on s'est efforcé d'améliorer progressivement cet

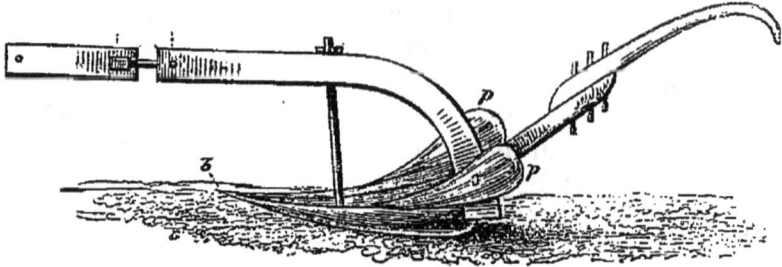

Fig. 63. *Araire de Provence.*

instrument. Il en est résulté des araires dont la construction est telle, que les trois conditions principales indiquées plus haut sont complètement remplies. C'est de ces araires que nous allons nous occuper.

Les diverses parties qui composent la charrue simple ou araire sont au nombre de sept : le *coutre*, le *soc*, le *sep*, le *versoir* ou *oreille*, l'*age* ou *flèche* ou *haie*, les *manches*, le *régulateur*. Pour reconnaître ces divers organes, prenons comme exemple l'araire perfectionnée par Mathieu de Dombasle.

Le *coutre* (*g*, fig. 64) est une sorte de couteau adapté en avant

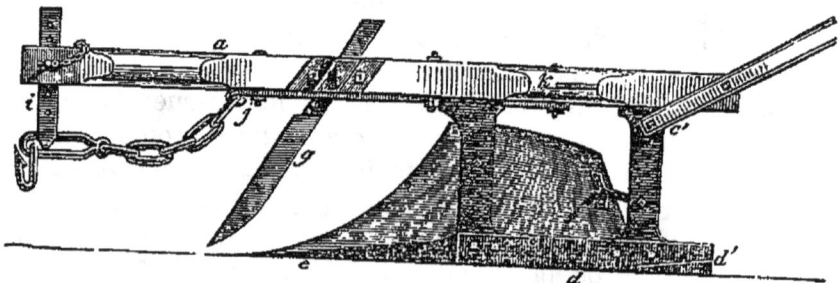

Fig. 64. *Côté gauche de l'araire de Dombasle.*

du soc, à l'age de la charrue, pour fendre la terre et couper les racines. Cette partie est destinée à couper verticalement la tranche de terre qui doit être renversée après avoir été détachée horizontalement par le soc; il ouvre le passage à l'organe de la charrue qui le suit et qui est aligné directement avec lui.

Le trou dans lequel la poignée du coutre est arrêtée est placé tantôt sur le côté de l'age où il est fixé à l'aide d'une vis de pression (*g*, fig. 64), tantôt au milieu de cette pièce. Dans ce dernier cas, il ne peut pas s'aligner directement avec le côté gauche de la charrue; il se trouve placé trop à droite et ne fraye pas aussi bien qu'il le devrait le chemin que doit suivre le corps de la charrue. Pour éviter cet inconvénient, les coutres fixés au milieu de l'épaisseur de l'age sont coudés autant qu'il le faut pour que leur lame se trouve assez rapprochée du côté gauche (fig. 65).

On donne au coutre des formes très variées. Quelquefois on le fait droit (*g*, fig. 64), souvent on lui donne la forme d'une fauciile (fig. 66), ou même on le courbe dans le sens opposé en lui donnant une sorte de ventre (fig. 67). Ces deux dernières formes sont mauvaises pour faciliter son entrée dans le sol, car la ligne courbe étant plus longue que la ligne droite, elle offre une résistance plus considérable. La facilité qu'on cherche à donner à l'action du coutre en le courbant est atteinte bien plus facilement lorsqu'on l'incline en avançant sa pointe (*g*, fig. 64);

Fig. 65.
Coutre coudé.

Fig. 66.
Coutre en faucille.

Fig. 67.
Coutre à lame courbe.

car il est reconnu qu'un coutre tranche mieux lorsqu'il agit en biais, quoique toujours dans la ligne de son mouvement.

Le *soc* (*e*, fig. 68, 69 et 70) est l'âme de la charrue; c'est pour cet organe que toutes les autres parties de l'instrument sont faites et disposées. Le soc sépare horizontalement la tranche de terre que le coutre a déjà coupée verticalement. Dans les charrues bien construites, le soc doit déjà commencer à soulever la tranche et la conduire au versoir sur une surface oblique, mais non interrompue (*e*, fig. 69). Tout soc est composé de deux parties : l'*aile* et la *douille* ou *souche*.

L'*aile* (A, fig. 68) est la partie par laquelle le soc tranche la terre. La forme de l'aile varie un peu; la plus convenable est celle qui se rapproche d'un triangle rectangle. Du côté gauche de la charrue, elle est alignée avec le coutre et le corps de l'instrument. Elle n'est pas tranchante de ce côté, mais le coutre, fixé vis-à-vis de la pointe, lui ouvre le passage. L'autre côté de l'aile, celui qui est en biais, est acéré et tranchant. Il s'éloigne du côté gauche par un angle d'environ 45°.

La partie postérieure de l'aile doit être égale à la largeur de la tranche de terre qu'on veut renverser. S'il en était autrement, le

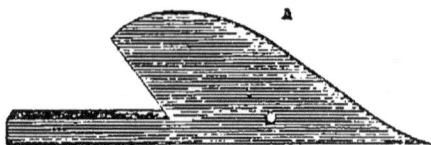

Fig. 68. *Soc.*

versoir, dont l'action succède à celle du soc, rencontrerait une résistance trop considérable.

La *douille* ou *souche* (B, fig. 68) sert à fixer le soc au corps de la charrue. Sa forme et la manière de l'attacher sont très variées.

Un soc bien fermé, non seulement sépare horizontalement la tranche de terre du sol, mais il doit encore la soulever. Il faut qu'il forme avec le versoir une surface unie qui s'élève obliquement sur le côté. L'aile du soc est elle-même convexe et s'élève en se rapprochant du côté gauche. Il faut que la douille n'interrompe pas cette élévation, mais au contraire qu'elle la continue, en servant à la jonction du soc avec le versoir, de manière que nulle irrégularité ne rompe l'uniformité qui doit exister depuis la pointe du soc jusqu'à la partie postérieure du versoir. Le fer du soc doit être de bonne qualité, afin de résister aux efforts qu'il fait pour ouvrir la terre; sa pointe ainsi que ses ailes exigent un très bon acier.

Le *sep* (d, fig. 69), souvent en bois, sert à assujettir ensemble les diverses pièces dans leur partie inférieure. Il glisse au fond du sillon en appuyant à sa gauche contre la terre non remuée. Il fixe la partie inférieure des deux pièces cc' auxquelles on donne le nom d'*étançons*. Il reçoit aussi, à sa partie antérieure, la souche ou douille du soc (e, fig. 64 et 79). Le sep doit avoir deux côtés très unis, celui de dessous et celui de gauche, lesquels se réunissent en formant un angle droit. On donne le nom de *talon* à la partie postérieure du sep (d', fig. 64).

Lorsque le sep est en bois, il doit être garni de bandes de fer sur la face inférieure et sur la face gauche. Les frottements sont ainsi moins considérables et l'usure moins prompte. Ces deux faces ne doivent pas être tout à fait plates, mais bien un peu concaves, afin de donner plus d'assiette à la charrue.

Le *versoir* ou *oreille* (f, fig. 69 et 70) est cette partie qui caractérise la charrue proprement dite et qui la distingue des

autres instruments destinés à cultiver la terre. Cet organe ne
se place le plus souvent que d'un seul côté de la charrue, à
droite. Primitivement, l'oreille de la charrue se composait
d'une planche droite (*f*, fig. 69), s'écartant obliquement de la

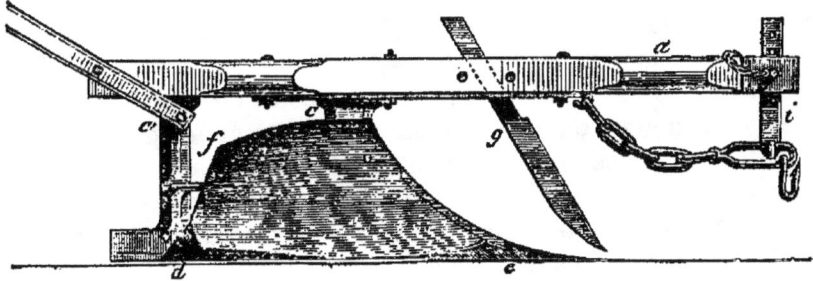

Fig. 69. *Côté droit de l'araire de Dombasle.*

partie postérieure de la charrue, et poussant la terre sur le
côté, mais sans la retourner. Dans les charrues perfectionnées,
on a amélioré l'oreille en la contournant (*f*, fig. 70) de telle

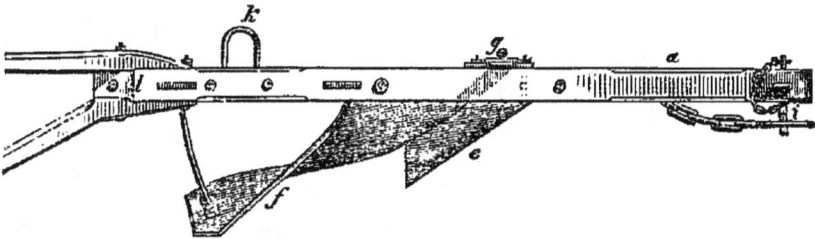

Fig. 70. *Plan de l'araire de Dombasle.*

sorte que l'instrument, débarrassé plus tôt du poids de la
terre, est singulièrement allégé dans sa marche. D'un autre
côté, au moyen de cette courbure, la tranche de terre, en passant sur le soc et le versoir, est élevée et tournée sur son axe
propre, de sorte que, le mouvement étant déjà fait à moitié,
la tranche, qui touche à peine la charrue, est entraînée du
côté opposé par son propre poids, et n'a plus besoin que d'une
légère action de la pointe postérieure du versoir pour être renversée complètement. Le versoir est maintenu à l'aide de deux
arcs-boutants, l'un fixé sur l'étançon postérieur, l'autre sur
l'étançon antérieur.

Quand les versoirs sont en bois, ils doivent être recouverts
d'une plaque de tôle qui diminue les frottements de la rapidité

de l'usure. Les versoirs en fonte sont d'un meilleur usage, et surtout beaucoup plus durables.

L'*age*, appelé aussi *flèche*, *haie* ou *perche* (a, fig. 64, 69 et 20), est l'intermédiaire par lequel le corps de la charrue reçoit le mouvement de progression qui le fait avancer dans le sol ; l'age remplace la ligne de trait qu'il est impossible d'attacher au corps de charrue lui-même.

L'age est assujetti à la partie postérieure et antérieure à l'aide des deux étançons. L'union de ces parties doit se faire de manière que, les traits étant attachés à la place convenable, la charrue marche horizontalement [en terre, à la profondeur où elle a été introduite en commençant le travail. Si l'age est trop relevé sur le devant, le soc a trop de disposition à entrer en terre, et l'on dit alors que la charrue *marche sur la pointe* ; si, au contraire, l'age est trop bas, le soc a de la tendance à sortir de terre.

La longueur de l'age varie beaucoup. Plus il est long, plus la charrue a une marche régulière, parce que la plus petite déviation du soc en opère une grande à l'extrémité de l'age. Mais aussi cette augmentation de longueur diminue la force de l'age ; on doit donc augmenter son épaisseur à mesure que l'on augmente sa longueur.

Les *manches* (c', fig. 64, 69 et 70) sont ces pièces à l'aide desquelles le laboureur introduit sa charrue dans le sol et en corrige les déviations. Les manches ne doivent pas servir à diriger la charrue, puisque, si elle est bien faite, elle doit suivre d'elle-même la marche qui lui est tracée ; mais, lorsqu'elle rencontre un obstacle extraordinaire et éprouve, sur l'une ou l'autre de ses parties, une pression qui la fait dévier de sa ligne, c'est l'affaire du laboureur de lui rendre immédiatement sa position. Il ne doit jamais abandonner les manches, mais ne doit pas non plus y employer aucune force ni opérer aucune pression inutiles. La longueur des manches varie selon la force de la charrue et la hauteur de son conducteur. Elle est ordinairement de 1^m,24. L'écartement des branches est de 0^m,50 à 0^m,60 à leur extrémité.

Le *régulateur* (i, fig. 64, 69 et 70) est destiné à faire varier, suivant les besoins, le degré de profondeur du labour et la largeur des tranches de terre. Ce double résultat est atteint à l'aide de deux parties différentes du régulateur. Pour régler la profondeur du labour, il suffit d'élever ou d'abaisser le point où les traits sont attachés à l'extrémité de l'age. Dans l'araire perfectionnée de Dombasle, on produit cet effet au moyen d'une

branche verticale (*m*, fig. 71 et 72) qui glisse dans une mortaise
à l'extrémité antérieure de l'age. Cette branche verticale, qui
supporte les traits à sa partie inférieure, peut être élevée ou

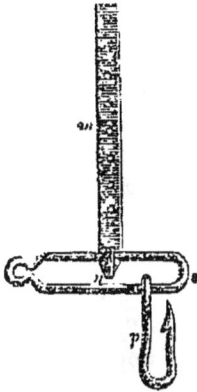

Fig. 71. *Détail du ré-
gulateur de l'araire
de Dombasle.*

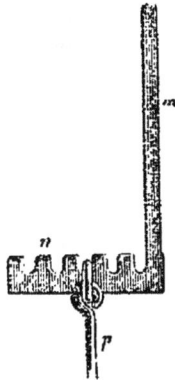

Fig. 72. *Détail du régu-
lateur de l'araire de
Dombasle.*

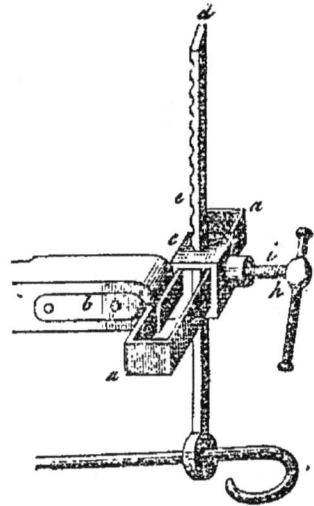

Fig. 73. *Détail du régulateur
perfectionné de l'araire de
Dombasle.*

abaissée à volonté. On la maintient dans une position fixe au
moyen d'un boulon qu'on passe dans l'un des trous dont elle
est munie. On conçoit qu'en abaissant le point d'attache des
traits on diminuera la profondeur du labour, puisqu'on donnera à la pointe du soc une tendance à sortir de terre; au contraire, en élevant davantage ce point d'attache, on exercera
une sorte de pression sur la pointe du soc et on la forcera à
piquer davantage.

Quant à la largeur de la tranche de terre, on l'augmente ou
on la diminue, en portant le point d'attache des traits plus à
droite ou plus à gauche de la charrue. Le même régulateur de
Dombasle donne très facilement ce résultat. Ainsi, à la base
de la tige verticale du régulateur se trouve une tige horizontale
disposée en crémaillère (*n*, fig. 71 et 72). Un anneau allongé
(*o*, fig. 71) de la chaîne *p* qui sert de trait s'engage dans les
dents de cette crémaillère et s'y maintient de lui-même. On
comprend qu'en reportant cet anneau à la dernière dent à
droite de la crémaillère, on forcera le soc à appuyer plus fortement contre la terre non remuée, et à s'y engager davantage.

Au contraire, en plaçant cet anneau à la dernière dent à gauche, la pointe du soc s'éloignera de ce même côté et prendra une tranche de terre très étroite.

Plus tard, Mathieu de Dombasle a perfectionné ce régulateur, en lui faisant subir les modifications suivantes.

La chaîne de traction, remplacée par une tige en fer (e, fig. 73), passe dans un anneau placé à la base d'une autre tige verticale (d), fixée elle-même à l'extrémité de l'age et traversant une sorte de boîte de même métal. Cette dernière tige en s'élevant ou s'abaissant à volonté, diminue ou augmente la profondeur du labour. D'un autre côté, la boîte en fer étant mobile, de droite à gauche, sur une sorte de petit châssis, elle entraîne dans sa course la tige qui la traverse ; elle porte ainsi à droite ou à gauche le point d'attache des traits, et fait varier la largeur de la tranche de terre.

Nous devons présenter ici une observation relative à la partie du régulateur destinée à faire varier la largeur du sillon. Afin que le procédé indiqué ne présente pas d'inconvénients, il est indispensable de faire varier aussi la largeur du soc et de proportionner l'évasement du versoir à cette largeur. En effet, si le soc et le versoir sont construits pour détacher et renverser une bande de terre d'une largeur déterminée et que l'on vienne à augmenter cette largeur au moyen du régulateur, il arrivera que, d'une part, les sillons étant plus larges que le soc, le versoir agit comme un coin sur la terre non détachée, et, de l'autre, l'évasement du versoir n'étant pas assez considérable, les tranches de terre seront mal renversées. Il résultera de ces deux causes un travail défectueux et des frottements qui augmenteront le tirage. Nous appelons l'attention des praticiens sur cette condition importante.

Pour terminer ce qui a trait au mode de construction des araires, disons un mot du point où la puissance de traction doit être le plus convenablement placée. On a reconnu que le centre de résistance qu'éprouve la charrue dans son action est à la face supérieure du soc, vers sa partie antérieure en c (fig. 74), et que cette résistance suit une ligne droite (d, e) parallèle au fond du sillon. La force de traction devrait donc agir dans une direction parallèle à la ligne de résistance, c'est-à-dire de c en e ; mais, comme par sa taille l'animal que l'on emploie au labour ne peut exercer qu'un tirage plus ou moins oblique, la ligne de tirage, au lieu d'agir parallèlement au sol, en suivant la direction c, e, forme un angle plus ou moins aigu avec l'horizon en suivant la direction c, a. Il résulte de cette obliquité

une décomposition de la force motrice, laquelle subit une
perte proportionnelle à l'ouverture de l'angle que forme la
ligne de tirage avec l'horizon. Ce qu'il y a surtout de fâcheux
dans cette décomposition de la force motrice, c'est qu'une

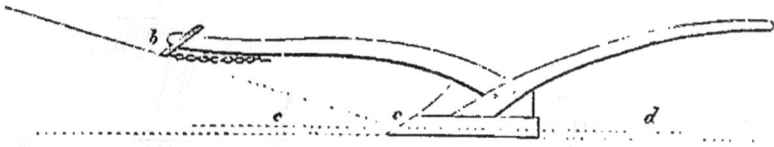

Fig. 74. *Point où la puissance de traction doit être fixée sur la charrue.*

quantité s'en trouve employée à soulever la partie antérieure
de l'instrument, de sorte que l'animal supporte sur les épaules
ou sur la nuque un poids égal au quart de la force nécessaire
au tirage, en même temps qu'il doit se porter en avant : le moteur devient ainsi tout à la fois bête de trait et bête de somme.

Ainsi qu'on le voit, le point où l'on a fixé la force de traction
sur la charrue présente un grave inconvénient; mais cela était
inévitable en raison de la nature même du moteur employé.
Ce qu'il importe, c'est de faire que le point de l'age où les
traits sont fixés rencontre en *b* (fig. 74) la ligne de tirage *c*, *a*,
de telle sorte que la charrue puisse être maintenue dans le sol
à une profondeur convenable. Fixé plus haut, comme en *a*
(fig. 75), il formerait un nouvel angle avec l'épaule ou la nu-

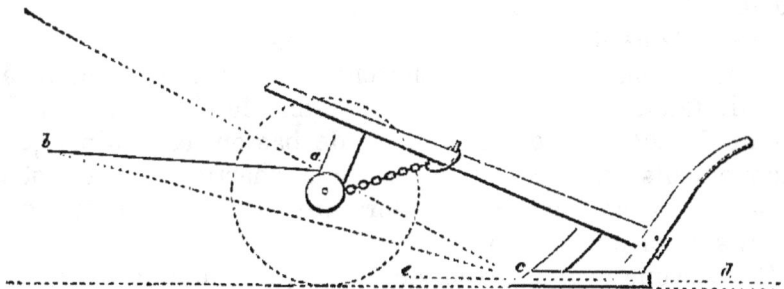

Fig. 75. *Point où la puissance de traction doit être fixée sur la charrue.*

que du moteur en *b* et le point de résistance en *c* , et la ligne
de traction, tendant à se réunir à la ligne *c*, *b*, déterminerait
une pression sur le devant de la charrue, qui piquerait alors
trop profondément. Si, au contraire, les traits étaient attachés
trop bas, ils soulèveraient la partie antérieure de la charrue et
l'empêcheraient de rester engagée dans le sol.

Pour porter les araires aux champs, on se sert d'une sorte de traîneau composé de deux pièces de bois principales (A, fig. 76), arrondies à leur extrémité antérieure et sur lesquelles glisse le traîneau. Elles sont réunies au moyen de trois traverses. La face supérieure reçoit, en outre, deux pièces verticales (B et C), à l'aide desquelles on fixe l'instrument en engageant le sommet de la pièce B dans une sorte

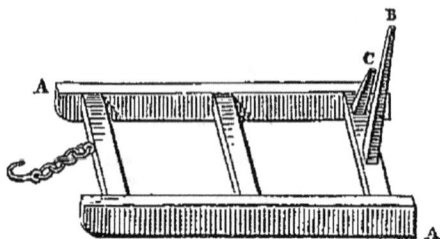

Fig. 76. *Traîneau pour conduire les araires aux champs.*

d'œillet placé au côté gauche de la charrue (k, fig. 70).

Des charrues composées ou à avant-train. — Nous venons de voir qu'il résulte du point où la force de traction est placée sur la charrue, que celle-ci, quelque bien montée qu'elle soit, a une tendance naturelle à sortir de terre. C'est le laboureur qui remédie à cet inconvénient, en soulevant légèrement les manches pour maintenir la pointe du soc dans une position horizontale. D'un autre côté, les pierres, les racines, la ténacité variable du sol, lui font éprouver à chaque instant des pressions plus ou moins considérables qui la font dévier de la direction à suivre ; c'est encore le laboureur qui doit la maintenir de manière qu'elle résiste à ces divers efforts ; une partie notable de sa force est donc nécessaire pour faire fonctionner convenablement les charrues simples ou araires.

Depuis longtemps on a cherché à soustraire l'homme à ce travail fatigant, en rendant impossible le dérangement de la pointe du soc de haut en bas, ou de bas en haut, ainsi que les mouvements latéraux du corps de la charrue ; on y est parvenu en fixant l'extrémité antérieure de l'age sur un *avant-train* supporté par des roues.

Choisissons comme exemple celui qu'a imaginé M. de Dombasle pour être ajouté à son araire.

Les figures 77, 78 et 79 représentent cet avant-train vu de côté, de face et à vol d'oiseau. Voici la légende de ces trois figures :

a. Age de l'araire de Dombasle. (Voir la fig. 64.)

j. Crochet fixé à l'extrémité d'une bande de fer qui garnit la face inférieure de l'age. A ce crochet s'adapte la chaîne *k*, liant l'avant-train à la charrue, et sur laquelle se fait le tirage.

l. Goujon faisant partie de l'avant-train.

m, m. Pitons placés sur l'age. Dans ces pitons s'emmanche le goujon *l*, qui y glisse et tourne librement.

n. Boîte à coulisse glissant sur la traverse *n'*, et s'y fixant au moyen d'une vis de

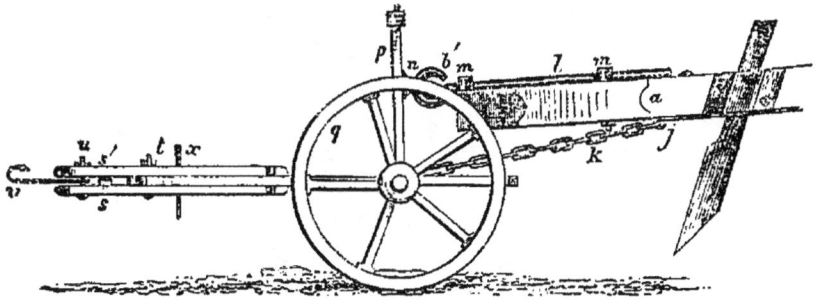

Fig. 77. *Avant-train de la charrue de Dombasle, vu de profil.*

pression *a'*. Cette boîte à coulisse est liée au goujon *l* de manière à former avec ce dernier un genou *b'* pouvant se ployer dans tous les sens, ce qui permet de faire subir aisément à la charrue tous les mouvements nécessaires.

n'. Traverse supportant la boîte à coulisse. Cette traverse glisse dans un sens vertical le long des montants *pp*, et se fixe à volonté sur ces derniers au moyen de chevilles en fer.

x'. Traverse consolidant les montants *pp*.

s, s'. Deux branches formant la chape.

t. Boulon formant l'axe de la chape.

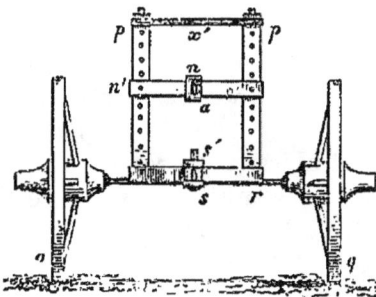

Fig. 78. *Avant-train de la charrue de Dombasle, vu de face.*

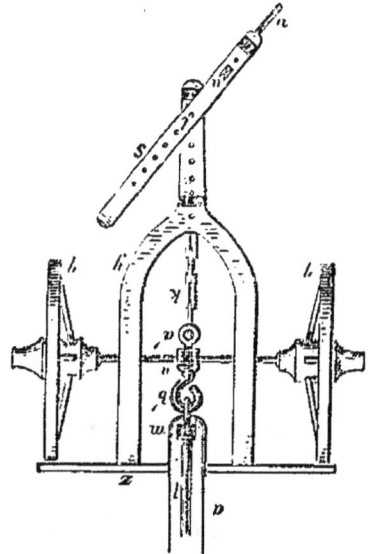

Fig. 79. *Avant-train de la charrue de Dombasle, vu en plan.*

u. Boulon formant l'axe du crochet.

v. Crochet qui reçoit la volée.

x. Broche en fer servant à fixer la chape à droite ou à gauche, selon le besoin.

y. Les armons liés à la chape au moyen de l'axe *t*.

z. Traverse consolidant les branches d'armons.

q. Rouelles en fer.

r. Essieu aussi en fer.

Telle est la construction de l'avant-train imaginé par Mathieu de Dombasle. Quant aux moyens de changer la largeur ou la profondeur du labour, il suffit de faire varier à droite ou à gauche la boîte à coulisse *n*, où est fixée l'extrémité antérieure de l'age; pour la profondeur, il suffit d'élever ou d'abaisser la traverse *n'*, sur laquelle est attachée la boîte à coulisse.

Pour adopter cet avant-train à l'araire de Dombasle, on supprime le régulateur (*i*, fig. 64) et l'on place, à la partie supérieure de l'age, les deux pitons (*m*, *m*, fig. 77). On y enfile ensuite le goujon *l*, on attache la chaîne fixée à l'avant-train au crochet placé sous l'age, et la charrue est prête à fonctionner.

La bonne construction des avant-trains gît à faire que la ligne de traction qui va du point de la résistance (*c*, fig. 80) à l'épaule des chevaux ou à la nuque des bœufs, en *b*, rencontre en *a* l'essieu de l'avant-train. C'est ce qui a lieu pour l'avant-train que nous venons de décrire. Il résulte de cette disposition qu'il n'y a pas de décomposition de la force motrice.

Malheureusement, un bien petit nombre des charrues à avant-train employées aujourd'hui présentent cette perfection; dans beaucoup d'entre elles, le point d'attache placé en *a* (fig. 80) forme un angle avec l'épaule des chevaux *b* et le point

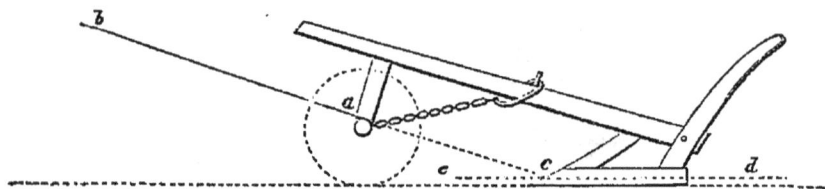

Fig. 80. *Point d'attache pour les charrues à avant-train.*

de résistance *c*. Les traits tendent alors à se réunir à la ligne droite *c*, *b*, et exercent sur les roues une pression verticale qui, rendant leur rotation plus difficile, exige de la part des animaux une notable augmentation d'efforts.

Avantages et inconvénients des araires et des charrues à avant-train. Après avoir beaucoup parlé des avantages qu'ont sur les araires les charrues à avant-train, on a fini par reconnaître la supériorité de l'araire, mais sans cependant proscrire entièrement l'avant-train, qui devient nécessaire dans beaucoup de circonstances que nous allons indiquer.

Le principal avantage de l'araire, c'est qu'entre les mains d'un laboureur intelligent et habitué à la diriger, elle accomplit, avec moins de forces, autant de travail qu'avec l'avant-train, et qu'elle laboure aussi bien. Mais, à coté de cet avantage, se placent quelques inconvénients dépendant, les uns, de circonstances qui lui sont étrangères, les autres, de circonstances qui lui sont inhérentes. Ainsi elle exige, de la part du laboureur, plus de soin, d'attention et d'intelligence que les charrues à avant-train. En outre, toute simple qu'elle paraisse, elle est soumise, dans sa construction, à des règles beaucoup plus compliquées qu'on ne serait tenté de le croire au premier coup d'œil. Il est difficile de la faire confectionner, et même réparer par les charrons de campagne. Enfin, la pratique a découvert qu'il est très difficile de faire avec elle un labour superficiel un peu correct. Engagée peu profondément dans le sol, les pressions inégales qu'elle éprouve à chaque pas la font dévier à tout instant; dans les sols tenaces, s'ils sont labourés un peu humides, la terre qui s'attache à ses diverses parties tend constamment à la rejeter hors de la raie.

Les charrues à avant-train les mieux construites ne décomposent pas plus que l'araire la force motrice; mais elles exigent plus de tirage, en raison du poids de l'avant-train, du frottement de l'essieu sur les roues, et de celles-ci sur le sol. C'est là leur principal inconvénient. L'avant-train a surtout pour avantage de ramener invinciblement la pointe du soc dans sa direction, et de corriger ainsi les déviations déterminées par les pressions latérales ou par le tirage oblique des moteurs. Ces résultats sont dus à la position fixe de l'extrémité antérieure de l'age sur l'avant-train. La conduite de la charrue en est beaucoup plus facile et devient surtout moins fatigante pour l'homme, qui, avec l'araire, est obligé de corriger ces déviations à l'aide des manches, qu'il ne doit pas quitter et sur lesquels il doit exercer une action presque continue.

Enfin, la position fixe de l'age sur l'avant-train permet de faire fonctionner une charrue mal construite presque aussi bien qu'une bonne; il est vrai que la première augmente la résistance, à cause de la diversité des tendances qu'elle subit, et exige par conséquent une plus grande force motrice; mais cet inconvénient est en partie compensé par la possibilité de se servir d'instruments qui, construits dans les campagnes, manquent surtout de la précision nécessaire.

En résumé, toutes les fois qu'on aura affaire à des laboureurs adroits, intelligents, et offrant surtout de la bonne volonté, on devra préférer l'araire pour les labours profonds, ainsi que pour les labours ordinaires, lorsque le terrain ne sera pas trop compact.

Dans le cas contraire, on devra préférer la charrue à avant-train.

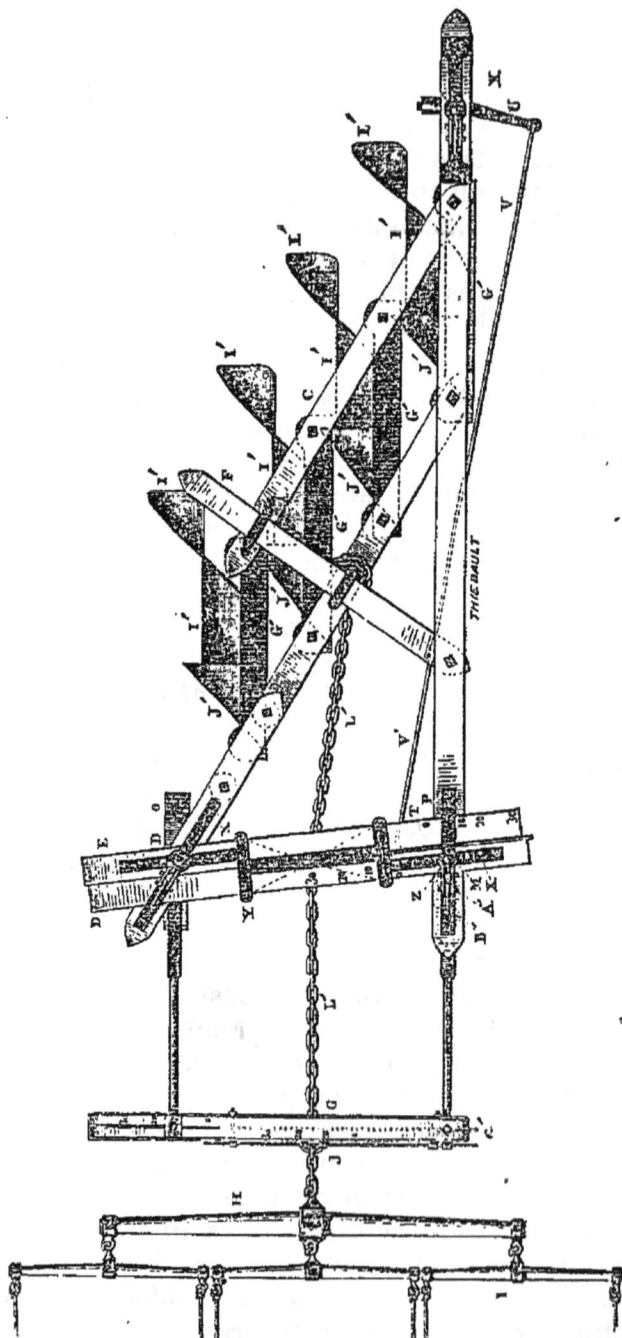

Fig. 81. *Plan général de la charrue polysoc de M. Godefroy.*

Des charrues polysocs. — Si l'un des principaux avantages de l'avant-train des charrues est de corriger leurs déviations, l'on n'est cependant pas encore arrivé à faire disparaître cet inconvénient d'une manière assez complète pour que le conducteur puisse abandonner impunément les manches de la charrue, et s'occuper uniquement de diriger l'attelage. La fatigue qu'il éprouve est certainement moins grande qu'avec l'araire, mais il doit encore dépenser une certaine quantité de force pour suppléer à l'insuffisance qu'éprouve l'avant-train à maintenir l'instrument dans une direction convenable.

On a tenté de résoudre plus complètement ce problème en employant simultanément plusieurs socs accouplés, qui, ne rencontrant pas tous ensemble les mêmes accidents de terrain, compensent leurs irrégularités l'une par l'autre. On a donné à ces instruments le nom de *charrues polysocs*. Construites de manière à effectuer le même labour que les charrues isolées, elles déchargent le laboureur de toute intervention d'intelligence ou

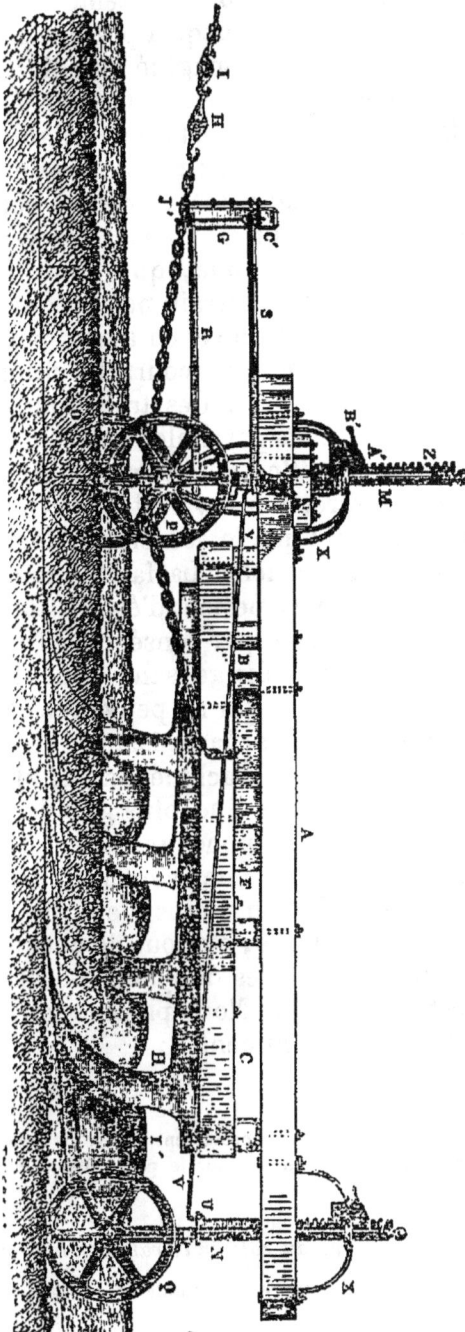

Fig. 82. Élévation latérale.

de force. Il n'a plus qu'à conduire l'attelage, et son labour présente plus de régularité qu'avec les charrues isolées.

Un grand nombre d'essais infructueux ont été tentés dans ce sens. Une seule charrue polysoc remplit jusqu'à présent ces diverses conditions, c'est celle qui a été imaginé par M. Godefroy. Nous en empruntons la description à M. de Gasparin.

Le polysoc de M. Godefroy (fig. 81 à 84) est une véritable machine de précision. Il offre divers avantages par la combinaison des trois roues, indépendantes les unes des autres, et pouvant s'élever et s'abaisser selon la profondeur du labour. Les versoirs jettent la terre à droite; la première roue, que l'on appelle *roue supérieure*, marche à gauche sur le terrain non labouré; la seconde, la *roue conductrice*, placée à droite et en avant, parcourt le dernier sillon fait, et la roue suivante parcourt le sillon qui se fait au fur et à mesure qu'il est ouvert. Ces trois roues suivent donc trois traces différentes, mais parallèles entre elles. La roue conductrice, engagée dans le sillon déjà ouvert et ne pouvant pas s'en écarter, assure la direction invariable de l'instrument; les deux autres roues ne font que le soutenir. Ainsi plus de déviation possible à droite ou à gauche. La facilité que l'on trouve à régler l'élévation des roues permet d'établir la parfaite horizontalité de tout le système, et par conséquent l'égalité d'entrure des socs. Un seul laboureur dirige sans difficulté cet instrument en conduisant les chevaux, qui ne peuvent s'écarter de la direction, contraints qu'ils sont par la résistance des deux roues conductrices et de la suivante. La machine n'a pas plus de poids que trois charrues, et n'exige pas une plus grande force de tirage. Elle peut travailler à toute profondeur, selon la largeur qu'on donne aux socs et la hauteur des versoirs; on peut lui faire prendre instantanément plus ou moins d'entrure et la retirer de terre, ce qui a lieu, d'ailleurs, au bout de chaque sillon, le tout sans aucun effort et par des moyens mécaniques très simples; enfin elle est très solide. Nous plaçons ici la légende des différentes vues de cet instrument [1] :

Fig. 81. *Plan général.*

La charrue forme, en plan, par les points que représentent ses trois roues, une espèce de triangle rectangle, dont on augmente ou diminue le petit côté, selon qu'on varie l'écartement des socs.

Fig. 82. *Élévation latérale de la charrue du côté du terrain non labouré.*

On reconnaît aisément ici que, malgré la différence horizontale de la ligne de par-

1. Les mêmes pièces indiquent les mêmes lettres dans les quatre figures.

cours d'une des roues avec les deux autres, la charrue conserve son horizontalité à l'égard de ses agents principaux ou de ses pièces d'action sur la terre.

Fig. 83 et 84. Vue de la charrue par devant et par derrière.

On voit la roue supérieure marcher sur le terrain non labouré et être suivie d'un des socs ; la roue conductrice parcourir le dernier sillon fait, et la roue suivante parcourir le dernier sillon au fur et à mesure qu'il se fait.

Légende pour les quatre figures.

A. Flèche du maître-âge, toutes les pièces de l'appareil venant y aboutir.
B. Grandes branches du parallélogramme formant porte-soc.

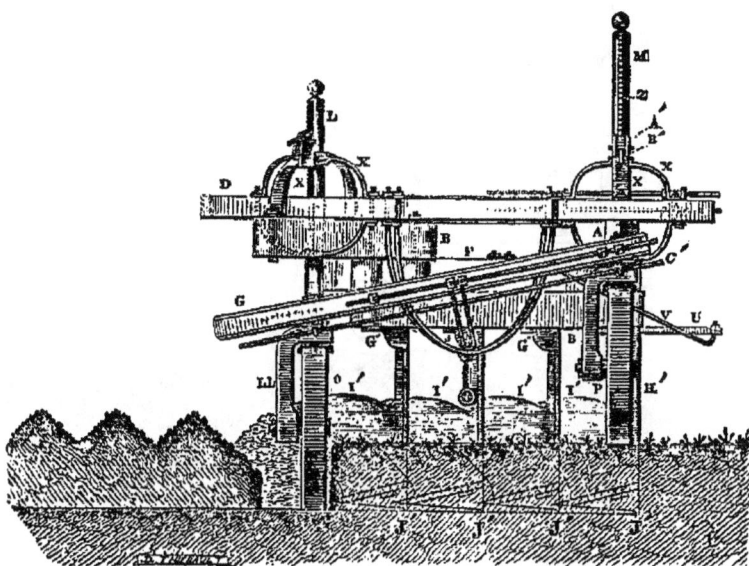

Fig. 83. Vue par devant.

C. Petite branche du porte-soc.
D. E. Pièces de bois fixées par l'une de leurs extrémités : la première à l'essieu vertical de la roue supérieure qui la traverse, et l'autre à l'essieu de la roue conductrice qui la traverse également. Ces pièces, libres à leurs autres extrémités, sont contiguës l'une à l'autre et glissent l'une contre l'autre en sens opposé. Elles sont ceintes, sans être serrées, par le double collier du régulateur de la chaine d'attelage, qui glisse lui-même sur elles.

Ces deux pièces servent à rapprocher ou éloigner, comme à maintenir au point où l'on veut le porte-soc de la flèche.

F. Support qui, partant de dessous de la flèche à laquelle il adhère, passe au-dessous de la première branche du porte-soc pour soutenir la seconde.

G. Épars ou traverses s'allongeant ou se raccourcissant au moyen d'une vis *fixe* à écrou *mobile*.

H. Maître-palonnier.
I. I. I. Petits palonniers.
J. Vis *fixe* à écrou *mobile* réglant l'écartement des deux branches du timon.
L. Essieu vertical de la roue conductrice.

C'. Vis *fixe* à écrou *mobile* faisant aller et venir le régulateur de la chaîne de tirage.

M. Essieu vertical de la roue supérieure.

N. Essieu vertical de la roue suivante.

O. Roue conductrice.

P. Roue supérieure.

Q. Roue suivante.

R. Timon de la roue conductrice.

S. Timon de la roue supérieure.

Ces deux timons sont mus par leurs extrémités antérieures au moyen de l'épars.

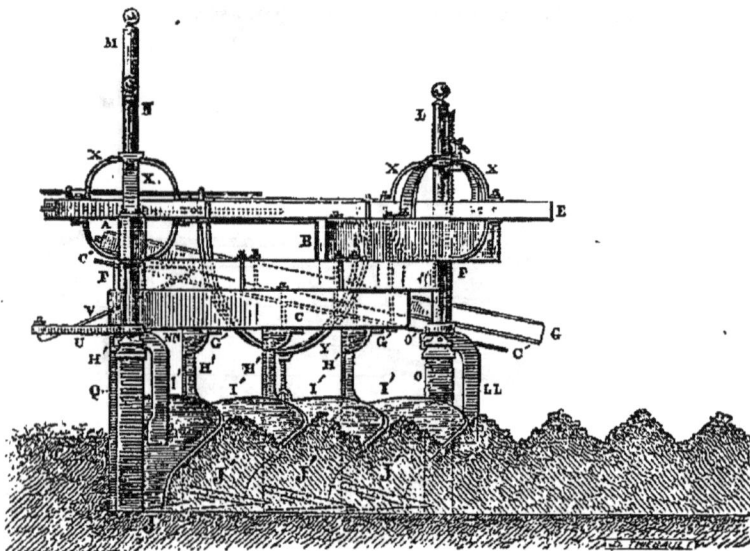

Fig. 84. *Vue par derrière.*

V. Bielle qui met les trois roues en communication et les rend solidaires.

Y. Régulateur de la chaîne d'attelage.

Z. Crémaillère longeant l'essieu M.

A'. Pignon de la crémaillère L.

B'. Déclic du pignon A'.

Ces trois pièces, qui se trouvent auprès de chaque essieu vertical, servent à élever, abaisser et fixer au point où l'on veut l'appareil au-dessous des roues.

G' G' G' G'. Ages en fonte.

H' H' H' H'. Gorges des ages.

I' I' I' I'. Versoirs hélicoïdes (en forme de vis ou de limaçon) en tôle.

J' J' J' J'. Socs en fer.

L' L'. Chaînes d'attelage.

Si l'on compare les résultats obtenus avec cet instrument à ceux que procurent les meilleures charrues à avant-train, l'avantage lui reste, puisque, tout en obtenant un travail plus régulier, le conducteur y éprouve moins de fatigue et peut conduire plusieurs socs à la fois. Toutefois, ses avantages principaux n'apparaîtront bien sensiblement que dans les grandes exploitations, où l'on a souvent besoin de faire fonctionner simultanément plusieurs charrues sur un même champ, pour hâter le travail, et surtout lorsqu'on sera parvenu à pouvoir employer la vapeur comme force motrice de ces instruments.

Conditions générales d'une bonne charrue. — Les trois sortes de charrues que nous venons de décrire sont des exemples que nous avons choisis pour faire connaître les différents systèmes que l'on a adoptés pour la construction de cet instrument. Chacun de ces modes de construction renferme un grand nombre de charrues, qui varient dans leurs formes, suivant les usages locaux ou la naure du travail que l'on veut pratiquer. Nous indiquerons le choix à faire parmi les diverses sortes de charrues du même système, en traitant des principales espèces de labour.

Pour résumer, nous dirons qu'une charrue doit présenter les qualités suivantes : 1° que le laboureur n'ait pas besoin d'aide, c'est-à-dire qu'il puisse conduire en même temps et le soc et l'attelage, 2° que la charrue soit d'une construction simple, et composée des seules pièces nécessaires ; 3° que l'attelage soit composé du plus petit nombre de bêtes possible ; 4° que le soc soit plat et tranchant, toute autre forme rencontrant une résistance nuisible ; 5° que l'oreille ou versoir soit disposée de manière qu'elle nettoie parfaitement le fond de la raie, et range la terre sur le côté ; 6° que le labour soit tout à la fois d'une profondeur convenable et le plus étroit possible ; 7° que la charrue obéisse avec précision à celui qui la conduit.

Conditions générales d'un bon labour à la charrue. — Les principales conditions qui influent sur la qualité des labours à la charrue sont : 1° la profondeur de la tranche de terre renversée par la charrue ; 2° sa largeur ; 3° son inclinaison ou degré de renversement ; 4° la direction des raies ; 5° la forme du labour, c'est-à-dire la conformation de la surface labourée ; 6° l'état d'humidité ou de sécheresse du sol.

Profondeur de la tranche de terre renversée par la charrue. — En général, les labours profonds augmentent la qualité des récoltes, car les plantes, serrées les unes contre les autres, comme cela a presque toujours lieu dans la grande culture, tendent à s'étendre en profondeur. Si elles rencontrent un sol meuble et fertile, elles prennent beaucoup d'accroissement, et le développement de la tige suit la même progression ; mais, si la couche de terre est dure et stérile, leur développement vertical s'arrête, et, comme elles ne peuvent pas non plus s'étendre latéralement à cause des plantes voisines, leur végétation reste languissante.

D'ailleurs, dans les terrains labourés profondément, les plantes souffrent beaucoup moins de la sécheresse, et dans les terres exposées à l'humidité elles se ressentent moins de cette influence nuisible, parce que, la terre étant ameublie à une grande profondeur, cette humidité surabondante descend au-dessous du point occupé par les racines.

Au surplus, les labours ne doivent pas tous avoir la même profondeur. Celle-ci est déterminée par la nature des récoltes qui doivent suivre ce labour, et par l'état et la nature du sol. Plus les plantes que l'on cultivera auront de tendance à enfoncer profondément leurs racines, plus les labours devront être profonds. Ainsi, pour les plantes fourragères à racines pivotantes, telles que la luzerne, qui enfonce sa racine à plus d'un mètre (A, fig. 85), il serait utile de pouvoir effectuer des labours qui atteignissent cette profondeur. Il en serait de même pour la carotte (B), qui pénètre souvent à plus de $0^m,60$. Pour la betterave (C), on pourrait se contenter de $0^m,45$. Pour les raves et navets (D), $0^m,30$ seraient suffisants. Enfin, pour les céréales (E), dont les racines ne dépassent guère une profondeur de $0^m,20$, on pourra ne pas aller au delà de ce degré de profondeur. Les plantes à racines pivotantes ne devant reparaître sur le même sol qu'après quelques années d'intervalle, tous les quatre ans, par exemple, et cet intervalle étant consacré à la culture de plantes à racines plus superficielles, on ne doit donner qu'un seul labour très profond pendant chaque rotation des récoltes : les diverses parties de la couche de terre sont ainsi successivement ramenées à la surface, et y reçoivent l'influence fertilisante de l'air et des engrais.

L'état et la nature du sol influent aussi sur le degré de profondeur. Si l'on opère sur un terrain qui n'a pas encore été cultivé, il faudra lui donner tout d'abord un labour profond avant qu'il soit propre à la culture des diverses récoltes qui doivent s'y succéder. D'un autre côté, si un sol déjà cultivé n'offre qu'une couche de terre labourée de $0^m,20$ d'épaisseur, mais qu'au-dessous de cette couche il existe un sous-sol impropre à la végétation, les labours les plus profonds ne devront pas dépasser cette limite; ou bien l'on se contentera, à l'aide de procédés particuliers que nous décrirons plus loin, d'ameublir une partie de ce sous-sol sans le ramener à la surface; dans ces deux circonstances, on cultivera préférablement une série de plantes dont les racines aient peu de tendance à s'enfoncer dans le sol. Si, au contraire, au-dessous de la couche déjà cultivée, il s'en trouve une autre d'une nature telle, que, mélangée avec la couche supérieure, elle augmente sa fertilité, ou qu'elle augmente seulement la masse du sol arable sans nuire à sa qualité, il y aura tout avantage à faire un labour profond.

Considérés au point de vue de leur profondeur, les labours à

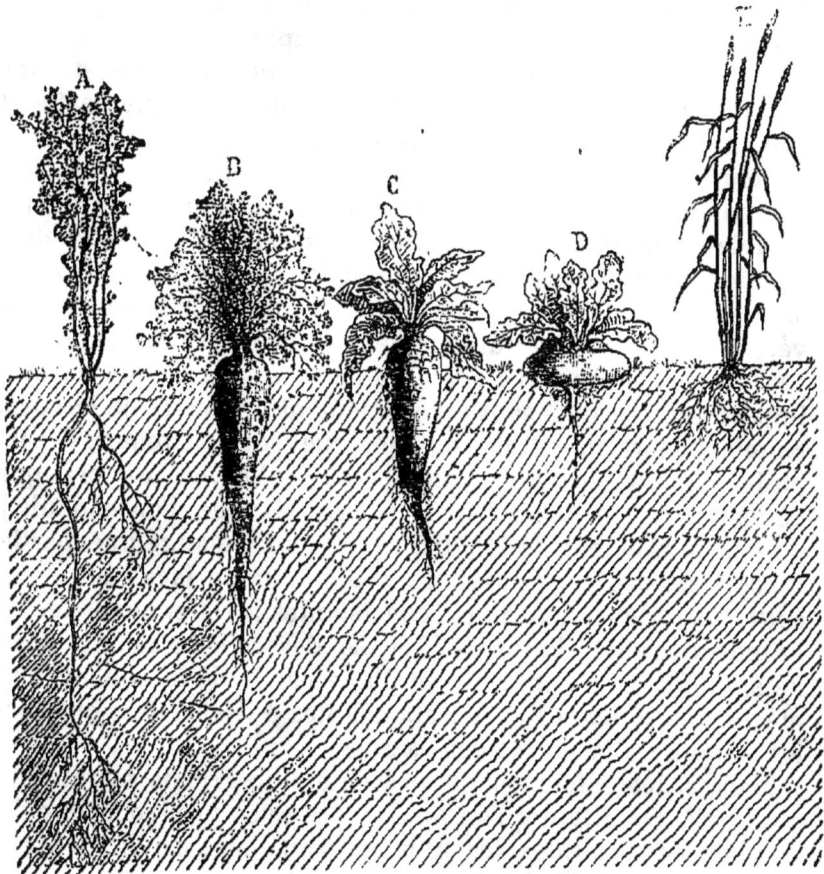

Fig. 85. *Longueur des racines de quelques plantes agricoles.*

la charrue peuvent être divisés en trois sortes : les *labours de défoncement*, les *labours ordinaires*, les *labours superficiels*.

On nomme labours de défoncement les labours qui ramènent à la surface une partie de la couche du sous-sol, c'est-à-dire de celle qui n'a pas encore été cultivée ou qui ne l'est qu'à des époques éloignées. On donne le même nom aux labours destinés à ameublir seulement une partie de sous-sol sans le ramener à la surface.

D'après ce que nous avons dit déjà de l'influence sur la fertilité du sol des labours en général, et en particulier des labours profonds, il est facile de se rendre compte de l'efficacité des défoncements. Cette opération est le meilleur moyen de déduire les plantes vivaces à racines traçantes et profondes, telles que les fougères, les chardons, etc. Elle permet, en outre, d'améliorer souvent la couche superficielle en y mélangeant une partie du sous-sol. Citons comme exemple le fait suivant :

Il existe dans le pays de Bray (Seine-Inférieure) de vastes étendues de bruyères incultes dont on défriche une partie chaque année. A la surface, on rencontre d'abord une petite couche de tourbe, qui recouvre un banc sableux d'une épaisseur moyenne de $0^m,32$. Au-dessous de ce sable, une argile imperméable transforme ces bruyères en marais. Si l'on se contentait de labourer ces bruyères à la profondeur de $0^m,20$, par exemple, on n'en obtiendrait que de chétifs produits, car la couche cultivée, formée presque uniquement de sable, serait exposée à la sécheresse pendant les chaleurs de l'été, tandis que, la couche imperméable s'opposant à l'écoulement des eaux de la surface, ce même terrain serait, en quelque sorte, submergé par les pluies abondantes de l'automne et de l'hiver. En pratiquant, au contraire, un défoncement progressif que l'on conduit jusqu'à la profondeur de $0^m,40$ à $0^m,50$, on mélange une partie de la couche argileuse avec le sable de la surface. Les couches cultivées, devenues plus consistantes, retiennent une plus grande quantité d'humidité et se dessèchent moins pendant l'été, tandis que l'enlèvement d'une partie de la couche imperméable force les eaux surabondantes à descendre plus bas et les éloigne de la portée des racines.

Mais, si les défoncements présentent de grands avantages, ce n'est qu'à condition qu'on les exécute avec prudence et qu'on y emploie les procédés les plus convenables ; car ils nécessitent des avances de fonds assez importantes, et peuvent, s'ils sont mal pratiqués, occasionner des pertes considérables.

La première condition à remplir est de s'assurer de la nature du sous-sol, afin de juger si, mélangé avec les couches superficielles, il n'en viciera pas la composition élémentaire. Cet examen indique si l'on doit ramener une partie du sous-sol à la surface, ou se contenter de l'ameublir sans le déplacer.

On doit aussi se rendre parfaitement compte de la dépense à laquelle donnera lieu cette opération, ainsi que de l'augmentation qu'elle pourra déterminer dans le rendement des récoltes, afin de juger de son degré d'utilité. Le seul moyen d'obtenir ces données d'une manière exacte, consiste à opérer d'abord sur une petite fraction de terrain.

Même quand on est assuré de la possibilité de mélanger utilement une partie du sous-sol avec le sol arable, on n'opère le défoncement que progressivement, car la couche du sous-sol que l'on ramène ainsi à la surface ayant été privée jusque-là de l'influence de l'air, et ne contenant presque aucune trace de sucs nutritifs, est toujours, quelle que soit sa composition élémentaire, d'une stérilité plus ou moins grande. Si donc on ramenait par un seul labour à la surface un sol $0^m,16$, par exemple, d'une pareille terre, il faudrait d'abord y consacrer une dose considérable d'engrais, ce qu'on ne pourrait faire souvent qu'au détriment des autres terrains. Encore, cette terre resterait-elle d'une fertilité médiocre jusqu'à ce qu'elle ait été suffisamment aérée, ce qui n'a lieu souvent qu'au bout de deux ou trois ans.

Ainsi, la première année, on n'entamera le sous-sol qu'à la profondeur de $0^m,04$; puis, afin que les récoltes ne souffrent pas de cette opération, on augmentera la dose d'engrais dans le rapport de l'épaisseur de la couche de terre vierge ramenée à la surface, et l'on choisira, pour cultiver sur ce terrain, des plantes dont les racines s'enfoncent profondément, telles que la betterave, la carotte, les pommes de terre, etc. Il en résultera que cette petite quantité de terre vierge s'aérera promptement à la surface du sol; qu'elle profitera des engrais qui, cette année-là, auront été répandus en plus grande quantité; qu'enfin, elle sera mélangée facilement avec la terre. ordinairement cultivée, à l'aide des nombreuses façons qu'exigent les plantes dont nous venons de parler. Les céréales qui viendront ensuite ne souffriront donc nullement de cette opération. Après trois ou quatre ans, au moment où ces mêmes plantes à racines profondes devront revenir sur le même sol, on recommencera la même opération, et ainsi de suite, jusqu'à ce que l'on ait donné au sol cultivé une profondeur convenable, c'est-à-dire $0^m,45$ à $0^m,50$. C'est à l'aide de pareils défoncements que l'on peut, en augmentant progressivement l'épaisseur de la couche fertile du sol, doubler, en peu d'années, le rendement habituel des récoltes.

Ce que nous venons de dire s'applique au défoncement des terrains incultes, ou qui n'ont pas encore été cultivés à une profondeur suffisante; mais, dès que l'on a atteint ce degré de profondeur, le labour profond ne doit reparaître que tous les 4 ou 5 ans; et, comme il n'a plus pour effet de ramener des terres vierges à la surface, on l'effectue tout d'abord à la profondeur voulue. D'ailleurs, pour éviter l'influence fâcheuse qui pourrait en résulter pour la culture des plantes à racines superficielles, on fume davantage cette année-là, et l'on choisit, pour faire le défoncement, l'année où les plantes à racines pivotantes doivent reparaître sur le terrain.

L'espèce de charrue la plus convenable pour effectuer ces labours de défoncement varie suivant la manière dont le travail doit être fait.

Pour les défoncements progressifs, on peut employer les instruments ordinaires tant que le labour ne dépasse par la profondeur de 0^m,20. Mais dès que celui-ci va au delà, ils deviennent insuffisants. S'il s'agit de labourer le sol à la profondeur de 0^m,40 à 0^m,50, en ramenant la couche inférieure à la surface, on peut employer trois procédés différents. Le premier consiste à se servir d'une charrue dont la puissance soit telle, qu'on

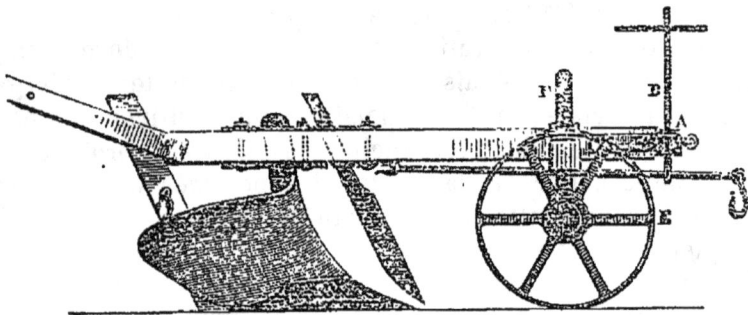

Fig. 86. *Côté droit de la charrue Rosé.*

puisse pratiquer ce labour d'un seul coup. Parmi les diverses charrues à avant-train perfectionnées, celle de M. Rosé, méca-

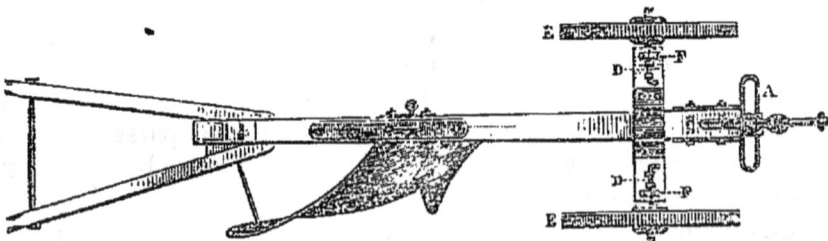

Fig. 87. *Plan de la charrue Rosé.*

nicien à Paris (fig. 86 et 87), offre, à résultats égaux, la moins grande résistance.

A la seule inspection de la figure, on peut juger que cet instrument est construit de manière à agir comme araire ou comme charrue à avant-train. En effet, si l'on supprime, par la pensée, les deux roues, on voit une araire avec son double régulateur horizontal (A) et vertical (B), disposés de telle sorte qu'on peut facilement régler l'entrure et la largeur de la raie. Chaque roue (EE), portée sur une tige (FF) percés de trous, peut s'abaisser ou s'élever en même temps que sa voisine, de manière à faire piquer plus ou moins la charrue, ou se mouvoir indépendamment de l'autre, afin de maintenir le parallélisme de l'instrument dans les terrains en pente. Chacune de ces tiges est maintenue à la hauteur désirée par un simple verrou (D) fixé dans le châssis qui unit le support à l'age. Le coutre, incliné dans une mortaise percée au milieu de l'age, est maintenu dans sa position par une vis de pression adoptée à la gauche de l'age; le soc, fixé par deux écrous seulement, peut s'enlever et se remettre avec une très grande facilité, ainsi que le versoir et même le sep. Tout le corps est en fonte.

M. Rosé a adopté quatre modèles de grandeurs différentes : le premier, du prix de 44 fr. sans avant-train, et de 74 fr. avec avant-train; le deuxième, de 54 ou de 84 fr.; le troisième, de 60 ou de 90 fr.; le quatrième, de 75 ou de 105 fr. C'est ce dernier modèle qu'on devra choisir pour le défoncement.

· Lorsqu'on aura affaire à des ouvriers adroits, intelligents, et surtout ayant de la bonne volonté, on trouvera de l'avantage à supprimer l'avant-train de cette charrue, car il est une cause de déperdition de la force motrice.

On pourra employer avec le même succès l'araire de M. de Dombasle (fig. 64). On choisira de préférence celle construite à Grigon, où elle a subi quelques améliorations. On fabrique trois modèles de cette charrue; le premier est trop faible; c'est le troisième que l'on adoptera. Ces charrues exigent la force de dix chevaux. Trois hommes sont nécessaires, l'un pour conduire le soc, le second qui s'occupe de l'attelage, le troisième qui veille à débarrasser la charrue des obstacles qu'elle pourrait rencontrer. Cet attelage pourra labourer environ 25 ares de terre par jour.

Le deuxième procédé consiste dans l'emploi d'une charrue à double soc, construite de telle sorte que le soc postérieur est placé à un niveau inférieur à celui de devant. L'un des meilleurs instruments construits dans ce but est celui de Morton (fig. 88).

Il se compose de deux parties (A et B), dont la seconde pénètre de 0^m,10 à 0^m,16 plus profondément que la première. Celle-ci

(A) soulève le sol à la profondeur de $0^m,13$, et le retourne dans le sillon plus ou moins profond ouvert par la partie B, laquelle peut atteindre jusqu'à la profondeur de $0^m,40$. Le long de son versoir s'élève un plan incliné, indiqué dans la figure par une

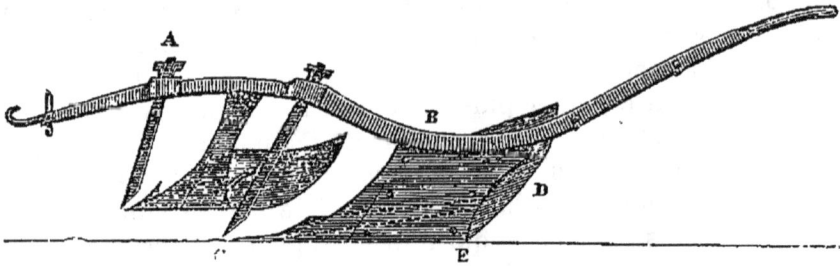

Fig. 88. *Côté gauche de la charrue Morton.*

double ligne ponctuée, qui s'étend de la partie postérieure de la lame du soc (C) jusqu'à la partie postérieure du versoir (D), où elle se termine à environ $0^m,16$ au-dessus du niveau du sep (E). Par suite de cette disposition, la terre soulevée du fond du sillon glisse obliquement, de bas en haut, et se trouve renversée sur le sommet de la bande formée par l'avant corps (A). Cette charrue exige une force un peu moins grande que les précédentes : huit chevaux suffisent ; mais il faut le même nombre d'hommes, et elle ne fait pas beaucoup plus de travail dans une journée.

Le troisième mode consiste dans l'emploi de deux charrues distinctes que l'on fait passer successivement dans le même sillon, en faisant piquer la seconde plus profondément que la première. On peut se servir, pour donner le premier trait, de la charrue Rosé nº 2, sur laquelle on attelle quatre chevaux, et de la

Fig. 89. *Côté droit de la charrue Bonnet.*

charrue Bonnet (fig. 89 et 90), sur laquelle on en place six. Cette dernière charrue offre cela de particulier que le versoir présente, comme l'un de ceux de la charrue Morton, un plan incliné qui élève la bande de terre de manière qu'elle puisse être renversée par le versoir par-dessus la bande qu'a retournée la première charrue. Elle est en outre pourvue d'une roue d'avant-train (A, fig. 89 et 92) qui, reportée à droite par son support disposé en S, chemine sur la bande de terre renversée par

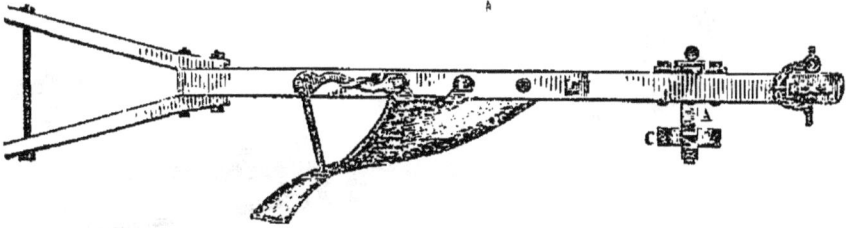

Fig. 90. *Plan de la charrue Bonnet.*

la première charrue, et régularise la marche de l'instrument. Enfin, l'age de la charrue Bonnet est aussi pourvu d'un double régulateur (B, fig. 89 et 91).

On préfère généralement ce troisième mode aux deux premiers. Le nombre d'animaux nécessaires pour effectuer ce travail étant divisé sur les deux charrues, on tournera plus facilement et plus promptement à l'extrémité de chaque sillon. D'un autre côté, la terre du fond de la raie est plus complètement ramenée à la surface et mieux renversée. Enfin, le travail est fait plus rapidement, puisqu'on laboure environ 40 ares de terre par jour.

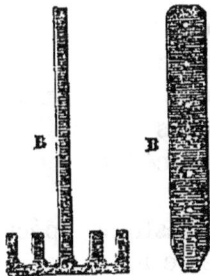

Fig. 91. *Régulateur de la charrue Bonnet.*

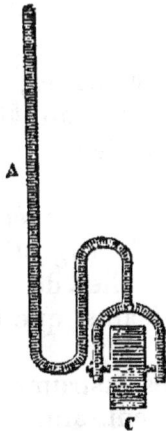

Fig. 92. *Roue d'avant-train de la charrue Bonnet.*

Le défoncement dont nous venons de parler a pour résultat de ramener à la surface une certaine quantité de la couche du sous-sol; mais, quand celui-ci est de nature à nuire à la qualité du sol arable, il faut le pulvériser sans le déplacer, et l'on est alors obligé d'employer un procédé différent.

A cet effet, on commence par ouvrir le sillon à la profondeur de 0m,2 environ avec les charrues Rosé ou de Dombasle n° 2;

puis on donne un nouveau trait de charrue avec un instrument dépourvu de versoir, et auquel on donne le nom de *charrue sous-sol*. L'une des meilleures est celle construite par MM. Rosé et Laurent, mécaniciens à Paris (fig. 93). Cette charrue, tout en

Fig. 93. *Charrue sous-sol.*

fer, peut pénétrer à une profondeur de 0^m,25 à 0^m,30, laquelle, ajoutée à la profondeur de la couche enlevée par la première charrue, donne un total de 0^m,45 à 0^m,50. Il faut huit chevaux pour faire fonctionner ces deux charrues, quatre sur chacune d'elles. On peut labourer ainsi environ 40 ares de terre par jour. On place quelquefois, après le soc de cette charrue, une petite herse à couteaux rapprochés et de la même largeur que le soc; elle brise et émiette la terre soulevée par le soc.

La charrue sous-sol de Howardds (fig. 94), que l'on a pu apprécier aux Expositions universelles de Londres et de Paris, donne des résultats plus satisfaisants que la précédente et doit lui être préférée.

La difficulté de se procurer les instruments destinés spécialement aux labours de défoncement, ainsi que le manque d'animaux pour les faire fonctionner convenablement, ont fait adopter, dans quelques localités, une sorte de méthode mixte qui consiste dans l'emploi des bras de l'homme joint à l'action de la charrue.

Si le défoncement doit ramener à la surface du terrain une certaine quantité du sous-sol, on ouvre avec la charrue ordinaire une raie profonde de 0^m,20 environ, puis on y place une vingtaine d'ouvriers, armés de bêches, qui enlèvent une nouvelle couche de 0m,32 de profondeur et qui la rejettent sur le labour. Si l'opération est dirigée de manière que l'attelage n'attende pas après les ouvriers, ou ceux-ci après l'attelage, il peut

Fig. 94. *Charrue sous-sol de Howardds.*

en résulter un travail très satisfaisant. Ce procédé est usité avec avantage dans le département du Nord et en Belgique.

Si, au contraire, le défoncement doit être exécuté de telle sorte que le sous-sol soit seulement pulvérisé, mais non ramené à la surface, le travail ne diffère qu'en ce que les ouvriers, armés d'un bident au lieu de bêche, laissent retomber au fond de la raie la terre qu'ils soulèvent, sans la placer sur la bande de terre renversée par la charrue. Ce mode de défoncement, usité dans la vallée de la Garonne, y prend le nom de *pelleversage*.

On peut, à l'aide de ces deux procédés, défoncer environ 20 ares de terre par jour.

Il est important, pour le succès des labours de défoncement, soit progressifs, soit exécutés d'un seul coup, de les pratiquer en saison convenable. L'époque la plus favorable est le commencement de l'automne, parce que les terres ramenées à la surface sont plus tôt mûries sous l'influence des gelées, des neiges, des pluies, qui tendent à les pulvériser et les aèrent très promptement.

Labours ordinaires. — Les labours ordinaires ne dépassent pas la couche de terre annuellement cultivée. Leur profondeur varie de 0m,14 à 0m,28, selon : 1° la nature des espèces pour lesquelles on prépare le terrain et la tendance qu'ont leurs racines à s'enfoncer plus ou moins profondément; 2° le nombre de labours qu'exige chaque espèce pour l'ameublissement convenable du sol : ainsi, s'il faut quatre labours pour obtenir un état de division suffisant, les premiers devront être plus profonds que les derniers, afin que la couche superficielle dans laquelle a lieu le premier développement des plantes soit la mieux préparée ; 3° le but principal que l'on se propose en labourant. S'il s'agit, par exemple, d'enterrer les engrais, le labour devra présenter une profondeur telle, que ces engrais ne soient pas placés hors de la portée des racines.

Les charrues les plus convenables pour effectuer les labours ordinaires sont les charrues Rosé (fig. 86) et de Dombasle (fig. 64), n° 1 ou 2, avec ou sans avant-train, suivant l'intelligence et la bonne volonté des ouvriers qu'on aura à employer. Le choix entre le n° 1 et le n° 2 sera déterminé par la plus ou moins grande ténacité du terrain. Dans les sols légers, on préférera le n° 1.

Outre ces deux instruments, nous ne saurions trop recommander une autre espèce de charrue imaginée par un charron de la Seine-Inférieure, le sieur Baudouin (à Longuerue, près Buchy). Cet instrument n'est qu'une modification de la charrue Rosé, dont il diffère par les organes destinés à régler la largeur et la profondeur du labour.

Les figures 95 à 98 indiquent plusieurs vues de cet instrument.

Organes servant à régler la profondeur du labour en élevant ou en abaissant les roues.

d. Petits disques en fer autour desquels sont percés des trous destinés à arrêter le bras de la manivelle à l'aide d'une cheville en fer *f*.

e. Tige à crémaillère des roues.

Organes servant à régler la largeur du labour en changeant la ligne de direction du tirage.

g. Grand levier horizontal commandant le levier vertical *h*.

h. Petit levier variant de position et qui supporte le tirant à l'extrémité duquel est fixé le crochet d'attelage.

i. Broches en fer entre lesquelles est maintenu le levier *g*.

a. Manivelles.

b. Arbre des manivelles.

c. Pignons montés sur les arbres *a*, et commandant les crémaillères.

Il résulte de ces changements que le charretier peut changer l'entrée, et donner plus ou moins de largeur à son labour, sans quitter le derrière de l'instrument et sans en arrêter la marche. C'est là un avantage réel sur la charrue Rosé, dont elle offre d'ailleurs tous les autres avantages. Ces diverses améliorations, reconnues par l'expérience et constatées dans plusieurs concours, ont valu à leur auteur d'être couronné par la Société centrale d'agriculture de la Seine-Inférieure. Le prix de cette charrue est de 180 francs.

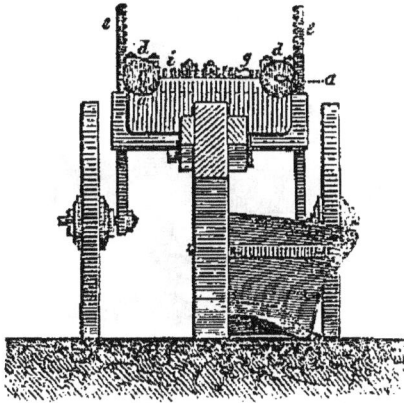

Fig. 95. *Coupe verticale de la charrue Baudouin suivant la ligne* a b *de la fig. 97.*

L'habile agronome de Templeuve (Nord), M. Demesmay, emploie pour ses labours profonds une charrue et une fouilleuse dont nous avons pu apprécier le bon travail, et dont, par conséquent, nous croyons devoir parler (fig. 99 à 101).

La charrue Demesmay est une imitation de la charrue de Brabant. Elle a été construite de manière à éviter les frottements inutiles; c'est là tout son mérite.

Le patin P, le tranche-gazon T, le centre C, sont ce qu'ils ont dans toutes les charrues.

La profondeur du labour est déterminée par la position du

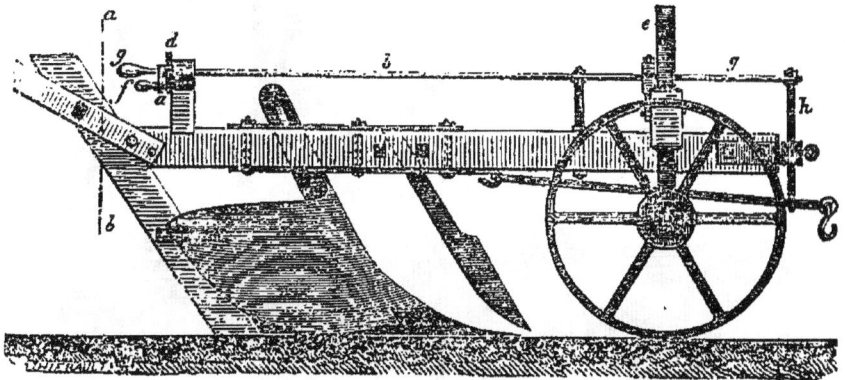

Fig. 96. *Côté droit de la charrue Baudouin.*

patin, la pièce d'attelage A est adaptée au patin au moyen d'une clavette. Sa position doit être telle, que le patin n'appuie que légèrement contre le sol. On l'abaisse quand il appuie trop fort, on la relève quand le patin ne touche pas le sol. La volée d'attelage est fixée à la pièce d'attelage; on la recule vers la droite pour donner plus d'*embrassement* à la charrue, et vers la gauche pour en donner moins.

Le tranche-gazon n'est employé que lorsqu'on laboure une terre où les mauvaises herbes ont beaucoup poussé, et que l'on veut avoir parfaitement propre. On le descend de manière à

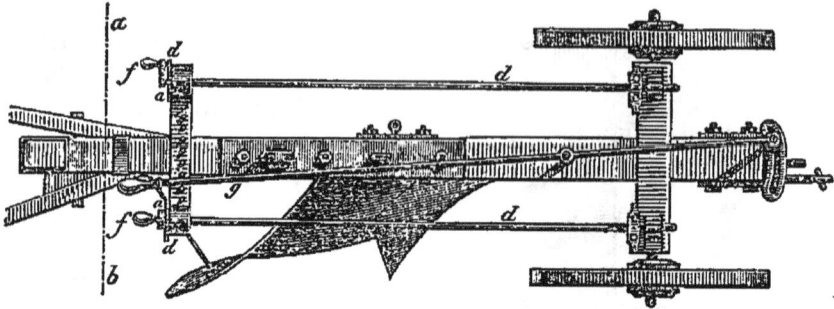

Fig. 97. *Plan de la charrue Baudouin.*

lui faire couper une couche de terre de 2 à 3 centimètres d'épaisseur, qui tombe au fond du sillon avec l'herbe qui la recouvre.

Le versoir et le sep sont d'une seule pièce en fonte. L'age DD y est fixé au moyen du boulon central B.

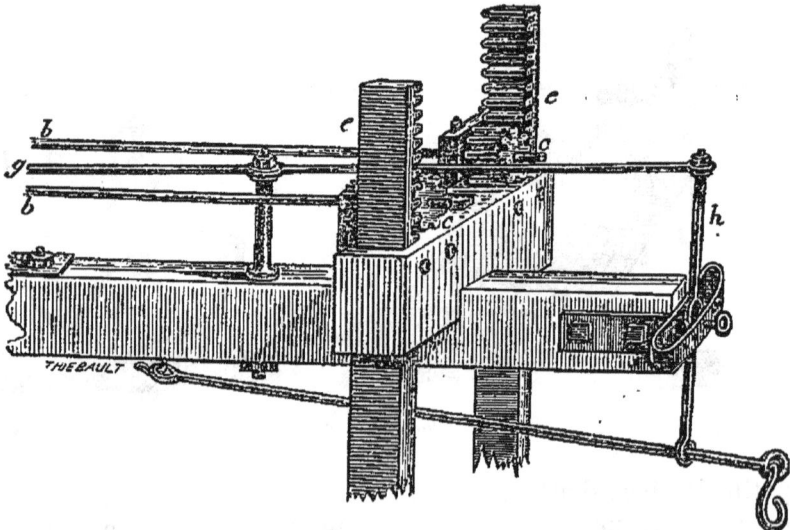

Fig. 98. *Détail du régulateur de la charrue Baudouin.*

Le soc S, en fer aciéré, y est aussi fixé au moyen d'un seul boulon, à tête fraisée. On l'enlève facilement chaque fois que la lame émoussée a besoin d'être passée au feu.

Le versoir V, qui est la continuation du soc, est une surface gauche formée par une droite horizontale s'appuyant sur un arc de cercle formant la gorge de la charrue, et sur la droite oblique qui termine le versoir à droite. Cette droite oblique est

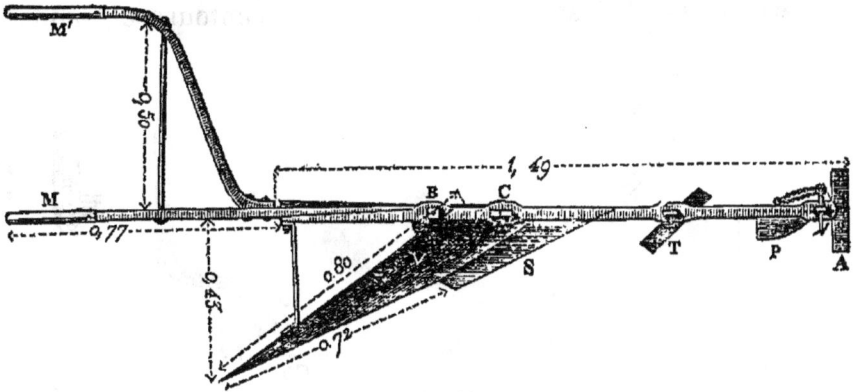

Fig. 99. *Plan de la charrue-fouilleuse de M. Demesmay.*

placée de telle manière, que, dans le mouvement de la charrue, elle engendre un plan incliné à l'horizon de 45°. C'est le plan suivant lequel se range la terre retournée par la charrue.

Un versoir de cette forme retourne la terre contre le sillon

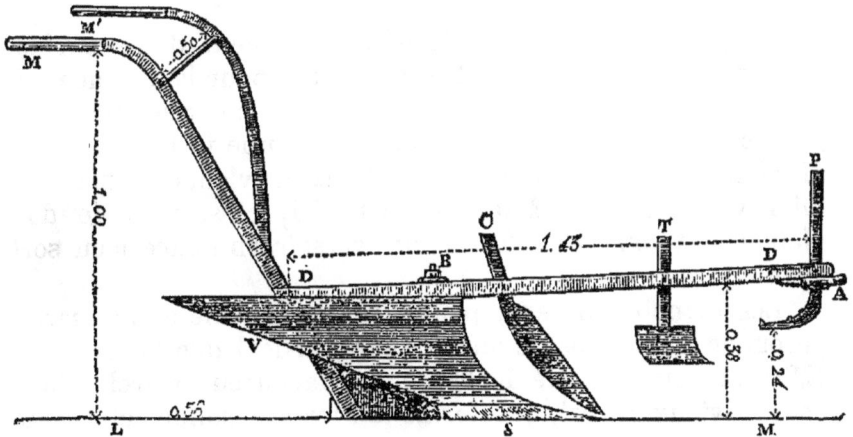

Fig. 100. *Côté droit de la charrue-fouilleuse de M. Demesmay.*

précédent sans la comprimer. C'est pour cela qu'il donne lieu à une moindre dépense de force. Les versoirs à surface hélicoïde n'arrivent pas au même résultat, bien qu'on en ait dit: sans mieux retourner la terre, ils la compriment contre le sillon précédent, au détriment de l'attelage, qui est obligé à un plus grand effort, et au détriment des végétaux, qui réclament une terre ameublie, et non une terre privée d'air par la compression. Tous ceux qui ont manié la charrue savent que la terre reste adhérente à une surface fort contournée comme une

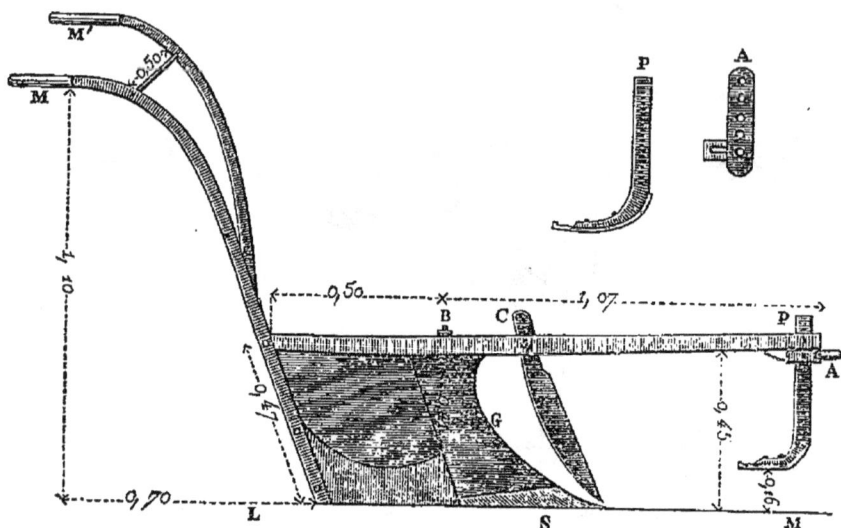

Fig. 101. *Côté gauche de la charrue-fouilleuse de M. Demesmay.*

hélice, tandis qu'elle se détache facilement d'une surface se rapprochant du plan. C'est ce qui a lieu pour la surface ici employée, et c'est d'une grande importance ; car un versoir dont la terre ne se dégage pas donne lieu à une forte traction. Pour les labours légers, toutes les surfaces conviennent ; mais, quand il s'agit de labours à $0^m,20$ ou $0^m,25$, et surtout de doubles labours à $0^m,30$ ou $0^m,40$, un versoir en hélice n'en sortirait pas.

Les mancherons sont placés sur la gauche de la charrue, le premier M est dans le même plan vertical que l'age, le second M' s'en trouve écarté de $0^m,50$. Le laboureur marche toujours sur le vieux guéret, qui forme un terrain solide, et dirige son outil sans aucune fatigue. Il trouve les mancherons à une hauteur convenable, quand il laboure à $0^m,20$ ou $0^m,25$ de profondeur ; mais la charrue devant faire un double labour et pénétrer à $0^m,35$, il faudrait relever les mancherons de $0^m,15$, ce que la construction rend possible.

Souvent on trouve convenable pour ce double labour de remplacer la charrue par une fouilleuse. Celle-ci est une charrue de grande dimension, dont on a coupé le versoir. Elle soulève et divise le sous-soc comme ferait une charrue, mais elle le laisse sur place sans le ramener à la surface.

Quand la charrue a retourné complètement une couche de $0^m,20$, on ameublit avec la fouilleuse une épaisseur de $0^m,15$, et les deux outils réclament à peu près la même force de traction. Une charrue qui remplacerait la fouilleuse dépenserait plus de force à cause de son versoir. Cependant deux chevaux pourraient encore la conduire ; mais il serait convenable de ne pas toujours leur faire conduire cette deuxième charrue, afin de répartir également la fatigue entre les deux attelages employés.

Quand on met du fumier en terre et qu'on fait fonctionner deux charrues dans le même sillon, l'homme chargé de distribuer le fumier suit la première charrue et précède la seconde, afin de placer le fumier entre deux terres, et pas au fond du sillon. Quand on fait fonctionner une charrue et une fouilleuse, l'épandeur de fumier suit la fouilleuse.

Labours superficiel. — Nous entendons par labours superficiels ceux qui ne pénètrent qu'à la profondeur de $0^m,08$ à $0^m,10$. En général, on en fait usage pour détruire et en enterrer les plantes nuisibles sur un champ en jachère; pour enfouir des engrais pulvérulents; comme dernier labour de préparation avant l'ensemencement; enfin, pour recouvrir les semences sous raies.

Les instruments que nous conseillons pour cette opération sont les charrues Rosé (fig. 86) et de Dombasle (fig. 64, n° 1), ainsi que la charrue Baudouin (fig. 87). Les deux premières devront être munies de leur avant-train, car les araires ne font jamais que des labours superficiels très imparfaits.

Largeur de la tranche de terre enlevée à chaque trait de charrue. — Cette largeur est, en général, déterminée par le degré de profondeur du labour. En effet, il importe de remplir deux conditions importantes : la première, que la tranche de terre soit renversée de manière qu'elle offre le plus de prise possible à l'action de la herse qui doit la pulvériser; la seconde, que les plantes nuisibles de la surface soient détruites. Or, la tranche de terre devant être inclinée sur un angle de 45°, il faut, pour qu'elle soit facilement placée dans cette position, que sa largeur soit dans de certaines proportions avec son épaisseur. Ainsi, plus épaisse que large, dans la proportion de 18 à 9 (A, fig. 102), par exemple, elle prendra difficilement le degré de renversement convenable : elle sera inclinée, mais non retournée, et le gazon restera à la surface. Si, au contraire, elle a beaucoup plus de largeur que d'épaisseur, par exemple, 0^m,50 sur 0^m,18 (B),

Fig. 102. *Dimensions des tranches de terre traversées par la charrue.*

elle sera complètement retournée et tombera à plat dans le sillon.

C'est donc entre ces deux limites qu'il a fallu chercher une proportion convenable, et l'on a reconnu que la largeur doit être à l'épaisseur comme 3 est à 2, c'est-à-dire que, si la tranche offre une épaisseur de 0^m,18, elle doit présenter une largeur de 0^m,27 (C).

Il y a cependant des exceptions à cette règle. Ainsi, lorsqu'il s'agit de labours très profonds, de labours de défoncement, par exemple, à 0^m,40 de profondeur, et faits d'un seul trait de charrue, on prend un peu moins de largeur, car une masse de terre de 0^m,40 de hauteur sur 0^m,60 de largeur serait difficilement remuée par la charrue et pulvérisée par la herse. On se contente, dans ce cas, d'une largeur d'un quart plus considérable que l'épaisseur. On suit la même proportion quand il s'agit d'ameublir un sol argileux compacte, parce que le sol, étant plus divisé, est plus facilement ameubli. Il en résulte, à la vérité, une augmentation de dépenses, car il faut, pour labourer un espace donné, un plus grand nombre de traits de charrue, mais il s'agit avant tout d'atteindre le but principal de l'opération : l'ameublissement du sol.

Degré d'inclinaison de la tranche de terre. — Ces proportions ne déterminent pas rigoureusement le degré de renversement de la tranche de terre; elles facilitent seulement une inclinaison convenable du labour. Il convient donc de rechercher les avantages de telle ou telle position de la tranche de terre.

Cette question a été longtemps controversée; mais enfin on a reconnu que le labour incliné sur un angle de 45° doit être préféré aux labours complètement renversés ou presque droits, pratiqués encore par quelques cultivateurs. En effet, si l'on se reporte au but général des labours, c'est-à-dire l'aération du sol, son ameublissement, la destruction des plantes nuisibles, on voit que le meilleur labour est celui qui offre le plus de superficie au contact de l'air, le plus de prise à l'action de la herse, le moins d'appui aux plantes nuisibles.

Le labour incliné sur un angle de 45° (A , fig. 103) offre ces diverses conditions. D'abord, la terre offre un développement

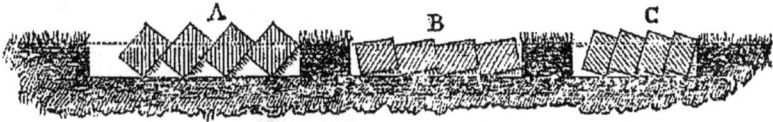

Fig. 103. *Tranches de terre renversées diversement par la charrue.*

superficiel double de celui d'un labour renversé (B) ou d'un labour droit (C), et, la différence qui existe à la superficie étant la même à la base de chaque tranche de terre, le premier labour offre quatre fois plus de surface à l'air que les deux autres. D'un autre côté, les angles prononcés du labour incliné facilitent singulièrement l'action de la herse et le mélange des différentes couches du sol. Dans les labours droits et renversés, on ne peut arriver au même résultat que par des hersages profonds et plusieurs fois répétés.

Enfin, les mauvaises herbes, placées dans la partie inférieure du labour incliné, sont dans une position telle, qu'elles doivent être étouffées par le tassement des terres. Celles de la partie supérieure, ayant très peu de points d'appui, peuvent facilement être arrachées par l'action de la herse et exposées aux gelées ou à l'ardeur du soleil. Dans les labours renversés, les racines de ces plantes seront bien, il est vrai, exposées à l'air et les tiges seront étouffées; mais les plantes vivaces à racines traçantes et qui, telles que le chiendent, repoussent en tous sens, ne pourront être extirpées qu'à l'aide de hersages aussi profonds que le labour, et par cela même fort dispendieux. Dans le labour dont les tranches sont presque droites, il reste assez de vide entre les tranches pour que l'herbe puisse repousser ; et le hersage ayant très peu de prise, il devient nécessaire de le multiplier outre mesure.

Direction des raies du labour. — Le plus ordinairement, les raies du labour sont dirigées parallèlement à la pente du terrain, afin de faciliter l'écoulement des eaux surabondantes ; mais, lorsque la surface à labourer présente une inclinaison un peu rapide, il devient utile d'avoir recours à un autre procédé. Trois modes différents se présentent.

Le premier consiste à labourer dans le sens de la pente ; mais, si l'attelage laboure facilement en descendant, en suivant la ligne G H, (fig. 104), par exemple, il éprouve une résistance considérable en remontant cette pente, en suivant la ligne I J. D'un autre côté, les terres meubles et les engrais sont entraînés

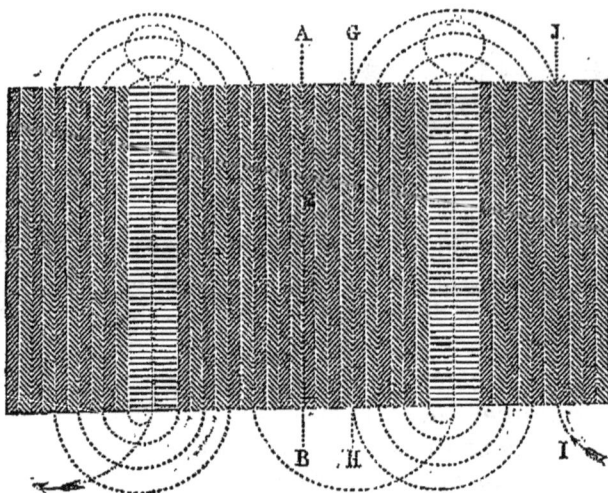

Fig. 104. *Labour suivant la pente du terrain.*

par les pluies d'orages et accumulés à la partie inférieure du terrain.

Le deuxième procédé consiste à labourer perpendiculairement à la pente. Supposons que l'inclinaison suive la ligne A B (fig. 105) les raies seront perpendiculaires à cette ligne. Mais cette

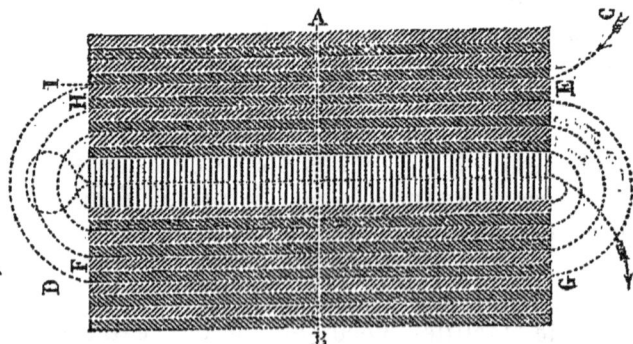

Fig. 105. *Labour perpendiculaire à la pente du terrain.*

direction n'est pas non plus sans inconvénients. En effet, en suivant la ligne D G, la charrue déplaçant la terre de gauche à droite, cette terre sera facilement renversée, puisqu'elle suivra dans son mouvement le sens de la pente du sol; mais, en revenant, la charrue suivra la ligne E H, elle renversera toute la terre dans le sens opposé à la pente, et la tranche de terre sera très difficilement retournée; le plus souvent même elle retombera dans la raie.

Pour obvier à cet inconvénient, on a imaginé des charrues construites de manière que, pouvant renverser alternativement la terre de gauche à droite et de droite à gauche, on puisse, en allant et en revenant, toujours renverser la terre dans la même direction du terrain.

Parmi les charrues à avant-train imaginées dans ce but, nous citerons comme la meilleure celle construite par M. Rosé, sous le nom de *charrue tourne-soc-oreille* (fig. 106). La modification

Fig. 106. *Nouvelle charrue tourne-soc-oreille de Rosé.*

principale consiste en une pièce mobile qui sert à la fois de soc, de coutre et de versoir, et qu'on peut placer à droite ou à gauche, selon le côté où l'on veut renverser la terre.

Plusieurs charrues simples ou araires ont été aussi construites pour cette destination. Nous considérons comme la meilleure la charrue à double soc de Dufour (fig. 107). Dans cet instrument, les deux socs, accompagnés de leur versoir et de leur coutre, tournent sur un pivot vertical et se présentent successivement en avant, en abaissant la pointe du soc qui doit travailler et relevant celle qui doit rester en repos.

On conçoit facilement qu'à l'aide de telles charrues, en suivant pour le labour la ligne G D (fig. 105), on renversera la tranche de terre dans le sens de la pente; en revenant, on pourra suivre la ligne F, et la tranche de terre tombera encore dans le même sens. On évitera ainsi l'inconvénient des tranches de terre renversées dans un sens contraire à la pente du terrain.

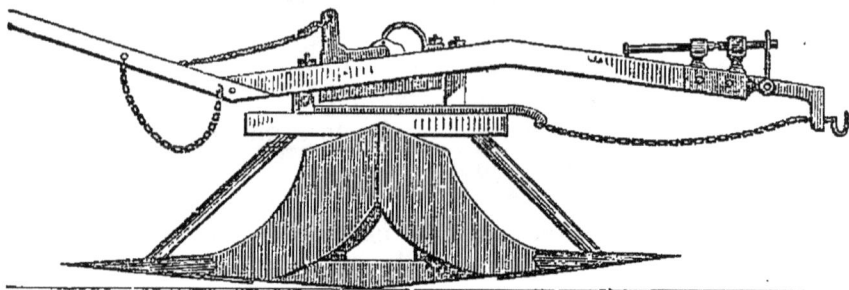

Fig. 107. *Charrue à double soc de Dufour.*

Toutefois, cette pratique n'est pas sans inconvénients ; car, les tranches étant toujours renversées de haut en bas , les terres du sommet sont peu à peu descendues à la base, et, au bout d'un certain temps , le sommet du champ se trouve presque entièrement privé de terre arable. Pour y remédier en partie, tout en se servant des charrues dont nous venons de parler, on a imaginé un troisième procédé qui consiste à ouvrir les raies du labour dans une direction oblique par rapport à la pente du

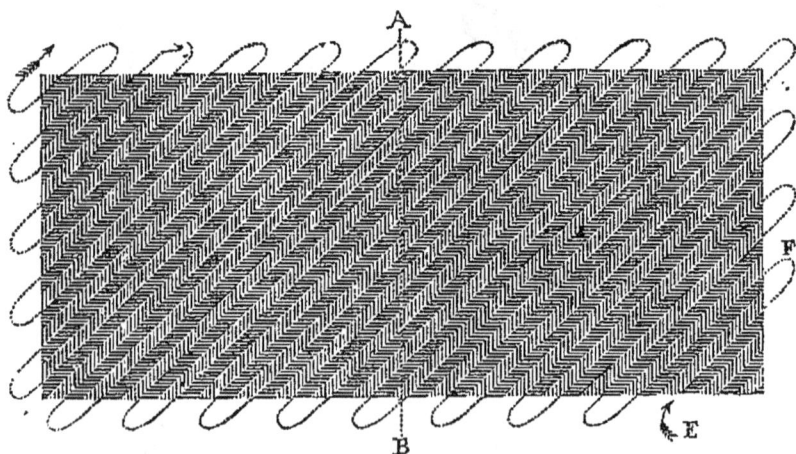

Fig. 108. *Labour oblique de gauche à droite.*

terrain. Ainsi, cette pente suivant la ligne A B (fig. 108), les raies du labour formeront un angle d'environ 45° avec elle. Il est essentiel de diriger l'obliquité des raies vers la droite, afin

que les bandes de terre soient toujours renversées dans le sens
de la pente, soit en montant, soit en descendant. Il est bien entendu qu'on prend la première raie en montant en E, puis une
seconde en descendant en F, et ainsi de suite jusqu'à l'angle
opposé du champ. Si, au contraire, on dirigeait l'obliquité des
raies vers la gauche de E en F (fig. 109), la charrue verserait

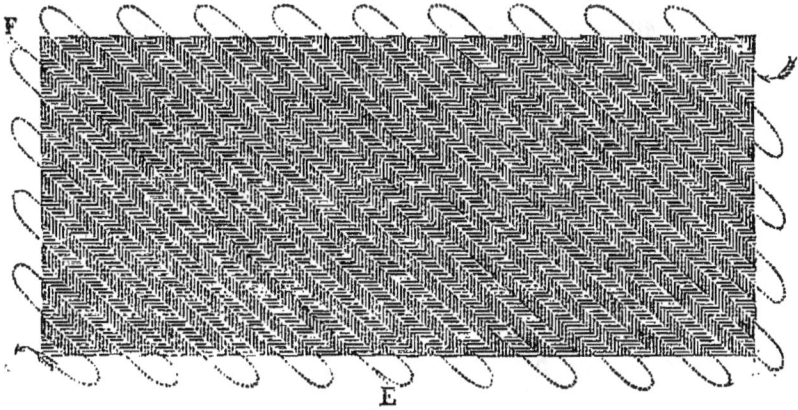

Fig. 109. *Labour oblique de droite à gauche.*

toutes les tranches du côté opposé à la pente, ce qui fatiguerait
l'attelage, tout en donnant un labour imparfait.

Ce procédé présente, en outre, cet avantage que l'eau des
pluies abondantes ou des fontes de neiges est conduite jusqu'à
la base du champ par une pente moins rapide que dans les
labours à raies parallèles à l'inclinaison du sol, et le terrain est
moins promptement dégradé. En second lieu, les terres meubles et les engrais du sommet sont plus difficilement entraînés
vers la base.

Forme du labour ou *conformation de la surface labourée.* — Suivant les circonstances, mais le plus souvent sans autre motif
que les habitudes locales, on laboure tantôt en *billons,* tantôt en
planches, tantôt *à plat.*

Labourer *en billons,* c'est partager le terrain en planches plus
ou moins bombées, divisées par des rigoles d'écoulement profondes. Trois labours au moins sont nécessaires pour former
des billons. Le premier ouvre des sillons parallèles dans la
longueur et de chaque côté de la planche, les uns renversés à
droite, les autres à gauche; c'est-à-dire que si l'on commence
par lever une première bande en C (fig. 105), on revient en
prendre une seconde en D, puis une troisième en E à côté de

la première, une quatrième en F à côté de la seconde, et ainsi de suite en déversant la terre toujours de gauche à droite de manière à laisser en définitive deux raies vides au milieu, ainsi qu'on le voit en A et en B dans la figure 110, coupe verticale de la fig. 105. Cette première opération s'appelle fendre ou *enrayer* la terre.

Fig. 110. *Enrayement d'un billon.*

Le second labour commence vers le milieu de la planche; en sorte que les deux premières tranches (A et B, fig. 111, 115, 116) sont appuyées l'une contre l'autre à la place primitivement occupée par les deux premières raies. On continue de verser toutes les autres bandes de terre vers le milieu du billon jusqu'à ce qu'on arrive aux deux côtés, où il reste nécessairement deux raies ouvertes (C, D, fig. 111). Cela s'appelle *endosser* ou *enrayer*. On conçoit qu'en endossant ou en enrayant plusieurs fois de suite les mêmes billons, on leur donne une forme plus ou moins bombée (fig. 112).

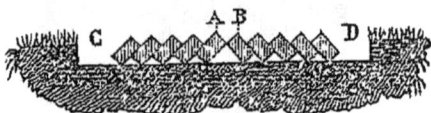

Fig. 111. *Endossement d'un billon.*

Fig. 112. *Billon endossé une deuxième fois.*

Fig. 113. *Billons simples.*

Fig. 114. *Billons composés.*

Les billons sont tantôt *simples*, tantôt *composés*. Ils sont simples lorsqu'ils ne présentent qu'un seul segment de cercle entre deux raies creusées au même niveau (fig. 113). Il y a des billons simples formés de deux traits de charrue seulement, c'est-à-dire d'environ 0^m,66 de large. Quelquefois on leur donne jusqu'à 10 mètres de largeur. Les billons composés (fig. 114) sont subdivisés en trois billons plus petits, séparés par des rigoles (A B) moins profondes que les deux principales, creusées à des niveaux différents de celles-ci et sur la double pente du grand billon. Du reste, cette disposition est rarement usitée. De même qu'il y a des billons de toutes grandeurs, depuis 0^m,66 jusqu'à 10 mètres, de même, il y en a de toutes les hauteurs, depuis ceux qui sont presque plats jusqu'à ceux qui s'élèvent à plus de 0^m,66.

Les avantages des labours en billons sont d'augmenter artificiellement l'épaisseur en terre végétale des sols peu profonds, et de les faire jouir des avantages des labours profonds; ce qui permet d'y introduire la culture des plantes sarclées. En outre, l'humidité n'y est jamais trop grande ni la sécheresse redoutable, parce que la terre meuble du dessous conserve et communique pendant longtemps sa fraîcheur aux racines. Enfin, dans les temps de pluie, ces terres sont promptement égouttées.

Mais on reproche à ce mode de labour les graves inconvénients suivants :

1° La meilleure terre est inutilement amassée dans le milieu, et se trouve, peu à peu, mise hors de la portée des racines par la profondeur à laquelle elle est enfouie.

2° Si le sommet des billons est à l'abri d'une trop grande quantité d'humidité, les bas côtés y sont d'autant plus exposés que l'eau s'accumule dans les rigoles, et que, les billons étant toujours parallèles entre eux, il est plus difficile de faire des saignées suivant les différentes pentes de terrain.

3° Dans les temps de sécheresse, lorsqu'il survient une pluie d'orage, celle-ci, ne pouvant pénétrer dans la croûte durcie qui forme la surface du sol, ne fait que glisser à la superficie; les rigoles deviennent trop petites pour contenir l'eau qui s'y écoule, et le sommet du billon reste presque aussi sec qu'avant la pluie.

4° Lorsque les billons sont dirigés de l'est à l'ouest, les récoltes sont toujours moins belles et toujours plus tardives du côté du nord que du côté du midi.

5° Avec de hauts billons, les labours croisés, si utiles quelquefois pour l'ameublissement des terres compactes, deviennent impraticables.

6° Le fumier, tendant toujours à s'accumuler dans le fond des rigoles, y est réparti d'une manière très inégale, et il en est de même des sucs extractifs de tous les engrais qui y sont répandus.

7° Les semences y sont généralement mal répandues ; elles tendent aussi à se réunir en plus grand nombre sur les bas-côtés.

8° Il devient presque impossible d'y faire usage d'un certain nombre d'instruments perfectionnés, tels que l'extirpateur, le scarificateur, qui, dans un temps donné, font quatre fois plus d'ouvrage que la charrue.

9° Le hersage y est difficilement pratiqué. Le hersage en

rond, si utile pour enlever les racines traçantes des plantes nuisibles, y est impossible.

10° Le charroi des récoltes s'y fait avec peine.

11e Le faucheur et le faneur y accomplissent leur travail avec beaucoup plus de difficulté. On n'y peut faire usage du grand râteau, qui rend tant de services lors de la moisson; les andains et les gerbes tombent dans les sillons, et, s'il survient une pluie, ils sont exposés à s'y gâter.

12° La démolition et la reconstruction annuelle de ces billons demande une grande habitude de la part du laboureur; la difficulté de ces travaux complique l'opération et exige un temps plus considérable que pour les autres sortes de labour.

13° Enfin, la multiplicité des rigoles occasionne une perte de terrain qui peut équivaloir, dans les billons étroits, au quart environ de la surface totale du terrain.

En face de ces nombreux inconvénients, nous conclurons que ce mode de labour ne devrait être employé qu'exceptionnellement et non former la règle générale, comme on le voit presque partout aujourd'hui dans les conditions de sol et de climat les plus différentes.

Labours en planches. — Si après avoir fendu ou enrayé un terrain et l'avoir endossé ou enrayé une seule fois, on le laisse dans cet état, on aura un labour plat, partagé en parallélogrammes plus ou moins larges et divisés par deux rigoles moins profondes que pour les billons (fig. 115 et 116). On donne à ce labour le nom de *labour en planches.* Pour pratiquer cette sorte de labour, on divise le champ en autant de parties que sa largeur contient de fois la dimension adoptée pour les planches. On se sert, pour ce travail, de l'une des charrues ordinaires que nous avons précédemment décrites, et qui versent alternativement la terre à droite et à gauche.

Labours à plat. — Quand la surface d'un champ a été labourée tout entière de manière à être parfaitement unie, on la dit labourée à plat (fig. 117 et 118). L'espèce de charrue la plus convenable est la charrue Rosé tourne-soc-oreille, ou encore la charrue à double soc de Dufour. Il faut, en effet, pour obtenir cette sorte de labour, que la charrue jette constamment la terre du même côté de l'horizon, soit en allant, soit en revenant. Ainsi, si l'on ouvre la première raie en A, la terre sera jetée à droite du champ. Arrivé à l'extrémité de la raie, on prendra la raie B, et, en raison de la conformation spéciale de la charrue, cette nouvelle bande de terre sera renversée sur la première, et ainsi de suite jusqu'à l'extrémité du champ. La charrue ordinaire ne pourrait être employée à ce travail, parce qu'elle renverse alternativement la terre de chaque raie à droite et à gauche.

Si maintenant nous comparons ces deux derniers labours avec

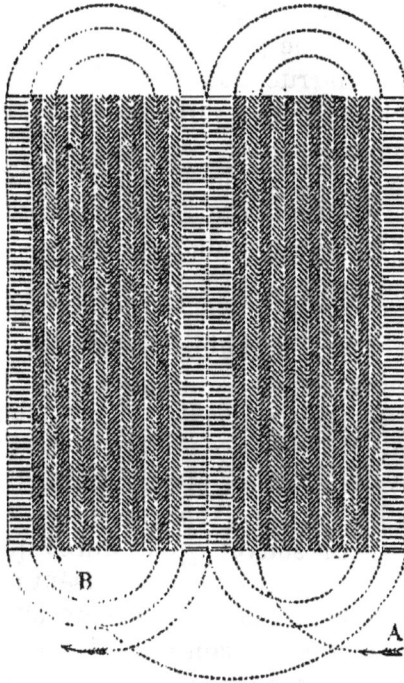

Fig. 117. *Labour à plat.*

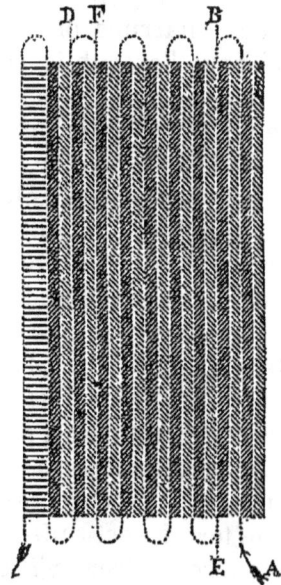

Fig. 115. *Labour en planches.*

Fig. 118. *Coupe verticale de la fig.* 117

Fig. 116. *Coupe verticale de la fig.* 115.

le labour en billons, nous voyons qu'ils ne présentent aucun de ces inconvénients. L'écoulement des eaux s'obtient toujours bien plus facilement au moyen de raies qu'on trace après avoir accompli l'ensemencement, et auxquelles on donne la direction la plus convenable, ce qui n'a pas toujours lieu pour les rigoles des billons. D'un autre côté, ces raies d'écoulement peuvent être multipliées dans les points où elles sont nécessaires, et supprimées là où elles sont inutiles. Il y a ainsi moins de perte d'espace.

Toutefois, les labours à plat et en planches ne sont pas non

plus sans quelques inconvénients. Pour pratiquer le premier,
on est obligé de se servir de charrues spéciales, qui s'éloignent
toujours de la perfection que peut atteindre un instrument construit pour verser la terre d'un seul côté. Il en est résulté qu'on
a préféré, en général, le labour en planches, qui permet l'emploi des charrues ordinaires, et que le labour à plat a été réservé pour l'ameublissement des terrains en pente rapide.

Le labour en planches occasionne une perte de temps qui résulte du trajet alternatif que la charrue doit faire d'un côté à
l'autre de la planche, après chaque trait, puisque ceux-ci ne
peuvent être pris à côté les uns des autres, à l'exception des
deux premiers, qui sont placés au centre de la planche. Mais,
en ayant soin de ne pas tracer des planches d'une trop grande
largeur, cet inconvénient n'a pas une grande importance, et il
est d'ailleurs plus que compensé par les autres avantages qui résultent de cette sorte de labour. Aussi sommes-nous d'avis qu'on
devra généralement le préférer pour l'ameublissement des surfaces horizontales ou peu inclinées.

État convenable du sol pour pratiquer les labours. — Les labours
ne peuvent procurer les avantages qu'on en attend qu'autant
que le terrain est suffisamment sec, friable, et qu'il a de la tendance à se diviser. S'il est trop humide, le labour ne fait que des
tranches ou bandes qui deviennent souvent plus dures que le
terrain ne l'était avant l'opération, et qui ne se divisent qu'en
grosses mottes difficiles à briser. Un tel labour ne peut détruire
les mauvaises herbes; il en augmente au contraire le nombre,
en divisant les racines traçantes des espèces vivaces. Enfin, les
récoltes sont toujours chétives et peu productives.

Si le sol est trop sec, le labour peut, avec des soins, ne pas
avoir de résultats fâcheux, mais il devient très pénible pour les
hommes et les animaux. Il convient donc, surtout pour labourer
des sols tenaces, de choisir le moment où la terre offre le degré d'humidité convenable.

Nombre des labours. — Quant au nombre de labours qu'exige
un ameublissement convenable, il est déterminé, d'une part,
par la nature plus ou moins consistante du sol, et, de l'autre,
par les besoins particuliers de chaque espèce de récoltes. Nous
les indiquerons en traitant de la culture spéciale des diverses
espèces de plantes, ainsi que l'époque favorable pour les exécuter.

Ce que nous pouvons dire dès à présent, c'est que les terres
argileuses demandent des labours d'autant plus multipliés
qu'elles sont plus compactes. Les terres légères, les sols sili-

ceux surtout, beaucoup plus perméables à l'air et exposés à perdre par l'évaporation leur humidité et leurs gaz fertilisants, en réclament de beaucoup moins nombreux.

On doit aussi diminuer, autant que possible, le nombre des labours sur les terrains en pente rapide; car ils contribuent à faire ébouler vers la base la terre meuble et fertile du sommet.

Prix de revient des labours. — Nous croyons devoir terminer tout ce qui a trait aux labours en donnant un aperçu de la dépense à laquelle cette opération peut donner lieu. Ces indications, qui ne doivent être considérées que comme des moyennes, sont pour une surface d'un hectare :

Labours de défoncement de 0^m,40 à 0^m, 50 de profondeur...	A la pioche, dans un sol caillouteux offrant beaucoup de racines d'arbres....................	2,000 f »
	A la bêche et à la pioche, dans un sol argileux offrant beaucoup de racines d'arbres..........	1,000 »
	A la pioche, sol caillouteux....................	900 »
	A la bêche, terre franche.....................	300 »
	A la grande charrue, d'un seul coup, dans un sol compacte......................	160 »
	A la grande charrue, d'un seul coup, dans un sol léger...................	125 »
	Avec deux charrues agissant consécutivement....	115 »
	Avec la charrue et la bêche....................	180 »
	Avec la charrue ordinaire et la charrue sous-sol...	29 »
Labours ordinaires, de 0^m,14 à 0^m,28 de profondeur........	A la charrue, dans un sol compacte............	40 »
	A la charrue, dans un sol léger...............	20 »
	A la charrue, défrichement de luzernes ou autres..	30 »
Labours superficiels, de 0^m,08 à 0^m,10 de profondeur........	A la charrue, dans les différents sols...........	14 »

DU HERSAGE.

L'opération qui succède ordinairement au labour est le hersage. Il est employé dans les trois circonstances suivantes : 1° comme complément du labour pour pulvériser et ameublir la terre; 2° pour enlever après le labour les racines traçantes des plantes vivaces; 3° pour enterrer les semences à une profondeur convenable, et les répartir plus également sur toute la surface du sol.

Occupons-nous d'abord des deux premiers résultats; nous étudierons le troisième en traitant de l'ensemencement des diverses sortes de récoltes.

Pour pulvériser la terre, on herse tantôt en long, c'est-à-dire dans le sens des sillons, tantôt perpendiculairement à ces mêmes sillons, quelquefois on donne un hersage croisé. Ces trois procédés peuvent être utilement employés suivant les circonstances.

Le hersage le moins énergique est celui qui est pratiqué en long. On ne l'emploie que pour les sols légers, faciles à pulvériser. Celui qu'on donne perpendiculairement aux sillons est plus énergique, mais celui qui agit avec le plus d'intensité est le hersage croisé, parce qu'aucune motte de terre ne peut échapper à son action; on devra le préférer pour les sols compactes, tenaces, difficiles à diviser.

Quant au nombre des hersages nécessaires, il est déterminé par l'exigence des récoltes, et surtout par le degré d'adhérence du sol. Les terrains légers ont besoin de hersages moins multipliés que les sols compactes, dont les mottes acquièrent, en se desséchant, une dureté telle, qu'elles résistent toujours aux effets d'un premier hersage.

L'état de sécheresse ou d'humidité de la terre influe beaucoup sur la perfection de ce travail, surtout dans les sols argileux. Lorsque ces terrains sont trop humides, les mottes de terre fléchissent sous l'action de la herse et ne se pulvérisent pas. Si, au contraire, ils sont trop secs, leurs mottes ont trop de consistance.

Le hersage est aussi employé pour purger le sol des racines traçantes des plantes vivaces détachées par le labour. Le mode le plus convenable est le *hersage en rond*; les racines sont bien plus facilement saisies par les dents de la herse que si l'on hersait en long ou en travers.

De la herse. — La herse se compose, en général, d'un châssis en bois, horizontal et pourvu, en dessous, de dents en bois ou en fer de force variable, plus ou moins inclinées en avant, et qui sont tantôt cylindriques, tantôt tranchantes comme le coutre de la charrue. Elle est dépourvue de roues et traînée sur le sol par les animaux de travail.

La forme et la force de la herse varient en raison de la nature et de l'état du sol, de sa surface horizontale ou labourée en billons, des résultats particuliers que l'on veut obtenir. Toutefois, il importe qu'elle soit construite d'après les principes suivants : 1° les dents doivent être assez éloignées les unes des autres pour que la terre ne s'amasse pas dans leur intervalle ; 2° il faut que ces dents soient placées à une égale distance les unes des autres ; 3° chacune d'elles doit faire sa raie particulière.

Dans la plupart des herses triangulaires, cette dernière condition n'est pas observée : les dents y sont placées de telle sorte, que celles de la troisième traverse (*g*, fig. 119) passent dans les raies tracées par les dents de la première (*d*). Il en résulte qu'une partie des dents demeurent inutiles, puisque les mottes que la première rangée a touchées sont ou brisées ou jetées de côté, et ne sont plus atteintes par celles qui suivent. Cet inconvénient existe aussi dans la plupart des herses quadrangulaires.

Fig. 119. *Herse triangulaire.*

On peut, à la vérité, pour celles-ci, diminuer ce défaut en attachant les traits, non au milieu de la traverse, antérieure de la herse, mais un peu de côté, afin que l'instrument marche en biais; mais on fait alors naître un autre vice : c'est que la partie du terrain sur laquelle il ne passe qu'un angle de la herse est moins travaillée que les autres, et qu'on est obligé de repasser sur cette partie, ce qui augmente le travail.

Les herses de même forme présentent ordinairement deux degrés de force différente : il y a la *grande* et la *petite* herse.

La petite herse, ordinairement très légère, est munie de dents en bois. Elle est employée pour les sols légers, et toutes les fois que l'on ne veut pas que les dents pénètrent profondément dans le sol. On l'utilise aussi dans les terrains compactes, lorsque, quoique déjà divisés, ils offrent encore beaucoup de petites mottes; on herse alors en rond et au trot, pour que la vivacité du choc supplée au manque de pesanteur. Si l'on veut même diminuer encore l'effet de cette petite herse en donnant moins d'entrure à ses dents, il suffit d'atteler les chevaux du côté opposé à la direction de celles-ci.

La grande herse est composée de fortes pièces de bois garnies de dents en fer, quadrangulaires ou disposées en coutre, et pesant souvent un kilogramme. Elle sert à déchirer le gazon des défrichements ou à diviser le sol après le labour dans les terrains tenaces.

Parmi les diverses sortes de herses imaginées pour le hersage des terrains plus ou moins horizontaux, celle dont nous conseillons surtout l'usage est la *herse oblique* de M. de Valcourt (fig. 120 et 121).

Elle présente 1m,46 de long sur une largeur égale. Les dents sont placées à 0m,26 les unes des autres sur les timons. Les chevaux y sont attelés au moyen d'une chaîne fixée aux deux angles antérieurs, et sur laquelle on accroche la volée des chevaux, non pas au milieu de cette chaîne, mais un peu sur le côté, de manière à donner à la herse l'obliquité qui lui est nécessaire pour que les lignes tracées par ses dents soient également espacées entre elles, et qu'elles occupent toute la surface du terrain. On reconnaît que cette herse est dans une direction convenable lorsque les deux pièces de bois (A), placées diagonalement sur

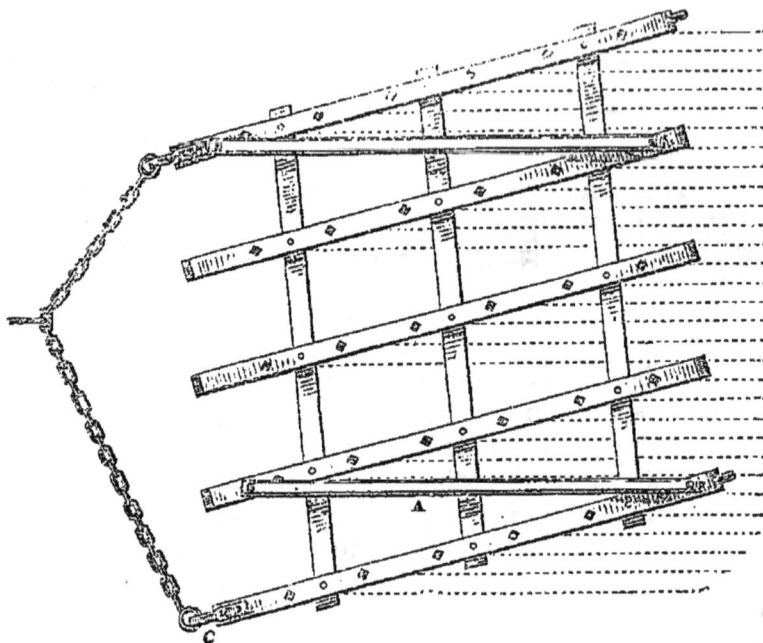

Fig. 120. *Herse oblique de Valcourt.*

les timons, cheminent parallèlement à la ligne de direction de l'instrument.

Cette herse présente les deux modèles de force différente dont nous avons parlé.

Dans la petite herse, les dents sont en bois; on peut atteler les chevaux soit en avant, soit en arrière, de manière à augmenter ou à diminuer son action. Le prix de cette petite herse, fabriquée à la ferme modèle de Grignon, est de 20 francs.

Fig. 121. *Profil de la herse oblique de Valcourt.*

Les fig. 120 et 121 représentent la grande herse; les dents, en fer, sont quadrangulaires. Deux crémaillères (C, fig. 121), placées à chacun des angles antérieurs, servent à augmenter ou à diminuer l'entrure. Le prix de cette herse, fabriquée à Grignon, est de 95 fr.

A l'aide de ce mécanisme bien simple, on peut opérer les hersages les plus difficiles et ceux qui exigent le moins de force.

Souvent, dans le but de gagner du temps, on fait fonctionner plusieurs herses de front en les fixant les unes aux autres. La herse de M. de Valcourt se prête très bien à cette pratique. Il suffit, comme on le voit dans la fig. 122, de réunir les herses au moyen de tringles en fer fixées par des boulons articulés qui permettent aux herses de suivre les ondulations de la surface du sol sans cesser d'agir sur toute l'étendue qu'elles embrassent.

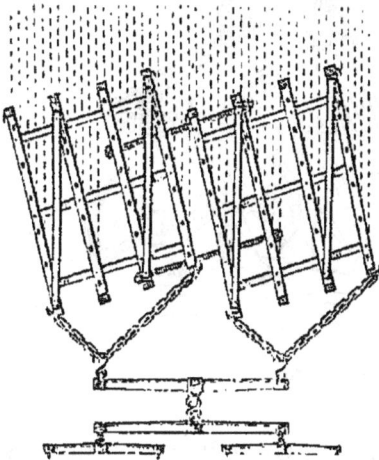

Les herses dont nous venons de parler perdent chaque jour de leur importance depuis que l'on a imaginé des sortes de hérissons tournant sur un axe commun, et qui produisent sur le sol un effet plus complet que les herses à traîner. Celui de ces nouveaux instruments qui donne les meilleurs résultats est incontestablement la *herse suédoise* (fig. 123).

Fig. 122. *Herse double de Valcourt.*

Notre figure nous dispense de donner une longue description de cet instrument. On comprend que les organes qui agissent sont ces trois hérissons placés parallèlement les uns derrière les autres, de façon que leurs dents s'entrecroisent. Chaque hérisson se compose d'un certain nombre d'anneaux indépendants les uns des autres, tournant sur l'axe commun et portant en manière d'étoile des dents de $0^m,12$ à $0^m,18$ de longueur; les dents et anneaux sont en fonte d'une seule pièce.

Les trois roues qui supportent l'instrument ont leurs axes mobiles dans le sens vertical. Le conducteur, en tournant à droite ou à gauche le croisillon placé à l'arrière, peut abaisser ces roues de manière à soulever l'instrument de $0^m,08$ à $0^m,10$ hors de terre, comme il peut aussi les relever de telle sorte que tout le poids de la machine, portant sur les hérissons, force les dents de ceux-ci à entrer dans le sol presque jusqu'à l'anneau. Il résulte de l'ensemble de cette disposition que, dans le mouvement de progression de cette machine, les dents entrent en terre et en sortent d'une façon particulièrement favorable à l'ameublissement de la surface.

Dans les localités où l'on laboure en billons, une herse de la grandeur de celles dont nous venons de parler ne pourrait pas

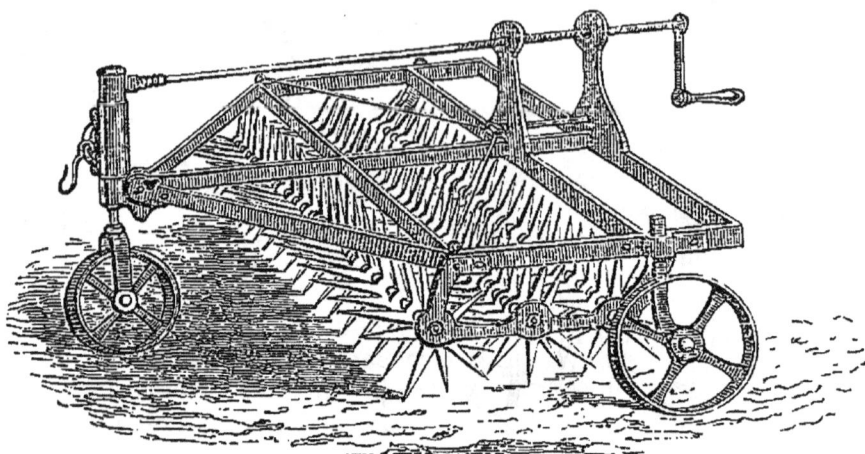

Fig. 123. *Herse suédoise.*

opérer sur toute la surface des billons. On a imaginé, pour ces cas, les herses suivantes :

Dans le département d'Indre-et-Loire, on se sert de la herse courbe (fig, 124), composée de deux pièces de bois parallèles

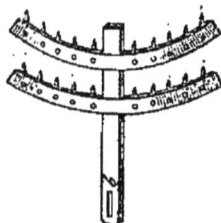

Fig. 124. *Herse courbe.*

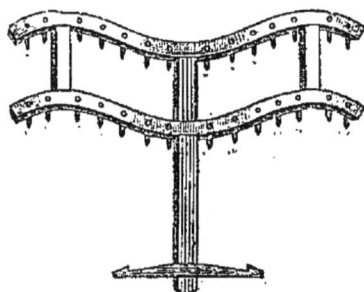

Fig. 125. *Herse à double courbure.*

de 0m,033 de courbure et d'une longueur proportionnée à la largeur des billons. Son manche est percé en *b* pour recevoir l'attache d'un premier.

On emploie, dans la même contrée, la herse à double courbure (fig. 125), qui permet de herser deux billons à la fois.

La herse double courbe (fig. 126) a été imaginée dans le même but. Elle se compose de deux petites herses réunies latéralement par deux anneaux en fer dont l'un est un peu plus grand que l'autre. A la partie postérieure de l'instrument sont deux cordes venant aboutir à un bâton transversal, qui sert de manche pour diriger les herses et les soulever, s'il est besoin de les débarrasser des herbes qu'elles entraînent.

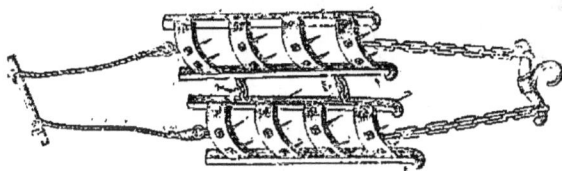

Fig. 126. *Herse double courbe.*

La plupart des herses doivent être accompagnées d'un traîneau semblable à celui indiqué par la fig. 76, page 195, destiné à les transporter de la ferme aux champs ; ce traîneau n'est cependant pas nécessaire pour la herse de M. de Valcourt, les deux pièces de bois A (fig. 120) permettant de la renverser et de la faire glisser sur le sol.

Quant au prix de revient du hersage pour un hectare, il peut être évalué à 2 fr. 75 c. par tour de herse dans les sols compactes, et à 2 fr. 55 c. dans les terrains légers.

DU ROULAGE.

Le roulage est aussi une opération complémentaire du labour pour l'ameublissement du sol. Il a pour but de briser les mottes qui n'ont pas été pulvérisées par la herse, ou de les enfoncer un peu dans le sol afin qu'elles soient plus facilement soumises à l'action d'un second hersage. Le roulage est aussi employé, au printemps, soit pour comprimer sur les racines la terre soulevée par les gelées, soit pour affermir le sol après l'ensemencement, ou encore pour écraser les insectes répandus dans la couche superficielle du sol. Nous nous occuperons de ces derniers résultats en traitant de la culture des diverses sortes de récoltes, et nous n'envisagerons ici le roulage qu'au point de vue de l'ameublissement de la couche arable.

C'est surtout dans les terres argileuses, compactes, que le rouleau est utile, afin de briser les mottes trop adhérentes pour être divisées par la herse ; mais, pour qu'il produise de bons résultats, il ne faut pas que la terre soit trop humide, car, ou elle s'attache au rouleau, ou bien les mottes ne sont qu'aplaties : l'opération est alors plus nuisible qu'utile.

Labourer, herser, rouler, herser de nouveau, forment une série d'opérations qui ameublissent bien mieux les sols compactes que deux ou trois labours, suivis de hersages sans l'emploi du rouleau. Les mottes de terre, divisées en très petits fragments, se laissent bien plus facilement pénétrer par les premières pluies. Dans les terres légères, l'emploi du rouleau devient inutile, parce que les mottes, ayant peu de consistance, sont facilement désunies par un premier hersage.

Du rouleau. — Le roulage s'opère à l'aide d'un cylindre ordinairement en bois dur, tournant dans un cadre ou à l'extrémité d'un brancard que traînent des animaux (fig. 127 et 128). On fait des rouleaux de longueur et de diamètre différents ; plus le diamètre est grand et la longueur petite, plus l'action du rouleau est forte.

En général, les rouleaux qu'on emploie ont une longueur trop considérable et un diamètre trop petit. Ainsi, un rouleau en bois de 0m,33 de diamètre et de 2m. de longueur ne produit que bien peu d'effet sur les terres fortes.

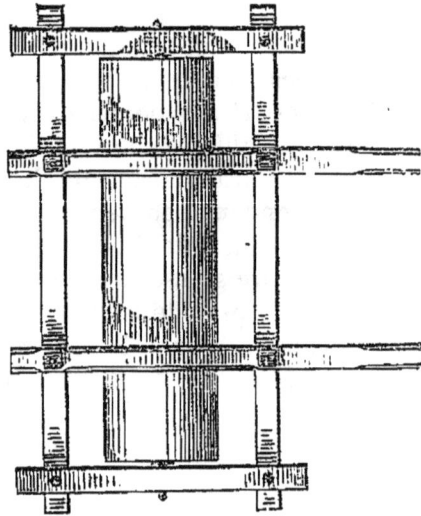

Fig. 127. *Rouleau ordinaire.*

Pour qu'un rouleau de bois produise une action sensible sur les sols compactes, il faut qu'il ait de 0m,40 à 0m,50 de diamètre

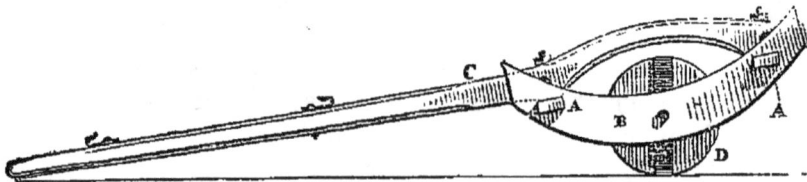

Fig. 128. *Vue de côté du rouleau ordinaire.*

sur 1m. de longueur. Un rouleau ainsi construit coûte environ 80 fr. Le travail exécuté avec ces sortes de rouleaux est moins prompt, parce que l'on est obligé de faire plus de tours sur un espace donné, mais aussi l'opération est bien plus suffisante.

On fait quelquefois des rouleaux en pierre, auxquels on donne 0m,27 de diamètre sur 1m. de longueur. Leur effet est beaucoup plus intense et plus égal que celui d'un rouleau plus long.

Les rouleaux offrant le plus souvent une surface unie, on a remarqué que leur action était insuffisante dans les sols com-pactes surpris par la sé-cheresse après le la-bour, et l'on a imaginé de les revêtir de dents ou de disques qui, agis-sant sur chaque motte de terre, détruisent leur cohésion.

Parmi les rouleaux pourvus de dents, l'un des meilleurs est celui indiqué par la fig. 129. Il est tout en fonte, sauf le châssis, qui est en bois. Il coûte 200 fr.

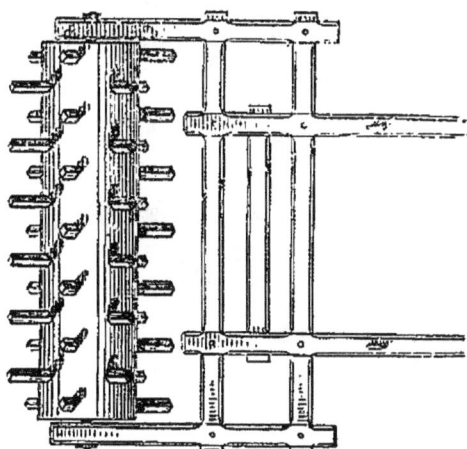

Fig. 129. *Rouleau brise-mottes.*

Le rouleau à disques qui a donné jusqu'à présent les meilleurs ré-sultats est celui ima-giné par de Dombasle sous le nom de *rouleau-squelette* (fig. 130). Il est, comme le précédent, construit en fonte, à l'exception du cadre et du timon, qui sont en bois. Son poids est de 250 kil. Il est formé par des côtés ou arêtes cir-culaires et tranchantes qui coupent les mottes en même temps qu'elles les écrasent. Son prix est de 160 fr.

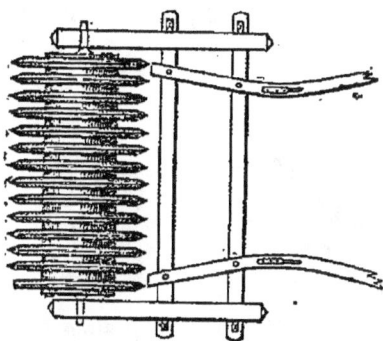

Fig. 130. *Rouleau squelette de Dombasle.*

Enfin, le *rouleau Crosskill* (fig. 131), imaginé après le rouleau à disques, est plus énergique encore que ce dernier. Cet ins-trument se compose de 21 disques en fonte, indépendants, largement dentés et mobiles sur un axe commun. 10 de ces disques ont un diamètre de 0m,60, et 11 en ont un de 0m,67. Ils occupent sur l'essieu une longueur de 1m,60. Le poids de tout le système est de 1,000 kilogrammes, et son prix est de 300 francs.

Pour les terrains labourés en billons, le rouleau cylindrique présente de grands inconvénients. Si le tirage se fait dans la direction du labour, le rouleau ne porte que sur le sommet des billons ; s'il est fait en travers, la marche de l'instrument n'offre qu'une suite de ressauts qui fatiguent beaucoup les bêtes de trait. M. de Gasparin conseille dans ce cas l'usage du rouleau imaginé par M. Malingié (fig. 132), et qui consiste en un arc de

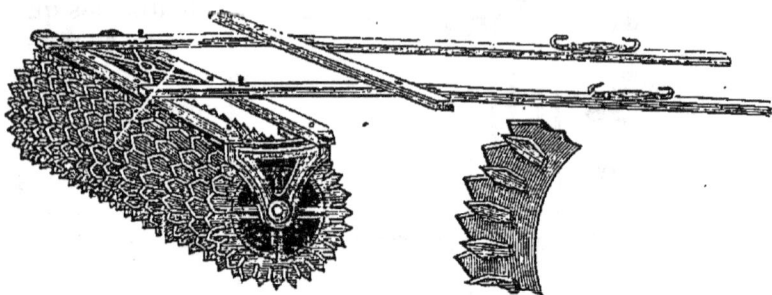

Fig. 131. *Rouleau Crosskill.*

fer coudé portant des rondelles en pierre ; la longueur du rouleau est égale à la largeur du billon ; il est monté sur un châssis en bois, et deux chevaux, attelés à ses extrémités, marchent de front dans les rais de séparation.

Quant au prix de revient du roulage, il varie suivant la consistance du ter-

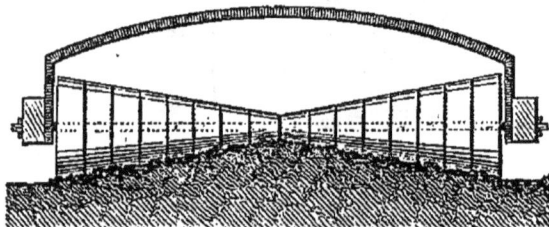

Fig. 132. *Rouleau Malingié.*

rain. Il peut être évalué, en moyenne, à 2 fr. 50 c. par tour de rouleau dans les terrains compactes, et à 1 fr. 50 c. dans les sols légers.

DU BINAGE.

Le binage se rapproche beaucoup du hersage. Il a pour but principal de rompre, de pulvériser, jusqu'à la profondeur de $0^m,05$ à $0^m,08$, la croûte qui se forme à la surface des terrains abandonnés à eux-mêmes.

Ses effets les plus importants sont les suivants :

Il empêche l'action de la sécheresse sur le sol, et voici com-

ment on l'explique : la chaleur du soleil dessèche la terre
d'autant plus profondément que celle-ci est plus affermie ; les
particules qui la composent étant en contact immédiat les unes
avec les autres, celles de la surface réparent l'humidité qu'elles
perdent aux dépens de celles qui sont placées immédiatement
au-dessous; celles-ci produisent le même effet sur les particules
inférieures, et, de proche en proche, la sécheresse parvient à
de grandes profondeurs. Si, à l'aide du binage, on ameublit
la superficie du sol, celle-ci perd bien toujours son humidité ;
mais, comme elle n'est plus adhérente à la partie inférieure,
elle ne peut plus réparer à ses dépens la perte qu'elle a éprouvée. Elle reste donc interposée entre l'action du soleil et la couche inférieure, au desséchement de laquelle elle devient un
obstacle. Pour maintenir cet état de choses, il suffit de donner
un nouveau binage quelque temps après chaque nouvelle ondée
de pluie, afin que celle-ci, en mouillant la surface, ne lui fasse
pas contracter une nouvelle adhérence avec la couche inférieure.

Les binages agissent encore favorablement sur la fertilité du
sol, en le maintenant constamment ouvert à l'action efficace de
l'air et des rosées, si nécessaires à l'accroisement et aux fonctions des racines. Si l'on néglige cette opération, surtout dans
les terres argileuses, la couche superficielle acquiert tant de
dureté en se desséchant, qu'elle devient imperméable à l'air et
que l'eau des pluies est souvent vaporisée avant d'avoir pu la
pénétrer. Les plantes, étranglées, pour ainsi dire, au milieu de
cette croûte, languissent et ne donnent que de chétifs produits.

Enfin, ils concourent à la destruction des plantes nuisibles.

Le binage étant surtout destiné à maintenir la surface du
sol constamment divisée, ce travail doit être pratiqué dès que
la terre commence à se durcir et à se fendiller. Si l'on retarde, la terre se desséchera plus profondément, et les racines
des plantes en souffriront. La surface finira par acquérir, dans
les terres argileuses, une dureté telle, qu'elle se laissera à
peine entamer par les instruments ; les plantes nuisibles, devenues presque ligneuses, continueront de s'accroître, épuise-
ront davantage la terre tout en étouffant les récoltes, et, laissant échapper leurs semences avant d'être enlevées, saliront la
terre pour les récoltes suivantes.

Le binage est usité, soit pour les terres chargées de récoltes,
soit pour les sols nus ou en jachère.

Du binage dans les terres chargées de récoltes. — On conçoit, par
ce qui précède, que c'est surtout pour les terres chargées que

le binage présente une grande importance. La manière de l'effectuer et le choix des instruments convenables varient selon que les plantes sont semées à la volée ou disposées en lignes.

Plusieurs récoltes, qu'à tort ou à raison on sème encore à la volée dans quelques localités, exigent, pendant leur végétation, un ou plusieurs binages : telles sont l'œillette, les raves et navets, les carottes et betteraves, le froment même, dans quelques circonstances. Nous indiquerons, en parlant de la culture spéciale de ces plantes, le nombre de binages qu'elles réclament, ainsi que la manière de les effectuer. Disons seulement ici un mot des instruments les mieux appropriés.

L'instrument le plus commode pour ce travail est la *serfouette* (fig. 133). On se sert de la lame tranchante pour couper les mauvaises herbes, et du bident pour passer entre les plantes et ameublir la terre.

Quant aux récoltes disposées en lignes, le mode d'opérer varie suivant que les lignes sont placées à plus ou moins de 0m,50 de distance les unes des autres; occupons-nous du premier cas.

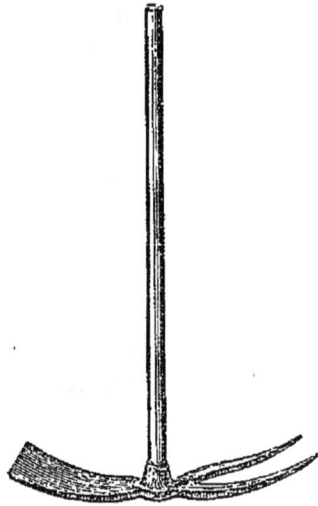

Fig. 133. *Serfouette.*

Autrefois ce binage était exclusivement pratiqué avec la houe à main (page 166); mais, depuis, on a introduit chez nous, d'Allemagne et d'Angleterre, sous le nom de *houe à cheval* (fig. 135 et 136), des instruments mus par des chevaux, et qui exécutent cette opération d'une manière beaucoup plus prompte et moins coûteuse. Un certain nombre de cultivateurs ont adopté ces instruments à l'exclusion de tous autres; d'autres ont persisté dans l'emploi des instruments à main. La cause de cette dissidence est due à ce que ces deux séries d'instruments présentent également des inconvénients si l'on ne sait pas les employer au moment opportun.

Sans doute, lorsque les plantes semées de bonne heure, comme la carotte champêtre, commencent à sortir de terre, leurs racines sont si délicates, leurs feuilles si grêles, qu'il serait à craindre qu'ébranlées par la houe à cheval, ou seulement couvertes par la terre qu'elle déplace, elles ne subissent un dommage réel; il n'y a pas alors à hésiter, et, quelle que soit la dépense, il faut biner avec les instruments à main, bien qu'ils offrent le plus souvent plusieurs inconvénients graves. D'abord, comme la houe est droite, on est obligé d'attaquer les plantes nuisibles de front; or, certaines de ces plantes, ayant déjà acquis une consistance un peu ligneuse, cèdent et plient au lieu d'être coupées, et il faut enfoncer l'instrument pour pouvoir les déraciner. Il en résulte qu'on ébranle souvent les jeunes plantes et qu'on nuit à leur développement. D'un autre côté, la construction de cette houe est telle, qu'elle oblige l'ouvrier qui la manie à marcher sur le sol qu'il vient de pulvériser.

M. Lecouteux a imaginé une binette qui n'offre pas ces inconvénients. Elle se compose (fig. 134) d'un prisme en fer fixé

Fig. 134. *Binette Lecouteux.*

à l'extrémité de la douille. Une quenouille, tranchante sur ses deux bords, fait corps avec la partie supérieure du prisme. Une cavité pratiquée latéralement dans ce prisme permet d'y introduire à la fois les deux branches coudées des deux lames, qui, par cette disposition, peuvent à volonté s'éloigner ou se rapprocher. L'assemblage est maintenu solide par deux coins en fer. A l'aide de cet instrument, les plantes nuisibles sont tranchées obliquement et sans secousse, et l'ouvrier peut marcher à reculons sur la terre qui n'est pas encore remuée.

Mais, quelque temps après ce premier binage, les plantes ont acquis plus de force, leurs lignes se dessinent bien à la surface du sol; on craint beaucoup moins de les ébranler. C'est alors qu'on doit préférer l'emploi de la houe à cheval.

Parmi celles qui laissent le moins à désirer, nous conseillons la houe à cheval successivement améliorée par deux agronomes du département de la Seine-Inférieure, MM. Dargent et Auguste Baudouin. Elle (fig. 135 et 136) se compose d'une sorte de châssis horizontal formé de deux pièces latérales (L), plus du prolongement postérieur de l'age. Cette dernière pièce porte, en avant du corps, une sorte de pied en fer (P), terminé par une petite lame en fer de lance. Les deux pièces latérales (L) supportent aussi en arrière deux pieds semblables. Ces trois pieds sont disposés de telle sorte qu'ils forment un triangle. Deux lames (O) sont aussi fixées à la partie postérieure des pièces latérales. Elles peuvent s'élever ou s'abaisser au moyen d'une vis de pression. Ces deux lames permettent de remuer la terre jus-

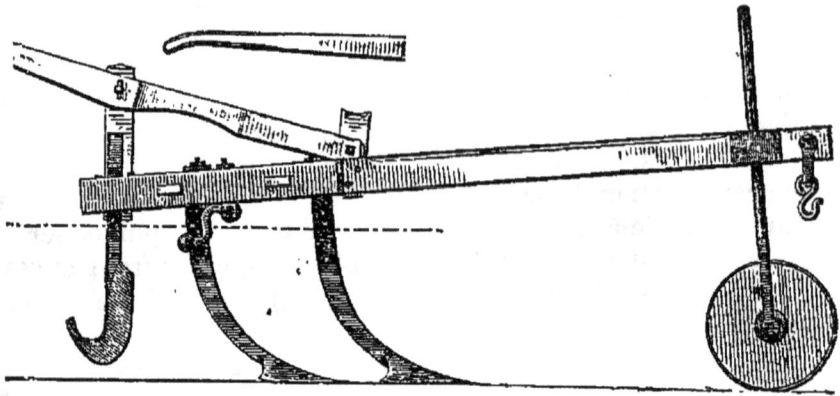

Fig. 135. *Profil de la houe à cheval.*

qu'auprès des lignes des plantes sans les endommager, lorsque celles-ci sont cultivées, comme cela a lieu quelquefois, sur un petit endos.

Afin que les trois pieds de la houe et les deux lames postérieures puissent toujours occuper tout l'espace réservé entre

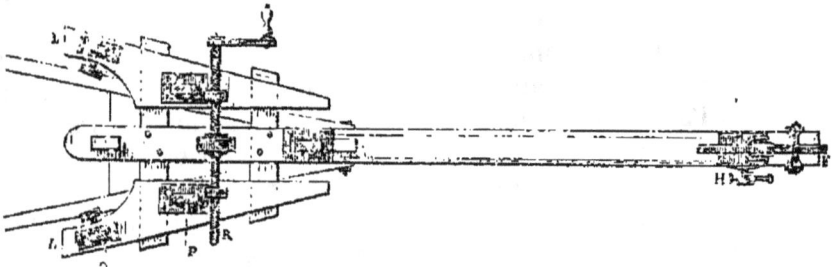

Fig. 136. *Coupe horizontale de la houe à cheval suivant la ligne C D de la fig. 135.*

chaque ligne des plantes, on peut éloigner ou rapprocher les deux pièces latérales (L) en les faisant glisser sur la traverse au moyen de la vis d'appel (R). La partie antérieure de la houe est terminée par un age qui s'appuie en avant sur une roue qu'on peut élever ou abaisser à l'aide de la vis de pression (H). Cette roue mobile permet ainsi de faire varier le degré d'enrure des pieds et des lames de la houe. Cet instrument est, en outre, pourvu, à la partie postérieure, de deux manches qui servent à le conduire. Son prix est de 75 francs.

14

On n'attelle qu'un cheval à cette houe. Au début de l'opération, lorsque l'animal n'est pas encore familiarisé avec ce travail, il faut un enfant pour le guider ; mais bientôt il s'habitue à cette manœuvre, et un seul homme suffit pour le diriger et conduire l'instrument.

Il est facile de se rendre compte de l'efficacité et de la promptitude du travail exécuté par cette houe à cheval et de l'économie de main-d'œuvre qui en résulte ; mais il faut aussi savoir choisir avec précision le moment où le sol n'est pas trop sec, et l'instant où les plantes nuisibles n'ont pas atteint beaucoup de développement. Si le sol est trop sec, les pieds de la houe ne feront qu'effleurer la terre, et le résultat sera manqué ; si les plantes nuisibles sont très développées, elles s'accumuleront dans les pieds de la houe, embarrasseront sa marche, et cet instrument ne fera plus qu'un travail nul ou imparfait. Dans le premier cas, on pourra remplacer les trois pieds et les deux lames par cinq fortes dents en fer un peu recourbées en avant (fig. 137); l'action de ces dents, beaucoup plus énergique que celle des pieds de la houe, rompra la croûte durcie de la surface, et le binage sera fait plus facilement et d'une manière plus parfaite. Quant à l'obstacle résultant du développement trop considérable des plantes nuisibles, il n'y a d'autre moyen de le surmonter que de faire enlever les plus fortes à la main, avant d'exécuter le binage.

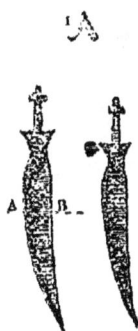

Fig. 137. *Dents de rechange pour la houe à cheval.*

E, *coupe de ces dents, suivant la ligne* A B.

Fig. 138. *Houe à cheval de M. Moll.*

M. Moll a imaginé, pour la même opération, une autre houe à cheval (fig. 138), qui donne également de très bons résultats.

Étudions maintenant le binage des récoltes en lignes distantes de moins de 0ᵐ,50. Plusieurs sortes de récoltes cultivées en lignes présentent un mode de végétation tel, qu'on ne pourrait, sans perdre sur la quantité du produit, laisser un espace de 0ᵐ,50 entre chaque ligne. Tels sont le froment, certaines variétés de haricots, les féveroles, etc. Les binages, dans ce cas, diffèrent des précédents en ce que le peu d'espace réservé entre les lignes s'oppose à l'emploi de la houe à cheval. On se sert alors des houes à main, ou, ce qui est beaucoup plus prompt, lorsque les rangs sont très rapprochés, de la houe à main imaginée par M. Hugues pour le binage des blés semés en lignes avec le semoir (fig. 139).

Nous renvoyons à la culture spéciale de chacune des récoltes pour l'indication du nombre de binages que chacune d'elles ré-

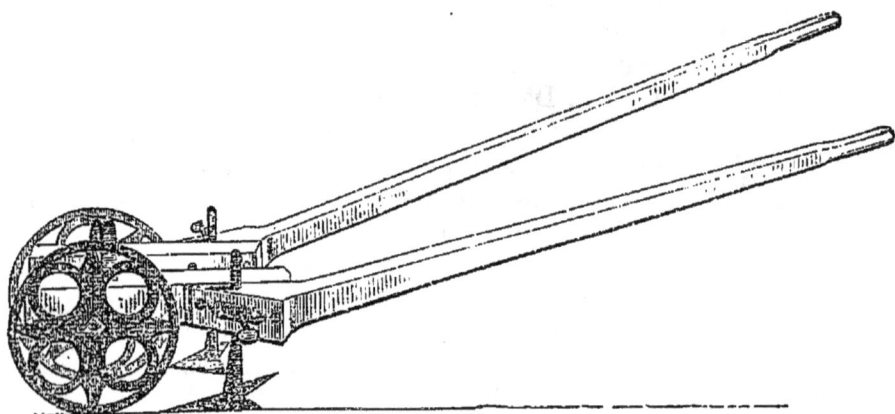

Fig. 139. *Houe à main de Hugues.*

clame. Disons seulement ici que l'on donne plusieurs binages, et que les derniers doivent être plus profonds que les premiers. Ainsi, le premier pourra ne pénétrer qu'à 0ᵐ,03 de profondeur, et les suivants atteindre jusqu'à 0ᵐ,08. En général, les binages spécialement employés pour l'ameublissement de la surface du sol devront être plus fréquents dans les sols compactes que dans les terrains légers. Jamais on ne devra hésiter à donner un binage aussitôt que l'état du sol le réclamera ; les récoltes en seront toujours plus belles, plus abondantes et couvriront largement les frais de ce travail.

Du binage dans les sols nus ou en jachère. — Le binage n'est pas seulement indispensable pour les sols chargés de récoltes, il l'est encore pour les terrains nus, entre l'enlèvement d'une

récolte et un nouvel ensemencement. Outre les labours profonds qu'on leur donne, soit pour exposer toutes les parties de
leur couche fertile à l'influence de l'air, soit pour détruire les
plantes vivaces à racines traçantes, ils reçoivent, pendant l'été,
des labours très superficiels, destinés à les empêcher de se dessécher trop profondément.

Ces labours superficiels sont de véritables binages. Ils ne sont
pas moins nécessaires, comme dernière préparation du sol,
avant l'ensemencement, quand la terre a été retournée et profondément ameublie par des labours proprement dits. Pour
quelques ensemencements d'été, un binage, après l'enlèvement
de la récolte, suffit quelquefois pour préparer convenablement
la terre. Dans quelques localités même, on préfère, pour recouvrir les semences, ce binage à l'action de la herse.

Dans un grand nombre d'endroits, ces binages sont pratiqués
avec la charrue; mais dans les contrées où l'agriculture est plus
avancée, on l'a remplacée par des instruments qui opèrent avec
une bien plus grande rapidité et donnent lieu à une dépense
beaucoup moins considérable. Ces instruments, partagés en deux
séries, sont les *extirpateurs* et les *scarificateurs*.

L'*extirpateur* se compose, comme la houe à cheval, d'un cadre
horizontal (fig. 140), formé par l'assemblage de fortes pièces de

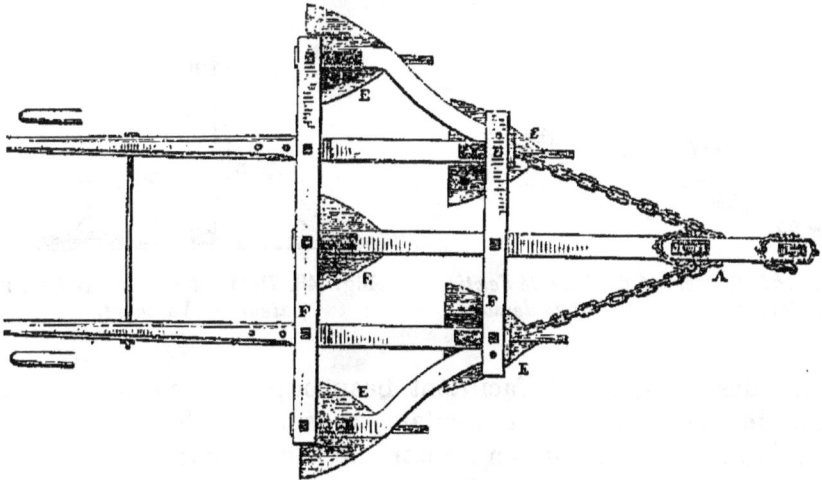

Fig. 140. *Plan de l'extirpateur de Valcourt.*

bois, mais qui, au lieu d'être mobiles, sont fixes. Ce cadre offre
également un age à sa partie antérieure et des manches à sa
partie postérieure. Il sert aussi de support à un certain nombre

de lames (E); mais celles-ci, placées horizontalement; sont beaucoup plus larges, et présentent exactement la forme d'un soc de charrue à deux tranchants. Elles sont disposées de telle sorte, qu'elles agissent d'une manière égale sur tout le terrain qu'embrasse le cadre. L'age est ordinairement accompagné d'une roue (C, fig. 141) qui sert de régulateur pour la profon-

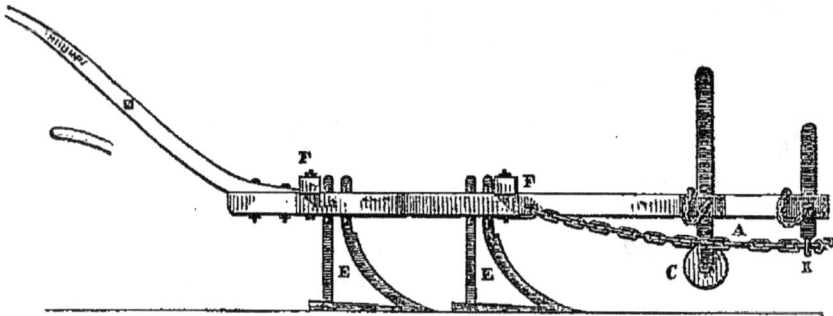

Fig. 141. *Profil de l'extirpateur de Valcourt.*

deur du binage. Nous recommanderons surtout l'extirpateur de M. de Valcourt, construit à Grignon (fig. 140 à 143). C'est sans contredit celui qui se prête le mieux aux divers travaux. Il est surtout remarquable par ces sortes de coutres placés en

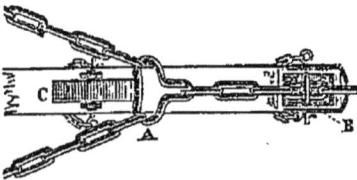

Fig. 142. *Extrémité de l'age de l'extir- pateur de Valcourt, vue en dessous.*

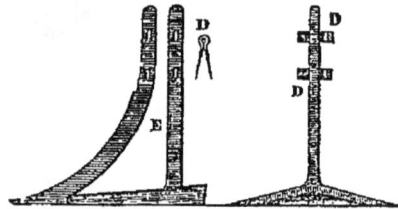

Fig. 143. *Détail des lames de l'extir- pateur de Valcourt.*

avant des socs, et qui facilitent beaucoup l'entrée de ceux-ci dans le sol, tout en augmentant la solidité de l'instrument (fig. 143). Les socs sont au nombre de cinq, deux en avant et trois en arrière. Ils présentent chacun une largeur de 0m,38, et sont placés de telle sorte, qu'il reste entre les angles posté- rieurs de chaque soc un espace de 0m,27. L'instrument em- brasse donc une largeur totale de 1m,68. Si l'on avait à opérer sur un sol très léger, on pourrait diminuer un peu la largeur des socs et porter leur nombre de cinq à sept, en conservant toujours le même intervalle entre les lames. Dans le premier cas, quatre chevaux sont nécessaires pour faire fonctionner cet instrument; cinq seront suffisants dans le second. Le prix de cet instrument est de 150 fr. pour cinq socs, et de 170 fr. pour sept.

On voit tout l'avantage que doit présenter cet extirpateur pour le binage des grandes surfaces. Comme il embrasse une largeur de 1m,68, il faudrait, pour faire le même travail, donner six traits de charrue de 0m,28 de large chacun. Il est vrai qu'il faut doubler le nombre des chevaux, mais il suffit d'un seul conducteur pour diriger l'attelage.

Le *scarificateur* ne diffère de l'extirpateur que parce que les socs sont remplacés par de longues et fortes dents en fer recourbées en avant comme celles des grandes herses. Quelquefois ces dents sont terminées par une petite lame en fer de lance. Ce instrument ne diffère de la herse proprement dite que par les roues dont il est muni, qui facilitent sa marche, et servent à régler son degré d'action. Nous recommandons surtout le scarificateur construit par M. Pasquier, de la Ferté-sous-Jouarre (Seine-et-Marne), sous le nom de *charrue-herse* (fig. 144 à 150).

LÉGENDE POUR LES FIGURES DE LA CHARRUE-HERSE DE PASQUIER.

Avant-train.

A. Roues de 0m,70 de diamètre extérieur.

B. Essieu en fer couvert d'une traverse en bois.

C. Barre verticale en fer forgé, boulonnée au milieu de l'essieu, et traversée à sa partie supérieure par une mortaise qui reçoit une clavette destinée à maintenir à hauteur l'extrémité du col de cygne D lorsque la machine ne fonctionne pas.

E. Timons en bois assemblés et boulonnés avec l'essieu.

F. Traverse en bois boulonnée avec les timons.

G. Attelles accrochées sur la traverse F.

a. Tiges de fer rondes reliant le sommet de la pièce verticale C avec la traverse F.

b. Tiges recourbées destinées à supporter les rênes des chevaux.

Arrière-train.

D. Col de cygne en fonte qui réunit l'arrière-train avec l'essieu de devant, sur lequel la partie antérieure de ce col s'appuie fortement lorsque l'instrument fonctionne.

c. Écrou à rotule ajusté à la partie postérieure du col de cygne et armé de deux tourillons qui sont libres dans les deux branches qui le terminent.

d. Vis de rappel qui traverse l'écrou c et dont la tête porte une manivelle.

e. Collet en fer qui, tout en permettant à la vis de tourner librement sur elle-même, la retient attachée à la traverse f.

H. Équerres courbées en fonte qui supportent les deux bouts de la traverse et qui viennent se boulonner sur le grand côté I du châssis de l'arrière-train.

J. Dents en fer forgé, au nombre de neuf, et dont la plus ou moins grande profondeur dans le sol est réglée par le mécanisme précédent.

L. Roues en fonte adaptées aux côtés latéraux et montées sur des axes indépendants.

M. Crémaillères en fer portant à leur partie inférieure les tourillons des roues.

h. Pignons droits à quatre dents qui engrènent la crémaillère M.

i. Axe en fer supportant les pignons *h*.

l. Roues à rochet portant autant d'entailles que les pignons *h* portent de dents.

m. Rochet en fer qui peut être descendu dans chacune des entailles des roues à rochet *l* de manière à maintenir les roues L à une hauteur déterminée.

Les lames représentées par la fig. 144 ne servent pas seulement à effectuer des binages, mais aussi à faire enterrer les parcs et toute espèce de semis. L'instrument opère alors comme

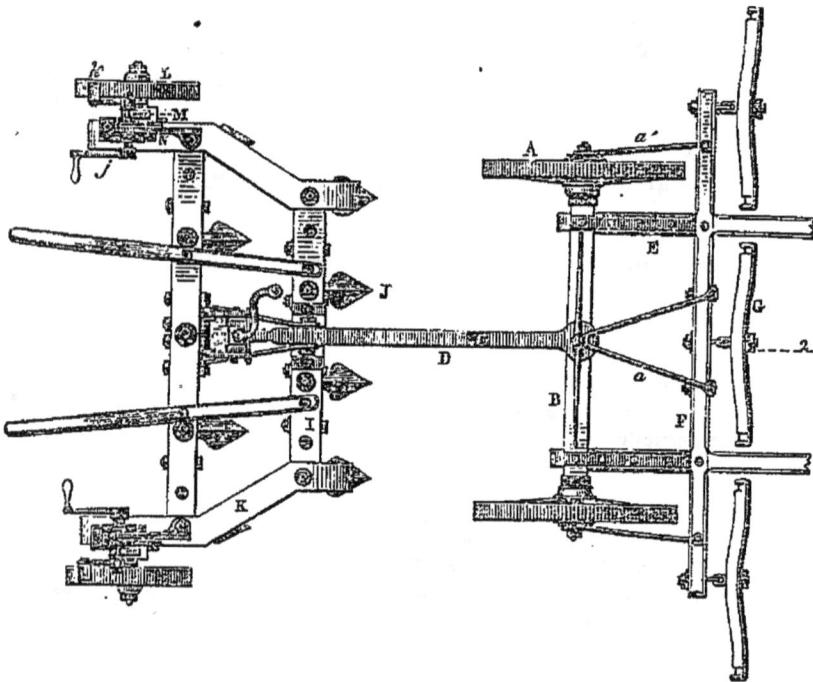

Fig. 144. *Plan de la charrue-herse Pasquier.*

l'extirpateur. Il devient scarificateur quand on remplace les lames par les dents indiquées par les fig. 149 et 150, et qui sont d'un très grand secours pour nettoyer les luzernes et les terres salies par les plantes à racines traçantes.

Le prix de cette charrue-herse est de 280 fr. pour sept socs, et de 300 fr. pour neuf socs. Les dents de rechange se comptent à part, à raison de 1 fr. 50 c. Le petit modèle est employé dans les terres compactes, le grand dans les terrains légers.

Le scarificateur (fig. 151) qui porte le nom de son inventeur, M. Colmann, de Chelmsford, en Angleterre, a plus de puissance

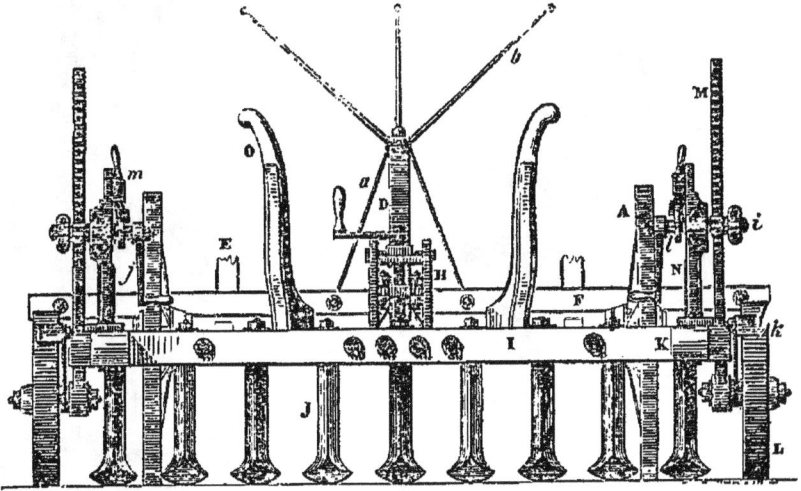

Fig. 145. *Vue par derrière de la charrue-herse.*

encore que le précédent et fonctionne avec une grande perfection. C'est à la fois un scarificateur et un extirpateur. Il suffit, pour qu'il soit propre à ce dernier usage, de chausser ses pieds

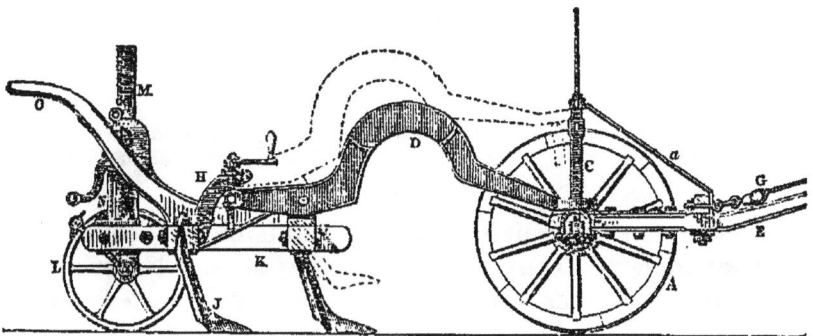

Fig. 146. *Profil de la charrue-herse.*

de lames d'extirpateur. On règle l'entrure des dents ou des socs avec des leviers placés sur les côtés et qu'on peut élever ou abaisser par des chevilles mobiles dans des arcs de cercle. En outre, on fait facilement sortir les dents de terre en appuyant sur le levier central. Le prix de cet instrument, tout en fer, est de 225 fr.

Quand un binage aura pour objet de compléter la préparation du sol pour l'ensemencement, et, en général, d'ameublir la surface, soit pour l'empêcher de se dessécher profondément,

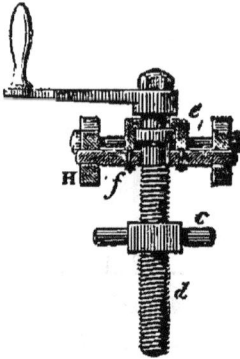

Fig. 147. *Détail de la vis de rappel de la charrue-herse.*

Fig. 149. *Lame de la charrue-herse.*

Fig. 150. *Lame de la charrue-herse.*

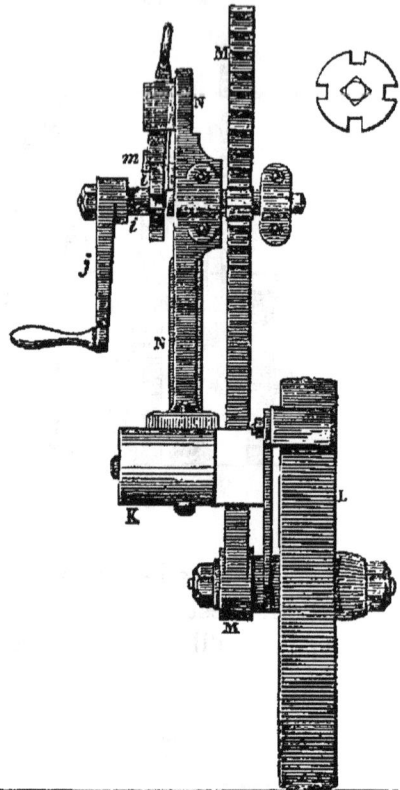

Fig. 148. *Détail des roues de l'arrière-train de la charrue-herse.*

soit pour détruire les plantes nuisibles à courtes racines, on emploiera l'extirpateur, parce que ses lames, disposées en forme de socs, remuent plus également la terre que les dents du scarificateur; mais ce dernier sera préféré lorsqu'il s'agira de biner un terrain couvert de chiendent ou de toute autre plante à racines traçantes, ou bien de déchirer la surface d'une prairie artificielle ou d'une jachère couverte d'herbe. On en obtient encore de très bons effets pour ameublir, avant l'ensemencement, la surface des terres argileuses tassées par les pluies après les labours.

I. 15

Pour le binage des terrains nus ou en jachère, on choisit, comme pour les surfaces couvertes de récoltes, le moment où ils ne sont ni trop secs ni trop humides. Pour détruire les

Fi. 151. *Scarificateur Colmann.*

plantes nuisibles à racines vivaces, on profite d'un temps sec et chaud, afin que les racines, exposées à l'ardeur du soleil, périssent rapidement.

Voici le prix moyen d'un binage, pratiqué sur une étendue d'un hectare, dans les principales circonstances que nous avons examinées :

Binage des récoltes semées à la volée....................................	30f.	»
Binage des récoltes disposées en lignes distantes de 0m,50 au moins. { A la houe à main..................	25	»
{ A la houe à cheval.	6	»
Binage des récoltes disposées en lignes distantes de moins de 0m,50. { A la houe à main..................	20	»
{ A la houe Hugues.	12	»
Binage des terrains nus ou en jachère........................... { Avec la charrue..................	14	»
{ Avec l'extirpateur ou le scarificateur.	6	»

DU BUTTAGE.

Le buttage consiste à réunir une certaine quantité de terre au pied des plantes, de manière à enterrer la base de leurs tiges. Outre son action sur la fertilité du sol, il influe aussi directement sur la végétation, et c'est en vue de cette influence qu'il est le plus ordinairement pratiqué. Ainsi, certaines plantes, dont les tiges ont la propriété d'émettre facilement des racines, développent, lorsque leur base est ainsi enterrée, de nouveaux organes radicaux qui viennent augmenter la vigueur des récoltes. C'est ce que l'on remarque notamment pour les pommes de terre, le maïs, le colza, les haricots, etc.

D'autres fois, le buttage a pour objet de consolider la tige de certaines plantes qui, proportionnellement beaucoup plus développée que des racines, serait renversée par les vents à la fin de la végétation : tels sont l'œillette ou pavot, le tabac, etc. Enfin il contribue aussi puissamment, comme le binage, à la destruction des plantes nuisibles.

Le buttage est fait d'une façon différente, suivant la manière dont les récoltes ont été ensemencées. Lorsque l'ensemencement a été fait à la volée, ou lorsque les lignes présentent moins de 0^m,50 d'intervalle, on se sert de la houe à la main ; si les plantes sont disposées en lignes distantes de 0^m,50 au moins, on fait usage d'un instrument nommé *buttoir*.

Cet instrument, traîné par un cheval (fig. 152 et 153), est une

Fig. 152. *Profil du buttoir de Désert.*

sorte de petite charrue sans avant-train, pourvue seulement d'une roue (P) placée en avant de l'age. Ce qui le caractérise, c'est un double versoir (I) articulé vers sa partie antérieure, de manière à permettre de l'éloigner ou de le rapprocher vers sa partie postérieure. On maintient ces versoirs dans une position fixe à l'aide de deux petites bandes de fer (F) percées de trous, et fixées à la base de leur face postérieure interne. Ces bandes viennent se fixer par leur extrémité opposée sur le talon (J) du buttoir, à l'aide d'une cheville en fer (E) (fig. 152).

Parmi les divers buttoirs qu'on a imaginés, nous conseillons de préférence celui qu'a construit M. Désert. Les figures 152 et 153 le représentent. Son prix est de 80 fr.

Pour que le buttage produise de bons effets, il est indispensable de le pratiquer au moment où la terre a été récemment

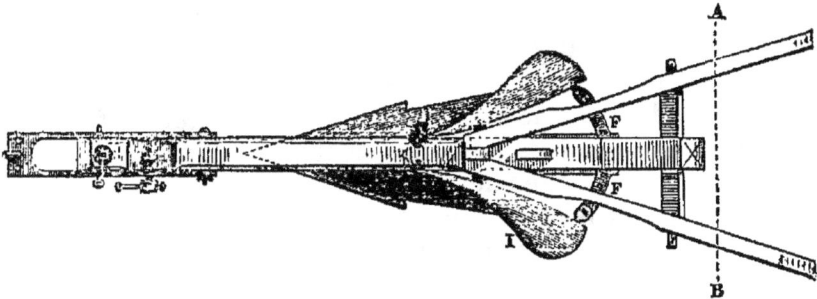

Fig. 153. *Plan du buttoir de Désert.*

ameublie par un binage; car, si elle commençait à se durcir, le buttoir n'y fonctionnerait qu'imparfaitement. On peut, si l'on veut économiser le binage, faire usage de l'instrument imaginé par le même constructeur.

AMENDEMENTS.

Un sol qui réunit dans sa composition le mélange le plus convenable d'argile, de calcaire et de sable, n'a pas besoin d'être amendé par l'addition de nouveaux principes terreux; de bons labours et des engrais suffisent pour le rendre productif. Mais celui où l'une des terres prédomine à tel point, qu'elle donne son caractère à toute la masse, exige qu'on corrige ses défauts par le mélange de substances qui aient des qualités opposées.

Ce qu'il faut surtout à un sol arable, c'est qu'il absorbe facilement l'eau et les gaz, et qu'il les retienne assez pour les céder lentement aux plantes, selon les besoins de la végétation. Or, le but de tout amendement est, non seulement de rétablir l'harmonie dans les proportions de ses principes constituants, mais aussi, et par cela même, de donner au sol le degré convenable de divisibilité et de perméabilité pour l'air et pour l'eau, et la porosité qui retient les gaz; c'est, enfin, de lui communiquer, dans un juste degré, toutes les qualités physiques utiles dont nous avons parlé précédemment, et qui n'ont pas une influence moins prononcée sur la végétation que la composition chimique du sol.

Avant de s'occuper d'amender un sol, il faut en connaître les qualités et surtout les défauts; il faut savoir sa composition, et l'analyse chimique peut seule la révéler; mais il faut aussi connaître la vertu de tous les agents qu'on peut employer comme amendements; car, puisqu'il s'agit de corriger des vices connus, on ne peut y parvenir que par le moyen de substances qui possèdent les propriétés nécessaires.

Les amendements doivent donc varier de nature suivant celle des terrains; c'est ainsi que, dans les terres où domine le *calcaire*, il faut ajouter des amendements *argileux*, et que les *sables* servent à améliorer les sols trop compactes ou argileux, tandis que les *marnes argileuses* conviennent parfaitement à l'amendement des terres sableuses.

L'amendement des terres les unes par les autres est un des moyens les plus avantageux d'accroître la richesse territoriale d'un pays; car la véritable cause de l'infertilité d'un grand nombre de localités réside dans la nature même du sol, et nullement, comme on pourrait le croire, dans les conditions météorologiques et topographiques.

La surface totale de la France comprend 52,768,618 hectares, composés ainsi qu'il suit :

Eaux courantes et dormantes.	665,429
Routes, chemins, rues, places publiques	1,228,600
Constructions de toutes sortes	259,617
Domaine agricole	50,614,972
Total	52,768,618

Si du domaine agricole nous retranchons :

> 9,191,076 hectares de landes improductives.
> 6,763,281 hectares de jachères.

c'est-à-dire 15,954,357 hectares ne rapportant presque rien, on voit qu'il n'y a, en réalité, que 34,660,615 hectares de terres en rapport.

Les parties infertiles de notre territoire sont celles où une seule formation géologique règne sur un grand espace, de manière à avoir exclu le mélange des trois éléments terreux. Ainsi, la Bretagne est feldspathique et sableuse; la Champagne est entièrement crayeuse; la Sologne est toute sableuse; le

Berri est tout calcaire ; le Bourbonnais est granitique ; le Forez, le Limousin, l'Auvergne, le Velay et le Rouergue sont granitiques et volcaniques ; la Bresse est argileuse ; les Landes sont ici trop sableuses, là trop argileuses.

Les parties fertiles de notre territoire sont celles où se rencontrent, à la fois, plusieurs couches géologiques diverses, qui, confondant ensemble leurs différents principes terreux, forment les seuls terrains propres à la culture.

Il y a certainement des terres occupées par des roches nues et abruptes, où, dans les conditions actuelles de main-d'œuvre et de transport, on ne saurait entreprendre avec fruit aucune sorte d'amendement ; mais, en général, entre le taux moyen des terres infertiles (200 fr. par hectare) et celui des terres productives (2,000 fr.), il y a une telle latitude, qu'il n'est presque pas de terre située en pays de plaine qui ne puisse être amendée avec succès.

Ainsi, sur les 16 millions d'hectares qui restent, en France, improductifs ou totalement incultes, il y en a bien 9 millions qui se trouvent dans de bonnes conditions d'amendement, et, sur ce nombre, au moins 6 millions qui sont dans des conditions si favorables, qu'il serait facile de leur faire gagner, en moyenne, une plus-value de 1,000 francs par hectare.

Les engrais seuls ne pourraient produire ce résultat ; car, il faut bien qu'on le sache, l'usage des engrais n'offre un avantage important que dans les bonnes terres. Dans les mauvaises, ils ne produisent qu'un résultat éphémère, qui n'est jamais sensible au delà d'une ou deux années : aussi ces terres ne peuvent-elles être avantageusement soumises à aucune rotation. D'ailleurs, les mauvaises terres exigent une proportion d'engrais beaucoup plus forte que les bonnes, et ne peuvent jamais donner un produit aussi abondant.

La première chose à faire est donc d'améliorer minéralogiquement et chimiquement le sol autant que le permettent l'état et les ressources géologiques de la localité. C'est ce qu'on a très bien compris dans les pays les plus avancés en agriculture. Le département du Nord, la Belgique, l'Angleterre, doivent en grande partie leur prospérité aux amendements.

En ayant égard à leur nature chimique, les amendements peuvent être partagés en trois classes : *siliceux*, *argileux* et *calcaires*. C'est dans cet ordre que nous allons les examiner.

Amendements siliceux. —Les amendements siliceux sont les cailloux, les graviers, le sable, le grès pilé, tous uniquement formés de silice. Insolubles et non susceptibles d'entrer en combinaison avec les matériaux du sol, ou de réagir chimiquement sur les plantes, ils conservent indéfiniment leur nature, et n'opèrent que mécaniquement, en divisant et atténuant les terrains trop compactes et les rendant plus perméables à l'air et à l'eau.

Quoique en général on puisse dire qu'*épierrer* un terrain c'est l'amender, cependant on se trouve bien, dans quelques cas, de jeter des graviers sur les terres glaises, pour les diviser, les ameublir, les réchauffer, favoriser dans les terres trop humides l'écoulement des eaux surabondantes, retenir, au contraire, dans les terrains trop secs une partie de l'humidité du sol, accélérer dans les vergers la fructification des arbres, et dans les vignes la maturité du raisin. En horticulture, les habiles jardiniers savent très bien le bon effet des pierres poreuses mêlées au terreau destiné aux plantes cultivées en vases ou en caisses.

L'utilité du sable, des graviers et même des cailloux, dans certains sols, est si réelle, que Thouin cite un jugement qui condamna un ingénieur du gouvernement à reporter sur un champ, dont il les avait extraits, une grande quantité de cailloux de diverses grosseurs qu'il avait employés à ferrer une route voisine. Pline nous apprend que, dans le territoire de Syracuse, certains étrangers, pour avoir épierré des terres, les rendirent limoneuses et perdirent les blés, de sorte qu'il fallut ensuite y remettre des pierres.

L'emploi du sable pour diminuer la ténacité des terres argileuses n'est pas toujours suivi de succès, parce que les labours, au lieu de le mêler intimement avec le sol, le font descendre au-dessous de la couche cultivée, où il n'est plus d'aucune utilité. En général, il est très difficile d'incorporer le sable avec une terre argileuse tenace, et celui qui se trouve naturellement dans les argiles ne paraît pas y être à l'état de simple mélange, mais dans un état de combinaison qu'il n'est pas en notre pouvoir d'imiter. La chaux et la marne calcaire agissent bien plus énergiquement que le sable pour diminuer la ténacité des argiles, et la dépense est beaucoup moins considérable, parce qu'il n'en faut pas une très grande quantité pour produire le même effet.

Les amendements siliceux doivent être répandus sur le sol avant les labours destinés à l'ensemencement des céréales. On les mélange d'abord avec une couche peu épaisse du sol, à l'aide de l'extirpateur, puis on augmente progressivement la profondeur des labours.

Les *sables d'alluvion*, les *sables de mer* et les *vases* doivent être préférés à tous les autres sables, parce que les sels et les détritus des matières végétales et animales dont ils sont naturellement imprégnés, le calcaire et l'argile finement divisés dont ils sont mélangés, leur communiquent des propriétés précieuses. La plupart de ces sables, contenant proportionnellement plus de carbonate de chaux que de silice, en raison des abondants détritus de coquilles qu'ils renferment, sont plutôt des amendements calcaires que siliceux ; c'est donc dans la classe des premiers que nous les étudierons.

Dans quelques localités où les pailles deviennent rares à certaines époques de l'année, on emploie le sable en guise de litière, ou au moins on le mêle aux litières. Il s'imprègne ainsi des urines et des excréments, et devient à la fois un amendement et un engrais. Dans tous les cas, en plaçant les sables dans le voisinage des tas de fumier, on les charge de matières organiques très utiles. On peut encore les mêler avec avantage aux composts de chaux destinés aux terres argileuses.

Amendements argileux. — De même qu'on amende un sol argileux en y mélangeant du sable, de même on améliore un sol sablonneux ou calcaire en y ajoutant de l'argile. Mais cette opération est plus difficile à cause de la consistance tenace et compacte de cette terre. On y parvient, cependant, en répandant sur le terrain de l'argile réduite en poudre, et surtout en employant des limons ou vases argileuses qui se divisent assez facilement. On y supplée aussi par des marnes argileuses.

L'emploi de l'argile pour l'amendement des terres sableuses est bien ancien, puisque Palladius et Columelle en parlent comme d'une excellente pratique. Arthur Young nous apprend que, dans quelques localités de l'Angleterre, on la préfère à la marne, et qu'en tout cas elle a la même durée. Les *Transactions philosophiques* citent même, dès 1690, l'emploi de l'argile par le docteur Lister pour les terres argileuses.

Thaër dit qu'on ne peut attendre une action véritablement améliorante de l'argile ou de la glaise qu'autant qu'elle a été exposée, pendant plusieurs années, aux influences de l'atmosphère : telles sont les argiles qui ont servi à construire des tranchées, des murs ou des digues, surtout dans le voisinage des habitations ou des cours de ferme ; la glaise se divise alors plus facilement et se mêle mieux avec le sol.

C'est peu après les moissons qu'on doit transporter les argiles sur les terres, pour que les pluies d'automne fassent tomber, en plus petites parties, toutes les grosses mottes. Si l'on veut disperser immédiatement l'argile, il est préférable de briser préalablement les mottes, afin que la dispersion soit plus régulière, et l'enfouissement et le mélange plus intimes lors des labours de l'automne.

Lorsque l'argile constitue le sous-sol des terrains calcaires ou sableux, on peut la ramener à la surface avec avantage en donnant un second trait de charrue dans les sillons.

Du discernement avec lequel on emploie l'argile comme amendement dépend souvent la durée des améliorations qu'elle doit produire. Il est donc impossible de fixer la proportion favorable, puisque cette quantité doit varier d'un sol à l'autre. Dans quelques parties du midi de la la France, on met jusqu'à cent charretées de glaise par hectare. Desvaux a vu des sables, dépendant des formations minérales supérieures, être améliorés complètement par un hectolitre d'argile, placé de quinze pas en quinze pas ou de dix en dix mètres, et répandu sur le sol à la manière des fumiers. Dès 1770, Orbel Ray, en Angleterre, employait, sur ces sortes de terres, l'argile pure, et de la même manière.

En Angleterre, on brûle ou l'on calcine l'argile, et l'on en fait un amendement très avantageux, même pour les terres argileuses. Le moyen consiste à creuser une tranchée en terre, à la remplir de fagots, de tourbe ou de broussailles, à

Fig. 154. *Brûlis de l'argile.*

Fig. 155. *Coupe verticale de la fig. 154.*

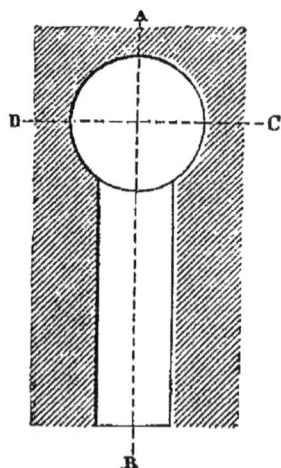

Fig. 156. *Plan de la fig. 154.*

former avec des mottes d'argile mi-sèche une espèce de voûte

15.

sur ce lit de combustibles, puis à mettre le feu au tas; on ajoute de l'argile, au fur et à mesure, sur le tas rouge de feu, autant que le combustible le permet (fig. 154 à 156). Le résidu de la calcination peut être employé immédiatement.

L'argile doit être brûlée humide; sèche, elle durcit au feu en forme de brique qu'il faut briser et qui se pulvérise difficilement, au lieu que, calcinée humide, elle donne, après la combustion, des mottes poreuses que le moindre choc réduit en poussière.

Par cette calcination modérée, l'argile change tout à fait de caractères : elle perd sa ténacité, sa faculté de retenir l'eau ; elle devient rougeâtre et très friable. Au lieu de rendre le sol plus compacte, plus difficile à égoutter, elle le rend plus meuble et plus perméable.

Tous les agronomes anglais, ainsi que Bosc et Puvis, en France, préconisent l'argile brûlée, comme un amendement préférable à tous les autres, dans les terres lourdes et compactes, qu'elles soient calcaires ou argileuses. La dose est de 266 hectolitres 1/2 à 333 hectolitres 1/2 par hectare, tous les quatre ou cinq ans ; et, comme les 5 hectolitres reviennent à peu près à 1 fr., cela porte l'amendement de l'hectare à 53 fr. 30 cent. dans le premier cas, et à 66 fr. 70 cent. dans le second.

Les agriculteurs anglais ont avancé que l'emploi de l'argile brûlée pouvait dispenser des engrais, et que cette substance remplaçait le fumier; c'est là une exagération d'enthousiastes, dont Mathieu de Dombasle a fait justice. Puvis recommande, avec raison, d'alterner l'emploi de cette terre avec des engrais animaux aussi abondants qu'on pourra se les procurer.

Il ne faut pas croire que l'argile n'opère que mécaniquement, elle remplit encore un rôle chimique important, en concourant, par sa faculté de condenser dans ses pores les matières gazeuses et l'ammoniaque de l'air, à retenir, au profit de la végétation, une grande partie de l'ammoniaque introduite dans la terre par les eaux pluviales et les engrais. En outre, elle est pour les plantes un réservoir presque inépuisable de sels alcalins, sels qui, nous le reconnaîtrons bientôt, sont indispensables à l'existence des végétaux. Toutes les argiles renferment de petits fragments des roches alcalines d'où elles dérivent. Ces fragments sont toujours en voie de décomposition lente; la potasse, la soude, qui s'y trouvent, deviennent libres, et sont absorbées par les racines. Dans le nord de la France, il y a une puissante formation d'argiles calcaires, appelées *dièves*, dans lesquelles il y a jusqu'à 4 pour 100 de potasse.

Les alcalis, dans les argiles, sont ordinairement à l'état de silicates, c'est-à-dire dans des conditions favorables à leur assimilation par les végétaux. On comprend donc qu'avec elles on puisse réparer cet appauvrissement du sol en potasse par suite des cultures répétées de betteraves, de pommes de terre et autres plantes qui enlèvent beaucoup de cet alcali au sol. Ainsi, une récolte de betteraves en emprunte au sol 60 kilogr. par hectare. 1,500 kilogr. de l'argile calcaire de Valenciennes suffiraient donc pour restituer à cet hectare les 60 kilogr. de potasse nécessaires à une nouvelle récolte de betteraves.

La calcination de l'argile, en rendant cette matière plus poreuse, augmente sa force d'absorption pour les matières gazeuses de l'air, pour l'ammoniaque qui arrive dans le sol, et facilite la décomposition, par l'acide carbonique absorbé, des silicates alcalins qu'elle renferme, d'où résultent la mise en liberté des alcalis et la production de silice soluble. On conçoit donc, dès lors, la plus grande action améliorante de l'argile brûlée.

Amendements calcaires. — Ce sont les plus importants et les plus employés; ils comprennent la marne, la chaux, les platras de démolition, le falun ou calcaire coquillier, les sables calcaires et les coquilles vivantes de toute nature.

Ces amendements ne produisent de bons effets que sur les sols dépourvus de calcaire, ou qui n'en renferment qu'en très minime proportion. Ils conviennent surtout aux sols froids et humides, aux terres glaiseuses, aux terres argilo-siliceuses. Ces terrains, où croissent spontanément les *fougères,* les *bruyères,* ceux qui sont infestés d'*avoine à chapelet,* de *chiendent,* de *petite matricaire,* contiennent peu ou point de carbonate de chaux.

Les effets principaux de ces sortes d'amendements sont une augmentation de récolte de 25 à 50 pour 100 et une culture moins pénible de la terre : celle-ci devient plus meuble; l'humidité la rend moins tenace et moins consistante; la sécheresse la durcit beaucoup moins.

Voyons les propriétés et l'application de chacun de ces amendements calcaires.

Marne ou carbonate de chaux impur. — On désigne sous le nom collectif de *marnes* tous les mélanges naturels d'argile et de carbonate de chaux qui font une effervescence plus ou moins vive avec les acides, et qui se délitent ou se pulvérisent par le contact de l'air et de l'humidité.

Cette substance minérale se rencontre ordinairement à la partie supérieure des terrains de sédiment, en couches plus ou

moins épaisses et à des profondeurs variables sous la terre végétale. Suivant M. Teillieux, la marne est d'autant meilleure
que l'époque de sa formation est moins ancienne. Ainsi, les
marnes de Paris, du Mans, qui reposent en couches horizontales au fond de bassins de vieux lacs d'eau douce, sont préférables à celles de la Beauce et de la Touraine, situées sur la
craie ; elles sont préférables à celles des terrains jurassiques
moyens, qui constituent une partie de la Normandie ; préférables encore à celles qui peuvent se rencontrer sous les couches du calcaire jurassique de Niort, et surtout à celles du lias,
qui se rencontrent seules dans un rayon de plusieurs kilomètres autour de cette ville. Mais M. de Gasparin n'admet pas sans
conteste une pareille assertion, et il affirme que les marnes les plus
riches du Gers sont précisément les plus anciennes, et que leur
effet peut se comparer à celui des marnes tertiaires de l'Yonne.

Le plus habituellement, la marne gît assez près de la surface
du sol. Certaines plantes, telles que :

Les tussilages,	Les chardons,
L'ononis,	Le mélampyre,
Les sauges,	Le trèfle jaune,
Les ronces,	Les plantains, etc.,

sont ordinairement un indice des sols dans lesquels la marne
se trouve à peu de profondeur. Les creusements des fossés ou
des puits la mettent souvent à jour ;
plus souvent encore on la trouve en
arrachement sur les pentes ; les couches sablonneuses l'annoncent aussi,
presque toujours elles la recouvrent
ou la supportent. Lorsque aucun de
ces signes ne l'indique, on la recherche directement, par des sondages,
dans les parties inférieures du sol.

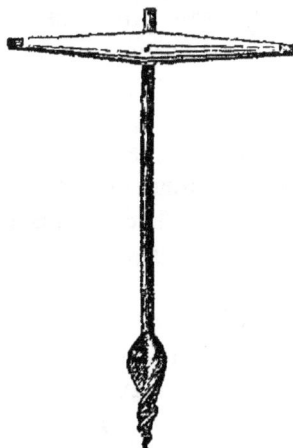

Fig. 157. *Tarière
pour les petits sondages.*

Pour pratiquer les sondages peu profonds, on peut faire usage de l'instrument représenté (fig. 157). C'est une
barre de fer de 3 à 4 mètres de longueur, terminée par une pointe acié-
rée surmontée d'une cuiller, et qu'on
manœuvre au moyen d'un manche
de tarière que traverse la barre ; ce
manche s'élève ou s'abaisse à volonté, et se fixe par une vis de
pression.

En général, il faut beaucoup moins creuser pour rencontrer les bancs de marne, dans les endroits où la terre paraît plus sèche, où le sol argilo-sableux est rougeâtre plutôt que gris.

Les proportions de l'argile et du calcaire, unis quelquefois à du sable, qui composent la marne, varient à l'infini; c'est ce qui amène une grande diversité dans son aspect et ses autres qualités physiques. La marne est d'autant plus dure et plus blanche qu'elle renferme plus de carbonate de chaux. Lorsque ce sel dépasse 80 pour 100, elle cesse d'être de la marne; elle ne se délite plus qu'avec une extrême lenteur, et elle devient une *pierre calcaire marneuse* que les arts utilisent. En deçà de cette limite, la richesse de la marne, sous le point de vue agricole, est en rapport direct avec la prédominance du calcaire sur l'argile, attendu que son activité sur la végétation dépend surtout de la quantité de carbonate de chaux. La meilleure est celle qui en contient de 60 à 70 pour 100. Un fait d'observation, c'est que la marne devient plus riche à mesure qu'elle s'enfonce sous terre.

On peut distinguer trois variétés principales de marne :

La *marne siliceuse* ou *sableuse;*

La *marne argileuse* ou *forte;*

La *marne calcaire* ou *pierreuse.*

Ces variétés ont des propriétés bien différentes et peuvent, employées sans discernement, devenir aussi nuisibles à la culture qu'elles lui sont utiles quand on en fait un usage convenable.

La *marne siliceuse* ou *sableuse* contient parfois plus des deux tiers de sable : le troisième tiers est un composé inégal d'argile et de carbonate de chaux. Elle est plus ou moins grisâtre, très friable, et se délaye très facilement dans l'eau, avec laquelle elle ne fait pas de pâte. C'est la moins bonne de toutes les marnes. Elle ne convient, comme amendement, qu'aux terres fortes, visqueuses et humides. On l'emploie avec avantage dans les terrains crétacés et argileux; elle les divise et les rend plus perméables à l'air et à l'eau.

La *marne argileuse*, plus riche que la précédente, a une teinte plus ou moins foncée; elle est plus compacte, moins friable, se délaye moins promptement dans l'eau, et forme avec elle une pâte courte. — Quand une marne argileuse contient environ son tiers de carbonate de chaux, elle est très propre pour amender les sols sableux, les terrains trop secs et trop faciles à se dessécher; elle y opère mécaniquement en donnant plus de consistance, et chimiquement au moyen de son calcaire. — Quand l'argile prédomine dans la composition de la marne, elle n'opère pas chimiquement avec autant de puissance, mais elle ne laisse pas de produire cependant un bon effet. On peut l'employer alors en très grande quantité, sans aucune crainte. Son usage peut s'étendre même jusque sur les sols sablo-calcaires; mais, dans ce cas, il faut la répandre avec précaution, car on sait que le calcaire trop abondant brûle les récoltes au lieu de les faire prospérer.

La *marne calcaire*, la plus riche et la plus active, est plus dure et plus blanche que les deux autres; elle se délaye dans l'eau plus facilement que la marne argileuse, et forme avec le liquide une pâte encore plus courte ; son effervescence avec les acides est beaucoup plus longue et plus vive. Une bonne marne calcaire se dissout dans l'acide chlorhydrique étendu, en ne laissant qu'un très léger résidu ; plus ce résidu insoluble est considérable, plus elle renferme d'argile ou de sable. Chauffée fortement, pendant une heure, au milieu des charbons ardents, puis arrosée d'eau, elle s'échauffe beaucoup, se délite, et se réduit en une poudre blanche qui occupe beaucoup de volume. Chez les autres marnes, ces caractères sont bien moins prononcés.

La marne calcaire convient particulièrement aux sols argileux et à tous les sols trop humides, ou qui retiennent trop fortement l'eau des pluies. Elle est moins avantageuse sur les sols sableux : elle ne produit même sur ces derniers que des effets peu durables et peu puissants, si on l'emploie sans le concours des engrais.

C'est surtout par l'analyse chimique qu'on parvient à déterminer la nature de la marne et la variété à laquelle elle appartient. Les essais sont très simples.

On réduit la marne en poudre, on en sèche 100 grammes à l'étuve ou au four pour connaître la quantité d'eau qu'elle contient, et l'on prend 20 grammes de cette marne ainsi séchée. D'un autre côté, on introduit dans une fiole à médecine (fig. 158) 100 grammes d'acide chlorhydrique, étendu à l'avance de deux fois son poids d'eau. On pose cette fiole sur le plateau d'une balance, et, après avoir fait la tare, en ajoutant 20 gr. pour représenter le poids de la marne sur laquelle on opère (fig. 159), on y introduit celle-ci par petites portions, en agitant pour faci-

Fig. 158. *Fiole à médecine.*

litèr le dégagement de l'acide carbonique. Lorsque l'effervescence est terminée et
que la liqueur est
encore très acide, on
remet la fiole sur la
balance, et on ajoute
du même côté assez
do poids pour l'équi-
librer. Ces poids re-
présentent la quantité
d'acide carbonique dé-
gagé.

Avec cette donnée
et la connaissance de
la composition inva-
riable du carbonate
de chaux pur, on ar-
rive aisément à trou-
ver la quantité de

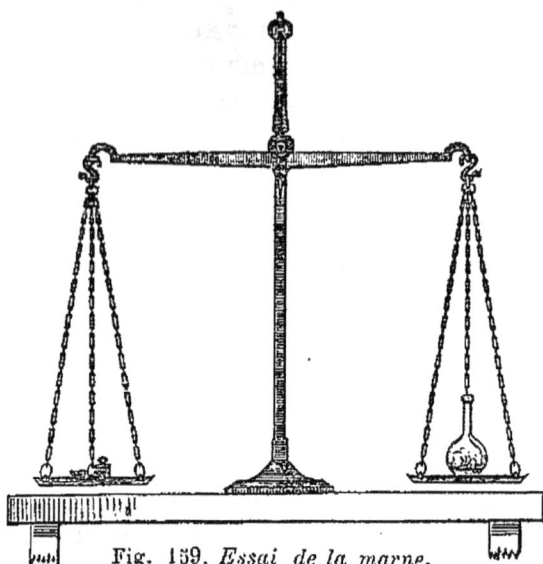

Fig. 159. *Essai de la marne.*

calcaire que représente le poids d'acide carbonique dégagé.

$$100 \text{ parties de carbonate de chaux pur} = \begin{cases} 43,71 \text{ d'acide carbonique,} \\ 56,29 \text{ de chaux.} \end{cases}$$

On dit alors : 43,71 d'acide carbonique représentant 100 de carbonate de chaux, combien le poids de l'acide carbonique perdu
par les 20 gr. de marne représente-t-il de calcaire pur?

Supposons que, dans l'essai précédent, nous ayons trouvé
5 gr. 40 pour poids de l'acide carbonique dégagé, nous dirons :

$$43 : 100 :: 5,40 : x = ,71 \frac{100 \times 5,40}{43,71} = 12,35$$

et, par conséquent, nous saurons que les 20 gr. de marne contiennent 12 gr. 35 de carbonate de chaux, soit $12,35 \times 5 =$
61,75 pour 100.

Le résidu insoluble dans l'acide, et équivalant à 7,65, est de
l'argile pure, ou un mélange de sable et d'argile, suivant que la
marne est *argileuse* ou *sableuse*. Pour le savoir, on verse ce résidu dans une capsule en verre, après avoir fait écouler le liquide
acide, dont on n'a plus besoin; on délaye la terre dans beaucoup d'eau, on laisse reposer une minute, puis on décante sur
un filtre double (fig. 160) le liquide qui tient en suspension l'ar-

gile. Le sable reste au fond de la capsule. On le lave, à plusieurs reprises, avec de l'eau que l'on verse à chaque fois sur le filtre, et, quand il est bien dépouillé d'argile, on le sèche et on le pèse. Quant à l'argile du filtre, on la fait sécher quand l'eau qui s'en égoutte n'est plus du tout acide, et on la calcine au rouge pour en prendre le poids.

On a alors le poids de tous les éléments de la marne. En multipliant tous ces nombres par 5, on ramène la composition de la marne à 100 parties. Ainsi, les 7,65 de résidu, dans l'essai précédent, nous ayant donné 1 gr. 25 de sable et 6 gr. 40 d'argile, nous formulons ainsi la composition de la marne essayée :

Fig. 160. *Filtre double.*

$$
\begin{array}{lll}
12^{gr},35 \text{ de calcaire} & \times\ 5 = & 61,75 \text{ de carbonate de chaux.} \\
1\quad 25 \text{ de sable} & \times\ 5 = & 6,25 \text{ de sable.} \\
6\quad 40 \text{ d'argile} & \times\ 5 = & 32,00 \text{ d'argile.} \\
\hline
20^{gr},00 & & 100,00
\end{array}
$$

Il y a bien toujours un peu d'oxyde de fer, de carbonate de magnésie, de potasse, d'ammoniaque, parfois des phosphates et des azotates dans les marnes; mais les proportions en sont si faibles, qu'on peut les négliger. Le carbonate de magnésie seul pourrait nuire, si sa présence devenait un peu considérable. Au reste, il y a un indice qui apprend quand une marne est fortement magnésienne. L'eau qui couvre les creux d'extraction de cette sorte de marne, comme celle qui séjourne dans les carrières de calcaire magnésien, reste blanchâtre ou laiteuse, tandis que celle qui recouvre la marne ou la pierre à chaux non magnésienne est toujours transparente et limpide.

Pour rendre l'essai d'une marne encore plus simple et éviter tout calcul, on peut se contenter de tenir compte du poids des matières insolubles dans l'acide chlorhydrique. Ainsi, on met l'acide affaibli dans un vase à bec (fig. 161), on y ajoute peu à peu les 20 gr. de marne, et lorsqu'il n'y a plus aucune effervescence, on verse le liquide trouble sur un filtre double. On

Fig. 161.
Vase à bec.

rince la capsule à plusieurs reprises avec l'eau distillée, on réunit le tout sur un filtre, qu'on lave ensuite avec de nouvelle eau, jusqu'à ce que la liqueur qui tombe de l'entonnoir ne rougisse plus le papier bleu de tournesol. On met alors le filtre, bien égoutté, à l'étuve et on le dessèche à 120 degrés. On prend le poids du résidu, en dédoublant le filtre, et mettant le filtre extérieur sur le plateau des poids pour servir de tare au filtre qui contient les matières insolubles.

Le poids du résidu, soustrait du poids de la marne, donne, par différence, le poids du carbonate de chaux, avec une exactitude suffisante pour la pratique. Soit une marne laissant, sur 20 gr., 8 gr. de résidu, on dit :

$$20 - 8 = 12 ;$$
$$12 \times 5 = 60 \text{ pour 100 de carbonate de chaux.}$$

Rien n'empêche de faire ensuite l'analyse, pour ainsi dire mécanique, du résidu, si l'on tient à savoir les proportions respectives du sable et de l'argile; mais, la plupart du temps, on peut se dispenser de ce soin, car le point important, c'est de connaître la richesse de la marne en carbonate de chaux.

Ici encore, comme dans l'analyse des terres, on doit opérer, non sur un morceau de marne isolé, mais sur un échantillon commun prélevé sur plusieurs gros tas retirés de la carrière.

L'analyse des marnes, faite pour déterminer les proportions de calcaire qu'elles renferment, ne suffit pas pour établir, entre plusieurs échantillons, une valeur relative, c'est-à-dire leur plus ou moins grand effet sur la végétation. Ce n'est pas tout, en effet, qu'une marne soit plus riche qu'une autre en carbonate de chaux; il faut encore, pour qu'on doive la préférer, qu'elle se divise et se réduise en poussière, au contact de l'air humide, beaucoup plus rapidement et beaucoup plus complètement. Dans presque toutes les marnes, on rencontre des noyaux calcaires, d'une grande cohésion, qui résistent énergiquement à la désagrégation, et qui, par conséquent, n'ont aucune influence dans l'opération du *marnage*; on conçoit donc qu'une marne plus riche en carbonate de chaux qu'une autre pourrait cependant exercer moins d'effet pour l'amendement du sol, uniquement parce que, à masse égale, elle contiendrait plus de ces rognons ou noyaux compactes et indivisibles.

C'est M. de Gasparin qui, le premier, a appelé l'attention sur cette circonstance capitale. Ayant eu à rendre compte de l'effet bien différent de deux marnes provenant du département du

Gers, il constata que, mises à déliter dans l'eau, l'une laissait, sur 1000 parties, 875 de rognons calcaires impénétrables à l'eau, tandis que l'autre s'y résolvait, en peu de temps, en une poudre homogène. Cette différence établissait, entre les pouvoirs d'effet immédiat des deux marnes, une proportion de 1 à 8. C'était précisément la proportion que la pratique avait indiquée, puisque, avec vingt-cinq voitures de la seconde, on obtenait les mêmes résultats qu'avec deux cents voitures de la première.

Ces résultats, que M. de Gasparin a vérifiés et confirmés sur des marnes de bien des espèces et dans des pays différents, donnent un moyen d'apprécier les quantités relatives de marne à employer dans les différents cas. Cet agronome regarde comme *inertes* les pierres et les parties sableuses, qu'il nomme *nodules calcaires*, et comme *actives* les parties pulvérulentes séparées par la lévigation.

Il faut donc, d'après cela, pour compléter l'estimation d'une marne, combiner l'analyse chimique avec la lévigation. Voici comment on opère.

On plonge dans l'eau (fig. 162) une quantité connue de marne, qui ne doit pas être moindre d'un kilogramme; on laisse digé-

Fig. 162. *Vase à lévigation pour la marne.*

Fig. 163. *Vase à décanter.*

rer pendant une heure; on agite, on coule (fig. 163), on remet de nouvelle eau jusqu'à ce que celle-ci reste claire après l'agitation; alors on sèche et on pèse le résidu, qui est composé de noyaux.

Supposons deux marnes, de localités différentes, contenant : l'une 67,5, l'autre 35,0 pour 100 de carbonate de chaux, mais la première se délitant entièrement dans l'eau, tandis que la seconde laisse 50 pour 100 de noyaux calcaires. Il est évident que, dans la seconde, il n'y a véritablement que 50 pour 100 de marne agissante, ce qui réduit la proportion du carbonate de chaux utile à 17,5 pour 100 par suite de cette proportion :

$$100 : 35 :: 50 : x = 17,5.$$

Maintenant, supposons que la première soit employée à la dose de 20 mètres cubes; pour connaître la quantité qu'il faudrait de la seconde pour produire le même effet, on dira :

$$17,5 : 20 :: 67,5 : x = 77.$$

C'est-à-dire, qu'il faudra employer 77 mètres cubes de la marne à rognons pour équivaloir aux 20 mètres cubes de la marne sans rognons.

M. Masure a tout récemment fait remarquer les causes d'erreur et les inconvénients qu'entraînait le mode opératoire indiqué par M. de Gasparin. Au lieu de faire *à part* l'analyse physique (par la lévigation) et l'analyse chimique, il agit *sur un même échantillon* de marne, l'analyse chimique ne devant porter que sur les parties pulvérulentes, puisqu'elles sont les seules parties actives et que la proportion de carbonate de chaux peut ne pas être la même dans les nodules et les parties pulvérulentes.

Voici la méthode générale que conseille de suivre M. Masure pour faire l'analyse d'une marne :

1° *Séparation des pierres et des graviers*. Cette opération préalable porte sur un kilog. de la marne à essayer.

La marne est mise dans l'eau pendant vingt-quatre heures et on l'agite de temps en temps pour faciliter le délayage. La masse délayée est jetée sur une passoire à fond de toile métallique dont les mailles ont un demi-millimètre de côté, et on l'arrose d'eau jusqu'à ce que le liquide qui s'écoule soit clair et limpide. Le lavage est alors terminé ; les pierres et les graviers restés sur la passoire sont séchés à l'air, pesés et examinés.

2° *Lévigation des parties entraînées par l'eau.*—On abandonne pendant vingt-quatre heures l'eau de lavage, afin que toutes les matières puissent se déposer au fond des vases; on décante l'eau surnageante au moyen d'un siphon, on réunit les dépôts dans une assiette et on les fait sécher au soleil. On en prend alors une cinquantaine de grammes que l'on met dans une étuve à eau bouillante (fig. 164). Lorsqu'ils sont complètement desséchés, on pèse exactement 10 grammes, que l'on délaye bien dans un verre, et que l'on soumet ensuite à l'*appareil à lévigation* (fig. 165). Cet appareil est identique à celui qui sert à l'analyse physique des terres arables ; l'opération se conduit de la même manière.

3° *Dosage du calcaire dans les parties pulvérulentes.*—Lorsque l'appareil a fonctionné, on recueille sur deux filtres desséchés et tarés : d'une part la partie sableuse, d'autre part les parties pulvérulentes. On dessèche à l'étuve à 100° et on pèse.

Le filtre contenant les matières pulvérentes est ensuite

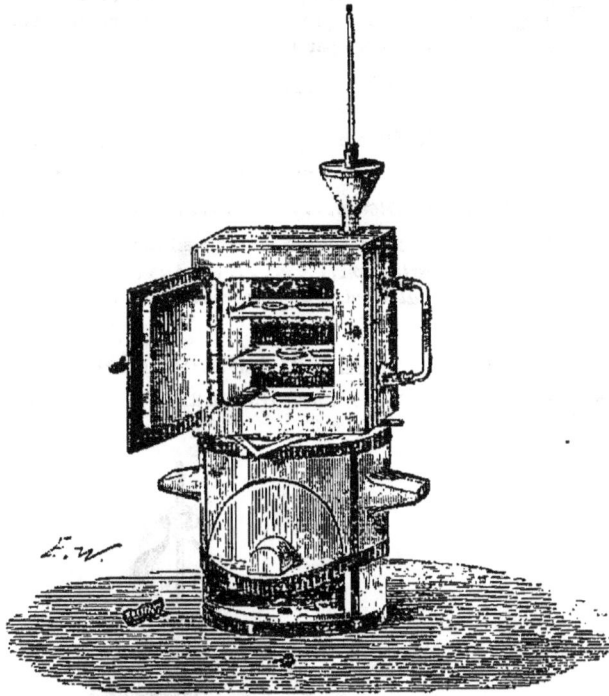

Fig. 164. *Étuve à eau bouillante de Gay-Lussac.*

remis sur son entonnoir. Pour qu'il reprenne bien sa forme primitive, on a soin de l'arroser avec quelques gouttes d'eau. On verse peu à peu dans le filtre de l'acide chlorhydrique étendu de quatre fois son volume d'eau, jusqu'à ce que toute effervescence ait cessé. On termine en remplissant le filtre d'eau acidulée, et on fait plusieurs lavages à l'eau pure. Le filtre est de nouveau desséché à l'étuve et pesé. La perte de poids est considérée comme représentant le poids du calcaire. Le dosage de calcaire dans la partie sableuse se fait de la même manière.

Pour faire mieux comprendre ce procédé d'analyse, voici un exemple avec toutes les annotations :

1re *Opération.*
Séparation des pierres et des graviers sur 1 kilogr.

	Kil.
Pierres et graviers. (Pesée directe.)	0,840
Matières délayées. (Par différence.)	0,110

		Gram.
	Poids du filtre chargé des parties pulvérulentes........	5,13
	Filtre seul..	1,84
	Parties pulvérulentes..........................	3,29
	Poids du filtre chargé d'argile......................	2,23
	(C'est à-dire après que les parties pulvérulentes ont été traitées par l'acide chlorhydrique.)	
	D'où : *Argile*...................................	0,39
	Calcaire pulvérulent. (Par différence.)........	2,90
	Poids du filtre chargé de sable......................	8,34
	Filtre seul...	1,64
	Partie sableuse.................................	6,70
	Poids du filtre chargé de sable siliceux..............	2,42
	Sable siliceux..................................	0,82
	Sable calcaire. (Par différence.)..................	5,88

2ᵉ Opération. Lévigation sur 10 grammes. — *Parties pulvérulentes*

3ᵉ Opération. Perte de poids des filtres par l'action de l'eau acidulée. — *Partie sableuse*

Lorsque les marnes contiennent des proportions notables d'acide phosphorique, et tel est le cas des marnes de la partie Est de

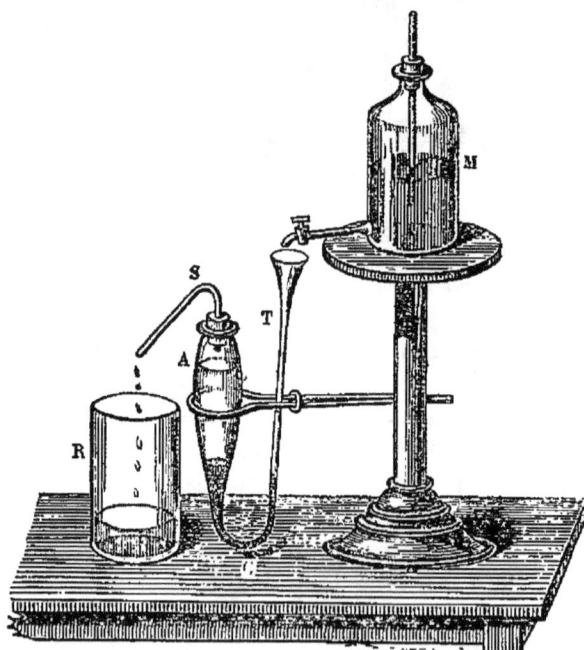

Fig. 165. *Appareil de M. Masure pour la lévigation de la marne.*

l'arrondissement de Lille (notamment dans les communes de Cysoing, de Bouvines, de Sainghin, de Gruson, de Baisieux, de Wannehain), marne à fleur de terre, qui portent dans ces pays le nom de *Dièves ;* tels sont encore certains calcaires des comtés de Durham et de Lanark en Angleterre ; le dosage du calcaire par différence est entaché d'erreur, car l'eau acide a dissous non seulement le calcaire, mais encore du phosphate de chaux et de l'oxyde de fer.

Pour plus d'exactitude, il faut doser à part ces deux dernières substances et défalquer leur poids de celui qui était attribué au carbonate de chaux seul. Dans ce cas, voici comment on agit : Dans la liqueur acide qui a tout dissous, à l'exception du sable et de l'argile, on verse un excès d'ammoniaque qui précipite sous forme de gelée le phosphate de chaux et l'oxyde de fer; on les rassemble sur un filtre qu'on lave à l'eau bouillante et qu'on calcine ensuite au rouge pendant 10 à 15 minutes. On prend le poids du résidu et on le retranche de celui qui représentait d'abord celui du calcaire ; l'erreur commise en premier lieu est donc rectifiée.

Il est peu important de connaître le poids de l'oxyde de fer, qui est toujours en fort minime quantité; mais il peut être intéressant de doser le phosphate de chaux, qui donne à la marne une plus grande valeur. On arrive à ce résultat de la manière suivante :

On traite par l'acide chlorhydrique froids le mélange de phosphate et l'oxyde de fer. Ce dernier ne se dissout pas et reste sous forme de poudre rougeâtre; on le sépare par le filtre, qu'on lave jusqu'à ce que l'eau ne rougisse plus le papier de tournesol. Les eaux de lavage sont réunies à la liqueur chlorhydrique, et en neutralisant celle-ci par de l'ammoniaque, on en précipite le phosphate de chaux pur et on le recueille sur un filtre desséché et taré. On met à l'étuve, et lorsque le filtre ne perd plus de son poids, on pèse. On obtient ainsi le poids du phosphate hydraté ; les 0,75 ou les trois quarts de ce poids représentent, d'après les nombreuses expériences de vérification, le poids du phosphate de chaux contenu dans le calcaire.

M. de Gasparin admet que pour marner 1 hectare, il faut 20 mètres cubes d'une marne dosant 67,5 pour 100 de calcaire. D'après cela une marne qui ne contiendrait que 1 pour 100 de calcaire pulvérulent devra être employée en quantité 67 fois et demie plus grande, c'est-à-dire à la dose de 1350 mètres cubes, et d'une marne contenant en général n pour 100 de calcaire pulvérulent il faudra employer $\frac{1350}{n}$ mètres cubes par hectare.

Ce calcul appliqué à l'exemple précédent donne $\frac{1350}{2,9}$, soit 462,4 mètres cubes par hectare.

Lorsque l'on est fixé sur la nature de la marne, et qu'on connaît bien l'état de la terre qu'on veut améliorer, voici comment on procède au marnage.

Il faut, avant tout, que le sol puisse s'égoutter et se débarrasser des eaux surabondantes de sa surface. Nous avons dit précédemment comment on facilite l'égouttement et le desséchement des terres.

C'est par un temps sec ou de gelée qu'il faut voiturer la marne, afin que les terres ne soient pas pétries sous le pas des chevaux et par les roues des voitures. On la dépose sur un coin du champ pour la répandre ensuite en temps convenable. Il y a toujours avantage à la laisser ainsi exposée aux influences atmosphériques avant de la disséminer à la surface du champ.

Si ce champ est humide, on lui donne, avant le marnage, un labour profond, afin de fournir à l'eau une plus forte couche à imbiber ou à tenir fraîche, et diminuer les chances d'excès d'humidité.

On distribue ensuite la marne en lignes parallèles, en petits tas égaux, placés à 6 ou 7 mètres de distance en tous sens, ainsi que l'indique la figure 166.

L'époque préférable pour distribuer la marne est l'automne. Plus la marne est lente à se déliter, plus il faut avancer cette époque. Après un séjour de quelque temps à l'action de l'air, du soleil et de l'humidité des nuits, on la répand sur toute la surface du champ, immédiatement après l'enlèvement des dernières récoltes ; il faut, toutefois, qu'elle soit suffisamment délitée. On peut encore, pour achever de la pulvériser et de la disperser également, employer la herse et le rouleau ; puis, avec quelques traits d'extirpateur, la mélanger à la couche superficielle du sol. On donne, pendant l'hiver, quelques labours un peu plus profonds, et on ensemence dès le printemps.

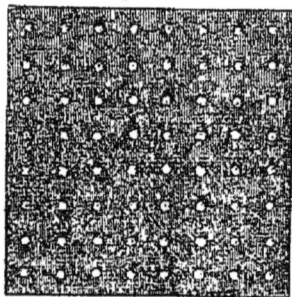

Fig. 166. *Répartition de la marne à la surface du champ.*

Dans d'autres cas, on répand la marne à l'entrée de l'hiver, on la laisse se déliter pendant toute cette saison, et l'on n'ensemence la terre qu'à l'automne suivant.

Il ne faut guère moins que les gelées de tout un hiver, ou les chaleurs d'un été tout entier, pour réduire la marne en une substance onctueuse, quoique friable, susceptible de se bien incorporer à la masse du sol. Lorsqu'on l'enterre mouillée, elle reprend son adhérence, et ne peut se distribuer ainsi uniformément.

Les bons effets du marnage sont remarquables non seulement sur les terres labourées, mais encore sur les prairies non irriguées et les bois taillis. De Morogues cite une prairie naturelle où le marnage porta la récolte en foin, de 250 bottes à 400. Pour les bois on choisit l'époque où ils viennent d'être exploités. Pour eux, comme pour les prairies, on marne à l'automne.

Dans les terres labourées, on ne marne que sur les trèfles ou sur jachère, afin de pouvoir laisser la marne au moins deux mois en petits tas avant de la répandre.

Les Anglais font usage d'une autre méthode qui, dans certaines circonstances, peut être préférable.

Ils forment, avec la marne, des composts, c'est-à-dire qu'ils en font des lits alternatifs avec du fumier, du gazon ou du terreau : ils abandonnent les tas pendant quelque temps, et, lorsque la marne est bien délitée, ils mélangent le tout et le répandent immédiatement avant le dernier labour des semailles.

Cette méthode est bonne lorsque la marne renferme une certaine quantité de sable, et se réduit aisément en poussière au contact de l'air, lorsque aussi on veut l'économiser ; mais, si elle agit bien plus promptement et peut être employée à plus faibles doses, son action est nécessairement de moins longue durée.

Depuis plusieurs années, en Normandie et ailleurs, on charge de marne le fonds des cours et des fosses à fumier, de même qu'on met des lits de cette substance écrasée dans les étables et bergeries, avec ou sans mélange de paille, pour faire office de litière. On comprend qu'en se saturant d'urine et de matières organiques, dans ces diverses conditions, elle devienne un amendement et un engrais dont l'action se fait sentir presque immédiatement.

Le dosage de la marne varie singulièrement, suivant les pays, sa richesse en carbonate de chaux, et la profondeur des labours. Mais, presque partout, les proportions adoptées sont supérieures à la quantité réellement utile, et il est rare qu'elles aient été établies dans une appréciation juste des besoins du terrain. C'est l'empirisme seul qui a fixé ces proportions.

Voici les dosages adoptés dans divers pays. Nous mettons en regard la durée du marnage.

Noms des pays.		Dosage par hect.		Durée du marnage.
Seine-Inférieure.	Yvetot.	300 à	480	20 à 40 ans.
—	Rouen.	300 à	700	15 à 24
—	Neuchâtel.	250 à	700	15 à 18
—	Le Havre.	200 à	400	25 à 30
—	Dieppe.	365 à	900	12 à 30
Eure.	Le Vexin.	2,000 à	4,000	15 à 18
Calvados.	Lisieux, marne blanche.	250 à	280	15 ans, terres humides.
—	Pont-Lévêque, — grise.	750 à	840	25 ans, terres fortes.
Sarthe.		50 à	170	»
Brie.		100 à	250	»
Yonne.	Plateau de Puisaye.	1,000		»
Dauphiné.	Sur les graviers.	1,000		»
	Dans les terres fortes.	1,200		»
Pas-de-Calais.	Montreuil.	200 à	250	20 ans.
Nord.	Terres fortes.	489		12 à 15
—	Terres ayant peu de fond.	178		9
Sologne.		80 à	150	10

Comme on le voit, le marnage diffère beaucoup suivant les localités. En général, on marne trop en Normandie, aussi cette opération est-elle fort coûteuse. Les dosages suivis dans le Nord nous paraissent bien plus rationnels.

Puvis a cherché, l'un des premiers, à poser des règles précises à cet égard, en partant de ce principe que le but du marnage est de rétablir dans le sol la quantité de l'élément calcaire qui est le plus favorable au parfait développement de la végétation. Or il admet que le calcaire doit se trouver, dans la couche labourable, dans la proportion de 3 pour 100, terme moyen. Lors donc qu'une terre renferme plus de 3 pour 100 de carbonate de chaux, il n'y a nul besoin d'en ajouter une nouvelle dose, tandis qu'à celle qui en contient moins il faut ajouter assez de marne pour porter à ce taux l'élément calcaire.

La fixation de la dose de marne à employer, pour un terrain donné, dépend donc, tout à la fois, et de la proportion du carbonate de chaux contenu dans ce terrain, et de celle qui se trouve dans la marne elle-même. A ces deux termes vient s'en joindre un troisième qui influe encore sur la quantité de marne à incorporer : c'est la profondeur de la couche labourable. Il est évident, en effet, que plus celle-ci est épaisse, plus, à égalité de surface, il lui faut de marne pour arriver à contenir, dans toute sa masse, la proportion normale de calcaire.

Pour faciliter l'application de ces données, Puvis a formé un tableau qui renferme tous les éléments du marnage, et dont la pratique peut tirer un parti avantageux. Il est fait pour toutes les compositions de marne, depuis 10 pour 100 de calcaire jusqu'à 90 pour 100; et pour toutes les couches labourables, depuis 8 jusqu'à 21 centimètres d'épaisseur. En prenant des moyennes intermédiaires, on aura, pour toutes les profondeurs de labour et pour toutes les qualités de marne, le nombre d'hectolitres ou de mètres cubes à charrier sur un hectare.

Voir à la page suivante le tableau de Puvis.

Ces doses moyennes doivent être modifiées dans beaucoup de cas. Si la marne est argileuse, la dose doit être diminuée, pour un sol argileux ; elle doit l'être, surtout, à mesure que le sol devient plus léger, et, dans les terrains sablonneux, elle peut descendre à 8 mètres cubes et demi ou 85 hectolitres par hectare, ainsi que cela a lieu en Sologne.

Les chiffres du tableau précédent ne s'appliquent qu'à des marnes dont toute la masse est susceptible de se réduire complètement en poudre, et qui ne contiennent pas de rognons calcaires inattaquables par l'eau ou l'air.

La différence que l'on remarque dans les proportions relatives des éléments terreux d'un sol peut être attribuée fort souvent à ce que les plantes ont la propriété d'absorber certains de ces éléments en quantité telle, que ceux-ci finissent par disparaître entièrement. Ceci s'applique surtout au carbonate de chaux. L'expérience a démontré que les plantes cultivées dans les terrains calcaires absorbent 30 p. 100 de carbonate de chaux, qu'on retrouve dans leurs cendres, et qui sont entièrement perdus pour le sol.

Le produit moyen, en poids, d'un hectare convenablement amendé, est, pendant une année, de 10 milliers de matières sèches, lesquelles contiennent environ un 1/2 hectolitre de carbonate de chaux. La végétation de cette surface consomme donc, chaque année, un 1/2 hectolitre de carbonate de chaux. En outre, chaque année, une certaine quantité de cette substance est entraînée par les eaux en dessous de la couche labourable, et placée hors de la portée des racines.

Nous pouvons donc conclure de ces faits qu'une partie de la base de la marne, le calcaire, se trouve enlevée, chaque année, au sol cultivé, et que, pour y rappeler la fécondité, on est obligé de répéter cette opération. Cette nécessité se manifeste par la réapparition de plantes acides, oxalis, oseilles, etc., qui annoncent l'épuisement de l'élément calcaire.

La pratique a démontré, notamment dans le département du Nord, où le marnage offre une grande régularité, qu'une quantité de 166 hectol. de marne de bonne qualité, répandus sur un hectare de terre, produit un effet soutenu pendant vingt ans ; on peut donc tirer cette conséquence qu'un hectare demande

NOMBRE D'HECTOLITRES OU DE MÈTRES CUBES DE MARNE NÉCESSAIRES A UNE SEULE COUCHE LABOURÉE
DE L'ÉTENDUE D'UN HECTARE ET DE L'ÉPAISSEUR DE :

8 CENTIMÈTRES.		10 CENTIMÈTRES.		13 CENTIMÈTRES.		16 CENTIMÈTRES.		18 CENTIMÈTRES.		21 CENTIMÈTRES.		Lorsque 100 parties de marne contiennent en carbonate de chaux :
Hectolitres.	Mètres cubes	Hectolitres.	Mètres cubes	Hectolitres.	Mètres cubes	Hectolitres.	Mètres cubes	Hectolitres.	Mètres cubes	Hectolitres.	Mètres cubes	
2,435 7	243 57	3,247 4	324 74	4,059 1	405 91	4,871 4	487 14	5,683 1	568 31	6,494 8	649 48	10
1,217 8	121 78	1,623 7	162 37	2,029 5	202 95	2,434 0	243 40	2,841 5	284 15	3,230 2	323 02	20
811 6	81 16	1,082 4	108 24	1,352 9	135 29	1,623 7	162 37	1,894 5	189 45	2,164 9	216 49	30
608 7	60 87	811 6	81 16	983 0	98 30	1,217 5	121 75	1,420 4	142 04	1,623 3	162 33	40
483 3	48 33	644 4	64 44	805 5	80 55	966 6	96 66	1,127 7	112 77	1,275 1	127 51	50
403 4	40 34	538 1	53 81	672 5	67 25	806 8	80 68	941 9	94 19	1,076 3	107 63	60
349 6	34 96	466 1	46 61	582 7	58 27	699 2	69 92	815 7	81 57	932 3	93 23	70
304 3	30 43	405 8	40 58	507 3	50 73	608 7	60 87	710 2	71 02	811 6	81 16	80
265 6	26 56	353 7	35 37	442 8	44 28	531 2	53 12	620 0	62 00	694 7	69 47	90

environ 8 hectolitres de marne, chaque année, pour être entretenu dans le même état de fécondité.

Ce chiffre varie selon la nature du sol; il est donné pour un sol argileux, mais il doit être réduit à moitié pour un sol sablonneux. La richesse de la marne doit être également prise en considération. La quantité de 8 hectolitres est pour une marne qui contient 80 p. 100 de calcaire; il faudra d'autant plus l'élever que la marne sera plus pauvre en calcaire.

Il arrive très souvent que la marne ne produit pas tous ses effets avantageux la première et la deuxième année : cela tient à ce que son mélange avec la masse de terre n'a pas été bien fait.

Lorsque la terre qu'on marne est encore en bon état de fertilité, on peut se dispenser de mettre du fumier la première année et même la seconde; mais, ensuite, il ne faut pas manquer de fumer, aussitôt qu'on s'aperçoit que les récoltes diminuent, et, si on le peut, on ne doit pas même attendre cette marque d'appauvrissement. C'est surtout dans les sols sablonneux qu'il faut répandre d'abondants fumiers après le marnage. Une terre épuisée, ou pauvre par sa nature, doit être fumée en même temps que marnée. Dans quelques pays, où l'on avait commis la faute de supprimer les fumiers en marnant, on s'est aperçu qu'après plusieurs riches récoltes les terres s'appauvrissaient sensiblement; on en a accusé la marne, et l'on a dit que *la marne enrichit les pères et appauvrit les enfants*. Ce n'était pas la faute de la marne, mais bien du mauvais emploi qu'on en avait fait.

Il y a un principe général que tout cultivateur doit avoir sans cesse présent à l'esprit : c'est qu'il faut donner au sol une quantité d'engrais d'autant plus grande que les récoltes qu'on a obtenues sur ce sol ont été plus abondantes.

Et cela se conçoit facilement. Ces récoltes ont d'autant plus absorbé de substances nutritives dans le sol qu'elles se sont plus développées. On doit donc, si l'on veut que la terre ne soit pas stérile pour les récoltes suivantes, ajouter à ce sol de nouveaux engrais pour remplacer ceux absorbés par les précédentes.

La nature, en améliorant le sol, rend les produits plus considérables; on doit donc se garder de diminuer la quantité des engrais.

C'est ce qu'on sait très bien en Belgique, en Écosse, en Angleterre, dans les départements du Nord, dans la Sarthe et une grande partie de la Normandie où la culture est soignée.

Mais pour que les fermiers puissent jouir de tous les avantages de la marne, il faut qu'ils aient de longs baux. Avec un bail de neuf ans, celui qui se décide à marner ne commence à profiter des bons effets de cette opération qu'au moment de renouveler.

Deux choses sont du plus grand intérêt pour le propriétaire : faire de longs baux et laisser aux locataires la latitude nécessaire pour recueillir une honnête récompense de leurs travaux. Avec de longs baux, la valeur de la propriété augmente par les soins du détenteur, dont l'intérêt est d'accord avec celui du bailleur. Quand, à cause du prix excessif du fermage, plusieurs fermiers n'ont pas réussi dans une exploitation, les cultivateurs riches se retirent, et on ne trouve plus que des locataires à demi ruinés qui ne savent où se placer, et qui nécessairement ne peuvent cultiver en bons pères de famille ; ils achèvent de détériorer le fonds, et les trois quarts du temps ils ne payent pas leur loyer. Voilà à quoi s'exposent les propriétaires qui, n'ayant pas l'intelligence de l'économie rurale, maintiennent les baux de neuf ans, poussés par ce désir inconsidéré de surélever le prix du fermage à chaque renouvellement de bail. Ils sacrifient ainsi les intérêts de l'avenir au profit du présent :

L'avarice perd tout en voulant tout gagner,

a dit notre bon La Fontaine, dans sa fable de la *Poule aux œufs d'or*, qui semble avoir été faite pour les personnes dont nous parlons.

Pour terminer l'étude de la marne, il ne nous reste plus qu'à établir le rôle qu'elle remplit ; il est assez complexe, car elle agit mécaniquement et chimiquement.

Dans le premier cas, elle opère : dans les terrains argileux en les rendant plus meubles, plus aisés à travailler, plus faciles à égoutter ; dans les terrains légers et sablonneux en leur donnant plus de corps et la faculté de se dessécher moins rapidement. Dans la haute Normandie, on connaît parfaitement cette action divisante ou ameublissante de la marne sur les terres fortes et compactes, de même qu'en Bourgogne et dans le Dauphiné on sait très bien qu'elle apporte de la consistance et du liant aux terres sableuses.

Dans le second cas, le rôle de la marne n'est pas aussi simple, et il règne encore à ce sujet une grande diversité d'opinions. L'activité plus grande qu'elle communique à la végétation, puis l'appauvrissement successif du sol lorsqu'on n'a pas soin de renouveler constamment les engrais, indiquent bien qu'elle opère chimiquement sur le sol, et physiologiquement sur les plantes ; mais comment agit-elle ?

16.

Il y a un premier effet que l'on comprend tout d'abord : c'est la neutralisation des acides libres du sol, au moyen de sa base alcaline, acides qui sont toujours défavorables à la végétation. Qui ne sait que les terres de bruyère, les tourbières, les bois défrichés et couverts du terreau acide des feuilles, reçoivent du marnage une amélioration considérable ? Mais comme, sur les sols non calcaires, dépourvus de ces principes acides, la marne opère avec tout autant d'efficacité, il est bien évident que ce n'est là qu'un effet très secondaire, et qu'il faut chercher ailleurs la cause de la puissante action du calcaire.

On peut admettre, avec quelque apparence de raison, que la marne agit à peu près comme la chaux vive, en raison de son alcalinité ; qu'elle désorganise les matières organiques, les détritus des plantes contenues dans le sol ; qu'elle tend à les faire passer, peu à peu, à l'état d'humus ou de terreau, seule forme sous laquelle ils puissent concourir aux progrès de la végétation. Elle communique encore au sol et aux plantes une plus grande puissance d'absorption sur l'atmosphère, et les aide à y puiser les principes gazeux ; elle imprime aussi plus d'intensité à l'action des engrais, bien qu'elle en abrége la durée. Ce qui démontre encore cette action chimique du calcaire sur les engrais, c'est que certains d'entre eux, et entre autres les *os des animaux*, les *débris de laine*, la *bourre*, les *poils*, les *cornes*, etc., n'agissent que dans les terrains où ils rencontrent du carbonate de chaux.

A ces effets, qui paraissent bien établis, il faut en ajouter un autre que M. de Gasparin a, le premier, mis en lumière. La marne, exposée depuis quelque temps à l'air, cède à l'eau un sel soluble de chaux, du bicarbonate, et souvent aussi des traces manifestes d'azotate de chaux. Lessivée et abandonnée à l'air, pendant plusieurs mois, dans un état moyen d'humidité, elle fournit une nouvelle dose de bicarbonate et d'azotate de chaux. M. de Gasparin en conclut, avec raison, qu'il se forme constamment dans les terres calcaires des sels solubles à base de chaux, qui fournissent aux plantes un principe nécessaire, la chaux, et probablement aussi, dans bien des cas, un autre principe plus important encore, l'azote provenant de la décomposition des azotates. Par conséquent, ce serait en passant à l'état soluble, par sa conversion continuelle en azotate et en bicarbonate, que la présence de la chaux dans le sol favoriserait l'action de la végétation.

Cette dissolution de l'élément calcaire de la marne aurait lieu, surtout, par l'action qu'exerce l'eau chargée d'acide carbonique dont la terre est toujours imprégnée. On sait, en effet,

que le carbonate de chaux est très soluble dans l'eau saturée
d'acide carbonique, et que c'est à l'état de bicarbonate qu'existe
la chaux qu'on rencontre dans toutes les eaux terrestres. Dans
la couche de terre arable, le terreau et les engrais fournissent
incessamment de l'acide carbonique, par leur décomposition
lente et successive; cet acide se dissout à mesure dans l'eau
dont cette terre est imbibée, et devient dès lors propre à agir
sur la marne, à la rendre soluble et à faire passer le carbonate
de chaux dans l'intérieur des plantes.

C'est là la seule manière rationnelle d'expliquer la disparition
de la chaux contenue primitivement dans un sol. M. Gueymard
cite des terrains de la Grande-Chartreuse, formés de débris de
roches calcaires, et d'où l'élément calcaire a été entièrement
enlevé par les eaux chargées d'acide carbonique. On sait, de
plus, que la durée des marnages est limitée, et qu'au bout d'un
certain nombre d'années l'analyse est impuissante à retrouver
de la chaux dans les terres qui en avaient reçu une assez forte
dose.

Enfin, depuis qu'on sait mieux apprécier l'importance des
matières organiques azotées pour la nutrition des plantes, quelques chimistes ont cru pouvoir rattacher une partie des bons
résultats du marnage, soit à la présence des débris fossiles et
des détritus de coquilles, soit à celle de l'ammoniaque, soit à
celle des azotates, que beaucoup d'espèces de marnes renferment
en certaines proportions. MM. Boussingault et Payen ont retiré
de 1 à 2 millièmes d'azote des marnes du Bas-Rhin, du Gers et
de l'Yonne. D'après le premier de ces chimistes, il y aurait, dans
un mètre cube des marnes suivantes, une quantité d'azotate
représentée sous forme de nitre par les chiffres suivants :

Marne très blanche, facilement délitable, de la Chaise, près Louzouer (Loiret)	Immédiatement après son extraction	7gr,2
	Après plusieurs années d'exposition à l'air	19 0
Marne très argileuse des Buttes-Chaumont, près Paris		25 0
Craie supérieure des carrières de Meudon, près Paris		16 0

« Quand on sait, dit M. Boussingault, quelle est la masse de calcaire que l'on incorpore au sol dans un marnage, l'on comprend
que, malgré leur faible dose, les nitrates doivent être recherchés, puisqu'ils peuvent faire partie des substances que les
marnes ne renferment qu'en très minime quantité, mais qui,
cependant, n'en sont pas moins efficaces, comme le phosphate
de chaux et les carbonates alcalins. »

Les marnes qui, comme celles de Bouvines, de Cysoing et de toute la partie Est de l'arrondissement de Lille, renferment de l'acide phosphorique, 3 p. 100 en moyenne, doivent évidemment avoir un pouvoir fertilisant plus prononcé que celles qui n'en contiennent pas.

Voici, d'après M. Meugy, la composition de la craie chloritée de Bouvines :

Chaux.	40,20
Acide carbonique	32,90
Sable vert	10,00
Alumine et peroxyde de fer	14,00
Acide phospohrique	3,70
Alcalis	Traces.
	100,80

Pour M. Bidard, qui a publié, en 1862, un mémoire sur la marne [1], cette substance aurait un rôle beaucoup plus étendu que celui qui lui a été attribué jusqu'ici. Indépendamment du bicarbonate, de l'azotate et du phosphate de chaux qu'elle introduit dans le sol, et, par suite, dans l'intérieur des plantes, elle donne à celles-ci du silicate de chaux (formé par la réaction de l'acide silicique sur le calcaire), sel non moins nécessaire que les précédents, puisque c'est lui qui communique de la consistance aux fibres ligneuses, au chaume des céréales dont il constitue surtout les nœuds.

Une partie du carbone qui concourt à l'accroissement du tissu végétal provient, suivant le même chimiste, de l'acide carbonique contenu dans la marne, et cette nouvelle source du gaz en question, beaucoup plus puissante que celle de l'air, est tellement abondante, qu'une partie échappe à la végétation pour se déverser dans les cours d'eau et finalement dans la mer. C'est donc à la marne qu'il faut attribuer la présence du bicarbonate, du phosphate et du silicate de chaux dans les eaux courantes, et par suite l'action bienfaisante qu'elles exercent sur les prairies par la voie des irrigations.

D'un autre côté, l'argile de la marne retient dans le sol les matières organiques en voie de décomposition apportées par les engrais, en formant avec elle des composés insolubles, des espèces de laques, qui échappent à l'action des eaux pluviales pour céder peu à peu aux racines des plantes les éléments indis-

---

1. Mémoire sur la marne considérée comme engrais, par M. Bidard. Brochure in-8°, Rouen, 1862, chez Boissel.

pensables à leur développement. Ce sont ces composés d'argile et de matières organiques désinfectées qui constituent la partie réellement active des vases ou limon des fleuves et des rivières dont l'action fertilisante sur les terres inondées est bien connue.

Cette propriété désinfectante de l'argile est plus prononcée dans la marne que dans l'argile pure, parce que dans la première l'argile est dans un très grand état de division qui lui permet d'avoir une action plus énergique. Cette propriété désinfectante est mise à profit dans une partie du midi de la France, où l'on emploie la marne comme litière, faute de paille.

La fertilité du sol étant subordonnée à la présence simultanée de l'argile et du carbonate de chaux, il faut donc maintenir ces deux éléments dans la terre par un bon marnage, et pour suppléer à la déperdition qui s'en fait à tout instant, mieux vaudrait, d'après M. Bidard, marner annuellement que par période de 20 à 25 ans.

Dans tous les cas, le marnage bien employé amène dans la culture des améliorations incontestables. Des terres stériles ont été entièrement fertilisées par cette opération; des champs qui atteignaient à peine la valeur de 250 à 350 fr. ont monté, par suite des bons effets de la marne, au prix de 800 à 1,200 fr. Le Norfolkshire, qui n'offrait, il y a à peine un siècle, que des landes et des bruyères, se trouve maintenant une des contrées les plus riches et les mieux cultivées de l'Angleterre.

L'usage de la marne pour améliorer la qualité des terres est fort ancien : Pline dit qu'il était connu des Gaulois, des Bretons, des Grecs et des Romains. C'est aux Gaulois et aux Bretons qu'il attribue l'honneur de cette découverte. Ces peuples faisaient un tel cas de cet amendement, qu'ils ne craignaient pas d'aller fouiller à 30 mètres et plus pour en découvrir des bancs. Le marnage s'est continué en Angleterre et dans les Gaules; toutefois il était devenu moins général lorsqu'en 1636 Bernard Palissy, simple potier, remarquable par son vaste savoir et son talent d'observation, le remit en honneur en préconisant ses admirables effets, et en publiant, le premier parmi les modernes, un traité spécial fort détaillé sur cette importante question [1].

Chaux vive ou caustique. — La chaux pure et non carbonatée, qu'on emploie en guise de marne dans une infinité de pays,

[1]. ŒUVRES COMPLÈTES DE BERNARD PALISSY. — *Traité de la marne*, p. 325 de l'édition in-12, de Cap, publiée en 1844.

la basse Normandie, la Sarthe, la Flandre française, la Belgique et la Hollande, exerce sur le sol et la végétation des effets bien plus puissants que cette dernière, et convient surtout aux terrains non calcaires,à ceux qui sont glaiseux, humides, froids, aigres et riches en humus acide. Cette substance alcaline est devenue peu à peu la base de la culture dans toutes les régions de l'Europe où l'agriculture est en progrès, et son usage ne cesse de s'étendre. Son application au sol est désignée sous le nom de *chaulage*.

Pour obtenir la chaux *vive* ou *caustique,* on soumet à une calcination au rouge, dans des fours appropriés, le carbonate de chaux naturel. Toutes les variétés de pierres calcaires, même les coquilles d'huîtres et les madrépores vivants, peuvent servir. Toutefois on emploie habituellement le *calcaire grossier* ou *pierre à chaux.*

La calcination a pour effet d'expulser de la pierre toute l'eau dont elle est imprégnée, et tout l'acide carbonique combiné à la chaux ; mais, si on la pousse trop loin, on peut *fritter* ou *vitrifier* en partie la chaux des pierres calcaires, qui renferme de l'argile, et l'on obtient alors ce qu'on appelle des *biscuits,* lesquels n'ont plus aucune des propriétés utiles de la chaux vive. Si, d'un autre côté, on n'élève pas la chaleur des fours à une température voisine du rouge blanc, la pierre retient beaucoup d'acide carbonique, et la chaux est tout aussi mauvaise que lorsqu'elle est réduite en biscuits. Il est donc bien important de conduire la cuisson de manière à ne pas rester en deçà, ou à ne pas aller au delà de la température nécessaire au dégagement de l'acide carbonique.

On emploie pour la cuisson le bois, la houille, le coke ou la tourbe. La chaux cuite à la houille est moins bonne pour le sol que la chaux cuite au bois, attendu que, cuite beaucoup plus inégalement, elle renferme plus de biscuits. Il est peu de pays où l'on cuise à la tourbe ; cependant c'est le combustible le plus économique, et, dans les pays où il abonde, c'est une des meilleures applications qu'on en puisse faire.

Les fours les plus simples et les moins coûteux sont des trous de forme ovoïde ou légèrement conique, creusés dans le sol ou le flanc d'une colline, et revêtus en briques, ou même à nu lorsque la terre est assez compacte (fig. 167). La partie supérieure de ces fours est ouverte pour laisser exhaler la vapeur et la fumée. La pierre calcaire est disposée par lits, dont les premiers et les plus rapprochés du foyer ont une forme cintrée ; on les fait avec des fragments de pierre qui laissent entre eux beaucoup d'interstices; les lits suivants sont construits avec des pierres concassées de plus en plus menues. Lorsque tout le four est rempli, on allume un feu de bourrées ou de menu bois sous la voûte; on le conduit modérément pendant plusieurs heures, et on le porte ensuite, peu à peu, au rouge vif, qu'on entretient alors d'une manière très égale. Lorsque la flamme sort au haut du four, sans être accompagnée de fumée, on diminue progressivement le feu, on laisse un peu refroidir, puis on tire la

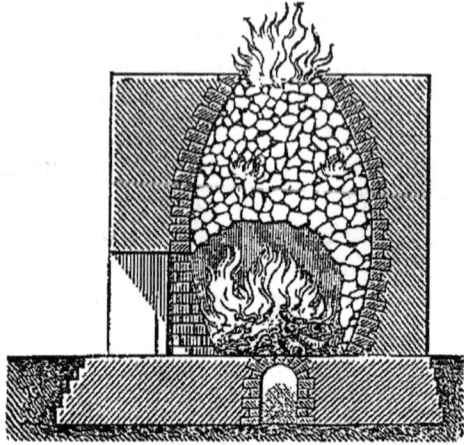

Fig. 167. *Four à chaux, cuisson au bois.*

chaux, afin de recommencer une autre calcination, sans attendre que les parois du four soient trop refroidies.

En place de bois ou de fagots, toujours chers, on peut employer des bottes de bruyères, de joncs marins ou des bourrées de brindilles de bois, et menus débris des coupes dans les forêts; mais ces combustibles légers exigent des soins continuels, et le foyer doit être d'une grande dimension pour les contenir.

On calcine plus économiquement avec la houille. Dans ce cas, on construit un four en briques réfractaires (fig. 168), ayant la forme d'un cône tronqué et renversé, et dont les murs ont $1^m,30$ à $1^m,60$ d'épaisseur. On y introduit un lit de matières combustibles, houille sèche ou mélange de coke et de houille, puis un lit de pierres à chaux, et on alterne ainsi jusqu'à ce que le four soit rempli complètement. On allume la partie inférieure à l'aide de bourrées sèches, et le charbon prend successivement feu dans toute la hauteur du four.

Quand on cuit à la tourbe, on ne peut pas mélanger le combustible avec la pierre; voici le four le plus convenable (fig. 169). Au-dessous de la voûte calcaire, il y a une grille à barreaux mobiles, sur laquelle on pose la tourbe, et sous cette grille existe un cendrier. Cette grille donne un libre passage à l'air, en sorte que la combustion de la tourbe s'accomplit parfaitement.

Dans les arts, on a adopté des *fours coulants* ou *continus* qui produisent la chaux d'une manière bien plus économique que les fours précédents. Mais ces fours ne peuvent convenir dans

les exploitations agricoles, attendu que les frais de construction
et d'entretien ne se compensent que par une cuisson continue;

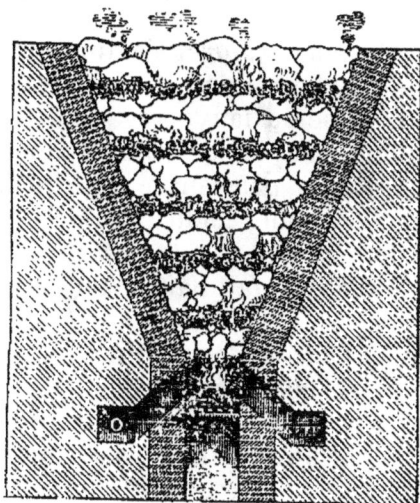

Fig. 168. *Four à chaux, cuisson
à la houille.*

Fig. 169. *Four à chaux, cuisson
à la tourbe.*

or la quantité de chaux que nécessite une ferme étant assez limitée, ces fours ne sauraient y être adoptés avec avantage.

On consomme généralement :

1 stère 85 centièmes de bois de corde pour obtenir 2 mètres cubes de chaux vive
ou 20 hectolitres.

2 stères et 1/2 de fagots......................... 1 mètre cube ou 10 hectolitres.

2 mètres cubes de tourbe compacte............... 1 mètre cube.

3 mètres cubes de tourbe mousseuse............. 1 mètre cube.

1/2 mètre de houille............................ 1 mètre cube.

3/4 mètre de coke.............................. 1 mètre cube.

Il y a plusieurs qualités de chaux vive ; il est important de savoir les reconnaître, car elles n'agissent pas toutes de la même
manière sur le sol.

Suivant les pierres à chaux qu'on a employées, on obtient de
la *chaux pure* ou de la chaux mélangée de silice, d'argile ou de
magnésie.

La chaux pure, dite *chaux grasse*, est la plus économique, la
plus active, celle qui peut produire le plus d'effet sous le moindre volume. Elle est blanche, se délite facilement par l'eau, foi-
sonne beaucoup par l'extinction et forme avec l'eau une pâte
très liante. Elle se dissout presque complètement sans effer-

vescence dans l'acide chlorhydrique. La dissolution, évaporée à sec avec ménagement et reprise par l'eau, ne laisse pas de résidu sensible, tout au plus 10 pour 100. — L'ammoniaque, ajoutée à la liqueur, ne fournit pas de précipité ou n'en fait qu'un très léger.

La chaux *siliceuse*, dite aussi *chaux maigre*, s'emploie en plus fortes proportions que la chaux grasse, dont elle diffère peu à l'usage. Elle est d'une couleur grise ou fauve, se délite moins facilement que la première, augmente peu de volume par l'extinction, et forme avec l'eau une pâte peu tenace — On la reconnaît aisément en ce qu'elle laisse un résidu de sable plus ou moins grossier, après son traitement par l'acide chlorhydrique. L'ammoniaque, ajoutée à la liqueur, y fait naître un précipité notable.

La chaux *argileuse*, dite aussi *chaux hydraulique*, moins favorable à la grenaison que les deux qualités précédentes, paraît plus favorable aux fourrages, à la croissance de la paille, aux légumineuses, probablement en raison du silicate d'alumine qui abonde dans sa composition; elle ménage davantage le sol, mais elle demande une dose plus forte. Elle provient de pierres qui ont l'odeur et l'aspect argileux. Elle nécessite un traitement particulier; on a remarqué que, quand cette chaux n'est pas bien éteinte et qu'on l'applique en doses un peu fortes sur un terrain siliceux qui n'est pas pourvu abondamment de débris végétaux, elle forme avec celui-ci une espèce de mortier qui le rend très tenace. Dans des circonstances semblables, Arthur Young ne put, pendant plusieurs années, tirer du sol une récolte de céréales. — La chaux argileuse est ordinairement jaune; elle s'échauffe peu, se délite difficilement, et augmente peu de volume par l'extinction; elle forme avec l'eau une pâte courte qui, à l'air, ne prend qu'une médiocre consistance, tandis qu'elle durcit considérablement sous l'eau, au bout de quelques jours. Cette qualité de chaux se dissout dans l'acide chlorhydrique, en laissant un résidu plus ou moins abondant. La liqueur, évaporée à siccité, donne un résidu qui, traité par l'eau, laisse au moins 9 à 10 pour 100, et souvent 20 ou 30 pour 100 d'argile insoluble. Ce résidu est pulvérulent. L'ammoniaque, ajoutée à la liqueur, y produit un précipité notable.

La chaux *magnésifère*, qui provient de pierres colorées ordinairement en brun ou en jaune pâle, agit d'une manière très active, mais elle épuise le sol si on la donne en grandes doses, ou si on ne la fait pas suivre d'engrais abondants. Elle a épuisé quelques cantons d'Angleterre, des provinces entières d'Amérique, et c'est à elle que semblent dus la plupart des reproches qu'on fait à la chaux. Cette chaux, qui est grise ou fauve, a les mêmes caractères que la chaux *maigre*, et se dissout presque complètement dans l'acide chlorhydrique. L'ammoniaque produit dans la dissolution un précipité floconneux, blanc, très notable. Si, après avoir versé dans cette dissolution assez d'oxalate d'ammoniaque pour isoler la chaux, on filtre le liquide et qu'on verse dans celui-ci du bicarbonate de soude, il ne se produira pas de trouble, à froid; mais, en faisant chauffer dans une fiole, il se manifestera bientôt un trouble blanc, floconneux, assez considérable.

Pour se rendre compte de la quantité de chaux contenue dans l'espèce de chaux caustique que l'on emploie, il faut en faire l'analyse, ce qui est très simple, puisqu'il suffit de la traiter, à froid, par l'acide chlorhydrique un peu allongé d'eau, de jeter liquide et résidu sur un filtre double, de laver le résidu sur le filtre, de le sécher, de le peser et de soustraire de son poids primitif le poids du résidu sec : la différenc donne approximativement la proportion de chaux et de magnésie. On agit sur 50 grammes.

Voyons, dès à présent, le rôle de la chaux au point de vue agricole. Comme on le pense bien, il doit se rapprocher, en beaucoup de points, de celui de la marne; toutefois, chez la chaux caustique, l'action chimique l'emporte considérablement sur l'action mécanique; aussi est-ce, à vrai dire, bien plutôt un engrais salin qu'un amendement. Le chaulage a d'abord pour but, comme le marnage, d'introduire dans le sol un élément qui lui manque ou qu'il ne possède pas en quantité suffisante. Indépendamment des modifications physiques qu'elle imprime à la masse du sol, la chaux est absolument nécessaire à la vie des plantes, puisque toutes en renferment dans leurs différents organes et que certaines en exigent des proportions considérables, notamment les légumineuses fourragères. Plusieurs lichens en contiennent plus de 6 pour 100 de leur poids à l'état sec.

La nécessité du *chaulage* et du *marnage* des terres pauvres en principes calcaires devient plus évidente quand on connaît les proportions de chaux contenues dans les cendres des plantes cultivées en grand, et qu'on apprend par là quelle est la quantité de chaux que chacune de nos récoltes annuelles prélève sur le sol.

Voici, à cet égard, un tableau intéressant :

Noms des plantes cultivées.	Chaux dans 100 parties de cendres.	Chaux enlevée au sol sur un hectare.	
Pommes de terre...................	1,8	2kil.	2
Topinambours.....................	2,3	7	6
Froment. { grain..................	2,9	0	8
{ paille..................	8,5	16	6
Avoine.. { grain.	3,7	1	6
{ paille.	8,3	5	4
Fèves...........................	5,1	3	2
Haricots.........................	5,8	3	2
Betteraves champêtres.............	7,0	14	0
Pois.............................	10,1	3	1
Navets..........................	10,9	5	9
Colza...........................	17,1	74	4
Trèfle...........................	24,6	76	3
Sainfoin.........................	25,2	147	8
Luzerne..........................	50,0	150	2

Ces faits, que l'analyse chimique a permis de constater, démontrent donc qu'un sol dépourvu de principes calcaires ne saurait être bien productif, à moins qu'on ne lui fournisse directement cet élément si nécessaire à la fertilité.

Ceci posé, voyons les autres effets de la chaux caustique.

1. Lorsqu'on répand cette substance en poudre sur les prairies humides et aquatiques, elle fait périr les joncs, les carex, les typhas, les patiences, les scorsonères, etc., sans doute parce que les grosses racines de ces végétaux sont plus exposées que les autres à l'action corrosive de cette substance alcaline. Toujours est-il que les herbages qui constituent les bons pâturages et qui ont, pour la plupart, des racines très minces, échappent à l'effet destructeur, et profitent même de la décomposition des plantes qui nuisaient auparavant à la végétation.

2. D'un autre côté, lorsqu'on associe de la chaux caustisque à des matières organiques, végétales ou animales, elle en détermine très rapidement la conversion en terreau, en détruisant leur contexture qui s'opposait à la fermentation putride. C'est par suite de cette action que le chaulage produit des effets si puissants dans les terres nouvellement défrichées, où il y a toujours une grande quantité de matières organiques à décomposer.

3. Une fois enfouie dans le sol, la chaux s'hydrate, absorbe ensuite l'acide carbonique, qui se produit de tous côtés autour d'elle, ou que lui offre l'air atmosphérique, et se trouve ainsi ramenée à l'état de carbonate, qui agit dès lors absolument comme la marne. Mais ce carbonate régénéré est dans un état de division incomparablement plus grand que celui qui

existe dans la marne, et, par conséquent, il est plus facilement assimilé.

4. Liebig attribue à la chaux vive un autre rôle qui ne serait pas moins important. Suivant cet ingénieux chimiste, elle agirait surtout en accélérant la désagrégation des silicates alumineux et alcalins, disséminés dans les terres labourables, soit sous forme d'argile, soit sous celle de mica, de feldspath et d'autres débris des roches cristallines ; elle mettrait ainsi à la portée des racines les principes alcalins qui sont indispensables au début d'une nouvelle végétation.

Il est certain, d'après MM. Fuchs et Kulmann, que, lorsque la chaux vive reste, sous l'influence de l'humidité, en contact avec de l'argile, pendant un temps suffisamment prolongé, elle se combine avec une partie de ses éléments et met en liberté, non seulement de la silice gélatineuse ou soluble, mais aussi les alcalis (potasse et soude) que cette argile renfermait à l'état de silicates. En voici la preuve.

Les argiles, dans leur état ordinaire, sont à peine attaquées par les acides, et ceux-ci n'en séparent qu'une très faible quantité de silice. Eh bien, qu'on les délaye dans un lait de chaux, le mélange ne tarde pas à s'épaissir, et, au bout d'un certain temps, il se prend en gelée par l'addition d'un acide, en raison de la grande quantité de silice gélatineuse qui est mise en liberté. En même temps, on retrouve en combinaison avec l'acide des proportions notables d'alcalis solubles.

D'un autre côté, certaines chaux hydrauliques abandonnent à l'eau une si grande quantité d'alcalis caustiques lorsqu'on les y laisse pendant quelque temps, qu'on pourrait se servir de cette eau pour lessiver le linge.

Voilà donc comment la chaux caustique, en attaquant les silicates alumineux et alcalins répandus dans les terres arables, contribue à mettre à la disposition des plantes des aliments minéraux aussi indispensables que la silice et les acalis. Et, lorsque les calcaires, comme ceux, par exemple, de Bouvines, de Cysoing, etc., renferment de l'acide phosphorique, on comprend que la chaux, en le dégageant de ses combinaisons et en l'amenant à l'état d'une division extrême, facilite son absorption par les racines et accroît ainsi la somme des bons effets chimiques qu'elle procure.

Si, comme le prétend M. Paul Thénard, c'est habituellement sous forme de phosphate, de peroxide de fer ou d'alumine que se trouve l'acide phosphorique dans les terres arables, la chaux redevenue à l'état de carbonate à la suite du chaulage aurait pour effet de convertir le phosphate de fer en phosphate de chaux soluble dans l'eau chargée d'acide carbonique, mais il faut que la chaux ou la marne soit en grand excès ; c'est ce qui résulte des expériences de M. Dehérain. Suivant ce dernier chimiste, le carbonate d'ammoniaque agit sur le phosphate de fer comme le carbonate de potasse ou le carbonate de chaux ; c'est ce qu'a également constaté M. Grandeau.

« Si l'on se rappelle, dit M. Dehérain, que les phosphates ont sur la végétation une action des plus marquées, tellement qu'il suffit de les ajouter à un sol qui en est privé, pour lui donner une fertilité moyenne, on comprendra l'importance qu'il y aura pour le cultivateur à rendre assimilables les phosphates enfouis dans le sol, et l'action qu'exerce sur eux la chaux ou la marne employées en excès leur apparaîtra comme une des fonctions importantes de cet amendement [1]. »

5. Quelques chimistes attribuent encore à la chaux, et même à la marne, une autre action. Pour eux, la partie organique des engrais qui contribue le plus à la végétation, c'est la matière azotée ; mais cette matière se transforme, par la fermentation, en sel ammoniacal, et d'après les expériences de M. Boussingault l'interposition de la chaux contribue d'une manière énergique à cette transformation, comme le prouvent les faits suivants :

100 parties de l'azotate appartenant aux substances organiques disséminées dans la terre arable ont donné, en moyenne, en ammoniaque :

Par un chaulage à faible dose.....................	0,53
— à haute dose...................	2,83
— à dose extraordinaire...........	14,48.

D'un autre côté, les pluies introduisent, à chaque instant, dans le sol, des sels ammoniacaux qui proviennent de l'atmosphère. Or, de tous les sels ammoniacaux, il n'y a que le carbonate d'ammoniaque qui soit absorbé par les plantes ; c'est par lui que provient l'azote nécessaire à celles-ci. Eh bien, ces sels ammoniacaux, en contact avec la chaux carbonatée, se changent, lorsque la terre contient juste la dose d'humidité nécessaire à toute bonne culture, en carbonate d'ammoniaque et en nouveaux sels de chaux plus ou moins solubles. Si, par exemple,

---

1. Dehérain. *Cours de chimie agricole professé à l'École d'agriculture de Grignon,* 1873. Paris, Hachette.

on introduit dans le sol du sulfate d'ammoniaque, il se forme du carbonate d'ammoniaque et du sulfate de chaux.

6. Lorsqu'on se rappelle, en outre, que la chaux caustique, en présence de sels ammoniacaux, détermine un dégagement d'ammoniaque, et que celle-ci, à l'état naissant et sous l'influence des corps poreux, est brûlée par l'oxygène de l'air qui la convertit en eau et en acide azotique dont la chaux s'empare, on entrevoit que cet alcali caustique est une des causes de la nitrification des terres. Par conséquent, elle enrichit le sol d'un composé azoté non moins favorable à l'alimentation des plantes que le carbonate d'ammoniaque lui-même.

De sorte que, soit à l'état de carbonate, soit à l'état de base libre ou seulement hydratée, la chaux concourt très efficacement à l'assimilation de l'azote dans les végétaux, puisqu'elle l'offre à ceux-ci sous deux formes : ammoniaque et acide azotique.

7. Enfin M. Paul Thénard attribue encore à la chaux un autre rôle non moins important, celui de fixer à l'état insoluble dans la terre l'acide azoté (*acide fumique*) que la fermentation développe dans le fumier, et de s'opposer ainsi à son entraînement par les eaux pluviales. Ce qu'il y a de certain, c'est que le purin très coloré qui provient du fumier *court* ou *gras*, c'est-à-dire qui a longuement fermenté et qui est riche en acide fumique soluble, est décoloré quand on le met en contact avec du bicarbonate de chaux, tandis que le purin provenant d'un fumier frais ou non fermenté conserve sa couleur primitive. Cela explique pourquoi les eaux de drainage sortant d'un terrain calcaire ou chaulé qui a reçu du fumier à l'état de *beurre noir* n'entraînent presque pas des principes organiques du fumier, tandis que les eaux qui s'écoulent des terrains calcaires chargés de fumiers *frais*, ou de terrains non calcaires ayant reçu un fumier quelconque, sont riches en principes organiques.

On conçoit donc, d'après cela, l'utilité du marnage et surtout du chaulage dans les terrains pauvres où, comme en Bretagne, dans les Landes, le Morvan, la Sologne, etc., on emploie surtout les fumiers longuement fermentés, puisque par ce moyen on y conserve tous les principes fertilisants dont les eaux pluviales les auraient bientôt dépouillés.

Le fumate de chaux mis ainsi à l'abri de l'action des eaux est ensuite peu à peu, sous l'influence de l'air, oxydé et métamorphosé en azotate et concourt alors au développement des plantes.

Le *chaulage* et le *marnage*, d'après toutes les considérations qui précèdent, n'ont donc pas seulement pour effet de fournir aux cultures l'élément calcaire qui leur manque : ils opèrent encore en mettant en liberté certains éléments minéraux du sol (silice, potasse, soude, acide phosphorique), qui, sans leur intervention, resteraient inertes ou perdus pour la végétation; et, de plus, ils contribuent à amener l'azote des matières organiques et de l'air sous les deux formes qui se prêtent le mieux à l'assimilation, à savoir : carbonate d'ammoniaque et azotates alcalins solubles.

Le tableau suivant, dont nous empruntons les données à Puvis, montre l'effet qu'exerce sur la production des récoltes une petite quantité de chaux ajoutée au sol, qu'elle que soit d'ailleurs la manière dont on explique son action.

L'influence de la chaux est donc bien évidente, puisque, par la seule addition d'un millième de la couche labourable en chaux, on double la force d'absorption des plantes et on triple presque la quantité des principes salins qu'elles renferment habituellement.

Mais cet agent si précieux a encore d'autres avantages : les céréales que l'on en a saupoudrées sont moins souvent atteintes de l'ergot et de la carie; elle fait périr les pucerons qui détruisent les colzas, les turneps, les navets et les plantes de la famille des crucifères en général. Employée dans les composts, elle fait mourir les graines des mauvaises herbes, les larves et les œufs des insectes nuisibles, et forme un engrais qui ne porte pas dans la culture des germes de destruction.

Voyons maintenant comment et à quelles doses on emploie la chaux.

On doit ne l'incorporer au sol que lorsqu'elle est bien délitée, c'est-à-dire réduite en poudre sèche. On l'amène à cet état de plusieurs manières.

Tantôt, on met les morceaux de chaux vive en petits tas, à la surface même du champ labouré, et on la recouvre d'une couche de terre assez épaisse; on abandonne le tout dans cet état pendant quinze à vingt-cinq jours jusqu'à ce que la chaux fuse et s'éteigne lentement. Lorsqu'elle est réduite en poudre, on la mêle avec la terre et on la répand bien également à la pelle, puis on la mélange au sol par des hersages réitérés, qu'on fait suivre de plusieurs labours, alternativement profonds et superficiels.

Tantôt, on laisse les morceaux de chaux, à la surface du champ, se déliter à l'air, puis on répand la poudre aussi également que possible. Dans ce cas, c'est un mélange d'hydrate et

INDICATION des SOLS CULTIVÉS.	RÉCOLTE de DEUX ANS en produits secs.	Le poids des engrais supposés absorbés entièrement étant retranché, il reste pour matières sèches provenant de l'absorption dans le sol ou l'atmosphère	MATIÈRES SALINES FIXES contenues dans les récoltes, à raison de 21 kilog. 500 par 500 kilogrammes, d'après toutes les observations.	En retranchant des matières salines les sels solubles fournis par les fumiers, qui, d'après Kirwan, donnent 2 p. 100 de sels solubles, on a pour sels solubles venant de l'absorption dans le sol
I. — AVANT LE CHAULAGE.				
Sol de 3ᵉ classe, où la jachère revient tous les deux ans, avec 24 quintaux d'engrais secs par hectare, représentés par 120 quintaux de fumiers frais = 24 de substances sèches et 96 d'eau.	42 quintaux. (Seigle, paille et blé noir.)	18 quintaux.	90 kil. ainsi composés : Sels insolubles..... 45 kil. Sels solubles. ..... 45 kil.	45 kil. — 24 kil. des fumiers = 21 kil.
Sol de 2ᵉ classe, sans jachère, avec 48 quintaux d'engrais secs par hectare, représentés par 240 quintaux de fumiers frais = 48 de substances sèches et 192 d'eau.	130 quintaux. (Froment, maïs ou pommes de terre.)	82 quintaux.	279 k. 500 ainsi composés : Sels insolubles. 139 k. 750 Sels solubles. 139 k. 750	139 k. 750 — 48 k. des fumiers = 91 k. 750
Sol de 1ʳᵉ classe, sans jachère, avec 64 quintaux d'engrais secs par hectare, représentés par 320 quintaux de fumiers frais = 64 de substances sèches et 256 d'eau.	240 quintaux. (Grains, paille, raves ou fourrages.)	176 quintaux.	516 kil. ainsi composés : Sels insolubles.... 258 kil. Sels solubles. .... 258 kil.	258 k. — 64 des fumiers = 194 k.
II. — APRÈS LE CHAULAGE.				
Sol de 3ᵉ classe.	130 quintaux.	106 quintaux.	279 k. 500 ainsi composés : Sels insolubles. 139 k. 750 Sels solubles... 139 k. 750	139 k. 750 — 24 k. des fumiers = 115 k. 750
Sol de 2ᵉ classe.	200 quintaux.	152 quintaux.	434 kil. ainsi composés : Sels insolubles.... 217 kil. Sels solubles. .... 217 kil.	217 k. — 48 k. des fumiers = 169 k.
Sol de 1ʳᵉ classe.	300 quintaux.	236 quintaux.	645 kil. ainsi composés : Sels insolubles. 322 k. 500 Sels solubles... 322 k. 500	322 k. 500 — 64 k. des fumiers = 258 k. 500

de carbonate, qui doit agir moins énergiquement que la chaux simplement hydratée. — Ce mode d'opérer, qui est le plus simple, est surtout employé dans les localités où la chaux est à bon marché, la culture peu avancée et la main-d'œuvre chère.

D'autres fois, enfin, et c'est le cas le plus général en Belgique, dans le nord de la France, dans la Sarthe, en basse Normandie, on la stratifie avec des gazons, des curures de fossés, des dépôts d'étangs, de la vase de rivière, des balayures de routes, de la tourbe et autres substances terreuses riches en matières organiques, en employant environ 2 à 3 mètres cubes de chaux contre une de ces matières; on recouvre le tas d'une couche de terre, et on laisse la chaux s'éteindre; dix à quinze jours suffisent; on brasse et on mélange le tout ensemble. On recoupe le *compost* une seconde fois avant l'emploi, qu'on retarde autant que possible, parce que l'effet sur le sol est d'autant plus puissant que le mélange est plus ancien, plus parfait, et surtout qu'il a été fait avec de la terre contenant plus d'humus.

C'est là la meilleure manière d'appliquer la chaux; ainsi, en *compost*, elle ne nuit jamais au sol; elle porte avec elle le surplus d'engrais que demande le surplus de produits; les sols légers, graveleux ou sablonneux ne peuvent jamais en être fatigués. Cette méthode épargne beaucoup de chaux, mais elle est longue et pénible.

La dose moyenne de chaux qui convient au sol est, en général, de 4 mètres cubes ou 40 hectolitres par hectare. L'effet de cet amendement, à cette dose, se continue pendant douze ans. Il en faut plus dans les sols argileux et humides, beaucoup moins dans ceux qui sont légers et sablonneux.

On va voir, par le tableau suivant, combien les doses de chaux varient, suivant les pays.

Noms des pays.	Dosage par hectare.	Durée du chaulage.
Angleterre. Dans les sols légers	160 à 170 hectol.	»
— — compactes.......	200 à 270	»
— — tourbeux.........	600	»
Allemagne. Pays de Clèves..............	8 à 10	5 ans.
Belgique. Dans les sols légers.	20	3 à 4
— — compactes.........	40	3 à 4
Calvados.	25 à 60	3 à 9
Mayenne......................	40 à 50	10 à 12
Sarthe........................	7 à 12	3
Ain..........................	60 à 100	9
Nord. Arrondissement d'Avesnes.........	40	10 à 12
— — de Cambrai.	100	9
— — de Dunkerque........	40 à 50	10 à 12
— — d'Hazebrouck.......	100 à 16	9

17.

Noms des pays.	Dosage par hectare.	Durée du chaulage.
Nord. Hornaing, arrondiss. de Douai. . . . . , .	66	»
— Environs d'Armentières.	6 1/3	10 à 15
— Environs de Templeuve, en terres fortes. . . . , ...	100	8 à 10
— Environs de Templeuve, en terres glaiseuses, chez M. Demesmay. . .	200 à 300	8

Au premier abord , en comparant les divers dosages contenus dans ce tableau, on serait porté à regarder comme exagérées les doses adoptées par les Anglais, et chez nous par l'habile praticien, M. Demesmay. Mais il faut savoir que les Anglais prodiguent les engrais à la suite du chaulage, de manière à prévenir tout épuisement, et qu'ils ne recourent presque jamais pour le même terrain à une seconde application de chaux. Chez M. Demesmay, où le sol est une glaise imperméable à l'eau, on prodigue également les fumiers. Le climat froid et humide de l'Angleterre et des environs de Lille, les terres difficiles à égoutter de ces deux contrées, semblent exiger de plus fortes doses de chaux que partout ailleurs.

En général , dans les terres sèches , de fertilité moyenne, qu'on ne fume pas abondamment , la chaux, employée en trop grande quantité, est nuisible. C'est ce qui a fait dire à l'abbé Rozier, avec beaucoup de raison : « Il n'y a pas de milieu : le chaulage est très avantageux si les matières graisseuses (les engrais) sont abondantes dans la terre ; il est très nuisible sur un terrain sablonneux, qui n'est pas souvent humecté. »

Il n'y a que sur les sols tourbeux , les terres depuis longtemps submergées, les bois nouvellement défrichés, que la chaux n'offre aucun inconvénient, même en grandes doses. Il est même impossible de concevoir comment, dans beaucoup d'endroits, de pareils sols pourraient être améliorés sans cette substance. Le chaulage est assurément le meilleur moyen de convertir les terres à seigle, les terres de bruyère, les landes défrichées, en terres susceptibles de produire des prairies artificielles, des blés, des fèves, etc.

Ce que nous avons dit en parlant de la marne s'applique donc avec encore plus de raison au chaulage. Non seulement il ne tient pas lieu d'engrais et ne dispense pas du fumier, comme bien des cultivateurs le croient, mais il rend celui-ci d'autant plus nécessaire qu'on applique la chaux, à haute dose, à un sol fatigué ou de médiocre nature. S'affranchir de cette règle et regarder le chaulage comme un moyen d'obtenir économiquement des récoltes de grains, au lieu d'en faire un auxiliaire utile pour la culture des plantes fourragères, c'est compromettre tous ses bons effets, c'est se préparer de tristes mécomptes, qu'on ne répare ensuite qu'à grands frais.

Quel que soit le procédé de chaulage adopté, il est essentiel que la chaux, comme tous les autres amendements calcaires, soit incorporée au sol à l'état de poudre, et non de pâte, et dans une terre bien sèche ; aussi est-ce à la fin de l'été qu'il faut la répandre.

Pour qu'elle opère sur la première récolte, elle doit être donnée au sol quelque temps avant les semailles. Cependant, lorsqu'on l'applique sous forme de compost, il suffit que celui-ci soit anciennement fait.

La chaux ou le compost, répandu sec sur le sol, doit être enterrée sur un premier labour peu profond, précédé d'un petit hersage, afin que la chaux, dans la suite de la culture, reste toujours, autant que possible, placée au milieu de la couche végétale.

Lorsqu'on donne de la chaux aux pommes de terre et aux betteraves, on doit la conduire sur les champs au printemps, pour l'incorporer avant le posage des tubercules, ou le repiquage des jeunes plants.

Dans le département du Nord, on a remarqué que la chaux convient surtout aux pommes de terre et aux œillettes venues dans les terrains tourbeux ; leurs produits et leurs qualités sont sensiblement accrus par cet amendement, pourvu qu'on donne en même temps les fumures nécessaires. Les pois et les vesces se trouvent aussi très bien de la chaux. Elle produit de bons effets sur le trèfle, moindres cependant que ceux du plâtre. Le colza et la navette chaulés paraissent donner une graine mieux nourrie. Les prairies sur lesquelles on répand la chaux se font remarquer par une herbe plus serrée dans le pied, circonstance qui s'explique aisément par les tiges de trèfle et de lotier qui ont succédé à la mousse, et qui suffisent parfois pour prolonger de quelques années la durée des prairies épuisées. — Dans le même pays, on trouve qu'après un chaulage énergique les fumiers gras sont ceux dont l'action est la plus favorable : c'est pour cette raison que les tourteaux sont placés, dans ce sol, à la tête de tous les engrais ; viennent ensuite le fumier de vache, la courte-graisse, le fumier de mouton et enfin le fumier de cheval ; les urines pures occupent le dernier rang. Peu de cultivateurs fument leurs terres l'année même du chaulage ; en revanche, ils n'y manquent jamais l'année suivante.

Dans le Nord et ailleurs, on doute généralement que la chaux influe sur les récoltes de blé. Il est cependant certain que le blé venu sur fond chaulé est plus rond, plus fin, et donne moins de son et plus de farine que celui qui est venu sans cet amendement, et même sur des sols naturellement calcaires ou marnés ; les blés y sont moins sujets à verser que dans ceux-ci. En outre, suivant Puvis, qui a si bien étudié la question du chaulage, notamment dans le département de l'Ain, la chaux double en neuf ans le rendement des céréales d'hiver.

Quoiqu'on puisse abuser des propriétés actives de la chaux, c'est un des agents de production de la plus grande importance entre les mains d'un bon cultivateur, et il est à désirer que son usage se propage de plus en plus. Qu'on emploie le chaulage avec discrétion ; qu'on en fasse le point de départ pour étendre les cultures fourragères ; qu'on ait soin surtout de rendre au sol les engrais dont il a besoin pour réparer ses forces, et, loin d'accepter le proverbe erroné : *La chaux enrichit les pères et ruine les enfants*, on pourra dire avec plus de raison : « *Le chaulage bien pratiqué enrichit les pères et fait encore la fortune des enfants !* »

Chaux d'épuration du gaz. — On peut, avec une grande économie, utiliser au chaulage des terres et à la confection des composts la chaux qui a servi à l'épuration du gaz de l'éclairage. Dans toutes les villes, il y a maintenant des usines à gaz, qui ne savent que faire de la chaux sortant des épurateurs, et qui la livreraient aux cultivateurs voisins à des prix excessivement bas (20 à 50 centimes l'hectolitre).

Voici quelle est la composition de cette chaux, d'après Grahum :

Hydrate de chaux	17,72
Carbonate de chaux	14,48
Sulfite de chaux	14,57
Hyposulfite de chaux	12,30
Sulfate de chaux	2,80
Soufre (à l'état de sulfure de calcium, sans doute)	5,14
Sable	0,71
Ammoniaque et cyanure	Traces.
Eau combinée	8,49
Eau libre ou simplement interposée	23,79
	100,00

Dans l'état où elle sort des usines, et lorsqu'elle n'a pas été longtemps au contact de l'air, cette sorte de chaux agit comme un corps désoxygénant énergique, en raison du sulfite, de l'hyposulfite de chaux, du sulfure de calcium qu'elle renferme, et elle nuit singulièrement alors à la végétation.

Laissée au contact de l'air pendant plusieurs mois, en ayant soin de la mettre en couches minces et de renouveler fréquemment ses surfaces, elle absorbe l'oxygène de l'air, et tous ses composés sulfurés se convertissent en sulfate de chaux. Ce n'est plus alors qu'un mélange de carbonate et de sulfate de chaux très divisé, qui agit comme un amendement et comme un engrais salin, sans brûler les plantes. C'est ce que nombre de cultivateurs ont constaté.

M. Peteaux, alors directeur de la ferme-école du Courant (Eure), a été un des premiers, à notre connaissance, à tirer parti de cette sorte de chaux sur les terres argilo-siliceuses de cet établissement. La première année qu'il en fit usage, les récoltes furent très mauvaises, parce qu'il avait répandu la chaux telle qu'elle sort des usines; mais, en 1848, l'ayant enfouie après deux mois d'exposition à l'air, ses résultats furent excellents.

M. Petitjean, cultivateur à Montagny-la-Seure, près de Beaune (Côte-d'Or), affirme que cette chaux produit absolument les mêmes effets que le plâtre sur le trèfle.

Un avantage immense de cette sorte de chaux, c'est qu'elle détruit ou éloigne les *mans* ou larves du hanneton, qui, dans certaines années, produisent des ravages si considérables dans nombre de départements. Cette précieuse propriété a été mise hors de doute par les expériences de M. Peteaux, dont il a été question précédemment, et par celles de M. Constant Lesueur, de Rouen. Dès 1848, M. J. Girardin avait conseillé l'emploi de cette substance en place de la soude artificielle, usitée en Angleterre, pour combattre la larve redoutable du hanneton.

Plâtras ou débris de démolition. — Les plâtras ou débris de démolition, partout si abondants, et généralement négligés par les agriculteurs, constituent un des amendements les plus utiles, et dont les effets sont plus féconds que ceux de la marne et de la chaux. Cela tient à ce que, outre le carbonate de chaux, ils renferment beaucoup de sels qui ajoutent à l'effet du principe calcaire sur les végétaux. Voici, en général, leur composition :

Carbonate de chaux.	Chlorure de calcium.
— de magnésie.	— de magnésium.
Sulfate de chaux.	— de potassium.
Azotate de chaux.	— de sodium.
— de magnésie.	Matière organique.
— de potasse.	

Le mélange des sels solubles est formé à peu près, sur 100 parties, de :

Azotate de potasse et chlorure de potassium............ 10 parties.
Azotates de chaux et de magnésie.................... 70
Sel marin ou chlorure de sodium.................... 15
Chlorures de calcium et de magnésium............. 5

En raison de l'abondance des sels solubles, et surtout des azotates, les plâtras exercent une action très marquée sur les végétaux, à la manière des engrais salins.

Cet amendement opère parfaitement bien sur les sols non calcaires; ailleurs, il est plutôt nuisible qu'utile, et rend les sols plus sensibles à la sécheresse. Il est très avantageux sur les prés et pâturages humides non calcaires, mais qui ne sont cependant ni marécageux ni inondés. Il améliore la récolte en quantité et en qualité. Il convient aux récoltes d'hiver comme à celles du printemps; il fait produire plus de grain à proportion que de paille, et le grain est d'excellente qualité.

En Italie, où il est très apprécié, on l'emploie préférablement dans les sols argileux. En France, c'est surtout dans le département de l'Ain qu'il est utilisé, et presque partout il pourrait l'être avec avantage, car presque partout on rencontre des sols non calcaires. Le tombereau de quatre hectolitres coûte environ 1 fr. pris à Bourg. Il devient beaucoup plus cher que la chaux lorsqu'on doit le conduire à distance, et ce n'est qu'aux environs des villes qu'il est facile de se le procurer.

La durée de cet amendement est fort longue. Au bout de vingt ans, le sol qui en a reçu s'en ressent encore. Le plus habituellement, on répand les plâtras, concassés de la grosseur des noix, à la surface du sol, mais il serait préférable de les mêler à de la terre et à du gazon pour en faire des composts.

Au reste, comme tous les autres amendements calcaires, les plâtras doivent être répandus sur la terre non mouillée, et enterrés peu profondément, par un beau temps; autrement leur effet est beaucoup moindre.

La dose moyenne est de 200 hectolitres par hectare, ce qui équivaut à 40 hectolitres de chaux.

Falun ou calcaire coquillier. — En Angleterre, en France, notamment dans les départements des Landes, de la Gironde, de Maine-et-Loire, d'Indre-et-Loire, etc., on fait un grand usage de coquilles fossiles, qu'on trouve soit sur les bords de la mer, soit dans l'intérieur des terres. C'est principalement en Touraine qu'existent les dépôts les plus considérables de ces coquilles, qu'on y connaît sous le nom de *falun.* En Angleterre, on les appelle *crag* ou *cragg*, ou *marne coquillière*.

Dans le département d'Indre-et-Loire, sur le plateau situé entre les sources de l'Esvre, de la Manse et de l'Echandon, il y a une masse de falun si extraordinaire, qu'elle a, d'après Réaumur, plus de 7 mètres d'épaisseur, et qu'on n'est jamais allé jusqu'au terrain qui la supporte; dans ce dépôt, on voit presque toutes les espèces de coquilles, sans mélange de terre ni de sables; mais elles sont dans un tel état de vétusté, qu'elles se réduisent en poussière. Dans le département de Maine-et-Loire, les *falunières* sont, pour ainsi dire, à fleur de terre, et jamais elles n'ont plus de 1 à 3 mètres d'épaisseur; elles reposent sur des phyllades et des schistes, ce qui évite les affouillements profonds, indispensables dans beaucoup d'autres lieux.

Les faluns de la Gironde règnent sur une ligne parallèle à la Garonne, depuis Bazal jusqu'à Saint-Médar en Jalle, et paraissent se diriger vers Dax et Bastenne, où il existe des dépôts bien caractérisés. A Grignon, près Versailles, les bancs de falun reposent sur une couche crayeuse perméable.

Le *falun* est essentiellement formé de carbonate de chaux. En voici quatre analyses :

FALUN DE CLÉONS, PRÈS NANTES, D'APRÈS MM. MORIDE ET BOBIERRE.

Carbonate de chaux............	71,2
Silice......................	14,0
Alumine et peroxyde de fer.......	0,7
Sels solubles..................	5,3
Matières organiques............	0,4
Magnésie et perte..............	8,4
	100,0

FALUN DE MANTHELAN (INDRE-ET-LOIRE), D'APRÈS M. I. PIERRE.

Carbonate de chaux............	68,5
Silice avec un peu d'argile........	25,5
Alumine et peroxyde de fer......,	1,6
Phosphate de chaux............	0,3
Magnésie et substances diverses, avec petite quantité de matières organiques..................	4,1
	100,0

FALUN DE SAUCATS (GIRONDE), D'APRÈS M. LE CORBEILLER.

Carbonate de chaux............	70,50
Sable et argile................	13,50
Matières organiques............	2,00
Eau........................	14,00
	100,00

FALUN DE GRIGNON (SEINE-ET-OISE), D'APRÈS M. LE CORBEILLER.

Carbonate de chaux	66,00
Sable et argile...............	20,30
Matières organiques............	1,70
Eau........................	12,00
	100,00

La présence des sels solubles, des phosphates et des matières organiques azotées ajoute évidemment à l'effet du carbonate de chaux; aussi le falun a-t-il plus d'énergie et une plus longue durée que la marne.

En Touraine, on le met sur les sols calcaréo-argileux, à la dose de 60 mètres cubes ou de 30 charretées par hectare, avec autant de fumier. Ses effets se font sentir pendant 25 à 30 ans. Sur les terres fortement argileuses, il n'y a de limite dans la dose qu'on emploie que celle des frais qui peuvent en résulter.

En Angleterre, on n'en met guère que 100 hectolitres par hectare, mais on y revient tous les 5 ou 6 ans.

Sables coquilliers. — Des amendements très analogues au *falun* sont les sables coquilliers désignés sous les noms de *maerl*, de *treaz*, de *tangue*, en Bretagne et en basse Normandie.

1° Le *maerl*, et par abréviation *merl*, appelé aussi *sable de mer*, *sable vermiculaire*, *fond de corail*, et par les Anglais *marne maritime (sea marl)*, est composé, pour la plus grande partie, de concrétions ou de petits madrépores calcaires, entremêlés de coquillages et de divers débris ; il répand une odeur sensible de marée. Son aspect rameux, le silicate calcaire qu'il contient, portent M. Besnou à le ranger à côté des coraux plutôt que parmi les animaux. La matière organique existe surtout à la surface et se sépare facilement en un tube qui conserve la forme première du maerl. Lorsqu'on le brise, on voit, comme dans le corail, que la partie centrale est moins riche en substance organique. On le trouve quelquefois en rognons : dans ce cas, il contient, entre ses couches, des trous où sont logés de nombreux et volumineux annélides qui augmentent considérablement sa richesse en matière animale.

Dans les deux analyses qui suivent, dues à M. Besnou, on a négligé de tenir compte de la présence de ces annélides, dont la proportion varie à l'infini.

MAERL DE LA RADE DE BREST.

	Variété rameuse.	Variété en rognons.
Matière organique azotée.............	1,05	1,50
Sable, — accidentel.........	»	»
Silice combinée.....................	1,15	1,90
Carbonate de chaux.................	79,90	75,02
— de magnésie.............	Traces.	Traces.
Sulfate de chaux..........	id.	id.
Oxyde de fer....................	id.	id.
Eau de combinaison.................	17,02	21,58
Sels solubles de l'eau de mer..........	Traces.	Traces.

MM. Moride et Bobierre ont donné les analyses suivantes du maerl de Morlaix et de Belle-Isle :

	Maerl blanc de Morlaix.	Maerl rose de Morlaix.	Maerl rose de Belle-Isle.
Matières organiques.........	4,40	1,20	7,75
Sels solubles dans l'eau......	1,35	0,20	2,15
Oxyde de fer et alumine.....	3,60	1,90	3,60
Carbonate de chaux.........	55,65	71,60	76,00
Silice......................	33,00	18,25	3,60
Magnésie et perte..........	2,00	6,85	6,90
	100,00	100,00	100,00

MM. Boussingault et Payen ont trouvé dans le maerl de Morlaix à l'état normal, c'est-à-dire non desséché, 0,51 p. 100 d'azote.

On trouve le *maerl* en abondance dans la mer, à l'embouchure de la rivière de Morlaix, où il s'en fait à la drague une exploitation considérable pour l'amendement des terres. On en tire aussi dans la rade de Brest, à l'embouchure de la rivière de Quimper, et sur la côte de Plounéour-trez. On dit qu'il s'y régénère lentement; de temps en temps on en découvre des bancs nouveaux.

L'extraction du maerl se fait dans des gabares, à l'aide de dragues, du 15 mai au 15 octobre; en cette saison, les quais de Morlaix en sont couverts; on l'enlève journellement par charretées que l'on transporte jusqu'à 3 myriamètres dans les terres. Une gabarée, formant sept de ces charges et pesant environ 7,000 kilogrammes, se vend de 8 à 10 francs, prix qui s'élèvera encore en raison des nombreuses demandes des agriculteurs.

Dans l'arrondissement de Morlaix, on emploie de 14,000 à 28,000 kilogrammes de maerl par hectare de terre; la plus grande proportion est avantageuse sur les terres humides et fortes, tandis qu'elle aurait trop d'action sur les terres sèches et légères. L'expérience a appris que l'addition de maerl favorise beaucoup l'action du fumier. En raison de son abondante matière calcaire, le maerl agit efficacement sur les sols argilo-siliceux de la Bretagne. On l'emploie de préférence après sa sortie de la mer, avant qu'un commencement de désagrégation lui ait fait perdre une partie de ses qualités. Dans tous les cas, il est d'autant plus actif que celle-ci est plus prompte. Son action se fait sentir pendant 8 ou 10 ans. Il opère admirablement sur les trèfles et les luzernes, les céréales et les panais.

Le sable de mer employé par les agriculteurs du Devonshire et du Cornwall, en Angleterre, paraît être de même nature que le maerl. Il en est de même du sable calcaire ou falunier, dont on fait un grand usage dans la partie méridionale de l'arrondissement de Dinan (Côtes-du-Nord). Ce sable, qui provient d'anciens dépôts marins, contient des coquilles fossiles entières, beaucoup de pointes d'oursins et une infinité de débris coquilliers. Il est composé de :

Carbonate de chaux.................................	64
Alumine et gravier.................................	31
Eau..	5
	100

C'est maintenant un amendement habituel dans le pays. M. de Lorgeril en met 50 mètres cubes par hectare. — A Dinan, on prétend que 20 à 24 mètres cubes par hectare suffisent pour fertiliser, pendant 20 ans, une terre médiocre, au point de doubler ses produits ordinaires, et de la rendre propre à la culture du trèfle et des légumineuses. 8 à 10 mètres cubes par hectare produisent un bon résultat, et c'est la quantité adoptée par les fermiers.

2° Le *treaz, trez* ou *sable de mer* est un sable marin assez gros, entremêlé de débris assez volumineux de coquilles, et de coquilles entières déterminables à la simple vue. On le récolte sur les plages en pentes douces du Finistère, dans la rade de Brest, dans celle de Roscoff et autres localités de l'arrondissement de Morlaix.

On l'emploie récemment lavé, après son extraction de la mer. Exposé aux influences atmosphériques, il perd rapidement ses propriétés fertilisantes ; on l'appelle alors *traez mort,* par opposition à celui qui sort de la mer et qu'on nomme *traez vif.* Dans le premier cas, il est plus onctueux au toucher ou plus *gras,* comme on dit, parce que les débris de coquilles, les incrustations calcaires qu'il renferme, se sont désagrégés par suite de l'altération des matières organiques interposées. Les analyses suivantes, dues à Vitalis, montrent qu'en effet le treaz *mort* est moins riche en matière organique et en carbonate de chaux que le treaz *vif :*

	Traez vif de Morlaix.	Traez mort de Morlaix.
Matières organiques......................	4,1	3,4
Carbonate de chaux........	65,0	48,5
Oxyde de fer.	0,6	0,1
Argile...........	4,0	3,5
Sable micacé.............................	20,3	40,0
Eau.....................................	6,0	4,5
	100,0	100,0

MM. Boussingault et Payen ont trouvé dans le treaz vif de la rade de Roscoff, à l'état normal, 0,13 p. 100 d'azote.

Aux environ de Morlaix, les cultivateurs l'emploient directement pour ameublir les terrains maraîchers, où sa substance calcaire et sa matière organique complètent l'action du fumier. Ils en répandent jusqu'à 40,000 kilogrammes par hectare. Tous les trois ans, ils font succéder aux plantes maraîchères des céréales, seulement en quantité suffisante pour la consommation de leurs familles. Leurs récoltes sont, en général, d'une beauté remarquable.

Dans les environs de Brest, on remplace le *treaz* par différents sables marins, des vases prises à l'embouchure des rivières, mais qui sont beaucoup moins calcaires que lui. M. Besnou a fait l'analyse de ces différents amendements; voici le résultat des essais qu'il a bien voulu nous communiquer :

	Treaz de la rade de Brest, ou sable du Minou.	Sable de la baie de Douarnenez	Blancs sablons du Conquet.	Vases de la rivière de Landernau.	Vases de la rivière du Faou.
Matières organiques azotées........ ..	à peine sensibles.	inappréc.	inappréc.	»	»
Débris végétaux.....	»	»	»	6,86	5,40
Sable.............	29,00	51,5	69,0	73,66	88,88
Alumine.	»	1,5	»	3,73	2,60
Carbonate de chaux..	70,00	45,0	27,0	15,40	2,40
Phosphate de chaux..	0,95	»	»	»	»
Oxyde de fer.......	»	0,05	Traces.	»	»
Sels solubles de l'eau de mer..........	inappréciables.	1,10	1,2	1,33	1,30
	99,95	98,25	97,2	100,98	100,58

Les vases de la rivière de Landernau sont fétides et contiennent, en grande quantité, des débris de *Zostera oceanica;* on y trouve aussi des coquilles, et, entre autres, des bucardes.

3° La *tangue, tanque, tangu, sablon, cendre de mer* , *vase de mer*, etc., est un sable gris ou blanc jaunâtre qui se dépose dans les baies, anses et havres, principalement à l'embouchure des rivières de la basse Normandie et de la basse Bretagne.

Ce sable est composé d'éléments divers, réunis dans des proportions variables, dépendant des localités, de l'agitation de l'eau et de la différence de densité des matières mélangées et triturées mécaniquement. Parmi ces éléments, il en est trois qui dominent : ce sont la silice pure, l'argile et le calcaire. Il y a en plus des sels solubles propres à la mer et des débris inorganiques formant ensemble quelques centièmes du poids de la tangue. Le sel marin n'entre que pour des millièmes dans la composition de cette matière.

D'après M. I. Pierre, de Caen, voici quelle est la composition des principales espèces de tangue employées comme amendement, sur 100 parties en poids :

PROVENANCE des TANGUES.	MATIÈRES combustibles ou volatiles.	CHLORE.	ACIDE sulfurique.	ACIDE phosphorique.	CARBONATE de chaux.	MAGNÉSIE.	SOUDE et potasse solubles.	SILICE soluble.	ALUMINE oxyde de fer, etc., solubles à froid dans les acides.	SABLE et argile.	AZOTE pour 100 de matière sèche.
Saint-Malo.	6.90	0.55	0.66	0.57	25.23	0.87	1.06	0 31	0.30	63.05	0.162
Moidrey.	2.96	0.74	0.34	1.38	30.25	0.19	1.01	2.23	1.33	50.43	0.112
Avranches.	4.08	0.40	0.42	0.25	40.26	0.09	0.71	0.01	0.10	53.41	0.071
Mont-Martin-sur-Mer. . . .	7.27	0.27	0.07	0.72	45.45	0.19	0.32	Traces.	0.35	45.26	0.160
Pont-de-la-Roque.	4.51	0.03	0.30	0.31	41.45	0.17	0.27	0.69	2.41	50.32	0.096
Lessay (havelée)[1].	3.39	0.92	0.41	0.28	52.12	0.16	1.13	Traces.	0.35	41.10	0.137
— (béchée).	2.21	0.14	0.08	0.12	31.12	0.11	0.18	»	0.33	65.45	0.026
Cherbourg.	2.45	0.32	0.02	0.13	24.24	0.57	0.26	Traces.	0.14	71.91	0 042
Brevands.	3.25	0.01	Traces.	0.12	23.45	0.27	Traces.	»	0.31	72.76	0.040
Isigny.	1.43	0.11	0.05	0.18	27.71	0.10	0.15	»	0.32	69.67	0.033
Sallenelles.	3.31	0.06	Traces.	0.08	46.22	0.27	0.03	0.09	0.29	49.12	0.071

1. On appelle tangue *havelée* celle qui est ramassée sur la plage au moyen d'un râteau en bois plein, pourvu de mancherons et d'une limonière. Cet instrument, traîné par un cheval, rase la surface de la couche de tangue et on emporte avec lui une quantité variable, suivant la pression que le conducteur exerce sur les mancherons. Ce râteau s'appelle, en Normandie, *havel*, *havet*. Au fur et à mesure que la tangue est râclée ou havelée, on l'enlève et on la dépose sur la grève hors de l'action des marées.

On enlève la tangue avec une bêche, à marée basse, lorsque la couche est épaisse ; on en charge immédiatement la voiture. On opère ainsi sur les côtes de la Manche.

M. de Caumond a signalé, le premier, que toutes les rivières qui produisent de la tangue à leur embouchure ont coulé sur les terrains schisteux ou granitiques, dont elles ont délayé les parties argileuses et siliceuses. Ces parties sont, en général, d'une grande finesse dans ces roches anciennes ; pendant un certain temps, les eaux les tiennent en suspension comme les grains de poussière qui voltigent dans l'air, jusqu'à ce que l'équilibre, le temps d'arrêt produit par l'ascension des eaux marines à l'encontre des eaux douces, favorisent le précipité. Les rivières qui ont couru sur le calcaire n'offrent que des atterrissements sableux et calcaires qui ne sont point des tangues.

On distingue plusieurs qualités de tangues, suivant les quantités d'argile qu'elles contiennent : la *tangue grasse*, la *tangue légère* et la *tangue vive*. On les trouve, en général, à peu de distance les unes des autres. Elles se déposent à toutes les marées. On assure que celles qui sont formées lors des vives eaux sont les meilleures. En général, le poids du mètre cube varie entre 1000 et 1400 kilogr. La plus légère est la plus estimée ; elle contient relativement plus de calcaire et moins de sable.

Abandonnée dans l'air pendant plusieurs mois, la tangue augmente notablement de volume, parce que les débris de coquilles qu'elle contient se délitent et s'exfolient. La diminution du poids, par suite de cette circonstance et du pelletage qu'on exécute de temps à autre dans les chantiers, va jusqu'à 7 et même 9 p. 100. Ce n'est jamais, du reste, qu'après qu'elle s'est égouttée et séchée à l'air qu'on porte la tangue sur les terres, car l'expérience a appris qu'incorporée au sol aussitôt après son extraction, elle agit défavorablement sur la première récolte.

Les diverses variétés de tangue sont employées seules ou mélangées avec des engrais animaux et végétaux, en quantité prodigieuse dans l'arrondissement de Coutances. Avec douze à quinze voitures de tangue par hectare, mêlée avec 1/4 de fumier ou une quantité proportionneé de terreau, on forme un excellent engrais-amendement, qui se fait sentir au moins pendant toute la rotation de l'assolement.

Lorsque la tangue est répandue seule, en février ou mars, sur les prairies naturelles ou artificielles, ou en septembre et octobre sur les chaumes du sarrasin et du blé, on en met par hectare de 6 à 16 mètres cubes, quand elle est très riche en calcaire, et entre 10 et 20 mètres cubes pour les qualités moyennes. Ce n'est que par exception qu'on porte les doses à

50 et même 80 mètres cubes. Le *tanguage* se renouvelle tous les trois, quatre ou cinq ans.

La tangue grasse convient aux terrains légers qu'on trouve sur les bords de la mer ; celle qui est vive ou très sablonneuse convient aux terres fortes. Les cultivateurs ont su distinguer depuis longtemps l'espèce qui réussit le mieux sur leurs terrains, mais ils se trompent en rapportant au sel marin les bons effets de cette substance. C'est surtout le carbonate de chaux très divisé qui en forme le principe actif. La tangue opère donc comme la marne et le falun, mais il est évident que les phosphates, les sels solubles et les matières organiques azotées qu'elle renferme en plus fortes proportions lui communiquent des propriétés fertilisantes assez prononcées.

Ne coûtant, pour ainsi dire, que la peine d'être ramassée, la tangue est donc un précieux et économique engrais-amendement pour les cultivateurs peu éloignés de la côte ; mais, quand elle doit être transportée à 20 ou 35 kilomètres de distance, sa valeur n'est plus en rapport avec son véritable prix de revient ; néanmoins le cultivateur bas-normand, si rude à la peine et si économe de ses deniers, ne tient aucun compte de son temps, de la fatigue de ses animaux, de l'usure de ses voitures ; il ne comprend pas encore que tout cela constitue un capital important dont il devrait être encore plus ménager peut-être que de son argent monnayé. On rencontre souvent, près du mont Saint-Michel, à l'embouchure du Couesnon, des cultivateurs venus de 40 à 43 kilom. pour s'approvisionner de tangue. L'extraction de cette matière, sur le seul littoral de la Manche, représente un mouvement de fonds considérable, qui s'élève à plusieurs millions de francs.

Coquilles d'huîtres, de moules et autres. — Les coquilles d'huîtres, qu'on se procure si facilement dans beaucoup de localités, peuvent rendre les mêmes services que le falun et les sables calcaires précédents. Répandus sur des terres fortes, humides et froides, elles facilitent l'extension des racines et fournissent, en outre, par leur décomposition, des matières salines et organiques qui activent la végétation. Elles contiennent toujours beaucoup d'eau de mer interposée entre leurs lames ; aussi elles crépitent fortement au feu.

Voici quelle est leur composition :

SUBSTANCE MÊME DE LA COQUILLE.		ÉCAILLES DE LA SURFACE EXTÉRIEURE.	
Carbonate de chaux...............	98,3	Carbonate de chaux...............	87
Phosphate de chaux...............	1,2	Phosphate de chaux...............	
Matière organique azotée.........	0,5	Sel marin.......................	
Alumine, magnésie, oxyde de		Fer et manganèse...............	3
fer........................	Traces	Matière animale soluble dans l'eau.	
	100,0	Matière animale insoluble dans l'eau.	10
			100

MM. Boussingault et Payen y ont trouvé, dans les coquilles entières et à l'état normal, 0,32 pour 100 d'azote, et, dans les coquilles sèches, 0,65 pour 100 d'acide phosphorique.

Ces coquilles ne conviennent ni aux terrains calcaires ni aux sols sableux, à moins qu'elles ne soient mêlées à beaucoup d'engrais.

On les pile et on en parsème le sol.

Les moules et autres coquillages que l'on rencontre sur les côtes ont la même composition et produisent les mêmes effets. M. Besnou a analysé les coquilles d'oursins, qu'on peut se procurer en abondance dans certaines localités; elles sont bien plus riches que toutes les autres en matière animale azotée, ainsi qu'on peut le voir par les résultats suivants :

COMPOSITION DES COQUILLES D'OURSINS.

Eau de constitution...........................	22,90
Matière organique azotée.....................	4,10
Carbonate de chaux..........................	71,00
Phosphate de chaux.	2,00
Sels solubles de la mer.......................	Traces.
	100,00

Sur différents points des côtes de la Normandie, il existe des moulières que la mer ne laisse qu'en partie à sec et seulement à l'époque des plus fortes marées de l'année. L'une de ces moulières, et la plus considérable de toutes peut-être, est celle de Lyon-sur-Mer, arrondissement de Caen. A chaque grande mer, où le reflux permet d'atteindre le banc, on voit arriver de tous les points de la côte, et même des communes de l'intérieur, de nombreux banneaux qui viennent charger des moules. La quantité d'hectolitres de ces bivalves enlevées ainsi est immense. On en transporte jusqu'à plus de 40 kilomètres. Le prix de l'hectolitre varie de 80 centimes à 1 franc 50 centimes, selon la distance. Ces coquillages sont répandus, soit sur les prairies artificielles, soit sur les terres en labour

préparées pour les diverses cultures. Le plus habituellement,
on se borne à les jeter sur le sol au lieu de les enfouir, ce qui
fait perdre beaucoup de principes utiles et occasionne une détestable odeur, due aux émanations de ces millions d'animaux tombant en putréfaction.

MM. Moride et Bobierre ont analysé un mélange de toutes sortes
de coquilles, roulées par la mer et privées en grande partie de
leur matière animale ; ils y ont trouvé :

Carbonate de chaux, avec trace de magnésie............,........   93,0
Phosphate de chaux, avec alumine et oxyde de fer.......   1,5
Silice...   2,3
Matière organique.................................   0,3
Sels solubles.....................................   2,9
                                                         ————
                                                         100,0

Azote sur 1000............... 0,05.

En Belgique, on ramasse les coquilles que l'on trouve très
abondamment sur les côtes de la mer du Nord. Un monsieur
Bortier a établi, à la Panne, un système de fours pour les rendre
friables et faciles à réduire en poudre. Cette chaux de coquilles
est vendue 50 centimes l'hectolitre.

En Angleterre, on recueille également avec soin les coquilles
fraîches qui s'amassent sur le rivage, et l'exploitation en est
devenue si considérable, que, pour en effectuer plus économiquement le transport, on a construit un chemin de fer de
Padstow à Bodmin. Aujourd'hui, des milliers de wagons chargés de ce calcaire marin sont expédiés de la côte vers l'intérieur, et répandent ainsi la fertilité sur de grandes étendues
de terre dans les comtés de Cornwal et de Devon. Au reste, cet
emploi des coquilles marines est loin d'être récent en Angleterre, puisqu'on trouve dans un Mémoire écrit vers le milieu
du siècle dernier, par l'évêque de Dublin, qu'en 1740 on
utilisait, pour l'amélioration des terres, les énormes bancs de
coquilles qui se découvrent à marée basse dans la baie de Lon-
donderry.

ENGRAIS.

Avant d'aborder cette importante question, il est convenable de
connaître la composition chimique des plantes et de bien comprendre la manière dont elles se nourrissent.

Une plante, quelle qu'elle soit, ne peut croître et augmenter
continuellement la quantité des matériaux qui la constituent

qu'en s'emparant de certaines substances extérieures, et en les transformant en sa propre substance. C'est ce phénomène qui a reçu le nom de *nutrition*.

Attachée au sol et plongée dans l'atmosphère, c'est dans l'un et l'autre de ces milieux que la jeune plante puise les matières alimentaires qui sont indispensables à son développement. C'est par les racines et les feuilles que s'accomplit cette fonction. Les premières puisent dans la terre les sels et les substances organiques fournis par les engrais et que l'eau tient en dissolution; les secondes absorbent, presque uniquement par leur face inférieure, les gaz et les vapeurs répandus dans l'air.

Il est de toute nécessité que la nourriture réparatrice parvienne aux plantes dans le plus grand état de division possible, car les pores absorbants dont leurs organes sont pourvus sont si fins et si déliés qu'aucun corps, non liquide ou gazeux, ne peut s'y introduire ; et, si l'analyse démontre la présence, dans le tissu végétal, de matières solides et insolubles, c'est qu'elles ont été dissoutes, à l'époque de leur absorption, par un agent qui les a postérieurement abandonnées pour former de nouvelles combinaisons.

Pour savoir quelles sont les substances qui sont absorbées par les végétaux et qui leur servent de nourriture, il suffit d'observer quelles sont les substances qui entrent dans leur composition, et de rechercher quelles sont celles qui sont nécessaires à la végétation.

Les organes des plantes sont constitués par deux sortes de composés.

1° Des *composés inorganiques*, qui se trouve également dans le règne minéral, comme les acides sulfurique, phosphorique, silicique, la chaux, la magnésie, la potasse, la soude, des sels, des chlorures, etc. Ces composés proviennent manifestement du sol ou des milieux dans lesquels les êtres vivent et séjournent; ils entrent, par conséquent, dans le corps de ces êtres et n'y sont pas produits :

2° Des *composés organiques*, formés dans l'intérieur des plantes, sous l'influence des forces vitales, que l'on peut isoler les uns des autres par des procédés incapables de les altérer, et qui, lorsqu'ils sont purs, ont un mode de composition et des propriétés spéciales. Ces composés ont reçu des chimistes le nom de *principes immédiats*. Telles sont les matières que l'on désigne sous les dénominations de *sucre*, de *gomme*, d'*amidon*, d'*acides végétaux*, de *matières colorantes*, de *corps gras*, etc.

Tous ces composés organiques ont ceci de commun, qu'ils

sont formés par trois ou quatre principes élémentaires réunis
directement, et toujours les mêmes, à savoir : l'oxygène, l'hydrogène, le carbone et l'azote. Les uns ont une composition
ternaire et contiennent seulement les trois premiers éléments ;
les autres ont une composition quaternaire, c'est-à-dire qu'ils
renferment, avec ces trois éléments, de l'azote en plus. Mais,
dans tous les cas, les principes azotés et non azotés ne diffèrent
entre eux, et dans chaque groupe, que par de simples variations
dans les proportions respectives des trois ou quatre éléments
qui les forment essentiellement.

Au point de vue de la manière dont les trois ou quatre éléments organiques sont réunis dans les composés ou principes
immédiats des plantes, on peut partager ceux-ci en quatre
classes :

1. Les uns renferment une grande quantité de carbone avec
de l'oxygène et de l'hydrogène dans les mêmes proportions que
dans l'eau ; ce sont des *principes neutres*, tels que : *fibre végétale* ou *cellulose*, *gomme*, *amidon* ou *fécule*, *sucres*, etc. Ces
principes sont abondamment répandus dans les plantes, et
ce sont eux qui servent principalement à former les tissus élémentaires.

2. Dans une autre classe, on trouve, avec le carbone et les
éléments de l'eau, une certaine quantité d'oxygène en plus. Les
composés ont alors des propriétés analogues à celles des acides
minéraux ; ce sont ce qu'on appelle les *acides végétaux*, tels que
les *acides oxalique*, *tartrique*, *citrique*, *malique*, *gallique*, *tanni-
que*, etc. Ces acides organiques ne manquent dans aucune
plante : ils entrent dans la sève et s'y trouvent presque toujours,
à peu d'exceptions près, combinés avec des oxydes métalliques,
c'est-à-dire sous forme de *sels*.

3. Une troisième classe comprend les principes immédiats
dans lesquels, avec le carbone et les éléments de l'eau, il y a
un grand excès d'hydrogène, ce qui communique aux composés
une grande combustibilité. Les *huiles essentielles*, les *huiles
grasses*, la *cire*, les *résines*, la plupart des *matières colorantes*,
appartiennent à cette classe de composés.

4. Enfin, il y a certains principes immédiats caractérisés par
la présence de l'azote. Les uns sont *neutres*, et renferment toujours un peu de soufre et de phosphore à l'état d'éléments ; on
les nomme d'une manière collective *principes albuminoïdes* ; tels
sont : l'*albumine*, la *fibrine*, la *caséine*, la *légumine*, etc., qui se
trouvent dans toutes les plantes.

Les autres ont des propriétés alcalines qui les rapprochent

des alcalis minéraux, sont pourvus de propriétés énergiques et mêmes vénéneuses, et communiquent aux plantes leurs vertus médicales ou toxiques. Tels sont : la *morphine*, la *quinine*, la *nicotine*, la *solanine*, etc., principes désignés sous le nom commum d'*alcaloïdes* ou d'*alcalis organiques*.

Il faut encore placer parmi les principes azotés quelques matières colorantes, telles que celles de l'indigo, du rocou, de la racine d'harmala, de la racine d'épine-vinette, la *matière verte* ou *chlorophylle* des feuilles et des tiges herbacées.

Sous le rapport du poids, l'azote forme la plus petite proportion de la masse des plantes; cependant il ne manque dans aucune et se montre dans tous leurs organes. S'il ne fait pas précisément partie de la constitution des tissus élémentaires des plantes, il entre, néanmoins, en toutes circonstances, sous la forme de principes albuminoïdes, dans la sève dont ces tissus sont imprégnés.

Des quatre principes élémentaires des plantes, c'est le carbone qui prédomine presque toujours par sa quantité. Son poids s'élève jusqu'à 43 pour 100 dans les composés neutres constituant les tissus élémentaires des organes; il va parfois jusqu'à 78 pour 100 dans certains principes immédiats.

Puisque, comme nous l'avons dit en commençant, la plus grande partie de la nourriture des plantes est absorbée par les organes à l'état liquide, il doit exister dans l'intérieur du tissu végétal un liquide particulier destiné à charrier cette nourriture dans les diverses parties où elle doit éprouver des modifications nouvelles et être rendue propre à l'assimilation. Or ce liquide, tel qu'il arrive des racines, est ce qu'on appelle la *sève* ou la *lymphe*.

La sève, dans tous les végétaux qui ont été examinés jusqu'à présent, est un liquide transparent et incolore. On peut la considérer comme de l'eau tenant en dissolution un peu de gaz acide carbonique, de gaz oxygène, de gaz azote, des substances minérales et des matières organiques. Ces dernières sont de l'albumine végétale, de la gomme ou mucilage, une matière extractive soluble, et presque toujours du sucre; les premières consistent surtout en acétate de potasse et en sels ammoniacaux. La sève est donc à peu près identique dans toutes les plantes, mais dans quelques espèces elle contient, outre les substances précédentes, certains principes spéciaux; ainsi : du tannin et de l'acide gallique dans le hêtre, l'orme et le tilleul; de l'acide acétique libre dans le charme, le hêtre, le bananier; de l'acétate de chaux dans le hêtre, le charme, le bouleau, le

marronnier ; de l'azotate de potasse dans le marronnier, la vigne, le noyer ; des lactates alcalins, du bitartrate de potasse,
du sulfate de potasse, du tartrate et du phosphate de chaux
dans la vigne ; du malate et du sulfate de chaux, de l'acétate
d'ammoniaque, dans le noyer, etc., etc.

Biot s'est assuré : 1° qu'en perçant quelques trous dans un
arbre, à différentes hauteurs et dans une direction horizontale,
c'est le trou situé le plus près de la racine qui donne le plus
de sève ; 2° que la sève qui s'écoule par une incision diminue
de densité et de richesse saccharine avec le temps, en sorte que
la première émission est toujours la plus chargée ; 3° que la
densité et la richesse saccharine de la sève augmentent avec la
hauteur de la section ; ainsi, d'après Knight, la sève d'un *érable
à feuilles de platane* a une densité de :

1,004, prise à fleur de terre ;
1,008, prise la hauteur de 2 mètres environ ;
1,012, prise à la hauteur de 4 mètres.

Cela provient, d'après Biot, non de ce que la proportion absolue de sucre de la sève est plus grande au sommet qu'à la
base de l'arbre, mais de ce que le sucre se trouve dissous dans
une plus grande quantité d'eau à la base du tronc qu'au
sommet.

Le même savant, en faisant l'étude comparative de la sève
des bourgeons et de celles des tiges de lilas, a mis en évidence
un phénomène curieux : c'est que le sucre qui existe dans les
bourgeons est incristallisable, tandis que celui que renferme la
tige est identique avec le sucre de canne. Les bourgeons ont
donc la propriété de transformer ces deux sucres l'un dans
l'autre.

Parvenue dans les parties herbacées et dans les feuilles, la
sève y éprouve des modifications très remarquables de la part
de l'air : elle devient plus dense, moins fluide, elle se charge
de nouveaux composés organiques, et peut dès lors contribuer
sous cette nouvelle forme, à l'accroissement des divers organes ;
c'est ce qu'on appelle le *cambium* ou *sève descendante*, qui cir-
cule en sens inverse de la sève ordinaire.

Sur toute sa route, le cambium est absorbé par les cellules
qui ne sont pas remplies et qui ont conservé l'action vitale ;
chacune d'elles l'élabore par son action propre, et peut ainsi,
selon sa nature, transformer en sucre, en fécule, en ligneux,
en principes huileux, résineux et autres, avec d'autant plus de
facilité que tous ces principes ne diffèrent les uns des autres,

comme nous l'avons déjà vu, que par de légères variations dans les proportions de l'oxygène, de l'hydrogène, du carbone et de l'azote qui les forment essentiellement.

Ce qui précède a eu pour but de démontrer que le développement d'une plante dépend de la présence d'une combinaison carbonée qui fournit le carbone, d'une combinaison azotée qui fournit l'azote, de l'eau ou de ses éléments, ainsi que de principes inorganiques provenant du sol. En d'autres termes, les plantes ont besoin, pour vivre, d'absorber incessamment de l'air ou ses éléments, de l'eau ou ses éléments, de l'acide carbonique et certaines matières minérales.

Voyons comment tous ces principes élémentaires sont fournis à la jeune plante.

1. *Absorption de l'eau et fixation de l'hydrogène.* — Il est certain que les végétaux ne pourraient vivre sans eau, et, toutes les fois qu'ils en sont privés, ils se dessèchent et périssent. Mais comme beaucoup d'entre eux croissent dans l'eau, on peut se demander si l'eau n'est pas leur seule nourriture. Cette opinion fut longtemps admise, par suite des expériences de Boyle et de Van Helmont; mais les expériences plus exactes de Duhamel et de Bonnet ont prouvé que les plantes ne croissent dans l'eau pure que pendant un certain temps, et que jamais leurs graines n'y parviennent à maturité. Duhamel a élevé des marronniers pendant trois ans, et un chêne pendant huit ans, exposés à l'air libre, en les arrosant à l'eau distillée; mais ces arbres ne prirent ainsi que fort peu de développement. Lorsqu'on opère dans des vases clos, et où l'on n'admet que des gaz dépouillés d'acide carbonique, on voit très clairement que si l'eau pure suffit pour déterminer les premiers développements, en délayant les matières renfermées dans la graine ou le tubercule mis en expérience, elle ne peut en aucune manière fournir à la plante tout l'aliment qui lui est nécessaire.

C'est du sol que les plantes tirent une grande partie de l'eau dont elles ont besoin. En desséchant et en pesant comparativement de la terre prise à des profondeurs différentes, on a trouvé que la proportion d'eau est plus considérable à mesure que l'on avance vers le fond. Or, ce n'est pas à la surface de la terre, mais bien à une certaine profondeur, que les végétaux soutirent l'eau par les racines. Il est prouvé, en outre, que, par leurs parties foliacées, ils absorbent de l'eau dans l'atmosphère.

L'eau agit de deux manières dans la végétation : comme dissolvant, et par sa décomposition en fournissant les deux principes qui la composent, l'oxygène et l'hydrogène. L'hydrogène des plantes n'a pas d'autre origine. C'est donc l'hydrogène de l'eau qui sert à former les huiles volatiles, la cire, les résines et autres corps gras, si fréquents dans certains organes et si riches en ce principe élémentaire.

2. *Assimilation du carbone.* — Le carbone ne pénétre jamais dans les plantes à l'état solide ou de simple dissolution dans l'eau, puisque, libre et pur, il n'y est pas soluble. Aussi, lorsqu'on met une plante dans du charbon, même en poudre impalpable, en l'arrosant d'eau distillée, elle y vit à peu près comme dans du verre pilé et sans absorber aucune particule charbonneuse.

Le carbone est introduit dans le tissu végétal par la décomposition du gaz acide carbonique, puis dans l'air et dans l'eau; il y est encore porté par la partie soluble du terreau, très riche en matières organiques. C'est la quantité plus ou moins grande de ces matières organiques qui détermine les principales différences de la fertilité des terrains; c'est à l'augmenter que les engrais sont particulièrement utiles, soit par l'acide carbonique qu'ils contiennent tout formé, soit parce que leur carbone, s'unissant à l'oxygène de l'air, en forme de toutes pièces, soit par les parties organiques qu'ils fournissent incessamment aux organes et qui ne tardent pas à s'y assimiler.

Les plantes ont la propriété d'absorber le gaz acide carbonique. Elles ne végéteraient pas cependant dans une atmosphère de ce gaz pur, ni même dans un air qui en contiendrait les trois quarts de son volume. D'après les expériences de Th. de Saussure, de jeunes plantes de pois, au soleil, n'existent que sept jours dans parties égales d'air et d'acide carbonique, elles vivent plus longtemps lorsque la quantité d'acide ne forme que la cinquième partie du mélange; leur accroissement est à peu près le même que dans l'air lorsque l'acide n'entre que pour un huitième, et il est plus grand que dans l'air dans le rapport de 11 à 8, lorsque le mélange ne contient qu'un douzième d'acide.

Si l'on place deux plantes à végéter dans du sable ou du verre pilé, et qu'on arrose l'une avec de l'eau distillée et l'autre avec de l'eau chargée d'acide carbonique, on voit que cette dernière vit bien mieux et plus longtemps que la première.

Les plantes ne végéteraient pas au soleil si elles étaient totalement privées de ce gaz. Mais, à l'ombre, les résultats sont tout différents; car, dans ce cas, la présence de l'acide carbonique nuit à la végétation au lieu de la stimuler. Des pois, placés à l'obscurité, dans un air renfermant le quart de son volume de gaz acide carbonique, ne peuvent pas vivre plus de six jours. Si, au contraire, on les maintient dans un air dépouillé de cet acide, non seulement ils continuent à végéter, mais même ils fleurissent avec plus de vigueur.

Priestley observa, le premier, que, dans certaines circonstances, les plantes exhalent du gaz oxygène, et qu'elles ont la propriété d'améliorer l'air qui aurait été vicié par la combustion des bougies et par la respiration des animaux. Bientôt après, Ingenhouz découvrit que l'émission du gaz oxygène a lieu par les feuilles, et seulement quand elles sont exposées à la lumière. En effet, si l'on plonge dans l'eau des feuilles de différentes plantes, et qu'on les expose au soleil, il s'en dégage très promptement du gaz oxygène. Ce dégagement n'a pas lieu si l'on emploie de l'eau distillée ou de l'eau qui a bouilli pendant longtemps.

Sennebier remonta à la cause de ce phénomène, et vit que la quantité d'oxygène fournie est en raison directe de l'abondance de l'acide carbonique dissous dans l'eau. L'eau acidulée par l'acide carbonique perd peu à peu la propriété de fournir du gaz oxygène avec les feuilles, et alors tout l'acide a disparu. Une branche de framboisier, qui ne fournissait point de gaz dans l'eau distillée, a donné, dans l'eau commune, un volume d'oxygène égal à celui de $5^{gr},42$ d'eau; dans l'eau chargée artificiellement d'acide carbonique, elle a fourni un volume égal à $89^{gr},85$.

Si l'on place (fig. 170) sur une même cuvette, *aa*, deux bocaux renversés, l'un *b*, ainsi que la cuvette, plein d'eau distillée dans laquelle nage une plaque de menthe aquatique, l'autre *c*, rem-

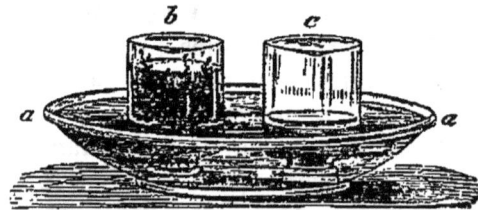

Fig. 170. *Décomposition de l'acide carbonique par les plantes.*

pli d'acide carbonique; qu'on surmonte l'eau de la cuvette d'une épaisse couche d'huile, pour éviter le contact de l'air de l'atmosphère, et qu'on expose l'appareil au soleil, voici ce que l'on remarque : chaque jour, dans le bocal *c*, le gaz carbonique diminue, ce qu'on reconnaît par l'élévation de l'eau; tandis que, au sommet du bocal *b*, il s'élève une quantité de gaz oxygène sensiblement égale à la quantité d'acide carbonique qui disparaît en *c*. Au bout de douze jours, la menthe est en bonne santé; une plante semblable, placée sous un seul bocal d'eau distillée, ne dégagerait pas d'oxygène et montrerait des signes évidents de maladie. Si l'on répète la même expérience en mettant du gaz oxygène à la place du gaz acide carbonique, il ne se dégage aucun gaz dans le bocal où se trouve la menthe aquatique.

Que conclure de ces faits et de bien d'autres semblables indiqués par Woodhouse, de Saussure, Palmer, De Candolle, etc.? C'est que le gaz oxygène dégagé par les feuilles des plantes dépend de la présence du gaz acide carbonique; que, par conséquent, sous l'influence solaire, cet acide est décomposé par les feuilles, et que de ses deux principes, l'un, le carbone, est retenu et fixé par le tissu végétal, tandis que l'autre, l'oxygène, est rendu à son état de liberté. Cette conclusion, formulée d'abord par Sennebier, a été adoptée et confirmée par les physiologistes qui lui ont succédé.

Sennebier a prouvé que la décomposition du gaz carbonique ne se fait que par les parties vertes et surtout dans le parenchyme. L'épiderme, les nervures, ne jouissent pas de cette propriété.

La quantité d'acide carbonique absorbé et décomposé varie aussi dans les différentes plantes; elle dépend de leur surface; les végétaux à feuilles minces doivent donc en absorber plus que ceux à feuilles charnues.

Il ressort bien évidemment de ce qui précède que les feuilles et les parties vertes de toutes les plantes exposées à la lumière absorbent de l'acide carbonique dans l'air, le décomposent et exhalent un volume égal d'oxygène. C'est ce qui nous permet de comprendre pourquoi l'air ne renferme jamais qu'une très petite quantité d'acide carbonique, quoiqu'il en reçoive à chaque instant d'énormes quantités provenant, soit de la respiration, soit de la combustion du bois, du charbon, des corps gras, soit de la putréfaction des matières végétales et animales. Il est très logique d'admettre, par conséquent, que les plantes acquièrent ainsi la plus grande partie de leur carbone, puisque, en effet, celles qui croissent dans l'obscurité contiennent beaucoup moins de carbone que les autres. Th. de Saussure a démontré par des expériences rigoureuses que les plantes augmentent de poids à mesure qu'elles dégagent de l'oxygène et que l'acide carbonique se décompose. Toutefois cette augmentation de poids est plus forte que celle qui équivaudrait seulement à la quantité de carbone absorbé; ce qui prouve clairement que les plantes s'assimilent en même temps que les éléments de l'eau.

Lorsqu'on voit certains arbres croître et acquérir un magnifique développement sur des montagnes ou des rochers stériles, des forêts d'arbres verts couvrir le sol des landes sablonneuses, lorsqu'on constate, par expérience, qu'il suffit à la prospérité de la végétation qu'un sol inerte procure une humidité convenable, on est conduit naturellement à cette double conclusion : que ce n'est pas du terrain que les arbres ont soutiré la masse énorme de carbone qu'ils contiennent, et que c'est l'acide carbonique de l'air qui la leur a fournie.

L'acide carbonique qui est absorbé par les feuilles pendant le jour, ou qui pénètre avec l'eau dans la plante par l'intermédiaire des spongioles des racines, n'est plus décomposé une fois que la lumière diminue; il reste alors en dissolution dans la sève dont les végétaux sont imprégnés. Mais, avec l'eau qui s'évapore à travers les feuilles, il s'échappe, pendant la nuit, une quantité d'acide carbonique proportionnée à la masse totale du même acide renfermé dans ces organes. En sorte qu'une partie de l'acide qui est absorbé pendant le jour est rendue à l'atmosphère pendant la nuit, parce que la cause qui pourrait le décomposer, c'est-à-dire la lumière, a cessé son action.

M. Boussingault a fait des expériences qui prouvent cette double action des plantes par rapport à l'acide carbonique de l'air. Dans un appareil convenablement disposé, il a fait pénétrer une branche de vigne en pleine végétation, sur laquelle, par la disposition particulière de son appareil, passaient par heure douze litres d'air. Deux expériences consécutives ont prouvé que cet air, en traversant l'espace où vivait la branche éclairée par le soleil, se dépouillait des trois quarts de son acide carbonique, tandis qu'il se mélangeait au double de son poids de ce gaz, lorsqu'on faisait fonctionner l'appareil dans la nuit.

Des nombreuses expériences exécutées par M. Corenwinder, en 1858 et 1859, on peut tirer les conclusions suivantes :

1. Les végétaux exposés à l'ombre exhalent presque tous, dans leur jeunesse, une petite quantité d'acide carbonique;

2. Le plus souvent, dans l'âge adulte, cette exhalation cesse d'avoir lieu;

3. Un certain nombre de végétaux possèdent cependant la propriété d'expirer de l'acide carbonique, à l'ombre, pendant toutes les phases de leur existence;

4. Au soleil, les plantes absorbent l'acide carbonique par leurs organes foliaires, avec plus d'activité qu'on ne le supposait jusqu'aujourd'hui. Si l'on compare la quantité de carbone qu'elles assimilent ainsi avec celle qui entre dans leur consti-

tution, on est obligé de reconnaître que c'est dans l'atmosphère, sous l'influence des rayons du soleil, que les végétaux puisent une grande partie du carbone nécessaire à leur développement ;

5. La quantité d'acide carbonique absorbé pendant le jour au soleil par les feuilles des plantes est beaucoup plus considérable que celle qui est exhalée par elles pendant la nuit. Le matin, il leur suffit de trente minutes d'insolation pour récupérer ce qu'elles peuvent avoir perdu pendant l'obscurité ;

6. Enfin la quantité d'acide carbonique absorbée varie avec l'intensité de la lumière solaire , et elle est certainement en rapport direct avec cette intensité.

L'air atmosphérique renfermant à peine un millième de son poids d'acide carbonique, comment concevoir qu'une aussi faible quantité de ce gaz puisse fournir l'énorme proportion de carbone nécessaire à tous les végétaux qui couvrent la surface du globe? Rien n'est plus facile cependant que de démontrer qu'il en est ainsi.

« On sait que, sur chaque pied carré de la surface de la terre, repose une colonne d'air pesant 1108^{kil},38. On connaît en outre le diamètre, et, par conséquent, la surface de la terre : on peut donc calculer avec la plus grande exactitude le poids, de toute l'atmosphère. Or, la millième partie de ce poids, c'est de l'acide carbonique renfermant un peu plus de 27 pour 100 de carbone, d'où il résulte que l'atmosphère contient 1400 billions de kilog. de carbone, quantité qui est bien plus élevée que le poids de toutes les plantes, les houilles et les lignites répandus sur toute l'écorce du globe. Le carbone de l'atmosphère est donc plus que suffisant pour subvenir à la nutrition des plantes.

« En supposant que la surface des feuilles et des parties végétales vertes, par lesquelles se fait l'absorption de l'acide carbonique, soit deux fois aussi grande que celle du sol où croît la plante, ce qui, pour les terres qui produisent le plus de carbone, telles que les forêts, les prairies et les champs de céréales, est bien au-dessous de la surface réellement active ; en supposant, en outre, que , dans chaque seconde et pendant huit heures par jour, cette surface (de 5,000 mètres carrés) enlève à l'air un millième de son poids d'acide carbonique , on trouve que les feuilles et les parties vertes absorbent, en tout, dans l'espace de 200 jours, 500 kilog. de carbone [1]. »

---

1. Liebig, *Chimie appliquée à la physiologie végétale et à l'agriculture,* 2e édit. p. 23.

Tout démontre donc que le carbone assimilé par les plantes est fourni en grande partie par la décomposition du gaz acide carbonique de l'atmosphère : il est probable aussi que l'acide carbonique provenant de la décomposition des substances organiques qui existent dans le sol doit être absorbé par les plantes et servir ensuite à leur développement. Nous savons par les expériences de MM. Boussingault et Lewy combien l'air emprisonné dans la terre végétale est riche en acide carbonique. Or les racines qui vivent dans cette atmosphère souterraine doivent absorber, avec l'eau qu'elles pompent, une grande quantité de l'acide carbonique qui vient s'ajouter dans les feuilles à celui que ces derniers organes prennent dans l'air ambiant.

Le carbone fixé dans le tissu végétal donne naissance, par sa combinaison avec l'eau ou ses éléments, à des matières de la plus haute importance : c'est ainsi que 12 molécules de charbon, en s'associant à 10 molécules d'eau, produisent, soit le tissu cellulaire des plantes, soit leur tissu ligneux, soit la gomme, soit l'amidon ou dextrine qui en dérive ; que 12 molécules de charbon et 11 molécules d'eau forment le sucre de canne; que 12 molécules de charbon et 12 molécules d'eau font le sucre du raisin et le sucre liquide des autres fruits. Ainsi, avec les mêmes éléments, dans des proportions peu différentes, la nature végétale produit ces matières ligneuses, amylacées, gommeuses et sucrées, qui jouent un rôle si large dans la vie des plantes : cela explique bien l'importance du phénomène de décomposition de l'acide carbonique de l'air par les parties vertes.

3. *Assimilation de l'oxygène.* — L'oxygène contenu dans les plantes provient de l'eau et de l'air. Elles ne végètent qu'autant que leurs feuilles sont en contact avec l'air atmosphérique ou le gaz oxygène : aussi périssent-elles promptement dans l'acide carbonique, dans l'hydrogène, dans l'azote.

L'oxygène de l'air est absorbé, mais uniquement pendant la nuit, puisque, pendant le jour, les feuilles en rejettent constamment. C'est ce qu'on constate facilement, en plaçant, pendant une seule nuit, des feuilles saines et vigoureuses sous un récipient plein d'air ordinaire : l'oxygène de cet air diminue très manifestement et est remplacé par du gaz acide carbonique; mais, dès que la lumière reparaît, cet acide carbonique se trouve absorbé peu à peu, et tout l'oxygène qui avait disparu reparaît sensiblement dans le récipient.

Au moyen de cet oxygène, il s'établit dans le tissu cellulaire des réactions chimiques, par suite desquelles la sève acquiert des propriétés nouvelles et se change en suc nourricier.

Il suit de là que les plantes *inspirent* ou *aspirent* de l'oxygène pendant la nuit, et *expirent* ou *rejettent* ce gaz pendant le jour. Mais cette propriété d'inspirer et de d'expirer ce gaz, de même que celle de décomposer l'acide carbonique, n'appartient absolument qu'aux parties vertes. Ni la racine, ni le bois, ni l'aubier, ni l'écorce ni la fleur ne la possédent. Dans leur contact avec l'oxygène, ces organes ne font que lui céder peu à peu une portion de leur carbone, d'où il résulte du gaz acide carbonique, dont une très petite quantité se trouve retenue ou dissoute dans leurs sucs : de sorte que les parties non vertes des plantes, en absorbant l'oxygène de l'air, et en le remplaçant par un volume à peu près égal d'acide carbonique, vicient beaucoup plus l'atmosphère que les feuilles, qui, pendant le jour, expirent autant d'oxygène qu'elles en avaient absorbé pendant la nuit.

Cette action du gaz oxygène sur les parties non vertes des végétaux permet de concevoir, quant à ce qui regarde les racines : 1º l'utilité des labours ; 2º la plus grande force des racines superficielles ; 3º la préférence que manifestent les racines pivotantes pour un sol léger ; 4º la division infinie que les racines des arbres éprouvent quand elles pénètrent dans des conduites d'eau, dans de la vase ou du fumier, etc., et, quant aux fleurs, pourquoi elles vicient plus l'air que ne le font les parties vertes, etc.

Un fait curieux, c'est que dans l'obscurité les plantes aquatiques émettent de l'acide carbonique, consomment peu à peu l'oxygène dissous, et quand celui-ci est totalement absorbé, elles ne tardent pas à périr asphyxiées. C'est ce qui arrive dans les étangs entièrement recouverts d'une couche épaisse de lentilles d'eau qui empêchent l'accès des rayons lumineux, mettent les plantes submergées dans une obscurité complète et les forcent à absorber tout l'oxygène de l'air dissous dans l'eau ; lorsque ce gaz a disparu, et qu'il n'y a plus dans l'eau que de l'azote et de l'acide carbonique, plantes et poissons périssent à la fois, ce qui fait croire au vulgaire que les étangs ont été empoisonnés à dessein. On empêche ces phénomènes de se produire en enlevant les lentilles d'eau.

4. *Assimilation de l'azote.* — L'azote est un élément constant des végétaux ; il s'y trouve sous la forme de certains composés quaternaires qui ont, sous le rapport de la constitution chimique, une grande analogie avec les matières d'origine animale : tels sont, par exemple, le gluten et l'albumine.

Tous les tissus à l'état naissant sont abondamment pourvus d'azote ; ce gaz n'est pas moins nécessaire à la formation des graines, dans lesquelles il existe souvent en proportions assez fortes. Payen a formulé, à cet égard, la loi suivante dans son Mémoire sur le développement des végétaux :

« Tous les jeunes organes foliacés, florifères ou fructifères, plus directement alimentés par la sève ascendante, lorsque les stomates et les parties vertes ne sont pas encore développés, contiennent en abondance des corps azotés, et généralement, dans ces parties aériennes encore, la quantité de ces substances organiques à composition quaternaire et en raison directe des facultés de développement, et en raison inverse de l'âge de chacun de ces organismes végétaux. »

Voici quelques chiffres qui indiquent la proportion dans laquelle l'azote existe au sein de certaines substances végétales.

	Poids du corps quaternaire azoté.	Azote pour 100 du végétal.
Choux-fleurs......................	71,820	11,970
Champignons de couche............	58,722	9,787
Sève de bouleau.................	47,460	7,910
Radicelles d'orge germée..........	31,980	5,330
Limbe de feuilles d'acacia..........	29,760	4,961
Graines de lupin.................	27,000	4,500
Limbe de feuilles de mûrier.........	25,620	4,270
Feuilles de bruyère..............	11,940	1,991
Bois de chêne...................	4,362	0,727
— d'acacia....................	1,872	0,312
— de sapin..................	1,296	0,216

Un fait qui confirme cette loi de M. Payen, c'est la différence de composition que présentent, sous le rapport de la proportion d'azote, les parties supérieures et inférieures des tiges du blé. Les premières, évidemment les plus jeunes, sont plus riches en azote que les secondes. La manutention militaire s'est emparée de ce fait en donnant aux chevaux, pour nourriture, la partie supérieure de la paille, et réservant la partie inférieure pour litière.

Pendant longtemps on a admis que l'azote des plantes provenait uniquement des engrais azotés contenus dans le sol. Il est certain que lorsqu'on considère l'action de ces engrais, on est disposé à leur attribuer la principale cause de l'assimilation de l'azote. Cependant il est avéré qu'après la culture de certaines plantes, dites *améliorantes*, comme le trèfle, la luzerne, le sainfoin et autres légumineuses, on obtient des récoltes abondantes, riches en principes azotés, sans recourir aux engrais animaux. Ces plantes améliorantes, qui n'ont pas reçu d'azote par la main de l'homme, et qui cependant en ont introduit dans le sol en quantité notable, ont donc dû en prendre ailleurs que dans les engrais.

On sait, d'un autre côté, d'après les expériences de M. Boussingault, confirmées par celles d'autres chimistes, que dans un sol complètement stérile (du sable calciné), arrosé avec de l'eau pure et maintenir à l'air libre, mais à l'abri de la pluie, des plantes fixent néanmoins une certaine quantité d'azote.

Quand on réfléchit que l'air atmosphérique, dans lequel baignent les plantes, renferme les quatre cinquièmes de son volume d'azote, on est porté tout naturellement à penser que c'est dans ce milieu qu'elles puisent celui qui est nécessaire à leur développement.

Toutefois, à l'exception de M. G. Ville, qui, s'appuyant sur de belles et nombreuses expériences, soutient que c'est sous forme gazeuse et tel qu'il existe dans l'air que cet élément est absorbé, à la manière de l'acide carbonique, les autres chimistes et physiologistes admettent que c'est à l'état d'ammoniaque et d'acide azotique, ou d'azotates, qu'il arrive dans l'intérieur du tissu végétal.

Nous l'avons déjà dit, il y a toujours de l'ammoniaque et de l'acide azotique dans l'atmosphère. Eh bien, dans ces idées, les eaux pluviales enlèvent à celle-ci toutes les vapeurs ammoniacales qui y arrivent sans cesse par suite de la putréfaction des matières animales, tout l'acide azotique qui se produit sous l'influence électrique ; elles en imbibent le sol, et, dès lors, les racines absorbent ces composés azotés, qui, portés dans l'organisme, se trouvent soumis à une série de réactions chimiques qui permettent l'assimilation de leur principe élémentaire.

Les matières animales qu'on introduit dans les terres de culture pour les entretenir en bon état de production ajoutent encore des sels ammoniacaux et des azotes à ceux qui proviennent de l'atmosphère.

En supposant donc que l'azote gazeux de l'air ne soit pas absorbé directement par les plantes, ce qu'on ne peut pas nier cependant d'une manière absolue, on voit bien qu'on peut encore parfaitement s'expliquer l'origine des composés azotés contenus dans les tissus végétaux par la présence constante des sels ammoniacaux et des azotates dans le sol et dans l'air.

La portion d'ammoniaque qui est absorbée par les racines ou par les feuilles des plantes produit bientôt, dans l'intérieur du tissu végétal, par suite des métamorphoses qu'elle subit en s'engageant dans de nouvelles combinaisons, et suivant les organes, de l'albumine, du gluten, et un grand nombre d'autres composés azotés. Mais il en reste toujours une portion plus ou moins grande, à l'état d'ammoniaque, dans les sucs et les parties solides des plantes, ainsi qu'il est facile de s'en assurer en chauffant doucement, avec un peu de chaux, les sucs de betterave, de bouleau, d'érable, les *pleurs* de la vigne, les amandes non mûres des fruits à noyaux, etc. MM. Calvert et Ferrand ont même retrouvé de l'ammoniaque à l'état de gaz dans tous les tissus des plantes.

Les plantes sauvages, comme Liebig le fait remarquer, reçoivent ordinairement par l'atmosphère plus d'azote, sous la forme d'ammoniaque, qu'elles n'en ont besoin pour leur développement; du moins, on sait que l'eau qui se vaporise à travers les fleurs et les feuilles de ces végétaux éprouve une fermentation putride, propriété spéciale aux matières azotées. Les plantes cultivées reçoivent de l'atmosphère la même quantité d'azote que les plantes sauvages, la même que les arbres et les arbrisseaux; mais cette quantité ne suffit pas au besoin de l'agriculture : de là naissent l'utilité et la nécessité des engrais azotés. L'économie agricole se distingue donc essentiellement de l'économie forestière, en ce qu'elle vise surtout à la production de l'azote sous une forme qui se prête à l'assimilation, tandis que, dans cette dernière, on a pour but principal de produire du carbone.

5. *Rôle du sol dans la nutrition.* —Jusqu'ici nous avons vu l'air et l'eau fournir aux plantes différents principes, tels que le carbone, l'oxygène, l'hydrogène et l'azote ; mais il est évident que ces deux agents ne suffisent pas à la nourriture des végétaux. En effet, en faisant végéter des plantes dans l'eau et dans l'air seulement, elles augmentent bien de poids, mais elles ne fournissent pas de semences fécondes. La troisième et la dernière source qui reste aux plantes est le *sol.* Recherchons donc comment le sol intervient dans l'acte important de la nutrition.

Le sol est composé de beaucoup de principes différents ; mais, en définitive, on peut le considérer comme essentiellement formé d'eau, de matières terreuses insolubles, de substances salines plus ou moins solubles, et de débris organiques ou *terreau.* Nous n'avons pas à nous occuper du rôle de l'eau, de celui des matières terreuses insolubles: ils sont connus; il nous reste à préciser l'influence du terreau et des matières salines.

A. *Influence de l'humus ou terreau.*—Des matériaux constitutifs du sol arable, l'humus est celui dont le rôle est encore le moins bien défini.

De tout temps, cet humus a été considéré comme l'une des causes principales de la fertilité des terres ; mais la manière dont il intervient a été et est encore le texte de discussions entre les physiologistes et les chimistes. Il y a, à cet égard, deux opinions diamétralement opposées.

Pour les uns, à la tête desquels il faut placer Th. de Saussure, le terreau est un réservoir de substances nutritives ; les matières organiques qu'il renferme, et notamment les ulmates ou humates alcalins, sont absorbés directement par les racines des plantes, et deviennent, par leur assimilation dans les tissus, un puissant auxiliaire de la nutrition qu'elles reçoivent de l'air et de l'eau. Le terreau est donc un aliment direct.

Pour les autres, et à leur tête vient Liebig, l'humus ne peut jamais servir de nourriture à la plante ; il n'est point absorbé. Son rôle se borne à fournir, par sa décomposition continuelle, du gaz acide carbonique que les spongioles radicales absorbent à mesure, et qui concourt à la nutrition de concert avec celui qui a été pris par les feuilles dans l'atmosphère.

Cette dernière doctrine, qui réduit presque à rien le rôle de l'humus, n'a pas été adoptée par les agronomes. Il est certain qu'il est difficile d'admettre qu'un corps, si facilement soluble dans les alcalis, ne soit pas absorbé comme le sont toutes les dissolutions, et qu'il ne concoure pas à la nourriture de la plante.

Dès 1844, Mulder a combattu très vivement l'opinion de Liebig, et il a déclaré que les différents acides noirs du terreau, acides dont il a fait une étude étendue, sont absorbés sous la forme de sels par les racines des plantes ; qu'ils se métamorphosent dans les tissus vivants pour former les éléments des organes, et que, de cette manière, ils contribuent essentiellement à la nourriture des plantes.

En 1849, Soubeiran a fait des expériences intéressantes qui prouvent aussi que l'humus est absorbé directement à l'état d'humate d'ammoniaque. Ainsi il a fait végéter des pieds de *glampsana communis*, en introduisant la racine dans un vase contenant une faible dissolution d'humus dans l'ammoniaque. Le sel ammoniacal a été absorbé, et les plantes ont prospéré pendant plusieurs jours. Il a semé, dans de la terre privée de toute matière organique, des haricots et de l'avoine ; il les a arrosés chaque jour avec une dissolution neutre d'humus dans l'ammoniaque. La végétation s'est bien opérée, et les plantes ont fourni successivement des fleurs et des graines.

Liebig a combattu l'idée que le terreau puisse être absorbé à l'état d'humate de chaux, et il a eu raison, car Soubeiran a prouvé que c'est à l'état d'humate d'ammoniaque qu'il pénètre dans le tissu végétal. Liebig a encore appuyé son opinion sur ce que les forêts et les prairies améliorent le sol, bien qu'on n'y apporte pas d'engrais, et qu'on enlève chaque année des récoltes en bois et en foin. Les plantes, d'après cela, rendent donc au sol plus qu'elles ne lui prennent, et le carbone enlevé par la récolte provient uniquement de l'atmosphère.

Pour admettre ce raisonnement, il faudrait oublier que l'humus absorbé augmente la vitalité de la plante, et accroît le nombre et le volume des organes de l'absorption. Il arrive alors que la plante puise plus largement dans l'atmosphère. L'humus n'a pas fourni tout le carbone ; mais il est, en fait, la cause première de la production abondante du bois et des autres parties du végétal.

Liebig et ses partisans ne pourront jamais, d'ailleurs, rétorquer ce fait si vulgairement connu, que dans une terre sans humus la végétation est toujours maigre et peu productive.

Il y a véritablement de l'acide carbonique fourni aux racines par le terreau, mais ce n'est pas l'humus proprement dit qui le produit, car il est presque insensible à l'action de l'air. C'est le ligneux qui, par sa transformation en *terreau charbonné*, et par suite en *humus*, donne lieu à cette production.

En 1852, M. Malaguti a complété les démonstrations de Mulder et de Soubeiran, en faisant une expérience à l'aide de la balance. Il a rempli la moitié de deux grands entonnoirs avec du gravier, et l'autre moitié avec de la brique pilée contenant 1 centième d'os calcinés et autant de craie. Il a semé sur ces deux sols artificiels, humectés avec de l'eau distillée, la même quantité de graines de *cressonnette*. Elles ont levé quatre jours après les semailles ; on a commencé à les arroser tous les jours, les unes avec 100 centimètres cubes d'eau distillée, les autres avec le même volume d'ulmate d'ammoniaque. Après cinq arrosages, la différence entre les deux végétations était déjà très marquée ; celle qui était baignée périodiquement par l'ulmate était d'un vert foncé ; l'autre, baignée par l'eau, était d'un vert clair. Après dix-huit arrosages, c'est-à-dire après vingt-deux jours d'expérience, la plante la plus luxuriante menaçant de verser, on en fit la récolte. Les deux lots de plantes, desséchés à l'air et dans les mêmes conditions, pesaient :

Celui arrosé avec l'eau.............. .... 12^{gr},550
— avec l'ulmate d'ammoniaque........... 16   150

L'analyse a démontré à M. Malaguti que sur 2 litres d'ulmate d'ammoniaque qui avaient été réservés pour l'arrosement de la cressonnette, 2^{gr}, 367 d'acide ulmique avaient disparu et étaient passés dans la plante.

Il n'y a pas moyen d'équivoquer sur ces résultats et sur ceux de Soubeiran. La matière soluble a bien pénétré dans la plante et a réalisé pour elle les conditions d'une bonne alimentation.

De tout ce qui précède, Il ressort bien évidemment que l'humus agit directement comme un véritable aliment, une fois qu'il est converti en ulmate ou humate d'ammoniaque. Or, celui-ci se forme continuellement dans le terreau brut par la réaction sur l'humus libre et sur l'humate de chaux du carbonate d'ammoniaque que les pluies amènent dans le sol ou qui prend naissance par la putréfaction des matières animales enfouies.

Indépendamment de ce rôle si utile, le terreau remplit encore d'autres fonctions qui concourent au même résultat; ainsi :

C'est une source incessante d'acide carbonique, par suite de la combustion lente du ligneux et du terreau charbonneux;

Il absorbe la vapeur aqueuse de l'air et maintient dans le sol une humidité nécessaire;

Comme matière poreuse, il condense aussi et arrête l'ammoniaque atmosphérique;

Il modère la putréfaction des matières azotées, de sorte que la matière nutritive soluble n'est présentée aux plantes qu'au fur et à mesure de leurs besoins;

Enfin il fixe l'ammoniaque provenant de cette putréfaction.

Voilà un ensemble d'effets qui justifient la haute idée que les agronomes ont attachée de tout temps à la matière organique des terres de culture, c'est-à-dire au terreau, et qui établissent la supériorité des engrais qui renferment de l'humus en mélange avec les autres principes nutritifs azotés et salins.

Théod. de Saussure a essayé de déterminer la proportion de substance nutritive que le terreau ou l'engrais fournit aux plantes, comparativement à celle que ces dernières tirent de l'atmosphère. Suivant lui, des végétaux herbacés absorberaient, dans le terreau, à peu près la vingtième partie de la matière nutritive qu'ils s'assimilent pendant la durée de leur existence. Les expériences et les calculs à l'aide desquels Th. de Saussure a cherché à résoudre l'importante question qui nous occupe ne sont ni assez nombreux ni assez rigoureux pour qu'on puisse adopter d'une manière absolue les résultats qu'ils indiquent.

D'ailleurs, la proportion de matière nutritive fournie par les engrais doit nécessairement varier avec la nature de ceux-ci, avec les espèces de plantes, le climat et une foule d'autres circonstances qu'il est impossible de bien apprécier.

B. *Influences des matières terreuses et salines.*—Indépendamment de sa température, de l'eau et de l'humus qu'il renferme, le sol a-t-il par lui-même une action sensible sur la végétation, et contribue-t-il pour quelque chose à l'acte de la nutrition?

Quelques chimistes et physiologistes prétendent que la composition minéralogique et chimique des terrains n'a aucune influence sur la végétation, que le rôle du sol est purement mécanique : en sorte que toute espèce de terre est apte à donner d'excellents produits, à condition quelle soit suffisamment humide et pourvue d'une suffisante quantité d'engrais.

Nous ne pouvons adopter cette manière de voir, posée en des termes aussi absolus. Sans doute, quelques personnes ont exagéré l'influence générale du sol; mais, en réduisant cette influence à sa juste valeur, toujours est-il que le sol a une action chimique sur les plantes, et que sa composition, c'est-à-dire le nombre et les proportions respectives de ses principes constituants, influe notablement sur la végétation.

C'est surtout par les substances salines que le sol renferme naturellement, ou qui lui sont ajoutées à dessein, qu'il exerce une action marquée et incontestable sur la végétation.

Ces substances salines sont absorbées par les racines, charriées dans les vaisseaux au moyen de l'eau qui les tient en dissolution, et déposées dans les différents organes. Ainsi, lorsqu'on vient à décomposer les plantes par le feu, lorsqu'on les incinère, elles laissent toutes un résidu, d'apparence terreuse, qui représente les matières inorganiques absorbées pendant la vie. Ce résidu est ce qu'on appelle les *cendres.*

Ces substances minérales ne sont pas accidentelles dans les plantes ; elles leur sont nécessaires, et chaque espèce semble exiger, pour son entier développement, des sels d'une nature particulière et en quantité variable. C'est ainsi que les légumineuses fourragères veulent absolument du sulfate de chaux pour donner d'abondants produits ; que le tabac, les pois, les fèves, presque toutes les espèces ligneuses, réclament impérieusement de la chaux, tandis que le maïs, les navets, les betteraves, les pommes de terre, les topinambours, la vigne, exigent au contraire de la potasse.

Lorsqu'on voit, d'un autre côté, que la bourrache, la parié-

taire, les orties, le grand-soleil, etc., n'ont de vigueur que dans
es terres salpêtrées ; que l'existence des varechs et autres plantes
marines et maritimes semble intimement liée à la présence de
l'iode et du chlorure de sodium dans les milieux où ils apparaissent, absolument comme la vie des plantes terrestres paraît dépendre de la présence des alcalis et des terres alcalines, on est
conduit tout naturellement à accorder aux substances salines
contenues dans les sols arables, même en proportions infinitésimales, une influence considérable sur le développement des
plantes. On peut même aller plus loin, et soutenir que la végétation ne peut être complète, c'est-à-dire qu'un végétal, quel
qu'il soit, ne peut parcourir toutes les phases de son existence et
donner des graines mûres et fécondes sans la présence dans le
sol des substances salines identiques à celles qu'on trouve dans
ses organes à l'état normal.

Qu'on essaye de faire venir du blé ou toute autre céréale dans
un milieu dépourvu de phosphates et de silicates alcalins et terreux, jamais on ne verra la plante pousser jusqu'au bout sa végétation ; elle périra avant de fructifier. Qu'on sème du seigle,
de l'avoine, dans du calcaire ne contenant ni silice soluble, ni
phosphates : les tiges ne s'élèveront pas au delà de quelques centimètres.

D'après les expériences récentes du prince de Salm-Horstmar,
il faut sept substances minérales dans le sol (potasse, chaux, magnésie, oxyde de fer, silice, acides phosphorique et sulfurique)
pour que l'avoine fleurisse ; et il en faut deux autres (soude et
phosphate basique) pour qu'elle fructifie ; indépendamment,
bien entendu, d'un sel ou d'un composé contenant l'azote dans
un état convenable.

La quantité de matières salines et terreuses renfermées dans
les organes des plantes est proportionnelle à la succion et à la
transpiration ; ceci tient à ce que ces matières sont introduites
en dissolution dans la sève, que cette sève se dirige vers les parties où se fait la transpiration, et que celle-ci est, en général,
proportionnelle à la succion. En effet, si l'on compare les végétaux entre eux, on trouve que les herbes donnent, à proportion,
plus de cendres que les arbres, et, parmi ceux-ci, que les arbres
à végétation rapide en donnent plus que ceux à végétation lente.
Si l'on compare entre eux les différents organes d'un même végétal, on trouve qu'il se dépose plus de matières minérales dans
les feuilles, organes essentiels de l'évaporation, que dans tout
autre organe. Après les feuilles, l'écorce est la plus riche, puis
l'aubier, puis enfin le bois.

Voici les quantités de cendres fournies par les plantes herbacées et ligneuses les plus communes, sur 100 kilogrammes :

PLANTES HERBACÉES DESSÉCHÉES COMPLÈTEMENT.

Paille de pois............	11^{kil},3	Graines d'avoine..........	4^{kil},0
Regain de foin de prairie...	10 0	Pommes de terre..........	4 0
Foin de prairie............	9 0	Paille de seigle............	3 6
Foin de trèfle rouge	7 7	Pois jaunes...............	3 1
Navets....................	7 6	Tiges ligneuses de topinam-	
Paille de froment..........	7 0	nambours...............	2 8
Betterave champêtre.......	6 3	Graines de froment........	2 4
Topinambour..............	6 0	Graines de seigle..........	2 3
Paille d'avoine............	5 1		

PLANTES LIGNEUSES DANS L'ÉTAT OÙ ON LES EMPLOIE.

Écorce de chêne	6^{kil},00	Faux ébénier..	1^{kil},25
Bois de tilleul	5 00	Bouleau	1 00
Sarment de vigne..........	4 66	Sapin, charme..........	0 83
Branche de chêne..........	2 50	Tremble................	0 60
Arbre de Judée............	1 70	Hêtre..................	0 43
Sureau à grappe...........	1 64	Fusain, frêne, aune, pin..	0 40
Bois de Saint-Lucie, mûrier		Peuplier, érable, bourdaine,	
blanc	1 60	liège.................	0 20
Noisetier	1 50		

Mais, suivant la nature du sol, les mêmes plantes contiennent des quantités très différentes de matières minérales. Ainsi 100 kilogr. de paille, provenant d'une même espèce d'avoine récoltée en 1841, ont donné :

Sur un sol formé de calcaire............	10^{kil},2 de cendres.
— de granit..............	9 6 —
— léger, mais assez riche	8 8 —
— formé de grès vert...........	7 9 —
— d'argile..............	7 8 —
— de sable siliceux........	5 4 —
— de gypse...............	5 8 —

La nature des substances minérales ne varie pas moins que leur proportion, suivant la composition chimique du sol sur lequel les plantes croissent et vivent. Théodore de Saussure a observé une grande différence dans la nature des cendres des mêmes végétaux crûs dans des terrains calcaires ou siliceux : elles étaient très riches en carbonate de chaux dans le premier cas, et en silice dans le second. Davy ayant semé de l'avoine dans un sol composé de calcaire pur, elle y vécut mal et ne présenta à l'analyse qu'une quantité de silice fort inférieure à la quantité ordinaire. Le chêne, venu dans un sol calcaire, donne des cendres qui ne sont presque composées que de carbonate de chaux, tandis que, dans un sol différent, ces cendres contiennent beaucoup de magnésie et de phosphate de chaux.

Mais, si l'on examine les cendres de végétaux différents crûs dans le même terrain, on trouve que, quand les espèces ont de l'analogie, les cendres ont beaucoup de rapport entre elles; et que, si les végétaux sont de genres très differents, les cendres sont aussi très différentes. Les analyses de Sprengel, de Berthier, de Will et Fresenius, de Bichon, ne laissent aucun doute à cet égard.

« Tous les faits, toutes les analyses minérales, a dit Berthier dès 1826, montrent que chaque espèce de plante n'absorbe dans des terrains de natures diverses que celles des substances minérales qui conviennent à sa constitution. »

Ce principe a été corroboré par tous les travaux postérieurs des chimistes. Nous citerons, entre autres, les belles analyses de M. Boussingault, qui prouvent que non seulement les quantités de matières minérales enlevées au sol ne sont pas les mêmes pour chaque espèce de récoltes, mais qu'il y a encore des différences énormes dans les proportions de certains principes. C'est ce qu'on voit très bien dans le tableau suivant :

	CENDRES contenues dans 1000 kil. de récolte.	QUANTITÉ de sels enlevés sur 1 hectare	Dans cette quantité de cendres, il y a :			
			en CHAUX.	en POTASSE.	en ACIDE phosphorique.	en CHLORE.
Pommes de terre ...	40 k.	123,4	2,2	63,5	13,9	3,3
Betterave champêtre.	63	199,8	14,0	89,9	12,0	10,4
Navets dérobés (demi-récolte)..........	76	54,4	»	»	3,3	1,6
Topinambours......	60	330,0	7,6	20,6	35,6	5,3
Semences de blé....	24	27,5	17,4	154,9	18,9	1,2
Paille du précédent..	70	193,3				
Semences d'avoine..	40	42,6	7,0	24,4	8,3	3,3
Paille du précédent..	51	65,4				
Pois fumés........	31	30,9	»	»	9,3	0,3
Haricots..........	35	55,3	»	»	14,8	0,1
Fèves............	30	68,6	»	»	21,8	0,7

Les recherches toutes récentes de MM. Malaguti et Durocher sur la *répartition des éléments inorganiques dans les principales familles du règne végétal* confirment complètement la manière de voir que nous soutenons relativement à l'importance du rôle

des matières minérales dans le développement des plantes;
mais elles mettent encore mieux en évidence ce que Sprengel,
MM. Will et Fresenius, M. Bichon, avaient déjà cherché à établir, et ce que Liebig avait avancé dans sa *Chimie appliquée à la
physiologie végétale et à l'agriculture*, à savoir :

Que les plantes appartenant à la même famille doivent offrir
dans l'ensemble de leurs principes inorganiques certaines ana-
logies quand on les compare entre elles, et certaines particularités quand on les met en parallèle avec d'autres familles.

Il est bien évident, d'après tous les faits cités jusqu'à présent,
que les matières salines sont choisies dans le sol par les plantes,
et qu'elles ne s'y introduisent pas par simple succion capillaire ou
par voie mécanique ; car comment comprendrait-on que des
arbres venus dans un sol purement argileux ou pierreux puissent donner des cendres riches en chaux, alors que le froment
cultivé dans un sol calcaire donne des cendres qui n'en renferment presque pas ?

Ce qui achève de prouver que les substances qui sont fournies
par le sol aux végétaux sont choisies par ceux-ci conformément
à leur organisation et à leurs besoins, c'est que ces substances
sont réparties d'une manière fort inégale dans les différentes
parties d'un même végétal. Ainsi les tiges des céréales contiennent beaucoup de silicate de potasse, tandis que les graines de
ces mêmes plantes ne contiennent presque que des phosphates
terreux; la chaux est surtout abondante dans la paille ou le
bois, et la magnésie se montre de préférence dans la graine.

Puisque chaque plante exige pour son entier développement
certaines substances salines, il en résulte qu'un végétal viendra
d'autant mieux dans un sol que celui-ci les lui fournira en proportions plus convenables :

Silice, ou mieux silicates alcalins, pour les tiges des graminées et des céréales;

Phosphates alcalins et de magnésie pour les graines;

Chaux pour les bois et pour les tiges des légumineuses;

Alcalis, sulfates et acide phosphorique pour toutes les plantes.

Les analyses de cendres faites jusque dans ces derniers temps
avaient fait admettre la présence simultanée de la potasse et de
la soude dans l'intérieur du tissu végétal, et l'on semblait admettre que ces deux bases se remplaçaient habituellement
dans les phénomènes de la végétation et avaient la même efficacité, la même valeur comme élément de sol et des engrais.
M. Peligot a démontré, dans les derniers temps, comme nous

l'avons déjà signalé, qu'il n'en est pas tout à fait ainsi, puisque les cendres fournies par la plupart des végétaux ne renferment pas de soude, ainsi qu'il s'en est assuré par de nombreuses expériences.

Cette base n'existe pas, en effet, dans le blé (grains et paille), dans l'avoine, la pomme de terre (tubercules et tiges), les bois de chêne et de charme, les feuilles de tabac, de mûrier, de pivoine, de ricin, dans les haricots, le souci des vignes, la pariétaire, le panais (feuilles et racines), etc.

M. Peligot a trouvé, au contraire, de la soude dans un certain nombre de plantes appartenant aux familles des atriplicées et des chénopodées (arroche, *atriplex hastata*, *chenopodium murale*, tétragonie), ainsi que dans la betterave (feuilles et racines), dans la mercuriale, dans la zostère et les fucus qui fournissent la soude de varech ; toutefois cette soude, malgré son nom, est partout formée de sels de potasse, et ce fait est d'autant plus remarquable que les varechs vivent dans l'eau de mer qui est, comme on sait, très riche en soude et très pauvre en potasse.

Un autre fait non moins curieux, c'est que des plantes arrosées pendant quarante-cinq jours avec des dissolutions de sel marin ou d'azotate de soude empruntent au terrain dans lequel elles se développent le plus de potasse qu'elles y rencontrent et y laissent le plus de soude qu'on a mis à leur discrétion.

De l'ensemble de ses expériences, M. Peligot conclut que la soude est beaucoup moins répandue dans le règne végétal qu'on ne le suppose généralement, que son rôle n'y est nullement comparable à celui de la potasse, qu'elle ne peut pas la remplacer et même que, si l'on excepte un petit nombre de plantes qui se plaisent au bord de la mer et dans les terrains salés, les végétaux ont pour la soude une indifférence et même une antipathie dont il faut tenir grand compte dans le choix du sol, des engrais, des amendements et des cours qui doivent concourir à leur développement.

Un terrain perd infailliblement sa fertilité si on ne lui restitue pas périodiquement toutes ces matières salines, et notamment les phosphates et les alcalis qu'enlève au sol chaque récolte nouvelle. C'est par les engrais et les irrigations qu'on répare les pertes de ce genre. Les exemples d'une production décroissante de certaines contrées dans lesquelles on a manqué à ce principe sont assez nombreux. A force d'avoir tiré des blés de la Sicile et de l'Afrique, sans y jamais rien remettre pour les entretenir au même état de production, les Romains ont fini par frapper d'une stérilité complète ces contrées, qu'ils regardaient comme leurs greniers... Les champs, autrefois si riches, de la Virginie, dans l'Amérique du Nord, ne produisent plus ni froment ni tabac. Et l'épuisement, sous le rapport des phosphates, peut seul expliquer l'effet prodigieux que produit en Angleterre, en Allemagne et en Suisse, l'emploi des os moulus; en Bretagne, celui du noir des raffineries.

Si certaines terres résistent bien plus longtemps que d'autres à l'appauvrissement, cela provient, à n'en pas douter, de l'abondance de quelques éléments inorganiques indispensables aux végétaux. C'est ainsi qu'il sera difficile de fixer la limite de fertilité des terres arables d'Amérique qui proviennent de grands défrichements opérés en incendiant les forêts. Des milliers de stères de bois laissent alors sur le sol une quantité de sel vraiment prodigieuse.

Ceci nous conduit, en partie du moins, à l'explication d'un fait connu depuis bien longtemps, à savoir la fertilité que peuvent acquérir certains sols stériles, lorsqu'on les laisse plantés en bois ou en joncs marins pendant de longues années. Ces sols reçoivent, chaque année, par suite de la chute des feuilles qui les couvrent, une espèce de fumure en couverture, et une grande partie des substances minérales que les racines vont chercher, depuis le printemps jusqu'à l'automne, à des profondeurs souvent considérables. Ces substances se trouvent ainsi ramenées pendant l'hiver à la surface, par suite de la chute des feuilles, qui sont très riches en matières minérales, surtout à l'époque de leur maturité.

Toutes ces substances salines ou minérales qu'on trouve dans les organes des plantes viennent manifestement du sol, et ne sont point créées, par l'acte de la végétation, dans les tissus mêmes, ainsi que l'ont prétendu, avec si peu de raison, quelques naturalistes. Il n'y a de produit dans l'intérieur du tissu végétal que les acides destructibles par la chaleur, tels que les acides oxalique, malique, acétique, tartrique, citrique, etc., qui saturent la potasse, la chaux et la magnésie absorbées dans le sol, et qui constituent les oxalates, les malates, les acétates, les tartrates, les citrates, etc., qu'on rencontre dans les organes de certaines plantes.

Il serait bien avantageux, pour les progrès de la pratique agricole, qu'on déterminât ce que chaque espèce de plante exige de matières salines pour son développement le plus complet; car ce n'est qu'alors qu'il sera possible d'améliorer, d'une manière certaine, les divers sols, qu'on sera en état de leur fournir tous les éléments que réclament impérieusement les cultures diverses, une fois qu'on aura constaté par l'analyse que ces sols ne les renferment pas ou ne les contiennent pas dans les proportions suffisantes aux besoins de la végétation.

Depuis une vingtaine d'années, on est heureusement entré dans cette voie de recherches, et déjà nombre de renseignements précieux ont été recueillis; l'agriculture en a fait son profit. Mais il reste encore d'innombrables questions à éclaircir.

Après ces considérations générales sur la nutrition, nous pouvons aborder l'étude spéciale des *engrais*.

Ainsi que nous l'avons déjà dit, nous comprenons sous le nom d'*engrais* toutes les matières, de quelque nature qu'elles soient, qui sont nécessaires à la vie des plantes et qui concourent directement, soit par leur décomposition, soit par leur absorption immédiate, au grand acte de la nutrition.

Les engrais doivent être considérés comme la base de la culture des terres. Il serait aussi impossible d'entretenir des troupeaux sans leur donner à manger que de cultiver des terres sans leur rendre, par des engrais, la substance nutritive que leur enlèvent les récoltes qu'elles produisent chaque année.

Les matières que le cultivateur emploie pour entretenir la fécondité du sol et réparer les pertes continuelles que celui-ci éprouve en humus et en matières salines sont empruntées au règne organique et au règne minéral. Comme la manière d'agir des engrais, comme la manière de les employer varient beaucoup suivant leur nature, nous diviserons les engrais en deux grandes classes : les *engrais minéraux* ou *salins*, et les *engrais organiques*, provenant du règne végétal ou animal. Nous commencerons par les premiers.

Engrais minéraux ou salins. — On donne le nom d'*engrais salins* à des substances minérales, plus ou moins solubles dans l'eau, qu'on emploie pour activer la végétation. Celles qu'on utilise le plus habituellement, sous ce rapport, sont : le *sulfate de chaux* ou *plâtre*, les *cendres* de diverses natures ; la *suie*, les *azotates* ou *nitrates*, les *sels ammoniacaux*, le *sel marin*, certains *phosphates*, etc.

Avant de les étudier en particulier, il importe d'être fixé sur la manière dont elles agissent et sur les ressources qu'elles peuvent offrir à l'agriculture.

Ces substances minérales exercent différents genres d'effets qu'il est convenable de distinguer. Elles ont une action chimique sur le sol, une action chimique sur les végétaux, une action chimique sur les tissus des plantes, enfin elles concourent à fournir les principes minéraux et salins dont ces tissus ont besoin pour leur développement.

1. Les *effets chimiques* que les engrais salins produisent sur le sol consistent à en changer la nature, par de nouveaux composés résultant de leur décomposition. C'est ainsi que le sulfate de fer, contenu dans les *cendres noires* ou *pyriteuses* qu'on répand sur les sols calcaires, réagit sur le carbonate de chaux du sol et donne lieu à la formation de sulfate de chaux ou plâtre, qui, comme on le sait, agit de la manière la plus favorable sur les légumineuses fourragères.

Le sulfate de soude agit comme le sulfate de fer lorsque sa dissolution rencontre des matières calcaires.

2. L'*influence chimique* que les engrais salins exercent directement sur les plantes consiste à altérer ou même à détruire plusieurs d'entre elles sans attaquer les autres. C'est ainsi qu'en Belgique et dans le nord de la France on a constaté depuis longtemps que les *cendres noires*, si riches en sulfate de fer, activent singulièrement la végétation des prairies sur lesquelles on les répand, en favorisant l'accroissement des légumineuses et des graminées, et en détruisant complètement les mousses, les lichens, les joncs, les orchidées, les plantains, la cuscute, et en général toutes les mauvaises plantes qui croissent inutilement dans les prairies. Cette destruction est due, en grande partie, à ce que le sulfate de fer, en se décomposant, produit de l'acide sulfurique libre qui charbonne les plantes et les convertit en terreau.

3. L'*influence des engrais salins sur les tissus des plantes* est bien plus importante que les effets dont il vient d'être question. Ils donnent à ces tissus, et principalement aux feuilles, la faculté de décomposer plus fortement l'acide carbonique de l'air pour s'en approprier le carbone. Ils donnent plus de consistance aux parties vertes, les rendent plus fermes, plus épaisses, et leur communiquent une plus grande force d'inspiration; aussi ces plantes se dessèchent-elles plus difficilement; elles retiennent avec force leur eau de végétation, lors même qu'elles sont enlevées du sol, et résistent à des sécheresses qui tuent sur-le-champ les autres végétaux.

Les sels minéraux jouissent donc de cette propriété extrêmement précieuse d'agir sur les plantes de manière à leur faire absorber, pour ainsi dire, toute leur nourriture dans l'air; or le carbone que les végétaux y puisent est bien une conquête pour l'agriculture, puisque celui qui se trouve dans le sol coûte à l'agriculteur, qui a été obligé de l'y amener, ou sous forme de fumier, ou en enfouissant des végétaux verts, etc.

Cette absorption plus grande de l'acide carbonique de l'air par les plantes soumises à l'action des matières salines a été mise hors de doute par les expériences de notre ami le professeur Lecoq, de Clermont, qui, ayant enfermé deux plantes de *polygonum orientale* sous des cloches remplies d'air contenant 1/13 de son volume d'acide carbonique, et exposées au soleil pendant un jour entier, reconnut, par l'analyse de l'air, que le *polygonum*, arrosé avec de l'eau ordinaire pendant toute sa végétation, avait absorbé 49 centimètres cubes 1/2 d'acide carbonique, tandis que le *polygonum* qui avait été constamment arrosé avec une eau minérale ou saline avait absorbé 64 centimètres cubes 1/2 d'acide carbonique, c'est-à-dire environ 1/3 de plus.

Ce serait donc une des plus belles découvertes pour l'agriculture que celle de rendre, en quelque sorte, les plantes indépendantes de la nature du sol, si variable à chaque pas, et de les nourrir au moyen de l'atmosphère, dont la composition est la même par toute la terre. Il sera sans doute impossible d'atteindre ce résultat; mais on peut espérer de faire enlever à l'air par les végétaux bien plus de carbone qu'ils n'en absorbent naturellement, et ce n'est qu'au moyen des engrais salins qu'on pourra y parvenir.

Un fait d'observation, c'est que les substances salines n'agissent que sur les végétaux exposés au soleil, et que, dans les lieux ombragés, elles nuisent à la végétation.

4. Indépendamment de toutes ces actions, les engrais salins opèrent encore en fournissant aux plantes les différents principes minéraux dont leurs organes ont besoin pour se développer régulièrement et normalement, soit qu'ils passent en nature dans les tissus par voie de dissolution, soit, ce qui est le cas le plus général, qu'après l'absorption ils se métamorphosent sous l'influence des forces vitales, et donnent naissance aux substances salines spécialement propres et nécessaires à la constitution de chaque organe en particulier.

Voici, maintenant, quelques principes généraux sur l'emploi des engrais salins; nous les empruntons au Mémoire très remarquable que Lecoq a publié sur ces sortes d'engrais, et qui a été couronné, en 1831, par l'Académie des sciences du Gard [1].

1. On doit, autant que possible, employer les substances sa-

---

1. *Recherches sur l'emploi des engrais salins en agriculture.* — Annales scientifiques, littéraires et industrielles de l'Auvergne, t. V, p. 33-97 (1832).

lines sous forme pulvérulente, parce que, sous cet état, elles peuvent être bien plus facilement dosées qu'à l'état de dissolution. On les répand à la volée, comme les graines, après les avoir pulvérisées. Si on les emploie en dissolution, il est nécessaire que celle-ci soit étendue de beaucoup d'eau, et il faut la répandre, autant que faire se peut, par un temps humide.

2. Quoique les engrais salins puissent être appliqués avec avantage sur toute espèce de terrain, ils conviennent plus spécialement aux sols légers, exposés à la sécheresse et soumis à toute l'action des rayons solaires. — Ils produisent aussi de très bons effets dans les prairies humides ; mais on doit les y employer à plus forte dose que sur les terrains secs. — Il est préférable de les répandre en deux fois, pour augmenter leur action.

Différents terrains renferment naturellement une assez grande quantité d'engrais salins : tels sont ceux qui recouvrent les roches volcaniques; tels sont encore les rivages de la mer ou les lieux arrosés par des sources d'eau minérale.

Il y a un fait certain dans l'emploi des substances salines en agriculture, et que l'on observe surtout pendant les années sèches: c'est la stabilité qu'elles communiquent aux végétaux. S'il fait chaud, ils souffrent moins de la sécheresse; s'il fait froid, le changement brusque de température leur est à peine sensible, et ils peuvent supporter sans en souffrir deux degrés de froid de plus que les autres plantes.

C'est principalement dans les terrains légers, secs et élevés, que les plantes ont le plus à redouter l'action de la chaleur, de la sécheresse et l'intensité des grands froids. Le moindre vent dessèche ces sortes de sols; les pluies les pénètrent promptement, et s'en échappent de même; ils sont donc le plus exposés aux inconvénients des *mauvaises saisons*. L'emploi convenablement approprié des sels en atténue les fâcheux effets.

3. Répandus en trop grande quantité, les engrais salins sont nuisibles à la végétation; employés en trop petite dose, leur action est, pour ainsi dire, nulle. Au reste, les doses varient pour chaque engrais en particulier, et pour chaque nature de terrain.

4. La meilleure époque pour les répandre sur la terre est celle où les jeunes plantes commencent à se garnir de feuilles, car ils agissent principalement sur les parties foliacées. A l'époque de la germination, ils sont plus nuisibles qu'utiles.

5. Ces engrais ne favorisent la production des graines qu'autant qu'ils sont associés aux engrais organiques. — En général,

ils retardent la maturité des plantes, en donnant plus de développement aux parties foliacées, et en s'opposant ainsi à l'évaporation des liquides qu'elles renferment.

Passons maintenant en revue les diverses substances salines
qui peuvent jouer le rôle d'engrais.

Sulfate de chaux, ou plâtre. — L'emploi du plâtre comme
engrais pour les prairies artificielles est une des plus précieuses
conquêtes de l'agriculture moderne. Il n'a commencé à se répandre que depuis les expériences du pasteur Mayer, de Kup-
ferzel en Argovie, qui les publia en 1765. De la Suisse, l'usage
du plâtre pénétra bientôt en Dauphiné, en Angleterre, en Allemagne et même en Amérique; aujourd'hui il est général.

L'introduction de cette méthode en Amérique est due au célèbre Franklin, qui la fit dans des circonstances assez curieuses.
Voulant démontrer à ses compatriotes les bons effets du plâtre,
l'illustre physicien écrivit en gros caractères, au moyen de
poussière de plâtre : CECI A ÉTÉ PLATRÉ, sur un champ de luzerne,
placé près d'une grande route, aux environs de Washington.
Dans tous les endroits qui avaient été recouverts de la poudre,
une magnifique végétation se développa, en sorte qu'à la surface de la prairie, on pouvait lire distinctement les caractères
tracés par la main du philanthrope américain. Une démonstra-
tion si évidente valait les meilleurs écrits : elle porta ses fruits,
et, depuis cette époque, les Américains s'approvisionnent à
Paris d'une énorme quantité de cette précieuse substance.

Il y a deux espèces de sulfate de chaux dans la nature. L'une,
très dure et compacte, peu abondante, et appartenant à la partie inférieure des terrains de sédiment, et même aux terrains
cristallins, est *anhydre*, c'est-à-dire dépourvue d'eau de combinaison. Elle a la composition suivante :

Chaux...	40
Acide sulfurique	60
	100

L'autre, très tendre, en dépôts assez étendus dans les couches
supérieures des terrains de sédiment, où elle accompagne les
calcaires et les marnes, est hydratée, c'est-à-dire unie à une
quantité fixe d'eau de cristallisation. Elle est ainsi constituée :

Chaux...................	32		
Acide sulfurique..........	47	= Sulfate anhydre.......	79
Eau....................	21	Eau.................	21
	100		100

C'est cette espèce qui est employée en agriculture. Telle qu'on l'extrait des carrières, on la connaît sous le nom vulgaire de *plâtre cru.*

Le plus habituellement, c'est à l'état de *plâtre cuit* ou calciné qu'on l'utilise. La cuisson a pour but, non de décomposer le plâtre comme la pierre calcaire, mais de lui faire perdre seulement la moitié de l'eau de cristallisation qu'il contient. Cette cuisson s'opère en l'exposant, lorsqu'il est encore en pierres, à une température de + 115 à 120°, dans des fours convenablement disposés. Il perd alors 11 p. 100 de l'eau qu'il renferme à l'état cru ; si la température était assez élevée pour chasser la totalité de son eau, il serait loin d'avoir les mêmes qualités.

Dans les fours où l'on opère en grand cette dessiccation du plâtre (fig. 171), la température s'élève toujours beaucoup plus qu'il ne faut, et souvent elle devient assez forte pour fondre ou vitrifier la surface des morceaux, ce qui est un grave inconvénient, car le plâtre trop calciné devient inattaquable par l'eau. C'est alors ce qu'on appelle du *biscuit.*

Le plâtre convenablement cuit, étant réduit en poudre, possède la curieuse propriété de faire, avec l'eau, une

Fig. 171. *Four à plâtre.*

pâte qui se solidifie en quelques instants ; propriété que ne possède pas le plâtre *cru*, et que ne possède plus le plâtre *brûlé*, c'est-à-dire devenu anhydre ou converti en biscuit.

Lorsque le plâtre cuit est conservé pendant longtemps dans un endroit mal clos, surtout s'il est réduit en poudre, il absorbe peu à peu l'humidité de l'air ; on dit alors qu'il est *éventé*. Il perd ainsi la propriété de faire prise avec l'eau et de pouvoir être *gâché*. On lui conserve, au contraire, cette propriété pendant plusieurs années en le renfermant dans des tonneaux bien bouchés.

Une question fort agitée par les agronomes est celle de savoir à quel état le plâtre doit être employé, *cru* ou *cuit*. Des pays entiers, entre autres l'Amérique septentrionale, les bords du Rhin, ne font usage que du plâtre cru. Les expériences d'une foule d'agriculteurs distingués de notre pays, celles qui nous sont personnelles, attestent que le plâtre cru opère tout aussi bien que le plâtre cuit. M. I. Pierre a fait, en 1849 et 1850, sur le sainfoin, une série d'expériences, desquelles il semble même résulter que le premier, à dose égale, produit de meilleurs résultats que le second. Voici un tableau de ces expériences, et des récoltes obtenues, par hectare :

Dose du plâtre employé.	1849			1850
	1re coupe.	2e coupe.	3e coupe.	coupe unique.
0 kil..............	10,900 kil.	4,394 kil.	1,051 kil.	7,496 kil.
267 kil. plâtre cuit....	11,675	4,842	1,339	6,721
0 kil..............	10,175	4,333	1,010	6,744
267 kil. plâtre cru....	12,925	5,274	1,265	7,167

Ces expériences paraîtraient même indiquer que l'action du plâtre est presque épuisée dès la première année. Beaucoup d'autres expériences viennent à l'appui de ce fait de la supériorité du plâtre cru sur le plâtre cuit, à dose égale.

Depuis 1848, grâce aux conférences établies par l'un de nous, beaucoup de cultivateurs de la Seine-Inférieure ont adopté l'usage du plâtre cru, et ont constaté qu'il produit absolument les mêmes résultats qu'après sa calcination.

La seule utilité de la cuisson du plâtre est dans la grande et facile division qui peut en résulter; mais cet avantage est plus que contrebalancé par l'élévation du prix du plâtre *cuit* sur le plâtre *cru*. Le combustible est partout assez rare pour qu'on rencontre un notable avantage à employer de préférence le dernier.

Les plâtres cuits en poudre que l'on trouve dans le commerce sont bien souvent falsifiés avec de la craie, de la marne, des poussières de chaux, du sable fin, de l'argile, et principalement avec des déchets de plâtre cru, dont les fabricants de plâtre cuit ne savent que faire. Cette dernière fraude est moins dommageable que les premières, puisqu'on a toujours du plâtre, bien qu'on paye alors le plâtre cru le même prix que le plâtre cuit.

En achetant le plâtre cuit ou cru en morceaux, on sera certain de ne point être trompé; sa réduction en poudre peut très bien se faire à la ferme, dans la morte saison, pendant laquelle on est parfois embarrassé pour occuper utilement les ouvriers. Le broiement du plâtre cru est beaucoup plus difficile que celui du plâtre cuit; mais, au moyen de masses de fer ou du tour en granit à broyer les pommes, on parvient à le diviser encore assez facilement. Il est à noter, d'ailleurs, qu'il n'y a pas absolue nécessité à ce que le plâtre cru soit réduit en poudre excessivement fine.

Lorsqu'on achète du plâtre cuit en poudre, il faut toujours, par quelques essais, s'assurer qu'il n'a pas été fraudé. Le plâtre est bon lorsqu'il ne fait point effervescence, ou ne fait qu'une effervescence très faible avec les acides, qu'il n'a point de saveur alcaline, qu'il ne verdit pas le sirop de violettes, qu'il ne laisse déposer, par la lévigation, que des traces de sable; enfin, lorsqu'il se dissout presque totalement dans l'acide chlorhydrique faible. Le résidu qu'on laisse, après l'action de cet acide, est de l'argile et du sable.

Les plâtres naturels ne sont jamais chimiquement purs; ils renferment souvent de 3 à 15 p. 100 de matières étrangères suivant leur provenance. Le plâtre de Bourgogne ne contient que 3 à 5 p. 100 de substances étrangères, tandis que celui des environs de Paris contient de 12 à 15 p. 100 de carbonate de chaux, d'oxyde de fer et d'argile.

Lorsque le plâtre cuit ne s'échauffe presque pas quand on le gâche avec de l'eau, et ne fait pas prise solide avec rapidité, il est très probable qu'il a été additionné de plâtre cru, ou qu'il est fortement *éventé*.

L'action du plâtre a paru limitée jusqu'ici à certaines plantes, prises principalement dans la famille des légumineuses, telles que la luzerne, le trèfle, le sainfoin, la vesce, les pois, les haricots; il opère aussi d'une manière notable sur le tabac, les choux, le colza, la navette, le chanvre, le lin, le sarrasin; il agit peu sur les prairies naturelles; son efficacité est douteuse, dit-on, pour les récoltes sarclées, et nulle sur les céréales, au moins quand il est répandu immédiatement sur elles; car, ainsi que le fait observer Thaër, on est unanime sur ce point : qu'un chaume de trèfle enterré produit de beaucoup plus belles céréales, du froment surtout, lorsqu'il a été *gypsé*, que lorsqu'il ne l'a pas été. Cette différence s'explique par les racines et le chaume du trèfle, qui, étant plus vigoureux, ont dû donner au sol une masse d'engrais plus considérable; alors il n'y a pas de contradiction. M. Socquet a établi, par expérience, que les racines du trèfle plâtré pèsent un tiers de plus que celle du trèfle non plâtré.

C'est ordinairement au printemps qu'on sème le plâtre, à la main, sur la végétation déjà commencée, lorsque les plantes ont 13 à 16 centimètres de hauteur. On le répand le soir ou le matin, à la rosée, par un temps calme et couvert, avant ou après une petite pluie. De grandes pluies nuisent beaucoup à son effet : aussi, pour éviter celles du printemps, on préfère dans quelques localités (Oise, environs de Marseille) ne l'employer qu'après la première coupe. Semé au mois d'août, après la moisson, sur les trèfles de l'année, il en fait produire une bonne coupe au mois d'octobre, et la récolte de l'année suivante en éprouve encore l'effet.

Les bons cultivateurs du département du Nord ont remarqué que l'action du plâtre est fortement influencée par l'état de l'atmosphère au moment où on l'applique. Si le printemps est froid, le plâtre agit à peine; la chaleur et l'humidité réunies développent, au contraire, tous ses effets. Ils ont encore reconnu que la gelée, fût-elle très légère, arrête subitement son action et l'empêche de se reproduire, alors même que la température redevient favorable. Cette observation avait déjà été faite par l'illustre Thaër.

En général, on répand le plâtre sur les plantes déjà levées, et au moment où elles sont baignées de rosée, pour que la poudre s'attache aux folioles; mais l'expérience démontre qu'on obtient d'aussi bons effets en incorporant le plâtre dans le sol, à l'époque des labours d'automne. Mathieu de Dombasle avait adopté la méthode de répandre un hectolitre de plâtre par hectare, en même temps qu'il semait la prairie artificielle, et, au printemps suivant, il saupoudrait les jeunes plantes d'une même quantité, si la récolte lui paraissait en avoir besoin. Il résulte de ce mode d'opérer que les plantes acquièrent, avant l'hiver, un développement tel, que souvent on peut faire une première coupe dans le mois de septembre, et qu'il est bon même de prendre quelques précautions pour empêcher que le trèfle ne nuise trop considérablement, par la vigueur de sa végétation, à la céréale à laquelle on l'associe. D'un autre côté, le développement des racines étant toujours en raison directe de celui des tiges et des feuilles, il arrive que les racines de ces jeunes trèfles pénètrent, avant l'hiver, à une plus grande profondeur. Alors, les plantes étant plus fortes, et leurs racines étant moins à la portée de l'influence des gelées, les trèfles supportent plus facilement l'intensité du froid de nos hivers.

Plusieurs cultivateurs de la Seine-Inférieure, de l'Orne et du Cantal, ont adopté ce mode d'opérer, non seulement pour les trèfles, mais aussi pour les minettes, les sainfoins, les luzernes, et ils en ont constaté l'efficacité.

La dose de plâtre adoptée comme la plus avantageuse varie suivant les pays et suivant la nature des terres, suivant aussi leur état de culture. La dose la plus générale est de 500 à 600 kilogrammes, ou 3 hectolitres par hectare. Pour les plantes légumineuses annuelles, la dose peut être un peu diminuée.

Le plâtre *cuit* pulvérisé coûte, généralement, 2 fr. 75 c. l'hectolitre. A ce taux, le plâtrage revient par hectare à 6 fr. 75 c.

Le plâtre *cru* en morceaux ou pulvérisé coûte 1 fr. 80 c. l'hectolitre, ou 5 fr. 40 c. pour un hectare. Il y a donc économie de 1 fr. 35 c. par hectare.

L'économie serait encore bien plus grande, et pourrait s'élever jusqu'à 4 fr. 05 c. par hectare, si l'on utilisait le plâtre cru et pulvérisé provenant du déchet des carrières ou la poussière qui encombre toutes les usines à plâtre. Les marchands la livrent à raison de 90 c. l'hectolitre, et elle est tout aussi bonne que le plâtre qu'on pulvérisait exprès.

Dans les terrains où les diverses légumineuses poussent naturellement avec assez de vigueur, l'addition du plâtre, surtout la première année, pourrait diminuer la qualité du fourrage en le faisant pousser trop gros et trop long; elle pourrait même le faire pourrir sur pied. On ne l'emploie qu'à la deuxième année, ou même à la troisième, s'il s'agit d'un sainfoin.

Dans les terres où le trèfle et le sainfoin ne donnent qu'une médiocre récolte, les cultivateurs préfèrent employer le plâtre dès la première année de coupe. La plante talle beaucoup mieux, et, par suite, donne plus de produit.

L'expérience a démontré que le plâtrage ne doit être employé que tous les cinq ou six ans. Il ne produit, d'ailleurs, aucun effet sur les sols très humides, mal égouttés ou marécageux. Les terrains argileux, calcaires, sablonneux et les loams, sont ceux sur lesquels il réussit le mieux. D'après M. de Gasparin, le plâtrage semble être sans action sur les terrains d'alluvion moderne, et sur ceux qui contiennent naturellement une certaine proportion de sulfate de chaux. Rigaud de l'Isle avait avancé que le plâtre n'exerce d'effet que sur les sols qui ne contiennent pas une quantité suffisante de calcaire; mais Arthur Young en a observé d'excellents résultats sur les terres calcaires, et M. Rieffel déclare même qu'il n'agit qu'autant que le sol renferme du carbonate de chaux.

Quels que soient les avantages qu'il procure, le plâtre ne peut suppléer à l'engrais organique, à l'humus du sol; en d'autres termes, un sol stérile ne peut porter une prairie artificielle par le seul fait du plâtrage. L'expérience démontre que, dans un sol médiocrement fumé, le plâtre n'apporte aucune amélioration sensible; et M. de Crud a dit, avec raison, que c'est perdre ses peines et ses frais que de plâtrer des fonds maigres et appauvris. Le plâtrage n'est donc qu'un moyen d'augmenter les produits, de doubler et même de tripler les récoltes, lorsque, toutefois, on a rempli les autres conditions d'une bonne culture.

L'action du plâtre se manifeste encore mieux lorsqu'elle est associée à celle du fumier. M. Didieux, cultivateur à Genrupt, près de Bourbonne-les-Bains (Haute-Marne), trouve qu'il est préférable de mêler le plâtre au fumier, au lieu de le répandre sur les jeunes plantes, comme on le fait habituellement, car alors il opère sur toutes les récoltes, même sur les céréales. Voici comment il prépare son compost de plâtre et de fumier :

La place à fumier, préparée convenablement, reçoit 2500 kil. de fumier frais, que l'on étend par couches successives, et que l'on saupoudre de 20 litres de plâtre cuit. En moins de 24 heures, la fermentation du fumier dégage, par l'effet du plâtre, une odeur forte et pénétrante qui n'est pas celle de la fermentation ordinaire des fumiers : cette odeur persiste 2 à 6 jours. La décomposition des pailles est prompte : jamais il n'y a de fumier blanc ni de moisissure.

Ce fumier plâtré, employé à la même dose que le fumier ordinaire, enfoui en octobre dans une terre préparée pour le blé, fait produire un tiers en plus en paille, en balles et en graines. Le trèfle, semé dans le blé, offre avant l'hiver qui suit la récolte de la céréale une belle végétation, et, l'été suivant, il fournit un tiers de plus de produit que le trèfle plâtré à la méthode ordinaire.

Le fumier plâtré depuis deux mois environ produit encore plus d'effet que celui qui est confectionné depuis six mois et plus. Les récoltes qui succèdent au blé et au trèfle se ressentent des effets du fumier plâtré pendant trois ans, qui, joints aux deux ans précédents, font un total de cinq récoltes successives; et toujours ces récoltes sont d'un tiers supérieures aux récoltes fumées avec le fumier ordinaire.

Dans le système de culture adopté par M. Didieux, on sème le trèfle dans le blé dès le 15 février de chaque année; cette époque en assure constamment la réussite; qu'il y ait de la sécheresse, de la neige ou de la glace, le fumier plâtré contribue à la bonne venue des graines; après l'enlèvement du blé, les jeunes trèfles restent beaucoup plus verts, plus robustes, et résistent mieux à l'hiver. On ne fait pas de plâtrage au printemps suivant; le fumier plâtré, quoique ayant déjà fourni une récolte de blé, rend cette opération inutile : on évite donc une perte de temps et une perte de plâtre, dont une partie, dans la méthode ordinaire, est mal disséminée ou emportée par les vents ; on sait, d'ailleurs, que le plâtrage du printemps ne réussit que lorsque le temps a été favorable au succès de cette opération.

Tous les inconvénients du plâtrage ordinaire sont donc évités par la nouvelle méthode de M. Didieux, et ce cultivateur pense qu'en l'adoptant, on pourrait, en peu de temps, quadrupler les produits agricoles de la France et garantir ainsi le pays contre les atteintes de la famine.

On emploie quelquefois, au lieu de plâtre, les vieux plâtras de démolitions. Ceux-ci contiennent ordinairement des débris de pierre, de mortier et d'autres substances aussi peu efficaces ; mais, en revanche, ils sont salpêtrés, ce qui ajoute à leur puissance comme engrais. Il faut que ces plâtras soient dans un état de division convenable et répandus en quantité proportionnellement plus forte, suivant l'abondance des matières inertes qui s'y trouvent mélangées.

Une question qui n'est pas encore résolue, c'est de savoir comment opère le plâtre sur la végétation. Toutes les explications qu'on a présentées jusqu'à présent sont plus ou moins ingénieuses, mais aucune ne satisfait complètement à toutes les conditions du problème.

On a dit et bien des cultivateurs croient encore que les bons effets du plâtre sont dus à ce qu'il attire l'humidité de l'air, ou à ce qu'il favorise la putréfaction des substances organiques et la décomposition des engrais. Ces opinions sont tout à fait erronées, attendu que ce sel ne possède ni l'une ni l'autre de ces propriétés.

H. Davy a supposé que le plâtre était absorbé en nature; les analyses de MM. de Gasparin et Boussingault semblent prouver le contraire, puisque, dans les cendres d'un trèfle plâtré, l'acide sulfurique et la chaux sont loin d'être dans les rapports où on les trouve combinés dans le gypse, la chaux prédominant de beaucoup, tandis que l'acide sulfurique n'entre que pour une très faible proportion dans ces cendres.

Liebig avait admis que le plâtre fixe le carbonate d'ammoniaque des eaux pluviales en le métamorphosant en sulfate d'ammoniaque, sel non volatil, et qu'ainsi il facilitait aux plantes l'assimilation de l'azote. S'il en était ainsi, il devrait agir aussi bien sur les céréales et les autres récoltes que sur les légumineuses; or, les faits démontrent le contraire, donc l'opinion de Liebig n'a aucune valeur.

M. Kuhlmann avait émis l'idée que le plâtre se décompose sous l'influence des matières organiques contenues dans le sol, et qu'il leur cède de l'oxygène en les transformant en azotates; le sulfure de calcium provenant de cette réduction ne tarderait pas, au contact de l'air, à réabsorber de l'oxygène et à repasser à l'état de sulfate qui serait décomposé une nouvelle fois, et ainsi de suite, si bien que le plâtre serait l'agent intermédiaire de la nitrification. Les expériences de M. Dehérain ont prouvé que cette nouvelle explication du rôle du plâtre n'a aucun fondement, puisqu'il n'y a aucune trace d'acide azotique formée sous l'influence du plâtrage.

Cette opération ne favorise pas davantage la formation de l'ammoniaque, d'après le même chimiste.

M. Boussingault pense que le plâtre agit purement et simplement comme de la chaux.

D'autres chimistes ont avancé qu'il est nécesssaire, parce que, décomposé par les matières organiques du sol et ramené à l'état de sulfure de calcium, il donne lieu, par la réaction de l'acide carbonique de l'air, à un dégagement d'hydrogène sulfuré que les plantes absorbent. Ce gaz ainsi absorbé serait décomposé dans le tissu végétal et fournirait le soufre indispensable à la production de la *légumine*, sorte d'albumine propre aux légumineuses.

Il est certain qu'une lame d'argent placée dans une terre plâtrée depuis quelque temps noircit comme lorsqu'on l'expose à un dégagement d'hydrogène sulfuré ou qu'on la trempe dans la solution d'un sulfure alcalin. Mais l'absorption directe de l'hydrogène sulfuré par les plantes est d'autant moins vraisemblable que ce composé, soit à l'état de gaz, soit en dissolution, exerce une action toxique des plus marquées sur la racine et les feuilles; il en est de même du sulfure alcalin dissous.

Suivant M. Dehérain qui, dans ces dernières années, a multiplié les expériences pour trouver la véritable théorie du plâtrage, l'action du gypse serait complexe :

D'une part, il ferait passer les alcalis (potasse, ammoniaque, chaux) de la couche superficielle du sol où ils sont habituellement retenus par l'argile, dans la couche profonde où les racines des légumineuses vont chercher leur aliment; et d'autre part, il faciliterait, à l'aide de ces alcalis descendus au-dessous de la couche arable, la dissolution, puis l'assimilation des acides ulmiques du terreau.

M. Rissler avait constaté antérieurement que l'eau chargée de sulfate de chaux enlève plus de matières organiques à une terre riche en débris végétaux que de l'eau pure ; ce fait confirmerait donc la manière de voir de M. Dehérain.

Au reste, peu importe, pour la pratique, l'explication qu'on adopte ; ce qu'il y a d'essentiel pour le cultivateur, c'est de savoir que le plâtrage est une excellente méthode dans les circonstances que nous avons indiquées précédemment.

Acide sulfurique. — Il y a bien des localités où il n'est pas toujours facile de se procurer du plâtre, pour le répandre sur les légumineuses. L'achat et le transport de cette substance sont quelquefois trop coûteux pour qu'on puisse utiliser ses merveilleuses propriétés stimulantes. On peut, dans ce cas, surtout si l'on est à peu de distance de fabriques de produits chimiques, faire usage, avec beaucoup d'avantages, de l'acide sulfurique convenablement affaibli ; car il opère les mêmes effets que le plâtre sur les légumineuses fourragères. Pour se rendre compte de ce fait, il suffit de se rappeler qu'il y a toujours plus ou moins de carbonate de chaux dans la plupart des terrains, et que l'acide sulfurique produit, à l'instant même, du sulfate de chaux ou plâtre.

Brard fit, dans le département de la Dordogne, il y a un certain nombre d'années, beaucoup d'essais avec l'acide sulfurique, et tous démontrèrent les bons effets de cet agent. Tout récemment, M. Delord, président du comice agricole de Cazals (Lot), a rappelé l'attention des agriculteurs sur l'emploi de cet acide. Il a fait de nombreuses expériences, dont nous nous bornerons à présenter les conclusions.

L'acide sulfurique, étendu de mille fois son volume d'eau, stimule d'une manière très active la végétation des plantes fourragères de la famille des légumineuses.

L'emploi de cet acide est moins cher que celui du plâtre, puisqu'avec un litre, qui coûte, en gros, 50 centimes, on peut arroser 1/2 hectare, et qu'il faudrait, sur la même surface, 1 hectolitre 1/2 de plâtre cuit, coûtant 3 fr. 40 c., ou même quantité de plâtre cru, ne coûtant que 2 fr. 70 c.

L'emploi de l'acide sulfurique est plus commode et plus facile que celui du plâtre, car on le répand très aisément sur les champs peu étendus, au moyen d'un arrosoir ordinaire, et, sur de grandes surfaces, au moyen du tonneau-arrosoir qui sert pour les engrais liquides.

L'eau acidulée a sur le plâtre cet avantage, qu'elle peut être répandue par un temps sec comme par un temps pluvieux, et qu'elle agit toujours avec la même énergie.

Des cendres. — La nature des cendres varie singulièrement suivant la nature des combustibles qui les ont fournies ; et, lorsqu'on les applique au sol comme amendement et comme engrais, on s'aperçoit bientôt que leurs effets ne sont pas identiques. Il est donc nécessaire de les distinguer et d'examiner séparément les cendres de bois, de tourbe, de houille, de varechs, les cendres noires ou pyriteuses.

Cendres de bois. — Les cendres de nos foyers domestiques, provenant de la combustion du bois, se composent de substances solubles et insolubles dans l'eau. Voici, en général, leur composition :

MATIÈRES SOLUBLES.	MATIÈRES INSOLUBLES
Carbonate de potasse.	Carbonates de chaux et de magnésie.
— de soude.	Phosphates de chaux et de magnésie
Sulfate et phosphate de potasse.	Chaux et magnésie caustiques.
Chlorures de sodium et de potassium.	Silice.
Silicate de potasse.	Oxydes de fer et de manganèse.
— de soude.	Charbon divisé.

Les proportions relatives de ces deux ordres de matières diffèrent suivant les espèces de bois incinérés, comme le montre le tableau suivant.

1000 parties de cendres de bois, indiquées ci-après, contiennent :

	En matières solubles.	En matières insolubles.
Sapin...............................	500	500
Tilleul..............................	108	892
Chêne..............................	120	880
Pin.................................	136	864
Hêtre...............................	155	845
Bouleau.............................	160	840
Aune...............................	188	812
Paille de froment...................	190	840

Parmi les matières solubles, c'est le carbonate de potasse qui prédomine ; la soude qui l'accompagne est toujours en proportions minimes. En tout cas, ces carbonates alcalins entrent pour plus de moitié dans la partie soluble ; ils s'élèvent même quelquefois à plus des trois quarts, comme dans les cendres du noisetier et du bouleau.

Parmi les matières insolubles, le carbonate de chaux est celle qui prédomine ; il entre souvent pour plus de la moitié du poids des cendres. Une partie de la chaux et de la magnésie est à l'état caustique, et la quantité de chaux caustique est d'autant plus grande que l'incinération a eu lieu à une température plus élevée. Les phosphates terreux, quoique moins abondants, sont aussi en proportions notables. Voici, d'après Berthier, les quantités d'acide phosphorique qu'il a retirées de la partie insoluble de différentes cendres :

Cendres de	Acide phosphorique sur 1000 parties.
Sarment de vigne	78 à 432
Cytise, ou faux ébénier	184
Mûrier	18 à 116
Aune	77 à 110
Charme	88 à 100
Chêne ordinaire	8 à 70
Hêtre	51 à 57
Coudrier	48 à 55
Pin	10 à 50
Sapin du Nord	18 à 4
Bouleau	43
Chêne vert	28
Tilleul	28
Châtaignier	19
Écorce de chêne épuisée (mottes à brûler)	0

Lorsqu'on traite les cendres par l'eau, on dissout toutes les matières solubles et on obtient ce qu'on appelle vulgairement des *lessives*. Que deviennent les eaux de lessives, produites dans nos buanderies de village? On les jette, après qu'on s'en est servi pour *couler* le linge. C'est un grand tort; on devrait les étendre de 7 à 8 fois leur volume d'eau et les répandre ou sur les prairies, ou sur les fumiers et composts. On comprend leur valeur comme engrais, puisqu'elles renferment les sels solubles des cendres.

La production des cendres est bien considérable ; car, sur huit millions de feux qu'on compte en France, sept millions au moins sont alimentés exclusivement par le bois. Malheureusement les trois quarts des cendres produites sont perdues ou mal employées, et pourtant elles suffiraient pour appeler la prospérité et la richesse sur de grandes étendues de sol médiocre.

Les Gaulois, qui avaient imaginé de marner les terres, furent aussi les premiers à fumer leurs vignes avec des cendres. Cet usage, au rapport de Pline, était celui de la Gaule narbonnaise. On y poudrait même de cendres les raisins qui commençaient à mûrir. Tous les agronomes latins ont préconisé l'usage des cendres comme engrais. On retrouve, du reste, la même pratique sur les points les plus éloignés du globe. Ainsi les indigènes de l'Amérique fertilisent leurs champs en y brûlant les tiges et les feuilles du maïs, de même que les Africains des bords du

Zaïre répandent sur les terres, pour tout engrais, les cendres d'herbes sèches.

Par suite de leur composition, les cendres constituent un amendement-engrais dont les bons effets se font surtout sentir sur les sols non calcaires, les terrains argileux, compactes, humides et froids. C'est principalement dans les temps humides, dans les contrées montagneuses à sol granitique et siliceux (Vosges, Morvan, etc.), sur les trèfles, le tabac, les plantes oléagineuses, les prairies naturelles, que leur action est puissante. Non seulement elles facilitent la végétation des bonnes plantes, mais leur emploi constant et suivi pendant quelques années détruit les mauvaises herbes. C'est ainsi qu'on parvient à améliorer les terrains tourbeux et arides, à extirper les joncs et les carex des près dont le sol est constamment abreuvé d'eau, et qu'on les y remplace par le trèfle et autres plantes de bonne qualité. En Angleterre, on considère les cendres de bois comme convenant particulièrement aux sols graveleux ; au printemps, on en donne jusqu'à 35 hectolitres par hectare. La dose moyenne, chez nous, est de 25 hectolitres. L'hectolitre pèse de 46 à 50 kilog.

Dans nos départements du Nord, on estime beaucoup les cendres de paille de fèves, et encore plus celles des tiges d'œillette ; ces dernières sont celles qui contiennent le plus de potasse : on les applique souvent aux récoltes de lin et de tabac. Dans les Côtes-du-Nord, on emploie les cendres de bouse et de crottin séchés. On les vend 75 centimes l'hectolitre. — En Allemagne, ou brûle quelquefois la paille de seigle sur place ; on en enfouit les cendres par un labour superficiel. Cela se fait également dans l'Amérique du Nord. — Dans nos colonies, on applique à la culture de la canne à sucre les cendres provenant des *bagasses*, c'est-à-dire des cannes qui ont été soumises à la pression et dont on s'est ensuite servi comme combustible; ces cendres sont très riches en silicates alcalins.

Charrée.—Généralement on se sert des cendres lessivées, nommées *charrée*, parce qu'elles sont moins chères, et parce qu'étant moins riches en sels solubles, elles n'ont pas une action aussi énergique et ne peuvent brûler les plantes, comme cela arrive souvent avec les cendres vives et récentes.

Davy, Puvis et d'autres agronomes prétendent que les cendres qui ont servi au blanchissage du linge, ou à d'autres usages économiques, ne retiennent plus de matières salines solubles. C'est une erreur. Théodore de Saussure a démontré que le lessivage ordinaire n'enlève aux cendres qu'une très petite partie de l'alcali qu'elles contiennent, et qu'on peut en extraire encore une notable quantité, au moyen de l'ébullition longtemps prolongée avec une grande masse d'eau. C'est surtout le silicate de potasse qui résiste à l'action de l'eau, et c'est en raison de cette circonstance que la charrée exerce, pendant si longtemps, des effets marqués sur la végétation, indépendamment de ceux qui doivent être rapportés à la présence des carbonates et phosphates terreux qui s'y trouvent encore en totalité. Dans les cendres lessivées qui sortent des savonneries, il y a, de plus, une assez forte proportion de chaux, en partie carbonatée, qu'on y a ajoutée pour rendre les lessives caustiques.

Voici la composition de quelques charrées, d'après MM. Moride et Bobierre :

	Charrée de Nantes.	Charrée de la Rochelle.	Charrée de la Flotte.
Matières organiques et charbon.............	9,80	6,00	2,90
Sels solubles dans l'eau....................	1,05	2,00	3,40
Silice, en partie soluble	13,60	42,70	50,20
Oxyde de fer, alumine et phosphate de chaux..	27,30	12,35	10,90
Carbonate de chaux.......................	47,10	34,80	26,60
Magnésie et perte.......................	1,15	2,15	6,00
	100,00	100,00	100,00

M. Isidore Pierre a trouvé dans une charrée de Caen :

Charbon...................................	5,70
Sels alcalins..............................	2,20
Sable.....................................	31,80
Carbonate de chaux........................	39,20
Oxyde de fer, alumine et phosphate de chaux...........	16,90
Carbonate de magnésie et perte................	4,20
	100,00

Les bonnes charrées doivent contenir au minimum 10 p. 100 de phosphate de chaux. Il ne faut les acheter que d'après leur teneur garantie en ce sel, car la fraude s'exerce fort souvent sur elles malgré leur bas prix ; ainsi, en Bretagne, on y mélange, d'après M. Bobierre, du tufeau de Saumur en poudre grise qui ne contient pas moins de 69 à 70 p. 100 de sable, d'oxyde de fer et d'alumine ; en basse Normandie, aux environs de Falaise, on y introduit, d'après Brébisson, un sable calcaire grisâtre.

La charrée est très recherchée dans les départements du Rhône, de la Haute-Saône, de Saône-et-Loire, de la Loire-Inférieure, de la Vendée, de l'Ain, du Jura, de la Sarthe, de l'Indre, du Nord, et dans les départements normands. M. Bobierre a calculé que de 1850 à 1860, 400,000 hectolitres de cet engrais, représentant une valeur de 900,000 fr., ont été expédiés à Nantes pour les besoins de l'agriculture locale.

Voici un aperçu des différents prix des charrées :

1 fr. 50 à 3 fr. l'hectolitre, dans l'Ain, la Haute-Saône, le Jura, Saône-et-Loire ;

1 fr. à 1 fr. 50 — dans le Nord, le Pas-de-Calais et le Rhône ;

3 fr. à 3 fr. 50 — dans la Loire-Inférieure, Maine-et-Loire et la Vendée.

Pures, elles pèsent de 70 à 55 kilog. l'hectolitre.

La charrée convient à tous les sols, mais surtout aux sols argileux et compactes. Elle est également profitable à toutes les récoltes et peut être employée pendant toutes les saisons, excepté l'hiver. — Ainsi, au printemps, on peut la répandre de bonne heure sur les prés et pâturages, et l'utiliser à la semaille des orges, des avoines, du maïs. — Dans le cours de l'été, elle féconde les navettes et le sarrasin ; enfin, en automne, on l'emploie à la semaille des froments et des seigles.

En Allemagne, notamment dans les environs de Marbourg et de la Wettereau (Hesse-Électorale), on attache un si grand prix aux cendres lessivées, qu'on ne recule pas devant les frais de transport, et qu'on va les chercher jusqu'à 32 kilomètres de distance. On les applique à toutes les récoltes ; entre autres aux céréales, qu'elles favorisent surtout par l'abondance des phosphates terreux et du silicate de potasse qu'elles renferment. Sous ce rapport, toutes les cendres n'ont pas la même valeur : celles de chêne ont la moindre, parce qu'elles n'offrent que des traces de phosphates ; celles de hêtres sont les meilleures, attendu que ces sels forment le cinquième de leur poids.

Lors donc qu'on répand 100 kilog. de cendres lessivées de hêtre, on donne au sol une quantité de phosphates égale à celle qui est contenue dans 400 kilog. de gadoue ; cette quantité est précisément celle qui existe dans 2000 kilogr. de paille de blé, ou dans 1000 kilog. de graines de cette céréale.

La charrée est l'engrais par excellence pour les prés non arrosés. Son emploi dispense complètement des engrais organiques, car, sous son influence, les plantes tirent de l'atmosphère tout le carbone et l'azote dont elles ont besoin. Un hectare de prairie donne, en moyenne, sans le secours d'aucun engrais organique, 2700 kilogr. de foin fané, dans lesquels il y a : 1062 kilogr. de carbone, 34^{kil},77 d'azote, et 184 kilogr. de ma-

tières minérales. On peut doubler ce rapport par des irrigations convenables ou par l'emploi des cendres.

Si l'on ne remplaçait pas les substances minérales enlevées
par le fourrage récolté, la fertilité de la prairie diminuerait
progressivement. Le moyen le plus certain et le plus économique de maintenir cette fertilité, c'est d'y répandre de la charrée, car elle renferme les principes minéraux dont le sol a été
appauvri, et communique aux plantes la faculté de puiser
dans l'air du carbone et de l'azote qui ne coûtent rien à l'agriculteur.

En général, on répand la charrée à la main, ou avec une pelle,
lorsqu'elle est bien sèche et lorsque le sol est lui-même peu humide ; on l'enfouit par un hersage très léger, ou, plus ordinairement encore, on la laisse à nu sur le champ. On aime qu'elle
reçoive une pluie peu de temps après avoir été semé ; car, si la
sécheresse se prolonge, elle n'agit point.

La dose moyenne, en France, est de 32 hectolitres par hectare. Ce chiffre doit varier en raison de l'humidité du sol et de
sa nature. Plus le sol est humide, compacte et pauvre en calcaire, plus il faut élever la dose ; il faut la diminuer, au contraire, pour les sols secs et légers.

L'effet de la charrée se prolonge pendant au moins cinq
ans. Dans le Nord, où l'on porte la dose jusqu'à 40 et même
60 hectolitres, l'effet s'en fait sentir pendant dix ans. Dans la
Bavière rhénane, on en met jusqu'à 100 hectolitres, dont l'effet
dure six à huit ans. Là, on la réserve surtout pour le colza et
pour l'orge ; on sème du trèfle dans la céréale après une récolte
de racines fumées.

Le plus souvent on emploie la charrée seule et sans fumier ;
cependant, dans les pays où l'on en connaît mieux le prix et l'u-
sage, et où on l'applique aux céréales et aux plantes légumières
et industrielles, on est resté convaincu que, comme pour la
marne et la chaux, l'union avec le fumier double l'action, et
que ce mélange accroit singulièrement la fécondité du sol.

Ceci peut s'expliquer par ce fait que la substance alcaline,
chaux, potasse, etc., interposées dans des mélanges des matières
organiques poreuses, provoquent, avec le concours de l'air, le
phénomène de la nitrification, c'est-à-dire que sous leur influence l'azote de ces matières se trouve converti en acide azotique et devient ainsi un agent puissant de falsification.

Comme dernière preuve de l'efficacité des cendres, et notamment des charrées, nous citerons, d'après Schwertz, le fait
suivant. Les terres d'un village du Palatinat avaient été telle-

ment épuisées par une mauvaise culture, que les habitants en étaient arrivés à une ruine complète. Ils avaient de vastes forêts dans le voisinage, le bois était à bas prix ; ils se mirent à faire de la potasse ; les cendres lessivées servirent à fumer les terres : elles produisent du trèfle en abondance; avec le trèfle on nourrit du bétail qui lui-même produisit du fumier, et la prospérité revint dans cette commune, regardée dans tout le pays comme en état de faillite et perdue sans ressources.

Cendres de marais. — Dans cette partie de la Vendée, voisine de la mer, qui est constituée par des terres d'alluvion remarquable par leur fertilité, et qui est connue sous le nom de *marais vendéen*, on se procure un combustible, les bois faisant défaut, en pétrissant la fiente des bestiaux avec de la paille hachée et formant du tout des galettes minces, dites *bouses*, que l'on fait sécher au soleil. C'est dans le mois de mai, juin et juillet qu'on se livre à cette préparation. Cet usage semble avoir été emprunté aux Fellahs de la Basse-Égypte, qui, depuis la plus haute antiquité, confectionnent avec les excréments de leurs animaux domestiques l'unique combustible dont ils disposent.

Les cendres qui proviennent des galettes bretonnes sont grises ou faiblement ocracées et parsemées de parties charbonneuses. Berthier qui, en 1839, a analysé un échantillon réputé de première qualité, y a trouvé, sur 1000 parties :

Argile...	347
Silice gélatineuse....................................	240
Chaux..	144
Magnésie...	9
Alumine et oxyde de fer..............................	155
Sulfate de potasse...................................	22
Chlorure de potassium................................	18
Carbonate de potasse.................................	Traces.
Phosphate de chaux...................................	Traces.
Acide carbonique et charbon..........................	95
	————
	1000

Berthier regarde donc ces cendres comme une argile rendue en partie soluble dans les acides par l'effet de la calcination avec des matières calcaires.

Comme le plus habituellement ces cendres sont mises en tas dans les cours de ferme, au fur et à mesure de leur production, et plus ou moins lessivées par les eaux pluviales, leur composition doit nécessairement varier. Voici la moyenne de 14 analyses faites en 1859 par M. Hurtaud [1] :

1. *Essai sur les cendres de marais,* thèse de pharmacie. Paris, 1859.

Chaux	6,98
Potasse de soude	3,83
Magnésie	1,93
Oxyde de fer	4,27
Chlore	1,63
Acide silicique	7,30
— phosphorique	4,54
— carbonique	3,90
— sulfurique	1,75
Matières organiques	4,52
Sable	59,35
	100,00

On emploie ces cendres à haute dose, et les excellents effets qu'elles produisent peuvent s'expliquer comme ceux de la charrée et des cendres vives ; la chaux et les alcalis qu'elles apportent au sol du marais vendéen très riche en humus provoquent la formation des azotates.

Cendres de tourbes.—En Belgique, en Hollande, en Angleterre, dans le Nord de la France et dans toute la vallée de la Somme, aux environs d'Amiens, de Beauvais, etc., on emploie beaucoup les cendres de tourbe pour les fourrages artificiels, le lin, les récoltes de printemps et les prairies non arrosées. C'est surtout sur le trèfle que leur effet est vraiment surprenant. Dans certaines localités du Nord voisines de la Belgique, l'amélioration qu'elles produisent dans les tréfleries est si bien reconnue, qu'on dit proverbialement que celui qui achète des cendres pour sa pièce de trèfle fait un bon marché, et que celui qui n'en achète pas la paye deux fois. Dans l'arrondissement de Douai, on fume chaque année les luzernes avec ces cendres, à la dose de 150 hectolitres.

On les répand, au printemps, sur les prairies naturelles, à la dose de 40 à 50 hectolitres par hectare. En Flandre, on en jette même sur la neige, et on les étale au râteau dès les premiers jours du printemps ; dans l'arrondissement de Dunkerque, on en met 272 hectolitres sur les prairies artificielles. — En Hollande, on en met, à deux reprises, par hectare de trèfle, de 90 à 125 hectolitres ; on les applique aussi avec succès à la culture du houblon ; on a observé qu'elles préservent la plante des insectes.

Les cendres de tourbe réputées les meilleures sont d'un blanc d'argent et très légères ; on a remarqué que leurs qualités sont en raison inverse de leur pesanteur.

Pour brûler la tourbe, en Allemagne, on a une grille de fer (A, fig. 172) portée sur des pieds, sous laquelle on place du bois ;

on recouvre la grille de tourbes sèches, et sur ces dernières on met des tourbes humides ; on entretient la combustion de manière à la faire durer le plus longtemps possible, parce que l'expérience a démontré que les cendres de tourbe brûlées lentement sont meilleures. Douze tombereaux de tourbe fournissent, en moyenne, un tombereau de cendres.

Fig. 172. *Manière de brûler la tourbe pour en avoir les cendres.*

En Picardie, on brûle la tourbe en meules, après l'avoir desséchée. Une meule de 10 à 12 mètres cubes donne habituellement 1 mètre cube ou 10 hectolitres de cendres. A Beauvais, l'hectolitre de ces cendres ne coûte que 65 centimes : il pèse 57 kilogrammes.

En Hollande, on brûle une sorte de tourbe qui a été formée ou qui, du moins, a séjourné longtemps sous les eaux de la mer. Les cendres qu'on en obtient, renfermant beaucoup de sel marin, ont bien plus d'activité que les cendres de tourbe ordinaire, aussi en faut-il quatre fois moins pour produire les mêmes effets. On les connaît sous les noms de *cendres de Hollande, cendres de mer.*

Les tourbes mélangées de marne coquillière, puis brûlées, donnent des cendres d'une prodigieuse activité.

Très différentes des cendres de bois, elles ne renferment que très peu de sels solubles, et jamais de phosphates. Ce qui y domine généralement, c'est le carbonate de chaux et la chaux caustique. Du reste, leur composition est loin d'être la même, ainsi qu'on va le voir par le tableau suivant.

COMPOSITION DES CENDRES DE TOURBE :

DE CHATEAU-LANDON (19 pour 100 de cendres).		DES ENVIRONS DE TROYES (11 pour 100 de cendres).		DE VASSY (HAUTE-MARNE) (7,2 pour 100 de cendres).	
Chaux caustique et carbonatée.......	63,0	Chaux............	23,0	Carbonate de chaux.	54,5
Argile...........	7,5	Magnésie.........	14,0	Sulfate de chaux...	26,0
Silice gélatineuse...	15,0	Alumine et oxyde de fer............	14,0	Argile...........	11,0
Alumine..........	7,0	Argile et silice.....	26,0	Oxyde de fer......	11,5
Oxyde de fer......	7,0	Acide carbonique et soure..........	23,0		
Carbonate de potasse...............	0,5				
	100,0		100,0		100,0

DE HAGUENEAU (12,5 pour 100 de cendres).	
Silice et sable.....	65,6
Alumine.........	16,0
Chaux...........	6,0
Magnésie........	0,6
Oxyde de fer.....	3,7
Potasse et soude...	2,3
Acide sulfurique..	5,5
Chlore......	0,3
	100,0

DE MONTOIR (16,80 pour 100 de cendres).	
Silice............	40,83
Oxydes de fer de manganèse.....	29,40
Alumine..... ...	
Carbonate et sulfate de chaux........	16,01
Sels solubles dans l'eau.....	8,98
Perte............	4,78
	100,00

DE SAUMUR (41,24 pour 100 de cendres).	
Silice...........	52,95
Oxydes de fer et de manganèse.	24,15
Alumine.......	
Carbonate et sulfate de chaux.......	19,25
Sels solubles dans l'eau...........	¦ 3,63
Perte...........	0,02
	100,00

DE TEVIN (16,7 pour 100 de cendres).	
Silice....................	23,95
Alumine et oxyde de fer..........	17,96
Carbonates de chaux et de magnésie.................	10,18
Sels solubles dans l'eau..........	47,90
Perte....................	0,01
	100,00

DU FICHTELGEBIRGE	
Silice....................	36,5
Alumine..............	17,3
Oxyde de fer..............	33,0
Carbonate de chaux...........	2,0
Magnésie.................	3,5
Sulfate de chaux...........	4,5
Chlorure de calcium............	0,5
Charbon..................	2,7
	100,0

Ainsi, on le voit, à l'exception des tourbes de Haguenau, de Château-Landon et de la Loire-Inférieure, dans lesquelles on trouve un peu de potasse dans les sels solubles, les autres en sont complètement dépourvues. Le sulfate de chaux que ces cendres renferment, quelquefois en proportions notables (celles de Vassy, 26 pour 100), explique les bons effets qu'elles exercent sur les prairies artificielles.

L'absence complète des phosphates est un fait d'autant plus singulier, que les plantes qui ont concouru à la formation de la tourbe ont dû en contenir une certaine quantité, alors qu'elles étaient vivantes. MM. Moride et Bobierre ont donné l'explication de cette anomalie apparente, en constatant que du phosphate de chaux, introduit au sein d'un mélange de plantes de tourbières (*carex*, *myriophyllum*, *potamogeton*, *chara*) abandonnées sous l'eau à la fermentation, devient soluble en totalité sous l'influence de l'acide carbonique et de l'acide acétique, produits immédiats de cette fermentation. On comprend dès lors la disparition des phosphates par suite de l'infiltration constante des eaux au sein des terres tourbeuses.

Cette théorie est tout à fait en harmonie avec ce que MM. Dumas et Lassaigne nous ont appris sur la facile dissolution des phosphates terreux dans l'eau chargée d'acide carbonique.

L'absence des phosphates dans les tourbes explique pourquoi leurs cendres sont moins avantageuses aux céréales que les cendres de bois.

On associe souvent les cendres de tourbe à la chaux. Avec le fumier, elles forment un excellent compost.

Cendres de tourbe vendues à Arras. —Il y en a deux sortes : les unes sont grisâtres, d'une saveur légèrement salée ; elles bleuissent manifestement le papier rouge de tournesol ; elles contiennent beaucoup de fragments d'un charbon léger, brillant et friable (coke), et une petite quantité de débris ligneux.

Les autres ont la couleur des terres arables argilo-ferrugineuses ; elles ont une saveur faiblement saline et bleuissent aussi le papier rouge de tournesol ; elles contiennent en mélange beaucoup de charbon et de débris ligneux.

Voici la composition trouvée par M. J. Girardin :

	Cendres grises.	Cendres jaunes.
Eau.........................	3,85	10,20
Matières organiques et charbon.........	23,91	18,13
Sels solubles dans l'eau...............	11,30	8,75
Sels insolubles dans l'eau, mais solubles dans les acides...................	26,42	25,89
Sable, argile, oxyde de fer...........	34,52	37,03
	100,00	100,00
Azote sur 100.................	0,344	0,275

Il ressort de ces analyses que les cendres grises sont bien supérieures aux cendres jaunes, puisque les premières renferment :

1/4 de plus de matières organiques et de sels minéraux solubles,
1/5 de plus d'azote.

Cendres de houille. —En Angleterre, dans les Pays-Bas, en Hollande, dans tout le nord de la France et dans les autres pays où l'on fait usage de houille comme combustible, on emploie beaucoup de cendres de cette substance pour amender les terres froides, humides et argileuses, pour colorer en noir les terres gypseuses et blanches ; elles produisent aussi de bons effets sur les terres marécageuses. Leur action se fait surtout sentir sur les pâturages. On les applique avec succès aux pommes de terre, au seigle et au trèfle. On les répand dans la proportion de 40 hectolitres par hectare. Leur effet ne dure qu'un an. On les administre tantôt en couverture, tantôt comme engrais à enfouir.

Ces cendres agissent plutôt comme amendement que comme

engrais, elles ne renferment que fort rarement des substances salines. Voici la composition d'une cendre de houille de Saint-Étienne :

Argile inattaquable par les acides............................... 62
Alumine... 5
Chaux... 6
Magnésie.. 8
Oxyde de manganèse 3
— de sulfure de fer... 16
                                                              ——
                                                              100

La forte proportion d'argile calcinée explique comment les cendres de houille opèrent si bien, en qualité d'amendement, dans les terres argileuses. Elles renferment quelquefois 1 pour 100 d'alcali (potasse ou soude), le plus souvent à l'état de sulfate.

M. Kuhlmann a constaté que le sel ammoniac augmente l'action de cette sorte de cendres sur les prairies naturelles ; ce mélange est surtout avantageux dans les années pluvieuses.

On vend, dans les environs de Lille , sous le nom de *cendres fertilisantes*, un mélange de cendres de houille, de bois et de charbon, dans lequel on remarque des parcelles de houille , de coke, de charbon de bois, avec des débris végétaux et des cailloux. Voici la composition de ce mélange, d'après des analyses faites en 1858 par M. J. Girardin :

	I.	II.
Eau......................................	3,75	1,50
Matières organiques et charbon............	18,65	10,75
Matières siliceuses et argileuses.........	52,45	72,15
Sels alcalins.............................	0,45	Traces.
Phosphate de chaux........................	1,38	0,89
Sulfate et carbonate de chaux............. }		
Alumine et oxyde de fer................... }	23,32	14,71
Carbonate et magnésie..................... }		
	100,00	100,00
Azote pour 100............................	0,318	

Ces *cendres fertilisantes* le sont très peu, comparées à la charrée ; aussi, lorsqu'on les vend pour remplacer celle-ci, c'est une fraude. Elles sont un peu plus actives que les cendres de houille pures.

Cendres de varechs. —Les varechs, fucus ou goëmons, qu'on recueille sur toutes les côtes maritimes, et dont nous reproduisons ici les espèces les plus communes (fig. 173 à 176), sont brûlés, en bien des endroits, pour avoir leurs cendres. On effectue la combustion, sur les côtes de la Bretagne, de la basse Norman-

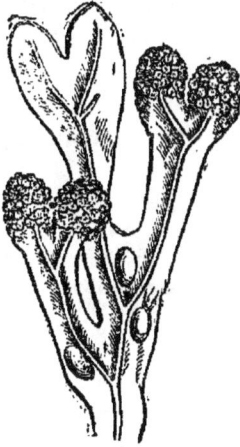

Fig. 173. *Fucus vésiculeux, dit* Craquet.

Fig. 174. *Fucus siliqueux.*

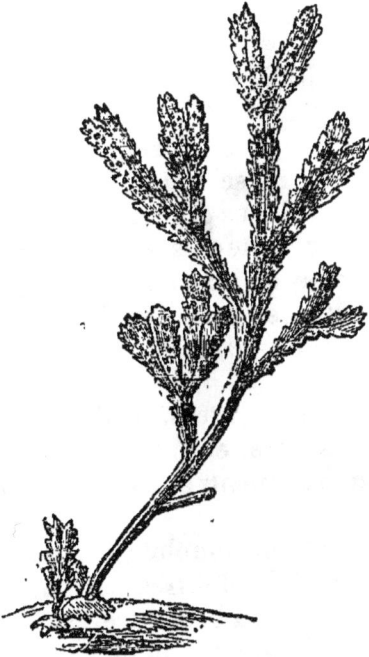

Fig. 175. *Fucus dentelé,*
dit Vraiplat.

Fig. 176. *Laminaire sucrée,*
dit ceinture de Vénus.

die, dans des fosses creusées sur le rivage ; et, à mesure que le résidu de l'incinération entre en fusion, il se rassemble en masses noirâtres. C'est ce résidu qu'on vend sous le nom de *soude de varechs;* mais c'est une très mauvaise soude, qui a peu de valeur. Il est plus profitable de l'employer comme engrais. En Ecosse et en Bretagne, on l'utilise depuis longtemps, et son usage, dans ces dernières années, s'est beaucoup étendu.

Voici, d'après M. Godechens, la composition des cendres de plusieurs espèces de varechs recueillies sur la côte occidentale de l'Écosse, à l'embouchure de la Clyde :

	Fucus digitatus.	Fucus vesiculosus.	Fucus nodosus.	Fucus serratus.
Potasse...............	20,66	13,01	9,13	3,98
Soude...............	7,65	9,54	14,33	18,67
Chaux...............	10,94	8,36	11,60	14,41
Magnésie...........	6,86	6,12	9,94	10,29
Peroxyde de fer........	0,57	0,28	0,26	0,30
Chlorure de sodium.....	26,18	21,45	18,28	16,56
Iodure de sodium.......	3,34	0,32	0,49	1,18
Acide sulfurique.......	12,23	24,06	24,20	18,59
Acide phosphorique.....	2,36	1,16	1,38	3.89
Silice	1,44	1,15	1,09	0,38
Acide carbonique......	8,10	1,20	3,74	7,97
Charbon...............	0,53	13,82	6,65	3,15
	100,86	100,54	101,06	99,37

A l'île de Noirmoutiers, on mélange les cendres de varechs avec de la terre, du sable, de mauvais sels marins, des varechs frais, du fumier d'étable, des coquillages et toute espèce de débris organiques. On mouille les tas de temps en temps avec de l'eau salée, et on les remanie à cinq ou six reprises différentes ; le mélange ressemble alors à du terreau. On l'expédie ainsi dans toute la Bretagne sous le nom d'*engrais de Noirmoutiers*, de *cendres.*

Ce compost s'applique à toutes les cultures, mais particulièrement au sarrasin, aux légumes d'été et aux prés élevés. On le répand, au moment de l'ensemencement, à la dose de 100 hectolitres par hectare.

Sur le littoral des Côtes-du-Nord, on emploie les cendres de varechs seules, à la dose de 25 à 30 hectolitres par hectare. On les achète à raison de 1 fr. 50 c. à 2 fr. l'hectolitre.

A Cherbourg, à Granville, à Vannes, au Conquet près Brest, où l'on se livre en grand à l'extraction des sels de potasse, de l'iode et du brôme qui se trouvent dans la soude brute de varechs, les résidus, épuisés par des lavages méthodiques, sont vendus aux cultivateurs des environs sous le nom de *Charrée de varechs* ou *de goëmons*. M. Bobierre leur assigne la composition moyenne suivante :

Eau...	28,50
Charbon...	6,25
Sel marin..	0,25
Sulfate de chaux...	4,23
Carbonate de chaux.....................................	24,15
Phosphates..	Traces.
Alumine, oxyde de fer..................................	10,25
Résidu siliceux insoluble...............................	28,60
Perte...	0,77
	100,00

C'est plutôt un amendement calcaire qu'un engrais.

Cendres noires ou pyriteuses.—Dans les départements composant l'ancienne Picardie (la Somme, l'Aisne, l'Oise), notamment dans les environs de Saint-Quentin, de Soissons, de la Fère, de Laon, de Noyon, et dans quelques parties du département de la Marne, il existe, à la surface ou près de la surface du sol, des couches plus ou moins épaisses de lignites noirs, alumineux et pyriteux qu'on emploie, en agriculture, sous les noms très impropres de *cendres noires, terres noires de Picardie, cendres pyriteuses, cendres sulfuriques végétatives.*

Au moment où elles sont extraites de leurs mines, ces prétendues cendres consistent, au point de vue chimique, en une matière terreuse de nature argileuse, mélangée de substances charbonnées et bitumineuses, et d'une proportion plus ou moins forte de sulfure de fer. En voici une analyse faite par M. E. Lefebvre, professeur de chimie au lycée de Saint-Quentin :

Eau..	22,2
Matières charbonnées et bitumineuses.................	22,5
Sulfate de chaux...	1,9
Sulfate de fer...	Traces.
Sulfure de fer...	19,4
Terre argileuse...	34,0
	100,0

Cette cendre analysée renfermait donc près de 20 pour 100 de sulfure de fer, contenant 10,5 de soufre. Traitée par l'eau, elle n'abandonnait à ce liquide presque aucun principe soluble. Mais, par l'exposition à l'air, le sulfure de fer se modifie ; il éprouve une combustion lente, s'oxyde et passe à l'état de sulfates de fer et d'alumine, ainsi que le montre le résultat suivant, obtenu sur deux cendres de la même mine, essayées, l'une au sortir du puits, l'autre après un an d'exposition à l'air :

	Au sortir du puits.	Après un an.
Sulfure de fer.....................	19,4	12,6
Sulfates de fer et d'alumine..........	0,0	14,4

La quantité totale de soufre est la même dans les deux cas, 10,5 pour 100. Mais, dans le premier échantillon, il est uniquement à l'état de sulfure de fer, corps insoluble et inerte; tandis que, dans le second, une portion notable de ce soufre, 4 pour 100 environ, c'est-à-dire les 2/5 de ce que contenait la cendre, est passée à l'état de sulfate soluble.

La combustion spontanée qu'éprouve le sulfure de fer est d'ailleurs attestée par l'échauffement que prend la masse de cendres et qui oblige à la retourner fréquemment, si on ne veut pas la voir prendre feu et brûler d'une combustion vive. Dans ce dernier cas, le soufre, au lieu de se transformer en sulfate soluble, se dissipe sous forme gazeuse, et il reste une masse rougeâtre qui n'a plus aucune des propriétés de la cendre noire. Ce sont alors ce qu'on appelle les *cendres rouges*, qui doivent leur coloration à la quantité considérable d'oxyde de fer qu'elles renferment, et qui provient de la décomposition par la chaleur du sulfate et du sulfure de fer.

Il résulte donc de là que la qualité d'une cendre pyriteuse dépend de deux choses :

1° De la quantité de sulfure de fer qu'elle contient au sortir de la mine, ou, ce qui revient au même, de sa richesse absolue en soufre;

2° De la quantité de soufre qui a, par le contact de l'air, éprouvé la combustion lente et s'est transformée en sels solubles (sulfates de fer et d'alumine).

Mais comme, au point de vue agricole, c'est uniquement par les sels solubles qu'elle contient qu'une cendre pyriteuse opère efficacement, il en résulte encore que la richesse d'une cendre dépend de son âge, c'est-à-dire de la durée de l'exposition à l'air qu'elle a subie depuis son extraction, et que cette augmentation de valeur réelle a pour limite la transformation complète de tout le sulfure en sulfate. Si donc on veut obtenir d'une cendre tout l'effet qu'elle peut produire, il faut l'employer aussi ancienne que possible.

L'efficacité des cendres pyriteuses sur les prairies peut être rapportée à trois causes principales :

1° A leur couleur noire terne, dont nous avons démontré l'heureuse influence comme moyen d'échauffer le sol ;

2° Au sulfure de fer qui s'y trouve disséminé en petits grains et dont la combustion lente, sous l'influence de l'air humide, augmente l'échauffement de la terre et l'excitation électrique ;

3° Aux sulfates de fer et d'alumine, qui, outre leur propriété de faire périr les mauvaises herbes (mousses, lichens, etc.), comme nous l'avons déjà dit, réagissent sur le carbonate de chaux du sol, et produisent du sulfate de chaux, qui opère si puissamment sur les légumineuses.

C'est donc surtout sur les sols calcaires, ou sur les sols fréquemment chaulés ou marnés, que ces cendres produisent les meilleurs effets.

Généralement on ne les sème qu'en mars, avril, mai et juin, et seulement sur les prairies, les trèfles et les luzernes, à la dose de 10 à 12 hectolitres par hectare. C'est là une double erreur qu'il importe de détruire. Effectivement, c'est presque une dérision que de semer moins de 15 à 20 hectolitres de ces cendres par hectare, et l'on peut même, sans crainte, en mettre de 25 à 30 hectolitres sur les terres marneuses.

Jusqu'ici on s'est borné à les répandre sur certaines plantes seulement : l'expérience faite sur les betteraves, les blés, etc., prouve qu'on peut les employer sur tous les végétaux indistinctement, mais pourtant avec les précautions suivantes.

Avant l'hiver, et immédiatement après le deuxième labour, on doit semer la première moitié de la quantité indiquée ci-dessus :

1° Pour que les cendres aient le temps de réagir ou de se combiner avec les principes constituants du sol et des engrais ;

2° Pour qu'elles aient le temps de s'approprier et de fixer l'ammoniaque, et puissent ainsi empêcher la volatilisation des parties les plus essentielles du fumier ;

3° Pour que, semées ainsi à l'avance, les cendres, par leur odeur sulfureuse et par l'énergie des sels qu'elles renferment, détruisent ou chassent les souris et les insectes qui font souvent de si grands ravages.

Quant à la seconde moitié des cendres, on la seme en mars, avril, mai et juin, suivant l'opportunité, mais toujours par un temps sec, afin d'éviter que les jeunes pousses souffrent du contact de la cendre, qui s'attacherait infailliblement aux plantes, s'il survenait un peu de gelée, d'humidité ou de rosée. Pour obvier à ce dernier inconvénient, que les semeurs de cendres n'ont pas toujours la précaution ou la possibilité d'éviter, on ferait bien de semer la deuxième moitié en *cendres rouges*, qui, ayant été brûlées, sont beaucoup moins susceptibles d'occasionner des avaries.

Dans tous les cas, il faut alterner l'usage des cendres avec des fumiers abondants, pour assurer la récolte des graines, ou en faire des composts avec le fumier, le terreau. En Picardie, depuis quelques années, on commence à faire de ces composts ; dans le pays, on les appelle vulgairement *pâtés*. Ces mélanges sont formés, sans proportions déterminées, de fumier long plus ou moins avancé, de cendres et de chaux, quelquefois même de terre, que l'on dispose par couches alternées. Ces *pâtés*, ainsi préparés, restent en plein air jusqu'au moment de leur emploi.

Les Flamands et les Hollandais, qui s'approvisionnent d'une très grande quantité de cendres pyriteuses en Picardie, et qui les préfèrent aux cendres de tourbe, les mélangent avec de la chaux lorsqu'ils les appliquent aux terres labourables. Ils les répandent tous les quatre ans.

Les *cendrières* donnent lieu partout à d'importantes et lucratives exploitations. Voici à quels prix les cendres sont livrées à l'agriculture sur le plateau de chaque cendrière :

Soissons, Verberie, la Fère, Bourg........ 50 à 75 c. l'hectolitre.
Fismes, Béru, Trépail (Marne)........... 40 à 60   —
Montaigu (Aisne)....................... 25 à 40   —

C'est donc un des engrais les moins chers. Toutefois, lorsqu'on achète les cendres pyriteuses, il est bon d'avoir égard à leur état d'humidité. La proportion d'eau peut varier, d'après M. Lefebvre, de 16 à 35 pour 100.

Mais, outre que l'humidité a pour effet de diminuer la proportion des principes réellement utiles contenus dans 100 kilogrammes de matières, elle rend la cendre beaucoup moins dense et plus légère ; on en jugera pas le tableau suivant :

Eau pour 100.	Poids de l'hectolitre.	Eau par hectolitre.	Matière sèche par hectolitre.
16,0	123 kil.	19 kil.	104 kil.
22,2	93	20	73
27,2	89	24	65
26,7	86	23	63
30,5	80	24	56
34,6	76	25	51
35,4	78	27	51

Ainsi, comme on le voit, l'hectolitre de la première cendre renferme 104 kilogr. de matières sèches, tandis que le même volume des dernières n'en contient que 51. Comme la cendre s'achète au volume et non au poids, tandis que l'effet utile est proportionnel au poids et non au volume de la matière, il en résulte qu'en achetant la cendre humide, on paye la matière beaucoup plus cher : ainsi un hectolitre de la première cendre serait moins cher à un franc qu'un hectolitre de la derniere à 50 cent., sans parler des frais de transport.

Le cultivateur préfère, à tort, les cendres humides, parce qu'elles sont plus noires et plus divisées.

Généralement on se rend compte de la qualité d'une cendre en déterminant sa richesse en principes solubles. Pour cela, on traite un litre de cendres par un litre d'eau, on laisse digérer pendant vingt-quatre heures : on filtre ensuite et on cherche le degré aréométrique du liquide. Telle cendre marquera 8°, telle autre 16°, etc. Ce mode d'essai n'est pas d'une rigueur absolue, mais il suffit pour la pratique. Sur dix-huit échantillons de cendres marchandes provenant de différentes cendrières des environs de Saint-Quentin, M. Lefebvre a trouvé de 6, 5 à 12 pour 100 de soufre, et des degrés aréométriques variant de 5° à 16° 2.

Le Comice agricole de Saint-Quentin a révélé naguère un fait curieux. L'emploi des cendres pyriteuses, après avoir été jusqu'à l'engouement et s'être augmenté, chaque année, dans des proportions considérables, a diminué tout à coup d'une manière remarquable, parce qu'on a reconnu que les résultats produits par cet engrais s'affaiblissaient de plus en plus et devenaient même complètement nuls.

Trois causes peuvent avoir concouru à cette inefficacité des cendres pyriteuses :

1° On les a employées trop peu de temps après leur extraction. Il est avéré que, pour obtenir une cendre de qualité supérieure, il faut qu'elle ait au moins deux ans d'extraction. Cela se conçoit, puisqu'elles n'agissent que par les sulfates de fer et d'alumine provenant de la combustion lente du sulfure de fer.

2° Le manque de calcaire dans le terrain sur lequel on répand ces cendres peut encore contribuer à ce qu'elles restent sans effet, puisque ce n'est que parce que les sulfates de fer et d'alumine se changent en sulfate de chaux que les cendres opèrent. Si donc les terres sont argileuses, et si on ne les marne ou chaule pas quelque temps avant d'y répandre les cendres, celles-ci deviennent plutôt nuisibles qu'utiles.

3° Enfin si, en même temps qu'on emploie les cendres, on ne fume pas abondamment, il est évident qu'on arrivera bien vite, comme avec la marne et la chaux, à épuiser la puissance productive du sol.

C'est bien certainement pour avoir méconnu ces principes et avoir employé les cendres pyriteuses à tort et à travers que les cultivateurs des environs de Saint-Quentin en sont arrivés à ne plus tirer aucun avantage de cet engrais salin. Ce n'est pas la faute de cet engrais, mais du mauvais usage qu'on en a fait.

Pour prouver que l'on emploie des cendres souvent très peu riches en principes actifs, voici quelques analyses dues à M. Sauvage :

Cendres noires.	De Tarzy.	D'Ennelles.	De Flize.
Pyrites................................	15,0	1,5	6,0
Matières organiques bitumineuses.	3,0	20,0	17,6
Argile et sable...................	76,0	74,0	40,8
Sulfate de chaux................	3,0	2,0	3,4
Carbonate de chaux.............	2,0	1,0	23,6
Sulfate de fer...................	1,0	0,9	»
Carbonate de magnésie..........	»	»	4,8
Peroxyde de fer.................	»	»	3,8
Acide sulfurique libre...........	»	0,6	»
	100,0	100,0	100,0

MM. Boussingault et Payen ont trouvé dans une cendre de Picardie 9,02 p. 100 d'eau et 0, 65 d'azote (soit 0, 71 d'azote à l'état sec).

Voici la composition que M. J. Girardin a trouvée à des cendres noires provenant des dépôts de Saint-Olle et de Cambrai, dans le département du Nord, et très employées dans toute cette région :

	I	II	III	IV	V	VI	VII	VIII	IX	X	XI
Eau...........	18,8	18,5	17,9	17,85	21,96	24,01	21,15	22,15	22,25	21,98	17,85
Matières organiques.......	38,1	40,5	36,5	35,16	36,02	40,37	40,78	43,12	43,30	41,93	36,39
Sulfate de protoxyde de fer.	5,9	6,6	10,2	7,22	5,70	7,98	6,08	5,70	7,79	4,83	13,49
Sulfate d'alumine	4,2	3,1	6,2	1,51	1,42	1,64	1,49	1,23	0,66	1,27	1,27
Sels insolubles, principalement sulfate de chaux et sulfure de fer, sable, argile, oxyde de fer......	33,0	31,3	29,2	38,26	34,90	26,00	30,50	27,80	27,00	29,99	31,00
	100	100	100	100	100	100	100	100	100	100	100
Azote sur 100..	0,20	0,47	0,28	»	»	»	»	»	»	»	»

On voit que la proportion d'eau varie notablement, de 17,85 à 24 p. 100 ; elle est souvent plus considérable encore, puisque M. Lefebvre a trouvé quelquefois jusqu'à 35 p. 100 d'humidité. Les *cendres rouges* de Picardie sont, nous l'avons déjà dit, le résultat de la combustion vive des cendres noires. Ordinairement on met ces dernières en tas, en y ajoutant une petite quantité de combustible, et on allume celui-ci. On lessive ensuite pour enlever les sulfates, et c'est le résidu qu'on livre à l'agriculture.

Il est habituellement en poudre grossière, de couleur de brique. Voici la composition de plusieurs échantillons vendus, en 1858, dans le département du Nord, notamment dans les environs de Cambrai ; les analyses sont dues à M. J. Girardin :

	I.	II.	III.	IV.
Eau......................	8,3	9,8	7,8	10,0
Sulfate d'alumine ferrugineux................	8,6	8,0	3,0	5,7
Matières argileuses........ Sable et oxyde de fer.....	83,1	82,2	89,2	84,3
	100,0	100,0	100,0	100,0

En 1861, cinq autres échantillons venant de Saint-Olle et de la Fontaine-Notre-Dame, près Cambrai, ont donné les résultats suivants :

	I.	II.	III.	IV.	V.
Eau..................	9,90	10,55	10,98	12,50	10,65
Sulfate d'alumine..........	8,01	6,67	8,64	9,03	4,58
Sulfate de chaux avec minime quantité de sulfate de fer................	13,24	24,03	15,88	17,38	16,62
Matières argileuses, sable et oxyde de fer...........	68,85	58,75	64,50	61,10	67,75
	100,00	100,00	100,00	100,00	100,00

Il est évident que ces diverses cendres rouges ont été imparfaitement lessivées par les fabricants d'alun et de *couperose*, car il y a d'autres échantillons qui ne renferment plus rien de soluble ; témoins les cendres de Flize (Aisne), analysées par M. Sauvage :

Eau...............................	5,2
Argile et sable.....................	67,6
Carbonate de chaux.................	13,0
Sulfate de chaux...................	7,0
Carbonate de magnésie.............	6,2
Peroxyde de fer....................	1,0
	100,0

Ces dernières doivent être moins actives que les premières, et ne pas différer sensiblement des cendres de houille dans leur action sur le sol et sur les plantes.

Les unes et les autres, bien inférieures aux cendres noires, opèrent plutôt comme amendement que comme engrais; elles ne peuvent servir que pour les terres fortes et elles doivent en grande partie leurs propriétés à l'argile brûlée ou calcinée qui y prédomine. Le peroxyde de fer, qui s'y trouve aussi en proportions assez notables, peut jouer un rôle utile en sa qualité de corps oxygénant, lorsqu'il est en présence de l'humus ou des substances analogues.

Cendres vitrioliques. — Dans le département de la Seine-inférieure, aux environs de Forges-les-Eaux, où l'on fabrique de la couperose avec des lignites pyriteux analogues à ceux de la Picardie, on fait des terres lessivées un assez grand usage sur les prairies et les herbages humides. Ces terres pyriteuses sont ordinairement mélangées avec un quart de leur poids de cendres de tourbe. M. Dupré, propriétaire de l'exploitation de ces terres, les vend sous le nom impropre de *cendres vitrioliques*, à raison d'un franc l'hectolitre.

D'après l'analyse qui en a été faite, en 1842, par MM. Girardin et Bidard, 100 parties de ces terres desséchées contiennent :

Matières solubles dans l'eau.... 4,53	Matières organiques ou humus soluble...	2,74
	Sulfate de protoxyde de fer...........	1,79
	— de peroxyde de fer.............	
Matières insolubles dans l'eau. 95,47	Sable fin............................	38,92
	Humus insoluble.....................	49,83
	Sulfure de fer.......................	6,72
	Peroxyde de fer......................	
		100,00

Non desséchées, ces cendres contiennent 24 p. 100 d'eau d'interposition, et 2,06 d'azote (soit 2,72 d'azote à l'état sec).

Toutes les terres pyriteuses, ainsi que les cendres ordinaires, doivent être répandues très également sur les prairies. Lorsque, par hasard, on laisse séjourner un dépôt de ces cendres sur l'herbe, ne fût-ce que pendant douze heures, l'herbe est entièrement brûlée, et elle ne reparaît plus dans cet endroit pendant plusieurs années.

La dispersion de toutes ces matières pulvérulentes est un travail fort pénible pour les semeurs, et souvent il est difficile de trouver des ouvriers disposés à l'exécuter, surtout dans les grandes exploitations. En effet, ces cendres volent dans les yeux,

noircissent et détériorent les vêtements, endommagent les ongles et détruisent l'épiderme des mains. M. Bazin, directeur de
la ferme-modèle du Ménil-Saint-Firmin, remédie à tous ces inconvénients par le moyen suivant, qui est très simple.

Un homme conduit dans les prairies un tombereau plein de
cendres ; un autre ouvrier, monté dans le tombereau, se place
sous le vent et sème les cendres avec une pelle de fer pendant
que le tombereau s'avance. Un seul homme peut ensemencer,
de cette manière dix à douze hectares dans un jour. Pour que le
travail soit régulier, il faut que le vent ne soit pas trop fort, que
le charretier conduise ses chevaux très lentement, que le semeur
ait une certaine habileté à manier la pelle.

Dans la ferme du Ménil-Saint-Firmin, on a coutume de semer
sur les terres un compost de cendres imprégnées d'urine. Cet
engrais est très puissant, et peut suppléer au fumier ; aussi en
emploie-t-on une grande quantité.

De la suie. — Au nombre des matières que le voisinage des
villes peut fournir à bon marché au cultivateur intelligent, nous
devons mentionner la suie de cheminée, qui est un engrais salin des plus actifs pour tous les terrains, surtout pour les terrains graveleux, crayeux et calcaires.

On emploie cette substance dans plusieurs contrées, notamment en Angleterre, dans le département du Nord, en Normandie, comme un agent très énergique sur les prairies naturelles,
sur les céréales, sur les trèfles, sur les colzas. On la répand en
couverture sur les trèfles au printemps, sur les céréales semées
en automne, et seulement avec la semence même pour les
céréales de printemps. En Angleterre, on en met 18 hectolitres
par hectare. Un froment jauni reprend, aussitôt qu'on y a répandu de la suie, un beau vert foncé. En Flandre, on l'applique
de préférence aux champs dans lesquels on élève le colza à re-
piquer ; on en répand aussi sur le colza, après qu'il a été repiqué,
en mars et en avril ; aux environs de Lille, on en met 50 à 55 hectolitres par hectare. On prétend qu'elle garantit les jeunes
pousses des insectes qui les dévorent habituellement. Dans le
pays de Liège, on l'emploie aussi au pied des houblons, pour
éloigner ou faire périr les insectes qui rongent cette plante au
moment des premières pousses.

Il y a deux espèces de suie de bois : l'une, fondue en masses
brillantes par la chaleur du foyer ; l'autre, pulvérulente, qui se
dépose à une plus grande distance. La première est la meilleure. La suie ordinaire, mélange inégale de ces deux espèces,
vaut rarement plus de 3 fr. l'hectolitre.

La composition de la suie est fort compliquée. Braconnot y a trouvé : ·

Eau..	12,50
Charbon..	3,85
Acide ulmique	30,20
Matière azotée..	20,00
Principe âcre et amer..	0,50
Sels solubles dans l'eau, parmi lesquels beaucoup d'acétates et entre autres de l'acétate d'ammoniaque......................	10,84
Sels insolubles, notamment sulfate, phosphate et carbonate de chaux..	22,11
	100,00

Comme on le voit, la suie est très riche en substances salines et en matières organiques : ces dernières forment plus de la moitié de son poids. On comprend très bien qu'elle ait une puissante action. On l'augmenterait encore en la mélangeant avec son volume de cendres de bois, parce que l'alcali des cendres, en saturant l'acide ulmique et en réagissant sur la matière azotée, les rendrait plus solubles dans l'eau.

En Angleterre, c'est la suie de charbon de terre que les agriculteurs emploient. Ils la regardent comme plus substantielle que la suie de bois ou de tourbe. Schwertz est du même avis. M. Boussingault en a donné une excellente raison. La suie s'emploie habituellement au volume et non au poids ; comme la suie de houille est plus dense que l'autre, elle contient, sous le même volume, une plus grande quantité de matière. Une seconde raison indiquée par le même savant, c'est qu'à poids égal la suie de houille est plus azotée que celle de bois : en effet

La suie de houille contient....................	1,35 p. 100 d'azote.
— de bois —	1,15 seulement.

M. Corenwinder a trouvé 1,50 d'azote dans la suie qui provient du ramonage des cheminées de Lille où l'on brûle presque exclusivement du charbon de terre.

C'est donc bien à tort qu'en France on donne la préférence à la suie de bois.

Dans tous les cas, il faut le concours de la pluie très peu de temps après l'application de la suie, sans quoi l'effet n'a pas lieu, et devient même quelquefois nuisible aux plantes lorsqu'elles sont encore délicates.

Des sels ammoniacaux. — Puisque, comme nous l'avons indiqué précédemment, le phénomène de la vie chez les plantes est toujours accompagné d'une absorption d'azote pris à l'atmosphère ou aux engrais enfouis dans le sol, et qu'il semble démontré, à cause de la difficulté qu'il éprouve à entrer en combinaison quand il est libre, que l'azote n'est utilisé qu'autant qu'il se trouve sous forme d'ammoniaque ou d'acide azotique, il est de la dernière évidence que les sels à base d'ammoniaque doivent agir utilement sur la végétation. C'est ce que confirment les expériences de Davy, de Lecoq, de Schattenmann, de Kuhlmann, de Huzard, de Boussingault, de Chatterley, de Pierre, de Marès, etc., dans lesquelles les composés ammoniacaux ont été appliqués directement comme engrais.

Voici les résultats obtenus, par différents expérimentateurs, sur les prairies avec les deux sels ammoniacaux qu'on peut se procurer dans le commerce :

1° AVEC LE SULFATE D'AMMONIAQUE.

Expérimentateurs.	Foin récolté par hectare sans engrais.	Dose du sel employé.	Foin récolté par hectare.	Différence en faveur de l'engrais.
Fleming............	3,500 kil.	125 kil.	4,050 kil.	450 kil.
Wilson.............	3,770	180	4,210	440
Macléan...........	1,980	125	3,310	1,330
Kuhlmann.	4,000	266	5,233	1,233
Schattenmann........	5,100	400	8,900	3,800

2° AVEC LE CHLORHYDRATE D'AMMONIAQUE.

Macléan............	1,980	100	3,310	1,360
Kuhlmann (1843)......	4,000	266	5,716	1,716
— (1844)......	7,744	200	9,388	1,644
Schattenmann........	5,000	400	8,000	3,000

On voit nettement que les sels ammoniacaux possèdent une efficacité marquée comme engrais. Mais toutes les expériences démontrent que leur influence ne s'étend pas au delà d'une année, et qu'il faut par conséquent en renouveler l'emploi pour chaque récolte. Cet épuisement si rapide de leur action s'explique par la facilité avec laquelle les eaux qui traversent le sol les entraînent, soit dans les drains, soit dans les sous-sols naturellement perméables. Cet entraînement a surtout lieu, d'après M. Lawes, lorsque l'ammoniaque a été transformée en acide azotique par une oxydation, qui est plus prompte dans les terres légères et perméables que dans les terres fortes. Ces sels ne produisent, au reste, que peu d'effet dans les prairies artificielles ; ils activent fortement la végétation des céréales, mais l'accroissement porte plutôt sur la paille que sur le grain.

Au prix actuel du sulfate d'ammoniaque, qui est pour ainsi

dire le seul employé, 56 à 60 fr. les 100 kilogr., il y a peu d'avantages pécuniaires à s'en servir, à moins qu'on ne l'applique à fabriquer des engrais mixtes.

Mais les urines, les eaux des fosses à fumier et les eaux des usines à gaz, étant saturées avec de l'acide sulfurique, ou du sulfate de fer, ou avec de l'acide chlorhydrique, fournissent des eaux ammoniacales à très bon marché, qui peuvent être utilisées avec beaucoup de profit et qui se perdent en grande partie aujourd'hui. 5,400 litres d'eau ammoniacale du gaz, saturée, font produire par hectare 6, 300 kil. de foin, là ou le sol ne donne naturellement que 4,000 kil., et les 2, 300 de surplus de récolte sont obtenus pour un franc, prix des 5,400 litres de liquide. C'est donc, comme on le voit, un des engrais les plus économiques. M. Kuhlmann a pu faire, avec ce même liquide, jusqu'à trois et même quatre coupes d'herbes dans une année. Voilà une belle application à réaliser dans les environs d'une ville industrielle.

Mais la condition indispensable pour que le sulfate et le chlorhydrate d'ammoniaque produisent des effets avantageux sur la végétation, c'est la présence dans le sol du carbonate de chaux; il faut, en effet, qu'il se forme, par la réaction de ce dernier sur les sels ammoniacaux, du carbonate d'ammoniaque, car c'est le seul de ces sels qui puisse être absorbé immédiatement par les spongioles des racines ou par les pores des feuilles. Et faut-il encore que le sol ne soit ni trop sec ni trop humide, que la saison ne soit pas trop pluvieuse.

C'est sans aucun doute à l'influence de l'une ou l'autre de ces circonstances, qui empêchent la transformation du sulfate et du chlorhydrate en carbonate d'ammoniaque, qu'il faut attribuer les insuccès signalés par divers expérimentateurs.

Dans tous les cas, il y a nécessité d'alterner l'emploi des sels ammoniacaux avec des engrais riches en potasse, en chaux, en magnésie, en silice, en phosphates, afin de rendre au sol toutes les matières salines qu'il a cédées aux récoltes, et que les sels ammoniacaux ne peuvent pas fournir, en raison de la simplicité de leur composition. Seuls, ils ne peuvent donc pas satisfaire aux conditions d'une fertilité incessante et durable, et c'est pour ne pas avoir bien compris le véritable rôle de ces sels que plusieurs expérimentateurs ont essuyé des mécomptes en les employant.

Le meilleur parti à tirer des sels ammoniacaux, c'est donc, en ne les considérant que comme source d'azote (le sulfate commercial en renferme 20 pour 100), de les ajouter au fumier, de les faire entrer dans la composition d'engrais mixtes et surtout de les associer aux matières phosphatées dont ils favorisent et complètent l'action d'une manière remarquable. Au lieu donc de neutraliser les eaux ammoniacales du gaz avec de l'acide sulfurique, c'est d'employer de préférence pour cette neutralisation du phosphate acide de chaux.

Dans une culture de sarrasin faite, en 1850, à la ferme-école de Quesnay, dans le Calvados, MM. J. Pierre et de Mecflet ont sextuplé la récolte du grain et triplé celle de la paille par l'emploi du phosphate ammoniaco-magnésien.

Dans les terrains granitiques et schisteux de la Bretagne où la potasse est assez abondamment répartie par la nature, le mélange de phosphate de chaux et de sulfate d'ammoniaque fait merveille, d'après M. Bobierre, pour mettre immédiatement en valeur les landes et y obtenir de belles récoltes en blé, avoine, sarrasin et chou.

Des azotates ou nitrates — Tous les nitrates, comme nous l'avons déjà dit, ne sont pas moins favorables à la végétation que les sels ammoniacaux, et c'est parce que les plâtras de démolition contiennent des azotates de chaux, de magnésie et de potasse, qu'ils constituent un des amendements calcaires les plus énergiques, bien supérieur et plus durable que tous les autres.

En Angleterre, où le salpêtre est à bas prix, il est employé avec grand avantage pour le trèfle et les prairies.

La connaissance des riches qualités du salpêtre n'est pas une découverte moderne; Virgile, dans ses *Géorgiques*, le recommande aux fermiers italiens comme une excellente addition dans les plantations d'oliviers, et pour former des composts capables d'activer la végétation des grains.

Il y a bien longtemps que l'on sait que le grand soleil (*helianthus annuus*) acquiert des proportions tellement gigantesques dans un terrain arrosé de salpêtre, qu'il est très probable qu'on pourra le cultiver pour l'extraction de l'huile de ses graines.

M. de Gasparin a éprouvé les bons effets du nitre, en le mêlant avec du terreau dont il recouvre les graines de betteraves au moment des semis.

Malheureusement le salpêtre brut, tel qu'il nous arrive de l'Inde, coûtant, avec les droits, 70 francs les 100 kilog., est à un prix trop élevé pour qu'on puisse l'utiliser dans la grande culture. On peut le remplacer par le nitrate de soude ou *salpêtre du Chili*, qui ne coûte que 45 à 47 fr. les 100 kilog., et dont les propriétés seraient même supérieures à celles du salpêtre, si l'on s'en rapporte aux expériences de l'anglais Sim.

En Angleterre, on en fait actuellement un usage très étendu, tant pour les grains que pour les herbages. On le sème à la dose de 125 kil. par hectare. Il faut que le sol renferme, toutefois, une suffisante quantité d'engrais organiques. L'effet de ce sel n'est sensible que sur la première récolte, soit que celle-ci l'absorbe presque tout entier, soit qu'une portion considérable soit entraînée dans le sous-sol par le passage des eaux de pluie. D'après M. Lawes, les nitrates sont, de tous les engrais, ceux que les eaux entraînent le plus facilement.

Voici le résultat d'expériences comparatives faites sur le blé, avec et sans nitrate de soude, par différents agronomes :

Expérimentateurs.	Hectol. de blé récolté sans engrais.	Dose de sel employé.	Hectol. de blé récolté par hectare.	Différence en faveur de l'engrais.
Fleming............	17ʰ 63	180 kil.	18ʰ 66	1ʰ 03
Wilson..............	45 »	120	49 50	4 50
Chatterley..........	19 32	124	22 53	3 21
Barclay............	27 50	140	31 25	3 75
Hannam............	27 58	172	31 97	4 39

Voici maintenant les résultats obtenus sur les prairies :

Expérimentateurs.	Kil. de foin récolté sans engrais.	Dose de sel employé.	Kil de foin récolté par hectare.	Différence en faveur de l'engrais.
Turner..............	6,275 kil.	125 kil.	8,100 kil.	1,825 kil.
Wilson..............	4,215	152	5,829	1,614
Fleming............	4,265	185	6,609	1,314
Macléan............	1,980	187	5,725	3,745
Hannam............	4,378	156	5,526	1,148
Kuhlmann (1843)......	4,000	265	5,727	1,727
— (1844)......	3,820	250	5,690	1,870
— (1845)......	4,486	»	4,390	96 de perte.
— (1846)......	3,830	200	5,383	1,553

En comptant le foin à 40 fr. les 1,000 kilog. et le nitrate de soude à 47 fr. les 100 kilog., il y a perte. Le même fait se présente avec le blé, en comptant celui-ci à 18 fr. l'hectolitre. Ce ne sera que lorsque le prix du sel sera descendu à 40 francs qu'on pourra l'employer avec bénéfice. Il rendra alors de grands services dans les contrées où les engrais sont rares et les voies de communications difficiles.

L'azotate de soude est maintenant adopté principalement dans le nord de la France. Voici la composition de plusieurs livraisons faites aux cultivateurs de cette région d'après les analyses de M. Corenwinder.

	I.	II.	III.
Eau.....................	2,10	2,10	2,20
Sel marin.................	5,79	1,90	1,75
Sulfate de soude............	0,30	»	0,17
Matières insolubles...........	»	0,50	»
Nitrate de soude pur..........	91,81	95,50	95,88
	100,00	100,00	100,00

Le nitrate de soude chimiquement pur, ayant une richesse de 16,48 pour 100 d'azote, on peut en conclure que le titre commercial des échantillons précédents est de

Pour le n° I............................. 15,13
Pour le n° II............................ 15,73
Pour le n° III........................... 15,80

Les deux derniers peuvent être considérés comme des types de qualité supérieure.

Johnston cite les avantages d'un mélange de nitrate de soude et de sulfate de soude. A la dose de 170 kilog. à l'hectare, l'effet qu'il produisit sur les pommes de terre fut extraordinaire; les fanes avaient 1^m,80 à 2 mètres de haut, et la récolte en racines s'éleva à 76,125 kil., c'est-à-dire qu'on obtint en plus 20,000 kilog. de tubercules à l'hectare. Le prix de l'engrais salin ne montait qu'à 65 fr. 87 cent., savoir : 46 fr. 75 cent. pour le salpêtre et 19 fr. 12 cent. pour le sulfate de soude. On répandit le sel sur les jeunes plantes quand elles commencèrent à paraître.

Les expériences de M. Kuhlmann ont démontré que les nitrates agissent sur la végétation de la même manière que les sels ammoniacaux, et que les bases de ces sels contribuent à la fertilisation des terres pour une part beaucoup moindre que l'acide azotique, alors surtout qu'il s'agit d'une action immédiate et facile à constater. Cet acide, sous l'influence désoxygénante de la fermentation putride, passe sans aucun doute à l'état d'ammoniaque avant d'être assimilé par les plantes. Ce sont les matières organiques contenues dans le sol qui, en se décomposant, fournissent les principes hydrogénés qui opèrent cette désoxygénation de l'acide azotique et sa conversion en hydrogène azoté. D'après cela, il y a donc nécessité, pour que les nitrates jouent le rôle d'engrais, qu'ils soient associés à des matières organiques ou putrescibles. C'est, en effet, ce qui résulte des observations faites par les agronomes anglais, qui ont constaté que le nitrate de soude ne devient vraiment efficace que lorsqu'il est accompagné des fumiers.

C'est aussi l'opinion des agronomes français. A la suite de ses analyses de nitrate de soude reproduites plus haut, le directeur de la station agronomique de Lille, M. Corenwinder, s'exprime ainsi :

« Le nitrate de soude employé seul produit peu d'effet dans les terres médiocres qui demandent en outre des sels de potasse et des phosphates solubles pour acquérir de la fertilité.

« Quoique nous puissions affirmer que l'on obtient de prime abord dans nos terrains fertiles, à peu d'exceptions près sans doute, le même poids de betteraves, soit qu'on utilise les engrais azotés isolément, soit qu'on ajoute à ceux-ci des phosphates et des sels de potasse, néanmoins nous combattons énergiquement la tendance qui semble se généraliser dans nos campagnes de fumer les terres avec du nitrate de soude ou du sulfate d'ammoniaque, à l'exclusion des autres éléments essentiels d'un engrais parfait.

« Comme les végétaux ne peuvent croître à l'aide des matières azotées seulement, mais qu'ils puisent encore dans le sol le phosphore et le potassium combinés qui leur sont indispensables pour soutenir leur existence et acquérir leur développement normal, il en résulte qu'en agissant comme ils le font, nos cultivateurs imprévoyants se mettent absolument dans le même cas que s'ils prétendaient obtenir indéfiniment des récoltes sans aucun engrais. On ruine le sol aussi bien en le dépouillant d'un des éléments essentiels aux plantes qu'en le privant de tout apport de fumure complète. En persévérant dans cette voie dangereuse, il arrivera bientôt que l'équilibre entre les éléments fertilisants étant rompu, les terres contiendront un excès de matières azotées qui ne pourront être utilisées par les plantes, parce que celles-ci n'y trouveront pas les substances salines qui rendent ces matières assimilables.

« Le cultivateur ferait donc fausse route s'il diminuait sa production de fumier pour remplacer celui-ci, même en partie, par des engrais chimiques. Ceux-ci ne pourront jamais remplacer le fumier qu'accidentellement et dans des circonstances que le cultivateur expérimenté sait apprécier [1]. »

Les agriculteurs pourraient se procurer des terres salpêtrées sans beaucoup de frais, car rien n'est plus facile que de réunir les conditions dans lesquelles les nitrates se produisent spontanément. En effet, l'acide azotique se forme sous l'influence d'un

---

1. *Archives de l'agriculture du nord de la France publiées par le Comice agricole de Lille.* — Bulletin de janvier et mai 1874, p. 63 et 259.

air calme et de l'humidité dans les terres poreuses et alcalines, mélées de débris organiques : ainsi dans les lieux habités, bas, sombres et humides, dans les écuries, les étables, les caves, les celliers, il y a une production incessante de nitrates de chaux, de magnésie, de potasse et d'ammoniaque : aussi la terre qu'on enlève de ces endroits constitue-t-elle un terreau excessivement actif qu'on devrait ne pas négliger de répandre en couverture à la surface des champs qu'on veut féconder.

Qu'on construise, à l'abri des courants d'air et dans un milieu humide, de petits murs peu épais avec de la terre calcaire poreuse, contenant peu d'argile, et gâchée avec des charrées et de la paille ; qu'on les couvre d'un toit et qu'on les arrose de temps en temps : au bout de l'année, ces matériaux seront très riches en nitrates et pourront servir, après leur réduction en poudre, à fertiliser les prairies.

Dans le Midi, tous les huit jours, on porte de la terre dans les bergeries ; on arrose légèrement, afin que la poussière n'incommode pas les bestiaux, et, au bout d'un mois, on a plusieurs décimètres d'un excellent terreau qui agit sur tous les sols ; si l'on retournait ce terreau sur place, et si ensuite, après quelque temps, on le retirait pour l'employer à faire une nitrière artificielle, on aurait au bout de l'an une véritable mine de salpêtre. Eh bien ! partout il est possible d'obtenir le même résultat, et de suppléer ainsi aux nitrates de potasse et de soude du commerce.

Il est des localités où les immondices sont soumises à la nitrification avant d'être employées comme engrais. Dans le département du Nord, les cultivateurs des environs de Bergues transportent dans des bateaux, à plusieurs lieues de distance, les balayures et les boues qu'ils achètent à la ville de Dunkerque, pour les mélanger par lits successifs avec de la marne, de la craie et de la terre. Les matières, ainsi stratifiées, restent en place pendant deux ans avant d'être conduites sur les champs. Il est évident que, dans ces conditions, c'est une nitrière que l'on établit ; mais elle est mal construite, mal entretenue, et ne devient pas aussi riche en azotates que si elle était plus habilement disposée et soustraite aux lavages continuels des pluies.

Dans les exploitations rurales, quelle que soit leur importance, on réserve un emplacement où sont accumulés les balayures de la cour, du grenier, les boues ramassées sur les chemins, les mauvaises herbes arrachées autour des habitations, les feuilles mortes, la terre relevée des fossés, les gazons provenant du décapage des prés, les gravois fournis par les démolitions, les cendres de toute nature, les fanes de colza, de topinambour, le marc distillé des pommes et des raisins ; en un mot, cet emplacement reçoit tout ce qu'on ne porte pas au tas de fumier, et, de temps à autre, on y verse, pour y entretenir une humidité convenable, des eaux ménagères, des urines, du purin, ou même de l'eau à défaut de tout autre liquide.

Au bout d'un an ou deux, on a un *terreau* d'un brun foncé, assez meuble pour être immédiatement épandu sur les prairies ; il y produit bientôt d'excellents effets, parce qu'il *terre* ou *chausse* en même temps qu'il agit comme un engrais énergique. M. Boussingault le regarde comme l'amendement pulvérulent le plus économique pour fumer en couverture, lorsqu'il ne doit pas être transporté à de grandes distances.   .

Eh bien ! ces centaines de mètres cubes de matières terreuses mélangées à des substances organiques, pour la confection du terreau, constituent de véritables nitrières qui ne diffèrent en rien, si ce n'est par quelques imperfections de détails dans l'aménagement, des nitrières artificielles créées jadis par le gouvernement pour les besoins de la guerre. Nous avons vu antérieurement que M. Boussingault a trouvé de 1 à 5 gr.1/2 de nitre par kilogramme de terreau ainsi fabriqué. Il y en aurait davantage si l'on suivait, autant que possible, les prescriptions recommandées pour l'établissement et la conduite d'une nitrière.

Ces prescriptions se réduisent : 1° à ménager l'accès de l'air au centre des matières accumulées par un système de claies, par une répartition uniforme de fascines disposées en strates parallèles ; 2° à y entretenir une humectation constante et convenable, trop d'humidité nuisant autant qu'une trop grande sécheresse ; 3° à ne pas faire prédominer les matières animales dans le mélange, surtout dans les derniers mois de fabrication, car l'expérience a démontré qu'elles détruisent le nitre déjà formé en transformant l'acide azotique en ammoniaque. Les arrosages doivent être faits uniquement avec de l'eau dans les derniers mois où le terreau sera conduit sur les prés ; 4° enfin à abriter l'emplacemen par un hangar spacieux entouré de claies pour amortir la violence du vent et atténuer l'intensité du froid.

En suivant ces prescriptions, on arrivera à obtenir des terreaux contenant jusqu'à 10 grammes de nitre par kilogramme, comme cela avait lieu autrefois dans les nitrières de la Touraine.

M. Bortier, propriétaire-cultivateur à Ghistelles (Belgique). a, depuis une quinzaine d'années, adopté l'usage de saupoudrer chaque couche de son fumier, non comprimé et arrosé de purin, de marne pulvérisée dans la proportion de 2 à 3 p. 100 du poids représenté par ce fumier, et il a constaté qu'au bout de trois mois ce compost lui procure de plus abondantes récoltes que le fumier non marné.

M. le professeur Donny, de Gand, appelé à vérifier et à expliquer ces résultats, a reconnu qu'il s'opère un travail de nitrification dans le fumier ainsi stratifié avec la marne;

Que la proportion des nitrates formés varie avec l'espèce de calcaire employé;

Que c'est la marne ou *calcaire à polypiers* de Ciply, Folx-les-Caves et Lanaye, dont les gisements considérables se prolongent en Hollande, qui se nitrifie le plus rapidement;

Enfin que l'addition d'une très petite quantité de plâtras de vieux murs (en voie de nitrification) dans un mélange de fumier et de calcaire triple la quantité de nitre formée dans un temps donné.

Il serait donc à souhaiter que partout où l'on peut se procurer des marnes ou calcaire friable et plus ou moins phosphatées comme celle de Ciply, on imitât l'exemple de M. Bortier. On obtiendrait ainsi sans presque aucun frais des fumiers plus riches en salpêtre et par conséquent bien supérieurs aux fumiers ordinaires; en effet, indépendamment de la plus forte proportion de matières azotées qu'ils apporteraient toutes formées dans la terre, ils stimuleraient cette espèce de nitrification naturelle qui s'opère constamment dans tout sol fertile.

Une fois établi que les azotates contribuent énergiquement au développement des plantes, il reste à connaître comment ils agissent. Se comportent-ils à la façon des sels alcalins, toujours si efficaces sur la végétation? Ou bien, en raison de leur composition complexe, agissent-ils à la manière des engrais dérivés des substances animales, comme, par exemple, des sels ammoniacaux?

Cette dernière opinion est celle de M. Kuhlmann, qui a émis le premier cette idée que l'acide des azotates se transforme en ammoniaque par l'action réductrice des matières organiques en putréfaction. Mais les expériences de M. Boussingault démontrent que cette transformation hypothétique n'est pas nécessaire, car il a constaté une absorption d'azote provenant des azotates alcalins, sans le concours des matières organiques en putréfaction. Les azotates sont donc absorbés en nature par les plantes, et ils paraissent agir sur elles avec autant de promptitude et peut-être avec plus d'énergie que les sels ammoniacaux. Ils opèrent, en effet, doublement, et par leurs bases et par leur acide, dont l'azote est assimilé à la manière de l'azote des sels précédents.

Les expériences plus récentes de M. G. Ville, qui confirment l'absorption directe du nitre par les plantes et la prééminence du sel sur les sels ammoniacaux, comme source d'azote, démontrent, d'un autre côté, que lorsqu'on substitue au salpêtre le nitrate de soude par mesure d'économie, ce dernier n'a d'efficacité qu'autant qu'il est associé à un sel de potasse (silicate de potasse, par exemple), ou à des engrais qui en contiennent.

Sel marin ou chlorure de sodium. — L'emploi du sel en agriculture est bien ancien, surtout en Orient, et cependant jamais substance n'a soulevé autant de controverse parmi les agronomes. Les uns, enthousiastes irréfléchis, veulent qu'on l'applique dans tous les sols et sur toutes les plantes. D'autres, aussi peu sensés et non moins absolus, en rejettent tout à fait l'emploi, et le regardent comme nuisible, ou au moins comme tout à fait inerte. L'erreur est des deux côtés. En science, en industrie, et surtout en agriculture, il n'y a point de principes absolus. Interrogeons les faits, sans nous préoccuper des opinions émises, d'idées préconçues, nous resterons dans le vrai et nous ne craindrons pas de nous égarer.

Il est incontestable que certaines plantes ne peuvent vivre sans le sel marin : telles sont celles qui croissent dans la mer et sur ses bords.

Il est incontestable aussi que la plupart des plantes terrestres, mises subitement en présence d'une grande quantité de sel, périssent aussitôt. La mauvaise influence que le sel exerce dans cette circonstance était connue bien longtemps avant qu'il existât aucun ouvrage d'agriculture, car la Bible et les auteurs anciens nous apprennent qu'on semait du sel sur les endroits frappés de réprobation, sur l'emplacement des villes conquises, afin de les rendre à tout jamais stériles.

Mais, si un excès de sel marin est nuisible aux plantes terrestres, en est-il de même d'une petite quantité, d'une proportion sagement calculée suivant la constitution de chaque espèce de plantes et suivant la nature du sol ? C'est ce qu'il s'agit d'examiner.

Et d'abord, avant tout, les plantes terrestres contiennent-elles habituellement du sel ou ses éléments dans leurs différents organes ?

Pour répondre à cette question, consultons l'analyse chimique des cendres des plantes cultivées les plus communes. Voici les renseignements que M. Boussingault nous fournit à cet égard :

Noms des plantes.	Chlore pour 100 kil. de cendres.	Sel marin que ces quantités représentent.	Chlore enlevé par la récolte sur un hectare.	Sel marin que ces quantités représentent.
Betteraves champêtres.	5.2 kil.	8.6 kil.	10.4 kil.	17.3 kil.
Paille d'avoine........	4.7	7.7	3.1	5.1
Navets..............	2.9	4.8	1.6	2.6
Pommes de terre.....	2.7	4.4	3.3	5.5
Trèfle. ....;...	2.6	4.3	8.1	13.5
Foin de prairie.......	2.6	4.3	6.47	10.7
Topinambours........	1.6	2.6	5.3	8.8
Pois................	1.1	1.8	0.3	0.5
Fèves..............	0.7	1.1	0.7	1.1
Paille de froment.....	0.6	1.0	1.2	2.0
Grains d'avoine.......	0.5	0.8	0.2	0.33
Haricots......	0.1	0.16	0.1	0.16
Grains de blé........	traces.	traces.	»	»

Il résulte de là que les plantes usuelles n'admettent pas dans leurs tissus une bien forte quantité de sel, et que la proportion qu'elles enlèvent au sol dépasse à peine 17 kilogr. pour celle d'entre elles qui en prend le plus. D'un autre côté, il résulte encore des analyses de M. Boussingault que, dans un assolement comme celui qui est adopté dans sa ferme de Bechelbronn, les engrais fournissent au sol un peu plus de chlore et de sodium que les récoltes ne lui en enlèvent.

Il semblerait donc, d'après cela, qu'il n'y a aucune nécessité d'ajouter directement au sol du sel marin, puisque les fumiers et autres engrais habituels contiennent une quantité de sel au moins équivalente à celle dont l'analyse chimique a indiqué la présence dans les récoltes.

Cependant un grand nombre de faits démontrent les bons effets du sel sur les plantes terrestres, lorsqu'il n'est donné qu'en proportions convenables. Tels sont surtout l'abondance et la qualité supérieure de l'herbe dans les près des bords de la mer et dans les prairies voisines des salines de la Meurthe, du Doubs et du Jura; l'inépuisable fécondité des *polders* de la Hollande, terrains conquis sur la mer; la puissance, comme engrais, des plantes marines, des fumiers qu'on arrose avec l'eau de mer, ainsi qu'on le pratique depuis des siècles dans une grande partie de la Bretagne; l'usage des composts de terre, de sel et de chaux, dans les comtés de Chester et de

Cornwall en Angleterre ; l'emploi très favorable comme engrais des résidus des mines de sel en Allemagne et en Pologne ; l'usage immémorial en Provence de répandre du sel au pied des oliviers, et l'efficacité de la même pratique pour tous les arbres fruitiers, etc. Ces faits, personne ne peut les mettre en doute, et il est difficile de ne pas rapporter les résultats obtenus à la présence du sel.

M. Becquerel a fait des observations sur la faculté d'absorption du sel par les plantes dans des terrains près desquels ou sur lesquels sont établies des salines, et ces observations justifient les heureux effets que le sel, bien employé, doit avoir sur la qualité des herbes. Il a constaté que la teneur en sel des plantes fourragères ou autres, cultivées ou croissant naturellement dans divers terrains, est dépendante de la quantité de cet agent qu'elles reçoivent à l'état de solution étendue, et que cette teneur peut aller jusqu'à 22 pour 100 dans les plantes des prés salés, et à 1 et même 2 pour 100 dans celles des prairies ordinaires, sans que pour cela la végétation en reçoive la moindre atteinte.

Lorsque l'eau salée tombe en pluie fine sur le sol et sur les feuilles, la végétation est dans un état très prospère ; les plantes prennent alors 1 pour 100 et au delà de sel, sans que la terre en contienne sensiblement ; mais, si cette pluie est abondante et que l'air soit sec, le sel, après la volatilisation de l'eau, agit comme un caustique et détruit les feuilles et les plantes elles-mêmes, si l'état atmosphérique ne change pas. Les mêmes effets sont produits quand, la terre ayant été salée, le sel revient à la surface dans les temps de sécheresse.

Quand le sel est présenté en très petite quantité à la fois aux plantes, par l'intermédiaire de l'eau, elles peuvent donc en absorber une très grande quantité, qui, une fois introduite dans les tissus, n'est pas enlevée sensiblement par les eaux pluviales ni par le travail incessant de l'excrétion. Il est digne de remarque qu'une faible proportion de cette substance, appliquée sur les feuilles ou les racines, exerce des effets désastreux, tandis qu'une forte quantité absorbée n'empêche pas les plantes de croître avec force.

L'eau et le sel en petites proportions, voilà donc les éléments qu'il faut employer pour faire produire à la terre des fourrages de qualité supérieure. La meilleure manière d'administrer le sel, comme engrais, consiste, par conséquent, à le faire dissoudre dans l'eau et à répandre cette dissolution faible, sous forme d'arrosement, par un temps humide. Comme moyen plus économique dans la main-d'œuvre, mieux vaudrait peut-être encore mélanger le sel aux fumiers ou le faire entrer dans des composts, ainsi qu'on le pratique pour la chaux.

Il y a surtout ceci à noter, c'est que, sous l'influence de la sécheresse, le sel marin, de même que toutes les autres matières salines minérales, ne donne que des résultats insignifiants ou même produit des effets fâcheux, s'il est employé à doses un peu considérables. Les expériences de M. Kuhlmann mettent ceci hors de doute. Ainsi, en 1846, année remarquable par la sécheresse, sur une récolte de 5,823 kilog. de foin, le regain ayant totalement manqué, le sel marin n'est intervenu en moyenne que pour 347 kilog., tandis qu'en 1845, la même quantité de sel marin (200 kilog. par hectare) a augmenté la récolte de foin de 725 kilog., celle du regain de 434 kilog., soit, pour la récolte totale de l'année, 1,159 kilog.

Aussi M. Kuhlmann conclut de tous ses essais que le sel marin peut être d'une grande utilité pour activer la fertilité des terrains humides, et qu'il est inutile et peut même nuire à la végétation dans les terrains secs et élevés ; d'où il suit que dans tel pays l'agriculture tirera un excellent parti du sel marin, alors que dans tel autre elle n'y trouvera aucun auxiliaire utile.

L'action du sel sur les plantes varie encore suivant l'époque à laquelle il est répandu. Les expériences de M. Becquerel établissent qu'il nuit en général à la germination, et que, suivant les proportions employées, il altère ou détruit les embryons ; tandis que, versé en solution sur les jeunes plantes sorties de terre, même à forte dose, il ne produit que des effets avantageux.

Si donc l'on veut employer le sel comme engrais dans les terres destinées à la culture des céréales, il ne faut pas le répandre à l'époque des semailles, mais vers le mois de mars, quand la terre est encore fortement humide, et avant que la végétation se développe avec force. En opérant à cette époque, on évite aussi que les pluies n'entraînent le sel au loin ou dans les parties inférieures du sol, où il ne pourrait plus servir à activer la végétation au printemps. Quant aux prairies, si elles sont humides, il faut répandre le sel à l'époque où la végétation se développe. Si les prés sont secs, il est nécessaire d'attendre la saison des pluies.

Dans les terrains à fond imperméable, il y aurait danger à saler souvent ; car la première quantité de sel semé, restant en grande partie dans le sol, peut suffire pendant longtemps. Si le fond, au contraire, est perméable, il est indispensable de recommencer le salage à chaque culture.

Le sel, restant plus ou moins de temps dans le sol, suivant que celui-ci est à fond imperméable ou à fond perméable, et toutes les plantes ne s'accommodant pas au même degré du régime salé, il sera nécessaire, dans le système d'assolement que l'on adoptera, d'éviter d'introduire des plantes légumineuses ou autres qui auraient à souffrir du sel.

Une erreur dans laquelle sont tombés la plupart des expérimentateurs et des personnes qui ont parlé du sel, c'est de croire que l'emploi de cette substance peut suppléer à l'engrais organique, à l'humus du sol, en d'autres termes qu'un sol stérile peut donner d'abondantes récoltes par le seul fait du *salage.*

Il faut bien qu'on le sache, le sel marin, pas plus que le plâtre, la chaux, la marne et les autres matières minérales usitées comme amendement ou engrais, n'apporte aucune amélioration sensible dans un sol médiocrement fumé. Le salage, de même que le plâtrage, le chaulage, le marnage, n'est qu'un moyen d'augmenter les produits, de doubler et même de tripler les récoltes, lorsque toutefois on a rempli les autres conditions d'une bonne culture.

Mais, pour que le sel opère bien, il faut encore que le sol renferme de l'argile et du calcaire. En effet, dans les terrains secs, sablonneux, dans les terres non calcaires et trop compactes, le sel est inerte ou nuisible. Ce n'est que dans les sols argilo-calcaires ou dans les sols argileux souvent marnés ou chaulés qu'il exerce des effets favorables, parce que ce sont eux qui conservent le plus longtemps l'humidité, et parce qu'ils renferment du calcaire au moyen duquel le sel se convertit peu à peu en carbonate de soude.

Personne ne met en doute les heureux effets exercés sur la végétation par les cendres de bois ou par leurs lessives : or les lessives de cendres ne sont que des dissolutions de carbonate de potasse ou de soude.

Il y a longtemps que les chimistes savent, grâce à Clouet, que, si dans du sable humecté avec une dissolution de sel marin, on introduit de la craie en poudre, et qu'on abandonne le mélange au contact de l'air, on voit apparaître des efflorescences de sesquicarbonate de soude. — Cette réaction chimique de nos laboratoires s'effectue très bien en grand dans plusieurs régions du globe, sur les bords et dans l'intérieur de plusieurs lacs salés de l'Égypte, du pays de Tripoli, de la Hongrie, de la

Perse, de l'Arabie, du Thibet, de la Chine, des Indes, du Vene-
zuéla (Amérique méridionale), lacs situés sur des formations
calcaires. Quand ces lacs se dessèchent pendant la saison des
chaleurs, du sesquicarbonate de soude se montre en efflorescences blanches au fond de leur lit et sur leurs bords. La récolte
s'en fait encore en Égypte et dans l'intérieur de l'Afrique, et ce
sel arrive à Marseille sous le nom de *natron*.

Il suit donc de ces faits que le sel, dans certaines conditions
de chaleur et d'humidité , de porosité et de capillarité du terrain, éprouve, au contact du carbonate de chaux, une décomposition dont les résultats sont du chlorure de calcium et du carbonate de soude, sel qui, comme le carbonate de potasse, favorise
activement le développement des plantes. Donc, introduire du
sel dans un sol qui réunit les conditions convenables d'humidité,
de capillarité, d'aérage, et qui renferme du carbonate de chaux,
c'est comme si l'on y ajoutait des cendres neuves ou du carbonate de soude.

On comprend, maintenant, comment le même sel, introduit
dans une terre privée de calcaire, peut ne produire aucun effet
appréciable sur les cultures.

On remédierait à ce grave inconvénient en associant, pour ce
dernier cas, le seul marin à la chaux ; en mélangeant, par exemple, deux parties de craie ou de chaux et une de sel, humectant
le mélange, le laissant à l'ombre ou couvert de terre pendant
trois mois, on arriverait ainsi à transformer le sel en chlorure
de calcium et en carbonate de soude, qui agiraient dans toutes
les terres, quelle que fût leur composition chimique. Ce mode
d'employer le sel serait sans contredit le plus commode au point
de vue de la main-d'œuvre : 1,000 kilogr. de mélange suffisent
par hectare : c'est au printemps, sur les récoltes déjà levées,
qu'on le répandrait à la main, absolument comme on sème le
plâtre.

Ce compost, auquel on a donné le nom de M. J. Girardin dans
les journaux agricoles, parce que c'est ce chimiste qui l'a conseillé le premier, a été employé avec succès par nombre de
cultivateurs normands. — Dans un meeting anglais, au milieu
d'une discussion sur le mérite du sel en agriculture, le professeur Way, chimiste de la Société royale d'agriculture d'Angleterre, a dit que son emploi dans les terres très calcaires produisait un fort bon effet, et qu'il en était de même lorsqu'on
mélangeait moitié sel et moitié chaux pour s'en servir sur les
terrains non calcaires.

Il y a encore un mode plus facile et qui met à l'abri de tous les inconvénients qui peuvent résulter de l'emploi mal calculé du sel : c'est de l'incorporer dans les fumiers, comme on le faisait dans l'antiquité.

Si le sel, employé en grande quantité, arrête les progrès de la putréfaction des matières organiques, il la hâte, au contraire, lorsqu'il n'est qu'en très petites proportions. C'est pour cela qu'il est avantageux de le mêler en quantité modérée avec les fumiers d'étables, comme avec les composts formés de terreau et de débris de végétaux, de mauvaises herbes, de racines amassées derrière les herses, de curures de fossés, etc. On le répand par couches entre les lits de fumier, ou, mieux, on le dissout dans le purin, avec lequel on doit toujours arroser ce dernier, afin de le bien humecter et de hâter sa fermentation. Le sel favorise alors la décomposition des pailles et s'incorpore intimement à l'engrais, en se métamorphosant peu à peu en carbonate de soude, ce qui ajoute à l'action du fumier ; d'où la nécessité d'une moindre dose de celui-ci, pour produire, à surface égale, les mêmes effets fertilisants : 10 kilogrammes de sel suffisent par mètre cube de fumier.

Dans les exploitations considérables, où il existe un nombreux bétail, la meilleure manière de tirer parti des bons effets du sel comme engrais, c'est de le faire manger par les animaux. Le sel administré passe dans leurs urines et leurs excréments ; il enrichit ainsi les engrais, en s'incorporant à leur propre substance.

Employé de cette manière, le sel exerce son action bienfaisante sur les plantes et ne nuit jamais.

Si, dans l'esprit de beaucoup d'agronomes, il reste encore des doutes sur l'augmentation de récolte que l'usage du sel procure, il ne peut y en avoir sur la grande amélioration qu'il apporte dans la qualité des fourrages. Tout le monde a remarqué avec quelle avidité le bétail mange les herbes des prairies voisines de la mer ou des salines. D'un autre côté, la supériorité de la viande provenant des animaux nourris avec les herbes de ces prairies est parfaitement reconnue : on sait en quelle estime sont auprès des gourmets les moutons des prés salés de la Bretagne et de la basse Normandie. Il est évident qu'il y a une relation intime entre la qualité de la chair des animaux et celle des herbages qui les nourrissent ; l'excellence des prés situés dans le voisinage de la mer et des sources salines est une conséquence de la présence du sel dans l'air humide qui les baigne continuellement.

Un cultivateur de la commune de Lindre-Basse, près de Dieuze (Meurthe), auquel M. Becquerel demandait ce que l'on pensait dans le pays de la nature des prés améliorés conquis sur les marais salés de la Seille, lui répondit spontanément : « Oh ! le foin qu'ils rapportent est de première qualité ; le bétail en est friand et s'en trouve très bien. »

M. Becquerel ajoute : « Cette réponse d'un homme qui ignorait que ce fourrage renfermât 1 1/2 pour 100 de sel est péremptoire, puisqu'elle prouve l'influence du sel sur les prairies naturelles pour leur faire produire des fourrages de qualité supérieure. Je ferai remarquer que les prairies environnantes, dont les plantes ne sont pas autant salées à beaucoup près, ne donnent pas un fourrage placé aussi haut dans l'estime des cultivateurs, et qu'en général ceux-ci pensent que la présence du sel dans un pré détruit les mousses et les plantes amères ; fait qui a déjà été observé en Angleterre, et que j'ai eu moi-même l'occasion de constater dans les environs de Dieuze [1]. »

A ces avantages incontestables que le sel marin amène avec lui, il faut en ajouter un autre qui n'est pas moins précieux : c'est l'action destructive assez énergique qu'il exerce sur les larves des insectes qui, à certaines époques et dans certaines années, font tant de tort aux récoltes et notamment aux céréales. Il est évident que la destruction de ces larves doit avoir pour effet d'augmenter le rendement des produits.

Quant aux doses de sel à répandre sur les terres, soit à l'état de poudre, soit sous forme de dissolution, soit mieux encore à l'état de compost avec de la craie ou de la chaux, ou des débris organiques et de la chaux, il règne encore de l'incertitude.

L'un des premiers expérimentateurs modernes, Lecoq, de Clermont-Ferrand, a constaté, en 1832, que les doses les plus productives paraissent être de

    150 kil. par hectare pour la luzerne ;
    250   —   pour le froment et le lin ;
    300   —   pour l'orge et les pommes de terre ;

et qu'au delà de ces doses il produirait des effets désastreux.

D'après des expériences qui nous sont communes avec M. Fauchet, propriétaire-agronome fort instruit de Rouen, ces doses sont beaucoup trop faibles. En opérant le 10 mars, le 27 avril et le 18 mai 1846, sur trois lots de terre, de nature argilo-calcaire, d'humidité moyenne, ne renfermant que des traces de chlorures, ensemencés en blé russe, fait sur trèfle, après

---

1. BECQUEREL. *Mémoires sur les quantités de sel contenu dans les plantes des terrains salifères*, etc. ; broch. in-8, 1847, p. 11.

avoir reçu une demi-fumure, nous avons constaté les résultats suivants :

1º L'emploi du sel, dans les proportions de 200 à 500 kil. par hectare, a augmenté le produit de la récolte ;

2º La dose la plus productive de sel, répandue à l'état solide, a été de 400 kil. par hectare ;

3º La dose la plus favorable à la production de la paille a été de 400 à 500 kil. par hectare ;

4º La dose la plus favorable à la production du grain a été de 400 à 500 kil. par hectare ;

5º L'influence du sel s'est exercée à peu près également sur la paille et sur le grain ; mais, en outrepassant la quantité de 400 kil. par hectare, on a développé proportionnellement plus de paille que de grain, et déterminé le versement de la récolte sur des terres ayant déjà reçu une demi-fumure ;

6º En comptant le sel à 20 fr. les 100 kilogr., il y a, en l'employant à la dose de 300 à 400 kil. par hectare, un bénéfice variant de 61 à 70 fr. pour le sel répandu en hiver, et de 49 à 94 fr. pour celui répandu au printemps ;

7º Employé en dissolution et sous forme d'arrosement au printemps, le sel a produit aussi une augmentation de récolte, tant en paille qu'en grain, et la dose la plus productive a été de 500 kil. par hectare. Le terrain sur lequel on a opéré, dans ce cas, était moins riche que celui des deux premiers lots. Il n'y a point eu versement du blé, ce qui explique comment, dans ce troisième lot, la plus forte dose de sel a procuré les meilleurs résultats. En comptant le sel à 20 fr. les 100 kil., il y a, en l'employant à la dose de 500 kil., un bénéfice net de 35 fr. par hectare [1].

Aujourd'hui que, par suite du dégrèvement des droits qu'il supportait, le sel ne vaut plus que 17 fr. le quintal métrique dans les magasins en gros, les bénéfices seraient plus élevés que ceux indiqués ci-dessus.

S'il reste encore à fixer d'une manière exacte les doses de sel à employer pour chaque nature de récolte et de sol, il y a un point définitivement acquis, c'est l'amélioration de qualité dans les fourrages des prés humides ; c'est l'augmentation de toutes les autres récoltes dans les sols argilo-calcaires pas trop secs et dans les autres conditions de culture que nous avons signalées.

Le *sel de coussins*, qui provient des déchets de la préparation

1. *Expériences faites avec le sel marin sur le blé,* en 1846, *par MM. du Breuil, Fauchet et Girardin.* — 108º cahier des travaux de la Société centrale d'agriculture du département de la Seine-Inférieure, trimestre de janvier 1848, p. 5.

de la morue et du maquereau, les *sels de cuir*, qui proviennent de l'importation des cuirs verts salés, expédiés de l'Amérique du Sud et particulièrement de Buénos-Ayres, sont bien préférables au sel gris ordinaire, à cause des débris de poissons et des poils dont ils sont mélangés et qui augmentent leur valeur agricole. Dans plusieurs comtés de l'Angleterre, ces sortes de sels sont très recherchés, et les fermiers du Cheshire leur attribuent l'abondance de leurs récoltes.

Un cultivateur anglais, Fischer Hobbs, emploie depuis longtemps des quantités considérables de ces sels de coussins; il en fait venir de Londres des cargaisons de 40,000 à 50,000 kil., qu'il partage avec ses voisins. Il en met 125 kil. par hectare avant le dernier labour, et autant avant l'ensemencement du froment. Il a trouvé que cette substance donne surtout de la force à la paille, ce qui empêche le blé de verser. En mêlant une quantité égale de guano au sel de saumure, il a obtenu le même résultat que s'il avait appliqué une bonne fumure pour froment. Il a également éprouvé de fort bons effets de l'emploi de ce sel mélangé au fumier, et de son application aux racines, principalement aux betteraves. Cependant, une fois, en son absence, son régisseur en ayant fait mettre 625 kilog. par hectare, sur des rutabagas, la récole fut entièrement détruite.

Chez nous, on peut se procurer les *sels de coussins* ou *de saumure* à raison de 2 fr. 50 à 3 fr. les 100 kilog. dans les grands ports de la marine commerciale, comme Marseille et le Havre. Mais l'administration des douanes impose aux fermiers l'obligation de les dénaturer en présence de ses agents, au moyen de l'un des cinq mélanges suivants :

I.		II.		III.	
Sels impurs........	2	Sels impurs..........	4	Sels impurs.....	4
Matières fécales·....	2	Fumier humide.......	3	Noir des raffine-	
erre ou fumier,quantité indéterminée.		Terre,...............	5	ries..........	8

IV.		V.	
Sels impurs en poudre fine......	1	Sels impurs en poudre fine......	6,5
Son humide	1	Tourteau de graines oléagineuses, en poudre et humide........	3,5

Ces deux derniers mélanges sont spécialement imposés à ceux qui veulent faire consommer les sels par leurs animaux domestiques.

Cette dénaturation des sels de coussins a été provoquée par la crainte qu'a l'administration des douanes de voir ces sels dé-

tournés de leur emploi agricole pour entrer dans la consomma-
tion culinaire ou dans les exploitations manufacturières, notamment dans les fabriques de soude et les verreries. Mais c'est
une entrave apportée bien inutilement à l'agriculture, et contre laquelle réclament avec force les Sociétés et les Comices
agricoles.

Les sels impurs provenant des salpêtreries nationales sont
aussi préférables aux sels ordinaires, parce qu'ils sont accompagnés d'azotates. On les trouve dans le commerce au prix de
3 fr. 25 cent. les 100 kilog.

Nous ne devons pas finir cet article sans vous rappeler que
pour M. Peligot la soude est beaucoup plus rare dans l'organisation végétale qu'on ne l'admettait jusqu'alors, et que le
chlore n'y est pas non plus très abondant. D'après ses analyses
et les faits qu'il a observés, en petit toutefois, ce chimiste est
conduit naturellement à retrancher la soude de la liste des engrais, du moins pour la plupart des plantes, et à contester, sinon d'une manière absolue, au moins à mettre en doute l'efficacité du sel marin comme engrais, soit qu'on l'ajoute au fumier
ou à d'autres matières fertilisantes, soit qu'on le répande sur
la terre sous forme de résidus des salines, d'engrais humain ou
d'eau provenant des égouts des villes.

Il est bon toutefois d'enregistrer la restriction qu'apporte
M. Peligot à son premier jugement. « Je suis loin de conclure,
dit-il, que, dans des cas fort limités, le sel ne puisse produire
sur les récoltes un effet avantageux. Ces bons résultats trouveraient peut-être leur explication dans un fait qui, je crois, n'a
pas encore été signalé, au moins en ce qui concerne son application à l'agriculture : c'est la propriété que possèdent les chlorures, et en particulier le chlorure de sodium, de dissoudre des
quantités très sensibles de phosphate de chaux. C'est peut-être
à cette action dissolvante qu'il faut rattacher l'influence heureuse qu'on attribue au sel sur les récoltes des terrains déjà
pourvus de matières fertilisantes; cette propriété expliquerait
l'habitude qu'ont les fermiers anglais d'ajouter une certaine
dose de sel au guano, qu'ils consomment en si grande quantité.
S'il est vrai, comme on l'assure, que le sel favorise le développement des plantes oléagineuses, notamment du colza, son intervention serait justifiée par le transport de phosphates terreux
que ces graines contiennent en quantité notable, bien qu'elles
ne renferment pas de soude. »

M. Peligot ajoute encore que le sel peut jouer quelquefois un
rôle utile, soit en maintenant dans le sol un degré convenable

d'humidité, soit en débarrassant la terre d'insectes, tels que les chenilles et les limaces, et qu'en outre, par ses propriétés antiseptiques, il peut, dans des cas assez limités, assurer dans les temps de sécheresse la conseravtion des engrais dans le sol, ceux-ci agissant plus tard avec plus d'efficacité au moment où, sous l'influence de la pluie, le sel vient à disparaître lui-même.

Enfin M. Peligot n'est pas éloigné de croire que l'influence des sels, lorsqu'elle est favorable, doit moins être attribuée à la soude qu'il contient qu'aux sels magnésiens qui l'accompagnent toujours, que la magnésie est nécessaire au développement des végétaux au même titre que la potasse et l'acide phosphorique, et qu'elle entre pour une bonne part dans les effets produits par la marne et la chaux elle-même qui contiennent constamment une petite quantité de carbonate magnésien.

On voit que, même en admettant pour une vérité démontrée que le sel marin, ainsi que le pense M. Péligot, n'agit pas dircetement comme engrais, n'étant pas absorbé en nature par les plantes, il lui reste encore assez de propriétés indirectes pour que la culture en tire un excellent profit. C'est là ce qui doit surtout ressortir de la discussion qui précède.

Des engrais salins phosphatés. — L'acide phosphorique est essentiel aux plantes, et certaines d'entre elles en enlèvent au sol une quantité assez considérable. Tout cela a été prouvé antérieurement. Il faut donc, dans une bonne culture, rendre périodiquement au sol de l'acide phosphorique pour compenser celui qu'on exporte avec les graines, les pailles, les racines, les fourrages, etc. On satisfait à cette condition, dans beaucoup de pays, en utilisant les phosphates que le commerce fournit, notamment le phosphate de chaux contenu dans les os, dans le noir des raffineries et dans les nodules ou coprolithes. Examinons donc ces diverses substances.

Os des animaux. — Dans toute la Grande-Bretagne, dans le Wurtemberg, dans le duché de Bade, en Auvergne, aux environs de Strasbourg, etc., les os pulvérisés, ou simplement broyés, sont employés comme engrais depuis un assez grand nombre d'années, et les cultivateurs de ces pays leur attribuent une grande puissance fertilisante [1]. Les Anglais ont été chercher des os,

---

1. Ebner prétend que c'est un nommé Friederich Kropp, habitant de Solingen dans la Prusse rhénane, centre important de coutellerie, qui eut l'idée, en 1802, d'appliquer à la fumure du sol les débris d'os provenant des ateliers. Mais il est certain que cette pratique était depuis longtemps en usage à Thiers, en Auvergne, où la même industrie métallique est très répandue.

pour les besoins de leurs fermiers, dans toutes les parties du monde, jusque dans l'Inde. Le Danemark seul leur en a fourni pour plus d'un million par an. Ils ont exploité les champs de bataille de toute l'Europe, et ont transporté chez eux d'immenses cargaisons d'ossements d'hommes et d'animaux. La ville de Lincoln possède, dans ses environs, de nombreux moulins pour la pulvérisation de ces os. Ce singulier article de commerce a une importance considérable depuis 1820. Il y a tel fermier anglais qui achète, chaque année, pour 15,000 à 20,000 fr. de cet engrais, et supplée ainsi à l'insuffisance des fumiers ordinaires.

Les os d'hommes et d'autres animaux sont composés ainsi qu'il suit :

	Homme.	Bœuf.	Porc.	Poisson.
Cartilage soluble dans l'eau bouillante............	33,3	33,3	46,6	43,7
Sous-phosp. de chaux, *phosphate tribasique* des chimistes...............	53,0	57,4	49,0	48,0
Carbonate de chaux........	11,3	3,8	1,9	5,5
Phosphate de magnésie...	1,2	2,0	2,0	2,2
Sels alcalins............	1,2	3,5	0,5	0,6
	100,0	100,0	100,0	100,0

D'après d'Arcet, les os de boucherie frais sont ainsi constitués, terme moyen :

Tissu cellulaire très azoté.......................	30
Graisse....................................	10
Matières salines, notamment phosphate de chaux.......	60
	100

L'emploi des os en agriculture n'exige pas d'autre préparation qu'un broiement en poudre grossière. L'on emploie ordinairement, à cet effet, ou des brocards, ou des meules verticales en pierre dure ou en fonte, du poids de 2000 à 3000 kilog. tournant dans une auge horizontale de forme circulaire, également en pierre dure, à peu près comme les moulins qui servent à broyer les graines oléagineuses. On y emploie aussi des espèces de laminoirs dont les cylindres sont en fonte dure, et armés de dents qui, en tournant en sens contraire, avec des vitesses différentes, pulvérisent assez promptement les os. C'est aux machines de ce genre qu'on a donné la préférence en Écosse et en Angleterre, et la Société des Montagnards d'Écosse a accordé, en 1829, un prix à James Anderson, de Dundee, pour la construction

I.

d'un instrument semblable, mû par une machine à vapeur de la force de 12 chevaux. En voici les figures (fig. 177 et 178) et la description.

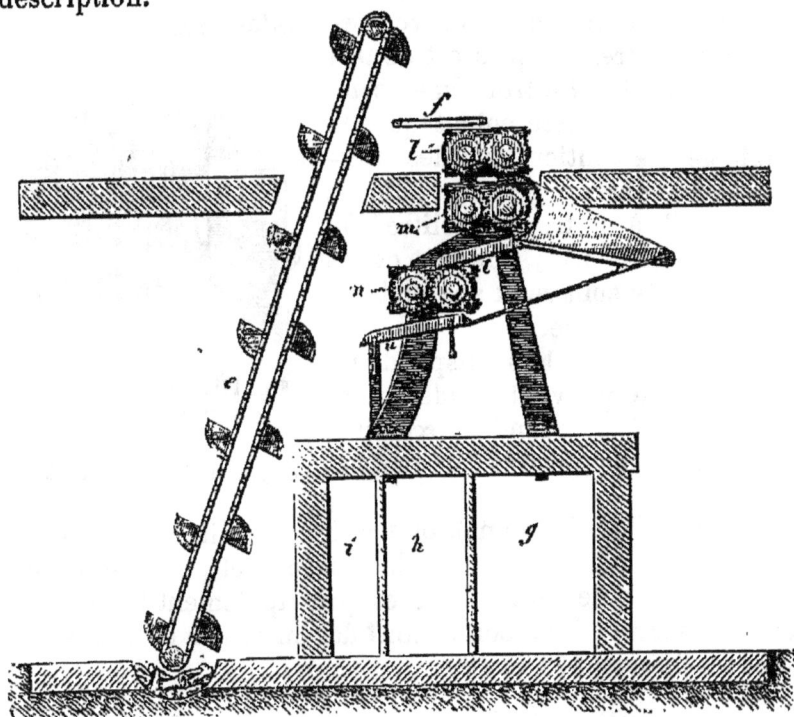

Fig. 177. *Moulin écossais pour broyer les os.*

Les os qui doivent être broyés sont portés, du sol du moulin, à la partie supérieure de l'appareil, au moyen d'une série d'augets fixés à une chaine sans fin *e*. Ils tombent de ces augets sur une toile sans fin *f* tendue par des rouleaux, laquelle, par son mouvement, les amène entre deux cylindres en fonte *l*, garnis d'anneaux en fer forgé armés de dents, de manière à présenter des points de déchirement très serrés. Les os, ainsi broyés en partie, tombent entre deux autres cylindres semblables *m*, mais à anneaux et à dents plus rapprochés. Au-dessous d'eux se trouve un crible *t* mis en mouvement par une manivelle. Il laisse passer les os suffisamment broyés, lesquels sont reçus dans une case pratiquée au-dessous *g*, tandis que les portions plus grossières, qui n'ont pu passer à travers le crible, sont amenées, par le mouvement même, entre une troisième paire de cylindres *n* à anneaux et à dents encore plus serrés que les précédents. Un crible *u*, également placé sous ces derniers cylindres, en retient la poudre la plus grossière qui est entrainée par le mouvement du crible dans un emplacement *i*, d'où on la sort pour la vendre dans cet état, ou la reporter près de la chaine à augets, et pouvoir ainsi la ramener au haut de l'appareil et le faire repasser entre les cylindres. La poudre qui traverse le second crible tombe, comme la poudre du premier, sur une division *h* faite exprès à l'étage inférieur.

Cette machine broie, par heure, environ 1500 kilog. d'os bruts. Ces os broyés sont divisés, pour la vente, en trois sortes.

La première est la plus fine; les plus gros fragments qu'on y trouve peuvent avoir la grosseur d'un pois; elle se vend 11 ou 12 fr. l'hectolitre. La deuxième sorte, moins fine, présente des fragments gros comme des féveroles, et des morceaux longs de 3 à 5 centimètres. Le prix est de 9 à 11 fr. l'hectolitre. La troisième sorte, broyée aussi grossièrement que la deuxième, ne contient que des fragments et point de poudre. Elle se vend de 7 à 9 fr. l'hectolitre. On voit, par ces prix, que les os les mieux broyés sont ceux auxquels on donne la préférence.

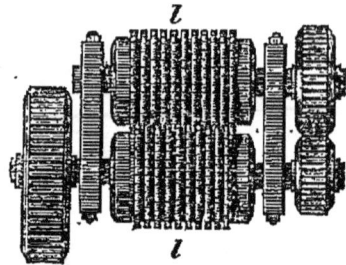

Fig. 178. *Vue, à vol d'oiseau, des cylindres supérieurs.*

Les moulins anglais, dispendieux à établir, ne peuvent évidemment convenir qu'à de grandes exploitations pourvues d'un très fort moteur, ou à des industriels spéciaux.

A Thiers (Puy-de-Dôme), on emploie, depuis un temps immémorial, une machine bien plus simple et peu coûteuse pour broyer les os de tout genre, et principalement les résidus de ceux qui servent à la confection des manches de couteaux. En voici les figures (179 et 180).

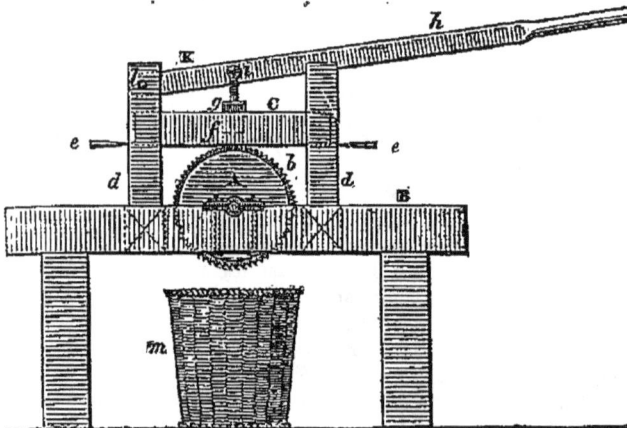

Fig. 179. *Moulin pour broyer les os employé a Thiers.*

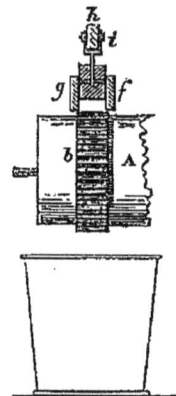

Fig. 180. *Vue, à vol d'oiseau de la râpe cylindrique.*

Ce moulin se compose d'une roue hydraulique qui fait tourner un arbre de couche A, dont l'extrémité repose, par ses tourillons, sur un dé en pierre, ou sur un sommier en bois B. Cet arbre est entouré, sur une partie de sa longueur, d'une râpe cylindrique en acier *b*, et dont les aspérités sont beaucoup plus fortes que celles des râpes ordinaires, et taillées en hélice. Cette râpe, fixée très solidement sur l'arbre, a 22 millimètres d'épaisseur sur 216 à 243 millimètres de large ; elle est surmontée d'une poutre transversale C, maintenue entre deux jumelles *dd*, de manière à pouvoir être rapprochée ou éloignée à volonté de la circonférence de la râpe, au moyen de deux coins *ee*, ce qui permet de diviser les os en fragments plus ou moins grossiers. Au milieu de la traverse, est pratiqué un trou *f* de 13 1/2 à 16 centimètres carrés environ, et dont l'intérieur est doublé en forte tôle. Dans ce trou entre un tampon *g* de même dimension, aussi revêtu de fer, et suspendu à un grand levier *h*, par un étrier *i*, qui laisse au tampon assez de jeu pour qu'il puisse entrer dans le trou *f*, quelle que soit l'inclinaison que reçoit le levier pendant le travail. L'extrémité K du levier est mobile sur un fort boulon *l* fixé dans l'une des jumelles, de manière que le tampon se trouve juste au-dessus de la boîte *f*. On remplit celle-ci de fragments d'os, concassés préalablement à l'aide d'un marteau, et l'on force le tampon à y entrer, en appuyant sur l'extrémité du levier. Les os ainsi pressés contre la râpe, pendant qu'elle tourne, sont réduits en pulpe analogue à de la grosse sciure de bois, et tombe dans une caisse ou un panier *m* placé en dessous. Quand la machine fonctionne bien, la boîte se vide en deux ou trois minutes. Les dents de la râpe s'émoussent plus ou moins promptement, selon la dureté des os sur lesquels elle agit. On les affûte de temps en temps. Les os trop durs sont soigneusement rejetés, comme susceptibles d'endommager l'appareil.

Ce moulin, simple et peu dispendieux, peut être établi partout où l'on a un cours d'eau à sa disposition ; un manège peut y être appliqué. La poudre d'os qu'il fournit est très recherchée en Auvergne pour l'engrais des terres ; elle contient des morceaux de la grosseur d'un haricot ; elle est grasse au toucher, elle sent le fromage, et donne de l'ammoniaque lorsqu'on la mélange avec de la chaux.

Voici la composition simplifiée de cette poudre comparée à celle des os entiers et concassés, tels qu'on les rencontre dans le commerce :

	Os entiers.	Os concassés.	Os en poudre.
Eau........................	14,90	10,00	10,39
Matière organique..........	37,04	41,88	42,60
Sous-phosphate de chaux.....	48,06	48,12	47,01
	100,00	100,00	100,00

Dans les petites fermes, on peut se servir, par économie, pour broyer les os, d'un billot (fig. 181) et d'une masse en bois (fig. 182), garnis, tous deux, de plaques de fer taillées en pointe de diamant, comme on le voit par la figure 183.

On peut encore se servir avec avantage du petit instrument construit par M. Peltier, sur les indications de M. Rohart, et qui a reçu le nom de *Concasseur Rohart*. Il ne coûte que 55 fr. Il consiste tout simplement : 1° en un billot *a* (fig. 184) à tête de fonte cannelée *b*, surmonté d'une cuvette en fonte *c* à charnière mobile, faisant office de mortier ; 2° en une mailloche *d*, dont la tête est taillée en pointes de diamant et dont le milieu est traversé par une double poignée en croix ; 3° d'une perche en bois flexible *e e*, courbée en forme d'arc, fixée par son centre au plafond *f*, et garnie d'une forte corde *g g*, à laquelle est sus-

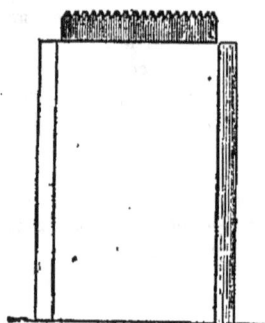

Fig. 182. *Masse pour écraser les os.*

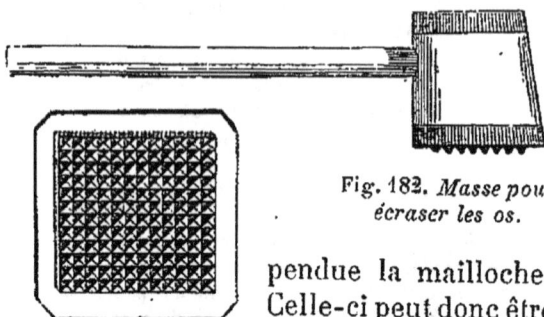

Fig. 181. *Billot à écraser les os.*

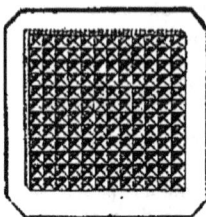

Fig. 183. *Plaque de fer à pointes de diamant qui surmonte le billot.*

pendue la mailloche. Celle-ci peut donc être facilement élevée et abaissée sur les os contenus dans la cuvette. La forme creuse de cette dernière évite la projection des os en tous sens, et quand il s'agit de la décharger, on découvre la tête du billot, on balaye sa surface, on replace la cuvette et on fait une nouvelle charge.

Cet outil permet de concasser aisément de 2 à 300 kilogrammes d'os torréfiés par jour [1]. Comme il est beaucoup plus facile de les concasser quand ils ont été fortement desséchés de manière à leur faire perdre 20 à 25 pour 100 de leur poids, il convient de les enfermer dans un four après la cuisson du pain, et de les écraser tout chauds, au fur et à mesure qu'on les en retire. La trituration est alors bien plus facile, ce qui couvre une partie des frais peu considérables de dessiccation.

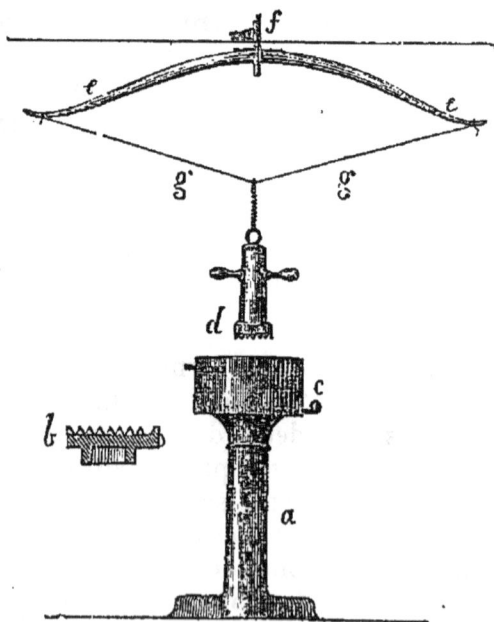

Fig. 184. *Concasseur Rohart.*

1. *Annuaire des engrais et des amendements*, par Rohart, 1860, p. 74-144 ; 1862, p. 97-279.

Lorsque la poudre provient d'os assez récents, qui contiennent encore du tissu cellulaire, matière d'autant plus lente à se décomposer qu'elle est dans un état plus complet de dessiccation, on active leur action par une fermentation préalable. Il suffit, pour cela, d'abandonner cette poudre dans un lieu un peu humide, en gros tas, jusqu'à ce qu'elle exhale une odeur de fromage un peu avancé.

Lorsqu'on veut, au contraire, conserver en magasin pendant un temps assez long une assez grande quantité de poudre d'os, il faut éviter cette fermentation. On y parvient en soumettant les os à une légère torréfaction qui les rend friables et d'une décomposition facile. Chez M. Leroux, à Nantes, cette torréfaction s'exécute très en grand, d'une manière ingénieuse, à l'aide d'un vaste cylindre de tôle mobile autour de son axe. La poudre d'os mise dans le commerce par M. Leroux renferme en moyenne :

Matière organique azotée, dosant 4,20 d'azote..........	35
Phosphates de chaux et de magnésie...................	60
Résidu siliceux.....................................	traces.
Carbonate de chaux, sels solubles et perte............	5
	100

Lorsqu'on veut se servir des os comme moyen d'amendement pour le sol, par exemple pour rendre un sol argileux plus friable, il n'est besoin que de les concasser grossièrement, et non de les réduire en poudre. On les recouvre par un labour peu profond, et l'on achève soigneusement la couverture avec la herse. De cette manière, les os ne manifestent leur effet, comme engrais, qu'au bout de deux ou trois ans.

La dose à laquelle les os broyés sont généralement employés est de 1200 à 1500 kilog. par hectare. Lorsqu'ils sont bien pulvérisés, la dose peut être diminuée d'un tiers. L'effet se prolonge pendant trois ans sur les terres labourées, et pendant six ans sur les prairies naturelles. M. de Gasparin dit que la durée totale de l'action de cet engrais s'étend jusqu'à dix et même vingt-cinq ans ; cependant l'effet n'en est bien sensible que pendant les premières années.

On répand les os au printemps sur les prairies, et en même temps que les semences dans les terres à grains.

En Angleterre et en Ecosse, c'est presque uniquement pour la culture des turneps et des navets que la poudre d'os est réservée ; on la répand avec la graine et par le même semoir ; la graine et la poudre d'os, mélangées, coulent par le même tuyau dans la ligne qui doit recevoir la semence. Pour obtenir des os un effet plus prompt, les fermiers anglais les laissent, avant de les employer, subir une fermentation et un commencement de décomposition. A cet effet, ils les amoncellent en gros tas, et même ils les mêlent avec de la terre humide. Selon que le sol est plus ou moins riche, ils en mettent de 13 à 20 hectolitres par hectare.

Dans la principauté de Nassau, on regarde 600 à 700 kilog. de poudre d'os comme une quantité suffisante pour un hectare.

Les Anglais n'emploient pas les os pour remplacer le fumier, mais conjointement avec ce dernier. Ils ont un système qui, pour des fermiers de sols pauvres, légers, ne peut être trop fortement recommandé : ils achètent des engrais, spécialement des os broyés, exclusivement pour leurs terres en jachère, et ils réservent la plus grande partie de leur fumier d'étable pour leur grain; de sorte que la majeure partie de leur terre a un bon engrais tous les deux ans. Ce système, d'après M. Tackeray, est généralement suivi de l'autre côté du détroit, comme le meilleur mode d'appliquer l'engrais. Il est certain que, là où a été adopté l'emploi des os, les récoltes sont très belles, et les exploitations y ont gagné tellement, que la rente des terres s'y est élevée de 25 fr. par hectare de plus que dans les cantons où l'on ne fait pas usage des os.

Dans quelques circonstances, l'effet des os a été à peu près nul, d'où certains agronomes ont conclu qu'ils n'ont pas la valeur qu'on leur attribue habituellement. Mais cette nullité d'action n'est qu'apparente : elle est due à la substance grasse plus ou moins consistante que les os renferment dans leurs parties celluleuses, et qui ne disparaît que par une température élevée. Cette graisse rend les os presque insensibles à l'action de l'eau, les préserve de la fermentation, et, de plus, en réagissant sur le carbonate de chaux du réseau osseux, elle forme un savon calcaire qui résiste à toutes les influences atmosphériques. On comprend donc que les os parvenus à cet état ne doivent avoir presque aucun effet comme engrais, à moins d'être réduits à un état de ténuité extrême. Cela peut expliquer comment, après un séjour de quatre ans dans la terre, ils n'ont perdu fort souvent que 8 pour 100 de leur poids, tandis que les os frais, dont on a enlevé la graisse par l'eau bouillante, perdent, dans le même espace de temps, 25 à 30 pour 100.

Il y a donc tout avantage à employer de préférence les os dégraissés des fondeurs de suif, d'autant plus qu'il est bien constant que les graisses et les huiles n'exercent aucune influence comme engrais, et sont même nuisibles à la végétation.

L'action fertilisante des os peut être rapportée à deux causes : 1° à la matière organique azotée qui s'y trouve sous forme de tissu cellulaire, et qui, par sa décomposition, fournit des sels ammoniacaux ; 2° et surtout au phosphate de chaux, qui y est si abondant. Celui-ci se dissout peu à peu dans l'eau chargée d'acide carbonique, de carbonate d'ammoniaque, de sel marin et d'azotates, toutes matières que renferment les terres de culture.

Voici les indications fournies par MM. Boussingault et Payen sur la richesse en azote et en acide phosphorique des os du commerce :

	Azote sur 100 de la matière		Acide phosphorique dans 100 de matière sèche.
	à l'état normal.	sèche.	
Os dégraissés, séchés à l'air.......	7,02	7,58	24,00
— gras, séchés à l'air, contenant 0,10 de graisse............. .	6,22	8,89	22,20
—humides, livrés par les fondeurs.	5,31	»	»
Poudre d'os séchée à l'étuve.......	»	7,92	24,00

M. Bobierre n'a trouvé dans les os dégraissés offerts à l'agriculture que de 4,5 à 5,5 pour 100 d'azote. De son côté, M. Ronna dit qu'en Angleterre on estime que l'azote des os offerts sur les marchés n'atteint pas 4 pour 100.

On peut singulièrement accélérer l'action des os, et rendre l'assimilation des phosphates aussi prompte que celle des sels minéraux les plus solubles, en traitant les os par l'acide sulfurique, ainsi que le duc de Richmond, président de la Société royale d'agriculture d'Angleterre, l'a indiqué et pratiqué, le premier, dès 1843, Voici comment on agit : 223 kilog. d'os broyés sont arrosés de 37 litres d'eau, et, vingt-quatre heures après, on les introduit, par portions, dans un tonneau contenant de 62 à 75 kilog. d'acide sulfurique concentré. On laisse la désagrégation s'effectuer durant 7 ou 9 jours au plus. On délaye alors le magma dans l'eau pour l'employer en arrosage, ou bien on y ajoute assez de noir animal ou de terre pour absorber le liquide et convertir le tout en une espèce de terreau qu'on répand à la manière du plâtre. Les chiffres des matières indiquées ci-dessus correspondent à 1 hectare de surface à fertiliser.

Voici, en quelques mots, la théorie de ce procédé. L'acide sulfurique attaque les os, enlève une partie de la chaux au sous-phosphate, produit ainsi du sulfate ou plâtre excessivement divisé, utile par lui-même à la végétation, et convertit le sel terreux précédent en phosphate acide de chaux très soluble (*phosphate monobasique* des chimistes). Une fois répandu sur le sol, ce dernier se combine instantanément avec les principes basiques qu'il rencontre, et donne naissance à du phosphate neutre de chaux (*phosphate bibasique* des chimistes), dans un très grand état de division, et, par conséquent', très propre à entrer en dissolution dans l'eau de pluie chargée d'acide carbonique et d'ammoniaque.

L'expérience a pleinement confirmé les prévisions du duc de Richmond. Elle a servi à constater que les os dissous, employés sur le blé comparativement avec le fumier d'écurie et le guano, ont produit 1/5 en plus de récolte, et que cette fumure n'a coûté que 35 francs par hectare.

M. Harmant, en essayant les os désagrégés et dissous, à diverses doses, a reconnu que leur efficacité croît avec la quantité qu'on emploie. Voici les résultats de ses essais sur des turneps :

	Dose d'engrais par hectare.	Récolte en racines.
Os écrasés................	14 hect., 55	25,725 kil.
Os dissous................	1 80	28,600
—	3 62	36,965
—	7 25	40,685

Disons, pour abréger, que les os traités par l'acide sulfurique, et employés soit à l'état mou, soit desséchés et à l'état pulvérulent, sont désignés dans toute la Grande-Bretagne sous le nom de *superphosphate*. Ce nom est également adopté en France.

Voici d'autres expériences non moins convaincantes :

EXPÉRIENCES DU PROFESSEUR WŒLKER SUR LA CULTURE DU NAVET.

	Récolte en navets.
Pas d'engrais..........................	13,000 kil.
Poudre d'os...........................	22,000
Poudrette,............................	23,000
Superphosphate.......................	34,021

EXPÉRIENCES DE M. LAW-S SUR L'ORGE.

	Terre sans engrais.	Superphosphate seul.	Superphosphate et sels ammoniacaux.
Boisseaux par acre, en 1852.....	27,1	28,1	38,2
— — en 1853.....	25,3	33,3	40,0
— — en 1854.....	35,0	40,2	60,2
— — en 1855.....	31,0	36,0	47,3

L'influence de l'acide phosphorique et de l'azote est ici tellement manifeste, que les chiffres précédents n'ont pas besoin de commentaires.

C'est en vue d'arriver à une utile association de l'azote et de l'acide phosphorique, c'est aussi pour obtenir la précipitation du phosphate de chaux à l'état gélatineux, que les fabricants anglais, après avoir fait agir l'acide sulfurique sur les os, ajoutent à la masse des sels ammoniacaux des matières animales, puis des cendres, de la sciure de bois, du poussier de charbon, de la terre sèche et même du noir animal. M. Boussingault a constaté de son côté, en 1857, dans ses belles expériences sur la végétation, que l'addition du nitrate de potasse au phosphate de chaux est peut-être encore plus efficace que tout autre composé azoté pour en favoriser la rapide assimilation.

Voici la composition des superphosphates vendus en Angleterre :

	Qualité supérieure.	Qualité inférieure.
Eau.............................	9,66	11,83
Matière organique et sels ammoniacaux......	11,50	5,21
Phosphate de chaux monobasique (soluble immédiatement)..........................	14,34	2,58
Sous-phosphate de chaux (insoluble)..........	15,72	0,06
Sable.................................	2,83	5,07
Sulfate de chaux hydraté..................	36,12	74,98
Sels alcalins............................	6,83	0,27
	97,00	100,00

M. Bobierre a obtenu les résultats suivants de l'analyse des superphosphates fabriqués à Nantes :

	I.	II.	III.	IV.
Eau volatile à 100°............	14,50	8,00	8,20	6,60
Substances volatiles au rouge....	25,50	22,00	25,20	»
Phosphate de chaux soluble.....	8,03	17,42	24,70	11,90
— insoluble. ..	24,50	20,52	6,00	51,50
Résidu siliceux................	11,10	13,20	22,00	4,60
Sulfate de chaux, etc..........	24,37	18,88	33,70	25,40
Azote......................	2,97	2,20	2,63	»

Il est bien évident, par ces analyses, que les os d'équarrissage et de boucherie ne sont pas les seuls éléments de cette industrie des *superphosphates*, dont l'importance s'accroît chaque jour en Angleterre. On y fait entrer les os fossiles, les phosphates de chaux cristallins provenant de la Norwège, les curieux excréments d'animaux antédiluviens, désignés sous le nom de *coprolithes*, les concrétions ou nodules de phosphorite des terrains crétacés, appelés *pseudo-coprolithes;* sans compter bien des matières inertes qu'on y ajoute par fraude.

Outre les récoltes indiquées ci-dessus, on pourrait en citer d'autres, telles que colza, tabac, etc., sur lesquelles le phosphate de chaux a produit des effets remarquables. On a vu des tabacs dont les feuilles ont acquis quelquefois un développement de 90 centimètres de longueur sous l'influence exclusive de cet engrais.

En Angleterre, c'est généralement sur la sole des turneps qu'on répand les superphosphates à la dose de 400 kil., concurremment avec 40,000 kil. de fumier de ferme. L'année suivante, on fait succéder une récolte de céréales sans faire intervenir de nouvelle fumure.

En France, où les betteraves remplacent les turneps, on n'emploie pas les superphosphates à si haute dose; on ne dépasse guère 200 kil.

Dans toutes nos campagnes, où il y a une si grande quantité d'os perdus, tant ceux qui proviennent des animaux morts de maladie ou de vieillesse que ceux qui viennent des viandes de boucherie, les fermiers devraient occuper les enfants et les pauvres à ramasser tous ces os, puis à les concasser, pour les répandre ensuite à la surface de leurs terres. Ils les amélioreraient ainsi sans grandes dépenses, et ils trouveraient, de plus, l'avantage de diminuer la dose ordinaire des fumiers. Il est vraiment déplorable de voir laisser chez nous sans emploi des matières dont les peuples voisins tirent un parti si avantageux.

Pour éviter le broyage des os ainsi ramassés dans les campagnes, on peut suivre le procédé suivant, que notre ami Mésaize, ancien président de la Société d'agriculture de Rouen, avait adopté d'après nos indications:

On met les os, tels quels, tremper dans un cuvier avec de l'eau acidulée par l'acide chlorhydrique du commerce (le liquide doit marquer 10° à l'aréomètre), jusqu'à ce qu'ils soient devenus mous et flexibles comme le jonc. L'acide dissout tous les sels terreux qui durcissent les os, et il ne reste plus que le tissu cellulaire. Le liquide, ainsi chargé de tous les sels, sert à arroser les tas de fumier, à désinfecter les urines, à neutraliser les purins. Les fumiers deviennent ainsi plus riches, et on peut en diminuer la dose. — Quant au tissu cellulaire des os, après l'avoir lavé à deux ou trois eaux, on le fait entrer dans les chaudières où l'on cuit les racines destinées aux cochons.

Voilà un exemple excellent à imiter. Cette méthode est infiniment peu coûteuse, puisque l'acide chlorhydrique vaut à peine chez nous 5 centimes le litre.

Noir des raffineries. — De tous les résidus de fabriques, le noir animal qui a servi au raffinage des sucres est celui qui a reçu le plus d'applications comme engrais. C'est à un raffineur nantais, M. Ferdinand Favre, et au chimiste Payen, que l'on doit la première idée d'utiliser cette matière en agriculture. Les premiers essais datent de 1819 à 1820 ; ils démontrèrent l'énergie vigoureuse qu'elle imprime à la végétation, et bientôt l'emploi du *noir des raffineries* se propagea avec rapidité. Il n'y a pas soixante ans que les raffineurs payaient pour le transporter loin des habitations, à cause de son odeur infecte ; maintenant ils le vendent, avec facilité, au prix exorbitant de 20 à 25 fr. l'hectolitre. Depuis longtemps, la production de Nantes ne suffit plus aux besoins et aux demandes des cultivateurs de l'Ouest. Les départements de Maine-et-Loire, de la Loire-Inférieure, de la Vendée, de la Vienne et des Deux-Sèvres, fécondent une partie de leur sol avec tous les noirs qui sortent des raffineries de France, de Belgiques d'Allemagne, de Russie, d'Angleterre et d'Italie. Cet emploi du noir s'étend aujourd'hui aux cultures de l'Orne, du Calvados et de plusieurs autres départements.

C'est Nantes qui est le centre du commerce de cet engrais. Les transactions qu'il détermine, principalement de mars à septembre, présentent une activité dont il est difficile de se faire une idée, lorsqu'on n'en a pas été témoin. Dans la période de 1850 à 1860, la consommation agricole a donné lieu à une vente de 29,222,466 francs, correspondant à un poids de 198,270,176 kil. ou à 2,086,942 hectolitres ; le prix moyen a été de 14 fr. l'hectolitre ; aujourd'hui cette substance se vend de 15 à 19 francs.

Le charbon animal, avant son emploi dans la décoloration des sucres, se compose de :

Charbon azoté.......................................	10
Sels, et notamment sous-phosphate de chaux..........	90
	100

Après qu'il a servi au raffinage, il renferme en outre :

Sang de bœuf coagulé................	
Sucre...............................	dans la proportion de 20 à 25 centièmes.
Impuretés contenues dans les cassonades.	

Les noirs qu'on trouve dans le commerce peuvent être classés en trois catégories bien distinctes : les *noirs gros grains*, les *noirs grains*, et les *noirs fins*.

Les noirs gros grains, en fragments irréguliers, d'un volume quelquefois égal à celui d'une petite aveline, proviennent généralement des fabriques de Russie et de l'Amérique du Nord.

Les noirs grains, expédiés par la Suède, quelques villes des bords du Rhin, nos usines du Nord, et principalement l'empire russe, sont connus dans le commerce sous le nom générique de *noirs de Russie.*

Les noirs fins, bien plus chargés de sang que les autres, sont, par conséquent, plus actifs et plus estimés.

Dans chaque classe, il y autant d'espèces commerciales distinctes que de provenances. MM. Moride et Bobierre ont analysé toutes celles qui viennent à Nantes. Voici un tableau récapitulatif de leurs essais :

PROVENANCES et noms des noirs.	Azote sur 100 de l'engrais sec.	Charbon et matière organique y compris l'azote sur 100 de l'engrais sec.	Sels solubles dans l'eau.	Phosphate de chaux.	Carbonates de chaux et de magnésie.	Silice, alumine et oxyde de fer.
Nantes.	2,660	35,2	1,3	52,6	5,3	5.6
Marseille. . . .	1,853	17,1	1,8	63,2	11,8	6,1
Bordeaux. . . .	1,653	21,5	1,7	63,9	9,9	3,0
Valenciennes.	0,750	9,7	3,3	70,0	11,5	5,5
Dunkerque...	1,020	11,0	1,3	56,0	8,7	10,0
Lille.	1,010	11,2	1,6	55,0	21,0	10,6
Paris.	1,830	14,5	2,0	67,0	10,9	5,0
Orléans.	1,750	11.7	3,3	63,0	8,9	13,1
Hambourg...	1,730	20,5	1,7	55,8	5,4	16,6
Russie.	1,085	11,7	1,5	68,7	10,1	7,0
Trieste.	0,98	17,8	1,3	62,1	9,7	9,0
Venise	5,41	14,0	0,5	75,0	5,5	5,0

Comme on le voit, la composition des noirs de raffinerie est très variable, et il n'est pas indifférent de les remplacer les uns par les autres. Ce qui surtout les caractérise et leur donne des propriétés si éminemment fertilisantes, c'est, d'une part, la matière organique azotée, et, de l'autre, le phosphate de chaux, dont ils sont si abondamment pourvus, et qui devient soluble sous l'influence de l'acide carbonique et des sels ammoniacaux que la matière azotée fournit incessamment pour sa décomposition. Ce qu'il y a de remarquable, c'est que 20 à 22 p. 100 de sang sec, contenus dans les bons noirs des raffineries, agissent comme engrais d'une manière plus utile que 400 parties de sang liquide, bien que celles-ci représentent 100 parties de sang sec. La matière organique, réunie au charbon, agit donc six fois plus que lorsqu'elle est employée seule, probablement parce que les deux matières minérales exercent, sur les éléments du sang et sur les produits de sa décomposition, une action de condensation en vertu de laquelle ils modèrent cette décomposition et n'en cèdent les produits aux plantes que lentement, peu à peu, au fur et à mesure de leurs besoins.

Le sucre qui reste dans le noir est plutôt nuisible qu'utile à la végétation, parce que, dans le commencement de la décomposition, il se produit, aux dépens du sucre, de l'alcool et des acides acétique et lactique; aussi est-il préférable de laisser le noir en tas, pendant un ou deux mois, avant de l'employer, pour qu'il éprouve, à l'air, une première fermentation, pendant laquelle les acides produits par le sucre sont convertis en sels ammoniacaux, à l'aide du carbonate d'ammoniaque qui résulte de la décomposition d'une partie de la matière animale; de sorte qu'après cette conservation du noir en tas, au contact de l'air, la plus grande partie de son azote est convertie en acétate, lactate et carbonate d'ammoniaque, que le charbon retient entre ses pores, et qui contribuent à rendre soluble le phosphate de chaux avec lequel ils passent dans l'intérieur des plantes.

C'est principalement sur les terres froides, humides, argileuses, dans les terrains granitiques, argileux ou siliceux des départements de l'Ouest, dans lesquels les phosphates font défaut, que le noir des raffineries opère le plus efficacement.

Il est surtout très utile sur les défrichements et convient aux céréales, aux colzas, turneps et autres plantes crucifères. On le répand, d'ailleurs, avec la plus grande facilité et une économie de main-d'œuvre très importante, car il suffit de le semer après la graine, et de le recouvrir par un coup de herse.

Dans nos départements de l'Ouest, 4 à 5 hectolitres de noir des raffineries, par hectare pour les terres argileuses, 3 ou 4 hectolitres dans les terrains calcaires ou siliceux, sont des doses généralement admises pour la culture des céréales. Un hectolitre par 24 ou 25 ares, semé sur les prairies, au mois de mars, ou sur les trèfles immédiatement après la coupe, produit un excellent effet. On a grand avantage, lorsqu'on l'applique aux grains, à le répandre sur la semence même; mais il faut qu'il soit mélangé avec une quantité double de terre passée à la claie; la répartition se fait alors plus convenablement.

Dans les arrondissements de Dinan et de Loudéac (Côtes-du-Nord), on emploie le noir, à la dose de 8 à 10 hectolitres par hectare, dans les défrichements et pour le sarrasin. Il agit merveilleusement, et la récolte de sarrasin est rarement moindre de 20 à 30 hectolitres. Les cultures de ces localités affirment que son action est plus marquée sur les sols légers que sur les sols argileux.

M. Dubreuil-Chambardel, propriétaire cultivateur au château de Marolles, commune de Genillé (Indre-et-Loire), obtient des effets surprenants en employant le noir ainsi qu'il suit : après l'avoir fait complètement pulvériser, il l'humecte suffisamment pour qu'il puisse se coller, en partie, à la semence, avec laquelle il le mélange le mieux possible ; il opère cette mixtion sept ou huit heures au plus avant les semailles, pour éviter que la fermentation du noir ne nuise à la germination du grain ; il a ensuite le soin, très essentiel, de faire passer et repasser le semoir trois ou quatre fois sur le terrain, où il ne serait passé qu'une seule fois s'il n'avait eu à semer que le froment, afin que ce mélange se trouve très également réparti sur le champ. Il opère ainsi sur des défrichements de bruyères, en donnant, la première année, 4 hectolitres et demi, et, la seconde, 4 hectolitres de noir. Ses récoltes sont remarquablement belles, surtout celles de seconde année, bien qu'il fasse succéder deux grains d'hiver sur ses défrichements. Il obtient, à la seconde année, de 30 à 35 hectolitres de froment, et des pailles superbes qui pèsent jusqu'à 3000 kilogrammes par hectare.

L'expérience a démontré qu'il ne faut pas abuser du noir sur les défrichements. Si l'on n'alterne pas avec des fumures ordinaires l'emploi de cet agent fertilisateur, on arrive assez vite à épuiser les terres les plus riches en humus. Mais, quand il est employé avec discernement, cet engrais produit d'excellents résultats. Pour en donner une idée, nous citerons quelques chiffres empruntés à l'un de nos praticiens les plus habiles.

Chez M. Rieffel, à Grand-Jouan, on a obtenu en quatre ans, sur des défrichements pratiqués avec les engrais phosphatés, un produit moyen de 50 hectolitres de froment, 25 de colza, 40 d'avoine et 8000 kil. de paille, pouvant s'élever de 1700 à 1800 fr. Les frais de toute nature, d'engrais, de travail, de moissons, résumés sur les lieux, s'élèvent de 700 à 800 fr., en sorte qu'il resterait 1000 fr. de produit net en quatre ans, ou 250 fr. par hectare et par an. Et à la place d'une terre inculte, valant à peine dans le pays 200 fr. l'hectare, on en a une autre défrichée en bon état, et sur laquelle les agriculteurs pensent qu'on pourrait avec avantage continuer encore pendant deux ans la culture au noir d'os. Après ces quatre ans, on fait entrer la terre dans l'assolement général de la ferme, et on la cultive avec les engrais d'étable.

Le noir des raffineries est une des matières commerciales sur lesquelles la fraude s'exerce avec le plus de ténacité. Le charbon de bois, la tourbe, la tourbe carbonisée, la houille, le carbonate de chaux noirci, les schistes, les scories de forges, le terreau, la terre glaise carbonisée, la terre des landes, le sable fin, des résidus de distillerie, de colza, le tan, la sciure de bois, etc., ont été et sont souvent encore employés pour augmenter le poids et le volume des résidus de raffineries livrés à l'agriculture. Malheureusement, lorsque la fraude est habilement pratiquée, l'aspect des noirs est peu modifié, et l'examen à la loupe ne peut pas toujours suffire pour déceler la présence des corps étrangers. Il faut, dans presque tous les cas, recourir à une analyse chimique assez compliquée, puisqu'il y a nécessité de déterminer la richesse en azote, en phosphate de chaux, en matière organique et en sels solubles dans l'eau. Le cultivateur ne doit donc acheter un noir qu'après un essai pratiqué par un chimiste ou un expert vérificateur, ainsi qu'il en existe à Nantes, à Rennes, à Lille, à Bordeaux, à Rouen, etc.

Le poids de l'hectolitre du noir des raffineries varie de 80 à 100 kilogrammes. Le bon noir de Russie pèse même de 103 à 105 kilogrammes l'hectolitre.

Phosphate de chaux naturel ou **phosphorite.**—La cherté toujours croissante des engrais phosphatés dont il vient d'être question, par suite de la connaissance plus répandue des bons effets qu'ils produisent, et la conviction de plus en plus acceptée que de toutes les substances minérales nécessaires à la fertilisation du sol, le phosphate de chaux est la plus puissante et la moins coûteuse, toutes ces raisons ont conduit à l'utilisation du phosphate de chaux natif qu'on trouve soit en grandes masses dans les terrains anciens, comme en Estramadure en Espagne, soit sous forme de nodules dans la partie supérieure des terrains de sédiments dans nombre de localités, tant en Angleterre qu'en France.

C'est surtout à la remarquable *Etude sur l'utilité agricole et sur les gisements géologiques du phosphore*, publiée en 1857 par Élie de Beaumont, puis aux recherches infatigables de M. de Molon, dans une quarantaine de nos départements, pour la découverte de gîtes de nodules phosphatés et à l'exploitation industrielle de plusieurs d'entre eux, c'est enfin aux travaux et aux écrits des chimistes, en tête desquels il est juste de placer MM. Bobierre, Malaguti, Rohart, Dehérain en France, Acton, Nesbit, Daubeny, Voelker en Angleterre, qu'on doit l'introduction dans la pratique agricole des phosphates fossiles dont l'abondance peut suffire pendant des siècles à tous les besoins.

Ce sont principalement les rognons ou nodules, désignés sous le nom de *pseudo-coprolithes*, qu'on utilise. Ils viennent des Ardennes, de la Meuse, de l'Aube, de la Marne, du Pas-de-Calais ; et chaque jour de nouveaux gîtes sont exploités.

Il paraît à peu près certain que, dans ces nodules, tout l'acide phosphorique n'est pas à l'état de phosphate de chaux ; une partie est combinée avec l'oxyde de fer et l'alumine. Delanoüe affirme même que ce qui constitue essentiellement les nodules, c'est un sel double, un phosphate de chaux et de peroxyde de fer, aussi distinct du vrai phosphate de chaux ou du phosphate de fer simple que la dolomie l'est du calcaire ou de la giobertite. — Au point de vue agricole, ceci n'a aucune importance, car le phosphate de fer simple ou le phosphate double de chaux et de fer est tout aussi facilement attaquable que le phosphate de chaux par les agents qui en déterminent la dissolution.

Pour nous conformer à l'usage, nous ramènerons toujours à l'état de sous-phosphate de chaux des os l'acide phosphorique des nodules et des autres engrais.

Voici un tableau qui donne la richesse en acide phosphorique et en phosphate de chaux des phosphorites des diverses localités [1] :

Localités.	Acide phosphorique sur 100	Phosphate de chaux correspondant sur 100	
		dans la matière normale.	dans la matière sèche.
Logrosan (Estramadure)........	»	81,5	»
Wissant (Pas-de-Calais)......	»	57,1	»
La Hève, près le Havre........	»	57,3	»
Shanklin (Angleterre).........	»	32,0	»
Farnham id	»	60,6	»
Lille, d'après Delanoüe........	»	32,34	»
— d'après Rivot...........	18,0	38,7	»
Bouvines (Nord).............	3,7	8,0	»
Grand-Pré (Ardennes)........	20,9	45,5	47,9
Les Islettes (Marne)...... ...	20,2	44,1	45,9
Anderney (Meuse)...........	13,8	28,9	29,9
Sermaize (Marne)...........	14,5	31,0	32,3
Froidos (Meuse).............	16,4	35,8	36,9
Lavoye (Meuse).............	14,4	31,4	32,7
Mognéville (Meuse)..........	28,5	62,1	64,0
Arcy-Fay (Meuse)...........	16,4	35,8	37,6
Leniout (Meuse)............	18,4	39,7	41,5
Lagrange (Meuse)...........	15,9	34,5	36,2
Brizeaux (Meuse)........ ...	24,2	52,7	54,1

La moyenne de ces analyses donne, pour les nodules, 18,7 pour 100 d'acide phosphorique, ce qui correspond à 40,4 pour

1. DEHÉRAIN. — *Recherches sur l'emploi agricole des phosphates.* — Thèses de chimie, 1859. — Broch. in-8°, p. 44.

100 de phosphate de chaux : c'est, en effet, ce qu'on trouve très habituellement dans le commerce.

La première opinion qui se manifesta, lorsqu'on annonça l'exploitation des phosphorites, fut que ces substances ne pourraient être d'aucun emploi tant qu'on ne les aurait pas attaquées par les acides minéraux. Mais les expériences de laboratoire faites par MM. Bobierre, Dehérain et J. Girardin, ont montré que si la poudre des nodules n'est pas aussi soluble dans l'acide carbonique que les phosphates d'origine animale, cette solubilité est toutefois assez grande pour qu'on puisse les utiliser sans recourir au traitement par les acides minéraux. M. Dehérain a constaté que cette poudre de nodules est bien plus facilement décomposable par les carbonates alcalins que la poudre d'os.

D'un autre côté, M. Bobierre a donné les résultats d'une culture de sarrasin entreprise sur le sol et dans le climat de la Bretagne, dans laquelle il a comparé l'effet produit par du noir animal et par de la poudre de nodules. Les récoltes ont été les mêmes dans les deux cas; le résultat était toutefois un peu plus favorable avec les phosphates naturels, bien qu'ils ne fussent pas mélangés de matières azotées et que le noir animal en contînt. Si l'on établit la comparaison entre les nodules animalisés et le noir des raffineries, ce qui paraît plus logique, on trouve que les nodules donnent une récolte triple.

Les renseignements qu'a fournis la grande culture sont analogues. Il est à peu près certain, toutefois, que ce n'est que dans les terres de bruyères granitiques, comme celles de la Bretagne, que les nodules produisent des résultats avantageux. Ce sont surtout l'avoine et le sarrasin qui s'accommodent le mieux de leur emploi, et il n'est pas rare qu'après un défrichement on puisse prélever deux ou trois céréales de suite avant de recourir au fumier.

On met habituellement de 5 à 600 kil. de poudre de nodules à l'hectare; et comme celle-ci revient en Bretagne à 8 fr. les 100 kil. (à Paris, elle ne vaut que 5 fr.), le fumier coûte donc de 40 à 48 fr.

Une bonne habitude adoptée par beaucoup de cultivateurs, c'est de stratifier la poudre de nodules dans les fumiers; le carbonate d'ammoniaque qui s'y produit incessamment par la putréfaction favorise la solubilité du phosphate de chaux; ce qu'il y a de certain, c'est que M. Paul Thénard a trouvé dans le purin provenant de fumiers saupoudrés de poudre de nodules une quantité notable d'acide phosphorique en dissolution.

De tous les faits constatés depuis une quinzaine d'années,

M. Bobierre a tiré les conclusions suivantes que nous reproduisons intégralement :

1° Les nodules de phosphate de chaux, réduits en poudre fine et exposés quelques mois à l'air, sont assimilables par les végétaux ;

2° Leur action, favorable dans les sols granitiques et schisteux, dans les défrichements des landes et bruyères, peut être variable, selon qu'on les emploie seuls ou associés à des susbtances organiques ;

3° Ainsi que cela se remarque dans l'emploi du phosphate de noir animal, il y a convenance, tantôt à associer des substances organiques aux nodules, pour fertiliser les terres pauvres en agents dissolvants ; tantôt, au contraire, à les employer, seuls, dans les défrichements où abondent les détritus végétaux ;

4° L'addition du sang aux nodules en poudre fine donne des résultats excellents, au triple point de vue du rendement en grain, de la vigueur de la paille et de la précocité ;

5° Il n'y aura probablement lieu d'employer l'action des acides pour favoriser l'assimilation des nodules que dans les terres ou les cultures dans lesquelles le *superphosphate* est actuellement reconnu utile par les agriculteurs. Dans tous les cas, au contraire, où le noir d'os en grains est rapidement dissous, les nodules en poudre fine seront eux-mêmes assimilés.

Les superphosphastes sont actuellement préparés avec un mélange de 66 parties d'os concassés et 33 parties de nodules en poudre qui renferme de la sorte la moitié environ de son poids de phosphate de chaux ; on verse par-dessus 90 à 95 parties d'acide sulfurique à 53°. On obtient ainsi 180 parties de superphosphate, contenant environ 26 p. 100 de phosphate de chaux, soit 12,7 d'acide phosphorique sur lesquels 10 à 11 sont à l'état soluble et 1,7 à 2,7 sont insolubles.

Malheureusement les phosphates fossiles sont, malgré leur bas prix, l'objet de fraudes condamnables avec des argiles, des sables grisâtres, la tangue de la baie de Pontorson. Les *phosphates tangués*, qu'on vend en quantités considérables dans les environs de Rennes, ne renferment quelquefois que 10 p. 100 de phosphate de chaux réel. Il ne faut donc acheter les nodules, aussi bien que les superphosphates, qu'avec garantie d'analyse.

Inutilité des engrais phosphatés du commerce dans certains cas. — De même que le sulfate de chaux, ainsi que nous l'avons dit, paraît avoir perdu toute son action sur la végétation dans certains sols, de même aussi les engrais phosphatès dont il vient d'être question ne produisent aucun effet appréciable dans les sols riches, suffisamment calcaires et recevant chaque année des engrais animaux abondants.

Ainsi il est bien constant, par suite des expériences déjà anciennes de MM. Kuhlmann et Demesmay dans l'arrondissement de Lille, des observations de M. Feneulle dans l'arrondissement de Cambray, de nos essais dans la Seine-Inférieure, que le noir des raffineries et les engrais analogues restent inertes, impuissants, dans les terres fertiles du Nord et de la haute Normandie. M. Corenwinder a vérifié le même fait au Quesnoy-sur-Deule (Nord), en 1858, en opérant sur le blé, les betteraves, les carottes, les fèves, les pommes de terre, le sorgho, avec du biphosphate de chaux en dissolution affaiblie ; ce sel n'a pas augmenté le rendement des récoltes, et les graines de betteraves, arrosées de biphosphate, n'étaient pas plus riches en acide phosphorique que celles des betteraves qui n'en avaient pas reçu.

Ainsi les engrais phosphatés qui exercent dans les sols pauvres de la Bretagne et du centre de la France, dans les terres granitiques, argileuses et silicieuses, des effets puissants sur la végétation, n'ont réellement aucune influence dans les terres argilo-calcaires du Nord, de la haute Normandie, de l'Alsace, soumises à une culture intensive, et recevant par cela même des engrais abondants, des amendements multipliés. C'est que ceux-ci introduisent dans le sol et y maintiennent constamment une quantité d'acide phosphorique supérieure à celle que les récoltes lui enlèvent annuellement. Il est donc parfaitement inutile de lui donner du noir des raffineries, ou des os, ou des nodules de phosphorite, puisque ces additions seraient en pure perte pour le cultivateur.,

Sels alcalins à base de potasse. — On trouve aujourd'hui dans le commerce des mélanges salins destinés, comme les cendres vives, les cendres de varechs, à introduire dans les terres de culture la potasse, qui n'y est jamais qu'en assez petites quantités, et dont certaines récoltes, telles entre autres que les betteraves, les navets, les pommes de terre, les topinambours, la vigne, le maïs, les fèves, comprises sous la dénomination générale de *plantes à potasse*, exigent impérieusement la présence pour donner d'abondants sous-produits.

Les mélanges salins dont l'agriculture peut tirer parti sous ce rapport sont de deux provenances : les *sels de Prusse* et les *sels des salins du midi de la France*.

1. *Sels de Prusse.* — Dans la Prusse septentrionale, à Stassfurt près de Magdebourg, et dans le petit duché limitrophe d'Anhalt-Bernbourg, on exploite, depuis 1859, un immense dépôt de sel gemme qui est recouvert d'une couche assez épaisse de sels de

potasse, de soude et de magnésie. Après en avoir retiré des alcalis dans un état de combinaison utile à l'industrie, tels que le chlorure de potassium et le sulfate de magnésie, on livre, comme produits secondaires, deux espèces d'engrais complexes, renfermant simultanément de la potasse, de la soude, de la magnésie et de l'acide sulfurique.

L'un est vendu sous le nom de *Kalisalz* ou *sel de potasse*, l'autre sous celui de *Kalidünger* ou *engrais de potasse*. Voici leur composition :

	Kalisalz.	Kalidünger
Sulfate de potasse..........	15 à 30 p. 100	15 à 20 p. 100
— de magnésie........	25 à 30	14 à 15
Chlorure de sodium.	40 à 50	10 à 15
Sulfate de chaux..........	»	24
Argile, oxyde de fer, sable..	»	26

Ces composés renferment autant de potasse que les cendres de sapin, deux fois autant que celles du hêtre, et une quantité de magnésie trois à quatre fois plus forte que celle de la moyenne des cendres de bois. Le *Kalidünger* a l'avantage de ne pas renfermer un grand excès de sel marin, mais il contient en revanche une forte proportion de matières inertes; il se vend à Stassfurt 8 fr. 50 les 100 kilogr.

II. *Sels des salines du midi de la France.* —La grande compagnie Merle, à Berre et en Camargue, qui exploite les eaux mères des marais salants d'après les procédés ingénieux de M. Balard, livre à l'agriculture deux sortes d'engrais, peu différents des précédents, sous les noms de *sels d'été* ou *engrais alcalin brut*, et *engrais alcalin sulfatisé*. En voici la composition :

SEL D'ÉTÉ OU ENGRAIS ALCALIN BRUT.

Sulfate de potasse...........................	25,8
— de magnésie...........................	12,4
Chlorure de magnésium......................	13,4
— de sodium......................	18,5
Eau..	29,9
	100,0

Il se vend 6 fr. les 100 kil. pris en gare de Berre (Bouches-du-Rhône).

ENGRAIS ALCALIN SULFATISÉ

Sulfate de potasse.........................	32,3
— de soude..........................	28,2
— de magnésie.........................	36,6
Eau, sel marin, matières insolubles............	2,9
	100,0

Il se vend 15 fr. les 100 kil., pris en gare de Berre.

Les engrais salins dont il vient d'être question ne doivent être employés seuls qu'accidentellement, là où le sol assez riche en matières azotées et phosphatées sera épuisé en matières salines. Presque toujours il sera indispenables de faire des mélanges rationnels avec d'autres engrais, surtout le fumier, d'après la nature du sol et les plantes que l'on veut y cultiver.

De l'écobuage. — Parmi les divers moyens que l'on met en usage pour améliorer et enrichir le sol, il en est un que nous devons faire connaître immédiatement après l'étude des amendements et des engrais salins, car il produit les deux genres d'effets propres à ces procédés de fertilisation. Nous voulons parler du *brûlis* ou de l'*écobuage*, qui consiste à brûler la croûte superficielle du sol couverte d'herbes ou de plantes ligneuses, et à répandre uniformément sur ce sol les cendres qui proviennent de l'incinération.

L'écobuage est une pratique fort ancienne, puisque Virgile en fait mention. De l'Italie elle passa en France, vers le commencement du dix-septième siècle, et une cinquantaine d'années plus tard en Angleterre. Aujourd'hui le brûlis des terres est usité dans presque toutes les régions de l'Europe.

On écobue les terrains incultes, couverts de bruyères, d'ajoncs, de genêts ou de mauvaises herbes, les vieilles prairies naturelles et artificielles, les pâtures, les marais nouvellement desséchés et surtout les tourbières. On brûle assez souvent les chaumes, et parfois même, dit-on, dans le Lincoln, de la paille, qu'on répand à cet effet à la surface du sol dans la proportion de 1250 kilogrammes par hectare. Aux environs de Bayonne et ailleurs, dans le midi et l'ouest de la France, en Espagne, etc., l'usage de brûler les chaumes s'est continué sans interruption. En Normandie, en Flandre, on a généralement l'habitude de brûler les tiges de colza, après qu'on a séparé les graines par le battage sur le champ même de la récolte.

Lorsqu'il s'agit d'opérer l'écobuage des terrains en friches ou des landes, des vieilles prairies, on commence par détacher le gazon en plaques aussi régulières que possible. Ce travail s'exécute tantôt à bras d'hommes, tantôt à l'aide d'instruments mus par des chevaux.

Dans beaucoup de localités, on emploie une simple bêche acérée et terminée en pointe triangulaire, ou des espèces de houes fort larges qu'on appelle *écobue* et *étrapa* (fig. 185, 186, 187). En Angleterre, on se sert d'une bêche dont le manche est légèrement convexe, et dont un des côtés du fer est parfois relevé en lame tranchante pour couper le gazon latéralement (fig. 188).

 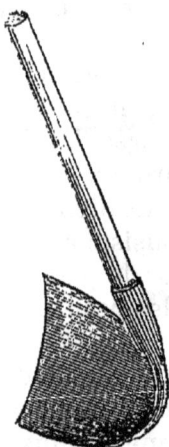  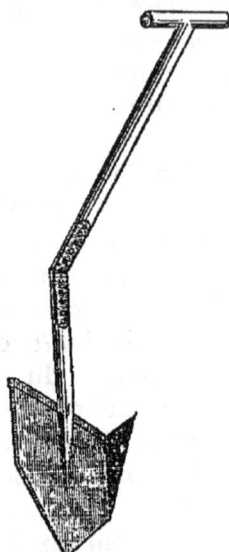

Fig. 185.   Fig. 186.   Fig. 137.   Fig. 188.

Après avoir fait pénétrer cette bêche à la profondeur de 27 à 54 millimètres, l'ouvrier la pousse avec force devant lui au moyen de la courbure du manche, et soulève ainsi des espèces de lanières plus ou moins longues qu'il retourne sans dessus dessous. Ailleurs, pour travailler des sols pierreux, on préfère des bêches en trident ou à trois pointes (fig. 189), qui pénètrent plus aisément que des bêches pleines et lèvent aussi bien le gazon.

Comme cette opération est très fatigante pour un seul homme, on divise souvent le terrain en planches convenablement espacées, au moyen d'un *tranche-gazon* (fig. 190), et on en soulève ensuite les

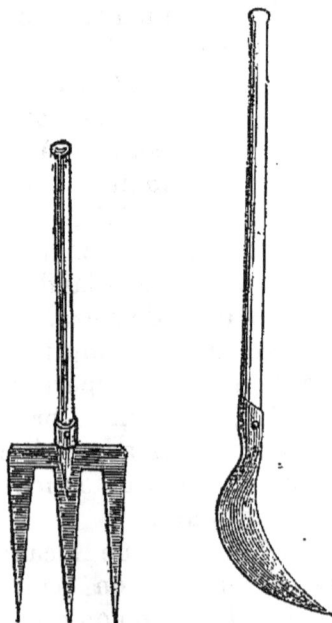 

Fig. 189. *Bêche en trident.*   Fig. 190. *Tranche gazon.*

tranches avec le *lève-gazon* que deux ouvriers font mouvoir,

l'un tirant (fig. 191) l'instrument au moyen d'une corde fixée à
un anneau implanté vers la base du manche, l'autre le diri-

Fig. 191. *Lève-gazon.*

geant, par la manette qui le termine, à peu près à la manière
d'une charrue.

Dans les grandes exploitations et dans les contrées où la pratique de l'écobuage est fréquente, on emploie de préférence la
charrue faite de manière à couper et à renverser les tranches
de gazon. La seule modification qu'elle présente par rapport à
la charrue ordinaire, c'est que le coutre est remplacé par un

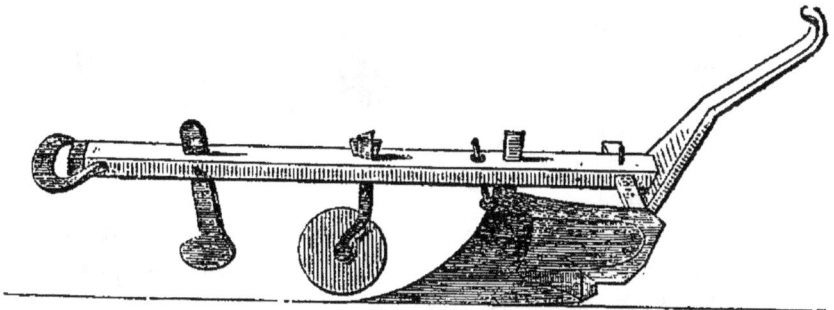

Fig. 192. *Charrue pour couper et renverser le gazon.*

disque métallique, tranchant et tournant sur son axe, comme
on le voit dans la fig. 192. Mais, avant d'en faire usage, on commence par découper toute la surface du terrain par bandes
transversales de même largeur au moyen du *tranche-gazon* imaginé par Rey de Planazu. Cet instrument (fig. 193) se compose
d'une pièce transversale munie de manches et armée de six coutres équidistants, un peu recourbés en arrière, afin de présenter moins de résistance dans le sol, et assez tranchants pour couper le gazon en bandes parallèles de 20 à 30 centimètres de
large ; à la pièce transversale se trouve adaptée une sorte d'age
ou haie qui repose sur l'avant-train d'une charrue.

Lorsque le *tranche-gazon* a fait son office, on trace, au moyen de la charrue, des lignes perpendiculaires aux premières et distantes les unes des autres de 30 centimètres environ. Il en ré-

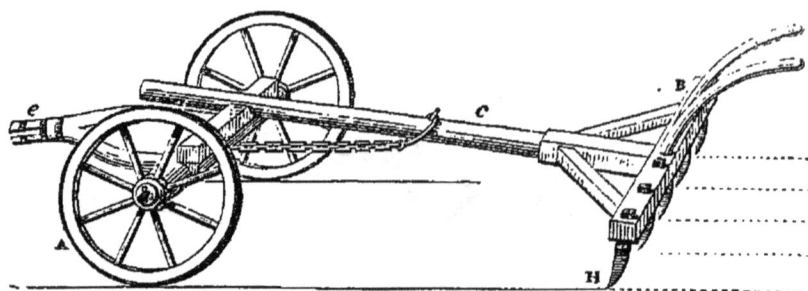

Fig. 193. *Tranche-gazon de Rey de Planazu.*

sulte que la charrue renverse les tranches de gazon sous forme de petits quadrilatères de 30 centimètres environ.

On ne donne pas toujours aux plaques de gazon la même épaisseur. Plus elle est considérable, plus il y a chance de déraciner complètement les plantes nuisibles, et plus on l'obtient de cendres. 16 centimètres sont généralement une épaisseur suffisante. Cependant, si la couche de racines ou de tourbe est très mince, on se contente de 8 centimètres.

Fig. 194. *Plaques de gazon à sécher.*

Lorsque les plaques gazonnées ont été détachées, on les laisse, pour les faire sécher, pendant quelques jours sens dessus dessous, et on les retourne ensuite, afin d'exposer la face enherbée au soleil; ou, mieux encore, on les dispose deux à deux en arcs-boutants sur le sol, comme dans la fig. 194.

Tantôt on brûle les gazons à la place où l'instrument les a laissés; tantôt, et cela est préférable, on les rassemble en petits tas disposés en forme de fourneaux, en ménageant au centre un vide dans lequel on met un

Fig. 195. *Incinération des gazons.*

peu de fagots ou autres combustibles, et en ménageant au

bas une petite ouverture du côté par lequel souffle le vent
(fig. 195 et 196). On place toujours à l'intérieur la face gazon-
née des plaques ; on met le feu au moyen de quelques broussailles, et on a soin de placer de nouveaux gazons sur les par-

Fig. 196. *Manière d'incinérer les gazons, vue de face.*

ties où l'on aperçoit que la flamme s'échappe, afin que la combustion soit bien étouffée ; ou les laisse ainsi brûler lentement,
et, au bout de quelques jours, on répand sur toute la surface
du sol les cendres ou plutôt la matière charbonneuse et terreuse qui forme les monceaux.

Pour les tourbes et résidus, on opère de même : seulement
on construit des monceaux beaucoup plus gros et élevés de 1^m.
à 1^m,32 de haut sur 1^m,32 à 1^m,64 de large à la base, qu'on

Fig. 197. *Tourbe en incinération.*

dispose absolument comme
les charbonnières dans les
forêts (fig. 197), en les recouvrant extérieurement d'une
couche de terre fine et battue.

Presque toujours on établit
les monceaux ou les tas à des
distances égales, de manière
à employer sur la surface du
terrain tous les produits qu'on
lui a enlevés. Or, comme la
quantité et la nature de ces
produits sont essentiellement
variables, il serait aussi diffi-
cile, en théorie qu'en pratique, d'indiquer les proportions fixes.

Les travaux de découpage du sol peuvent commencer en avril
et se continuer jusqu'en juillet : pendant tout ce temps, les herbes et les gazons sèchent facilement. Le moment le plus convenable pour l'incinération est celui qui précède immédiatement l'époque des semailles, car il faut garder le moins longtemps possible les cendres en tas à la surface du champ, dans

la crainte que les pluies n'entraînent, au profit exclusif de la partie. du sol que recouvrent ces tas, les substances solubles qu'elles contiennent. On les répand donc aussitôt qu'elles sont refroidies, en choisissant un temps humide et calme, afin d'éviter les effets du vent. On les enterre ensuite par un labour superficiel.

On a reconnu l'avantage d'ajouter aux cendres une certaine quantité de chaux. La dose moyenne du mélange est de 100 hectolitres par hectare.

Outre la destruction des plantes parasites nuisibles et des insectes, due à l'effet même de la chaleur, l'écobuage opère une double action sur le sol : il agit physiquement, en diminuant sa consistance, en le rendant friable, poreux, perméable aux gaz et aux vapeurs, plus facilement pénétrable par les racines, et susceptible de s'égoutter plus aisément; il agit aussi chimiquement, en introduisant dans le sol des substances salines et alcalines douées d'un pouvoir fertilisant très énergique, telles que carbonâtes, sulfates, phosphates alcalins, etc. ; en rendant les parties argileuses facilement attaquables par les agents atmosphériques, l'eau et la chaux, et par conséquent susceptibles de fournir aux plantes les silicates alcalins dont les céréales ont un si grand besoin ; probablement aussi en pénétrant les terres des principes volatils, ammoniacaux ou autres, qui proviennent de la combustion lente des plantes, et enfin en favorisant la nitrification, car il y a dans un terrain écobué toutes les conditions réunies pour que ce dernier phénomène se produise dans une certaine mesure.

Ces effets de l'écobuage indiquent assez sur quelle nature de sol il peut être pratiqué avec succès : ce sont surtout les terres glaiseuses, argilo-marneuses, autrement dit toutes celles qui pèchent par une trop grande ténacité, les marais desséchés, les défriches, les vieilles prairies, les tourbières où la matière organique surabonde dans un état d'acidité nuisible à la végétation. Quant aux sols légers, sablonneux, naturellement chauds et peu riches en matières organiques, l'écobuage a toujours produit de mauvais résultats, et ce n'est qu'autant qu'on le fait suivre d'abondants engrais qu'il peut y être adopté, mais à de rares intervalles. Il y a cependant quelques terrains légers qui n'en éprouvent aucun dommage, à moins qu'ils ne soient mal cultivés ensuite : ce sont les sols crayeux et même ceux légèrement calcaires. La chaleur, en convertissant une certaine quantité du calcaire en chaux vive, produit, dans ce cas, le même effet qu'un faible chaulage. Si l'on cultive cette terre doucement et qu'on la mette en prairie, elle se couvrira d'un gazon dont la pousse rétablira bientôt la perte de la matière végétale. Les sols crayeux de l'Angleterre sont soumis à une répétition constante de l'écobuage, sans que leur fertilité en ait été visiblement diminuée.

Il faut bien se rappeler que, comme les effets des cendres produites par l'écobuage ne sont pas de longue durée, bien qu'ils soient immédiats, une application de fumier devient indispensable à la troisième année le culture ; après quoi le sol ainsi aménagé doit être converti en prairie. Le grand point, toutes les fois que l'on applique des stimulants à un terrain, est de ne pas abuser de la fertilité produite, et de suivre, au contraire, un assolement peu épuisant. Sans cette précaution, on s'expose à n'obtenir que des résultats contraires à ceux que l'on peut espérer.

Il ne faut donc pas imiter ce qui se fait dans trop de localités (Bretagne, Tarn, etc.), où, sur des landes pauvres, sur le penchant des collines arides, après un écobuage et sans le secours d'engrais, on sème une ou deux fois de suite du seigle, de l'avoine ou du sarrasin ; puis on laisse le terrain se couvrir de nouveau de bruyères, de genêts ou d'ajoncs, qui devront l'occuper pendant six ou sept ans, et quelquefois plus longtemps encore. Ce mode de faire est tout ce qu'il y a de plus vicieux.

Les plantes qu'il convient surtout de cultiver dans les terres écobuées sont les crucifères, raves, turneps, navets, colza, les pommes de terre, l'avoine, la plupart des légumineuses fourragères, notamment les vesces et les sainfoins. Lorsque le sol n'est que d'une fertilité moyenne, les Anglais préfèrent les turneps à toute autre récolte, et ils les font manger sur le sol même. Ils obtiennent ainsi, l'année suivante, une orge ou une avoine toujours fort belle, sur laquelle le trèfle se développe avec une vigueur inusitée. Celui-ci, après un ou deux ans, est retourné avant la dernière coupe, et on écobue de nouveau pour faire place, sans addition d'engrais, à du froment.

Dans le département du Nord, où l'on ne pratique l'écobuage que dans quelques marais tourbeux et sur des coteaux de landes, on obtient les plus belles récoltes de lin, de colza et d'œillette sur les terrains tourbeux récemment écobués ; les bons cultivateurs, après cette première récolte, placent une récolte sarclée et fumée, qui précède immédiatement la céréale dans laquelle on sème le trèfle.

Il est de bonne pratique, en général, de n'amener sur une défriche les céréales panaires qu'en deuxième ou troisième récolte.

Le prix de revient du défrichement par l'écobuage des terrains marécageux, tourbeux ou argileux, à part leur desséchement qu'il est difficile de pouvoir évaluer, varie en raison du mode employé. Pour donner un aperçu de cette dépense, nous allons indiquer les frais occasionnés par un défrichement, effectué, en 1837, sur un sol marécageux situé dans la commune de Roncherolles, près de Forges-les-Eaux (Seine-Inférieure). Ce sol, tourbeux à sa surface, offre, à peu de profondeur, une couche de terre argilo-sableuse.

PRIX DE REVIENT DU DÉFRICHEMENT D'UN TERRAIN MARÉCAGEUX, POUR UN HECTARE.

Écobuage à bras d'hommes.

Enlevage du gazon par plaques carrées de 8 centimètres d'épaisseur à 2 centimes du mètre carré..	200 fr.
Ramassage des plaques, dessiccation, incinération, répartition des cendres, à 1 centime du mètre carré...	100

Labours, hersages, etc.

100 hectolitres de chaux, à 3 fr. l'hectolitre.........................	300
Transport et répartition...	30
Labour superficiel pour recouvrir les cendres et la chaux.............	14
— ordinaire....................................	17
Hersage à la grande herse, 2 dents...................................	6
Loyer de la terre pendant un an......................................	»
Frais généraux d'exploitation..	20
Intérêts pendant un an des dépenses ci-dessus, à 5 p. 100.............	34
Total.......................	721

Produit de ce terrain avant le défrichement..............	0
— après l'opération....................	60 fr.

Le capital engagé dans cette opération produit donc un intérêt d'environ 8 1/2 p. 100.

De tout ce qui précède, il faut conclure que l'écobuage est un excellent moyen de tirer du sol des récoltes plus abondantes, mais qu'il est dangereux d'en abuser, car le sol écobué est bien vite rendu stérile par une succession peu judicieuse de récoltes épuisantes.

Après l'écobuage, on doit mettre encore bien plus de soins qu'après toute autre méthode de rompre un pré, à adopter un assolement peu épuisant, à rendre promptement de l'engrais au sol, à le remettre en prairie au bout d'un petit nombre d'années, ou, si l'on veut le laisser en culture, à entretenir la fertilité par des engrais abondants.

« Un terrain écobué, dit Mathieu de Dombasle, est comme un cheval très ardent, dont peut facilement abuser un voiturier malhabile, mais dont on peut tirer d'excellents services au moyen de ménagements convenables. »

Engrais organiques. — Avant d'examiner en particulier les diverses substances végétales ou animales qui peuvent être employées comme engrais, il est quelques considérations générales, titrées de la physique et de la chimie, qu'il est indispensable de connaître sur ces précieux moyens de fertilité.

Les engrais que l'on enfouit dans le sol contiennent des matières solubles et des matières insolubles, et le plus ordinairement ces dernières prédominent de beaucoup. Les premières peuvent immédiatement servir à la nutrition et être assimilées par les plantes ; mais, pour que les matières insolubles puissent remplir le même rôle, il faut absolument qu'elles éprouvent une fermentation qui en dissocie les éléments et qui donne lieu à la production de nouveaux composés solubles ou gazeux. Or c'est toujours ce qui arrive ; seulement la décomposition des matières organiques, sous la triple influence de la chaleur, de l'humidité et de l'air, est plus ou moins prompte, suivant leur nature. Les substances animales se désorganisent plus promptement et plus facilement que les substances végétales, et, parmi ces dernières, celles qui sont riches en parties ligneuses résistent plus longtemps que les autres aux changements physiques et chimiques qui doivent les convertir en principes solubles ou gazeux assimilables.

Ainsi, avant de pouvoir servir d'engrais, les plantes arrachées du sol, les débris des animaux morts, doivent subir une fermentation ou une putréfaction qui désorganise les tissus, qui mette en liberté les sucs qu'ils renferment, et fasse passer peu à peu ces tissus par une suite régulière de décompositions et de transformations qui les rendent solubles dans l'eau, ou volatils. Ces phénomènes se produisent d'autant mieux et d'autant plus rapidement que les matières sont réunies en plus grande masse. Voilà pourquoi la paille des céréales, disséminée à la surface du sol, garde fort longtemps son aspect et n'agit presque aucunement comme engrais, tandis que, entassée en masse considérable, elle s'échauffe bientôt, dégage de la vapeur d'eau et des gaz infects, se colore fortement en noir et se convertit promptement en *terreau*.

Mais il n'est pas indispensable que ces décompositions spontanées précèdent l'enfouissement des matières organiques dans le sol ; elles peuvent s'opérer dans la terre avec plus de profit pour la végétation, car les nombreux principes volatils ou gazeux, et notamment l'acide carbonique et l'ammoniaque, qui prennent toujours naissance dans ce cas, au lieu de se perdre dans l'atmosphère, restent dans le sol et peuvent concourir aussi à la nutrition des plantes.

De la durée de la décomposition des engrais dans la terre dépend surtout leur effet utile. La pratique et la théorie s'accordent sur ce principe, *que les engrais agissent d'autant plus utilement que leur décomposition est le mieux proportionnée aux développements des plantes*. Nous verrons, en traitant des engrais en particulier, qu'il est toujours possible de les modifier de manière à se rapprocher de cette condition, soit en ralentissant la décomposition des engrais trop actifs, soit en accélérant celle des autres.

La qualité et les doses des engrais applicables aux plantes peuvent donc varier entre des limites très étendues, s'ils cèdent leurs produits gazeux ou solubles en proportions convenables, pour un temps et une superficie donnés.

« C'est ainsi que, toutes choses égales d'ailleurs, un engrais, entièrement décomposable en ses produits solubles et gazeux, dans le cours d'une seule année, pourra produire autant d'effet sur la première récolte qu'une quantité quintuple d'un autre engrais dont la décomposition ultime ne s'achèverait qu'en cinq ans; mais celle-ci fournira pendant un temps cinq fois plus long les produits utiles, et il y aura compensation.

« La durée des engrais, souvent dépendante de la cohésion et de l'insolubilité de la substance organique, doit donc être prise en sérieuse considération [1]. »

D'après la durée ou la rapidité de leur action, on a distingué depuis longtemps les engrais en *engrais chauds* et *engrais froids*.

Les *engrais chauds* sont ceux dont l'action est rapide, à cause de leur disposition fermentescible et de leur grande solubilité, ou des matières salines qu'ils renferment; ils ne contiennent pas beaucoup d'eau. Tels sont: le sang, la chair, les cretons, la poudrette, la fiente de mouton, le fumier de cheval, la colombine, le guano, les tourteaux de graines, etc.

Les *engrais froids* sont tous ceux dont l'action est lente, soit parce que leur tissu est difficile à décomposer ou à mettre en fermentation, soit parce qu'ils renferment peu de matières salines ou seulement des matières salines insolubles, soit enfin parce qu'ils sont trop délayés dans l'eau. Tels sont: les engrais

---

1. BOUSSINGAULT ET PAYEN. — *Mémoire sur les engrais et leurs valeurs comparées.* — Annales de chimie et de physique, 3ᵉ série, t. III, p. 67.

végétaux, les fumiers des bêtes à cornes, les chiffons et déchets
de laine et de soie, les os, les cornes et ergots, les sabots des
chevaux, les cheveux, poils et crins, les plumes, les engrais liquides, etc.

Il ne faut pas attacher une trop grande importance à cette
distinction, qui n'est pas vraie d'une manière absolue, car l'action et la durée des engrais sont modifiées par bien des causes,
notamment par l'état du sol dans lequel on les dépose. Ainsi les
matières organiques contenues dans une terre sablonneuse sont
bientôt amenées à l'état soluble, parce que cette sorte de terre
se laisse aisément pénétrer par les influences atmosphériques,
agents de décomposition, tandis que, dans une terre argileuse,
elles sont plus longtemps à devenir solubles, parce que la ténacité de l'argile rend l'accès de l'air et de la chaleur plus difficile.

Par la même raison, la solubilité de l'humus est hâtée dans
une terre argileuse par les labours et les cultures ameublis-
santes qui l'ouvrent aux influences atmosphériques; et, pour
la même raison encore, dans une terre sablonneuse, où l'on
répète trop souvent les cultures, l'engrais devient trop vite
soluble et se volatilise dans l'air avant que les plantes aient
accompli leur croissance.

Une légère alcalinité du sol est nécessaire et favorable à l'action des engrais. L'acidité tend sans cesse à dominer dans le
sol, car les engrais organiques, en se décomposant, fournissent,
comme résultat principal, du terreau ou de l'humus très riche
en acides, toujours nuisibles à la végétation. Cet inconvénient
ne se fait pas sentir dans les terres calcaires, dont le carbonate
de chaux neutralise les acides au fur et à mesure de leur production; mais, dans les terrains non calcaires, il y a nécessité
d'associer aux engrais organiques des amendements ou des engrais alcalins, comme la marne, la chaux, les cendres, afin de
rétablir et de maintenir dans le sol l'alcalinité favorable à la
végétation.

Les alcalis, d'ailleurs, accélèrent la décomposition qu'éprouvent naturellement les matières organiques en présence de l'air
humide et chaud. Cette action spéciale est bien connue des praticiens, qui, depuis fort longtemps, introduisent de la chaux
vive dans leur composts, et arrosent les pailles, les fanes ligneuses, les fougères et autres débris organiques avec des lessives pour hâter leur conversion en terreau.

On voit combien il est important de tenir compte des quantités physiques et chimiques du sol lors de l'application des

engrais, et l'on peut dire que la *fécondité du sol* est le résultat
de deux forces qui réagissent l'une sur l'autre, mais qui ne
peuvent rien l'une sans l'autre, à savoir :

La *richesse du sol*, c'est-à-dire la quantité des engrais naturels
ou ajoutés, et la *puissance du sol*, c'est-à-dire la propriété qu'il
a naturellement, ou qui lui a été donnée par la culture, de se
laisser pénétrer par les influences atmosphériques, la chaleur,
l'humidité, l'air, dans les proportions les plus convenables pour
que la nourriture des plantes soit toujours élaborée ou rendue
soluble au fur et à mesure de leurs besoins, mais jamais au
delà de ces besoins.

Ainsi, plus un terrain a de *puissance* et de *richesse*, plus il
renferme d'engrais assimilables immédiatement, plus il produit
de plantes ou de parties végétales; mais la consommation de
l'engrais n'est pas toujours la même.

Un troisième élément auquel il faut encore avoir égard, par
conséquent, dans l'emploi de ces précieux agents de production, c'est la nature des plantes qui doivent couvrir le sol, car
toutes n'exigent pas la même proportion d'engrais pour acquérir leur plus complet développement.

Il y a des plantes qui, bien qu'empruntant au sol une partie
de leur nourriture par leurs racines, s'approprient aussi une
grande quantité de substances atmosphériques par leurs feuilles,
ces *racines aériennes*, et qui ont, en outre, ce grand avantage,
que, lors même qu'elles sont emportées hors du champ, elles
y laissent, au moyen de leurs chaumes et de leurs nombreuses
racines charnues, autant et quelquefois plus de matières organiques qu'elles n'en ont consommé.

Si on les abandonne sur le sol, ou si on les y enfouit en totalité,
celui-ci récupérera les sucs qu'il avait fournis, et gagnera de
plus en richesse l'équivalent des principes nutritifs que les
plantes avaient tirés de l'atmosphère, principes nutritifs qui permettent d'obtenir, proportionnellement à leur quantité et sans
nouvel engrais, d'autres productions.

Les plantes de la famille des légumineuses sont particulièrement dans ce cas favorables pour l'agriculteur. 1000 kilog. de
trèfle laissent en terre 796 kilog. de racines supposées sèches,
qui renferment 718 kilog. de principes empruntés à l'atmosphère, parmi lesquels l'azote figure pour 15 kilog. Voilà donc
une quantité d'azote qui n'a rien coûté au cultivateur, et qui
équivaut à 750 kilog. de fumier ordinaire.

On peut partager les plantes en quatre classes, sous le rapport de leur plus ou moins d'influence sur les sucs nutrifs de la terre :

1° Celles qui *épuisent* beaucoup, c'est-à-dire qui exigent beaucoup d'engrais, occupent quelquefois la terre plus d'une année, et ne rendent absolument rien au sol ; tels sont :

Houblon,	Chanvre,	Pavot ou œillette,
Garance,	Lin,	Les pépinières.
Colza.		

2° Celles qui *épuisent* moins, parce qu'elles n'ont pas tous les effets des précédentes :

Choux,	Pommes de terre,
Navets,	Céréales d'automne,
Betteraves,	— de printemps.

Le froment épuise plus que le seigle ;
L'orge épuise comme le seigle ;
L'avoine épuise comme le froment, à poids égal.

3° Celles qui *enrichissent* beaucoup. Sont dans ce cas les plantes qui sont en totalité enfouies vertes, ou qui, ayant occupé le sol pendant de longues années, l'ont enrichi par leurs débris et par les substances fertilisantes puisées dans l'atmosphère :

AU PREMIER RANG.

Luzernes et sainfoins bien garnis qui ont duré plusieurs années ;
Trèfle bien réussi dont on a enterré une coupe en pleine croissance.

AU DEUXIÈME RANG.

Gazon,	Vesce,	Sarrasin	
Lupin,	Navette,	Fève	enfouis.
Spergule,	Moutarde blanche,	Seigle	

4° Enfin celles qui *enrichissent* moins. Ces plantes sont d'autant moins enrichissantes qu'elles ont moins puisé dans l'atmosphère, qu'elles ont restitué à la terre une moins grande quantité de leurs débris ; que leur végétation aura été moins foliacée, moins vigoureuse, moins serrée, et que l'on en aura enfoui une moins grande quantité. A cette classe appartiennent :

Les légumineuses récoltées, trèfle, pois, vesce, fèves, haricots, etc. ; encore n'enrichissent-elles qu'autant qu'elles ont été non seulement vigoureuses, mais épaisses ; ce qui ne s'obtient que sur des champs en bon état.

Nous examinerons plus tard cette importante question de l'épuisement du sol par les diverses récoltes, autrement dit de l'enlèvement des engrais au sol par chaque espèce de plantes, notamment lorsque nous parlerons des assolements. Ce qui précède suffit pour faire comprendre que les engrais doivent être administrés, non d'une manière uniforme, mais proportionnellement aux exigences de chaque plante en particulier.

La nature chimique des engrais n'est pas moins à considérer que leur quantité, suivant les espèces végétales, car tous ne satisfont pas également aux besoins des plantes, et il n'est pas indifférent de les substituer les uns aux autres.

Pour les céréales, les légumineuses à cosses, pois, haricots, lentilles, etc., destinées à la nourriture de l'homme, ce qu'il faut surtout chercher, c'est de faire prédominer dans les semences l'albumine, le gluten, les phosphates terreux. Les engrais qui peuvent le mieux conduire à ce résultat sont surtout les fumiers, le sang, les urines, les excréments de l'homme, qui sont les plus riches en azote et en phosphates.

Pour les plantes à fécule, à sucre, à huile, dont les principes importants sont formés par le seul concours des éléments de l'eau et de l'acide carbonique, les pailles, les débris végétaux, le terreau, les engrais peu azotés, sont préférables à tous les autres. Les pommes de terre sont moins féculentes, les betteraves sont moins riches en sucre dans les terres richement fumées que dans les sols sablonneux et humifères. Les betteraves, dans les champs engraissés avec les boues de ville, donnent moins de sucre et beaucoup de sels, notamment du salpêtre.

Il faut toujours choisir, autant que possible, pour porter dans un champ destiné à une culture spéciale, l'engrais ou le fumier dans la composition duquel il sera entré le plus de chaumes ou de débris de la même nature de récolte, afin que celle-ci trouve dans le sol tous les principes salins qui lui sont indispensables pour un parfait développement. On conçoit, d'après cela, l'avantage d'employer, comme litière, les fanes et les tiges de colza, de sarrasin, de topinambour, et d'appliquer le fumier qui en résulte à de nouvelles récoltes de colza, de sarrasin, de topinambour.

Les pailles et les balles des céréales constituent le fumier par excellence pour le blé, la seigle, l'avoine, parce que ces plantes y peuvent puiser les phosphates dont leurs tiges et leurs graines sont si largement pourvues.

Les marcs d'huile ou tourteaux conviennent spécialement aux plantes à huile, attendu que ces tourteaux contiennent tous les éléments minéraux qui sont propres à celle-ci.

Il y a bien longtemps que, dans le Bordelais et dans la Bourgogne, les vignerons se sont aperçus que les feuilles, les sarments de vigne, les marcs de raisin, sont les engrais par excellence pour la vigne, et que ce sont surtout des débris qu'il faut enfouir en terre quand on veut avoir des raisins de bonne qualité fournissant du vin fin.

Tous ces faits démontrent les avantages qu'il y a à restituer au sol qui doit porter une plante les propres débris de cette plante, puisqu'ils constituent pour elle le fumier le plus profitable.

Comme, d'un autre côté, les principes salins du fourrage passent dans l'urine et dans les excréments de l'animal qui en a été nourri, il est encore facile de comprendre que les excréments solides et liquides d'un animal ont la plus grande valeur comme engrais pour les plantes dont cet animal s'est nourri.

C'est ainsi que la fiente des porcs nourris avec des pois et des pommes de terre convient surtout pour fumer les champs de pois et de pommes de terre; que le fumier d'une vache nourrie avec du foin et des navets est préférable à tout autre pour fumer les herbages et les soles de navets. C'est encore ainsi que la fiente de pigeon ou la colombine contient les principes minéraux des récoltes en grains, justement parce que les pigeons se nourrissent principalement de graines; que les excréments, tant solides que liquides de l'homme, contiennent en abondance les principes minéraux de toutes les semences. Voilà pourquoi ces excréments conviennent si bien à toutes les cultures, sans exception, et peuvent remplacer toutes les autres espèces de fumier et d'engrais.

Les considérations précédentes démontrent bien qu'il faut, dans le choix des engrais, se régler sur la nature des produits qu'on a en vue de créer.

Dans tous les cas, il est bien constant que si, avec le concours des engrais, on augmente singulièrement la production du sol, en revanche on nuit presque toujours à la qualité des produits. Dans les bons vignobles, les propriétaires qui tiennent à avoir le vin le plus fin possible ne fument jamais leurs vignes : aussi ne récoltent-ils que six, huit et au plus dix pièces par hectare, tandis que les vignerons fument et doublent leur récolte. Suivant le comte Odart, c'est à la gadoue de Paris que les vignobles d'Argenteuil et de Surènes doivent l'abondance, mais aussi la détestable saveur de leurs vins.

L'horticulture concourt encore à démontrer la vérité de ce principe. Le cardon d'Espagne, le céleri, les cardes-poirées, sont creux, et ne peuvent être employés quand ils ont poussé avec trop d'ardeur. Les racines pivotantes, carottes, navets, salsifis et autres, les pommes de terre et les topinambours, ne sont pas mangeables quand on les fait venir dans une terre grasse ou fortement fumée. De tout temps, les navets de Martot, aux environs d'Elbeuf, ont été renommés pour leur excellente qualité, parce qu'ils viennent dans les sables assez maigres ; depuis qu'on a multiplié singulièrement la récolte de ces terrains en y enfouissant les déchets de laine, les tontisses de drap, ces navets ont beaucoup perdu de leur nature farineuse et parfumée. Enfin, tout le monde sait que les fruits les plus délicats sont généralement ceux qui ont le moins d'apparence, parce qu'ils ont été produits dans les terrains maigres et non fumés.

La valeur comparative des engrais, sous le rapport de leurs effets sur la végétation, est, en général, une connaissance qui manque aux cultivateurs ; car on ne peut regarder comme des renseignements exacts les notions empiriques ou traditionnelles qui les guident habituellement dans le choix des engrais et dans l'évaluation des proportions à employer. Chaque jour, d'ailleurs, fait connaître de nouveaux engrais ; et, comme la plupart des agriculteurs ignorent leur efficacité, ils hésitent à les employer, et se privent ainsi de ressources qui pourraient leur être précieuses.

Il est donc de la plus haute importance de savoir essayer les engrais de manière à acquérir des notions justes et utiles sur leurs effets, et voici comment il convient de le faire. Il y a deux méthodes bien distinctes : la *méthode agronomique* et la *méthode chimique.*

A. La première, la plus à la portée des cultivateurs, a été proposée et employée d'abord par le savant et consciencieux Mathieu de Dombasle.

On choisit la partie d'un champ où le sol est uniforme. On y trace un carré de deux mètres de côté, et à la suite de celui-ci un autre carré semblable. Sur le premier on répand une quantité déterminée de la substance à essayer et on cultive les deux carrés de la même manière, en employant la même quantité de semences, donnant les mêmes soins, plaçant enfin les deux cultures dans des conditions aussi égales que possible.

« Quelque peu d'efficacité que l'on puisse supposer à une substance qui agit comme engrais ou comme amendement, il est impossible que l'effet ne s'en fasse pas apercevoir facilement de cette manière, en comparant sur un aussi petit espace la végétation des plantes qui y sont contenues avec celles des parties voisines. La couleur verte plus intense des feuilles, la plus grande hauteur des tiges, la différence de longueur des épis, ne peuvent échapper à l'œil d'un observateur attentif, et je regarde cette manière d'essayer un engrais, ou plusieurs engrais comparativement entre eux, comme présentant beaucoup plus de certitude qu'une expérience comparative faite sur une grande étendue de terre, et dans laquelle on voudrait peser les produits de chaque portion. En effet, dans ce dernier cas, les résultats peuvent être influencés par un grand nombre de circonstances indépendantes de celles que l'on cherche à apprécier ; et si, dans la culture ordinaire, on voulait recueillir à part et peser les produits des deux parties du même billon, ou de deux billons voisins égaux entre eux, cultivés, amendés et semés de la même manière et le même jour, on trouverait presque toujours de très grandes différences, que l'on pourrait attribuer très faussement à la différence des engrais, dans une expérience dirigée ainsi. Au contraire, lorsque l'observation est bornée à quelques mètres carrés, toutes les autres circonstances étant entièrement semblables dans les parties du terrain qui avoisinent ce petit espace bien délimité, un homme exercé qui embrasse à la fois de l'œil tout le champ de l'expérience, et le terrain qui l'entoure de toutes parts, ne peut se méprendre sur la question de savoir s'il y a ou non augmentation de fertilité, ou même si cette augmentation est plus forte ou plus faible sur ce carré que sur le carré voisin. D'ailleurs, en bornant ainsi l'expérience à de petits espaces, on peut les multiplier, et acquérir par ce moyen un degré de certitude qu'il est impossible d'atteindre par une expérience isolée. Je sais bien que des expériences comparatives faites sur une grande étendue, avec appréciation des produits par la balance, font un fort bel effet sur le papier, mais je suis convaincu que l'on peut, même en y mettant beaucoup de soins et d'exactitude, en déduire les conséquences les plus erronées ; et je pense qu'aux yeux d'un praticien expérimenté celle dont je rends compte ici présente des résultats bien plus positifs et plus à l'abri de toute source d'erreur [1]. »

Si nous croyons, comme Mathieu de Dombasle, que l'emploi de la balance ne puisse avoir lieu quand on opère sur une grande échelle, nous pensons qu'il faut toujours y avoir recours dans les expériences comparatives dirigées comme il vient d'être dit, et qu'à l'observation des effets apparents de la culture

1. Mathieu de Dombasle. — *Annales de Roville*, t. V, p. 356.

Jfaut, pour plus d'exactitude, joindre le mesurage et la pesée des divers produits obtenus. On a ainsi plusieurs éléments de comparaison au lieu d'un.

B. La *méthode chimique* pour l'essai des engrais consiste à déterminer, au moyen de quelques expériences bien simples, les proportions de matières organiques susceptibles de se putréfier en terre, et les proportions relatives des matières minérales, tant solubles qu'insolubles, que renferment les substances proposées pour engrais. Ces expériences, en donnant ainsi une connaissance approximative de la constitution chimique de ces substances, permettent de les comparer, et de fixer le prix d'achat ou de transport qu'on peut y mettre.

On commence par dessécher exactement, à une température de 100°, un poids déterminé de l'échantillon, soit 50 ou 100 grammes par exemple, afin de connaître la proportion d'eau que renferme la substance prise dans l'état où l'on doit l'utiliser.

On opère absolument comme pour la dessiccation d'une terre, avec le même appareil (fig. 198), ou l'on se sert de la petite étuve des laboratoires

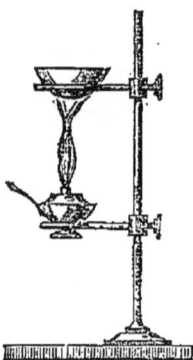

Fig. 198. *Appareil pour dessécher l'engrais.*

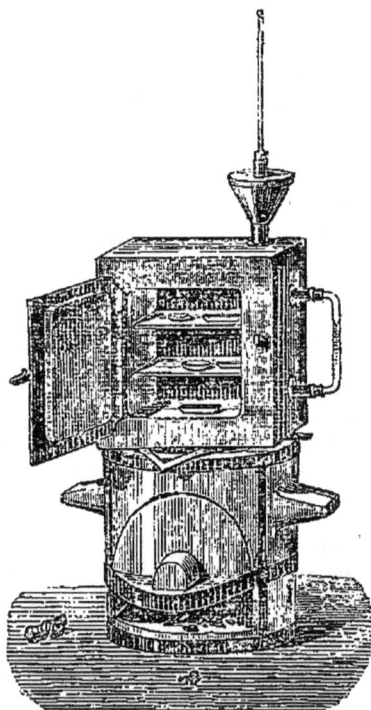

Fig. 199. *Étuve des laboratoires.*

(fig. 199). La perte de poids constatée indique l'eau qui était contenue dans la matière.

La proportion d'eau dans un engrais doit nécessairement en faire baisser considérablement la valeur, car cette eau n'a aucune influence sur son pouvoir productif.

On prend alors 10 grammes de la substance sèche, et on la fait brûler dans une capsule ou un creuset de platine, de fer ou de fonte, chauffé au rouge dans un bain de sable, par le moyen d'une lampe à esprit de vin ou à gaz (fig. 200), afin de déterminer la quantité de matière organique qui s'y trouve. Celle-ci est détruite par la chaleur et convertie en principes gazeux qui disparaissent. On remue la substance à l'aide d'une tige métallique, jusqu'à ce qu'il ne reste plus de particules charbonneuses dans le résidu cendreux; on laisse refroidir, et on pèse. La perte en poids donne la proportion de matière organique; le poids effectif des cendres donne celle

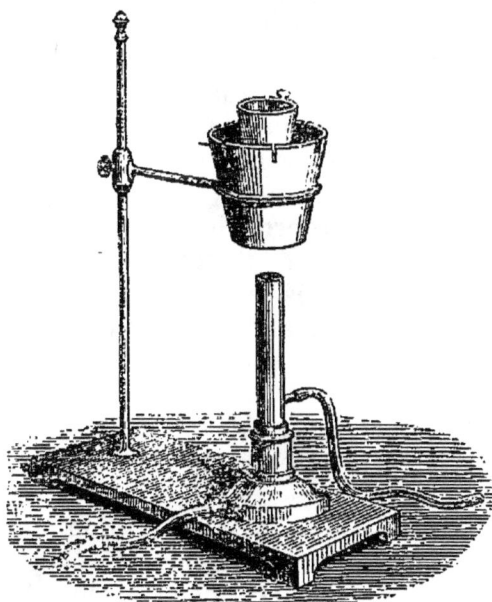

Fig. 200. *Calcination au moyen de la lampe à gaz.*

des matières minérales qui y étaient primitivement associées.

Maintenant, pour avoir le rapport des matières minérales solubles et insolubles, on épuise les cendres par l'eau bouillante, et on dessèche le résidu inattaquable. Le poids de ce résidu donne, par différence avec celui des cendres employées, la quantité de matières solubles.

On a donc, par cette méthode, les données qu'il est essentiel de posséder pour établir approximativement la valeur comparative de divers engrais :

> Le poids de l'eau,
> Le poids des matières organiques,
> Et celui des matières minérales solubles et insolubles.

On peut considérer, généralement, le poids des matières organiques comme représentant une égale quantité de fumier supposé sec. Si donc une susbtance présentée comme nouvel engrais donne à l'essai, après sa dessiccation préalable, 30 pour 100 de matières organiques, on pourra en conclure qu'elle agira en terre comme 30 parties de fumier sec.

La méthode précédente est insuffisante, on le comprend, lorsqu'on ne veut pas se contenter d'à peu près, ou lorsqu'on croit qu'il y a fraude dans l'engrais que l'on a acheté. Il faut alors recourir à une véritable analyse de laboratoire, opération trop délicate pour pouvoir être pratiquée par les agriculteurs proprement dits. Mais cette inconvénient n'est pas aussi grave qu'on pourrait le supposer, car il y a maintenant dans toutes les villes des chimistes assez exercés pour venir en aide aux particiens.

Néanmoins, comme les fils des propriétaires ruraux ou des riches fermiers, ainsi que nombre de personnes instruites qui habitent la campagne, peuvent désirer connaître la manière dont on doit procéder à ces analyses d'engrais, nous allons tracer ici la marche à suivre, en simplifiant, autant que possible, les opérations.

La première chose à faire, c'est de prendre un échantillon commun de la substance à analyser, du poids de 20 à 30 grammes.

Dosage de l'eau. — On détermine ensuite la proportion d'eau interposée, ainsi que nous l'avons décrit précédemment.

Dosage des matières minérales fixes. — On incinère alors 1 ou 2 grammes de la substance desséchée à 100°, pour avoir le poids des matières minérales fixes. La différence entre le poids des cendres et celui de la matière sèche employée indique le poids des matières organiques et des sels ammoniacaux.

Dosage des sels ammoniacaux. — Pour savoir si l'engrais qu'on examine contient des sels ammoniacaux tout formés, on en fait chauffer 1 gramme réduit en poudre, avec quelques grammes de magnésie caustique, dans un tube d'essai muni d'un tube recourbé dont la longue branche plonge dans un verre contenant une solution de nitrate de protoxyde de mercure (fig. 201). Cette solution se trouble et donne un précipité gris noirâtre d'autant plus prononcé que l'engrais renferme de l'ammoniaque toute formée et en quantité plus considérable.

Alors, pour doser cette ammoniaque d'une manière exacte, on a recours au procédé suivant, dû à M. Melsens. On prend 1 gr. de matière pour les engrais riches en ammoniaque, 5 et même 10 gr. pour les engrais pauvres; on enveloppe la matière dans un papier brouillard, et on l'introduit rapidement dans une fiole (fig. 202) en partie remplie d'une solution concentrée de chlorure de chaux. Le gaz azote provenant de la réaction, qui s'effectue à la température ordinaire, est reçu dans un tube gradué en centimètres et en dixièmes de centimètre cube. Son volume, mesuré après une heure de contact, donne celui de l'azote contenu dans les sels ammoniacaux.

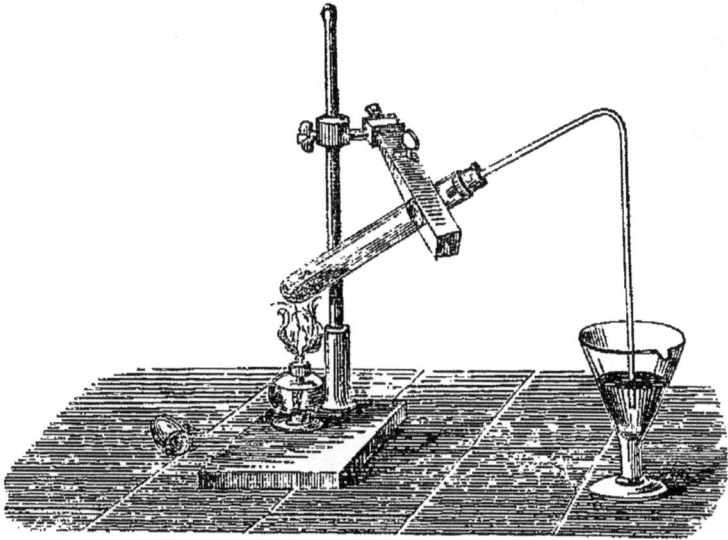

Fig. 201. *Appareil pour reconnaître l'ammoniaque.*

1000 cent. cubes de gaz azote sec, à la température et à la pression normales, pèsent 1^{gr},256 et représentent 1^{gr},521 de gaz ammoniac.

Fig. 202. *Appareil de M. Melsens pour le dosage de l'azote.*

Ce procédé n'est pas d'une assez grande délicatesse quand les

engrais ne contiennent que des quantités minimes de sels ammoniacaux. Celui que M. Boussingault a employé à la recherche de l'ammoniaque dans les eaux est beaucoup plus sensible
et plus exact. Voici comment on peut en tirer parti pour déterminer l'ammoniaque toute formée dans les engrais.

Dans un ballon de 2 litres de capacité (fig. 203), placé sur un

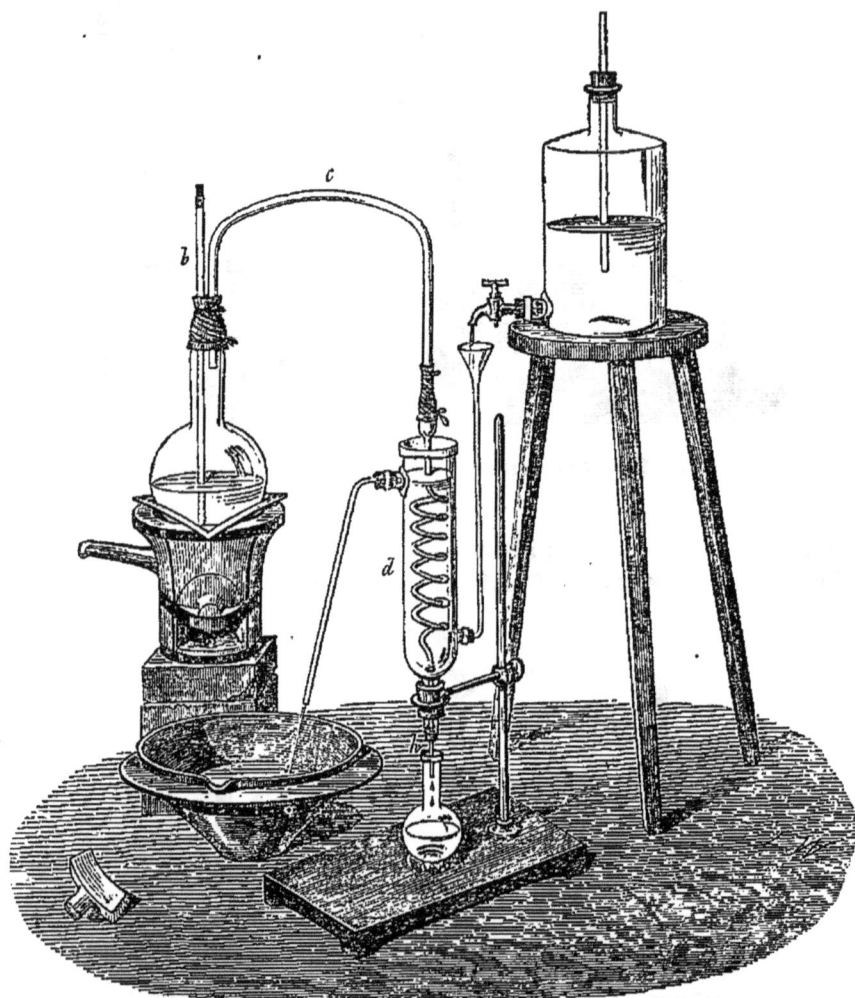

Fig. 203. *Appareil de M. Boussingault pour doser l'ammoniaque.*

fourneau, on introduit 10 à 15 gr. de l'engrais avec 25 à 30 gr.
environ de magnésie caustique. Le bouchon qui sert à fermer
le ballon est traversé de deux tubes : l'un, *b*, est droit et pénètre
jusqu'au fond du ballon ; il sert à introduire l'eau nécessaire à

la réaction (environ un litre); l'autre tube, *c*, recourbe, conduit la vapeur dans un réfrigérant *d* dont le serpentin et le manchon sont en verre; le liquide que cette vapeur fournit par sa condensation est recueilli dans un petit matras jaugé *h*. Tous les bouchons de cet appareil sont bien assujettis et lutés ou cachetés avec soin. On procède à la distillation, en conduisant le feu de manière que l'ébullition soit assez forte et bien soutenue. Toute l'ammoniaque, mise en liberté par la magnésie, se retrouve en totalité dans les premiers produits de la distillation. On arrête celle-ci lorsqu'on a recueilli dans la fiole le cinquième de l'eau mise dans le ballon.

On dose l'ammoniaque contenue dans le produit distillé au moyen d'un acide sulfurique titré, dont 10^{cc} renferment 0^{gr},6125 et neutralisent exactement 0^{gr},212 d'ammoniaque. Mais, comme le produit distillé n'est jamais assez riche pour neutraliser complètement ces 10^{cc} d'acide, on recherche quel est le volume d'une liqueur alcaline également titrée qui est nécessaire pour compléter la saturation de l'acide, commencée par l'ammoniaque dont il s'agit d'établir la proportion.

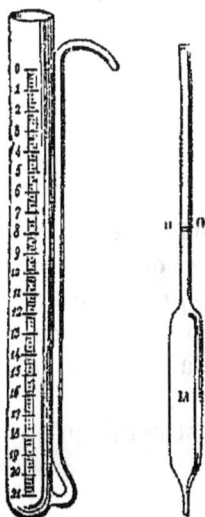

La liqueur alcaline, qu'on place dans une burette (fig. 204) graduée en centimètres et en dixièmes de centimètre cube, est du *saccharate de chaux*, c'est-à-dire une dissolution de chaux caustique dans de l'eau sucrée.

On introduit donc dans le produit distillé, au moyen d'une pipette graduée (fig. 205), 10^{cc} d'acide titré; on lui donne une légère teinte rouge avec le tournesol, et on y fait tomber goutte à goutte de la burette le saccharate de chaux jusqu'à ce que la neutralisation soit effectuée, ce qu'annonce le virement de la couleur rouge au bleu.

Fig. 204.
Burette graduée.

Fig. 205.
Pipette de 10 c. cubes.

Comme, avant d'employer les 10^{cc} d'acide titré, on a eu soin de s'assurer du nombre de centimètres cubes de saccharate qu'ils exigent pour leur neutralisation, et comme, après avoir été mêlés au produit distillé, ils en exigent beaucoup moins, puisqu'une partie de l'acide a été convertie en sulfate d'ammoniaque, qui n'absorbe aucune trace de saccharate, il est évident que la différence qui existe entre ces nombres fait connaître la quantité d'acide qui a été saturée par l'ammoniaque, et par conséquent la quantité de cette dernière.

Supposons que le titre de la dissolution alcaline soit 33cc,5 et que, après avoir été mêlés avec le liquide ammoniacal, les 10cc d'acide normal exigent 13cc,5 de dissolution alcaline pour être saturés ; on dit :

> 10cc d'acide normal exigeaient................... 33cc,5 de saccharate.
>
> Après l'action du produit distillé ammoniacal, il n'a plus fallu, pour neutraliser 10cc du même acide, que. .... 13cc,5   —
>
> Il y a donc différence de..... 20cc,0   —

Or, en faisant la proportion : 33,5 de saccharate : 10cc d'acide titré : : 20,0 de saccharate : x ;

On voit que $x = 5^{cc},97$, qui représentent la proportion d'acide qui a été saturée par l'ammoniaque du produit distillé.

Or, comme 10cc d'acide normal équivalent à 0gr,212 d'ammoniaque, correspondant à 0gr,175 d'azote, il est facile de reconnaître que 5cc,97 équivalent à 0gr,1265 de cet alcali ; en effet :

$$10^{cc} : 0^{gr},212 :: 5,97 : x = 0^{gr},1265.$$

Il y avait donc 0gr,1265 d'ammoniaque dans le produit distillé, et par suite dans les 10 gr. d'engrais employés pour l'essai ; ce qui fait 1gr,265 pour 100.

Dosages de l'azote des matières organiques.—Pour connaître la quantité d'azote contenue dans la partie organique d'un engrais, il faut chauffer celui-ci au rouge en présence d'un mélange de soude et de chaux caustiques, parce que, dans ce cas, tout l'azote de la matière se dégage à l'état d'ammoniaque, qu'il est facile de recueillir dans un acide titré.

Le mode opératoire le plus commode est celui qu'on désigne

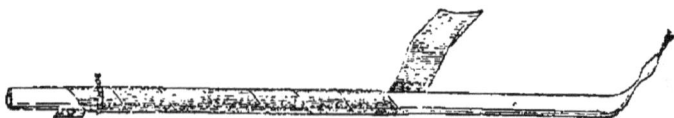

Fig. 206. *Tube entouré de clinquant.*

sous le nom de *procédé de Peligot.* Voici comment on agit habituellement :

Dans un tube de verre vert (fig. 206) peu fusible de 0m,60 à

$0^m,70$ de long, et d'un diamètre de $0^m,025$, on introduit d'abord
1 gr. d'acide oxalique cristallisé ou d'oxalate de chaux sec, puis
de la chaud sodée dans une longueur de $0^m,03$ à $0^m,04$; on glisse
alors dans le tube un poids d'engrais désséché à 100°, et comprise entre $0^{gr},5$ et 1^{gr} tout au plus ; cet engrais est placé dans
une petite cartouche d'étain; on achève de remplir le tube jusqu'à quelques centimètres de son ouverture, avec de la chaux
sodée, d'abord en poudre fine, puis en petits grains; enfin on
garnit d'amiante l'espace compris entre cette chaux et le bouchon. On entoure le tube de clinquant pour qu'il ne se déforme
pas pendant qu'on le chauffera au rouge, puis on le place dans
une grille à combustion (fig. 207).

Pour condenser l'ammoniaque qui doit sortir du tube, on

Fig. 207. *Appareil pour le dosage de l'azote.*

adapte à celui-ci un condenseur à trois boules contenant 10^{cc}
d'acide sulfurique faible titré.

On commence à chauffer du côté du bouchon, et de proche
en proche on ajoute du feu lentement, en marchant vers l'extrémité ; on met assez de charbon pour que le tube rougisse et
reste en cet état dans toute son étendue. Dans ces conditions,
l'engrais est décomposé, et son azote passe, en présence de la
soude caustique, à l'état d'ammoniaque. Celle-ci, entraînée
avec les autres gaz produits, arrive dans le condenseur, se dissout dans l'acide sulfurique, et en affaiblit le titre.

Quand le mélange de la chaux sodée et de l'engrais est devenu blanc, ou mieux lorsque les bulles de gaz cessent d'arriver
dans le condenseur, on chauffe l'extrémité du tube. L'acide
oxalique, en présence du mélange alcalin rouge de feu, se décompose en donnant de l'acide carbonique, qui est retenu par
la soude, et de l'hydrogène pur, qui balaye l'appareil et n'y
laisse aucune trace d'ammoniaque.

En essayant d'enflammer le gaz qui sort du tube à la fin de
l'opération, on constate que celle-ci est terminée.

L'acide sulfurique titré de M. Peligot est le même que celui dont on s'est servi tout à l'heure pour le tirage de l'eau ammoniacale obtenue dans la distillation avec l'appareil de M. Boussingault, et on opère absolument de la même manière en employant le même saccharate de chaux.

Si, par exemple, les 10^{cc} d'acide titré exigent, avant la combustion, $33^{cc},5$ de saccharate, et qu'après la combustion ils n'en demandent plus que $16^{cc},4$, il est clair que la différence : $33^{cc},5 — 16^{cc},4 = 17^{cc},1$ représente la quantité d'acide qui a été saturé par l'ammoniaque provenant de la matière azotée.

Mais, puisque $33^{cc},5$ de saccharate représentent 10^{cc} d'acide titré, qui correspondent à $0^{gr},212$ d'ammoniaque, ou à $0^{gr},175$ d'azote, $17^{cc},1$ représenteront $5^{cc},10$ d'acide titré, correspondant à $0^{gr},1081$ d'ammoniaque, ou à $0^{gr},0893$ d'azote : si donc l'on divise ce dernier nombre par le poids de l'engrais employé, on connaîtra la proportion exacte d'azote que ce même engrais renferme.

Dans l'exemple précédent on a opéré sur $0^{gr},85$ d'engrais :
Par conséquent, on a : $\dfrac{0,0893}{0,85} = 10,5$ d'azote pour 100.

Dans les engrais, l'azote peut se trouver sous trois formes différentes qu'il faut savoir distinguer, car l'action plus ou moins prompte de ces engrais dépend en grande partie de l'état de combinaison plus ou moins stable, plus ou moins propre à l'assimilation, dans lequel se montre l'azote.

L'azote peut donc, dans un engrais, être à l'état : 1° d'ammoniaque toute formée et unie à des acides ; 2° d'acide azotique tout formé et uni à des bases ; 3° de principe élémentaire de la substance organique.

Lorsqu'on calcine au rouge l'engrais avec de la chaux sodée, l'ammoniaque qu'on obtient représente :

1° L'ammoniaque qui était toute formée dans l'engrais ;

2° L'azote engagé comme principe élémentaire de la matière organique.

Comme la première a été dosée par une opération précédente, il est facile de connaître les proportions respectives des deux sortes d'azote de l'engrais.

Mais, pour l'azote engagé sous forme d'azotate, la méthode d'analyse élémentaire par la chaux sodée ne peut l'indiquer, attendu que les azotates ne laissent pas dégager leur azote sous forme d'ammoniaque. Il faut donc, dans le cas où l'engrais en contient, suivre une autre marche.

Pour reconnaître si un engrais contient de ces sels, il faut en épuiser une centaine de grammes par l'eau bouillante. Les azo-

tates passent tous dans la liqueur. On concentre celle-ci avec
ménagement, et, comme elle peut être plus ou moins colorée,
il faut la débarrasser le mieux possible de sa couleur, en l'agitant et la faisant doucement chauffer, si cela est nécessaire,
avec de la gelée d'alumine.

Lorsque la liqueur est décolorée, on la filtre, et alors on y
recherche l'acide azotique au moyen du procédé de M. Boussingault. Après l'avoir concentrée le plus possible, on en prend
1ᶜᶜ, qu'on introduit dans un petit tube d'essai (fig. 208); on y
ajoute 1ᶜᶜ d'acide chlorhydrique concentré pur, et on y fait couler quelques gouttes de
sulfate d'indigo, de
manière à colorer tout
le liquide en bleu. En
faisant bouillir le mé-
lange, qui doit tou-
jours être très acide,
on a la preuve qu'il y
a des azotates par la
décoloration complète
qui se produit, et plus
la quantité des azo-
tates est considérable,
plus est grande la
quantité de sulfate
d'indigo que le mélange
peut décolorer.

Lorsqu'il y a ab-
sence d'azotates, la li-
queur reste colorée en
bleu, même après une
ébullition prolongée.

Fig. 208. *Recherche des azotates dans
les engrais.*

Si donc l'engrais qu'on analyse a donné des indices d'azotates,
pour savoir la proportion de ces sels, et par suite celle de l'a-
zote qui y correspond, on fait l'analyse élémentaire de l'engrais
par la méthode suivante, qui tient compte de l'azote total de
l'engrais sous quelque forme qu'il s'y trouve.

On brûle la matière par l'oxyde de cuivre, et on recueille
l'azote en volume à l'état de gaz élémentaire. On doit prendre
de l'engrais une quantité suffisante pour obtenir de 5 à 10ᶜᶜ d'a-
zote. 3 à 4 décigr. d'un engrais riche suffiront (sang, chair, etc.);
il faut aller jusqu'à 7 à 10 décigrammes pour un engrais moins
riche (fumier, tourteaux, composts, etc.).

Voici donc comment on opère :

Dans le tube à combustion (fig. 209), on met d'abord une petite couche de bicarbonate de soude, puis une couche d'oxyde
de cuivre pur, ensuite le mélange de la substance avec l'oxyde
de cuivre, une dernière couche d'oxyde pur, et on achève de

Fig. 209. *Appareil pour l'analyse d'un engrais azoté.*

remplir le tube avec de la tournure de cuivre métallique. Le
tube communique avec un condenseur à boules, contenant une
solution concentrée de potasse caustique, et celui-ci est adapté
à un tube recourbé dont l'extrémité plonge sous une cloche
placée sur la cuve à mercure.

L'appareil étant ainsi disposé, on chauffe d'abord la partie
extrême du tube à combustion, qui renferme le bicarbonate de
soude. Il se dégage de l'acide carbonique qui chasse l'air contenu dans l'appareil et le remplace ; on arrête la décomposition
du sel lorsqu'il ne se dégage plus d'air dans la cloche. On retire
alors celle-ci, et on lui substitue une cloche graduée, pleine de
mercure. On procède dès ce moment à la combustion de la matière. L'eau et l'acide carbonique provenant de celle-ci restent
dans le condenseur à boules, et le gaz azote seul se rend sous la
cloche à mercure. Lorsque la combustion est terminée, ce qu'on
reconnaît à la cessation de tout dégagement, le tube étant
rouge de feu dans toute sa longueur, on chauffe l'extrémité où
se trouve encore du bicarbonate de soude, afin de mettre en liberté une grande quantité d'acide carbonique, qui balaye
le tube et fait ainsi arriver dans la cloche les derniers restes de
l'azote.

On a maintenant dans celle-ci tout l'azote contenu primitive-

ment dans la matière. On en mesure le volume, en tenant note
de la température et de la pression atmosphérique, puis on
convertit le volume en poids, au moyen d'une règle de proportion, d'après ce fait que : 1000 centimètres cubes ou un litre de
gaz azote sec, à la température de 0° et à la pression de $0^m,76$,
pèsent $1^{gr},256$.

Une fois qu'on a l'azote total de l'engrais, on en défalque
celui de la matière organique et celui de l'ammoniaque, et ce
qui reste est l'azote des nitrates.

Or de ce poids d'azote on passe à celui de l'acide azotique,
en sachant que 1 gr. d'azote représente $3^{gr},85$ d'acide supposé sec, ou $4^{gr},50$ d'acide ordinaire, ou enfin $7^{gr},21$ d'azotate
de potasse.

Pour l'essai des engrais facilement décomposables, tels que
les sels ammoniacaux, les guanos, les poudrettes, les noirs des
raffineries, la chair et le sang sec, M. Bobierre a apporté une
économie de temps et d'argent en inventant le petit appareil
qu'il a nommé *ammonimètre*.

Il se compose (fig. 210) :

a. D'une lampe cylindrique à quatre mèches, munie de pe-

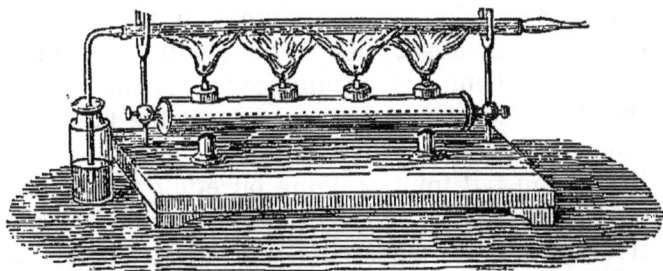

Fig. 210. *Ammonimètre de M. Bobierre.*

tites tiges verticales et à fourche, destinées à soutenir le tube à
combustion ;

b. D'un tube en verre vert d'un centimètre seulement de diamètre et de 27 cent. de long ; ce tube est effilé à sa partie postérieure et courbé à angle droit à sa partie antérieure dans une
longueur de 7 centimètres ;

c. D'un petit flacon destiné à contenir l'acide sulfurique titré,
et dans lequel plonge la petite branche courbe du tube à combustion.

On opère sur 2 décigrammes d'engrais, qu'on décompose par 13 grammes de chaux sodée finement pulvérisés. — La décomposition peut être opérée en 15 minutes environ, au moyen de la lampe à alcool, dont on ne découvre les porte-mèches qu'au fur et à mesure de la marche de l'opération. La combustion terminée, on évite l'absorption en brisant l'extrémité effilée du tube; on laisse refroidir quelques instants, et, soulevant le tube avec précaution, on immerge à plusieurs reprises sa courte branche dans une petite quantité d'eau pure qui sert ensuite à rincer le flacon à acide sulfurique titré. On fait la saturation, comme dans la méthode de M. Peligot, avec le saccharate de chaux. — Pour la combustion, on peut se dispenser d'entourer le tube de clinquant, quand il est suffisamment épais.

On voit qu'avec l'*ammonimètre* de M. Bobierre, on évite l'emploi des grilles à tubes, du charbon, des pinces, des bouchons, des appareils à boules, et qu'en très peu de temps on peut faire un dosage exact d'azote au moyen d'un appareil fort petit et aisément transportable [1].

L'*azotimètre* de M. Houzeau de Rouen est, comme le précédent, un instrument destiné spécialement aux agronomes; il apporte une rapidité et une simplification plus grandes dans l'opération. On fait aussi usage de chaux sodée pour convertir l'azote de l'engrais en ammoniaque, mais celle-ci est reçue dans 100cc d'eau pure, et on en effectue la saturation au fur et à mesure de sa production au moyen d'un acide sulfurique titré qu'on fait tomber d'une burette graduée en centim. et en dixièmes de centim. cube. Chaque dixième de centim. de cette liqueur d'épreuve représente un milligramme d'azote. La burette a un orifice capillaire à la manière des compte-gouttes des pharmaciens, ce qui ne permet la chute que d'une seule goutte à la fois.

On met dans le fond du tube à calcination un peu d'oxalate de chaux sec pour produire à la fin de l'opération les gaz qui doivent balayer son intérieur, et une fois qu'il a reçu toute sa charge, en n'employant que 25 à 50 centigrammes d'engrais, on achève de le remplir avec du verre pilé. On y adapte ensuite un mince tube de dégagement à l'aide d'un bouchon de

---

1. Voir, pour plus de détails, *Journal d'agriculture pratique*, nouvelle période, t. I, année 1858, p. 493, et *Leçons de chimie agricole*, par Bobierre, 2ᵉ édition, 1872, p. 559. L'*ammonimètre* se vend chez M. Salleron, rue Pavée, 24, au Marais, au prix de 25 francs.

caoutchouc qu'on préserve de la chaleur du foyer par une cloison en tôle zinguée.

La figure 211 représente l'ensemble des ustensiles de l'azotimètre. C'est une boîte portative de 40° de long, 12 de profondeur et 20 de hauteur, qui s'ouvre en dessus et latéralement à la manière de certaines boîtes à gants, ce qui permet d'exécuter l'opération dans la boîte elle-même[1].

Une fois que celle-ci est terminée, on lit sur la burette le nombre de divisions ou de dixièmes de centim. cube de la liqueur d'épreuve employée, on retranche de ce nombre 1/3 de division représentant le volume de la goutte d'acide versée en

Fig. 211. *Azotimètre de M. Houzeau.*

excès, et ce qui reste donne le nombre réel des milligrammes d'azote contenu dans le poids de l'engrais soumis à l'analyse.

Si, par exemple, pour 50 centigrammes d'engrais employés,

1. Voici l'énumération des divers ustensiles contenus dans cette boîte : L, lampe à alcool ; R, tube à combustion placé dans une gouttière mobile en clinquant GG, que supporte une tringle en fer avec crochets VV, attenant à la boîte ; K, flacon d'acide titré ; N, burette graduée ; I, col droit contenant l'eau destinée à absorber l'ammoniaque ; O, baguette de verre ; M, main-capsule en cuivre pour l'introduction des matières dans le tube ; P, pince ou bruxelle en cuivre ; T, tube de dégagement ; S, tiroir contenant des bandes de papier de tournesol et une série de tubes à combustion remplis des doses voulues d'oxalate de chaux, de chaux sodée et de verre pilé, disposés comme il convient.

on a fait sortir de la burette 26 divisions de liqueur, on dira :
26 moins 1/3 de division = 25 divisions 2/3 ou 25,7.

Ces 25,7 correspondent à 25 milligram., 7 d'azote ou $0^{gr},0257$, puisqu'une division = 1 milligr. d'azote.

Donc $0^{gr},0257$ d'azote pour $0^{gr},50$ d'engrais équivalent à 5,14 d'azote pour 100 de cet engrais, d'après cette règle :

$$\frac{0,0257 \times 100}{0,50} = 5,14.$$

On voit qu'avec la méthode de M. Houzeau, il n'y a qu'un calcul très simple à effectuer [1].

Dosage des sels solubles des cendres. — Les cendres de l'engrais, dont le poids a été donné par l'incinération, sont lessivées sur un filtre double (fig. 212) en papier Berzé-lius avec de l'eau bouillante, jusqu'à ce que les dernières gouttes du lavage ne laissent plus de traces sensibles sur une lame de platine chauffée au rouge. On laisse alors le filtre s'égoutter complète-ment et, quand il est possible de l'en-lever de l'entonnoir sans le déchirer, on le porte dans l'étuve d'où on ne le retire que lorsqu'il ne perd plus de son poids. Ce poids, diminué de celui du filtre extérieur qui peut servir de tare, donne le poids des matières insolubles ; celui-ci, retranché du poids primitif des cendres, fait connaître le quantum des sels solubles.

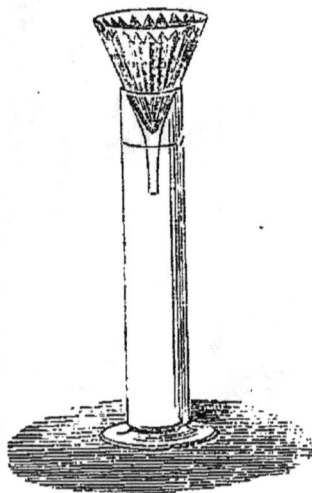

Fig. 212. *Filtre en fonction.*

Dosage de la potasse. — Dans les ma-tières minérales solubles, c'est surtout la potasse qu'il faut doser, quand elle est en proportions assez notables. On agit de la manière suivante :

Les lessives obtenues en traitant les cendres par l'eau bouillante sont filtrées, réunies, neutralisées par l'acide chlorhydrique, puis additionnées d'alcool et concentrées jus-qu'aux deux tiers, afin de séparer tout le sulfate de chaux qui, dans quelques engrais, est en proportions assez fortes. On filtre. On précipite alors la potasse au moyen du chloride de

1. *L'azotimètre* se trouve chez M. Salleron.

platine. Le précipité, recueilli sur un filtre et bien lavé à l'alcool, est ensuite desséché à 100° et pesé. En multipliant le poids trouvé par 0,1923, on a le poids de la potasse représenté par ce chloroplatinate.

Dosage de l'acide phosphorique.—C'est sans contredit le principe minéral le plus important à bien doser dans un engrais. On agit sur les cendres telles qu'elles proviennent de l'incinération. On en prend 1 gramme, et on le traite par l'acide chlorhydrique bouillant, qui dissout tous les

Fig. 213. *Vase à précipité.*

phosphates terreux et alcalins contenus dans l'engrais. On filtre pour séparer les matières insolubles. On met la liqueur dans un vase à précipité P (fig. 213), on y ajoute un demi-centimètre cube d'acide sulfurique pur et un volume égal au sien d'alcool à 90°, on agite et on laisse reposer pendant une heure au moins pour donner au sulfate de chaux le temps de se déposer. On jette le tout sur un filtre qu'on lave avec de l'alcool au moyen d'une pipette.

La liqueur claire est mise à bouillir dans une capsule de porcelaine pour chasser l'alcool, et lorsque des vapeurs sulfuriques commencent à apparaître, on retire du feu, on laisse refroidir et on vide le contenu de la capsule dans un verre à pied. Pour retenir en dissolution l'oxyde de fer qui peut se trouver dans l'engrais, on mélange à la liqueur une solution de 2 grammes d'acide citrique, on y ajoute ensuite assez d'ammoniaque pour que l'odeur de ce réactif soit sensible, et alors on procède à la précipitation de l'acide phosphorique en y versant goutte par goutte, et en agitant,

Fig. 214. *Précipitation de l'acide phosphorique à l'état de phosphate ammoniaco-magnésien.*

au moyen d'une baguette de verre (fig. 214), la dissolution ammoniaco-magnésienne suivante :

Sulfate de magnésie... 1
Sel ammoniac pur... 1
Ammoniaque caustique.. 4
Eau distillée.. 8

L'acide phosphorique se dépose à l'état de phosphate ammo-niaco-magnésien. Lorsque la liqueur précipitante est en léger excès, on couvre le verre et on abandonne le tout pendant 12 heures. Au bout de ce temps on s'assure que le liquide clair

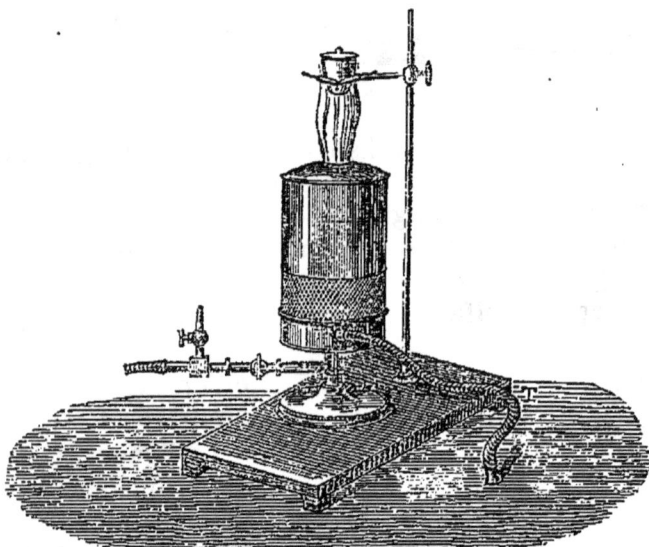

Fig. 215. *Calcination du phosphate ammoniaco-magnésien.*

qui recouvre le précipité ne se trouble plus par l'addition de quelques gouttes du réactif, et dans le cas de l'affirmative, on recueille avec soin le précipité sur un petit filtre Berzélius, qu'on lave ensuite avec de l'eau ammoniacale jusqu'à ce que le liquide du lavage ne laisse plus de traces sur une lame de pla-tine.

Le filtre bien égoutté est introduit avec précaution dans un petit creuset en porcelaine dont le poids est connu, et on le calcine au rouge vif (fig. 215). Ce qui reste après sa calcination est du phosphate de magnésie contenant 63,96 l'acide phos-phorique sur 100.

Comme on a l'habitude de représenter, dans les engrais, l'a-

cide phosphorique par du sous-phosphate de chaux identique
à celui que contiennent les os, il est facile, une fois qu'on
connaît par le poids du phosphate de magnésie la quantité
d'acide phosphorique qui se trouve dans les cendres analysées,
de ramener cet acide à l'état de phosphate de chaux tribasique, sachant que 100 d'acide phosphorique anhydre équivalent
à 210 de ce sous-sel.

Dosage des matières inertes. — Les parties des cendres qui ont
résisté à l'action successive de l'eau bouillante et de l'acide
chlorhydrique représentent le sable et les cailloux siliceux
contenus dans l'engrais.

On voit par ces détails que l'analyse des engrais n'est pas
une petite affaire, et qu'il faut avoir une grande habitude de
ces sortes d'opérations pour oser les entreprendre.

Le praticien fera bien de s'en rapporter à un chimiste de
profession lorsqu'il voudra être renseigné sur la valeur d'un
engrais commercial, et de ne faire aucun achat avec une
étude préliminaire. Cela lui évitera bien des mécomptes et des
pertes de temps et d'argent. Il y a maintenant, en France, un
certain nombre de *stations agronomiques* et de *laboratoires d'essais*, dans lesquels des chimistes exercés font, pour des prix
modérés, la vérification des engrais. A leur défaut, on peut
s'adresser aux pharmaciens et aux professeurs des sciences
physiques des lycées et collèges.

En 1840. MM. Boussingault et Payen ont posé ce principe :

« *Les engrais ont d'autant plus de valeur que la proportion de
substance organique azotée est plus forte, que cette proportion domine surtout, relativement à celle des matières organiques non azotées, qu'enfin la décomposition des substances quaternaires (azotées) s'opère graduellement et suit mieux les progrès de la végétation.* »

C'est donc, d'après eux, l'azote en combinaison dans la substance qui est surtout utile, et son dosage qui indique la richesse de l'engrais.

Les agriculteurs admettent, depuis longtemps, que les fumiers
les plus actifs proviennent des matières animales. Thaër disait
que les engrais qui procurent aux terrains la plus grande
fécondité sont ceux qui contiennent la plus forte dose de substances animales ou azotées. Les expériences déjà anciennes de
Hermbstœdt appuient cette manière de voir, et démontrent
que les plantes prennent dans les engrais une grande partie de
l'azote nécessaire à leur développement. Ce chimiste a constaté

que les céréales cultivés sous l'influence des engrais les plus
azotés sont celles qui contiennent le plus de gluten, c'est-
à-dire de principe azoté. C'est ce que Tessier avait déjà entrevu
antérieurement. Le tableau suivant montre les proportions
très variables d'amidon et de gluten dans le froment, suivant la
plus ou moins grande richesse des engrais en azote.

100 parties de la farine du grain récolté contenaient :

	En amidon.	En gluten.	En eau, son et matières solubles.
Dans le terrain fumé par l'urine d'homme..........	39,30	35,10	25,60
— le sang de bœuf..........	41,80	34,24	24,46
— les excréments d'homme....	41,44	33,14	25,42
— — de chèvre...	42,43	32,88	24,69
— — de mouton...	42,80	22,90	34,30
— — de cheval...	61,64	13,68	24,68
— — de vache....	62,34	11,95	25,61
— — de pigeon...	63,18	11,20	25,62
— des détritus végétaux......	65,94	9,60	24,46
Dans le terrain non fumé......................	66,69	9,20	24,11

D'où il suit : 1° que l'amidon diminue quand le gluten augmente, et réciproquement ; 2° que, généralement (l'exception
ne se montre ici que pour le fumier de cheval et la fiente de
pigeon), l'engrais le plus riche en azote rend le grain le plus
riche en gluten, et celui qui en est le moins pourvu rend le
grain le plus riche en amidon ; 3° que, par conséquent, le cultivateur doit introduire de préférence sur les terres l'un ou
l'autre de ces engrais, suivant qu'il a pour but d'en obtenir des
grains propres à la confection du pain ou à la préparation de la
bière et de la fécule.

Ces faits ont été confirmés par de nouvelles expériences sur le
seigle, l'orge et l'avoine.

M. Boussingault, en cultivant simultanément une même variété de froment, en plein champ et dans une terre de jardin
très fortement fumée, a trouvé :

14,31 p. 100 de gluten et d'albumine.... dans les grains récoltés en plein champ.
21,94   —   —   .... dans les grains récoltés dans le jardin.

Les progrès de la science, dans ces derniers temps, non seulement confirment ces expériences, mais encore rendent compte
de la nécessité de l'azote pour le développement des plantes.
On sait, en effet, que les plus riches engrais, ceux qui maintenant ont le plus de valeur vénale et s'expédient à de plus
grandes distances, sont formés de substances fortement azotées.

Tels sont les membranes du tissu adipeux, les débris de poils, de laine, de soie, les plumes, la râpure de corne et le sang, qui, desséchés, représentent de 32 à 50 fois leur poids de fumier normal.

Mais il ne suffit pas qu'une substance renferme de l'azote pour qu'elle joue le rôle d'engrais. Il faut, avant tout, qu'elle soit susceptible de décomposition spontanée, et que, par le changement d'équilibre de ses éléments, l'azote qu'elle contient puisse se convertir en ammoniaque soluble et assimilable. Ainsi la houille admet dans sa constitution des quantités sensibles d'azote, et cependant on ne peut s'en servir pour améliorer et enrichir un sol quel qu'il soit, par la raison seule que cette matière ne peut éprouver, par l'action des agents atmosphériques et de l'eau, cette fermentation putride dont le résultat final est une production de sels ammoniacaux et d'autres composés azotés. Les membranes animales, les poils, la laine, les plumes, les cornes, le sang, etc., au contraire, sont des engrais très puissants, parce qu'ils se détruisent facilement et fournissent d'abondants produits ammoniacaux. Lorsqu'on voit enfin la supériorité, comme engrais, des urines pourries, du guano, presque uniquement formés de sels ammoniacaux, lorsqu'on reconnaît celle des azotates et des sels ammoniacaux purs, eux-mêmes, si riches en azote, on est conduit naturellement à conclure, avec MM. Boussingault et Payen, que c'est, en très grande partie, à l'azote qu'ils renferment que les engrais organiques doivent leur action sur la végétation, et que c'est sa proportion qui peut le mieux servir à établir leur valeur comparative et à fixer leurs équivalents réciproques.

Si donc on prend comme point de comparaison la proportion d'azote contenue dans 100 parties de bon fumier de ferme bien préparé, et qu'on y apporte celle qui se trouve dans le même poids des autres engrais analysés, on arrive à établir des nombres qui expriment les rapports en poids dans lesquels ces différents engrais peuvent être substitués l'un à l'autre, de manière à produire le même effet que 100 parties de fumier en poids. Ces nombres sont alors ce qu'on appelle des *équivalents*.

L'engrais qui a servi de type ou d'unité pour établir la richesse ou le litre de tous les autres, c'est un fumier de ferme à demi consommé, c'est-à-dire dont la paille n'est pas encore entièrement désagrégée, mais seulement amollie et devenue filamenteuse. Ce fumier est un mélange de déjections d'herbivores et de litières; les animaux qui concourent à sa formation sont 30 chevaux, 30 bêtes à cornes et 12 à 20 porcs. Il contient

79,3 p. 100 d'eau et 20,7 p. 100 de matière sèche. C'est là ce que MM. Boussingault et Payen appellent leur *fumier normal ;* il renferme 0,40 p. 100 d'azote, et à l'état sec 1,94. Son titre et son équivalent sont représentés par 100.

Voici maintenant comment on obtient le titre et l'équivalent d'un engrais quelconque. Après avoir déterminé pour l'analyse élémentaire la proportion d'azote qu'il renferme à l'état normal, c'est-à-dire dans son état moyen d'humidité, on établit la relation suivante :

0,40 azote dans 100 de fumier normal : l'azote sur 100 de l'engrais : : 100, titre du fumier normal : titre de l'engrais.

Exemple : la paille de pois, à l'état normal, contient 1,79 d'azote. On dit alors :

$$0,40 : 1,79 :: 100 : x = \frac{1,79 \times 100}{0,40} = 447,50$$

Donc 447,5 est le *titre* de la paille de pois.

Pour trouver l'*équivalent*, c'est-à-dire la quantité de paille de pois nécessaire pour remplacer en culture 100 de fumier normal, on dit :

100, titre du fumier : 447,5 titre de la paille de pois : : x : 100, équivalent du fumier :

$$\frac{100 \times 100}{447,5} = 22,34, \text{ équivalent de la paille de pois.}$$

22,34 de paille de pois correspondent donc à 100 de fumier normal, c'est-à-dire ont le même pouvoir fertilisant, ou, ce qui est plus juste, introduisent dans le sol la même quantité d'azote.

MM. Boussingault et Payen ont analysé un très grand nombre de substances agissant ou pouvant agir comme engrais, afin de déterminer leur richesse en azote, et par suite leurs équivalents. Nous aurons soin, à mesure que nous ferons l'étude spéciale de chaque sorte d'engrais organiques, d'indiquer l'équivalent que lui assignent les savants chimistes agronomes.

Une fois que l'équivalent d'un engrais est fixé par l'analyse, il est très facile de connaître la quantité en kilogrammes qu'il en faut pour fumer un hectare de terre. Nous admettons, comme terme moyen, qu'il faut 30,000 kilogr. de bon fumier pour fumer, tous les 3 ans, un hectare de terre, soit 10,000 kilogr. par an. Cela revient à dire que 30,000 kilogr. de matière contenant 4 pour 1000 d'azote, ou en totalité 120 kilogr., fument

un hectare. Il ne faudrait donc que 15,000 kilogr. de matière
renfermant 8 pour 1000 d'azote pour obtenir les mêmes résultats, et ainsi de suite. D'après cela, la paille de pois ayant
pour équivalent 22,34, il ne faudrait que 6,702 kilogr. de cette
matière pour remplacer dans la culture 30,000 kilogr. de fumier normal; en effet :

$$100 : 22,34 :: 30,000 : x = \frac{22,34 \times 30,000}{100} = 6702$$

Tout en attachant à la matière azotée des engrais l'importance
qu'elle mérite, il ne faut pas nier la part considérable que
prend aussi à l'acte de la végétation la matière organique non
azotée, et surtout les substances salines contenues dans les engrais. L'acide phosphorique, notamment, est non moins nécessaire que l'azote, et pourrait aussi bien que celui-ci servir à
fixer la valeur comparative des engrais.

En d'autres termes, un engrais n'est *complet* qu'autant qu'il
offre aux plantes du carbone, de l'azote et des sels minéraux,
c'est-à-dire de quoi satisfaire aux diverses exigences dè la vie
végétale ; et que, par conséquent, il rend au sol autant d'éléments fertiles que les récoltes lui en enlèvent.

Nous avons un exemple d'un *engrais complet* dans le fumier
de ferme. C'est un mélange de tous les excréments des animaux
et des pailles qui leur ont servi de litière. C'est justement à
cause de cette réunion de principes si différents, tous éminemment propres à l'alimentation végétale, que le fumier de ferme
peut être considéré comme le premier de tous les engrais,
celui qui doit servir de base à toute entreprise agricole, et dont
on doit favoriser le plus la production.

La plupart des matières organiques qu'on emploie comme
engrais ne contiennent habituellement que quelques-uns seulement des principes nécessaires à l'alimentation végétale ;
aussi aucune d'elles ne peut-elle, prise isolément, assurer pour
un long terme la fécondité du sol : ou elle se décompose trop
rapidement et n'a qu'une durée passagère, comme les *engrais
chauds* ; ou elle résiste fort longtemps à la décomposition spontanée et alors ne fait sentir ses effets qu'au bout d'un terme fort
long, comme les *engrais froids*. Sauf quelques cas, tout à fait
exceptionnels, ni l'un ni l'autre de ces engrais ne sauraient suffire, dans toutes les circonstances, au développement régulier
de la végétation.

Or, c'est précisément parce que le fumier de ferme est un
mélange d'*engrais chauds* et d'*engrais froids* qu'il participe des

qualités des uns et des autres, qu'il constitue un *engrais mixte*, proprement dit, doué de propriétés essentielles qu'aucun autre engrais ne possède au même titre que lui. C'est principalement à cause de cette double faculté que le fumier de ferme s'applique si bien partout, qu'il donne d'aussi bons résultats dans la majorité des cas, avec la généralité des terres et avec les différents systèmes de culture.

La composition du fumier de ferme va prouver qu'on y trouve, en effet, tous les matériaux nécessaires à la vie des plantes :

FUMIER RÉCENT, D'APRÈS M. J. GIRARDIN.		FUMIER AGÉ DE 6 MOIS, D'APRÈS M. BOUSSINGAULT.		FUMIER CONSOMMÉ. D'APRÈS BRACONNOT.	
Eau..............	750	Eau..............	793,0	Eau............. ...	722,0
Matières végétales et animales solubles et sels solubles...	50	Substances organiques...........	140,3	Matières organiques et sels solubles, particulièrement des sels de potasse et d'ammoniaque...	15,0
Matières végétales et animales insolubles, sels insolubles, fibre végétale ou paille...... ...	200	Sels et terres......	66,7	Sels insolubles, sable, etc....... .	102,7
	1000		1000,0	Paille convertie en tourbe..........	124,0
		Les matières minérales consistent en :		Matière tourbeuse très divisée, analogue à la précédente..	36,3
		Acide carbonique...	1,34		1000,0
		— phosphorique.	2,01		
		— sulfurique....	1,27		
		Chlore	0,40		
		Silice, sable, argile.	44,19		
		Chaux...........	5,76		
		Magnésie.........	2,41		
		Oxyde de fer, alumine...........	4,09		
		Potasse et soude...	5,25		

Ainsi, il y a dans le fumier de ferme :

1° De l'humus provenant de la décomposition des pailles, fourrages et litières, et qui est d'autant plus apte à se dissoudre dans l'eau, que sa décomposition est plus avancée ;

2° Des matières animales, dont la décomposition facilitera également la dissolution dans l'eau ;

3° Différents sels d'ammoniaque, de potasse et de soude ;

4° Des carbonates de chaux et de magnésie ;

5° Des phosphates des mêmes bases ;

6° Des silicates, sulfates et phosphates solubles

7° Du fer et des matières terreuses.

Autrement dit, il renferme toutes les substances, tant minérales qu'organiques, dont les plantes ont besoin pour croître et produire. Voilà pourquoi il peut, à lui seul et indéfiniment, entretenir la fécondité du sol, si on l'emploie en quantité suffisante. S'il n'est pas très riche en tous ces éléments nécessaires au développement des plantes, il n'est dépourvu d'aucun ; au surplus, il apporte à la terre un élément de fertilité, l'*humus*, qu'aucun autre engrais ne peut fournir au même degré.

C'est donc, par conséquent, l'engrais type, l'engrais par excellence, sans lequel, à peu d'exceptions près, la culture serait chez nous impossible.

Après ces considérations générales sur les engrais organiques, il nous faut étudier en particulier toutes les substances qui peuvent jouer ce rôle. Mais comme, pour pouvoir estimer leur valeur, il nous faudra toujours les comparer au fumier de ferme, c'est-à-dire à l'engrais complet par excellence, la première chose à faire, c'est de parler avec détail de ce fumier, de dire comment on le produit, comment on le gouverne et comment on l'emploie.

Mathieu de Dombasle a dit avec beaucoup de raison : « Si l'on excepte *peut-être* le choix d'un assolement, il n'est pas de considérations plus importantes dans l'organisation d'une exploitation rurale que celles qui se rapportent aux moyens d'obtenir le fumier en quantité convenable, et surtout au plus bas prix possible.

Du fumier de ferme. — Presque partout, le soin et l'emploi du fumier est ce qu'on néglige le plus dans les fermes : aussi perd-on une masse considérable de matières fertilisantes. Les praticiens semblent croire qu'il n'y a aucun principe à observer dans la manière de produire, de préparer le fumier et de l'appliquer au sol; c'est là une erreur funeste qu'il est bien important de détruire.

Chaque exploitation doit, en général, tirer de son propre fonds les engrais nécessaires pour maintenir la terre en bon état de fertilité, car ce n'est que par exception, aux environs des grandes villes, que le cultivateur peut se procurer du fumier ou des engrais en dehors de ses propres ressources. Il doit donc tendre d'abord à la production des fourrages, avoir un nombre de bestiaux proportionné à la superficie qu'il cultive, leur donner une nourriture abondante, et leur fournir assez de litière pour que rien de leurs déjections ne soit perdu. Le système de culture alterne, combiné avec la nourriture à l'étable, réunit tous ces avantages; c'est celui qui procure le fumier en plus grande abondance, de meilleure qualité et au plus bas prix.

Il n'y a qu'un bien petit nombre de fermes, en France, qui satisfassent à ces conditions. Presque partout, le bétail est insuffisant, mal nourri, et, de plus, on a la mauvaise habitude, dans nombre de localités, de le faire paître dans les bois ou sur les terrains communaux.

L'agriculture française aurait besoin de disposer annuellement de 4,263,172,050 quintaux métriques de fumier de ferme. M. Rohart, à qui nous empruntons ces chiffres, affirme que, en admettant les conditions les plus favorables, elle n'en saurait produire, actuellement, plus de 1,283,164,115 quintaux. D'où vient ce déficit annuel de 2,980,007,935 quintaux de fumier? Évidemment de l'insuffisance de notre bétail; et cette insuffisance tient uniquement à ce que nous ne consacrons pas assez de terres aux prairies naturelles et artificielles.

L'extension des prairies, des légumineuses et des racines fourragères, voilà actuellement le point essentiel, parce qu'avec beaucoup de fourrage on peut faire prédominer le bétail, ce qui accroît forcément la masse des engrais, donne, par suite, la possibilité de mieux fumer, et, comme dernière conséquence, amène à avoir des récoltes de toute nature plus abondantes et nécessairement plus lucratives.

Une autre habitude, non moins nuisible à la production du fumier, c'est de vendre la plus grande partie des pailles qui devraient être consacrées aux litières. Pour un bien faible avantage, on prive le sol d'un aliment qui devrait lui revenir, et l'on déprécie sa propriété en l'épuisant. Ce sont là des choses qu'il faut savoir quand on veut cultiver.

Il n'y a qu'une seule circonstance dans laquelle on puisse vendre ses pailles : c'est lorsque, placé près d'un fort marché ou d'une grande ville, on trouve à les vendre à raison de 3 fr. 40 les 100 kil., et à acheter du fumier au prix de 8 à 10 fr. les 1000 kil., ou à bas prix: des tourteaux, de la chair en poudre, des chiffons de laine, certains engrais commerciaux préparés loyalement.

La nature et les propriétés des fumiers varient notablement, suivant l'espèce d'animaux qui ont concouru à leur formation; suivant la nature et les proportions des matières qui leur ont servi de litière; suivant le genre de nourriture donnée aux animaux, et, surtout aussi, suivant la manière de traiter ces fumiers.

Examinons successivement l'effet et l'influence de chacune de ces circonstances.

1° *Principes constituants du fumier.*—Parlons d'abord des matières premières qui concourent à former le fumier. Elles sont an nombre de trois : *excréments solides des animaux, urines* de ceux-ci, et *pailles mises comme litière.* Voyons en particulier chacun de ces éléments du fumier.

A. *Excréments solides des animaux*. — Les animaux dont on utilise les excréments en culture sont : le porc, les bêtes à cornes, le cheval et les bêtes à laine. Ces résidus sont loin d'avoir la même valeur fertilisante ; malheureusement on ne sait pas encore tout ce qu'il serait essentiel de connaître sur les propriétés spéciales de chaque espèce, sur la rapidité, la mesure et la durée d'action de chacune d'elles ; sur la préférence à donner à l'une ou à l'autre, suivant les sols et les cultures. Ce qui a retardé jusqu'ici ces connaissances, c'est l'usage où l'on est, dans la plupart des fermes, dans celles surtout où les bêtes à cornes prédominent, de jeter pêle-mêle tous les fumiers dans une même fosse ou sur un même tas, parce qu'on a reconnu que ce mélange est un moyen certain d'obtenir le meilleur engrais possible, chaque espèce recevant, alors, des autres, les qualités qui lui manquent pour former un composé propre à tous les terrains.

Cette pratique est bonne dans les pays de plaines, où les terres arables sont toutes assises à peu près sur un même sol, et ne présentent que des variations insignifiantes ; mais, dans les vallées, où le sol diffère, pour ainsi dire, à chaque pas ; mais, dans les grandes exploitations, où l'on se livre nécessairement à certaines cultures industrielles, on devrait peut-être ne pas opérer le mélange des différents excréments, et appliquer à chaque nature de terre l'espèce qui lui convient le mieux : la fiente de porc, la bouse de vache et de bœuf, aux sols secs, sableux et chauds ; les crottins de cheval et de mouton, aux sols froids et humides.

Les excréments du bétail sont un mélange de bile, de sécrétions intestinales, de matières organiques non digestibles, de substances nutritives échappées à la digestion, d'eau en très forte proportion. Voici, d'après les analyses de l'un de nous (M. J. Girardin), ce que contiennent les excréments de nos animaux de ferme :

	Vache.	Cheval.	Porc.	Mouton.
Eau...........................	79,724	78,36	75,00	68,71
Matières organiques..............	16,046	19,10	20,15	25,16
Matières minérales, salines ou autres.	4,230	2,54	4,85	6,13
	100,00	100,00	100,00	100,00

Les sels contenus dans les excréments des bestiaux consistent en sulfates, phosphates, carbonates et chlorures alcalins et terreux, c'est-à-dire à base de potasse, de soude, de chaux et de magnésie.

M. Boussingault a trouvé dans les excréments d'une vache laitière, nourrie avec du foin et des pommes de terre :

Bile, albumine, mucus [1]........................	20,0
Phosphates et substances minérales................	16,9
Ligneux, aliments non digérés....................	103,7
Eau...	859,4
	1000,0

La bile, l'albumine et plusieurs des matières salines étant en dissolution, on peut calculer que la partie liquide de la bouse de vache forme près des 960/1000es.

MM. Boussingault et Payen fixent ainsi qu'il suit la richesse azote et en acide phosphorique des excréments en question, et par suite leurs équivalents :

	Azote sur 100 de la matière à l'état normal.	Acide phosphorique sur 100.	Équivalents d'après l'azote.	Nombre de kil. pour fumer 1 hect. de terre.
Excréments solides de vache..	0,32	0,74	125,0	37,500
— mixtes id. [2]..	0,41	0,55	97,5	29,250
— solides de cheval.	0,55	1,22	72,7	21,810
— mixtes id....	0,74	1,12	54,0	16,200
— solides de porc..	0,70	3,87	57,1	17,130
— mixtes id....	0,37	3,44	108,1	32,430
— solides de mouton.	0,72	1,52	55,5	16,650
— mixtes id....	0,91	1,32	43,9	13,170

On voit, par là, que la valeur des divers excréments est loin d'être la même. Les données scientifiques s'accordent parfaitement avec les résultats pratiques.

Les excréments des bêtes à cornes, toutes choses égales d'ailleurs, sont toujours moins actifs, moins prompts à fermenter, plus aqueux, plus spongieux et plus aptes à retenir l'humidité ambiante, à entretenir plus de *fraîcheur* à la terre, que les crottins des chevaux et des bêtes à laine ; aussi les premiers sont-ils rangés parmi les *engrais froids*, et les seconds parmi les *engrais chauds*. Les premiers agissent donc plus lentement, mais aussi d'une manière plus continue et plus égale, et, s'ils donnent des récoltes moins belles, elles sont plus prolongées ; car c'est un fait hors de toute contestation que le pouvoir fertilisant qui se manifeste avec le plus de promptitude et d'énergie est aussi celui qui est le plus promptement épuisé.

---

1. Ces matières sont riches en azote, puisque le mucus en contient 8,5 pour 100, la bile 14,7 et l'albumine 15,6 pour 100.

2. Urine et fiente.

Un des avantages de la bouse des bœufs et des vaches, c'est de pouvoir, en raison de son plus grand état de mollesse, supporter une addition de litière plus considérable que le crottin de cheval et de mouton ; et comme, d'un autre côté, le premier de ces excréments est presque toujours produit en plus grande quantité que le dernier, c'est celui dont on tire le meilleur parti dans les exploitations ; d'autant plus qu'on peut, pour ainsi dire, l'appliquer à tous les terrains et à toutes les cultures.

En raison de sa nature aqueuse, la bouse de vache produit d'excellents résultats sur les terrains calcaires, surtout dans les années de sécheresse. Il faut éviter, au contraire, de l'employer là où il y a déjà excès d'humidité.

D'après M. Boussingault, une vache qui consomme en vingt-heures :

> 15^{kil} de pommes de terre,
> 7   500 de regain de foin,
> Et 60   d'eau,

rend en excréments :

> 28^{kil},413 à l'état humide,

et en urine :

> 8^{kil},200.

Les chevaux, qui se nourrissent habituellement de fourrages secs et d'avoine, fournissent des déjections solides moins aqueuses et plus riches en azote et en phosphates ; aussi le crottin de cheval, enfoui en terre à l'état frais, c'est-à-dire avant toute fermentation, est-il très énergique et plus chaud que les bouses ; mais lorsqu'il est abandonné en tas, au contact de l'air, il s'échauffe rapidement, se dessèche, perd une forte proportion de ses principes les plus utiles, notamment des sels ammoniacaux, et constitue un engrais inférieur à celui des étables.

D'après M. Boussingault, le fumier frais de cheval contient, lorsqu'il est desséché immédiatement, 2,7 p. 100 d'azote. Le même fumier, disposé en couche épaisse et abandonné à une décomposition complète, laisse un résidu qui, desséché au même degré, ne renferme plus que 1 pour 100 d'azote ; par cette fermentation, 100 parties de fumier se réduisent à 10, c'est-à-dire qu'il y a une perte des 9/10es du poids primitif.

On peut juger, d'après ces nombres, combien a été grande la perte en principes azotés. Le traitement du fumier de cheval exige donc beaucoup plus de soins et d'attention que celui des bêtes à cornes ; et, comme habituellement le premier n'est pas mieux traité que le second, on conçoit facilement que, malgré sa supériorité relative à l'état frais, il devienne, après plusieurs mois de conservation, bien inférieur au fumier d'étable : aussi, dans la pratique, le considère-t-on comme étant moins actif.

Puvis a constaté que, pour obtenir de bons résultats dans la confection du fumier de cheval, il faut lui donner plus d'humidité qu'il n'en peut recevoir par les urines de l'animal, et qu'en l'entretenant constamment humide, il produit un engrais, à demi consommé, de qualité supérieure, et au moins égal en poids a celui qui provient des vaches.

On peut aussi retarder la déperdition des principes utiles de fumier, et lui conserver une grande partie de ses qualités, en le tassant fortement, et en prévenant l'accès de l'air, au moyen d'une couche de terre.

Obtenu par la méthode ordinaire, le fumier de cheval ne convient qu'aux sols argileux, profonds, humides, ou aux terrains qu'on appelle *froids*. Il est nuisible dans les sols sablonneux et calcaires, où les excréments des bêtes à cornes sont, au contraire, très avantageux. Mais, lorsqu'il a été préparé avec les soins que nous venons d'indiquer, il est propre à tous les sols, et ne diffère du fumier d'étable que par sa qualité supérieure. Plus riche en phosphates terreux, il convient davantage à la culture des céréales, dont les graines ont un si grand besoin de ces sels minéraux.

Les expériences de M. Boussingault démontrent qu'un cheval qui consomme en vingt-quatre heures :

7^{kil},500 de foin,
2   270 d'avoine,
Et 16   d'eau,

produit dans cet espace de temps :

14^{kil},200 de crottins à l'état humide,
Et 1   330 d'urine.

La fiente de porc est généralement regardée comme un engrais froid, bien inférieur à la bouse de vache. Mais cela tient à la mauvaise nourriture et au peu de soins qu'on donne presque partout, en France, aux cochons ; car, là où ils sont bien nourris, avec des pommes de terre, des glands, du son, des graines, etc., ainsi que cela a lieu en Angleterre, ils donnent des déjections fortement azotées, et qui doivent nécessairement produire du fumier de bonne qualité. En effet, dans ce pays, on considère le fumier de porc comme aussi énergique, sinon plus, que le fumier d'étable. Schwerz a constaté expérimentalement que le fumier des porcs à l'engrais produit, pendant deux années, un effet plus grand, dans les mêmes terres et sur les mêmes plantes, que le fumier des vaches.

Il faut réserver la fiente de porc pour les prairies, en raison de sa fluidité et parce qu'elle contient une grande quantité de semences de mauvaises herbes qui infesteraient les terres arables. Cette dernière circonstance, jointe à la propriété corrosive du purin qui s'y trouve en forte proportion, rend son emploi peu avantageux pour les céréales. On doit également éviter de l'appliquer à la culture des racines, attendu qu'elle communique à ces dernières une saveur désagréable. Le mieux, c'est de la mêler aux autres fumiers, surtout à celui de cheval ; on corrige ainsi ses mauvaises qualités, et on la rend propre à tous les sols et à toutes les récoltes.

D'après M. Boussingault, un porc de huit mois et demi, pesant 60 kilog., auquel il donnait, dans les vingt-quatre heures, 7 kilog. de pommes de terre cuites, délayées dans de l'eau additionnée de 25 gr. de sel marin, rendait :

1^{kil} d'excréments solides,
Et 3 050 d'urine.

Les excréments des bêtes à laines sont plus substantiels que ceux des autres bestiaux. Conservés habituellement, jusqu'au moment de leur emploi, dans les bergeries, où ils sont fortement tassés par les pieds des animaux et où ils reçoivent peu d'humidité, ils n'entrent que fort difficilement en fermentation. En raison de leur forme et de leur dureté, ils ne se mêlent que très imparfaitement à la litière, et, comme celle-ci est toujours en très forte proportion, il est utile, avant d'employer du fumier de mouton, d'en former des tas et de les arroser fréquemment, afin que la paille puisse y trouver les conditions nécessaires à sa décomposition.

Moins chaud que le crottin de cheval, celui du mouton a, dans le sol, une action plus durable ; mais cette action n'excède pas deux ans, et ne se manifeste même très sensiblement que pendant la première année. Le crottin de mouton ne convient pas, toutefois, indistinctement à tous les sols et à tous les végétaux. C'est dans les terres argileuses, lourdes et froides, qu'il, opère le mieux, et les plantes pour lesquelles il est préférable, comparativement aux autres excréments, sont le chanvre, le tabac et toutes les crucifères, chou, navette, colza, etc. Il altère la qualité des produits de la vigne ; il donne une saveur désagréable aux plantes délicates, destinées à la nourriture de l'homme ; il fait mûrir le lin trop vite ; les blés fumés par lui sont plus sujets à verser, et la farine du grain offre plus de difficultés à être travaillée ; la betterave donne moins de sucre qu'avec le fumier d'étable ; l'orge fournit moins d'amidon et germe avec irrégularité ; aussi les brasseurs n'aiment-ils pas l'orge venue sur engrais de mouton.

Disons cependant qu'en Flandre on fait un très grand cas de ce fumier et qu'on l'applique, à peu près, à toutes les natures de récoltes, surtout dans les terrains maigres. Là, cent moutons bien nourris à la bergerie donnent, dans l'année, cinquante à soixante voitures de fumier, que les fermiers belges estiment valoir autant que quatre-vingts à quatre-vingt-dix voitures de tout autre fumier.

La fiente des bêtes à laine est souvent livrée directement à la terre au moyen du *parcage*. On désigne ainsi le temps que passe un troupeau dans une enceinte découverte, que l'on transporte successivement dans les différentes parties d'un champ pour les fertiliser par la fiente et l'urine que les animaux y répandent.

Le parcage n'est établi que dans quelques parties de la France, son emploi y remonte déjà fort loin ; mais, dans certaines autres localités, son introduction est récente. La division des propriétés s'oppose, dans les départements riches du Nord, à ce qu'on y tienne des troupeaux nombreux, les seuls qui rendent le parcage profitable, attendu que les frais sont d'autant plus considérables que le nombre des têtes du bétail est plus restreint.

Dans les contrées méridionales, on commence à parquer les moutons dès le mois d'avril ; dans les autres régions, c'est vers le milieu ou la fin de mai, et cela dure jusqu'aux premières pluies abondantes d'automne : de fin d'octobre au 15 novembre. Dans les terrains secs, pierreux ou sablonneux, on peut prolonger sans inconvénient le parcage tant que le berger peut supporter le froid dans sa cabane ; mais comme, en définitive, toutes les bêtes trouvent alors peu de nourriture dans les champs, et que, pour s'échauffer, elles s'amassent en peloton et ne fument ainsi que très inégalement la surface du parc, il est préférable de les ramener à la bergerie dès les premiers froids.

L'enceinte mobile, ou le *parc* (fig. 216), dans laquelle on tient les moutons enfermés pendant la nuit, pour qu'ils répandent l'engrais sur une surface déterminée, et, en même temps, pour les soustraire aux attaques des loups, est différente suivant les pays; la meilleure est la plus simple et la plus économique.

Fig. 216. *Parc à moutons, avec cabane de berger.*

Dans certaines localités, où les loups sont rares et le pays à découvert, cette enceinte est un filet à larges mailles (fig. 217), soutenu de distance en distance par des piquets.

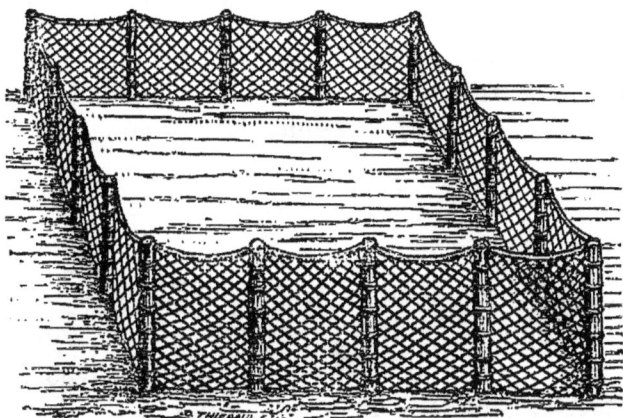

Fig 217. *Parc en filets, du Midi.*

Dans les pays du Nord, l'enceinte est formée par des claies en bois, que l'on dresse les unes au bout des autres, sur quatre lignes formant un carré (218 et 219), et que l'on soutient au moyen de bâtons courbés par l'un des bouts *a a a*, et que l'on appelle *crosses*.

Ces claies sont tantôt des treillages d'osier ou de coudrier, comme dans la figure 218, tantôt des lattes assemblées et clouées sur des montant carrés, comme dans la figure 219, tantôt enfin des barreaux arrondis, d'un petit diamètre, fixés entre des barres plates bien assujetties. Les meilleures claies sont les dernières, parce qu'elles ne donnent point de prise au vent. Dans tous les cas, on donne à chaque claie 1m,50 de haut sur 2 à 3 mètres de longueur; elles peuvent être ainsi facilement dépla- cées par un seul homme.

Les claies en bois de chêne, fendu et non scié, de première qualité, telles qu'on les emploie dans le pays de Bray (Seine-Inférieure), valent de 3 fr. 50 à 4 fr. Elles durent de douze à quinze ans. Les claies en treillage, qu'on obtiendrait à 1 fr. 50 ou 1 fr. 75, ne sont presque plus employées, parce qu'elles sont plus lourdes et ne durent pas plus de trois à quatre ans. Les *crosses*, que l'on fait en toutes sortes de bois blancs, se

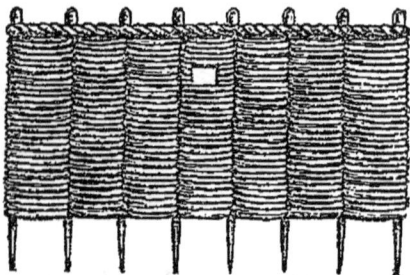

Fig. 218. *Claies en bois employées dans le Nord.*

vendent de 40 à 50 centimes. On les fixe au moyen d'une cheville de bois ou de fer.

Pour obtenir un parcage régulier, on divise l'enceinte du parc en deux parties, dans chacune desquelles les moutons passent la moitié de la nuit. Dix-huit claies, pour chacune de ces

Fig. 219. *Claies munies de crosses.*

parties, suffisent à renfermer 100 moutons. Dans la belle saison, on fait entrer les bêtes dans le parc une heure après le soleil couché et on les y laisse jusqu'à neuf ou dix heures du matin. Dans l'automne, les moutons prennent le parc un peu avant que le soleil se couche. Le berger doit avoir soin, pour la santé des animaux, et pour la régularité de la fumure, de *harrier*, ou de faire lever plusieurs fois les animaux pendant la nuit, et une demi-heure avant leur sortie, afin qu'ils se vident en changeant de place. En général, on attend que la rosée soit dissipée pour les faire sortir, parce que, sans cette précaution, la voracité avec laquelle ils se jettent sur la nourriture humide leur serait très préjudiciable.

Avant de commencer à parquer une pièce de terre, on doit la labourer deux fois, afin de la mettre en état de recevoir les urines et la fiente des animaux. On proportionne l'étendue du parc au nombre des bêtes, à leur taille, et aussi à leur nourriture plus ou moins aqueuse, et à l'état plus ou moins amendé du sol. On se base sur ce principe qu'un mouton de taille moyenne peut fumer, pendant une nuit, une surface d'un mètre carré. Dans le pays de Bray, on estime que 100 moutons fument en moyenne, par nuit, 1 are 60 cent., ce qui fait à peu près 1 mètre 2/3 par mouton. Il n'est pas avantageux de parquer avec moins de 300 bêtes, ou sur un champ peu étendu, parce que les frais sont proportionnellement trop élevés. D'un autre côté, il faut éviter les parcs trop grands, car la terre est alors très inégalement fumée, les moutons, comme on sait, se rassemblant toujours les uns contre les autres, d'un côté de l'enceinte.

On regarde un champ comme très fortement fumé lorsque les moutons, ayant chacun un mètre carré de surface, restent pendant deux nuits au même endroit, et comme fortement fumé, lorsqu'ils n'y restent qu'une nuit. On n'agit ainsi que sur les terrains épuisés. La fumure est moyenne lorsque pendant la nuit on donne un *coup de parc*, c'est-à-dire qu'on change une fois de place ; dans ce cas, les effets du parc se font sentir pendant deux années. La fumure est faible lorsqu'on donne deux coups de parcs dans une nuit. Le résultat de cette dernière peut être évalué à environ 12 milliers de fumier par hectare.

Une fois que les moutons sont mis au parc, on ne les rentre plus dans les bergeries, quelles que soient les conditions atmosphériques. Dans les années très humides, les animaux couchent presque continuellement dans la boue, surtout dans les terrains argileux; il en résulte des maladies qui déciment les troupeaux, font périr les agneaux dont le tempérament n'est pas encore formé, et, en tout cas, détériorent les toisons. Ce sont surtous les moutons mérinos qni souffrent du parcage.

On devrait toujours rentrer les troupeaux à la bergerie pendant les grandes pluies, et lorsque le temps reste mauvais pendant plusieurs jours. Mais comme la plupart des bergeries ont une température trop élevée dans l'été en raison de leur mauvaise construction, il serait plus avantageux de remiser les animaux sous des hangars construits économiquement dans les cours de ferme ou dans le voisinage des autres bâtiments de l'exploitation. On couvrirait de litière le sol de ces hangars, ou, à défaut, de sable ou de terre sèche renouvelés chaque jour. Des râteliers seraient attachés aux claies de ces parcs couverts. On y rentrerait encore les moutons toutes les fois que la chaleur du soleil serait trop forte. Au moyen de ces simples précautions, on élèverait plus facilement les agneaux, et la santé générale des troupeaux serait meilleure.

Presque partout les bergers, pour leur commodité personnelle, ne sortent les animaux du parc, pour les conduire pâturer, que fort tard dans la matinée, à dix ou onze heures, par exemple, et ne les ramènent, le soir, que vers huit et neuf heures. De là, deux inconvénients : les bestiaux, en se reposant dans la journée, soit le long des haies, soit auprès d'un fossé, perdent une partie de l'engrais, et, d'un autre côté, ils restent trop longtemps sans manger, puisqu'ils sont renfermés au parc pendant treize ou quatorze heures. On devrait toujours forcer les bergers à faire sortir les moutons aussitôt après que la rosée est tombée, et à les ramener sous le parc couvert pendant la grande chaleur du jour.

On parque avant ou après la semaille. Dans le premier cas, on enfouit l'engrais aussi promptement que possible et par un labour superficiel. Plus il fait chaud, plus il faut hâter ce labour ; il en est de même lorsque le temps tourne à la pluie, car l'engrais est facilement entraîné par les eaux. Quand on parque après la semaille, on évite soigneusement un temps trop humide, ou une grande sécheresse, et l'on cesse lorsque la semaille lève partout Quelquefois, mais seulement dans les sols légers, on laisse les moutons manger les feuilles du blé déjà levé, et tasser le terrain par leur piétinement, tout en l'engraissant. Cette méthode est suivie surtout pour les céréales de printemps. Dans ce cas, l'engrais reste à nu sur le sol, pendant un certain temps ; les praticiens affirment qu'il n'éprouve pas de déperdition notable, mais il doit y avoir erreur de leur part.

On parque également les prés, les luzernes, sainfoins et trèfles après la coupe ; mais il faut que les prairies soient sèches, afin de ne pas exposer les animaux à la cachexie ou pourriture. Dans le Nord, on applique de préférence le parc aux plantes dont la végétation est prompte, comme le colza. D'après plusieurs cultivateurs, le parcage donné aux céréales d'hiver produit une augmentation de paille. Les pièces de terre où les troupeaux ont séjourné sont toujours plus propres que celles qui n'ont point été parquées, et elles sont débarrassées des mulots et des insectes.

I.

27

Le piétinement des animaux tassant et consolidant la terre, on conçoit que le parcage convienne principalement aux terres légères. Il peut devenir nuisible aux sols argileux, surtout dans les temps humides, car ces sortes de terrains ont toujours besoin d'être ameublis plutôt que consolidés.

Dans beaucoup d'endroits, on ne peut tenir le parc pendant plus de trois à quatre mois, à cause de la suppression presque générale dès jachères, ce qui rend la nourriture au dehors de plus en plus difficile. Il y a un moyen de parer à cet inconvénient, c'est de semer des fourrages : vesce mêlée de pois, bisaille et avoine, destinés à être mangés sur place par les troupeaux.

Le parcage offre l'avantage très réel d'épargner le travail et le charroi des engrais, et cet avantage est d'autant plus grand que les champs sont plus éloignés et les chemins qui y conduisent plus difficiles. C'est ce qui fait qu'on y a surtout recours dans les contrées montueuses. On est aussi réduit à l'employer lorsqu'on manque de paille et d'autres substances propres à servir de litière, et qu'il y a nécessité de créer, le plus promptement possible, avec peu de fourrage et de litière, une masse considérable de produits ; circonstances qui se présentent surtout au début d'une exploitation. Mais, hors ces cas, il est préférable de rentrer les troupeaux à la bergerie, ou au moins sous des hangars, pendant toute l'année ; la santé des animaux y gagne, et l'on évite une perte considérable d'engrais ; car la quantité d'engrais fait à la bergerie, dans le même espace de temps, fume une plus grande étendue de terre, et surtout d'une manière plus durable que l'engrais du parcage des champs. C'était là l'opinion de Thaër, de Mathieu de Dombasle et de Morel de Vindé.

Dans une partie de l'Auvergne, on fait parquer, pêle-mêle, les chevaux, les ânes, les bœufs, les porcs, les moutons, et on se trouve fort bien de cet usage ; on devrait l'imiter dans beaucoup d'autres localités, principalement dans celles où les champs sont clos.

En Angleterre, on tient, en automne, sur les chaumes, les bœufs à l'engrais, dans des parcs où on leur donne, chaque jour, le complément de leur nourriture, comme turneps, betteraves, pommes de terre, etc., qu'on répand sur le sol. Lorsqu'ils ont consommé l'herbe du parc, on les conduit dans un autre, et on les remplace dans le premier, d'abord par des vaches, puis par des moutons, et enfin par des porcs ; de sorte que rien de mangeable n'est perdu et que le terrain est engraissé autant que possible. L'avantage de cette pratique économique est très grand sur les sols légers, et devrait déterminer à l'employer plus généralement en France.

Dans le pays de Bray (Seine-Inférieure), on fait parquer les vaches sur les herbages. Les claies, de 2 mètres de long sur 1m,33 de haut, sont faites avec des lattes. Elles sont employées en nombre proportionné à la quantité de vaches que l'on veut y enfermer, et cette quantité s'accroît en raison de l'exiguïté du nombre des bestiaux. Ainsi dix vaches exigeront, pour être à l'aise, un parc de cinquante claies de périmètre, tandis qu'un troupeau de quarante vaches n'exigera que quatre-vingt-dix à cent claies. En moyenne, dix vaches peuvent parquer par jour 1 are 50 cent. de terrain. La durée de ce parcage produit des effets très sensibles pendant deux ans.

B. *Urine des animaux.*—Les urines des animaux, absorbées en partie par les litières sur lesquelles ils reposent, doivent être considérées comme l'une des parties les plus actives des fumiers; et ce n'est pas sans regrets qu'on voit le peu de soins qu'on met, en France, à recueillir cet engrais si précieux.

L'activité prodigieuse que l'urine communique à la végétation, lorsqu'elle est employée convenablement, est due tout à la fois aux substances salines dont elle est très chargée, et aussi à des matières organiques azotées assez abondantes; ces dernières fournissent, par leur décomposition rapide, une forte proportion de carbonate d'ammionaque, immédiatement assimilable.

La composition chimique de l'urine varie, non seulement autant que les espèces animales, mais encore, dans chaque espèce, suivant l'état de santé, le genre de nourriture, le séjour plus ou moins long dans l'intérieur du corps, etc. Le tableau suivant montre les différences que l'analyse a dévoilées dans l'urine des principaux animaux.

	Cheval.	Bœuf.	Vache.	Veau.	Mouton.	Chèvre.	Porc.
Eau............	91,076	91,756	92,132	99,380	96,00	98,203	97,880
Matières organiques.........	4,831	5,548	4,198	0,236	2,80	0,877	0,524
Matières minérales	4,093	2,696	3,670	0,384	1,20	0,920	1,596
	100,000	100,000	100,000	100,000	100,00	100,000	100,000

Les matières organiques se composent de mucus de la vessie, de matières animales indéterminées, d'acides organiques (urique, lactique, hippurique), et, surtout, d'un principe cristallisable, très riche en azote, spécialement propre à l'urine, et que les chimistes désignent par le nom d'*urée.*

Les manières minérales consistent en sulfates, carbonates et lactates de potasse et de soude, chlorure de sodium, lactate et chlorhydrate d'ammoniaque, carbonates de chaux et de magnésie, silice, avec traces de fer et de manganèse. Il n'y a pas de phosphates, si ce n'est dans l'urine du porc.

D'après le tableau précédent, les urines peuvent être classées ainsi qu'il suit, d'après leur plus grande richesse :

En matières solides.	En matières organiques.	En matières minérales.
Urine de cheval,	Urine de bœuf,	— de cheval,
— de bœuf,	— de cheval	— de vache,
— de vache,	— de vache,	— de bœuf,
— de mouton,	— de mouton,	— de porc,
— de porc,	— de chèvre,	— de mouton,
— de chèvre,	— de porc,	— de chèvre,
— de veau.	— de veau.	— de veau.

Sous les rapports de l'azote et de l'acide phosphorique, les urines présentent les différences suivantes ; nous montrons en regard leurs équivalents.

	Azote sur 100.	Acide phosphorique sur 100.	Équivalents.	Nombre de kil. pour la fumure de 1 hectare.
Urine d'un cheval buvant très peu......................	2,61	»	15,30	4,590
Urine d'un autre, nourri au foin et à l'avoine..................	1,55	»	25,80	7,740
Urine d'un autre, nourri au trèfle vert et à l'avoine............	1,48	»	27,10	8,130
Urine de mouton...............	1,31	0,05	30,53	9,159
Urine d'une vache nourrie avec du regain et des pommes de terre........................	0,965	»	41,45	13,035
Urine d'une vache laitière.......	0,44	»	90,90	27,270
Urine d'un porc nourri de pommes de terre un peu salées........	0,229	2,09	174,67	52,401

On voit que le genre d'alimentation influe considérablement sur la nature des urines du même animal. Les animaux nourris avec des fourrages secs donnent moins d'urines que ceux qui broutent des herbes fraîches, mais les urines des premiers sont plus riches en sels et en principes azotés que celles des derniers. L'urine rendue immédiatement après le repas est moins animalisée que celle du matin ; dans tous les cas, elle a une réaction légèrement alcaline, due à la présence du bicarbonate de potasse.

M. Boussingault donne ainsi qu'il suit la composition des urines de vache et de cheval :

	Urine d'une vache nourrie avec du foin et des pommes de terre.	Urine d'un cheval nourri avec du trèfle vert et de l'avoine.
Urée (contenant 17, 5 p. 100 d'azote).	18,5	31,0
Bicarbonate de potasse............	16,1	15,5
Autres sels alcalins et terreux.....	44,1	41,7
Eau.......................	921,3	911,8
	1000,0	1000,0

Généralement les étables et les écuries sont si mal disposées, qu'on perd la plus grande partie des urines rendues par les animaux, et qu'on ne met à profit que celles qui imprègnent les excréments solides et la litière. Si l'on réfléchit cependant que chaque vache donne 8 kilog. 200 d'urine par jour, soit près de 3000 kilog. par an, c'est-à-dire de quoi fumer 24 ares de terrain ; qu'un cheval émet 1500 gr. d'urine par jour, soit 547 kilog. par an, c'est-à-dire de quoi engraisser 7 ares, on pourra se faire une idée des pertes énormes que notre production agricole éprouve annuellement par l'incurie des cultivateurs.

Il est cependant certaines parties de la France où l'on recueille avec soin cet engrais précieux ; ainsi, presque toutes les fermes, dans le département du Nord, sont pourvues de citernes, réservoirs ou *pissotières*, construits ordinairement sous les étables et les écuries pavées et en pente, et dans lesquels viennent se rendre les urines qui n'ont point été absorbées par la litière ; après un séjour plus ou moins long dans ces réservoirs, on les répand sur les champs, sous forme d'arrosement.

En Suisse, on opère de même.

Partout où l'on ne produit pas assez de paille, et où, par conséquent, on n'a pas assez de litière pour faire absorber toutes les urines, ainsi que cela se pratique en Belgique, la méthode de la Flandre française et de la Suisse devrait être adoptée, car elle donne les moyens de multiplier économiquement les produits des prairies naturelles et artificielles.

Dans tous les pays où l'on emploie directement les urines, on regarde comme une précaution indispensable de leur laisser subir, à l'avance, une certaine fermentation, afin, dit-on, qu'elles perdent tous leurs principes corrosifs. Ainsi putréfiées, on les applique sans crainte à toutes les récoltes, et, particulièrement, aux herbages, aux carottes, aux pommes de terre, au lin ; mais il est bien évident que cette putréfaction des urines leur fait perdre aussi une grande partie de leur action fertilisante, par suite de la conversion des substances azotées, et notamment de l'urée, en carbonate d'ammoniaque qui se dissipe peu à peu dans l'air.

Pour s'opposer à cette dispersion, on a conseillé d'ajouter aux urines pourries du plâtre, ou de la couperose, ou des acides à bas prix dans le commerce, tels que les acides sulfurique et chlorhydrique, puisqu'alors on convertit tout le carbonate d'ammoniaque en sulfate ou chlorhydrate qui n'est plus susceptible de se volatiliser. Il est bien vrai, ainsi que l'a fait observer M. Boussingault, qu'on détruit en même temps le bicarbonate de potasse des urines, en le changeant en sulfate de potasse ou chlorure de potassium, c'est-à-dire en sels qui passent pour être moins facilement assimilables que le précédent, mais ce dernier point n'est pas complètement éclairci, et la pratique a confirmé les bons effets de l'addition des acides ou de la couperose aux urines devenues ammoniacales.

Ce qui vaut mieux, toutefois, c'est de faire usage des urines pendant qu'elles sont fraîches, avec la précaution, toutefois, de les étendre de quatre fois leur volume d'eau, pour qu'elles ne brûlent pas les plantes. Cet affaiblissement préalable n'est pas nécessaire lorsqu'on fait entrer les urines dans la formation des composts, ou lorsqu'on doit les répandre sur des terres en jachère.

On pourrait, dans tous les cas, ajouter aux urines *fraîches* quelques centièmes de chaux éteinte, puisque, comme l'a reconnu Payen, cette base alcaline prévient toute fermentation préalable et s'oppose énergiquement à la production des sels ammoniacaux. Cette action antiseptique remarquable s'exerce jusqu'au moment où le mélange, étant répandu sur le sol, absorbe l'acide carbonique de l'air; alors celui-ci s'empare de la chaux pour le convertir en carbonate, et ce dernier devient aussitôt un agent énergique de la transformation des matières azotées en carbonate d'ammoniaque assimilable par les plantes. Mais il est bien entendu que cette addition de chaux doit cesser dès que les urines sont devenues ammoniacales, puisqu'on en ferait dissiper l'alcali volatil.

C. *Des litières.*—L'emploi de tels ou tels empaillements n'est pas indifférent pour la qualité et la quantité du fumier. Les débris végétaux agissent d'autant mieux, comme litière, et par suite comme engrais, que leur tissu est plus spongieux, plus apte à retenir les parties liquides, à se mêler aux parties solides des excréments, et qu'ils sont plus riches en principes azotés et en substances salines.

Le plus ordinairement c'est la paille des céréales qu'on met sous les animaux. 1000 kil. de paille contiennent :

	Paille de blé.	Paille de seigle.	Paille d'orge.
Albumine......................	31 kil.	15 kil.	19 kil.
Phosphates et autres sels........	60	30	40
Ligneux, substances non azotées..	786	769	799
Eau.............................	123	186	142
	1000	1000	1000

Ce n'est pas parce que les pailles des céréales sont les plus riches en substances azotées et en matières salines qu'on leur donne généralement la préférence comme litière, mais parce que leur conformation creuse et tubaire leur permet de mieux absorber les urines, de mieux retenir les déjections molles, de procurer un coucher convenable aux animaux, de perdre moins de leur volume, et de donner, par conséquent, un fumier plus abondant. Très pauvres en azote et en sels alcalins, ces pailles sont bien inférieures aux fanes ou tiges des légumineuses, des crucifères qu'on néglige comme litière et qui communiqueraient aux fumiers de meilleures qualités.

C'est ce dont on va être convaincu par le tableau suivant, qui fait connaître la richesse comparative des différentes pailles en substances salines, en acide phosphorique et en azote :

DÉSIGNATION des matières.	Substances salines sur 100.	Acide phosphorique sur 100.	Azote sur 100.	Équivalents	Nombre de kilogr. pour la fumure de 1 hectare
Paille de blé récente..	3,518	0,22	0,24	166,66	49,998
— ancienne.	»	0,21	0,49	84,60	24,480
— de seigle......	2,793	0,15	0,17	235,29	70,587
— d'orge.......	5,241	0,20	0,23	173,90	52,170
— d'avoine......	5,734	0,21	0,28	142,86	42,855
Balles de froment....	»	0,57	0,83	47,05	14,115
Paille de millet.....	4,855	0,03	0,78	51,28	15,384
— de maïs.......	3,985	0,86	0,19	210,50	63,150
Fanes de colza.......	3,873	0,30	0,75	53,33	15,999
— de vesce......	5,101	0,28	0,10	400,00	120,000
— de sarrasin....	3,203	0,28	0,48	83,33	24,999
— de fèves......	3,124	0,22	0,20	200,00	60,000
— de lentilles....	3,899	0,48	0,01	39,60	11,800
— de pois......	4,971	0,40	1,79	22,34	6,702
— de haricots....	»	»	0,10	400,00	120,000
— de pommes de terre......	1,73	»	0,55	72,72	21,816
— de topinambours	2,70	»	0,37	108,10	32,403
— d'œillette......	»	»	0,95	42,10	12,630

Il ressort bien évidemment de ce tableau que les fanes et les tiges des légumineuses, des crucifères, du sarrasin, des pommes de terre, du topinambour, sont préférables à toutes les autres, puisqu'elles sont plus riches en azote et en acide phosphorique : mais, d'un autre côté, comme elles sont très aqueuses et peu consistantes, elles se réduisent presque à rien quand elles se dessèchent, et, à cause de cela, elles ne sont pas aussi propres à mettre sous les bestiaux que les pailles des céréales ; voilà pourquoi on a donné partout la préférence à ces dernières, et surtout aux pailles de seigle et de blé.

Il serait rationnel, au lieu de brûler les tiges de sarrasin et de colza, dans les champs, après la récolte des graines, de les associer aux pailles des céréales pour former la litière, afin d'apporter aux fumiers les sels alcalins et les phosphates dont les terres sont généralement pauvres. Un grand nombre de cultivateurs normands ont adopté, d'après nos conseils, l'usage de consacrer leurs fanes de colza à faire des litières. Plusieurs même achètent les fanes de leurs voisins pour en enrichir leurs fumiers. C'est ce que faisait aussi M. Decrombecque, à Lens (Pas-de-Calais) : il achetait la paille de colza au prix de 6 fr. les 100 bottes de 5 kil. chacune.

Presque partout on manque de pailles ; il faut donc employer tous les moyens de suppléer à cette disette. L'un des meilleurs consiste à faire servir, comme litière, une foule de plantes ou de débris végétaux qu'il est facile, dans bien des cas, de se procurer avec économie : tels sont surtout les bruyères, les fougères, les feuilles d'arbres, les genêts, les roseaux, la mousse, les gazons, la tourbe, les ajoncs, les ramilles, le buis, la sciure de bois, etc.

La plupart de ces plantes ou de ces débris sont même plus riches en principes azotés et salins que les pailles, et, sous ce rapport, ils leur sont préférables comme engrais. C'est ce que l'on voit par le tableau de la page suivante.

La fougère, si abondante dans certaines localités et dans le voisinage des bois, est très riche en sels alcalins ; d'après Berthier, elle contient plus de sulfate de potasse, de carbonate et de phosphate de chaux que les pailles des céréales. Bosc prétend qu'elle est si riche en potasse, qu'elle pourrait suffire à tous nos besoins, ce qui nous paraît une exagération. D'après M. Malaguti, cette plante, desséchée à 110 degrés, donne 2,23 pour 100 d'azote, c'est-à-dire 5 fois plus que les pailles des céréales. L'agronome Burger prétend que les fougères, mêlées avec les déjections des animaux, forment un engrais préférable au fumier ordinaire. Tous les praticiens qui ont employé cette plante comme litière ont constaté le même fait.

DÉSIGNATION des matières.	Matières salines sur 100.	Acide phospho- rique sur 100.	Potasse sur 100.	Azote sur 100.	AUTORITÉS.
Bruyère...............	3,61	0,18	0,48	1,00	Wolff.
Genêt à balais.........	1,89	0,16	0,69	»	—
Fougère...............	5,89	0,57	2,51	»	—
Prêle.................	20,44	0,41	2,70	»	—
Varechs...............	11,80	0,37	1,71	»	—
Feuilles de hêtre......	5,74	0,24	0,30	0,80	—
— de chêne.....	4,17	0,34	0,15	0,80	—
Aiguilles de pin syl- vestre...............	1,18	0,19	0,02	0,50	—
— d'Abies ex- celsa...............	4,89	0,40	0,07	0,50	—
Roseaux...............	3,85	0,08	0,33	»	—
Carex.................	6,95	0,47	3,31	»	—
Joncs.................	4,56	0,29	1,67	»	—
Scirpes...............	7,44	0,48	0,72	»	—
Feuilles de peuplier...	9,30	»	»	0,53	Boussingault
— de poirier....	»	»	»	1,36	et Payen.
— de buis......	»	»	»	1,17	—
— d'acacia......	»	»	»	0,72	—
Gazon de prairie......	»	»	»	0,53	—
Sciure de chêne sèche.	»	0,04	»	0,54	—
— de sapin sèche..	»	0,03	»	0,16	—

La tourbe, qui renferme de 81 à 92 pour 100 de matières organiques et de 7 à 18 pour 100 de matières minérales, est surtout très bonne comme litière dans les bergeries. Elle forme alors un excellent engrais pour les prairies.

Les diverses plantes dont nous venons de parler doivent être employées vertes, parce que, sèches, elles se décomposent très difficilement; on les laisse d'autant plus longtemps sous les pieds des bestiaux qu'elles sont plus dures, et, quand elles sont tout à fait ligneuses, il y a avantage à les broyer sous la meule, à les couper et à les faire écraser par les roues des voitures. En les associant à la litière ordinaire, pour une certaine quantité, ainsi qu'on le fait dans les colonies agricoles de Hollande et de Belgique, sur les bords du Rhin, dans la Bavière rhénane, en Bretagne, on apporte une économie notable dans la dépense de la paille, on enrichit le fumier, et l'on obtient un bon coucher pour le bétail.

En Angleterre, en Allemagne, en Suisse, dans le midi de la France, on remplace les pailles par de la terre sèche, qu'on recouvre chaque jour par une nouvelle couche, et qu'on re- nouvelle lorsque le tout est suffisamment imprégné par les déjections. Il en résulte un mélange plus intime, qui perd moins par l'évaporation que le fumier ordinaire, et peut être conservé plus longtemps sans s'altérer autant. En choisissant la terre suivant la nature du sol à fertiliser, c'est-à-dire une terre sablonneuse ou calcaire pour les champs argileux, et réciproquement, on obtient, à la fois, les effet d'un engrais et ceux d'un amendement.

C'est dans les étables de moutons que les litières de terre rendent surtout de bons services, en atténuant l'odeur trop forte des urines et en absorbant les fluides qui, de toute manière, se perdent dans le sol. Avec le système actuel de litière et de bergerie, les deux tiers des urines rendues par les animaux sont absorbés par le sol, s'il n'est point pavé. On pourra juger de la quantité d'engrais qui se perd journellement dans nos étables, si l'on fait attention que les urines des bestiaux sont dans une proportion des quatre cinquièmes plus considérable que les excréments solides. Or, en recouvrant le sol d'une couche, sans cesse renouvelée, de terre sèche, de sable, de tourbe, on ne perd qu'une petite partie des urines, et les animaux se trouvent dans des conditions plus favorables à leur santé, en couchant sur une litière sèche et toujours nouvelle, que lorsqu'ils croupissent dans une fange humide, puante et malsaine, telle qu'on la voit généralement dans toutes nos exploitations.

Sur la terre ou le sable, une légère couverture de paille, ou de toute autre substance végétale, est nécessaire pour le maintien de la propreté des animaux.

Voici comment un habile agronome de l'Auvergne, M. de Douhet, confectionne la litière de ses étables. Il place sous le bétail, lorsque l'étable est bien nettoyée, un lit léger de paille, de feuilles ou de débris végétaux, qu'il recouvre de terre sèche; il sème sur cette terre un kilogramme de plâtre cru, en poudre, par tête de bétail et par chaque demi-mètre cube de terre; il recouvre le tout d'un léger lit de paille. Lorsque cette litière se défonce par le piétinement et l'abondance des déjections, il ajoute, pour la raffermir, de la terre sèche qu'il plâtre et de la paille nouvelle. Enfin, lorsqu'on vide l'étable, on incorpore au mélange autant de kilogrammes de sel marin qu'on a employé de mètres cubes de terre.

Toutes les semaines, chaque tête de bétail transforme ainsi en engrais plus d'un demi-mètre cube de terre. M. de Douhet regarde cet engrais comme plus puissant et plus durable que le fumier ordinaire : il décuple, par ce moyen, la masse de ses engrais ; il y trouve une grande économie de paille, et il peut nourrir ainsi plus de bestiaux.

Le grave inconvénient des litières terreuses, c'est la nécessité d'en faire des amas considérables à l'époque des sécheresses et de les tenir en réserve dans un lieu abrité; en pratique, c'est là un grand embarras. Il faut ajouter que ces matières , fort lourdes, coûtent beaucoup pour l'extraction et le transport; leur pouvoir absorbant est loin d'être aussi prononcé que celui des litières végétales, en sorte qu'à moins d'en employer des quantités considérables, il n'est pas aussi facile qu'avec les pailles de tenir les bestiaux au sec.

Le tableau suivant, dont les chiffres sont empruntés à M. Boussingault, indique l'aptitude à l'imbibition des diverses sortes de litières :

	Après 24 heures d'imbibition, 100 k. de matières ont retenu d'eau :	Nombre de kil. de matières pour remplacer comme litière absorbante 100 kil. de paille de blé.
Paille de blé.	220 kil.	» kil.
— d'orge.	285	77
— d'avoine.	228	96
— de colza.	200	110
Feuilles de chêne tombées.	162	136
Bruyère.	100	220
Sable quartzeux.	25	880
Marne.	40	550
Terre végétale séchée à l'air.	50	440

C'est donc la paille des céréales qui a le plus d'aptitude à s'imprégner de liquides, et les matières terreuses le moins. Celles-ci ne peuvent donc pas toujours être utilisées comme litières.

Ce sont également ces pailles qui arrêtent le mieux les exhalaisons gazeuses, les vapeurs ammoniacales qui sortent des litières et des tas de fumier en pleine fermentation. En effet, une mince couche de paille suffit pour faire disparaître l'odeur vive et pénétrante que répandent ces matières; c'est ce qu'on sait très bien dans les casernes de cavalerie.

Dans tous les cas, il est convenable de proportionner la quantité des litières végétales à la nature et à la dose des aliments administrés aux animaux. Il est facile de comprendre que, la nourriture de ceux-ci n'étant pas toujours identique, la nature de leurs déjections doit varier, et que la litière ne doit pas être toujours la même d'un bout à l'autre de l'année. Ainsi les animaux nourris en vert exigent plus de litière que ceux qui sont approvisionnés en fourrages secs.

En général, pour le cheval, la quantité de litière sèche doit être à peu près égale au poids du fourrage consommé : 2 à 3 kilog. Les bêtes bovines, dont les excréments sont plus aqueux, en exigent davantage, de 3 à 5 kilog. ; et, pour les porcs, il en faut plus encore, en raison de la grande fluidité de leurs déjections. Quant aux moutons, leurs crottins étant secs, ce n'est que pour recueillir leurs urines qu'on leur fournit de la litière. Au reste, dans la plupart des fermes, quand la paille est abondante, on en met le plus possible sous les animaux, ce qui est une faute, car cela donne des fumiers trop pailleux et moins riches.

Il y a un avantage considérable à remplacer les pailles par les mauvaises plantes, dont nous avons parlé précédemment, par la tourbe, même par la terre : c'est de permettre au fermier d'avoir un plus grand nombre d'animaux, puisqu'il peut faire servir à leur nourriture, en les mêlant à des graines, à des tourteaux, à des fanes, à des racines, à des pulpes, à de la drèche, les pailles qui auraient été employées uniquement comme litière.

Il faut toujours se rappeler qu'économiser la paille de litière, non pour la vendre, mais pour l'appliquer tout entière à la nourriture du bétail, c'est améliorer le régime alimentaire et accroître le nombre des producteurs d'engrais. Il est certain que la paille mangée par les animaux double de valeur, par l'animalisation qu'elle acquiert, après avoir été soumise au mécanisme de la digestion. Et comme, en opérant ainsi, on peut nourrir un plus grand nombre de têtes, on augmente, par cela même, la masse des fumiers. Ainsi, bien loin de craindre la diminution des fumiers, on est assuré de les multiplier, et par conséquent, de maintenir les terres en meilleur état.

Dans la belle exploitation agricole de Martinvast (près de Cherbourg), créée par le général du Moncel, les écuries, les étables à vaches, à veaux et à porcs, placées à peu de distance les une des autres, sont parfaitement pavées en pierres plates bien jointoyées et ayant une grande pente, de sorte que toutes les urines s'écoulent rapidement dans la citerne placée au centre de ces constructions : on dépense de la sorte fort peu de paille pour litière ; il en reste plus à donner aux animaux.

Des cultivateurs, voyant qu'on ne retire pas d'aussi grandes masses de fumier, croient que la méthode n'est pas bonne ; mais, du moment qu'on recueille soigneusement toutes les déjections du bétail, on ne peut pas demander davantage ; le fumier en est plus actif et il y a moins de paille gaspillée en

litière. On a toujours bien le moyen de faire dépenser les
pailles ; en passant par l'estomac des bêtes, elles donnent un
bien meilleur fumier, comme nous le disions tout à l'heure, et
au moins le bétail profite de toute la matière nutritive qui s'y
trouve. Le général du Moncel avait pour principe, et nous l'ap-
prouvons, qu'on ne doit livrer de la paille aux bestiaux que ce
qu'il leur en faut absolument pour qu'ils puissent bien reposer
et qu'ils soient sèchement ; tout ce qu'on donne en dehors de
cette limite est une perte que l'on fait.

Quel est l'agronome instruit qui n'a pas été frappé de regrets
en voyant dans les grandes fermes les immenses tas de paille
destinés seulement à absorber les excréments des animaux ?
Convertir ces masses de paille en viande, en lait, et autres produits, est une opération bien autrement lucrative que d'en
faire de la litière.

Chez M. Decrombecque, de Lens, à l'École d'agriculture pour
les fils des fermiers irlandais, aux environs de Dublin, dans la
grande institution agricole de Cirencester, à 35 lieues de Londres, on suit un système perfectionné pour les bergeries. Les
moutons sont placés sur des planches à claire-voie, composées
de claies (fig. 220) formées de barrettes de 0m,40 d'équarrissage,

Fig. 220. *Plancher à claire-voie des bergeries de M. Decrombecque.*

assemblées par trois traverses dont celle du milieu est plus
large. L'intervalle entre les barrettes est assez grand pour que
les crottins puissent y passer sans que les pieds des moutons s'y
engagent.

On dispose, dans l'espace libre sous les planchers (fig. 221),
de la terre sèche, et mieux encore carbonisée, ou saupoudrée
d'un peu de plâtre, qui reçoit, absorbe et maintient exemptes
de putréfaction toutes les urines. Lorsque cette terre est saturée, on la renouvelle aisément en soulevant, les uns après
les autres, les compartiments mobiles de chaque plancher.

Dans ces bergeries, ainsi tenues, et où l'on ne met jamais de paille pour litière, on ne sent pas ces exhalations piquantes et fétides qui vicient l'air dans nos mauvaises constructions rura-

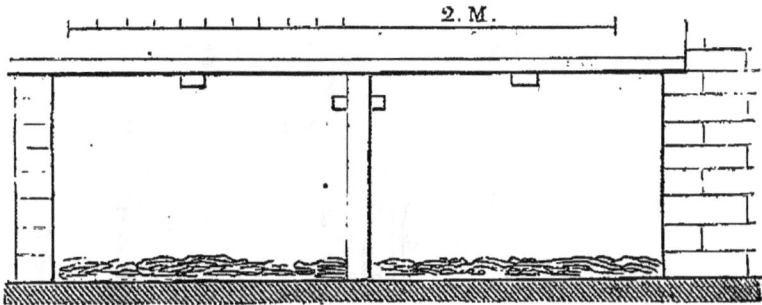

Fig. 221. *Coupe du plancher et espace vide au-dessous.*

les; les animaux sont toujours très propres et dans un bel état de santé, et on conserve pour la végétation les principes les plus utiles des déjections.

Il y a maintenant beaucoup de grandes exploitations où l'on a même supprimé les litières dans les étables à vaches, sans que les animaux s'en trouvent plus mal. Cette méthode a été importée de la Suisse. Dans ce cas, les animaux sont placés sur une plate-forme en dalles ou en madriers, ayant une légère inclinaison de l'avant à l'arrière. Immédiatement derrière cette plate-forme, règne une rigole en bois, large de 3 décimètres, profonde de 2, qui reçoit les urines, et, au besoin, l'eau d'un réservoir situé à proximité. Les excréments sont enlevés le plus souvent possible de dessus la plate-forme, jetés dans la rigole et bien délayés dans le liquide qui s'y trouve. On fait ensuite écouler celui-ci dans un réservoir placé sous le sol de l'étable, en lâchant une bonde placée à l'une des extrémités de la rigole. Après l'avoir laissée fermenter pendant un mois à six semaines, on l'emploie en arrosement.

Voici le plan géométrique (fig. 222) d'un bâtiment servant pour une étable à huit vaches et une écurie à six chevaux, dans une ferme du département du Nord, où l'on suit la méthode suisse.

Ce mélange des urines et des excréments est connu en Suisse sous les noms de *gulle* et de *lizier*. Quand, par hasard, dans ce système, on donne de la litière de paille au bétail, on a soin de la laver dans la rigole avant de la déposer sur le tas de fumier; ou bien, après ce lavage, on la laisse égoutter, puis on la sèche à l'air pour l'employer de nouveau.

Ce mode de faire est bon pour les pays qui ont beaucoup de prairies; pour tous les autres, il vaut mieux faire absorber les urines par les litières, tout réunir dans le fumier, dont le

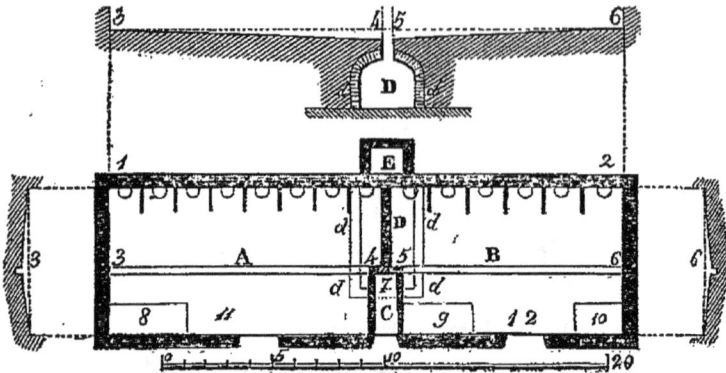

Fig. 222. *Étable et écurie dans une ferme du Nord.*

transport est toujours moins coûteux, et dont l'emploi convient à un plus grand nombre de récoltes que les engrais liquides.

2º *Influence du régime alimentaire.* — Le régime alimentaire auquel on soumet les animaux influe d'une manière notable sur la nature et la quantité des fumiers produits. Plus la nourriture du bétail est de bonne qualité et abondante, meilleur et plus abondant sera le fumier.

L'état des animaux apporte également sa part d'action dans les résultats de la digestion. C'est ainsi que les animaux sains, et surtout les animaux gras, donnent des fumiers bien meilleurs que les animaux maigres ou malades. Les vaches laitières, ou saillies, donnent un fumier moins riche, c'est-à-dire moins azoté et moins phosphaté que celui du bœuf de travail; les élèves procurent un engrais moins riche que les animaux adultes.

Enfin, suivant que la nourriture est administrée à l'étable ou qu'elle est prise au pâturage, la quantité du fumier est différente; car, dans le dernier cas, la plus grande partie des déjections ne peut être recueillie.

La quantité de fumier produit, sa plus ou moins grande richesse en azote, ne dépendent donc pas tant du nombre de têtes de bétail que des trois circonstances dont il vient d'être question. La plus influente, sans contredit, c'est le genre et la proportion des aliments.

Plus la nourriture qu'on donne est substantielle et sèche, plus les excréments ont d'énergie et de pouvoir fertilisant. Les bêtes à cornes ont toujours une nourriture très aqueuse ; en effet, même après la saison des herbages, on leur donne des carottes, des betteraves ou leur pulpe, des pommes de terre ou les marcs des féculeries, de la drèche et autres céréales germées des brasseurs. — Les bêtes à laine et les chevaux ont, au contraire, généralement, une alimentation plus sèche en grains et en fourrages. Il n'est donc pas étonnant que les fumiers des bêtes à cornes soient plus aqueux, moins actifs, plus *frais* que les fumiers des chevaux et des moutons.

Plus les aliments sont riches en azote, plus le fumier qui en dérive est azoté. De là la convenance de choisir, autant que possible, les matières végétales les plus riches en ce principe, ou de proportionner les doses de ces matières de manière qu'elles s'équilibrent entre elles sous le rapport de l'azote. On sait fort bien, en pratique, qu'il n'est pas indifférent de nourrir un animal avec 10 kil. de foin, ou de pommes de terre, ou de betteraves, et qu'il est nécessaire de le rationner suivant la nature de la matière alimentaire. Or la meilleure manière d'établir les rations équivalentes des différents aliments, c'est d'avoir égard à leur richesse comparative en azote, et d'en élever ou diminuer la quantité suivant cette richesse ; de faire en sorte qu'avec toute espèce d'aliments les animaux reçoivent, en définitive, la même dose de principes azotés, puisque ce sont ceux-ci qui contribuent le plus à la nutrition et au développement des organes.

Si tout l'azote des aliments passait dans les déjections, on pourrait, par la nature de ces aliments, prévoir l'efficacité ou la qualité du fumier produit par chaque animal ; mais il n'en est pas ainsi : une partie de l'azote ingéré est exhalée dans l'acte de la respiration sous forme gazeuse, et une autre portion est assimilée dans l'organisme, et sert à la production ou de la viande, ou du lait. Il n'y a de rejetée, avec les excréments, que la partie qui n'a point été utilisée dans l'acte de la nutrition et de la digestion. Voici, à cet égard, ce que nous apprennent les expériences infiniment curieuses de M. Boussingault :

Un cheval adulte reçoit dans sa ration journalière en foin, avoine, paille et paille-litière, la valeur de 232 grammes d'azote. Or, en admettant 2 pour 100 d'azote dans l'engrais normal, à l'état sec, on voit que la nourriture consommée pourrait fournir, théoriquement parlant, 11^{kil},6 de fumier de ferme, supposé sec. Mais comme, en 24 heures, le cheval expire en moyenne 25 gr. d'azote prélevés sur les aliments, et perdus par conséquent pour le fumier, et comme ces 25 gr. d'azote représentent 1^{kil},25 d'engrais sec, il s'ensuit que le fumier sec, produit par le cheval à l'écurie, se trouve réduit à 10^{kil}. 3, et que dans une année, l'azote exhalé diminue le poids du fumier sec de 475 kilog.

La quantité d'azote renfermée dans les aliments d'une vache, et perdue pour le fumier, est encore plus considérable, car à l'azote exhalé pendant la respiration se joint celui qui fait partie du lait. En effet, une vache laitière, qui donne 10 litres de lait, consomme l'équivalent de 15 kilog. de foin et 2 kil. de paille-litière, dans lesquels il y a 181 gr. d'azote, ce qui représente 9 kilog. de fumier normal sec. Mais, dans les 24 heures, cette vache a donné 10 litres de lait contenant 52 grammes d'azote, et elle a, en outre, expiré 25 gr. d'azote, ce qui fait en tout 77 gr. d'azote perdu pour les déjections, et ces 77 gr. représentent 4^{kil},8 de fumier sec. En sorte que les 15 kil. de foin digérés par la vache ne produisent, avec la litière, que 4^{kil},8 de fumier au lieu de 9, et que, dans une année, l'azote assimilé et exhalé occasionne une perte de 15 quintaux d'engrais sec.

Le même fait se reproduit pour les animaux qui sont en état de croissance, parce que, outre l'azote enlevé par la respiration, il y en a une autre portion qui doit contribuer au développement des organes.

L'engrais perdu par la fixation de l'azote des aliments est donc considérable lorsqu'il s'agit d'une vache laitière ou du bétail jeune. Il résulte des observations de M. Boussingault que, pour 100 kilog. de foin consommé,

Un cheval rend l'équivalent de 51 kil. de fumier normal sec.
Une vache laitière............ .. 32   —
Un veau de six mois........... 40   —

D'après les calculs du même savant, 100 kilog. de *poids vivant*, produit dans l'étable, privent l'exploitation de 180 kilog. de fumier normal sec, ou d'environ 9 quintaux de fumier humide.

Il serait très intéressant de connaître exactement la quantité de fumier produite par chaque espèce de fourrage, mais on manque à cet égard de renseignements précis.

Voici quelques-uns des résultats obtenus par Schwerz, relativement à la proportion de fumier fourni par le fourrage vert et sec, recueillis sur un hectare :

NOMS des ALIMENTS.	POIDS DU FOURRAGE ET DE LA PAILLE.		PRODUIT EN FUMIER contenant 75 p. 100 d'eau.
	Vorts.	Socs.	
Choux-raves.........	35,000 kil.	7,700 kil.	13,415 kil.
Pommes de terres ..	27,000	7,560	13,230
Luzerne...........	26,200	5,504	9,097
Navets...........	50,000	5,000	8,750
Trèfle...........	23,000	4,998	8,270
Carottes..........	35,000	4,550	7,962
Maïs............	»	4,500	7,875
Betteraves........	36,000	4,320	7,560
Seigle..........	»	3,500	7,000
Epeautre.........	19,000	3,990	6,982
Froment et épeautre.	»	3,300	6,600
Colza...........	»	3,000	5,250
Avoine..........	»	3,000	5,250
Herbe des prés.....	13,600	2,793	4,888
Fèves...........	»	2,500	4,625
Pois et vesces.....	»	2,500	4,625
Orge	»	2,200	3,850

Les chiffres de ce tableau n'ont pas une valeur absolue, mais ils indiquent suffisamment la part d'influence qu'exerce le genre de nourriture sur la production du fumier.

D'après les évaluations de Thaër, d'après les expériences de Flotow, de Pabst, de M. Boussingault, on peut estimer, avec une exactitude suffisante, la production du fumier dans une exploitation rurale par les fourrages secs entrés dans les étables, en ajoutant à leur poids celui de la paille de litière, et en doublant la somme. Exemple :

Une vache laitière, du poids de 500 à 600 kilog., consomme, en stabulation, dans une année :

Fourrages de diverses natures équivalant à . 5,475 kil. de foin sec.
Paille de litière........................ 740
                                        ——————
                                         6,215

En multipliant cette somme par 2, on a 12,430 kilog. pour la production annuelle du fumier, résultat conforme aux évaluations données par de bons praticiens.

On peut déduire des faits de pratique la mieux établie qu'une tête de bétail convenablement pourvue de fourrage et de litière rend environ 25 fois son poids de fumier par an.

Le tableau suivant montre le rendement approximatif des divers animaux d'une ferme :

Désignation des animaux.	Poids de l'animal.	Produits annuels en fumier.
Vache laitière nourrie à l'étable....	400 kil.	11,000 kil.
Bœuf à l'engrais.................	500	25,000
Cheval de trait.................	600	9,000
Bœuf de travail.................	600	11,000
Mouton allant au pâturage........	40	500
Porc adulte.	100	1,400
Totaux.........	2,240	57,900
Rapports.......	1	25

3º *Influence de la disposition des étables.* — La disposition des étables a beaucoup plus d'influence qu'on ne le suppose généralement sur la production du fumier. A cet égard, nous avons les résultats pratiques obtenus en Belgique et les bonnes expériences de Mathieu de Dombasle.

En Belgique, les cultivateurs estiment que chaque vache, nourrie à l'étable, produit, année commune, 32,500 à 39,000 kilog. de fumier. C'est là un résultat presque fabuleux comparé à celui qu'on obtient partout ailleurs, puisque les faits de pratique les mieux observés montrent qu'une bête bovine ordinaire de 400 kilog. ne donne pas plus de 5,000 à 6,000 kilog. de fumier par an. Mais, en Belgique, les étables ont une construction spéciale, qu'indique la figure 223. Il y a, en avant des

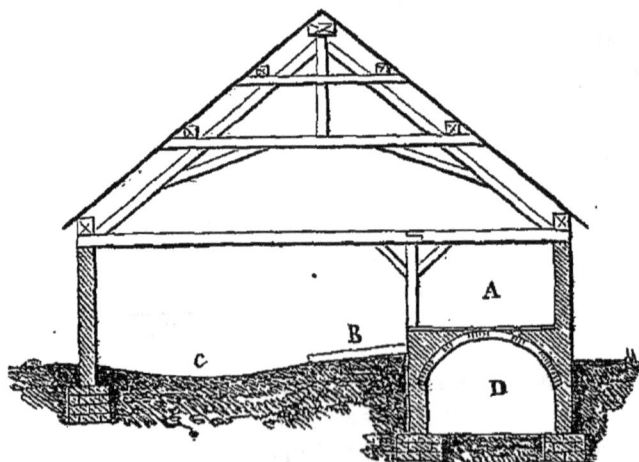

Fig. 223. *Coupe d'une étable belge.*

bêtes, un trottoir planchéié ou cimenté, A, sur lequel on dépose le fourrage et les baquets aux aliments liquides. Sous ce trottoir, règne une galerie voûtée, D, pour conserver les racines. Les animaux sont placés sur le plancher, B, légèrement incliné d'avant en arrière, et derrière eux existe un passage large et un peu enfoncé, C, dans lequel se rendent toutes les urines, et où l'on jette tous les jours le fumier qu'on enlève sous les bêtes. On vide ce fumier lorsqu'il s'accumule trop.

Il est clair que, par cette disposition, aucune partie des déjections n'est perdue, et que le fumier doit être d'excellente qualité et très abondant, si l'on a donné au bétail une quantité de litière suffisante pour absorber toutes les urines.

C'est ce que Mathieu de Dombasle a vérifié par lui-même à Roville. Il a toujours obtenu, dans l'étable construite à la manière belge, une quantité de fumier double de celle que lui donnait le même nombre de bêtes, recevant la même nourriture, mais placées dans une étable ordinaire.

Voici les quantités de fumier recueillis par lui dans l'étable belge de chaque espèce de bétail :

NOMS des ANIMAUX.	FUMIER produit par an en kilogr.	NOURRITURE administrée par an et représentée en foin sec.	QUANTITÉ de fumier produite par 100 kil. de foin.
Cheval.	16,200 kil.	7,300 kil.	221 kil.,9
Bœuf à l'engrais. . . .	25,350	7,300	347
— de travail.	7,800	»	»
Vache laitière.	19,500	3,650	534
Mouton adulte.	600	365	164
Porc.	12,350	»	»

Ce tableau montre combien la nourriture, donnée constamment à l'étable, est favorable à la production du fumier. Le bœuf à l'engrais, qui ne sort pas, donne 25,350 kilog. d'engrais, tandis que le bœuf de trait, qui est la moitié du temps dehors, n'en fournit que 7,800, c'est-à-dire près de quatre fois moins. La vache laitière, maintenue à l'étable, donne 19, 500 kilog. de fumier; la vache qui passe la journée au pâturage en fournit, au plus, 11, 000 kilog.

Ainsi donc, pour obtenir, d'un nombre donné de bestiaux, la plus grande quantité de fumier possible, il faut les nourrir toute l'année à l'étable, en leur administrant une nourriture copieuse, et une litière assez abondante pour absorber toutes leurs déjections.

Si l'étable belge est éminemment favorable à la bonne conservation du fumier, elle offre l'immense inconvénient de loger l'engrais à grands frais, puisqu'elle doit avoir de très grandes dimensions ; elle a, en outre, le grave inconvénient, quand elle n'est pas bien ventilée, de maintenir les animaux dans une atmosphère trop chaude et chargée d'émanations qui peuvent amener des maladies. Nous sommes donc loin de vouloir faire adopter ce genre de bâtiment : il vaut mieux enlever le fumier au fur et à mesure de sa production, et mettre à sa place une nouvelle rangée de bétail.

4° *Administration du fumier.* — Maintenant que nous connaissons les différentes circonstances qui influent d'une manière marquée sur la production du fumier, passons aux moyens à employer pour le conserver, de manière à ne lui laisser perdre aucun de ses principes utiles pendant tout le temps qu'il restera sans emploi.

Dans la plupart de nos fermes françaises, une fois les fumiers produits, l'incurie la plus complète préside à leur conservation. On les entasse, à mesure qu'on les retire des étables et des écuries, dans une cour dont le sol est plus bas que celui qui l'avoisine. Ainsi abandonnés en plein air, ils sont exposés à un excès de sécheresse pendant l'été, et, dans l'hiver, ils sont submergés par les eaux qui arrivent de toutes parts. Ces eaux les dépouillent de toutes leurs parties solubles, forment dans la cour une nappe infecte et boueuse d'un suc noirâtre, qui, peu à peu, s'échappe en pure perte au dehors, et va corrompre les puits ou les mares voisines, ou engraisser les chemins. Dans ces conditions défavorables, la fermentation nécessaire au ramollissement des pailles et à la bonne confection de l'engrais ne peut ni s'établir ni marcher d'une manière régulière. De plus, les bestiaux qui piétinent le tas de fumier, les volailles qui le grattent et l'éparpillent, occasionnent une plus forte déperdition des principes gazeux et ammoniacaux, en multipliant les surfaces en contact avec l'air; en sorte que la plus grande partie des vapeurs fertilisantes provenant des excréments entassés se dissipe en pure perte dans l'air, et qu'il ne reste bientôt de ces fumiers, ainsi livrés à toutes ces causes d'altération pendant une année entière, que des pailles dépourvues de la majeure partie des sels et des sucs si nécessaires à la végétation.

Non-seulement cette manière de traiter les fumiers réduit à plus de moitié la masse d'engrais dont on peut disposer; mais, au point de vue de la salubrité des habitations environnantes, elle offre les plus graves inconvénients. L'atmosphère y est toujours humide et remplie d'émanations désagréables, et, dans les temps chauds, des myriades d'insectes, attirés par ces exhalaisons, envahissent les alentours et tourmentent les bestiaux.

Avec de pareilles habitudes, point de fumiers abondants, point de bonnes récoltes possibles. Ce sont, assurément, les principales causes qui entravent l'agriculture dans la plupart de nos départements; et c'est à les faire disparaître que les personnes instruites doivent consacrer tous leurs efforts.

Ce qu'il y a surtout de déplorable, c'est de voir perdre le jus noirâtre ou *purin* du fumier, car il renferme, outre des matières analogues à l'humus et toutes prêtes à servir d'aliments aux plantes, la presque totalité des substances salines contenues dans les déjections des animaux et primitivement dans les fourrages.

Voici ce que Braconnot a trouvé dans du purin provenant d'un fumier transformé en *beurre noir* :

Eau.	722,0
Carbonate d'ammoniaque.	traces.
Humates d'ammoniaque et de potasse	11,5
Acides gras combinés avec les mêmes bases	0,8
Sulfate et phosphate de potasse	traces.
Carbonate de potasse	60,6
Chlorure de potassium	2,1
Humus divisé	160,3
Carbonate de chaux	33,0
Phosphate de chaux	4,5
Sable et terre	3,2
	1,000

En Suisse, en Flandre, en Belgique, en Alsace, dans le Wurtemberg, en Saxe, et généralement dans tous les pays bien cultivés, on attache un grand prix à ce purin, parce qu'on a reconnu depuis longtemps que c'est un engrais très puissant, qui fait rendre aux prairies naturelles et artificielles que l'on arrose avec lui des quantités de fourrage dont on n'a pas d'exemple dans les localités où cette bonne habitude est inconnue.

Mathieu de Dombasle estimait à 3 fr. la valeur d'un tonneau de purin de 6 hectolitres; et d'un tas de fumier de 12 mètres de long sur 7 de large et 1 mètre 1/2 de haut, il recueillait annuellement 150 tonneaux, c'est-à-dire 900 hectolitres de purin représentant 450 fr. en argent.

L'urine des herbivores ne renferme pas de phosphates en quantités appréciables, ainsi que nous l'avons dit précédemment; mais on rencontre ces sels en proportions considérables dans le purin du fumier. Par cette raison, celui-ci a plus de valeur comme engrais que l'urine des herbivores, et il importe essentiellement d'empêcher qu'il ne s'en perde.

« Les cultivateurs, dit le professeur Moll, hésitent souvent à faire les travaux nécessaires pour recueillir le purin, parce qu'ils se figurent qu'ils n'en obtiendront qu'une faible quantité. Ils ne songent pas que le petit filet de purin qui s'échappe de leur fumier coule pendant toute l'année, et grossit à chaque pluie. Avec six à huit chevaux, autant de vaches et de bœufs, et une centaine de moutons, on peut recueillir plus de 200 hectolitres de purin par an, lorsque l'emplacement est fait de manière qu'il ne s'en perde point. Avec cette quantité, employée sur des prés, on peut faire venir plusieurs milliers de fourrages en plus de ce qu'on eût récolté sans cela. On augmente encore les qualités du purin en y mêlant de la matière fécale; s'il est, au contraire, déjà trop épais, on y ajoute de l'eau avant de s'en servir. »

Dans beaucoup d'exploitations rurales, on enlève tous les jours des étables et des écuries la partie de la litière qui a été salie par les excréments ou mouillée par les urines. — C'est là une mauvaise méthode, qui donne des fumiers trop pailleux, par conséquent peu riches, et avec lesquels on ne peut, sans inconvénient, donner à la terre toute la fertilité qu'elle peut comporter. La paille, en trop grande abondance, tient la terre soulevée, facilite l'introduction de l'air extérieur, l'évaporation de l'humidité du sol; on est donc obligé d'en modérer les doses, et c'est ce qui explique la faiblesse des récoltes réputées comme supérieures que certains cultivateurs ne croient pas possible de dépasser. — Un autre défaut de ce système, c'est qu'il entraîne une énorme dépense de paille.

D'autres cultivateurs, dans l'intention de diminuer cette dépense, d'économiser sur la main-d'œuvre et les transports, et afin d'obtenir un engrais mieux fermenté et plus gras, n'enlèvent la litière que lorsqu'on doit la porter aux champs. Cette méthode a trois inconvénients capitaux : le premier, d'exiger des étables trop spacieuses; le deuxième, de faire *chancir* ou *blanchir* le fumier, ce qui diminue beaucoup sa valeur; le troisième, de déterminer dans l'étable, l'écurie ou la bergerie bien close, comme cela arrive nécessairement en hiver, une élévation considérable de température. Il en résulte que, lorsqu'on y entre pour le service, l'air froid du dehors vient frapper brusquement les animaux et détermine ainsi chez eux de graves affections pulmonaires. Dans le Midi, surtout, où la chaleur s'élève quelquefois à un si haut degré, il ne faut pas que le fumier séjourne dans les étables, à moins que celles-ci ne soient très spacieuses et bien ventilées.

Entre ces deux extrêmes, il y a un moyen terme rationnel, c'est d'enlever la litière tous les huit uo douze jours, et d'en mettre de la fraîche sur l'ancienne, tous les deux ou trois jours. On arrive ainsi à obtenir de bons fumiers, sans compromettre la santé des animaux. Le piétinement opéré par les bêtes rend toutes les parties plus homogènes, brise la paille et active sa conversion en terreau.

Ce système est généralement adopté, depuis plusieurs années, dans les écuries militaires, à la suite d'expériences comparatives. Pour l'engraissement des bêtes bovines, la méthode suivie dans les grands établissements d'Irlande, d'Angleterre et même de France, prouve assez qu'on s'éfait beaucoup exagéré les inconvénients du séjour des animaux sur une litière humide. Voici, par exemple, comment les choses sont disposées chez M. Decrombecque, à Lens.

Chaque bœuf est tenu, sans être attaché, dans une case ou boxe de 3 mètres carrés, et de 1 mètre de profondeur en contrebas du sol. Toutes les cases, au nombre de 30 à 40 dans la longueur de l'étable, sont séparées les unes des autres par une cloison à claire-voie. Derrière ces cases, règne au niveau du sol un sentier de 1 mètre suffisant pour le service, et devant chacune d'elles se trouve une auge qu'on élève ou abaisse à volonté au moyen de crémaillères. Devant et en arrière de chaque case, il y a dans les murs en regard une baie close par deux volets superposés, de sorte qu'en ouvrant le volet supérieur, on dispose d'une baie de fenêtre, et en ouvrant les deux volets, on a la section libre d'une porte. Cette porte suffit au passage de l'animal, qui, une fois entré dans sa case, y reste tout le temps que dure l'engraissement, c'est-à-dire 3 mois environ. Pour faciliter l'introduction de chaque bête dans sa cellule, on y jette quelques bottes de paille que l'on retire lorsque l'animal est descendu.

Chaque jour on ajoute un peu de paille coupée en petits brins de 12 à 16 cent. de longueur, ce qui facilite beaucoup l'absorption des urines, et on rend le tassement de la litière plus efficace encore et plus économique, en jetant aussi, tous les jours, un peu de terre sèche; la case s'emplit ainsi graduellement de fumier, qui atteint, au bout de 3 mois, le niveau du sol, c'est-à-dire 1 mètre d'épaisseur.

Les déjections disséminées dans cette masse, constamment foulée en tous ses points sous les pieds de l'animal, sont bien-

tôt soustraites au contact de l'air et fermentent très peu; aussi
ne ressent-on pas cette odeur piquante et forte.qui domine dans
les étables mal tenues. — Ici les soins journaliers sont bien peu
dispendieux, puisqu'ils ne s'appliquent à aucun nettoyage. Cependant la litière fraîche ajoutée chaque jour et la dissémination des déjections permettent d'entretenir les animaux dans
un état remarquable de propreté. — Comme les animaux ont
des habitudes différentes quant aux points de leurs litières
qu'ils foulent le plus, on fait passer de temps en temps les
bœufs et les vaches d'une case dans l'autre, afin de régulariser
la pression sur tous les points. Dans tous les cas, ces animaux
se portent admirablement bien pendant toute la durée de leur
séjour dans les cases, bien qu'ils reposent constamment sur
leur fumier.

A la colonie de Mettray, M. Brame a fait adopter depuis une
vingtaine d'années le mode suivant de fabrication des fumiers :
l'étable étant creusée à 1 mètre de profondeur au-dessous du niveau du sol, on étend une couche de terre ou de marne sèche
de 0^m,10 à 0^m,20 sur le fond de la fosse, qui peut consister simplement en terre argileuse battue, mais qu'il est préférable de
faire bétonner. Cette première couche de terre ou de marne
doit absorber peu à peu l'excès des urines qui peuvent s'échapper des couches supérieures. Immédiatement au-dessus de cette
première couche de terre ou de marne on établit la litière proprement dite, consistant en couches alternatives de paille ou
d'ajoncs et de terre ou de marne, atteignant au plus 0^m,4 de
hauteur.

La paille ou les ajoncs doivent toujours recouvrir la terre ou
la marne, si l'on veut empêcher la déperdition de l'ammoniaque ; c'est une condition indispensable pour bien fabriquer le
fumier de ferme, mélangé de matières terreuses. Le piétinement des animaux contribue à arrêter la déperdition des gaz. —
Les crèches sont mobiles, et se relèvent au fur et à mesure que
le fumier monte sous les bestiaux.

L'engrais fabriqué ainsi dans l'étable est onctueux ; il est imprégné de toutes les urines ; il ne se dessèche ni par les vents
ni par les ardeurs du soleil pendant l'été ; il n'a pas à craindre
non plus d'être lavé pendant l'hiver par les pluies. L'agriculteur évite la mise en forme dans les cours et l'arrosage avec le
purin, qui entraînent une dépense considérable. La longue accumulation, pendant deux mois environ, d'une couche de fumier aussi épaisse pouvait faire craindre pour la santé des animaux, et on pouvait appréhender le ramollissement pour la

corne des pieds; mais l'expérience a prouvé que ces craintes n'étaient pas fondées : on n'a pas eu de maladies plus fréquentes sur les bestiaux qui séjournaient sans cesse sur ce fumier que parmi ceux dont les étables étaient nettoyées tous les jours [1].

Le fumier produit à Mettray au moyen des ajoncs ou des pailles et des matières terreuses entremêlées et placées au-dessous est plus riche en principes actifs que le fumier ordinaire, puisqu'il dose 0,55 d'azote, au lieu de 0,40, et qu'il contient une moindre proportion d'eau (65 pour 100).

Ainsi, on le voit, nous avions raison de dire qu'il y a tout avantage à ne retirer les litières des étables et écuries ordinaires que tous les huit ou douze jours, puisque le piétinement par les animaux rend le fumier plus homogène, moins pailleux, active sa conversion en terreau; puisque les pailles dont on le recouvre chaque jour l'abritent contre l'action de l'air, y ralentissent la fermentation et y retiennent les produits volatils engendrés par celle-ci, sans qu'il résulte pour les bêtes le moindre inconvénient d'une stabulation prolongée sur ce tas de fumier.

On désigne communément sous les noms de fumiers *longs, frais* ou *pailleux*, les fumiers qu'on sort des étables pour les employer aussitôt, sans les laisser fermenter; on nomme fumiers *courts* ou *gras* ceux qu'on a entassés et conservés jusqu'à ce qu'ils aient éprouvé une décomposition profonde, qui les a convertis en une espèce de terreau ou de pâte, désignée, dans plusieurs contrées, sous le nom fort impropre de *beurre noir*. Les fumiers atteignent cet état dans un espace de temps plus ou moins long, suivant la saison, la température, et le plus ou moins d'humidité qu'ils contiennent : en été, huit ou dix semaines suffisent; en hiver, il en faut vingt et au delà.

Les *fumiers longs*, occupant beaucoup de volume, ont une action bien plus longue et plus durable sur la végétation que les fumiers *courts*; aussi les applique-t-on particulièrement aux végétaux qui restent longtemps en terre, et aux sols forts, compactes et argileux, dont ils ameublissent les particules, en raison de leur contexture fibreuse.

Les *fumiers courts*, au contraire, lourds et compactes, ont une action instantanée sur les plantes, mais cette action est de peu de durée; aussi les applique-t-on spécialement aux végétaux qui n'ont qu'une existence de trois à quatre mois, et aux terres légères.

---

1. *Compte rendu de l'agriculture de la colonie de Mettray*, 1853, p 29.

Pour arriver à l'état de *beurre noir*, le fumier perd 25 pour 100 de son volume primitif, en sorte que cent voitures de fumier frais se réduisent à soixante-quinze voitures de fumier consommé. C'est là une perte énorme, qui explique pourquoi la plupart des agronomes instruits conseillent d'employer, de préférence, les fumiers frais, immédiatement au sortir des étables. Quant à nous, nous conseillons de les soumettre toujours, avant leur transport aux champs, à une fermentation légère jusqu'à ce que la paille commence a brunir, et que son tissu ait perdu de sa consistance. Il est très facile de comprendre la convenance de cette macération préalable.

Dans les fumiers longs non fermentés, au moment où ils sont produits, il y a, nous l'avons déjà vu, le cinquième de la masse qui est constitué par des matières insolubles, notamment de la paille, qui ne peuvent évidemment servir à la nutrition des plantes qu'autant qu'elles auront pu se convertir en nouveaux composés solubles et gazeux : acide carbonique et sels ammoniacaux. Or, pour changer ainsi de nature, ces matières insolubles exigent une fermentation qui ne s'opère bien que sur une grande masse. Lors donc qu'on enfouit le fumier immédiatement après sa sortie des étables, cette fermentation nécessaire ne peut plus avoir lieu que très imparfaitement dans le sol; aussi la plus grande partie du fumier reste-t-elle sans agir, et ce n'est qu'après un temps fort long que la fibre ligneuse finit par se détruire et se changer en matière nutritive. Le fumier *frais* est donc un engrais fort lent qui ne convient réellement que lorsqu'il s'agit d'influer sur une longue suite de récoltes, mais qui, presque toujours, fait perdre du temps, c'est-à-dire un capital tout aussi précieux que l'argent déboursé. Et, en effet, 1000 fr. représentés par du fumier qui produit toute son action en un an rapportent un intérêt bien plus grand que 1000 fr. représentés par du fumier qui ne produit son effet qu'en cinq ans.

Mais si un commencement de fermentation est utile aux fumiers pour que la paille, qui y prédomine après l'eau, soit désagrégée et amenée à un état très voisin de sa résolution en principes assimilables, une putréfaction avancée, comme celle des fumiers amoncelés dans les cours des fermes, est, d'un autre côté, fort préjudiciable. Dans ce cas, la chaleur ne tarde pas à s'élever considérablement dans le centre de la masse; la couche fume; des gaz et des vapeurs : acide carbonique, oxyde de carbone, hydrogène carboné, ammoniac, se dégagent en abondance et sont perdus pour la végétation; les sels solubles, les phosphates et les matières organiques sont entraînés, en grande partie, par le purin qui s'écoule dans les mares ou sur les chemins, et le volume du fumier diminue de plus en plus.

D'après les expériences de Gazzeri, un tas de fumier abandonné dans l'air pendant cent dix-neuf jours perd la moitié de son poids et la moitié de ses principes solubles.

Il résulte d'expériences faites par Kœrte, professeur d'agriculture à Mœglin (Prusse), que 100 volumes de fumier frais se réduisent, au bout de :

81 jours,	à 75,3	du volume primitif, d'où une perte de......		26,7
254	à 64,3	—	......	35,7
384	à 62,5	—	......	37,5
393	à 47,2	—	......	52,8

Le professeur Wœlker, qui a repris les expériences de Gazzeri et de Kœrte, est arrivé aux mêmes résultats, et il conclut qu'il est plus nuisible qu'utile de prolonger la fermentation au delà du terme nécessaire.

M. Reiset, qui a fait, en 1855, de nombreuses expériences sur la putréfaction et sur la formation des fumiers, a constaté, comme les agronomes précédents, que cet engrais perd la plus grande partie de ses éléments fertilisants par une fermentation trop prolongée, et il est d'avis qu'il y a tout avantage à le porter et à l'enfouir en terre le plus promptement possible.

M. de Gasparin a fait analyser du fumier de couche, épuisé, qui avait cessé d'émettre la chaleur qui annonce la continuation de la fermentation ; il ne contenait plus que 31,34 pour 100 d'eau ; il donnait jusqu'à 39,50 pour 100 de sels et de terre, et avait perdu les deux tiers de son azote primitif.

« Il y a donc, dit M. Gasparin, illusion complète de la part des cultivateurs qui, trompés par l'apparence d'homogénéité du fumier consommé, pensent qu'il a acquis une plus grande valeur. Par la fermentation avancée, il a perdu plus de la moitié de sa masse, plus de la moitié de ses principes solubles, et les deux tiers de son azote. Ce qui reste consiste principalement en principes carbonisés, » et en substances minérales, ajouterons-nous ; de sorte que, peu à peu, les propriétés du fumier finissent par ne plus dépendre que de la prédominance de ces substances minérales, qui sont, à poids égaux, quatre à six fois plus abondantes que dans le fumier récent.

C'est donc entre ces deux extrêmes, dont nous voyons les inconvénients, qu'il faut se placer pour obtenir des fumiers le plus d'effets utiles comme engrais. Par conséquent, il convient de les mettre en tas pendant quelque temps, au sortir des étables, pour qu'une légère fermentation amollisse et aplatisse toutes les pailles, donne à celles-ci une couleur brune, un aspect gras, et rende les diverses parties homogènes; car c'est seulement alors que la masse est dans le meilleur état pour se convertir promptement, dans le sol, en principes solubles et gazeux, les seuls utiles à la nutrition des plantes.

Cette *macération* des fumiers longs, bien différente de la putréfaction qu'ils subissent habituellement pour arriver à l'état de *beurre noir*, n'exige la conservation en tas que pendant fort peu de temps : de six semaines à trois mois, suivant la saison ; elle augmente singulièrement leur valeur comme engrais, et leur communique cette rapidité d'action si nécessaire dans la majorité des cas.

Pour amener les litières d'étables et d'écuries à cet état de *fumier normal*, il faut savoir disposer le tas de fumier de manière à ne rien perdre des produits utiles, et à pouvoir diriger la fermentation à son gré.

Nous dirons d'abord que l'emplacement destiné à recevoir ce fumier doit être peu éloigné des étables et autres habitations des animaux. Il doit être assez grand pour qu'on ne soit pas obligé d'entasser les matières sur une trop grande hauteur, et que les voitures puissent en approcher facilement. On doit pouvoir en éloigner les eaux courantes et recueillir avec soin le purin produit.

Un des moyens les plus commodes et les plus économiques

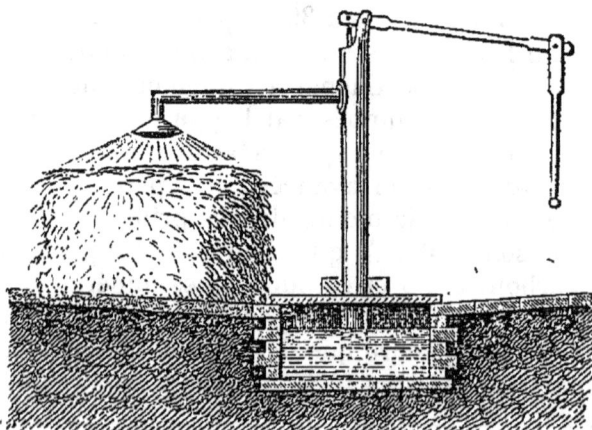

Fig. 224. *Emplacement pour monter les tas de fumier.*

consiste à mettre les litières en un tas, sur un espace plat, et de niveau avec le sol environnant, mais dont le fond est glaisé, de manière à ne permettre aucune infiltration. Cet espace, auquel on peut donner 12 mètres de long sur 7 mètres de large, présente une légère pente vers l'un des côtés, de manière que le jus ou *purin* puisse couler de lui-même dans un réservoir de 2 mètres carrés sur 1 mètre de profondeur, placé à la partie la plus basse de l'emplacement (fig. 224). Tout autour de cet emplacement règne une rigole pour recevoir les égouts du fumier, et, en dehors de cette rigole, on établit un petit relèvement en terre qui empêche le purin de sortir, et les eaux extérieures de s'y mélanger. Dans le réservoir est placée une pompe fixe, en bois, au moyen de laquelle on peut verser le purin, soit sur le tas de fumier pour l'arroser, soit dans des tonneaux, pour le conduire sur les prairies.

La plupart du temps, on extrait les litières de l'intérieur des étables au moyen d'un crochet de fer; mieux vaut les sor-

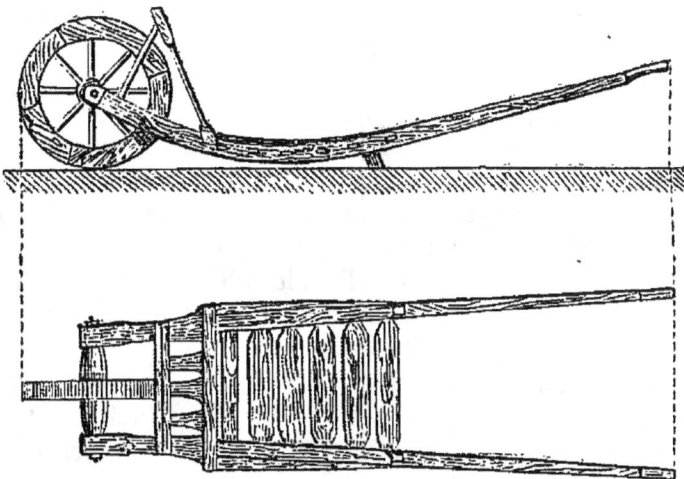

Fig. 225. *Brouette pour sortir le fumier des étables.*

tir sur une brouette basse et sans parois, comme celle de la figure 225.

On étale uniformément les litières sur l'emplacement, et on les tasse afin d'éviter les vides qui donneraient lieu à la moisissure ou au *blanc*, et de s'opposer à une fermentation trop rapide, toujours préjudiciable lorsqu'elle s'exerce sur un fumier trop ameubli. On élève verticalement toutes les faces du tas jusqu'à la hauteur de 1 mètre 1/2 à 2 mètres. Au delà de cette épaisseur de fumier, le chargement des voitures devien-

drait difficile, de même que le placement des litières apportées
des étables.

Pour éviter que l'ancien fumier ne se trouve toujours enfoui
sous le nouveau, comme cela arrive communément, on élève
un tas de chaque côté de la pompe, ou bien, si l'on forme un
emplacement unique, on établit deux ou trois divisions, que
l'on charge et que l'on enlève successivement, en ayant soin de
donner à tous ces tas contigus la même élévation.

Le fumier ainsi disposé ne tarde pas à s'échauffer et à entrer
en fermentation, surtout après un ou deux arrosages, dont le
premier doit être fait avec de l'eau pure, amenée d'une mare
ou d'un puits voisin dans le réservoir souterrain. Par un travail
d'une couple d'heures, on imbibe d'eau, jusqu'à sa base, un
énorme tas de fumier. Il faut veiller à ce que la chaleur ne
dépasse pas, dans les tas, 28° centigrades. Lorsqu'elle s'élève au
delà, on modère la fermentation en arrosant fréquemment avec
le purin.

En dirigeant dans le réservoir les urines des étables, des écuries, des bergeries, des porcheries, au moyen de conduits en
bois peu coûteux, et en plaçant, du côté opposé à la pompe, les
latrines des garçons de ferme et des ouvriers, on réunit sur
un seul point tous les éléments de fertilité que produit une
ferme.

Une pratique déjà très ancienne en Suisse, c'est d'ajouter
dans le réservoir, de temps en temps, un peu de couperose, ou
d'acide sulfurique faible, ou d'acide chlorhydrique, ou du plâtre en poudre, afin de convertir en sulfate l'ammoniaque qui
se développe dans le purin et le fumier, et qui se volatilise facilement à une température peu élevée. On ne perd, par ce
moyen peu dispendieux, aucune trace du principe le plus actif
des fumiers, puisque le sulfate d'ammoniaque formé n'est pas
volatil.

La quantité de ces agents conservateurs à employer pour
fixer l'ammoniaque dans les fumiers ne peut être assignée à
l'avance ; elle doit varier suivant la nature et l'état des fumiers.
Il faut éviter d'en employer un excès, d'abord par mesure d'é-
conomie, et ensuite pour ne pas nuire, plus tard, à la végétation. Si l'on emploie l'acide sulfurique ou chlorhydrique, on
n'en met dans le réservoir que la proportion nécessaire pour
entretenir, dans le liquide et dans le tas de fumier, une très
légère acidité, ce qu'on constate par un papier bleui par la
teinture de tournesol : pour que le mélange soit bien fait, il
faut que ce papier ne soit que faiblement ramené au rouge.

Comme il ne faut que quelques litres de ces acides pour obtenir ce résultat, et que ces acides ne coûtent que 10 à 15 centimes le litre, la dépense se réduit à fort peu de chose. — Si l'on se sert de couperose, que l'on trouve dans le commerce à raison de 7 à 8 fr. les 100 kilog., on en introduit 2 kilog. par hectolitre de purin. M. de Béhague, si connu par ses succès dans les concours de Poissy, disait, il y a quelques années, qu'il obtenait d'excellents effets de la couperose employée dans cette proportion.

On ne renouvelle l'addition des agents conservateurs que lorsque le purin a repris la propriété de tourner au bleu le papier rouge de tournesol.

Le plâtre en poudre ne convient pas aussi bien que les agents chimiques précédents pour arrêter les vapeurs ammoniacales, parce qu'étant très peu soluble dans l'eau, il reste, en partie, au fond du réservoir. Lorsqu'on veut en faire usage, le mieux est d'en saupoudrer des lits de fumier, à mesure qu'on monte le tas, suivant la méthode de M. Didieux, dont nous avons parlé à la page 348. Seulement, on utilise, dans ce cas, le plâtre cru. 15 kil. de plâtre suffisent pour couvrir une étendue de fumier de 10 mètres carrés, sur une hauteur de 10 centimètres.

M. Bobierre conseille, dans le même but et pour enrichir le fumier, de faire une bouillie un peu claire de phosphates fossiles et d'acide sulfurique, que, vingt-quatre heures après, on délaye dans 20 fois son volume d'eau et qu'on verse dans la fosse à purin. Ce mélange de phosphate acide et de sulfate de chaux neutralise parfaitement les gaz ammoniacaux et rend l'assimilation de l'acide phosphorique plus facile et plus rapide.

Nous ne devons pas laisser ignorer que MM. Boussaingault et Wœlcker ne sont pas partisans de ces additions d'agents chimiques. Le premier de ces agronomes les regarde comme étant nuisibles, ainsi que nous l'avons déjà dit en traitant des urines; le second ne va pas si loin; il la considère comme peu nécessaire, et voici les propositions qu'il déduit de ses expériences:

1° Dans l'intérieur de la masse du fumier, et sous l'influence de la chaleur, il se produit un dégagement d'ammoniaque; mais dans son passage à travers les couches refroidies par leur contact avec l'air extérieur, cet ammoniaque y est retenu en grande partie et ne se dégage point au dehors;

2° Lorsque les tas de fumier sont bien pressés à la surface, l'ammoniaque ne s'en échappe point; mais il s'en perd des quantités considérables si l'on vient à les remuer : il importe donc de ne toucher aux tas de fumier en fermentation que dans les cas d'absolue nécessité ;

3° Il est plus nuisible qu'utile de prolonger la fermentation des fumiers au delà du temps nécessaire ;

4° Lorsqu'on expose un tas à l'air libre, le fumier perd de sa qualité, et la perte est d'autant plus grande que cet état dure plus longtemps ; mais cette perte ne résulte pas tant du dégagement de l'ammoniaque en nature que de la dispersion des sels ammoniacaux, des matières organiques azotées solubles et des sels minéraux qui sont entraînés par les pluies ;

5° Lorsque les tas de fumiers sont soustraits à l'influence de la pluie, la perte d'ammoniaque est très minime ; les matières salines ne subissent aucune déperdition ; mais quand l'eau du ciel s'y précipite par grandes averses et que les eaux du lavage peuvent s'en écouler, le fumier éprouve à la fois une double diminution dans sa qualité et dans son poids ; — l'ammoniaque, les matières organiques solubles, le phosphate de chaux et les sels de potasse sont dissous et entraînés ;

6° Enfin le fumier court ou gras, le *beurre noir*, souffre plus que le fumier frais de l'action destructive des pluies.

Il importe donc de préserver du soleil et des grandes averses, autant que possible, le tas de fumier, puisque, dans l'espace d'un an, il peut perdre les 2/3 de son poids, d'après M. Wœlcker, et que le tiers restant est inférieur au fumier frais.

Nous ne dirons pas de placer les tas de fumier sous un hangar ; ce ne serait pas économique, attendu que les vapeurs chaudes qui s'élèvent des tas ne tarderaient pas à faire pourrir les bois ; mais on peut les garantir, par un simple appentis en paille (fig. 226 et 227), une couverture de bruyères, de feuilles, de gazon, ou mieux encore par une couche de terre mélangée de plâtre cru en poudre de quelques centimètres d'é-

Fig. 226. *Tas de fumier avec pieux pour recevoir un toit en paille.*

paisseur. Cette terre, qui retient les vapeurs ammoniacales, devient elle-même un excellent engrais.

Les fumiers, ainsi garantis, peuvent se conserver, sans rien perdre de leur énergie, pendant un an au moins.

Dans le département du Nord, on entoure souvent la fosse à fumier d'une plantation d'ormes qui la garantit du soleil et des vents desséchants. Comme il arrive que le contact continuel du purin avec les racines de ces arbres en fait périr un grand nombre, nous recommandons de préférence : le peuplier blanc ou le peuplier gris, le marronnier d'Inde, le sycomore, qui résistent très bien à l'action corrosive du purin.

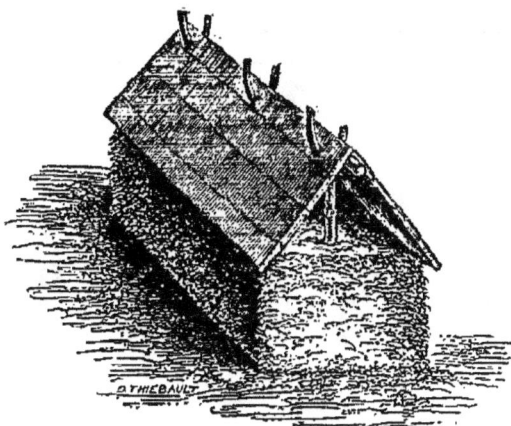

Fig. 227. *Tas de fumier recouvert de son abri.*

On peut, du reste, varier la forme de l'emplacement au fumier. Voici, par exemple, la *fosse-modèle* de Schattenmann ; c'est à peu de choses près la même que celle que Schwerz avait adoptée dans les fermes de l'Institut de Hohenheim.

La fosse à fumier dont le plan est ci-joint (fig. 228) a 22 mètres de longueur sur 10 mètres de largeur. Elle est garnie, sur trois côtés, d'un mur de revêtement en maçonnerie ou en pierres de taille, et le fond en est pavé. Elle est divisée en deux compartiments, séparés par un espace de 2 mètres de largeur servant de passage. Au fond dudit passage est un réservoir, surmonté d'un échafaudage, garni d'une pompe, et d'un cuveau de filtration.

Le passage a une pente de 5 centimètres par mètre, jusqu'au réservoir, et les compartiments ont une pente de 2 centimètres par mètre, à partir des angles et le long du mur du fond, jusqu'au dit réservoir, afin que les eaux de fumier s'y rassemblent, tant par le passage que par la petite ruelle qui longe le mur du fond. Le réservoir est formé par une cuve enterrée à fleur du sol, de 1m,50 de diamètre, et 1m,50 de profondeur.

L'échafaudage (fig. 229) a 3 mètres de hauteur, 2m,50 de longueur et 2 mètres de largeur. Il est garni dans le bas, à la hauteur de 60 centimètres, de madriers, sur les trois côtés de la fosse, afin d'empêcher la paille et les immondices de pénétrer dans le réservoir et d'obstruer la pompe. Cet échafaudage, dans sa partie supérieure, est relié par des poutrelles, et couvert par un plancher en madriers. La pompe en bois, placée dans le réservoir, a une hauteur de 5m,50, et l'homme qui la fait jouer se place sur le plancher.

Le cuveau de filtration, placé à côté de la pompe, a 80 centimètres de hauteur et 75 centimètres de diamètre; il est garni d'un double fond troué, posé sur des traverses, et recouvert d'une couche de paille de 50 centimètres d'épaisseur, également chargée d'un couvercle. Ce cuveau sert à filtrer les eaux de fumier lorsqu'on veut les employer comme en grais liquide, et elles s'en écoulent, directement, dans le tonneau de transport. La filtration a pour but de faciliter l'épandage égal de ces eaux, au moyen d'un tube d'arrosage dont les ouvertures n'auraient que 2 millimètres de diamètre.

Des conduits mobiles, posés sur des chevalets, servent à diriger les eaux sur le fumier de l'un ou l'autre des compartiments de la fosse. La partie de ces eaux qui n'est pas absorbée par le fumier revient à la pompe, parce qu'on laisse un

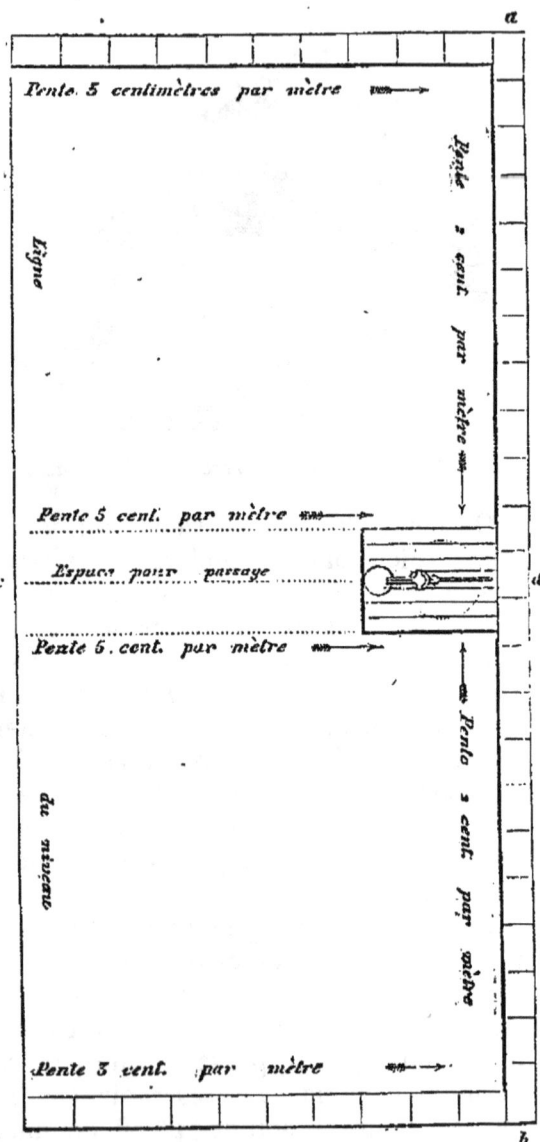

Fig. 228. Fosse-modèle de Schattenmann.

intervalle de 30 centimètres entre le tas de fumier et les murs.

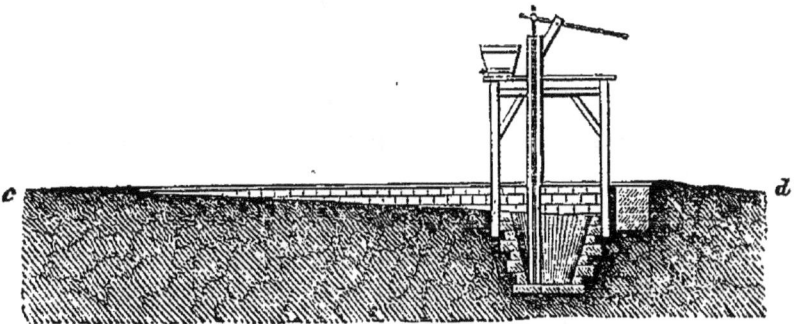

Fig 229. *Pompe et cuveau de filtration.*

En construisant une pareille fosse en terre, la dépense est beaucoup moindre ; Schattenmann l'évaluait de la manière suivante :

Une vieille cuve ou vieux tonneau à........................	15 fr.	
4 poteaux en chêne, de 2ᵐ,66, à 4 fr....................	16	
25 mètres courants de poutrelles à 75 centimes, et 5 mètres carrés de madriers, à 2 fr........................	28	75 c.
Façon...	4	
Un vieux cuveau ou une vieille futaille...................	3	
Une pompe en bois, conduits et chevalets................	30	
Dépenses imprévues......................................	3	
Total en nombres ronds............	100 fr.	»

Il n'est rien compté pour le terrassement, parce que chaque propriétaire ou fermier peut le faire exécuter aisément lui-même, par ses gens, lorsque la culture ne les occupe pas.

Quand la consistance du sol laisse à désirer, il est facile d'y remédier en le garnissant d'une couche de terre forte, et en y faisant un empierrement en pierres cassées ou en gravier, que l'on consolide au pilon.

La fosse à fumier proposée et employée par Schattenmann est, comme on le voit, à la portée de tous les cultivateurs, puisqu'elle ne donne lieu qu'à une faible dépense. Chacun pourra aussi la construire selon ses besoins et la place dont il pourra disposer, puisque les conditions de cette construction peuvent être remplies partout, en réduisant les dimensions.

Schattenmann faisait transporter chaque semaine, dans sa fosse à fumier, les matières fécales des latrines des écoles de Bouxviller, qui renferment un millier d'enfants ; il avait reconnu qu'il est parfaitement inutile d'avoir un réservoir spécial pour réunir ces matières. Il ajoutait dans le réservoir, de temps en temps, de la couperose ou des acides, afin de fixer toute l'ammoniaque produite pendant la fermentation du purin et du fumier.

La fumière de M. Boussingault a une autre disposition que les précédentes. En voici le plan et deux coupes (fig. 230 et 231).

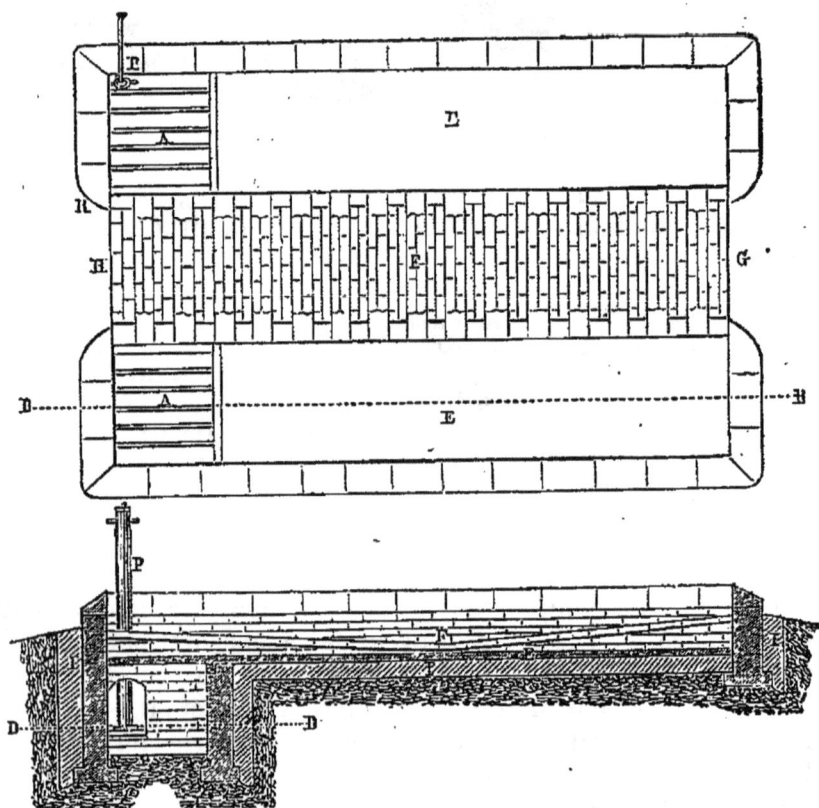

Fig. 230. *Plan et coupe de la fumière de M. Boussingault.*

La longueur est de 11 mètres, la largeur de 7 mètres. Pour le trajet des voitures, on a établi une chaussée de 3 mètres de large, construite en pavés réunis par du ciment, et supportée par une couche de béton couvrant, sur une épaisseur de 2 décimètres, la totalité de la surface de la fosse. La pente de la chaussée, à partir de G, entrée des voitures vides, jusqu'en F, est de 10 degrés; elle n'est plus que de 5 degrés, à partir de H, sortie des voitures chargées, jusqu'en F.

Le mur d'enceinte est élevé d'un mètre au-dessus de la

couche du béton qui recouvre le fond de la fosse. Sa partie supérieure est en pierres (grès des Vosges) taillées en biseau, afin que les eaux pluviales tombant sur le mur s'écoulent au dehors.

A l'une des extrémités de la fosse, celle qui est la plus proche des étables, sont placés deux réservoirs à purin AA, communiquant par une voûte C pratiquée sous la chaussée. Chaque réservoir a 2 mètres carrés et une profondeur de 1m,50. L'un d'eux reçoit un caniveau où se réunissent les urines provenant des bâtiments, et dans un de ses angles est établie une pompe aspirante P pour l'arrosement des fumiers. Tous deux sont fermés, au niveau du fond de la fosse, par des planches en chêne, suffisamment éloignées l'une de l'autre pour laisser passer les liquides, tout en retenant les matières ayant une certaine consistance.

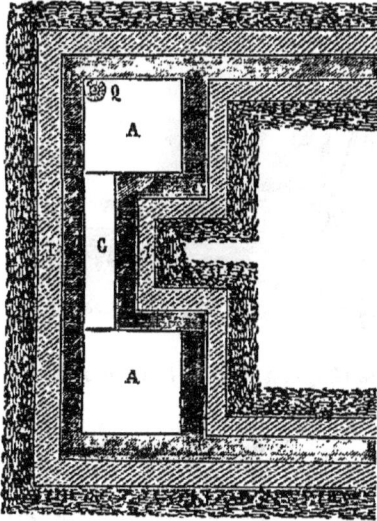

Fig. 231. *Plan du fond de la fumière de M. Boussingault.*

En résumé, la fosse a une capacité de 70 mètres cubes. En déposant le fumier sur une épaisseur de 2 mètres, elle en contiendrait donc 147 mètres cubes.

A l'École d'agriculture de Grignon, on a remplacé la fosse par une plate-forme dont voici le plan et la coupe (fig. 232 et 233).

Cette plate-forme peut recevoir 3 millions de kilogrammes de fumier.

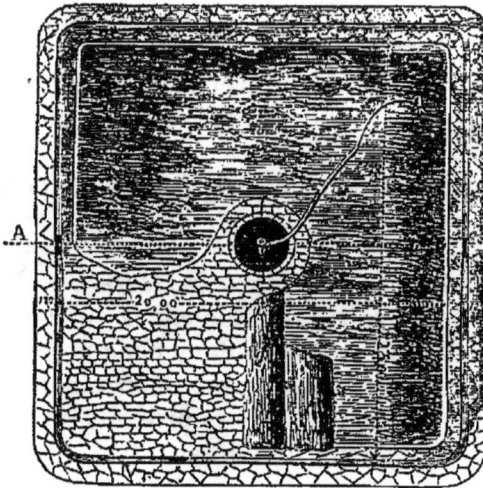

Fig. 232. *Plan de la plate-forme à fumier de Grignon.*

dont on forme un tas continu, au centre duquel une pompe,

se tournant successivement vers tous les points, permet d'arroser toutes les parties. On monte sur le tas comme sur un escalier, ou plutôt comme sur une rampe circulaire à

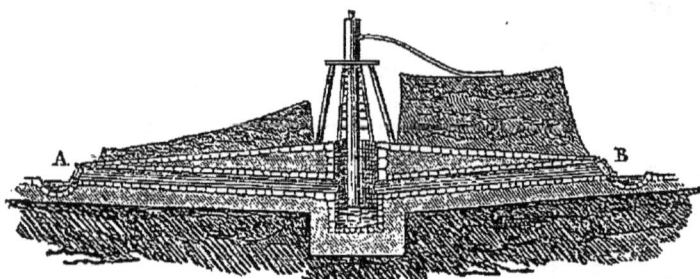

Fig. 233. *Coupe de la fumière de Grignon suivant la ligne* A B.

pente d'autant plus douce que, se développant autour de la pompe, elle a une plus grande longueur. Cette disposition fait que les couches de fumier apportées chaque jour sur le tas sont moins épaisses et s'oxydent mieux.

On monte le tas de 3 à 6 mètres à l'état frais; il n'est plus que de 2 à 4 lorsque le fumier est décomposé. L'arrivée et l'enlèvement sont également faciles; on apporte d'un côté le fumier frais et on l'étend en couches; tandis que, de l'autre côté, on coupe verticalement à la bêche le fumier fait, et on charge avec une extrême aisance les voitures qui sont au pied du tas. Toutes les couches successives se trouvent ainsi mélangées intimement, et les engrais de cheval, de bœuf, de mouton, de vache, de porc, de volailles et même les engrais humains, parfaitement combinés, n'en forment plus qu'un seul, pesant plus de 800 kilogrammes par mètre cube.

Quelle que soit la forme que l'on adopte, la fosse ou plutôt l'emplacement au fumier doit avoir des dimensions en rapport avec le nombre de têtes de bétail nourries dans chaque exploitation. Voici d'après quelles données on peut déterminer l'espace nécessaire pour recevoir tous les fumiers produits pendant une année. En moyenne, on recueille en fumier :

	En kilogr.	En mètres cubes.
D'un cheval..	12,170	15 20
D'un bœuf ou d'une vache passant six mois hors de l'étable..	9,125	11 40
D'un mouton restant six mois hors de la bergerie........	1,022	1 30

Il faut donc, pour recevoir ces diverses quantités de fumier, sur une elévation moyenne de 1^m,50, des surfaces de

10 mèt. car. 10 pour le fumier d'un cheval,
 7   —   60   —   d'un bœuf ou d'une vache,
 0   —   87   —   d'un mouton.

Par conséquent, en multipliant ces différents nombres par le nombre de chevaux, de bêtes bovines et de moutons dont on dispose, on arrive à trouver la surface en mètres carrés nécessaire pour réunir, sur une hauteur de 1^m,50, tous les fumiers produits pendant l'année dans les écuries, étables et bergeries de l'exploitation.

Supposons une ferme sur laquelle se trouvent 6 chevaux, 8 vaches et 100 moutons. On a, dans l'année, en fumier :

		En kilogr.	En mètr. cubes.	En mèt. carrés.
Pour les 6 chevaux..	12,170 × 6 =	73,020	91,20	60,60
Pour les 8 vaches...	9,125 × 8 =	73,000	91,20	60,60
Pour les 100 moutons.	1,022 × 100 =	102,200	130,00	87,00
		248,220	312,40	208,20

La surface nécessaire à l'emplacement de tous ces fumiers est donc exprimée par 208^{m.car},20. En adoptant les méthodes de Schwerz et de Schattenmann, ce sera donc 2 aires carrées de 10 mètres de côté chacune, séparées par un fossé de 0^m,50. Et, si les fumier·, ainsi que cela arrive presque toujours, sont enlevés à deux époques de l'année, deux aires carrées de 8 mètres de côté chacune suffiront.

Si la cour de la ferme est trop petite, il faut, pour ne pas gêner les autres services, disposer l'emplacement du fumier en dehors et parallèlement aux étables, dont les liquides doivent être conduits, par des rigoles couvertes, dans la fosse à purin.

En résumé, lorsqu'on établit un emplacement à fumier, quelles que soient la forme qu'on lui donne et les dispositions accessoires que l'on suive, il faut satisfaire aux conditions suivantes :

1° Recueillir tout le purin dans un réservoir placé de manière qu'il soit facile de reverser, au besoin, ce liquide sur le fumier ;

2° Ne laisser arriver sur le fumier aucune eau étrangère ;

3° Garantir le fumier d'une évaporation trop prompte et des lavages opérés par les eaux pluviales ;

4° Tasser fortement le fumier à la surface pour que l'ammoniaque produite par la fermentation dans le centre de la masse ne s'en échappe point, et ne toucher ou remuer le tas que le moins possible ;

5° Donner à l'emplacement du fumier une largeur suffisante pour qu'il ne soit pas nécessaire d'élever les tas à une trop grande hauteur ;

6° Faire sur cet emplacement assez de divisions pour que l'ancien fumier ne se trouve pas toujours enfoui sous le nouveau ;

7° Enfin, disposer l'emplacement de telle sorte que les voitures puissent en approcher facilement, et qu'il ne faille pas de trop grands efforts pour enlever des charges un peu lourdes[1].

Nous ne terminerons pas ce sujet sans dire quelques mots de la pompe à purin. Il y en a de bien des modèles; il en est peu qui fonctionnent d'une manière satisfaisante, et, en général, elles exigent de fréquentes réparations. L'une d'elles se distingue par sa solidité, son prix peu élevé (70 fr.), et par ce précieux avantage, que les soupapes en caoutchouc qui font partie de son mécanisme admettent, sans s'engorger, les corps solides, morceaux de bois, cailloux, etc., que l'eau ou le purin peut entraîner dans son ascension. Cette pompe est de l'invention de M. Perreaux, constructeur mécanicien à Paris, rue Monsieur-le-Prince, 16. En voici une vue et une coupe (fig. 234).

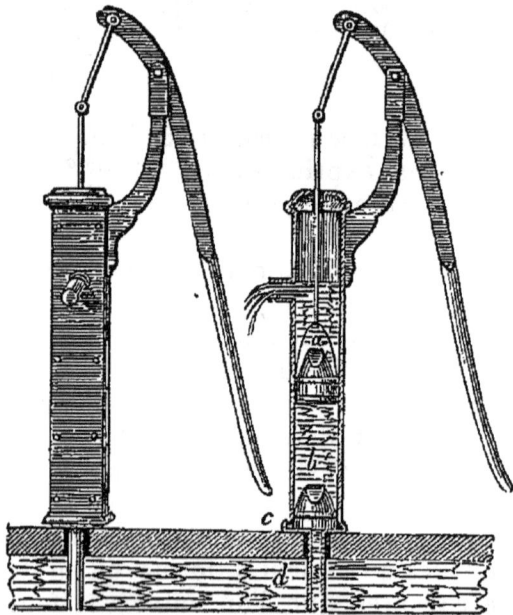

Fig. 234. *Pompe à purin de M. Perreaux.*

On voit en *a* la soupape à piston en caoutchouc pour l'inté-

---

1. Consulter, pour plus de détails, l'ouvrage spécial de M. J. Girardin, intitulé : *Des fumiers et autres engrais animaux.* 6e édition. 1 vol. grand in-18. Paris, Garnier frères et Victor Masson (1864).

rieur du corps de la pompe; en *b* la soupape de retenue , également en caoutchouc; celle-ci, placée au bas, est assujettie par un chapeau *c* qu'on peut visser et dévisser avec facilité; *d* est le tuyau d'aspiration qui plonge dans le réservoir à purin.

M. Perreaux construit aussi des pompes aspirantes et foulantes du prix de 120 fr. et de 125 fr., selon qu'elles sont montées en bois ou en fer. Elles ont un jet continu, projettent le liquide assez loin, et peuvent servir utilement dans les incendies. En voici une vue et une coupe (fig. 235).

Il y a ici en avant du déversoir *e* un réservoir d'air *f* dont le chapeau inférieur *g* se dévisse pour placer ou visiter la soupape

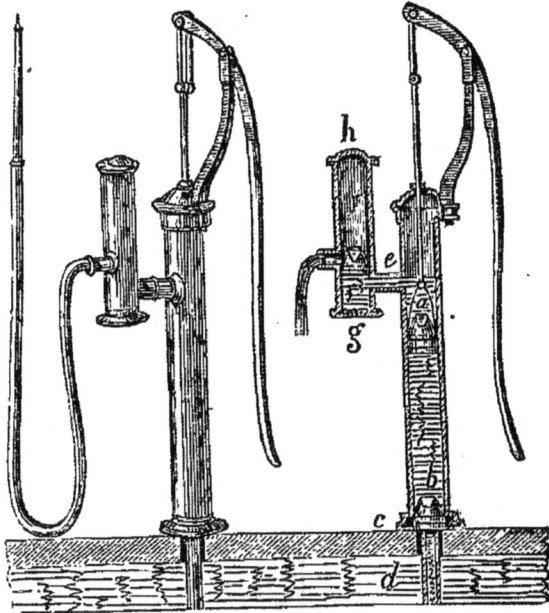

Fig. 235. *Pompes aspirantes et foulantes de M. Perreaux.*

de retenue *h*, chapeau supérieur de la pompe et boîte à étoupe, destinés, l'un à laisser passer la soupape-piston *a* dans le corps de pompe, et l'autre à comprimer la tresse de chanvre qui remplit la boîte, et dans laquelle passe la tige du piston.

Toutes les parties des pompes de M. Perreaux se démontent et se rajustent sans aucune difficulté. Ces instruments ont été l'objet d'un rapport très favorable à la Société d'encouragement.

5° *Poids et composition du fumier.* — Le fumier bien préparé ou le *fumier normal* n'a pas toujours le même poids ni la même composition.

Relativement au poids, voici, d'après de Voght, les poids comparatifs de plusieurs sortes de fumiers à différents états :

		Le mètre cube.
Fumier	gras de bœuf.................................	702 kil.
—	frais de bœuf..............................	580
—	gras de cheval............................	465
—	de cheval, après huit jours de fermentation.........	371
—	frais de cheval...........................	365
—	des bêtes à cornes, bien fermenté, contenant 75 d'eau.	730 à 750
—	des auberges du Midi (chevaux), contenant 60 d'eau..	660
—	— bien tassé dans les voitures....	820

M. Boussingault donne les nombres suivants, d'après différentes pesées qu'il a faites :

Fumier frais, très pailleux, à la sortie des étables...........	300 à 400 kil.
— sorti depuis peu des étables, mais bien tassé.........	700
— à demi-consommé et très humide, tassé en fosse......	800
— très consommé, humide et fortement comprimé.......	900

Comme il est presque impossible de compter, non pas sur une exactitude parfaite, en estimant une fumure d'après le volume, mais même sur un poids approximatif, il est préférable d'évaluer les engrais au poids, surtout quand on les achète.

En moyenne, on admet que le mètre cube de fumier ordinaire, fait avec les excréments des divers animaux de la ferme, pèse 800 kilogrammes.

Sous le rapport de la composition chimique, bien que nous en ayons déjà parlé, nous croyons utile d'y revenir, en présentant les analyses comparatives très bien faites par M. Boussingault de diverses sortes de fumiers :

TABLEAU.

DÉSIGNATION DES FUMIERS.	Eau.	Matières orga-niques.	Matières mi-nérales.	Acide phos-phorique	Azote à l'état normal.	Ammon. équi-valente.
Fumier à demi consommé de Bechelbronn	793	142	65	2^k00	4^k1	4^k98
Fumier d'une ferme anglaise	630	247	103	7.87	6.3	7.65
Fumier frais du Jardin des Plantes de Paris	668	280	52	4 00	5.3	6.43
Fumier d'une écurie particulière	606	»	»	»'	7.9	9.59
Fumier consommé d'une ferme des environs de Nancy	722	167	111	»	»	»
Fumier de l'École d'agriculture de Grignon	705	192	114	6.12	7.2	8.74
Fumier de la Ménagerie de Paris	668	»	»	2.58	5 3	6.43
Fumier à demi consommé du Liebfrauenberg, 1854	830	108	62	2.57	3.3	4.25
Fumier frais de cheval, nourri au foin et à l'avoine et recevant 2 kil. de paille de litière	674	292,5	33,5	2.32	6.7	8.14
Fumier frais de vache nourrie avec regain et pommes de terre (3 kil. de paille de litière)	818	164	18	1.29	3.4	4.14
Fumier frais de mouton nourri avec foin (0^k225 de paille de litière)	616	343	39	2.03	8.2	10.00
Fumier frais de porc nourri avec pommes de terre (0^k450 de paille de litière)	728	233	39	2.07	7.8	9.54
Fumier bien préparé de la ferme de M. Boussingault, à Merkwiller	744	205	51	7.18	5 0	6.07

Si l'on ramène ces fumiers à l'état sec, on voit mieux l'analogie de composition.

DÉSIGNATION DES FUMIERS.	Matières orga-niques.	Matières mi-nérales.	Acide phospho-rique.	Azote assimila-bles.	Ammon. équi-valente.
Fumier de Bechelbronn	686	314	9.70	19.8	24.05
— de la ferme anglaise	705.7	294 3	22.30	18.9	21.90
— du Jardin des Plantes	843	157	12.10	16.0	19.40
— de Grignon	627	373	20.00	24.5	29.70
— du Liebfrauenberg	666	334	15.10	20.6	25.01
— frais de cheval	899	101	7.13	25.0	30.93
— frais de vache	905	95	7.11	18.8	22.84
— frais de mouton	899	101	5.20	21.5	26.06
— frais de porc	860	140	7.64	28.9	35.18
— de la ferme de M. Boussingault	805	195	28.06	19.8	24.04

On trouverait donc, comme moyenne, dans le fumier :

	A l'état normal.	A l'état sec.
Eau..	709.00	»
Matières organiques........................	245.00	789.5
— minérales.........................	76.00	210.5
Acide phosphorique.........................	3.45	43.5
Azote assimilable...........................	5.87	21.3
Ammoniaque équivalente...................	7.12	25.8

Nous ne quitterons pas cette partie chimique de l'étude des fumiers sans signaler les faits nouveaux que M. Paul Thénard a constatés et les conclusions qu'il a cru pouvoir en tirer.

Suivant ce chimiste, il y a, dans le fumier, au moins deux acides organiques : l'un soluble dans l'eau et peu ou point azoté ; l'autre insoluble et très azoté. C'est ce dernier surtout qu'il a étudié, parce qu'il est beaucoup plus abondant et qu'il paraît être le principe éminemment actif de l'engrais. M. Thénard l'a nommé *acide fumique*. Cet acide rappelle un grand nombre des propriétés de l'acide *ulmique*, *humique* ou *géique* du terreau.

Lorsqu'il est sec et en morceaux, il ressemble, à s'y tromper, à du charbon de terre ; comme lui, il est amorphe, noir et à cassure brillante ; il en a la densité et la dureté ; de plus, si on le calcine dans un moufle, il donne en brûlant une abondante flamme très éclairante et laisse un résidu charbonneux, comparable à du coke. Il est d'ailleurs tout à fait insoluble dans l'eau : l'éther et l'alcool en dissolvent à peine quelques traces ; sauf la potasse, la soude et l'ammoniaque, toutes les autres bases forment avec lui des sels insolubles, qui affectent sa couleur.

M. P. Thénard lui assigne la composition suivante :

Carbone..	60,5
Hydrogène..	5,1
Azote..	5,5
Oxygène et soufre...............................	29,0
	100,1

En lessivant du fumier fermenté, on obtient une dissolution brune qui est, en majeure partie, du *fumate d'ammoniaque*. Cette liqueur, filtrée et sursaturée avec de l'acide chlorhydrique, laisse déposer l'acide fumique en flocons gélatineux qui occupent un grand volume ; par l'ébullition, il se coagule et prend une certaine consistance. Ce n'est qu'après un grand nombre de dissolutions dans l'ammoniaque, de précipitations par l'acide chlorhydrique et de lavages, qu'on peut l'amener à l'état de pureté.

Lorsqu'on agite l'eau de fumier avec de l'alumine en gelée, de l'hydrate de peroxyde de fer, de l'aluminate de chaux, du carbonate de chaux, on décolore cette eau, et il se forme de véritables laques colorées en brun avec ces oxydes et l'acide fumique. M. P. Thénard en conclut donc que l'alumine, les oxydes de fer et le carbonate de chaux sont les *agents conservateurs* du fumier, parce qu'ils forment avec lui des laques que l'action du temps, de l'eau, de l'air, ne détruisent qu'à la longue, sans doute au fur et à mesure du besoin et à la sollicitation des plantes.

Par conséquent, c'est sans danger que le cultivateur fume les terres à l'avance, et cela avec d'autant plus de sécurité qu'elles contiennent ces agents conservateurs, particulièrement l'alumine et l'oxyde de fer, en plus grandes quantités; car les terres quartzeuses et sablonneuses brûlent le fumier, comme disent les paysans.

C'est encore à cause de ce genre de phénomène que les terres argileuses riches par elles-mêmes, mais appauvries parce qu'on leur a trop demandé, sont si difficiles à remonter et réclament de si grandes masses d'engrais, avant de donner de nouveau des résultats satisfaisants; tandis que celles qui sont enrichies de longue main produisent avec abondance et sont d'un entretien très facile.

L'acide fumique serait, d'après M. P. Thénard, le résultat de l'oxydation d'une matière organique soluble qui existe en abondance dans le fumier frais; celui-ci ne contient que fort peu d'acide fumique, voilà pourquoi il est nécessaire que le fumier, pour être le plus utile possible, ait préalablement subi une véritable oxydation ou fermentation.

C'est ce fait qui explique la répugnance des cultivateurs à enfouir des fumiers tout récents. En effet, mélangés à la terre, leur fermentation, devenant très lente, donne toujours à la pluie le temps d'arriver; alors la matière riche, n'étant pas fixée, mais, au contraire, très soluble, est rapidement entraînée: de là des pertes considérables qu'une longue et sage pratique a appris à éviter.

En poursuivant ses recherches sur l'acide fumique, M. Paul Thénard a vu que cet acide s'oxyde sous l'influence de l'air, sous celle du peroxyde de fer uni à l'insolation, qu'il se transforme alors en acide carbonique et en un nouvel acide soluble, d'une couleur de gomme-gutte, ne contenant plus d'azote et renfermant moitié moins de carbone que l'acide fumique. C'est sous cette nouvelle forme que la matière organique des fumiers serait assimilée par les plantes. M. P. Thénard dit avoir retrouvé ce nouvel acide dans toutes les terres de culture.

Ce chimiste croit donc très probable qu'il se forme dans le sol, et aux dépens des fumates, un sel soluble, et que par conséquent l'oxydation des fumates, en les faisant passer à l'état de sels solubles, en permet l'assimilation.

6° *Emploi du fumier.* — Il ne suffit pas d'obtenir beaucoup de fumier au meilleur marché possible, et de savoir l'amener par une bonne fermentation à l'état sous lequel il est le plus profitable à la végétation, il faut encore savoir l'employer convenablement et de manière qu'il produise la plus grande somme de résultats dans le plus court espace de temps ; car, ainsi que nous l'avons déjà dit, plus on multiplie les récoltes d'un terrain sans l'appauvrir, plus on fait rapporter d'intérêt à son argent. L'agriculteur doit prendre modèle sur l'industriel, qui ne laisse jamais dormir son capital, et qui, par le renouvellement continuel de ses opérations, arrive à le grossir très rapidement.

Dans la plupart des fermes, on se sert de 'fourches pour enlever le fumier des fosses et le charger sur les voitures qui doivent le conduire aux champs. Cette manière d'opérer est vicieuse, attendu que les tas offrant des couches de différents âges, par conséquent à des états très différents de décomposition, et, de plus, des lits alternatifs de litières d'écuries, d'étables, de porcheries, quelquefois même de bergeries, il en résulte que les premières voitures ne reçoivent que du fumier très pailleux, tandis que dans les dernières il n'y a que du fumier très consommé. On comprend que, par suite, il est impossible de donner à un champ une fumure égale dans toutes ses parties, ce qui est très nuisible au rendement des récoltes.

Il serait bien préférable d'imiter ce qui se pratique dans toute la Grande-Bretagne, et dans quelques grandes exploitations de France. A l'aide d'instruments tranchants, faciles à manœuvrer (fig. 236 et 237), on opère, sur une épaisseur d'un mètre, des sections verticales dans le tas que l'on attaque par un bout, absolument comme on agit pour une meule de foin. On obtient ainsi des tranches dans lesquelles les diverses sortes de fumiers se rencontrent. Un ouvrier peut charger facilement sur les voitures de 1000 à 1200 kilog. de fumier par heure.

Presque partout on a la mauvaise habitude de charrier les fumiers trop longtemps à l'avance sur les terres, et de les y laisser amoncelés, soit en une seule masse, soit en petits tas, jusqu'à l'époque où on les répand à la surface, avant de les enfouir par le dernier labour des semailles. Rien ne nuit plus aux fumiers que de rester ainsi exposés des journées entières à l'action de l'air, de la pluie ou du soleil : ils éprouvent, dans les chaleurs, des pertes énormes en sels ammoniacaux, ou en purin dans les temps pluvieux ; dans ce dernier cas, certaines parties du sol sont engraissées trop fortement, et les récoltes y versent, tandis que les autres souffrent du manque d'engrais, et ne donnent que de chétifs produits.

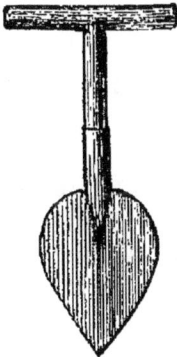

Fig. 236. *Bêche à fumier employée dans la Grande-Bretagne.*

Dans les pays bien cultivés, on a grand soin de ne porter les fumiers aux champs qu'au moment où il y a possibilité de les enterrer immédiatement ; on les épand aussitôt, et très également, à la surface, puis on les enfouit, sans plus attendre, par un labour léger. Lorsque le temps le permet, que les terres ne sont pas trop molles et qu'elles sont prêtes à recevoir les fumiers, on les y conduit, peu importe le moment de l'année et la saison. Une fois qu'ils sont enterrés, ils ne perdent plus rien, parce que la terre qui les recouvre absorbe et retient toutes les vapeurs fertilisantes provenant de leur putréfaction ; elle agit, en effet, à la manière des corps poreux, de l'éponge, qui ne laissent plus dégager les matières volatiles, ou s'écouler les liquides qu'ils ont absorbés.

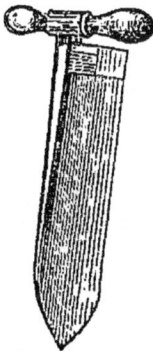

Fig. 237. *Couteau à fumier employé en France.*

C'est sur le premier labour de jachère qu'il faut enfouir les fumiers : la terre est ainsi mieux ameublie, et, pour les labours suivants, l'engrais est réparti bien plus également dans le sol. Il est vrai qu'employés ainsi, les fumiers favorisent la croissance des mauvaises herbes, mais c'est plutôt un bien qu'un mal, puisqu'elles sont enterrées avant leur maturité par les derniers labours, et qu'elles concourent ainsi à l'amélioration et à la propreté du sol.

Toutes les fois qu'on enterre les fumiers avec le premier labour, il est utile de donner trois labours successifs, afin que le troisième recouvre les pailles que le second aurait ramenées à la surface. Cela est d'autant plus indispensable que les fumiers ont moins fermenté et sont plus pailleux. On est même, quelquefois, dans la nécessité de faire suivre la charrue par des garçons munis de fourches ou de râteaux, afin de répartir l'engrais également dans la jauge du labour. En Belgique, lorsqu'on veut enterrer le fumier tout frais par un seul labour, on l'enlève avec une fourche aux petits tas déposés par les chariots, et on le place au fond des sillons à mesure que la charrue les ouvre; de cette manière, un seul labour suffit pour que l'enfouissement soit complet.

On emploie, quelquefois, les fumiers *en couverture*, notamment pour les grains d'hiver et les prés. Cette pratique est surtout recommandée pour les sols légers, sablonneux et calcaires. On répand alors l'engrais, soit au moment de la semaille, soit au printemps, sur la récolte en végétation; on opère de même, pendant l'hiver, sur une terre qui doit être labourée au printemps, pourvu que le sol ne soit pas en pente, car, alors, les pluies entraîneraient hors du champ les sucs du fumier.

Bien que d'habiles agronomes se louent de cette manière d'appliquer les fumiers, nous ne pouvons y donner notre approbation, à cause de la perte énorme en principes utiles qu'on éprouve, soit qu'il y ait excès, soit qu'il y ait défaut d'humidité. Presque toute la partie azotée de l'engrais se trouve décomposée, et convertie en carbonate d'ammoniaque qui se dissipe dans l'air; la majeure partie des sels solubles est entraînée par les eaux des pluies, et il ne reste bientôt plus que la portion pailleuse et végétale du fumier, qui n'a que bien peu de valeur lorsqu'on l'enterre ensuite.

Les fumiers en couverture ne pourraient être avantageux que pour les prés et les prairies artificielles, récoltes qui demeurent longtemps en terre sans être labourées; mais, encore dans ce cas, il y aura toujours plus d'avantage à remplacer les fumiers par des terreaux et des composts, ou des engrais liquides ou pulvérulents: ceux-ci offrent plus de facilité dans la répartition, plus d'économie dans les transports, moins de pertes en principes utiles pendant leur contact avec l'air, et un prix d'achat moins élevé. Rien ne nuit plus aux récoltes qu'une fumure inégale, et c'est là un des graves inconvénients des fumiers en couverture, appliqués aux prairies naturelles ou artificielles. Des expériences, continuées pendant treize ans à l'institut de Hohenheim, démontrent que, sous le rapport du bénéfice net, il n'est nullement avantageux de consacrer aux prairies les fumiers proprement dits, toutes les fois que l'on possède des terres de labour sur lesquelles on peut les employer utilement;

les mêmes expériences font encore voir que les prairies, améliorées au moyen de composts, donnent un produit supérieur à celui des prés fortement fumés avec de l'engrais d'étable.

Ce n'est par sur les céréales, mais sur les récoltes sarclées (pommes de terre, carottes, betteraves, colza, fèves, etc.), qu'il aut appliquer les fumiers, parce que ces récoltes, devant être binées, craignent peu les mauvaises herbes ; qu'elles ne sont pas, comme les céréales, sujettes à verser, et qu'enfin, exigeant beaucoup de menues cultures coûteuses, toujours les mêmes quel que soit le produit, elles ne payent ces cultures et ne donnent de bénéfice que dans les terres riches ou fortement fumées.

C'est surtout lorsqu'on emploie les fumiers frais qu'il faut bien se garder de les mettre sur la sole des grains, car les graines des mauvaises herbes et les œufs d'insectes qu'ils contiennent salissent les récoltes et leur portent un grand préjudice. Les fumiers courts, ou à l'état de beurre noir, n'ont pas cet inconvénient, car la forte putréfaction qu'ils ont subie a fait périr les mauvaises semences et les œufs d'insectes ; mais alors, pour peu qu'on donne une forte fumure, ces fumiers font verser les céréales, et le produit des récoltes est singulièrement diminué.

Règle générale, il ne faut employer les fumiers *frais* ou *longs* que dans les sols forts, compactes et argileux, parce qu'ils en ameublissent les particules en raison de leur contexture fibreuse. Dans les terres légères, il ne faut jamais faire usage que de fumiers *courts*, ou au moins à demi décomposés.

Les fumiers ne doivent jamais être enfouis trop avant. Dans les terres sableuses, légères, on peut les enterrer un peu plus que dans les terres fortes. La profondeur ordinaire est de 5 à 8 centimètres. Pour les plantes à racines pivotantes, cette profondeur doit être plus grande que pour les céréales et autres végétaux à racines superficielles.

La quantité de fumier à charrier sur un champ dépend, non seulement de la propriété plus ou moins épuisante des récoltes qui ont précédé, mais encore de l'espèce des plantes que l'on veut semer et de la nature du terrain.

Ainsi les plantes qui fournissent des produits abondants dès la première année, celles qui portent graines, réclament plus de fumier que les autres, et surtout que celles que l'on récolte au moment de la floraison.

Ainsi encore les terres légères ont besoin d'une fumure plus faible, mais plus fréquente que les terres fortes ; celles-ci exigent beaucoup d'engrais à la fois.

Quand on répand les fumiers sur des terres en pente, il faut en mettre beaucoup plus sur les parties hautes qne sur les parties basses.

Quelle est la dose de fumier qu'il convient de donner à un hectare de terrain pour le mettre dans de bonnes conditions de production ? C'est là un point assez difficile à fixer d'une manière absolue. La nature du sol, la qualité du fumier, les soins dont il a été l'objet, la manière de l'employer, l'assolement adopté pour la terre qui le reçoit, sont autant de circonstances qui doivent modifier la dose qu'il est le plus convenable d'adopter.

Dans tous les cas, c'est plutôt d'après le poids qûe d'après le volume qu'il faut fixer le dosage.

Mathieu de Dombasle indiquait, pour les circonstances ordinaires, la quantité moyenne de 20,000 à 25,000 kilog. de fumier frais, pour la fumure complète d'un hectare.

Dans beaucoup de localités, on donne à chaque hectare, selon que la terre est légère ou forte, de 20,000 à 40,000 kilog. de fumier.

M. Boussingault emploie de 48,000 à 49,000 kilog. de bon fumier à demi consommé.

Dans les environs de Paris, où la fumure des terres est dans une bien plus grande proportion que partout ailleurs, à raison de la culture très épuisante qui y est pratiquée, on porte cette quantité jusqu'à 54,000 kilog.

Cette dose est souvent dépassée dans la plaine de Caen.

La fumure de Thaër, à Mœglin, était de 60,000 kilog. par année moyenne.

Schwerz rapporte que, dans le Brabant, on fume avec 160,000 kil. de fumier et 13 tonnes de purin, répétés tous les cinq ans.

Ainsi nous voyons le fumier réparti, par hectare et par an, dans la proportion de :

6,666 à 8,333 kil., comme chez M. de Dombasle ;
13,333 kil.   — chez divers ;
16,000 à 16,333 kil., — chez M. Boussingault ;
18,000 kil.   — dans les environs de Paris ;
20,000 kil.   — dans la plaine de Caen ;
32,000 kil.   — dans le Brabant ;
60,000 kil.   — chez Thaër ;

sans qu'on puisse se rendre compte de l'insuffisance ou de l'excès de ces doses.

C'est entre ces extrêmes que nous croyons qu'il faut se placer, et nous regardons, avec les bons cultivateurs du département du Nord, 30,000 kilog. de fumier bien préparé, pour la rotation de 3 ans, soit 10,000 kilog. par an, comme la fumure la plus convenable dans la majorité des cas.

Or, en portant sur un hectare de terre ces 10,000 kilog. de fumier normal par an, on introduit dans le sol :

> 7090 kil. d'eau,
> 2150 kil. de matières organiques contenant 58^{kil},7 d'azote,
> et 622 kil. de matières minérales contenant :
> > 36^{kil},4 d'acide phosphorique représentant 78^{kil},85 de sous-phosphate de chaux,
> > et 66 kil. d'alcali.

Cela fait donc, pour la rotation de 3 ans, avec les 30,000 kilog. de fumier :

> 21270 kil. d'eau,
> 6450 kil. de matières organiques contenant 176 kil. d'azote,
> et 1866 kil. de matières minérales renfermant :
> > 109^{kil},2 d'acide phosphorique ou 236^{kil},5 de sous-phosphate de chaux,
> > et 198 kil. d'alcali.

Jusque dans ces vingt dernières années, le fumier de ferme coûtait généralement de 10 à 15 francs la voiture de 2000 kilog., soit, en moyenne, 12 fr. 50 ou 6 fr. 25 la tonne de 1000 kilog.

Mathieu de Dombasle en évaluait le prix à..............	6 fr. 70
De Gasparin, à...............................	6 60
Ridolfi, à..................	6 80
M. Boussingault, à...........................	5 20

Aujourd'hui le prix du fumier s'est beaucoup élevé, puisque :

Le fumier de cheval vaut, sur place.............	10 fr. les 1000 kil.
— de mouton.......................	13
— des bêtes à cornes.................	7

Comme c'est ce dernier qui est produit principalement dans les fermes, on peut adopter le chiffre de 8 francs comme moyenne du prix des 1000 kilog.

En partant de cette base, la fumure de l'hectare revient :

Pour un an, à raison de 10,000 kil. à......................	80 fr.
Pour la rotation de trois ans à............................	240

et le kilogramme d'azote ressort au prix de 1 fr. 36 c.

Si, pour fixer la valeur réelle du fumier, on ne fait intervenir que l'azote, l'acide phosphorique à l'état de phosphate de chaux tribasique comme celui des os, et la potasse, les trois principes les plus efficaces parmi tous ceux qu'il renferme, on arrive au résultat suivant :

5^{kil},87 d'azote à 1 fr 36....................................	7,98
7^{kil},88 de phosphate de chaux tribasique à 0 fr. 25..........	1,97
6^{kil},60 de potasse, à 0 fr. 80...............................	5,28
Valeur agricole des 1000 kil. de fumier...............	15,23

D'où il résulte que cette valeur est presque le double du prix commercial de cèt engrais. En comparant ce prix à ceux des autres engrais, on arrive à cette autre conclusion que le fumier de ferme est le moins cher de tous [1].

Comme il renferme, dans des proportions parfaitement pondérées, tous les matériaux nécessaires aux plantes, on doit le considérer comme l'engrais le plus complet, et comme nous l'avons déjà dit, c'est lui qui doit servir de base à toute agriculture rationnelle, les autres matières fertilisantes que le commerce fournit n'étant que des auxiliaires ou des compléments pour suppléer à l'insuffisance de la production du premier.

Nous terminerons cette question du dosage des fumiers en citant les paroles d'un éminent agronome, M. de Gasparin :

[1]. Les agronomes sont loin de s'entendre sur les prix qu'il faut attribuer à chacun des principes constituants des engrais, comme on peut le voir par le tableau suivant :

	D'après M. Bobierre.	D'après M. Barral.	D'après M. Grandeau.	D'après M. Dehérain.
Azote dans les sels ammoniacaux..	2 fr. 15 à 2,50	2 fr. 00	3 fr. 00	2 fr. 80
— dans les nitrates...........	0,55	2,00	3,00	»
— dans les matières organiques..................	1,60	2,00	2,50	2,00
Acide phosphorique soluble.......	0,55	0,40	1,25	1 à 1,20
Phosphates insolubles...........	0,20 à 0,25	0,17	0,80	»
— de chaux solubles.....	1,20	0,67	1,25	0,50
— des nodules ou coprolithes............	»	»	0,25 à 0,30	0,12
— du noir animal........	»	»	»	0,33
— dans les matières animales............	»	»	0,70 à 0,80	»
Potasse seule....................	0,55	0,50	0,70 à 0,80	0,80
Sels alcalins...................	0,33	0,05	»	»
Sulfate de chaux................	0,025	0,05	0,05	»
Chaux...........................	0,022	»	0,12	»
Sel marin......................	0,025	»	»	»
Matières organiques (humus).....	0,013	0,02	»	»

« La loi des engrais, à laquelle nous attachons le succès d'une culture énergique et riche, est celle-ci : *fumer chaque plante qu'on cultive au maximum*, c'est-à-dire avec une quantité et une qualité d'engrais telles qu'elle puisse produire, sauf les accidents, la plus forte récolte dont le climat et le sol sont susceptibles. Plus on s'en écartera, et plus on éprouvera de ces mécomptes qu'on attribue à une foule de causes et qui proviennent de notre faute. Quand nous voulons obtenir un fort poids de l'animal que nous engraissons, nous lui donnons une nourriture proportionnée à ce poids, et jusqu'à la limite de ce qu'il peut digérer et s'assimiler; il faut bien que l'on se persuade qu'il en est de même de tous les êtres organisés, et que les plantes ne font pas exception [1]. »

Boues, ou fumiers de ville. — On désigne sous ce nom les immondices de toutes sortes : débris de légumes, vidanges de poissons, de volailles, déchets de plumes, poils, cheveux, balayures de l'intérieur des habitations, qui sont ramassés dans les rues des grandes villes, et que le cultivateur des environs emploie, après les avoir soumises à une préparation particulière. Le mélange de ces détritus de toute nature constitue un engrais d'autant plus riche que les populations sont plus malpropres, parce qu'alors les matières purement terreuses s'y trouvent en moins forte proportion.

Les boues de ville, si recherchées par les jardiniers intelligents, forment un engrais chaud, qui fermente avec une grande énergie, et qui, par cela même, est très avantageux pour précipiter la végétation des légumes hâtifs, et pour toutes les récoltes qui ne restent que quelques mois en terre.

On estime, généralement, qu'une voiture de ce fumier de ville équivaut pour l'effet à quatre voitures de fumier d'étable.

Toutefois il est convenable d'attendre, pour l'employer, qu'il ait subi une certaine fermentation, et que l'hydrogène sulfuré qu'il renferme soit entièrement dégagé. On le laisse donc en tas considérables pendant trois mois et plus. Le plus ordinairement, on facilite et on accélère cette décomposition en recoupant une fois le mélange au bout d'environ six semaines à deux mois.

On hâterait singulièrement le moment de s'en servir, en y introduisant une certaine quantité de chaux, 1/20e environ de la masse, brassant le mélange à plusieurs reprises de manière que toutes les parties ressentent les effets de l'alcali.

1. DE GASPARIN, *Agriculture*, t. III, p. 413.

En Angleterre, on y associe des cendres de houille.

Dans les environs de Dunkerque, l'adjudicataire des boues de cette ville a adopté la méthode suivante : entre chaque lit de boues de ville on met une couche de fumier d'étable et de sable de mer ou de route, ce dernier dans la proportion d'un tiers. On arrose ensuite les tas tous les jours avec des urines chargées de matières fécales. En moins de huit jours, la fermentation envahit toute la masse, et au bout d'un mois le fumier est entièrement fait. En général, on n'attend guère au delà pour le conduire sur les terres ; il perd à être gardé, et au bout d'un an il n'a plus que moitié de sa valeur.

Cet engrais de Dunkerque est vendu en gros au prix de 8 fr. le *bacot* pesant à 3000 kil. à des marchands de Bergues, qui le revendent en détail. Les fermiers traitent avec ceux-ci ; ils viennent chercher le fumier dans leurs charrettes pendant les mois de juin et de juillet, le payent 12 fr. le bacot, et le déposent le long des routes ou du canal, moyennant un droit de 50 centimes par tas. Les petits cultivateurs le placent sur un coin de leurs champs jusqu'à ce qu'ils puissent l'utiliser ; ils ne l'achètent souvent qu'au moment où leurs terres sont préparées pour le recevoir.

Cet engrais, extrêmement énergique, s'exporte jusqu'à Saint-Omer et Cassel. Il agit pendant trois ou quatre ans; ses effets sont plus sensibles sur les terres argileuses des pays à bois de l'arrondissement de Dunkerque que sur les terres argilo-sableuses du pays à watteringues. C'est au reste ce qu'on a observé partout ailleurs pour les boues de ville, quelle qu'en soit la provenance.

Le fumier de ville est très convenable pour les céréales et pour toutes les crucifères, navets, turneps, colza, en raison du soufre qu'il contient et dont ces dernières ont besoin pour prospérer. Son action se prolonge pendant plusieurs années. Dans les Côtes-du-Nord, il y a sur les boues un dicton populaire : c'est que les terres auxquelles on en donne s'en souviennent longtemps.

La boue des rues de Paris vaut 500,500 fr. pour l'adjudicataire, qui l'accepte en masse, et 3,600,000 fr. lorsqu'après avoir séjourné dans les pourrissoires, elle est vendue aux cultivateurs de la banlieue, à raison de 3 à 5 fr. le mètre cube. La ville de Paris affermait ses boues :

En 1813, au prix de...............................	75,000 fr.
En 1831...	166,000
Depuis 1845..	500,500

Mais des bénéfices considérables que fait l'adjudicataire il faut déduire les frais de nettoyage des rues.

Dans les communes rurales, on perd généralement les immondices des rues. Les maires devraient porter leur attention vers cet objet, dans le double but de la salubrité des habitations et des intérêts de l'agriculture. Les cultivateurs, qui se plaignent si souvent d'avoir de chétives récoltes, ne devraient pas négliger de ramasser toutes les ordures que chaque jour amène sur la voie publique, car, quelque peine qu'il en coûte pour les réunir, de quelques frais que leur transport soit accompagné, elles forment un engrais qui revient encore à meilleur marché que le fumier d'étable, lorsqu'il faut l'acheter. Celui qui vend sa paille et son fourrage, en ne gardant que ce qu'il lui faut pour l'entretien de son attelage, et qui emploie une partie du produit à acheter le fumier ou les boues de la ville dont il est proche, fait toujours une très bonne affaire.

Et cela est facile à concevoir, car cette sorte de fumier, mélange de débris animaux, végétaux et minéraux, est, nous l'avons déjà dit, extrêmement énergique et favorable à la végétation.

Arthur Young nous fait connaître qu'un cultivateur, n'ayant pas assez de fumier pour toute sa jachère, n'en sema pas moins de froment la partie non fumée. Au printemps, cette partie était fort maigre et chétive, et ne donnait que peu d'espérances ; il la fuma en couverture avec des boues achetées à la ville voisine. L'effet fut extraordinaire, et le froment de cette parcelle surpassa de beaucoup celui des parties qui avaient reçu du fumier d'étable avant la semaille.

Vases des marais, étangs, fossés, rivières, égouts. — Au fond des eaux stagnantes, sur les bords des rivières et des ruisseaux, dans les grands égouts des villes, se déposent des vases de diverses couleurs qui contiennent des substances minérales et salines, des débris d'êtres organisés, tels que plantes et animaux, et qui, par conséquent, sont excellentes pour l'agriculture. Elles constituent un engrais fort avantageux qui convient principalement aux terres fortes, qu'il ameublit et qu'il enrichit tout à la fois de détritus organiques.

Ce n'est toutefois qu'après un certain temps de conservation en tas, au contact de l'air, et après avoir fermenté, que ces vases produisent de bons effets. Fraîches, elles contiennent un humus acide qui nuit à la végétation. L'addition de chaux, dans la proportion d'un dixième à un vingtième de leur volume, a pour effet d'accélérer la décomposition de toutes les matières nuisibles ou trop résistantes, et d'augmenter la puissance d'action de tous ces détritus. Un mois et plus après avoir monté des tas alternatifs de vase et de chaux, on recoupe le mélange à la bêche, et, dès qu'il est assez sec pour être émotté à la pelle, passé au crible et ainsi rendu pulvérulent, on peut l'employer. Si l'on ne peut s'en servir immédiatement, on en reforme un tas qu'on recouvre de terre.

On répand cet engrais avant le premier labour, dans la proportion de 50 à 100 hectolitres par hectare. Il est surtout très convenable pour les prés bas, humides et tourbeux.

Le vase des bassins bien peuplés de poissons est un engrais très énergique en raison des excréments qui s'y trouvent en abondance. M. de Gasparin dit en avoir obtenu des effets remarquables sur les luzernières.

Les vases fraîches contiennent de 50 à 70 pour 100 d'eau : desséchées au soleil, elles en retiennent encore de 3 à 10 pour 100, qu'elles ne perdent qu'à une température de 105° environ.

Les vases desséchées au soleil et réduites en poudre pèsent ordinairement de 700 à 800 kilog. le mètre cube. Ce poids doit varier beaucoup avec les localités ; il s'applique, du reste, à des matières dépourvues de sable et ne renfermant presque pas de débris organiques.

La teneur en azote, d'après M. Hervé-Mangon, varie de 4 à 5 pour 1000 de leur poids : c'est à peu près comme le fumier frais de ferme. Cet azote n'est pas toujours aussi immédiatement assimilable par les plantes que celui du fumier ; mais il constitue toujours pour la terre une augmentation de fertilité en rapport avec son poids,

Il existe en France 200,000 kilomètres de cours d'eau environ, dont le quart au moins, soit 50,000 kilom. devrait être curé chaque année. En évaluant, en moyenne, à $0^m,05$ seulement le volume de vase séchée à l'air que l'on pourrait extraire par mètre courant de ruisseau, on trouve que le produit du curage pourrait s'élever à 2,500,000 mètres cubes par année. Ce volume de vase contient une quantité de matières fertilisantes, au moins équivalentes à 2 millions de tonnes de fumier de ferme ordinaire. Les agriculteurs ne devraient donc pas négliger une source aussi importante de produits précieux, lorsqu'ils recherchent si activement tous les moyens d'augmenter les engrais disponibles dans leur exploitation.

La vase des égouts des villes devrait être également recueillie avec soin, au lieu d'être perdue. On ignore tout ce qui s'écoule de richesse par les égouts qui vont empoisonner les rivières.

Johnson s'est livré à des calculs extrêmement curieux sur la quantité d'engrais liquides que les égouts de Londres versent chaque jour, en pure perte, dans la Tamise; il évalue cette quantité à 230,000 hectolitres, laquelle réduite en corps solide, au trentième, donnerait de quoi fumer et fertiliser 28,000 hectares de terres stériles. C'est la nourriture de 15,000 individus qui se trouve ainsi perdue! — D'après M. Hervé-Mangon, les égouts de Paris entraînent et perdent, chaque année, une quantité de matières fertilisantes contenant 1,204,500 kilogrammes d'azote.

MM. Haywood et Lee estiment que la seule ville de Sheffield ayant une population de 110,000 âmes, fournit par an 2177 tonnes anglaises d'immondices supposés secs, dans lesquels il entre :

Potasse et soude..............................	541,253 kil.
Chaux et magnésie............................	368,280
Acide phosphorique...........................	528,165
Azote..	757,710
	2,195,408

A Edimbourg et dans beaucoup de villes de l'Angleterre, on a décuplé les récoltes en utilisant les dépôts des égouts. A Milan, ils sont d'un usage commun.

Un ingénieur anglais, M. Wicksteed, a reconnu que l'addition d'un peu de lait de chaux aux eaux d'égouts produit un précipité facile à rassembler, qui permet de les clarifier très rapidement, de les désinfecter et d'en extraire, sous un faible volume, la plus grande partie des principes fertilisants.

Le procédé de l'ingénieur anglais est en pleine exploitation à Leicester, ville de 65,000 habitants. Les matières liquides traitées annuellement, dans un grand établissement spécial, représentent un volume de 5 millions de mètres cubes, qui fournissent 4,500,000 kilog. de matières fertilisantes à l'état solide.

M. Hervé-Mangon, qui a répété le procédé de précipitation de M. Wicksteed sur les eaux d'égouts de Paris, a constaté qu'avec 4 à 5 décigrammes de chaux pure par litre de ces eaux on opère la précipitation rapide de toutes les matières en suspension et de plus du quart des matières dissoutes. La chaux entraîne ainsi près de 30 pour 100 de l'azote contenu dans les eaux d'égouts; mais elle ne paraît pas agir sensiblement sur l'ammoniaque libre que renferment ces eaux,

Le précipité solide formé par la chaux a été analysé par M. Hervé-Mangon, après sa dessiccation au soleil. Voici les résultats obtenus avec le produit solide de Leicester, et avec celui provenant du traitement des eaux d'égouts de Paris :

	Produit de Leicester :		Produit de Paris :	
	à l'état naturel.	à l'état sec.	à l'état naturel.	à l'état sec.
Eau perdue à 110°............	12,00	»	2,20	»
Résidu insoluble dans l'acide chlorhydrique faible.........	13,25	15,05	8,25	
Alumine, phosphate et peroxyde de fer.....................	8,25	9,37	7,25	7,41
Chaux......................	45,75	51,97	33,75	34,51
Magnésie...................	traces.	traces.	traces.	traces.
Azote, non compris celui des sels ammoniacaux..... 0,558,000			0,837	
Azote des sels ammoniacaux......... 0,544,666	1,10	1,25	0,336 ⎬ 1,17	1,20
Produits volatils au rouge, non compris l'azote, l'acide carbonique et autres matières non dosées.	19,65	22,36	47,38	48,45
	100	100	100	100

Considérés comme engrais, 1000 kilogrammes de ce produit renferment autant d'azote que 2750 kilog. de fumier normal, ou bien que 73kil,3 de [guano dosant 15 pour 100 d'azote.

Des essais faits en Angleterre semblent indiquer que ce produit est un engrais puissant, mais dont l'action est lente et se fait sentir longtemps.

Il est très probable, dit M. Mangon, qu'il serait facile d'établir, ce qui n'a pas été essayé en Angleterre, avec l'engrais dont il s'agit, des matières très actives, fort économiques, et qui pourraient ainsi donner au produit en question une valeur bien supérieure à celle de son emploi immédiat comme engrais.

La population urbaine de la France est estimée à 5 millions d'habitants; elle produit une masse d'immondices dont une exploitation habile retirerait une valeur de plus de 60 millions de francs. Il est déplorable qu'on ne sache pas en faire une meilleure application aux besoins de l'agriculture. On atteindrait ainsi un double but : maintenir la salubrité des villes et développer les productions des campagnes.

Les études entreprises dans ces derniers temps pour résoudre ce double problème, tant en Angleterre qu'en France, ont démontré que l'épuration des eaux d'égouts (auxquelles on a donné le nom de *Sewage*) par des procédés chimiques sont trop coûteux, et du reste imparfaits. On a trouvé préférable de les faire servir directement en irrigations sur des prairies et des cultures maraîchères, en les dirigeant par des machines élévatoires et des conduits, souvent à des distances considérables.

L'épuration des eaux par le passage à travers les prairies se manifeste d'une manière incontestable dans les chiffres suivants fournis par le professeur anglais Frankland, qui a rendu compte du système adopté à Londres pour utiliser le sewage;

100,000 parties d'eaux d'égouts laissent 112,5 de résidu solide, contenant : 12 de carbone, 2,5 d'azote organique, 4 d'ammoniaque et 0 de nitrates;

100,000 parties d'eaux d'égouts, après leur emploi sur la prairie, déversées par les drains, fournissent 79 de résidu solide, contenant : 1,3· de carbone, 0,25 d'azote organique, 0,8 d'ammoniaque et 2,9 d'azote à l'état de nitrates ou de nitrites.

L'oxydation est donc rapide et rend très bien compte de la prompte désinfection du liquide.

L'expérience séculaire d'Édimbourg démontre, en outre : 1° que le sol ne s'infecte pas ; 2° que les plantes cultivées ne prennent à la longue aucune qualité nuisible au bétail.

A Paris, les mêmes études sont en cours d'exécution, et les dispositions prises dans la plaine de Gennevilliers permettent de leur consacrer 5,000 mètres cubes d'eau d'égouts par jour[1].

Il y a tout lieu d'espérer que le système qui consiste à débarrasser les rivières de la souillure des eaux d'égouts, et à les mettre au service de l'agriculture, prendra bientôt définitivement place dans l'économie des pays civilisés [2].

Des excréments de l'homme. — Dans tous les pays où l'agriculture est très avancée, on considère, avec juste raison, les excréments de l'homme comme un des engrais les plus puissants et les plus utiles, et l'on a grand soin de n'en perdre aucune portion. L'efficacité de ces résidus de la digestion provient de ce que, sous une forme concentrée et dans un état de division infinie, ils renferment toutes les substances organiques et salines dont les plantes ont besoin pour se développer. Les enfouir en terre comme engrais, c'est donc restituer à celle-ci

1. Voir le *Rapport de la Commission chargée de décerner des récompenses aux cultivateurs de la plaine de Gennevilliers qui auront justifié du meilleur emploi des eaux d'égout* (*Journal de l'Agriculture*, de M. Barral, t. I, de 1874, n° 254, p. 307).

2. *Situation de la question des eaux d'égout et de leur emploi agricole en France et à l'étranger*, par M. A. Durand-Claye, ingénieur des ponts et chaussées (*Journal de l'Agriculture*, de M. Barral, t. II, de 1874, n°ˢ 270 et 271, p. 411 et 449).

tous les matériaux qui lui ont été enlevés par les récoltes antérieures, et qui ont ensuite passé dans le corps des individus qui se sont nourris de ces récoltes.

Rien ne démontre mieux la valeur comme engrais des matières fécales et des urines de l'homme, qu'on néglige presque partout, que les résultats si concluants des expériences de deux agronomes allemands. D'après Hermstaed et Schubler, un sol qui reproduit, sans aucun engrais, trois fois la semence qui lui a été confiée, donne, pour une superficie égale, lorsqu'il est fumé avec :

Des engrais végétaux..........................	5 fois la semence.	
Du fumier d'étable............................	7	—
De la colombine..............................	9	—
Du fumier de cheval..........................	10	—
De l'urine humaine............................	12	—
Des excréments humains solides................	14	—

MM. Boussingault et Liebig ont constaté que chaque individu produit, en moyenne et par jour, 750 grammes d'excréments, à savoir : 625 grammes d'urine et 125 grammes de matières fécales, dosant ensemble 3 pour 100 d'azote. Cela fait, au bout de l'année, 274 kilog. d'un engrais excessivement riche, suffisant pour fournir d'azote 400 kilog. de blé, ou représentant la fumure annuelle de 20 ares de terre.

La population de la France est de 36 millions d'habitants; en la réduisant à 20 millions à cause des enfants, des malades et des pertes inévitables d'engrais, on trouve que 20 millions d'habitants donneraient 20 millions de fois 274 kil. d'engrais, ou 5,480,000,000 kil. avec lesquels on obtiendrait 20 millions de fois 400 kilog. de blé ou 8 milliards de kilog. — L'hectolitre pesant 75 kilog., on aurait $\frac{8,000,000,000}{75}$, ou 106,666,666 hectolitres; c'est-à-dire plus de 10 fois le déficit ordinaire des récoltes de céréales en France.

Si donc on avait la sagesse d'utiliser partout les excréments humains au profit de l'agriculture, ainsi qu'on le fait depuis longtemps dans certaines parties de la Flandre, de l'Alsace, dans les environs de Nice, de Grenoble et de Lyon, on suppléerait facilement à l'insuffisance du fumier des bestiaux, en augmentant dans une proportion considérable la force productive du sol et en assurant la salubrité publique.

Il y a donc nécessité de propager dans toute la France les bonnes pratiques qui sont restées jusqu'ici circonscrites dans un trop petit nombre de localités.

Voyons d'abord la composition des excréments, tant solides que liquides.

D'après Berzélius, 100 parties d'excréments humains, d'une consistance ferme, contiennent :

Eau.. 73,3

Matières solubles dans l'eau. { Bile..................... 0,9
Albumine................. 0,9
Matière extractive particulière 2,7
Sels..................... 1,2 } 5,7

Résidu insoluble des aliments digérés (débris organiques)......... 7,0

Matières insolubles qui s'ajoutent dans le canal intestinal, telles que mucus, résine biliaire, graisse, matière animale particulière, etc.. 14,0

——— 100,0

Les sels avaient pour composition :

Carbonate de soude.. 29,4
Chlorure de sodium.. 23,5
Sulfate de soude.. 11,8
Phosphate ammoniaco-magnésien............................... 11,8
—   de chaux... 23,5
Silice, sulfate de chaux.................................... traces.

——— 100,0

M. Barral a trouvé, pour la composition de la matière fécale fraîche, comme moyenne de quatre séries d'observations faites sur trois personnes différentes, deux hommes et une femme :

Eau... 77,0
Matières organiques....................................... 19,0
—   minérales....................................... 4,0

——— 100,0

On s'est livré, dans le laboratoire de Giessen, sous l'inspiration de M. Liebig, à une étude comparative des cendres des aliments de l'homme et de ses excréments mixtes. Voici les résultats de cette comparaison :

	Dans les aliments.	Dans les excréments.
Potasse.	39,75	26,69
Soude.	3,69	5,53
Chaux.	2,41	12,48
Magnésie.	7,42	6,66
Oxyde de fer.	0,79	0,97
Acide phosphorique.	42,52	35,62
— sulfurique.	1,86	9,05
— carbonique.	1,12	2,97
Sicce.	0,44	»

On voit qu'il y a d'assez grandes différences pour la potasse, pour la chaux, pour l'acide sulfurique. Peut-être quelques-unes tiennent-elles à l'influence des boissons, dont les matières salines n'ont pas été comptées dans les expériences précédentes.

On comprend facilement que les proportions relatives de ces différents principes varient continuellement en raison des aliments, des boissons, de l'état de la santé, etc. D'Arcet rapporte à ce sujet un fait fort significatif. Un agriculteur des environs de Paris avait acheté, pour les appliquer à ses cultures, les matières des latrines d'un des restaurateurs les plus en vogue du Palais-Royal ; encouragé par le succès qu'il obtint de l'emploi de cet engrais et voulant en étendre l'application, il se rendit adjudicataire des vidanges de plusieurs casernes de Paris. Mais l'engrais provenant de celles-ci produisit un effet infiniment moindre que le premier. La raison de cette singularité est toute simple : les repas des soldats ne sont pas aussi succulents, à beaucoup près, que ceux que l'on fait au Palais-Royal. — Aux environs de Lille, les cultivateurs ont remarqué, depuis longtemps, que les excréments des pauvres ne valent pas, comme engrais, ceux des riches, ce qui ne peut évidemment provenir encore que de la nature des aliments.

Les mêmes différences dans la composition se présentent avec les urines de l'homme.

Dans l'état normal, cette urine, fraîchement rendue, renferme, d'après Berzélius :

Eau...	93,30
Urée...	3,01
Acide urique.................................	0,10
Matières animales indéterminées..............	} 1,71
Acide lactique ou lactate d'ammoniaque........	
Mucus de la vessie...........................	0,05
Sulfate de potasse...........................	0,37
— de soude...............................	0,32
Phosphate de soude...........................	0,29
— d'ammoniaque.........................	0,17
— de chaux et de magnésie..............	0,10
Chlorure de sodium...........................	0,45
Chlorhydrate d'ammoniaque....................	0,15
Silice.......................................	traces.
	100,00

ou en termes plus simples

Eau..	93,3
Matières organiques très riches en azote......	4,9
— minérales.............................	1,8
	100,0

Les phosphates de chaux et de magnésie, sels insolubles, sont tenus en dissolution par l'acide qui se trouve dans l'urine à l'état de liberté; aussi, quand cet acide est saturé par l'ammoniaque, développée lors de la putréfaction, ces phosphates, plus le phosphate ammoniaco-magnésien qui s'est formé à ce moment, se déposent en un sédiment plus ou moins abondant.

Comme les substances azotées de l'urine finissent par se transformer en ammoniaque, agent si actif des engrais, il est utile de rapporter ici quelques déterminations d'azote faites par M. Boussingault sur des urines rendues le matin :

Origine.	Caractères.	Azote sur 100.
Homme de 46 ans...............	Acide.	1,84
Idem...................	Idem.	1,57
Homme de 21 ans.............	Idem.	1,02
Idem..................	Idem.	1,02
Enfant de 8 ans...............	Légèrement acide.	0,70
Idem..................	Idem.	0,45
Enfant de 8 mois.............	Très peu acide.	0,16
Idem..................	Idem.	0,15
Homme de 35 ans, graveleux....	Neutre.	0,59
Femme diabétique.............	Idem.	1,00

D'après les analyses de divers chimistes, l'azote serait dans le rapport suivant :

Dans l'urine normale du matin.............................. 1,45
—   des pissoirs publics........................... 0,72
Dans les excréments solides seuls........................... 0,40
—   réunis aux urines du même individu 1,33

Tout le monde a pu remarquer que c'est à peine si les urines peuvent se conserver vingt-quatre heures sans éprouver la fermentation ammoniacale. Il est très facile de s'opposer à la volatilisation du carbonate d'ammoniaque; c'est d'ajouter à l'urine des acides ou des matières salines, peu chères, qui convertissent ce sel ammoniacal volatil en sulfate ou chlorhydrate d'ammoniaque, qui le sont peu ou point. Il suffit donc d'ajouter à chaque hectolitre d'urine :

40 à 50 gr. de plâtre,
ou 40 à 50 gr. de sulfate de soude,
ou 35 à 40 gr. de couperose verte,
ou 35 à 40 gr. de sulfates bruts de zinc et de magnésie,
ou 30 à 40 gr. d'acide chlorhydrique,
ou 12 à 15 gr. d'acide sulfurique.

On agite l'urine avec un bâton, au moment de l'addition de

la substance choisie. Il vaut mieux employer les sels que les acides, qui sont corrosifs et dangereux à manier. Le plâtre s'emploie en poudre très fine ; il en est de même des sulfates bruts de zinc et de magnésie. Ce dernier mélange est l'une des substances les plus efficaces, et offre l'avantage de ne pas rougir les urinoirs publics, comme le sulfate de fer, qu'on avait d'abord employé.

Si l'on introduit dans les réservoirs de nouvelles urines, on ajoute une dose proportionnelle de la substance désinfectante et conservatrice.

On a établi depuis quelques années, dans la ville de Caen, un certain nombre d'urinoirs publics avec réservoirs souterrains étanches, qui, grâce à l'emploi des sels bruts de zinc et de magnésie, n'exhalent aucune odeur désagréable, et qui fournissent périodiquement des quantités considérables d'engrais, dont la ville retire un notable revenu, tout en rendant service à l'agriculture.

Comme l'urine de l'homme ne contient pas de bicarbonate de potasse, si abondant dans les urines des herbivores, on n'a pas à craindre d'en diminuer la valeur comme engrais en les neutralisant par les substances acides ou salines dont il a été question plus haut. Aussi M. Boussingault n'est-il pas opposé à leur emploi dans ce cas spécial ; toutefois il ne faut pas, dit-il, exagérer la déperdition d'ammoniaque qu'on éprouverait avant que l'urine putréfiée ait été absorbée par le sol, car elle est peu importante à cause de la grande quantité d'eau que comporte la matière.

Lorsque la question de transport vient faire obstacle à ce qu'on tire parti des grandes masses d'urine que peuvent fournir les ateliers, les prisons, les hôpitaux, les collèges, il y a un moyen de les transformer en un engrais très efficace, sous une forme qui en facilite le transport : c'est, ainsi que M. Stenhouse l'a conseillé le premier, d'ajouter, dans l'urine fraîche, un lait de chaux, tant qu'il s'y forme un précipité. Le dépôt, mis à égoutter et à dessécher, est ainsi composé, d'après MM. Moride et Bobierre :

Chaux..................................	40,96
Magnésie...............................	1,32
Acide phosphorique.....................	40,18
Matière organique (dosant 2 pour 100 d'azote) et eau........	17,54
	100,00

M. Boussingault a proposé, il y a quelques années, un autre

moyen de recueillir à la fois les phosphates de l'urine et une grande partie de l'ammoniaque qui se développe pendant sa putréfaction. C'est d'y verser une dissolution de muriate de magnésie, en agitant. Au bout de quatre ou cinq jours, l'urine devient laiteuse, et, à partir de ce moment, le dépôt de phosphates d'ammoniaque et de magnésie augmente rapidement; il est terminé au bout d'un mois au plus. On fait écouler la partie liquide, et on recueille le dépôt, qu'on fait sécher à l'air ou au soleil. Ce dépôt, qui s'élève à environ 7 pour 1000 du poids de l'urine ainsi traitée, est un des engrais les plus puissants pour les céréales et autres cultures, puisqu'il renferme les deux principes les plus utiles à la végétation : l'acide phosphorique et l'ammoniaque.

Ces procédés ne peuvent offrir d'utilité dans les établissements placés dans le voisinage d'exploitations agricoles, car il tombe sous le sens que, lorsque la difficulté de transport ne se présente pas, ce qu'il y a de mieux, quand on dispose d'une grande masse d'urine, c'est de l'employer directement, sans préparation aucune. La seule chose à faire, c'est d'y ajouter un peu de sels bruts de zinc et de magnésie pour s'opposer à la dispersion des vapeurs ammoniacales.

De l'engrais flamand. — Les déjections humaines réunies dans les fosses des maisons particulières sont un mélange de matières fécales proprement dites et d'urine. En Chine, en Toscane, à Nice, en Hollande, en Belgique, en Alsace, à Lyon, à Grenoble, dans le nord de la France, on les emploie toujours à l'état frais. C'est surtout aux environs de Lille qu'on sait le mieux tirer parti de ces·matières, qu'on désigne sous les noms de *courte-graisse*, de *vidanges*, de *gadoue*, de *tonneaux,* et partout ailleurs sous celui plus convenable d'*engrais flamand*.

Dans tout l'arrondissement de Lille et dans la ville même, les fosses d'aisance de chaque maison sont citernées avec soin, de manière à prévenir l'infiltration des urines et à maintenir les vidanges dans un état de fluidité complète.

Chaque cultivateur possède, près de sa ferme ou sur le bord de son champ le plus voisin de la route, une ou plusieurs citernes ou caves en briques (fig. 238), ou bien des fosses creusées dans un sol argileux et recouvertes de planches. Ces caves ou fosses contiennent moyennement de 600 à 700 tonneaux; les plus grandes vont jusqu'à 1100 et 1200, et, comme le tonneau représente environ 2 hectolitres, il s'ensuit qu'elles peuvent renfermer 2,400 hectolitres ou 240 mètres cubes de matières. Chaque cave présente deux ouvertures, l'une vers le

milieu de la voûte A, l'autre sur l'une des parties latérales, celle du nord : la première sert à introduire et à enlever les substances; elle se ferme par un volet épais, en chêne, portant cade-
nas; la seconde, plus petite, est destinée à donner accès à l'air.

Toutes les fois que les travaux de la ferme le permettent, le culti-
vateur envoie à la ville ses *beignots* (espèce de chariot particulier au département du Nord) chargés de tonneaux,

Fig. 238. *Citerne à engrais liquide de la Flandre.*

pour en rapporter des vidanges (fig. 239). A mesure que les voitures arrivent, on vide les tonneaux dans les caves, et l'on

Fig. 239. *Beignots pour le transport de l'engrais flamand.*

attend que la fermentation se soit manifestée, avant d'employer l'engrais. On ne vide jamais entièrement les caves; on y introduit de nouvelles matières à mesure qu'on en tire pour les be-
soins. La fermentation leur donne plutôt de la viscosité que de la liquidité.

Si les matières sont trop liquides, ou en trop faible quantité pour les besoins, les cultivateurs jettent dans leurs citernes des tourteaux de colza, d'œillette ou de caméline réduits en poudre grossière, et ils remuent, de temps en temps, le mélange à l'aide de grandes perches. Ces tourteaux, contenant des prin-
cipes azotés, sont très propres par eux-mêmes à servir d'en-
grais; ils s'imprègnent d'ailleurs fortement du liquide des fosses, et cèdent peu à peu les produits de leur décomposition aux plantes sur lesquelles on les verse.

Lorsque la *courte-graisse* est trop épaisse, on la délaye avec de l'eau, ou avec des urines de bestiaux.

On reconnaît la qualité de l'engrais flamand à son odeur, à

sa viscosité au moment de l'extraction des fosses, et à sa saveur piquante et salée.

À Lille, où les *vidanges* forment le profit des domestiques, ceux-ci cherchent à en multiplier le volume, attendu que chaque hectolitre leur est payé 30 à 40 centimes, selon la demande; ils y introduisent donc le plus d'eaux ménagères qu'ils peuvent. La fraude est telle, que les cultivateurs commencent à adopter l'usage du *densimètre*. Cela vaut mieux, sous tous les rapports, que de recourir à la dégustation.

L'engrais flamand, tel qu'il se trouve dans les citernes des cultivateurs des environs de Lille, marque de 1 à 3 degrés à l'aréomètre de Baumé. Or il est constant que les matières excrémentitielles des latrines, sans aucune addition, marquent, en moyenne, 4°,5 au même aréomètre, ce qui correspond à une densité de 1,032. Il en résulte donc que le produit des vidanges des fosses de la ville contient une forte proportion d'eau ajoutée qui affaiblit singulièrement son pouvoir fertilisant.

Il résulte des expériences de M. Corenwinder et des traditions de la pratique agricole que l'on peut attribuer approximativement à 10 hectolitres d'engrais flamand, pesant 4 degrés à l'aréomètre de Baumé, une valeur comparable à celle de 100 kilog. de tourteaux de colza. Les cultivateurs prennent de préférence les tourteaux comme termes de comparaison, parce que ceux-ci sont moins variables dans leur composition que le fumier de ferme.

Les analyses suivantes, faites en 1860 par M. J. Girardin, montrent qu'il n'est pas indifférent d'employer toute espèce de *vidanges*, sans modifier les dosages habituels qu'on suit, puisque la richesse de l'engrais flamand en principes fertilisants peut varier dans des limites très étendues, suivant que les fosses ont reçu plus ou moins de liquides étrangers, ce qui n'est que trop fréquent.

Le n° 1 est de l'engrais pur, c'est-à-dire un mélange d'urine et d'excréments solides, sans aucune eau étrangère, pris dans une fosse particulière de Quesnoy-sur-Deule. Il était épais, de couleur verdâtre, d'une odeur caractéristique ; il bleuissait fortement le papier rouge de tournesol ; sa densité était de 1,031.

Le n° 2, provenant d'une maison bourgeoise de Lille, avait dû recevoir 12 à 15 pour 100 d'eau ; il était plus fluide que le précédent, trouble et de couleur brune ; il était très alcalin au papier ; sa densité était de 1,0175.

Le n° 3, extrait d'une fosse d'une grande fabrique des environs de Lille, était tel qu'on le vend aux cultivateurs. La fosse reçoit de l'eau en assez fortes proportions par voie d'infiltration. Il était très fluide, trouble, d'une couleur brune, avec réaction alcaline ; sa densité n'était que de 0,007.

Voici la composition de ces échantillons, par litre :

	I.	II.	III.
Eau......................	980,37	998,63	996,452
Matières organiques (colorante, visqueuse, grasse, azotée et non azotée)...............	26,59	5,37	0,514
Ammoniaque.................	7,63	5,69	2,090
Potasse....................	2,14	1,33	0,159
Acide phosphorique..........	3,43	1,01	0,271
Acide azotique..............	traces.	traces.	traces.
Chlore.................... Acide sulfurique........... Acide carbonique......... Acide sulfhydrique......... Alumine .... Chaux..................... Magnésie.................. Soude.....................	3,77	4,65	7,484
Silice et oxyde de fer........	5,07	0,62	0,027
	1031,00	1017,50	1007,000

L'azote contenu dans un litre de ces engrais est réparti ainsi qu'il suit :

	I.	II.	III.
Azote des sels ammoniacaux..	0^{gr},293	4^{gr},692	1^{gr},725
— de la matière organique.	2 870	1 960	0 123
— des azotates...........	traces.	traces.	traces.
Azote totale......	9^{gr},163	6^{gr},652	1^{gr},848

En convertissant l'acide phosphorique en sous-phosphate de chaux des os, un litre de ces engrais en contiendrait :

Le n° I..... .... 7^{gr},090
Le n° II....................................... 2 090
Le n°. III...................................... 0 559

Si, pour rendre les comparaisons plus sensibles et permettre de rapprocher le pouvoir fertilisant de l'engrais flamand de celui du fumier de ferme, nous rapportons, non plus au litre, mais au kilogramme, les résultats principaux des analyses précédentes, voici les chiffres que nous obtenons :

	Engrais pur n° I.	Engrais additionné d'eau	
		de Lille, n° II.	des environs, n° III
Eau........................	950,89	981,55	980,52
Matières solides..............	49,11	18,45	10,48
	1000,00	1000,00	1000,00
Azote total.................	8,888	6,537	1,835
Sous-phosphate de chaux......	6,857	2,054	0,555
Potasse....................	2,075	1,503	0,157

On voit donc que l'engrais flamand, tel que les cultivateurs l'emploient le plus habituellement, renferme 5 fois moins de matières solides, près de 5 fois moins d'azote, 12 fois moins de phosphate et 13 fois moins de potasse que l'engrais flamand pur; et qu'entre deux sortes de *vidanges* achetées le même prix, telles, par exemple, que les numéros II et III, il peut y avoir des différences allant :

Pour les matières solides...............................	de 1 à 2.
Pour l'azote..	de 1 à 3 1/2.
Pour le phosphate....................................	de 1 à 4.
Pour la potasse......................................	de 1 à 10.

Si, maintenant, nous voulons fixer la valeur agricole réelle de ces trois sortes d'engrais flamand d'après le prix de l'azote, du phosphate de chaux et de la potasse, tels que nous les offre le fumier de ferme, nous arrivons aux chiffres suivants pour 1000 kil. d'engrais :

	Azote à 1 fr. 36 le kil.		Phosphate de chaux. à 0 fr. 25 le kil.		Potasse à 0 fr 80 le kil.		Valeur totale des 1000 kil.
	Quantité.	Prix.	Quantité.	Prix.	Quantité.	Prix.	
Engrais flamand pur, n° I......	8,888	12 fr. 08	6,857	1 fr. 71	2,075	1 fr. 66	15 fr. 45
Engrais additionné d'eau, n° II.	6,537	8,89	2,054	0,51	1,503	1,20	10,60
Engrais additionné d'eau, n° III.	1,855	2,52	0,555	0,13	0,157	0,12	2,77

A Lille, le tonneau (mesure habituelle pour cet engrais), contenant 125 kilog. de matière, coûte moyennement 30 c. d'achat, ce qui met les 1000 kilog. à 2 fr. 40 c. Ce prix est donc au-dessous de la valeur véritable de l'engrais pris sur place.

Mais à ces 30 c. d'achat il faut ajouter 30 c. de transport et 60 c. pour l'emploi, c'est-à-dire pour les frais d'épandage. En réalité, chaque tonneau d'engrais mis sur champ revient au cultivateur à 1 fr. 20 c., soit 9 fr. 60 c. les 1000 kilogrammes.

On voit donc que ce n'est qu'en achetant de l'engrais pur ou du moins ne marquant pas au-dessous de 3°, que le cultivateur ne perd pas sur sa marchandise, car, lorsqu'il achète des vidanges à 1°, ce qui est le cas habituel, il paye 9 fr. 60 c. ce qui ne vaut que 2 fr. 75 c., c'est-à-dire deux fois plus qu'il ne faut.

Ce qui précède prouve bien que le cultivateur éprouve des pertes en argent assez notables, en achetant, sans titrage exact, toutes les sortes d'engrais flamand qu'on lui offre, et, de plus, des pertes en produits végétaux, puisque l'engrais étant toujours répandu sur les champs en quantités semblables, quelle que soit sa nature, il ne donne pas lieu à la même quantité de produits récoltés. Il serait donc nécessaire d'acheter les *vidanges* au degré aréométrique, pour ne pas être trompé dans le prix d'acquisition et pour ne pas se tromper soi-même dans les dosages que l'on fait de l'engrais flamand.

C'est principalement sur le lin, le colza, l'œillette, le tabac, la betterave, c'est-à-dire sur les cultures industrielles qui ont le plus de valeur, qu'on emploie cet engrais, et cela tient à ce que l'achat, le transport et l'application ne laissent pas que d'être dispendieux. On le répand avant ou après les semailles, souvent aussi après le repiquage. Dans le premier cas, peu de jours avant d'arroser le terrain on donne un labour, on passe la herse et le rouleau à différentes reprises, afin que la terre soit bien meuble et bien nivelée, et l'on charrie ensuite l'engrais. A l'une des extrémités de la pièce on apporte une cuve ou baquet (fig. 240) d'un quart de mètre cube environ; un *carton*

Fig. 240. *Baquets pour l'engrais flamand.*

(garçon de ferme) y verse un tonneau de courte-graisse; un ouvrier répand alors le liquide à 7 mètres environ autour de lui,

Fig. 241. *Écope hollandaise pour disperser l'engrais flamand.*

au moyen d'une écope dont le manche a quelquefois 3 mètres de longueur. Les garçons de ferme du Nord ont une dextérité étonnante pour manœuvrer l'écope (fig. 241), de manière à opérer la plus égale dispersion du liquide, qu'ils font retomber à la volée comme une pluie.

Souvent aussi, pour faire les arrosements sur les terres non recouvertes, on se sert d'une voiture à tonneau, semblable aux voitures des porteurs d'eau (fig. 242).

Derrière le tonneau se trouve une longue caisse en bois, fixée en travers, et dont le fond est percé de trous. Le liquide qui sort du tonneau, au moyen d'un robinet ou d'un chenal en bois, tombe dans la caisse et de celle-ci sur le sol; on arrose ainsi une largeur de 1^m,5 à 2 mètres, à mesure que le chariot chemine sur le champ ou sur le pré.

Fig. 242. *Tonneau d'arrosement.*

D'autres fois, le robinet du tonneau conduit le liquide dans un tube horizontal percé de trous, et placé immédiatement au-dessous et derrière la voiture (fig. 243). C'est alors le même

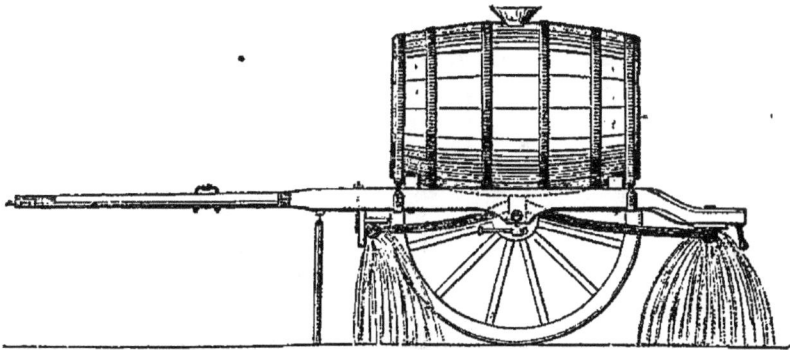

Fig. 243. *Tonneau d'arrosement des rues.*

système que celui des voitures d'arrosement qui servent pour les rues et places publiques de nos villes.

Parfois aussi on substitue à la caisse ou au tube perforé un bout de planche incliné, maintenu sous le jet du tonneau, et qui fait rejaillir le liquide de tous les côtés. La figure 244 donne une idée du tonneau employé en Flandre pour les arrosements.

Tous ces tonneaux portent au milieu de leur longueur, dans le haut, un trou par lequel on les emplit de liquide au moyen d'une espèce d'entonnoir en bois.

Dans les tonneaux précédents, l'écoulement du liquide est déterminé par une pression variable, celle mesurée par la distance du centre de l'orifice au niveau du liquide ; cet écoulement est en conséquence nécessairement irrégulier : il est plus

Fig. 244. *Tonneau flamand pour les engrais liquides.*

abondant au commencement, et très faible à la fin. L'arrosage se fait donc d'une manière très inégale. M. Stratton a imaginé un chariot à engrais liquide (fig. 245), dans lequel l'écoule-

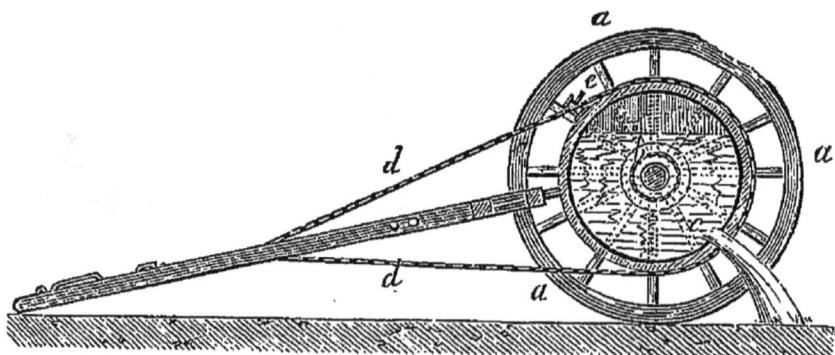

Fig. 245. *Coupe du chariot de M. Stratton.*

ment est rendu uniforme et plus ou moins abondant, selon la volonté du conducteur. Ce chariot consiste en un tonneau cylindrique, *a a a* monté sur deux roues dont l'essieu passe par l'axe *b* du cylindre ; il porte sur l'une des douves dont il est formé une ligne d'orifices *c*, à travers lesquels le liquide s'écoule, lorsque cette ligne occupe une position inférieure au niveau du liquide. Par le moyen d'une corde ou d'une chaîne *d d*, on fait tourner graduellement et facilement le cylindre jusqu'à ce que les orifices *c* soient à la distance que l'on désire du niveau supérieur, que l'on peut toujours examiner, et auquel on donne de l'air par l'ouverture *e*, munie d'une bonde ou d'un robinet. En faisant tourner le cylindre à mesure qu'il se vide, on rend l'écoulement à peu près uniforme.

Les mêmes resultats sont obtenus, d'une manière plus parfaite encore, dans le chariot de M. Chandler (fig. 246), qui est

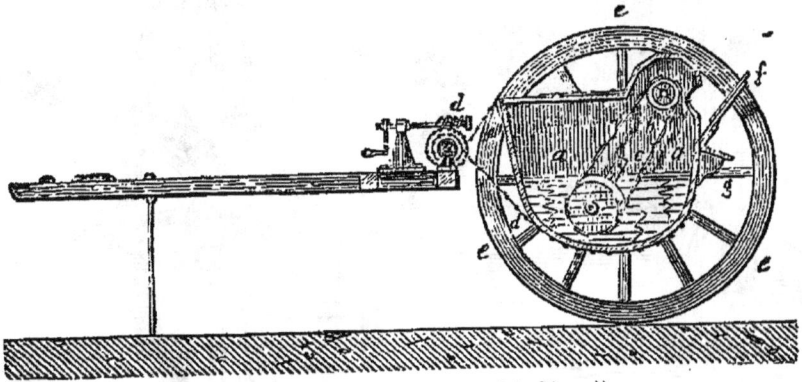

Fig. 246. *Coupe du chariot de M. Chandler.*

souvent accouplé à un semoir, de telle sorte que la semence et l'engrais sont distribués en même temps. Outre une chaîne mue par une vis sans fin *d d* et une roue dentée qui permet d'incliner plus ou moins la caisse à engrais *a a*, il y a dans cet appareil une noria dont la chaîne à godets tourne autour de deux poulies. Le liquide, puisé par les godets, est projeté à travers un orifice que présente la cage *e* contre une planche *f* pour s'écouler par *g*. Il est évident que, suivant la plus ou moins grande inclinaison de la caisse, il se videra dans le même temps un plus ou moins grand nombre de godets à travers l'orifice *g*, mais que l'écoulement sera le même, quel que soit le niveau inférieur du liquide.

M. Lefebvre, constructeur à Trye-Château (Oise), a imaginé un tonneau pneumatique dans lequel on peut faire le vide au moyen d'une pompe aspirante, et qui se remplit ensuite de lui-même en ouvrant le robinet du tuyau qui plonge dans le réservoir contenant l'engrais liquide. A ce tonneau est jointe une pompe à incendie dont l'adjonction peut rendre de grands services aux propriétaires et aux fermiers. Le prix de cet appa-

reil, avec la pompe, est de 650 fr. La figure 247 en donne une
idée.

Lorsque les champs à arroser ne sont pas accessibles aux voi-

Fig. 247. *Tonneau pour le transport des engrais liquides.*

tures, on fait usage de la brouette allemande (fig. 248). Le tonneau fixé à cette brouette est mobile, et deux hommes vont
vider son contenu
dans le baquet placé
au centre ou à l'un
des bouts du champ.

Certains cultiva-
teurs, peu de temps
après que la surface
du champ a été ar-
rosée, y font passer
la herse pour recou-

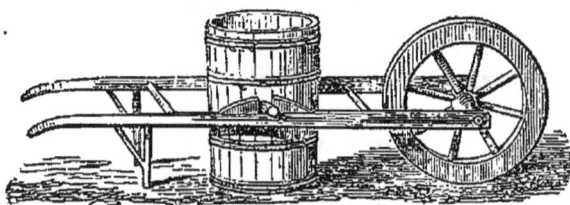

Fig. 248. *Brouette allemande pour le transport des
engrais liquides.*

vrir légèrement l'engrais; mais la plupart regardent cette

précaution comme superflue, les matières liquides étant promptement absorbées par une terre parfaitement ameublie.

La méthode que l'on suit pour répandre l'engrais sur les plants repiqués de colza ou de tabac n'est pas la même pour l'une et l'autre récolte. Pour le colza, on se contente de répandre l'engrais, sous forme de pluie, au moment où la végétation s'apprête à partir, au printemps; quant au tabac, un ouvrier fait, avec un plantoir, un trou près du pied de chaque plante, et un autre y verse une cuillerée d'engrais sur laquelle il rabat un peu de terre avec son pied. Dans ce cas, on se sert d'un arrosoir portatif dont on se fera une idée satisfaisante au moyen de la figure 249.

Fig. 249. *Arrosoir portatif pour l'engrais flamand et les urines.*

C'est également au moyen de cette méthode qu'on applique la *courte-graisse* aux betteraves, carottes, choux, choux-fleurs, etc.

Dans les environs de Lille, on emploie habituellement, avec du fumier et des tourteaux, environ 330 hectolitres d'engrais flamand par hectare de tabac. Il y a même des cultivateurs qui prétendent obtenir de bons tabacs en arrosant la terre destinée à cette plante avec 1000 à 1100 hectolitres de cet engrais par hectare, outre le fumier; seulement ils appliquent les trois quarts de la fumure en hiver et le quart restant au printemps, avant de planter les jeunes sujets.

La betterave fourragère est fumée avec profusion, souvent avec une proportion de 500 à 600 hectolitres d'engrais liquide par hectare; aussi n'est-il pas rare d'obtenir des récoltes de 80,000 à 90,000 kilog. de racines.

Quant à la betterave destinée à la sucrerie, il est reconnu qu'une proportion raisonnable d'engrais flamand ne nuit pas à sa qualité comme richesse saccharine, à la condition expresse qu'elle ait été versée sur le sol avant l'ensemencement, et qu'elle remplace une quantité relative de fumier et de tourteaux. La levée des graines est alors plus régulière. Mais on proscrit avec raison les arrosages sur les betteraves en pleine végétation, car alors elles donnent des racines détestables, parce qu'elles sont chargées de sels qui empêchent quelquefois, d'une manière complète, la cristallisation du sucre.

Pour le blé qui succède à la betterave, on cultive souvent

sans fumure. — En d'autres circonstances, en hiver ou au printemps, on verse des tonneaux sur les parties languissantes, pour leur donner une nouvelle vigeur. Lorsqu'on fait succéder le blé à l'avoine, on verse sur le sol environ 165 hectolitres de courte-graisse par hectare.

Pour la pomme de terre, on met ordinairement le fumier en hiver et on arrose, avant de planter, avec 165 hectolitres du même engrais par hectare. Dans la petite culture, comme on ne fait pas intervenir le fumier, on applique 200 à 300 hectolitres d'engrais liquide, avant ou après la plantation; mais, dans ce cas, la qualité et le rendement des tubercules laissent à désirer.

Quant au colza, on applique du fumier d'abord et on arrose avec une proportion de 165 hectolitres environ d'engrais flamand par hectare après la plantation, soit en hiver, soit au printemps.

On emploie la même fumure pour le lin, en ayant soin de répandre l'engrais en hiver, assez longtemps avant les semailles.

Pour les prairies artificielles, le trèfle par exemple, qui doit être suivi d'une récolte de blé, on verse l'engrais liquide entre deux coupes.

Les prairies naturelles reçoivent des tonneaux en abondance. Sur les herbages de la Deule, il est certain qu'appliqué en hiver ou au printemps, cet engrais détruit les plantes nuisibles, les mousses, les rumex, et donne une vigueur nouvelle aux feuilles des graminées.

Les navets reçoivent 330 hectolitres d'engrais liquide, s'il n'a pas été fait usage de fumier pour ces racines; mais, quand ils succèdent au lin, qui a reçu du fumier, on ne les arrose qu'avec 165 hectolitres. — Pour les choux-collet, qui demandent beaucoup d'engrais, on leur en donne souvent, outre du fumier, de 300 à 350 hectolitres par hectare.

Du fumier d'étable et 350 hectolitres environ d'engrais flamand, c'est ce qu'on emploie ordinairement pour les œillettes. On peut avoir ensuite un bon blé sans rien fournir à la terre.

Pour la caméline, on sème à la fin de mai, après avoir arrosé le sol avec environ 165 hectolitres de gadoue par hectare.

Pour les terrains humides et dans les années pluvieuses, on ménage la fumure, surtout pour le blé. On évite, d'ailleurs, pour toute espèce de culture, d'employer la courte-graisse par un temps de sécheresse, parce qu'on a remarqué que l'influence de la chaleur ou des rayons solaires lui est préjudiciable, de même qu'à tous les autres engrais liquides formés de particules très divisées de substances organiques.

En général, il vaut mieux, lorsque rien ne s'y oppose, utiliser cet engrais avant l'ensemencement. Il n'est pas douteux que la qualité de la récolte ne soit meilleure lorsqu'on opère ainsi. Au contraire, l'engrais flamand, répandu sur les plantes en pleine végétation, active le développement d'une manière anormale; les blés tallent outre mesure et donnent des tiges au détriment du grain; le tabac et la betterave produisent des feuilles volumineuses, et la maturité des plantes est ajournée au delà du terme régulier. Tous les cultivateurs du Nord ont cette conviction que la terre doit avoir fait subir une certaine métamorphose à l'engrais, pour que celui-ci se trouve dans des conditions favorables d'assimilation. C'est aussi l'opinion de MM. Boussingault et Corenwinder.

L'engrais flamand répand au loin une odeur infecte qui persiste pendant plusieurs jours, mais elle n'est qu'incommode et aucunement insalubre. On n'a pas remarqué, d'ailleurs, que cette odeur se communiquât aux plantes et aux légumes. Les maraîchers du nord de la France, qui font presque abus de l'engrais en question, récoltent des choux-fleurs, des choux, des asperges, des petits poids, etc., aussi bons que partout ailleurs.

Dans les terres fortes, compactes, argileuses, il serait déraisonnable de faire un usage exclusif de l'engrais flamand, parce qu'employé sans le concours des fumiers d'étable, il tend à donner au sol une compacité que l'on combattrait vainement par des labours multipliés. Ce n'est que dans les terres légères qu'on peut sans inconvénient fumer pendant de longues années avec les seules matières excrémentitielles et y maintenir une végétation intensive. C'est ainsi qu'on agit dans le hameau du Rosendael (canton de Dunkerque), dont le sol sablonneux est en partie conquis récemment sur des dunes stériles; on y obtient tous les ans des récoltes abondantes en fruits et en légumes dont la réputation est étendue au loin. Là, pour éviter une déperdition qui pourrait être considérable, on répand les vidanges sur les plantes en voie de développement, ce qui leur fait acquérir souvent des proportions inusitées; tandis que, dans les terres argileuses, c'est de préférence avant les semailles, et plus souvent même dans le courant de l'hiver, qu'il faut appliquer l'engrais.

Dans toute exploitation un peu importante, on aurait tort de considérer l'engrais flamand autrement que comme un auxiliaire précieux des fumures ordinaires. Il ne doit pas seulement être utilisé avec discernement, mais, en certains cas, aussi avec ménagement, car on pourrait, par un emploi inconsidéré, compromettre les récoltes en raison même de l'excès de leur vigueur. C'est ainsi que, si l'on en fait abus sur les céréales, on amène infailliblement la verse.

Il ne faut pas oublier, d'ailleurs, que, comme toutes les matières organiques dont la fermentation putride est achevée, il a une action instantanée qui est épuisée dans l'année où il est mis en terre. C'est un engrais *annuel* qui a pour lui la célérité d'action, si précieuse dans un grand nombre de cas, mais qui ne saurait être comparé ni aux tourteaux, ni à plus forte raison au fumier de ferme, et qui ne pourrait remplacer complètement ces engrais de plus longue durée.

Ce que nous avons dit jusqu'ici de l'emploi et des effets de l'engrais flamand s'applique aux urines des pissoirs publics. Les cultivateurs placés à la porte des villes devraient acheter toutes celles qu'on y produit chaque jour, et s'en servir, soit pour arroser leurs fumiers, soit pour augmenter la masse de leurs *vidanges*, soit pour activer la fermentation des débris végétaux destinés à faire des engrais ou des composts, soit enfin à arroser les prairies naturelles ou artificielles. Si, sur ces dernières, on alterne leur emploi avec celui du plâtre, on obtient des récoltes magnifiques, même dans les sables les plus stériles.

C'est surtout pour les sols très légers, sablonneux ou calcaires, qu'il faut réserver les urines. Le mieux, c'est de les employer pendant qu'elles sont fraîches ; mais alors il convient de les étendre de quatre volumes d'eau, pour qu'elles n'agissent pas avec trop de force et ne brûlent pas les plantes. Cela devient inutile, si on les mélange avec des matières solides, si on les fait entrer dans la formation des composts, ou si on les répand sur les terres en jachère.

On double facilement la récolte des betteraves en arrosant les jeunes plantes avec de l'urine coupée d'eau, de manière qu'elle ne marque qu'un degré au pèse-sels. D'un hectare qui, sans ce moyen, ne produirait que 40.000 kilog. de racines, nous avons vu récolter, en 1849, jusqu'à 87,000 kilog. de magnifiques betteraves, par suite des arrosements.

Dans les vidanges de Paris, on sépare le contenu des fosses d'aisances en deux parties, l'une liquide, l'autre solide ; la première est ce qu'on appelle les *eaux vannes*, la seconde les *matières lourdes*, entrant pour 1/5 environ dans la masse totale.

D'après **M.** l'Hôte, les eaux vannes contiennent, par litre, depuis 2^{gr},48 jusqu'à 6^{gr},20 d'azote ; la moyenne de douze échantillons a été de 3,74. Celles prises au débouché de la conduite de Bondy, et qui proviennent du dépôt de toutes les vidanges de Paris, ont donné 4^{gr},42. Dans un litre pesant 1023 grammes, on a trouvé :

Matières organiques azotées....................	12^{gr}80	
Ammoniaque toute formée, à l'état de sel......	5 24	
Acide phosphorique.........................	1 35 = 2,92 de phosphate de chaux.
Châux..................................	1 59	
Silice et sable.....	0 70	
Eau.................................	991 20	
	1012 97	

Nous avons dit quelques mots précédemment du système qui a été adopté dans beaucoup d'exploitations de la Grande-Bretagne pour répandre les eaux d'égouts. Il est bon d'y revenir, car il s'applique à tous les liquides fertilisants : eaux vannes, vidanges des fosses d'aisance, purin des étables et des écuries, urines des pissoirs publics.

Le système anglais consiste à opérer le transport souterrain et la distribution de tous ces engrais liquides sur les diverses parties d'une ferme, à l'aide de tuyaux en poterie ou au moyen d'une machine hydraulique locomobile, qui puise ces liquides dans un vaste réservoir et les lance dans une suite de tuyaux flexibles portatifs dont la longueur peut varier à volonté et avec lesquels l'arrosement des terres s'effectue à raison de 22 à 258 mètres cubes de liquide par hectares.

Avec ces moyens nouveaux de distribution qui permettent d'opérer sur une très grande superficie, les dépenses reviennent à 525 fr. par hectare, avec les tuyaux souterrains fixes, un tube flexible et une lance, et à 384 fr. quand on doit élever le liquide par une machine à vapeur et qu'on emploie les tuyaux portatifs et la machine de distribution de M. Love. Mais les cultivateurs anglais n'hésitent pas devant les frais aussi considérables, parce qu'ils ont la conviction que si l'application d'une certaine dose d'engrais pulvérulent sur un herbage produit une augmentation d'une certaine quantité de fourrage, celle de la même quantité d'engrais dissoute dans l'eau et employée en arrosement sur l'herbage donne une augmentation quintuple.

En poussant ce principe vrai jusqu'à sa dernière conséquence,

certains cultivateurs anglais, par suite d'un engouement irré-
fléchi, en sont arrivés à soutenir qu'il ne faut donner d'engrais
aux terres que sous forme liquide; ils en sont même venus jusqu'à liquéfier le fumier lui-même, à le noyer dans une telle
quantité d'eau, qu'il serait devenu inefficace sans l'addition du
guano, et l'on a pu dire avec raison que ces lavages n'avaient
de valeur que par le guano qui s'y trouvait.

Mais ces exagérations n'ôtent rien au mérite et à l'efficacité
des véritables engrais liquides, c'est-à-dire les vidanges et les
urines, et, lorsqu'on les emploie dans les conditions où se placent les cultivateurs de la Flandre, de l'Alsace, de la Suisse, on
est assuré de réaliser des bénéfices, quel que soit le mode de
distribution qu'on adopte.

MM. Moll et Mill ont fait l'application, dès 1856, du système tu-
bulaire à l'épandage des vidanges de Paris sur la ferme de Vaujours, près de Bondy. Les matières des vidanges étaient apportées par des bateaux, où des pompes les puisaient pour les
répandre sur les terres de la ferme à l'aide de tuyaux fixes et de
tuyaux mobiles. Le dessus du réservoir principal dominant le
niveau de la propriété de 10 à 15 mètres, il en résultait une pression suffisante pour que le liquide pût s'échapper avec force à
l'extrémité du tuyau de décharge, d'autant plus que les matières fécales n'étaient jamais employées qu'étendues de trois à
quatre fois leur volume d'eau; on parvenait, par ce moyen, à
répandre, en un jour, jusqu'à 1620 hectolitres. A la fin de 1859,
60 hectares sur 90, qui forment la propriété de Vaujours,
pouvaient recevoir les engrais liquides à l'aide d'une conduite de 11 centimètres de diamètre, dont la longueur attei-
gnait 3000 mètres; le reste était arrosé à l'aide d'un tonneau
rempli à peu de distance de l'un des regards de la conduite.
L'installation de tout le système coûta 45,000 fr. soit 500 fr. par
hectare.

Ces essais ne furent pas heureux, au point de vue financier,
et on les abandonna après quelques années. Ceux qu'on a entrepris postérieurement dans la presqu'île sableuse de Gennevilliers présentent de meilleurs résultats.

L'écueil à craindre, c'est la *verse*, qui se produit sous l'influence des engrais liquides. M. Moll avait cru pouvoir employer
1000 hectolitres de vidange par hectare; il a vite reconnu que
cette dose est beaucoup trop forte, même pour les récoltes
fourragères, et à plus forte raison pour le blé et l'avoine. Il faut
donc modérer le dosage d'un engrais qui trompe par son extrême énergie, et ne l'appliquer qu'aux plantes qui ne crai-

gnent par la *verse;* après elles, l'avoine et le blé pousseront encore sans nouvelle fumure.

De la poudrette et du noir animalisé. — A Paris, à Rouen et dans les autres grands centres de population, on traite les matières fécales par un procédé qui semble être en opposition avec les plus simples notions de la science, de l'hygiène et de l'économie. On les convertit en *poudrette.*

On prépare la *poudrette* en transportant dans de vastes bassins creusés en terre les matières extraites des fosses par les entrepreneurs de vidange; les bassins, peu profonds, mais très larges, sont disposés en étages, de manière qu'ils puissent déverser leurs produits les uns dans les autres. Les matières étant déposées dans le bassin supérieur, on fait écouler les parties liquides dans celui qui est immédiatement au-dessous, aussitôt que les matières solides se sont déposées; on opère de même pour le second bassin, dont les liquides s'épanchent plus tard dans le troisième, et ainsi de suite. Les dernières eaux vont se perdre dans des égouts, dans un cours d'eau, ou dans des puits artésiens absorbants. En opérant ainsi, il ne reste plus dans les bassins que des matières pâteuses, que l'on enlève avec des dragues, pour les placer sur un terrain battu, disposé en dos d'âne, où, à mesure qu'elles se sèchent, on les retourne à la pelle pour favoriser la dessiccation. Celle-ci ne dure pas moins de quatre à six ans, selon les saisons. C'est alors une poudre brune qu'on emmagasine sous des hangars.

La fabrication de la poudrette, qui est fort simple, entraîne de grands inconvénients et des pertes énormes en substances utiles. Pendant la durée de la dessiccation, toute la masse est en proie à une fermentation qui développe les émanations les plus infectes jusqu'à plusieurs kilomètres de distance, et qui détruit, en pure perte pour l'agriculture, la majeure partie des substances organiques qui auraient pu concourir à la nutrition des plantes. Ces substances organiques sont converties principalement en sels ammoniacaux que la vapeur d'eau entraîne avec elle. D'un autre côté, on se prive de la moitié au moins de la valeur de l'engrais en perdant, sous le nom d'*eaux vannes,* tous les liquides, c'est-à-dire les urines et les eaux chargées de presque toutes les substances salines solubles, parties les plus précieuses de la gadoue.

La transformation de la gadoue en poudrette est une opération monstrueuse. Réduire, comme l'observe judicieusement Schwerz, à la capacité d'une tabatière un tombereau d'excréments, est d'un résultat trop puéril, à raison de la quantité de substance perdue, pour pouvoir se justifier autre part que dans des villes d'une étendue démesurée, et autrement que par l'impossibilité d'emmagasiner des masses trop considérables. Partout ailleurs, un pareil procédé est à considérer comme le *nec plus ultra* du gaspillage.

La *poudrette*, telle qu'on la trouve dans le commerce, est une substance pulvérulente, de couleur brune, sur laquelle on distingue quelques points blancs, qui paraissent être des efflorescences salines. Elle répand une odeur empyreumatique, mais peu sensible; elle est humide et grasse au toucher; aussi se présente-t-elle sous la forme de petites agglomérations de la grosseur d'une noisette, et est-elle susceptible de devenir compacte par la pression, comme pourrait le faire une matière argileuse. Elle pèse de 65 à 67 kilog. l'hectolitre ras, et 78 kilog. l'hectolitre comble. On la vend généralement à raison de 4 fr. 50 l'hectolitre, La poudrette de Montfaucon ou de Paris est composée ainsi qu'il suit, d'après M. Jacquemart :

Eau....................	52,5	
Sels ammoniacaux.............	3,9	représentant 1,35 d'ammoniaque.
Matières organiques azotées.....	18,1	— 0,93 —
— minérales fixes........	25,5	
	100,0	2,28 —

Elle renferme donc 2,28 d'ammoniaque, soit 1,88 d'azote. Son équivalent est de 21,28; d'où il suit qu'il en faudrait 6384 kilog. pour fumer un hectare.

Un hectolitre de poudrette, pesant 67 kilog., contient l'équivalent de 4^{kil}.59 de sulfate d'ammoniaque cristallisé, dont 2,43 à l'état de carbonate. L'hectolitre comble, pesant 78 kilog., tient 1/6 en sus.

Dans la pratique, on sème de 18 à 25 hectolitres combles de poudrette, ou, en poids, 1400 à 2000 kilog. par hectare. La dose la plus habituelle est de 1750 kilog. ou 22 hectolitres 43 par hectare.

Cette grande différence entre le dosage des praticiens et celui indiqué par la science provient de ce que, par la méthode d'estimation basée uniquement sur la quantité d'azote des substances organiques, on ne tient aucun compte de la présence et de la proportion des substances salines minérales, qui jouent cependant un rôle important et entrent, pour une part notable, dans le mode d'action des engrais.

En 1847, Soubeiran a fait une nouvelle analyse de la poudrette de Montfaucon. Voici ses résultats :

Eau...	280,0
Matière organique...............................	290,0
Sels solubles alcalins.	4,3
Carbonate et sulfhydrate d'ammoniaque............	quantité indéterminée.
Sulfate de chaux.................................	38,7
Carbonate de chaux...............................	38,7
Phosphate et ammoniaco-magnésien.	65,5
Phosphates estimés à l'état de phosphate de chaux des os..	34,6
Matières terreuses...............................	248,2
	1000,0

Elle contient 1,78 pour 100 d'azote, ainsi répartis :

	Azote.	Ammoniaque correspondante.
Dans la matière animale......................	1,18	1,440
Dans le phosphate ammoniaco-magnésien.......	0,36	0,440
Dans les sels ammoniacaux solubles.	0,24	0,293
	1,78	2,173

Son équivalent est donc de 22,47. D'où il suit qu'il en faudrait 6741 kilog. pour fumer un hectare.

Au reste, la composition de la poudrette varie très notablement d'un lieu de fabrication à un autre. En 1841, M. I. Pierre, de Caen, en comparant une poudrette de Fontainebleau à celle de Montfaucon, trouvait les différences suivantes :

	Eau et matières combustibles volatiles.	Matières fixes.
Montfaucon................................	729	271
Fontainebleau.............................	483	517

Ces variations continuelles dans la composition d'un engrais sont très préjudiciables.

M. Chodzko a eu l'idée de séparer toutes les matières fixes contenues dans les eaux vannes en employant un bâtiment de graduation semblable à ceux qui servent à l'évaporation des eaux des salines d'une faible densité. Avant tout, il les désinfecte au moyen d'une solution saturée de sulfate de magnésie et de sulfate de fer à parties égales, employés dans la proportion de 5 à 10 litres par mètre cube. Lorsque le mélange est fait, on y ajoute un ou deux décilitres d'une solution saturée de carbonate de potasse contenant 5 centièmes de goudron et de benzine. C'est alors qu'on fait circuler les eaux désinfectées sur les fagots d'épines. Les matières fixes se déposent par incrustations sur ceux-ci, que l'on bat lorsqu'il sont encroûtés, pour en détacher l'engrais adhérant.

La poudrette obtenue par ce procédé est de couleur brune, sèche au toucher, et possède une légère odeur de matière fécale.

M. l'Hôte en a fait l'analyse comparativement à la poudrette fabriquée à Bondy par les anciens procédés. Voici les résultats obtenus :

	Poudrette de Bondy à l'état normal.	Poudrette de M. Chodzko à l'état normal.
Matières organiques azotées...........	32,81	53,53
Ammoniaque toute formée............	0,59	0,65
Acide azotique.....................	0,30	traces.
Acide phosphorique.................	4,18	4,48
Acide sulfurique...................	3,50	»
Acide carbonique...................	2,87	»
Chlore............................	0,36	»
Potasse et soude...................	2,15	»
Chaux.............................	6,70	4,07
Magnésie et oxyde de fer............	2,72	»
Silice, sable, argile................	13,62	4,50
Eau..............................	30,20	17,25
	100,00	84,48
Azote total......................	1,52	4,20

On voit qu'en soustrayant les liquides des fosses à cette fermentation destructive à laquelle sont soumises les matières fécales accumulées dans les bassins de la voirie de Bondy, on en retire, par le traitement imaginé par M. Chodzko, tout ce qu'ils peuvent donner, et qu'on en obtient ainsi un engrais de qualité supérieure.

M. Mosselmann avait eu l'idée de solidifier les matières fécales et les urines fraîches avec de la chaux éteinte et tamisée. C'était ce qu'il appelait de la *chaux animalisée*. Mais comme celle-ci ne renfermait guère que 0,5 pour 100 d'azote, sa valeur était trop faible pour qu'on pût l'expédier à de grandes distances, aussi cessa-t-on bientôt de la fabriquer.

On répand la poudrette sur le sol à l'époque des labours. Elle imprime une grande activité à la végétation, mais son action ne se fait bien sentir que sur la première récolte. On lui reproche de communiquer aux végétaux, et notamment aux feuilles, un goût désagréable. C'est pour cette raison que les jardiniers n'en font jamais usage pour les légumes destinés à la nourriture de l'homme, et qu'en Lombardie, où l'on tient à conserver l'excellente qualité des herbages, on y a complètement renoncé.

Pour éviter cet inconvénient, contesté toutefois par beaucoup de praticiens, et, d'ailleurs aussi, pour obtenir un engrais inodore, plus efficace et plus durable que la poudrette ordinaire, on a imaginé, depuis 1826, de désinfecter les matières fécales fraîches, au moyen d'une substance charbonneuse absorbante, qui la convertit en une matière pulvérulente, dont l'emploi n'inspire plus le dégoût que provoquent la poudrette et la gadoue.

La poudre désinfectante est obtenue en calcinant, dans des cylindres ou dans des fours, la vase ou boue des rivières, étangs ou fossés, ou des terres argileuses un peu calcaires, que l'on associe à des débris organiques, tels que tourbe, vieux terreau, sciure de bois, tannée. Ces matières organiques, en se décomposant, fournissent un charbon très divisé, et les terres argilo-calcaires subissant elles mêmes une espèce de demi-cuisson, il en résulte un mélange poreux, absorbant et désinfectant, très propre à retarder la putréfaction des vidanges et à condenser tous les composés volatils ou gazeux qui pourraient se développer.

Lors donc qu'on ajoute cette poudre charbonneuse, en quantité suffisante, aux matières infectes, molles ou liquides des latrines, toute odeur fétide disparaît, et la décomposition spontanée est ralentie presque au même degré que dans les substances dures, les os ou la corne mis en poudre. Ce sont ces matières, ainsi solidifiées et désinfectées, qu'on a mises pendant un certain nombre d'années dans le commerce sous les noms de *noir animalisé*, d'*engrais Salmon*, d'*engrais, Baronnet*, et qu'on préparait en grand à Paris, Lyon, Marseille, Tours, Bordeaux, au Havre et dans beaucoup d'autres villes de France.

Dans plusieurs localités, on a aussi appliqué la poudre absorbante charbonneuse à la désinfection de toute espèce de matière animale infecte ; en sorte qu'il y eut différentes espèces de *noir animalisé :* ainsi, aux environs de Lyon, on livrait aux cultivateurs de l'*engrais hollandais ;* aux environs de Paris, de l'*engrais Ducoudray*, préparé avec du sang et les résidus charbonneux du bleu de Prusse, etc.

Mais la pratique a bientôt démontré l'infériorité de ces divers engrais par rapport à la poudrette et surtout au noir des raffineries, à cause de l'énorme quantité de matière inerte, terre calcinée ou charbon, qu'il fallait ajouter aux vidanges pour les solidifier. On a donc renoncé à fabriquer en grand pour l'expédier comme objet de commerce le *noir animalisé.*

Mais, dans l'intérieur de chaque ferme, on peut en préparer avec avantage, lorsqu'on n'a pas ou qu'on ne veut pas adopter l'usage des matières fécales fraîches. L'un de nous, M. J. Girardin, a fait adopter à Rouen et dans les environs le mélange suivant pour la désinfection des fosses d'aisances dans les maisons particulières :

Pour trois hectolitres de matières stercorales, on projette dans les latrines, en remuant avec un grand bâton :

12 kil. de poussier de charbon,
1 kil. de plâtre cru en poudre,
1 kil. de couperose de basse qualité, également en poudre.

Ces trois substances ont été intimement mélangées à l'avance. Les matières de la fosse peuvent être ensuite extraites sans qu'il se répande au dehors la moindre émanation désagréable. La dépense ne s'élève pas à 1 fr. 50 ; c'est toutefois encore trop cher ; on la diminue singulièrement en remplaçant le charbon par des matières absorbantes et poreuses, telles que tourbe, tan, sciure de bois, balles d'avoine, poussière des greniers à foin et à grains, bonne terre sèche.

M. Meurein, de Lille, indique le mélange suivant pour la désinfection d'une fosse contenant 80 hectolitres de matières fécales :

Couperose...................... 25 kil.
Terre argileuse................. 50
Plâtre. 10
Charbon animal. 2

La couperose est dissoute dans son poids d'eau, puis introduite dans la fosse par quantités de 5 kilog. On laisse un intervalle d'un jour avant l'introduction d'une nouvelle quantité. Les autres ingrédients se répandent en poudre à la surface du contenu de la fosse. La terre argileuse doit être calcinée légèrement avant son emploi.

M. Quénard emploie depuis longtemps le *frasil* ou résidu des grilles à charbon de terre, auquel il ajoute quelquefois, pour augmenter, s'il y a besoin, l'efficacité des propriétés de ce résidu, une certaine quantité de petite braise bien pilée.

M. Rohart conseille de 3 à 5 pour 100 de couperose en nature, mise quelques jours avant l'extraction, puis assez de tannée ou de sciure de bois pour solidifier le mélange. La couperose peut être remplacée par les sels de zinc bruts, par le chlorure de manganèse des fabriques de produits chimiques, quand on se trouve dans leur voisinage. 5 kilog. de l'un ou de l'autre de ces sels métalliques suffisent pour désinfecter instantanément un mètre cube de vidanges, en s'emparant de l'hydrogène sulfuré et de l'ammoniaque, causes ou véhicules de l'odeur infecte.

On peut donc partout convertir la gadoue en un terreau inodore, analogue au noir animalisé. — Dans les exploitations un peu considérables, on aura des fosses particulières dans lesquelles on déposera successivement les différentes matières pour les retourner et les entasser lorsque leur mélange devra être bientôt appliqué. — Dans les exploitations peu considérables et où la production de la gadoue sera nécessairement assez bornée, on aura soin de jeter, toutes les semaines, voire même tous les jours, le mélange de plâtre et de substances, végétales absorbantes dans la proportion de la masse des excréments. Lors de la vidange, on mêlera bien toutes les matières, on les disposera en tas et on les couvrira avec de la terre. — Il faudra éviter de jeter dans les fosses des herbes ou des gazons, parce que ces matières végétales fraîches s'y décomposent très difficilement, et gênent plus tard pour répandre l'engrais également.

Au Lycée impérial de Caen, l'ancien recteur, l'abbé Daniel, a fait employer la tourbe pour absorber et désinfecter les matières fécales et tous les liquides chargés de matières facilement putrescibles. On s'en trouve parfaitement. Les paysans des environs qui apportent la tourbe au Lycée ne demandent aucune rétribution. Après un temps convenu, ils la remportent et s'en servent pour fumer leurs terres.

Deux parties de tourbe desséchée, une partie de plâtre en poudre et une partie de matière fécale non séparée des urines composent un engrais très énergique, qui a sur le fumier de ferme l'avantage d'agir immédiatement sur les plantes, et de pouvoir être employé aussitôt après sa fabrication.

Un propriétaire cultivateur, M. Bodin de la Pichonnerie, fait jeter tous les jours, dans une fosse bétonnée et bien close, les déjections de cinq personnes qui composent sa maison; de temps en temps il y fait mêler de la poussière de charbon, et, au bout de l'an, il en retire de quoi fumer deux hectares de terre. Voilà, assurément, une fumure qui coûte bien peu de dépenses et de soins!

Pourquoi, d'ailleurs, ne pas faire ce que pratique l'habile M. Villeroy, cultivateur à Rittershorf (Bavière), qui sait éviter ce qu'il y a de dégoûtant et de dangereux dans la vidange des fosses? Il place debout sur un traîneau un tonneau peu élevé et d'une contenance de 4 hectolitres environ qui est enfermé dans le cabinet d'aisances. Quand il est plein, on y attelle deux bêtes et on le traîne jusqu'à l'endroit peu éloigné où il doit être vidé. Là on mêle le contenu à de la tourbe ou à de la terre, et on obtient une poudre excellente, surtout pour le colza et pour toutes les récoltes crucifères.

Voilà des habitudes que nous voudrions voir adopter partout, afin de recueillir et de profiter de l'engrais le plus facile à se procurer, et dont l'emploi généralisé accroîtrait d'une manière inespérée la production agricole et par suite la richesse publique.

Excréments des oiseaux. — Les excréments des oiseaux, et particulièrement ceux des poules et des pigeons, ont une puissance supérieure, comme engrais, à celle des déjections des herbivores nourris dans les fermes, soit parce que les oiseaux se nourrissent principalement de graines et d'insectes, soit parce que leurs urines sont confondues en une seule masse avec les excréments solides, soit enfin parce que leurs déjections s'accumulent petit à petit dans des lieux à l'abri du soleil, de l'air et de la pluie.

Malheureusement ces excréments ne peuvent être obtenus en grandes quantités. Ce n'est plus guère que dans les fermes de la Flandre et de nos départements du Nord qu'on recueille avec soin la fiente de pigeon, dite *colombine*. La ville de Saint-Amand fait un commerce considérable de cet engrais ; mais, depuis plusieurs années, les cultivateurs se plaignent qu'on le falsifie avec de la terre.

Dans le Pas-de-Calais, où les pigeonniers sont nombreux et très peuplés, on les loue par bail de plusieurs années à raison de 100 fr. pour la fiente de 600 à 650 pigeons à récolter annuellement. Les colombiers de cette importance donnent une voiture de colombine, ou environ 1200 kilog.

M. J. Girardin a constaté que, dans le pays de Caux, 100 pigeons fournissent annuellement de 810 à 972 litres de colombine. La fumure d'un hectare revient, avec cet engrais, de 125 à 200 fr.

On ne devrait jamais négliger de répandre, sous forme de litière, dans les pigeonniers et poulaillers, des débris de tillage de chanvre et de lin, de la mauvaise balle d'avoine, des sciures de bois, de la terre ou même du sable, pour augmenter, autant que possible, la masse de l'engrais en question. C'est une pratique vicieuse de laisser la fiente des pigeons et des volailles s'amonceler, d'un bout à l'autre de l'année, dans les pigeonniers et les poulaillers, parce que la malpropreté fait naître une vermine qui tourmente les animaux, et qu'il se produit dans le tas d'excréments une grande quantité de vers qui en détruisent la majeure partie.

Il faut que les pigeonniers et poulaillers soient fréquemment nettoyés à fond ; le fumier qu'on en tire doit être réuni et conservé dans un lieu sec, en le recouvrant d'une couche de terre sèche additionnée de plâtre cru. — Il vaudrait encore mieux, si cela était possible, l'employer avant sa fermentation. En effet, 100 parties de colombine, exemptes de paille et de plumes, renferment, à l'état frais, 25 parties de matières solubles dans l'eau, tandis que la même quantité de cette fiente putréfiée n'en fournit plus que 8 parties, d'après sir H. Davy ; d'où ce chimiste conclut avec raison qu'il faut l'employer avant qu'elle fermente.

Les excréments des poules, nommés *poulnitte*, ont un peu moins d'énergie que la colombine. Ceux des oies et des canards ont encore moins de valeur ; on les dit même nuisibles aux herbes des prairies naturelles ; aussi les bons herbagers ont-ils grand soin d'empêcher les oies d'aller pâturer dans les prés. Il est probable qu'on se méprend sur la véritable cause du tort que ces oiseaux occasionnent aux prairies, et que c'est plutôt avec leur bec qu'avec leur fiente qu'ils font du mal.

M. J. Girardin fixe ainsi qu'il suit la composition chimique de la fiente récente des oiseaux :

	Pigeon.	Poule.
Eau...	79,00	72,90
Matières organiques (débris ligneux et de plumes, acide urique, urate d'ammoniaque)...........:..	18,11	16,20
Matières salines (phosphate et carbonate de chaux, sels alcalins, etc.)...........................	2,28	5,24
Graviers et sable siliceux......................	0,61	5,66
	100,00	100,00

	Azote sur 100.	Phosphates sur 100
Poulaitte desséchée à 100°...............	1,739	8,10
Colombine.............................	5,350	4,43

MM. Boussingault et Payen ont trouvé que la colombine, à l'état normal, contient 9,6 d'eau et 8,30 p. 100 d'azote. Son équivalent est alors représenté par 4,8, et, d'après cela, il n'en faudrait que 1440 kilog. pour remplacer 30,000 kilog. de fumier normal.

La fiente des volailles est rarement mélangée aux autres fumiers. Répandue avec les semences des céréales, elle produit sur les terrains humides, froids et tenaces, les plus grands effets. — Pour le trèfle, elle surpasse le plâtre et la cendre. — Dans les fermes de l'institut de Hohenheim, Schwerz l'appliquait avec le plus grand succès au trèfle, après l'avoir mêlée avec de la cendre de charbon de terre.

Dans le pays de Caux, on l'utilise principalement pour l'orge, à la dose de 1080 à 1890, et quelquefois même 2160 litres par hectare. On la répand seule sur les terres, ou, parfois, on la mélange intimement avec de la terre ou du terreau.

En Flandre, on s'en sert pour produire les plus belles récoltes de lin, à la dose de 2000 kilog. par hectare. On écrase les grumeaux au fléau. On répand la poudre par un temps calme, un peu humide, mais non pluvieux. Quelquefois on la recouvre par un trait de herse ; le plus souvent on la laisse, sans préparation aucune, à la surface du sol. On croit qu'elle n'agit d'une manière utile que lorsqu'il vient à pleuvoir peu de temps après qu'on l'a semée ; par un temps de sécheresse continue, elle reste inerte ou même elle brûle les récoltes.

Dans le Calvados, on réserve le fumier de volaille pour quelques petites cultures particulières, telles que celles de chanvre, de lin, ou pour le jardin potager. Dans le Midi, il est accaparé par les jardiniers.

La fiente des autres oiseaux, corbeaux, hirondelles, chauves-souris, etc., ont à peu de chose près la même composition et les mêmes effets que celles des pigeons et des poules ; mais ce n'est que par exception qu'on peut en tirer parti.

Les grottes de la Sardaigne, celles de l'Algérie, celles d'Arcy-sur-Cure, près d'Auxerre, la caverne de Beaume-Pouterri, non loin de Draguignan, les caves du château de Vigevano en Piémont, certaines grottes du Jura, renferment des masses énormes d'excréments de chauves-souris, qu'on exploite pour les besoins de la culture. Dans les environs du château de Coigny, qui se trouve à moitié route de la Haye-du-Puits au port de Carentan (Manche), les cultivateurs utilisent également la fiente des corbeaux dont les bandes innombrables se retirent à l'approche de la nuit dans le parc de Coigny. Il n'y a pas, dans toute la France, un endroit où ces oiseaux soient plus nombreux.

Voici la composition moyenne de quelques-unes de ces fientes :

	Eau.	Matières organiques et sels ammoniacaux.	Matières minérales.	Phosphates.	Azote.	Auteurs des analyses
Fiente de chauves-souris de la province de Sassari (Sardaigne).....	26,00	49,00	10,20	9,80	5,32	Barral.
Fiente de chauves-souris de la province de Sassari (Sardaigne).....	15,18	60,57	12,25	8,40	8,65	Bobierre.
Fiente de chauves-souris de la province d'Alghero (Sardaigne)....	27,00	44,45	28,50	9,98	4,92	Barral.
Fiente de chauves-souris d'Algérie..........	15,60	54,65	29,92	8,87	3,67	id.
Fiente d'hirondelles ...	7,00	70,60	22,40	4,04	11,25	Girardin et Morière.

Dans la fiente de chauves-souris recueillie dans une grotte des Pyrénées, M. Boussingault a trouvé 20 grammes d'azotate de potasse.

Guano ou Huano. — De tous les engrais que nous fournit le commerce, le plus actif, sans contredit, c'est celui qui porte le nom de *guano*. Depuis des siècles, on se sert de cette matière au Pérou, au Chili et dans la Bolivie, pour fertiliser les sables des côtes arides de ces pays.

Tout prouve que ce guano n'est autre chose que des excréments d'oiseaux de mer se nourrissant exclusivement de poissons. Les plus abondants dépôts (*huaneras*) de ces excréments sont répartis sur le littoral du Pérou, entre le 2e et le 21e degré de latitude australe. Cette région est habitée par une multitude d'oiseaux désignés sous le nom collectif de *guanaes*, surtout par des *ardéas* et des *phénicoptères*, qui se réunissent la nuit dans les îlots, et dont les excréments sont identiques avec la matière des plus anciennes couches des *huaneras*.

Les gisements de guano sont tellement considérables, que M. F. de Rivero n'évalue pas à moins de 378 millions de quintaux métriques le poids de celui qui est contenu dans les principales huaneras, situées entre Payta et le Rio-Loa. Aussi de Humboldt a émis l'idée que le guano n'appartient pas à l'époque actuelle, et que c'est un *coprolite* ou excrément fossile d'oiseaux antédiluviens. Mais M. de Rivero croit, au contraire, que cette prodigieuse accumulation de matières est tout naturellement expliquée par la multitude des *guanaes* qui habitent ces parages.

C'est depuis 1840 seulement qu'on a commencé à faire usage en Europe de cet engrais puissant. Les résultats merveilleux obtenus d'abord en Angleterre ont bien vite établi sa valeur et attiré l'attention des cultivateurs. On l'a vendu jusqu'à 60 fr. les 100 kilog.

On ne connut d'abord en Europe que les guanos du Pérou, du Chili et de la Bolivie, et ce sont surtout les huaneras des îles Chincha, au nord d'Iquique, dont les couches avaient de 17 à 20 mètres, et même 33 mètres d'épaisseur, et qu'on exploita à la manière des mines de fer, qui fournirent pendant plus de trente ans l'engrais nécessaire à la consommation du monde entier.

Mais, à partir de 1841, on découvrit d'immenses dépôts de guano sur la côte sud-ouest de l'Afrique, dans les dépendances de la colonie du cap de Bonne-Espérance, aux îles Ichaboë, Angra-Pequena, Malaga, etc.; et, bien que ce guano africain fût inférieur en qualité à celui du Pérou, les navires anglais se portèrent en si grand nombre aux îles africaines, que les dépôts furent bientôt épuisés.

Le désir de réaliser de grands bénéfices, en faisant la concurrence à la Société péruvienne qui a le monopole de l'exploitation du guano au Pérou, engagea les négociants, tant anglais
que français, à rechercher partout des dépôts de guano. On
en a rencontré au cap Tenez, dans quelques îlots voisins en
Algérie, dans les Antilles, à Sombrero; aux îles Pedro-Keye,
près Cuba; à l'île Navassa, entre la Jamaïque et Haïti; au Mexique; aux îles Kouria-Mouria, sur la côte d'Arabie; aux îles
Baker et Jarvis dans l'océan Pacifique; dans la baie de Sharks
(Australie); sur les côtes du Labrador et de la Patagonie,
etc., etc. Tout ces guanos sont loin d'avoir la même composition que ceux du Pérou.

On aura une idée de l'importance du mouvement commercial créé par l'emploi de l'engrais en question par les chiffres
suivants qui indiquent ce qu'était sa consommation, en 1869,
dans les différents pays :

Angleterre.	178,000 tonnes.
France.	90,000
Allemagne.	78,000
Belgique.	75,000
Espagne.	36,400
Réunion.	13,600
Hollande.	8,000
Italie.	6,000
Cuba, Porto-Rico.	4,000

L'importation en Europe n'a cessé de s'élever, aussi a-t-elle
amené l'épuisement presque complet des immenses huaneras
des îles Chincha. Heureusement le Gouvernement péruvien a
autorisé l'exploitation des autres dépôts assez considérables qui
se trouvent sur toutes ses côtes, notamment dans les îles de
Guañape, Macabi, Ballestas, Lobos, Bahia de la Independencia,
Pabellon de Pica. Ce sont surtout les îles de Guañape et de
Macabi qui depuis deux ans fournissent la majeure partie des
guanos consommés aujourd'hui. MM. Dreyfus frères et Cⁱᵉ sont
maintenant les seuls concessionnaires du Gouvernement péruvien pour l'Europe et peuvent offrir aux agriculteurs toutes les
garanties nécessaires dans leurs achats de cet engrais.

Le guano a une composition presque identique avec celle
des excréments des oiseaux aquatiques et de basse-cour, sauf
que ceux-ci contiennent une proportion beaucoup moins forte
de sels ammoniacaux. Ce qui rend le guano supérieur à la colombine et à la plupart des autres engrais animaux, c'est qu'il

contient non seulement de l'azote en abondance, mais des phosphates terreux et des sels alcalins, en un mot tous les matériaux que les plantes exigent le plus pour prospérer, moins, toutefois, l'humus ou le terreau.

Voici toutes les substances, tant organiques que minérales, qui entrent dans la composition de cet engrais, en tenant compte des récentes analyses de M. Chevreul :

1o *Matières organiques* : principes solubles et insolubles dans l'eau, tels que matière grasse, matière brune azotée en combinaison intime avec du phosphate de chaux ; matières colorantes jaune et rouge, acide urique, hippurique, oxalique, acides volatils odorants identiques à ceux du suint des moutons (acide avique de M. Chevreul) ;

2o *Matières salines solubles* : urate, oxalate, phosphate, bicarbonate et chlorhydrate d'ammoniaque, phosphate ammoniaco de soude, oxalate ammoniaco de potasse, sulfate ammoniaco de potasse, chlorures de potassium et de sodium, oxalates et phosphates de potasse et de soude, azotates, avate de potasse et deux ou trois sels de potasse à acides volatils et odorants comme l'acide phocénique et ses analogues ;

3o *Matières salines insolubles* : phosphate de chaux, de magnésie, ammoniaco-magnésien, d'alumine, oxalate, urate, sulfate et carbonate de chaux ;

4o *Matières terreuses insolubles* : sable, graviers, argile, oxyde de fer ;

5o *Débris organisés* : plumes et corps d'oiseaux, débris de poissons.

On voit, par cette énumération, que le guano doit être un engrais riche, et surtout rapide, en raison des sels ammoniacaux tout formés qu'il contient.

Son énergie toutefois varie beaucoup en raison de l'altération qu'il éprouve incessamment au contact de l'air. On trouve dans le guano du Pérou, au milieu d'une poudre brune plus ou moins humide, renfermant une grande quantité de carbonate d'ammoniaque, des graviers, et même des concrétions volumineuses, blanchâtres, demi-dures, qui ne diffèrent de la poussière précédente que par l'absence totale de carbonate d'ammoniaque. Ces graviers et concrétions, exposés au contact de l'air, ne tardent pas à se déliter et à tomber en une poussière qui contient beaucoup de carbonate d'ammoniaque, sel très volatil qui se dissipe peu à peu et devient la cause de l'odeur forte et piquante que répand le guano. Ce carbonate est évidemment le résultat d'une transformation qu'éprouve l'urate d'ammoniaque sous l'influence de l'humidité, de la chaleur et des manières organiques.

Mais il y a presque toujours des différences énormes dans la composition des guanos de provenances différentes, suivant qu'ils sont avariés ou dans un bon état de conservation, suivant qu'ils proviennent de localités sèches ou humides. En voici la preuve par le tableau suivant, dans lequel nous indiquons les variations que subissent les trois principes les plus actifs des guanos, l'azote, les phosphates et la potasse :

	Azote.	Phosphates.	Potasse.	Autorités.
Guano Angamos du Pérou (de formation contemporaine).....	16,93	18,5	»	Way.
Guano blanc de Bolivie.........	14,58	28,0	1,0	J. Girardin.
— des îles Chincha (moyenne de 32 échantillons).....	14,33	24,10	»	Way.
— des îles Chincha (moyenne de 15 échantillons).....	14,20	26,28	»	Nesbit.
— des îles Chincha (moyenne d'un grand nombre d'échantillons)...........	12,00	24,00	2,5 à 3	J. Girardin.
— de l'île Guañape (moyenne de 22 échantillons). ...	10,95	28,00	2 à 3	Barral.
— de l'île Macabi (moyenne de 21 échantillons).....	10,90	27,60	2 à 3	id.
— de l'île Lobos...........	10,80	27,69	»	Nesbit.
— de l'île de Pabellon de Pica..................	6,13	34,69	»	id.
— de l'île de Raiatea (dans les mers du Sud).....	7,27	17,97	»	Baudrimont.
— de l'île de los Patos, près de la côte de Californie.	5,92	34,80	»	Nesbit.
— de l'île d'Elide, près de la côte de Californie (moy. de 2 échantillons......	6,34	29,57	»	id.
— d'Ichaboë (moyenne de 11 échantillons).........	6,00	30,50	»	Way.
— du Chili (moyenne de plusieurs échantillons)....	2,74	37,20	2,0	J. Girardin.
— de Patagonie (moyenne de 14 échantillons)	2,09	44,60	»	Way.
— de Patagonie (moyenne de 14 échantillons).......	1,63	27,80	0,61	J. Girardin.
— de la baie de Saldanha (moy. de 20 échantillons)	1,35	56,40	»	Way.
— des îles Galapagos (Equateur)................	0,70	60,30	»	Boussingault.
— de l'île Jarvis (océan Pacifique)...............	»	51,64	»	} Moyenne des analyses de divers.
— de l'île Baker (océan Pacifique).	»	88,87	»	
— de l'île Baker...........	0,374	79,00	»	J. Girardin.
— de la presqu'île de Mejillones (Bolivie)........	0,57	54,16	»	Bobierre.
— de l'îlot de Pedro-Bey, côte de Cuba.............	0,28	48,52	»	id.
— de l'île du Phénix (océan Pacifique).	1,70	40,70	»	J. Girardin.

On peut partager, comme on le voit, les guanos en deux groupes distincts :

Les *guanos ammoniacaux* (*nitro-guanos* de M. Bobierre), tels que ceux du Pérou, le guano blanc de Bolivie, dans lesquels il y a beaucoup de matières organiques azotées et des sels ammoniacaux tout formés ; et les *guanos terreux* ou *phosphatés* (*phospho-guanos* de M. Bobierre), tels que ceux du Chili, d'Afrique, de Patagonie, de l'Équateur, des îles de l'océan Pacifique, de Mejillones, de Pedro-Bey, etc., qui sont caractérisés par leur richesse en phosphates et leur pauvreté en matières organiques azotées et en sels ammoniacaux.

Il est facile de remarquer qu'à mesure que les composés azotés diminuent de quantité dans les guanos, la proportion des phosphates augmente. En général, les dépôts très éloignés des côtes du Pérou offrent ce caractère spécial : proportion d'azote insignifiante et dose considérable d'acide phosphorique sous la forme de phosphates terreux.

Il semble évident, comme l'a fait remarquer M. Boussingault, que les guanos terreux et les guanos ammoniacaux ont une même origine : les déjections et les dépouilles des oiseaux de mer. La disparition de l'ammoniaque, dans les premiers, est due probablement à des circonstances locales, telles que l'abondance et la fréquence des pluies, qui favorisent naturellement la décomposition des substances organiques ou la dissolution des sels à base d'ammoniaque [1].

Le même savant a signalé, le premier, la présence des azotates dans les différents guanos, surtout dans ceux qui sont riches en phosphates. Voici les quantités d'acide azotique trouvées dans un kilog. des guanos suivants :

	Acide azotique représenté par nitrate de potasse.	
Guano des îles Galapagos	30gr,00	
— du Chili	6	33
— des îles Jarvis	3	00
— du Pérou, soupçonné d'avoir été additionné de guano du Chili	4	70
— des îles Chincha	3	80
— des îles Chincha, après plusieurs années de contact avec l'air	1	10
— des îles Baker	3	20
— blanc du Pérou	2	75
— du golfe du Mexique	0	10

Puisque les guanos livrés au commerce offrent une si grande diversité dans leur composition, on doit comprendre quelles

1. Boussingault, *Gisements du guano sur les côtes et dans les îlots de l'océan Pacifique* (Journal d'Agriculture pratique, 1861, t, I, p. 29).

déceptions doivent attendre les cultivateurs qui substituent indifféremment l'une de ces matières à l'autre pour l'engraissement
ment de leurs terres. Il est évident que celui qui emploierait
les guanos terreux aux mêmes doses que les guanos du Pérou
n'obtiendrait aucun des effets énergiques que ceux-ci produisent. Il en est donc aujourd'hui des guanos comme des noirs des
raffineries, ce qui n'avait pas lieu, il y a quelques années, alors
qu'on ne connaissait que le guano du Pérou.

Il est toujours facile de distinguer les *guanos ammoniacaux*
des *guanos terreux* par leurs caractères extérieurs.

Les premiers, qui viennent du Pérou, autrefois des îles Chincha, aujourd'hui des îles de Guañape et de Macabi, sont caractérisés par leur odeur forte, ammoniacale, mais en outre spéciale, qui est due à l'*acide avique* qui provoque l'éternuement ;
par leur saveur piquante très prononcée ; par leur couleur
jaune pâle. — Ils offrent, dans leur masse qui est pulvérulente
et plus ou moins sèche, de nombreuses concrétions blanchâtres,
tantôt dures et d'aspect cristallin, tantôt de consistance glai-
seuse. Ces concrétions, exposées à l'air, ne tardent pas à se déliter et à tomber en poussière, en exhalant une odeur *avique* et
ammoniacale très vive ; lorsqu'on les met dans l'eau, elles donnent lieu à une effervescence écumeuse, produite par de très
fines bulles de gaz (c'est de l'acide carbonique) qui se dégagent
pendant un certain temps.

Chauffés sur une lame mince de fer, ces guanos se boursou-
flent beaucoup, noircissent, brûlent avec une flamme légère, en
produisant une forte vapeur ammoniacale. Le résidu forme une
scorie caverneuse, d'un blanc faiblement azuré, dont le poids ne
varie qu'entre des limites fort rapprochées, 27,5 à 35 pour 100.

Triturés avec de la chaux vive en poudre, ils répandent immédiatement une forte odeur ammoniacale.

Lorsqu'on en jette dans un verre contenant une solution concentrée de chlorure de chaux, ils donnent lieu à un dégagement de bulles (c'est alors de l'azote) qui continue pendant
assez longtemps.

Ils ne produisent qu'une légère effervescence avec les acides.

Humectés d'acide azotique et mis à dessécher dans une capsule de porcelaine, ils prennent une belle couleur rouge. Cette
couleur devient encore plus vive et plus foncée en faisant arriver sur ce résidu des vapeurs ammoniacales.

Enfin ces guanos ne contiennent que fort rarement des cailloux siliceux, et ils renferment seulement de un à trois pour
cent de sable.

Cet ensemble de caractères permet aisément de distinguer le guano du Pérou du guano des autres provenances; car ces derniers présentent des différences tranchées, sinon dans toutes, au moins dans plusieurs de leurs propriétés.

Ainsi, par exemple, les *guanos terreux* de la Patagonie, du Labrador, de l'Équateur, des îles Jarvis et Baker, etc., ont une couleur brune foncée, une saveur terreuse, une odeur nullement avique et peu ou point ammoniacale, alors même qu'on les triture avec de la chaux, parce qu'ils ne contiennent que des traces d'ammoniaque toute formée.

La composition des guanos du Pérou est à peu près constante; les agents les plus essentiels au développement des plantes, à savoir : l'azote, l'acide phosphorique et la potasse s'y trouvent en combinaisons que l'on ne rencontre dans aucun autre engrais. D'après les très nombreuses analyses faites par M. Barral des guanos qui arrivent maintenant en très fortes quantités de Guañape et de Macabi, il y a, en moyenne :

10 à 12 p. 100 d'azote ;
12 à 15 p. 100 d'acide phosphorique, dont le tiers à peu près est à l'état soluble, et qui représentent de 26 à 32 p. 100 de phosphate de chaux tribasique ;
2 à 3 p. 100 de potasse.

Dans ces guanos, ainsi que l'a constaté M. Chevreul, une partie de l'acide phosphoaique est sous forme d'un sel double soluble d'ammoniaque et de soude, et il y a de plus des phosphates simples d'ammoniaque, de potasse et de soude.

Il n'en est plus ainsi de la composition des *guanos terreux*; elle varie autant que les localités qui les fournissent. Ils ne contiennent que des traces de matière organique azotée, pas de potasse, quelque peu d'azotates, mais beaucoup de phosphate de chaux tribasique associé à une petite quantité de phosphates de magnésie et de fer. Dans quelques-uns, celui du Jarvis, entre autres, une partie de l'acide phosphorique est à l'état de phosphate de chaux bibasique facilement attaquable par l'eau ; dans ce cas, à l'état humide ils ont une réaction acide sur le papier de tournesol.

Il est facile de comprendre que les *guanos ammoniacaux* et les *guanos terreux* ne peuvent être substitués indifféremment les uns aux autres, car, en raison de leur constitution chimique si tranchée, ils sont loin d'opérer de la même manière sur le sol et sur les plantes.

Les premiers, qui renferment tant de principes solubles et dont les autres composés minéraux deviennent successivement solubles à mesure qu'une nouvelle quantité d'eau toujours chargée d'acide carbonique et de sels ammoniacaux arrive en contact avec eux, les premiers, disons-nous, font sentir leur action dès la première année, tant ils sont rapidement assimilables; mais cette action est bien vite épuisée.

Les seconds, par une raison contraire, c'est-à-dire la prédominance des matériaux à peine solubles qui s'y trouvent, exigent un certain temps pour produire des effets appréciables; il faut que les phosphates terreux soient amenés à l'état de phosphates solubles par les réactions chimiques qu'exercent sur eux l'acide carbonique, les sels alcalins, les matières azotées contenues dans le sol, réactions lentes qui expliquent pourquoi ces guanos terreux, semblables en cela aux os, au noir des raffineries, aux phosphorites, conservent leur action fertilisante pendant une période bien plus longue que les guanos du Pérou.

Quand on veut que ceux-ci gardent toute leur activité, et soient toujours en état d'être appliqués, il faut les emmagasiner et les conserver dans des sacs, ou mieux dans des tonneaux que l'on ferme et qu'on dépose dans un endroit sec où ils ne puissent contracter la plus légère humidité. On fera bien de recouvrir leur surface d'une couche de plâtre cru en poudre, ou même de les mêler avec parties égales de cette substance, afin d'empêcher la dissipation des sels ammoniacaux.

Avant leur emploi, il faudra toujours avoir le soin d'écraser les concrétions qu'ils renferment, et de passer la poudre au crible ou au tamis, afin de pouvoir les répandre également sur le sol; autrement, dans les endroits où il y en aurait un excès, l'herbe et les récoltes seraient brûlées.

Il est bon de savoir que les concrétions ou nodules, les mottes glaiseuses qui se trouvent dans les guanos dont nous parlons, sont généralement plus riches que la poudre, souvent de 3 à 4 pour 100 d'azote en plus. Le mal qu'il faut se donner pour pulvériser ces concrétions ou mottes, à l'aide de la bêche ou du pilon, et ensuite pour les mélanger avec des matières sèches avant d'en faire la semaille, est largement compensé par l'excès de richesse fertilisante qu'on obtient.

De tous les engrais pulvérulents, c'est un des plus actifs, et par conséquent dont l'emploi est le plus commode, à cause de son peu de volume, qui permet d'en transporter sur les champs la quantité nécessaire avec une grande économie de temps et de main-d'œuvre. Mais, par cela même aussi, son égale répartition n'est pas facile, car, règle générale, moins le volume des engrais est considérable, plus il est difficile de les répandre dans des proportions convenables, plus il est difficile d'obtenir une végétation égale.

Pour remédier à cet inconvénient, pour diminuer en même temps la perte qu'on éprouve toujours par les vents lors de la dissémination des engrais pulvérulents, il convient de les mélanger à de la bonne terre sèche, à du plâtre, à du charbon, en un mot, d'en faire un compost. La substance qu'il est le plus avantageux de mêler au guano, c'est le plâtre qui, tout en augmentant le volume, rend l'action plus durable, parce qu'il convertit les sels ammoniacaux propres au guano en composés moins volatils, empêche par conséquent leur déperdition dans l'air, de telle sorte que les plantes utilisent alors à leur profit tous les principes fertilisants de l'engrais. Parties égales de plâtre et de guano constituent le meilleur compost pour toutes les récoltes. En Angleterre, on le mêle avec quatre fois son volume de bonne terre sèche et fine, ou de terreau, ou de sable de route, ou de cendres de bois et de charbon de terre, parfois aussi avec du poussier de charbon de bois ou, encore mieux, comme le recommande M. Bobierre, avec du noir animal vierge et fin, principalement pour la culture des raves et des turneps. De cette manière, on a moins à craindre qu'il ne détruise la semence et brûle les plantes déjà levées.

Depuis 1870, on a imaginé en Angleterre, dans la double vue d'éviter toute déperdition d'ammoniaque et de rendre plus soluble dans l'eau le sous-phosphate de chaux du guano brut du Pérou, d'y ajouter une certaine quantité d'acide sulfurique qui transforme les sels ammoniacaux volatils en sels non volatils à la température ordinaire, et qui, en s'emparant d'une partie de la chaux du sous-phosphate tribasique, le ramène à l'état de phosphate bibasique qui se répand plus rapidement et plus régulièrement dans la couche arable.

Un autre avantage de cette addition d'acide sulfurique, c'est de mettre le guano du Pérou sous la forme d'une poudre sèche, privée d'odeur ammoniacale, homogène, ne renfermant ni pierres, ni nodules ou concrétions, et que l'on peut facilement répandre sans être obligé de la diviser préalablement.

M. le professeur Wœlcker pense que la proportion d'acide sulfurique la plus avantageuse est celle de 5 p. 100; et il a conseillé d'introduire d'abord cet acide dans du sable fin, puis d'incorporer ce sable au guano; on évite ainsi une trop haute élévation de température qui pourrait volatiliser du carbonate d'ammoniaque.

C'est la maison Ohlendorff et Cie, de Hambourg, qui, en 1870, a introduit dans le commerce ce guano sulfatisé, en lui donnant le nom de *guano à azote fixé*, ou de *guano dissous* (noms, par parenthèse, assez mal choisis); quatre fabriques établies à Hambourg, à Londres, à Anvers et à Emmerich-sur-Rhin, travaillent sur une grande échelle et livrent des produits à composition garantie par l'analyse; le titre minimum est de 9 p. 100 d'azote fixé et de 9 p. 100 d'acide phosphorique soluble dans l'eau.

M. Barral, qui a fait l'analyse d'un échantillon de cet engrais, représente sa composition de la manière suivante, qui permet mieux d'apprécier la solubilité immédiate dans l'eau:

Partie immédiatement soluble dans l'eau..... 70,00	Eau..	15,80
	Matières organiques et sels ammoniacaux...................................	36,70
	Matières minérales fixes................	17,50
Partie non immédiatement soluble dans l'eau..... 30,00	Matières organiques....................	11,80
	Matières minérales fixes................	18,20
100,00		100,00

Azote de la partie soluble............................ 7,01
Azote de la partie non soluble....................... 2,17

Total.......................... 9,18

Titre de l'acide phosphorique soluble, représenté par phosphate de chaux des os... 21,91
Titre de l'acide phosphorique, non immédiatement soluble, représenté par phosphate de chaux des os............................ 6,48

Titre total évalué en phosphate ordinaire d'os........ 28,39

A la suite de cet exposé, M. Barral ajoute : « Je ne peux donc qu'approuver la décision prise par le gouvernement du Pérou d'autoriser MM. Dreyfus et Cie, ses concessionnaires pour l'Europe, à livrer à l'agriculture française, soit du guano du Pérou natif, soit du guano dissous à dosage garanti par l'analyse. Il ne pourra plus dès lors être fait d'objections sérieuses par les agriculteurs intelligents qui comprennent la nécessité absolue où ils se trouvent de compléter les engrais de ferme par des engrais riches à aussi avantageuse composition que le guano du Pérou, sous les deux formes qu'il leur sera loisible de choisir; dans tous les cas, ils seront certains d'employer une matière fertilisante qui ne leur causera aucune déception [1]. »

Répandu à la surface, le guano augmente et améliore la qualité des récoltes d'une manière extraordinaire. C'est surtout sur les prairies qu'il produit les effets les plus prompts et les plus remarquables; on le sème à la volée, dans le courant

---

1. *Journal de l'Agriculture*, t. III, juillet 1874, n° 275, p. 85.

d'avril. Lorsque les récoltes paraissent devenir faibles , ou être attaquées par les mans ou les pucerons, une couche de guano, ou mieux du compost ci-dessus, appliquée sur les plantes après une ondée de pluie, fait merveille.

Pour les grains et les racines, il y a avantage à répandre l'engrais en deux époques : une moitié au moment des semailles, l'autre moitié en couverture lorsque les plantes sont bien levées. Pour les prairies artificielles, on sème la seconde moitié de la dose après la première coupe. Dans tous les cas, c'est toujours pendant ou immédiatement avant les pluies qu'il convient d'appliquer l'engrais.

Des nombreuses expériences faites en Angleterre sur tous les sols et dans toutes les expositions, on peut conclure que, dans des terres en bon état de culture, il suffit, pour obtenir une récolte au moins égale à celle produite par la quantité de fumier d'étable qu'il est d'usage d'employer, d'appliquer par hectare :

250 kil. de guano aux céréales,
375 kil. aux prairies naturelles et artificielles,
375 kil. aux pommes de terre, aux betteraves, aux navets, etc.

Les expériences comparatives, exécutées à la ferme de Barrochen, près de Paisley, en Angleterre, et rapportées par le professeur Johnson, ont démontré que, pour obtenir par hectare, en sus du produit de la terre sans engrais, c'est-à-dire réduite à la seule richesse des fumures antérieures :

100 kil. de froment, il faut.....................	38^{kil},278 de guano.
100 kil. d'orge............................	36 400
100 kil. d'avoine............................	25 397
1000 kil. de fourrage vert....................	37 402
1000 kil. de foin sec........................	139 311
1000 kil. de pommes de terre..................	25 795
1000 kil. de navets ou turneps................	13 468

Avec cette dernière nature de récolte, on constata que, pour obtenir ces 1000 kilog. de surplus de production, il fallut employer, comparativement aux 13^{kil},468 de guano :

56^{kil},493 de noir animal frais,
500 » de tourteaux en poudre,
583 568 de chiffons de laine,
3174 345 de fumier de ferme bien consommé,
166^{lit},567 de carbonate de chaux,
555 670 d'os en poudre,
649 332 de sel et chaux mêlés.

C'est donc le guano qui produit le plus et à meilleur marché, d'après ces expériences.

M. Jacquemart a fait, en 1852, des expériences comparatives sur du blé avec le guano, la poudrette et le parcage, dans un terrain argilo-siliceux, de force moyenne et marné depuis quelques années. Voici ses récoltes par hectare :

	Paille.	Grain		Poids de l'hectolitre.
		en hect.	en poids.	
Avec 22 à 23 hectol. de poudrette..	5775 kil.	31,5	2350 kil.	76 kil.
Avec 300 kil. de guano mêlés à 650 litres de sable..............	5225	29,5	2312	79
Avec le parcage de 6,666 à 7,511 bêtes.	5650	·29,5	2212	75,65

La poudrette avait coûté   79 à 84 fr. d'achat, plus le transport.
Le guano.............   78 à 79 fr. d'achat, plus le transport.
Le parcage..........   130·à 188 fr., à quoi il faut ajouter le prix d'un labour pour enfouir le parcage.

Ces résultats montrent que la poudrette et le guano, aux doses indiquées, sont un peu supérieurs au parcage, et surtout plus économiques ;

Que la poudrette et le parcage donnent des blés d'égale qualité (76 kilog.), et que le guano donne un blé un peu plus lourd, ce qui s'expliquerait par la grande richesse de cet engrais en phosphates ;

Enfin que la poudrette donne autant de grain que le guano, et 10 pour 100 de plus en paille.

Dans ses expériences en grand, M. J. Girardin a reconnu que la dose de guano la plus convenable, celle qui peut équivaloir à 10,000 kilog. de fumier normal, varie de 350 à 400 kilog. par hectare. — Pour les prés secs, 200 kilog. de guano associés à 200 kilog. de plâtre cru en poudre donnent des résultats magnifiques.

Il vaut mieux mettre moins que plus de guano; son excès est souvent nuisible, rarement avantageux. La surabondance de cet engrais ne donne pas, généralement, des produits en rapport avec ce que son énergie semble promettre, et l'on augmente ainsi sans utilité les frais de culture. Il y a plus, employé au delà d'une certaine proportion, le guano diminue la récolte au lieu de l'accroître.

Nous avons déjà dit qu'en raison même de la nature du guano, qui cède immédiatement aux plantes ses principes solubles et gazéifiables, c'est un engrais d'une durée fort courte dont l'action est épuisée en une seule année et dont le renouvellement doit être, par conséquent, continuel pour produire des effets constants, à moins qu'on n'enchaîne les produits de sa décomposition par un corps absorbant, le plâtre ou le charbon. — L'association de ces substances au guano prolonge ainsi la durée de son action, mais n'arrive jamais toutefois à la rendre aussi longue que celle du fumier et des autres engrais compactes. — Barral a constaté, en 1854, que le sel marin mélangé au guano retient une partie de ses sels volatils, ce qui pourrait ouvrir un débouché avantageux au sel marin des salpêtriers que l'on jette à la rivière.

Le guano, pas plus que la poudrette et l'engrais flamand, ne peut remplacer complètement le fumier. Si on l'employait constamment sur la même terre et sans l'alterner avec des engrais plus complets et riches en humus, on ne tarderait pas à stériliser cette terre. C'est ce qui résulte de toutes les observations pratiques.

« Tous ces engrais hâtifs, dit M. de Labaume, président de la Société d'agriculture du Gard, exercent sur la végétation une action violente et rapide qui leur permet de s'emparer subitement des principes les plus cachés de la fertilité naturelle du sol; mais après cette secousse, que le sol ne saurait supporter plus d'une fois ou deux, il retombe sans force et sans vigueur dans un état d'épuisement presque absolu que le fumier de ferme est seul capable de faire cesser... Et voilà ce qui caractérise d'une manière spéciale l'action de cet agent principal de tous les véritables succès agricoles : il excite et n'épuise jamais[1]. »

L'habile M. Villeroy, de Rittershorf, écrivait en 1856 dans le *Journal d'Agriculture pratique* :

« Il y a, en Saxe, des fermes qui n'ont aucun bétail, qui même font labourer leurs terres par des étrangers, et ne fument qu'avec du guano. Il y en a où cela dure depuis plus de dix ans. Mais un cultivateur de ce pays nous avoue que l'on est dans la nécessité d'augmenter la quantité de guano dans les fermes qui l'emploient exclusivement. Au lieu de 400 kilog. que l'on mettait d'abord par hectare, on doit aujourd'hui en répandre 600 kilog. pour obtenir les mêmes résultats qu'autrefois. Ces faits sont assez intéressants pour qu'on appelle sur eux l'attention des agriculteurs[2]. »

Un autre habile cultivateur de l'Auvergne, M. E. Baron, s'exprime ainsi :

« Il n'est pas vrai de dire, d'une manière exclusive, comme

---

1. *Guide des engrais*, de M. Rohart, p. 95.
2. *Journal d'Agriculture pratique*, 1856, p. 35.

je le remarque dans plusieurs publications, que l'application de cet engrais à toute récolte et en toute circonstance de climat et de terrain soit une opération avantageuse pour le cultivateur. Au contraire, l'action du guano dans certaines terres légères et siliceuses est plutôt nuisible que favorable... Des exemples de ce que j'avance se produisent journellement dans les contrées pauvres de la Bretagne. Ainsi un fermier, par exemple, à l'expiration de son bail, pour faire croire à son propriétaire qu'il a amené sa terre à un haut degré de fécondité, y appliquera une forte dose de guano...Dans tout pays pauvre, le guano produirait de funestes effets, à moins d'être employé toutefois avec une réserve et une prudence que sont loin de vous recommander tous les marchands et faiseurs de notices sur ce puissant engrais [1]. »

Voilà, comme on le voit, un ensemble de remarques et de conclusions motivées à l'égard des guanos et des poudrettes, et ces faits sont trop graves, ils émanent d'hommes d'une trop grande notoriété pour ne pas amener des réflexions sérieuses dans l'esprit de ceux qui ont suivi l'entraînement général. D'ailleurs, l'expérience a démontré que l'emploi répété de ces engrais dans une terre amène une sorte de stérilité que les fermiers anglais appellent *maladie de guano*, et qu'on ne peut combattre que par l'usage de matières minérales convenables, des phosphates, par exemple, et que par l'alternance avec le fumier de ferme.

La grande richesse du guano du Pérou en composés ammoniacaux, immédiatement assimilables, imprime à la végétation foliacée un énergique et prompt développement. « C'est tout à la fois, dit M. Bobierre, et l'avantage et l'inconvénient de cet engrais. Dans les régions granitiques et schisteuses, il pourra convenir pour certaines cultures fourragères et hâtives ; mais ce serait s'abuser étrangement que de le comparer au noir animal ou aux engrais à base de phosphates pour favoriser la grenaison d'une manière douteuse. Souvent il poussera à la paille et produira la verse, et toujours il appauvrira le sol, si d'abondantes fumures ne sont pas alternées avec son emploi [2]. »

En mélangeant le guano du Pérou aux guanos terreux, soit en poudre, soit amenés à l'état de superphosphates, on remédie en très grande partie aux inconvénients qui viennent d'être

---

1. *Journal d'Agriculture pratique.* — Semestre de 1857, p. 99.
2. BOBIERRE, *Leçons de chimie agricole*, 2ᵉ édition, p. 482. Paris, Georges Masson.

signalés. Aussi l'usage du second se répand-il de plus en plus, ainsi que celui des phosphates fossiles traités par l'acide sulfurique.

Les guanos terreux ou phosphatés, s'ils agissent moins rapidement sur les plantes que les guanos ammoniacaux, ont en revanche une action bien plus durable. Par cela même, ils conviennent surtout aux céréales d'hiver et peuvent rendre d'importants services dans les sols naturellement pauvres en phosphates. Dans les terres où, comme en Flandre, les noirs de raffinerie, les phosphates de chaux fossiles restent inertes, les cultivateurs ne doivent employer que les guanos ammoniacaux, et de préférence à tous les autres les guanos de Guañape et de Macabi.

Sous les noms de *guano phospho-péruvien* et de *phospho-guano*, MM. William Dixon et Cⁱᵉ, de Liverpool, ont mis dans le commerce depuis une quinzaine d'années un guano terreux qui est *actuellement* vendu par MM. Peter Lawson et fils, d'Édimbourg, dont les consignataires généraux pour la France sont MM. Gallet, Lefebve et Cⁱᵉ.

Ce guano est caractérisé par la très grande proportion de phosphates solubles qu'il contient, associés avec une petite quantité d'ammoniaque. D'après une note du docteur Cameron, professeur de chimie à Dublin, il serait tiré de roches qui forment des récifs autour d'îlots situés sous les tropiques; mais il est à peu près certain qu'après son extraction il est traité par l'acide sulfurique et additionné ensuite de matières azotées.

D'après MM. Bobierre et Barral, il renferme :

de 2,68 à 2,95 d'azote,
de 31,73 à 36,00 de phosphate de chaux soluble.
de 8,94 à 4,39 de phosphate de chaux des os.

Il n'y a pas d'engrais qui contiennent autant de phosphates solubles. Par sa composition immédiate, il rappelle le guano Jarvis, auquel il est supérieur cependant par sa richesse en phosphates solubles, et par ses substances organiques azotées. L'azote, d'après M. Barral, s'y trouve en très grande partie engagé sous forme de sulfate d'ammoniaque.

Wœlcker, Anderson, Cameron, Wey, dans la Grande-Bretagne; Liebig, en Allemagne; MM. Malaguti et Houzeau, en France, ont trouvé à peu de chose près la même composition.

« Je m'abstiendrai, dit M. Malaguti, de comparer cet engrais avec le bon guano du Pérou, puisque celui-ci est un agent essentiellement azoté, tandis que l'autre est un agent principalement phosphaté. Néanmoins, il faut reconnaître qu'il n'y a pas à hésiter, quand il s'agira de cultures granifères, entre un engrais comme le guano du Pérou, qui pousse au développement des feuilles, à cause de son azote, et un autre engrais comme le phospho-guano qui, à cause de ses phosphates solubles, doit principalement favoriser le développement des graines. »

En Angleterre, où l'on en fait un très grand usage, on en met par hectare :

Pour les prairies naturelles, les pâturages, les fèves, les pois,
les céréales. .... 250 kil.
Pour les colzas et navettes.. 300
Pour les racines (navets, pommes de terre, betteraves, carottes). 300 à 500
Pour les prairies artificielles. ·.. 500

Un engrais du même genre est vendu en Angleterre sous le nom de *Mono-phospho-guano* par une compagnie qui s'intitule : *Biphosphated guano Company limited*, et qui a des correspondants au Havre, à Nantes et à Bordeaux. D'après les analyses de MM. Bobierre et Barral, il renferme :

2,67 pour 100 d'azote,
37,42 de phosphate de chaux soluble,
5,17 de phosphate de chaux des os.

Comme le phospho-guano, il a une réaction acide, et tous deux se distinguent ainsi par un caractère nettement tranché du guano du Pérou, qui est alcalin. Ils se rapprochent, par conséquent, des superphosphates qui sont recherchés pour tous les terrains de nature siliceuse.

Voici les prix actuels des guanos dont il vient d'être question :

Les 100 kilogr.	Guano du Pérou.	Phospho-guano.	Mono-phospho-guano.
Pour quantités de 30,000 kil. et au-dessus.....	31,89	»	»
— au-dessous	34,89	»	»
— au-dessus de 50,000 kil........	»	29,25	»
— de 30 à 50,000 kil............	»	30	28,50
— inférieures à 30,000 kil........	»	31	30
Au détail..	»	»	31

Ces engrais sont fort chers quoi qu'on en dise, si on les compare au fumier de ferme, car les guanos du Pérou font revenir le kilog. d'azote à plus de trois francs, et avec le phospho-guano les phosphates reviennent à 1 fr. 33 c. le kilog., prix bien différents de ceux que ces mêmes agents de fertilité ont avec le fumier ordinaire.

Néanmoins il est utile pour un cultivateur d'avoir toujours

à sa disposition, en les achetant à prix d'argent, des engrais puissants sous un petit volume. En effet, si l'on a des terres éloignées de la ferme ou d'un abord difficile; si les charrois ont été retardés ou par des temps pluvieux, ou parce que les chevaux sont surchargés de travail, il est très avantageux de remplacer le fumier qu'on n'a pas pu charrier par des engrais n'exigeant, pour ainsi dire, aucune dépense de transport, ni aucune façon pour leur emploi.

Si la récolte des pailles a été peu considérable, soit à cause des intempéries des saisons, soit à cause de l'extension des récoltes autres que les céréales, si le bétail n'est pas suffisant pour produire des fumiers assez abondants, si les bâtiments ne permettent pas d'augmenter la quantité du bétail, si, enfin, quelques pièces de terre sont moins fertiles que les autres, ou si le domaine est agrandi par l'adjonction de terres labourables, on est trop heureux de trouver immédiatement, à des conditions avantageuses et sans augmenter son capital, tout le complément d'engrais nécessaire pour obtenir tout de suite de belles récoltes et maintenir le sol dans un état croissant de fertilité.

Ainsi, c'est uniquement comme un auxiliaire qu'il faut employer les guanos, l'engrais flamand, la poudrette, de même que les nitrates, les sels ammoniacaux, le noir des raffineries, les phosphates fossiles et les superphosphates. Vouloir en faire la base des fumures d'une exploitation, ce serait s'exposer à de cruels mécomptes.

La meilleure manière d'utiliser les engrais riches c'est, comme l'a dit avec raison M. Bobierre, de les répartir dans des composts de telle sorte que l'ensemble des conditions si heureusement réalisées par les fumiers, soit autant que possible obtenu [1].

Nous ne terminerons pas ce qui a trait aux guanos sans mettre en garde les cultivateurs contre les abus qui se sont malheureusement glissés dans le commerce et qui les rendent trop souvent victimes de leur trop grande confiance.

La forme pulvérulente des guanos prête beaucoup à la falsification, et certains marchands ne s'en font pas faute. Les matières qui ont servi et qui servent encore à frauder sont : la terre à brique, des argiles jaunes et brunes, de la craie, le plâtre cru, la sciure de bois durs, les poils et débris de tanneries, le sel marin, le sable, les graviers.

Souvent aussi la fraude s'exerce en introduisant dans les bons guanos du Pérou une quantité plus ou moins grande des

---

1. Bobierre, *Loco citato*, p. 489.

guanos terreux de la plus basse qualité, et même en substituant complètement ces derniers aux premiers.

D'un autre côté, beaucoup de marchands ont eu la mauvaise idée de faire du mot *guano* un terme générique, un synonyme d'*engrais*; de là les dénominations vicieuses qui ont cours aujourd'hui, tels que : *guano artificiel, guano urineux, guano indigène, guano Derrien, guano de Nantes, guano humifère, guano d'Aubervilliers, guano Fichtner, guano Abendroth, guano des Docks, guano de la Motte, guano Agénois, guano de poissons, guano anglais, guano-phosphate, guano Millaud, guano animalisé,* etc.

Les engrais désignés sous ces noms divers ne sont autre chose que des mélanges de débris organiques de toute nature, de substances salines, de sels ammoniacaux, de matières inertes (sable, terre, plâtre, calcaire, etc.); mélanges composés avec plus ou moins d'intelligence, dans l'intention de remplacer dans la culture les guanos naturels; en un mot, ce sont des engrais artificiels qui n'ont de commun avec ces derniers que le nom.

Il est bien évident que les auteurs ou vendeurs de ces compositions n'ont adopté cette fausse nomenclature que pour donner une haute idée de leurs mélanges et en faciliter plus aisément l'écoulement, parce qu'ils savent que les cultivateurs connaissent très bien aujourd'hui la puissante action des véritables guanos naturels.

Ainsi que le disait, dès 1864, M. J. Girardin, dans une lettre adressée à M. Dumas, vice-président de la Commission appelée à préparer une loi destinée soit à prévenir, soit à réprimer la fraude commise dans le commerce des engrais [1], il y a là un mal plus grand qu'on ne suppose, attendu que bon nombre de praticiens, trop confiants et alléchés surtout par une légère différence de prix, acceptent ces faux guanos comme guanos véritables et ne s'aperçoivent de leur erreur que lorsqu'il n'est plus temps d'y remédier. La plupart ne savent pas encore ce que c'est que l'azote, les phosphates, les sels alcalins ; et comme ils ont obtenu avec les guanos du Pérou, avec le *Phospho-Guano,* de très bons résultats, sans trop se préoccuper des causes qui les ont amenés, ils n'hésitent pas à acheter les faux guanos, qu'on a grand soin de leur vanter comme aussi efficaces, si ce n'est même comme identiques avec les premiers. Ils ne s'attachent qu'au mot *guano* qui ressort en gros caractè-

1. *Archives de l'agriculture du nord de la France,* publiées par le Comice agricole de Lille, pendant l'année 1864. — *Enquête sur les engrais industriels,* t. II, p. 25. Imprimerie impériale, 1866.

res sur les prospectus et affiches des marchands ; et ils deviennent ainsi victimes de leur ignorance et de leur trop grande sécurité. De là, plus tard, lorsqu'ils sont désabusés par les insuccès qui les ont punis de leur légèreté, des procès devant les tribunaux qui les détournent de leurs occupations et ajoutent encore, alors même qu'ils ont gain de cause, *ce qui n'a pas toujours lieu cependant*, aux pertes d'argent et de temps qu'ils ont éprouvées.

Tant que la loi, tant que les tribunaux, par d'arrêts sévères, n'interdiront pas l'emploi du mot *guano* comme terme générique, et son application aux engrais artificiels, l'agriculture française pâtira d'un fléau qui pèse lourdement sur elle : *la tromperie sur la nature de la marchandise*.

Voici, comme exemples des graves inconvénients qui ressortent de cette confusion de noms, les prix de vente et la composition d'un certain nombre d'engrais artificiels, décorés du nom de *guanos*, vendus tant en Normandie qu'en Flandre comme pouvant remplacer le guano du Pérou :

	Azote sur 100.	Phosphates sur 100.	Matières organiques et sels solubles.	Matières insolubles, sable, argile.	Prix des 100 kil.
Engrais complet venant de Paris...	3,10	15,90	48,50	13,90	38 fr.
Guano anglais, — ...	3,55	43,80	43,10	4,60	»
Guano-phosphate, — ...	2,26	57,50	23,45	1,80	»
Engrais azoté et phosphaté, dit guano Millaud, de Paris.........	4,60	18,75	40,87	22,60	34
Engrais concentré, dit guano animalisé de la maison Bedarrides...	2,485	7,98	42,00	23,86	32

Or, le guano du Pérou (de Guañape ou de Macabi), dosant de 10 à 12 pour 100 d'azote et de 26 à 32 pour 100 de phosphates, et ne coûtant actuellement que 33 ou 36 fr. les 100 kilog., il est évident qu'en livrant comme identiques ou comme équivalant à ce guano les mélanges précédents, aux prix de 32, 34 et 38 fr. les 100 kilog., on a grossièrement trompé les cultivateurs sur la nature et la valeur de la marchandise, puisque ces mélanges ne peuvent être substitués au guano du Pérou dans les mêmes doses et les mêmes conditions de prix.

La substitution des *guanos terreux naturels* aux *guanos ammoniacaux* est tout aussi dédommageable, car, comme nous l'avons dit précédemment, les deux sortes de guano, par suite de leur composition si distincte, n'ont pas du tout la même action sur les plantes et ne doivent pas être employées de la même manière.

Par conséquent, vendre aux cultivateurs de la Flandre , où les engrais riches en phosphates restent inertes, les guanos terreux d'Afrique, de Patagonie, de Jarvis et Baker, comme identiques aux *guanos ammoniacaux du Pérou*, c'est les induire en erreur, c'est leur porter un préjudice considérable en argent : c'est enfin les tromper aussi grossièrement qu'en leur vendant des engrais artificiels décorés du nom de *guano*.

Donc les cultivateurs qui acceptent de confiance les engrais que le commerce leur propose, qui achètent comme on dit *chat en poche*, s'exposent à perdre de l'argent en payant la marchandise bien au-dessus de sa valeur ; mais, en outre, ils courent les chances d'avoir de fort mauvaises récoltes. Ce qu'il y a de plus grave, c'est que ce n'est qu'à la fin de la saison qu'ils s'aperçoivent, par les tristes résultats de leurs cultures, qu'ils ont été trompés. Or, rien ne peut compenser ce temps perdu, car, en agriculture surtout, le *temps* est un capital peut-être encore plus précieux que l'argent déboursé ; il ne faut pas l'oublier.

Il y a donc nécessité que les praticiens, avant d'acheter un guano, en fassent l'essai, ou s'ils ne peuvent s'y livrer eux-mêmes, faute d'habitude, en confient l'examen à un chimiste. Ils ne devraient d'ailleurs s'adresser qu'aux maisons honorables qui vendent les guanos, ainsi que les autres matières fertilisantes, à un titre déterminé sous le quadruple rapport de l'azote, des phosphates solubles, des phosphates insolubles et de la potasse.

Engrais divers d'origine animale. — Indépendamment des engrais divers que nous fournissent les animaux pendant leur vie, ils peuvent encore, après leur mort, nous donner une foule de débris de toute nature : chair musculaire, sang, débris de peau, crins, plumes, tendons, cornes, os, etc., qui peuvent être utilisés comme engrais. Il est nécessaire d'étudier, au point de vue agricole, ces différents débris, tous très riches en azote, et ordinairement d'un emploi plus commode que le fumier à cause de leur moindre volume.

Chairs des animaux morts. — Les abattoirs et les boucheries produisent une grande quantité de substances animales impropres à la nourriture de l'homme. Ces matières peuvent, aussi bien que les cadavres des animaux morts de vieillesse ou de maladie, recevoir en agriculture un emploi fort utile.

Quand on voit les paysans ramasser avec soin des débris presque sans valeur, des broussailles et des chaumes pour leur chauffage, ou quelques crottins épars pour accroître leurs rares engrais, on se demande avec étonnement pourquoi ils s'obstinént à se priver des précieuses ressources que leur offriraient les différentes matières dont nous venons de parler.

Les chevaux, les chiens, les moutons, les chats et autres quadrupèdes qui périssent de maladie ou qu'on abat, restent presque toujours, dans nos campagnes, exposés sur le sol jusqu'à ce que les animaux carnassiers les aient dévorés, ou qu'ils soient entièrement détruits par la putréfaction. La plus grande partie des principes dont ils se composent est perdue pour la terre qu'ils recouvrent, et les vapeurs méphitiques qu'ils exhalent corrompent l'atmosphère.

On croit généralement, dans les campagnes, qu'il y a danger pour celui qui dépèce un animal mort à la suite de maladie ou de vieillesse : c'est un préjugé fâcheux. Les ouvriers équarrisseurs ont ordinairement une santé florissante, et ils meurent le plus souvent dans un âge fort avancé. Lors même que les cadavres des animaux morts sont déjà en putréfaction, il n'y a aucun danger à les dépecer, car les gaz infects qui en sortent ne sont nullement insalubres. D'ailleurs, on s'en débarrasse aisément en arrosant ces cadavres avec une solution légère de chlorure de chaux, ou avec l'eau de javelle, ou de l'eau contenant quelques centièmes d'acide phénique, ou même, à défaut de ces agents désinfectants, avec un lait de chaux ou de l'eau de suie.

Cela étant fait, on enlève la peau de l'animal, on sépare les parties intestinales, on isole les os. On divise ensuite la chair, au moyen d'un hachoir, et on la mélange intimement avec environ six fois son poids de terre sèche et une partie de chaux vive. On obtient ainsi un compost d'une énergie bien supérieure à celle de tous les autres engrais, et qu'il est facile de répandre à la surface de la terre ou d'enterrer au pied des betteraves, des pommes de terre et autres racines fourragères. 4000 kilog. de ce mélange suffisent pour la fumure d'un hectare.

Quant aux parties intestinales des animaux, telles que foie, poumons, cervelle, cœur, déchets de boyaux, etc., on les divise de même, et on les mélange, ainsi que la vidange des intestins, avec de la terre fortement séchée. Ce compost, comme le précédent, est très favorable à la végétation des céréales; seulement, il faut en mettre 10,000 kilog. par hectare. — Si l'on ne veut pas le répandre immédiatement après sa préparation, on le conserve dans une fosse ou tout autre endroit frais, et, dans tous les cas, à l'abri ou recouvert de terre mélangée de plâtre cru en poudre.

Schwerz nous apprend ce qui se passe en Belgique à propos des animaux hors de service : « Dès que tout espoir est perdu de rétablir un cheval ou un animal malade, on le conduit sur un champ ; là on lui ouvre les veines et on lui fait répandre son sang en marchant jusqu'à ce qu'il tombe ; les chairs, à l'exception de la peau, sont coupées en petits morceaux, répandues et couvertes de terre. — L'animal tué, ou crevé si l'on n'a pu prévenir sa mort naturelle, est placé le plus tôt possible dans une fosse peu profonde, saupoudré d'une quantité suffisante de chaux et recouvert de la terre fournie par l'excavation, de manière à former un monticule. Lorsqu'on a employé la chaux vive en assez forte proportion, la décomposition est assez complètement opérée en une quinzaine de jours. On ouvre alors la fosse, on recueille les débris de l'animal, en mettant de côté les os, et l'on mêle ces débris avec la meilleure terre dont on puisse disposer, dans les proportions de cinq à six fois le poids des matières animales. On laisse reposer ce mélange un mois environ, et, avant de s'en servir, on le bêche pour le bien combiner. On répand ce compost sur le champ dès que celui-ci a reçu son dernier labour et l'on passe la herse pour l'incorporer à la surface du sol, immédiatement avant ou après avoir répandu la semence. Il est également très bon répandu sur les jeunes pousses du printemps. »

Voilà une manière de faire qu'on devrait imiter partout. Seulement il y aurait un léger perfectionnement à y ajouter, afin de ne rien perdre du carbonate d'ammoniaque que la putréfaction du cadavre engendre nécessairement. Il faudrait, après avoir entouré le corps mort de chaux vive, le recouvrir d'une légère couche de terre, puis d'une couche de plâtre cru en poudre, et ensuite d'une couche de terre mêlée avec quelques kilogrammes de menus sels de couperose. La fosse serait ensuite comblée de terre, comme à l'ordinaire. Avec ces précautions bien simples et peu dispendieuses, tous les gaz ammoniacaux seraient condensés par le plâtre et la couperose et convertis en sulfate d'ammoniaque.

Les cultivateurs du village de Hoofstade (Belgique) utilisent, chaque année, un très grand nombre de chevaux à la fertilisation de leurs champs. D'après M. Crouner, ils déposent la chair dans une fosse au milieu d'une forte quantité de fumier, et, chaque fois qu'ils remuent ces matières (le remaniement s'opère tous les jours), ils ajoutent de nouveau du fumier frais d'étable, afin de maintenir constamment le compost en fermentation. Ils comptent que sept chevaux suffisent pour fertiliser un hectare. Comme, d'après Parent-Duchâtelet, un cheval moyen fournit 166 kilog. de chair musculaire fraîche (un cheval en bon état en donne 203 kilog.), cela fait pour les sept chevaux une masse de 1162 kilog. de chair.

M. Gauthier, de Dinan, remplace le fumier par de la tannée, qui a cet avantage d'atténuer singulièrement l'odeur fétide que développe la chair en se décomposant.

On comprendra mieux l'importance qu'il faut attacher à faire tourner au profit du sol toutes ces chairs d'animaux domestiques ou sauvages qu'on laisse perdre, lorsque nous aurons fait connaître leur richesse en principes fertilisants. Nous simplifions l'exposé de leur composition chimique.

D'après Payen, la viande de boucherie sans os, à l'état frais, contient :

Eau.			78,0
Matières azotées	19,5	}	
— grasses	2,0	} Matières solides	22,0
— salines	0,5	)	
			100,0
Azote sur 100			3,0

D'après MM. Boussingault et Payen, la chair de cheval des clos d'équarrissage contient :

A l'état frais, azote	3,35 pour 100
Et séchée à l'air :	
Eau	8,5
Azote	13,04
Acide phosphorique	0,24

Voici maintenant, d'après M. de Bibra, quelles seraient la proportion et la composition chimique des cendres de la chair de plusieurs animaux :

	Bœuf.	Veau.	Chat.	Renard.	Blaireau.
Cendres sur 100 de viande sèche	7,71	»	5,36	3,85	6,16
Sel marin sur 100 de cendres	6,50	traces.	3,17	1,02	4,04
Sulfate de soude	0,30	traces.	»	2,50	»
Phosphates alcalins	76,80	89,80	74,13	74,08	85,76
Phosphates terreux et oxyde de fer	16,40	10,20	20,70	22,40	10,00
Carbonate de soude	»	»	2,00	»	»

Dans les abattoirs de chevaux des environs de Paris, on prépare, depuis une trentaine d'années, une grande masse de chair desséchée qu'on expédie au loin. Voici comment on opère à Aubervilliers :

L'animal, abattu et saigné sur un sol dallé qui permet de recueillir tout le sang qu'il fournit, est aussitôt dépouillé et dépecé. Toutes les parties qui le constituent sont jetées dans une grande caisse en bois hermétiquement fermée, pouvant contenir de 30 à 36 chevaux, et dans laquelle on fait arriver de la vapeur pendant douze à vingt-quatre heures.

Les chairs sont alors retirées dans un état complet de cuisson; elles ont perdu la graisse et une partie de leur gélatine; elles se détachent des os avec une grande facilité.

Il reste au fond de la caisse une masse liquide composée de trois parties : une supérieure, formée par la graisse qu'on enlève avec des cuillers lorsqu'elle est figée; une moyenne provenant de la condensation de la vapeur et chargée de gélatine; une inférieure, très pesante, composée de sang et de débris de masses charnues.

L'eau gélatineuse et le magma sont utilisés à la fabrication de compost ou d'engrais, au moyen de tourbe carbonisée ou d'autres matières poreuses, auxquelles on ajoute les crottins retirés des intestins. Quant à la chair musculaire, on la fait dessécher au soleil, puis dans une étuve à courant d'air sec. Elle devient très friable, et on peut la pulvériser au moyen de pilons ou de meules verticales.

Par le mode de cuisson suivi à Aubervilliers, la viande subit une sorte de lavage qui la dépouille de la majeure partie de ses sels.

Voici, d'après Soubeiran, la composition de la viande cuite commerciale d'Aubervilliers :

Eau..	10,00
Matière animale................................	84,78
Sous-phosphate de chaux........................	2,40
Matière terreuse...............................	2,82
	100,00

Azote sur 100............................	13,23
Azote sur 100 de la matière sèche............	14,7

La forte proportion de phosphate de chaux trouvée dans cette chair cuite, malgré les lavages qu'elle a subis, est due à ce que les os des petits animaux (chiens, chats, etc.) qu'on ajoute aux quartiers de chevaux restent mélangés avec la viande après la cuisson.

Cette chair pulvérisée d'Aubervilliers est vendue 32 fr. les 100 kilog. Ce prix met le kilog. d'azote, dans cette chair, à

2 fr. 41 c. Elle ne valait, il y a quelques années, que 14 fr. On ne peut donc l'employer que pour les cultures industrielles; c'est ainsi qu'on en expédie aux colonies pour la culture de la canne à sucre. Sa richesse en azote rend son transport beaucoup moins coûteux que celui des autres engrais.

M. Huzard, qui l'a appliquée à des récoltes de blé en la répandant en même temps que la semence à la dose de 504 kilog. par hectare, dit avoir obtenu des produits bien supérieurs à ceux de ses voisins ; le grain était gros, pesant, bien nourri et très riche en gluten.

En 1868, M. Boucherie a eu l'idée de soumettre les chairs à l'action directe de l'acide chlorhydrique chaud. Sous cette influence la désagrégation ou la dissolution des os, même les plus compactes, s'effectue promptement ; la gélatine se dissout et perd ses propriétés collantes; la graisse est isolée, fondue, et les chairs elles-mêmes se désagrègent et se dissolvent. Lorsque la cuisson est terminée, la liqueur acide renferme, outre des matières animales désagrégées, du chlorhydrate et du phosphate d'ammoniaque, du phosphate de chaux tenu en dissolution par l'excès d'acide. On fait disparaître celui-ci en laissant séjourner la liqueur sur des os broyés ou des phosphates fossiles pulvérisés. On sépare alors les parties solides des liquides, et les premières sont séchées à l'air : elles renferment 10 pour 100 d'azote. Quant aux liquides, le mieux est de les verser dans la fosse à purin.

On sait que dans les pampas de la Plata on abat annuellement plus de 5 millions de buffles, taureaux et vaches pour en obtenir les peaux et les os qu'on exporte depuis longtemps en Europe. Jusqu'ici la chair de ces animaux était restée sans emploi, au grand détriment de l'agriculture, puisque c'était une perte annuelle d'au moins 500 millions de kilog. d'un engrais précieux.

Des spéculateurs ont enfin compris qu'il y avait un article de concurrence des plus importants, en présence des demandes croissantes d'engrais s'élevant de tous les points de l'Europe, notamment des pays où, comme en Angleterre, dans l'Allemagne méridionale, en Belgique, en Hollande, dans la Flandre française, l'Alsace, la Normandie, etc., la culture intensive tend à prévaloir.

En 1865, l'un de nous (M. J. Girardin) fut chargé par le préfet du Nord d'examiner un nouvel engrais, qui n'était autre chose que de la chair de buffle, importée de l'Amérique du Sud, mais privée de sa graisse, dans certaines usines de Belgique; après dessiccation, cette chair était livrée aux cultivateurs

par M. L. Cœmmeret, négociant à Bruxelles, au prix de 33 fr.
les 100 kilog.

Cette matière est sous la forme de petits fragments d'un brun
rougeâtre, durs et cornés, entremêlés de quelques débris d'os
spongieux, de tendons, de cornes, etc. Elle a une odeur de
graisse rance.

Voici le résultat de son analyse :

Eau	9,40
Matières organiques	79,55
— minérales	11,05
	100,00

Dans les matières organiques, il y avait 1,77 de graisse.

Dans les matières minérales :

Chlorures alcalins	1,09
Potasse	0,25
Phosphates (dosés à l'état de sous-phosphate de chaux des os)	8,25
Azote dans 100 de la matière à l'état normal	10,82
— dans 100 de la matière privée d'eau et de graisse	12,19

On voit par les analyses précédentes que la chair des animaux
(buffle ou cheval) constitue un engrais aussi riche en azote que
les bons guanos du Pérou, mais inférieur à ceux-ci sous le rapport des phosphates et de la potasse.

Comme la chair desséchée, cuite ou crue, est pauvre en sels
alcalins et ne contient aucune trace de sels ammoniacaux, elle
doit être considérée comme un engrais froid ; elle gagnerait à
être associée en certaine proportion au guano ou à la poudrette. On ferait bien d'en enfouir, aux labours d'automne, la
moitié de la fumure ordinaire, et de compléter, au printemps,
le reste de la fumure avec de l'engrais flamand ou du guano ;
on obtiendrait ainsi d'excellents résultats.

On pourrait encore l'utiliser à enrichir les fumiers trop pailleux, en l'entremêlant dans les couches de ceux-ci à mesure
qu'on les monte sur la fumière.

Dans tous les cas, l'équivalent de la chair de buffle étant, d'a-
près sa teneur en azote, de 3,69, il faudrait employer cette chair
à la dose de 369 kilog. par hectare pour équivaloir à 10,000
kilog. de fumier normal.

A mesure que les connaissances scientifiques se répandent au
sein des populations, la richesse publique s'accroît par un emploi plus rationnel des matières fertilisantes qu'on perdait auparavant   près la bataille qui eut lieu sous les murs de
Paris, l   814, les chevaux tués restèrent sur le sol et
ne   e putréfier. Personne, à cette époque, n'eut

l'idée d'en appliquer la chair et les os à l'agriculture. Pour prévenir l'apparition de maladies contagieuses on les brûla; leur nombre s'élevait à près de 4,000. Cette opération dura treize nuits et quatorze jours; elle coûta 8,265 fr. à la ville de Paris. Aujourd'hui, en ne les vendant que 10 fr. à l'abattoir d'Aubervilliers, la ville de Paris en retirerait 40,000 francs! Voilà ce qui caractérise bien les deux époques.

A Terre-Neuve, on rejette à la mer 9 millions de kilog. de débris de poissons provenant de la pêche de la morue. Sur les côtes de France, notamment sur celles de la Bretagne, il existe des masses considérables de poissons qu'on pourrait utiliser pour en faire un engrais qui ne le céderait en rien, pour sa richesse fertilisante, au guano du Pérou. En Suède, on regarde comme le meilleur de tous les engrais le résidu de l'huile de harengs, connu sous le nom de *tangrum*. — La poissonnaille ou les débris marins sur les côtes sont, dans le Brabant, entassés avec quinze fois leur poids de litière végétale, et ce compost sert à toutes les récoltes, excepté pour le lin.

Les Indiens de l'Amérique septentrionale engraissent les terres arides ou épuisées avec un poisson qu'ils nomment *atole*; ces terres fournissent alors de très bonnes récoltes de maïs.

Les cultivateurs de San-Isidoro, près de Buenos-Ayres, sont dans l'usage de fumer leurs champs avec les poissons que les pêcheurs laissent sur la rive du Rio de la Plata, ou que le fleuve lui-même y dépose dans les gros temps. Des faits analogues s'observent en Angleterre sur les confins des marais des comtés de Norfolk, de Cambridge et de Lincoln.

Les analyses suivantes, dues à M. Moussette, font connaître la richesse comme engrais des différents détritus de poissons :

	Chair de poisson en poudre.	Os de poisson en poudre.	Résidu de morue en poudre.	Morue salée avariée en poudre.
Matière organique azotée........	77,50	34,20	67,50	82,75
Sels solubles (chlorures, sulfates, carbonates)..................	2,25	1,85	1,05	6,60
Phosphate de chaux.............	17,30	53,70	28,75	8,50
Silice.......................	0,70	1,20	0,40	0,50
Carbonates de chaux et de magnésie avec phosphate de magnésie.	2,25	9,05	2,30	1,65
	100,00	100,00	100,00	100,00
Azote sur 100.....	11,17	3,84	8,75	11,60

Il y a déjà un certain temps qu'à la Martinique et à la Guadeloupe on se sert des vieilles morues comme engrais pour la

canne à sucre. On les achète à raison de 20 à 24 francs les
100 kilog. On préfère cet engrais au sang et à la poudrette.

Pendant plusieurs années, on a exploité, sous les noms
d'*engrais-poisson*, d'*ichthyo-guano*, de *guano de poissons*, les résidus des pêcheries de Terre-Neuve, où un établissement spécial
fut fondé, ainsi qu'à Concarneau (Finistère), par M. de Molon,
qui créa plus tard l'usine de la Villette, où l'on prépare les coprolites ou phosphates fossiles. — On faisait cuire ces matières
à la vapeur pendant trente ou quarante minutes, et sous la
pression de quatre ou cinq atmosphères. On les pressait ensuite après les avoir mises dans les cylindres, afin de recueillir
l'eau et l'huile qu'elles contenaient. On soumettait les tourteaux
obtenus à l'action de râpes mises en mouvement par la vapeur.
La poudre grossière et plus ou moins pâteuse fournie par ce
râpage était desséchée dans une étuve à l'aide d'un courant
d'air échauffé entre 60° et 70°. La chair une fois sèche, on la
réduisait en poudre fine au moyen d'un moulin spécial, et on
la mettait en sacs ou en barriques.

M. Pommier a constaté que la poudre que l'on obtenait par
ces divers procédés correspondait à 22 pour 100 du poids du
poisson frais.

Cet *engrais-poisson* était jaunâtre et avait une très forte
odeur.

Le seul établissement de Concarneau produisait 5000 kilog.
d'engrais secs par jour, représentant 20,000 kilog. de poissons et
de débris. En comptant sur deux cents jours seulement de travail effectif par année, on trouve une production de 2 millions
de kilogrammes représentant la fumure de 6,000 hectares, recevant chacun de 300 à 400 kilog. d'engrais-poisson. A Terre-
Neuve, l'établissement pouvait produire de 8 à 19 millions de
kilog. par an; et, en étendant les exploitations sur d'autres
points, notamment dans la mer du Nord, il eût été facile de
produire autant de guano-poisson que nous en importons du
Chili et du Pérou.

Malheureusement, par suite de circonstances financières, les
établissements de Terre-Neuve et de Concarneau ont cessé de
travailler; c'est là un fait fort regrettable, car l'engrais-poisson
au prix de 20 à 24 fr. les 100 kilog. qu'il se vendait, et dosant
d'après Payen et M. Malaguti, 12 p. 100 d'azote et 14 à 16 p. 100
de phosphate, était cinq fois moins cher que le guano du Pérou.

M. Rohart avait tenté d'introduire la même industrie en
Norwège, où les pêcheries sont si importantes et produisent annuellement de 20 à 25 millions de morues, donnant un poids

vif de près de 100 millions de kilog. Le tiers de ce poids, soit 30 millions en nombre rond, représentant les têtes, vertèbres, viscères et queues, était jeté en grande partie à la mer ou abandonné le long du rivage.

Ces débris recueillis, séchés à l'air, soumis ensuite à l'action de la vapeur sous une pression de 7 à 8 atmosphères, puis séchés de nouveau, étaient devenus très friables et faciles à réduire en poudre sous la meule.

L'usine de M. Rohart établie aux îles Lofoden marcha pendant plusieurs années et livra à l'agriculture un engrais riche en azote et en phosphates, comme le prouvent les analyses suivantes :

	Malaguti.	J. Girardin.	Bobierre.
Humidité.....................................	7,00	5,21	10,00
Matières organiques, combustibles ou volatiles, non compris l'azote.............	49,35	52,06	47,80
Azote en combinaison...................	8,85	8,53	8,60
Phosphates	29,65	29,41	30,10
Sels divers de chaux et de magnésie........	2,18	1,27	2,12
Sels de potasse et de soude...............	2,79	2,50	0,89
Matières non dosées.....................	0,18	1,02	0,49
	100,00	100,00	100,00

M. Isidore Pierre, qui en fit également l'analyse, trouva 8,51 d'azote et 29,49 de phosphates.

Le prix de vente de cet engrais, étant de 25 fr. les 100 kilog. rendus en gare à Paris, remettait le kilog. d'azote à 2 fr. 36 c.

M. J. Girardin disait dans son rapport au Comice agricole de Lille :

« L'engrais importé par M. Rohart est donc beaucoup moins cher que le guano. Il a un autre avantage sur ce dernier ; c'est qu'aucune partie de son azote n'étant à l'état d'ammoniaque, il n'y a plus à redouter ces pertes continuelles qu'on éprouve avec le guano péruvien, soit quand on le conserve, soit quand on le répand sur les terres ; et, d'un autre côté, la décomposition des matières organiques azotées étant lente et progressive, à cause de la nature cornée de l'engrais, tous les produits de cette décomposition restent dans le sol et s'offrent aux plantes à mesure des besoins de la végétation, circonstance précieuse dans la majorité des cas.

« Mettre ainsi en valeur des matières animales perdues jusqu'ici, c'est augmenter notre richesse nationale, c'est assurer la subsistance des populations, car, il ne faut jamais l'oublier, *l'engrais, c'est du pain !*

« En présence des énergiques efforts de M. Rohart, et des

ressources limitées dont un particulier peut disposer, il nous paraît désirable que le gouvernement lui vienne en aide, et que tous les amis de l'agriculture s'empressent de le seconder, en vulgarisant autour d'eux l'emploi de son nouveau produit d'exportation [1]. »

Les conditions désastreuses des dernières années ont apporté un temps d'arrêt dans l'entreprise courageuse de M. Rohart, Il faut espérer qu'elle sera reprise et couronnée de succès. La mer offre des ressources incalculables tant pour l'alimentation directe de l'homme que, pour l'amélioration de ses cultures. Il est impossible que, dans un avenir peu éloigné, on ne se mette résolûment à exploiter en grand cet inépuisable trésor.

Dans toutes les villes où l'on prépare le thon, les sardines, les anchois, les harengs fumés ou saurs, on laisse souvent perdre des débris abondants; quelquefois, dans les ports de mer, on prend de telles quantités de harengs, de sardines, de maquereaux, qu'on ne sait qu'en faire. Il y a cependant d'heureuses exceptions. Ainsi, à Dunkerque, on applique à la terre les débris de morues, de harengs, et les poissons qui, dans les temps de pêche abondante, commencent à se corrompre parce que la vente de ces produits est lente et difficile. — Dans les environs de Quimper et de Naples, à Belle-Isle en mer, on utilise les têtes de sardines. — Sur les rives du comté d'Aberdeen, on emploie beaucoup de débris de maquereaux. Toutes ces matières devront être recueillies avec soin, car leur valeur, comme engrais, aura bientôt fait retrouver les frais de la main-d'œuvre employée pour les utiliser. Composées presque uniquement de matières azotées, elles renferment du phosphore à divers états de combinaison, et sont, par conséquent, éminemment favorables à la culture des principaux végétaux alimentaires, et surtout des céréales. On les divise et on les mélange avec de la terre, de manière à en faire un compost facile à répandre uniformément.

MM. Boussingault et Payen donnent les résultats suivants pour plusieurs poissons :

	Azote sur 100.	Équivalents.	Fumure par hect.
Morue lavée, pressée et séchée à l'air.	16,86	2,37	711 kil.
Harengs séchés à l'air.	16,54	2,41	723
Morue salée et altérée.	6,70	5,97	1,791
— salée (eau et sel).	5,02	7,96	2,388
Raie séchée à l'air.	3,84	10,41	3,123
Maquereau —	3,74	10,69	3,207
Carpe —	3,40	11,46	3,438

1. *Sur l'épuisement des gisements de guano et les ressources de l'avenir*, par M. Robert (*Journal d'Agriculture*, 20 mars 1870).

Brochet séché à l'air................	3,25	12,30	3,690
Limande —	2,89	13,84	4,152
Goujon —	2,77	14,44	4,332
Harengs frais —	2,73 à 3,45	14,59 à 16,32	4,377 à 4,896
— salés —	3,11	12,85	3,855
Ablette.	2,68	14,92	4,476
Merlan.....................	2,41	16,59	4,977
Congre.	2,17	18,43	5,529
Saumon.....................	2,09	19,13	5,739
Anguille.	2,00	20,00	6,000
Sole........................	1,91	20,94	6,282
Harengs frais sortant de l'eau........	0,09	444,44	133,32

Saumure de harengs. — La saumure provenant de la salaison du hareng possède des qualités éminemment fertilisantes qui sont très bien appréciées par les cultivateurs voisins de Dieppe, de Saint-Valery et de Fécamp, et c'est grâce à son emploi qu'ils obtiennent de si beaux légumes, tendres et savoureux, dans les terres sablonneuses du littoral qu'ils cultivent. Ils l'achètent à raison de 1 fr. 50 c. le baril de 110 litres. Ils recherchent aussi avec empressement les écailles qu'on vend à part, et les poissons gâtés ou en morceaux qu'on vend sous le nom de *caques*. Ces deux sortes de résidus coûtent généralement 50 cent. par baril de plus que la saumure.

D'après les analyses de MM. Girardin et Marchand, ces saumures, d'une densité comprise entre 20° et 25°, ont la composition moyenne suivante par litre :

Chlorure de sodium..............................	255gr,	11
Sulfate de soude................................	5	73
Phosphate de chaux..............................	0	98
— ammoniaco-magnésien.....................	traces.	
— d'ammoniaque..........................	1	92
— de propylamine.........................	3	53
Lactate d'ammoniaque............................	5	76
— de propylamine............................	10	79
Albumine.......................................	1	90
Matières organiques solubles.....................	15	10
Matières organiques insolubles (sang, œufs, écailles, etc.)...	17	36
Matières solides par litre......	318	18
Azote { total....................................	5,89	
{ à l'état d'ammoniaque et de propylamine...........	2,396	
Phosphore dosé à l'état d'acide phosphorique.............	3,855	
Ce qui correspond, en phosphate de chaux des os, à..........	8,35	

La plus grande richesse des saumures en azote, en sels ammoniacaux, en acide phosphorique et en sel marin, autrement dit leur richesse en principes fertilisants et stimulants, concorde toujours avec leur plus forte densité; de telle sorte que l'emploi du pèse-sel peut, jusqu'à un certain point, servir aux cultivateurs pour leur permettre de déterminer la valeur de ce produit. La meilleure saumure est celle dont le degré aréométrique est comprise entre 22° et 25°.

Pour correspondre à un mètre cube ou 800 kilog. de fumier, sous le rapport de l'azote, il faut 543 litres de saumure à la densité indiquée; il n'en faut plus que 393 litres sous le rapport du sous-phosphate de chaux.

La valeur réelle de 1000 litres de cette saumure est de 10 fr. 96 c., d'après sa teneur en azote et en phosphate. Or, comme le baril de 110 litres se vend, 1 fr. 50 c., il en résulte que les 1000 litres sont payés 13 fr. 63 c., c'est-à-dire 2 fr. 67 c. au-dessus de leur véritable valeur fertilisante. Le prix du baril ne devrait jamais dépasser 1 fr. 25 c.

Répandue sur le blé, à la dose de 10 à 12 barils, la saumure de harengs augmente la production du grain et de la paille en mettant plus complètement cette céréale à l'abri du versement. Sur le seigle et l'avoine, elle produit aussi d'excellents effets. Elle amène encore de bons résultats quand on l'utilise pour la production des pommes de terre, des betteraves, des carottes, du colza et du lin. Toutefois, si le lin est plus abondant, il est moins riche en qualité. Les betteraves qu'elle féconde renferment des proportions notables de sel marin; elles conviennent bien pour l'alimentation des bestiaux, mais elles ne sauraient être employées avec avantage à la fabrication du sucre.

On incorpore la saumure au sol par arrosement en la mélangeant au fumier de ferme, ou en la faisant entrer dans la composition des terreaux ou composts. Ce dernier mode est assurément le plus rationnel; il est préféré par les bons cultivateurs du littoral.

Les arrosements ne doivent être pratiqués qu'au printemps, après avoir étendu la saumure d'une assez forte proportion d'eau, afin de ne pas brûler les plantes. Sur les herbages, principalement ceux dont le ray-grass fait la base, ils produisent d'excellents effets. La continuité de leur emploi ne paraît pas offrir d'inconvénient. Il n'en serait pas de même sur les terres de labour, surtout lorsque celles-ci sont sablonneuses et arides, ou trop humides et compactes. Dans ces cas, le mieux est d'en alterner l'usage avec celui du fumier, ou de les lui associer en donnant, par exemple, une demi-fumure à l'automne avec ce dernier, et au printemps suivant l'autre demi-fumure avec la saumure, soit à l'état liquide, soit sous forme de compost.

Pour faire d'excellents composts de ce genre, on incorpore des terres de route, des boues ou curures de fossés, de mares, d'étangs, avec le tiers environ de craie ou de marne blanche bien délitée ; on forme du tout des tas ou *tombes* que l'on arrose de saumure jusqu'à saturation ; on pellette ces tombes de mois en mois jusqu'à l'époque de leur épandage sur les prairies, ce qui peut avoir lieu trois ou quatre mois après le commencement du mélange. La seule précaution à observer, c'est d'éviter que les tombes ne se dessèchent ; on y parvient aisément en les couvrant de terre ou de vieilles pailles, quand on ne peut les construire dans un lieu abrité du soleil. — 500 à 600 kilog. d'un pareil compost suffisent largement à la fertilisation d'un hectare de prairies.

Sang. — Parmi les matières animales, une des plus précieuses comme engrais, c'est, sans contredit, le sang des animaux, parce qu'il est très riche en matières azotées et minérales. Cependant on ne tire presque aucun parti, dans les campagnes, de celui qui provient des animaux tués, des boucheries isolées et des abattoirs publics.

La difficulté de se le procurer sous une forme qui le rende transportable et dans un état qui permette de l'employer à volonté, peut-être aussi le dégoût qu'inspire cette matière, sont, sans doute, les causes qui en ont limité jusqu'ici l'usage. Mais aujourd'hui qu'on trouve dans le commerce du sang desséché à raison de 25 fr. les 100 kilog., il faut espérer qu'on en adoptera l'emploi dans les fermes.

Voici quelle est, en général, la composition du sang frais des animaux :

Eau..	79,037
Matières salines solubles et insolubles..............	
— extractives solubles.........................	1,098
— grasses.....................................	
Albumine...	19,343
Fibrine..	0,295
Matière colorante rouge..............................	0,227
	100,000

La moyenne des analyses du sang de diverses espèces d'animaux donne :

Eau...	73,75
Matières solides, salines et organiques.............	26,25
	100,00

La partie organique contient moyennement environ :

Carbone	52,7
Hydrogène	6,0
Oxygène	22,4
Azote	18,9
	100,0

Les matières minérales consistent surtout en phosphates alcalins, phosphates de chaux, de magnésie et de fer, en sel marin, en sulfates et carbonates alcalins ; ce sont justement les substances salines qui sont le plus nécessaires au développement des plantes.

D'après M. Nasse, voici dans quelles proportions ces substances minérales sont contenues dans le sang de différents animaux, sur 1000 parties en poids :

Poule	8,6	Brebis	,9 7
Veau	8,2	Cheval	7,8
Homme	8,0	Oie	7,4
Cochon	8,0	Chien	7,4
Chat	7,9	Bœuf	7,0
Chèvre	7,9	Lapin	6,0

Les plus riches en phosphates sont ceux de cochon, d'oie, de veau, de poule.

Les plus riches en chlorures de potassium et de sodium sont ceux de poule, de chat, de chèvre, de brebis.

D'après M. Boussingault, il y aurait :

	En azote.	En acide phosphorique.	Équivalents.	Fumure pour l'hect.
Dans le sang liquide des abattoirs	2,95	1,63	13,30	3,990
Dans le sang liquide des chevaux épuisés	2,71	»	14,74	4,422

Les cultivateurs qui sont voisins des abattoirs ou des tueries pourront très facilement se procurer du sang frais. Voici les meilleurs moyens de le convertir en un engrais solide et facile à conserver.

On fait dessécher au four, immédiatement après la cuisson du pain, de la terre exempte de mottes et de graviers, ou de la tourbe fine que l'on remue fréquemment avec un bâton ; il en faut environ quatre ou cinq fois plus que l'on n'a de sang liquide. On tire sur le devant du four cette terre chaude, et on l'arrose en la retournant à la pelle avec le sang ; on renfourne de nouveau le mélange, et on l'agite avec le bâton jusqu'à ce que la dessiccation soit complète. On introduit alors le compost dans de vieux tonneaux ou des caisses, que l'on garde à couvert dans un endroit sec jusqu'au moment de s'en servir. Pour doser ce compost, on se rappellera que 2857 kilog. de sang liquide donnent 750 kilog. de sang sec, quantité qui, d'après Payen, suffit à la fumure d'un hectare.

A la ferme modèle de la Saulsaie, si habilement dirigée par M. Nivière, on a employé pendant plusieurs années le sang des abattoirs de Lyon. Ce sang, à son arrivée, était reçu sur de la terre sortie brûlante d'un four à réverbère que chauffaient les racines provenant des défrichements. On broyait et mélangeait le tout avec soin. Cette poudre, avant d'être mise en tas, était saupoudrée de plâtre et de poussier de charbon de bois pour fixer les gaz ammoniacaux produits par la décomposition du sang. C'était là un excellent engrais, très maniable, qu'on employait à la dose de 30 hectolitres, soit en automne, avec les semailles des vesces d'hiver succédant à du ray-grass, soit au printemps, en couverture sur le froment ou en l'enfouissant avec les semences de mars. M. Nivière dut renoncer, à son grand regret, à continuer l'usage de ce sang, parce qu'une adjudication nouvelle du sang des abattoirs porta au prix de 11,000 fr., ce que M. Nivière avait eu cinq ans auparavant au prix de 2,500 fr.

Un des bons cultivateurs de l'arrondissement de Dieppe, M. Hippolyte Sanson, d'Offranville, emploie depuis vingt-cinq ans le sang liquide des abattoirs en arrosement sur ses herbages et sur d'autres récoltes. Il consomme, en moyenne, 144 hectolitres de cet engrais, soit en poids 15,120 kilog. Il en obtient des résultats magnifiques, et il voudrait pouvoir se procurer une plus grande quantité de ce liquide animal, qu'il regarde, avec juste raison, comme un des engrais les plus riches et les plus actifs.

C'est l'abattoir de Dieppe qui l'approvisionne. Pour que la fibrine ne se coagule pas et ne se sépare pas du sérum, on agite le sang chaud à mesure qu'il jaillit des vaisseaux des animaux abattus jusqu'à ce qu'il soit refroidi. Cette simple opération divise la fibrine en particules très ténues, et le sang ne perd plus sa liquidité.

Tous les quinze jours en hiver, toutes les semaines en été, M. Sanson enlève le sang de l'abattoir pour l'employer au fur et à mesure des besoins, c'est-à-dire chaque fois que les animaux quittent une portion de pâturage. Il fertilise ainsi, dans le cours de l'année, 15 hectares d'herbages qui produisent 6 à 7 récoltes.

Avant que M. Sanson eût eu l'heureuse idée d'utiliser dans sa ferme le sang provenant de l'abattoir de Dieppe, ce liquide était jeté à la mer. C'est donc un excellent exemple que donne l'habile cultivateur d'Offranville, et il est bien à désirer que partout on imite cette méthode si simple d'enrichir le sol en sels alcalins, en phosphates et en matières azotées. Seulement, pour empêcher la putréfaction du sang et les pertes d'ammoniaque qui en résultent, il serait bon d'y ajouter, au moment où on le recueille, un kilog. de couperose par hectolitre.

Lorsqu'on sait qu'avec le sang d'un cheval, d'une vache ou d'un bœuf, c'est-à-dire avec 20 ou 25 kilog. de liquide, on peut fertiliser 320 à 400 mètres de superficie, on regrette que les cultivateurs laissent se perdre partout le sang des animaux qu'on abat autour d'eux.

C'est à Paris surtout qu'on se livre à la dessiccation du sang pour le convertir en un engrais de peu de volume, sec et susceptible d'être transporté au loin. La quantité de sang fourni par les abattoirs de Paris dépasse 150,000 litres par mois. Aussitôt que les animaux sont abattus, le sang est recueilli avec soin et *tourné*, ce qui veut dire fortement agité avant son refroidissement. Ce battage a pour but de précipiter la fibrine du sang et d'empêcher ainsi sa coagulation ultérieure. Cette fibrine est soumise à la presse, convertie en galettes qu'on fait sécher et qu'on réduit en poudre pour l'ajouter à l'autre partie du sang qu'on traite de la manière suivante :

Le sang défibriné, liquide noirâtre, d'une odeur particulière, est déposé dans une série de cuves en bois pouvant contenir 3 à 4 pièces de sang, et on fait arriver dans chaque cuve un gros tuyau amenant un jet de vapeur d'eau. La vapeur porte bientôt la température du liquide à 60°; alors l'albumine se coagule, entraînant avec elle la matière colorante; le liquide s'épaissit de plus en plus; on a soin d'agiter le mélange jusqu'à ce que l'opération soit terminée.

On remplit alors de petits sacs de toile de la pâte fluide et chaude, on la dépose sur un plateau en couches séparées par des claies d'osier, et on met le tout sous une presse à bras. On voit ruisseler de tous côtés un liquide presque transparent, d'un jaune rouillé, sans traces sensibles de matières animales et contenant seulement les sels solubles du sérum du sang. On le laisse se perdre au dehors. Les tourteaux sortis de la presse se présentent en galettes minces, humides, d'un rouge bru-

nâtre. On les dessèche à l'étuve ; elles deviennent dures, cas-
santes et vitreuses. On les broie ensuite au moulin et on les met
en tonneau pour les expédier aux colonies, où ce sang sert d'engrais à la canne à sucre, aux cotonniers, aux caféiers. En Europe, on l'applique avec succès au maïs, aux haricots, pois,
betteraves, pommes de terre et céréales du printemps.

Le grand état de division du sang dans cet état permet de le
mêler, avec beaucoup de facilité, à la terre ameublie, et de ne
le faire entrer dans les mélanges que dans les justes proportions qu'on croit devoir employer.

Soubeiran a fait l'analyse du sang sec de cheval livré au
commerce par l'établissement d'équarrissage d'Aubervilliers. Il
est coagulé par la vapeur et séché à l'air. Voici sa composition :

Eau...	17,00
Matières animales....................................	78,00
Phosphate de chaux des os...........................	0,33
Sels divers et matières terreuses....................	4,67
	100,00

Azote sur 100...................... 15,0
Azote dans le même sang séché à 100°... 18,0
Son équivalent est donc 2,66
266 kil. correspondent donc à 10,000 kil. de fumier normal.

MM. Boussingault et Payen ont dosé l'azote du sang à différents états, et voici les équivalents qu'ils assignent, sous ce
rapport, à cette substance :

	Azote sur 100.	Acide phosphorique.	Équivalents.	Fumure pour l'hect.
Sang coagulé et pressé, sortant de la presse...............	4,514	»	8,86	2,058
Sang sec soluble, tel qu'on l'ex-pédie....................	12,180	1,08	3,28	0,984
Sang sec insoluble, séché en grand....................	14,875	»	2,69	0,807
Sérum de sang desséché.......	15,700	»	2,54	0,762
Sang desséché avec soin.......	18,730	»	2,13	0,639

Le sang sec soluble est celui qui a été desséché à une basse
température et qui pourrait redevenir, par son mélange avec de
l'eau, presque aussi liquide qu'avant sa dessiccation.

Le sang sec insoluble, au contraire, est celui qui n'est desséché que par la coagulation, soit par une chaleur de 100°, soit
par la vapeur, soit par un agent chimique. Il agit moins rapidement que le premier, mais a une action plus durable.

La coagulation du sang par la chaleur, lorsqu'elle s'opère sur une grande échelle, est une cause d'infection qui l'a fait proscrire par le Conseil de salubrité des grandes villes, et il a fallu chercher d'autres procédés sujets à moins d'inconvénients, au point de vue de la salubrité publique.

M. Sucquet a démontré qu'en versant dans le sang frais et froid 5 p. 100 de son volume d'une dissolution de persulfate de fer à 17° ou 20° de l'aréomètre, on coagule instantanément ce liquide en une masse solide, noirâtre, inodore et imputrescible. Cette pâte, mise à égoutter sur le sol, puis divisée et étendue, en la remuant fréquemment, ne tarde pas à se dessécher au soleil et à constituer un excellent engrais, moins coûteux et moins désagréable à préparer que le sang sec des abattoirs.

M. Peplowski a proposé de mélanger au sang frais 1/32 de son poids de chaux vive. Il se forme en peu de temps un albuminate de chaux insoluble qui se prend en masse. On divise le coagulum et on le dessèche

M. Bonnet, adjudicataire du sang des abattoirs de Paris, employa successivement, avec plus ou moins de succès, le chlorure de fer et l'acide sulfurique. — Plus tard, il eut recours, avec plus d'économie, au chlorure acide de manganèse, résidu de la préparation du chlore. On obtient ainsi un excellent engrais qui retient plus fortement son azote que le sang coagulé par la chaleur. On a donc ainsi gagné sous le rapport de la salubrité de l'opération, et sous le rapport de la qualité du produit. Celui-ci est plus recherché sur certains marchés, à tort ou à raison, à cause de sa couleur plus noire.

Les praticiens qui ont fait usage de ces engrais ne s'accordent pas sur la durée de leurs effets,

Ainsi M. Mariotte, par l'emploi d'un mélange de sang sec et de chair musculaire à la dose de 800 kilog. par hectare, a obtenu d'excellents résultats ; il affirme que l'effet produit sur la seconde récolte a été supérieur à celui d'une bonne fumure ordinaire qui, à raison de 40 mètres cubes par hectare, avait coûté près du double.

M. Terray de Viadé, qui a employé aussi avec succès le sang desséché à la même dose sur d'excellentes terres, a trouvé que l'effet produit ne s'exerçait que sur la première récolte.

En raison de sa faible teneur en phosphates, ce dernier résultat est assez facile à comprendre. Il faut donc n'utiliser le sang que comme matière supplémentaire, et il est toujours convenable de l'associer à des engrais qui lui apportent les matériaux essentiels qui lui font défaut, à du noir d'os fin, par exemple, qui devient alors très actif et retarde la putréfaction du liquide animal. M. Bobierre conseille aussi de stratifier des phosphates fossiles avec des tourbes imprégnées de sang.

Matières cornées des animaux. — Il est encore plusieurs matières provenant de la dépouille des animaux qu'on peut utiliser comme engrais, tels sont : les débris et râpures de cornes, sabots, griffes, ongles, les plumes, les crins, les poils, les cheveux, les bourres de laine et de soie. Voyons quelle est la valeur de ces diverses matières.

Râpure de cornes, sabots, etc. — La *râpure de cornes* est un engrais très riche ; son état de division favorise son usage et sa décomposition toujours assez lente. Dans les lieux où il y a des tourneurs d'os et de corne, des peigniers, les ouvriers, qui habitent presque tous la campagne, mêlent ordinairement leurs déchets avec du fumier, et les emploient à engraisser leur pommes de terre. Les paysans, qui connaissent la propriété de cet engrais, leur abandonnent volontiers la jouissance gratuite d'un champ pour une année, à la condition d'y cultiver ainsi des pommes de terre, sachant bien que les récoltes suivantes payeront largement, pendant plusieurs années, le prix de la location. La râpure de cornes vaut à Paris 20 fr. les 100 kilog., et à Lille 16 fr.

Les *sabots* des animaux sont également un excellent engrais pour les prairies. Il suffit de les enfoncer en terre, tels quels, à une certaine distance les uns des autres. Dès la première année, on reconnaît à la vigueur de l'herbe la place où chaque sabot a été enfoui, et, à mesure que la décomposition s'opère, on voit; cette vigueur augmenter et s'étendre. Il en est de même des *ergots* de moutons.

Les cornes ont été analysées par Johnston et par Scherer. Le premier les a trouvées formées de :

Matières organiques	35,84
Carbonate de chaux	7,71
Phosphates de chaux et de magnésie	46,14
Eau	10,31
	100,00

Le second a déterminé la composition élémentaire ainsi qu'il suit :

Carbone	51,578
Hydrogène	6,712
Oxygène et soufre	24,426
Azote	17,284
	100,000

M. Bénard, d'Amiens, a trouvé dans les raclures de cornes à peigne 14,17 p. 0/0 d'azote, avec traces seulement de phosphates. D'après MM. Boussingault et Payen, la râpure de cornes renferme 14,36 d'azote et 46,14 de phosphates. M. Mulder a constaté dans les sabots de cheval 16,70 p. 0/0 d'azote et 17,10 p. 0/0 du même élément dans les cornes de bœuf.

En admettant le chiffre de 14,36 donné par les chimistes français, cela met l'équivalent de la râpure de cornes à 2,78 ; la fumure d'un hectare n'en exigerait donc que 834 kilog. Le prix des *sabots* étant généralement de 12 fr, les 100 kilog., le prix du kilog. d'azote ne revient avec cette matière qu'à 0 fr. 83 c. ; il ne reviendrait qu'à 0 fr. 42 c. avec les *ergots*, qui ne coûtent que 6 fr. Aucune matière première ne fournit l'azote à un aussi bas prix.

La difficulté de réduire en poudre fine pour les mêler au sol toutes ces matières cornées, et la lenteur extrême de leur décomposition ne permettent pas de tirer un profit en rapport avec la valeur de leurs éléments constitutifs. Jusqu'ici on n'a pu inventer une bonne machine pour diviser économiquement ces substances. Mais dans ces derniers temps on a tourné la difficulté à l'aide de procédés ingénieux et très pratiques qui leur communiquent une grande friabilité.

Ainsi, M. Leroux, de Nantes, en les soumettant, comme les os, à une torréfaction ménagée dans un cylindre de tôle tournant sur son axe ; MM. Coignet, de Paris, en les exposant, pendant un temps suffisant, dans une étuve maintenue à une température de 150 à 160°, à l'action d'un courant d'air et de vapeur d'eau surchauffée, les rendent sèches et friables, sans leur faire perdre une seule parcelle d'azote ; elles s'écrasent alors très facilement sous une meule verticale. Il en est de même des vieux cuirs, des peaux, des débris de tannerie, des crins, des chiffons de laine.

MM. Jaille et Rohart vont plus loin : en soumettant toutes ces matières à l'action de la vapeur d'eau à une haute pression dans des digesteurs ou autoclaves d'une grande capacité, ils les désagrègent complètement et les amènent à l'état d'un magma miscible à l'eau et parfaitement propre à la fabrication des engrais mixtes ou des composts.

Plumes.—Les plumes grossières, rejetées des applications à la literie, aux fournitures de bureaux, etc., constituent un engrais puissant, facile à doser et à répandre en lignes avec la semence.

On les paye jusqu'à 60 fr. les 100 kilog. pour la culture des chanvres de la Romagne.

Les cultivateurs alsaciens les emploient depuis fort longtemps à raison de 35 à 40 hectolitres pour un hectare semé en froment.

La composition des plumes se rapprochent beaucoup de celle des cornes et des cheveux. — MM. Boussingault et Payen y ont trouvé 15,34 p. 100 d'azote. Leur équivalent est donc représenté par 2,60 : d'où il résulte que 780 kilog. suffisent pour la fumure d'un hectare.

Crins, poils, cheveux, etc. — Les *crins*, les *poils*, les *cheveux*, les *bourres* de laines et de soie, lorsqu'ils sont hors d'état d'être employés plus avantageusement dans l'industrie, peuvent, comme les matières précédentes, être utilement appliqués à la culture, surtout à celle des plantes qui occupent le sol pendant plusieurs années, car la décomposition de ces matières est lente à se produire. Le mieux, c'est de les réserver pour les herbages et de les répandre en couverture, afin qu'ils subissent insensiblement la combustion qui doit les convertir en principes assimilables. Les cheveux, déposés sur les prés, en triplent la récolte ordinaire. Il opèrent aussi admirablement au pied des arbres, et notamment des pommiers.

Voici la valeur comparative des cheveux et des poils, des débris de laine et de soie, sous le rapport de l'azote :

	Azote sur 100.	Équivalents.	Fumure pour l'hectare.
Cheveux.	17,14	2,33	0,699 kil.
Bourre de poils de bœuf.	13,78	2,90	0,870
— de laine.	12,30	3,25	0,975
— de soie	11,33	3,53	1,059

Chez nous, tous ces débris d'animaux sont ordinairement perdus ; et cependant, si nos cultivateurs utilisaient la masse qui en est produite annuellement, ils auraient à leur disposition une énorme quantité de matière utile.

Chaque individu donne par an 200 gr. de cheveux, ce qui fait seulement, pour 15 millions, 3 millions de kilog. d'engrais d'une grande puissance, pouvant fertiliser 4,291 hectares de terre.

En Chine, la population tout entière se fait raser la tête tous les dix jours ; on ramasse les cheveux qui proviennent de cette tonsure, et on les livre au commerce pour servir d'engrais.

L'habile horticulteur Pepin nous apprend comment la connaissance des bons effets des débris de crin sur la végétation a été révélée aux cultivateurs de la banlieue de Paris. « En 1846, plusieurs d'entre eux, amenant des pommes de terre dans une féculerie de la capitale, remarquèrent dans la cour d'un établissement d'épuration de crin, voisin de la féculerie, des tas de poussière mélangés de menu crin, ayant au plus de 2 à 5 centimètres de long ; ils proposèrent au propriétaire de s'en débarrasser. Ce dernier ne demandant pas mieux, ils enlevèrent immédiatement ces résidus, qui furent répandus aussitôt sur leurs cultures. Ils produisirent de si bons effets, qu'aujourd'hui (en 1854) tout ce qui provient des cinq ou six établissements de ce genre existant à Paris est enlevé au fur et à mesure par les cultivateurs de Limours, de Nanterre, de Courbevoie, de Puteaux, etc. Les terres, dans ces diverses communes, sont pour la plupart calcaires ou siliceuses, et donnent généralement des récoltes plus hâtives.

« On m'a dit, ajoute Pepin, qu'un fabricant de crin, propriétaire de vignes à Metz, faisait porter depuis longtemps dans ses vignes la poussière et le menu crin sortant de sa fabrique, et que ses vignes étaient les plus belles et les plus productives de la contrée. On ne m'a pas parlé de la qualité du vin ; mais on sait que ce département ne produit, en général, qu'un vin inférieur, qui est consommé en grande partie dans la localité. »

Résidus des fabriques.—Un grand nombre des matières animales que l'industrie exploite laissent des résidus, généralement très riches en azote et en sels minéraux, dont la culture peut tirer un excellent parti dans les localités où il est possible de se les procurer en suffisante quantité et à bon marché. Tels sont, entre autres, les chiffons et tontisses de laine, les débris de tannerie, les cuirs, les marcs de colle, les pains de cretons. Nous avons à donner quelques renseignements utiles sur chacune de ces matières.

Chiffons de laine, tontisse.—On consomme, en France, annuellement, près de 43 millions de kilog. de draps. Les chiffons qui en proviennent renfermant en moyenne, d'après M. Bénard, d'Amiens, 10 p. 100 d'azote et 0,60 de phosphates, il en résulterait 43,000,000 kilog. d'azote, c'est-à-dire une valeur de 7,095,000 fr. Or, cette quantité d'azote représente environ 107,500,000 kilog. de fumier de ferme, pouvant suffire à la fumure de 10,750 hectares de terre. Mais on est bien loin d'utiliser cette richesse agricole : d'abord, une partie de ces chiffons de laine est employée dans certaines industries ; puis, dans les campagnes, on perd généralement ceux qui y sont produits ; il n'y a que dans les grandes villes qu'on les ramasse avec soin et qu'on peut s'en procurer d'assez grandes quantités. On les vendait à

I.   34

Paris, il y a une trentaine d'années, à raison de 6 fr, les 100 kilog. Ils ont ensuite monté à 28 fr. Aujourd'hui on les trouve à 10 fr.

L'équivalent des chiffons, 4,00, indique qu'il n'en faut que 1200 kilog. pour la fumure d'un hectare ; c'est donc un des engrais les plus riches et les moins coûteux. Leur décomposition très lente les rend efficaces pendant six à huit ans. L'analyse chimique a démontré qu'après deux ans d'enfouissement en terre ils n'ont encore perdu qu'une très faible proportion de leurs principes fertilisants. Leur action est remarquable, surtout dans les étés secs. Lorsqu'on les répand dans les sillons ou les fosses semés en pommes de terre, en carottes, en betteraves, les plantes se distinguent par leur vigueur et leur feuillage vert foncé, mais surtout par leur grand produit.

En Angleterre, on importe beaucoup de chiffons du continent et de la Sicile pour la culture du houblon. On en met 1600 kilog. par hectare.

Dans le midi de la France, on en fait grand usage pour la fumure des oliviers, des mûriers, des vignes. L'ouvrier, portant devant lui son tablier rempli de chiffons, jette, à chaque coup de bêche, une loque dans le trou, et la recouvre par le coup de bêche suivant.

Il convient de diviser le plus possible les chiffons avant de les répandre ; on y parvient à l'aide d'une lame de faux implantée à 45° sur un billot. Mais cette opération laisse un peu trop larges les débris coupés ; aussi voit-on dans les cultures fumées ainsi de nombreuses touffes plus hautes qui correspondent aux *loques* plus ou moins espacées. Pour obtenir un déchiquetage plus complet, on peut employer le couteau représenté ci-contre figure 250.

Fig. 250. *Appareil pour déchiqueter les chiffons.*

La division des chiffons et leur maniement, surtout lorsque ce sont de vieux chiffons sales, ne sont pas toujours exempts d'inconvénients, car la gale fut introduite, à la colonie de Mettray, parmi les enfants qui en avaient été chargés.

Il serait donc utile et prudent de passer ces chiffons à l'eau bouillante, ou, mieux encore, de les exposer à une fumigation d'acide sulfureux avant de les employer.

M. Goubin, de Grenelle, a proposé de rendre les chiffons de laine plus faciles à répandre, en les imprégnant d'une solution

faible de soude caustique, puis les desséchant ensuite complètement. L'alcali ayant désagrégé les filaments du tissu, on peut
broyer les chiffons desséchés, et tamiser au blutoir la poudre
qui en provient. En 1850, M. Goubin livrait son engrais au prix
de 20 fr. les 100 kilog.—200 kilog. suffisaient, disait-on, pour
un hectare.

Un autre inconvénient contre lequel il est prudent de prendre
quelques précautions lorsqu'on emmagasine une quantité un
peu considérable de chiffons, c'est qu'ils peuvent s'enflammer
spontanément. La matière grasse dont ils sont imprégnés
absorbe l'oxygène de l'air; il en résulte un dégagement de chaleur qui active encore davantage l'action de l'oxygène, et, si la
masse est un peu volumineuse, la température s'élève assez pour
déterminer l'inflammation.

Dans quelques localités, les chiffons, coupés menus, sont ou
répandus sous les pieds des moutons, ou jetés dans la mare au
fumier.

Mathieu de Dombasle en faisait ordinairement des composts,
en les mélangeant, quelques mois à l'avance, avec du fumier,
afin d'en commencer la décomposition avant de les transporter
sur les terres.— 1200 à 1500 kilog. de chiffons, mêlés à quatre
ou cinq voitures de fumier, amendent suffisamment un hectare,
et cet engrais convient également bien aux terres où le transport du fumier présente de la difficulté, car il s'emploie en
poids beaucoup moindre que le fumier pur. Si l'on peut remuer
une ou deux fois le tas de compost, quelques semaines avant
de le porter aux champs, cela est très utile, parce que cette opération active la fermentation de la masse et hâte la décomposition des chiffons. On entretient l'humidité du tas, en recueil-
lant avec soin le purin qui s'en écoule et en s'en servant en place
d'eau, pour les arrosages suivants.

Les tontisses de drap, qui dosent, comme les chiffons, 10 p. 100
d'azote et 0,60 de phosphates, peuvent être employées avec
les mêmes avantages, et préférablement même, parce que leur
grand état de division dispense de toute main-d'œuvre et que
leur répartition est plus facile. Mais elles sont un peu plus chères
d'achat; elles valent, en effet, de 16 à 20 fr. les 100 kilog., tandis
que les chiffons non choisis se vendent de 10 à 12 fr. Le kilogramme d'azote revient donc, avec les premières, à 1 fr. 60 c.
et 2 fr., tandis qu'il ne coûte avec les secondes que 1 fr. 20 c.

Les balayures et déchets des fabriques de drap, les poussiers
de batterie, qui ne sont à proprement parler que de la tontisse
de qualité inférieure, et même les criblures de tontisse, les

déchets et poussières qui proviennent des ateliers où l'on carde et prépare les laines brutes, les balayures des filatures peuvent encore être utilisées avec profit par les cultivateurs voisins des villes industrielles; les fabriques de Sedan, de Lisieux, de Louviers, d'Elbeuf, de Reims, de Roubaix, de Tourcoing, ainsi que celles des départements du Midi, en produisent des quantités très considérables qu'il est possible d'obtenir à bas prix. On commence à en faire usage dans les fermes du Nord. Malheureusement ces résidus sont l'objet de falsifications nombreuses de la part des intermédiaires entre les mains desquels ils passent avant d'arriver à la culture; on y ajoute des balayures terreuses, des déchets de lin et d'autres impuretés.

Voici la teneur en azote et en phosphates d'un certain nombre de ces résidus :

	Azote.	Phosphates.	Autorités.
Balayures des fabriques de drap.............	1,82	traces.	Bénard.
Poussière des débourrages de laine d'Elbeuf	3,12	traces.	Houzeau.
Déchets de laine brute en poudre fine (moyenne de 3 échantillons).....................	3,90	2,11	J. Girardin.
Déchets de filature du Nord (moy. de 16 échant.).	3,74	»	Corenwinder.

Les marchands de déchets de laine d'Elbeuf livraient ces résidus, en 1850, à raison de 50 cent. l'hectolitre frappé avec le pied, mais non tassé, et pesant 21 kilog. 700, soit à raison de 2 fr. 30 c. les 100 kilog. En ajoutant 40 cent. pour frais de transport, cela portait le prix des 100 kil. à 2 fr. 70 c. — Or, en prenant 3,58 pour la richesse moyenne en azote, le kilog. de celui-ci ne revient, avec ces matières, qu'à 75 centimes; leur valeur agricole réelle est dès lors 2 fr. 68 c. les 100 kilog., chiffre presque identique au prix commercial.

Ces déchets peuvent être employés dans toutes les circonstances où l'on a recours aux chiffons de laine. Leur grande division permet de les associer aux graines que l'on distribue par le moyen des semoirs, mais le mieux est encore de les mélanger aux fumiers ordinaires pour les enrichir.

Dans le département du Nord, on les applique à la culture des betteraves, du tabac, des pommes de terre, dans les proportions suivantes, par hectare :

Pour la betterave, conjointement avec une demi-fumure......	4 à 5,000 kil.
Pour le tabac, conjointement avec 6,000 kil. de tourteaux....	4,400
Pour la pomme de terre, sans autre engrais.	4,400

En Belgique, dans les environs de Courtrai, des betteraves en terre légère donnent chez M. Boel, avec 3000 kilog. de déchets de laine jusqu'à 65,000 kilog. de racines ; et pendant trois ans le champ ainsi fumé produit des récoltes supérieures à celles qui proviennent d'une fumure d'engrais de bestiaux de même valeur.

Le peu d'altération que subissent les déchets de laine par l'action de l'air, de la pluie, de la chaleur du soleil, en rend l'emploi très commode. A mesure qu'ils arrivent à l'exploitation, rien n'empêche de les mettre en couverture sur les champs et de les y laisser jusqu'au moment de pratiquer les labours. Il en résulte une économie de main-d'œuvre et l'avantage de pouvoir s'approvisionner de cet engrais pendant les époques de chômage.

Mais il présente l'inconvénient de contenir souvent des semences nombreuses qui se sont attachées à la toison des moutons pendant leur vie ; ces semences salissent les terres et occasionnent des sarclages multipliés.

Dans sa *Chimie appliquée à l'agriculture*, l'illustre Chaptal dit : « Un des phénomènes de végétation qui m'ont le plus étonné dans ma vie, c'est la fertilité d'un champ des environs de Montpellier qui appartenait à un fabricant de couvertures de laine ; le propriétaire y apportait, chaque année, les balayures de ses ateliers, et les récoltes en blé et en fourrages que j'ai vu produire à cette terre étaient vraiment prodigieuses [1]. »

M. Rohart cite un fait analogue pour la Champagne : « Il suffit d'avoir vu, dit-il, les transformations opérées en quelques années par les déchets de laine sur les pauvres terres de la Champagne, et notamment à l'est de Reims, et pour ainsi dire aux portes de la ville, pour apprécier toute la valeur agricole de ces résidus, et pour comprendre la vigilance proverbiale du paysan champenois à l'égard de l'enlèvement des balayures des fabriques de tissus de laine et des filatures... Des terres qui, il y a vingt ans à peine, valaient moins de 100 fr. l'arpent, trouvent maintenant acquéreur au prix de 1200 et 1500 fr. [2] »

Les chiffons de soie, beaucoup moins abondants que ceux de laine, sont aussi moins riches, puisque, d'après M. Bénard, ils ne contiennent que 8,75 p. 100 d'azote et des traces de phosphates.

Le *suint*, dont la laine brute est imprégnée, constitue aussi un excellent engrais par lui-même, et l'urine putréfiée que l'on fait habituellement intervenir pour faciliter le désuintage

1. Chaptal, t. I, p. 133.
2. Rohart, p. 182.

ajoute encore aux qualités fertilisantes des eaux des lavoirs à laine. « J'ai vu, il y a trente ans, dit Chaptal, un marchand de laine de Montpellier qui avait établi son lavoir au milieu d'un champ dont il avait transformé une grande partie en jardin ; il n'employait pas d'autre eau pour arroser ses légumes que celles de ses lavages ; tout le monde allait admirer la beauté de ses productions [1]. »

Ces eaux de suint pourraient être employées avantageusement en irrigations dans les localités voisines des fabriques ; on pourrait aussi s'en servir pour arroser les fumiers et les composts. On a calculé que le suint provenant du lavage de toutes les laines récoltées en France est capable de servir d'engrais à 150,000 hectares de terre.

Débris des tanneries, rognures de cuir. — Les débris animaux des tanneries et des mégisseries, les bourres, les tendons, les rognures de peaux et de cuir désagrégées, tous les cuirs hors de service, peuvent encore être utilisés à la culture ; ils agissent d'une manière très lente en raison de leur grande cohésion ; mais en les soumettant au procédé de MM. Coignet, ou à celui de MM. Jaille et Rohart, on rend leur décomposition dans le sol aussi prompte et aussi complète que celle des matières organiques du fumier de ferme.

Les débris de tanneries, les écharnures et les bourres courtes, sont ordinairement vendus 80 centimes les 100 kilog., tandis que leur valeur agricole, d'après leur richesse en azote (8,75 pour 100), est de 14 fr. 43 c. Le kilogramme d'azote revient donc à 9 cent. 2/10. Ils peuvent par conséquent supporter des frais de transport assez éloigné.

Les bourres de tanneries contenant encore un peu de chaux, notamment celles provenant des *fonds de plain*, doivent être exposées au contact de l'air, afin que la chaux puisse emprunter à l'atmosphère l'acide carbonique dont elle a besoin pour se transformer en carbonate de chaux, dont la présence n'offre plus alors aucun inconvénient. Ces bourres sont un mélange de poils et de drayures diverses. Elles dosent 10,75 p. 100 d'azote, et renferment 36 p. 100 d'eau. Elles reviennent sur place à 2 fr. 50 c. les 100 kilog. Le kilogramme d'azote ne coûte donc avec ces matières que 24 centimes.

Des marcs de colle. — Les marcs de colle, qu'on peut se procurer en assez grande quantité dans les villes où il y a des

---

1. Chaptal, t. I, p. 133.

fabriques de colle-forte ou de gélatine, consistent en un mélange de substances tendineuses et cutanées, de poils, de quelques débris de cornes, d'os et de muscles, outre un savon calcaire et des matières terreuses.

Ce mélange, très humide et chaud au sortir des presses, se putréfie avec une grande rapidité si l'on ne se hâte de le faire dessécher. On le façonne en briques ou en pains carrés de 12 à 25 kilog. A l'état sec, on peut le conserver longtemps à l'abri de la putréfaction. On l'emploie à la dose de 25 à 40 briques, ou mieux de 500 à 700 kilog. par hectare. Schwerz assure que son effet ne dure qu'une année.

Cet engrais vaut à Paris 1 à 2 fr. les 100 kilog. Comme il dose 3,74 p. 100 d'azote, cela remet le kilogramme d'azote à 26 cent. dans le premier cas, et à 52 cent. dans le second.

Les os fondus, les déchets de tabletiers, dont on tire une colle-forte de basse qualité en les traitant dans des chaudières autoclaves, fournissent un résidu abondant en phosphate et carbonate de chaux, mais pauvre en substance azotée, puisqu'il ne dose que 0,528 d'azote pour 100.

Pain de creton. — On nomme ainsi le marc des graisses de bœufs, veaux et moutons, traitées par les fondeurs de suif. Ce résidu, composé en très grande partie des membranes du tissu adipeux et de la graisse dont elles restent imprégnées, contient, en outre, de petites quantités de sang, de muscles et d'os.

Les pains de creton sont employés, généralement, à la nourriture des chiens et des porcs ; mais les agriculteurs commencent à en faire un usage avantageux, car c'est un engrais riche, puisqu'on y trouve 11,875 pour 100 d'azote, d'après MM. Boussingault et Payen. Son prix actuel étant de 20 fr. les 100 kilog., le kilogramme d'azote revient avec cette matière à 1 fr. 68 c., c'est-à-dire à peu de chose près au prix de l'azote du fumier.

M. Bénard, d'Amiens, n'a trouvé que 2,50 p. 100 d'azote dans les résidus de fonte de suif ; mais il n'en dit pas le prix.

On emploie le pain de creton à la dose de 900 à 1000 kilog. par hectare, après l'avoir préalablement divisé à la hache ou au marteau ; on le détrempe, ainsi divisé, dans l'eau chaude avant de le répandre sur les terres. Son action se prolonge durant trois ou quatre ans.

Engrais tirés du règne végétal. — Les plantes terrestres et les plantes marines, vivantes ou sèches, sont très souvent utilisées comme engrais. Il en est de même de quelques-uns de leurs organes, qui, après avoir fourni des produits à l'industrie, laissent des résidus dont on tire parti pour féconder le sol. Occupons-nous en premier lieu des *engrais verts*.

Engrais verts. —C'est un usage fort ancien, connu même des Romains, et continué dans les contrées méridionales, d'enfouir plusieurs plantes après qu'elles ont acquis un certain développement, pour tenir lieu de fumier. C'est là ce qu'on appelle des *engrais verts*.

C'est principalement au début d'une entreprise agricole, lorsqu'on n'a pas la faculté de tirer du dehors les engrais indispensables pour commencer, ou lorsque quelque accident s'est opposé à ce qu'on se procurât la quantité du fumier nécessaire, que les récoltes enfouies peuvent rendre de signalés services. Cette méthode est encore très bonne pour les champs éloignés ou d'un accès difficile.

Si, dans un sol déjà amendé, quoique d'une manière insuffisante, l'on sème des plantes qui aient la faculté d'absorber et de s'approprier une grande quantité des principes de l'atmosphère, notamment l'acide carbonique et l'ammoniaque, et qu'on enterre ensuite ces plantes avant que leurs fleurs se soient nouées, il en résulte un complément très considérable d'amendement du sol, en général, beaucoup moins coûteux que si on l'eût donné par le moyen de matières animales. En outre, ce genre d'engrais donne à la terre une fécondité plus sûre et plus durable que plusieurs espèces de fumiers, et une fraîcheur qui est singulièrement avantageuse au développement d'un grand nombre de végétaux.

Les belles expériences faites à Flotbeck par le baron de Wohgt ont démontré que des terrains stériles peuvent être amenés à un état de fécondité satisfaisant, sans autres engrais que les récoltes vertes enfouies. Celles-ci d'abord ne s'élèvent de terre que de 6 à 8 centimètres au plus ; puis elles vont successivement en augmentant. C'est ainsi que, en neuf ans, de Woght a mis en état de produire de bonnes récoltes un misérable sable, absolument nu, et qui ne se recouvrait même pas de mauvaises herbes.

Thaër, le baron de Crud, de Fellenberg, Bella et d'autres agriculteurs non moins distingués, préconisent également les engrais verts et citent des faits nombreux à l'appui de leur opinion. Suivant de Fellenberg, cette manière de fumer la terre convient surtout dans les sols qui ont été épuisés par une production forcée ; dans ces sols, où les engrais ordinaires sont souvent insuffisants et ne produisent aucun effet, les enfouissages de plantes vertes sont de la plus grande efficacité. Bella père cite le fait suivant. Lorsqu'il prit la direction de la ferme modèle de Grignon, il trouva, près du château, des terres d'assez bonne nature, mais qui avaient été tellement épuisées par une culture réitérée, qu'il ne put obtenir une récolte passable, même avec une fumure complète deux fois répétée. Se souvenant alors de sa conversation avec de Fellenberg, il sema deux fois du sarrasin, qu'il enfouit successivement en fleurs. Cet enfouissage lui coûta les deux tiers moins cher qu'une fumure, et donna une belle moisson en blé.

Si les engrais verts donnent d'aussi bons résultats dans les sols infertiles ou épuisés, à plus forte raison doivent-ils être avantageux dans des terrains fertiles et riches qui donnent assez de vigueur aux organes des plantes pour puiser dans l'atmosphère une forte proportion de principes nutritifs. Une telle récolte enfouie en vert peut alors, d'après le baron de Crud, fort bien procurer au sol une augmentation de richesse égale à 8, 10 et même 12 charges des 1000 kilog. de fumier par hectare.

Les plantes réellement propres à l'enfouissage sont celles qui tirent la plus grande partie de leur nourriture de l'atmosphère, et qui, par conséquent, sont les moins épuisantes pour le sol.

Parmi celles-ci, on devra encore choisir :

1° Celles qui, ayant le feuillage le plus riche et le plus abondant, donnent nécessairement une grande masse de substances organiques ;

2° Celles qui parviennent promptement à leur maximum de développement ;

3° Celles dont la semence est de peu de valeur ;

4° Enfin celles qui peuvent prospérer dans un terrain déjà peu chargé d'engrais.

Le nombre de plantes qui remplissent ces diverses conditions n'est pas très étendu, et leur choix doit être encore déterminé par la nature du sol.

Dans les terres où domine l'argile, on peut employer comme fumure verte :

La vesce,	Les pois,	La navette,	La minette,
Les féveroles,	Le colza,	La moutarde noire,	Le trèfle, etc.

Dans les terres légères et sablonneuses, il faut semer de préférence :

Le trèfle blanc,	Le lupin,	La spergule,
— incarnat,	Le sarrasin	Les raves, etc.
Le seigle,		

Dans le Piémont et le Milanais, on préfère le seigle ; cependant, comme les graminées sont tout à fait impropres à s'approprier l'azote de l'atmosphère, il vaut mieux se servir des plantes légumineuses, ou tout au moins des végétaux qui poussent un feuillage très riche et très abondant.

Quand une plante est semée pour être enterrée, il faut se rappeler que le but du cultivateur change. Il ne cherche pas à avoir des fruits nombreux et bien développés ; il vise à la quantité, à la masse de substance végétale : on doit donc, en conséquence, semer les plantes que nous venons d'indiquer un peu plus dru qu'à l'ordinaire.

Une autre condition qu'il faut remplir le plus possible, c'est que le sol soit encore suffisamment fertile pour suffire à la production abondante des plantes destinées à être enfouies.

L'enfouissage doit être pratiqué au moment où les plantes sont sur le point de fleurir, car elles ont alors acquis tout leur accroissement et puisé dans l'air toutes les matières nutritives qu'elles peuvent y absorber ; elles n'ont, en outre, presque rien enlevé à la terre, car il a été reconnu qu'elles ne commencent généralement à épuiser, ou, pour nous servir de l'expression consacrée, à *effriter* celle-ci que depuis l'instant où les graines se forment jusqu'à celui de la maturation.

On se sert de la charrue pour enfouir les plantes et leurs racines ; mais, avant de la faire agir, on commence par faire passer un rouleau à plat à la surface du champ, de manière à bien coucher les tiges. Le rouleau qu'on emploie est d'autant plus pesant que les plantes à enfouir sont plus rigides ou moins aqueuses. On le fait marcher dans le sens que suivra la charrue ; celle-ci, en renversant la bande de terre qu'elle détache sur les tiges bien couchées, les enterre complètement. Ce mode de faire est beaucoup moins coûteux que celui qui consistait à faucher les plantes, à les faner et à les enterrer ensuite par un labour.

Il n'est guère possible de semer ou de planter aussitôt après l'enfouissement, parce que le hersage ramènerait à la surface du sol les plantes enfouies, et le travail serait défectueux. Il faut donc attendre que les plantes soient déjà un peu décomposées. Malingié fait remarquer avec raison que le blé semé, en automne, sur un enfouissement récent, vient toujours mal : les plantes encore entières tiennent la terre soulevée et mettent la semence dans la position la plus défavorable pour prospérer. Cette observation explique pourquoi, dans les contrées du Nord, les enfouissements de sarrasin, qui laissent beaucoup d'interstices dans la couche arable quand ses tiges se sont décomposées, ont rarement donné des résultats avantageux.

Les plantes enfouies comme engrais conviennent mieux aux climats chauds qu'aux autres, et, par la même raison, elles conviennent mieux aussi aux terres sèches qu'aux terres humides. A mesure qu'on remonte du Midi vers le Nord, les avantages des engrais verts sont moins grands : aussi, malgré quelques expériences heureuses faites en Angleterre et en Irlande, les cultivateurs de ces pays ont-ils pour la plupart renoncé à ce mode de fumure, regardant comme beaucoup plus avantageux de convertir les récoltes vertes en fumier, en les faisant consommer par les bestiaux.

Quelque abondante que soit la récolte destinée à être enfouie, elle ne peut jamais produire qu'une demi-fumure.

Les prairies artificielles que l'on défriche sont les engrais verts les plus abondants et les moins coûteux, parce qu'ils résultent d'une culture qui a déjà payé ses frais. M. de Gasparin a recueilli, sur un hectare de luzerne défriché, 37,024 kilog. de débris et racines qui, d'après leur teneur en azote, représentaient 74,400 kilog. de fumier de ferme, quantité susceptible théoriquement de produire 32 hectolitres de blé.

Pour les autres plantes enfouies, il faut tenir compte de la dépense des cultures qu'elles nécessitent, courir les chances de leur réussite, entièrement subordonnée aux intempéries atmosphériques, et se rappeler que la rente de la terre et des travaux s'élève fort souvent au-dessus de la valeur réelle de l'engrais vert obtenu.

On peut encore considérer comme *engrais verts* les feuilles des plantes qui sont cultivées pour leurs racines ou leurs tubercules, telles que les feuilles de betteraves, de carottes, de navets, de pommes de terre, de topinambours, etc. Ces matières peuvent servir comme engrais et comme fourrages, et c'est au cultivateur à décider, d'après sa position et ses ressources particulières, s'il doit les enterrer ou les faire passer par le corps du bétail.

M. Boussingault regarde les feuilles de betteraves, de pommes de terre et de navets comme des aliments qu'il ne faut donner que dans un cas de nécessité. Le plus souvent, d'après lui, il est de beaucoup préférable de les enfouir dans le sol aussitôt après la récolte ; si ce sont des aliments médiocres, ce sont, au contraire, des engrais supérieurs en qualité au fumier de ferme. Les fanes de pommes de terre recueillies sur un hectare représentent environ 800 kilog. de ce fumier supposé sec ; et les feuilles de betteraves fournies par une semblable surface valent plus de 2600 kilog. du même engrais au même état de siccité.

Si nous prenons le dosage de l'azote comme mesure de la valeur des engrais verts précédents, voici les équivalents qu'on peut leur assigner :

	Azote sur 100 de la matière à l'état normal.	Équivalents.	Nombre de kil. de la substance pour fumer 1 hect. de terre.
Fanes d'œillette..............	0,95	42,10	12,630
— de carottes.	0,85	47,00	14,100
— de colza...............	0,75	53,33	15,999
— de madia..............	0,57	70,45	21,135
— de pommes de terre......	0,55	72,72	21,816
Gazon d'une prairie naturelle....	0,53	75,47	22,641
Feuilles de betterave...........	0,50	80,00	24,000
Sarrasin desséché à l'air.	0,48	83,33	24,999
Racine de trèfle séchée à l'air...	1,61	24,84	7,452

Autres végétaux et débris de plantes. Les végétaux herbacés ne sont pas les seuls qu'on utilise comme engrais verts. On emploie aussi des arbustes et même des arbrisseaux. Lors du défoncement des friches couvertes de genêts, d'ajoncs, de bruyères, tout en brûlant une partie de ces végétaux sur le sol, on enfouit les rameaux au fond de la jauge de labour pour en obtenir un engrais durable et un excellent amendement des terres fortes.

Dans quelques communes des départements du Gard, de la Drôme, des Basses-Alpes, de l'Ain, etc., où les montagnes calcaires sont couvertes de buis, on utilise avec grand avantage les rameaux feuillés de cet arbrisseau comme engrais vert; seulement, pour les disposer à la fermentation, avant de les enfouir on les répand sur les voies publiques, afin qu'ils soient foulés et écrasés par les pieds des chevaux.

En Provence et dans les pays de montagnes, on emploie aussi au même usage les tiges feuillées des pins.

On fume souvent, en Provence, les oliviers, en plaçant à leur pied des gerbes de roseaux; cet engrais dure deux ans avant d'être entièrement consommé. Chaque pied d'olivier reçoit deux gerbes de roseaux du poids de 2 kilog. chacune. On les vend à Arles 2 fr. les 100 kilog. Leur emploi, à l'état frais et sec, est si considérable dans le voisinage des étangs du Midi, que cette plante est l'objet d'un grand commerce et a singulièrement élevé le prix des terrains inondés qui la produisent.

Dans la région des vignobles du midi de la France, notamment dans les départements des Bouches-du-Rhône, du Gard et de l'Hérault, la rareté des engrais d'étable, l'extension de la culture de la vigne et l'obligation d'entretenir la fertilité des coteaux et même des plaines qui lui sont consacrées, fait attacher une importance de plus en plus grande aux roseaux qu'on peut récolter en partie comme fourrage, mais partout comme litière. On désigne sous le nom de *marais roseliers* les emplacements dans lesquels on entretient, par des moyens convenables, une abondante végétation de ces roseaux et de quelques autres plantes aquatiques (joncs, souchets, carex, scirpes, fléchières, etc.), qu'on fauche en automne, ordinairement du 15 septembre au 15 octobre. La coupe d'un hectare de roseaux ou de joncs suffit à la fumure de trois hectares de vigne.

En Angleterre, en Allemagne, en Belgique où l'on emploie les mêmes plantes aquatiques comme engrais vert, on se hâte de les enfouir après leur fauchaison, pour éviter qu'elles ne fermentent et se détériorent à l'air.

Dans beaucoup de pays vignobles, on se loue de l'enfouissement des sarments frais au pied des souches de vigne.

D'autres débris végétaux peuvent encore être employés avantageusement pour l'enfouissement : telles sont les feuilles d'arbres, les écorces épuisées des tanneries, la sciure de bois, etc. Mais il convient, avant de s'en servir, de les faire fermenter pour détruire le tannin qui s'y trouve en abondance ; on les met, à cet effet, sous les animaux comme litière. Il vaut peut-être encore mieux les réserver pour en faire des composts avec de la chaux et de la terre, ainsi que nous le dirons plus tard.

Les tiges sèches de topinambour, les balles de froment et d'avoine, lorsqu'elles sont avariées de manière à ne pouvoir servir à la nourriture des bestiaux, divers résidus de fabrication, les pulpes de betteraves et de pommes de terre, les tranches de betteraves épuisées par macération, les écumes et dépôts des défécations du sucre de betteraves, les dépôts des eaux des féculeries sont encore autant de substances fertilisantes dont on devra tirer parti toutes les fois que l'occasion s'en présentera.

Voici les équivalents des différentes matières précédentes :

	Azote sur 100 de la matière à l'état normal.	Équivalents.	Nombre de kil. de la substance pour fumer 1 hect. de terre.
Bruyère séchée à l'air..........	1,74	22,90	6870
Dépôts des féculeries séchés à l'air.	1,538	24,50	7350
Feuilles de poirier.............	1,36	29,40	8820
Genêts (tiges et feuilles).........	1,22	32,78	9834

L.

	Azote sur 100 de la matière à l'état normal.	Équivalents.	Nombre de kil. de la substance pour fumer 1 hect. de terre.
Feuilles de hêtre.	1,777	33,98	10194
— de chêne.	1,175	34,00	10200
Buis (rameaux et feuilles)	1,170	34,18	10254
Pulpe de betteraves séchée à l'air.	1,14	35,00	10500
Balles de froment.	0,85	47,00	14100
Roseaux frais.	0,75	53,33	15999
Feuilles d'acacia.	0,721	55,47	16641
Sciure de bois de chêne.	0,54	74,00	22200
Feuilles de peuplier.	0,538	74,34	22302
Écume de défécation du jus de betterave.	0,535	74,65	22395
Pulpe de pommes de terre pressée.	0,526	76,00	22800
— de betteraves pressée	0,378	105,80	31740
Tiges sèches de topinambours.	0,37	108,10	32430
Dépôts des féculeries égouttés en tas.	0,36	111,10	33330
Sciure de bois d'acacia séchée à l'air.	0,29	137,90	41370
Roseaux macérés et fermentés.	0,267	149,81	44943
Autre sciure de bois d'acacia.	0,23	174,90	52170
Sciure de bois de sapin séchée à l'air.	0,23	174,90	52170
Autre espèce.	0,16	250,00	75000
Tranches de betteraves épuisées par macération.	0,009	4136,50	1240950

Végétaux marins. — Les varechs, les algues, les conserves et autres plantes marines doivent être préférés à toutes les autres plantes, lorsqu'on peut se les procurer sans trop de frais; ils contiennent abondamment, dans un tissu plus lâche, des sucs facilement altérables, et une petite proportion de chlorures de sodium, de potassium, de sulfate de potasse. Un grand nombre de coquillages, de corallines, attachés à ces plantes ou ramassés avec elles, concourent encore aux effets utiles de cette sorte d'engrais, que les Anglais appellent *grasswreck* ou *sea-weed*, herbe marine.

Dans beaucoup de localités, sur les côtes de Bretagne, de la Saintonge, de l'Aunis, de la Normandie, de l'Ecosse, de l'Irlande, de la Méditerranée, ces plantes sont une ressource importante, et leur emploi, comme engrais, remonte à une époque reculée.

On préfère les *varechs de rochers*, c'est-à-dire qu'on va arracher à mer basse, aux *varechs d'échouage* qu'on ramasse sur la plage, parce que ces derniers ont perdu par la macération dans l'eau une partie de leurs principes altérables, et qu'il faut, avant de les utiliser, les placer en litière pour qu'ils s'imprègnent de liquides azotés. Le temps de la récolte des varechs sur les côtes de France est fixé par l'Administration entre la pleine lune de mars et celle d'avril, époque à laquelle ils ont déjà répandu leurs granules reproducteurs, et ne sont point encore recouverts du frai des poissons.

Dans le département des Côtes-du-Nord, la charretée de quatre chevaux, qui équivaut à 1000 kilog., coûte sur la grève 5, 6 et même 8 francs, suivant la rareté et la facilité avec laquelle la récolte a été faite. A Morlaix, le mètre cube de varechs frais se vend, pris sur les quais, de 3 fr. 50 à 4 fr. 50 centimes.

Les varechs et autres plantes marines doivent être répandus et enterrés aussitôt qu'ils ont été recueillis. Si la saison ne permet pas de le faire immédiatement, on en prépare des composts avec de la terre et de la chaux pour ralentir leur fermentation tout en les laissant macérer. On peut encore les stratifier avec du fumier, et c'est ce que l'on fait notamment pour les terrains où l'on préfère l'emploi des engrais consommés.

On applique de préférence les varechs au lin; ils augmentent la quantité et la qualité de la filasse. Ils conviennent aussi pour l'orge, mais moins au trèfle, à l'avoine, aux turneps et aux autres plantes sarclées. Répandus sur d'anciens pâturages, ils en améliorent la qualité et en élèvent la production : les bestiaux en mangent l'herbe avec plus d'avidité, et s'engraissent plus promptement.

Dans le département du Finistère, on en répand, lorsqu'ils sont secs, jusqu'à 60 mètres cubes par hectare sur les terres argilo-siliceuses, et on en applique jusqu'à 80 sur les terres légères. Dans celui des Côtes-du-Nord, on en met, à l'état frais, sur le lin, de 16 à 20 mètres cubes par hectare, ce qui produit autant d'effet qu'une fumure de 30,000 à 36,000 kilog. de fumier.

On distribue le varech sur le terrain en tas et à la fourche, comme le fumier, puis on l'enterre le plus vite possible. Il se décompose rapidement, et son action est presque immédiate; mais elle ne se prolonge pas au delà d'une année. Il faut donc répéter l'engrais tous les ans.

Les jardiniers-maraîchers de Roscoff dans le Finistère, ceux d'Hyères, d'Ancône, de Sinigaglia, etc., font un usage presque exclusif des varechs et autres plantes marines pour fertiliser leurs champs.

Le pouvoir fertilisant des herbes marines, supérieur à celui du fumier, est expliqué par leur plus grande richesse en azote et en sels alcalins.

MM. Moride et Bobierre ont analysé du varech, pris sur le
champ même qu'il devait engraisser; ils y ont trouvé :

Matières organiques......................	74,24
Sels solubles (de soude et de potasse).......	9,16
Oxyde de fer et alumine.................	5,10
Carbonate de chaux et traces de magnésie...	3,30
Silice...............................	8,20
	100,00

Voici, d'après MM. Boussingault et Payen, les équivalents des
varechs;

	Azote sur 100 de la matière à l'état normal.	Équivalents.	Fumure de l'hectare.
Herbes marines animalisées et séchées.....................	2,408	16,61	4983 kil.
Autres......................	2,395	16,70	5010
Fucus digitatus séché à l'air.....	0,86	46,50	13950
Fucus sascharinus séché à l'air...	1,38	28,90	12633
Fucus saccharinus sortant de la mer......................	0,54	74,00	22200
Goëmon brûlé imparfaitement...	0,38	105,26	31578
Ceramium rouge, frais.........	0,23	173,72	56116

Dans des varechs qu'on avait comprimés après une dessiccation incomplète, dans l'intention de les enrichir, pour pouvoir
les exporter au loin, M. Malaguti a trouvé 1,28 p. 100 d'azote.
Dans d'autres qui avaient été soumis à l'action de la vapeur
pour en extraire le sel, il a trouvé 2 p. 100 d'azote, 1/2 de
phosphate de chaux, 2 de sels alcalins et 75 de substances organiques [1].

En résumé, les plantes marines constituent un engrais vert
qui ne contient pas de semences de mauvaises herbes, se décompose vite et est immédiatement assimilable. Avec le concours
de ces plantes, le cultivateur peut semer plus fréquemment des
céréales et des récoltes vertes, et augmenter ainsi la quantité
de ses fumiers. Il est bon de savoir, toutefois, que les céréales
et les plantes oléagineuses auxquelles on l'applique donnent
des produits de moins bonne qualité, à moins qu'on n'ait la précaution de l'associer au fumier ou à d'autres engrais animaux
plus riches.

Cet engrais ne convient pas à la vigne, car il communique à
ses fruits un goût si prononcé, que le vin qu'ils fournissent n'est
pas potable et ne peut servir qu'à la fabrication du vinaigre.
Les vins de Noirmoutiers et de l'île de Ré sont dans ce cas.

1. *Enquête sur les Engrais industriels*, p. 902.

Les vaches qui mangent des herbes marines sécrètent du lait dont le goût et l'odeur sont caractéristiques.

Engrais que fournissent les fruits et les graines. — Les graines contiennent toutes· une certaine proportion de substance azotée, de matières végétales et de phosphates terreux destinés à la première nourriture de l'embryon ; cela explique leur utilité comme engrais.

Dans quelques contrées méridionales, en Toscane par exemple, on fait torréfier légèrement les graines du lupin, ou bien on les plonge dans l'eau bouillante pour détruire leur faculté germinative. On les applique, comme engrais, aux cultures annuelles, et même dans la plantation des arbres, notamment des orangers et des oliviers, au pied desquels on les enfouit. Il n'en faut guère que 4000 kilog. pour fumer un hectare.

Les radicelles extraites de l'orge et du seigle germés, chez les brasseurs, ou les *touraillons*, sont encore plus riches. Leur état de division permet de les répandre économiquement et avec régularité. Comme elles absorbent et retiennent l'eau, on peut aussi s'en servir pour absorber des liquides azotés, du purin, des urines. Mathieu de Dombasle les employait comme supplément d'engrais pour les terres qu'il présumait n'avoir pas reçu assez de fumier, principalement dans les pièces de terre des coteaux où les charriages sont fort difficiles. Il en mettait de 25 à 30 sacs par hectare, et les répandait à la volée sur le froment, à la fin de l'hiver, lorsque la végétation commençait à renaître.

Les touraillons dosant 4,51 d'azote pour 100, leur valeur agricole est donc de 7 fr. 44 c. les 100 kilog. Les brasseurs les vendent généralement à raison de 60 cent. l'hectolitre, ne pesant jamais plus de 16 kilog., lorsque les radicelles sont bien sèches. A ce prix, c'est 5 fr. 52 les 100 kilog. : par conséquent le kilogramme d'azote revient à 1 fr. 39. C'est un peu cher.

Les marcs de raisin, des olives, de drèche, de pommes et de poires, sont des matières que l'on peut utiliser à la fécondation du sol. — Les marcs de raisin et de drèche font plus de profit, toutefois, lorsqu'on les fait d'abord servir à la nourriture des bestiaux ; ils se transforment ainsi en bien meilleur engrais. Dans le Midi, on fume le pied des vignes avec le marc de raisin; on l'applique aussi aux oliviers, et souvent encore on le mélange avec des·fumiers et des roseaux de marais pour qu'il fermente et se décompose plus vite en terre. On se plaint, en général, qu'il attire les rats, toujours avides des pepins.

Dans les pays à cidres, on ne tire que peu de parti du marc des fruits pilés ; cependant il pourrait être employé avec avantage, soit à la nourriture des porcs, soit à la fabrication d'un compost. Il ne faut s'en servir qu'après qu'il a fermenté pendant quelque temps ; et, dans tous les cas, il convient de l'additionner de chaux pour neutraliser la forte proportion d'acide qu'il renferme : on peut le convertir ainsi en une masse sèche, d'apparence tourbeuse, applicable à toutes les cultures, mais surtout aux prairies, et capable de produire d'excellents effets lorsqu'on l'enfouit au pied des jeunes plantations de pommiers. Voici comment il faut préparer ce compost.

On stratifie un hectolitre et demi de terre avec un hectolitre et demi de marc et un hectolitre de chaux vive en petits morceaux. Trois jours après, la chaux s'est délitée ; on opère le mélange de toutes les matières à la bêche. Au bout de trois semaines, on recoupe une seconde fois ; trois mois après, nouveau mélange. Le douzième mois, on recoupe encore et on peut employer le compost. A cette époque, le marc est entièrement détruit, et l'on n'en aperçoit plus de vestiges.

Dans tout le pays d'Auge (Calvados), où la fabrication du cidre est si considérable, les fermes sont encombrées du marc des fruits qu'on laisse perdre. Un seul cultivateur, M. Leroy, à Saint-Georges, près de Saint-Pierre-sur-Dives, comprend les services que le marc de pommes peut rendre comme engrais ; il le traite comme il vient d'être dit, et en tire un merveilleux parti pour ses herbages. Ce compost a encore ceci de bon, qu'il est exempt de semences de mauvaises herbes.

Le marc de café, qui, d'après M. I. Pierre, renferme 1,85 pour 100 d'azote en moyenne, et 11,2 d'acide phosphorique représentant à peu près 23 pour 100 de phosphate de chaux, constitue un engrais de second ordre et bien au-dessus des fumiers. Ses effets se font sentir pendant deux ou trois ans. L'horticulture pourrait en tirer un utile parti, surtout si l'on avait soin, pour activer sa décomposition, de l'imprégner d'urines qui augmentent sa valeur réelle comme substance fertilisante. On peut le recueillir en grande quantité dans nos départements du Nord et en basse Normandie, où l'on fait une consommation si considérable de café.

Voici, d'après MM. Boussingault et Payen, les équivalents des engrais précédents :

	Azote sur 100 de mattère à l'état normal.	Équivalents.	Nombre de kil. de la substanc pour fumer 1 hect. de terre.
Touraillons, ou radicelles d'orge..	4,51	8,80	2640
Graines de lupin blanc bouillies et séchées..................	3,49	11,46	3420
Marc de raisin séché à l'air.......	1,83	21,85	6555
—	1,71	23,39	7017
Marc d'olives séché à l'air.......	0,738	54,20	16260
Marc de houblon d'Allemagne, 1re qualité.................	0,60	66,65	19995
Marc de pommes à cidre séché à l'air.......................	0,59	67,79	20357
Marc de café.................	1,85	21,62	6466

Mais, de tous les marcs de fruits, ceux qu'on peut mettre en première ligne comme engrais, ce sont les marcs de graines oléagineuses, appelés ordinairement *tourteaux*. Ils opèrent admirablement, soit que, après les avoir réduits en poudre fine, on les sème au printemps sur les jeunes plantes, ainsi qu'on le pratique aux environs de Lille et de Valenciennes; soit, comme en Flandre, qu'on les fasse macérer dans l'eau, dans du purin, dans des urines ou des matières fécales, pour former un engrais liquide; soit que, comme en Provence, on les répande à la volée dans les lignes où l'on dépose du maïs au semoir; soit enfin que, comme dans le Bolonais et dans toute l'Angleterre, on en saupoudre les champs une dizaine de jours avant les semailles, et qu'on les recouvre de terre en même temps que les graines par un coup de herse.

C'est par un temps pluvieux qu'il convient d'appliquer les tourteaux : la sécheresse nuit à leur action. Lorsque, après leur introduction dans le sol, il survient une pluie abondante, ils opèrent d'une manière, pour ainsi dire, instantanée, parce que l'humidité favorise leur décomposition et met les principes nutritifs qui en résultent en contact avec les racines des plantes.

C'est surtout dans les terres franches, les terrains légers, sablonneux, qu'il faut les employer. Ils sont moins efficaces dans les terres fortes ou argileuses. Pour celles-ci, il est avantageux de s'en servir en mélange avec les urines, les matières fécales ou le purin, après un certain temps de putréfaction. On transporte alors cet engrais demi-liquide sur un chariot, et on le distribue sur les champs, sous forme de pluie, à l'aide d'une écope ou d'une espèce d'écuelle, pourvue d'un long manche. Cet instrument a différentes formes, suivant les localités, comme on le voit par les figures 251, 252 et 253 ci-après.

Dans les tourteaux, la matière azotée est dans un état qui la

rend facilement soluble dans l'eau, aussi est-elle susceptible de
se perdre par les pluies d'hiver et du printemps. On peut diminuer cet inconvénient en y associant une certaine
quantité de chaux; en effet, l'albumine et la caséine
végétales, qui en constituent le principe azoté, sont
susceptibles de former, avec la chaux, une combinaison insoluble qui se putréfie avec lenteur et ne
développe que peu à peu l'am-
moniaque que les plantes doivent absorber.

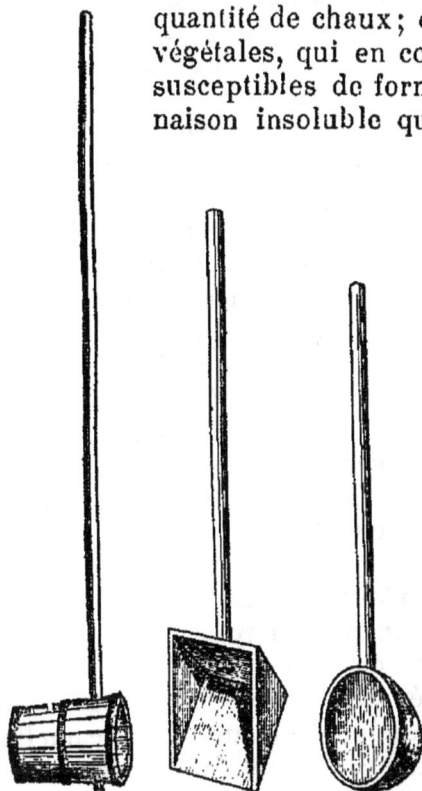

Il est très curieux que la
pratique ait amené précisément à la même conclusion.
Ainsi les bons cultivateurs de
la plaine de Caen ont constaté
que les tourteaux opèrent parfaitement bien dans les sols
calcaires et argilo-calcaires,
mais sont presque inertes dans
les terres argileuses. Schwerz,
de son côté, a recommandé
d'ajouter une partie de chaux
à six parties de tourteaux pour
fumer les sols froids, c'est-à-
dire argileux, et depuis longues années nous avons donné
le même conseil aux cultivateurs normands.

Fig. 251.　　　Fig. 252.　　　Fig. 253.

En Angleterre, on se sert
des tourteaux pour presque toutes les récoltes. En Flandre,
dans le département du Nord, on les réserve principalement
pour les céréales, les lins, notamment pour les colzas et autres
graines oléagineuses qui y trouvent les principes nutritifs, les
matières salines qui sont plus particulièrement nécessaires à
leur parfait développement.

L'application des tourteaux aux céréales d'hiver, dans les premiers jours du printemps, a pour effet principal de relever la
vigueur des plantes qui ont souffert de la mauvaise saison.

Dans tous nos départements du Midi, la courtillière ou taupe
grillon (zuccajola), qui exerce de si grands ravages dans les semis de maïs, ne se montre jamais dans les champs engraissés
avec de la poudre de tourteau. Selon M. de Vigneral, cet engrais
éloignerait les larves du hanneton ou mans, qui, dans nos dé-

partements du Nord et du Centre, occasionnent des dégâts si considérables.

Les tourteaux de caméline, d'œillette et de chènevis sont considérés, dans le département du Nord, comme des engrais *chauds*; leur effet ne dure qu'un an ; ceux de colza et de lin, au contraire, font sentir leur action pendant deux années; aussi les range-t-on dans la classe des engrais *froids*. Les tourteaux de lin sont regardés comme plus actifs que ceux de colza; les autres sont moîns bons; ceux de chènevis, de farine, d'arachide, de sésame, sont placés au dernier rang.

Généralement, presque partout, c'est le tourteau de colza qu'on applique le plus souvent aux récoltes. Chaque *tourte* ou pain pèse 1 kilog. On en met, dans le Nord et en Flandre, de 1200 à 1500 kilog. par hectare ; en Angleterre, on en donne environ 1000 kilog. Aux environs de Càen, on l'affecte spécialement au blé, à la dose de 1200 kilog. Chez M. de Bellecour, à If-sur-Laison (Calvados), on va jusqu'à 2000 kilog. ; mais on a reconnu qu'il y a avantage à associer le tourteau au fumier ordinaire comme demi-fumure, en sorte que, sur chaque hectare, on n'en met que 1000 kilog. et le reste de la fumure en fumier de ferme.

Jusqu'en 1850, les tourteaux n'avaient pas été analysés d'une manière complète. MM. Boussingault et Payen n'avaient déterminé que leur richesse relative en azote. MM. Soubeiran et J. Girardin ont entrepris, à cette époque, l'examen comparatif des tourteaux d'œillette, de colza, de lin, de chanvre, de cameline. de farine, d'arachide et de sésame [1]. Depuis, M. Girardin a analysé deux autres tourteaux fabriqués à Rouen, ceux de palmiste et de pignon d'Inde, dont les graines oléagineuses sont importées d'Afrique [2]. De leur côté, MM. I. Pierre, de Caen, Meurein et Corenwinder, de Lille, ont publié les analyses de plusieurs autres sortes, beaucoup plus rares que les précédentes. Voici ce qui ressort de tous ces travaux touchant leur richesse comparative en azote et en sous-phosphate de chaux, seul document utile pour le cultivateur :

1. *Journal d'Agriculture pratique,* février 1851, p. 89.
2. *Archives d'Agriculture du nord de la France,* IIIe série, t. II, p. 41 (mars 1862).

TABLEAU.

100 parties d'engrais à l'état normal contiennent :	en Azote.	En Phosphates représentés en sous-phosphate de chaux des os.	Autorités.
Tourteaux d'arachide...............	6,07	1,20	Soubeiran et Girardin.
— de béraf (melon d'eau du Sénégal)..............	5,50	3,44	I. Pierre.
— de caméline........	5,57	4,20	Soubeiran et Girardin.
— de chanvre ou chènevis....	6,20	7,10	—
— de colza ordinaire.........	5,55	6,50	—
— — panaché de Bombay...............	5,65	5,30	Meurein.
— — du Danube.........	4,69	»	Corenwinder.
— de cotonnier...............	4,08	4,55	Soubeiran et Girardin.
— de faine..................	4,55	2,10	—
— de lin...................	6,00	4,00	—
— de moutarde sauvage......	5,00	4,15	I. Pierre.
— de niger.	4,50	3,67	Meurein.
— d'œillette...............	7,00	6,30	Soubeiran et Girardin.
— de palmiste.	2,38	2,43	J. Girardin.
— de pavot blanc...........	6,00	8,85	I. Pierre.
— — de l'Inde.........	6,90	7,85	—
— de pignon de l'Inde........	3,40	2,63	J. Girardin.
— de ricin.................	3,83	5,38	Meurein.
— de sésame...............	5,57	3,20	Soubeiran et Girardin.

Ces divers nombres doivent être, dans la pratique, considérés comme des approximations, car il est bien certain que chaque tourteau, soumis à l'analyse, présentera des différences suivant son origine et la manière dont il aura été exprimé. Toutes les analyses précédentes se rapportent à des tourteaux pris sur les marchés de Rouen, de Caen, de Lille et de Marseille.

Quoi qu'il en soit, on voit par le tableau qui précède que les différents tourteaux du commerce sont loin d'avoir la même richesse en principes actifs, et qu'ils ne contiennent pas l'azote et les phosphates dans les mêmes rapports. En effet, en ne nous occupant que de ceux qui sont généralement employés, voici l'ordre dans lequel ils doivent être placés les uns à la suite des autres, en ayant égard à leur plus grande richesse :

1° *En azote :* Tourteaux d'œillette, de chanvre, d'arachide, de lin, de sésame de caméline, de colza ;

2° *En phosphates :* Tourteaux de chanvre, de colza, d'œillette, de lin, de caméline, de sésame, d'arachide.

Il suit de là que pour remplacer 30,000 kilog. de fumier nécessaires à la fumure d'un hectare, au début de la rotation de trois ans, il faut, des tourteaux précédents, les quantités suivantes :

Pour l'Azote.		Pour les Phosphates.	
	kil.		kil.
Tourteaux d'œillette.....	1,714	Tourteaux de chanvre...	1815
— de chanvre....	1,935	— da colza.....	1985
— d'arachide. ...	1,998	— d'œillette. ...	2047
— de lin........	1,999	— de lin.	2633
— de sésame.....	2.154	— de caméline..	3072
— de caméline...	2,154	— de sésame....	4032
— de colza.... .	2,160	— d'arachide....	10740

Le prix de vente varie suivant les années. Les moins chers de tous sont ceux de chanvre et de sésame (12 fr. 50 en moyenne les 100 kilog.); vient ensuite celui du colza (13 fr. 50), puis ceux d'œillette, de caméline et d'arachide (14 fr.); le plus coûteux est celui de lin (21 fr.), aussi presque partout le réserve-t-on à l'alimentation du bétail.

On voit que le prix du kilog. d'azote est loin d'être le même pour ces sept espèces de tourteaux. En effet,

Avec les tourteaux de chanvre et de sésame, il est de......	2	fr.	24 c.
— d'œillette, de caméline et d'arachide..	2		30
Avec celui de colza..................................	2		43
— de lin	3		50

En adoptant les dosages pratiques du Nord pour le tourteau de colza, c'est-à-dire 1200 à 1500 kilog. par hectare et en admettant les mêmes quantités pour les autres espèces, le prix de la fumure de l'hectare réviendrait :

Avec les tourteaux de chanvre et de sésame à.............	150 f.	à 187 f.	50 c.	
— de colza à.......................	162	à 202		50
— d'œillette, de caméline et d'arachide.....	168	à 210		
— de lin..........................	252	à 315		

Mais si l'on prenait les dosages indiqués par la théorie d'après la teneur en azote, tels qu'ils sont reproduits plus haut, le prix de la fumure serait bien plus élevé; en effet, dans ce cas :

Les 1714 kil. de tourteaux d'œillette reviendraient, en nombres ronds à 240 fr.				
1945	de chanvre,	—	—	à 242
2154	de sésame,	—	—	à 269
1998	d'arachide,	—	—	à 280
2160	de colza,	—	—	à 292
2154	de caméline,	—	—	à 301
1999	de lin,	—	—	à 420

La composition chimique comparée de ces tourteaux démontre encore qu'ils ne pourraient, à la dose employée ordinairement, satisfaire à toutes les exigences de l'assolement triennal, mais qu'ils sont appropriés à une culture de plantes épuisantes qui exigent, dans l'année même, une abondante quantité de principes nutritifs. C'est, en effet, ce que l'expérience pratique a démontré depuis longtemps. Voici comment s'exprime à cet égard Mathieu de Dombasle, qu'on doit toujours consulter lorsqu'il s'agit de la pratique agricole :

« J'ai remarqué que des tourteaux de colza, répandus à raison de 2500 livres (1200 kilog.) par hectare, produisent communément, pourvu que la saison ne soit pas trop sèche, un effet que l'on peut comparer à une fumure en fumier d'étable, à raison de 30 ou 40 milliers par hectare. mais pour la première année seulement, les tourteaux n'étendant guère plus loin leur action.

« Au prix ordinaire des tourteaux, il n'est guère économique de les employer sur les céréales, à moins que les grains n'aient une valeur très élevée. Mais, si l'on a semé une prairie artificielle avec la céréale, la question change entièrement de face, car alors les tourteaux contribuent essentiellement aussi à assurer le succès de la prairie artificielle, par la vigueur qu'ils impriment à la végétation pendant la première année ; et le succès de la prairie artificielle assure également celui de la céréale qui doit la suivre ; en sorte que, dans ce cas, les tourteaux augmentent réellement les produits de plusieurs récoltes successives. La même observation peut s'appliquer à plusieurs autres espèces d'engrais pulvérulents ou liquides dont l'action ne dure, en général, qu'une année, et qui peuvent, par cette combinaison, s'employer d'une manière beaucoup plus profitable [1]. »

Le peu d'humidité, la forme portative, la valeur fertilisante des tourteaux, donnent de grandes facilités pour les porter là où les chargements de fumier ordinaire ne pourraient pas arriver. C'est surtout dans les exploitations d'une étendue disproportionnée avec les ressources de ceux qui les cultivent, et conséquemment dépourvues de bétail, c'est au début d'une entreprise agricole que ces sortes d'engrais doivent être adoptés.

Il ne faut jamais acheter les tourteaux en poudre, mais bien en tourtes ou en pains entiers, parce qu'on s'exposerait à avoir des mélanges frauduleux. Les marchands ne se font pas scrupule de mélanger aux tourteaux les plus chers ceux d'un prix inférieur, comme, par exemple, celui d'arachide ou de faîne

1. *Annales de Roville*, t. V. p. 492.

à celui de colza. Il y en a même qui ajoutent aux tourteaux en poudre des substances inertes, sciure de bois, terre ou argile, sable, craie, etc.

On reconnaîtra que des tourteaux contiennent de la craie en les plongeant dans de l'eau aiguisée d'acide chlorhydrique : il se produira, dans ce cas, une effervescence qui n'a jamais lieu avec les tourteaux exempts de craie.

Le sable, la terre, l'argile, etc., se reconnaissent en délayant les tourteaux dans l'eau : la substance même du tourteau reste assez longtemps en suspension, mais toutes les matières terreuses se déposent rapidement au fond du vase.

Si, en faisant cet essai, des matières légères, d'apparence ligneuse, venaient se réunir à la surface de l'eau, il serait facile de les reconnaître pour de la sciure de bois, soit à l'œil, soit au moyen d'une loupe.

Un agronome du Midi, M. Michel, rédacteur en chef du *Journal d'Agriculture du Var*, a soutenu, il y a quelques années, que les tourteaux n'activent la végétation que par l'huile qu'ils renferment, et que, par conséquent, on devrait remplacer avec avantage et économie ces tourteaux par l'huile même, qu'on ferait absorber à l'avance par des cendres de houille ou de tourbe.

Cette opinion est contraire aux données de la science et aux résultats de la pratique. Ce n'est pas par l'huile qu'ils retiennent encore, de 10 à 12 p. 100 environ, que les tourteaux opèrent si bien comme engrais, mais en raison des principes azotés et des phosphates terreux qui abondent de préférence dans toutes les graines.

Il y a plus : des faits démontrent que plus les tourteaux gardent d'huile, par suite d'une mauvaise pression, moins ils conviennent comme engrais, quand on les mêle aux graines destinées aux semailles; car l'huile mise en contact direct avec les semences empêche leur germination. Vilmorin signale, en effet, cette circonstance que du tourteau, répandu sur des semis de blé, a empêché leur sortie.

M. de Gasparin cite un autre fait très remarquable qui concorde avec ce dernier et qui l'explique : « Un propriétaire de Provence, trouvant à son blé une couleur sale, le fit remuer avec une pelle de bois légèrement enduite d'huile. Le grain prit une belle couleur; mais, vendu pour semence, il ne sortit qu'un petit nombre de plantes, et le vendeur fut condamné à restituer le prix des graines, et à des dommages-intérêts envers l'acheteur. »

Pour éviter cette influence fâcheuse de l'huile, il sera donc toujours prudent de répandre le tourteau dix à douze jours avant la semaille, ou de l'humecter préalablement, ainsi qu'on le pratique dans le Midi, afin de lui faire éprouver un commencement de fermentation qui altère, modifie ou décompose la matière huileuse.

Si le nouveau procédé d'extraction des huiles de graines par le sulfure de carbone, qui a préoccupé si vivement nos fabricants d'huile, est appelé un jour à remplacer les procédés actuels, il en résultera des tourteaux presque complètement purgés d'huile.

Les graines de colza épuisées par le sulfure de carbone donnent des tourteaux plus riches en azote d'un seizième que les tourteaux obtenus par l'ancien procédé.

On peut voir, par l'exemple des tourteaux, combien la manière d'estimer les choses varie avec la destination qu'elles doivent recevoir. Ainsi les tourteaux les moins chargés d'huile sont les meilleurs comme engrais; ce sont les moins bons, par contre, pour la nourriture et l'engraissement des animaux. C'est qu'en effet, dans les tourteaux, la matière grasse est toute prête à l'assimilation, et elle intervient : directement en concourant à la formation de la graisse, indirectement en servant à la production de la chaleur animale dans l'acte de la respiration.

Des composts. — On donne ce nom à des mélanges artificiels de matières minérales et organiques de toutes sortes, qu'on forme en établissant l'une sur l'autre des couches de substances de diverses natures, et en s'étudiant à corriger les vices des unes par les qualités des autres, de manière à donner à la masse les propriétés convenables au terrain que l'on veut engraisser. C'est ainsi que, pour les composts destinés aux terres argileuses et compactes, on stratifie des lits de plâtre en morceaux, de gravois ou de mortiers de démolition, avec des lits de fumier de litière de mouton ou de cheval, de balayures de cours, de marne maigre ou calcaire, de limon vaseux, de matières fécales, de débris de foin ou de paille, de mauvaises herbes. On laisse fermenter en tas, en arrosant avec le jus qui découle par le bas, puis on mélange toutes les matières et on les porte sur le champ à fumer. Dans les composts destinés aux terrains légers, poreux ou calcaires, on fait prédominer les principes argileux, les substances compactes, les fumiers froids, et l'on pousse la fermentation jusqu'à ce que les matières organiques soient plus complètement décomposées.

La multitude des recettes pour faire des composts prouve qu'il n'est pas bien difficile d'en inventer. Tout peut être utilisé dans les fermes bien administrées, car tout peut servir à l'engraissement des terres et suppléer à la disette des fumiers. Ainsi la tourbe, le tan, le bois pourri, la sciure de bois, les feuilles d'arbre, les mauvaises herbes, les débris de paille, la poussière des greniers à foin et à grains, le marc des pommes à cidre et du raisin, les gazons, etc.; tous les liquides chargés, ou de matières salines, ou de matières organiques, tels que les urines, le purin, les eaux grasses, les eaux de savon, les eaux de féculeries, le liquide des abattoirs, l'eau des routoirs dormants dans lesquels on a fait rouir le chanvre et le lin, l'eau des mares dans lesquelles on a lavé les moutons et qui contient alors le suint des toisons, etc.; toutes les terres, les sables de routes, les cendres du foyer, les cendres de houille, les charrées, les suies de bois et de houille, la terre obtenue par le curage des fossés, des mares, les débris de démolition, etc.; tous les débris d'animaux, cadavres de bêtes mortes, os de boucherie cassés menu, chiffons de laine, poils, cheveux, plumes, drayures de peaux, débris de cuir, râpure de corne, résidus des fabriques de colle et de boyauderies, sang des animaux, issues et vidanges d'intestins, etc.; tout cela peut servir à la fabrication des composts, et le cultivateur trouve sous sa main, dans toutes les positions, dans toutes les localités, d'immenses ressources pour augmenter la provision d'engrais de son exploitation.

La chaux convient très bien pour aider à la désagrégation des parties ligneuses, des herbes sèches, des feuilles, et activer la maturité des composts dans lesquels il entre beaucoup de ces matières organiques qui résistent à la putréfaction; mais il faut avoir l'attention de ne jamais ajouter de la chaux aux matières fécales, au purin, aux urines, aux fumiers animaux, car cette matière alcaline, en chassant l'ammoniaque de ces substances, causerait une perte considérable des principes utiles et réduirait beaucoup la valeur de ces engrais.

Dans le Cotentin et dans le pays d'Auge, en basse Normandie, on n'a pas égard à cette circonstance, car pour fumer les herbages, on fait ce qu'on appelle des *tombes*, c'est-à-dire des mélanges de terre, de fumier et de chaux, qu'on laisse réduire à l'état de terreau par leur décomposition et par le maniement de la masse à plusieurs reprises.

Pour former une *tombe*, on commence par rassembler la masse de terre nécessaire, et, pour augmenter en même temps

la hauteur de la terre végétale de la prairie, on affecte avantageusement à cette destination des terres de chemins, des
boues des mares, des vases des fossés, etc., qui forment un
terreau précieux, à cause de l'abondance des débris végétaux
qui s'y trouvent. Lorsque ces éléments manquent ou qu'ils sont
insuffisants, on laboure, dans une partie de l'herbage que l'on
veut engraisser, une étendue de terrain assez grande pour
fournir le volume de terre dont on a besoin. Ce défrichement
porte le nom de *chancière*. On a soin de l'opérer ordinairement
dans la partie la plus élevée de la pièce, dans l'endroit le plus
ombragé, et dans celui que fréquentent de préférence les
bestiaux.

La terre étant bien ameublie, on y incorpore le fumier consommé, par lits alternatifs, jusqu'à ce que la masse ait une
hauteur de 70 centimètres à 1 mètre. C'est avant l'hiver qu'on
fait ce mélange. Au bout de quelques mois, on *recoupe* la tombe,
c'est-à-dire qu'on la démolit pour la reformer de nouveau en
mélangeant les matières. Cette opération se renouvelle quatre
à cinq fois jusqu'à ce que la tombe soit apprêtée.

Il n'y a pas de règles fixes pour la quantité du fumier; plus
il y en a, plus les tombes sont réputées bonnes. On calcule approximativement la quantité de fumier sur le besoin qu'a
l'herbage d'être engraissé. Cependant nous pensons qu'avec
un mètre cube de bon fumier sur 10 mètres cubes de terre, on
peut obtenir des résultats satisfaisants.

La quantité de chaux qu'on ajoute aux tombes n'est pas déterminée; un hectolitre 1/2 peut suffire pour 10 mètres cubes de
terre. Les bons cultivateurs ne l'introduisent que quinze jours
avant l'épandage, sous forme de morceaux, en profitant de l'occasion d'un *recoupage*. Les pierres, placées de distance en distance,
sont enfouies assez avant dans la tombe pour qu'elles soient à
l'abri des eaux pluviales qui, sans cette précaution, les chan-
geraient en mortier, et pour qu'elles *s'éteignent* doucement ou
soient réduites en poudre uniquement par l'action de l'humidité de la terre.

Lorsqu'on a reconnu que la chaux est éteinte, on profite, s'il
est possible, d'une journée sèche pour *découper* la tombe, c'est-
à-dire opérer le mélange aussi complet que possible de l'élément calcaire avec le restant de la masse. On fait habituellement deux recoupages.

Il serait préférable de remplacer la chaux par de la marne
bien divisée, ou par tout autre calcaire en poudre; il vaudrait
peut-être encore mieux faire deux tombes: l'une de terre et de

fumier, l'autre de terre et de chaux ; cette dernière ne serait
répandue qu'après la première. On serait assuré, de cette manière, de ne perdre aucun des principes utiles du fumier.

Quoi qu'il en soit, c'est au commencement de février qu'on
emploie les tombes, ainsi préparées, pour la fumure des herbages. L'action de l'engrais a le temps de se faire sentir à l'herbe
avant le printemps. L'effet des tombes dure de huit à neuf ans.
Leur utilité est tellement reconnue dans le Bessin, que dans les
baux on stipule que le fermier sera tenu d'engraisser ses herbages et prairies au moins une fois pendant la durée du bail,
qui est toujours de neuf ans [1].

Les composts conviennent particulièrement aux prairies, aux
tréflières, aux luzernières et aux arbres fruitiers. Lorsqu'ils ont
bien fermenté, et qu'ils sont privés des graines de mauvaises
herbes, on peut les employer pour les terres arables ; mais il
vaut mieux les réserver uniquement pour les prairies, et conserver les fumiers d'étable et d'écurie pour les terres de labour.

Pour conduire les composts sur les prés, on choisit un temps
favorable, en janvier et février ; on les dispose par petits tas
que l'on répand en mars. Souvent, une fumure aux composts se
fait sentir sur les prairies pendant deux à trois ans ; elle a surtout pour effet, dans les prairies humides, par suite de l'amendement qu'elle introduit dans la nature du sol, de détruire les
mousses, les joncs, les carex, les iris, les colchiques, de favoriser la croissance des bonnes plantes, et de donner beaucoup de
force au gazon.

Ce sont surtout les Anglais qui ont mis les composts en grand
usage, et il n'y a pas encore bien longtemps qu'on croyait que
c'était la meilleure manière d'administrer les engrais. On est
revenu peu à peu de cet engouement, et l'on ne se sert plus
aujourd'hui des composts que pour utiliser une foule de matières qui, sans cela, seraient perdues ou resteraient sans valeur.

Il ne faut, du reste, faire des composts qu'après avoir bien
calculé si cet engrais ne sera pas plus coûteux que le fumier
ordinaire. La fabrication des composts est, en effet, dispendieuse, en raison des travaux manuels et de charriage qu'elle
exige, surtout lorsqu'on agit sur des masses considérables.
D'ailleurs, sous le rapport de l'application, il y a toujours de
l'incertitude sur leur valeur réelle, c'est-à-dire sur leur richesse

1. Notes sur les tombes, ou composts du Bessin, par Morière. — *Journal d'Agricul-*
ture pratique, IIIᵉ série, t. VI, p. 183 (1853).

en azote et en sels minéraux, parce que leur composition doit nécessairement, et sans cesse, varier. Ce n'est qu'un début d'une exploitation, et lorsqu'il y a insuffisance de bétail, qu'il y a nécessité absolue de recourir aux composts, et qu'on peut en tirer un excellent parti.

L'engrais Jauffret, dont on a fait tant de bruit il y a une trentaine d'années, n'est qu'une espèce de compost destiné surtout à utiliser une foule de mauvaises plantes, plus ou moins ligneuses, qu'on néglige habituellement. Il convient dans tous les pays où, à cause du peu de bétail qu'on y élève, l'on ne peut se procurer que fort difficilement des fumiers de litière.

Voici comment on prépare cet engrais :

On ramasse de l'herbe, des orties, de la paille, des genêts, des bruyères, des ajoncs, des roseaux, des fougères, des menues branches d'arbre, etc. On entasse ces matières, écrasées et coupées, sur un plan battu et légèrement incliné, et l'on en forme une meule aussi forte que possible (fig. 254). L'emplacement

Ftg. 254. *Meule d'engrais Jauffret.*

doit être à proximité d'un réservoir d'eau, ou d'une mare dans laquelle on jette, pour en faire croupir l'eau, du crotin, des matières fécales, des égouts d'écurie et autres matières putréfiables. Il en résulte un excellent levain, auquel on ajoute encore des proportions suffisantes d'alcalis ou de sels alcalins, de suie, de sel, de plâtre, de salpêtre. On arrose abondamment la meule avec cette lessive et l'on pratique plusieurs arrosages semblables, à quelques jours de distance. Autour du plateau, il il y a un rebord en terre pour écarter les eaux pluviales et retenir le purin qui découle de la meule. Au bas du plan incliné, on pose, en terre, un tonneau pour recevoir les égouts.

La masse de substances végétales s'échauffe très rapidement; elle fume, répand, dès le cinquième jour, une bonne odeur de litière, et sa fermentation est si active, surtout après le troisième arrosage, que la température, dans le centre, s'élève jusqu'à 75°. Vers le douzième ou quinzième jour, les matières végétales sont assez décomposées pour qu'on puisse déjà les enfouir en qualité de fumier. Cependant, lorsqu'elles sont très ligneuses, elles résistent davantage à la désagrégation, et il est profitable de les laisser en meule pendant un mois entier.

Voici les formules données par Jauffret pour composer la *lessive* ou *levain d'engrais* ;

PREMIÈRE RECETTE.

		Prix de revient.	
100 kil.	de matières fécales et urines......................	2 fr.	
25	de suie de cheminée............................	1	
200	de plâtre en poudre............................	4	
30	de chaux non éteinte.	1	50
10	de cendres de bois lessivées.....................	1	50
»	500 grammes de sel marin.	»	20
»	320 grammes de sel raffiné.	»	25
25	de levain d'engrais, matière liquide ou suc de fumier provenant d'une précédente opération, pouvant être remplacé par 25 kil. de gadoue................	»	20

10 fr. 65

On délaye ces matières dans un bassin avec assez d'eau pour faire 10 hectolitres de lessive. Cette quantité suffit pour convertir en engrais 500 kilog. de paille ou 1000 kilog. de matières végétales ligneuses, lesquelles produisent environ 2000 kilog. de fumier.

Si nous ajoutons au prix de 16 hect. de lessive..........	10 fr. 65
500 kil. de paille................................	28 »
Main-d'œuvre pour manipuler la meule................	2 »

40 fr. 65

il en résulte que les 2000 kilog. d'engrais reviennent à 40 fr. 65 c. Or la voiture de fumier ordinaire, du poids de 2000 kilog., ne coûte en moyenne, que 16 à 20 fr.

DEUXIEME RECETTE.

Prix de revient.

500 kil.	d'un mélange de paille de colza, de foin, de joncs et de cossettes de colza......................	10 fr.	»
20	de vesce, trempée pendant quatre jours dans l'eau, remplaçant la matière fécale...............	3	»
30	de chaux vive...........................	1	60
17	500 grammes de matières fécales..............	»	70
»	625 grammes de salpêtre.....................	1	»
25	de suie de cheminée........................	1	20
200	de terre de route, remplaçant le plâtre...........	1	»
»	500 grammes de sel marin....................	»	20
	Main-d'œuvre............................	2	»

20 fr. 70

On obtient ainsi, en substituant la paille de colza à celle des céréales, un engrais moitié moins cher, mais encore plus cher que le fumier d'étable.

Pour la composition de la lessive, Jauffret indique qu'on peut remplacer :

Les 100 kil. de matières fécales par 20 kil. d'orge, lupin ou sarrasin, en grains non dépouillés ;

Ou par 125 kil. de fiente de cheval, bœuf, vache, porc ;

Ou par 50 kil. de crottin de mouton, chèvre, etc. ;

Les 25 kil. de suie de cheminée par 50 kil. de terre cuite ;

Les 200 kil. de plâtre par 200 kil. de limon de rivière, vase des collines, vase de mer, terre grasse des bois, marne ou poussière des grands chemins ;

Les 100 kil. de cendres de bois par 1 kil. de potasse ;

Les 500 grammes de sel marin par 50 litres d'eau de mer ;

Les 320 grammes de salpêtre raffiné par 500 grammes de salpêtre brut.

On peut, au reste, modifier de bien des manières la préparation de l'engrais Jauffret. Ce qu'il faut surtout chercher, c'est de produire l'engrais au meilleur marché possible.

Dans les pays à bestiaux, il n'y aura presque jamais d'économie à remplacer le fumier d'étable par l'engrais Jauffret ; car, d'une part, ce dernier est plus cher, et, de l'autre, il n'a pas l'efficacité du premier. Mais, dans les pays pauvres, dans les exploitations où le bétail est insuffisant, il y aura tout avantage à convertir rapidement en un excellent compost toutes les mauvaises plantes plus ou moins ligneuses et les détritus de peu de valeur, dont l'emploi serait fort incommode dans leur état naturel, et dont la décomposition dans le sol serait trop lente. Ce qui mettra souvent obstacle à la mise en pratique de la méthode de Jauffret, c'est l'énorme quantité d'eau qu'elle nécessite.

Engrais industriels complexes. — Les succès obtenus avec le guano, les progrès de l'agriculture, l'augmentation du prix des fermages, la nécessité de faire de la culture intensive, c'est-à-dire de produire au maximum afin de réaliser des bénéfices en rapport avec les charges actuelles, enfin l'insuffisance générale des engrais de ferme, ont donné l'idée à plusieurs industriels de fabriquer de toutes pièces des engrais plus ou moins semblables aux guanos naturels, en tirant parti de toutes les matières animales qu'on laisse perdre, et des matières salines que les fabriques de produits chimiques livrent actuellement à des prix relativement assez bas.

C'est surtout depuis une vingtaine d'années que la fabrication de ces engrais industriels a pris une grande extension et a été dirigée de plus en plus d'après des principes scientifiques. A l'origine, on se bornait à recueillir tous les débris d'animaux que l'on perdait, à les faire fermenter ou à les dessécher simplement, et à les mélanger entre eux dans des proportions variables d'une manière empirique. Aujourd'hui, le point de départ est encore le même, mais on a singulièrement amélioré ces mélanges par l'adjonction de certains produits chimiques, sels ammoniacaux, azotates ou nitrates de potasse et de soude, phosphate de chaux à différents états, sels de potasse et de magnésie provenant du traitement des eaux mères de nos marais salants, destinés à compléter l'ensemble des matériaux indispensables à la vie des plantes, et à rapprocher, autant que possible, la composition de ces mélanges de celle du bon fumier d'étable.

C'est là un progrès réel, parce que c'est un moyen d'affranchir notre agriculture d'une partie du tribut qu'elle paye à l'étranger pour se procurer des matières premières dont elle a besoin afin d'assurer la subsistance de tous.

A mesure que la fabrication de ces engrais industriels se perfectionnait, la moralité de leur commerce s'améliorait également. Il y a dix ans à peine, les maisons d'une honorabilité notoire étaient l'exception; aujourd'hui, c'est presque une règle, et l'on compte parmi les grands producteurs les noms les plus respectables, et même quelques-unes des plus importantes fabriques françaises de produits chimiques. Tous les engrais livrés actuellement par les maisons qui jouissent d'un renom mérité portent avec eux leur bulletin d'analyse spécifiant leur richesse en azote, phosphates, potasse et autres principes fertilisants. C'est encore là un progrès dont il faut se féliciter.

Les plus instruits et les plus habiles, parmi ces producteurs, composent des engrais spéciaux pour chaque nature de récolte, en tenant compte également de la diversité des terrains qui constituent les sols arables. Mais beaucoup de cultivateurs se contentent d'acheter des matières premières et de les mélanger comme ils l'entendent.

Tous ces faits montrent que l'industrie des engrais a réellement progressé depuis sa création, et il y aurait injustice à méconnaître les services rendus à l'agriculture française sous ce rapport. C'est ainsi que M. Gareau, ancien député, membre de la Société centrale d'agriculture de Paris, a pu, pendant quatre ou cinq ans, faire de l'agriculture très productive dans sa ferme du Bois-Thiboust, en faisant préparer par M. Rohart des engrais dont la composition avait été calculée mathématiquement, et qui ont permis de se passer complètement de fumier de ferme, ainsi qu'il résulte du rapport de M. Gareau à la Société centrale d'agriculture. — De son côté, M. de Kergorlay, vice-président de la même assemblée, constatait dans un rapport du 25 novembre 1872, et pour la cinquième fois, que les expériences comparatives auxquelles il s'était livré sur divers engrais industriels à sa ferme de Canisy « l'autorisaient à recommander une pratique qui donne un bénéfice de 100 à 250 fr. pour 100 du capital qu'elle exige, alors que ce bénéfice peut être réalisé dans l'espace de six à huit mois. »

Ces témoignages très concluants sont certainement à l'honneur de l'industrie des engrais, et prouvent que ces derniers sont arrivés assez rapidement à lutter avec avantage contre les produits étrangers. Nous nous faisons un devoir de signaler à la reconnaissance des cultivateurs et des économistes ceux des fabricants qui ont le plus contribué à tirer parti des immenses ressources en matières organiques et salines que la France possède, et à les faire concourir à élever de plus en plus notre production agricole, en mettant dans les mains des agriculteurs des produits fabriqués avec intelligence et loyauté, et vendus à des prix raisonnables, avec toutes les garanties qui peuvent rassurer sur leur valeur.

Tels sont, entre autres : MM. Rohart fils, à Paris, qui, l'un des premiers, est entré dans cette voie ; Kuhlmann, à Loos, près Lille ; Pichelin-Petit et fils, à la Motte-Beuvron (Loir-et-Cher) ; Jaille, à Agen ; Coignet et Cie, à Paris ; la Compagnie Richer, à Paris ; MM. Dulac, à Aubervilliers ; Faure et Kessler, à Clermont-Ferrand ; Maxime Michelet, à Paris ; Joulie, à Paris ; Dudoüy et Cie, à Paris.

Mais nous devons ajouter que les intermédiaires qui achètent en gros aux fabricants, pour revendre en détail, sont une véritable lèpre pour la petite culture, qui ne connaît pas assez les noms des producteurs, parce qu'elle vit trop en dehors de tout ce qui l'intéresse, au moins en ce qui concerne ses achats. C'est ainsi que, depuis dix ans, un honorable fabricant d'engrais de notre connaissance a livré plusieurs millions de kilogrammes de ses produits à des spéculateurs, généralement israélites, espèces de négociants en chambre, ou à peu près, qui, à l'aide de commis-voyageurs, vendent à de pauvres paysans, au prix de 30, 32 et quelquefois 34 fr., des engrais qui, emballés et rendus en gare, ne leur coûtent que 16 à 18 francs!

Ces gens-là font beaucoup de mal, bien.que livrant exactement au titre convenu de 5 pour 100 d'azote et 15 pour 100 de phosphates, minimums garantis, parce que le paysan, ne considérant que la dépense, n'emploie guère que la moitié de ce qu'il devrait répandre sur ses terres pour avoir des résultats sérieux. Si, mieux avisé, il s'adressait directement aux fabricants proprement dits, il aurait un poids double de marchandise pour le même prix, et il serait au moins assuré de retirer de ses avances un bénéfice certain de l'accroissement de ses récoltes.

Engrais chimiques. — En terminant l'étude des engrais, nous ne pouvons nous dispenser de dire un mot de ce qu'on a appelé la *doctrine des engrais chimiques.*

Il y a une trentaine d'années, le célèbre chimiste Liebig avait essayé de faire prévaloir cette idée que le fumier de ferme et les autres engrais organiques n'ont de valeur que par les substances minérales qu'ils renferment, et, comme conséquence logique, il engageait les cultivateurs à ne fumer leurs champs qu'avec des mélanges salins, contenant uniquement les principes minéraux que chaque espèce de plantes renferme dans ses tissus.

Malgré l'échec que subit cette théorie lorsqu'on en vint à l'expérimentation, elle a été reprise et préconisée tout récemment par un professeur du Muséum d'histoire naturelle de Paris, M. G. Ville, qui a consacré son rare talent d'exposition et toute son énergie à la faire adopter. Les mélanges salins qu'il recommande de substituer indéfiniment aux fumiers se composent de sulfate d'ammoniaque, d'azotates ou nitrates de potasse et de soude, de phosphate acide de chaux, de sulfate de chaux, de carbonate de potasse, de chlorure de potassium, dont les proportions respectives varient suivant chaque nature de récolte qu'il s'agit d'obtenir.

Le grand retentissement donné à cette singulière doctrine a
provoqué de nombreux essais ; mais, il faut bien le dire, les
résultats obtenus jusqu'ici, par les hommes les plus compé-
tents, habitués à diriger les expériences d'une manière rigoureuse et tout à fait scientifique, sont loin d'appuyer les principes
si absolus formulés par M. Ville, et il ne pouvait en être autrement, car ces principes sont en contradiction avec ce que la
pratique agricole a démontré depuis des siècles, et avec les lois
de la physique végétale.

Conseiller l'usage, dans une juste mesure, des sels minéraux
rapidement assimilables (sels ammoniacaux, nitrates alcalins,
phosphates, etc.), en les associant au fumier de ferme et aux
matières organiques azotées (sang, chairs, cornes, os moulus,
etc.), de manière à obtenir des engrais plus riches et plus complets, c'est une chose raisonnable ; mais rejeter de parti pris
l'humus ou la partie organique des engrais comme matière
inutile, c'est une erreur regrettable, dangereuse même, qu'on ne
saurait trop combattre.

Il ne faut voir dans les *engrais chimiques* de M. Ville que des
auxiliaires utiles, que des agents complémentaires au fumier de
ferme qui est et qui sera toujours l'engrais normal par excellence. Ce que disait, il y a seize ans, Soubeiran, dans un mémoire couronné par la Société centrale d'agriculture de Rouen,
est toujours vrai :

« Les agronomes ont raison d'apprécier beaucoup la valeur
de l'humus dans les engrais ; M. Liebig a bien fait de faire
ressortir l'influence des sels comme stimulants de la végétation et comme éléments constituants essentiels de quelques
principes élémentaires ; MM. Boussingault et Payen ont été
fondés à dire que la valeur d'un engrais s'accroît avec sa richesse en matière azotée ; mais celui-là a bien plus raison encore qui proclame que l'engrais par excellence est celui qui
renferme à la fois les trois éléments essentiels à savoir : l'humus, les sels et la matière azotée [1]. »

1. Soubeiran, *Sur l'homme et les engrais* (Journal d'Agriculture pratique, III° série, t. II, p. 185).

DE LA MISE EN CULTURE DU SOL.

DÉFRICHEMENTS.

On entend par *défrichement*, dans l'acceptation la plus restreinte et la plus absolue de ce mot, la mise en culture d'un terrain en friche, c'est-à-dire inculte. Ce mot, plus étendu, s'applique également à la mise en culture annuelle d'un bois ou d'une prairie naturelle.

Défrichement des terres incultes. — Quoique les 15 ou 16 millions d'hectares de terres incultes qu'on compte aujourd'hui en France ne soient pas, en général, des sols de première qualité, on ne peut cependant méconnaître l'utilité générale qu'il y aurait à les défricher. Quelques agronomes ont émis, au commencement de ce siècle, des doutes sur les avantages du défrichement de ces terrains; ils ont pensé qu'il y avait plus de profit à porter le progrès de la culture vers l'amélioration des terrains déjà cultivés que de donner de l'extension à ceux-ci. Mais, de nos jours, on pense avec raison que l'amélioration de ce qui existe n'exclut pas la création de nouvelles sources de richesse. D'ailleurs, le chiffre toujours croissant de notre population n'indique-t-il pas suffisamment que, tout en augmentant le rendement des sols déjà productifs, on doit aussi chercher à les étendre davantage, soit pour maintenir l'équilibre entre la production du sol et les besoins de la consommation, soit pour augmenter le bien-être et l'extension de la population en rendant l'alimentation moins coûteuse?

Une autre considération tout aussi importante, et développée par M. Edouard Lecouteux dans l'un de ses écrits, viendrait seule, au besoin, justifier les nouveaux défrichements. « Aujourd'hui encore, dit cet agronome, malgré d'énergiques efforts, la France, telle que nous l'ont léguée nos pères, présente un contraste fâcheux qu'il convient de détruire. Tandis qu'ici la vie industrielle surabonde avec toutes ses conséquences, là tout languit faute d'intelligence, de débouchés, de population. Libre à d'autres de conseiller la continuation d'un pareil état de choses; libre à d'autres de dire aux populations clairsemées de la région de l'Ouest de recourir à l'émigration, d'abandonner à la bruyère le sol natal et d'associer leurs efforts à ceux des habitants de contrées plus heureuses, où la charrue déchire le sol depuis longues années. Pour notre compte, ce n'est pas ainsi que nous comprenons la grande famille française : nous la voudrions riche partout, laborieuse partout. Que si, par des causes inhérentes à notre ancien état social, certaines provinces ont pu s'élever à une civilisation qui fait notre force, notre gloire, il est d'autres pays qui sont restés en arrière du progrès général, et qui feraient notre honte si, réparateurs de l'injustice du passé, nous n'établissions ce principe éminemment national, que c'est un devoir pour les pays les plus avancés d'initier les autres aux bienfaits de la civilisation. Voilà le véritable principe qui, à notre sens, domine la question des améliorations agricoles. Rétablir l'équilibre de la production, tel est le problème à poursuivre. Il ne faut pas l'encombrement d'un côté et la pénurie de l'autre. Il ne faut pas que, parmi nous, se trouvent des populations qui n'aient pas encore subi les frottements de la civilisation. Et cette civilisation, c'est la charrue qui doit la porter. Il n'est point simplement question du défrichement du sol; il s'agit de l'émancipation matérielle et morale de milliers de nos concitoyens. » Le défrichement des terrains incultes intéresse donc au plus haut degré le bien-être général.

Le choix des procédés à employer devant varier suivant leur nature, nous allons étudier séparément cette opération pour les *terrains non caillouteux*, pour les *sols caillouteux* et pour les *terres marécageuses*.

Terrains non caillouteux. — Nous avons dit, en traitant des labours, que la couche de terre meuble destinée à fournir à l'alimentation des diverses sortes de récoltes devait présenter une profondeur d'environ 0^m,40. Il faudra donc songer d'abord à remplir cette condition, en appliquant aux terrains à défricher un labour de défoncement qui atteigne au moins cette profondeur. C'est en vain que, pour éviter cette forte dépense, on croit pouvoir se borner à un labour ordinaire : si les gazons n'ont pas été suffisamment enterrés, le temps que l'on emploie pour les détruire et les empêcher de repousser équivaut aux frais du défoncement, et ne dispense pas d'avoir recours, plus tard, à cette opération, si l'on veut tirer tout le parti possible de la fertilité du sol. En opérant, au contraire, comme nous venons de l'indiquer, les gazons se décomposent entièrement, et lorsque, plus tard, on les ramène à la surface par un nouveau labour profond, ils sont dans le meilleur état possible pour servir d'engrais aux récoltes.

Si le terrain à défricher est couvert de bruyères, de joncs marins, d'arbrisseaux, de broussailles, on doit, avant tout, les faire extirper et les brûler. Les cendres sont ensuite répandues sur toute la surface, et immédiatement enterrées par le labour de défoncement. Placées en contact avec les gazons, ces cendres en hâtent la décomposition, et, surtout, corrigent l'acidité du terreau qui résulte de cette décomposition. Quant au labour, on y emploie, suivant les circonstances locales, l'un des procédés que nous avons décrits en traitant des labours de défoncement. Dans tous les cas, ce travail doit être exécuté avant l'hiver, afin que la couche inférieure du sol, ramenée à la surface, reçoive l'influence de l'air, des pluies, de la neige et de la gelée, si nécessaires pour la rendre propre à la végétation. Un labour en travers est donné, au printemps suivant, pour enterrer les fumiers; puis on charge la surface d'une récolte de pommes de terre, d'avoine ou de lin, qui s'accommodent très bien des terrains nouvellement défrichés.

On comprend toutefois que les détails de cette opération doivent nécessairement varier suivant le climat et la nature particulière du sol. Nous croyons devoir indiquer ici le mode de défrichement publié par le savant professeur d'agriculture du Conservatoire, M. Moll, et qu'il a adopté pour les landes de sa ferme de l'Espinasse, près de Châtellerault. Ces landes, couvertes de bruyères à balais, d'ajoncs, de quelques souches de chêne, sont assises sur un sol silicéo-argileux.

Dans l'arrière-saison, couper la lande soit à la serpe, soit à la faux; employer le produit de cette coupe comme litière si ces plantes ont moins de trois ans, comme combustible si elles ont davantage; dès que la terre est bien détrempée y mettre la charrue.

Cette charrue est la grande charrue de Grignon, modifiée par M. Moll. Les mancherons et le versoir sont plus allongés et l'on substitue une age en bois à l'age en fer. Atteler cette charrue de six forts bœufs et la faire conduire par trois hommes, dont un aux mancherons, le deuxième pour toucher les bœufs, et le troisième armé d'une pioche, pour enlever les souches et racines qui pourraient arrêter l'instrument. Faire piquer la charrue à $0^m,30$ de profondeur, au-dessous de la souche des bruyères, et prendre une bande de $0^m,36$ de largeur. Prolonger ce travail pendant tout l'hiver.

Au mois de juillet ou d'août suivant, donner après une pluie un fort hersage en long avec une grande herse en fer, puis une façon en travers avec l'arau (fig. 255); cette façon pénètre seulement jusqu'à $0^m,15$ de profondeur. Après huit ou dix jours, donner un hersage en travers et un roulage suivi d'un nouveau hersage en long. Donner ensuite une deuxième façon à l'arau, en travers de la première, puis un dernier hersage.

Tirer à l'arau, à deux mètres les unes des autres, les dérayures qui séparent les planches ; semer ensuite, recouvrir la semence, et faire passer le buttoir dans les dérayures.

Première récolte. — Semer, comme première récolte, du colza, du 20 août au 20 septembre. On sème à la volée à raison de 6 litres par hectare. Répandre en même temps du noir animal à la dose de 4 à 5 hectolitres pour cette superficie, et recouvrir le tout par un léger trait de herse.

Immédiatement après la récolte du colza, donner un labour, puis quelques hersages et semer, comme fumure verte, 30 litres de sarrazin et moutarde blanche par hectare ; ces semences étant pralinées avec 150 litres de noir animal. Enfouir ces plantes aussitôt que le sarrasin commence à fleurir.

Deuxième récolte. — Semer du froment sur un seul labour, avec 4 hectolitres de noir animal, dont deux pralinés avec la semence.

Aussitôt après la récolte du froment, semer une fumure verte semblable à la précédente.

Troisième récolte. — Semer, en automne, un mélange de vesce et d'avoine d'hiver pour fourrage, toujours sur un seul labour et avec la même quantité de noir.

Après l'enlèvement du fourrage, semer encore une fumure verte semblable aux précédentes.

Quatrième récolte.—Semer sur un seul labour, et avec quelques hectolitres de noir, un mélange de graines fourragères composé de 20 kilog. de ray-grass d'Italie, 3 kilog. de fléole des prés,

Fig. 255. *Arau à cheval et à age court, de M. E. Donnève.*

5 kilog. de houlque laineuse, 8 décalitres de fenasse. Ce mélange donne une bonne coupe pendant les deux premières années, et fournit un excellent fourrage pendant les quatre suivantes.

Ce mode de défrichement permet, grâce aux fumures vertes, de mettre les terres en pleine culture sans avoir recours aux fumiers produits par les terres anciennement cultivées, et par conséquent sans appauvrir ces dernières. Les fourrages obtenus donnent lieu à des fumiers qui, appliqués à ces terres, rendent le marnage possible et permettent de les soumettre à l'assolement régulier suivant :

1re année, récolte sarclée, avec forte fumure.
2e   —   blé.
3e   —   trèfle, avec ray-grass d'Italie.
4e   —   id.   id.
5e   —   blé avec demi-fumure.
6e   —   avoine, avec un peu de vesce en mélange.

Quant au compte de culture résultant de ce mode de défrichement, M. Moll l'établit ainsi qu'il suit pour un hectare :

Première année.

Coupe de la bruyère et enlèvement des souches d'arbres (dépense payée par le produit).........................	» fr.	»
Labour de défrichement..............................	55	»
Premier hersage....................................	6	»
Premier labour à l'arau..............................	10	»
Second et troisième hersage..........................	6	»
Deux roulages.....................................	3	»
Second labour à l'arau..............................	7	»
Semaille du colza et du noir, couvraille, confection et curage des dérayures..................................	14	»
Semence et noir (4 hectol. 1/2) à 13 fr.................	60	30
	161 fr. 30	

Deuxième année.

Frais de récolte, de vannage et de battage du colza..........	30 fr.	»
Labour, semaille, semence, noir (125 litres) et hersages pour la fumure verte...............................	40	10
Labour d'enfouissage pour la fumure verte.........	15	»
Deux hersages (après la semaille)......................	5	»
Deux hectolitres de froment, à 25 fr..................	50	»
Sulfatage avec sulfate de cuivre et pralinage..............	2	50
Semaille du blé et du noir............................	2	20
Quatre hectolitres de noir............................	52	»
Curage des dérayures................................	2	»
	198 fr. 80	

Troisième année.

Récolte, rentrée, battage et vannage du blé...............	46 fr.	75
Fumure verte, comme ci-dessus.	40	10
Vesces d'hiver, cultures, semences et noir compris..........	90	»
	176 fr. 85	

Quatrième année.

Coupage, fanage et rentrée des vesces......................	16 fr. 40
Fumure verte..	40 10
Semaille des graines d'herbage , façons, semences, noir et semaille compris..	64 70
	121 fr. 20

Total général des frais de défrichement et de culture pendant les quatre années ci-dessus......................	658 fr. 15
A laquelle somme il faut ajouter le loyer de la terre pendant 8 ans, à 24 fr...................................	192 »
Frais généraux et impôts pendant 8 ans, à 12 fr...........	96 »
Total général........	946 fr. 15

Voici maintenant les produits :

2ᵉ année, 20 hectolitres de colza, à 25 fr................	500 fr. »
3ᵉ — 22 hectolitres de blé, à 20 fr..................	440 »
4ᵉ — 5,000 kil. de vesces, à 40 fr.................	200 »
5ᵉ — 3,000 kil. de foin, à 40 fr..................	120 »
5ᵉ — pâturage (le tiers de cette valeur)............	40 »
6ᵉ, 7ᵉ et 8ᵉ années, pâturage, à 48 fr. par an............	144 »
Total des produits....................................	1,444 fr. »
A déduire les frais...................................	956 15
Reste net........	488 fr. 85

Ce qui donne un peu plus de 75 fr. par année et par hectare. Or ces landes produisaient avant leur défrichement 10 fr. par an environ, et encore en ne mettant à leur charge ni loyer, ni frais généraux.

Terrains caillouteux. —Pour le défrichement de ces terrains, l'emploi de la charrue devient impossible. Le procédé le plus convenable est de défoncer à bras d'homme , à la profondeur de 0ᵐ,40 à 0ᵐ,50, afin de débarrasser la couche superficielle des pierres qui gêneraient l'action de la charrue pour les cultures suivantes. Nous ne décrirons pas ce mode de défoncement ; nous l'avons suffisamment indiqué en traitant des labours ; nous ferons seulement observer que, si l'on peut se défaire avantageusement des pierres mélangées avec le sol, on les extraira pour ne laisser dans la tranchée que la terre proprement dite, mais que, dans le cas contraire, on les placera au fond des tranchées pour les couvrir avec la terre meuble qu'on en aura séparée.

Quoique le défrichement de ces terrains soit en général beaucoup plus coûteux que celui des terres non caillouteuses, cette opération présente néanmoins un avantage réel dans beaucoup de circonstances.

Pour en donner un exemple, nous citerons le défrichement suivant opéré, en 1839, dans la Seine-Inférieure :

Pour une surface d'un hectare.

Défoncement à bras d'homme, à 0ᵐ,40 de profondeur, à 5 centimes du mètre carré...................................	500 fr.	»
Deux tours de grande herse............................	6	»
Loyer de la terre pendant un an.......................	30	»
Frais généraux d'exploitation.........................	20	»
Intérêt pendant un an des dépenses ci-dessus à 5 p. 100...	27	80
Total............	583 fr.	80
A déduire de cette somme 35 mètres cubes de cailloux extraits du sol, et vendus sur place 50 c. le mètre...............	17	50
Reste comme dépense.........	566 fr.	30
Produit de ces terres avant le défrichement...............	30 fr.	»
— après l'opération.....................	60	»
Bénéfice.............	30 fr.	»

Le capital engagé dans cette opération a donc produit un intérêt de plus de 5 pour 100, en admettant même que les cailloux extraits du sol n'aient pas été utilisées.

Terrains marécageux.—L'eau, si indispensable à la végétation, devient, dans ces terrains, un obstacle à la culture; avant de songer à leur défrichement, on doit donc s'occuper de les dessécher, en employant l'un des procédés que nous avons décrits en traitant des desséchements.

Les sols marécageux offrent l'une ou l'autre des dispositions suivantes :

Tantôt ils ont pour base une couche argileuse, recouverte seulement par un gazon très dense, très serré, épais de 0ᵐ,220 environ, et formé par la réunion des racines vivantes des plantes aquatiques qui couvrent le sol en grande quantité ;

Tantôt cette couche de terre argileuse est recouverte par un banc tourbeux de plusieurs mètres d'épaisseur, résultant de la décomposition successive des racines de plantes marécageuses.

Dans l'un ou l'autre cas, un labour préalable serait inefficace, car cette sorte de gazon, une fois enterré, resterait bien longtemps impropre à la culture, tant à cause de sa non-décomposition que par les plantes nuisibles dont plusieurs reparaîtraient bientôt à la surface du sol. Il convient donc de trouver un procédé à l'aide duquel on puisse à la fois ameublir ces terrains, détruire les plantes nuisibles et les insectes qui pullulent dans les gazons, enfin, hâter la décomposition de ces derniers pour les mélanger ensuite avec une partie de la couche de terre inférieure. On obtient ces divers résultats à l'aide de l'*écobuage*, précédemment décrit dans l'article des amendements.

Aux cendres qui résultent de cette opération, et que l'on répand uniformément sur toute la surface du sol, il est bon d'ajouter une certaine quantité de chaux (environ 100 hectolitres par hectare). Ces deux amendements accélèrent la décomposition des racines qui n'ont pas été atteintes par le feu, stimulent la végétation des récoltes et introduisent dans le sol des éléments utiles qui manquent souvent dans ces sortes de terrains. On recouvre les cendres à l'aide d'un labour superficiel; un mois après, et jusqu'à l'hiver, on applique encore deux ou trois labours croisés, profonds de $0^m,24$ environ et suivis de hersages énergiques, destinés à bien mélanger la couche superficielle avec celle de dessous. Au printemps suivant, on peut charger ce défrichement d'une première récolte, et cela sans aucune addition d'engrais. Les plantes à racines fourragères et surtout les crucifères s'accommodent très bien de ces terrains.

Les prix de revient du défrichement des sols marécageux, à part le desséchement, qu'il est difficile de pouvoir évaluer, varie beaucoup en raison du mode d'écobuage employé. Toutefois, pour donner un aperçu de cette dépense, nous indiquerons ci-après le compte des frais occasionnés par le défrichement d'un sol marécageux pratiqué en 1837. Ce sol, tourbeux à sa face, offre, à peu de profondeur, une couche de terre argilo-sableuse.

Pour un hectare.

Enlever le gazon, à bras d'homme, par plaques de $0^m,08$ d'épaisseur, à 2 c. du mètre carré....................	200 fr.	»
Ramasser les gazons, les sécher, les brûler et répandre les cendres, à 1 c. du mètre carré.....................	100	»
100 hectolitres de chaux, à 3 fr. l'hectolitre...............	300	»
Transport et répartition........................	30	»
Un labour superficiel, pour couvrir les cendres et la chaux......	14	»
Deux labours ordinaires, à 17 fr. l'un..................	34	»
Deux hersages à la grande herse, deux tours chacun........	12	»
Loyer de la terre pendant un an.....	»	»
Frais généraux d'exploitation..........................	20	»
Intérêt pendant un an des dépenses ci-dessus, à 5 p. 100....	35	50
Total........	745 fr.	50
Produit de ces marais avant le défrichement..............	»	»
— après l'opération..................	60 fr.	»

Le capital engagé dans cette opération a donc produit un intérêt qui dépasse 8 pour 100. Il est vrai qu'il faut tenir compte, en outre, des frais de desséchement.

Défrichement des bois et forêts. — Le défrichement des

bois et forêts offre une moins grande utilité, parce que l'on opère sur un sol déjà productif. Cependant, lorsque le produit en bois est moins élevé que celui qu'on obtiendrait d'une terre labourée, il y a avantage à défricher. Entrons dans quelques détails à ce sujet.

Il résulte de nombreuses recherches que les terrains classés par le cadastre comme terres de première et de deuxième classe donnent, en général, cultivés en bois, un produit moitié moins considérable que s'ils étaient transformées en terres labourées, tandis que les surfaces de troisième et de quatrième classe, convenablement boisées, peuvent donner une rente plus élevée que si elles étaient soumises à une culture annuelle. De là, la convenance de faire porter le défrichement des bois seulement sur les fonds de première et de deuxième classe.

Il est cependant des circonstances où cette règle doit varier. Ainsi, lorsque les bois sont situés sur une pente rapide, au sommet d'une montagne, ou sur le bord de la mer, quelle que soit la qualité du sol, il faut s'abstenir de défricher. Admettons, en effet, que le bois situé sur une pente rapide soit assis sur un sol de deuxième classe; si l'on transforme cette surface en terre labourée, on pourra bien réaliser des produits supérieurs à ceux que l'on obtenait du bois, mais le produit en argent n'égalera le plus souvent que celui des terres de troisième classe, et cela parce que, d'une part, la culture sera beaucoup plus coûteuse que sur une surface plane, et que, de l'autre, la production diminuera rapidement par la chute de la couche fertile du sommet de la pente vers la base. Cet état de choses se prolongeant, on verra même le produit net ne plus égaler que celui des terres de quatrième classe.

Quant aux bois situés au sommet des montagnes, il convient de les conserver, parce qu'ils contribuent à amortir la violence des ouragans, à rafraîchir, à épurer l'air, à entretenir les sources et les ruisseaux, à empêcher la fréquence des inondations. On a souvent observé qu'une contrée privée tout à coup des bois qui couronnaient le sommet des montagnes environnantes devenait plus froide en hiver, plus exposée à la sécheresse et à la chaleur pendant l'été; que les sources qui prenaient naissance dans ces montagnes se tarissaient, et que les eaux torrentielles, n'étant plus arrêtées par des surfaces boisées, se précipitaient dans les vallées voisines, entraînant tout sur leur passage, et déterminaient des inondations.

Le défrichement des bois placés dans le voisinage de la mer produit des résultats également préjudiciables à l'agriculture.

Dans ces parages, les bois s'opposent aux ravages des vents de mer, qui fatiguent les récoltes, les bestiaux et même les bâtiments ruraux, ou déterminent la marche incessante des sables qui forment le terrain des *dunes*.

Au surplus, comme la présence des bois au sommet des montagnes et sur les bords de la mer est d'un intérêt général, l'Etat s'est préoccupé de leur conservation. Il résulte de la dernière loi qui régit cette matière que l'*Administration forestière peut s'opposer au défrichement si le bois est situé sur le penchant des montagnes ou sur les dunes.* En outre, pour encourager les plantations de bois dans les localités que nous venons de signaler, l'article 225 de la même loi accorde une *exemption de tout impôt, pendant vingt ans, aux semis et plantations qui seront effectués dans ces circonstances.*

Pour défricher une surface boisée, il convient, après avoir fait enlever tout le bois, d'extraire les racines par un défoncement à bras d'homme, à la profondeur de 0ᵐ,40 à 0ᵐ,50, ou d'effectuer le défoncement au moyen d'une charrue construite de manière à surmonter les obstacles opposés par les grosses racines. Le choix entre ces deux procédés dépend surtout de la présence ou de l'absence des cailloux dans le sol à défricher. S'il faut débarrasser le terrain des pierres qu'il renferme, on recourt au défoncement à bras d'homme ; dans le cas contraire, on préfère la charrue.

Parmi les charrues imaginées pour ces défrichements, nous devons surtout recommander celle de M. Trochu (fig. 256).

Le soc est plat et présente la forme d'une demi-langue de

Fig. 256. *Charrue Trochu.*

carpe bien acérée et aiguisée vers son côté oblique. Un large coutre, A, d'une forme demi-circulaire, tient au soc ; il se termine par une pointe qui dépasse de 0ᵐ,10 ou 0ᵐ,15 l'extrémité du soc à laquelle il fait suite. Trois autres coutres, B, de longueurs inégalement progressives, suivent le premier. Chacun de ces derniers est denté à sa partie inférieure, ce qui donne à l'instrument la forme et l'action d'une scie. Le premier coutre, du côté de l'attelage, s'enfonce d'environ 0ᵐ,06 ; il entame, par deux secousses successives la racine qu'il rencontre. le deuxième, un peu plus long, prend aussitôt la place du premier et entame, comme lui, la racine par deux secousses, mais à une plus grande profondeur ; le troisième fait le même office, mais, comme il est encore plus long que le précédent, il augmente de près de 0^m,03 l'entaille faite par les deux autres coutres, et il est difficile que la racine résiste à ce troisième choc. Si cependant elle n'était pas totalement coupée, le quatrième coutre attenant au socle la reprendrait en dessous, du côté opposé à l'entaille faite précédemment, et elle n'offrirait plus alors qu'une dernière et bien faible résistance. M. Trochu a pu, avec cet instrument, couper des racines dont l'extirpation aurait nécessité l'attelage de dix forts chevaux.

Nous ferons observer que, pour arriver à défoncer ces terrains à la profondeur de 0^m,40, on sera obligé, comme pour les autres défoncements à la charrue, de faire suivre, dans la même raie, deux charrues qui creuseront chacune la moitié de la profondeur.

Quel que soit le moyen employé pour opérer le défoncement, on doit, aussitôt après, donner au sol un labour ordinaire, suivi d'un hersage énergique pour niveler la surface. On applique ensuite un second labour ordinaire en travers du premier, et l'on abandonne le terrain à l'action des intempéries de l'hiver, jusqu'au printemps. A cette époque, on pratique un nouveau labour suivi d'un hersage, et l'on charge le sol d'une première récolte d'avoine ou de pommes de terre. Si le terrain contient une certaine quantité de débris végétaux en décomposition, comme cela a toujours lieu pour les surfaces longtemps cultivées en bois, on lui applique, avant la première récolte, un marnage ou un chaulage afin de hâter la décomposition de ces substances, de les rendre plus rapidement propres à être absorbées par les plantes, et de faire disparaître l'acidité nuisible qui se développe toujours dans ces sortes de terrain.

Pour donner un aperçu des dépenses qui peuvent nécessiter ces opérations, nous plaçons ici le compte de revient de deux défrichements de bois exécutés en 1839, le premier sur un sol argileux, le second sur un terrain caillouteux.

Pour un hectare.

Défoncement du sol, à bras d'homme, à 0^m,50, à 10 c. du mètre carré...	1000 fr.
25 hectolitres de chaux, à 3 fr. l'hectolitre................	75 »
A reporter........	1075 fr. »

Report..........	1075 fr.	»
Charrier et répartir cette chaux....	12	»
Un labour ordinaire........................	17	»
Un hersage avec la grande herse, deux tours............	6	»
Un labour ordinaire....	17	»
Loyer de la terre pendant une année.................	32	»
Frais généraux d'exploitation..................	20	»
Intérêt pendant un an des dépenses ci-dessus, à 5 p. 100....	58	95
Total.........	1237 fr.	95

A déduire de cette somme : 217 stères de racines extraites du sol, vendus 1 fr. 25 le stère.......................	271	25
Reste comme dépense.......	966 fr.	70

Produit de ce terrain avant le défrichement ; coupe d'un taillis tous les neuf ans ; par an......................	32 fr.	»
Produit après le défrichement.........................	80	»
Bénéfice..............	48 fr.	»

Le capital engagé dans cette opération produit 'donc un inté-rêt d'environ 5 pour 100.

Pour un hectare.

Défoncement du sol à bras d'homme, à la profondeur de 0m,45, à 20 c. du mètre carré......................	2000 fr.	»
25 hectolitres de chaux, à 3 fr. l'hectolitre.................	75	»
Charrier et répartir cette chaux.........................	12	»
Un labour ordinaire....	17	»
Un hersage avec la grande herse, deux tours............	6	»
Un labour ordinaire......................	17	»
Loyer de la terre pendant un an...................	25	»
Frais généraux d'exploitation..................	20	»
Intérêt pendant un an des dépenses ci-dessus, à 5 p. 100...	108	60
Total............	2280 fr.	60

A déduire de cette somme : 3,333 mètres cubes de cailloux, vendus sur place 60 c. le mètre.......... 1,999 80 ⎫		
460 stères de racines extraites du sol, vendus 81 c. le stère................... 372 60 ⎭	2372 fr.	40
Balance au profit de cette opération.......	91 fr.	80

Produit de ces terrains avant le défrichement : coupe d'un taillis tous les neuf ans ; par an................	25 fr.	»
Produit après l'opération, l'intérêt annuel de 91 f. 80 à 5 p. 100.......................... 4 55 ⎫		
Plus un loyer de...................... 100 » ⎭	104	55
Différence du produit..............	79 fr.	55

Dans ce second exemple de défrichement de bois, le capital engagé dans l'opération est libéré au bout de l'année, et l'on obtient une rente annuelle de 79 fr. 55 cent.

Défrichement des prairies naturelles. — Avant les grandes améliorations que l'on a introduites dans notre agriculture depuis soixante-quinze ans environ, les prairies naturelles étaient la base du régime suivi ; elles seules nourrissaient les bestiaux producteurs d'engrais ; mais, depuis l'introduction de la culture des prairies artificielles et des plantes à racines fourragères, les prairies naturelles ont perdu de leur importance, puisqu'on peut obtenir d'une surface consacrée aux fourrages artificiels une quantité de produits alimentaires moitié plus considérable que de la même étendue de prairie naturelle. A la vérité, les frais de culture sont plus élevés ; mais, un plus grand nombre de bestiaux pouvant être nourris, les engrais deviennent plus abondants, et l'augmentation de frais est, au moins, compensée par l'accroissement des produits. Nous démontrerons l'exactitude de ces faits par des chiffres, en traitant de la culture spéciale des prairies naturelles.

D'après ce principe, toutes les prairies naturelles devraient être transformées en terre labourées ; mais, quoique vraie, cette règle souffre de nombreuses exceptions. Et d'abord, dans les contrées où la culture des fourrages artificiels n'a pu encore pénétrer, soit à cause de l'ignorance des cultivateurs, soit par l'impossibilité où ils sont de faire face aux avances qu'exigent ces cultures, ce serait une faute grave que de supprimer les prairies naturelles, puisque rien ne pourrait y suppléer ; il y aurait même avantage à en augmenter l'étendue, car on pourrait ainsi fumer plus abondamment les autres récoltes. Ce serait aussi à tort que l'on défricherait les prairies siutées sur des pentes rapides, où la culture annuelle deviendrait très coûteuse, et sur lesquelles la terre, ameublie par les labours, serait bientôt entraînée vers les parties inférieures. Il en serait de même pour les surfaces gazonnées exposées aux inondations périodiques, notamment celles qui avoisinent les fleuves, les rivières ; car ces terrains, exposés à une humidité constante et engraissés annuellement par le limon des eaux, donnent un produit qu'on ne pourrait égaler si on les convertissait en terre labourée. Enfin, il est encore certains sols qui, en raison de leur nature particulière et de la fraîcheur perpétuelle et modérée qui y règne, sont si favorables à la végétation des prairies naturelles, que leur rendement dépasse en qualité, et même souvent en quantité, ceux qu'ils donneraient s'ils étaient transformés en prairies artificielles. Tels sont, en Normandie, les riches pâturages du pays de Bray, du pays d'Auge.

Les prairies naturelles sont assises, tantôt sur un sol meuble, tantôt sur un sol caillouteux ; souvent aussi elles présentent un degré d'humidité tel, qu'elles se rapprochent beaucoup des sols marécageux. Lors donc qu'on voudra les défricher, on aura, suivant ces circonstances diverses, recours aux opérations décrites soit pour les terrains non caillouteux, soit pour les sols pierreux, soit enfin pour les terrains marécageux.

FIN DE LA PREMIÈRE PARTIE.

DEUXIÈME PARTIE

ART AGRICOLE.

CULTURE SPÉCIALE DES PRINCIPALES ESPÈCES DE PLANTES QUI FONT L'OBJET DE L'AGRICULTURE.

Pour faciliter cette étude, nous avons partagé les diverses espèces de plantes qui font l'objet de l'agriculture en quatre groupes principaux, caractérisés par la nature et la destination de leurs produits : 1° les *plantes alimentaires cultivées pour leurs semences ;* 2° les *plantes fourragères ;* 3° les *plantes industrielles ;* 4° les *plantes potagères de grande culture.*

PLANTES ALIMENTAIRES CULTIVÉES POUR LEURS SEMENCES.

PREMIÈRE SECTION.

Plantes céréales.—Nous comprenons sous la dénomination de CÉRÉALES les plantes de la famille des Graminées dont les semences, farineuses, peuvent servir à la nourriture de l'homme. Nous y joignons le sarrasin, dont les semences présentent les mêmes qualités que celles des céréales proprement dites.

Nous rangeons donc dans ce groupe les espèces suivantes :

Le blé,	L'avoine,	Le maïs,
Le seigle,	Le sarrasin,	Le millet,
L'orge,	Le riz,	Le sorgho.

DU BLÉ.

De toutes les céréales, c'est le blé qui occupe le premier rang. C'est lui, en effet, qui fournit la farine de meilleur goût, la plus nourrissante, celle qui a le plus de valeur dans tous les pays.

Espèces et variétés.—Nous donnons le nom de *blé* à toutes les espèces comprises par Linné dans son genre *triticum.* Toutefois, les nombreuses espèces et variétés de ce groupe peuvent être distribuées en deux genres : les *froments* et les *épeautres.*

1er *Genre.* **Les froments.**— Le genre *froment* renferme toutes les espèces dont les grains se détachent nus de l'épi par le battage. On distingue les espèces suivantes :

Froment touselle (*triticum hybernum*, Linné).—La tige est mince, lisse, creuse ; ses épis sont carrés-oblong, imberbes ; ses grains sont courts, obtus et tendre. Sa patrie, ainsi que celle des autres froments, est encore incertaine. Cette espèce est la plus estimée, à cause de la qualité de son grain ; aussi est-elle la plus généralement cultivée. Les variétés les plus recommandables sont les suivantes :

Fig. 257. *Blé d'hiver commun.*   Fig. 258. *Blé anglais*   Fig. 259. *Blé de Hongrie*   Fig. 260. *Blé saumon*

Blé d'hiver commun (fig. 257).—Épi jaunâtre, pyramidal ; grain roussâtre et long. C'est le blé le plus cultivé dans le nord et dans le centre de la France. Il est rustique et s'accommode des terres argileuses compactes. Il en existe une sous-variété introduite dans quelques parties de la France sous le nom de *blé anglais* (fig. 258), *blé rouge d'Écosse*, et qui s'en distingue par sa taille plus haute, plus forte, par ses épis plus longs, plus gros, de forme quatrangulaire et de couleur rougeâtre. Cette variété est plus productive sans être plus délicate.

Blé de mars commun. —Épi plus court, ainsi que le grain, qui est presque dur La paille et l'épi sont blancs. C'est le *trémois* du nord et du centre de la France. On en distingue une sous-variété à épi et paille rouges.

Blé blanc de Flandre, blanc-zée, blazé de Lille, de Fellemberg, de Talavera. —Épi blanc, fort et bien nourri ; grain blanc, oblong et tendre. C'est un des blés les plus beaux et les plus productifs ; il préfères les terres substantielles, un peu fraîches.

Blé de Hongrie (fig. 259), *blé anglais.* —Épi blanc, ramassé, presque carré ; grain blanc, arrondi et tendre, supérieur en poids au blanc-zée. Il préfère les terres de consistance moyenne, pas trop humides.

Fig. 261.   Fig. 262.
Blé Richelle   *Blé de Sau-*
de Naples.   *mur.*

Blé saumon (fig. 260), récemment importé d'Angleterre ; ne paraît pas différer du précédent.

Touselle blanche de Provence. — Épi très blanc à épillets écartés ; grain long, d'un blanc jaunâtre ; paille fragile. C'est le meilleur froment pour le midi de la France. Il redoute la rigueur des hivers du Nord.

Blé Richelle blanche de Naples (fig. 261). —Épi blanc, muni de quelques arêtes très courtes ; grains tendres, oblongs, d'un blanc

Fig. 263.
Blé de haies.

jaunâtre. Cette excellente variété demande un sol plutôt léger que compacte. Elle craint un peu les hivers rigoureux.

Blé d'Odessa, sans barbes, touselle rousse de Provence, blé meunier du Comtat. — Epi un plus irrégulier, épillets inégaux, d'un rouge cuivré ; grain plus étroit que celui de la *richelle.* Cette variété redoute les grands froids de l'hiver ; mais elle résiste très bien à la sécheresse et réussit dans les terrains à seigle.

Blé de Saumur (fig. 262). — Gros grain bien plein ; paille très blanche ; assez délicat ; donne d'abondants produits dans les terres de consistance moyenne ; il redoute les localités humides.

Blé de haies, blé de Tunstall (fig. 263).—Épi carré, épais, régulier, couvert d'un duvet blanc, velouté ; grain court, d'un blanc jaunâtre, tendre et de bonne qualité. Cette variété est une des plus précoces.

Blé Lamma. — Épi d'un rouge clair ou doré ; grain petit, de très bonne qualité ; hâtif, sujet à s'égrener, et devant être, à cause de cela, récolté un peu avant sa maturité. Il craint beaucoup les froids de l'hiver, et est un peu délicat sur la qualité du terrain.

Blé du Caucase.—Épi d'un rouge obscur, long, à épillets écartés ; grain allongé, rougeâtre, assez dur et pesant. Ce blé est assez précoce ; quand on le sème en automne, il craint les hivers du nord de la France. La paille est faible et sujette à verser. Il y a une variété de ce blé qui a l'épi blanchâtre.

Blé carré de Sicile.—C'est un blé de mars ; ses épis sont rouge brun, courts, carrés, à grains rouges, presque durs, d'assez bonne qualité. C'est une variété hâtive ; sa paille est grosse et assez élevée.

Froment seisette (*triticum æstivum*, Linné). — Les variétés appartenant à cette espèce sont généralement colorées ; leur paille, également creuse, est plus ferme que celle des touselles ; les épis sont barbus.

En général, les blés seisette sont moins recherchés que les variétés précédentes. La paille, plus ferme, est, par cela même, moins propre à la nourriture des bestiaux. D'ailleurs, les barbes qui accompagnent les épis, se mêlant à la paille par le battage, empêchent celle-ci d'être mangée par les bestiaux, très avides au contraire de celle qui provient des variétés imberbes. En outre, le grain des variétés barbues offre toujours une enveloppe plus épaisse, et donne, à poids égal, moins de farine. Néanmoins, comme elles sont très rustiques, leur culture présente parfois de l'avantage. Nous n'indiquons ici que les principales variétés :

Blé barbu de printemps (fig. 264). — Épi blanchâtre, à barbes très développées ; grain gros, renflé, demi-tendre, de couleur grisâtre. Il s'accommode bien du terrain à seigle.

Blé à chapeau, marzolo de Toscane (fig. 265). — Paille fine, allongée, servant à la fabrication des chapeaux d'Italie; son épi est court, peu productif en grain. Ce n'est qu'une sous-variété, appauvrie, du précédent.

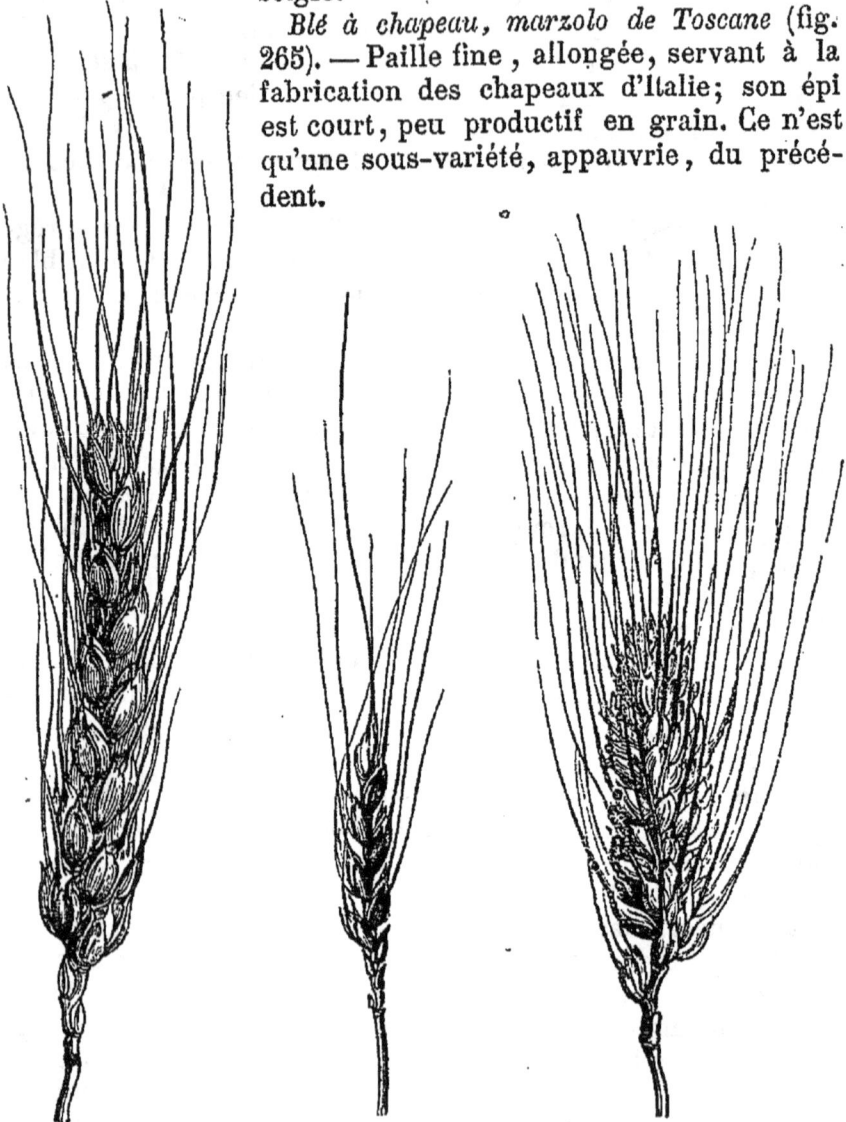

Fig. 264. *Blé barbu de printemps.* Fig. 265. *Blé à chapeau.* Fig. 266. *Blé hérisson.*

Seisette de Provence. — C'est, pour la qualité, le premier blé de cette série. Il craint les froids du nord de la France. Il y réussit cependant lorsqu'on le sème en février. Il occupe toute la région des oliviers, et surtout les parties les plus exposées au vent, auquel il résiste mieux que les touselles.

Blé hérisson (fig. 266). — Épi compacte, garni de barbes divariquées; variété très productive, à grain court, petit, rougeâtre. Il craint le froid des hivers et réussit mieux quand on le sème au printemps.

Froment poulard, pétanielle (*triticum turgidum*, Linné). — Épi barbu, carré, compacte, ordinairement à quatre faces presque égales; grains oblongs, bossus, anguleux; paille dure, pleine, surtout vers le sommet. Les variétés de cette espèce s'accommodent très bien des défrichements, des sols humides et même demi-tourbeux, où les autres espèces verseraient. Dans les localités qui leur conviennent, leur fécondité est extrême; on a compté jusqu'à quatre-vingts épis, chacun de cent-vingt grains, sur un seul pied. Leur paille, haute et forte, verse rarement; mais, comme elle est trop dure, les bestiaux la refusent : le grain, de couleur terne, rend beaucoup de son à la mouture, et sa farine est médiocre. Aussi les variétés connues sous les marchés sous le nom de *gros blés* ont-elles une valeur d'un dixième de moins que les précédentes. Les principales variétés de cette espèce sont les suivantes :

Poulard carré à barbes noires, garagnon, raganon du Languedoc. — Épi blanc, lisse, barbes blanches ou noires; paille longue et forte; gros grains; les arêtes tombent à la maturité. Cultivé dans le Midi.

Poulard carré velu, nonette, blé de Sainte-Hélène, pétanielle rousse, de Dantzick, gros turquet (fig. 267). Ce blé, très répandu dans le midi et dans l'ouest de la France, offre un épi blanc ou rougeâtre; il supporte bien le froid de nos hivers, mais il est lent à mûrir, ce qui lui assigne une limite vers le Nord.

Blé de miracle, blé de Smyrne, blé d'Égypte (fig. 268). — Épi rameux, très productif dans les terrains riches. Sa farine est rude et grossière. Sa paille est très dure et très pleine. Il est sensible au froid.

Froment aubaine, durelle (*triticum durum*, Desf.). — Epi ordinaire carré, barbu, incliné; grain très dur, demi-transparent, triangulaire, bossu, atténué vers les deux extrémités. La farine en est riche en gluten et en amidon; elle est difficile à pétrir. C'est avec elle que se font toutes les pâtes d'Italie. La paille, pleine vers le sommet, est très ferme. Les aubaines mûrissent difficilement et sont sensibles au froid; aussi leur culture ne s'étend-elle guère au delà de la région des oliviers.

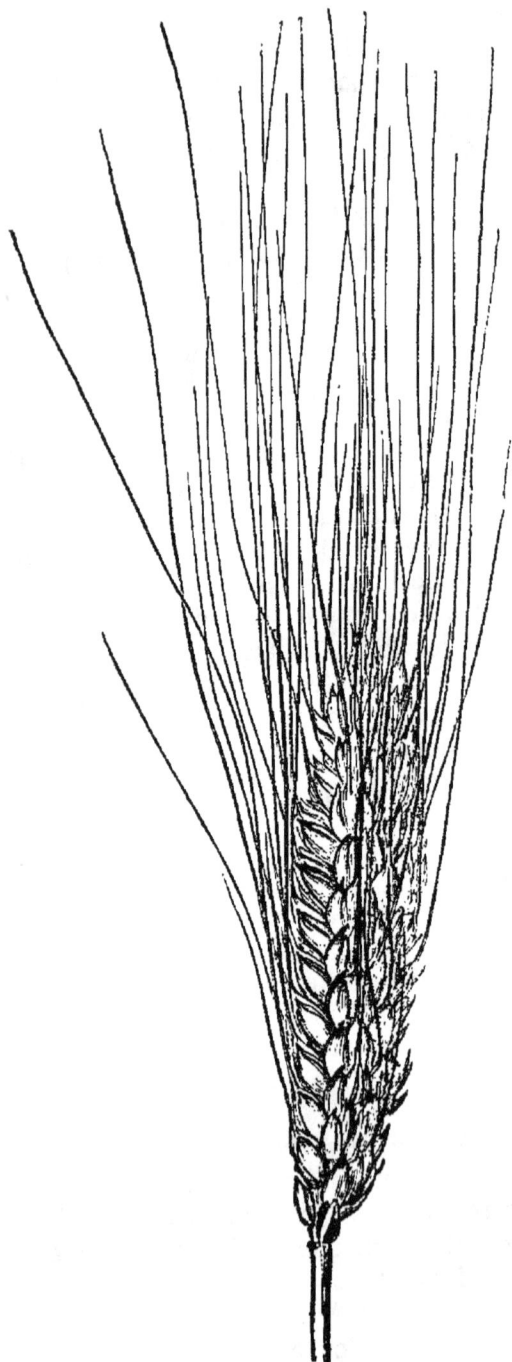

Fig. 267. *Blé poulard carré.*   Fig. 268. *Blé de mira cle.*

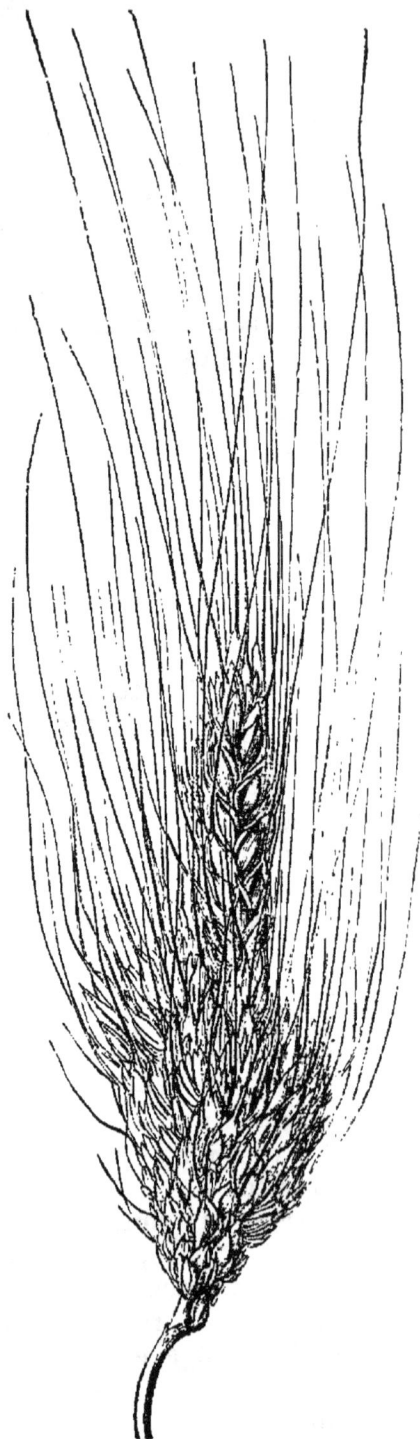

37.

Dans ces contrées, la fermeté de leur paille, qui les empêche de verser, les rend très précieuses pour les terrains secs très riches, où les autres blés verseraient.

Le grain de cette espèce se vend un dixième de moins que celui des touselles. On distingue les variétés suivantes :

Aubaine de Taganrog (fig. 269). Épi allongé, lâche, à quatre faces

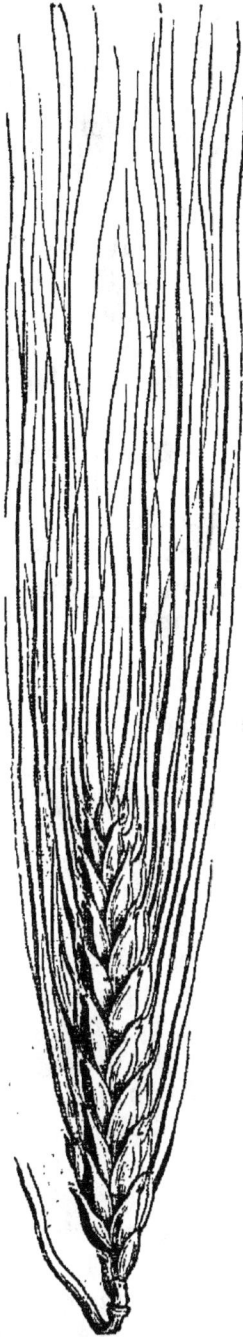

Fig. 269. *Blé aubaine de Taganrog.*

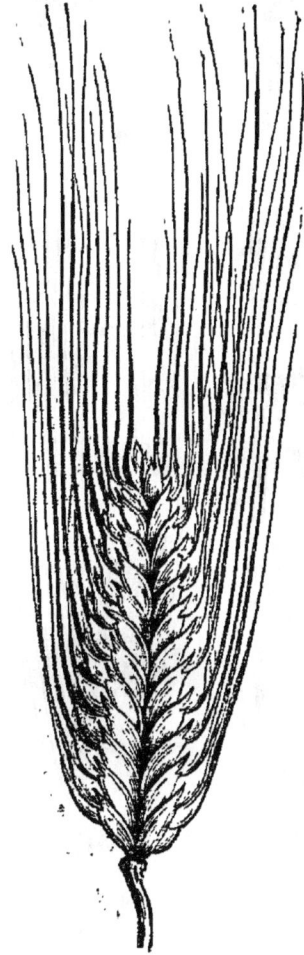

Fig. 270. *Blé aubaine à épi comprimé.*

égales. Il y a des sous-variétés à barbes rousses,
noires, blanches. Cette variété est cultivée dans
l'extrême midi de la France, en Sicile, en Italie,
en Espagne. On la sème au printemps.

Aubaine à épi comprimé (fig. 270). Articles de
l'épi très courts. Épi large, aplati, lancéolé, couvert de gros poils nombreux; épillets très étalés.
Cette magnifique variété est cultivée en Égypte.

2ᵉ *Genre*. **Les Épeautres.** — Ce second genre
renferme les espèces dont la balle reste adhérente
au grain après la maturité et dont l'axe se désar-
ticule à chaque article. On distingue les deux espèces suivantes :

Le grand épeautre (*triticum spelta*, Linné)
(fig. 271). — Epi long et grêle, à
épillets écartés, laissant l'axe à
nu dans leurs intervalles. Épis
imberbes ou pourvus de barbes
peu développées.

Cet épeautre est beaucoup
moins cultivé que les froments,
en raison de la difficulté que l'on
éprouve à séparer le grain de la
balle. Cette espèce est considérée comme plus rustique, moins
difficile sur le terrain que les
autres blés, et résistant mieux
à l'humidité. Elle redoute cependant les hivers très rigoureux. Sa culture est concentrée
dans les parties froides et montueuses de l'Allemagne et de la
Suisse, où on la sème à l'automne. Quelques variétés préfèrent cependant être semées en
février.

On cultive plusieurs variétés
de cette espèce. La plus estimée
est l'*épeautre sans barbes, à grains
rouges*, qui résiste mieux à l'humidité et au froid, talle mieux
et donne une farine plus belle et
plus liante.

Fig. 271. *Grand
épeautre.*

Fig. 272. *Petit
épeautre.*

Le petit épeautre, locular, engrain (*triticum monococcum,* Linné) (fig. 272). — Épi barbu, dressé, étroit, très aplati, composé de deux rangs d'épillets très resserrés et à un seul grain. Cet épeautre est si peu productif en comparaison des autres céréales, qu'on ne le cultiverait probablement nulle part sans sa propriété de croître dans les sols les plus mauvais, dans ceux où on ne pourrait récolter ni seigle ni avoine. Il offre, en outre, l'avantage de donner le plus fin et le meilleur de tous les gruaux. On cultive cette espèce dans le Berry et dans le Gâtinais, où elle est semée à l'automne.

Le choix à faire parmi les diverses espèces et variétés de blés que nous venons de décrire est déjà indiqué par ce que nous avons dit de la qualité des produits de chacune d'elles, et de leur exigence à l'égard du climat et de la nature particulière du terrain ; nous devons toutefois compléter ces indications par les observations suivantes.

Les deux séries de variétés désignées sous les noms de *touselles* et de *seisettes*, et qui se distinguent surtout par l'absence ou la présence des barbes de l'épi, offrent très peu de stabilité dans leurs caractères. La nature particulière du terrain suffit, le plus souvent, pour les modifier entièrement. Ainsi les *touselles*, cultivées pendant quelques années dans un sol léger, prennent progressivement le caractère des *seisettes*, tandis que celles-ci, cultivées dans un terrain riche et consistant, perdent les barbes qui sont leur caractère distinctif. Les *seisettes* passent pour donner un rendement moins élevé, leur grain est aussi moins farineux que celui des *touselles ;* enfin, leur paille est moins propre à la nourriture des bestiaux, à cause de la présence des barbes ; mais elles ne sont pas aussi exposées aux diverses maladies qui attaquent les blés, et leur paille, plus roide, fait qu'elles versent moins facilement. Lors donc qu'on voudra conserver intactes ces deux séries de variétés, il faudra les cultiver dans un sol qui ne favorise pas leur dégénérescence ; dans le cas contraire, il serait indispensable de renouveler fréquemment les semences, en les prenant dans une localité où les caractères de ces variétés ne subissent aucune altération.

On distingue aussi, parmi ces deux séries de variétés, des grains tendres, c'est-à-dire dont la cassure est farineuse, et des grains durs ou glacés, dont la cassure offre l'apparence de la corne. Les blés tendres sont généralement plus estimés par les boulangers ; le pain que l'on en obtient est plus blanc et plus léger. Les blés durs donnent un pain plus gris, plus lourd, plus frais, mais aussi plus nourrissant et qui durcit moins vite. Ces deux caractères sont aussi susceptibles d'être profondément modifiés par la nature particulière du sol. Ainsi les blés tendres se transforment peu à peu en blés durs dans les terrains compactes et humides, tandis que les blés durs deviennent tendres dans les sols légers. Il conviendra donc aussi, pour conserver le caractère propre à chaque variété, dans les terrains qui leur sont défavorables, de renouveler les semences de temps en temps.

Nous avons vu que, parmi les diverses espèces de blés, il y a des variétés d'hiver et des variétés de printemps. Ces dernières sont généralement moins estimées ; leur paille est moins haute, les épis moins fournis, leurs grains donnent moins de farine ; toutefois elles sont souvent très utiles pour ensemencer des terres que l'on n'a pas préparées assez tôt à l'automne, ou qui sont exposées aux inondations pendant l'hiver. Elles sont aussi d'un grand secours pour remplacer les blés d'automne détruits par les froids de l'hiver.

Quoique, dans chaque pays, on ait adopté une ou deux variétés de blés à l'exclusion de toute autre, et que ce choix soit justifié par les circonstances locales qui s'harmonisent avec les exigences de ces variétés, nous ne pensons pas qu'on doive s'en tenir exclusivement à ce choix, et qu'il ne faille tenter aucune nouvelle importation ; car il pourrait se faire que d'autres variétés, non éprouvées encore, donnassent des résultats plus satisfaisants. Mais ces importations devront, dans tous les cas, être essayées sur une très petite échelle, afin qu'elles soient moins coûteuses en cas d'insuccès. Pour les blés du Midi qu'on voudra naturaliser dans le Nord, on aura surtout à redouter les froids de l'hiver, et l'on ne pourra être certain du succès qu'après un hiver très rigoureux. Pour les blés du Nord, importés dans le Midi, on aura à craindre qu'une maturation trop prompte ne nuise à la formation et au développement du grain. Dans tous les cas, on éprouvera, dès l'abord, une difficulté d'autant plus grande pour le placement de ces nouveaux produits, qu'ils s'éloigneront davantage de ceux qui forment habituellement l'approvisionnement des marchés de la contrée, bien qu'ils leur soient souvent supérieurs en qualité.

Climat. — Le blé est une des plantes alimentaires qui s'accommodent des climats les plus variés ; aussi le voit-on cultivé dans presque toutes les contrées où l'homme a pu s'établir. Toutefois l'expérience a démontré que c'est la partie moyenne de la zone tempérée qui est la plus favorable à cette culture. Plus on s'éloigne de cette zone vers le Nord, ou plus on s'élève au-dessus du niveau de la mer, moins la chaleur de l'été devient suffisante, et surtout assez prolongée pour permettre à cette céréale de parcourir les phases de sa végétation. Cette culture ne s'étend pas, en Europe, au delà du sud de la Suède et de la Norvège. Elle ne dépasse pas, sous l'équateur, 2,000 mètres de hauteur au-dessus du niveau de la mer. Si, au contraire, l'on se rapproche beaucoup de l'équateur, le blé ne trouve plus une humidité suffisante pour compléter son développement, et la fructification ne peut avoir lieu. C'est ce que l'on a remarqué sur les pentes sèches de Xalapa, au Mexique, où le froment n'est cultivé que comme fourrage.

Sol. — Le blé a besoin de trouver dans le sol une humidité convenable, mais non surabondante, jusqu'au moment de sa fructification. S'il y a insuffisance d'humidité, la nutrition cesse, et la formation de l'épi ne peut avoir lieu ; s'il y a excès, les tissus deviennent mous, aqueux, et les parties herbacées prennent trop de développement aux dépens de la fructification. Comme cette plante est une des plus tardives à mûrir, elle exige un terrain qui conserve longtemps l'humidité qui lui est nécessaire. On voit, d'après cela, que les glaises, les argiles tenaces, sont impropres à cette culture, dans les régions pluvieuses, et que, dans les pays secs, les sols sableux ou très calcaires lui sont également défavorables, à moins qu'ils ne soient pourvus d'un sous-sol imperméable qui y retienne une humidité suffisante. Ce sont donc les terrains de consistance moyenne qui sont généralement les plus favorables à la culture du blé, surtout dans les contrées peu humides. Cela a été si bien démontré par la pratique, que, dans ces localités, on donne à ces sols le nom de *terres à blé*. Dans les contrées sèches et brûlantes du midi de la France, on préfère avec raison les sols compactes, parce qu'ils retiennent plus facilement l'humidité. On donne, au contraire, la préférence aux terrains légers et perméables, dans les climats très humides, comme celui de l'Angleterre.

Non seulement le sol doit être composé de manière à retenir la quantité d'humidité nécessaire au blé, mais il doit encore fournir à cette plante les éléments minéraux qui entrent dans la constitution de ses organes : la chaux, par exemple, quoique absorbée en petite quantité, est si nécessaire au blé, qu'aucun terrain, quels que soient d'ailleurs les autres éléments qui le composent ou le climat où il est situé, ne donnera une pleine récolte si la matière calcaire ne s'y trouve en convenable proportion.

Place du blé dans la rotation des cultures. — La culture du blé réussit mieux après certaines récoltes qu'après d'autres ; cela tient à l'état dans lequel se trouve la terre après ces récoltes.

Si l'on fait succéder le blé d'hiver à des récoltes tardives, on manque de temps pour ameublir suffisamment la terre ; un grand nombre de mottes la tiennent soulevée ; elle s'affaisse pendant l'hiver, et il en résulte le déchaussement des jeunes plantes et leur état languissant. C'est ce qui se produit toujours lorsque le blé succède aux betteraves, aux pommes de terre tardives, au maïs récolté trop tard, à la garance. Il faut que le sol, bien pulvérisé, ait le temps de se tasser un peu avant l'ensemencement.

Le blé favorise le développement des plantes nuisibles ; il ne devra donc pas non plus être cultivé plusieurs fois de suite sur le même sol, ou succéder à une récolte de même nature ; car, la terre étant déjà salie par les graines ou les racines traçantes des plantes nuisibles développées dans la récolte précédente, ces plantes pousseront en abondance dans le blé, et nuiront à son produit. D'ailleurs, la récolte précédente de céréales aura enlevé au sol la plus grande partie des principes salins dont le blé a besoin pour prospérer.

Comme les fumiers répandent dans la terre une grande quantité de graines de plantes nuisibles, pour que le blé n'en favorise pas le développement, on tâche de ne le cultiver que sur un sol anciennement fumé, ou qui n'ait besoin de recevoir qu'un supplément d'engrais peu considérable.

Le blé doit donc, autant que possible, succéder aux récoltes suivantes : trèfle et sainfoin bien réussis et défrichés de bonne heure ; prairies naturelles, luzerne, défrichées en été ; pois, vesces, fumés et coupés en vert ; féveroles fumées et binées ; maïs, pomme de terre précoce, fumés et binés. Enfin on sème aussi le blé sur jachère, c'est-à-dire sur une surface qui a été privée de récolte pendant une année, et qui a reçu de nombreuses façons pendant ce laps de temps. Le mode de jachère doit être adopté pour les argiles très compactes, difficiles à diviser, ou pour les terres salies par une grande quantité de plantes nuisibles à racines vivaces.

Culture. Préparation du sol. — Le blé demande, pour végéter convenablement, un sol meuble jusqu'à la profondeur de 0m,20 à 0m,25 ; mais il redoute une terre trop récemment ameublie. Il est donc utile, dans la préparation du sol, que le dernier labour soit très superficiel, afin de donner aux couches

inférieures le temps de s'affermir un peu, avant la première végétation des jeunes plantes.

Quoique la couche de terre où les racines du blé se développent doive être pulvérisée aussi complètement que possible, on
a remarqué que la végétation était plus belle, au moins pour
les blés d'hiver, lorsque la surface du sol était couverte de petites mottes de terre de $0^m,06$ de diamètre environ. Ces petites
mottes abritent les jeunes plantes pendant l'hiver, et rechaus-
sent leur collet en se délitant au printemps. Toutefois le mode
de préparation du sol, pour le blé, varie beaucoup, suivant la
nature des récoltes auxquelles on le fait succéder, et suivant l'espèce de terre.

Sur jachère. Dans une culture bien entendue, on ne fait usage
de la jachère que pour ameublir, par de nombreuses façons, les
terres d'une très grande ténacité, ou pour nettoyer celles qui
sont infestées de plantes parasites à racines vivaces. Dans l'un
et l'autre cas, on donne, immédiatement après l'enlèvement de
la récolte, un premier labour à $0^m,10$ de profondeur; on le fait
suivre d'un hersage croisé destiné à enlever les racines traçantes
des plantes nuisibles, et, à la fin de l'automne, on pratique, en
travers du premier, un labour à $0^m,25$ de profondeur; mais,
cette fois, on ne donne pas de hersage, afin que la terre reste
ouverte à l'influence des intempéries de l'hiver. Au printemps,
lorsque les graines des plantes nuisibles commencent à se développer, on donne un coup d'extirpateur à $0^m,10$ de profondeur,
suivi d'un roulage en travers et d'un hersage. En août, on
donne un nouveau labour à $0^m,16$ de profondeur, et on le fait
suivre d'un hersage, d'un roulage et d'un second hersage. Enfin,
immédiatement avant les semailles, on donne un coup d'extirpateur à $0^m,08$ de profondeur, suivi d'un hersage.

Sur défrichement de luzerne ou de prairie naturelle. — Aussitôt
après la première coupe, on laboure superficiellement. Lorsque
les gazons sont bien desséchés, on herse énergiquement en
travers pour enlever les racines des plantes nuisibles. Pendant
le cours de l'été, on donne deux autres labours suivis de hersages, pour détruire les plantes nuisibles à mesure qu'elles se
développent; le premier labour, superficiel, est donné avec l'extirpateur; le second, profond de $0^m,16$, est fait avec la charrue.
Un dernier labour, très superficiel, est pratiqué avec l'extirpateur, immédiatement avant les semailles.

Sur trèfle et sainfoin.—Ici deux labours sont suffisants. Quelque
temps après la deuxième coupe, on donne le premier, à $0^m,06$
de profondeur; le second est opéré immédiatement après, de

manière que la charrue, suivant les mêmes raies, pénètre à une profondeur double; le sillon présente ainsi une profondeur de 0m,18. On fait succéder à ce second labour un hersage et un roulage, suivi d'un nouveau hersage. Au moment de l'ensemencement on donne un coup d'extirpateur, on sème, on herse et l'on roule.

Il est bien entendu que nous ne parlons ici que des trèfles et des sainfoins d'un à deux ans, bien réussis. S'ils étaient plus âgés ou remplis de plantes nuisibles, il faudrait, pour les rompre, prendre les soins que nous avons indiqués pour la luzerne.

Après les féveroles, le maïs, les pommes de terre, fumés et binés. —On herse fortement les champs pour faire disparaître les inégalités produites par le buttage ou par l'extraction des tubercules; on laboure, on herse, on roule fortement, on sème et l'on recouvre à la herse.

Après les fourrages annuels coupés en vert. — On donne un labour dès que l'enlèvement de la récolte est terminé, puis, au moyen de l'extirpateur, on maintient la terre nette jusqu'au temps de la semaille. On sème après un fort coup de scarificateur, puis on herse et l'on roule.

Blés de printemps.—Quant à ces blés, ils reçoivent un labour superficiel et un hersage, aussitôt après l'enlèvement de la récolte, à la fin de l'été. On pratique ensuite un labour profond avant l'hiver; puis, au printemps, au moment de l'ensemencement, on donne un coup de scarificateur, suivi d'un roulage et d'un hersage.

Amendements et engrais. — La connaissance de la composition chimique du blé permet d'établir *à priori* les espèces d'amendements et engrais qui sont les plus propres à la production de cette céréale.

D'après M. Boussingault, le rapport de la paille sèche au grain sec est de 200 à 100, et, dans 300 parties de la plante de blé, supposée sèche, on trouve les principes suivants :

	Grain.	Paille.	Total.
Carbone...............	46,10	96,96	143,06
Hydrogène.................	5,80	10,68	16,48
Oxygène.................	43,40	76,58	119,98
Azote..................	2,29	0.70	2,99
Acide sulfurique...........	0,02	0,14	0,16
Acide phosphorique..........	1,14	0,44	1,58
Chlore...................	traces	0,08	0,08
Chaux...................	0,07	1,18	1,25
Magnésie.................	0,39	0,68	1,07
Potasse.................	0,72	1,28	2,00
Soude...................	traces	0,04	0,04
Silice...................	0,03	9,42	9,45
Fer et alumine.............	»	0,14	0,14
Perte...................	»	»	1,72
			300,00

Les principes minéraux qui dominent dans la composition du blé sont, comme on le voit, la silice, la potasse, l'acide phosphorique, la chaux et la magnésie, autrement dit, des silicates et des phosphates alcalins et terreux.

Il faut donc que le terrain destiné à cette céréale soit riche en principes salins, soit naturellement, soit par l'emploi d'amendements et d'engrais appropriés. Les amendements les plus convenables, sous ce rapport, sont la marne ou la chaux, les os pulvérisés, les charrées, et, parmi les engrais organiques, les fumiers de ferme, la colombine, la poudrette, le guano, les tourteaux.

Généralement, c'est le fumier de litière qui est préféré; mais, à lui seul, il ne suffit pas pour donner au sol tous les phosphates nécessaires au blé, car, dans les étables à vaches, cet élément est absorbé pour la composition du lait, et toutes les pailles d'un domaine, alors même qu'on les emploie comme litière ou comme nourriture, ne représentent pas non plus tous les phosphates de chaux et de magnésie nécessaires, puisqu'ils ont été emportés avec les grains vendus au marché. On doit donc toujours associer au fumier, soit des os pulvérisés, du guano, de la colombine, ou de la poudrette, pour lui donner les phosphates que réclame la formation du grain de blé.

Dans un système rationnel de culture, c'est au trèfle, ou à la plante sarclée qui précède la céréale, que l'on donne la fumure destinée à la rotation, et le blé ne profite que de la portion d'engrais qui n'a pas été consommée par la première récolte Il faut donc fumer largement cette récolte première, et, souvent même, donner un supplément d'engrais, l'année où l'on sème du blé, en choisissant l'engrais qui doit renouveler les principes dont la récolte antérieure s'est le plus largement emparée. Ainsi, après une récolte abondante de pommes de terre, de fèves, etc., le froment doit trouver la terre trop appauvrie de potasse; il faut alors y suppléer par les engrais alcalins, tels que de riches composts, des tourteaux, des touraillons, de la colombine, du guano, de la suie, de la poudrette, et notamment des cendres.

C'est au commencement de mars, lorsque les terres sont un peu ressuyées, qu'il convient d'appliquer aux jeunes blés ces engrais complémentaires. Si on les répandait avant les grandes pluies d'hiver, comme on les emploie en très petite quantité et que leurs principes sont très solubles, les pluies les entraîneraient presque en totalité.

L'usage de ces engrais pulvérulents produit ordinairement

des effets très considérables, surtout dans les sols légers. C'est un puissant moyen de rétablir une récolte qui a souffert de l'hiver ou qui n'a pas reçu, avant les semailles, une quantité d'engrais suffisante.

Dans l'assolement triennal, c'est toujours sur la jachère qu'on applique la fumure, avant la semaille du blé. Il y aurait inconvénient à donner une trop grande quantité de fumier, car l'excès en ce sens peut être aussi nuisible que le défaut contraire : une surabondance d'engrais détermine une végétation luxuriante du chaume, une trop grande longueur des tiges, et, par conséquent, une tendance considérable à verser.

D'après de Voght et de Crud, chaque hectolitre de blé, reproduit en sus de la semence, absorbe dans la terre une quantité d'engrais égale à 622 kilogrammes de très bon fumier [1]. En portant le poids de l'hectolitre à 80 kilogrammes, et en admettant un rendement moyen de 20 hectolitre par hectare y compris la semence, on trouve, pour cette surface, un poids de 1600 kilogrammes de grain qui, ajouté à 4000 kilogrammes de paille que donne ordinairement cette quantité de grain, élève le produit total à 5600 kilogrammes par hectare. La quantité de fumure enlevée au sol étant 11,196 kilogrammes, on voit que le froment absorbe dans la terre environ 200 kilogrammes de bon fumier pour 100 kilogrammes de grains de paille récoltés.

L'épeautre consomme beaucoup moins d'engrais que le froment; mais on manque de données suffisantes pour établir le chiffre exact de cette consommation.

Semaille. — *Choix des semences.* Nous avons à examiner ici : 1° le degré de maturité des semences ; 2° leur volume ; 3° leur âge ; 4° l'utilité du changement périodique des semences.

Le grain du blé est propre à germer quelques jours avant qu'il s'égrenne ; il est même déjà doué de cette faculté lorsque l'épi est encore verdâtre, mais cet état imparfait influe défavorablement sur la vigueur des jeunes plantes, car les grains n'ont pas encore reçu tous les sucs nécessaires au complément de leur formation. Il y a donc avantage à attendre leur maturité complète.

Quelques agronomes ont recommandé de choisir pour semence les plus gros grains ; d'autres ont pensé que cette question était sans importance. Les expériences, plusieurs fois répétées, par

---

1. Nous entendons ici, par *bon fumier*, les excréments des bêtes nourries avec de bon foin, des récoltes vertes, des racines, et mélangés avec une litière peu abondante de paille ; ce fumier étant pris dans un état d'humidité modérée, à la suite d'un ou deux mois d'une fermentation non interrompue.

Loiseleur-Deslonchamps, sont venues donner raison à ces de -
niers. Ainsi les petits grains, pourvu qu'ils fussent bien conformés, lui ont constamment fourni des plantes aussi vigoureuses
et des grains aussi gros que ceux obtenus des plus grosses semences. On pourra donc choisir indifféremment des grains de
toute grosseur, en ayant seulement le soin d'écarter ceux qui sont
ridés ou mal conformés.

Quant à l'âge des semences, on a reconnu que plus elles sont
vieilles, moins elles germent rapidement, et moins les individus
que l'on en obtient sont vigoureux. Ce résultat doit être attribué,
d'une part, à ce que les enveloppes de la semence et l'embryon
lui-même ayant perdu toute leur eau de végétation, il faut à ces
grains plus de temps pour absorber dans le sol l'humidité nécessaire à leur évolution; d'un autre côté, à ce que le germe lui-
même perd, en vieillissant, une grande partie de son énergie
vitale. Cela explique pourquoi les blés versés germent bien plus
promptement sur le sol, lorsque cet accident arrive au moment
de leur maturité, que s'il a lieu quelques jours plus tard.

On devra donc toujours préférer les semences les moins âgées,
et surtout celles récoltées l'année précédente. La durée de la
faculté germinative n'a pas de terme bien fixe; elle varie suivant
le mode de conservation employé. En usant des moyens ordinaires, c'est-à-dire en plaçant les semences, en couches minces,
dans un milieu qui ne soit ni trop sec ni trop humide, privé de
la lumière et exposé à une température égale de 12° environ,
elles pourront encore germer, en quantité suffisante, après deux
ans; à la troisième année, un grand nombre ne se développeront
pas; à la quatrième année, la germination sera presque nulle.

Lorsqu'on doutera de la faculté germinative des semences, il
sera toujours bon de les essayer. A cet effet, on mettra une
couche de coton dans une soucoupe à moitié pleine d'eau, on
placera sur ce coton les semences à essayer, et l'on déposera la
soucoupe dans un lieu où l'eau pourra se maintenir tiède à la
température de 20° à 25°); les bonnes graines ne tarderont pas
à germer, et, en comptant celles qui auront levé et celles qui
seront restées inertes, on jugera de la valeur de l'ensemble.

Les cultivateurs de quelques localités ont adopté l'usage de
changer périodiquement leurs semences en les tirant de contrées
plus ou moins éloignées. Ils n'ont pas ordinairement pour but
de remplacer la variété qu'ils cultivent, mais de prévenir la dégénérescence de cette variété. Les avantages et les inconvénients de cette pratique ont été également soutenus par des
agronomes distingués, et il est ressorti de la discussion que ce

renouvellement périodique ne peut être conseillé d'une manière absolue.

Il est bien certain que la nature particulière du sol et le climat peuvent modifier les caractères de certaines variétés de blé et influer sensiblement sur la qualité de leurs produits, et qu'il peut y avoir nécessité, pour le cultivateur qui tient à conserver intacte une variété qui dégénère dans le sol où il la cultive, de renouveler de temps en temps ses semences en les prenant dans une contrée plus favorable; mais, hors ce cas, ce renouvellement de semences sera au moins inutile, s'il n'est pas nuisible. On fera des dépenses assez considérables, et l'on s'exposera à recevoir des blés inférieurs à ceux que l'on aurait pu se procurer chez soi.

Préparation des semences. — La préparation des blés destinés à servir de semence consiste dans deux opérations : le criblage et le chaulage.

Le *criblage* a pour but d'enlever toutes les graines étrangères et tous les grains maigres, chétifs et mal conformés. Ce nettoiement s'obtient, en partie, à l'aide du tarare, dans lequel on fait passer le grain immédiatement après le battage; mais cette première opération est insuffisante pour donner un grain propre à l'ensemencement, car le blé, dans ce premier état, contient encore une certaine quantité de semences étrangères et un bon

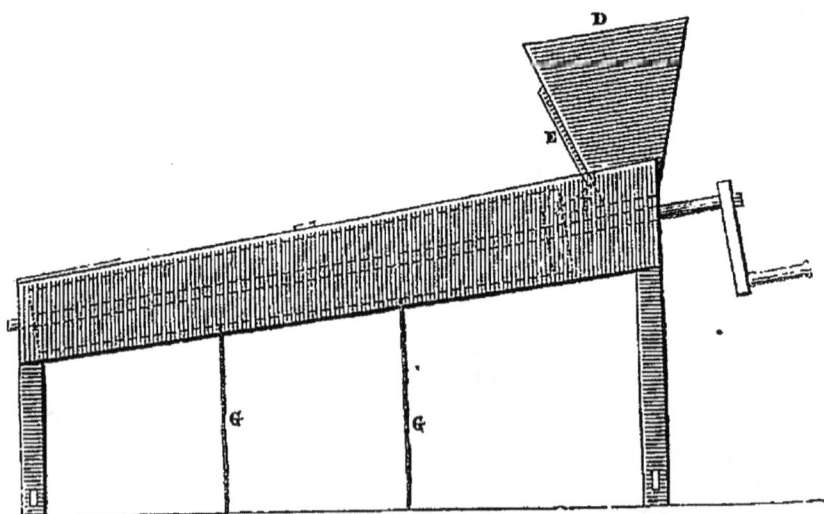

Fig. 273. *Crible cylindrique.*

nombre de grains mal conformés. Il convient donc de lui faire subir un second criblage, et l'on emploie pour cela le *crible cylindrique* (fig. 273 à 275), composé d'un cylindre en fil de fer C, (fig. 274 et 275). Le vide réservé entre chacun de ces fils de

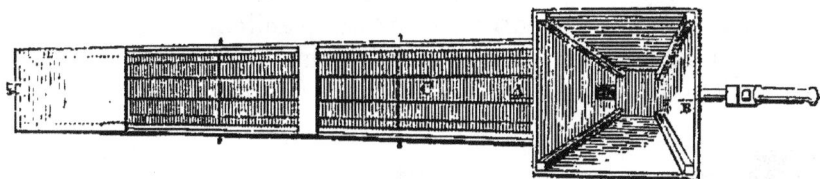

Fig. 274. *Plan du crible cylindrique.*

fer est d'autant plus grand que l'on s'éloigne davantage de la trémie D. Son diamètre diminue aussi suivant la même direc-

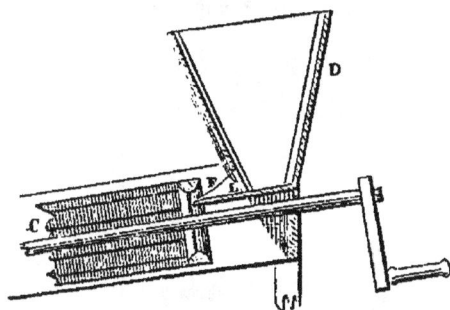

Fig. 275. *Coupe suivant E.*

tion. Ce cylindre est soutenu dans une position inclinée par un châssis en bois. Le grain y est introduit au moyen d'un petit conduit F fixé à l'orifice d'une couverture L pratiquée à la base de l'un des côtés de la trémie D. Une manivelle, placée à l'extrémité supérieure de l'axe sur lequel est attaché le cylindre, permet de donner à celui-ci un mouvement de rotation.

Il résulte de cette disposition que le grain introduit par la partie supérieure du cylindre descend le long du crible à mesure que l'on donne au cylindre un mouvement de rotation ; les graines étrangères, les grains de blé maigres ou avortés, sortent du cylindre vers le tiers supérieur de sa longueur ; les grains un peu plus gros et plus pesants sortent vers la partie médiane, enfin les grains les plus lourds et les plus gros ne sortent que par le tiers inférieur du crible. Pour empêcher que ces trois sortes de grains ne se mêlent en tombant, on les divise par deux cloisons G (fig. 273) fixées au-dessous du crible, et qui descendent jusqu'au sol. Comme nous savons que les petits grains bien conformés donnent lieu à d'aussi beaux produits que les gros, on pourrait se contenter de la cloison la plus rapprochée de la trémie. Cette opération, qui peut être pratiquée par une femme ou par un enfant, est assez rapide pour permettre de cribler 3 hectolitres de grain en une heure. Le prix de ce crible est de 25 francs.

Le trieur Pernollet (fig. 276) donne les mêmes résultats, mais d'une manière plus complète. Le cylindre, partagé en quatre compartiments percés chacun de trous de grandeur et de forme différentes, distribue les grains dans quatre récipients placés au-dessous. On a ainsi, séparés les uns des autres, les petites

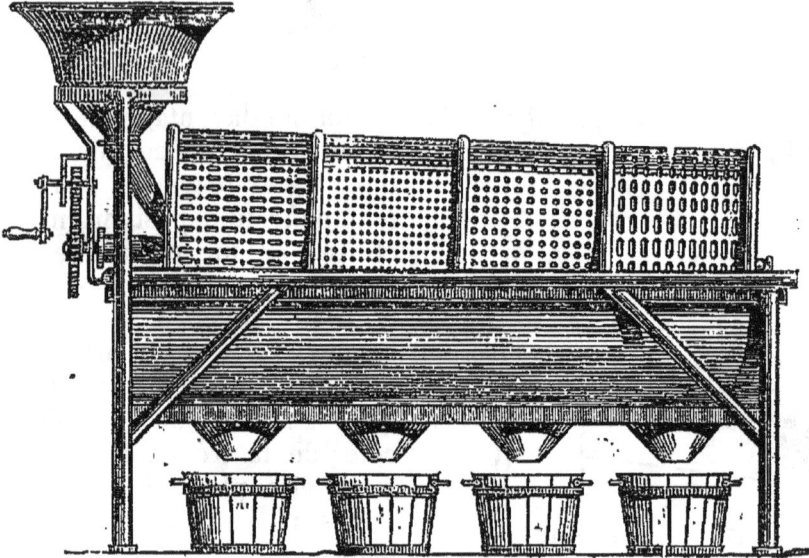

Fig. 276. *Trieur Pernollet.*

graines autres que le blé, les graines rondes et les grains de blé déformés ; enfin le dernier récipient contient le meilleur grain. Quant aux pierres, elles s'échappent par l'extrémité inférieure du cylindre.

MM. Vachon, meuniers à Lyon, ont imaginé une autre machine, à laquelle ils ont donné le nom de *trieur d'agriculture*, et qui produit des résultats plus satisfaisants encore que ceux des cribles précédents. Après avoir fait passer le grain au travers d'un premier crible à trous triangulaires, destinés à arrêter les graines et les corps étrangers d'un diamètre plus considérable que celui du blé, on verse celui-ci dans une trémie H (fig. 277) qui le laisse écouler sur un plan incliné B muni d'un grand nombre de petites cavités circulaires dont la profondeur et le diamètre sont moindres que la longueur moyenne de l'espèce de grain qu'on veut épurer. Ce plan incliné, en tôle, est placé dans un châssis en bois supporté par deux pièces verticales J, au sommet desquelles il pivote d'avant en arrière, et reçoit un mouvement de va-et-vient au moyen d'un ressort en bois sur lequel est accroché ce châssis. Ce mouvement de sassement force

le grain à descendre ; chemin faisant, toutes les graines étrangères, tous les graviers ou les particules de terre, s'arrêtent dans
les cavités du plan incliné ; quelques grains de blé peuvent

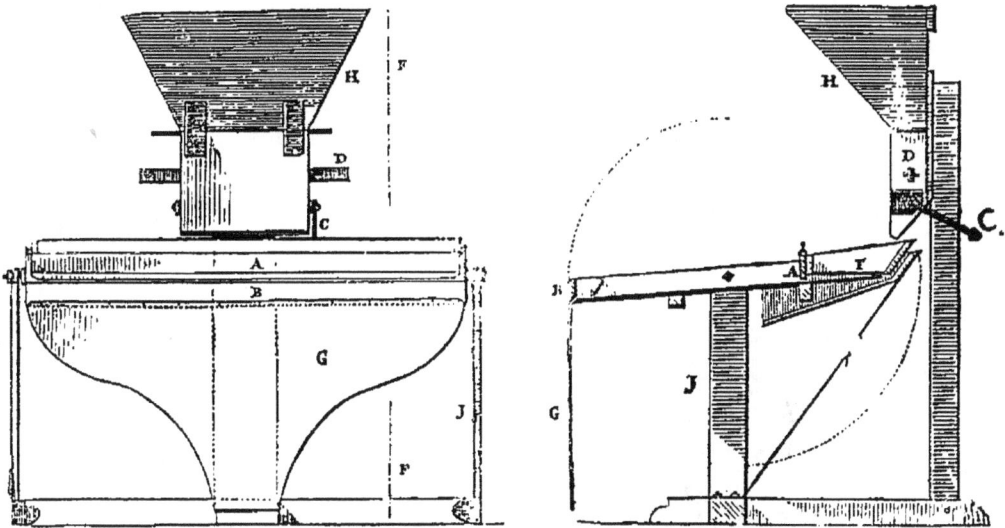

Fig. 277. *Face du trieur Vachon et coupe suivant la ligne EF.*

aussi parfois s'y engager dans une position verticale, mais ils
sont bientôt renversés par le mouvement de la machine, ou par
le choc des autres grains. Le blé arrive donc seul à la base du
plan incliné, d'où il tombe dans une sorte de poche en toile G
qui le conduit dans un récipient.

L'opération est ainsi continuée jusqu'au moment où l'on remarque qu'un certain nombre de cavités du plan incliné sont
obstruées. On ferme alors la base de la trémie au moyen de la
clef C afin d'arrêter l'écoulement du grain ; puis, décrochant
le châssis, on le renverse d'avant en arrière, de manière à le
placer sens dessus dessous. On frappe ensuite légèrement le
dessous de la tôle pour la débarrasser des graines et des graviers
engagés dans les cavités, puis on replace le plan incliné dans sa
première position et l'on recommence l'opération.

On peut, avec cette machine, nettoyer complètement 8 à 10
hectolitres de grain par jour. — Elle peut être employée non
seulement pour le blé, mais encore pour le seigle, l'avoine et
l'orge. On pourrait aussi en faire usage pour les pois, les vesces,
les lentilles, etc. ; mais il faudrait modifier les alvéoles du plan
incliné suivant la forme et le volume de ces graines. Le prix
du trieur d'agriculture varie de 200 à 800 fr., selon ses dimen-

sions et la quantité de grains qu'il épure dans un temps donné : celui de 200 fr. prépare 10 hectolitres de semences en 12 heures ; celui de 800 fr. en nettoie 25 dans le même temps.

Le trieur dont nous venons de parler n'a toutefois qu'une action incomplète pour le nettoyage des grains. Il ne peut les séparer de la poussière, des graviers, des balles, et de cette foule de graines analogues par leur forme à celles des céréales. MM. Vachon s'empressèrent donc de compléter leur machine, et ils la présentèrent, en 1854, à la Société d'encouragement telle que la montrent les figures 278 et 279.

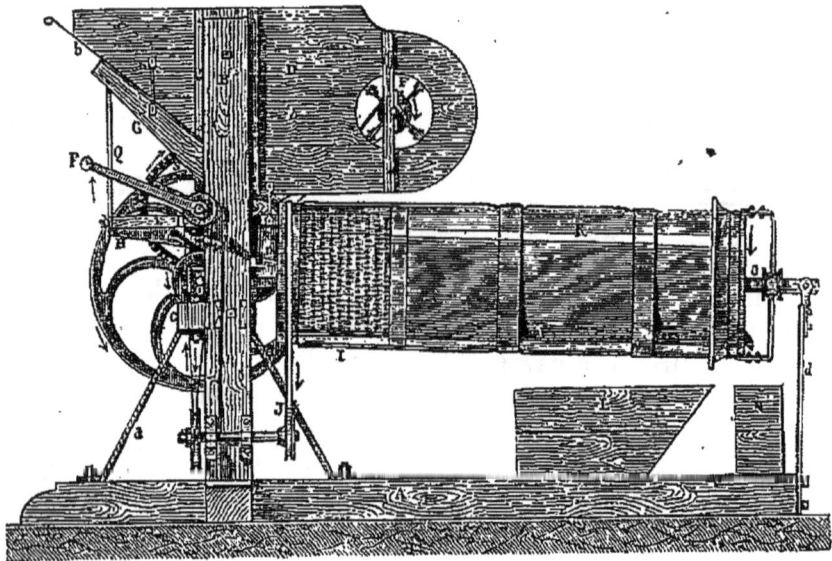

Fig. 278. *Profil du trieur Vachon.*

Cet appareil est conçu de façon à produire les résultats suivants :

1° Il *ventile* le grain, c'est-à-dire le sépare de la poussière, des balles et de tous les corps plus légers que lui ;

2° Il *émotte*, c'est-à-dire purge le blé des grains, graviers, terre, etc., en un mot de tous les corps plus lourds ;

3° Il *crible*, c'est-à-dire sépare du bon blé les blés maigres, la folle-avoine, l'ivraie et tous les corps étrangers plus petits ;

4° Il *trie*, c'est-à-dire purge le blé des grains ronds, des graviers, des terres de même grosseur que le blé.

La machine complète, d'une longueur de $2^m,50$ et d'une hauteur de $1^m,80$, se compose des organes suivants :

Légendes des figures.

A, B, C. *a.* Pièces du bâti du trieur.

D. Trémie munie de la vanne *b*, qui laisse tomber les graines sur le crible émotteur E, à trous triangulaires. Pendant sa chute, le grain reçoit le vent du ventilateur F, qui chasse les corps légers dans la cheminée G.

L'émotteur porte une auge, ou double fond H, qui conduit le blé émotté dans le cylindre cribleur I. Ce cylindre se prolonge pour former le trieur K, lequel présente à l'intérieur une multitude de cavités où se logent les graines rondes, tandis que le bon grain continue son chemin pour sortir par les orifices R et tomber dans la caisse L.

Pendant le double mouvement de rotation de va-et-vient du cylindre IK, le

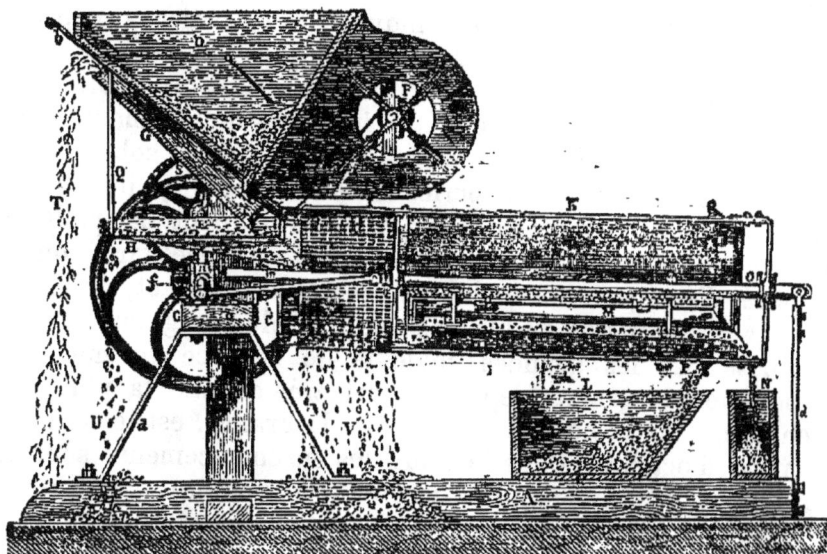

Fig. 279. *Coupe en élévation du trieur Vachon.*

graines logées dans les alvéoles du trieur tombent dans le bassin, ou couche M, qui les rejette dans l'autre caisse N.

L'axe O est articulé au ressort *d* et est supporté à l'avant par le galet *c;* il est d'ailleurs relié au coude *f* de l'arbre *h* par la double bielle *i.*

P, manivelle qui met en jeu le mécanisme du trieur, ainsi que la courroie J, fait tourner le cylindre sur son axe O, pendant que l'arbre coudé *f h* lui imprime un mouvement de va-et-vient longitudinal.

L'émotteur F lui-même est actionné par l'arbre O du cylindre, qui, à cet effet, porte une touche *m*, laquelle, à chaque retour de cet arbre, vient frapper le buttoir *n*, placé sous le double fond H de l'émotteur. Ce dernier est maintenu par un ressort Q, qui le ramène en position après chacune des secousses horizontales auxquelles il est soumis.

T, pailles. U, pierrailles. V, criblures. X, bon grain. Y, mauvais grain.

Pour dégager les grains de blé cassés ou les graines rondes qui adhèrent trop fortement dans les alvéoles, l'ouvrier qui fait tourner la machine donne de temps en temps des coups secs d'un maillet de bois sur les cercles extérieurs en fer plat qui consolident le cylindre trieur.

Cet appareil exige peu de force motrice : un enfant de quatorze ans peut le faire marcher pendant une journée entière. Il nettoie 10 à 12 hectolitres de blé en douze heures avec un homme et un enfant. Il coûte 350 fr. On peut l'appliquer également à l'épuration du seigle, de l'orge, de l'avoine.

Le *chaulage* des semences du blé est de la plus grande importance. Il a pour but de prévenir certaines maladies qui attaquent cette plante, particulièrement la carie. Nous nous en occuperons plus loin, en traitant des moyens de remédier aux principales maladies des céréales.

Époque des semailles. — L'époque la plus favorable à l'ensemencement du blé ne peut être indiquée d'une manière absolue : elle varie suivant le climat et la nature du sol.

Variétés d'hiver. — L'expérience a démontré que, plus on sème de bonne heure les blés d'hiver, plus ils donnent de paille au détriment du grain. Si, au contraire, on sème très tard, on est exposé, d'une part à trouver la terre trop humide, et, de l'autre, à voir la végétation du blé se prolonger plus longtemps et être surprise par les grandes chaleurs de l'été, ce qui nuit à la production du grain. L'époque considérée comme la plus convenable, dans le nord et le centre de la France, est le commencement d'octobre. Dans le Midi, les ensemencements sont retardés jusqu'aux premiers jours de novembre, afin que les plantes ne prennent pas trop de développement avant l'hiver, ce qui produirait le même inconvénient que les ensemencements trop précoces du Nord.

Mais ces deux époques ne sont pas invariables. Si le terrain est très léger, la végétation d'automne y sera très active et s'y prolongera plus longtemps; il sera donc convenable de retarder les semailles jusqu'à la seconde quinzaine d'octobre, pour le nord et le centre de la France, et jusqu'à la fin de novembre pour le Midi. On devra, au contraire, avancer cette opération de quinze jours dans les sols compactes et humides, afin que les plantes puissent prendre, avant l'hiver, un développement qui leur permette de résister facilement aux froids.

Variétés de printemps. — Il y a toujours avantage à semer les blés de printemps le plus tôt possible. La souche et les racines prennent un développement qui leur permet de résister aux premières sécheresses du printemps et du commencement de l'été, et de développer des tiges plus nombreuses et plus fertiles. Dans le nord et le centre de la France, cet ensemencement ne peut pas avoir lieu avant le commencement de mars, parce que les terres sont rarement en état avant cette époque. On peut même le retarder jusqu'au commencement d'avril, dans les terres très compactes ou inondées pendant l'hiver, car elles n'ont pas à redouter la sécheresse du printemps. Dans le Midi, ces semailles doivent être faites pendant la seconde quinzaine de février.

Quantité de semences. — Si toutes les graines que l'on confie à la terre germaient et donnaient naissance à des plantes bien conformées, on pourrait diminuer de beaucoup la quantité de semence ordinairement employée, non seulement pour le blé, mais encore pour toutes les autres plantes. Mais, quel que soit le soin que l'on apporte à bien préparer le terrain, à répandre et à recouvrir les graines, les exigences économiques de la grande culture n'ont pas permis jusqu'à présent d'employer des procédés assez parfaits pour que toutes les graines soient également placées dans les conditions nécessaires à leur développement. Ainsi une partie de ces graines se trouve enterrée trop profondément et ne germe pas, ou bien s'épuise pour traverser la couche de terre qui la recouvre, et ne donne que de chétifs produits ; d'autres restent à la surface, et leurs jeunes plantes sont détruites par la sécheresse ; quelquefois aussi les jeunes plantes, réunies par places en trop grand nombre, s'étouffent réciproquement et périssent avant d'avoir fructifié. Les oiseaux, les insectes, détruisent aussi une grande partie des semences. De là, la nécessité de répandre une plus grande quantité de graines qu'il n'en faudrait pour couvrir le champ d'un nombre suffisant de plantes. Du reste, la quantité de semence employée varie dans une proportion assez grande (un hectolitre 20 à 3 hect. 50 par hectare), sans qu'il soit toujours possible de justifier ces variations ; on a cependant reconnu que l'époque des semailles, la nature du sol, le monde d'ensemencement, le climat doivent faire varier cette proportion.

Blés d'hiver. — Lorsque l'ensemencement est fait avant l'hiver, les jeunes plantes développent vers leur collet, pendant le printemps, de petites ramifications qui, d'abord horizontales, se redressent bientôt et donnent lieu à autant de tiges. On appelle *tallement* cette faculté qu'ont les blés d'hiver, et *talles* ces tiges latérales. Chaque plante occupe alors plus d'espace ; on doit donc tenir compte de cette faculté, dans la proportion de semence à employer.

La quantité moyenne de grains que l'on répand pour les blés

d'hiver est de 2 hectolitres 25 par hectare. Mais il est des terrains qui favorisent plus les uns que les autres le tallement du blé. Les sols très riches, substantiels et suffisamment humides, lui sont très favorables ; le contraire a lieu pour les terrains légers et secs. Dans le premier cas on se contente de 2 hectolitres par hectare, tandis qu'on en emploie 2 hectolitres 50 pour les seconds. Le mode d'ensemencement vient aussi exercer sa part d'influence, et nous verrons plus loin qu'en remplaçant l'ensemencement à la volée, ordinairement usité, par l'ensemencement en lignes, à l'aide d'un bon semoir, il devient possible, toutes circonstances égales d'ailleurs, d'économiser un tiers de la semence.

Enfin, le climat fait aussi varier un peu la proportion de semence. Ce que nous avons dit plus haut s'applique au nord et au centre de la France ; mais, dans le Midi, le blé, surpris plus tôt par la chaleur et recevant du sol et de l'atmosphère moins d'humidité, talle moins que dans le Nord ; aussi la proportion de semence doit-elle être plus forte. Cette augmentation ne sera toutefois que de 1/20, parce que les grains récoltés dans cette contrée sont généralement moins gros que dans le Nord, et qu'il y en a, par conséquent, un plus grand nombre dans une capacité donnée. L'hectolitre de blé du Midi renferme 1,700,000 grains ; celui du Nord n'en contient que 1 million.

Les épeautres, qui restent enveloppés de leurs balles et forment alors un plus grand volume, sont semés dans une plus forte proportion. On emploie, en moyenne, 4 hectolitres 50 de grains par hectare.

Blés de printemps. — Les blés de printemps doivent être semés plus dru que ceux d'hiver. La chaleur augmentant sans cesse à partir de ce moment, et l'humidité du sol et de l'atmosphère allant en diminuant, concourent à arrêter bientôt le développement de la souche des jeunes plantes, l'empêchent de taller et d'occuper autant d'espace que les blés d'hiver. L'augmentation de semence devra être dans la proportion de 1/5

Profondeur à laquelle les semences doivent être enterrées. — Pour l'examen de ce point, nous devons nous reporter aux circonstances qui sont indispensables à la germination des graines en général. On sait que la présence des trois agents suivants, l'air, l'eau et un certain degré de chaleur, est nécessaire pour que la germination des graines ait lieu ; mais il faut encore que ces trois agents soient réunis dans des proportions convenables ; or celles-ci varient suivant les espèces. De là, nécessité de placer dans le sol les graines du blé à une profondeur telle, qu'elles y trouvent, en proportion convenable, le concours des trois agents précités. Si ces graines sont placées à $0^m,16$ de profondeur, elles n'ont pas le libre contact de l'air, et leur germination n'a pas lieu; si on les place à la surface du sol, elles sont exposées aux alternatives de chaleur et d'humidité, qui ne tardent pas à altérer leur principe vital. C'est donc entre ces deux limites extrêmes qu'on doit chercher le degré de profondeur convenable pour le blé. L'expérience a démontré que ce degré varie entre $0^m,030$ et $0^m,80$, suivant le climat, l'époque de l'ensemencement et la nature du sol.

Dans le Midi, l'humidité moyenne du sol étant moins grande que dans le Nord, il est nécessaire d'enterrer davantage les graines pour qu'elles y rencontrent la quantité d'eau dont elles ont besoin, et pour que les jeunes racines soient moins exposées à l'influence des sécheresses du printemps. Les blés de printemps doivent être enterrés plus profondément encore que ceux d'hiver, parce que ceux-ci, par le développement qu'ils ont déjà acquis lorsque vient la sécheresse, la bravent plus facilement.

Enfin, la nature du sol fait encore varier cette profondeur. Dans un sol compacte, argileux, le blé devra être moins couvert que dans les terres légères. Le premier est moins perméable à l'air, et sa surface se durcit souvent en une croûte dure que les jeunes tiges traversent difficilement; il présente d'ailleurs, à sa surface, une humidité suffisante pour la germination des graines. Nous donnons quelques indications fondées sur ces diverses considérations :

Dans le Midi : Blés d'hiver semés en terre compacte............	$0^m,050$
— — semés en terre légère..............	$0^m,060$
— Blés de printemps semés en terre compacte.......	$0^m,065$
— — semés en terre légère.	$0^m,080$

Dans les climats du nord ou du centre de la France, où l'humidité est plus abondante, on diminuera de moitié ces divers degrés de profondeur.

Modes de semaille. — Les semences peuvent être répandues sur le sol, soit à la volée, soit en lignes, et, dans ce dernier cas, à l'aide d'un instrument auquel on donne le nom de *semoir*.

Semailles à la volée. — L'ensemencement du blé à la volée est le procédé le plus généralement usité. Il faut, pour qu'il soit bien fait : 1° que la semence soit également répartie sur toute la surface du champ; 2° qu'elle soit répandue en quantité déterminée pour une étendue donnée.

Pour semer à la volée, on projette le grain en faisant décrire un arc de cercle à la main, qui, partant de sa position étendue en avant, vient frapper l'épaule opposée, de manière à imprimer un mouvement parabolique à la semence. Les semeurs sèment soit d'une seule main, soit alternativement des deux mains, de l'une en allant, de l'autre en revenant, et seulement tous les deux pas ; ou encore, ils sèment des deux mains à la fois, en projetant à chaque pas, tantôt une poignée de grains à droite, tantôt une à gauche. Cette dernière méthode est celle qui est usitée dans le midi de la France. La direction suivie par le semeur est, en général, parallèle à la plus grande longueur du champ, ce qui évite les fréquents retours qui font perdre beaucoup de temps.

On donne le nom de *train* à la largeur que le semeur peut embrasser par chacun de ses jets. Ces trains peuvent être de 9 mètres lorsqu'on sème d'une seule main, et de 6 mètres lorsqu'on sème des deux mains à la fois. La largeur des trains est indiquée par des jalons que le semeur place à l'extrémité des lignes qu'il parcourt, et qu'il retire chaque fois, pour les placer plus loin, de manière à parcourir ainsi successivement le champ entier. Lorsqu'on ne sème que d'une main, on porte la semence dans un tablier. Qu'on se figure une sorte de blouse de paysan, de laquelle on aurait retranché les manches et la partie postérieure jusqu'à la hauteur des aisselles, et l'on aura une idée exacte de cette sorte de tablier. Le semeur endosse ce vêtement, met le grain dans la partie antérieure, et enroule la partie inférieure autour de son bras gauche ou de son bras droit, selon qu'il sème avec l'une ou l'autre main. Pour semer des deux mains à la fois, on se sert d'un panier (fig. 280) aux deux anses duquel sont liées les deux extrémités d'une lanière en cuir que le semeur passe autour de son cou, de manière à avoir les deux mains libres. Dans l'un

Fig. 280.
Panier pour les semailles.

et l'autre cas, le semeur porte assez de grain à la fois pour ensemencer tout un train.

Quant à la condition de répandre sur une étendue donnée une quantité déterminée de semence, il faut se rendre compte d'abord de l'étendue du champ à ensemencer (soit un hectare), puis de la proportion de semence à répandre sur cette surface (soit 2 hectolitres 20). A cet effet, on partage toute la surface en trains de 9 mètres de largeur, et l'on détermine le nombre de ces trains. Supposons qu'il y en ait 10, il faudra, pour ensemencer chacun d'eux, le dixième de 2 hectolitres 50, ou 20 litres de grain ; le semeur prendra cette quantité de grain dans son tablier, et régularisera chaque jet de manière à répartir également cette semence sur toute l'étendue du train. Un bon semeur peut semer ainsi environ 5 hectares de terrain par jour.

Moyens de recouvrir la semence répandue à la volée. — La semence peut être recouverte par deux procédés différents, suivant que l'ensemencement est fait sur raie ou sous raie. L'*ensemencement sur raie* consiste à répandre la semence après le dernier labour, puis à la recouvrir à l'aide d'un hersage donné en travers du labour. Une double herse de Valcourt, attelée de quatre chevaux, peut couvrir en un jour la semence de 6 hectares. Le plus ordinairement, on répand la semence sur le dernier labour avant que la terre ait été hersée ; il en résulte que le grain coule dans l'intervalle qui existe entre la crête de chaque sillon, et qu'il se trouve réuni en trop grande quantité sur certains points, tandis que d'autres en sont privés. D'un autre côté, un certain nombre de grains s'engagent dans les crevasses formées au fond des sillons, et sont ainsi enterrés à une trop grande profondeur. Pour éviter ces inconvénients, il sera toujours préférable de donner un coup de herse avant la semaille, afin que, la surface étant nivelée, la semence se distribue d'une manière uniforme. Ce mode devra surtout être mis en pratique dans les sols compactes, humides, où la semence doit être très peu enfouie. Les blés recouverts par le hersage sont placés à une profondeur moyenne de $0^m,020$. Lorsqu'il sera nécessaire d'enterrer la semence plus profondément, à $0^m,070$, par exemple, comme dans le midi de la France, on se servira du scarificateur, parce qu'il pénètre plus profondément que la herse. Le scarificateur à sept coutres, attelé de quatre chevaux et conduit par deux hommes, peut recouvrir en un jour un hectare de semis.

L'*ensemencement sous raie* consiste à recouvrir la semence à l'aide d'un labour. Le mode d'opérer varie un peu suivant les localités, Le plus souvent, la semence est répandue sur le dernier labour, puis elle est recouverte au moyen d'un autre labour qui place les grains à la profondeur de $0^m,060$ ou $0^m,080$. D'autres fois, le semeur suit la charrue, et couvre de semence la raie qui vient d'être ouverte ; le sillon suivant tombe sur le grain et l'enterre. Enfin, il est des contrées où l'on sème moitié du grain sous raie, et l'autre moitié sur raie. Ce mode de semaille, qui permet d'enterrer les grains à une plus grande profondeur qu'avec l'ensemencement sur raie, est usité dans le midi de la France et dans tous les terrains secs et légers ; mais il a un défaut capital, c'est la lenteur qu'entraîne son exécuton ; ainsi il faut de trois à cinq jours pour semer un hectare ; et, quand on songe au peu de beaux jours dont on peut profiter à l'époque des semailles, on voit que c'est là un inconvénient grave. Aussi conseillons-nous de remplacer cette pratique par l'emploi du scarificateur, qui peut enterrer les semences aussi profondément, et qui opère beaucoup plus vite.

Semailles en lignes à l'aide du semoir.—Le semis des céréales à la volée présente deux inconvénients principaux : c'est, en premier lieu, l'irrégularité de la répartition de la semence, malgré tout le soin que le semeur pourra y apporter ; et, en second lieu, l'imperfection des moyens employés pour recouvrir les semences ; les graines, n'étant pas placées toutes au même degré de profondeur, atteignent une époque de maturité irrégulière, si même un certain nombre, placées trop superficiellement ou trop profondément, ne restent pas complètement improductives. C'est pour rémédier à ces inconvénients qu'on à songé à remplacer le semis à la volée par le semis en lignes, au moyen d'un semoir.

Les bons semoirs, employés pour l'ensemencement du blé, présentent les avantages suivants :

Les graines, répandues sur le sol aussi régulièrement qu'on peut le désirer, sont placées à un degré de profondeur uniforme, et qu'on peut faire varier suivant les besoins. Elles sont disposées en lignes parallèles, dont on peut à volonté modifier la distance, ce qui permet d'appliquer à la récolte les binages qui lui sont presque toujours profitables. En répartissant la semence plus également et en l'enterrant à une profondeur régulière, le semoir permet de diminuer d'un tiers la quantité de graines employée par le semis à la volée. Enfin, tous les grains étant placés au même degré de profondeur, il en résulte une végétation plus régulière et une maturité égale pour tous les épis.

Mais cet instrument n'est pas non plus sans quelques inconvénients, et voici quels sont ceux qu'on lui reproche surtout.

Il opère, dit-on, moins promptement que ne le fait le semeur à la main ; or l'expérience a démontré qu'il peut ensemencer en un jour une surface moyenne de 4 hectares, tandis qu'en opérant à la volée, on peut en ensemencer 5 ; mais le semoir recouvre la semence en même temps qu'il la répand, tandis qu'avec le semis à la volée on est obligé de la recouvrir après coup ; il y a donc compensation. Le semoir, ajoute-t-on, ne peut fonctionner sur les surfaces sensiblement inclinées, et nécessite, pour les surfaces horizontales, un sol plus complètement ameubli qu'on ne le fait ordinairement ; c'est donc un surcroît de travail et de dépenses. La première partie de ce reproche nous paraît fondée ; mais elle est peu grave, car les terrains à surface inclinée ne forment qu'une exception à la règle générale. Quant à l'ameublissement plus complet du sol, c'est, en effet, une condition nécessaire pour que le semoir fonctionne convenablement, mais ce degré d'ameublissement est précisément celui qu'on donne aujourd'hui à la terre dans les contrées où l'agriculture est en progrès ; cette objection ne s'applique donc qu'aux localités encore arriérées, et pour lesquelles l'adoption du semoir ne sera qu'une question de temps.

On a objecté encore le prix élevé de cet instrument (en moyenne 450 fr.) ; mais, en négligeant de tenir compte de l'avantage qu'il procure pour le rendement et la qualité des produits, cette dépense sera bientôt couverte par l'économie qu'il permet de faire sur la semence. Ainsi supposons que l'on ensemence, chaque année, 15 hectares de blé à la volée, il faudra 44 hectolitres de semence, qui, à 20 fr. l'hectolitre, coûteront 880 fr., tandis qu'à l'aide du semoir on économisera un tiers de cette dépense, ou 293 fr. 33 c. En moins de deux ans on aura donc couvert le prix de l'acquisition.

Enfin, on a fait observer, avec raison, que si l'espace plus considérable, réservé entre chaque grain par l'ensemencement en lignes, avec le semoir, présente l'avantage, dans les contrées et dans les sols humides, d'assurer au printemps le tallement de chaque plante, cet avantage doit diminuer dans les contrées où les terres sont exposées à la sécheresse au printemps, comme dans le midi de la France, et dans les sols légers, car ces contrées et ces sols se prêtent mal au tallement du blé.

Concluons donc, de tout ce qui précède, que l'emploi du semoir présente généralement de l'avantage, mais qu'on devra lui préférer l'ensemencement à la volée pour les terrains inclinés, pour les sols qui n'ont pas reçu un degré d'ameublissement convenable, enfin, dans le midi de la France, et dans les terrains légers où le tallement du blé se fait difficilement.

Disons maintenant un mot du semoir qu'on devra choisir. On s'occupe, depuis plus de deux siècles, de perfectionner les semoirs ; il est résulté de ces tentatives un certain nombre d'instruments, parmi lesquels beaucoup sont vicieux, et d'autres ne

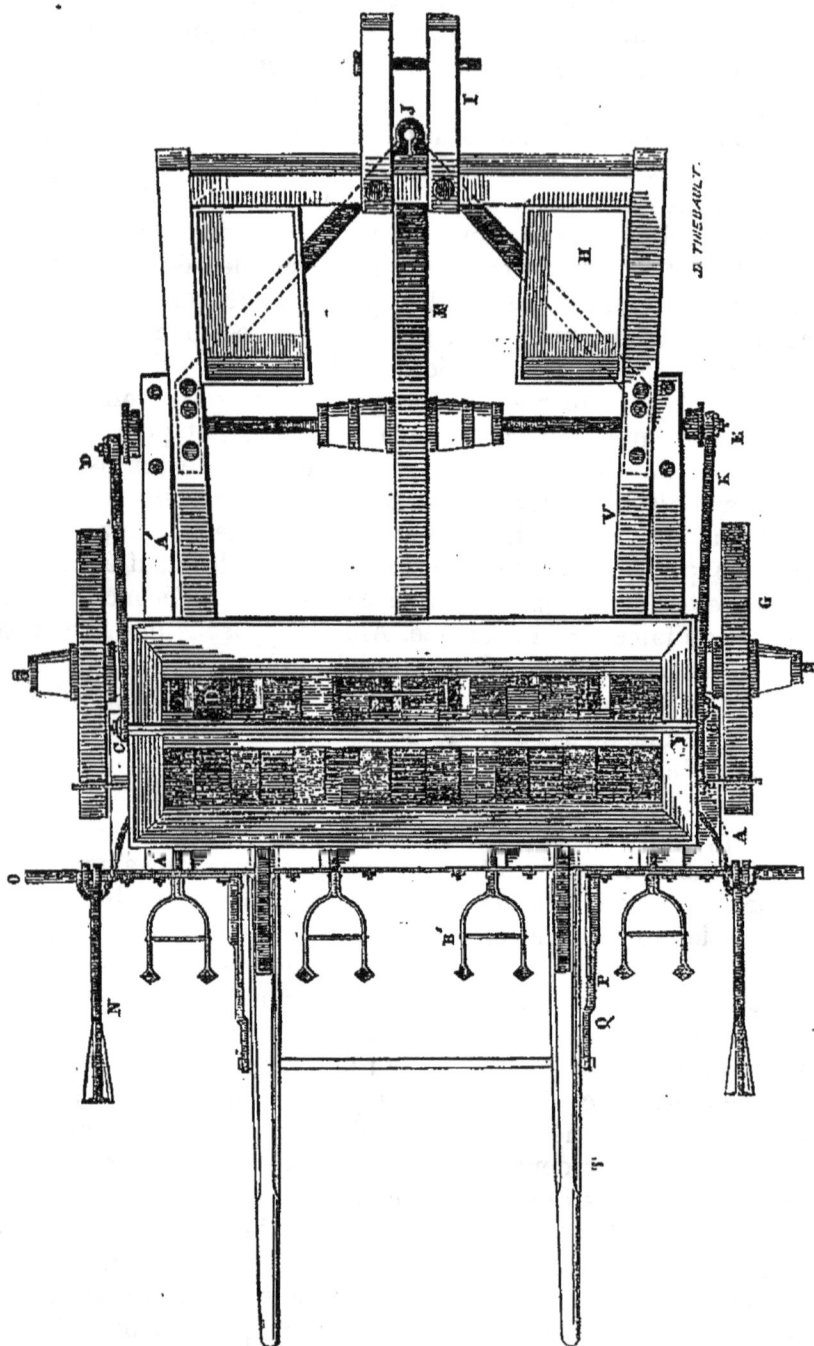

Fig. 281. *Semoir Hugues, plan.*

sont appliquables qu'à une seule sorte de récolte; nous n'en parlerons donc pas et nous ne nous occuperons que du semoir Hugues, parce qu'il peut servir à l'ensemencement des diverses espèces de graines.

Cet instrument (fig. 281 à 284) se compose d'une caisse en bois X supportée par trois roues, l'une placée devant F, et les deux autres de chaque côté de la partie postérieure G. Cette caisse est divisée en deux parties par une cloison verticale et

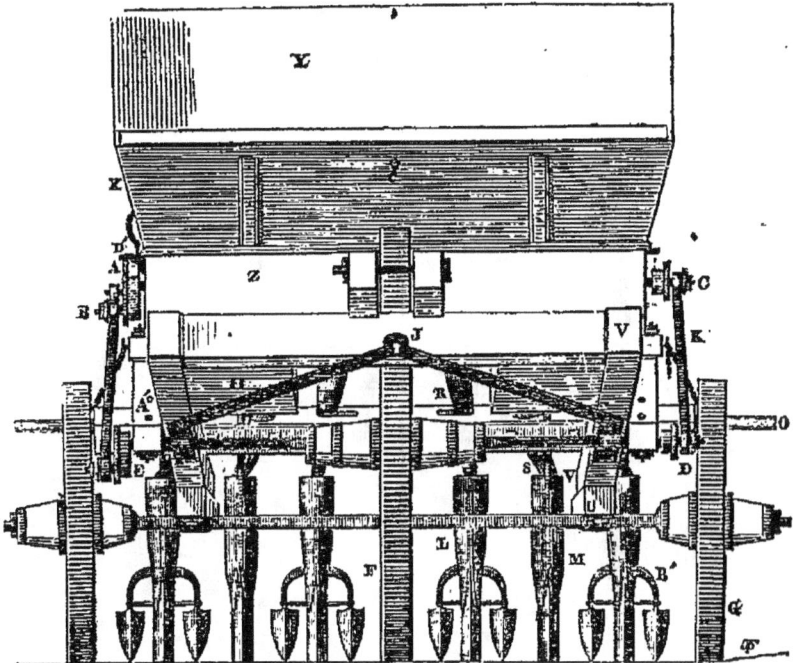

Fig. 282. *Semoir Hugues, vu par devant.*

longitudinale (fig. 281). Dans chacune de ces auges se trouve un cylindre en fer closant leur partie inférieure. Le cylindre de l'auge postérieure A est couvert, à sa surface, de petites cavités ou alvéoles disposées en lignes circulaires. Ces alvéoles sont partagées en sept sections, et chacune de ces sections se compose de six lignes d'alvéoles de grandeurs différentes, et graduées de manière à contenir depuis la graine la plus fine jusqu'à la plus grosse. Chaque alvéole reçoit une graine, et, par un mouvement de rotation du cylindre, la verse dans un tube R placé immédiatement au-dessous de chacune des sections d'alvéoles et qui conduit la graine jusqu'à terre.

Le cylindre de l'auge antérieure B est couvert de cannelures longitudinales; il est aussi partagé en sept sections. Ces cannelures sont destinées à recevoir un engrais pulvérulent quelconque, et à le répandre, par un semblable mouvement de rotation, dans chacun des tubes qui correspondent avec chaque section du cylindre. Ces tubes se réunissent avec ceux des semences, vers le milieu de la longueur de ceux-ci, de sorte que l'engrais et les semences sont répandus en même temps sur le sol. Ces deux cylindres reçoivent leur mouvement de rotation

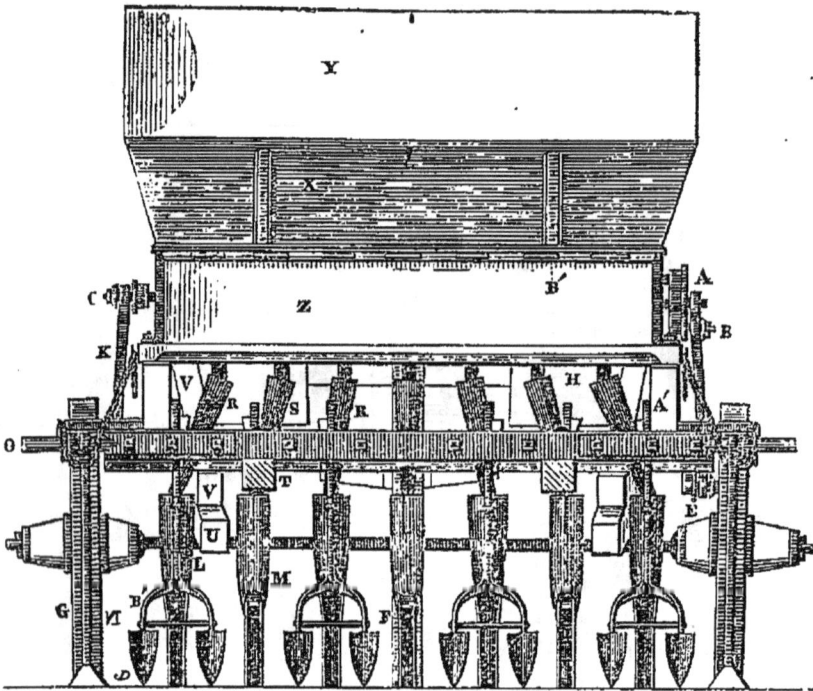

Fig. 283. *Semoir Hugues, ou par derrière.*

de la roue de devant, au moyen d'une branche de fer fixée, par l'une de ses extrémités, à l'axe de la roue, et, par l'autre extrémité, à l'axe du cylindre; il y en a une pour chaque cylindre.

Chacun des tubes conducteurs de la semence affleure le sol et est précédé d'un petit coutre L et M qui ouvre le sillon; on fait varier la profondeur de ce sillon en élevant ou en abaissant les coutres. La semence répandue dans le sillon est recouverte par une sorte de petit racloir en fer B' qui suit immédiatement chaque coutre et qui renverse la terre dans le sillon.

Le cylindre destiné à recevoir les graines est recouvert d'une

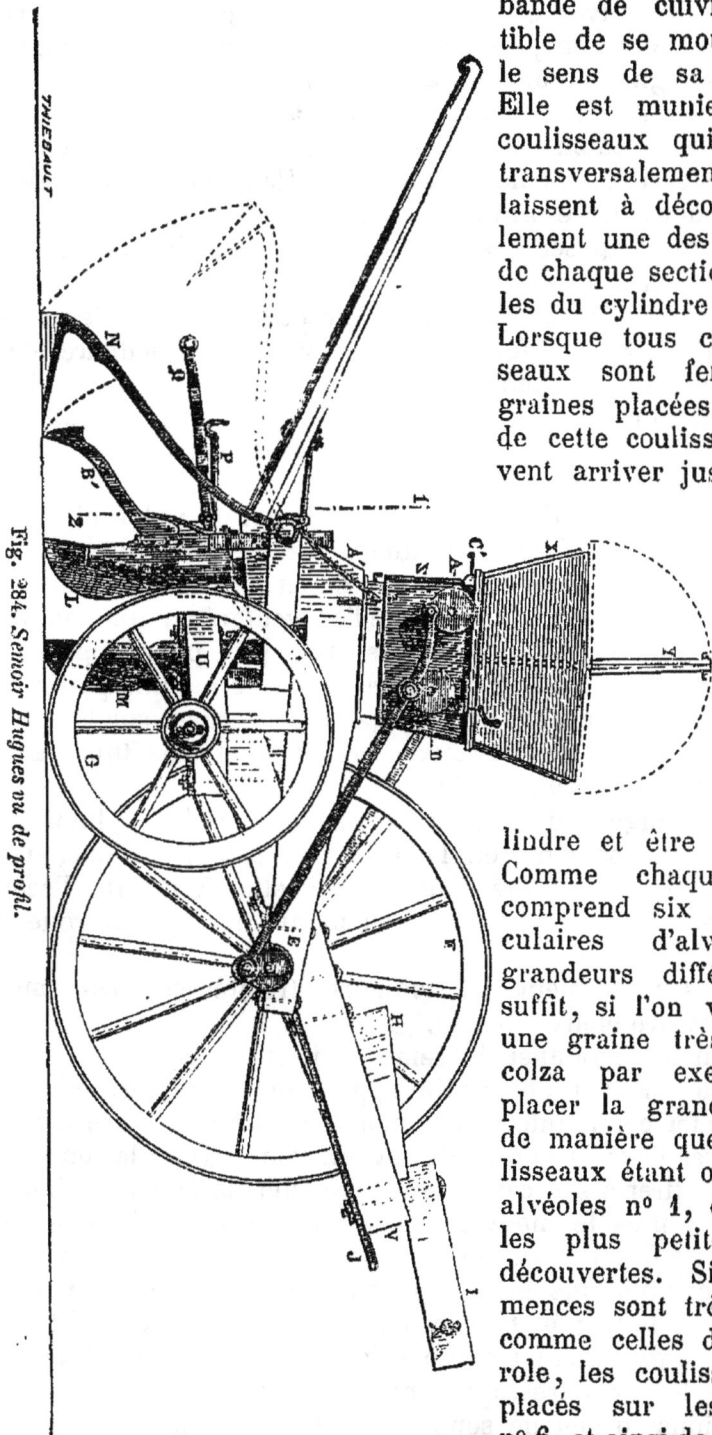

bande de cuivre susceptible de se mouvoir dans le sens de sa longueur. Elle est munie de sept coulisseaux qui s'ouvrent transversalement et qui laissent à découvert seulement une des six lignes de chaque section d'alvéoles du cylindre (fig. 281). Lorsque tous ces coulisseaux sont fermés, les graines placées au-dessus de cette coulisse ne peuvent arriver jusqu'au cy-

THIEDBAULT

Fig. 284. Semoir Hugues vu de profil.

lindre et être répandues. Comme chaque section comprend six lignes circulaires d'alvéoles de grandeurs différentes, il suffit, si l'on veut semer une graine très fine, du colza par exemple, de placer la grande coulisse de manière que, les coulisseaux étant ouverts, les alvéoles n° 1, c'est-à-dire les plus petites, soient découvertes. Si les semences sont très grosses, comme celles de la féverole, les coulisseaux sont placés sur les alvéoles n° 6, et ainsi de suite.

Il pourrait arriver qu'avec ces alvéoles quelques semences fussent répandues en plus grande quantité qu'on ne le voudrait sur chaque ligne ; on obviera à cet inconvénient en remplissant avec du mastic un certain nombre d'alvéoles. On obtiendra ainsi un espacement de $0^m,16$, $0^m,24$, $0^m,32$ sur la ligne. On arrivera encore au même résultat en mélangeant aux graines que l'on sème d'autres graines de même grosseur, mais que l'on aura eu soin d'exposer dans un four à une température un peu élevée pour en détruire le germe.

On peut également faire varier l'espacement des lignes de plantes ; à cet effet, on ferme les coulisseaux intermédiaires destinés à répandre les semences sur le cylindre, et l'on enlève les coutres qui y correspondent. La distance entre chaque tube étant de $0^m,13$, on pourra ainsi varier l'espacement des lignes entre $0^m,13$, $0^m,26$, $0^m,39$, $0^m,52$, $0^m,65$, et $0^m,78$.

Quant au cylindre destiné à recevoir l'engrais pulvérulent, le mécanisme est le même ; chacune des sept parties du cylindre est recouverte par deux coulisseaux en fer, et l'on ouvre un seul ou les deux coulisseaux, selon que l'on veut répandre une plus ou moins grande quantité d'engrais. Lorsque, pour augmenter la distance entre les lignes semées, on ferme une partie des coulisseaux à semences, il faut également fermer sur le cylindre à engrais les coulisseaux correspondant aux tubes à semences que l'on a supprimés.

Les deux auges ou trémies qui surmontent les cylindres et qui reçoivent la semence ou l'engrais présentent chacune, dans leur intérieur, une sorte d'agitateur destiné à faciliter l'écoulement. Ces agitateurs sont mis en mouvement par la roue de devant.

L'engrais pulvérulent doit toujours être très sec ; les semences doivent être bien coulantes.

Pour faire fonctionner le semoir, il suffit de pousser une branche de fer dont l'extrémité appuie sur un ressort qui force la tige de fer communiquant le mouvement au cylindre à s'engrener avec l'axe de la roue de devant. Pour arrêter la fonction, il suffit de tirer à soi cette même branche de fer ; le cylindre, ne recevant plus le mouvement de rotation, cesse de semer. Ce semoir est mû par deux chevaux ; son prix est de 445 francs.

La description que nous venons de donner s'applique au semoir à sept tubes ; M. Hugues en a construit un à neuf tubes. Il ne diffère du premier que par le nombre plus grand des tubes et par les cylindres, qui sont plus longs et se composent de neuf sections au lieu de sept. Il permet d'ensemencer un plus grand nombre de lignes à la fois, et opère plus promptement. Le prix est de 500 francs.

Quant à l'application de cet instrument à l'ensemencement du blé, on placera les lignes à $0^m,13$ de distance les unes des autres, et l'on répandra la semence avec les alvéoles n° 4.

Du plombage. — Cette opération consiste à comprimer légèrement la terre autour des semences, immédiatement après qu'elles ont été recouvertes ; on la pratique à l'aide d'un rouleau en bois long de deux mètres et mû par un cheval. On peut plomber ainsi 8 hectares de terre par jour. Le plombage a pour effet de faire disparaître les vides qui existent dans le sol, autour des graines; de telle sorte que celles-ci, se trouvant, par toute leur surface, en contact immédiat avec la terre, y puisent plus facilement l'humidité nécessaire à leur germination. Cette opération est d'autant plus nécessaire que l'ensemencement est plus superficiel, ou qu'il succède à une récolte qui a plus profondément ameubli la terre, ou encore que le sol est plus léger. Dans les terres compactes, argileuses, le plombage est plus nuisible qu'utile, car il augmente la compacité du sol en brisant les petites mottes qui y sont utiles pour abriter les jeunes plantes des intempéries de l'hiver et pour rechausser leur collet, au printemps.

Soins d'entretien du blé pendant sa végétation. — Depuis son ensemencement jusqu'à sa récolte, le blé doit recevoir les façons suivantes, destinées à favoriser sa végétation et à accroître son produit.

Rigolage. — Quoique le blé soit une des céréales qui redoutent le moins l'humidité du sol, il souffre cependant beaucoup, pendant l'hiver, lorsque l'eau stagne à la surface de la terre. Pour obvier à cet inconvénient, aussitôt que les semailles sont terminées, on examine la conformation de la surface du champ, on détermine la pente générale du terrain, puis l'on trace, à l'aide d'une charrue à double versoir, dans les parties les plus basses, des rigoles profondes, dirigées vers une rigole commune qui suit la pente générale du terrain. Il est très essentiel d'abattre et d'étendre, à l'aide d'un râteau, à une certaine distance des rigoles, la terre amassée sur leurs bords par les versoirs de la charrue; car elle deviendrait un obstacle à l'écoulement des eaux dans les rigoles, et transformerait en petits étangs la portion du champ que ces rigoles entourent. Après les grandes pluies et la fonte des neiges, il est convenable de visiter les rigoles d'écoulement, afin de réparer celles qui auraient été obstruées par la force des eaux. Ce rigolage est surtout nécessaire sur les terres compactes et peu perméables.

Hersage. — Lorsqu'un printemps sec succède à un hiver humide, la surface des terres compactes se durcit tellement, qu'elle devient imperméable à l'air et aux racines qui naissent du collet des jeunes blés d'hiver ; la récolte jaunit, devient souffrante, et le rendement s'en trouve très sensiblement diminué. Pour prévenir cet accident, on donne aux blés d'hiver un hersage, vers le mois de mars, aussitôt que la terre est assez égouttée pour pouvoir être pulvérisée. La croûte superficielle étant ainsi ameublie, une partie de la terre vient couvrir le collet des jeunes plantes, et l'on voit bientôt celles-ci reprendre une vigueur nouvelle et développer de nombreuses talles. On ne doit pas craindre de donner ce hersage d'une manière énergique ; plus la surface du sol sera ameublie, plus l'opération sera efficace. Quant aux quelques plantes qui seront détruites par ce travail, leur nombre sera bien plus que compensé par le tallement vigoureux de celles qui seront conservées. Ce hersage, bien exécuté, peut doubler le rendement de la récolte. On se servira d'une herse en bois ou en fer, et l'on répétera cette opération une ou deux fois de suite, selon le degré de ténacité du sol.

Pour les blés semés en ligne à l'aide du semoir, on remplacera ce hersage par un ou deux binages pratiqués avec la houe à main de M. Hugues (fig. 139, p. 247). Si la sécheresse venait à succéder immédiatement à cette opération, il serait utile de donner un roulage.

Roulage. — Lorsque les hivers sont humides et qu'il gèle et dégèle souvent, ces changements fréquents de température tourmentent la surface des sols légers, sableux ou calcaires ; leur surface, d'abord soulevée par la gelée, s'affaisse ensuite, et met à nu le collet et les racines des jeunes blés d'hiver, qui souffrent alors de la sécheresse du printemps et ne donnent que de faibles produits. On peut remédier à ce déchaussement en faisant passer un rouleau très pesant sur les blés, vers la fin du mois de mars. Les jeunes plantes sont ainsi enfoncées dans le sol et leur collet est recouvert de terre. Non seulement ce roulage est utile pour les blés d'hiver, mais il produit aussi de très bons effets sur les blés du printemps. Dans ce cas, il est bon de retarder ce travail jusqu'à la fin du mois d'avril.

Saupoudrement des jeunes blés. — Sur un sol riche, substantiel, et même sur un terrain léger, lorsque l'hiver a été doux et que le printemps est favorable, il n'est pas rare que le blé pousse avec tant de vigueur, que les tissus de sa tige manquent de consistance et qu'il verse sous l'influence des premières pluies qui succèdent à la floraison. Lorsqu'on pourra prévoir cet excès de vigueur, on répandra sur les blés, au printemps, avant le hersage ou le roulage, de la chaux, de la suie ou des cendres, dont l'action est d'endurcir la paille et de lui donner de la consistance.

Fauchage et pâturage des jeunes blés. — Lorsqu'on n'aura pas pu prévoir assez tôt l'excès de vigueur dont nous venons de parler, et que les plantes, déjà hautes de $0^m,28$, couvriront tout le sol, au commencement d'avril, on pourra diminuer cette vigueur en coupant le sommet des feuilles et des jeunes tiges. On peut, à cet effet, employer les deux moyens suivants : le premier, qui est le moins énergique, consiste à couper, avec la faux ou la faucille, le tiers supérieur des feuilles ; le second consiste à faire pâturer le champ par un troupeau de moutons, dont le nombre est calculé de manière que le pâturage ne soit pas trop rigoureux. Pour que cette dernière opération ne présente pas d'inconvénient, elle devra être faite avant les premiers jours de mai ; dans l'un comme dans l'autre cas, on devra choisir un temps doux.

Sarclage. — La pratique du hersage et du binage que nous avons conseillée plus haut concourt à la destruction des plantes nuisibles ; mais cette destruction est incomplète, et d'ailleurs il ne tarde pas à se développer de nouvelles plantes qu'il faut faire disparaître, si l'on ne veut pas voir la récolte plus ou moins épuisée par ces parasites, le grain sali par leurs semences, ou la terre infestée de leurs graines pour les récoltes suivantes ; c'est alors qu'il faut recourir au sarclage à la main. Cette destruction des plantes nuisibles doit être opérée avant que celles-ci soient en fleur, et surtout en fruit : d'abord, parce qu'elles n'ont pas encore pu répandre leurs semences sur la terre, puis ensuite, parce qu'elles épuisent moins le sol. C'est vers la fin d'avril, lorsque le blé a une hauteur de $0^m,22$ environ, qu'on doit opérer le sarclage.

Les espèces le plus communément répandues dans les céréales et qui font le plus de tort sont surtout les suivantes :

ESPÈCES A RACINES VIVACES.	ESPÈCES ANNUELLES OU BISANNUELLES.
Chardon des champs (*Serratula arvensis* (Linn.).	Coquelicot (*Papaver rheas*).
Folle-avoine (*Avena fatua*).	Nielle des blés (*Agrostemma githago*).
Pas-d'âne (*Tusilago farfara*).	Ivraie annuelle (*Lotium tumulentum*).
Les Patiences (*Rumex aculus* et *obtusifolius*).	Mélampyre des moissons (*Melampyrum arvense*).
	Bluet (*Centaurea cyanus*).

Chiendent (*Triticum repens*, Linn.).
La Gernotte (*Avena precatoria*).
Yèble (*Sambucus yebulus*).

Moutarde des champs (*Sinapis arven-sis*).

Parmi ces espèces, plusieurs ne sont pas détruites par le sarclage ; de ce nombre sont le pas-d'âne, le chiendent, la gernotte, dont les racines vivaces et traçantes ne cèdent qu'aux
labours d'été, qui les exposent à l'ardeur du soleil, ou qui permettent de les enlever par des hersages énergiques. Quelques-
unes de celles que le sarclage détruit exigent aussi, sous ce
rapport, quelques soins particuliers : tels sont le chardon et
l'yèble, dont les racines sont vivaces, très profondément implan-
tées dans la terre, et qui exigent une très grande force pou-
être arrachées avec une partie de leurs ra-
cines. Si l'on se contente de rompre les tiges
à la surface du sol, au lieu d'une tige que
l'on supprime il s'en développe six ou sept.
Dès que la tige de ces plantes a acquis une
certaine consistance, il faut que des femmes,
armées d'une longue *tenaille en bois* ou
moette (fig. 285), saisissent les tiges près du
sol et les arrachent avec une grande partie
de leurs racines. Le produit des sarclages
est porté hors du champ, et il y est ordinairement abandonné ; il est plus convenable de brûler les plantes qui sont déjà en
graines, pour en utiliser les cendres, et de
donner en nourriture aux bestiaux les co-
quelicots et la moutarde des champs qui seraient dans un état de végétation moins
avancée. Si cette nourriture est superflue,

Fig. 285. *Moette.*

ou dispose la totalité du produit du sarclage en couches alternatives séparées par un peu de chaux mélangée de terre, et
il en résulte un excellent engrais.

Esseiglage. — Enfin, dans les localités où l'on a l'habitude de
cultiver du *méteil*, c'est-à-dire mélange de blé et de seigle, la
semence du blé n'est presque jamais entièrement privée de
semences de seigle. On voit alors apparaître, dans le champ
de blé, une certaine quantité de plantes de seigle ; or, comme
les épis de ce dernier se montrent avec ceux du blé, quand
on ne veut pas récolter un grain mélangé, on pratique l'esseiglage en abattant tous les épis de seigle au moment de leur floraison.

Culture du blé avec irrigations. — Quoique nous ayons

dit, en parlant des irrigations, que cette pratique était généralement peu favorable aux plantes cultivées pour leurs semences, nous devons reconnaître qu'il est des contrées tellement brûlées par le soleil, même en France, que la culture du
blé y serait presque impossible sans le concours de l'irrigation,
dont les bienfaits compensent, et au delà, les inconvénients
qu'elle peut présenter pour la quantité du grain. Nous empruntons à l'excellent *Cours d'agriculture* de M. de Gasparin les détails qui suivent sur l'irrigation appliquée au blé.

Les blés sont soumis à une irrigation régulière et habituelle
à Cavaillon (Vaucluse). On donne quatre arrosages. Le premier,
avant les semailles sur le terrain nu, pour disposer la terre à la
culture et rendre plus facile la sortie des grains ; les semailles
ont lieu au commencement d'octobre. On arrose une seconde
fois quand, au mois d'avril, la température moyenne est arrivée à 12° ; la troisième irrigation se fait pendant la floraison ;
enfin, la quatrième, quelques jours après. Ces deux dernières
disposent les fleurs à nouer. Les récoltes qu'on obtient ainsi
sont de 40 à 46 hectolitres par hectare.

Les bénéfices de ces irrigations ne se produisent pas également sur toutes les terres. Si le sol est peu perméable, l'eau
séjourne dans le voisinage des racines et les blés en souffrent
beaucoup ; mais cet effet disparaît après quelques années, par
les matières limoneuses que déposent les eaux, et, qui, mélangées
avec la couche arable, en augmentent la porosité. On peut hâter
aussi les bons résultats des irrigations dans les sols compactes,
en ameublissant ceux-ci profondément. Ces irrigations sont
pratiquées avec succès en Sicile, en Espagne, en Afrique, en
Amérique.

Rendement. — Dans les terres bien pourvues d'engrais et
convenablement traitées, les maximums de récolte varient de
32 à 40 hectolitres, soit, en poids, de 2560 à 3200 kilog. de blé
par hectare, en prenant 80 kilog. pour le poids moyen de l'hectolitre ; mais ces résultats ne s'obtiennent que dans des cas ou
des saisons extraordinaires. Le plus ordinairement, les récoltes
moyennes, dans les bons terrains, ne s'élèvent pas au-dessus
de 25 à 20 hectol. Dans l'état ordinaire de la culture, dans la
région céréale en France, la récolte est de 11^{hectol},40 par hectare, réduits à 9^{hectol},46 après prélèvement des semences.

D'après la moyenne des observations, 100 parties de la plante
de froment sont composées ainsi qu'il suit :

Grain..   22,8
Balles......................................   4,0
Paille......................................   57,7
Chaume.   15,5
                                                ─────
                                                100,0

On voit que le produit en paille est, après la récolte, le double, en poids, du grain non séparé de la balle.

L'épeautre donne, en moyenne, 40 hectolitres de grain vêtu par hectare, ou 128^{kil},60, en comptant 42 kilogr. par hectolitre; ces chiffres répondent à 18 hectolitres de grain net.

On obtient, sur la même surface, une quantité moyenne de 3000 kilog. de paille.

D'après Schwerz, la plante de l'épeautre, en laissant de côté le chaume qui reste en terre, serait ainsi composée :

Grain net..............................   46,38
Balles.................................   15,05
Déchet.................................   2,14
Paille.................................   36,43
                                          ──────
                                          100,00

DU SEIGLE.

Le seigle tient le second rang parmi les céréales, pour la nourriture de l'homme, dans les contrées tempérées. Il présente une grande rusticité; il peut croître sur un sol pauvre et aride; il résiste aux mauvaises herbes et les domine facilement; comme il mûrit de bonne heure, avant l'époque de la dessiccation complète du terrain ou celle de la décroissance trop rapide de la température, il peut occuper des terrains où le blé le plus tardif ne pourrait pas accomplir la dernière phase de sa végétation. Il donne un produit plus sûr, moins variable que les autres céréales. Quoique moins nourrissant, à poids égal, que le froment, il fournit un pain savoureux, sain, et qui se maintient frais plus longtemps. Schwerz affirme que les balles du seigle contiennent une substance aromatique qui exerce une action fortifiante sur les nerfs, ce qui a fait adopter l'usage de mélanger à la farine une certaine proportion de ces balles fraîchement moulues.

Le seigle a surtout une très grande importance pour l'Allemagne, à cause de son emploi pour la distillation et la fabrication des eaux-de-vie de genièvre. Dans les localités même les plus favorables à la culture du froment, il n'est pas d'exploitation où l'on ne cultive une certaine quantité de seigle pour la paille qu'il donne en très forte proportion, et qu'on préfère à toute autre pour faire des liens pour les gerbes de blé. Dans les mêmes localités, le grain de seigle est mélangé en certaine proportion avec celui du froment et fait un pain de très bonne qualité. On emploie aussi ce grain pour la nourriture et l'engraissement des bestiaux, soit cuit, soit concassé et mélangé avec les pois, les féveroles, etc.

Espèces et variétés. — On ne cultive qu'une espèce de seigle, le *seigle cultivé* (*secale cereale*, Linn.). Cette espèce a donné lieu aux races suivantes :

Seigle d'hiver (fig. 286). — C'est la variété la plus communément cultivée ; elle ne diffère en rien du *seigle multicaule* ou *seigle de la Saint-Jean*. On peut, en effet, la semer indifféremment à l'automne ou à la fin de juin. Dans ce dernier cas, elle peut fournir une abondante récolte de fourrage vert, à la fin de l'été, et donner ses épis pendant l'été suivant.

Seigle de mars. — Paille moins longue et plus fine que celle du seigle d'hiver ; grain plus petit. Ce seigle, semé en automne, produit beaucoup, tandis que celui d'hiver, semé au printemps, ne réussit pas.

Seigle de Russie. — Variété à larges feuilles, à grain bien nourri, donnant beaucoup de paille, épi ramassé. Cette variété diffère très peu du *seigle de Vierland*.

Le seigle d'hiver est la variété qu'on doit préférer, soit pour la production du grain, soit pour celle de la paille, soit enfin comme fourrage vert. Quant à celle du printemps, on ne devrait jamais la cultiver, à cause de son faible rapport. Les produits du seigle de Russie sont encore peu connus.

Climat. — Le seigle est moins sensible aux froids de l'hiver que le blé ; il parcourt, en outre, plus rapidement les diverses phases de sa végétation ; aussi voit-on sa culture être préférée à celle du blé, à mesure que l'on s'avance vers le Nord ou le sommet des montagnes élevées. Le seigle ne redoute la rigueur du froid que si ses tiges ont poussé avant

Fig. 286.
Seigle d'hiver.

l'hiver, comme cela arrive lorsque l'automne a été doux et prolongé.

Sol. — Le seigle termine sa maturation plus tôt que le blé; aussi s'accommode-t-il très bien des terrains légers qui perdent plus promptement, au début de l'été, l'humidité dont le blé a encore besoin pour compléter sa végétation. Il réussit donc très bien dans les sols sablo-argileux et même sableux; il donne aussi de beaux produits dans les terres calcaires les plus stériles; mais il réussit mal dans les argiles compactes parce qu'il redoute l'excès d'humidité.

Place du seigle dans la rotation des cultures. — Le seigle est une céréale d'automne qui doit avoir, dans les assolements des sols légers, la place que le blé occupe dans les assolements des terres substantielles; il succède avec le même avantage aux mêmes récoltes. Il possède, de plus, cette faculté, refusée par la nature à la plupart des autres plantes, de venir sans interruption, sur le même terrain, pendant un certain nombre d'années, sans que ses produits paraissent en souffrir.

Culture. — Quant à la *préparation du sol*, aux *amendements* et aux *engrais* qui conviennent à cette récolte, nous avons peu de chose à ajouter à ce que nous avons dit à propos du blé.

Le seigle demande encore plus que le blé un terrain bien rassis, c'est-à-dire qui ne soit pas nouvellement labouré. Il n'exige pas aussi impérieusement la présence de l'élément calcaire; néanmoins les marnages et chaulages, dans les sols qui en sont ordinairement privés, lui sont très favorables.

On n'a pas d'analyse complète du grain de seigle; quant à la paille, on sait qu'elle est très riche en silice, et qu'elle renferme plus de potasse et d'acide phosphorique que celle du blé; il faut donc que les engrais qu'on applique au sol lui fournissent les phosphate et silicate de potasse dont il pourrait être dépourvu. Ces engrais sont les mêmes que ceux qui conviennent au froment.

Généralement, on fume trop peu les terres à seigle; dans le Brabant, où l'on entend le mieux cette culture, on donne de fortes fumures, et. à chaque récolte; sur les bords de la Meuse, on sème cette céréale sur les trèfles rompus et on l'arrose d'engrais liquides; en Alsace, on fait précéder les semailles d'un enfouissement en vert de fèves et de navets.

D'après de Crud, l'hectolitre de seigle, pesant en moyenne 72 kilog., et récolté en sus de la semence, absorbe dans la terre 503 kilog. de fumier. En admettant un rendement moyen de 22 hectol. par hectare, on obtient, en poids, 1584 kilog. de grain, lesquels, joints aux 3500 kilog. de paille que donne la même surface, forment un poids total de 5084 kilog. La quantité de fumure enlevée au sol étant de 10,060 kilog. par hectare, il en résulte que le seigle enlève à la terre environ 200 kilog. de fumier pour 100 kilog. de grain et de paille récoltés.

Semaille. — Quant au choix et à la préparation des semences, on suivra ainsi les indications données pour le blé. Le grain du seigle est plus petit que celui du froment ; il talle beaucoup moins. Le seigle d'hiver devra toujours être semé à l'automne, aussitôt que possible, et avant le froment d'hiver. Plus cet ensemencement est précoce, plus les produits sont abondants ; la même observation s'applique au seigle de mars.

Le prix modique du seigle en grains et la valeur assez importante de sa paille font qu'il n'y aurait pas grand avantage, d'une part, à diminuer la quantité de semence, et, de l'autre, à espacer les touffes par un semis en ligne ; aussi le sème-t-on toujours à la volée. On le recouvre ensuite à la herse, en ayant soin de ne l'enterrer qu'à une profondeur convenable ; car, plus que toute autre céréale, il pourrit facilement en terre. Généralement le seigle doit être moitié moins recouvert que le blé.

Les soins d'entretien qui succèdent à l'ensemencement sont les mêmes que pour le froment : le roulage, le sarclage, doivent lui être appliqués dans les mêmes circonstances. On peut se dispenser du hersage, au printemps, en raison du peu de tendance qu'a le seigle à taller.

Rendement. — Le seigle donne un rendement un peu plus abondant que le froment ; il s'élève, en moyenne, à 22 hectolitres, ou 1584 kilog. par hectare. La même surface donne un produit moyen de 3500 kilog. de paille.

100 kilog. de la plante de seigle à l'état normal sont ainsi constitués :

Grain.	24,4
Paille et balles.	59,5
Chaume.	16,1
	100,0

100 de grain répondent à 222 de paille et balles.
100 de grain sec. . . . . à 292   id.

DE L'ORGE.

L'orge est peu employée pour la panification, parce que le pain qu'elle donne est inférieur en qualité à celui du blé et du

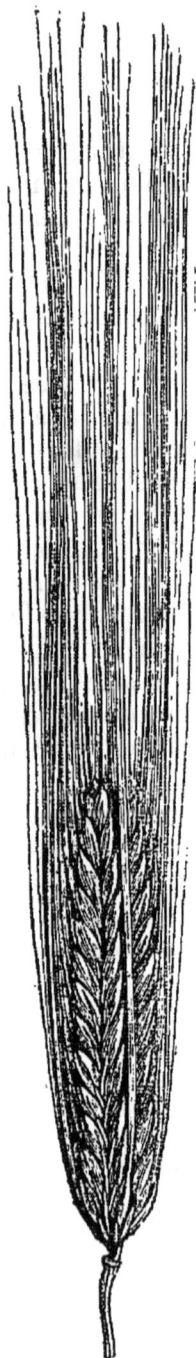

Fig. 287. *Orge commune.*   Fig. 288. *Orge escourgeon,*

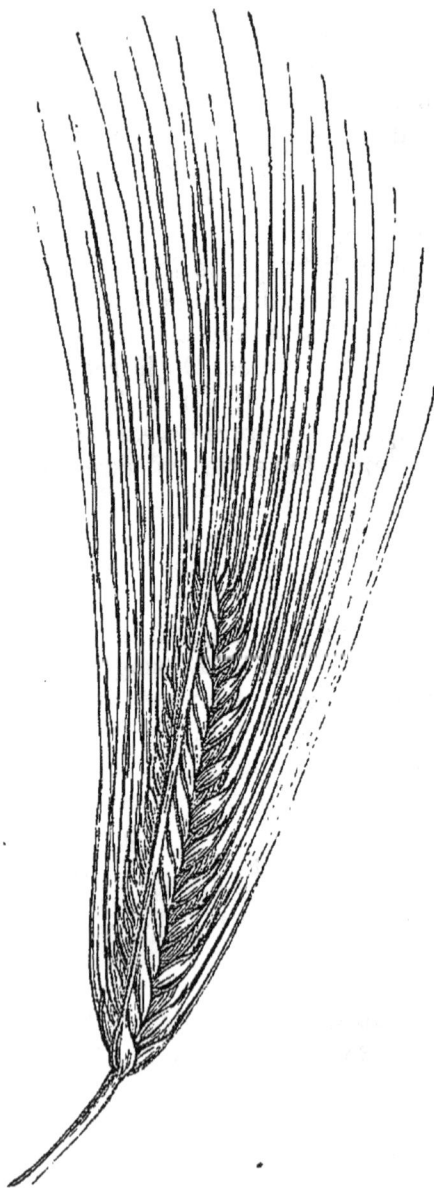

seigle; mais elle occupe un rang élevé dans l'agriculture des pays du Nord, qui, privés de vigne, ont la bière pour la boisson habituelle. Après avoir servi à cet usage, l'orge donne un résidu, la *drèche*, qui fournit une masse notable de produits alimentaires pour les bestiaux, et rend immédiatement à la terre, sous forme d'engrais, tout ce qu'elle lui a enlevé. Ce grain sert aussi,

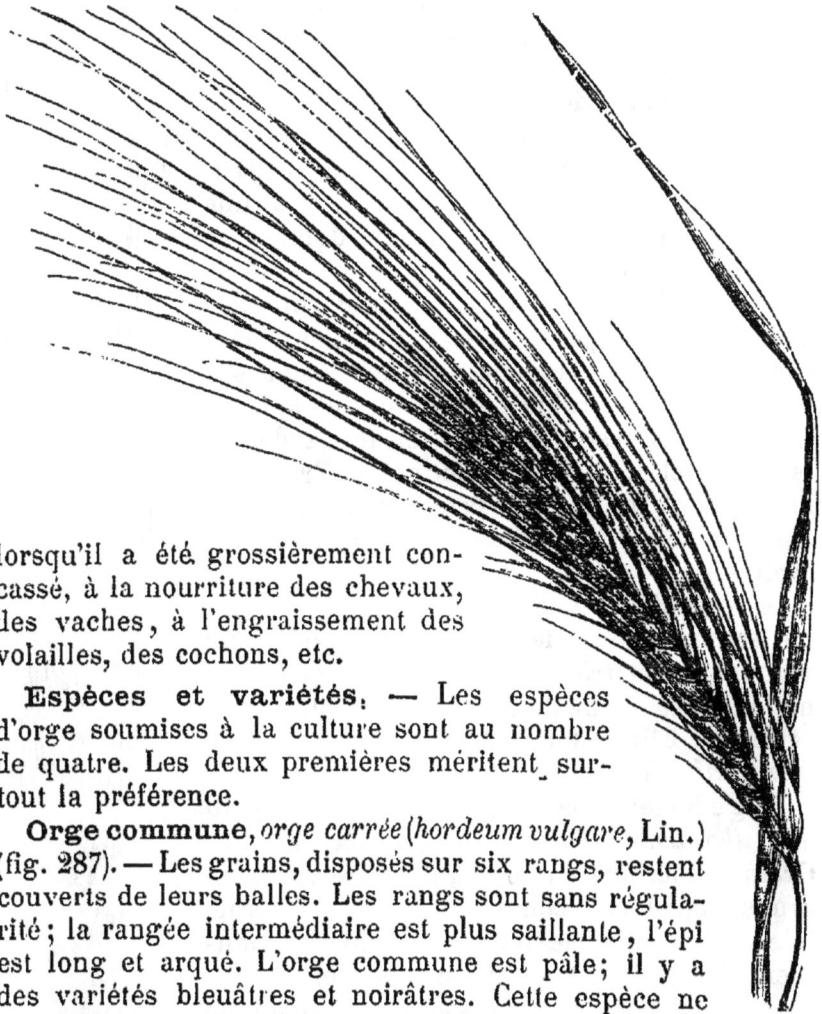

lorsqu'il a été grossièrement concassé, à la nourriture des chevaux, des vaches, à l'engraissement des volailles, des cochons, etc.

Espèces et variétés. — Les espèces d'orge soumises à la culture sont au nombre de quatre. Les deux premières méritent surtout la préférence.

Orge commune, *orge carrée* (*hordeum vulgare*, Lin.) (fig. 287). — Les grains, disposés sur six rangs, restent couverts de leurs balles. Les rangs sont sans régularité; la rangée intermédiaire est plus saillante, l'épi est long et arqué. L'orge commune est pâle; il y a des variétés bleuâtres et noirâtres. Cette espèce ne supporte pas le froid de nos hivers; elle veut être semée au printemps, et elle peut l'être assez tard, car c'est la plus hâtive de toutes les orges. Peu connue en France, elle est très cultivée en Allemagne. Elle exige une abondante fumure et talle beaucoup. Par l'abon-

Fig. 289.
Orge céleste

dance et la délicatesse de sa fane elle fait un
excellent fourrage, qui se sèche bien, et que
l'on coupe dès que les épis apparaissent. Cette
espèce a produit les variétés suivantes :

Orge escourgeon (fig. 288). — Grains disposés
sur six rangs réguliers et restant couverts de
leurs balles après la maturité. Épi court, régulier, s'égrenant facilement lorsqu'il est
mûr ; tige tallant beaucoup. Cette variété,
très précoce, supporte les hivers peu rigoureux, et demande un sol substantiel. Elle
ne verse pas, même dans les sols les plus féconds. C'est la variété qui est la plus cultivée
en France, comme orge d'hiver. Il y a une
sous-variété de printemps, qui ne donne que
de faibles produits.

Orge céleste (fig. 289). — Les grains, difficiles
à détacher de l'épi, tombent nus sous le fléau,
comme ceux du froment. Les fleurs sont sur
six rangs. Les grains sont jaunes et aplatis.
Cette espèce est exigeante et demande un
terrain riche ; mais elle donne un très bon
grain, dont on fait un excellent gruau. Elle
doit être semée au printemps. Sa maturité est
tardive.

Orge de l'Himalaya, orge Nampto. — Grain
nu, arrondi, de couleur verdâtre ; variété très
vigoureuse et très productive, quoique à un
moindre degré que l'orge céleste. Paille courte
et ferme. Elle est très hâtive. On en trouve
une variété à grains violets.

Orge à deux rangs, *pamelle, poumoule* du
Midi (*hordeum distichum*, Lin.) (fig. 290). —
Grains adhérents à la balle, disposés sur deux
rangs ; épi long, comprimé, à arêtes parallèles. Elle supporte bien les froids printan-
niers. Le grain est aussi de très bonne qualité et recherché des brasseurs. La pamelle
veut une terre meuble et riche ; elle mûrit
en trois mois ; on la sème souvent avec les
fourrages. C'est l'espèce qui est le plus ordinairement cultivée en France, comme orge
de printemps.

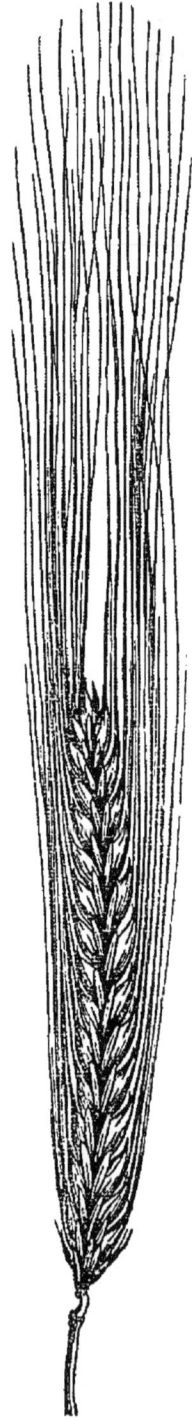

Fig. 290. *Orge à deux rangs.*

Orge éventail (*hordeum zeocriton*, Lin.)(fig. 291).— Ses longues arêtes divergent en forme d'éventail et la font aisément recon-

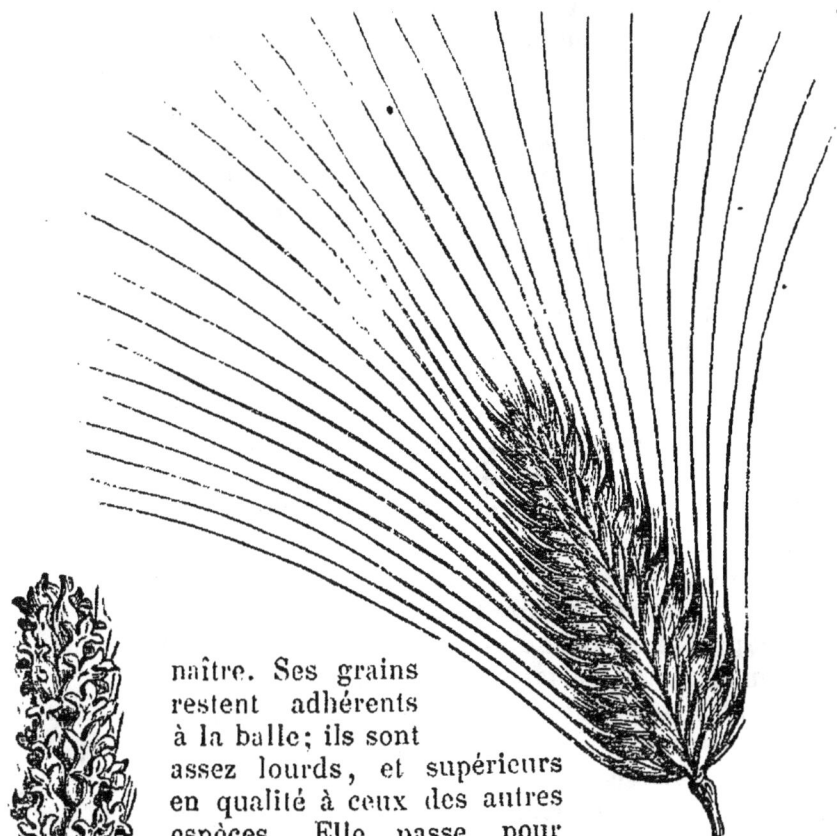

Fig. 291. *Orge éventail.*

naître. Ses grains restent adhérents à la balle; ils sont assez lourds, et supérieurs en qualité à ceux des autres espèces. Elle passe pour réussir dans les sols médiocres et dans les situations froides.

Orge trifurquée (*hordeum trifurcatum*)(fig. 292). — Se distingue par la forme de son épi, qui ressemble à celui du froment, et par l'absence de ses barbes, remplacées par un appendice à trois pointes. Cette espèce est encore peu connue sous le point de vue de sa culture et de ses produits.

Fig. 292.
*Orge trifur-
quée.*

Climat. — L'orge est la céréale dont la culture s'avance le plus au Nord et au Midi, à cause de la rapidité de sa végétation qui lui permet, dans les climats chauds, d'en parcourir toutes les phases avant la sécheresse de l'été, et, dans les climats froids, de mûrir avant les premiers froids de l'automne. Linné a trouvé de l'orge à Lullea-Lappland (67° 20′ de latitude) ; on la cultive, en Suisse, à 1950 mètres au-dessus du niveau de la mer. On la retrouve en Égypte et en Arabie.

Sol. — L'orge donne ses plus beaux produits dans les sols de consistance moyenne ; mais elle peut s'accommoder du plus grand nombre des terrains, pourvu qu'ils ne soient pas très humides. Il suffit de varier son époque d'ensemencement, ce à quoi elle se prête très bien, en raison de la rapidité de sa végétation. Ainsi, dans les terrains secs et sous un climat doux, l'orge de printemps sera semée dans le mois de février ; dans les mêmes terrains, mais sous un climat plus froid, on la sèmera en avril ; dans les sols compactes, l'ensemencement pourra être retardé jusqu'en mai.

Place dans la rotation des cultures. — L'orge d'hiver tient la même place dans la rotation des cultures que le blé et le seigle d'hiver, et peut succéder également aux mêmes récoltes ; toutefois, comme elle exige un sol profondément ameubli, on pourra la faire venir sans inconvénient sur les défrichements, ou après des récoltes qui remuent profondément le sol. L'orge de printemps demandant aussi un terrain bien divisé et surtout bien net, on la fait succéder aux récoltes sarclées.

Préparation du sol. — L'orge exige, plus que le blé, un sol profondément et parfaitement ameubli ; il convient donc que les labours soient exécutés en temps convenable, et que les hersages et les roulages soient faits avec soin. Ainsi la préparation du sol devra commencer de très bonne heure pour les orges d'hiver, et toujours avant l'hiver pour les orges de printemps

Amendements et engrais qui conviennent à l'orge. — L'orge enlève au sol une plus forte proportion de principes minéraux fixes, notamment de potasse, de chaux, de magnésie et d'acide phosphorique, que le froment et le seigle. Il faut donc, par des amendements et des engrais convenables, fréquemment répétés, rendre au sol, à chaque récolte, les substances minérales dont il a été appauvri. Les amendements calcaires et alcalins, les engrais organiques riches en sels, et surtout les fumiers bien consommés, sont ceux qu'on doit préférer. En Flandre, on emploie les engrais liquides comme mieux appropriés à la rapidité de végétation de l'orge.

Il est rare que l'on fume directement pour l'orge, mais on a soin de la semer dans les terres encore riches en principes nutritifs. Il faut éviter les engrais animaux trop abondants, parce qu'ils poussent à la paille et diminuent le produit en grain.

L'orge d'hiver absorbe, dans la terre, 311 kilog. de fumier par hectolitre de grain produit en sus de la semence. En portant le rendement moyen de l'hectare à 38 hect., y compris la semence, et en admettant que l'hectolitre pèse 64 kilog., on trouve que la production du grain s'élève à 2432 kilog. par hectare. Si l'on y joint les 2500 kilog. de paille habituellement produits par cette surface, on a un poids total de 4932 kilog. La quantité de fumure enlevée au sol étant de 10,885 kilog. par hectare, il s'ensuit que cette récolte enlève à la terre environ 220 kilog. de fumier pour 100 kilog. de grain et de paille récoltés. De Crud, auquel nous empruntons ces calculs, confond l'orge d'hiver et l'orge de printemps, quant à la faculté qu'elles ont d'épuiser le sol ; il paraît cependant que la première est plus épuisante que la seconde. D'après M. de Gasparin, cette différence serait dans le rapport de 347 à 500 par hectolitre de grain récolté.

Semaille et soins d'entretien. — Quelle que soit la facilité que la rapidité du développement de l'orge donne pour retarder l'époque de son ensemencement, on devra n'en faire usage qu'exceptionnellement, et pratiquer toujours cet ensemencement le plus tôt possible : en août et septembre, pour les orges d'hiver ; en février, mars et avril, pour les orges de printemps, suivant le climat et le degré de compacité du sol. On sème l'orge très dru. D'après Arthur Yung, la quantité de semence qui donne le plus grand produit est de 3 hectol,80 pour les terres maigres, et 2 hectol,65 pour les terres bien fumées. Le mode de semaille le plus généralement usité est le semis à la volée ; néanmoins nous pensons que le semoir offrirait pour l'orge les mêmes avantages que pour le froment.

L'orge a besoin d'être plus enterrée que le blé. Pour les semailles faites tardivement, au printemps, dans les sols substantiels, et, dans tous les cas, pour les sols légers, on devra semer sous raie, en recouvrant la semence de $0^m,08$ à $0^m,09$ de terre ; dans les autres circonstances, on se servira de la herse ou du semoir. Si la surface du sol se durcit avant la sortie des plantes, il sera bon de donner un coup de herse pour briser la croûte de terre, car la plantule vaincrait difficilement cet obstacle. Deux sarclages sont ensuite nécessaires.—On doit s'abstenir des hersages aussitôt que la plante est sortie de terre.

Rendement. — Le rendement moyen de l'orge est de 38 hectol. pour les orges d'hiver, et de 26 pour celles de printemps. Comme on le voit, elle donne un produit plus élevé que le blé et le seigle, mais son grain est moins pesant. L'hectolitre d'orge d'hiver pèse, en moyenne, 64 kilog., et celle de printemps

56 kilog. Le produit moyen de la paille est de 2500 kilog. par hectare.

Voici comment est composée la plante d'orge à l'état normal :

Grain	27,3
Paille et balles	54,0
Chaume	18,7
	100,0

100 de grain répondent à 195 de paille ; à l'état sec, 100 de grain répondent à 186 de paille.

DU MÉTEIL

On donne le nom de *méteil* à un mélange de plusieurs céréales semées et récoltées ensemble. Ces mélanges portent différents noms selon les pays : dans le Midi, on nomme *conségal* le méteil de froment et de seigle ; *batavia*, celui de l'orge et du blé. Les proportions relatives des grains associés varient selon la nature des terres ; le mélange est d'autant plus riche en froment que la terre est plus rapprochée de la qualité des terres à froment. Le but que l'on se propose, en ensemençant du méteil, est d'obtenir un produit d'une valeur plus grande et donnant une meilleure nourriture, dans un terrain qui semblerait ne pouvoir produire que le grain de la nature la plus inférieure du mélange.

Certains agronomes se sont élevés avec force contre cet usage ; ils ont dit que, les deux céréales n'arrivant pas à maturité à la même époque, il en résultait des produits de moins bonne qualité que si on les eût cultivées séparément ; d'autres ont fait valoir, avec raison, que la récolte du méteil est toujours plus assurée, et qu'elle est plus considérable que celle des céréales qui le composent, cultivées isolément. En effet, les époques de la végétation des deux plantes n'étant pas les mêmes, si l'une d'elles est atteinte par les intempéries, l'autre y échappe.

Quant aux époques différentes de la maturité, on en diminue beaucoup les inconvénients en choisissant, pour ensemencer avec l'orge ou avec le seigle, une variété de blé précoce. D'ailleurs, cette dernière céréale peut être, sans inconvénient, coupée un peu avant son entière maturité.

Le mélange de seigle et de froment est celui que l'on fait pour les ensemencements d'automne. Le mélange d'orge pamelle et de froment de printemps est choisi pour les ensemencements de mars.

Les cultures pour le méteil sont les mêmes que pour le seigle et pour l'orge, et l'époque des semis est celle de la plante qui exige le semis le plus précoce.

Quoique le méteil donne un pain de très bonne qualité, ce mélange de grain n'est pas porté sur le marché, parce qu'on ne trouverait à le vendre qu'à un prix au-dessous de sa valeur réelle. Aussi les cultivateurs n'en font-ils que ce qui leur est nécessaire pour leur consommation.

DE L'AVOINE.

L'avoine est, de toutes les céréales, la moins employée pour la nourriture de l'homme ; elle ne sert à cet usage que sous forme de gruau. Sa paille est l'une des plus riches en substances nutritives ; c'est surtout par les vaches qu'on la fait consommer. Mais ce qui fait le mérite incontestable de l'avoine, c'est son grain, qui, dans le nord et le centre de l'Europe, sert à la nourriture des animaux de travail. Dans le Midi, en Asie, en Afrique, on lui préfère l'orge, probablement parce que les races ardentes de ces contrées éprouveraient de fâcheux effets d'une nourriture aussi stimulante que l'avoine. Les moutons qu'on engraisse, les brebis chez qui l'on veut augmenter la production du lait, les oiseaux de basse-cour dont on veut accélérer la ponte printanière, se trouvent également bien de ce genre d'alimentation.

Espèces et variétés. — Quatre espèces d'avoine sont soumises à la grande culture ; ce sont les suivantes :

Avoine commune (*avena sativa*, L.) (fig. 293). — Fleurs disposées en panicules lâches; épillets ordinairement à deux fleurs; grain allongé, lisse, de couleur variable. C'est l'espèce la plus cultivée; elle a donné lieu à un certain nombre de variétés, parmi lesquelles on distingue les suivantes :

Avoine commune d'hiver. — Variété rustique, qui peut supporter le froid de nos hivers. Semée à l'automne, elle donne des grains plus pesants et plus nombreux que lorsqu'elle est semée au printemps.

Avoine commune du printemps. — C'est la variété la plus cultivée. Elle est moins rustique que la précédente, et sa maturité est plus tardive.

Avoine de Géorgie, de Sibérie. — Grains jaunes, gros, pesants, à écorce rude. C'est la plus vigoureuse et la plus précoce de toutes les avoines ; elle n'a d'autre inconvénient que la dureté de son écorce, qui la rend d'une mastication difficile pour les vieux chevaux. C'est une variété de printemps.

Fig. 294. Avoine de Hongrie.

Fig. 295. Avoine courte.

Fig. 293.
Avoine commune.

Fig. 296. Avoine nue.

Avoine patate.—Grain blanc, court et rond, à écorce fine. Cette variété de printemps donne de très beaux produits dans les terrains riches ; mais elle est souvent atteinte du charbon.

Avoine de Hongrie (*avena orientalis*) (fig. 294). — Panicule serré, grains portés sur de courts pédicules et inclinés tous du même côté. On cultive deux variétés de cette espèce : l'une à grains blancs, l'autre à grains noirs ; cette dernière est la plus productive. Elles doivent être toutes deux semées au printemps, et exigent une terre riche et substantielle.

Avoine courte, *avoine à deux barbes, pied-de-mouche* (*avena brebis*) (fig. 295). — Panicule lâche, léger, unilatéral, grain petit, court, peu abondant en substances nutritives, mais plus échauffant que les autres. Les barbes sont fortement genouillées et persistantes. Cette espèce, d'une très grande précocité, n'offre d'avantage que pour la culture des terrains médiocres, sur les montagnes élevées.

Avoine nue, *avoine de Tartarie* (*avena nuda*) (fig. 296). — Épillets de quatre à cinq fleurs réunis en petites grappes ; grains non attachés à la balle, comme dans toutes les espèces précédentes. Cette avoine, d'un faible produit, est préférée dans quelques contrées, pour faire du gruau.

Climat. — L'avoine craint les grands froids ; aussi ne la cultive-t-on en semis d'automne que dans les pays où l'on n'a pas à redouter une continuité de température atteignant 12°. Cependant, dans ceux où la terre se couvre de bonne heure de neige, on peut encore semer en automne.

Sol. — L'avoine est, de toutes les céréales, la moins difficile quant au sol. Le froment demande un sol argileux. Le seigle veut un sol sableux, l'orge se plaît dans un sol de consistance moyenne, tandis qu'à l'exception des sables arides ou trop calcaires l'avoine s'accommode de tous les terrains. Les sols tourbeux, les argiles compactes, les étangs nouvellement desséchés, les sables frais, lui conviennent également.

Place dans la rotation des cultures. — L'avoine peut succéder à toutes les récoltes indistinctement. On la voit prospérer sur les défrichements et sur les défoncements qui ramènent à la surface une quantité notable de terre vierge ; sa véritable place est donc après les récoltes qui remuent profondément le sol, comme la plupart des plantes sarclées.

Préparation du sol. — Lorsqu'on veut obtenir le plus grand produit de cette céréale, il faut donner au sol les mêmes soins que pour le froment ; on prend moins de précautions lorsqu'elle ne figure que comme récolte accessoire.

Amendement et engrais. — Les principes minéraux qui dominent dans l'avoine sont les silicates et les phosphates de potasse, de magnésie et de chaux ; il lui faut donc des engrais alcalins, et des marnages ou chaulages dans les terrains qui manquent de l'élément calcaire ; c'est même, avec le maïs, la seule graminée qui ait paru sensible aux effets du plâtre. C'est surtout dans la paille que se trouve la potasse. Les montagnes de Sollingen, renommées dans tout le Hanovre, pour leur avoine, contiennent beaucoup de cette substance alcaline.

D'après de Crud, chaque hectolitre d'avoine, récolté en sus de la semence, absorbe 249 kilog. d'engrais. En admettant un produit moyen de 40 hectol. de grain par hectare, y compris la semence, et en portant le poids de l'hectol. à 44 kilog., on trouve un poids de 1760 kilog. de grain. En y joignant le poids de la paille, 3000 kilog., on a, par hectare, un produit total de 4760 kilog. La fumure enlevée au sol étant de 8964 kilog., on voit que l'avoine absorbe l'équivalent de 188 kilog. de fumier pour 100 kilog. de grain et de paille récoltés.

Semaille. — Quand les semences sont choisies et préparées comme nous l'avons recommandé pour le froment, on les confie à la terre, à des époques différentes, suivant le climat et les variétés cultivées. Dans le midi de la France, les variétés d'hiver sont semées en septembre ; dans le centre, on retarde jusqu'en février, après les plus grands froids. Pour les variétés de printemps, on ensemence le plus tôt possible, en mars.

La quantité de semence à employer varie, comme pour les autres céréales, suivant la nature du sol ; la mesure moyenne est de 4 hectolitres par hectare ; on la réduit à 3 hectol. dans les sols très fertiles, et on la porte à 5 dans les terres légères.

La semence est ordinairement répandue à la volée ; il convient de l'enterrer assez profondément, surtout dans les sols légers. A cet effet, dans ces derniers sols, on pratique l'ensemencement sous raie.

Les soins d'entretien sont les mêmes que pour le froment.

Rendement. — Dans la Flandre, où la culture de l'avoine est la plus soignée, on récolte habituellement 48 hectolitres ou 2112 kilog. par hectare, le poids moyen de l'hectolitre étant de 44 kilog. Les récoltes s'élèvent parfois, mais extraordinairement, à 67 hectolitres. Dans les pays où la culture se fait mal, on n'obtient que 21 hectolitres. On peut évaluer le rendement moyen, en France, à 40 hectolitres en grain, et à 3000 kilog. en paille.

DU SARRASIN.

Le sarrasin ou *blé noir* sert à la nourriture de l'homme et à celle des bestiaux. Avec sa farine, on fait en Bretagne des galettes et de la bouillie douées d'une faculté nutritive assez grande. D'après Mathieu de Dombasle, le grain vaut autant que l'orge pour l'engraissement des cochons, et plus que l'avoine pour la nourriture des chevaux. Mais ce grain, revêtu d'une enveloppe assez dure, a besoin d'être grossièrement concassé pour être mangé par les bestiaux.

On cultive aussi cette plante comme fourrage vert ; mais on croit avoir reconnu que, quand elle est pâturée en fleur, elle enivre les moutons et leur fait enfler la tête. Souvent on s'en sert comme engrais vert ; on l'enterre alors au moment de sa floraison.

Espèces. — On n'a connu pendant longtemps qu'une seule espèce de sarrasin, le *sarrasin ordinaire (polygonum fagopyrum*, Lin.) (fig. 297); mais on a, depuis quelques années, introduit le *sarrasin de Tartarie (polygonum Tataricum*, Lin.) (fig. 298). Cette espèce diffère de la précédente par ses petites fleurs verdâtres, ses graines plus dures, plus petites, munies de dents sur leurs angles, par ses tiges moins rouges et plus ramifiées ; elle a l'avantage d'être plus rustique, plus vigoureuse, plus précoce, plus productive ; mais son grain, lorsqu'il est mûr, se détache plus facilement encore que celui de l'espèce précédente. Il se moud plus difficilement, et la farine qu'on en obtient est noirâtre, fermente

Fig. 297.   Fig. 298.
Sarrasin commun.   *Sarrasin de Tartarie.*

moins bien et conserve une amertume très prononcée. Si, donc, le sarrasin de Tartarie peut être préféré lorsqu'on le destine à être enfoui en vert comme engrais, on doit choisir le sarrasin ordinaire lorsque les graines sont destinées à l'alimentation.

Climat. — Peu de plantes sont aussi sensibles aux influences météoriques que le sarrasin ; la sécheresse de l'atmosphère ou du sol, les vents froids, les gelées blanches, l'excès de la chaleur sont autant de circonstances qui peuvent compromettre entièrement le succès de cette culture. Il n'y a que quelques contrées, comme la Bretagne, remarquables par la douceur de la température en été, l'humidité du climat, l'absence des gelées tardives et des vents froids et dessèchants, où la récolte du sarrasin soit assez assurée pour que la population puisse en faire la base de sa nourriture. Partout ailleurs le succès de cette récolte est très incertain.

Sol. — Le sarrasin, placé dans les conditions de climat dont nous venons de parler, devient une plante précieuse. Il est peu exigeant et s'accommode de sols pauvres, sableux ou calcaires. Il redoute les terrains humides ou trop riches en engrais ; il y fleurit plus tardivement, et peut y être surpris par les premières gelées.

Place dans la rotation des récoltes. — Le sarrasin est la première plante qu'on cultive sur les défrichements de landes ; il donne à la terre le temps de se rasseoir, et comme il n'exige pas de fumure directe, il la prépare très bien à recevoir le froment. Sa végétation est tellement prompte, qu'il lui suffit de trois mois pour en parcourir toutes les phases. Aussi peut-on l'employer utilement comme récolte intercalaire, dans l'intervalle qui s'écoule entre l'enlèvement des récoltes précoces (le seigle, le colza, l'orge, les vesces) et la préparation du sol pour les ensemencements de l'automne ou de l'hiver. Le sarrasin est encore cultivé avec succès pour étouffer les mauvaises herbes qui salissent la terre.

Préparation du sol. — Le sarrasin aime un sol bien ameubli ; le nombre des opérations destinées à produire ce résultat variera donc selon l'état et la nature du terrain.

Amendements et engrais. — La paille de sarrasin se distingue de celle de toutes les plantes précédentes par la forte proportion de magnésie et de potasse qu'elle contient : on peut en conclure qu'un terrain, pour lui être favorable, doit tenir beaucoup de magnésie. Or, comme les terres magnésiennes sont, en général, fort peu productives, il y aura tout avantage à y cultiver du sarrasin.

Les engrais alcalins lui conviennent parfaitement; cela explique son produit abondant dans les terrains formés de débris feldspathiques, et les bons effets du chaulage,

Le sarrasin tire la moitié de sa nourriture de l'atmosphère, aussi a-t-on remarqué qu'il épuise peu le sol. D'après de Crud, son absorption de fumure n'est que de 155 kilog. par hectolitre de grain, produit en sus de la semence. Le rendement moyen d'un hectare étant porté à 15 hectol., du poids de 58 kilog. chacun, on obtient 870 kilog. de grain, qui, joints à 1000 kilog. de tiges sèches, donnent un poids total de 1870 kilog. de produit par hectare. Cette récolte ayant puisé dans le sol 2170 kilog. de fumure, on voit qu'elle absorbe 116 kilog. de fumier pour 100 kilog. de grain et de tiges sèches récoltés.

Semaille. — On sème, en général, 1 hectolitre de semence par hectare lorsque la récolte est destinée à mûrir ses graines; si l'on cultive comme fourrage, ou pour enterrer comme engrais, on porte cette quantité à 1^{hectol},40. Cette graine demande à être peu enterrée; on la répand à la volée et on la recouvre à la herse.

Quant aux soins d'entretien, le sarrasin n'en réclame aucun pendant sa végétation et se défend suffisamment des plantes nuisibles qui pourraient salir la terre.

Rendement. — Son rendement est très variable, à cause de son extrême sensibilité aux diverses intempéries. En Bretagne, le produit moyen est de 15 hectol. par hectare. L'hectolitre pèse 58 kilog. En Flandre, on obtient parfois jusqu'à 50 hectol. par hectare. Quant au produit de la paille, il varie, comme le grain, entre 1000 et 2400 kilog, par hectare.

DU RIZ.

En Asie, en Afrique, en Amérique, et dans le midi de l'Europe, le riz a une importance égale à celle du froment. Son grain ne paraît pas susceptible de panification, mais on le consomme débarrassé de sa balle, après l'avoir fait ramollir et gonfler dans l'eau bouillante ou à la vapeur.

Espèces et variétés. — On ne cultive qu'une seule espèce de riz, le *riz commun* ou *nostrano* (*oryza sativa*, L.) (fig. 299); mais on en connaît plusieurs variétés, parmi lesquelles nous citerons les suivantes :

Le *riz sans barbes* ou *chinèse*, remarquable par l'absence de l'arête qui surmonte ordinairement le grain. Son grain, décor-

tiqué, est d'un blanc grisâtre, et il est, à cause
de cela, moins recherché par le commerce. Il est
plus précoce que le riz commun, ce qui le met à
l'abri des orages et des grêles qui souvent, au mois
d'août, compromettent les récoltes; il est aussi
plus fécond.

Le *riz impérial*, cultivé en Chine, paraît doué
aussi d'une grande fécondité remarquable.

Quant au *riz sec*, *riz de montagne*, préconisé
en France, à plusieurs reprises, comme pouvant
être cultivé sans le secours des terrains inondés,
on sait aujourd'hui, d'après les divers essais que
l'on a tentés, que cette variété exige, au contraire,
l'intervention de l'eau. Quant à son succès sur les
terrains élevés de la Cochinchine et de Madagas-
car, il s'explique facilement par les pluies abondantes et continues qui baignent ces terrains pendant la végétation du riz.

Climat. — Il faut au riz, pour bien fructifier en
Europe, une température élevée pendant quatre
à cinq mois de l'année; aussi cette culture ne
peut-elle avantageusement y dépasser le 46ᵉ degré
de latitude. Il demande aussi une exposition méridionale et une situation qui ne soit pas ombragée.

Sol. — On trouve d'excellentes rizières sur des
terres de qualités les plus diverses : sur des argiles, sur des terres calcaires; des essais faits dans
le midi de la France semblent démontrer que
cette plante s'accommode également des terrains
salifères.

Eau. — Le riz étant une plante aquatique,
l'eau lui est indispensable pour qu'il parcoure
convenablement les différentes phases de sa végétation. Si la nature du sol semble lui être indiffé-
rente, il en est tout autrement de la qualité et de
la quantité des eaux qui le baignent. Cette eau est
d'autant meilleure qu'elle est plus chargée de
principes organiques et qu'elle est plus chaude.
L'eau des rivières, celle des étangs, lui sont généralement favorables. Les eaux de sources sont trop
fraîches, trop peu riches en principes organiques,

Fig. 299.
Riz commun.

et l'on ne doit s'en servir qu'après les avoir accumulées dans un
réservoir peu profond et y avoir ajouté des engrais animaux.
On calcule qu'il faut un courant d'eau d'un mètre cube par
minute pour l'irrigation de 13 hectares de rizière, situés en
terrain moyennement perméable, et pour entretenir $0^m,13$
d'eau sur toute la surface du sol.

Rotation de culture. — Le terrain est ou sec, ou naturellement marécageux, soit par défaut de pente, soit par l'existence de sources qui y naissent. Dans le premier cas, on peut
avoir une rizière alternée avec d'autres cultures ; dans le second,
on fait un rizière permanente.

L'assolement des rizières alternes varie beaucoup ; parfois,
après avoir semé en riz pendant trois années consécutives, on
dessèche le champ, on le fume, et l'on sème du maïs suivi de
froment et de seigle, ou de chanvre et de seigle. Si l'on manque
d'*engrais*, on se borne à donner une jachère, ou bien l'on sème,
après les trois années de riz, une première année de froment
sur lequel on jette de la graine de trèfle, après quoi l'on revient
au riz. Quelle que soit la rotation de culture adoptée, le champ
reste à peu près aussi longtemps en riz qu'en récoltes faites sur
le terrain sec. Les rizières alternes donnent de plus grands produits que les rizières permanentes, mais les frais sont plus considérables, parce qu'il faut disposer les terrains et relever les
digues à chaque rotation.

Préparation du sol. — Les terrains marécageux ne peuvent
être transformés en rizières qu'à la condition de procurer un
mouvement et un écoulement à l'eau qu'on amène pour les
couvrir. On doit, de plus, donner à ces terrains un degré de
solidité suffisant pour qu'ils portent les animaux de travail, sans
quoi il faudrait les cultiver à la bêche.

Pour les rizières permanentes, comme pour les rizières alternes, le premier soin doit être de former une ou plusieurs surfaces parfaitement planes, pour que l'eau qu'on y introduit ne
laisse aucune place à sec, et ne stagne nulle part, car, dans le
premier cas, le riz ne germerait pas, et, dans le second, il lan-
guirait et serait sujet à la rouille. On commencera donc par
niveler parfaitement la surface de chaque champ. Si son étendue rendait trop dispendieux d'en former une seule aire, on la
diviserait en deux ou plusieurs portions, mais toutes parfaitement horizontales.

Ce travail préliminaire terminé, on laboure la surface de la
rizière, puis on procède à la construction des digues de retenue :
les unes longitudinales, A (fig. 300), qui doivent durer autant

que la rizière, et qui sont dirigées dans le sens des labours et
du mouvement des eaux; les autres (B) transversales, qui occupent angulairement les labours et les cours des eaux, de telle

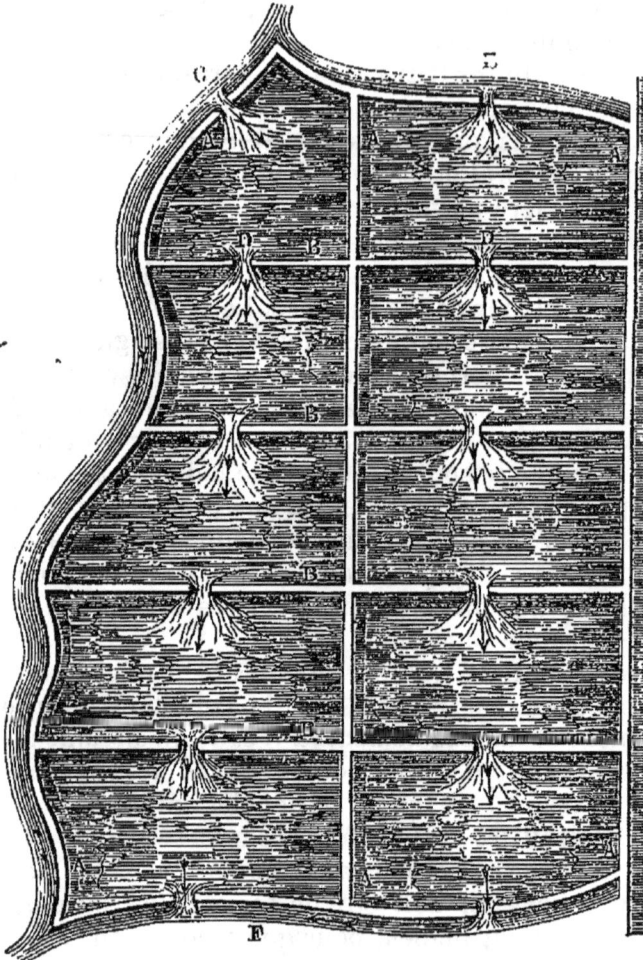

Fig. 300. *Rizière.*

manière que, quand ces digues sont achevées, la rizière se trouve
divisée en polygones plus ou moins réguliers. La grandeur de
ces polygones est réglée principalement par la différence des
niveaux des plans qui se trouvent du haut en bas de la rizière;
on la multiplie dans ceux qui ont de la pente, sans quoi il y
aurait trop de travail pour les disposer en plan horizontal.

L'étendue de ces subdivisions est subordonnée à cette considération, que, plus elles sont grandes, et plus les vagues soulevées
par les vents sont élevées, fortes et capables de déraciner le

riz, après sa sortie de terre, alors qu'il ne tient au sol que par de faibles radicules. Enfin, cette étendue est aussi déterminée par l'abondance ou la disette de l'eau dont on dispose, car il est plus difficile de la tenir à son niveau dans les petites divisions que dans les grandes. D'un autre côté, le trop grand nombre de subdivisions augmente les frais, la difficulté du travail, et occupe inutilement un terrain précieux.

La hauteur des digues doit être de 0^m,16, du côté supérieur du polygone, et de 0^m,60, du côté qui correspond au plan inférieur. On leur donne une épaisseur de 0^m,60 à leur base, et de 0^m,16 à leur sommet, parce que, outre leur utilité pour retenir l'eau, elles doivent servir de chemin aux ouvriers pour parcourir en tout temps la rizière ; elles sont construites en terre prise à la partie inférieure du terrain. La rizière ainsi disposée offre l'aspect de la figure 300.

Quand les digues sont terminées, on donne l'eau aux pièces supérieures en C et en E, où elle doit s'élever à 0^m,12. Quand celles-ci sont remplies, on pratique, à la digue inférieure, une ou plusieurs ouvertures de 0^m,22 à 0^m,32 de largeur, pour que l'eau pénètre dans la pièce qui est placée immédiatement au-dessous, et, lorsque celle-ci est envahie, on procède de la même manière pour remplir successivement les autres pièces jusqu'aux dernières, d'où l'eau se rend dans un fossé d'écoulement F. La rizière se trouve ainsi formée par de petits étangs, séparés par des digues. On profite de cette première inondation pour régulariser les pièces de terre dont les défauts de nivellement sont indiqués par le niveau de l'eau.

Engrais. — Le riz exige une quantité d'engrais moindre que toute autre céréale ; aussi , lorsque les eaux ne sont pas crues et apportent avec elles des principes fertilisants, elles peuvent suffire presque seules pour alimenter la récolte. Le sol des rizières est souvent assez riche par lui-même et par la décomposition des matières organiques apportées par les eaux pour que le riz y soit cultivé sans interruption. Dans d'autres localités, tous les quatre, cinq ou six ans, on soumet le riz à une année de jachère, pendant laquelle on fume le sol ; ou bien, on adopte un des assolements que nous avons indiqués plus haut.

Le riz craint les terrains trop riches ou trop engraissés, car ils le rendent plus sujet à la rouille ; aussi ne fume-t-on généralement que tous les trois ans, avec 7600 kilog. de fumier par hectare. C'est une des céréales les moins épuisantes, aussi toutes les récoltes qui lui succèdent sont-elles abondantes et très avantageuses.

Semailles. — L'époque favorable pour les semailles est ordinairement en avril pour les nouvelles rizières, et au milieu de mai pour les anciennes, dont le sol, refroidi par une inondation longtemps prolongée, a besoin d'être préalablement échauffé par les rayons solaires. La quantité de semence varie selon les conditions de la rizière. Si le sol est tenace et la rizière neuve, on emploie 2^{hectol},10 par hectare; si la rizière est vieille, il faut 2^{hectol},8, l'année où elle a été fumée. Cette dernière quantité est toujours nécessaire dans les terrains mous, qui ne se cultivent qu'à la bêche.

Avant de répandre la semence, on place, pendant huit à dix heures, dans un fossé plein d'eau, les sacs qui la renferment; après quoi, on les retire et on les laisse égoutter. Le semeur entre, pieds nus, dans l'eau qui inonde le champ, et répand la semence à la volée comme pour le froment; il est précédé par un cheval tirant une lourde planche qui aplanit le terrain. Les semences sont recouvertes par le limon qui se dépose quand l'eau cesse d'être agitée.

Travaux d'entretien. — Pour échauffer l'eau et le terrain, et favoriser la première germination, deux ou trois jours après avoir semé, on abaisse l'eau de toute la rizière, de manière que le sol en reste à peine couvert. Quand la jeune plante s'est développée et que les premières feuilles paraissent, on relève l'eau pour que le terrain ne s'échauffe pas trop. Cependant, lorsque la rizière est sujette aux attaques de certains insectes qui détruisent le jeune plant, on la met à sec pour les faire périr; mais, en général, on élève graduellement le niveau de l'eau depuis l'apparition des premières feuilles, et, à mesure de leur accroissement, à moins qu'elle ne soit pas trop froide, jusqu'au niveau maximum, qui doit être de 0^m,11 à 0^m,16. Si, pendant cette période, le vent vient à s'élever avec force, on baisse subitement le niveau de l'eau, et l'on n'en laisse qu'une couche peu épaisse, pour que les vagues ne puissent pas déraciner le riz.

Les mauvaises herbes ne tardent pas à paraître à la surface de l'eau; la plus fréquente et la plus dangereuse est le pied-de-coq (*panicum crus-galli*). Le typha et le roseau sont des plantes vivaces que l'on extirpe pendant l'hiver, mais le pied-de-coq multiplie beaucoup, croît avec le riz, et, par la ressemblance de ses feuilles avec celles de ce dernier, il trompe l'œil peu habitué, et nuit beaucoup à la récolte. Le sarclage devient alors absolument nécessaire, et il est exécuté, un peu avant que le riz montre ses tuyaux, par des femmes qui entrent dans l'eau et arrachent, à la main, les plantes nuisibles. Cette opération est dispendieuse et très malsaine ; mais une rizière bien sarclée est délivrée des mauvaises herbes pour plusieurs années.

A l'époque de la végétation, quand les tiges du riz vont s'élancer, on le voit quelquefois languir et jaunir ; il faut alors lui retirer l'eau et lui rendre sa vigueur en l'exposant à l'action immédiate du soleil. D'autres fois, il surabonde en feuilles qui prennent une grande élévation et une couleur vert foncé ; pour diminuer cet excès de végétation herbacée qui compromettrait la formation de la graine, tantôt on donne un cours plus rapide à l'eau pour qu'elle n'ait pas le temps de se réchauffer, et tantôt on arrête sa circulation pour qu'elle se réchauffe fortement et affaiblisse les plantes.

Quand ce moment est passé, si l'on possède un courant d'eau non interrompu, il faut tenir l'inondation à toute sa hauteur. Quelquefois, on ne jouit de l'eau que par tours de six, huit ou dix jours ; il faut alors inonder la rizière et fermer les issues pour arrêter le plus longtemps possible l'eau dans les carrés. L'expérience démontre que le riz se maintient et croît bien, quoique baigné seulement par des irrigations périodiques, et quoique la rizière reste à sec pendant cinq, six et huit jours, surtout si le terrain est argileux et tenace.

Avant que le riz forme ses panicules, si l'on voit le champ se regarnir de pieds-de-coq, il est encore temps de s'en débarrasser en faisant parcourir la rizière par des femmes qui, armées de faucilles, coupent, au niveau des tiges du riz, les tiges de pieds-de-coq, en ayant soin de ne pas froisser les premières.

Après la récolte, la rizière est mise à sec, les digues transversales sont renversées, et l'on trace, à la charrue, de longs sillons qu'on tient ouverts pour servir à l'écoulement des eaux pendant l'hiver. Le printemps venu, on fume la rizière s'il y a lieu, on lui donne un labour, puis on relève les digues transversales et on la remplit d'eau à la hauteur de $0^m,05$; elle est prête alors à être ensemencée de nouveau.

Insalubrité des rizières. — Il résulte du mode de culture nécessaire au riz que la surface du sol, alternativement inondée et exposée aux rayons d'un soleil ardent, est mise en fermentation et produit des miasmes délétères, qui altèrent profondément la santé des ouvriers ; on les voit, en effet, presque tous attaqués de fièvres intermittentes, le plus souvent incurables, et accompagnés ou suivies de gonflement de rate et d'hydropisie.

Non seulement la population s'éteindrait dans le pays où

l'on cultive le riz, si on ne la renouvelait constamment, mais les arbres eux-mêmes périssent au loin, et la création d'une rizière étend le cercle de ses ravages et nuit à toutes autres cultures, jusqu'à un myriamètre de distance, par les infiltrations d'eau malsaine qui s'établissent dans le sol. Tels sont les motifs qui ont engagé les gouvernements des États de l'Europe (la Romagne, le Piémont, l'Espagne, etc.), où cette culture a été introduite, à la restreindre autant que possible, malgré les riches et utiles produits qu'elle donne. Telles sont aussi les causes qui l'ont fait abandonner progressivement dans quelques contrées de la France, le Roussillon, la Provence, le Forez, le Dauphiné, le Languedoc, où l'on s'y livrait avec succès. De nos jours, cependant, on a tenté de l'introduire dans de nouvelles localités, notamment aux environs de la Rochelle, dans le delta du Rhône, aux environs de la Teste (Gironde), où l'on s'efforce, par de nouveaux procédés, d'en faire disparaître les inconvénients.

Voici comment on agit dans cette dernière localité : Les rizières créées par M. Fery ont actuellement une étendue de 330 hecteres. Là, on emploie 100 mètres cubes d'eau par jour et par hectare pendant toute la durée des arrosages. On y cultive les deux variétés de riz décrites plus haut. La récolte est faite du milieu de septembre à la fin d'octobre. On coupe à la faucille, et l'égrenage peut être pratiqué au moyen du dépiquage, du fléau ou de la machine à battre. Les bestiaux consomment parfaitement la paille de riz.

Le rendement moyen des rizières de la Teste est de 35 hectolitres par hectare. Les frais généraux de premier établissement se sont élevés en moyenne à 120 fr. par hectare. Cette culture donne d'ailleurs des résultats semblables à ceux que nous avons indiqués plus haut.

Rendement du riz. — Le rendement du riz varie, par hectare, de 18 à 60 hectolitres de *rizon*, c'est-à-dire de grain non dépouillé de sa balle ; on peut donc dire que le rendement moyen s'élève à environ 40 hectolitres. L'hectolitre de grain, non décortiqué, pèse, en moyenne, 75 kilog. La balle forme la moitié de ce poids. On récolte environ 3800 kilog. de paille par hectare. La plante de riz, au moment de la récolte, se compose de 100 parties de grain et de 130 parties de paille en poids.

DU MAÏS.

L'extension que la culture du maïs a prise, depuis longtemps, dans le centre et dans le midi de la France a placé cette plante au nombre des céréales les plus importantes. Son grain est employé, sous un grand nombre de formes, à la nourriture de l'homme et des animaux : on le consomme soit en bouillie épaisse (gaudes), soit en pâte bouillie (polenta), soit en pâte cuite au four (milias) : enfin, on en fait du pain, avec addition de farine de froment. Soumis à la fermentation alcoolique, le maïs peut remplacer l'orge ou le blé dans la préparation de la bière. Ses grains sont une excellente nourriture pour tous les animaux ; les chevaux, les porcs s'en accommodent fort bien, et tous les oiseaux de basse-cour en sont très avides. Sa paille, qui est très spongieuse, est une des meilleures pour litière. Les spathes qui enveloppent l'épi sont utilement employées pour remplir les paillasses, les coussins ou pour servir de nourriture aux bestiaux.

Espèces et variétés. — On connaît aujourd'hui plusieurs espèces de maïs ; mais une seule, le *maïs commun* ou *blé de Turquie* (zea maïs, L.) (fig. 301), a, jusqu'ici, fixé l'attention des cultivateurs. Les variétés de cette espèce sont très nombreuses, mais toutes ne sont pas également productives ou propres à notre climat. Nous citerons seulement les suivantes comme les plus recommandables sous ces deux rapports :

Maïs d'été ou *d'août* (fig. 302). — Grain jaune orangé, épi de 12 à 14 rangées de 30 à 35 grains ; 100 épis produisent 7 à 8 kilog. de grains. Le poids moyen de l'hectolitre est de 78 kilog. ; la tige s'élève à 1^m,12.

Maïs d'automne ou *maïs tardif*. — Plus tardif que le précédent, grain jaune orangé vif ; son épi, dont l'axe est plus gros que celui du précédent, présente 10 à 12 rangées de 35 à 40 grains ; 100 épis donnent 12 kilog. de grain ; l'hectolitre pèse 75 kilog. ; sa tige s'élève à 2 mètres.

Maïs quarantain. — Végétation très rapide, qui, malgré le nom de cette variété, demande quatre-vingts jours pour s'accomplir, même dans les circonstances les plus favorables. Grain jaune pâle ; épis de 8 à 10 rangées de 24 à 28 grains ; 100 épis rendent 5 à 6 kilog. ; l'hectolitre pèse 75 kilog. ; sa tige s'élève de 0^m,60 à 0^m,70.

Maïs nain, maïs à poulets (fig. 303). — Grain jaune clair ; épi de 0^m,08 de longueur environ, formé de 8 à 16 rangées de 20 grains ; 100 épis rendent 3 kilog. de grain ; l'hectolitre pèse 78 kilog. Sa tige s'élève de 0^m,43 à 0^m,48, est précoce, mais moins que le quarantain. Il en existe deux sous-variétés, l'une à grains blancs, l'autre à grains rouges.

Fig. 302.
Maïs d'été ou d'août.

Fig. 303.
Maïs nain, à poulets.

Fleur mâle.

Fleur femelle.

Fig. 301. *Tige de maïs.*

Maïs de Pensylvanie (fig. 304). — Grains aplatis, très gros, jaune clair ; épi aminci à sa partie supérieure, portant 8 à 10 rangées bien alignées de 50 à 60 grains ; 100 épis donnent 14 à 18 kilog. de grain. Le poids de l'hectolitre est de 75 kilog. Sa tige s'élève de 2 mètres à 2ᵐ.50. Cette variété mûrit douze ou quinze jours après le maïs d'été.

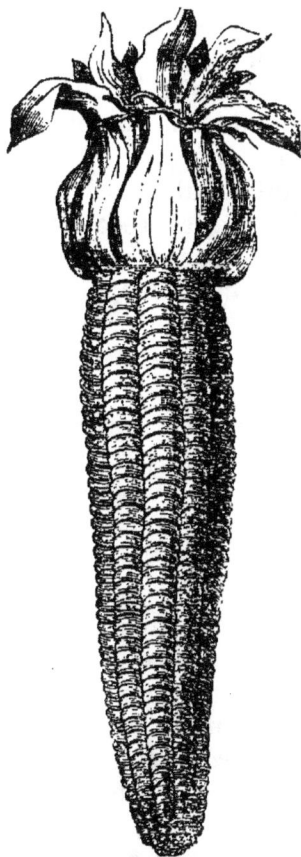

Maïs à bec. — Grain terminé en forme de bec ; végétation aussi rapide que celle du maïs quarantain, et plus productive.

Maïs blanc tardif ou *d'automne.* — Ne diffère que par sa couleur du maïs d'automne jaune.

Maïs de Virginie. — Ne diffère du maïs de Pensylvanie que par la couleur de son grain. C'est un des plus productifs.

En général, on préférera, pour les sols fertiles du midi de la France, les variétés très productives et dont la végétation est plus lente. Les variétés précoces, dont le produit est toujours moins abondant, sont réservées pour les ensemencements tardifs, ou pour les parties les moins chaudes de la zone propre à cette plante.

Climat. — Le végétation du maïs se prolonge pendant quatre à cinq mois, et demande, pendant ce temps, une température élevée et soutenue qu'on ne trouve guère au delà du 47° de latitude. Si sa culture a réussi parfois au nord de cette limite, ce n'a été que dans des années exceptionnelles, et sur lesquelles le cultivateur ne peut pas assez compter pour faire de cette récolte une des bases de sa culture.

Fig. 304.
Maïs de Pensylvanie.

Sol. — Le maïs s'accommode des terres de toute nature, pourvu qu'elles soient suffisamment ameublies et convenablement fumées. En effet, on le voit prospérer dans les sables blanchâtres de la Sarthe, dans les sols pierreux des Pyrénées, dans les sols de granit et de schiste de la même contrée, dans les argiles compactes du Languedoc. Toutefois on a remarqué que, comme la plupart des céréales, il donne ses plus beaux produits dans les terres de consistance moyenne. Les argiles compactes conservent trop d'humidité, ou se durcissent tellement sous l'action du soleil, que les travaux d'entretien réclamés par le maïs y sont difficilement exécutés; les terres sableuses ou calcaires se dessèchent trop facilement. On a également observé que, plus on se rapproche du Nord, plus le maïs exige un sol léger. Ces sortes de terre, moins humides que les autres, et qui s'échauffent aussi plus facilement, diminuent la vigueur de cette plante et remplacent ainsi une partie de la chaleur atmosphérique, qui, sans cela, lui manquerait pour mûrir convenablement. Ainsi, à Turin, sous le 45e degré de latitude, les plus belles récoltes sont celles des terres argilo-sableuses; en France, sous le 46e degré, ce sont des terres argilo-sableuses qui donnent les plus beaux produits. Enfin le maïs mûrit mal sous le 47e degré, s'il n'est pas cultivé dans les terrains sablonneux ou graveleux.

Place dans la rotation des cultures. — Cette plante tient lieu, dans les assolements du midi de la France, des racines fourragères cultivées dans le Nord, pendant l'année de jachère, pour nettoyer la terre. C'est, en effet, une véritable récolte sarclée, à cause des nombreuses façons qu'elle exige pendant sa végétation. On la fait donc précéder les diverses récoltes qui composent la rotation, et on lui applique la fumure nécessaire à cette rotation. Quant aux récoltes qui doivent lui succéder, on ne peut, dans le nord de sa zone, songer aux céréales d'hiver, car la récolte du maïs s'y fait trop tard, et le sol ne pourrait être qu'imparfaitement préparé; on le fait alors suivre par des céréales de printemps. Dans le Midi, on donne la préférence aux céréales d'hiver, parce que la récolte du maïs y est beaucoup plus précoce.

Préparation du sol. — Quand les terres ont de la consistance, on doit les ouvrir profondément avant l'hiver. Au printemps suivant, les gelées ayant ameubli le sol, on y répand le fumier et on l'enterre par un labour de $0^m,15$ de profondeur. On attend ensuite la première pousse des herbes pour donner un coup d'extirpateur; si la terre se salit de nouveau avant l'époque des semailles, on y fait passer une seconde fois l'instrument.

Dans les terrains légers, on donne seulement deux labours, au printemps; le fumier est enterré par le second labour.

Amendements et engrais. — Le maïs renferme, d'après Sprengel, sur 100 parties :

Parties combustibles ou organiques......................	96,015
Chaux..	0,652
Magnésie...	0,236
Potasse..	0,189
Silice...	2,708
Acide sulfurique.....................................	0,101
Acide phosphorique...................................	0,054
Soude, fer, alumine, manganèse et chlore............	0,040
	100,000

Il faut donc que le terrain qui lui est destiné contienne une suffisante quantité de principe calcaire, ou, alors, il faut le chauler ou le marner. La plâtrage produit aussi de très bons effets. La richesse du maïs en potasse indique que les engrais alcalins lui conviennent beaucoup ; il faut donc que les fumiers en soient imprégnés, surtout après les récoltes des céréales et des pommes de terre. Cela explique pourquoi aucune autre plante ne réussit aussi bien après un écobuage. Les Brésiliens, sans aucun labour préparatoire, jettent la graine pour ainsi dire au milieu des cendres.

On n'obtient de bonnes récoltes de maïs que dans les terres richement fumées. En Piémont, on donne, tous les quatre ans, 24,342 kilogrammes de fumier par hectare, et l'on sème en première récolte sur la fumure. Les fumiers consommés sont préférables aux fumiers frais et pailleux. Si l'on ne dispose pas d'une quantité suffisante d'engrais, on peut, pour en tirer le meilleur parti possible, le distribuer de la manière suivante : le sol ayant été bien ameubli, on trace, avec la charrue-buttoir, et à chacun des points qui doivent être occupés par une ligne des plantes, un sillon profond. Le champ, ainsi sillonné sur toute sa surface, présente, en coupe, l'aspect de la figure 305 ;

Fig. 305. *Préparation pour l'ensemencement du maïs. Première opération.*

on amène alors le fumier dans une voiture dont la voie comprend la largeur de trois sillons, de manière que les deux roues suivent chacune un sillon, et que le cheval marche dans le sillon du milieu. On décharge le fumier par petits tas dans le sillon du milieu, où d'autres ouvriers le prennent pour le répartir également entre les trois sillons. Lorsque l'engrais est ainsi divisé, la coupe transversale du champ présente l'aspect de la figure 306. On fait alors passer sur le champ une herse, qui fait tomber par-dessus le fumier une partie de la terre ac-

Fig.306. *Deuxième opération.*

cumulée sur le bord des sillons, et donne à ceux-ci le profil de la figure 307.

C'est au fond de ces sillons en partie comblés, et immédiate-

Fig. 307. *Troisième opération.*

ment au-dessus du fumier, qu'on répand les graines, avec un semoir, ainsi que nous l'indiquerons plus loin. Outre l'économie d'engrais qu'il procure, ce mode de préparation présente encore l'avantage de pouvoir donner au maïs un buttage beaucoup plus énergique que si l'ensemencement était fait sur un terrain plat. Les plantes y sont d'ailleurs moins exposées à la sécheresse du sol; aussi est-ce surtout dans les terrains légers que ce mode d'opérer offre le plus d'avantages.

Chaque hectolitre de maïs récolté absorbe, d'après de Crud, 498 kilog. de fumier. Le rendement moyen pouvant s'élever, par hectare, à 45 hectolitres, du poids de 67 kilog. chacun, il en résulte un produit en grain de 3015 kilog., qui, joints aux 3700 kilog. de paille que donne la même surface, élève la production totale à 6715 kilog. La quantité de fumure enlevée au sol étant de 22,410 kilog., il s'ensuit que le maïs absorbe dans la terre environ 334 kilog. de fumier pour 100 kilog. de grain et de paille sèche récoltés.

Semaille. — Le maïs redoute beaucoup les froids tardifs du printemps; aussi ne doit-on procéder à son ensemencement qu'au moment où la terre est suffisamment échauffée. Dans le Midi, cette opération est faite à deux époques de l'année : au printemps, depuis le milieu du mois d'avril jusqu'au commencement de mai; et, pendant l'été, depuis le mois de juin jusqu'après la récolte du froment. Dans ce dernier cas, on choisit des variétés très précoces, comme le maïs à poulets. Dans les départements du Centre, on ne peut cultiver que le maïs de printemps, et l'ensemencement n'a lieu que pendant la première quinzaine de mai. On doit réserver pour les semences les plus beaux épis récoltés, l'année précédente, sur les pieds les plus fertiles. On est aussi dans l'usage de n'employer que les grains du milieu de l'épi.

Ces grains, ainsi choisis, sont immergés dans de l'eau exposée au soleil; on les y laisse pendant quelques heures, afin de les ramollir et de hâter leur germination, et l'on rejette, comme trop légers, ceux qui surnagent.

Comme les grains du maïs sont fort gros, que la quantité numérique semée est très petite, que les animaux en sont très friands, et que les vides dans la plantation seraient fâcheux, on a cherché divers moyens de les préserver de la destruction. Le meilleur consiste à les saupoudrer de plâtre quand ils sont encore humides : c'est le procédé adopté en Alsace. On se sert aussi, à cet effet, de la décoction de coloquinte ou d'ellébore blanc (*veratrum album*).

La semence du maïs se répand, soit à la volée, soit en lignes. Le semis à la volée exige ensuite tant de soins pour éclaircir et espacer les plantes, les façons d'entretien deviennent si longues et si coûteuses, qu'on a généralement abandonné ce procédé pour donner la préférence au semis en lignes.

Comme les pieds de maïs prennent beaucoup de développement, il est nécessaire de réserver, entre les lignes et entre les plantes, un espace suffisant pour qu'elles ne se gênent pas mutuellement. Il est d'ailleurs convenable que les animaux de travail puissent passer entre les lignes pour que les façons d'entretien soient faites d'une manière économique. Bürger conseille de placer les lignes à $0^m,65$ les unes des autres, en réservant un espace de $0^m,32$ entre les plantes. En Languedoc, les lignes sont placées à $0^m,81$ les unes des autres, et les plantes, dans la ligne, à $0^m,54$. Ces dernières distances sont choisies pour les variétés vigoureuses cultivées dans les sols fertiles du midi de la France, mais on préfère les premières pour les variétés qui prennent moins de développement ou pour les sols légers : c'est aussi l'espacement qu'on choisit, dans tous les cas, pour les départements du Centre. Quant aux très petites variétés, on se contente de réserver entre les plantes, dans les lignes, un espace moitié moins considérable.

Les lignes doivent être dirigées du nord au midi pour que le soleil frappe les pieds le plus longtemps possible. Ce principe ne doit être modifié que dans les situations en pente, qui, exigeant des labours du levant au couchant, laisseront, par leur disposition en amphithéâtre, arriver les rayons solaires jusqu'aux plantes.

Les semences du maïs demandent à ne pas être enterrées profondément. D'après les expériences de Bürger, cette profondeur moyenne ne doit pas dépasser $0^m,02$. On pourrait la diminuer dans les sols très compactes, et la porter à $0^m,05$ dans les terrains légers.

L'ensemencement en lignes peut être exécuté à la main, ou à l'aide d'un semoir. Le mode à la main le plus parfait est le suivant : un homme précède la charrue, lors du labour de semaille ; il dépose, à distances à peu près régulières et déterminées par les circonstances, deux ou trois grains à la fois sur le côté de l'arête du dernier sillon, de manière que la charrue qui le suit les recouvre à une faible profondeur. On laisse deux ou trois sillons vides, selon la distance qu'on veut réserver entre chaque ligne. Dans les temps secs et sur les terres légères, on termine l'opération en faisant passer le rouleau.

Malgré la perfection de ce procédé, on doit lui reprocher la lenteur de son exécution. Aussi devra-t-on préférer l'ensemencement au semoir : le travail sera fait avec plus de promptitude et de régularité. On pourra employer avec succès le semoir Hugues, que nous avons précédemment décrit. Si l'on ne voulait pas faire la dépense de cet instrument, on pourrait choisir le *semoir à brouette* (fig. 308 à 313), imaginé par Mathieu de Dombasle, et dont voici la description.

Une caisse en bois divisée en deux compartiments, O et P (fig. 308 et 309), est portée sur une sorte de brouette. Le com-

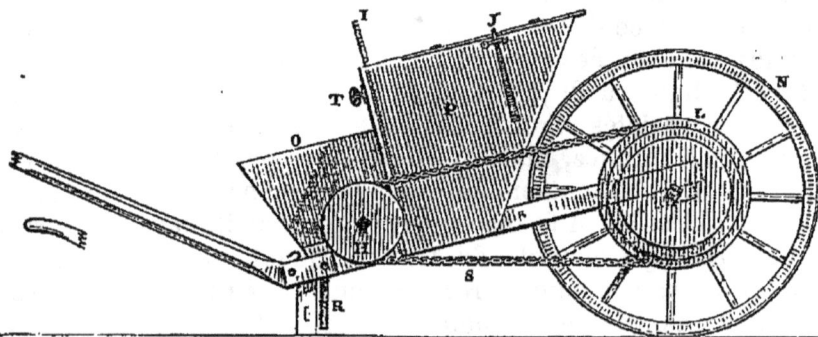

Fig. 308. *Semoir à brouette.*

partiment P reçoit les semences, qui s'écoulent dans le compartiment O au moyen d'une coulisse I (fig. 310 et 312), qu'on ouvre plus ou moins selon que l'on veut augmenter ou diminuer l'écoulement de la semence. Le compartiment O renferme une

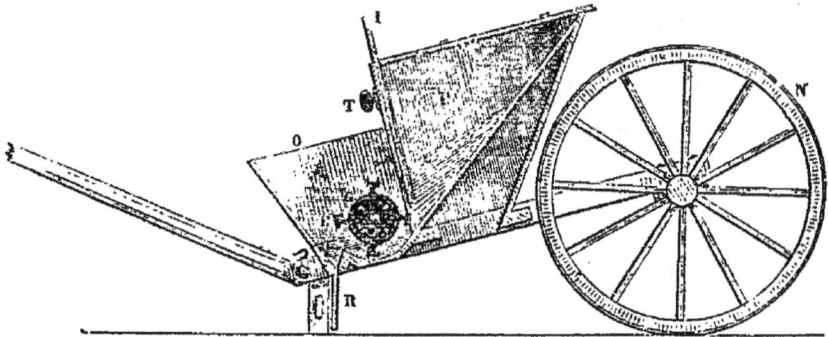

Fig. 309. *Semoir à brouette, coupe longitudinale suivant la ligne* A B *de la fig.* 310.

sorte de disque métallique G (fig. 309 et 311) supporté par un

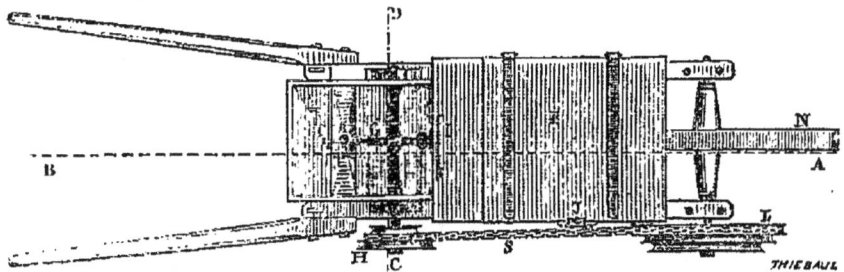

Fig. 310. *Plan du semoir à brouette.*

axe parallèle à la larger du semoir. Ce disque reçoit à sa cir-

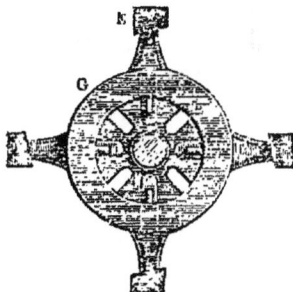

Fig. 311. *Disque* G *du semoir à brouette.*

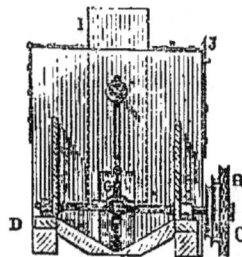

Fig. 312. *Semoir à brouette. Coupe* C D.

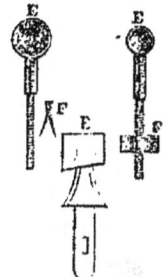

Fig. 313. *Cuillers du semoir à brouette.*

conférence un certain nombre de petites cuillers en cuivre E
(fig. 313), qu'on place à volonté, et dont la grandeur varie sui-

vant la grosseur des graines à semer. On peut placer deux, trois, quatre ou six de ces cuillers sur ce disque, selon la quantité de semence qu'on veut répandre.

L'extrémité droite de l'axe du disque porte une sorte de poulie H (fig. 308 et 310) à triple gorge de diamètres différents. Le côté droit de l'axe de la roue N, qui est placée en avant du semoir, porte une poulie semblable, mais beaucoup plus grande. Une chaîne continue s'enroule sur ces deux poulies, de sorte que, l'instrument étant poussé en avant, cette chaîne communique un mouvement de rotation au disque placé dans le compartiment O. Les cuillers fixées sur ce disque saisissent, en passant, les semences accumulées au-dessous, et les poussent dans l'ouverture placée au fond de la partie postérieure du compartiment O. Ces graines sont ensuite conduites jusqu'à terre par un tube R (fig. 308 et 309). On conçoit qu'en plaçant la chaîne continue sur le plus grand ou le plus petit diamètre des poulies, on retarde ou l'on accélère le mouvement de rotation du disque à cuillers, et l'on fait répandre à celles-ci une quantité de semence plus ou moins considérable. Il suffit, pour suspendre les fonctions du semoir, bien qu'il continue de marcher, d'enlever la chaîne continue de dessus l'une des poulies.

Cet instrument diffère du semoir Hugues en ce qu'il n'est pas précédé d'un petit soc qui ouvre les sillons destinés à recevoir la semence; ce qui oblige à tracer ces sillons à l'avance. Il en diffère encore parce qu'il ne sème qu'une seule ligne à la fois. Un homme suffit pour le conduire.

Ce semoir à brouette est surtout très propre à l'ensemencement des grosses graines telles que celles des féveroles, des haricots, du maïs, etc., qui doivent être disposées en lignes un peu espacées. Son prix est de 66 francs. Pour l'employer au semis du maïs, les cuillers et la chaîne continue doivent être disposées de manière que l'instrument répande 2 à 3 graines par chaque distance de 32 centimètres.

Quelle que soit l'espèce du semoir employée pour faire la semaille du maïs, on devra d'abord bien ameublir et dresser la surface du sol par des hersages et des roulages.

Nous avons dit plus haut que, si l'on se sert du semoir à brouette, il est nécessaire de tracer à l'avance les rayons qui doivent recevoir les graines; on emploie pour cela un rayonneur (fig. 314 et 315). Les socs de cet instrument, mobiles sur la traverse qui les porte, permettent de varier à volonté l'espace réservé entre chacun d'eux. La roue, placée en avant de l'age, sert à regulariser la marche du rayonneur; elle sert aussi à augmenter ou à diminuer le degré d'entrure des socs, et par

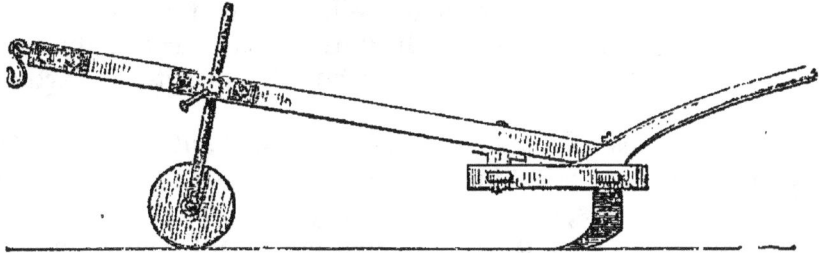

Fig. 314. *Profil du rayonneur.*

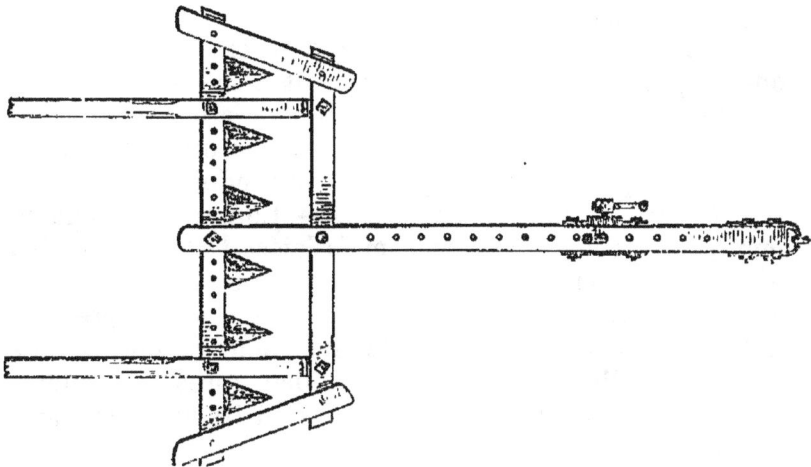

Fig. 315. *Plan du rayonneur.*

conséquent, la profondeur des rayons; il suffit de rapprocher ou d'éloigner cette roue de l'age.

Quand les rayons ont été ouverts, et que la semence a été répandue avec le semoir, il suffit, pour la recouvrir, de faire passer sur le champ une herse renversée; on complète l'opération par un roulage. Il faut de 30 à 50 litres de semences par hectare, suivant la variété que l'on sème et l'espacement que l'on réserve entre les plantes.

Soins d'entretien. — Lorsque les jeunes plantes de maïs montrent leur troisième ou quatrième feuille, on procède à un premier binage; c'est aussi à ce moment qu'on enlève les plants trop rapprochés et qu'on rétablit la distance que nous avons indiquée plus haut. On ressème aussi les places vides, en choisissant une variété plus précoce que celle semée d'abord. Il vaut mieux, en effet, faire ces remplacements par un semis que par des repiquages, qui restent longtemps languissants et mûrissent trop tard. Quinze à vingt jours après la première façon, on donne la seconde; elle consiste dans un premier buttage, pratiqué avec le buttoir; si la surface du sol était durcie, on emploierait la houe-buttoir, décrite à l'article du binage.

Lorsque les plantes ont atteint une hauteur de 0m,40, on donne un nouveau binage, suivi d'un second buttage. Dans les bonnes terres, le maïs développe, au moment de sa floraison, ses ramifications qui naissent des nœuds inférieurs de la tige; il convient de les enlever, pour qu'elles n'épuisent pas la tige principale; elles forment, d'ailleurs, une excellente nourriture pour les bestiaux.

Aussitôt après la fécondation de l'épi femelle, ce que l'on reconnaît quand les pistils commencent à se sécher et à noircir, on peut enlever les épis mâles. Cette opération fournit un fourrage vert excellent. On n'a pas remarqué que cet écimage influât sur la quantité ou la qualité des produits.

Cultures associées au maïs. — Comme le grand espacement qu'on donne aux tiges de maïs laisse le terrain à découvert pendant toute la première période de sa croissance, on lui associe des plantes dont la maturité est assez précoce pour s'achever avant l'époque où le maïs leur déroberait le soleil, ou assez tardive pour qu'elle ait lieu après son enlèvement. Les récoltes les plus convenables sont les haricots nains, les citrouilles, la betterave, le chanvre.

Rendement du maïs. — Le rendement du maïs peut être évalué à 60 hectol. par hectare, dans les sols fertiles du midi de la France, et à 30 hectol. seulement pour les départements du Centre. L'hectolitre pèse de 60 à 70 kilog. Le produit moyen de la paille varie entre 3000 et 4500 kilog. par hectare. 100 kilog. de grain répondent à 206 kilog. de tiges, 26 kilog. de spathes et 48 kilog. de rafles.

MILLET.

Les grains du *millet* ou *panis* peuvent entrer dans la confection du pain; on les mange aussi à la façon du riz; on les emploie à la nourriture de tous les animaux domestiques. Ses tiges sèches servent à chauffer le four.

Espèces. — On cultive deux espèces de millet : le *millet commun* (*panicum miliaceum*, L.) (fig. 316). Ses fleurs sont disposées en panicules volumineuses, à longues ramifications lâches et pendantes; ses graines sont blanches, jaunes ou noirâtres, selon les variétés. Sa tige s'élève à un mètre ou 1m,30.

Le *maillet d'Italie (panicum italicum*, L.) (fig. 317). — Cette autre espèce présente des fleurs disposées en un épi serré, cylindrique et à ramifications si courtes qu'elles ne sont sensibles qu'à la base. Elle atteint la même hauteur que l'espèce précédente. Le millet d'Italie donne un peu plus de grain que le millet commun, mais il est plus petit et moins estimé.

Climat et sol. — Les millets exigent le même climat que le mais. Le millet d'Italie demande un peu plus de chaleur que le millet commun. Quant au sol qui leur convient, ils préfèrent les terres de consistance moyenne; mais ils donnent encore quelques produits passables, même dans les sols sablonneux, dont le défaut d'humidité éloigne toute autre végétation.

Place dans la rotation. — Les millets sont semés soit au printemps, comme récolte principale, soit en été, comme récolte intercalaire. Dans le premier cas, on les fait succéder avec avantage aux défrichements des vieilles prairies, des pâturages artificiels, des marais desséchés, des étangs. Ils succèdent aussi convenablement aux récoltes sarclées. C'est ordinairement après les céréales précoces qu'on sème les millets comme récolte intercalaire.

Culture. — Un labour, suivi d'un hersage, est ordinairement suffisant pour préparer la terre à recevoir le millet; mais il lui faut des engrais abondants, car il épuise très fortement le sol. Son rendement moyen est de

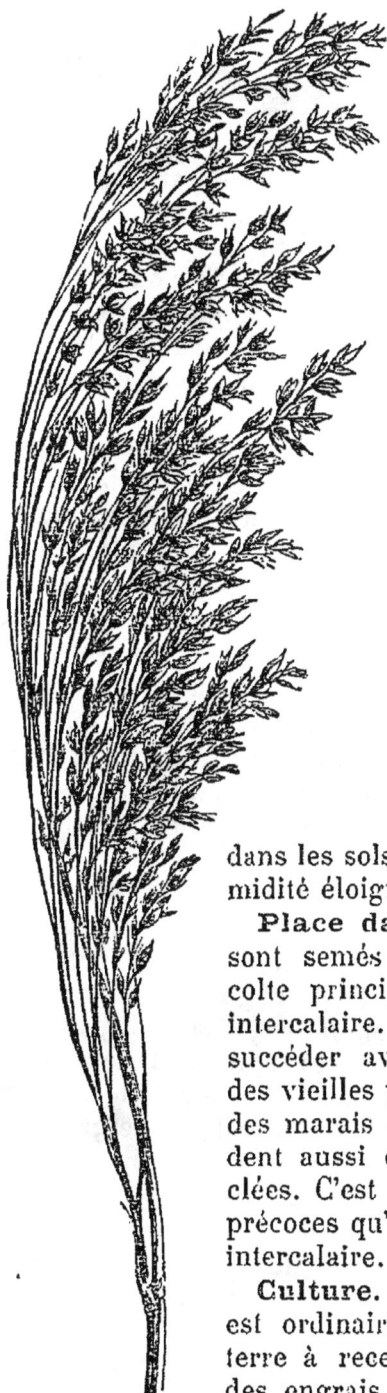

Fig. 316.
Millet commun.

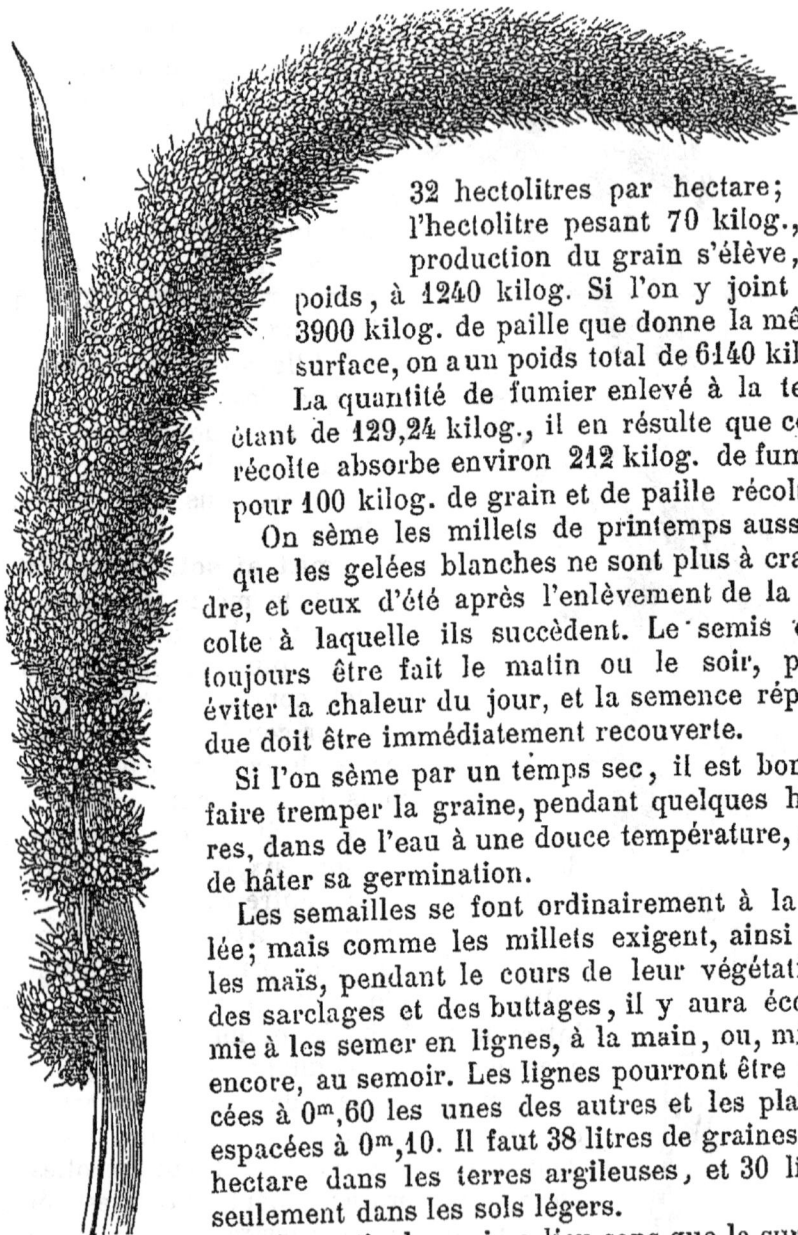

Fig. 317.
Millet d'Italie.

32 hectolitres par hectare; or, l'hectolitre pesant 70 kilog., la production du grain s'élève, en poids, à 1240 kilog. Si l'on y joint les 3900 kilog. de paille que donne la même surface, on a un poids total de 6140 kilog. La quantité de fumier enlevé à la terre étant de 129,24 kilog., il en résulte que cette récolte absorbe environ 212 kilog. de fumier pour 100 kilog. de grain et de paille récoltés.

On sème les millets de printemps aussitôt que les gelées blanches ne sont plus à craindre, et ceux d'été après l'enlèvement de la récolte à laquelle ils succèdent. Le semis doit toujours être fait le matin ou le soir, pour éviter la chaleur du jour, et la semence répandue doit être immédiatement recouverte.

Si l'on sème par un temps sec, il est bon de faire tremper la graine, pendant quelques heures, dans de l'eau à une douce température, afin de hâter sa germination.

Les semailles se font ordinairement à la volée; mais comme les millets exigent, ainsi que les maïs, pendant le cours de leur végétation, des sarclages et des buttages, il y aura économie à les semer en lignes, à la main, ou, mieux encore, au semoir. Les lignes pourront être placées à 0m,60 les unes des autres et les plantes espacées à 0m,10. Il faut 38 litres de graines par hectare dans les terres argileuses, et 30 litres seulement dans les sols légers.

Si la sortie du grain a lieu sans que la surface de la terre ait été battue par la pluie, on peut espérer un bon produit; mais, si la pluie survient avant la sortie, la germination se fait mal, surtout dans les terres compactes, dont il faut se hâter de rompre la croûte par un léger hersage.

On donne aux millets un premier binage lorsqu'ils ont seu-

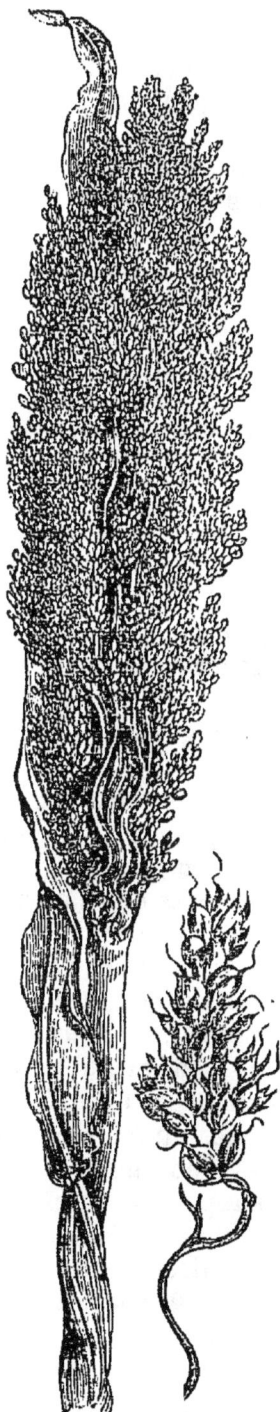

lement 0^m,05 à 0^m,06 de hauteur; ils en reçoivent un second quand ils ont 0^m,12 à 0^m,15. Le premier est pratiqué avec la houe à main, quel que soit le mode d'ensemencement qu'on aura employé; on éclaircit en même temps les plantes trop rapprochées. Le second binage peut être exécuté avec la houe à cheval, si les plantes sont en lignes. Lorsque les plantes ont atteint une hauteur de 0^m,25, on leur donne un buttage.

Rendement du millet. — Le rendement du millet s'élève, en moyenne, à 32 hectolitres par hectare. L'hectolitre pèse 70 kilog. La même surface donne 3900 kilog. de paille.

SORGHO.

Le *sorgho à balai* (*holcus sorghum*, L.) (fig. 318) est une céréale forte, droite, analogue au maïs, dont la tige s'élève à la hauteur de **1** à **2** mètres, porte de larges feuilles, et se termine par une volumineuse panicule de fleurs. Cette plante est cultivée, à la fois, pour ses panicules dont on fait les balais, et pour son grain dont on nourrit la volatile. Ses tiges sèches servent de combustible ou de litière.

Culture. — Le sorgho exige le même climat que le maïs; il prospère dans les terres d'alluvions riches et substantielles. Il demande un sol abondamment fumé et préparé comme pour le maïs. Quand la terre est bien ameublie, on l'aplanit au moyen du rouleau, et l'on sème en lignes espacées de 0^m,90, dans les sillons tracés avec le rayonneur décrit à l'article du maïs. Cet ensemencement se pratique à la fin d'avril; il faut environ 25 litres de semence par hectare.

Lorsque les jeunes plantes ont acquis

Fig. 318. *Sorgho à balai.*

0^m,03 à 0^m,4 de hauteur, on les éclaircit de manière à laisser entre elles un espace de 0^m,08 ; puis on donne deux binages à la houe à cheval, pendant le cours de la végétation, et l'on termine par le buttage.

Rendement. — Le sorgho produit, en moyenne, 51 hectolitres de graine par hectare dans les sols fertiles, et 4200 kilog. de balais. L'hectolitre de grain ne pèse que 44 kilog. On récolte, en outre, environ 3000 kilog. de tiges. Le produit moyen d'un hectare est de 51 hectol. de grain du poids de 44 kilog. ; on obtient donc, en poids, 2244 kilog., qui, joints aux 7200 kilog. de tiges et balais fournis par chaque hectare, donnent un poids total de 9444 kilog. La fumure enlevée au sol étant de 19,992 klog., on voit que cette récolte absorbe dans le sol environ 213 kilog. de fumier pour 100 kilog. de grain et de tiges récoltés.

MALADIE DES CÉRÉALES.

Les maladies qui attaquent les céréales sont déterminées par certains insectes nuisibles, par des influences météoriques, mais surtout par diverses plantes parasites qui vivent et se développent aux dépens de la substance de ces végétaux et diminuent leurs produits.

Maladies produites par les insectes. — Les animaux les plus destructeurs de céréales sont : les *limaces*, les *lombrics* ou *vers de terre*, les *mans* ou *larves du hanneton*, le *taupin des moissons*, le *céphus* ou *porte-scie*, la *cécidonie*, les *oscines* ou *chlorops*, qui coupent les racines, rongent le collet, ou dévorent l'intérieur des tiges et des épis. On n'a malheureusement pas de moyens bien satisfaisants pour la destruction de ces insectes. On conseille, pour certains d'entre eux, d'opérer une compression énergique du sol, immédiatement après son ameublissement, au moment où les insectes se rapprochent de la surface, c'est-à-dire au printemps : ils sont ainsi écrasés ou étouffés. A cet effet, on se sert, en Angleterre et dans les départements du Nord, du *rouleau Croskyll* (fig. 319). On saupoudre aussi les champs, soit au printemps et par un temps humide, soit avant ou après une forte pluie, de soude brute factice, réduite en poudre fine, dans la proportion de 150 à 200 kilog. par hectare. L'humidité du sol dissout les sels alcalins et les sulfures contenus dans la soude brute, et la liqueur caustique atteint les insectes et les fait périr.

Maladies produites par les influences atmosphéri-

ques. — Les gelées tardives, la grêle, les pluies continues au moment de la floraison, ne produisent pas moins de désastres que les insectes. Les rosées abondantes, les brouillards qui succèdent aux jours chauds, nuisent aussi aux produits des céréales, et notamment du blé au moment où la graine commence

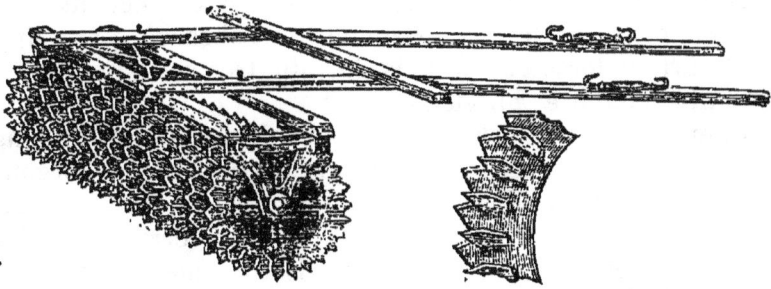

Fig. 319. *Rouleau Croskyll.*

à mûrir dans l'épi. Ils déterminent l'accident connu, dans le midi de la France, sous les noms de *ventaison, blé échaudé, blé retrait,* et qui se manifeste de la manière suivante : les brouillards du matin imbibent le blé de leur humidité; le soleil, en paraissant tout à coup, clair et ardent, élève instantanément la température de 15° à 45° et plus ; l'eau qui a pénétré le grain augmente de volume par la chaleur, crève l'enveloppe, et alors la fécule, qui n'est encore qu'à l'état laiteux, s'écoule par l'ouverture, ne laissant dans l'intérieur du grain que le gluten.

Dans quelques contrées du Midi, on se soustrait à cette calamité en employant le procédé connu sous le nom de *cordage des blés.* Voici en quoi il consiste : pendant les huit jours qui précèdent la maturité du blé, et tous les matins, une heure avant l'apparition du soleil, si le vent de la nuit n'a pas secoué la rosée qui couvre les épis, les habitants de la ferme parcourent les champs en tenant, à une certaine élévation, une corde assez tendue pour faire courber la tête à tous les épis qu'elle rencontre. Cette légère secousse suffit pour faire tomber les perles de rosée suspendues aux arêtes des plantes, et les préserver des fâcheux effets des brouillards et des gelées blanches. Les bons résultats de ce procédé sont si constants, que les boulangers du pays reconnaissent au premier aspect les blés qui n'y ont pas été soumis, et n'en offrent jamais qu'un prix inférieur.

Maladies produites par les plantes parasites. — Un certain nombre de champignons microscopiques naissent sur les organes des céréales, et sont pour eux une cause de destruction. Les maladies qui en résultent sont désignées par les noms vulgaires de *rouille, ergot, charbon, carie.*

Ces champignons se développent sur l'épiderme des céréales, le soulèvent, le rompent et répandent au dehors une poussière composée de corps que l'on regarde comme leurs graines : ils épuisent les plantes en se nourrissant de leurs sucs ; souvent même ils les déforment, les tuent ou les empêchent de porter des graines. Knight et de Candolle ont observé qu'ils apparaissent surtout lorsqu'à un mois de juin très sec succède un mois de juillet chaud et pluvieux.

Comme *causes prochaines* des maladies des plantes, Unger signale une prédisposition spécifique dépendant de l'organisation de chaque espèce, de la plénitude de la sève, de la jeunesse de la plante, de la mollesse des parties, d'un terrain trop fumé ou trop gras, et, en général, d'une vitalité énergique, mais mal équilibrée dans ses fonctions ; puis, comme *causes occasionnelles*, une atmosphère habituellement chargée d'eau, comme dans les bois et les prairies humides, surtout en Angleterre et en Hollande, l'absence de la lumière, des changements subits dans l'atmosphère, une longue sécheresse, des semailles trop épaisses, le séjour de l'eau.

Les champignons des céréales peuvent être, relativement aux dégâts qu'ils font, divisés en deux séries. La première comprend, comme les appelle de Candolle, les champignons *intestinaux,* c'est-à-dire ceux qui prennent leur développement dans la partie organique interne des végétaux. La *carie,* le *charbon,* l'*ergot,* sont compris dans cette série. La seconde série comprend les champignons *pariétaux,* c'est-à-dire ceux qui naissent à la surface des organes, se développent dans la partie externe la plus rapprochée de cette surface, et viennent s'épanouir sur les parois externes. Les champignons, qui pénètrent plus ou moins au-dessous des surfaces, nuisent à la végétation, mais moins que les précédents. Les *rouilles,* les *sphéries,* les *puccinies,* les *érysiphés,* les *stilbospores,* sont compris dans cette série.

Nous allons parler successivement de ces divers champignons et des maladies qu'ils occasionnent, en commençant par les champignons *pariétaux.* Parmi ceux-ci, il ne sera utile de mentionner que la *rouille.*

1° *Rouille des céréales.* La *rouille* des cultivateurs est un champignon (*uredo cerealium,* Philipp.) qui attaque les céréales, particulièrement l'orge et le froment, dans toutes les phases de leur vie. Il naît sur les deux faces des feuilles, peut-être plus abondamment sur la face inférieure ; mais on le voit aussi sur la gaîne foliacée du chaume, sur le chaume même, sur le rachis des épis, sur les enveloppes florales et dans leur intérieur

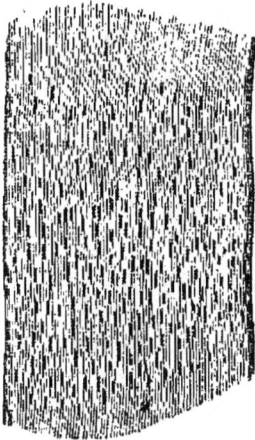

Fig. 320. *Pustules de rouille.*

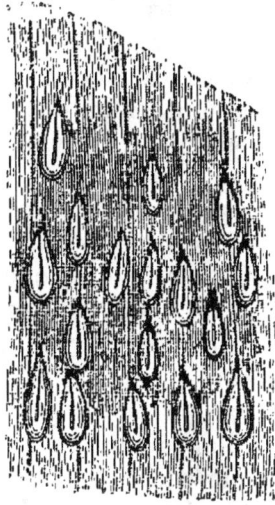

Fig. 322. *Portion de feuille vue au microscope (lentille n° 5), présentant des pustules grosses, vues au moment où la cuticule se déchire longitudinalement pour laisser sortir les sporanges.*

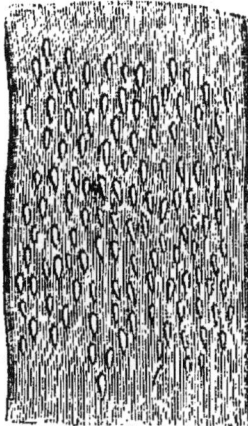

Fig. 324. *Poussière de rouille vue au microscope (lentille n° 3).*

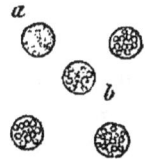

Fig. 325. *a, sporanges vus à sec; b, sporanges qui ont été mis en contact avec l'eau.*

Fig. 321.
Pustules de rouille (grossies).

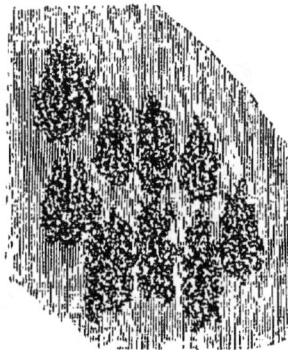

Fig. 323. *Même figure que la n 322, présentant les pustules ouvertes et les sporanges sortant de leur réceptacle.*

Fig. 326. *Globules de poussière de rouille (lentille 1/4).*

(fig. 320 à 326). Il se montre sous forme de pustules ovales, très nombreuses et très petites, puisque leur longueur n'est que de 376 centièmes de millimètre à un millimètre; ces pustules

sont éparses, ou rangées plus ou moins régulièrement en séries
linéaires, dans la direction de la fibre, et très rapprochées les
unes des autres. Arrivées à leur maturité, elles se déchirent en
fente longitudinale et sinueuse (fig. 322), et répandent une
poussière jaunâtre très abondante (fig. 323 et 324), qui recouvre
toute la surface des feuilles ou des autres organes, et qui bientôt, par son exposition à l'air, se colore en jaune de rouille.

Cette poussière, vue au microscope, est composée de globules
ou capsules (*sporanges*) très petites (fig. 325 et 326) contenant
des granules très fins ou *sporules*. Elle se détache facilement,
et, comme elle est très légère, elle est facilement transportée
par le moindre courant d'air. Elle est quelquefois si abondante,
qu'elle jaunit les habits des personnes qui traversent une pièce
de blé attaqué de rouille.

C'est dans les champs ombragés et humides, à la suite des
pluies ou des brouillards suivis d'un soleil ardent, que la *rouille*
se développe avec le plus d'intensité. En général, les terrains
gras, longtemps pâturés, ou défrichés depuis peu, sont favorables à sa production. Bosc dit que des observations faites en
Angleterre et en Amérique ont démontré que la rouille attaque
plus fréquemment les céréales semées clair que celles qui sont
semées dru.

La rouille sévit d'autant plus que les plantes sont plus vigoureuses. Si elles sont jeunes, le tort n'est pas considérable, et
une pluie suffit pour les remettre en bon état ; mais il devient
plus grand lorsqu'elle apparaît abondamment après la formation de l'épi. Les grains restent alors légers et rabougris ; la
paille perd sa valeur et ne fournit plus qu'une mauvaise nourriture ; souvent même elle cause des maladies aux animaux, et
le fumier dans la composition duquel elle entre est de mauvaise
qualité.

Le blé, l'orge et l'avoine sont les céréales les plus exposées à
la rouille ; le seigle l'est rarement. Les céréales d'hiver et celles
de printemps le sont également, à toutes les époques de leur
vie. Toutes les espèces et variétés de blé sont également me-
nacées de ce genre d'altération, excepté le froment *locular*
(*triticum monococcum*) et les *blés de Pologne* (*triticum polonicum*),
qui en sont très rarement atteints.

Le cultivateur n'a aucun moyen de guérir les blés rouillés.
Il en est réduit à laisser faire la nature, qui les en débarrasse
quelquefois, soit par de copieuses ondées, soit de quelque autre
manière, restée ignorée. Féburier pense qu'en appliquant le
chaulage, c'est-à-dire en répandant sur les plantes de la chaux

et du sel marin, on empêcherait la rouille de se produire. On a essayé ce moyen avec succès en Angleterre, et Philippar dit qu'il s'est bien trouvé de répandre du sel sur les champs, comme aussi de semer sur les blés une certaine quantité de *cendres noires pyriteuses.*

2° *Ergot.* L'ergot est une des maladies les plus singulières des graminées : il attaque particulièrement le seigle et le maïs, et il semble, depuis 1851, vouloir étendre ses ravages jusqu'au froment. Son nom lui vient de sa ressemblance avec l'ergot d'un coq. Sa forme l'a fait aussi vulgairement appeler, dans certaines localités, *clou*, *blé cornu.* On dit aussi *seigle noir* (fig. 327 à 331).

L'ergot est une excroissance dure, compacte, cassante, cylindrique ou un peu anguleuse, présentant à peu près la forme d'une corne obtuse, ordinairement blanche ou grise à l'intérieur, et, à l'extérieur, d'un noir tirant sur le violet. Cette excroissance occupe la place du grain et sort d'entre les glumes A (fig. 327-329). Sa longueur est très variable, mais ne dépasse pas 40 millim. (fig. 328). Nouvellement

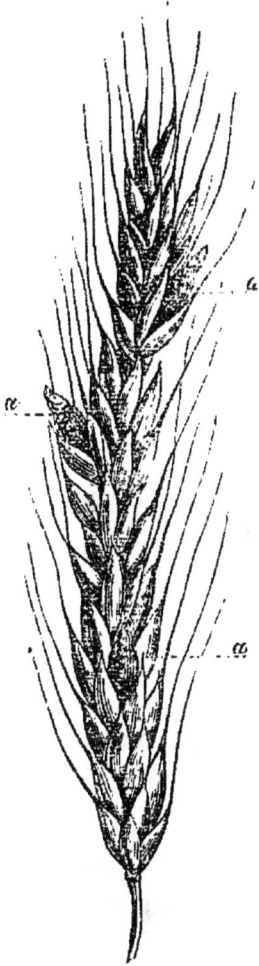

Fig. 328. *Grains de seigle ergotés.*

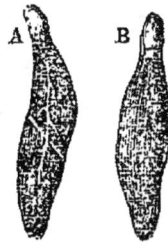

Fig. 329. *Épillet de seigle ergoté.*

Fig. 330. *Séminules vues sur la surface du grain ergoté, grossies 100 fois.*

Fig. 331. *Séminules vues sur la surface du grain ergoté, grossies 500 fois.*

Fig. 327. *a, a, a, ergot de seigle.*

formé, l'ergot est mou et exhale, lorsqu'on l'écrase, une odeur de miel altéré; peu à peu il se solidifie et s'allonge. Son poids est à celui du seigle à peu près comme 9 : 14, ou :: 5 : 8, suivant qu'on les compare l'un à l'autre sous leur forme entière ou à l'état pulvérulent.

L'ergot est un véritable champignon. De Candolle l'a nommé *sclerotium clavus*. Il se reproduit au moyen de séminules qui sont transportées par l'air (fig. 330 et 331). D'après Tessier et Bosc, l'ergot est plus abondant dans les terrains humides et abrités, dans les parties basses des lieux en pente, et dans les saisons pluvieuses ; les plantes de la lisière d'un champ en sont plus affectées que celles du centre. Les terres maigres et sablonneuses y sont aussi très sujettes. Certains pays en sont plutôt affigés que d'autres ; il est surtout surabondant en Sologne, et quelquefois il y détruit jusqu'à un cinquième de la récolte.

Dans le seigle ergoté, il n'y a plus ni amidon, ni sucre, ni albumine, aucune des matières enfin qui composent le seigle sain ; mais on y trouve de l'ammoniaque, une matière azotée, une matière huileuse et un principe très actif qu'on a nommé *ergotine*.

L'ergot est funeste, non seulement par les ravages qu'il cause dans les récoltes, mais encore par les maladies qu'il occasionne lorsqu'il reste mêlé au grain et qu'il passe dans la nourriture de l'homme ou dans celle des animaux. Il développe chez l'homme une maladie connue sous le nom de *gangrène sèche* ou *ergotisme*, exerçant principalement son action délétère sur les os. Les ravages s'en font sentir rapidement, et ils ne tardent pas à se manifester par des crampes, des coliques, des avortements, la suppression du lait, la gangrène et les vomissements. — Les populations de la Sologne, du Forez, de l'Artois, du Gâtinais, de la Bourgogne, de la Lorraine, ont quelquefois été victimes d'épidémies terribles qu'on a attribuées à l'usage du seigle mêlé d'ergot. Il faut, toutefois, que le pain renferme une quantité assez considérable d'ergot pour produire ces accidents. Les animaux, notamment les canards, les poules, les dindons, les cochons, sont très rapidement atteints de l'ergotisme lorsqu'on leur donne du seigle abondamment chargé d'ergot.

L'ergot jouit de propriétés tellement actives sur l'économie animale, qu'on l'emploie en médecine, principalement pour arrêter les pertes de sang, pour exciter les contractions de la matrice et faciliter les accouchements.

Si l'on est encore impuissant à empêcher la production de l'ergot, il faut, au moins, en purifier soigneusement le grain par le criblage, le vannage, le bluteau-crible et le ventage, L'ergot, étant plus léger que le seigle, s'en sépare aisément.

S'il restait quelque doute sur le résultat de ces opérations, il faudrait faire un épluchage à la main, ce qui ne serait ni très long ni très difficile, à cause de la grosseur et de la couleur de l'ergot.

3° *Charbon*, ou *Nielle*. Cette maladie, attaque l'avoine, l'orge, le blé, le maïs, le millet, le sorgho. Elle nuit au produit en grains, en les dénaturant et les décomposant ; aussi le mal est-il le plus ordinairement manifeste sur les parties florales et fructifères de

Fig. 332.
Blé charbonné.

Fig. 333. *Épillet de blé sain.*   Fig. 334. *Charbon de l'avoine, premier état d'altération.*   Fig. 335. *Charbon de l'avoine, dernier état d'altération.*   Fig. 336. *Charbon de l'orge à deux rangs.*

la plante, qui sont complètement détruites quand le champignon est arrivé à son état parfait de conformation. La présence du mal est indiquée par une poussière noire, qui a fait donner à cette maladie le nom de *charbon*. Cette poussière est l'élément de la reproduction de ce parasite et annonce le terme de sa végétation (fig. 332 à 337).

Ce champignon se développe et s'accroît à l'intérieur pour s'épanouir très visiblement à l'extérieur. De Candolle l'a nommé *uredo carbo*. A la fin de sa vie, il recouvre les fleurs d'une poudre très abondante, noire ou d'un brun verdâtre, inodore, quelque peu visqueuse quand elle est fraîche, mais se laissant facilement emporter par les vents quand elle est sèche; cette poudre est composée de capsules parfaitement sphériques, extrêmement petites et à demi transparentes.

En général, il sort fort peu de tiges d'un pied frappé de charbon, et ces tiges sont grêles. On les distingue, dans le froment, non seulement à ce signe et à la couleur noirâtre des épis, mais encore, avant même que l'épi ait paru, à leur feuille supérieure, qui est tachée de jaune, et sèche à son extrémité. Dans les avoines, on distingue les pieds attaqués à la pâleur du vert, à la moindre stature, au manque d'épanouissement des épis.

Le charbon cause peu de dommage au froment, parce qu'il ne l'attaque ni fréquemment ni violemment, et parce que, sa poussière se dispersant avant la moisson, il n'en arrive à la grange que ce que peuvent recéler les épis restés dans le fourreau; mais il est plus funeste à l'orge et à l'avoine, qui en reçoivent des atteintes plus souvent réitérées et plus rudes, et qui en propagent davantage la graine. Du reste, toutes les espèces d'avoine, tou-

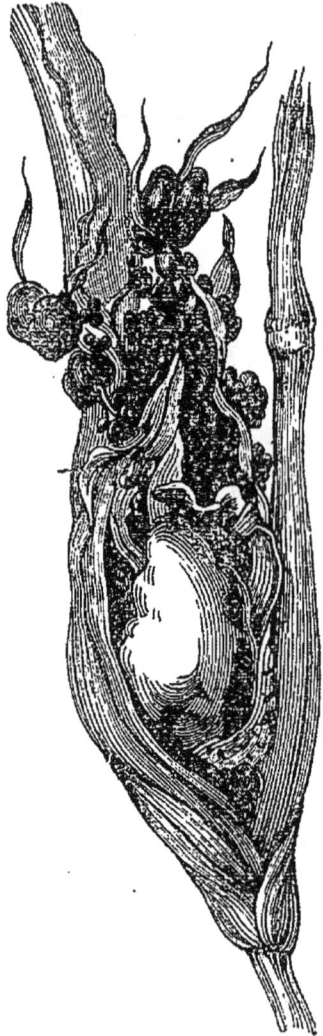

Fig. 337. *Épi femelle de maïs complètement déformé par le charbon.*

tes les espèces d'orge, toutes les variétés de blé, sont atteintes par le charbon; les blés de mars plus que les blés d'hiver; les blés sans barbe plus souvent que les blés barbus.

Le charbon se manifeste dans tous les terrains, à toutes les expositions, dans tous les climats; toutefois il paraît se développer avec plus de facilité dans les climats chauds et humides.

La poussière du charbon s'attache facilement à toutes les surfaces qui l'approchent; elle noircit le visage des batteurs en grange, mais elle les fait moins tousser que la poussière de carie; elle ne paraît pas communiquer de qualité délétère à la farine, et ne produit aucun désastre sur les animaux qui mangent de l'avoine et de l'orge charbonnées. Pour purger les grains de la poussière du charbon, il serait bon de leur faire subir un lavage, et on devrait employer, pour combattre cette maladie, les mêmes moyens que ceux qu'on met en pratique pour les blés cariés.

4° *Carie*. On désigne sous le nom de *carie*, et aussi sous ceux de *bosso*, de *blé bouté*, de *cloche*, de *cloque*, etc., une maladie qu'on a souvent confondue avec le *charbon*, parce que, comme celui-ci, elle affecte les parties de la fructification, mais qui en diffère par des caractères bien tranchés. Le champignon qui la constitue a reçu de de Candolle le nom d'*uredo caries*.

La carie attaque particulièrement les blés. On ne l'a jamais rencontrée sur l'orge, le seigle et l'avoine. Philippar l'a observée quelquefois sur le maïs et le millet, comme aussi sur quelques gramens des prairies. Les blés communs, avec ou sans barbes, les blés renflés, les blés de Pologne, y sont les plus exposés. Les blés durs du Midi y sont moins sujets que les blés du Nord, et les blés à chaume solide, qu'on appelle *blé d'Afrique*, n'en sont presque jamais atteints. Les blés de mars la contractent plus facilement que les blés d'automne.

La carie se développe dans l'intérieur de la plante, mais elle n'est bien manifeste que lors de son épanouissement dans le grain à l'état d'ovaire; elle dénature celui-ci à tel point, que le grain change de forme et de consistance (fig. 338).

Fig. 338.
Blé carié.

Au lieu d'une matière farineuse, blanche, on n'aperçoit, dans l'intérieur du jeune grain, qu'une masse compacte, grisâtre, d'une nature analogue à celle de tous les champignons. A mesure que le grain grossit, cette masse perd de sa compacité, se fonce en couleur, et devient

pulvérulente, et lorsque le champignon est complétement mûr, tout l'intérieur du grain de blé est rempli d'une poudre brune, qui ressemble assez bien à la poussière qui remplit le sac membraneux des *vesses-de-loup* arrivées à leur maturité (fig. 339).

Cette matière pulvérulente, noirâtre, est très fine, douce au toucher et même onctueuse; elle n'a pas de saveur; mais, écrasée entre les doigts, elle répand une odeur infecte, ressemblant assez à celle du poisson pourri. C'est là le champignon dans son état de plus grand développement. Par l'effet de l'ouverture, ou plutôt de la déchirure accidentelle de l'enveloppe du grain, la masse pulvérulente se désagrège et se divise en parties floconneuses ou poudreuses. Il est rare de voir un grain carié s'ouvrir naturellement, et la poussière de la carie ne se répand pas au dehors, pendant la végétation de la plante, comme cela arrive pour le charbon.

Tous les épis d'un pied de blé peuvent être cariés, mais souvent il n'y en a que quelques-uns. Quand plusieurs pieds sont rapprochés de manière à se confondre, on observe fréquemment que toute la touffe est cariée. Les épis cariés sont faciles à distinguer : ils sont plus droits, parce que leurs grains ont moins de densité; ils ont une teinte plus terne et plus pâle : leurs épillets sont plus écartés; les balles sont plus ouvertes. Les pieds cariés sont plus courts, plus pâles en couleur; les feuilles sont moins larges, plus ou moins contournées, et elles se dessèchent plus promptement qu'à l'état sain. Les grains cariés sont ordinairement plus courts

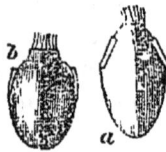

Fig. 339. *Coupe longitudinale d'un grain carié.* | Fig. 340. *Grains cariés :* a, *côté dorsal* b, *côté de la rainure* | Fig. 341. *Poussière de carie vue à la lentille,* n° 3. | Fig. 342. *Poussière de carie vue à la lentille* n° 1.

et plus ronds (fig. 340), d'une couleur plus terne; ils sont toujours obtus et mous; secs, ils sont très légers et d'un jaune grisâtre.

Les globules de la carie sont opaques ou à demi transparents, et un peu plus grands que ceux du charbon; leur diamètre varie de 1/280 à 1/560 de millimètre (fig. 341 et 342).

Depuis fort longtemps, on attribue aux brouillards, à l'humidité et à l'ombrage, la présence de la carie dans les champs de blé. Cette ancienne opinion subsiste encore, et cependant on rencontre cette maladie dans les années sèches aussi souvent que dans les années humides, à l'ombre comme au soleil, dans les lieux abrités comme dans les lieux aérés, enfin à toutes les expositions. Ce qui la produit, c'est incontestablement l'émission des globules pulvérulents, ou de la poussière noire du champignon, laquelle se répand sur les grains sains, se fixe sur eux et vicie les plantes qui en proviennent. Cette dispersion a lieu lors de la maturité complète des globules, maturité qui se manifeste par la pulvérulence de la masse noirâtre qui constitue le grain carié. L'émission des globules a lieu par l'effet du brisement de l'enveloppe, laquelle reste close tant qu'un accident quelconque ne vient pas en produire la rupture.

Un seul globule de carie suffit pour infester le grain sain. Cette communication de l'infection est si facile, que Tillet, Bosc et Tessier ont constaté qu'après avoir lavé des grains cariés, l'eau de lavage, mise en contact avec des grains bien portants, avait suffi pour les vicier. Le carie se communique aussi par le fumier dans lequel il est entré des pailles qui supportaient des épis cariés; elle se communique surtout par le battage, qui écrase les grains cariés et facilite la dispersion de la poussière fine et légère qui va se fixer sur les grains sains; elle se communique encore par le rapprochement des grains dans les greniers, et par toutes les opérations qui donnent lieu au frottement des grains entre eux. C'est au moment de la germination du grain mis en terre que les germes de carie pénètrent dans l'intérieur de la plantule; entraînés, par les fluides végétaux, dans les conduits séveux, ils sont amenés dans les ovaires, où s'effectue leur développement complet.

La carie est un véritable fléau; les blés cariés se vendent à vil prix; les blés *mouchetés* et *boutés*, qui ne sont que tachés par un commencement d'altération carifère, ont aussi très peu de valeur sur les marchés. Les cultivateurs en éprouvent quelquefois des pertes énormes, et il y a des localités où les ravages de la carie sont effrayants. Au moment du battage, la poussière de carie cause aux ouvriers de vives démangeaisons des yeux, elle exerce aussi sa nuisible influence sur leur poitrine, en l'irritant; ces impressions ne sont que momentanées, mais elles sont toujours fâcheuses. Le pain fait avec de la farine où il entre de la carie est d'autant plus bis et noir, ou violâtre et âcre, que cette substance s'y trouve en plus grande quantité.

Les moyens de préservation contre la carie sont nombreux, car, depuis que Tillet, en 1755, et Tessier, en 1783, ont attiré l'attention des agronomes sur l'opportunité et les avantages de soumettre les blés de semence à certaines opérations préservatrices ou curatives, il n'est sorte de procédés qu'on n'ait essayés et préconisés. Les uns, purement mécaniques ou physiques, consistent dans le triage, les frictions, la ventilation, c'est-à-dire le criblage et le vannage, ou l'immersion des grains dans l'eau, afin que les grains cariés, beaucoup plus légers que les grains sains, s'élèvent plus facilement à la surface, et soient faciles à séparer. D'autres procédés, beaucoup plus efficaces que les premiers, opèrent chimiquement par l'emploi de substances assez caustiques ou assez corrosives pour altérer la poudre de carie, sans désorganiser le grain. De ce nombre sont : la chaux vive, le sel marin, l'alun, le sulfate de soude, le sulfate de cuivre, le vert-de-gris, le sulfate de zinc, l'acide arsénieux, le réalgar ou sulfure d'arsenic, et, parfois aussi, les urines putréfiées, le purin, la fiente de pigeon. Souvent, on associe plusieurs de ces substances, et l'on emploie concurremment la chaux et le sel, ou la chaux et l'acide arsénieux, ou l'alun et l'acide arsénieux, ou le sulfate de cuivre et le sel, ou le sulfate de soude et la chaux.

La Société centrale d'agriculture de la Seine-Inférieure a fait exécuter, pendant trois années consécutives, des expériences comparatives pour déterminer quel est, de tous les procédés proposés depuis 1755, le meilleur, le plus efficace. Voici les principales conséquences qui découlent des résultats obtenus :

1º Le sulfate de cuivre est, ainsi que B. Prevost l'avait constaté en 1807, un des plus puissants moyens de préservation de la carie ;

2º La chaux n'a que peu d'effet ; elle est même inférieure au simple lavage à l'eau ;

3º Le sel marin exerce une influence très marquée, puisque les substances auxquelles on l'associe acquièrent, par ce seul fait, une action beaucoup plus prononcée que celle qu'elles possèdent naturellement ; témoin la chaux qui devient très efficace ; témoin le sulfate de cuivre, qui produit de bien meilleurs effets que lorsqu'il est employé seul ;

4º L'arsenic (acide arsénieux) ne possède pas, à beaucoup près, sur la carie, l'action destructive qu'on lui suppose généralement ;

5º Le mode de chaulage au moyen de sulfate de soude et de la chaux, proposé, en 1835, par Mathieu de Dombasle, est réellement très puissant ; et, puisqu'il est simple, économique, qu'il n'entraîne pas, comme l'arsenic, le sulfate de cuivre, le vert-de-gris et autres composés vénéneux, d'inconvénients pour la santé des semeurs et la sécurité publique; qu'il fournit les blés les plus sains et les plus productifs, il est rationnel de l'employer de préférence à tous les autres [1].

Nous ne parlerons donc pas de la manière de chauler avec la chaux, l'arsenic, le sulfate de cuivre et les autres substances vénéneuses, et nous ne décrirons que le *sulfatage* indiqué par Mathieu de Dombasle. Voici comment on opère :

Pour un hectolitre de semence, il faut 2 kilogrammes de chaux caustique en morceaux et 640 grammes de sulfate de soude ou sel de Glauber du commerce. On fait d'abord dissoudre celui-ci dans 8 ou 9 litres d'eau chaude ; d'un autre côté, on procède à l'extinction de la chaux en la plaçant dans une manne ou panier, que l'on plonge dans l'eau froide pendant quelques secondes; on le retire aussitôt, et on renverse la chaux sur le sol, où elle s'échauffe et se réduit spontanément en poudre.

Lorsqu'on veut opérer le chaulage du grain, on le dépose dans un grand baquet, et, pendant qu'un homme la remue en tous sens, au moyen d'une pelle, on l'arrose avec la dissolution de sulfate de soude, de manière que le grain soit bien humecté partout, et qu'on voie le liquide en léger excès. C'est alors qu'on répand la poudre de chaux sur la masse du blé ; l'ouvrier remue constamment, de manière que tous les grains soient exactement couverts de chaux. L'opération est alors terminée. On retire le grain, on le met dans un des coins de la pièce où l'on opère, et on le remplace par un nouvel hectolitre de grain, qu'on manipule de même. Ce travail n'exige que quelques minutes pour chaque hectolitre, et l'on peut sulfater, dans une heure, la quantité de froment nécessaire pour les semailles de plusieurs jours dans une grande exploitation. Le froment ainsi préparé paraît sensiblement sec peu de temps après le sulfatage, et il peut se conserver pendant plusieurs jours sans s'altérer. Si l'on craint qu'il ne s'échauffe, on le remue, ou on le change de place de temps à autre.

Pour que les conditions d'un bon chaulage soient remplies, on doit préalablement :

---

1. Voir, pour plus de détails, le rapport présenté par M. J. Girardin à la Société centrale d'agriculture de la Seine-Inférieure, le 13 novembre 1845, sous le titre de : *Nouvelles expériences sur le chaulage du blé*, 90° cahier des travaux de la Société, trimestre d'octobre de 1845, p. 465.

1° Eloigner, autant que possible, pendant le nettoyage des grains, tous les épis contenant des grains affectés, et étendre ce soin d'extraction à toutes les parties malades, pendant le battage, le vannage, le criblage, et enfin, pendant tout le temps que l'on s'occupe du nettoyage des blés ;

2° Choisir des semences bien conformées, de bonne qualité, des grains pleins et bien nourris, d'une belle couleur, à la surface lisse, sans rides, sans déformations, sans ponctuations, moucheture et bouture ni autres altérations, quelques minimes qu'elles soient ;

3° Mettre ces semences dans l'eau pour les bien laver, renouveler l'eau de lavage, et jeter ces eaux dans un lieu d'où les séminules qu'elles contiennent ne puissent se répandre au dehors. Par ces soins, on dépouille les grains des globules morbides qui les recouvraient, et l'on prédispose mieux leur surface à recevoir l'impression de la substance préservatrice. Ces grains, devenant plus souples, perdent ce lustre qui rend toujours plus difficile l'accès immédiat de la substance préservatrice, et développent, en se gonflant, les cavités, les anfractuosités dans lesquelles la substance pénètre facilement. Pendant l'immersion, on doit retirer tous les grains qui surnagent et qui, par défaut de parfaite conformation, sont évidemment mauvais.

En agissant ainsi, on est certain d'avoir toujours des récoltes nettes et saines, entièrement dépouillées de carie. La petite dépense à laquelle ces opérations entraînent les cultivateurs sera de beaucoup couverte par les non-valeurs qu'ils évitent, puisqu'il est des localités et des années où les grains cariés forment le tiers de la récolte.

RÉCOLTE DES CÉRÉALES OU MOISSON.

C'est pendant la moisson qu'on doit déployer le plus d'activité. Il faut que chaque jour de beau temps soit employé comme s'il devait être infailliblement suivi de jours pluvieux.

Le cultivateur doit d'abord s'assurer du nombre de bras nécessaire pour que tous ses travaux s'exécutent en temps opportun.

Les conventions à faire avec les moissonneurs doivent aussi fixer son attention. Dans quelques localités, on leur abandonne une quantité de la récolte, déterminée à l'avance ; ce mode offre l'inconvénient d'un salaire trop élevé si les céréales arrivent à un haut prix, ou d'un salaire trop minime si elles di-

minuent outre mesure. D.ins d'autres localités, les moissonneurs
sont rétribués en raison de la surface sur laquelle ils ont
opéré; ce système, plus usité que le précédent, est aussi plus
commode; mais le moyen le plus généralement usité consiste à
payer les ouvriers à la journée. Le cultivateur est ainsi plus
maître de ses mouvements et dirige ses travaux en toute liberté.

Ces dispositions étant prises, on s'occupe des granges, des
greniers, etc. Toutes les fissures, tous les trous sont bouchés
avec soin, afin que les rats, les souris, ne puissent y entrer.
Les chariots, les voitures, sont aussi visités et réparés, ainsi que
les chemins les plus fréquentés.

Ceci fait, il faut fixer, pour chaque espèce de céréales, le
degré de maturité auquel on doit s'arrêter; la hauteur à laquelle les chaumes doivent être coupés; les instruments les
plus convenables pour moissonner; les soins à donner aux
grains coupés avant leur rentrée; le meilleur mode de conservation jusqu'au moment du battage ; enfin, le prix de revient de
la récolte.

RÉCOLTE DU BLÉ.

Degré de maturité. — Si l'homme, en cultivant les céréales, ne se proposait, comme la nature, que la conservation
et la propagation des espèces, l'époque de la récolte serait
évidemment celle où la plante, après avoir accompli son œuvre,
laisse tomber les graines qu'elle a fécondées. C'est bien aussi
le moment que choisit le cultivateur lorsque son but est de recueillir du grain pour les semailles ; il le devance seulement de
quelques jours, afin de ne pas trop perdre sur la quantité ; mais,
si les céréales sont destinées à la panification, elles n'exigent
pas un degré de maturité aussi complet.

Et d'ailleurs, la maturation est-elle entièrement un acte de
la végétation, ou n'est-elle qu'une réaction chimique des substances contenues dans la semence? Tout nous autorise à
admettre cette dernière hypothèse. Ainsi, dans les plantes annuelles, la maturité est le plus grand symptôme de mort; si
l'on examine attentivement les phénomènes qui accompagnent
cet anéantissement de la vie végétale, on voit que la vie finit
d'abord là où elle a commencé, c'est-à-dire aux racines; or,
une fois les racines mortes, elles ne peuvent plus fournir à la
tige de nouveaux éléments nutritifs, bien que celle-ci soit encore
verte.

Une autre hypothèse admet que la mort commence immé-

diatement au-dessous de l'épi. Il est encore évident que, dans
ce cas, toute communication entre la semence et les parties
vivantes devient impossible. On doit donc conclure, dans l'un
et l'autre cas, que, si le grain subit des transformations lorsque
les symptômes de mort commencent à se manifester, ces transformations s'accomplissent indépendamment des organes radicaux.

Ces considérations, déduites des plus saines théories, seraient
encore de peu de poids en faveur de la coupe prématurée des
céréales, si la pratique et l'expérience n'en confirmaient pas
les avantages. On sait que le blé récolté avant sa complète
maturité pèse 4 kilog. de plus par hectolitre, et que, si l'on
prend 1 kilog. 1/2 de farine de l'un et de l'autre froment, celle
provenant d'un blé récolté prématurément donne 125 grammes
de pain en plus.

Ainsi donc, en commençant la récolte lorsque les tiges sont
encore vertes, on évitera la perte des graines que laissent
échapper les céréales complètement mûres ; la paille, moins
épuisée, sera meilleure pour la nourriture des bestiaux ; on
courra moins de chances de voir la récolte détruite, ou au
moins diminuée par les accidents météoriques ; enfin, le froment contiendra moins de son, car sa pellicule se sera moins
épaissie aux dépens du périsperme.

Cette méthode, toutefois, entraîne les inconvénients suivants :
si l'on a les plus beaux grains, il y en a aussi qui n'ont pas acquis un degré de maturité suffisant ; s'il survient des pluies
opiniâtres, la récolte se sèche moins facilement, et les grains,
renfermant encore une forte proportion d'eau de végétation,
germent plus vite ; le grain, dans la plupart des cas, est moins
propre à servir de semence.

Pour satisfaire à toutes les nécessités, il faudra donc couper
les blés destinés à la panification aussitôt que la paille commencera à prendre une couleur jaune et que le grain aura acquis
assez de consistance pour que l'ongle s'y imprime sans le couper ; mais il faudra laisser acquérir toute leur maturité aux
céréales qui devront fournir des semences.

Hauteur des chaumes. — La hauteur à laquelle on coupe
le blé varie suivant les localités. Parfois on laisse des chaumes
de 0^m,48 de hauteur ; d'autres fois on n'en conserve que 0^m,32,
ou même 0^m,16 ; souvent enfin, on les coupe rez terre. C'est
surtout dans les terres argileuses, compactes, qu'on a l'habitude de laisser de grands chaumes ; immédiatement après la
moisson, on les enterre afin de diviser la terre, de l'ameublir,

et aussi de lui donner une fumure partielle sans frais de transport.

Si l'on compare le service que rend cette paille, ainsi enterrée, à celui qu'elle rendrait comme litière, on reconnaît qu'il est plus avantageux de lui réserver cette dernière destination ; c'est donc une économie mal entendue que de laisser du chaume très long. Cette méthode est justifiée dans les localités où le pied des blés est surchargé d'herbes, dont on évite ainsi de mélanger les graines avec le blé. Quinze jours après la moisson, on fauche ces chaumes, et l'on en fait du fourrage pour les bestiaux, ou bien on les fait pâturer sur place par les moutons. Mais, comme cette abondance de plantes nuisibles peut disparaître par un meilleur mode de culture, il convient de rechercher si le cultivateur a intérêt à perpétuer cet état de choses.

Or il est bien démontré que le fourrage obtenu ainsi est loin de compenser les inconvénients qui en résultent, et qui rendent impossibles les labours d'automne, si nécessaires dans les terres compactes pour ouvrir le sol aux influences de l'hiver ; d'un autre côté, une grande quantité des graines de ces plantes nuisibles sont répandues sur le sol et salissent la terre pour les récoltes suivantes ; enfin, il y a diminution dans les litières et dans les engrais.

Il y a donc tout avantage à tenir les terres bien nettes par un bon mode de culture, et à couper le blé rez terre. On aura plus de grain, plus de paille, et par conséquent plus d'argent et plus d'engrais, ce qui donnera le moyen de faire des prairies artificielles et de nourrir les bestiaux mieux qu'on ne l'eût fait avec les chaumes réservés lors de la moisson.

Toutefois, si l'abondance des plantes nuisibles était un fait accidentel, comme la coupe des blés rez terre pourrait présenter des inconvénients, soit pour leur conservation, soit pour le battage, on laissera les chaumes assez longs ; mais, au lieu de les faire pâturer, il sera préférable d'attendre un temps bien sec et d'y mettre le feu. Toutes les mauvaises graines seront détruites, et les cendres seront un très bon amendement pour les terres compactes.

Choix des instruments pour moissonner. — L'instrument le plus généralement usité pour couper le blé est la *faucille*. Tantôt le fer de cet instrument est armé de dents (fig. 343), tantôt il est seulement tranchant (fig. 344). Des expériences comparatives ont démontré que ces deux formes sont également bonnes.

On se sert de la faucille de deux manières : dans l'une, l'ouvrier avance, la tête tournée vers le grain qu'il veut abattre ; en même temps qu'il saisit les chaumes de sa main gauche, en tournant la paume en dedans, il engage le croissant de la faucille dans les tiges, l'appuie contre le grain

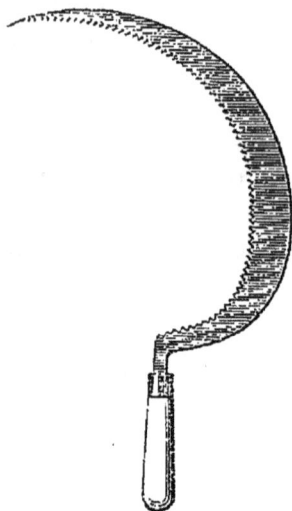

Fig. 343. *Faucille à dents.* Fig. 344. *Faucille sans dents.*

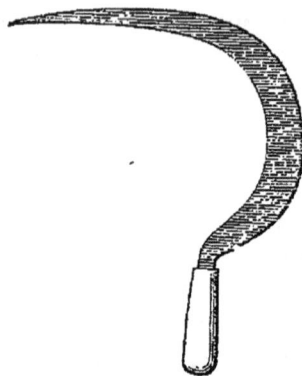

saisi par la main gauche, et tirant brusquement vers lui le tranchant de l'instrument, il coupe la poignée et la dépose à sa gauche par petits tas ou *javelles*. Dans quelques contrées, notamment aux environs de Rennes, l'ouvrier se place de manière à avoir à sa gauche le grain qu'il doit couper. De la main gauche il saisit les chaumes à $0^m,48$ au-dessus du sol, la paume tournée en dehors, puis, faisant vibrer la faucille de sa main droite, il s'en sert comme d'une faux. Après quoi, il fait un pas en arrière, et, poussant le grain coupé contre celui qui ne l'est pas encore, et qui l'empêche de tomber, il coupe une seconde poignée, et recommence jusqu'à ce qu'il en ait assez pour former une javelle qu'il dépose à sa droite. Ce procédé a, sur le premier, le mérite de pouvoir couper le chaume plus près de terre, et surtout d'être un peu plus expéditif.

L'emploi de la faucille présente les avantages suivants : les javelles, déposées sur le sol à mesure que le grain est coupé, sont régulièrement faites ; elles sont bien étendues et sèchent d'autant plus facilement qu'elles sont supportées par un chaume de $0^m,15$ à $0^m,20$ d'élévation, qui permet à l'air de les pénétrer plus aisément. Les épis n'étant pas en contact avec le sol, la germination est moins à craindre dans les années humides. De plus, l'usage de cet instrument n'exigeant pas une très grande force, on peut y employer indistinctement tous les bras et les appeler en grand nombre quand on veut se hâter de faire ses moissons.

Mais les avantages de la faucille sont balancés par de graves inconvénients : elle ne permet qu'un travail tellement lent qu'un bon moissonneur ne peut couper que 30 ares de blé par jour ; et, d'un autre côté, son emploi oblige à couper le chaume à une certaine hauteur, et détermine ainsi une perte notable de paille.

La *sape flamande* (fig. 345), originaire de la Belgique, est, d'année en année, plus employée pour la coupe des moissons. C'est une sorte de petite faux, armée d'un manche court, presque perpendiculaire au plat de la lame. L'ouvrier tient cette

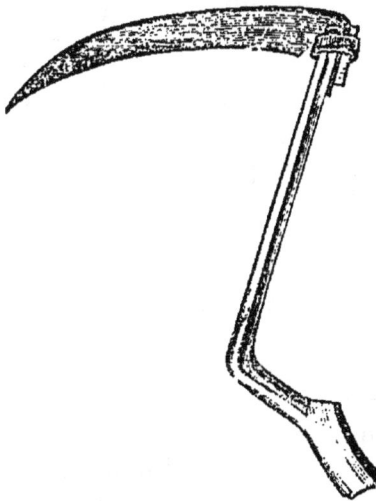

Fig. 345. *Sape flamande.*

Fig. 346. *Crochet de la sape flamande.*

faux en appuyant le manche sur son avant-bras droit et en passant la main dans une courroie placée à moitié du manche, tandis que, de la main gauche, il porte un crochet (fig. 346) qui sert à saisir le chaume qu'il veut couper. Comme l'ouvrier coupe et fait les javelles en même temps, la plus grande difficulté pour lui est de rassembler en javelles les tiges coupées.

Avec la sape, les grains versés ou mêlés sont facilement cou-

pés, ce que l'on ne peut que très péniblement obtenir avec la
faucille, ou la faux ordinaire. On opère aussi beaucoup plus
promptement, car un sapeur peut abattre, en moyenne, 40 ares
de blé par jour. La coupe des chaumes est faites très bas et il n'y
a aucune perte. Mais la sape fonctionne très difficilement dans
les grains peu élevés ou clair-semés, en ce qu'ils n'offrent pas
assez de résistance au crochet du moissonneur. Il devient difficile aussi de s'en servir dans les terrains pierreux ou inégaux,
parce que la lame approche très près de terre, et est exposée à
s'y endommager.

Le troisième instrument employé pour la coupe des céréales
est la *faux ordinaire* (fig. 347). Pour
moissonner le blé, on fauche en dedans, c'est-à-dire que l'ouvrier, ayant
le grain à sa gauche, dirige sa faux de
droite à gauche, en jetant le grain
coupé contre celui qui ne l'est pas;
une femme, armée d'une faucille, suit
le faucheur et met en javelle ce qui
vient d'être coupé. Pour faucher de
cette manière, l'instrument doit être
muni d'un accessoire A, nommé
ployon, et destiné à empêcher les tiges
de tomber au delà du manche, vers la
droite.

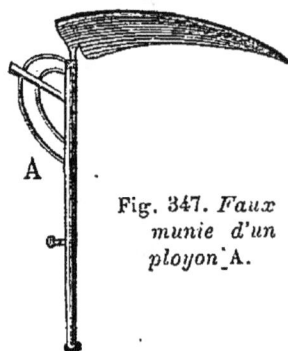

Fig. 347. *Faux
munie d'un
ployon* A.

Cet instrument, comparé aux deux précédents, offre sur eux
les avantages suivants : il permet d'opérer beaucoup plus rapidement, puisqu'un faucheur coupe, en moyenne, 60 ares de blé
par jour ; le chaume est coupé aussi bas qu'avec la sape ; enfin,
les javelles, déposées à terre par les ramasseuses, sont moins
épaisses et sèchent mieux que celles formées par la sape. Mais
la faux ne peut faire qu'un mauvais travail dans les grains versés ou mêlés ; de plus, elle exige beaucoup de force et un certain savoir-faire qui ne peut être acquis que par un petit
nombre d'ouvriers ; puis, comme elle frappe violemment les
tiges, elle détermine beaucoup d'égrenage lorsque la maturité
est avancée.

Le choix à faire entre ces trois instruments ne peut donc
être absolu, puisque aucun d'eux ne réunit tous les avantages,
dans toutes les circonstances données. On préférera la faucille
lorsqu'il s'agira d'opérer sur de très petites surfaces ou que l'on
pourra disposer d'un grand nombre de bras ; dans les grandes
exploitations, on choisira la sape, surtout si les blés sont versés

ou mêlés, et l'on donnera la préférence à la faux si l'on peut disposer d'un nombre suffisant de bons faucheurs, ou si la surface du sol est irrégulière ou tourmentée, et que la maturité du blé ne soit pas trop avancée.

Nous devons, toutefois, faire observer que les usages suivis dans la contrée devront être pris en grande considération ; changer trop brusquement le mode adopté serait s'exposer à ce que les ouvriers, inhabiles au maniement de nouveaux instruments, ne fissent qu'un travail imparfait.

La fabrication des lames de faux est loin d'avoir atteint le degré de perfection désirable ; aussi en trouve-t-on dans le commerce un grand nombre de défectueuses. Cela tient, le plus souvent, à ce que l'application de l'acier sur le fer a été faite d'une manière irrégulière, en sorte qu'une partie de la faux est très molle et l'autre très dure. Pour reconnaître la qualité de ces lames, on se sert d'une petite lime douce qu'on promène lentement sur les différentes parties du coupant, et, lorsqu'on a reconnu les endroits mous ou durs, on les marque avec un instrument pointu. Quand il s'agit, plus tard, de rétablir le tranchant des endroits mous en les battant doucement avec un marteau, on le mouille avec de l'eau froide, ainsi que le marteau et l'enclume, jusqu'à ce que l'on ait obtenu le tranchant qu'on désire ; on opère, au contraire, à sec, lorsqu'on veut rendre le tranchant aux endroits durs.

Peu de personnes savent battre les faux ; de là ces lames festonnées et à tranchant inégal. Un bon battage doit être fait également partout, et toujours en proportion de la qualité du fer. Le tranchant d'une faux destinée à couper des herbes fortes, telles que la luzerne, les céréales, etc., doit être court ; il sera tenu long et bien aplati pour faucher des herbes fines. On doit avoir la même attention lorsqu'on aiguise la lame avec la pierre.

Les accessoires ordinaires d'une faux sont : 1° la *ceinture* (fig. 347) et le *coffin* (fig. 348), destinés à supporter la pierre à aiguiser la faux et à contenir l'eau nécessaire pour cette opération. La ceinture est en cuir et le cornet se compose ordinairement d'une corne de vache ; 2° la *pierre à aiguiser*, qu'il est si souvent difficile de trouver de bonne qualité ; le grain de celles que l'on rencontre généralement est ou trop dur ou trop mou, ou bien il n'est pas uniforme. C'est pour remédier à cet inconvénient que l'on a imaginé de faire des pierres artificielles, bien préférables, par l'égalité de leur grain, aux pierres naturelles. Ces pierres artificielles rendent la faux beaucoup plus coupante, et évitent au faucheur un grand tirage sur les bras ;

mais elles ne suppléent pas au battage de la faux ; 3° le *marteau*
(fig. 350) pour battre le tranchant des faux et le rendre plus
mordant ; 4° *l'enclume portative* (fig. 351), pour battre la lame

Fig. 348. *Ceinture de faucheur.*

Fig. 349. *Coffin.*   Fig. 350. *Marteau.*   Fig. 351. *Enclume.*

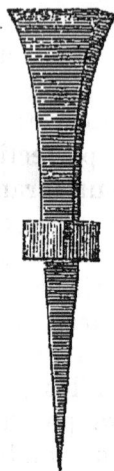

des faux toutes les fois que le taillant est devenu trop épais ou
qu'il offre des brèches qui l'empêchent de couper.

Les trois instruments dont nous venons de parler présentent
de graves inconvénients ; ils nécessitent l'intervention des bras
de l'homme et laissent le cultivateur aux prises avec des ouvriers nomades, exigeants, imposant durement leur loi, laissant
tout à coup leur faux ou leur faucille inactive si l'on ne double
pas leur salaire, alors qu'il n'y a pas d'autre alternative que de
perdre tous les fruits d'une année de travail, ou d'accepter les
conditions de la force brutale.

Sous l'action d'une machine de quelques centaines de francs
conduite par deux chevaux et dirigée par deux hommes au plus,
la récolte de 5 et 6 hectares de terre est abattue en un jour, les
javelles sont formées ; il n'y a plus qu'à lier les gerbes et à
mettre en moyettes. On défie alors les orages et les pluies prolongées. Tel est l'important problème agricole que l'on a résolu,
dans ces dernières années, au moyen de la machine à laquelle
on a donné le nom de *moissonneuse*, et dont on a vu un certain
nombre de spécimens lors de la grande Exposition de 1855.

Les tentatives faites à cet égard ne sont pas nouvelles. Dès
1808, Smith, de Deanlson, s'occupa de cette question ; plus tard,

en 1818, l'Écossais Bell construisit aussi une moissonneuse. Mais ces essais, trop imparfaits, n'eurent pas de résultats satisfaisants. C'est seulement en 1831 que M. Mac-Cormick résolut complètement le problème. Depuis cette époque un certain nombre suivirent la même voie, et proposèrent des machines analogues à celle du constructeur américain. Elles ont été toutes exposées et essayées en 1855. Celle qui a donné les résultats les plus satisfaisants est la moissonneuse de Mac-Cormick, perfectionnée par Burgess et Key ; elle est représentée par les figures 352 et 353. En voici la description :

Une rangée de piques B pénètre parmi les tiges et les maintient pendant que la scie S, à laquelle est imprimé un rapide

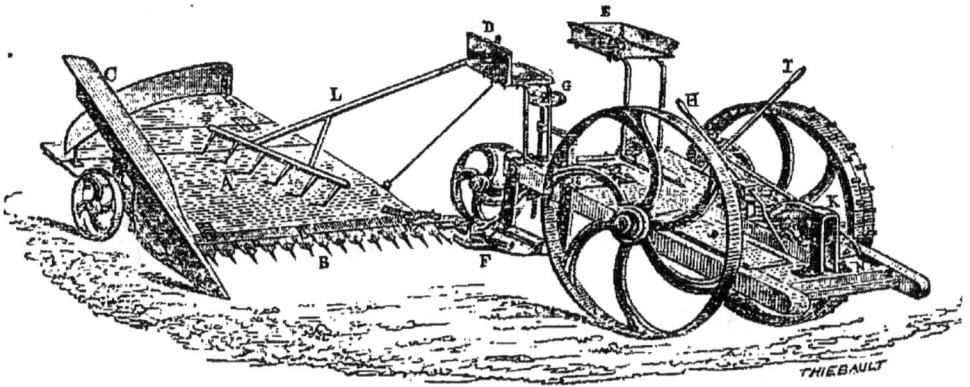

Fig. 352. *Moissonneuse de Mac-Cormick perfectionnée par Burgess et Key.*

mouvement de va-et-vient, tranche les tiges tout près du sol. Un séparateur C en bois (fig. 353), armé d'un bec en fer, sépare du reste du champ la portion de tiges qui doit être coupée ; les tiges coupées tombent sur le tablier ou la plate-forme A. J est une des deux roues motrices ; elle est garnie extérieurement de saillies qui augmentent la résistance en mordant le sol ; c'est elle qui, au moyen de la couronne dentée K, transmet le mouvement à la scie. Le levier H sert à embrayer ou à débrayer la machine, pour la mettre en train ou l'arrêter ; le levier I sert à faire reculer un peu la machine, soit pour empêcher le bourrage des scies, soit pour éviter une pierre. La roue horizontale G sert à régler la hauteur de la scie, c'est-à-dire la hauteur à laquelle on tranche les tiges. Le conducteur s'assied en E ; le javeleur se place en D ; il ramasse les tiges sur la plate-forme A, à l'aide du râteau en bois L, et les rejette sur le côté, en dehors de la piste suivante des chevaux. La flèche d'attelage s'attache dans l'étrier en fer N.

Cette machine, du prix de 700 à 800 francs, fonctionne avec la même perfection pour la coupe des autres céréales. Comme

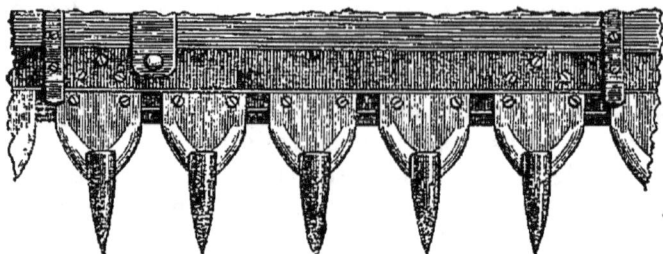

Fig. 353. *Séparateur.*

elle opère beaucoup plus rapidement que la faux, on devra la préférer à tous les autres instruments.

Soins à donner aux grains coupés avant leur rentrée. — Dans le midi de la France, les blés sont liés en gerbes à mesure qu'ils sont abattus; la chaleur et la sécheresse de l'atmosphère suffisent pour que leurs tiges se dessèchent complètement sans fermentation; mais, dans les autres contrées, cette opération ne peut avoir lieu qu'après le *javelage,* c'est-à-dire après que les javelles ont séjourné sur le sol, de trois à cinq jours, pour que le grain achève de mûrir en puisant dans la tige les sucs qu'elle contient encore. Le javelage est également nécessaire pour que les plantes nuisibles mêlées aux tiges des céréales aient le temps de se dessécher; sans quoi elles détermineraient la fermentation dans les gerbes. On a remarqué, d'ailleurs, que les blés qui ont reçu l'influence de trois ou quatre rosées, après qu'ils ont été coupés, sont ensuite battus ou dépiqués beaucoup plus facilement. Enfin, le javelage offre encore l'avantage de hâter les travaux de la moisson et de les rendre successifs, au lieu de simultanés qu'ils seraient si on liait les céréales à mesure qu'elles sont abattues.

Lorsque le temps est favorable, le javelage est une opération très simple : on retourne, chaque matin, pendant trois ou quatre jours, les javelles répandues sur le champ, afin qu'elles reçoivent sur toutes leurs faces l'influence du soleil et de la rosée; puis, profitant du moment où elles sont bien sèches, on en forme des gerbes qui sont immédiatement mises à l'abri de l'humidité. Mais il n'en est pas, malheureusement, toujours ainsi; si l'été est pluvieux, on a difficilement assez de beau temps pour

43

que les javelles acquièrent un degré de siccité suffisant pour être liées et engrangées. Le grain germe dans l'épi, ou contracte de la moisissure, et l'on éprouve des pertes considérables tant sur la qualité que sur la quantité. Pour prévenir ces accidents, il faut, dans les contrées où l'été est habituellement humide, remplacer le javelage du blé par de petites meules, *meulons*, *moyes* ou *moyettes*, construites de la manière suivante :

On aplanit grossièrement le sol, sur l'endroit le plus sec et le plus élevé du champ; on y dépose triangulairement trois javelles, de manière que les épis ne touchent pas la terre (fig. 354), et l'on place sur cette première base un rang circulaire de ja

Fig. 354. *Base de la moyette.*   Coupe Fig. 355. *de la moyette.*

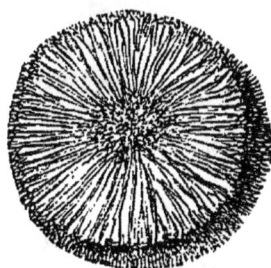

velles, les épis convergeant vers le centre, et se touchant vers ce point (fig. 355); on continue à disposer parallèlement plusieurs lits successifs de javelles jusqu'à la hauteur de 1^m,32 environ. Tous les épis étant réunis au centre, ce point se trouve plus élevé que le pourtour, et l'eau qui pourrait s'y introduire tend alors à s'écouler au dehors. On ajoute de nouvelles javelles, en croisant de plus en plus les épis au centre, pour diminuer graduellement le diamètre de la moyette, et, lorsque l'exhaussement central forme une inclinaison de 45° environ, on s'arrête et l'on recouvre la moyette avec un chapeau formé d'une grosse gerbe liée solidement (fig. 356).

Les moyettes peuvent encore être construites de la manière suivante : on prend un certain nombre de javelles équivalant à 3 ou 4 gerbes; on les place debout, de manière à en former un faisceau, et on le lie à 0^m,20 ou 0^m,25 au-dessous de l'épi; on ouvre ensuite ce faisceau par le bas de manière à lui donner du pied et à faciliter à l'intérieur la circulation de l'air (fig. 357), puis on couvre ce faisceau d'un chapeau formé d'une gerbe dont on a ouvert les épis (fig. 358).

Cette seconde sorte de moyette est plus prompte à construire que la première, mais elle défend moins bien les grains contre une pluie prolongée : aussi, lorsque les grains sont exposés à séjourner longtemps sur le champ, on doit préférer la première méthode.

Si les grains ne contiennent pas beaucoup d'herbes vertes,

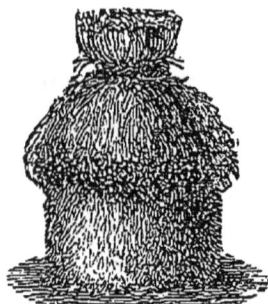

Fig. 356. *Élévation de la moyette.*

Fig. 357. *Moyette à tiges droites, non coiffée.*

et s'ils ne sont pas mouillés au moment où on les coupe, on peut les mettre en moyettes aussitôt après qu'ils ont été abattus, quoique la coupe ait été faite avant une complète maturité. Dans le cas contraire, on attend qu'ils soient un peu ressuyés et que l'herbe soit amortie : en tout cas, on peut toujours construire les moyettes beaucoup avant le moment où il serait possible de mettre le grain en gerbes. Une fois que le blé est ainsi disposé, il peut rester quinze jours, et même plus; il ne souffre d'aucune intempérie, et la maturité du grain s'achève très bien.

Fig. 358. *Moyette coiffée.*

Quand les blés ont acquis un dernier degré de siccité et de maturité, on forme les gerbes. Elles doivent avoir au plus 1^m,32 de circonférence; c'est la dimension la plus convenable pour que les ouvriers puissent les charger et les décharger commodément sans les égrener. Dans le midi de la France, cette circonférence ne dépasse pas 0^m,75.

Suivant les localités, on se sert de diverses sortes de liens pour serrer les gerbes. Dans le Midi, on prend de la paille de blé;

dans le Nord, c'est.de la paille de seigle ou *gluys*. Ces liens, préparés à l'avance, se composent de deux petites poignées de paille réunies par les épis. On bat et l'on mouille les extrémités, puis on les attache au moyen d'une sorte de nœud connu sous le nom de *nœud droit* (fig. 359). Afin que ces liens aient plus de solidité, on les mouille entièrement au moment de s'en servir.

Fig. 359.
Nœud droit.

Généralement on ne tord pas les liens, aussi présentent-ils peu de solidité; et si, pour remédier à cet inconvénient, on les tord dans quelques localités, ce travail est long et fait perdre un temps d'autant plus précieux que l'on est pressé de terminer la récolte.

Pour abréger ce travail, M. Penn Helouin, cultivateur à Aulnay (Calvados), a imaginé un *tordlien* qui mérite d'être connu (fig. 360 à 364).

Voici comment on s'en sert : les deux poignées de paille étant tenues dans chaque main, on place les deux extrémités l'une sur l'autre, en les disposant en croix, que le pouce de la main gauche maintient dans cette position. La main droite prend alors les

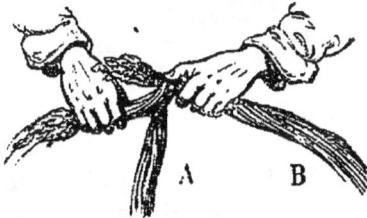

Fig. 360. *Torsion des liens.*

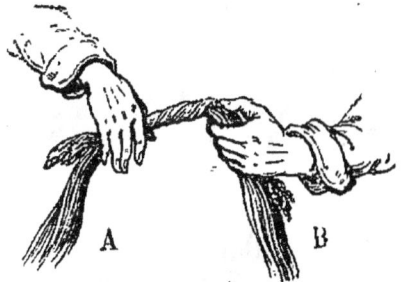

Fig. 361. *Idem.*

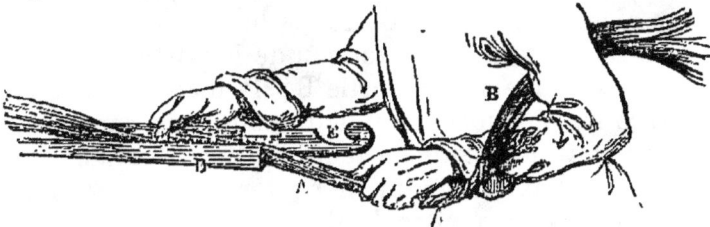

Fig. 362. *Idem.*

épis de la poignée A (fig. 360) et les ramène dans la main gauche, qui les retient autour des chaumes de la poignée.

Les épis de la poignée B, n'ayant pas changé de direction, sont enveloppés par les chaumes de la poignée A, au moyen d'un mouvement de rotation imprimé par la main gauche, tandis que la droite dirige les chaumes en spirale (fig. 361). Le lien n'est encore que *croché;* c'est ici que commence l'action du *tord-lien.* Après avoir relevé sous son bras gauche la poignée B (fig. 362), l'ouvrier place la poignée A dans la case D, et pousse le coin E, qui serre le bout du lien et le relient dans la position où il a été placé. Laissant ensuite tomber dans sa main gauche le lien B (fig. 363), il saisit les épis de la poignée A, en

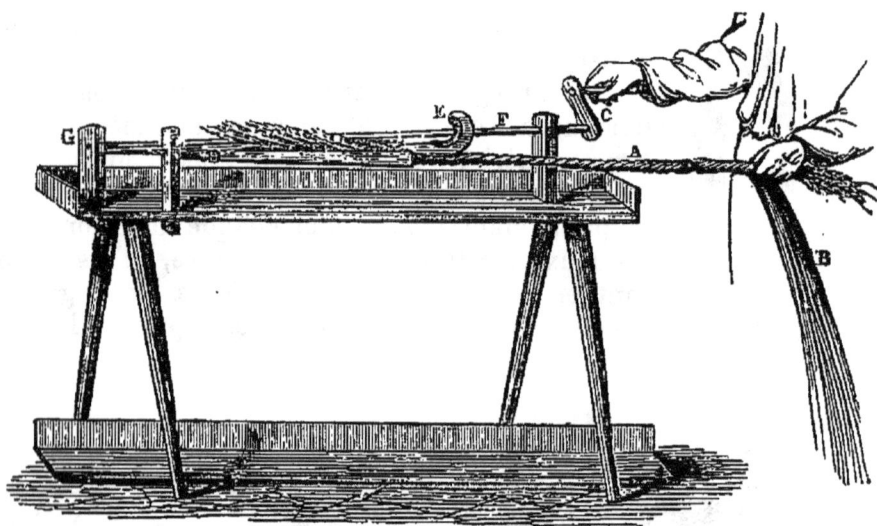

Fig. 363. *Tord-lien.*

les maintenant dans une position horizontale, tandis que les chaumes sont pendants. Alors sa main droite fait tourner la manivelle C, qui entraîne l'arbre F; celui-ci, terminé par un engrenage placé dans la tête G, donne le mouvement de rotation à la case D, qui termine la torsion de la partie A; bientôt cette torsion se continue sur la partie B; la main gauche tenant les épis dirige les chaumes à l'aide du pouce, de manière qu'ils se roulent en spirale autour de leurs épis. La torsion se continue ainsi jusqu'à l'extrémité du lien; lorsqu'elle est achevée, on ramène les deux extrémités du lien l'une vers l'autre, on enlève le coin E, et le lien, se roulant en spirale, se maintient tordu jusqu'au moment de son emploi (fig. 364).

Un bon ouvrier peut confectionner 184 liens par heure, en leur donnant une torsion de 22 à 24 tours. En les tordant à la main, le même ouvrier en fait un tiers de moins dans le même temps, et encore leur torsion n'est-elle que de 9 tours. Ce tordlien peut être facilement démonté de manière à occuper très peu de place dans un grenier. Son prix est de 20 francs.

Aussitôt que les gerbes sont confectionnées, on les engrange. Si l'on prévoit que la pluie tombera avant que l'on ait eu le temps de rentrer toutes les gerbes, on les rassemble par cinq ou six, l'épi en l'air, et tassées l'une contre l'autre, puis on couvre chaque tas d'un chapeau formé d'une autre gerbe renversée. Mathieu de Dombasle indique le procédé suivant, qui nous paraît préférable :

On pose sur le sol deux gerbes opposées l'une à l'autre, et disposées en ligne droite, de manière que les épis de l'une des deux couvrent ceux de l'autre; on place ensuite deux autres gerbes disposées de

Fig. 364.
Lien tordu.

même, mais formant un angle droit sur les deux premières; ces quatre gerbes ont donc leurs épis réunis au centre de la croix (fig. 365). Sur chacune de ces quatre gerbes on

Fig. 365.

Fig. 366.

en pose deux autres, de manière que la croix se compose de douze gerbes superposées. Le centre de la croix, formé par la réunion de tous les épis, est nécessairement plus élevé que les extrémités; on le surmonte d'une treizième gerbe, que l'on renverse, et dont on engage symétriquement les épis dans les quatre angles formés par la croix (fig. 366). Lorsque le mauvais temps a cessé, si les gerbes ne sont pas immédiatement battues sur place, comme cela a lieu dans le midi de la France, on les engrange ou on en forme des meules.

RÉCOLTE DU SEIGLE.

Comme le seigle ne perd pas aussi facilement son grain que le blé, il y a moins d'inconvénients à le laisser mûrir plus complètement. Il faut d'ailleurs se garder de le moissonner trop tôt, parce qu'il a moins que le blé la faculté d'achever sa maturation dans la paille.

Quant aux instruments employés pour le couper et les soins qu'il réclame jusqu'au moment de son battage, ils sont les mêmes que pour le blé.

RÉCOLTE DE L'AVOINE.

L'avoine mûrit bien dans les javelles et dans les gerbes; or, comme elle ne mûrit que par parties, et successivement, sur la plante, il ne faut pas en retarder la moisson dès qu'une partie du grain est mûre, sans quoi on risquerait d'en perdre beaucoup par l'égrenage.

L'avoine se coupe soit à la faucille, soit à la faux. Ce dernier mode est préférable; mais on doit faucher en dehors, c'est-à-dire que les tiges coupées doivent être renversées, en lignes continues, à la droite du faucheur. A cet effet, celui-ci ayant le grain à sa gauche, fait agir la faux de gauche à droite. Pour faciliter ce mouvement, la faux est armée de plusieurs baguettes formant une sorte de *crochet* ou *râteau* (fig. 367). Cet appendice retient les tiges coupées, et le moissonneur, par une légère secousse, les dépose sur le sol du côté opposé où elles se seraient trouvées si on eût fauché en dedans, comme nous l'avons indiqué pour le blé. On donne le nom d'*andains* ou d'*ondains* aux lignes que les tiges coupées ainsi forment sur le sol.

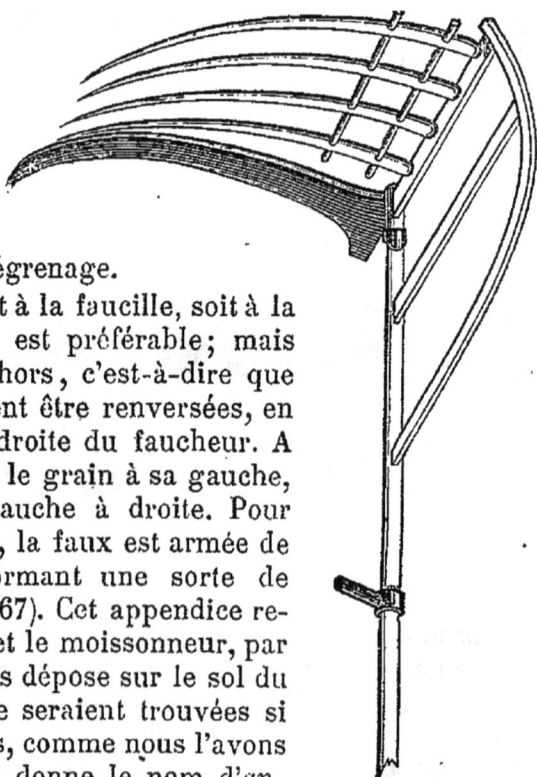

Fig. 367. *Faux ordinaire munie du râteau*

L'avoine réclame, avant sa rentrée, les mêmes soins que les céréales précédentes.

RÉCOLTE DE L'ORGE.

L'orge s'égrène très facilement; on doit la couper lorsque la paille est jaune, et avant qu'elle blanchisse. Si l'on a laissé passer ce moment, il faut la couper de très grand matin, et ne la manier qu'avec précaution.

L'orge est ordinairement coupée à la faux, de la même manière que l'avoine. Les ondains ne sont pas retournés comme pour les autres céréales; on se contente de les soulever légèrement avec une fourche en bois, afin de détacher les épis collés sur la terre; on évite ainsi l'égrenage. Lorsque, après trois ou quatre jours de javelage, l'orge est bien sèche, on la lie en gerbes, dès le matin, puis on l'engrange immédiatement. Dans l'Alsace et le Norfolk, l'orge n'est pas liée en gerbes; on la réunit par petits tas, et on la conduit aux granges sur des chariots garnis de toile.

RÉCOLTE DU SARRASIN.

La maturité du sarrasin n'arrive que successivement, comme sa floraison; aussi trouve-t-on sur la même plante des grains complètement mûrs, des grains encore verts, et même des fleurs. Les grains mûrs se détachent d'eux-mêmes aussitôt après leur maturité, et l'on est toujours exposé à une perte notable de grains, soit qu'on récolte lorsque les premiers grains sont mûrs, soit qu'on attende la maturité du plus grand nombre. Le moment le plus convenable est celui où les deux tiers environ des semences sont arrivées à maturité.

On ne coupe pas le sarrasin, on l'arrache à la main; l'égrenage est ainsi moins considérable. On laisse les tiges étendues sur le sol pendant quelques jours, pour qu'elles commencent à se dessécher, puis on les lie en très petites gerbes qu'on place debout, deux à deux, l'une contre l'autre, pour achever la dessiccation et la maturité des graines. Ainsi disposées, ces petites gerbes restent à l'air pendant quinze jours ou trois semaines, sans que l'humidité des pluies nuise à la qualité des semences. Lorsqu'elles sont assez sèches pour que le battage puisse avoir lieu, on les porte à la grange.

RÉCOLTE DU RIZ.

Quand les panicules du riz s'inclinent et prennent une couleur jaune rougeâtre, on reconnaît qu'il est arrivé à sa maturité; il se rompt alors sous l'ongle sans conserver de liqueur laiteuse. Mais, comme toutes les plantes des carrés ne mûrissent pas à la fois, il faut choisir, pour moissonner chaque carré, le moment où le plus grand nombre de plantes présente ces caractères, et attendre ce moment pour chaque carré en particulier.

Dès que l'époque de moissonner le riz est arrivée, on met la rizière à sec, puis on coupe les tiges à la faucille; on en forme immédiatement des gerbes, qu'on porte sur une aire pour être égrenées, ou dont on forme des meules.

RÉCOLTE DU MAÏS.

Quand les spathes qui entourent l'épi du maïs se dessèchent et s'entr'ouvrent, la plante approche de sa maturité; mais cette maturité n'est achevée que lorsque le grain a pris une couleur franche, et qu'il offre une cassure cornée. Si la saison est humide, il importe de récolter le maïs aussitôt qu'il est mûr, afin qu'il ne moisisse pas; mais, si le temps est sec, on peut différer la cueillette sans inconvénient, car le maïs ne s'égrène pas comme les autres céréales.

Le plus souvent on procède à cette récolte en détachant les épis de la tige, et en laissant celle-ci provisoirement sur pied. On transporte ensuite les épis aux bâtiments d'exploitation; vingt-six femmes suffisent pour récolter un hectare en un jour. Les épis sont étendus sur une aire abritée et bien aérée; on en forme une couche de 0m,20 d'épaisseur, que l'on remue fréquemment pour en chasser l'humidité. On a soin de ne récolter chaque jour que la quantité d'épis que l'on peut dépouiller de leur spathe; on évite ainsi la fermentation.

Lorsque la récolte des épis est terminée, on coupe les tiges rez terre, et on les lie en gerbes qu'on réunit par faisceaux sur le champ. Aussitôt que ces gerbes sont sèches, on les enlève, puis on les empile pour servir, soit à nourrir le bétail, soit à faire de la litière. Les souches sont extraites lors du premier labour; on en forme de petits tas qu'on brûle sur place, et dont les cendres, également réparties et immédiatement recouvertes par un léger labour, servent à amender le sol.

On procède à l'enlèvement des spathes de l'épi immédiate-

43.

ment après la cueillette. Ce traivail est fait à la main, par des femmes. Parfois, au lieu de détacher toutes les feuilles, on en laisse subsister deux, qui servent à suspendre les épis. C'est en pratiquant cet effeuillement qu'on met de côté les plus beaux épis pour servir aux semailles.

Les épis de maïs retiennent encore, après la récolte, une eau de végétation qui demande plus ou moins de temps pour se dissiper. Cette maturité secondaire n'est terminée que lorsqu'ils n'éprouvent plus de déchet dans leur poids. Pour compléter cette dessiccation, on procède de différentes manières.

Dans les climats méridionaux, dès que les épis sont effeuillés, on se contente de les étendre en couches minces sur des toiles, et de les remuer souvent pour que l'air et le soleil les dessèchent. Dans les régions d'une température mixte, on expose les épis à l'action de l'air, mais à l'abri, et pendant un laps de temps beaucoup plus long.

Deux procédés sont en usage. Le premier consiste à renverser les feuilles que l'on a conservées sur chaque épi, puis à les entrelacer on à les lier avec un brin d'osier, pour former des faisceaux de 8 à 10 épis, que l'on affourche sur des perches ou sur des cordes. Ces sortes de guirlandes sont placées dans l'intérieur des habitations, ou au dehors des maisons, sous la saillie des toits, partout enfin où les épis peuvent recevoir l'impression de l'air sans être exposés à la pluie.

Mais ce procédé est insuffisant pour mettre à l'abri une récolte un peu abondante, et l'on emploie alors des sortes de cages ou séchoirs dans lesquels on renferme les épis (fig. 368). On donne à ces séchoirs de 4 mètres à 4^m,50 de haut sur 0^m,65 à 0^m,80 de large; seulement, afin que l'air puisse pénétrer facilement de part en part, on calcule leur longueur sur l'importance de la récolte. Cette construction est toujours élevée de 1 mètre à 1^m,50 au-dessus du sol, pour empêcher l'accès des animaux rongeurs. Des planches (C) attachées en saillie empêchent que les rats ou les souris ne puissent y pénétrer. Les tringles en bois qui la ferment de toutes parts, et qui sont clouées à l'intérieur, sont assez rapprochées les unes des autres pour que les épis ne puissent passer au travers.

Pour remplir le séchoir, l'ouvrier pénètre d'abord par la porte D. Lorsqu'il ne lui reste plus que la place nécessaire pour sortir par cette issue, il la ferme, et pénètre ensuite par la porte E. Après avoir comblé le séchoir jusqu'à ce point, il enlève l'un des côtés de la toiture, disposé à cet effet, et achève de remplir complètement cette cage jusqu'au sommet; il replace alors la

toiture composée de planches couvertes de chaume et faisant
une saillie de 0^m,24 sur les parois. La porte inférieure (D) sert
à vider le séchoir.

Dans les pays où le maïs mûrit plus difficilement encore, on
fait sécher les épis dans des fours de boulanger. On porte d'a-

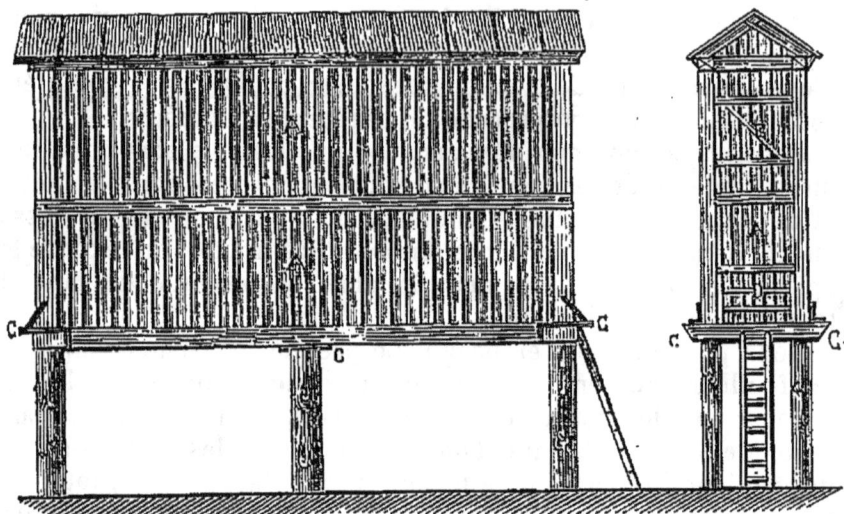

Fig. 368. *Séchoir pour le maïs.*

bord la chaleur du four à une température plus élevée que celle
qu'exige la cuisson du pain ; on y introduit les épis effeuillés,
dont l'évaporation adoucit la chaleur ambiante, et, pour obtenir
une dessiccation prompte et uniforme, on les remue dans tous
les sens, cinq ou six fois dans la journée L'opération se termine ordinairement dans les 24 heures. L'action de cette température a pour effet de détruire la faculté germinative des
grains ; ceux-ci ne peuvent plus servir qu'à la panification,
mais leur farine contracte un goût excellent.

RÉCOLTE DU MILLET ET DU SORGHO.

Le millet est coupé à la faucille aussitôt que le plus grand
nombre des grains est mûr et que les épis mûris les premiers
commencent à s'égrener. On lie aussitôt en gerbes, on charge
sur des chariots garnis de toiles, et l'on bat immédiatement ;
ce n'est qu'ensuite que l'on fait sécher la paille au soleil, pour
l'employer à la nourriture des bestiaux.

Quand les grains du sorgho sont arrivés à maturité, on coupe

les tiges avec une faucille à $0^m,75$ au-dessous des panicules;
après le battage de ceux-ci, les balais sont disposés en paquets
et livrés au commerce.

Prix de revient de la récolte des céréales.

La dépense occasionnée par la récolte des céréales peut être
portée, pour un hectare, aux chiffres suivants , en comprenant
la coupe du grain, le javelage, la mise en gerbes et l'engran-
gement, ou la mise en meules.

Blé............... }	40 fr.	Riz....................	24 fr.
Seigle........... }		Maïs..................	56
Avoine...........	25	Millet........'.........	14
Orge.	30	Sorgho...............	22
Sarrasin...........	20		

CONSERVATION DES CÉRÉALES JUSQU'AU MOMENT DE L'ÉGRENAGE.

Il est bien rare en France, surtout dans les grandes exploitations, que l'on batte tous les grains aussitôt après leur récolte.
Dès que les gerbes ont perdu, sur le champ, leur humidité superflue, on les dispose en *meules* ou *gerbiers*, ou bien on les
emmagasine dans les *granges*. Examinons ces divers modes de
conservation.

Des meules ou mulotins. — On donne ce nom à des tas
considérables de gerbes élevés en plein air, et qu'on maintient
en cet état jusqu'à l'époque du battage. Cet usage donne le
moyen de diminuer, dans une grande proportion, les dépenses
de construction de bâtiments de ferme, et il est certain que les
récoltes peuvent, de cette manière, se conserver aussi bien que
dans des granges ou des greniers.

Dans beaucoup de localités, on monte les meules dans les
champs; dans d'autres, on les dispose dans une cour spéciale,
attenante aux bâtiments d'exploitation. Peu d'opérations exigent
autant de soins et d'attention que la construction des meules;
elles doivent être faites non seulement avec solidité, mais aussi
avec propreté. Il y a plusieurs manières de les construire.

Le plus ordinairement, on commence par établir, sur le sol,
un lit de fagots qu'on recouvre de mauvaise paille; on place,
au centre, des gerbes en croix, les épis superposés; puis on fait,
alentour, des doubles rangées de gerbes placées, tête-bêche,

les unes sur les autres ; on continue ainsi, couche par couche, en ayant soin de bien serrer les gerbes les unes contre les autres, et de les presser contre les rangs voisins à l'aide du genou ; lorsque la meule est suffisamment élevée, on place plusieurs gerbes debout, et l'on achève le comble par des bottes de paille. Pour la couverture, on l'établit avec des poignées de paille liées par le bout des épis, et maintenues sur la meule au moyen de fiches en bois, en commençant par le bas du toit, et ayant soin de recouvrir les rangées inférieures avec les rangées supérieures ; on se sert aussi de cordes de paille, qu'on espace de 32 à 40 cent., en leur donnant une position oblique et les fixant par une autre corde qui tourne tout autour de la meule, au-dessous du toit (fig. 369).

Les dimensions de ces meules varient de 4 à 10 mètres de diamètre ; la hauteur est assez ordinairement de 5 à 6 mètres, depuis le sol jusqu'à l'égout de la couverture. Dans les moindres dimensions (4 à 5 mètres de diamètre sur 5 mètres d'élévation), une meule contient à peu près 3000 gerbes ou bottes. Il y en a qui contiennent jusqu'à 6000 et 8000 bottes, et même plus.

Une seconde manière d'établir la meule, dite à l'américaine, consiste à l'installer carrément sur cinq pieux de charpente, de

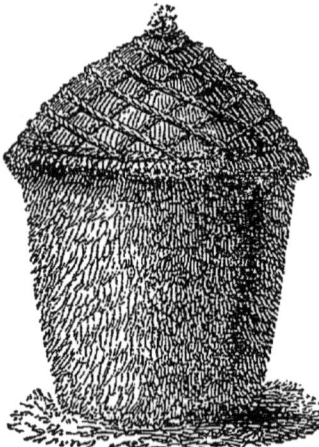

Fig. 369. *Meule.*

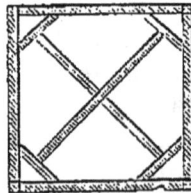

Fig. 370. *Châssis de la meule américaine.*

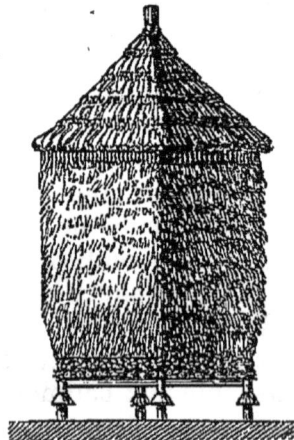

Fig. 371. *Meule américaine.*

0m,65 de haut au-dessus du sol ; un de ces pieux est placé à chacun des quatre angles, et le cinquième au milieu ; sur ces pieux, on pose un châssis carré avec croix de Saint-André, ainsi que le représente la figure 370, et l'on met sur le tout des perches et des fagots pour faire le plancher qui doit recevoir la

meule. Pour empêcher les rats et les souris de parvenir à la
meule, on garnit le haut de chacun des cinq pieux d'un cône
en fer-blanc, en forme d'entonnoir renversé (fig. 371).

Les pieux peuvent être remplacés avec avantage par des *dès*
en pierre, en maçonnerie ou en briques, et même, comme en
Angleterre, par des piliers en fonte. La plate-forme qui repose
sur ces dés ou piliers fait une saillie horizontale assez considérable, de manière à ôter tous moyens d'accès aux animaux rongeurs.

Pour donner aux meules une grande résistance contre la violence des vents, on peut établir, dans leur centre, un poteau ou mât, comme on le voit dans la figure 372. Cette disposition est souvent adoptée en Angleterre. Le mât central et les quatre contre-fiches qui le consolident sont assemblés dans un châssis octogonal, qui lui-même est exhaussé sur des piliers en fonte.

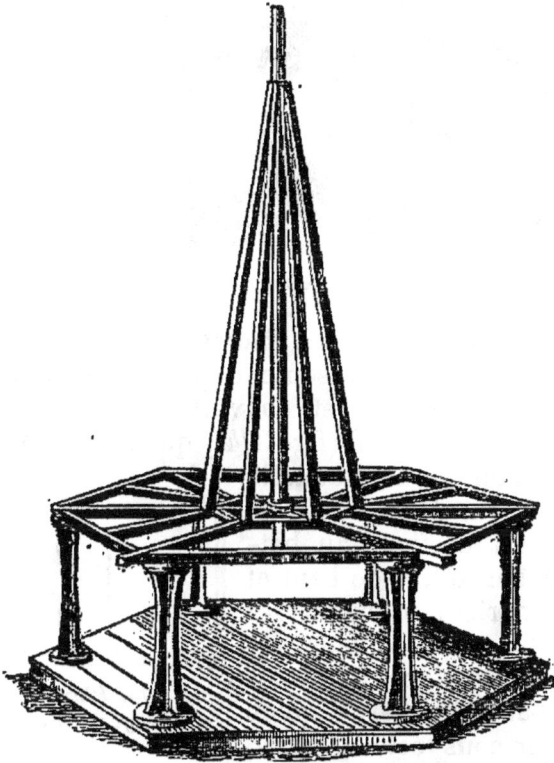

Fig. 372 *Mât pour les meules.*

On donne quelquefois aux meules une forme oblongue,
comme on le voit par la figure 373; elles offrent alors moins
de résistance aux grands vents, mais elles ont plusieurs avantages qui doivent les faire préférer. Ainsi elles exigent moins
de temps et de travail, moins de matériaux pour la couverture, on peut y prendre les gerbes à mesure qu'on les consomme, pourvu qu'on les coupe perpendiculairement du côté
opposé à celui d'où vient ordinairement la pluie, tandis que,
lorsque le temps est pluvieux, les meules rondes et carrées doivent être serrées tout à la fois.

Le danger auquel on est exposé d'être surpris par les pluies au moment où l'on démolit une meule dont on veut battre les gerbes, et les frais occasionnés par le transport, ont fait imaginer, en Angleterre, de donner aux meules une forme oblongue, qu'il est facile de prolonger à volonté, et de construire une grange mobile A (fig. 373), qu'on applique à l'une des

Fig. 373. *Meule et grange mobile.*

extrémités de la meule, et qui sert à battre le grain. Cette grange est montée sur un plancher soutenu par 6 roulettes ; elle est faite en planches légères et couverte d'un toit en chaume. On voit par le plan, lettre B (fig. 374), qu'elle est divisée en deux parties : l'une, dans laquelle entre une portion de la meule, a 2^m,60 de long, et l'autre, qui est destinée au battage, a 5^m,85 de long sur 5^m,20 de haut et 5^m,52 de large. Les ouvriers prennent les gerbes à mesure qu'ils avancent leur travail, et poussent la grange mobile, lorsqu'ils ont achevé de battre la partie qu'on avait d'abord fait entrer sous cette grange.

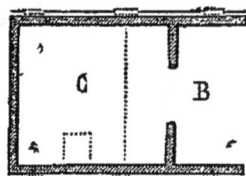

Fig. 374. *Plan de la grange mobile.*

Celle-ci sert encore à abriter l'extrémité d'une meule, lorsqu'on a lieu de craindre la pluie avant qu'elle soit couverte.

Lorsque les meules sont élevées à une certaine hauteur, on se sert, dans beaucoup d'endroits, de l'échafaudage suivant pour rendre le travail plus facile (fig. 375). C'est un cadre oblong, en forme d'échelle A, dont les montants portent, à leur partie supérieure, des crochets et des chaînes qui servent à maintenir une planche carrée qui entre, au moyen de deux chevilles en fer, dans les montants du cadre, de manière à former un plancher solide sur lequel on jette les gerbes avec une fourche. Un ouvrier, établi sur ce plancher, les fait passer à celui qui construit le haut de la meule.

Dans le département de la Gironde, on couvre légèrement les

meules, et l'on retient la paille qui sert de couverture au moyen de gaules, à l'extrémité desquelles sont suspendus de gros bâtons (fig. 376). Dans le midi de l'Europe, les meules, ordinairement très petites, sont recouvertes avec quelques centimètres de terre bien battue.

Dans le département d'Indre-et-Loire, on met en meules les tiges de maïs avec leurs feuilles, pour faire manger celles-ci par les bestiaux pendant la mauvaise saison ; et, pour qu'elles ne soient pas dérangées par le vent, on les entoure avec des cordes de paille (fig. 377).

Fig. 375. *Meule avec plancher mobile.*

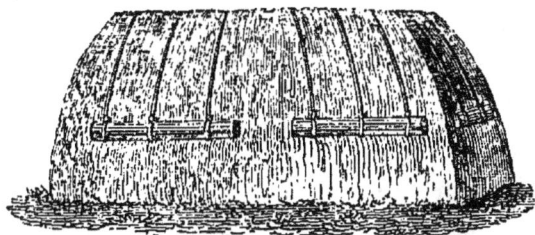

Fig. 376. *Couverture de meule adoptée dans la Gironde*

Des gerbiers. — Les gerbiers sont des constructions mobiles, à claire-voie, destinées à abriter les meules de gerbes et

Fig. 377. *Meules de tiges de maïs.*

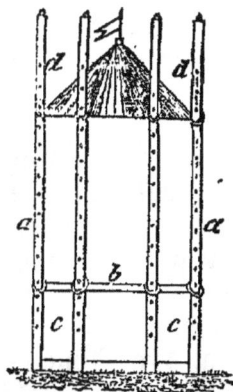

Fig. 378. *Gerbier allemand.*

à les garantir des intempéries des saisons ; ce sont, pour ainsi dire, des granges mobiles, beaucoup moins coûteuses à construire que les granges ordinaires. C'est en Allemagne, et particulièrement du côté de Hambourg, qu'on a imaginé ces meules permanentes; en voici la description,

Huit pièces de bois, ou plutôt huit piliers (fig. 378), *aa*, de 27 à 32 cent. de diamètre, et de 26 à 32 mètres de haut, suivant les besoins du cultivateur, sont enfoncés en terre à une profondeur de 1ᵐ,62 à 1ᵐ,95, et également espacés entre eux, sur une plate-forme de 7ᵐ,80 de diamètre. A 2ᵐ,60 ou 2ᵐ,92 de hauteur, au-dessus de la plate-forme, on établit un plancher solide *b*, qui maintient l'écartement des 8 piliers. Le dessous *cc* sert d'aire pour le battage et de remise pour les instruments aratoires, Sur le plancher, on entasse les gerbes presque jusqu'au haut des piliers, où l'on place un toit mobile *dd*, que l'on couvre de paille ou de roseaux. Ce toit se hausse et se baisse à volonté le long des piliers, auxquels il tient par des anneaux ; on le manœuvre à l'aide d'une perche ou d'une poulie, et on l'arrête à la hauteur nécessaire au moyen de chevilles en fer que l'on fiche dans des trous pratiqués dans les piliers.

A l'exemple de ces gerbiers, les Hollandais en ont construit qui ne diffèrent guère des premiers que parce qu'ils sont de forme carrée et n'ont pas de plancher, ni, par conséquent, d'aire pour le battage (fig. 379).

L'adoption de ces gerbiers est avantageuse dans les exploitations rurales : elle fait disparaître la dépense annuelle de construction des meules, et ils servent en même temps de lieu de dépôt pour la paille battue. La récolte peut y être mise à l'abri plus promptement que sous les meules, en quelque petite quantité qu'elle soit, et l'on peut n'en tirer les gerbes qu'au fur et à mesure des besoins.

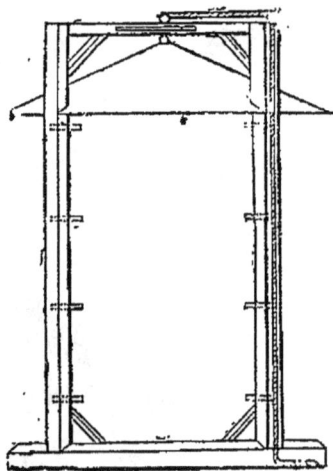

Fig. 379. *Gerbier hollandais.*

Un gerbier de 6 mètres de diamètre sur 9 mètres de hauteur peut contenir environ 8000 gerbes. Avec 5 mètres de diamètre intérieur sur 6 à 7 de hauteur, il en contient 5500. Avec 4 mètres de diamètre sur la même hauteur, il peut servir à mettre à l'abri 3500 gerbes.

Il n'en coûte guère pour construire les gerbiers que moitié de ce qu'il en coûte pour les granges. S'il faut deux granges, coûtant chacune 15,000 fr., soit, ensemble 30,000 fr., pour rentrer 40,000 gerbes de blé et 40,000 gerbes de grains de mars, il ne faut, pour mettre à l'abri une pareille récolte, que 14 gerbiers de grandeur moyenne, et deux petites granges pour le battage, coûtant, le tout, environ 16,000 fr.

Des granges. — On appelle particulièrement *grange* tout bâtiment destiné à resserrer et à conserver les grains en gerbes. C'est, presque partout, un grand bâtiment fermé, dans tout son pourtour, par des murs en maçonnerie percés de quelques baies. Autant que possible, il faut que chaque espèce de récolte ait sa grange particulière ; l'on évite ainsi les mélanges de grains, qui rendent le nettoyage plus difficile et la semence moins pure.

Une grange doit être disposée de manière que les voitures chargées de récoltes y aient un accès facile, et, en même temps, que le maître soit toujours à portée de surveiller le travail du batteur. Le sol intérieur doit être élevé d'environ 33 centimètres au-dessus du terrain environnant, afin de le préserver de toute humidité. Les murs, montés en maçonnerie, doivent être soigneusement crépis et lissés en dedans, afin que les rats et les souris ne puissent grimper contre leurs inégalités et gagner la charpente du comble.

La grange doit être placée isolément dans la cour de la ferme, à l'endroit le plus commode pour le service. Son intérieur se compose, outre les espaces réservés pour y mettre les gerbes, d'une *aire* pour le battage, ayant ordinairement la largeur d'une travée ou ferme de charpente, et d'un *ballier* dans lequel on conserve les *balles* ou *menues pailles* qui restent sur l'aire après le battage et le vannage des grains.

La construction de l'aire est d'une certaine importance ; son mérite consiste à présenter un sol affermi, compacte, et qui ne se brise ni ne se pulvérise sous les coups du fléau. Plusieurs moyens sont employés pour y parvenir : on commence par bien aplanir et battre le sol, puis on y répand successivement deux ou trois couches d'un enduit formé de diverses matières. Dans certains lieux, cet enduit est composé d'argile et de terre végétale battues ensemble ; dans d'autres, on joint à l'argile des cendres de lessive : ici, l'on mêle à de la terre fraîche un tiers de bouse de vache ou de sang de bœuf, ou bien de la bourre, du foin et de la paille hachés ; ailleurs, on ajoute à la terre de petites rocailles de pierre et un peu de poussière de chaux éteinte à l'air. Le tout est bien étendu par couches égales, battu à plusieurs reprises, et l'on a soin de n'y laisser aucun trou ni crevasse.

Les dimensions d'une grange doivent être calculées de telle sorte, qu'on puisse y rentrer toutes les récoltes de l'exploitation, avec 1/5 en plus de la capacité pour l'aire et le ballier. Par chaque hectolitre de grains récoltés sur le domaine, il faut 3^m,2067 cubes de capacité de grange. Le plan ci-contre (fig. 380) indique les dimensions qui conviendraient à une grange desti-

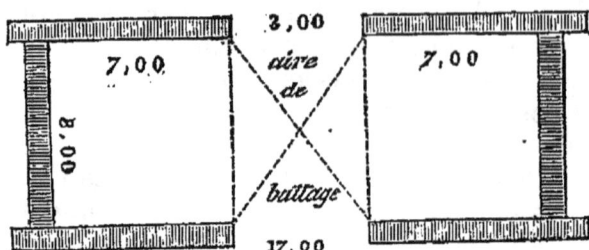

Fig. 380. *Plan d'une grange.*

née à renfermer une récolte en céréales de 300 hectolitres, en supposant les gerbes entassées sur une hauteur de 7 mètres.

On doit à Morel de Vindé l'indication d'une grange en bois, nommée par lui *gerbier sur poteaux*, qui est des deux tiers meilleur marché qu'une grange en maçonnerie de pareilles dimen-

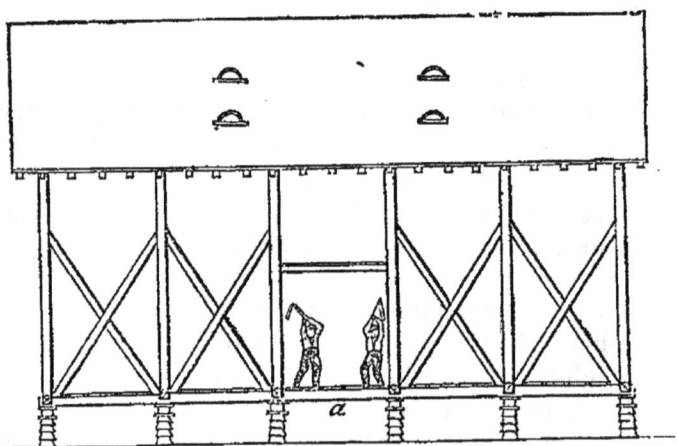

Fig. 381. *Gerbier sur poteaux.*

sions, et qui met les gerbes bien plus à l'abri des ravages des rats et souris, dont les dégâts s'élèvent à plus de 15 pour 100. Cette sorte de grange, qui peut d'ailleurs être construite en quelques mois, serait très utile surtout dans les pays où les bois blancs ou résineux, d'une longue portée, sont communs et à bas prix. En voici la représentation (fig. 381 à 383).

Le bâtiment a 17^m,865 de long sur 7^m,145 de large et de haut, sans compter l'espace contenu sous le toit, et qui est de 3^m,572 d'élévation. Il est monté sur 18 courts piliers de chêne, de 65 centimètres de haut, reposant sur autant de dés en pierre de taille bien fondés en maçonnerie, et saillants de 32 centimètres hors de terre. Sur ces piliers, ayant ainsi 97 centim. au-dessus de

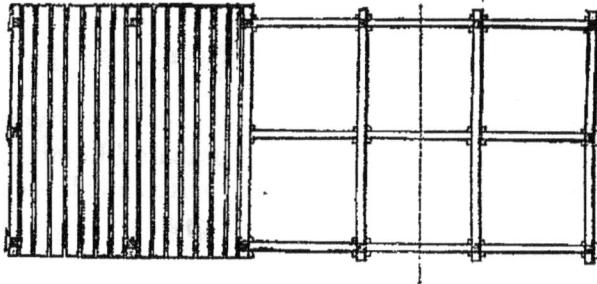

Fig. 382. *Plan du gerbier sur poteaux.*

terre (pierre et bois compris), est posé et chevillé un gril composé de sommiers en long et en travers, entaillé à tiers-bois. La charpente entière du bâtiment est établie sur ce gril. Pour garantir les bois de l'effet du soleil ou de la pluie, les faces opposées au sud et à l'ouest sont revêtues en ardoise, ainsi que la toiture. On accède à l'aire centrale au moyen d'un marchepied en fer, qu'on élève facilement à l'aide de chaînes et qui ne prend son emmarchement qu'à 40 centimètres au-dessus du sol ; on empêche ainsi l'accès aux rats et aux souris.

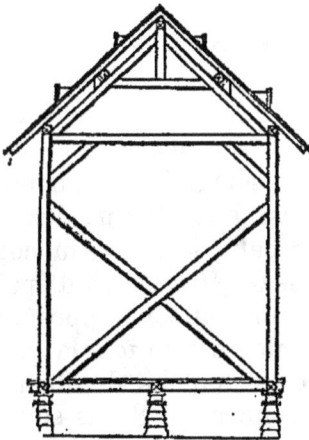

Fig. 383. *Coupe du gerbier sur poteaux.*

Toute cette construction, en peuplier, pouvant remiser 15,000 gerbes, ne coûte, au prix de Paris, que 4,375 fr., ce qui revient à 2,635 fr. au prix moyen du reste de la France. Les grains s'y conservent parfaitement, sans contracter de mauvais goût et sans perte, pendant plusieurs années. Un dernier avantage qu'a cette grange sur les granges ordinaires, c'est que les voitures peuvent approcher de toutes parts et décharger les gerbes sur les divers points. Il est évident que c'est là le meilleur mode, sous tous les rapports, de conserver les céréales en gerbes. Celui qui peut faire la dépense d'une pareille grange y trouve certainement de l'économie, car les frais annuels de disposition des meules dépassent l'intérêt du capital mis en construction de la grange en bois de Morel de Vindé, et même des granges ordinaires en maçonnerie,

BATTAGE ET NETTOYAGE DES CÉRÉALES.

Du battage. — Le battage des céréales a pour but de séparer le grain de la paille, afin de livrer l'un et l'autre à la consommation. On obtient ce résultat, soit au moyen du *battage au fléau* exécuté par les bras de l'homme, soit à l'aide du *dépiquage* effectué par les pieds des animaux, soit enfin au moyen de l'*égrenage* produit par les machines.

Battage au fléau. — Ce mode est encore le plus généralement répandu dans le nord et le centre de la France, malgré les inconvénients qu'il présente et que nous signalerons plus loin. Ce battage s'effectue dans la grange, sur une surface unie, suffisamment dure, et à laquelle on donne le nom d'*aire*. Parfois aussi, mais seulement dans le Midi, le battage au fléau est pratiqué en plein air. Le fléau (fig. 384) se compose de deux bâtons attachés l'un au bout de l'autre au moyen de courroies.

Fig. 384.
Fléau.

Plusieurs hommes peuvent battre ensemble sur la même aire en se mettant deux par deux à quelque distance. Ils frappent alternativement, et en mesure, sur les gerbes tendues devant eux. Les coups portent sur toute la longueur des gerbes, afin que les épis des chaumes les plus courts soient égrenés comme les autres. Lorsqu'un côté des gerbes est bien battu, les ouvriers les retournent, puis, après avoir battu le nouveau côté, ils délient la gerbe, en forment un lit de $0^m,10$ à $0^m,16$ d'épaisseur, et les battent et retournent encore en sens opposé. Ce second côté étant battu, ils retournent encore une fois la gerbe des deux côtés, secouent la paille avec le manche du fléau et la battent de nouveau. La gerbe passe donc ainsi 8 fois sous le fléau. On se dispense des deux dernières fois lorsque le grain est bien sec et qu'il se détache facilement de la paille, ou bien lorsqu'on ne tient pas à ne laisser aucun grain dans la paille.

A mesure que la paille est séparée du grain, on la pousse dans un coin de la grange, et l'on en fait des bottes du poids de 6 kilogr. environ. Quant au grain, lorsque la quantité qui est répandue sur l'aire devient gênante, on le réunit dans un autre coin de la grange pour procéder ensuite au vannage, soit à la fin de la journée, soit à jour fixe.

Le battage au fléau fatigue beaucoup l'ouvrier. Il faut que celui-ci lève cet instrument au moins 37 fois par minute, et le fasse tomber chaque fois avec force; s'il travaille 10 heures par jour, il frappe donc 22,200 coups avec un instrument assez lourd; aussi ne sont-ce que des hommes forts qui peuvent être employés à ce travail. La lenteur de l'opération est un autre inconvénient : un bon batteur ne peut battre la récolte d'un hectare de blé qu'en 8 ou 10 jours; il en résulte que la surveillance personnelle du cultivateur l'éloigne pendant longtemps de ses autres travaux. Enfin le battage, ne brisant pas assez la paille, l'apprête mal pour la nourriture des bestiaux.

Le prix moyen du battage au fléau varie suivant les espèces de céréales; il varie aussi, pour la même espèce, selon le degré de siccité du grain, les céréales étant moins facilement battues immédiatement après leur récolte que quelques mois après. On peut, toutefois, estimer le prix de revient ainsi qu'il suit, pour le produit d'un hectare :

L'hectare de blé donne, en moyenne, 560 gerbes, du poids de 9 kil., et produisant 20 hectol. de gr.

—	de seigle	—	500	—	9 kil.
—	d'avoine	—	600	—	6
—	d'orge	—	600	—	6
—	de sarrasin	—	1,200	—	4

Un bon batteur peut battre, par jour, sans comprendre le vannage des grains :

60 gerbes de blé.	90 gerbes d'orge.
75 — de seigle.	180 — de sarrasin.
90 — d'avoine.	

En divisant le produit de chaque hectare par la quantité de gerbes que peut égrener un batteur, nous trouvons qu'il faudra:

9 jours 1/2 pour battre le produit de l'hectare de froment, à 2 fr. 50 par jour,				23 f. 33
6 — 2/3	—	de seigle,	—	16	66
6 — 2/3	—	d'avoine,	—	16	66
6 — 2/3	—	d'orge,	—	16	66
0 — 3/4	—	de sarrasin,	—	16	86

Du dépiquage. — Ici l'action du fléau est remplacée par le piétinement des animaux, et surtout des chevaux. C'est le mode d'égrenage le plus anciennement connu. Voici comment on procède à cette opération, qui ne peut être faite que par un beau temps et lorsque la paille a été desséché par un soleil ardent.

Aussitôt après la coupe des céréales on prépare sur le sol, en plein air, une surface bien aplanie et suffisamment battue. On pose d'abord, sur le centre de l'aire, quatre gerbes non déliées, placées l'épi en haut. A mesure que l'on garnit un des côtés des quatre gerbes, une femme coupe les liens des premières et suit toujours ceux qui apportent les gerbes ; mais elle laisse garnir tout un côté avant de couper les liens. Les gerbes sont pressées les unes contre les autres, de manière que la paille ne retombe pas en avant ; on parvient ainsi de rang en rang à couvrir toute la surface de l'aire.

Les mules ou les chevaux, dont le nombre est toujours en raison de la quantité de froment que l'on doit battre et du temps que l'on doit sacrifier à cette opération, sont attachés deux à deux : une corde fixée au bridon de celui qui décrit le côté intérieur du cercle va repondre à la main du conducteur, lequel occupe toujours le centre. Un seul homme conduit ainsi jusqu'à six paires de mules. Avec la main droite, et armé d'un fouet, il les fait trotter, pendant que des ouvriers poussent sous leurs pieds la paille qui n'est pas assez froissée.

Chaque paire de mules marche de front et décrit successivement des cercles concentriques, en partant de la circonférence au centre. Comme ces animaux vont toujours en tournant, on leur couvre les yeux pour qu'ils ne soient pas étourdis.

La première paire de mules ou de chevaux commence à coucher les premières gerbes de l'angle, la seconde couche les gerbes suivantes, et ainsi de suite. Le conducteur, en lâchant la corde ou en la ramenant à lui, conduit les mules où il veut, mais toujours circulairement, de manière que, toutes les gerbes étant aplaties, les animaux passent et repassent sur toutes les parties.

La figure 385 indique la marche de l'opération. Les pointes CCC, etc., situées sur la circonférence intérieure, sont les différents centres où le conducteur se place pour prendre les épis dans tous les sens. Les lignes pointillées montrent les diverses pistes parcourues par les animaux.

Le dépiquage présente sur le battage au fléau les avantages suivants : d'abord il est beaucoup plus prompt, puis, la paille étant parfaitement froissée et brisée, elle est mangée avec plus d'avidité par les animaux. Enfin, le prix de revient est moins élevé, car le battage d'un hectare de froment, de 560 gerbes du poids de 9 kil., ne coûte que 20 fr. Mais, comme ce dépiquage doit être pratiqué en plein' air, on¹ ne peut l'employer que

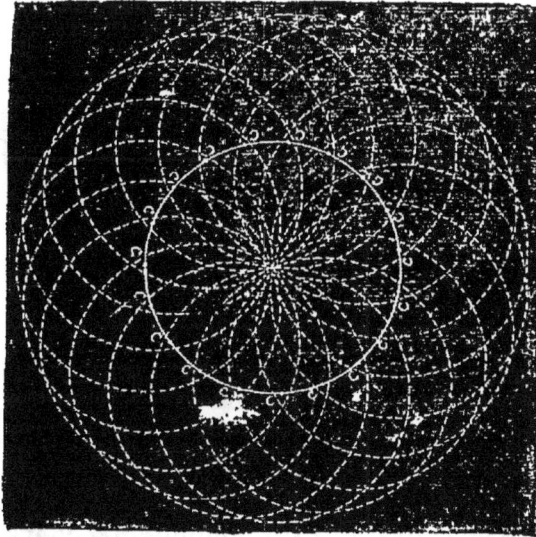

Fig. 385. *Dépiquage du blé par les mules.*

dans le midi de la France. Dans le Centre, et surtout dans le Nord, le cultivateur serait exposé par les pluies à des pertes inévitables.

De l'égrenage au moyen des machines. — Les améliorations que l'on a tâché d'apporter aux deux procédés que nous venons de décrire ont fait imaginer les *rouleaux à dépiquer*, pour les aires sans abri du midi de la France, et les machines à battre pour les granges du Centre et du Nord. Examinons séparément ces deux sortes de machines.

Des rouleaux à dépiquer. — Ce mode d'égrenage offre cet avantage que les chevaux, attelés aux rouleaux, compriment à la fois une plus grande surface de blé que quand ils n'exécutent le dépiquage qu'au moyen de leurs sabots ; l'effet utile de leur force est donc plus grand, mais il exige plus de temps.

Lorsque l'on commença à se servir de ces rouleaux, on employa d'abord des cylindres à côtes saillantes (fig. 386). On pensait que le choc déterminé par ces côtes augmentait l'action du rouleau, mais on a reconnu que les rouleaux unis, d'un poids suffisant, donnent d'aussi bons résultats, sans exiger une traction aussi pénible. Il résulte des expériences tentées à cet égard que, sur une couche de gerbes de 0ᵐ,06 d'épaisseur, il

faut une pression successive de sept fois 14 kil. 47 par zone de
0^m,01, pour que l'épi laisse échapper tous ses grains. Les rouleaux qui remplissent le mieux cette condition présentent

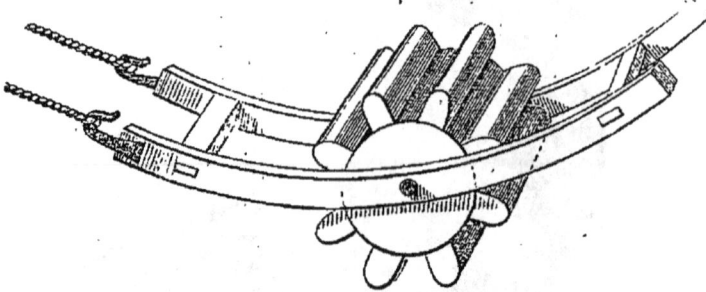

Fig. 386. *Rouleau à côtes saillantes.*

1^m,44 de diamètre, 0^m,62 de longueur, et sont construits en
bois de chêne pesant 1000 kilog. le mètre cube. Ils parcourent
10,000 mètres au pas, en passant sept fois sur les gerbes. L'o-
pération exige les deux reprises de la journée pour être achevée avec un seul cheval et trois hommes. Le cheval accomplit sa
tâche presque sans fatigue.

Ces rouleaux sont faits de trois pièces de chêne, réunies par
des surfaces planes, garnies de tenons en bois pour éviter les
glissements, et cerclés en fer aux deux extrémités et au milieu.
Pour que, dans un temps d'arrêt, ils ne glissent pas sur les jar-
rets des chevaux, on
les adapte au bran-
card (fig. 387). Le prix
de cet instrument est
de 110 fr.

Comme le rouleau
à dépiquer suit dans
son trajet une ligne
ordinairement circu-
laire, il est indispen-
sable de donner au

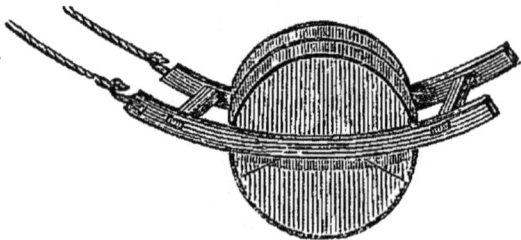

Fig. 387. *Rouleau à dépiquer.*

côté le plus rapproché du centre du cercle parcouru un diamètre un peu moins grand qu'au côté extérieur ; il présente alors
la forme d'un cône tronqué. Autrement il y aurait frottements
et perte de force. Par la même raison, le trait du cheval devra
être un peu plus court du côté du plus petit diamètre.

Le rouleau à dépiquer exigeant pour sa manœuvre une
grande surface, c'est toujours en plein air, et seulement dans le

I.   44

midi de la France, qu'on en fait usage. On le fait mouvoir de différentes manières. Sur une aire carrée, comme celle de la figure 388, on garnit de gerbes seulement l'espace compris entre les deux cercles A et B, distants l'un de l'autre de cinq fois la longueur du rouleau. Les gerbes sont déliées, étendues sur l'aire, de façon que la paille soit placée perpendiculairement à la piste du rouleau. On en forme ainsi une couche de 0^m,06 d'épaisseur. Le conducteur du cheval se place au centre de ce cercle, et fait tourner le rouleau dans la piste, en donnant ou en reprenant de la longe au cheval, pour l'éloigner ou le rapprocher du centre, jusqu'à ce que toute la paille soit suffisamment foulée.

Voici un autre mode : sur une aire de même forme (fig. 389), on garnit toute la surface de gerbes, excepté les angles. On

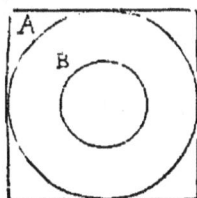

Fig. 388.
Aire à dépiquer.

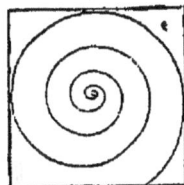

Fig. 389. *Idem.*

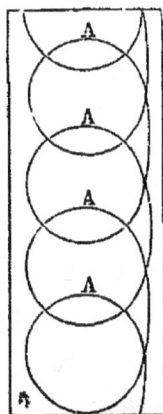

Fig. 390. *Idem.*

place, au centre, un piquet solidement fixé, auquel est attaché le bout de la longe qui retient le cheval. A mesure que celui-ci tourne sur le plus grand cercle, la longe s'enroule autour du piquet, et force l'animal à décrire une spirale, jusqu'à ce que le rouleau, complètement rapproché du centre, ne puisse plus tourner. On arrête alors le cheval, on retourne le piquet de haut en bas, et le cheval, en se remettant en marche, déroule la longe jusqu'à ce qu'il retourne au plus grand cercle, et successivement, tant que les gerbes ne sont pas complètement foulées. Si l'aire est longue et rectangulaire (fig. 390), on peut faire tourner le cheval sur des cercles ayant toujours le même diamètre, et le travail s'en trouve mieux. Le conducteur tient la longe et se place sur la ligne médiane A, il s'avance progressivement et lentement en suivant cette ligne, et en changeant ainsi, continuellement, le centre du cercle sans changer son rayon. Le cheval décrit une spirale jusqu'à ce que, le dernier tour étant arrivé à l'extrémité, on l'y arrête un peu plus longtemps, pour compenser en faveur des gerbes placées au bord la répétition des passages qui a eu lieu sur les autres points. On revient alors au point de départ, et l'on répète la manœuvre jusqu'à ce que les gerbes soient suffisamment foulées. Deux des trois hommes sont occupés à retourner la paille après chaque passage du rouleau.

Le prix de revient de l'égrenage, par ce procédé, est un peu plus élevé que celui par le piétinement des animaux. Il coûte environ 21 fr. par hectare de blé.

Des machines à battre.—C'est en Angleterre que la machine à battre a été imaginée. D'abord très imparfaite, elle a été perfectionnée à la longue, surtout par l'Ecossais André Meikle, et par son fils, en 1786. De la Grande-Bretagne elle passa d'abord en Suède, et c'est de ce pays qu'en 1816 le maréchal Gouvion Saint-Cyr l'importa en France, où elle commença à se répandre dans les grandes exploitations.

En passant successivement d'un pays dans un autre, cette machine a subi quelques modifications, au moins dans ses détails, pour être plus appropriée aux exigences locales. Telle est l'origine des machines à battre de MM. Rosé de Paris, Mathieu de Dombasle, Mothès de Bordeaux, Ransomme en Angleterre, etc.

Parmi ces diverses machines, nous donnons la description des deux suivantes, qui nous paraissent répondre aux principales exigences locales.

Fig. 391. *Machine à battre Fauchet.*

La première, améliorée par M. Fauchet, maître de poste à Rouen, se compose de trois parties principales (fig. 391 et 392):

les cylindres alimentaires, le batteur, le vanneur, placés à la suite l'un de l'autre.

Les cylindres alimentaires (D, fig. 392) forment la partie antérieure de la machine ; ils se composent de deux cylindres en

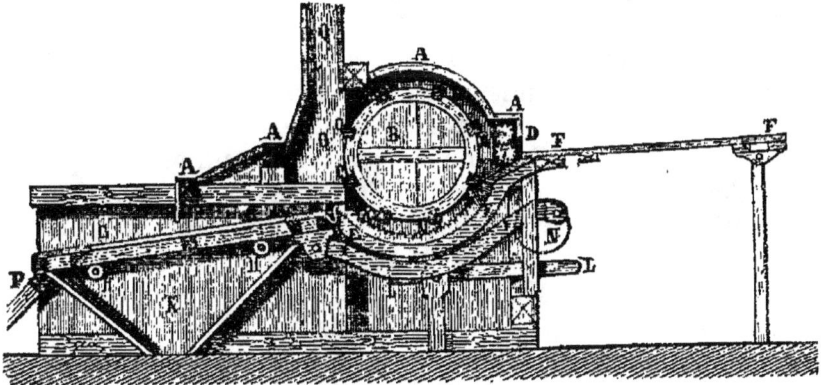

Fig. 392. *Machine à battre Fauchet (coupe).*

fonte de 0^m,13 de diamètre, placés l'un au-dessus de l'autre et garnis de cannelures longitudinales de 0^m,007 de profondeur ; ils présentent une longueur de 1^m,50, ainsi que toutes les autres parties tournantes ; le mouvement de rotation imprimé à celui de dessous fait tourner celui de dessus. Au-devant de ces deux cylindres, un peu au-dessous de leur ligne de jonction, est une grande table (F) de 1^m,60 de long, destinée à recevoir une herbe déployée en travers. Les tiges les plus rapprochées des cylindres sont saisies dans toute leur longueur par ceux-ci et attirent, de proche en proche, les tiges voisines ; et, pour peu que l'ouvrier aide au mouvement, ces tiges sont toutes rapidement entraînées sous le batteur.

Le batteur (B), situé au milieu de la machine, est un cylindre ouvert, de 0^m,40 de rayon, armé de 8 barres carrées, revêtues de lames de fer par devant et sur la tranche. Ces barres saillantes sont destinées à frapper les épis. Ce batteur fait 380 tours par minute.

Sous le batteur se trouve le contre-batteur (E). Cette pièce, circulaire, mobile, embrasse à peu près le tiers de la circonférence du batteur, à environ 0^m,02 de distance du passage des barres. Elle est cannelée en forme de crémaillère. Les deux cannelures les plus rapprochées des cylindres alimentaires ont leur grande face par devant et dans le sens du mouvement des épis ; toutes les autres ont leur grande face en sens contraire.

En sortant des cylindres alimentaires, les épis se trouvent immédiatement placés sous l'action du batteur. Les cannelures du contre-batteur diminuent la rapidité du trajet de ces épis, et les exposent plus longtemps aux coups multipliés du batteur, qui les égrène avec la plus grande facilité.

Le grain et la paille, chassés par le mouvement continu du batteur, passent alors dans la troisième partie de la machine, c'est-à-dire sur le vanneur (G). Celui-ci se compose d'un grand grillage carré, en bois, formé de tringles longitudinales d'environ 1m,50 de long. Ce vanneur ou crible, un peu incliné, continuellement agité de l'avant à l'arrière par un mouvement de va-et-vient, opère la séparation du grain et de la paille. Le grain passe au travers, et tombe dans un récipient ou dans la trémie d'un tarare (K), si l'on veut joindre cette machine à la première. La paille, qui reste au-dessus, arrive sur un autre grand grillage très incliné (P, fig. 391 et 392), le long duquel elle coule jusqu'au pied de la machine. Le vanneur, soutenu sur des roulettes (H), est lié d'un bout au contre-batteur et de l'autre bout au grillage de descente, par des bandes de toile qui, sans gêner le mouvement de va-et-vient, empêchent le grain et la paille de s'éloigner de leur direction.

La machine, dont la longueur totale est de 2m,50, non compris le grillage de descente (P), est revêtue de couvercles en planches (A), surmontés d'une cheminée également en planches (Q), pour conduire hors de la grange la poussière dégagée; et, un peu avant l'extrémité de l'arrière, une large bande de toile descend du couvercle jusque sur le vanneur, pour s'opposer à l'expulsion des grains ou pailles qui pourraient être chassés par la force centrifuge du batteur.

Quant à la force motrice nécessaire pour mettre cette machine en mouvement, elle varie en raison des ressources locales; on peut l'emprunter soit à un moulin à eau, soit à un manège mû par des chevaux. Ce dernier moyen est le plus ordinairement employé. Ce manège peut être placé hors de terre; il exige alors la construction d'un abri; il peut aussi être établi sous le sol. M. Fauchet a préféré le premier moyen. La roue placée à l'extrémité de l'arbre de couche du manège (M, fig. 391) engrène directement le pignon du batteur (B). Le mouvement est communiqué au cylindre alimentaire intérieur (D) par une courroie qui passe sur la grande roue de l'arbre de couche (M). Le va-et-vient du vanneur reçoit son mouvement d'une roue à manivelle (N) mue par une courroie supportée par le pignon du cylindre alimentaire, et d'un levier cintré (I); enfin, si l'on veut joindre le tarare à la machine à battre, on le met en mouvement à l'aide des poulies de renvoi (O).

Cette machine, isolée du tarare, bat couramment 600 gerbes de blé par jour. Elle exige la force de deux chevaux et le travail de cinq hommes : deux pour alimenter les cylindres, deux pour botteler la paille, un pour conduire les chevaux.

La paille et le grain qui sortent de cette machine sont généralement assez bien conservés; nous pensons, toutefois, qu'il y aurait avantage à remplacer les cylindres alimentaires en fonte par des cylindres en bois traversés par un axe en fer. On n'aurait ainsi aucun grain meurtri. Le prix de la machine est de 1100 francs, y compris le manège, et abstraction faite du tarare, qu'il sera généralement plus convenable d'isoler.

Cette machine, ainsi que la plupart des autres, peut servir, non seulement à l'égrenage de toutes les céréales, mais encore à celui des autres récoltes cultivées pour leurs semences, telles que les pois, les féveroles, les haricots, etc.; il suffira d'élever ou d'abaisser le cylindre alimentaire supérieur, afin de proportionner à la grosseur du grain l'intervalle qui doit exister entre ces deux cylindres. On rapprochera aussi, plus ou moins, le contre-batteur du batteur, à l'aide du levier (L, fig. 392).

La machine à battre de Ransomme est beaucoup plus simple que la précédente. Elle se compose d'un batteur (B, fig. 393) à quatre battants, présentant un rayon de 0^m,25 seulement. Une claire-voie en fonte (C) sert de contre-batteur, et, comme elle laisse passer, dans ses intervalles, le grain séparé de la paille, elle remplit en même temps les fonctions de vanneur. Une chambre (E), placée au-dessous du contre-batteur, reçoit le grain séparé de l'épi. Un plan incliné (D), naissant à la base du contre-batteur, reçoit la paille séparée du grain et la laisse glisser jusqu'au pied de la machine. Les gerbes placées sur la table (A) sont déliées et présentées, l'épi en avant, à l'action des lames du batteur, et cela sans le concours des cylindres alimentaires, car le batteur tourne dans un sens contraire à celui du batteur de M. Fauchet; de sorte que la paille, partant du sommet du contre-batteur, parcourt toute la surface de ce dernier jusqu'à sa base, en passant au-dessus du batteur.

Le moteur de cette machine est un manège (H, 393 et 394) qui communique le mouvement au batteur (B) au moyen de la roue d'angle (F) montée sur l'axe du manège, du pignon (G) de la roue dentée (I) fixée sur le même arbre que ce pignon, et engrenant avec celle (K) montée sur l'arbre inférieur à celui du batteur, enfin de la roue dentée (L) fixée sur le même arbre que la dernière, et faisant marcher le pignon (M) monté sur l'arbre du batteur.

Quatre chevaux et quinze ouvriers sont nécessaires pour faire fonctionner cette machine. Elle peut battre couramment 3000 gerbes dans une journée de dix heures. Cet énorme pro-

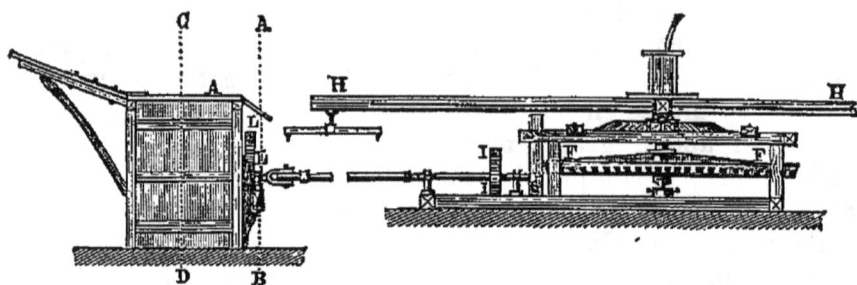

Fig. 393. *Machine de Ransomme. — Élévation.*

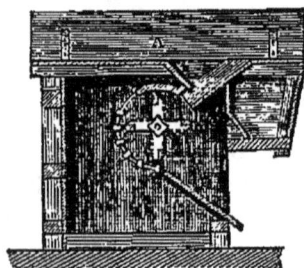

Fig. 394. *Coupe suivant* AB.

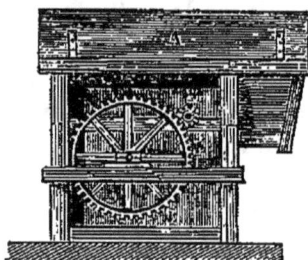

Fig. 395. *Coupe suivant* CD.

duit est dû à la vitesse du batteur, qui fait 900 tours par minute. Le grain que l'on obtient est à peu près intact; mais la paille est complètement brisée. C'est là un inconvénient pour les exploitations placées près des grands centres de population, et qui, livrant leur paille au commerce, ont besoin de la conserver entière; mais dans les autres, et c'est le plus grand nombre, cela devient un avantage, car la paille est ainsi plus goûtée par les animaux; elle se décompose plus facilement dans les fumiers, et dispense de l'opération imparfaite du hache-paille.

On pourrait obtenir de cette machine un travail plus considérable encore (4000 gerbes en 10 heures); mais l'énergie du batteur deviendrait telle, qu'une notable quantité du grain serait écrasée. La machine de Ransomme peut être facilement transportée d'un point à un autre; le démontage, le remontage et la pose se font facilement; trois heures suffisent. La machine et le manège sont disposés de façon à pouvoir être facilement réunis et placés sur deux roues dont les essieux font partie du corps même de la machine. Lorsqu'on veut fixer le manège pour opérer le battage, on se sert de forts piquets enfoncés dans le sol aux angles du bâti inférieur. Le prix de cette machine est de 2000 fr.

Si l'on n'a égard qu'à la rapidité du travail exécuté par la machine Ransomme, nul doute qu'on ne doive lui donner la préférence ; mais, si l'on considère son prix élevé et le grand nombre d'ouvriers qu'elle exige, on reconnaît que, comme machine fixe, elle ne peut convenir qu'aux grandes exploitations. Encore son emploi ne pourra-t il avoir lieu dans les fermes où la paille doit être conservée entière. Celles-ci, ainsi que les exploitations de moyenne étendue, devront préférer la machine de M. Fauchet.

Quant aux petites exploitations, on a en vain cherché à construire de faibles machines qui, d'un prix peu élevé, donnassent des résultats au moins aussi satisfaisants que ceux obtenus au moyen du battage au fléau, ou du dépiquage sous les pieds des animaux. Il y a cependant un moyen très simple de remédier à cet insuccès et d'affranchir toute cette population d'hommes qui s'épuise dans cette opération du battage au fléau ou du dépiquage : ce serait de transporter de ferme en ferme une machine à battre suffisamment puissante, et de se charger, moyennant salaire, de l'égrenage de la récolte. La machine de Ransomme, construite dans cette prévision, pourrait très bien être employée à cet usage.

Depuis l'importation en France de la machine de Ransomme, d'importantes améliorations ont été apportées à la construction de ces sortes d'instruments. On a pu surtout apprécier ces perfectionnements lors de l'Exposition de 1855.

La batteuse de MM. Renaud et Lotz, de Nantes, est une des plus remarquables.

Le batteur de cette machine, dont nous donnons ici la coupe (fig. 396), est ainsi construit :

La paille est présentée par l'ouverture A ; elle sort par l'ouverture C. Le cylindre batteur offre sur son périmètre des saillies B, au nombre de cinq ; il tourne dans le sens indiqué par les flèches. Il reçoit son mouvement de la poulie D D, qui elle-même est mue par la courroie E passée autour du grand volant mis en mouvement par le moteur. L'épi, saisi en A par les saillies B, est broyé dans le mouvement de rotation du cylindre batteur, dépouillé de ses grains, et rejeté, dans le même mouvement, par l'ouverture C. Trois parties grillagées (G) donnent passage aux grains, aux balles et aux menus débris de paille.

Le batteur fait 1100 tours par minute, et bat de 100 à 300 hec-tolitres de blé en 12 heures, selon que la paille est plus ou moins longue. Cette machine, qui peut être transportée, comme celle de Ransomme, est mue, soit par un manège, soit par une machine à va-peur locomobile.

La vapeur a depuis long-temps pénétré dans les grandes fermes d'Angleterre comme force motrice. On a pu douter que l'agriculture française dût un jour avoir recours à cet agent si puissant. Aujour-d'hui ce doute n'est plus permis. Déjà un très grand nombre de nos machines à battre sont mues par la vapeur. Les ma-chines à vapeur, soit fixes, soit mobiles, peuvent d'ailleurs se substituer avantageusement dans les grandes exploitations aux chevaux et aux bras de l'homme. Dans les petites fermes il ne pourra en être ainsi; toutefois les entrepreneurs de battage pourront y égrener les céréales à l'aide de machines à battre mobiles jointes à une locomobile.

Fig. 396. *Coupe en élévation de la ma-chine à battre de Renaud et Lotz.*

Déjà MM. Renaud et Lotz en ont livré en France 194. La figure 397 montre une de ces machines. Le batteur, dont nous avons donné la coupe (fig 396), est placé du côté opposé à la cheminée. Cette machine, de la force de trois chevaux et demi vapeur, dé-pense en 12 heures 4 hectolitres de charbon. Elle coûte 4200 fr.

L'égrenage au moyen d'une bonne machine à battre offre, sur tous les autres procédés, des avantages incontestables et dont voici les principaux :

1° Le rendement en grain dépasse de $\frac{1}{20}$ environ celui des au-tres procédés, parce que les épis sont mieux battus;

2° Comme l'opération est faite avec une rapidité beaucoup plus grande, le cultivateur peut exercer une surveillance plus complète, et disposer plus tôt de ses produits;

3° Les ouvriers sont affranchis d'un travail dur et pénible;

4° Non seulement la machine à battre peut être facilement installée dans les granges du centre et du nord de la France, mais, comme elle est construite de manière à pouvoir être mon-

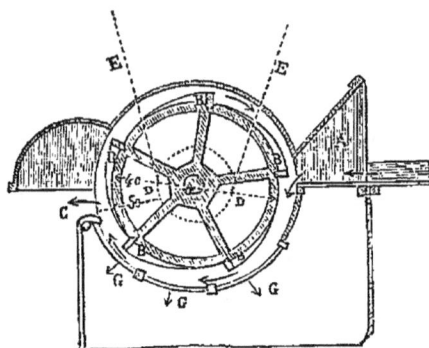

Fig. 397. *Machine à battre, de Renaud et Lotz, mue par une locomobile.*

tée et démontée très promptement, elle peut aussi être installée en plein air, et remplacer avantageusement les procédés d'égrenage employés dans le midi de la France ;

5° Enfin, l'avantage le plus incontestable de cette machine est le prix peu élevé de son travail. Prenons, comme exemple, celle de M. Fauchet.

Cette machine peut battre par jour, soit 600 gerbes de blé ou de seigle ; soit 900 gerbes d'avoine ou d'orge ; soit 1200 bottes de sarrasin. Le prix de la journée de travail est évalué comme il suit :

55 fr., représentant l'intérêt annuel à 5 p. 100 des 1,000 fr., prix de la machine, divisés par 40, nombre supposé des jours de travail pendant l'année.................................	1 f.	30
37 fr. 50, représentant 2 1/2 p. 100 du prix de la machine, pour couvrir les frais de son entretien, divisés en quarante jours...	0	60
5 ouvriers, à 2 fr. par jour.....................................	10	»
2 chevaux, à 2 fr. 50 l'un......................................	5	»
Prix de la journée...............	16 f.	90

Nous avons donc :

Pour 600 gerbes de blé,	16 f. 90,	ou pour 560 gerbes, produit d'un hectare	15 f. 78
600 — de seigle,	16 90,	— 500	—	14 09
900 — d'avoine,	16 90,	— 600	—	11 22
900 — d'orge,	16 90,	— 600	—	11 22
1,200 bottes de sarrasin, produit d'un hectare.........................	16 90

Ces prix seraient encore diminués si l'on adoptait la machine de Ransomme, et surtout la locomobile à vapeur de MM. Renaud et Lotz.

Nous avons vu, précédemment, que l'égrenage de l'hectare de blé coûte :
Avec le fléau..................... 23 f. 33
Au moyen du dépiquage............. 20 »
Avec les rouleaux à dépiquer........ 21 »

C'est donc le travail de la machine à battre qui devra généralement être préféré.

Vannage des grains. — Quand les grains des céréales sont séparés des épis, il faut, avant de les livrer à la consommation, les purger de la menue paille, des balles, des graines étrangères, etc. On obtient ce résultat par le vannage.

Le vannage a d'abord été exécuté exclusivement à l'aide des deux procédés suivants : lorsque l'égrenage était fait dans la grange, on se servait d'un instrument en osier appelé *van* (fig. 398). L'ouvrier plaçait dans ce van une certaine quantité de grain battu ; puis, secouant le van qu'il tenait des deux mains et qu'il appuyait contre ses cuisses, il faisait sautiller le grain ; les corps les plus légers étaient emportés par l'air, et les autres se rassemblaient à la surface du grain, où il était facile de les réunir avec la main et de les enlever. Quand l'égrenage se faisait en plein air, on projetait le grain contre le vent avec une pelle. Le grain, plus pesant, tombait presque verticalement, et les corps légers étaient emportés à une certaine distance.

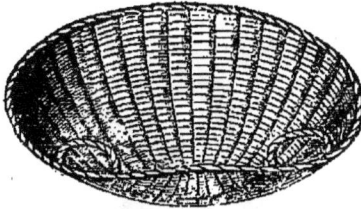

Fig. 398. *Van.*

Ces deux moyens tendent à être progressivement remplacés par le *tarare*, dont voici la description (fig. 399, 400, 401).

Le tarare se compose d'abord d'une trémie C destinée à recevoir le grain à vanner ; à la base se trouve un cylindre cannelé D qui, recevant un mouvement de rotation d'une poulie placée à l'une de ses extrémités, facilite l'écoulement du grain au-dessous de la trémie. En sortant de celle-ci, le grain tombe sur une grille F dont le mouvement de va-et-vient horizontal est donné par une manivelle fixée, d'une part, à l'axe du volant du tarare, et, de l'autre part, au support de cette grille.

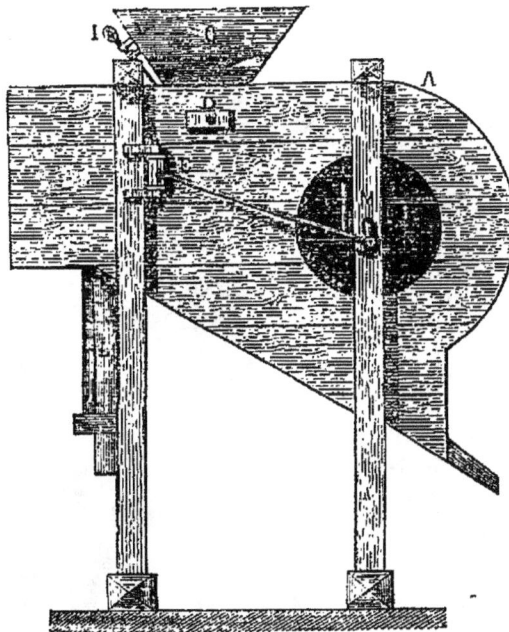

Fig. 399. *Tarare.*

Le grain, en passant à travers la grille, est soumis à l'influence d'un courant d'air très intense, qui agit contrairement à la direction que suit le grain en tombant. Ce courant d'air est déterminé par un volant B muni de quatre ailes, et qui reçoit un mouvement de rotation d'une manivelle fixée à l'extrémité de son axe. Il résulte de ce courant d'air que les balles et autre corps légers sont entraînés hors du tarare.

Les grains les plus légers et les petites graines étrangères aux céréales ne sont pas chassés aussi loin que les balles; mais comme ils suivent la direction du courant d'air, ils tombent en L, où ils sont conduits jusqu'à terre par un conduit en bois. Enfin, le grain pesant et de bonne qualité, débarrassé de tous corps étrangers, tombe sur le plan incliné K, et arrive sur le sol.

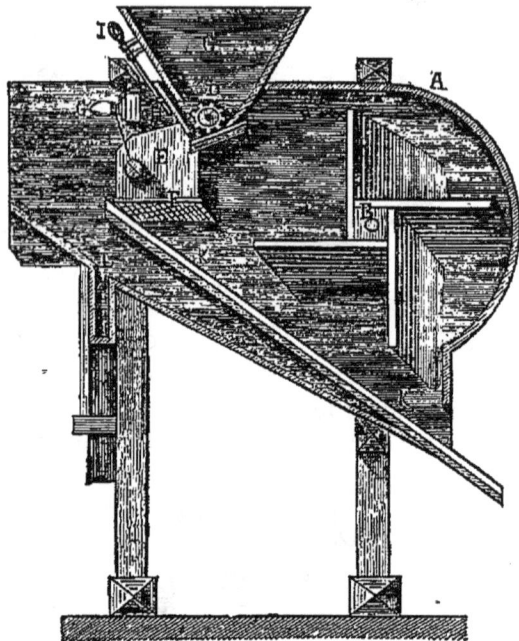

Fig. 400. *Tarare (coupe).*

On peut varier la qualité du grain passé ainsi au tarare, on peut surtout l'obtenir plus ou moins pesant : il suffit d'augmenter ou de diminuer l'ouverture par où s'écoule le grain de la trémie, ou, à l'aide d'une vis d'appel I, descendre une sorte de porte placée latéralement. En diminuant cette ouverture, le grain arrive en moins grande quantité sur la grille, le courant d'air agit avec plus de force, et il y a un plus grand nombre de grains légers chassés.

Le prix de cette machine est de 80 fr. Il faut, pour la faire

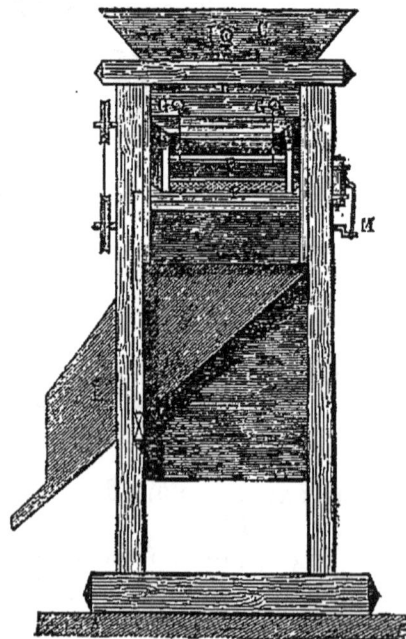

Fig. 401. *Tarare vu par le devant.*

fonctionner, deux hommes se relayant de demi-heure en demi-heure ; celui qui ne tourne pas charge la trémie, et enlève les menues pailles. Le grain doit passer trois fois dans le tarare avant d'être assez net pour être livré au commerce. Le nettoyage du produit moyen d'un hectare de blé (20 hectolitres) coûte 5 fr. Le tarare peut être aussi organisé de manière à être mû par un cheval ; le nettoyage des 20 hectolitres ne coûterait plus alors que 1 fr. 40 c.

On a essayé de réunir le tarare à la machine à battre, de manière à faire le battage et le vannage en une seule opération ; mais il en est résulté, jusqu'à présent, que la réunion de ces deux machines exige plus de force, et coûte plus cher que lorsqu'elles fonctionnent séparément.

Battage et nettoyage du maïs et du riz. — Les divers procédés que nous venons de décrire suffisent pour l'égrenage et le nettoyage de la plupart des espèces de céréales ; mais il en est deux qui exigent quelques soins particuliers : ce sont le maïs et le riz.

Maïs.—Dès que les épis ont acquis, à l'aide des procédés indiqués plus haut, un degré de siccité tel, que les grains se détachent facilement quand on frotte deux épis l'un contre l'autre, on peut procéder à l'égrenage. Le mode le plus prompt et le plus économique consiste à employer la machine suivante, imaginée par Bonafous : en voici la description (fig. 402).

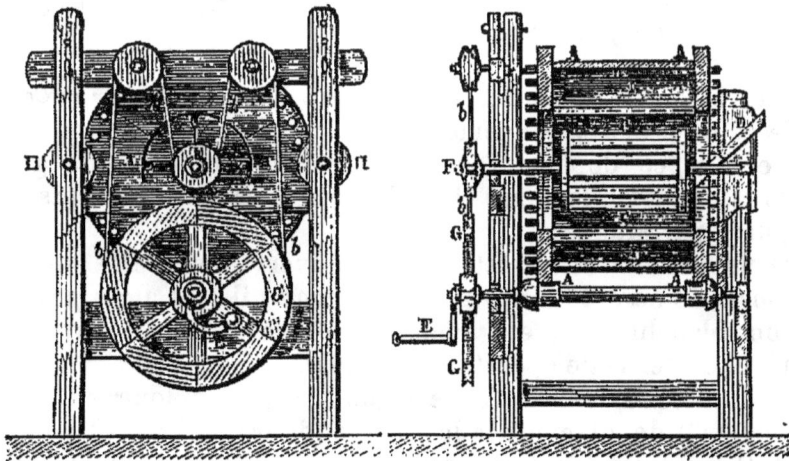

Fig. 402. *Machine à égrener le maïs de Bonafous.*

Après avoir jeté une quantité suffisante de maïs dans la trémie D, on tourne la manivelle E ; aussitôt le batteur C est mis en mouvement par la communication établie entre son axe et les poulies de la manivelle F et G, et la corde b. En même temps les rouleaux inférieurs H', par leur contact avec les rebords du tambour A, font tourner ce dernier dans le même sens que le batteur, mais avec une bien moindre vitesse; d'où il résulte que les épis qui tombent de la trémie, constamment froissés dans leurs rencontres avec le batteur et l'une des six palettes I du tambour, ne tardent pas à s'égrener. Le grain est projeté à l'extérieur, en passant par les intervalles ménagés entre les traverses du tambour, tandis que les rafles restent dans l'intérieur. Pour les enlever on retire deux des traverses du tambour, lesquelles sont, à cet effet, gar-nies d'une poignée. Après l'é-grenage on vanne le maïs comme les autres céréales.

La machine à égrener de Carolis (fig. 403), d'invention plus récente, donne de meil-leurs résultats et doit être pré-férée.

Riz. — Le riz est égrené au moyen du fléau ou du dépi-quage, après quoi il est mis en tas et vanné immédiate-ment. On le fait ensuite sé-cher au soleil, ou sous un hangar où des ouvriers le re-muent avec des râteaux jus-qu'à ce qu'il soit parfaitement

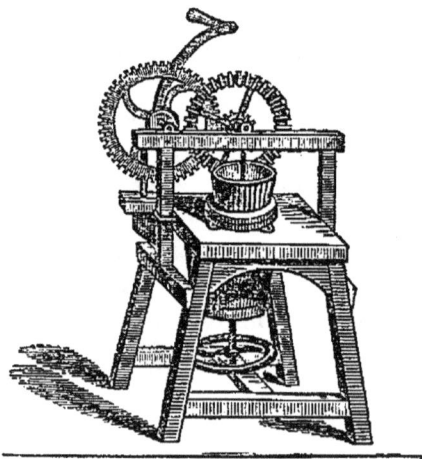

Fig. 403. *Machine à égrener de Carolis.*

sec et dur, ce dont on s'assure en en mettant quelques grains sous la dent. On le passe alors dans trois cribles différents pour l'épurer parfaitement.

Dans cet état, le riz est encore couvert de sa balle jaunâtre, et porte le nom de *riz en paille* ou *rizon ;* il faut alors procéder à son blanchiment, et voici la machine la plus convenable pour effectuer cette opération (fig. 404).

Soit un cône de bois A, de 1ᵐ,62 à 2ᵐ,27 de long sur 1 mé-tre à 1ᵐ,62 de diamètre à la base, et de 0ᵐ,32 à 0ᵐ,40 au som-met. Ce cône est fait d'un assemblage de pièces de bois collées et réunies par de fortes chevilles. Il est soutenu fixement par une mèche B scellée dans une plate-forme en maçonnerie CC. Ce cône est entaillé sur toute sa surface convexe par des can-nelures de 0ᵐ,003 de profondeur et de 0ᵐ,009 à 0ᵐ,011 d'empattement, tirées parallèlement et en ligne oblique. Une cape DD, conique, exactement correspondante à celle du cône A, le recouvre entièrement ; sa surface concave est entaillée de cannelures semblables à celles du noyau A, mais inclinées en sens inverse. Cette cape, construite de madriers rapprochés comme les douves d'une futaille, est

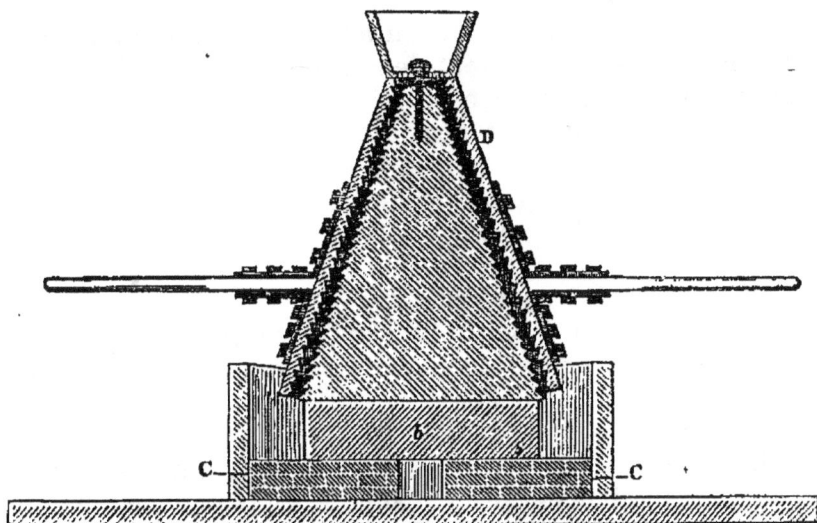

Fig. 404. *Machine à nettoyer le riz.*

liée par trois ou quatre cercles de fer ; elle est soutenue en équilibre par un bouton en fer encastré dans la partie supérieure du cône A. Le sommet de ce boulon entre dans une calotte de bronze hémisphérique soudée au centre de deux petites barres de fer, assujetties au fond de la trémie X. Ce fond est percé de plusieurs trous pour laisser passer peu à peu les grains, qui, en descendant entre le noyau et la cape, sont dépouillés de leur enveloppe par le frottement que produit la rotation de cette dernière, laquelle est mue au moyen des deux leviers, en un mouvement circulaire alternatif de droite à gauche. Cette machine, manœuvrée par deux hommes, blanchit, en une journée de travail, 200 kilogrammes de riz.

CONSERVATION DES GRAINS APRÈS LE BATTAGE ET LE NETTOYAGE.

Occupons-nous maintenant des moyens de conserver les graines battues, et particulièrement le blé, qui est de toutes la plus importante. Nous n'envisagerons ici que la conservation depuis la récolte jusqu'à l'ensemencement ou la vente sur le marché. Lorsque le blé est à bas prix, le fermier dans l'aisance ne vend pas tout le produit de ses récoltes; il en garde une partie dans l'attente de débouchés ou de cours plus favorables; or la plus longue période de réserve, dans ces cas extraordinaires, n'excède guère trois ou quatre ans. Il suffit donc d'avoir des moyens qui permettent de réaliser avec facilité et économie cette courte durée de conservation.

La méthode la plus générale consiste, dès que le blé est battu et nettoyé, à le répandre uniformément sur le carreau ou le plancher du grenier en couches plus ou moins épaisses, à le remuer à la pelle, et à le passer de temps en temps au crible.

Ce qu'on doit surtout chercher, c'est à hâter la dessiccation des grains, afin d'éviter l'échauffement qui se produit constamment dans les tas de matières organiques humides, et à les mettre à l'abri des attaques des rats, des souris, des oiseaux et des insectes.

Lorsqu'on construit exprès un bâtiment pour la réserve du blé, il faut qu'il soit isolé, afin de pouvoir y établir des courants d'air dans toutes les directions. Il faut qu'il ne soit pas au-dessus ou dans le voisinage des écuries et des étables, qu'il soit loin de toute rivière ou marais, et à l'abri des émanations de matières en putréfaction. Les murs doivent être très épais, et, autant que possible, construits en pierres de taille; pour les préserver de l'humidité, on les revêt intérieurement d'un ciment hydraulique ou d'un mastic hydrofuge. Comme le carreau se dégrade facilement, et revient, à la longue, à un prix plus élevé que le bois, le planchéiage est préférable au carrelage. Le meilleur plancher est celui qui porte le nom de *parquet à la capucine*, et qui est sans entrevous, parce qu'il ne permet pas aux souris de se nicher dessous.

Des fenêtres, plus nombreuses au nord qu'au midi, doivent être pratiquées dans la construction, de manière à obtenir une circulation d'air froid et sec; on les garnit d'un fil d'archal assez serré pour empêcher l'introduction des animaux nuisibles, et celles qui sont situées au midi doivent avoir, à l'intérieur, des volets que l'on ferme quand souffle le vent du sud.

Lorsque cela est possible, on établit dans le plancher deux ou trois ouvertures ou trappes d'environ 16 centimètres de circonférence, pour faire passer le blé d'un étage à l'autre, soit pour le ventiler, soit pour le sortir du grenier. On alterne la posi-

tion de ces trappes, afin d'aérer plus longtemps et plus complètement toutes les parties du grenier.

Quant à l'étendue à donner au grenier, il faut calculer que,
dans les six premiers mois qui suivent leur battage, les grains
ne peuvent être entassés que sur 33 centimètres d'épaisseur ;
que, plus tard, quand ils sont bien desséchés, on peut élever
cette hauteur jusqu'à 70 centimètres, et qu'ainsi, en prenant
pour base une hauteur moyenne de 50 centimètres, un hectolitre de blé pesant 75 kilogrammes occupe sur le plancher une
superficie de 2 mètres ; un grenier de 15 mètres de longueur
sur 4 mètres de largeur contiendra donc environ 120 hectolitres de blé.

Avant d'introduire le grain dans un grenier, il faut nettoyer
les murs et le plancher avec un balai rude, pour enlever non
seulement la poussière, mais aussi les chrysalides, les œufs
d'insectes, les papillons qui pourraient provenir d'un précédent dépôt ; on bouche ensuite toutes les crevasses avec du
plâtre, du mastic ou du mortier. Ces précautions prises, on
étend le blé, préalablement criblé et vanné, on le remue fréquemment à la pelle, et on le passe de temps en temps au
crible, sans attendre qu'il exhale de l'odeur, ou qu'il éprouve
un commencement de chaleur. Si l'on s'aperçoit que, malgré
ces soins, le blé commence à s'échauffer, il faut le faire couler
par les trappes dans l'étage au dessous, et l'y tenir en couches
le plus minces possible,

Lorsque le blé est bien sec, on est plus certain de sa conservation en l'enfermant dans des sacs en toile ficelés. Quand
les planchers ne sont pas parquetés, ces sacs doivent être
placés sur des planches, en rangées isolées, ne laissant entre
elles que la place nécessaire pour passer. — Ce moyen est bon,
mais il exige beaucoup d'espace, et l'achat des sacs le rend
plus coûteux que le procédé par couches. Si le blé n'est pas
bien sec, l'emploi de sacs est très dangereux, en ce que le grain,
privé du contact de l'air, s'y échauffe beaucoup plus vite.

Dans le Calvados, et notamment dans la plaine de Caen, on
étend le blé par couches, dans les greniers, sur les gousses qui
servent d'enveloppe aux graines de colza et de rabette, que
l'on conserve avec soin après l'opération du battage. Il paraît
qu'elles renferment encore quelque chose d'oléagineux, qui
communique de la fraîcheur au froment et écarte les insectes.
Il est des fermiers qui gardent, par ce simple procédé, trois ou
quatre récoltes, en renouvelant seulement les gousses quand il
en est besoin.

Suivant du Breuil père, le blé, mélangé, à volume égal, avec de la balle ou paille de van bien purgée de poussière, peut être conservé indéfiniment, dans des chambres bien closes, en couches aussi épaisses qu'on voudra , et sans qu'il y ait nécessité de le soumettre à aucun pelletage ; seulement, lorsqu'on veut le livrer à la consommation, il faut le passer au tarare. La paille de van qui a servi au premier emmagasinage peut être mise en réserve pour d'autres ; mais il est essentiel de la maintenir privée d'air, et à l'abri des animaux qui pourraient l'infecter.

Dans les Landes, on remplit de grains des tonneaux ordinaires, dont le couvercle est maintenu par une grosse pierre ; on dispose ces tonneaux debout, en séries d'une seule rangée, le long des murs, dans le lieu le plus sombre du grenier, et l'on a soin de tenir habituellement les volets fermés, pour éviter l'accès de la lumière, de la chaleur et de l'humidité. Le grain ainsi placé n'est point attaqué par les larves des insectes , car elles ne peuvent vivre sans lumière ; il est défendu contre les rats et la poussière, et il ne contracte aucune mauvaise odeur, aucune espèce d'altération. La dépense se réduit à l'achat de tonneaux, qui peuvent, d'ailleurs, servir indéfiniment.

Dans d'autres contrées, on conserve également le grain dans des tonneaux, mais de diverses grandeurs , qu'on ne remplit qu'aux trois quarts et qu'on roule chaque jour sur un chantier, après y avoir fait brûler à l'avance trois ou quatre mèches soufrées. Après 15 à 20 minutes d'agitation, on les abandonne au repos. Il est essentiel que le grain, les tonneaux, ainsi que le lieu dans lequel on place ceux-ci, soient parfaitement secs. Il n'est pas, du reste, nécessaire que les tonneaux soient en bois pur, et aussi bien confectionnés que ceux qui servent à contenir les liquides.

Dans l'antiquité , et notamment chez les peuples de l'Asie , de l'Afrique et du midi de l'Europe , on a fait un grand usage, pour la conservation des grains battus, de fosses plus ou moins considérables nommées *silos*. On les voit encore employées chez les nations méridionales peu avancées. On avait essayé, il y a une trentaine d'années, d'importer chez nous ce mode de conservation ; mais, après un assez grand nombre d'essais, on y a renoncé , en raison surtout des dépenses considérables qu'il entraîne. Nous ne nous en occuperons donc pas ici.

Les animaux rongeurs et l'humidité ne sont pas les agents de destruction les plus redoutables pour les grains ; plusieurs insectes exercent des ravages considérables et occasionnent des pertes énormes.

Trois insectes surtout s'attaquent aux grains, à savoir :

Le *charançon*, ou *calandre du blé* (*calandra granaria*, Fabricius) ;

La *fausse-teigne des grains*, nommée aussi *papillon du blé, ver du blé* (*yponomeuta tritici*, Latreille) ;

Et l'*alucite*, appelée encore *teigne, papillon* ou *pou volant de grains, œcophore* de Latreille, *butale des céréales* (*butalis cerealella* de Duponchel) .

Du charançon et des moyens de le combattre. — Le charançon (fig. 405) est un coléoptère pour ainsi dire microscopique, dont le corps, d'un brun noir, ovoïde, rétréci en avant, n'a pas plus de 3 millimètres de long sur 1 millimètre de large. Son corselet est

Fig. 405.
Charançon, ou
calandre du blé

parsemé de petites cavités, ses élytres sont striés, et il n'a pas d'ailes ; son abdomen est volumineux, ses pattes fortes ; ses cuisses sont en massue ; ses yeux sont fixés latéralement et à la partie supérieure de la tête ; la bouche est petite et armée d'une trompe cylindrique, effilée et pointue ; les antennes prennent naissance à la base de la trompe. Cet insecte a les mouvements lents, et, dès qu'il a peur, il ramène instinctivement ses pattes et ses antennes sous son corps, de manière à offrir l'apparence d'une graine.

Le charançon, comme la plupart des autres insectes, présente dans son existence quatre époques distinctes : dans l'une, il est à l'état d'œuf, un sur chaque grain, toujours dans la rainure, dessus ou très près du germe, où il est fixé et recouvert par un peu de gomme ; cet œuf est trop petit pour qu'on puisse l'apercevoir à l'œil nu. Dans la deuxième époque, il est sous forme de larve molle, allongée et très blanche, de deux millimètres de longueur, et qui, au bout de deux, trois ou huit jours, suivant la température, sort de l'œuf et pénètre dans le grain en perçant la peau extrêmement fine du lieu où l'œuf est attaché ; au bout d'une vingtaine de jours, cette larve a dévoré toute la farine du grain, sans qu'aucun signe extérieur l'indique. Parvenue alors à toute sa croissance, elle se change en nymphe blanche, transparente, ou en une espèce de chrysalide. A cette troisième époque, l'insecte ne mange pas ; mais, après douze ou quinze jours d'immobilité, la nymphe se transforme en insecte parfait, sort du grain, et recommence ses ravages, mais d'une manière visible alors, puisqu'il ronge les grains à l'extérieur ; c'est dans cet état qu'il s'accouple et dépose ses œufs sur les grains.

Dans les pays chauds, sept ou huit générations peuvent ainsi se succéder dans le courant de l'année : sous le climat de Paris, trois générations se renouvellent en un an. Le mâle meurt le lendemain de la fécondation ; la femelle, le lendemain de la ponte ; mais le dégât que font les larves n'est pas moins prodigieux. On a calculé que la génération d'une seule femelle, d'avril en septembre, occasionne une perte de 6045 grains de blé !

Il est difficile de détruire le charançon à l'état de larve, puisque celle-ci vit dans l'intérieur du grain ; mais, quand l'insecte est à l'état parfait, les manutentions données aux grains le séparent et le font fuir ou périr. Comme il recherche l'obscurité, le repos et la chaleur, on conçoit qu'un grenier bien éclairé, constamment ventilé, que des criblages, des vannages, des remuements fréquents à la pelle, soient autant de circonstances qui contribuent à sa destruction. Mais ces procédés, à la portée de tous les cultivateurs, ne remplissent leur objet qu'autant que le bon entretien des planchers, des plafonds et des murs ne laisse aucun lieu de retraite.

Le nombre des moyens que l'on a proposés pour détruire les charançons est très grand, mais il n'en est que fort peu dont l'expérience ait constaté l'efficacité. Nous mentionnerons les fumigations de tabac et d'autres plantes odorantes ; les odeurs fortes, telles que celle d'essence de térébenthine, les gaz délétères, gaz sulfureux, ammoniac, hydrogène sulfuré, oxyde et sulfure de carbone ; le contact des toisons de laine grasse, de chanvre frais, de feuilles vertes de noyer, de menthe-pouliot ; les décoctions d'herbes puantes dont on a conseillé d'arroser le blé ; l'exposition subite à une chaleur de 70° dans une étuve, etc.

D'après M. Caillat, professeur et sous-directeur de l'école d'agriculture de Grignon, le goudron de bois jouit d'une efficacité incontestable pour chasser les charançons et en préserver les grains. Son emploi est aussi commode que peu dispendieux. Il suffit d'en imprégner la surface de quelques vieilles planches qu'on place ensuite convenablement dans les greniers ; en quelques heures, on voit les charançons grimper le long des murs et fuir dans toutes les directions. On renouvelle le goudron de temps à autre dans l'année pour prévenir le retour de ces insectes. Le goudron de houille ou *coaltar* produit les mêmes effets.

Un procédé qui donne encore d'assez bons résultats et qui est suivi dans beaucoup de fermes est le suivant : on place à côté du tas de blé infecté par les charançons un petit monticule de

grains qu'on humecte légèrement et auquel on ne touche plus,
tandis qu'on soumet au pelletage le gros tas de blé ; les calan-
dres qui habitent celui-ci l'abandonnent et se réfugient presque
toutes dans le petit tas. Cette opération est continuée pendant
quelques jours, et à des intervalles assez rapprochés ; et, lorsqu'on juge qu'un grand nombre d'individus s'est réuni dans le
petit tas, on les fait tous périr en jetant sur celui-ci de l'eau
bouillante. Ce procédé doit être employé dès les premières chaleurs du printemps, et avant que la ponte ait eu lieu. Il réussit
bien plus complétement si l'on substitue au petit tas de blé
une quantité égale de grains d'orge, pour lesquels les charançons ont une préférence bien marquée.

Vallery a imaginé, en 1836, un appareil destiné à la conser-

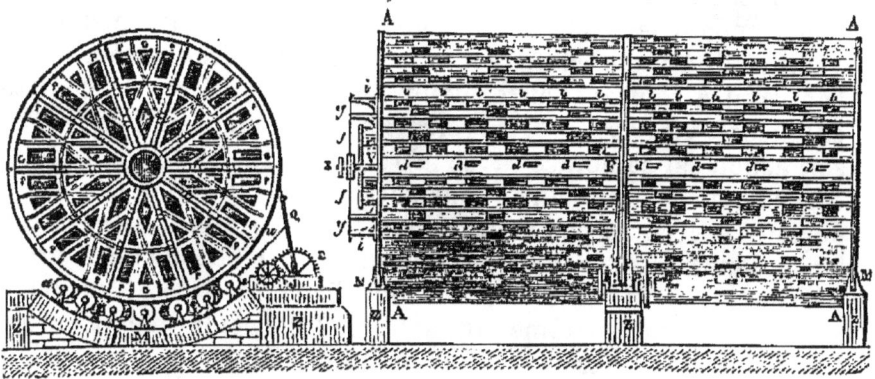

Fig. 406. *Grenier mobile de Vallery.*

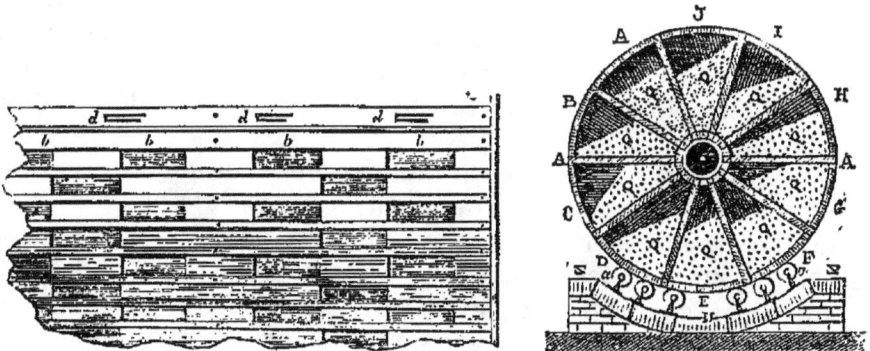

Fig. 407. *Fragment du cylindre du grenier mobile*   Fig. 408. *Coupe transversale du*
de Vallery.   *grenier mobile de Vallery.*

vation des grains, et qui a surtout pour objet de les mettre à
l'abri des charançons. Cet appareil, appelé *grenier mobile*, consiste en un grand cylindre (fig. 406 à 408) de bois, construit à

claire-voie, tournant horrizontalement sur son axe. Son enveloppe extérieure est formée par des· douves fortement réunies
par des cercles en fer. De nombreuses ouvertures, pratiquées
symétriquement dans toutes les douves, et garnies de toile métallique, donnent entrée à l'air et fournissent aux insectes
des issues pour fuir. Les supports de tout le système sont convenablement isolés pour opposer à la rentrée des insectes un
obstacle insurmontable. Aux mêmes supports est fixé un toit
léger, garni à son pourtour d'une gouttière remplie d'huile ; ce
toit a pour but de prévenir l'introduction des insectes que
leur instinct conduirait à se laisser tomber du plafond sur l'appareil en repos.

Le grain que l'on place dans cet appareil ne doit pas le remplir en entier, afin de rencontrer le vide suffisant pour effectuer, pendant le mouvement, une rotation sur lui-même. Un
ventilateur à force centrifuge, placé à l'une des extrémités de
l'appareil et aspirant l'air contenu dans le cylindre, force l'air
extérieur à y arriver et à traverser la masse du grain ; et, comme
son action est combinée avec la rotation du cylindre, l'aérage
est complet. Pour réduire considérablement la force nécessaire
de cette espèce de pelletage mécanique, Vallery a disposé son
grain dans une série de compartiments symétriquement grou-
pés autour d'un tube creux, qui demeure vide et forme le
centre de tout le système (fig. 406). Ce tube central sert à l'écoulement de l'air aspiré par la ventilation. Par cette disposition,
les cases se font équilibre les unes aux autres, il n'y a plus à
vaincre que des déplacements partiels du centre de gravité, et
l'effort nécessaire au mouvement de rotation est réduit dans un
rapport de 13 à 47. Cette disposition présente, en outre, l'avantage de multiplier les surfaces du grain offertes à la ventilation.

Des expériences faites en grand, par ordre du ministre du commerce, sur 120 hectolitres de grain, ont constaté qu'après qua-
rante-huit heures de mouvement, il n'est plus resté que vingt
charançons dans les quinze hectolitres contenus dans l'une des
huit cases composant le cylindre, et qui étaient infectés de
37,950 charançons. Les insectes avaient fui en grand nombre, et
se sont retrouvés sur les murs du hangar. — Quant aux grains
humides, l'appareil de Vallery est très propre à les ventiler et
dessécher complètement.

Un appareil pouvant contenir 1000 hectolitres de grain coûte
6600 fr. — Le prix moyen d'un grenier ordinaire pour 1000 hectolitres, avec l'espace nécessaire pour le pelletage, criblage,

etc., ne va pas à moins de 8300 fr. ; l'appareil de Vallery présente donc une économie de 25 pour 100 environ sur les frais de première construction. Nous ajouterons qu'il occupe quatre fois moins. d'espace qu'un grenier ordinaire ; ou, en d'autres termes, qu'il représente, à superficie égale, un bâtiment élevé de quatre étages sur le rez-de-chaussée. Cela est facile à concevoir si l'on considère que le blé s'y trouve accumulé à une hauteur moyenne de près de 4 mètres. Les appareils de petite dimension ne coûtent pas, à proportion, beaucoup plus que les grands, et le prix peut s'en évaluer de 700 à 750 francs pour 100 hectolitres.

Un homme seul peut facilement imprimer à l'appareil de 1000 hectolitres la force nécessaire pour sa rotation, et, comme un tour de cylindre équivaut à un pelletage ordinaire, le remuage par force d'homme est, avec le pelletage manuel, dans la proportion de 1 à 56 ; c'est donc une bien grande économie dans la manutention.

Sous tous les rapports, comme on le voit, le grenier mobile de Vallery est un très bon appareil, qui convient parfaitement aux propriétaires de grains. Ajoutons qu'il est parfaitement applicable à la conservation des graines oléagineuses, des légumineuses, et, en général, de tout ce qui s'emmagasine habituellement dans les greniers. Malheureusement, son prix est encore bien élevé pour les petites exploitations.

En 1838, le général Demarçay a fait connaître un système de conservation du blé beaucoup plus simple que le précédent, et qu'il a employé avec succès depuis 1822. Ce système consiste à loger le blé de la même manière qu'on loge la glace que l'on veut garder. On sait que les glacières sont généralement enfoncées en terre, de forme circulaire, et couvertes d'un toit conique en chaume (fig. 409). Dans l'intérieur est une cage en bois, destinée à contenir la glace et à la tenir isolée des parois de la glacière. Le plancher inférieur est formé d'un grillage en bois, soutenu, à une certaine distance, au-dessus du fond de la glacière, au milieu duquel se trouve un petit puits perdu pour l'écoulement des eaux.

Pour un grenier-glacière, on place, au lieu de cette cage, une charpente dont le dessus est à 32 centimètres du fond de la glacière, et à environ 4^m,21 au-dessous du sol. Sur cette charpente, et tout autour, on pose debout des poutrelles de 10 centimètres d'équarrissage, à environ 64 centimètres de distance les unes des autres, s'appuyant contre le mur circulaire et montant jusqu'au haut de la glacière. Le tout est revêtu intérieurement de planches en bois blanc, de 2 centimètres d'épaisseur, de manière à former une grande caisse circulaire, ouverte par le haut, dans laquelle on dépose le blé, et qu'on recouvre ensuite simplement par des planches placées les unes à côté des autres.

S'il y a une certaine quantité de charançons dans le blé au moment où on l'enfouit, ils peuvent s'y multiplier et détruire

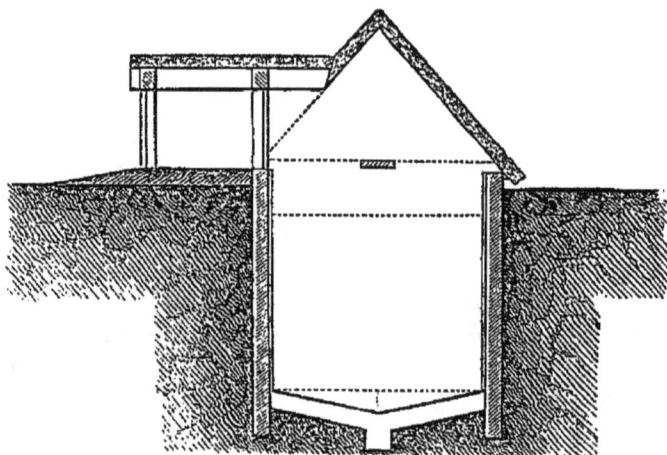

Fig. 409. *Coupe verticale du grenier-glacière du général Demarçay.*

complètement le grain; mais, s'il n'y en a pas, le blé se conserve parfaitement intact pendant plusieurs années consécutives, et sans qu'il y ait nécessité de le soumettre à aucun mouvement. La température restant constamment à 11 degrés, les œufs du charançon ne peuvent éclore, et le grain offre encore, au bout de trois ans, la même apparence, les mêmes qualités que s'il avait été récolté dans l'année. Bien qu'il soit prudent de n'entasser le blé dans le grenier-glacière qu'à l'état de siccité, le général Demarçay assure qu'ayant été obligé de l'y rentrer humide, il s'y est désséché promptement : cela tient à ce que la glacière est construite de manière à permettre un aérage perpétuel qui, renouvelant l'espace, force la vapeur d'eau à s'élever et à se dissiper dans l'atmosphère.

Demarçay porte à 1243 francs le prix d'un grenier-glacière pouvant contenir 1250 hectolitres de blé. Si nous portons cette dépense au double, il n'en sera pas moins vrai que, en ne comptant que les intérêts du prix de cette construction, il en coûtera à peine 10 centimes par hectolitre et par année pour conserver le blé en parfait état.

Remarquons d'ailleurs que, quel que soit le mode de conservation adopté, il faut toujours supporter la dépense d'un grenier de réserve. Or, il n'est guère possible d'en construire ou de s'en procurer un à meilleur marché.

Depuis une dizaine d'années, bien des systèmes de greniers ou d'ensilage ont été imaginés, tels entre autres que ceux de MM. de Coninck, Huart, Sallaville, Chaussenot, Doyère, Haussemann, etc.; mais aucun d'eux n'a eu de meilleurs ni d'aussi bons résultats que le grenier Vallery; la plupart, d'ailleurs, manquent encore du contrôle indispensable d'une pratique de quelque durée.

M. Persoz a constaté que, dans les blés réputés *secs*, la proportion d'eau varie de 8 1/2 à 18 1/2 pour 100, de sorte que lorsqu'ils sont accumulés dans un réservoir quelconque, ils ne tardent pas à *transpirer*. C'est là une cause d'altération qui rend les procédés d'ensilage fort défectueux dans nos climats. Une petite quantité de chaux vive, grossièrement pulvérisée, mélangée au grain, suffit, d'après M. Persoz, pour prévenir cette transpiration ou en combattre les effets. 60 litres de chaux en contact direct avec 3000 litres de blé le conservent parfaitement, sans exiger sensiblement plus d'espace, puisque la chaux, en s'hydratant, se loge entre les grains. L'action du crible ou de la ventilation débarrasse très bien le blé de la chaux dont on l'a imprégné. — Le blé germé, le blé en décomposition, cessent de germer ou de fermenter sous l'influence de la poudre alcaline, et, après avoir été criblés ou ventilés, ils offrent tous les caractères d'un bon blé ordinaire.

La chaux vive, dont l'efficacité pour la conservation des grains a été confirmée par des expériences entreprises sur une grande échelle par le colonel du génie Petitot, a le précieux avantage de permettre l'ensilage au niveau, au-dessus comme au-dessous du sol, par suite de l'action qu'elle exerce sur le ferment et surtout sur les insectes et sur leurs larves.

Fausse-teigne des blés.—C'est un insecte de l'ordre des lépidoptères ou papillons(fig. 410 et 411), qui a, comme le charançon, quatre périodes distinctes dans le cours de son existence.

La larve ou la chenille (fig 412 et 413) marque sa présence dans les tas de blé en liant entre eux plusieurs grains par une espèce de coque soyeuse (fig. 414), autour de laquelle on trouve des petits ronds blanchâtres, qui sont ses excréments. Quand on sépare ces grains attachés entre eux, on voit qu'ils sont entamés en partie, et on trouve souvent, dans l'un d'eux, la petite larve. Celle-ci, pour se changer en chrysalide, abandonne les grains.

A ce moment, le nombre des chenilles sur les tas de blé, sur les murs, le long des poutres, et, préférablement, des parties en planches, est plus ou moins considérable; comme elles ressemblent assez à de petits vers, on leur a donné le nom de *vers du blé*, et on dit alors que le *vers monte*. Bientôt, après s'être suspendues par la partie postérieure de leur corps, elles se méta-

Fig. 410.
Fausse-teigne des blés.

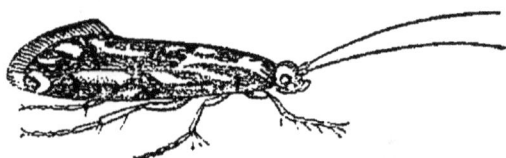

Fig. 411. *Fausse-teigne des blés, grossie.*

Fig. 412. *Larve de la fausse-teigne des blés.*

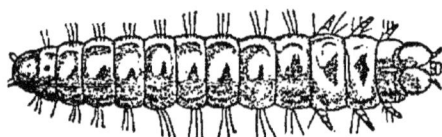

Fig. 413. *Larve très grossie de la fausse-teigne des blés.*

Fig. 414. *Grains réunis par la larve de la fausse-teigne.*

morphosent en chrysalides, qui ne tardent pas à fournir des papillons. Ceux-ci ne sortent pas des greniers, et s'y cachent, pendant le jour, dans les endroits les plus sombres. Dans cet état, comme à celui de chrysalide, la fausse-teigne ne mange pas; elle n'attaque le grain que sous la forme de larve; mais ses ravages sont assez faciles à arrêter, ou, au moins, à diminuer, par les manipulations qu'on donne au blé dans les greniers; on détache ainsi l'un de l'autre les grains que la chenille a réunis; celle-ci se trouve à découvert, est froissée entre les grains remués, et périt. A l'époque où elle abandonne les grains pour monter le long des murs et des planchers, pour s'y changer en chrysalide, on peut encore en détruire beaucoup.

Alucite. — C'est un papillon (fig. 415 et 417) qui a beaucoup d'analogie avec celui de la fausse-teigne, mais qui s'en distingue par une couleur plus claire, par l'absence des taches brunes transversales qu'on remarque sur les ailes de celle-ci, par la présence de deux petites palpes, ou cornes, situées entre les antennes. Ce n'est qu'à l'état de larve ou de chenille que l'alucite attaque les blés. Cette larve, qui ne diffère pas, pour la forme et la grandeur, de celle de la fausse-teigne, s'introduit dans l'intérieur du grain par le sillon central, après avoir filé une gaze très fine (fig. 416), et s'y loge en dévorant la farine (fig. 418); elle y reste cachée jusqu'à sa transformation en pa-

Fig. 415.
Alucite.

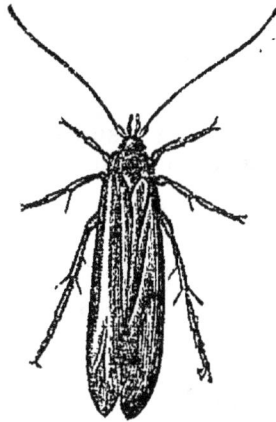

Fig. 416. *Grain de blé grossi, portant une larve d'alucite* F.

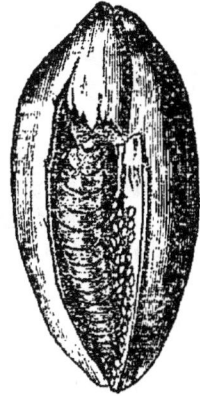

Fig. 417. *Alucite grossie.*

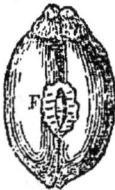

Fig. 418. *Grain de blé très grossi, vidé en partie par une larve d'alucite.*

pillon, de manière qu'on trouve, dans le grain attaqué, ou la chenille, ou la chrysalide, ou la dépouille de celle-ci. Les mouvements qu'on communique aux grains ne font pas sortir l'insecte de sa demeure.

On ne découvre les grains attaqués par l'alucite, avant l'apparition du papillon sur les tas de grains, qu'au poids spécifique moindre, et ensuite, quand les insectes sont en grand nombre, à une chaleur intense qui s'y développe souvent en très peu de temps, et qui précède de quelques jours la sortie des papillons. Les grains ne sont pas liés entre eux par des espèces de coques soyeuses, comme ils le sont quand c'est la fausse-teigne qui les attaque. Les papillons de l'alucite ne restent point dans les greniers, à moins que la température de l'air ne soit très basse; ils sortent et se répandent dans la campagne. Quand c'est à la fin du printemps qu'ils naissent, ils vont se répandre sur les champs de céréales, principalement sur ceux de froment, et, à la chute du jour, on les retrouve sur les épis, occupés à pondre (fig. 419).

Duhamel, Tillet, M. Husard fils, ont remarqué que ces insectes peuvent créer plusieurs générations dans une année, que les papillons déposent leurs œufs sur les grains dans les greniers, aussi bien que sur les épis dans les champs, et que ces œufs peuvent éclore, de même que les chenilles s'introduire dans le grain sec aussi bien que dans le grain vert des épis.

L'alucite n'exerce ses ravages que dans les départements du centre et du midi de la France; elle se trouve fréquemment dans les greniers avec la fausse-teigne et même le charançon; dans le nord de la France, la fausse-teigne et le charançon sont presque toujours ensemble.

Les moyens qu'on a proposés successivement, depuis Duhamel et Tillet, pour la destruction de l'alucite, sont nombreux; mais la plupart sont ou peu efficaces, ou incommodes et dispendieux. Les principaux sont le *chauffage*, le *choc mécanique* et l'emploi de *gaz* ou de *vapeurs anesthésiques*.

Le meilleur de tous les procédés de chauffage est celui que M. Doyère a proposé en 1850. Il consiste à faire passer rapidement les grains par un cylindre ou espèce de brûloir de vastes dimensions, légèrement incliné et chauffé extérieurement; le blé, introduit par l'extrémité supérieure, s'échappe par l'extrémité inférieure et ressort de l'appareil en traversant une boîte dite *thermométrique*, parce qu'un thermomètre, plongé dans le grain qui s'écoule, indique constamment sa température et permet de régulariser le chauffage. Pour que l'opération marche bien, l'instrument ne doit ni marquer une température inférieure à 57° ni s'élever au-dessus de 62°. Le calorifère est placé de côté, et, au moyen de dispositions faciles, on peut régler convenablement la chaleur. — Ainsi assaini, le blé n'a perdu ni sa faculté germinative, ni ses qualités pour la panification. Il a peut-être un peu moins *de main*.

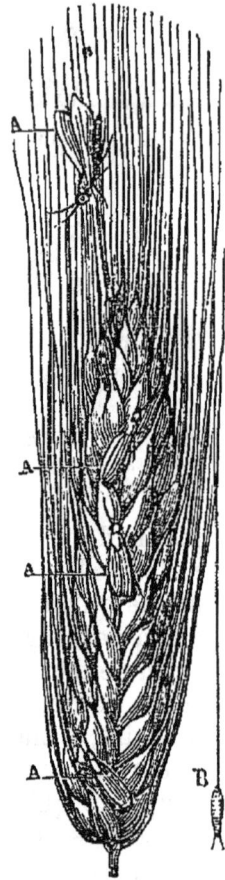

Fig. 419. *Épi de blé portant des papillons d'alucite* A *et une larve* B.

Un remède plus simple et moins dispendieux réside dans le choc mécanique, qui a pour effet de tuer tous les insectes destructeurs. Deux instruments ont été construits d'après ce principe: l'un, en 1848, par M. Herpin, sous le nom de *brise-insectes;* l'autre, en 1850, par M. Doyère, sous le nom de *tue-teignes*. Tous deux remplissent parfaitement le but qu'on veut atteindre.

Le *brise-insectes* n'est autre chose qu'un tarare à grande vitesse faisant 450 tours à la minute, et qui peut, sans altérer en rien la qualité du grain, assainir 10 hectolitres de blé par heure. L'excédent de force motrice d'un moulin faisant tourner le tarare, il suffit d'un homme pour lier et délier les sacs. L'appareil coûte 100 fr. et l'opération ne revient qu'à 5 fr. par jour.

Le *tue-teignes* de M. Doyère tient du tarare et de la machine à battre. — Il se compose principalement (fig. 420) de deux

Fig. 420. Tue-teignes de M. Doyère.

cylindres concentriques entre lesquels est ménagé un espace annulaire. L'un des cylindres est extérieur et fixe, l'autre est intérieur et tourne avec une grande rapidité autour de son axe. Ils sont tous deux armés d'arêtes ou de lames qui, recevant les grains qu'une trémie laisse tomber dans l'espace annulaire, les soumet à des chocs énergiques et multipliés. — Le cylindre mobile est mis en mouvement par quatre engrenages commandés par une double manivelle. —' Sa vitesse, à la circonférence, est de 750 à 800 mètres par minute pour la destruction du charançon et de l'alucite. On peut la réduire à 600 ou 650 mètres pour la destruction des teignes.

Le grain subit un premier nettoyage dans la trémie en traversant les mailles d'une double grille, pénètre entre les deux cylindres par une ouverture que règle un registre, fait dans l'espace annulaire une révolution dont le parcours est décuplé par des chocs sans nombre, et sort de la machine avec une force telle, qu'il est projeté à une distance de 8 à 10 mètres. L'effet de cette projection est le nettoyage des grains, qui s'espacent eux-mêmes en raison de leur poids et de leur densité.

Le grain de qualité supérieure tient la tête de la *lancée* et est ainsi séparé du petit grain et de celui altéré par les insectes, qui restent devant l'orifice de l'instrument. Les petites pierres, si difficiles à séparer par les nettoyages ordinaires, sont projetées au delà des premiers grains.

En plaçant l'appareil en travers, dans un coûrant d'air, on obtient que les pailles, les poussières et autres corps légers soient enlevés par la même opération qui détruit les insectes. Enfin, en modérant la vitesse, on peut faire le *pelletage* du grain qui n'est pas attaqué par les insectes. Ce mode est en tout préférable au pelletage ordinaire : il rafraîchit mieux les grains, il les polit, leur donne de l'œil et de la main, et il les nettoie parfaitement.

Le gouvernement a adopté le *tue-teignes* pour tous les grands centres d'approvisionnements militaires. Le grand modèle s'y manœuvre avec 10 hommes, et fournit un débit de 25 à 30 quintaux par heure. On peut calculer que cet appareil est capable, quelles que soient ses dimensions, d'assainir en moyenne de 2 à 4 hectolitres de grains par heure et par homme.

Enfin, M. Garreau, de Lille, et, après lui, M. Doyère, ont reconnu que les vapeurs de sulfure de carbone et de chloroforme opèrent la destruction de tous les insectes (alucite, fausse-teigne, charançon) qui rongent les grains dans les silos ou dans les appareils d'ensilage. Deux grammes de ces liquides par hectolitre, introduits dans les tonneaux ou les silos où les grains sont ensuite versés, y font périr en moins d'une heure les insectes jusqu'au dernier, avec leurs germes, sans que les grains subissent aucune altération et conservent aucune trace de ce traitement. Plus on opère sur de grandes masses, plus le résultat est facilement atteint. — Reste à savoir si ce procédé, dans lequel on fait usage de si grandes quantités d'un agent aussi délétère que le sulfure de carbone ou le chloroforme, n'entraînera pas des dangers d'asphyxie pour les ouvriers, ou d'incendie, car les liquides en question sont très inflammables et donnent par leur combustion des gaz vénéneux.

Lorsque les blés ont été altérés par l'humidité, qu'ils sont moisis superficiellement, il est possible de les rétablir dans leurs qualités premières, en les soumettant à des lavages, d'abord à l'eau légèrement alcaline et bouillante, ensuite à l'eau fraîche, puis à une dessiccation soignée dans une étuve modérément chauffée, ou, comme on la pratique en Anjou, dans un four, deux heures après en avoir retiré le pain.

Les blés ainsi améliorés ne sont pas propres aux semailles,

mais ils peuvent faire d'assez bon pain, surtout lorsqu'on ajoute
à leur farine une farine de qualité supérieure. La panification
exige, toutefois, dans ce cas, des précautions plus grandes :
ainsi le levain doit être plus frais, l'eau moins chaude ; il faut
tenir la pâte plus ferme, laisser fermenter moins longtemps, et
chauffer davantage le four, afin que la cuisson soit plus prompte
et plus complète.

Lorsque les blés ont été trop échauffés et viciés dans les greniers, presque toujours le gluten a été décomposé, ou au moins
sensiblement altéré ; dans ce cas, la farine ne peut plus éprouver une bonne panification, et le pain qui en provient est peu
nourrissant et même malsain. Cette sorte de grain ne peut
plus servir qu'aux amidonneries.

MOYENNE DES FRAIS DE CULTURE DES CÉRÉALES POUR UN HECTARE.

Nous avons établi ces comptes à l'aide du prix de revient des
diverses opérations étudiées précédemment, et du rendement
moyen indiqué pour chaque sorte de céréale.

BLE SUR TRÈFLE.

Dépense.

Un labour superficiel..........................	14 f.	»
Un labour ordinaire...........................	22	»
Deux hersages, à 2 fr. 60 l'un................	5	20
Un roulage..................................	2	»
Un coup d'extirpateur........................	6	»
Semences, 2 hectolitres 25 litres, à 22 fr. l'hectolitre.....	49	50
Répandre la semence à la volée................	1	»
Un hersage..................................	2	60
Un roulage..................................	2	»
Rigolage du sol à la charrue après l'ensemencement.....	3	»
Un hersage au printemps......................	2	60
Un sarclage.................................	2	»
Fauchage, bottelage et emmagasinage...........	40	»
Battage et nettoyage du grain avec les machines........	21	»
11,200 kil. de fumier absorbé par la récolte, à 10 fr. les 1,000 kil., y compris les frais de transport et d'épandage...	112	»
Loyer de la terre.............................	70	»
Frais généraux d'exploitation..................	20	»
Intérêt, à 5 p. 100 par an, des frais ci-dessus...........	18	74
Total....................	393 f.	64

Produit.

Paille, 4,000 kil., équivalant à 1160 kil. de foin sec, à
    71 fr. 50 les 1000 kil..............................   82 f. 94
Grain, 20 hectolitres, à 20 fr. l'hectolitre..............   400   »

         Total....................   482 f. 94

Balance.

Produit.......... ....   482 f. 94
Dépense....................................   303   64

         Bénéfice net..............   89 f. 30

Soit 23 pour 100 du capital employé.

Nous ferons suivre ce premier compte de culture des observations suivantes, qui s'appliqueront également, pour la plupart, aux comptes que nous établirons ci-après :

1° Les 11,200 kilog. de fumier que nous portons à la charge du blé n'ont pas été appliqués directement à cette récolte ; mais, comme ils résultent de l'excédent de fumure non absorbée par les récoltes précédentes, qui composaient, avec le blé, la rotation des cultures, cette dépense d'engrais doit être supportée par le blé, puisque le sol s'en trouve appauvri après sa récolte.

2° Les frais généraux d'exploitation que nous portons en dépense se composent des réparations locatives, des assurances contre l'incendie, la grêle ou la mortalité des bestiaux, de l'entretien des harnais et des instruments aratoires, etc., frais qui ne peuvent être appliqués à aucune récolte en particulier, et qu'on peut évaluer, en moyenne, à 20 fr. par hectare.

3° Nous portons en dépense l'intérêt à 5 pour 100 pendant un an des frais de la culture. En effet, le cultivateur ne peut transformer ses produits en argent que plus d'une année après l'emploi du capital qu'il a engagé.

4° La valeur que nous donnons à la paille est beaucoup moins élevée qu'elle ne l'est dans quelques circonstances exceptionnelles, et notamment dans le voisinage des grands centres de population ; mais comme, dans le plus grand nombre des cas, ces produits sont consommés sur l'exploitation, nous avons dû chercher à établir leur valeur dans cette condition générale, et nous l'avons comparée à celle du foin de bonne qualité, auquel nous attribuons un prix résultant d'une moyenne relevée sur les marchés de la Normandie pendant dix années.

5° Le bénéfice net que donnent les récoltes ne suffit pas pour faire connaître le bénéfice relatif de chacune d'elles, car le capital engagé dans ces cultures n'est pas le même pour toutes. Il peut arriver qu'une récolte exige l'emploi d'un capital de 1200 fr. et ne donne qu'un bénéfice net de 10 pour 100, tandis qu'une autre récolte qui ne demandera qu'un capital de 700 fr. produira un bénéfice net de 105 fr., ou 15 pour 100. Il est évident qu'on devra préférer celle qui, à capital égal, rapportera un bénéfice plus élevé. C'est ce motif qui nous a déterminé à indiquer le bénéfice pour 100 du capital engagé dans la culture des diverses récoltes.

SEIGLE SUR FOURRAGE ANNUEL.

Dépense.

Un labour ordinaire..	22 f.	»
Deux coups d'extirpateur répétés à 15 jours d'intervalle, à 6 fr. l'un...	12	»
Un coup de scarificateur....................................	7	»
Semences, 2 hectolitres 25 litres, à 10 fr. l'un...........	22	50
Répandre la semence à la volée.........................	1	»
Un hersage..	2	60
Un roulage...	2	»
Un hersage au printemps.................................	2	60
Un sarclage...	2	»
Fauchage, bottelage et emmagasinage..................	40	»
Battage et nettoyage du grain avec les machines........	19	»
10,000 kil. de fumier absorbés par la récolte, à 10 fr. les 1000 kil., y compris les frais de transport et d'épandage..	100	»
Loyer de la terre..	70	»
Frais généraux d'exploitation............................	20	»
Intérêt, à 5 pour 100 pendant un an, des frais ci-dessus..	16	13
Total......................	338 f. 83	

Produit.

Paille, 3,500 kil., équivalant à 910 kil. de foin sec, à 71 fr. 50 les 1,000 kil..	65 f. 06	
Grain, 22 hectolitres à 13 fr. l'hectolitre...............	286	»
Total......................	351 f. 06	

Balance.

Produit..	351 f. 06	
Dépense...	338	83
Bénéfice net................	12 f. 23	

Soit 3,75 pour 100 du capital employé.

ORGE, APRÈS UNE RÉCOLTE DE RACINES FOURRAGÈRES.

Dépense.

Deux labours ordinaires, à 22 fr. l'un................	44 f.	»
Deux hersages, à 2 fr. 60 l'un.......................	5	20
Un roulage..	2	»
Un hersage..	2	60
Semences, 3 hectolitres 20 litres, à 12 fr. l'hectolitre....	38	40
Répandre la semence à la volée......................	1	»
Un hersage..	2	60
Un roulage..	2	»
Deux sarclages..	4	»
Fauchage, bottelage et emmagasinage................	30	»
Battage et nettoyage du grain avec les machines........	17	»
15,000 kil. de fumier non absorbés dans le sol par la récolte de racines fourragères précédente, à 10 fr. les 1000 kil., y compris le transport et l'épandage, 150 fr. Les trois quarts de cette dépense à la charge de l'orge..	112	50
Intérêt pendant un an du prix de la fumure non absorbée.	1	38
Loyer de la terre.....................................	70	»
Frais généraux d'exploitation........................	20	»
Intérêt, pendant un an, à 5 p. 100, des frais ci-dessus....	17	64
Total.......................	370 f.	32

Produit.

Paille, 2,500 kil., équivalant à 1,260 kil. de foin sec, à 71 fr. 50 les 1,000 kil...........................	85 f.	80
Grain, 38 hectolitres, à 12 fr. l'hectolitre..............	458	»
Total.......................	543 f.	80

Balance.

Produit...	543 f.	80
Dépense..	370	32
Bénéfice net..............	173 f.	48

Soit 47 pour 100 du capital employé.

AVOINE, APRÈS RACINES FOURRAGÈRES, AVEC ENSEMENCEMENT DE TRÈFLE AU PRINTEMPS.

Dépense.

Deux labours ordinaires, à 22 fr. l'un................	44 f.	»
Un hersage..	2	60
Un roulage..	2	»
Un hersage..	2	60
A reporter..........	51 f.	20

Report........	51 f.	20
La moitié de la somme précitée à la charge de l'avoine...	25	60
Semence, 4 hectolitres, à 7 fr. l'hectolitre...............	28	»
Répandre la semence à la volée.....................	1	»
Un hersage..	2	60
Un roulage..	2	»
Un sarclage...	2	»
Fauchage, bottelage et emmagasinage................	25	»
Battage et nettoyage du grain avec les machines........	17	»
15,000 kil de fumier non absorbés dans le sol par la ré- colte de racines fourragères précédente, à 10 fr. les 1,000 kil., y compris le transport et l'épandage, 150 fr. La moitié de cette dépense à la charge de l'avoine.....	75	»
Intérêt pendant un an du prix de la fumure non absorbée..	3	75
Loyer de la terre	70	»
Frais généraux d'exploitation....................	20	»
Intérêt, pendant un an, à 5 p. 100, des frais ci-dessus....	13	59
Total...............	336 f.	74

Produit.

Paille, 3,000 kil., équivalant à 1,200 kil. de foin sec, à 71 fr. 50 les 1,000 kil....................	85 f.	80
Grain, 40 hectolitres, à 7 fr. l'hectolitre...............	280	»
Total.............	365 f.	80

Balance.

Produit..	365 f.	80
Dépense..	336	74
Bénéfice net..............	29 f.	06

Soit 28 pour 100 du capital employé.

Nous n'attribuons à l'avoine que la moitié des frais de préparation du sol, parce que le trèfle que porte ce même terrain en profite par égale partie.

SARRASIN CULTIVÉ COMME RÉCOLTE INTERCALAIRE APRÈS LE SEIGLE.

Dépense.

Un labour ordinaire...............................	22 f.	»
Un hersage...	2	60
Un roulage...	2	»
Un hersage...	2	60
Semence, 1 hectolitre..............................	12	»
Répandre la semence.............................	1	»
Un hersage...	2	60
Un roulage...	2	»
Arrachage, bottelage et transport à la ferme...........	20	»
Battage et nettoyage du grain avec les machines........	20	»
2,170 kil., y compris le transport et l'épandage........	21	70
Intérêt, pendant six mois, à 5 p. 100, des frais ci-dessus...	2	71
Total.............	111 f.	21

Produit.

Paille, 1,000 kil., équivalant à 500 kil. de foin sec, à
71 fr. 50 les 1,000 kil............................. 35 f. 75
Grain, 15 hectolitres, à 12 fr. l'un................... 180 »

Total................ 215 f. 75

Balance.

Produit.. 215 f. 75
Dépense... 111 21

Bénéfice net.............. 104 f. 54

102,5 pour 100 du capital employé.

Cette récolte n'étant cultivée qu'entre deux récoltes principales et n'occupant le sol que pendant un laps de temps très
court, elle n'est pas chargée du loyer de la terre et des frais
généraux d'exploitation, qui sont supportés par la récolte de
seigle qui a précédé.

RIZ CULTIVÉ DANS UNE RIZIÈRE PERMANENTE.

Dépense.

Extirper les plantes aquatiques pendant l'hiver et nettoyer
les fossés...................................... 2 f. 25
Ameublissement du sol............................. 22 50
Rehausser et réparer les digues..................... 4 50
Semer.. 1 »
Semences, 2 hectolitres 8 décalitres, à 9 fr. 35 l'hectolitre. 26 18
Sarclage.. 10 25
Récolte et charriage............................... 23 95
Égrenage et nettoyage du grain sans le secours des ma-
chines... 22 20
Surveillant des eaux pendant toute l'année............ 6 50
Engrais pour joindre à celui que l'on extrait des fossés... 52 »
Jouissance de l'eau................................ 35 »
Loyer de la rizière................................ 70 »
Frais généraux d'exploitation....................... 20 »
Intérêt, pendant un an, à 5 p. 100, des frais ci-dessus.... 14 81

Total................ 311 f. 14

Produit.

Paille, 3,500 kil................................... 25 f. »
Grain, 35 hectolitres, à 9 fr. 85 l'un................ 344 75

Total .... 369 f. 75

I. 46

Balance.

Produit... 369 f. 75
Dépense... 311 14
                                    Bénéfice net... .... 58 f. 61

15,66 pour 100 du capital employé.

MAÏS CULTIVÉ COMME RÉCOLTE SARCLÉE ET ASSOCIÉE AUX HARICOTS NAINS.

Dépense.

Un labour ordinaire avant l'hiver...................	22 f.	»
Un second labour au printemps, pour enterrer le fumier..	22	»
Un hersage..	2	60
Un roulage..	2	»
Un hersage.	2	60
Un coup d'extirpateur trois semaines après.	0	»
Un hersage énergique avant l'ensemencement...........	4	»
Rayonner le terrain pour recevoir la semence...........	2	60
Semer les haricots au semoir à brouette................	1	»
82 litres de haricots, à 13 fr. 50 l'hectolitre............	11	»
Semer le maïs au semoir à brouette....................	1	»
50 litres de semences de maïs, à 14 fr. l'hectolitre........	7	»
Faire passer une herse renversée pour couvrir l'ensemencement...	2	60
Un roulage...	2	»
Un binage à la houe à cheval...........................	5	»
Un binage sur les lignes, et suppression des plantes trop rapprochées avec la houe à la main..................	14	»
Un buttage avec le buttoir.	5	»
Un second binage entre les lignes................... ...	5	»
Un second buttage.	5	»
Arrachage et transport des haricots...................	13	»
Battage et nettoyage des haricots à bras d'homme.......	7	»
Récolte et transport des épis du maïs..................	22	»
Effeuiller et emmagasiner les épis....................	32	»
Égrenage et nettoyage du maïs.....................	28	
30,000 kil. de fumier, à 10 fr. les 1,000 kil., y compris les frais de transport et d'épandage, 300 fr. Les 9/12es de cette somme à la charge de cette récolte.........	225	»
Intérêt, pendant un an, à 5 p. 100, du prix du fumier non absorbé...	3	75
Loyer de la terre.	70	»
Frais généraux d'exploitation......................	20	»
Intérêt, pendant un an, à 5 p. 100, des frais ci-dessus....	27	90
Total..............	571 f.	03

Produit.

Paille de haricots, 750 kil...........................	11 f.	»
Paille de maïs, 6,000 kil., à 2 fr. 70 les 1,000 kil........	14	20
Spathes de maïs, 780 kil., à 3 fr. 20 les 100 kil........	24	96
Grain des haricots, 11 hectolitres, à 13 fr. 50 l'hectolitre..	148	50
Grain de maïs, 45 hectolitres, à 14 fr. l'hectolitre........	630	»
Total.	828 f.	66

Balance.

Produit..	828 f. 66
Dépense.......................................	571 05
Bénéfice net..............	257 f. 61

51,50 pour 100 du capital employé.

MILLET CULTIVÉ APRÈS UNE PRAIRIE ARTIFICIELLE.

Dépense.

Un labour superficiel............................	14 f.	»
Un labour ordinaire.............................	22	»
Un hersage....................................	2	60
Un roulage....................................	2	»
Un hersage....................................	2	60
Rayonner le terrain pour recevoir la semence..........	2	60
Semer avec le semoir à brouette....................	1	»
Semence, 34 litres, à 9 fr. 50 l'hectolitre.............	3	23
Passage de la herse renversée pour recouvrir la semence.	2	60
Un roulage....................................	2	»
Un binage avec la houe à main....................	14	»
Un second binage avec la houe à cheval..............	5	»
Un buttage avec le buttoir.......................	5	»
Coupe, bottelage et transport du millet..............	14	»
Battage et nettoyage du grain.....................	22	»
13,000 kil. de fumier, à 10 fr. les 1,000 kil., y compris les frais de transport et de répartition..................	130	»
Loyer de la terre..............................	70	»
Frais généraux d'exploitation.....................	20	»
Intérêt, pendant un an, à 5 p. 100, des frais ci-dessus...	16	70
Total	351 f. 33	

Produit.

Paille, 3,900 kil., équivalant à 1,560 kil. de foin sec, à 71 fr. 50 les 1,000 kil.....................	135 f. 85
Grain, 32 hectolitres, à 9 fr. 85 l'un................	304 »
Total...........	439 f. 85

Balance.

Produit..	439 f. 85
Dépense.......................................	351 33
Bénéfice net..........	88 f. 52

22,50 pour 100 du capital employé.

Dépense.

Préparation du sol comme pour le maïs..............	63 f.	80
Semer avec le semoir à brouette......................	1	»
Semence, 25 litres, à 8 fr. l'hectolitre..............	2	»
Faire passer une herse renversée pour couvrir la semence..	2	60
Un roulage...............................	2	»
Un premier binage à la houe à main pour éclaircir les plantes trop rapprochées....................	14	»
Deux binages à la houe à cheval, donnés à trois semaines d'intervalle l'un de l'autre, à 5 fr. l'un.........	10	»
Un buttage avec le buttoir.........................	5	»
Coupe des tiges et leur transport....................	22	»
Battage, nettoyage du grain et mise en paquets des tiges ou balais.............................	11	»
30,000 kil. de fumier, à 10 fr. les 1,000 kil., y compris les frais de transport et de répartition, 300 fr. Les deux tiers de cette somme à la charge de cette récolte......	200	»
Intérêt pendant un an, à 5 p. 100, du prix de la fumure non absorbée............................	5	»
Loyer de la terre.............................	100	»
Frais généraux d'exploitation......................	20	»
Intérêt, pendant un an, à 5 p. 100, des frais ci-dessus...	22	42
Total...............	480 f.	82

Produit.

Paille, 3,000 kil., à 13 fr. les 1,000 kil.............	39 f.	»
Balais, 4,200 kil., à 35 fr. les 100 kil...............	1,470	»
Grain, 51 hectolitres, à 8 fr. l'hectolitre.............	408	»
Total...............	1,917 f.	»

Balance.

Produit.................................	1,917 f.	»
Dépense.................................	480	82
Bénéfice net...............	1,436 f.	18

298,75 pour 100 du capital employé.

DEUXIÈME SECTION.

Plantes légumineuses. — Les plantes légumineuses dont les semences servent à la nourriture de l'homme et des animaux sont assez nombreuses; voici celles qu'on emploie, le plus généralement, en Europe, et spécialement en France:

Fèves, haricots, doliques, pois, vesces, lentilles, pois chiches, gesses.

Les semences légumineuses contiennent toutes de l'amidon et des matières azotées ; la proportion de ces substances y surpasse celle de l'albumine et du gluten, dans la céréale la plus riche sous ce rapport. Ces matières azotées consistent en albumine et en un principe particulier signalé pour la première fois, en 1826, par Braconnot, sous le nom de *légumine*, et à laquelle on rapporte la plus grande partie du pouvoir nutritif des légumes ; elle diffère peu de l'albumine par l'ensemble de ses propriétés, mais elle est comparativement plus riche en azote. Les semences légumineuses ne renferment pas le gluten qui caractérise essentiellement les céréales, et c'est pourquoi leurs farines ne donnent pas un pain semblable à celui du blé. Elles ont, au reste, à peu de chose près, la même composition, ainsi qu'on le voit par le tableau suivant :

	Féveroles.	Haricots.	Pois.	Lentilles.
Principes azotés (légumine, albumine)..	27,5	22,0	20,4	22,0
Amidon................................	38,5	42,0	47,0	40,0
Substance grasse......................	2,0	3,0	2,0	2,5
Sucre (glucose ?).....................	2,0	0,3	2,0	1,5
Gomme.................................	4,5	4,0	5,0	7,0
Ligneux, acide pectique...............	10,0	8,0	11,0	12,0
Sels, phosphates, etc.................	3,0	3,2	3,0	2,5
Eau et perte..........................	12,5	17,5	9,6	12,5
	100,0	100,0	100,0	100,0

On a signalé de plus, dans ces quatre espèces de semences, un extrait amer, et, dans les lentilles, du tannin et une huile verte et visqueuse ; les enveloppes parcheminées, surtout celles des fèves, contiennent aussi du tannin ; il y a dans les pois chiches une substance résiniforme.

Les cendres des légumes sont surtout riches en potasse et en acide phosphorique ; elles contiennent aussi un peu de chaux, de magnésie et d'oxyde de fer.

La richesse des semences légumineuses en principes azotés explique très bien pourquoi elles sont si précieuses pour la nourriture de l'homme, principalement dans les contrées méridionales, pauvres en fourrages, et, par conséquent, en bestiaux. Elles ne sont pas moins importantes pour les animaux, qui en sont très avides. Un autre avantage de ces plantes, c'est que, puisant largement dans l'atmosphère, elles sont très peu épuisantes pour le sol. Sous tous ces rapports, on devrait donc augmenter les cultures des plantes légumineuses à cosses, surtout en présence du fléau qui ne cesse de frapper la pomme de terre, et qui diminue, chaque année, la masse de nos ressources alimentaires.

DES FÈVES. — La fève (*faba vulgaris* ou *sativa*) est la plus importante des légumineuses, en raison de ses propriétés nutritives et des services qu'elle rend pour les assolements de certains terrains. Ainsi aucune récolte sarclée, destinée à l'alimentation, ne peut fournir d'aussi bons produits dans les terres compactes et humides. Dans beaucoup de nos départements du Midi, les fèves sont, après le blé et le maïs, la principale culture. La graine, à l'état frais, est consommé en grande quantité par les classes pauvres. Sèche et concassée, elle forme, avec l'orge et la paille, la base de la nourriture des animaux de travail, dans les contrées où les récoltes fourragères sont incertaines ; elle est très propre à l'alimentation des chevaux, et Yvart a reconnu que ceux-ci sont aussi bien nourris avec 9 litres 75 de fèves qu'avec 13 litres d'avoine. La farine de fèves, délayée dans de l'eau sous forme de bouillie claire, peut servir à l'engraissement des ruminants, et notamment des veaux ; elle communique un goût excellent à la chair du porc. Ses tiges forment un très bon fourrage.

Originaire des environs de la mer Caspienne, la fève offre deux espèces distinctes : la *fève de marais* (*faba major*) et la *fève gourgane* ou de *cheval*, plus connue sous le nom de *féverole* (*faba equina*). Ces deux espèces ont produit diverses variétés. Nous ne parlerons que de celles qui sont spécialement consacrées aux animaux, les autres rentrant dans le domaine de l'horticulture. Voici les variétés principales de grande culture :

Fig. 421. *Féverole.*

La *féverole* proprement dite (fig. 421) se distingue de la fève de marais par ses moindres dimensions et l'abondance plus grande de ses produits. Cette variété est assez tardive, ses grains sont presque cylindriques, à robe coriace, et de couleur fauve. C'est la plus cultivée en grand ; elle redoute le froid de l'hiver.

La *féverole d'hiver* n'offre d'autre particularité que sa plus grande rusticité. C'est celle que, dans le Midi, on préfère pour les semis d'automne.

La *féverole d'Héligoland*, importée d'Angleterre par Vilmorin, doit être préférée à la première pour l'abondance de ses produits.

Climat du sol.— La féverole se développe bien dans toutes les parties tempérées de l'Europe. Elle préfère les terres compactes, un peu humides ; elle réussit même dans les argiles les plus tenaces, là où le maïs, dans le Midi, et la pomme de terre, dans le Nord, deviennent d'une culture très difficile, et ne donnent que de médiocres produits. Elle vient passablement dans les terres légères, pourvu que le climat soit frais et la saison humide ; mais, dans ces terrains, son importance est moins grande, parce qu'elle se trouve en rivalité avec d'autres plantes sarclées, telles que le maïs ou les fourrages-racines, dont les produits l'emportent en valeur.

Place dans la rotation.— La féverole devant être semée en lignes assez espacées, et recevoir plusieurs façons pendant sa végétation, on la considère comme récolte sarclée. Elle peut donc commencer la rotation d'une culture et précéder les céréales, pour lesquelles elle est une excellente préparation. On a aussi constaté qu'elle pouvait se succéder à elle-même, ou à des intervalles de temps très courts, pendant un certain nombre d'années, sans que son produit parût en souffrir ; de même que nous avons signalé une rotation alternative du maïs et du froment, dans les pays tempérés, de même il existe des rotations alternatives de fève et de froment qui peuvent être prolongées sans inconvénients pendant sept ans.

Culture.— *Préparation du sol.* Le sol doit être assez profondément remué ; à cet effet, on applique trois labours aux terres compactes et humides. Le premier, profond de $0^m,25$, est donné avant l'hiver et dans le sens de la pente du terrain, afin que les eaux puissent s'égoutter facilement ; le second est pratiqué en travers, à la profondeur de $0^m,12$, dès que les pluies tardives et les froids de l'hiver rendent le sol accessible ; il est suivi de deux hersages séparés par un roulage ; le troisième labour est superficiel et exécuté au moment des semailles. Dans les sols plus légers, deux labours sont suffisants : l'un, profond, avant l'hiver ; l'autre, immédiatement avant l'ensemencement.

Engrais et amendements. — La féverole étant une récolte sarclée et préparatoire, c'est elle qui reçoit la fumure nécessaire à toute la rotation. Cette fumure doit être répandue avant le second labour lorsqu'on en donne trois, et avant le premier lorsqu'on n'en pratique que deux. Les engrais pulvérulents, et notamment le noir animalisé, les cendres, profitent d'une manière touta particulière à cette plante ; et cela se conçoit, puisqu'elle a surtout besoin de phosphate et de potasse.

Si cette reColte exige la présence d'une suffisante quantité d'engrais, et si elle supporte, sans verser, tout le fumier qu'on veut lui donner, nous devons dire cependant que, loin d'appauvrir le sol, elle y laisse, par ses débris, plus de principes fertilisants qu'elle n'en a absorbés, car elle puise dans l'atmosphère la majeure partie de sa nourriture. Il n'est donc pas étonnant qu'elle soit une des meilleures plantes à enterrer au moment de la floraison ; et c'est, en effet, comme engrais vert qu'elle est fréquemment cultivée en Provence et dans le Bolonais, où elle tient lieu du lupin pour les sols très compactes, impropres à la végétation de cette dernière plante. Les récoltes de chanvre sont ordinairement faites en Italie sur engrais vert de féveroles.

Semaille. — *Époque convenable.* Dans les provinces du Midi, le semis des féveroles peut avoir lieu en novembre et décembre. La plante a le temps de se fortifier avant l'hiver, et elle profite des temps humides du premier printemps. Si, dans cette contrée, on semait après l'hiver, la récolte serait surprise par la sécheresse avant d'avoir pu s'emparer complètement du sol. Dans les pays plus septentrionaux, on ne gagne rien à semer avant l'hiver, et l'on peut craindre que, les chaleurs n'étant pas assez fortes pour faire germer les semences, elles ne pourrissent en terre. On devra donc choisir le commencement de mars, alors qu'on n'aura plus à redouter un abaissement de température de 2°, lequel suffirait pour détruire les jeunes plantes.

Quantité de semence. — Cette quantité varie suivant le mode d'ensemencement adopté. Si l'on sème à la volée, il faut, en moyenne, 3 hectolitres par hectare ; si l'on sème en lignes espacées à $0^m,65$ de distance, $1^{hectol},10$ suffiront.

Mode de semaille. — Les principaux avantages de la culture de la féverole résultent surtout de la possibilité de la semer en lignes ; aussi doit-on considérer comme un contre-sens le semis à la volée, ainsi qu'il est encore exécuté dans quelques localités. Nous n'allons donc nous occuper ici que de son ensemencement en lignes.

Les lignes seront distantes de $0^m,50$ à $0^m,65$, suivant la plus ou moins grande fertilité du sol, afin de permettre d'appliquer aux cultures d'entretien les instruments mus par des animaux. On pourrait ne réserver qu'un espace de $0^m,33$, et le produit serait plus considérable ; mais il faudrait alors pratiquer à bras d'homme les façons d'entretien, et l'excédent de dépenses dépasserait l'augmentation du produit.

Les semences sont placées à environ $0^m,03$ les unes des autres, sur les lignes; elles doivent être enterrées à $0^m,05$ ou $0^m,08$ de profondeur, selon que le terrain est plus ou moins consistant. Pour remplir ces conditions, avant le dernier labour on donne un hersage afin de bien niveler la surface du sol, puis on pratique le dernier labour à l'aide de la charrue à double versoir, de manière à former des sillons à la distance et à la profondeur convenables pour recevoir les semences. Celles-ci sont ensuite répandues à la main, ou, mieux encore, avec le semoir à brouette. Après cette opération, on comble les sillons en faisant passer la même charrue entre chacun d'eux. Le semoir Hugues, qui ouvre à la fois plusieurs sillons, y répand les semences et les recouvre, produit un travail beaucoup plus prompt.

Soins d'entretien. — Huit ou dix jours après l'ensemencement, et avant que les jeunes plantes sortent de terre, on donne un hersage en travers, afin de niveler parfaitement le sol pour les cultures suivantes, et pour rompre la croûte qui se serait formée à la surface et s'opposerait au premier développement des tiges. Immédiatement après ce hersage, dans les terres compactes et humides, on égoutte le sol au moyen de saignées faites avec la charrue, comme nous l'avons indiqué pour le blé. Ce travail est surtout indispensable pour les ensemencements du Midi faits avant l'hiver, car les eaux stagnantes font pourrir les féveroles.

Elles doivent recevoir deux binages à la houe à cheval pendant leur végétation : le premier, lorsque les plantes ont atteint une hauteur de $0^m,10$ environ, et le second, lorsque cette hauteur est doublée. Parfois aussi, on leur applique, après ce second binage, un buttage quand elles sont cultivées dans les sols légers : cette opération diminue les effets de la sécheresse, mais elle est sans utilité dans les sols un peu consistants.

Les soins d'entretien de cette récolte sont terminés par l'écimage ; on le pratique dès que les cosses inférieures commencent à se former ; il consiste à retrancher le sommet des tiges ; on supprime ainsi de nouvelles fleurs, qui, n'ayant pas le temps de mûrir, ne font que nuire au développement des autres. Cet écimage prévient, d'ailleurs, ou quelquefois arrête les ravages des pucerons qui s'attachent et se multiplient sur la partie la plus jeune et la plus tendre de la tige, et sont le principal fléau des féveroles. On fait l'écimage avec une lame de sabre, ou une faux emmanchée de revers. M. de Gasparin dit avoir éprouvé une grande augmentation de récolte dans la partie d'un champ qui avait été écimée, comparativement à celle où cette opération n'avait pas été faite.

Récolte. — Les féveroles doivent être récoltées lorsque la plus grande partie des cosses commencent à noircir. On suit, pour cette opération, les deux procédés suivants : lorsque les tiges sont courtes, on fauche ; lorsqu'elles sont longues, on faucille. Dans l'un et l'autre cas, il vaut mieux couper qu'arracher les tiges ; d'abord celles-ci sont plus facilement consommées comme fourrage, ensuite le sol conserve des racines et une partie de la tige, lesquelles contiennent des principes dont il ne faut pas appauvrir la terre.

Lorsque la récolte est coupée à la faux, on abandonne les tiges pendant quelques jours en ondins ; puis on met en javelles ; on laisse achever la dessiccation, on lie en gerbes, et on rentre. Si la coupe a été faite avec la faucille, on divise la récolte par tas de deux ou trois javelles, dressées les unes contre les autres, de manière à former une sorte de cône creux, et réunies au sommet par un lien de paille ; puis on les laisse dans cet état jusqu'au moment de les lier en gerbes et de les rentrer. Ces gerbes devront être liées avant leur entière dessiccation, autrement on perdrait trop de grain ; mais, pour qu'elles ne s'échauffent pas, elles ne devront pas présenter plus de $0^m,27$ de diamètre. En faisant les gerbes de bonne heure, on a, d'ailleurs, la facilité de labourer entre les lignes de gerbes adossées les unes aux autres, et de les déplacer ensuite pour labourer tout le champ. On gagne ainsi du temps pour préparer le sol à recevoir le froment, qui succède le plus souvent aux féveroles. On profite d'un beau temps pour rentrer les gerbes, puis on procède au battage et au nettoyage du grain.

Rendement. — Le rendement s'élève, en moyenne, à 26 hectolitres ou à 2288 kilog. de grain par hectare, chaque hectolitre ayant un poids moyen de 88 kilog. On récolte, en outre, sur la même surface 2288 kilog. de fanes sèches.

COMPTE DE CULTURE DE LA FÉVEROLE POUR UN HECTARE.

Dépense.

Un labour à $0^m,25$ de profondeur...................	25 fr.	»
Un second labour en travers, à $0^m,12$ de profondeur.....	22	»
Un hersage..	2	60
Un roulage..	2	»
A *reporter*........	51 fr.	60

Report...........	51 fr.	60
Un hersage..	2	60
Tracer les sillons à la charrue pour ensemencer.........	7	»
Répandre la semence au semoir.....................	1	»
Semence, 1 hectolitre 10 litres, à 9 fr. l'hectolitre........	9	90
Recouvrir la semence à la charrue...................	7	»
Un hersage en travers.............................	2	60
Tracer des raies d'égouttement à la charrue...........	3	»
Deux binages à la houe à cheval, à 5 fr. l'un..........	10	»
Écimage......................	3	50
Fauchage, javelage, bottelage et transport...........	10	»
Battage et nettoyage du grain......................	15	»
Intérêt pendant un an, à 5 p. 100, du prix de 30,000 kil. de fumier mis dans le sol et laissés intacts par la récolte, à 10 fr. les 1,000 kil., y compris le transport et la répartition.......................................	15	»
Loyer de la terre..................................	70	»
Frais généraux d'exploitation.....................	20	»
Intérêt pendant un an, à 5 p. 100, des frais qui précèdent.	11	21
Total...............	239 fr.	41

Produit.

Tiges sèches, 2,288 kil., équivalant à 1,720 kil. de foin sec, à 71 fr. 50 les 1,000 kil......................	123 fr.	08
Grain, 26 hectolitres, à 9 fr. l'un....................	234	»
Total...........	357 fr.	08

Balance.

Produit...	357 fr.	08
Dépense..	239	41
Bénéfice net.........	117 fr.	67

Bénéfice pour 100 du capital employé : 42,50.

Des haricots. — Le haricot (*phaseolus vulgaris*, L.), originaire de l'Amérique et des Indes orientales, est abondamment cultivé en Europe, en raison des propriétés éminemment nutritives de sa graine et du bas prix auquel on l'obtient. Cette graine forme une branche de commerce très importante, et sa culture est l'un des éléments de la richesse des départements de la Côte-d'Or et de Saône-et-Loire. C'est toutefois des environs de Soissons que nous viennent les haricots les plus estimés.

L'avantage qu'a le haricot de n'être attaqué par aucun insecte, la facilité de sa conservation, offrent une grande ressource pour la marine, et, en général, pour la nourriture des troupes. Il forme, avec le blé, la base de l'alimentation dans tout le sud-est de la France. Il est à remarquer cependant qu'aucun de nos animaux domestiques ne veut en manger. Il n'y a que ses tiges sèches qui soient recherchées par les moutons et les bêtes à cornes.

Espèces et variétés. — Les diverses sortes de haricots qu'on rencontre dans la grande culture appartiennent seulement à deux espèces : le *phaseolus lunatus*, et surtout le *phaseolus vulgaris*. Cette dernière a donné lieu à un très grand nombre de variétés qu'on peut partager en deux groupes : les unes, dites à *rames*, parce que leurs tiges, volubiles, ont besoin de tuteurs ou d'appuis ; les autres, dites *haricots nains*, qui supportent leurs tiges par elles-mêmes. Nous ne parlerons ici que des variétés les plus productives des uns et des autres.

Haricots ramés. — *Haricot de Soissons* (fig. 422). Graine blanche, plate, grosse, brillante. Très cultivé dans le nord de la France. C'est le plus estimé, en sec, sur les marchés de Paris. Il aime les terres un peu substantielles.

Haricot sabre (fig. 423). Graine plate, blanche, de moyenne grandeur, gousses très allongées et recourbées ; sa tige s'élève beaucoup. Cette espèce, très productive, est mangée en vert et en sec, et présente la même qualité que la variété précédente.

Haricot de Prague (fig. 424). Grain rond, rouge violet, tardif, mûrissant difficilement dans le Nord. Il est très productif, mais sa tige s'élève aussi beaucoup. Il y en a deux sous-variétés, l'une à grain *bicolore* (fig. 425), l'autre à grain *jaspé* (fig. 426), qui sont très estimées.

Haricot Prédome (fig. 427). Grain arrondi, blanc ; c'est une des meilleures variétés parmi celles dites *mange-tout*. Il est très estimé, soit frais, soit sec. On le cultive fréquemment dans la Normandie.

Haricots nains. — *Haricot de Soissons nain* ou *gros-pied*. Grain semblable à celui du Soissons ramé ; variété précoce, qui demande aussi une terre substantielle.

Haricot nain, blanc, sans parchemin (fig. 428). Graine blanche, petite, aplatie ; fait une touffe grosse et bien ramifiée. Variété excellente, très productive et précoce.

Haricot sabre, nain (fig. 429). Grain blanc, aplati, de moyenne grosseur ; cosses longues et larges.

Ces deux dernières variétés, dont les gousses, attachées très bas, traînent à terre, ne doivent pas être placées dans les terrains humides.

Haricot nain, blanc d'Amérique. Grain petit, blanc, un peu allongé. La gousse, un peu arquée, se colore en rouge brun. Touffe très grosse ; variété très productive.

Haricot solitaire (fig. 430). Grain rouge violet marbré de blanc. Touffes très fortes. Espèce très productive.

Fig. 4.3.
Haricot sabre.

Fig. 424.
Haricot de Prague rouge.

Fig. 425.
Haricot de Prague, bicolore.

Fig. 422. *Haricot de Soissons, à rame.*

Fig. 426 *Haricot de Prague, jaspé.*

Fig. 427. *Haricot Prédome.*

Fig. 428. *Haricot nain, blanc.*

Fig. 429. *Haricot sabre, nain.*

Fig. 430. *Haricot solitaire.*

Fig. 431. *Haricot suisse, gris.*

Fig. 432. *Haricot gris de Bagnolet.*

Fig. 433. *Haricot de Lima.*

Haricot suisse, gris (fig. 431). Grains allongés, marbrés de rouge et de rose; gousses marbrées de rouge.

Haricot gris de Bagnolet (fig. 432). Grain plus allongé, également marbré.

Haricot de Lima (*phaseolus lunatus*, fig. 433). — Cette espèce a des tiges volubiles très élevées ; ses grains sont d'un blanc sale ; ses gousses sont courtes, larges, chagrinées. Cette espèce, très productive, présente une maturité tardive qui s'accomplit difficilement dans le Nord.

Il y a une variété dite du *Cap* dont le grain est aplati, plus large et taché de rouge.

Climat et sol. — Les haricots, redoutant plus le froid et l'humidité que la sécheresse et la chaleur, doivent être considérés comme une récolte plus convenable pour le Centre et le Midi que pour le Nord. Toutefois, en cultivant, dans cette dernière contrée, des variétés assez précoces, et en choisissant des terrains qui s'égouttent facilement, on peut encore obtenir de beaux produits.

L'espèce de sol qui convient le mieux au haricot varie suivant le climat. Dans le Nord, il redoute les terres argileuses humides ; sa végétation est souvent vigoureuse, mais il donne peu de fleurs et parvient difficilement à une maturité convenable. Il faut donc lui choisir les terres sablo-argileuses, calcairo-argileuses, et même les sols sableux un peu frais. Dans le Midi, où les haricots redoutent plutôt la sécheresse que l'humidité, on préfère les sols substantiels, profonds et assez frais. Les terrains légers ne peuvent lui être utilement consacrés qu'autant que l'on pourra les faire jouir des bienfaits de l'irrigation.

Place dans la rotation des cultures. — La culture des haricots se fait, soit seule, soit associée à une autre récolte. Dans le premier cas, elle est considérée comme plante sarclée, et elle sert de début à la rotation des cultures, ou précède les récoltes qui exigent un sol bien net. Dans le second cas, on peut l'associer utilement au maïs, au pavot, aux topinambours, aux choux, à la garance, à la vigne, au mûrier, etc. Nous nous occuperons de ces associations en traitant de ces dernières cultures.

Culture. — *Préparation du sol.* Dans les terres compactes, trois labours sont nécessaires ; le premier, profond de $0^m,25$, est donné avant l'hiver ; le second, profond de $0^m,12$ seulement, est pratiqué au printemps, et suivi de deux hersages séparés par un roulage ; le troisième, tout à fait superficiel, est donné au moment de l'ensemencement. Dans les sols légers, il n'y a que deux labours : l'un profond, au commencement du printemps, et suivi d'un hersage ; l'autre au moment des semailles.

Engrais et amendements. — Tous les engrais, mais surtout ceux qui contiennent abondamment des phosphates et des sels alcalins, conviennent aux haricots ; toutefois, les fumiers frais ne leur sont pas généralement favorables : on s'efforcera donc de les placer sur une terre encore riche en vieil engrais, ou de ne les fumer qu'avec des engrais consommés. Dans les terres fortes et froides, le fumier de cheval et de mouton, le noir animalisé, la poudrette, sont préférables à tous les autres. Bien que le plâtre ait beaucoup d'effet sur toutes les légumineuses, il faut éviter son emploi pour les haricots, attendu que ce sel durcit l'enveloppe des grains et rend leur cuisson fort difficile.

On n'est pas d'accord sur le degré d'épuisement du sol par les haricots. Le baron de Crud considère cette récolte comme peu épuisante ; Bürger et M. de Gasparin sont d'un avis contraire. Nous adoptons l'opinion de ces derniers, et nous attribuons à cette plante une absorption égale à 556 kilogr. de fumier par hectolitre de grain récolté. Le rendement moyen pourrait s'élever à 29 hectolitres de 77 kilogr., ou en tout 2233 kilog., plus 2233 kilog. de paille ; or, comme on a pour poids total de la récolte 4466 kilog., l'absorption de fumure étant de 16,714 kilog., il en résulte que les haricots puisent dans la terre environ 367 kilog. pour 100 kilog. de grain et de tiges sèches récoltées.

Semaille. — *Choix des semences.* Il serait à désirer qu'on pût, comme dans la petite culture, choisir une à une les semences de haricots : on éviterait la production d'un certain nombre de plantes chétives, qui naissent de graines avortées ou altérées ; mais cette opération déterminerait une perte de temps qui diminuerait par trop le bénéfice. Il faut donc se contenter d'un criblage qui sépare les grains avortés et ceux qui sont les plus petits.

Les semences de haricots peuvent encore germer après cinq ans et plus ; on a même remarqué que, si les plantes provenant de vieilles graines sont moins vigoureuses, elles sont bien plus chargées de grain que celles produites par les semences de la dernière récolte. On préfère donc les semences un peu âgées, sans toutefois pousser à l'extrême l'application de ce principe ; car les plantes deviendraient très chétives, et les produits finiraient par s'en ressentir. En général, on choisit des semences de deux ans.

Époque des semailles. — L'ensemencement des haricots a lieu au printemps ; mais, comme la gelée la plus légère pourrait

les détruire entièrement, et que, d'un côté, ils ont besoin d'un
certain degré de chaleur pour se développer vigoureusement,
sous peine de pourrir dans le sol, il en résulte que, dans le nord
et le centre de la France, cet ensemencement ne peut avoir
lieu avant le commencement du mois de mai dans les sols légers, et avant la fin du même mois dans les sols compactes.
Dans le Midi, on devance de beaucoup cette époque, et, lorsqu'on peut disposer de terrains susceptibles d'être irrigués, on
sème encore les haricots pendant l'été, après l'enlèvement d'une
première récolte. A cet effet, on inonde le terrain, on le laisse
s'égoutter pendant deux jours, on donne un labour, on herse,
et l'on sème.

Quantité de semence.—La quantité de semence, pour un hectare, est assez variable, en raison du développement particulier qu'acquiert chaque variété et de l'espace qu'on laisse entre
chaque plante. Cette quantité moyenne peut être évaluée à
1^{hectol},5.

Mode de semaille.—Les façons d'entretien qu'exige cette récolte
pendant sa végétation obligent à semer en lignes espacées les
unes des autres de 0^m,30 à 0^m,40. Comme les graines pourrissent très facilement en terre, on ne les enfonce pas à plus de
0^m,03 ou 0^m,05, selon la consistance plus ou moins grande du
sol, et on les espace à 0^m,16 les unes des autres. On a conseillé de laisser une plus grande distance entre les lignes, afin
de pouvoir pratiquer le binage avec la houe à cheval ; mais
cette économie de main-d'œuvre ne compenserait pas la diminution qui en résulterait dans le produit.

Le procédé de semaille le plus économique est le suivant. Le
dernier labour est donné très superficiellement et à tranche
étroite ; deux femmes suivent la charrue, et déposent les graines
dans les sillons formés entre les bandes de terre renversée.
Comme elles n'ensemencent qu'un sillon sur deux, la distance
indiquée plus haut comme nécessaire entre les graines se
trouve naturellement réservée entre chaque ligne. On recouvre
ensuite les semences avec la herse.

On pourrait obtenir le même résultat en nivelant le sol, à
l'aide d'un hersage, après le dernier labour, faisant passer le
rayonneur pour tracer les sillons, répandant la semence avec
le semoir à brouette, puis recouvrant à l'aide d'un hersage. Si
l'on employait le semoir Hugues, le résultat serait encore plus
prompt et plus économique.

Soins d'entretien. — Lorsque la terre est suffisamment
fraîche et que la température est douce, les haricots lèvent assez

promptement; mais, dans des circonstances moins favorables, il n'est pas rare de ne les voir sortir de terre qu'après une quinzaine de jours. Si la surface des terres compactes était durcie par une pluie avant la sortie des plantes, il serait utile de donner un léger hersage, mais avant l'apparition des germes au-dessus du sol; autrement, on s'exposerait à en rompre un grand nombre.

A peine les haricots ont-ils atteint $0^m,05$ à $0^m,08$, qu'il convient de leur appliquer un premier binage; dès qu'ils commencent à montrer leurs fleurs, on en donne un second, et l'on butte un peu. On pratique un buttage complet, trois semaines ou un mois après le second binage. La distance réservée entre les lignes ne permettant par l'usage de la houe à cheval, ces diverses opérations sont faites avec la houe à main.

Quand les tiges des haricots grimpants commencent à s'élever et à vouloir s'entortiller les unes dans les autres, on les rame; c'est-à-dire qu'on place obliquement, de mètre en mètre, trois gaulettes se réunissant par leur sommet comme un faisceau d'armes.

Dans le Midi, lorsque le terrain peut être irrigué, on procède à l'arrosement des haricots par infiltration, et cela, toutes les fois que la terre cesse d'être fraîche, à $0^m,05$ de profondeur. On fait pénétrer l'eau dans l'intervalle des lignes que l'opération du buttage a disposées en rigoles.

Récolte. — Lorsque le plus grand nombre des gousses est mûr, on arrache les plantes; les gousses moins avancées achèvent leur maturité sur le sol, où il est bon de les laisser javeler pendant quelques jours. On choisit pour cette récolte le moment de la rosée, car on a moins à craindre l'égrenage. Aussitôt que les plantes sont parfaitement sèches, on les rentre. Il est difficile de battre les haricots immédiatement après la récolte, au moins dans le centre et dans le nord de la France, car ils ont besoin d'acquérir, préalablement, une dessiccation qu'on ne peut leur donner qu'en les étendant, à l'abri, dans un endroit bien aéré. Le battage se fait au fléau.

Rendement. — Le produit d'un hectare de haricots est, en moyenne, de 29 hectolitres de grain, pesant 77 kilog., et de 2233 kilog. de paille.

COMPTE DE CULTURE D'UN HECTARE DE HARICOTS NAINS CULTIVÉS COMME RÉCOLTE
PRINCIPALE DANS UNE TERRE ARGILEUSE.

Dépense.

Un labour avant l'hiver, de 0m,25 de profondeur.......	25 fr.	»
Un labour au printemps, de 0m,12 de profondeur.......	22	»
Un hersage........	2	60
Un roulage.......................	2	»
Un hersage..	2	60
Un labourage superficiel pour l'ensemencement.........	14	»
Répandre la semence à la main.....................	4	»
Semence, 1 hectolitre 5 litres, à 16 fr. 64 l'hectolitre....	16	80
Un hersage..	2	60
Deux binages à la houe à main, à 14 fr. l'un..........	28	»
Un buttage..	14	»
Arrachage et transport.............................	12	»
Battage et nettoyage du grain......................	14	»
30,000 kil. de fumier donnés à la terre, dont 16,714 kil. seulement à la charge de cette récolte, à 10 fr. les 1000 kil., y compris les frais de transport et de répartition.	167	14
Intérêt pendant un an, à 5 p. 100, du prix de la fumure non absorbée..................................	11	64
Loyer de la terre...................................	70	»
Frais généraux d'exploitation.......................	20	»
Intérêt pendant un an, à 5 p. 100, des frais précédents..	21	42
Total.............	449 fr.	80

Produit.

Paille, 2233....................................	30 fr.	»
Grain, 29 hectolitres, à 16 fr. 64 l'hectolitre...........	582	56
Total............	612 fr.	56

Balance.

Produit..	612 fr.	56
Dépense..	440	80
Bénéfice net..............	162 fr.	76

Bénéfice pour 100 du capital employé : 36.

DES DOLIQUES. — Les doliques, originaires des pays chauds, où
on les cultive pour la nourriture de l'homme et des animaux,
se rapprochent des haricots par leurs caractères. On ne les voit
en France que dans quelques contrées du Midi, et notamment
en Provence.

Une seule espèce entre dans la grande culture, c'est le *dolique à onglet, mongette ou banette* (*dolichos unguiculatus*, fig. 434);

ses tiges sont longues et volubiles, ses gousses sont allongées et ses grains présentent un ombilic noir. On le cultive seulement pour la nourriture de l'homme. Cette plante demande une terre légère et chaude ; elle réclame, d'ailleurs, le même mode de c lture que les haricots.

Des pois. — Les pois sont une nourriture excellente et bien supérieure, pour l'homme, à celle de la fève et des haricots, soit qu'il les consomme à l'état frais ou de *petits pois*, soit qu'il les mange après leur dessiccation, qu'ils aient

Fig. 434.
Dolique à onglet.

ou non subi la décortication. Les pois ne sont pas moins recherchés par les animaux, et surtout par les moutons et les

Fig. 435. *Pois des champs, ou pois gris.*

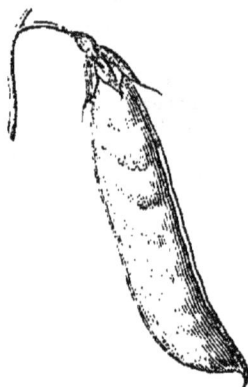

chevaux. Les fanes, vertes ou sèches, sont un des meilleurs fourrages pour tous les bestiaux indistinctement. On ignore quelle est la patrie originaire des pois, et même quelle est celle des variétés qui a servi de souche aux autres.

Espèces et variétés.—Les espèces de pois qui font l'objet de la grande culture sont au nombre de deux :

Le **pois des champs**, *pois gris* ou *bisaille* (*pisum arvense*, fig. 435). Il se distingue par ses fleurs d'un rose violacé, ses graines de couleur brunâtre, plus petites que celles du *pois cultivé*. C'est l'espèce spécialement consacrée à la nourriture des animaux. On en connaît deux variétés, différentes seulement par leur degré de rusticité : le *pois gris de printemps*, et le pois *gris d'hiver :* cette dernière variété ne peut être cultivée que dans le Midi, ou dans les terrains secs du centre de la France.

Le **pois cultivé** (*pisum sativum*, fig. 436). Ses diverses parties sont plus développées, ses fleurs généralement blanches. Son grain, plus gros, est jaunâtre ou verdâtre; c'est l'espèce qui est employée pour la nourriture de l'homme. On en connaît un certain nombre de variétés; nous n'indiquerons que les suivantes, les seules qui puissent être utilement cultivées dans les champs.

Pois de Marly (fig. 437). Tardif, cosses très grosses, grains ronds.

Fig. 436. *Pois cultivé.*

Pois de Clamart ou *carré* (fig. 438). Produit beaucoup; ses grains, pressés dans les cosses, prennent une forme irrégulièrement carrée. Il est tardif.

Pois gros vert, normand (fig. 439). Tiges élevées; tardif; grain d'un vert intense.

Pois ridé, ou de Knight (fig. 440). Grain gros, ridé, carré, très

| Fig. 437. Pois de Marly. | Fig. 438. Pois de Clamart. | Fig. 439. Pois gros vert, normand. | Fig. 440. Pois ridé, ou de Knight. | Fig. 441. Pois Michaux, hâtif de Hollande. |

abondant dans la cosse, qui est grosse et longue. Cette variété, tardive et à tiges élevées, a été introduite en France par Vilmorin. Elle l'emporte sur les autres variétés par la qualité sucrée et moelleuse de son grain.

Pois Michaux, hâtif de Hollande (fig. 441). Tiges très peu élevées; grain petit, de couleur jaunâtre : il s'accomode bien des sols légers, sableux ou calcaires.

Climat et sol. — Les pois sont peu difficiles sur le climat; ils donnent de beaux produits dans toutes les parties de la

France. Si l'on excepte les sols tout à fait calcaires, sableux ou argileux, on peut dire que les pois se développent bien dans tous les terrains. Ils préfèrent toutefois ceux de consistance moyenne, et surtout les sols argilo-calcaires, sablo-argilo-calcaires.

Place dans la rotation. — Dans un sol qui leur convient, les pois peuvent succéder à toutes les plantes, mais non à eux-mêmes. L'expérience a démontré qu'il fallait un espace de six à dix ans avant la réapparition de cette récolte sur le même sol, pour que son produit n'en souffrît pas. La meilleure place qu'on puisse lui faire occuper, dans la rotation des cultures, est après les céréales de printemps, pour lui faire succéder une céréale d'hiver.

Culture. — *Préparation du sol.* Dans les terres argileuses, et lorsque les pois succèdent à une céréale de printemps, qui a été précédée elle-même par une récolte binée, un seul labour profond suffit pour préparer le sol. Ce labour est donné à l'automne ou au printemps, selon l'époque de l'ensemencement ; on lui fait succéder un hersage, sur lequel on sème.

Si les pois succèdent à une céréale d'hiver, la terre ayant eu le temps de se tasser davantage, exige deux ou trois labours. Le premier, superficiel, est pratiqué aussitôt après l'enlèvement, de la récolte ; on herse ensuite et l'on donne un labour profond ; au printemps suivant, si l'ensemencement n'a lieu qu'à cette époque, on herse et on répand la graine.

Dans les sols légers, la terre destinée aux pois de printemps ne doit pas être labourée avant l'hiver ; on la prépare au printemps par un seul labour.

Enfin, comme l'expérience a prouvé que cette récolte aime une terre profondément remuée, mais très imparfaitement ameublie, il faut ménager l'action de la herse et du rouleau.

Engrais et amendements. — Les pois redoutant les sols trop poreux, trop ouverts, on évite d'employer des fumiers peu consommés, surtout dans les terres légères. Dans ce dernier cas, il vaut mieux choisir le moment où ces terres sont encore riches de vieil engrais, ou mieux, fumer en couverture avec du fumier long et pailleux, lequel défend en même temps ces sols légers de la sécheresse du printemps, que les pois redoutent beaucoup.

Les terres qui contiennent une proportion notable de calcaire sont celles qui paraissent convenir le mieux aux pois ; aussi applique-t-on avec grand avantage le marnage et le chaulage aux sols qui sont privés, ou qui ne contiennent pas assez

de principes calcaires. Il est probable aussi que le plâtrage augmenterait de beaucoup la production des fanes; mais on ne devra y recourir que pour les pois destinés à l'alimentation des
animaux, dans la crainte que les semences ne deviennent dures et coriaces.

Les pois paraissent puiser dans l'atmosphère une dose de
principes nutritifs au moins égale à celle qu'y absorbent les
fèves; aussi sont-ils loin d'appauvrir le sol.

Semaille. — *Choix des semences.* Les pois sont souvent attaqués par la larve d'un insecte appartenant au genre *bruche*,
qui dévore l'intérieur du grain et détruit le germe. On reconnaît facilement les semences qui ont été atteintes, car elles sont
percées d'un petit trou.

Les pois conservent, comme les haricots, leurs facultés ger-
minatives pendant plusieurs années ; on peut donc prendre indifféremment les semences de la dernière récolte ou celles de
l'année précédente.

Époque des semailles.— On peut semer à l'automne et au printemps ; la première époque est ordinairement choisie dans les
contrées méridionales, parce que la récolte échappe ainsi plus
facilement à la sécheresse du printemps, très nuisible lorsqu'elle coïncide avec le début de la végétation.

Le printemps est le moment habituellement adopté dans le
Nord. On peut semer depuis le milieu du mois de mars jusqu'à
la mi-mai. L'ensemencement est fait d'autant plus tôt que le
sol est plus léger et plus exposé à la sécheresse. Lorsqu'on est
obligé de retarder l'ensemencement jusqu'à la mi-mai, pour
donner aux terres compactes et humides le temps de s'égoutter,
on choisit une variété précoce, ou bien on fait tremper la semence dans de l'eau pendant quelques heures. Ce procédé a
pour effet de hâter la germination, et de faire disparaître les
conséquences fâcheuses d'un ensemencement tardif.

Quantité de semence.—Les pois doivent être semés un peu dru :
d'abord parce qu'un certain nombre de graines ne lèvent pas,
et ensuite parce qu'il faut réparer le dommage causé par les
nombreux ennemis qui les attaquent, tels que les oiseaux, les
souris, les insectes. Pour faire la part de ces diverses pertes, on
répand, en moyenne, 2 hectolitres de *pois gris* par hectare, et
1 hectol. 25 de *pois cultivé*.

Mode de semaille. — La manière de pratiquer cette opération
varie selon l'espèce que l'on sème. Pour les *pois gris*, on répand
la semence à la volée sur le terrain hersé, on la recouvre ensuite, soit à la charrue dans les sols légers et de manière qu'elle

soit placée à 0^m,08 de profondeur, soit avec l'extirpateur dans les terrains compactes, de façon à la couvrir seulement de 0^m,05 de terre. Quel que soit le mode employé, si le terrain est resté raboteux, on y fait passer le rouleau afin de faciliter les façons ultérieures.

Les *pois cultivés* se répandent aussi sur le terrain hersé; mais, comme ils prennent plus de développement, on les sème moins dru et en lignes. A cet effet, on trace sur le sol, avec le rayonneur, des rayons distants de 0^m,33 les unes des autres, puis on y répand la semence avec le semoir à brouette, de façon que les graines soient espacées dans la ligne à 0^m,08 les unes des autres; on recouvre ensuite à l'aide d'un hersage. On conçoit que cette opération serait faite d'une manière beaucoup plus économique avec le semoir Hugues.

Soins d'entretien. — Partout où les pigeons sont nombreux, il est bon de les éloigner des semis de pois jusqu'à ce que ceux-ci soient levés; autrement, la plus grande partie serait mangée.

Aussitôt que les *pois gris* ont atteint une hauteur de 0^m,05 ou 0^m,06, on leur donne un hersage pour pulvériser la couche superficielle du sol, durcie par l'action des pluies. Ce hersage détruit bien, il est vrai, quelques jeunes plantes, mais on a fait la part de cet accident en semant un peu dru, et celles qui résistent, profitant des bienfaits de cette opération et du plus grand espace qui les entoure, se développent bientôt avec vigueur, couvrent le sol de toutes parts, et étouffent les plantes nuisibles qui salissent la terre.

Les *pois cultivés* reçoivent un premier binage aussitôt qu'ils ont 0^m,05 de hauteur, on leur en donne un second lorsqu'ils en ont 10; puis on leur applique un buttage énergique, immédiatement avant que leurs tiges commencent à s'enlacer. Ce buttage est surtout destiné à diminuer les inconvénients de l'absence de rames dont cette espèce aurait besoin pour soutenir ses longues tiges, et qu'on ne peut lui donner, dans la grande culture, sans une dépense trop considérable. Ces binages et buttage sont pratiqués avec la houe à main.

Récolte. — La récolte des pois doit être faite aussitôt que la moitié des cosses est mûre. Si l'on tardait davantage, on s'exposerait à ce qu'un soleil vif, succédant à la pluie, fît entr'ouvrir les cosses mûres et échapper les graines, ou bien à ce que les cosses qui sont en contact avec le sol ne finissent par pourrir. Les pois sont coupés avec la faux. On les laisse sur le sol jusqu'à ce qu'ils soient à peu près secs; puis, les réunissant en plusieurs tas, au matin d'un beau jour, on les rentre le soir en les chargeint sur une voiture garnie de toile. On les bat ensuite au fléau.

Rendement. — Le rendement des *pois gris* est, en moyenne, de 13 hectolitres du poids de 79 kil. Ils donnent, en outre, 2943 kilog. d'excellent fourrage.

Les *pois cultivés* ont un rendement un peu supérieur, en raison surtout de la culture plus soignée qu'on leur donne. Ils produisent, en moyenne, 18 hectolitres de grain du poids de 88 kilog. et 4350 kilog. de fourrage.

COMPTE DE CULTURE D'UN HECTARE DE POIS GRIS CULTIVÉS EN TERRE ARGILEUSE APRÈS UNE CÉRÉALE D'ÉTÉ.

Dépense.

Un labour profond...	25 fr.	»
Un hersage..	2	60
Semence, 2 hectolitres, à 16 fr. l'hectolitre.............	32	»
Un coup d'extirpateur pour couvrir la semence........	6	»
Un roulage..	2	»
Garder les pois jusqu'à leur levée........................	4	»
Un hersage..	2	60
Fauchage et transport.....................................	12	»
Battage et nettoyage du grain.............................	14	»
Intérêt pendant un an, à 5 p. 100, du prix de 20,000 kil. de fumier existant dans le sol, à 10 fr. les 1000 kil., y compris les frais de transport et de répartition........	10	»
Loyer de la terre...	70	»
Frais généraux d'exploitation..............................	20	»
Intérêt pendant un an, à 5 p 100, des frais qui précèdent.	10	01
Total.............	210 fr.	21

Produit.

Paille, 2924 kil., équivalant à 1800 kil. de foin sec, à 71 fr. les 1000 kil..............................	128 fr.	70
Grain, 13 hectolitres, à 16 fr. l'un.....................	208	»
Total.............	336 fr.	70

Balance.

Produit...	336 fr.	70
Dépense...	210	21
Bénéfice net.............	126 fr.	49

Bénéfice pour 100 du capital employé : 60

DES VESCES. — C'est surtout comme fourrage que les vesces sont cultivées ; toutefois, la grande consommation que l'on fait de la graine, soit pour la nourriture des pigeons, soit pour l'engraissement des bœufs, donne une certaine importance à sa culture.

Espèces et variétés. — Les vesces, soumises à la grande culture pour la production de leurs graines, appartiennent à une seule espèce : la **vesce commune** (*vicia sativa*, fig. 442). On en distingue surtout trois variétés :

La *vesce de printemps*. Ses graines sont d'un gris foncé, ses gousses sont ordinairement velues, toutes ses parties sont généralement moins développées que celles de la vesce d'hiver. Elle ne peut supporter le froid.

La *vesce blanche* ou *lentille du Canada*. Elle se distingue par ses semences de couleur blanchâtre, et un peu plus grosses que celles de la vesce de printemps.

La *vesce d'hiver*. Grain presque noir, gousses glabres; toutes les parties de la plante sont plus développées que celles de la vesce de printemps. Elle supporte bien le froid.

Fig. 442. *Vesce commune.*

Climat, sol, place dans la rotation. — La vesce donne des produits également beaux sous les divers climats de la France ; cependant, elle préfère à toutes les autres les terres argileuses, un peu compactes, mais non très humides.

Les vesces peuvent, sans inconvénient, revenir plus souvent que les pois sur le même terrain ; elles sont aussi très peu difficiles sur les récoltes auxquelles elles succèdent ou qui les suivent. On les sème, ordinairement, après les céréales de printemps, et avant les céréales d'hiver.

Culture. — La vesce est peu difficile sur la préparation du sol, il lui suffit d'un seul labour, suivi d'un hersage, immédiatement avant l'ensemencement.

Engrais et amendements. — Cette plante n'exige pas un sol richement fumé ; sa récolte souffrirait cependant dans une terre trop épuisée; mais, si celle-ci avait besoin d'un complément de fumier, soit pour cette récolte de vesces, soit pour celle qui devra suivre, on répandrait, sur un sol compacte, la fumure avant le labour ; si le terrain était léger, il serait préférable, comme nous l'avons indiqué pour les pois, de répandre le fumier en couverture au printemps. On préserverait ainsi la récolte de l'influence de la sécheresse.

La vesce puise, comme les pois, la plus grande partie de ses principes nutritifs dans l'atmosphère ; elle n'est donc pas plus qu'eux épuisante pour le sol.

Semaille. — Quoique la vesce de printemps ne puisse supporter le froid, elle résiste aux gelées printanières ; on peut donc la semer dès le commencement de mars. On obtient encore une récolte passable en retardant l'ensemencement jusqu'au commencement de mai. Quant à la vesce d'hiver, on la sème en automne.

On répand un hectolitre 1/2 de semence par hectare pour la vesce de printemps, et 2 hectolitres pour la vesce d'hiver. Comme les tiges de cette plante ont besoin d'être soutenues, il est utile de semer, en même temps, une céréale à la tige ferme et élevée. Le seigle remplit très bien ces conditions. On emploie le seigle d'hiver pour la vesce d'hiver, et le seigle d'été pour la vesce de printemps. On répand la graine dans la proportion de un hectolitre par hectare.

La vesce est semée à la volée sur le terrain nouvellement hersé ; on la recouvre à l'aide d'un second hersage. Comme elle constitue une récolte essentiellement étouffante, elle ne réclame aucune culture d'entretien, et anéantit bientôt les plantes nuisibles, par les tiges nombreuses dont elle couvre le sol.

Récolte. — Les vesces sont mûres plus tôt que les pois, et les vesces d'hiver plus tôt que celles d'été. On procède à la récolte aussitôt que le plus grand nombre de gousses sont complètement mûres. Si l'on tardait, on s'exposerait à une grande perte ; car les gousses s'ouvrent en se repliant sur elles-mêmes, et dispersent leurs graines. D'ailleurs, ce retard diminuerait la valeur de la paille comme fourrage, et rendrait cette plante moins améliorante pour le sol ; ce retard influerait défavorablement, en outre, sur les céréales suivantes, en empêchant de préparer la terre en temps convenable.

La récolte est faite comme celle des pois gris.

Rendement. — La vesce d'hiver donne, en moyenne, 15 hectolitres de semence, du poids de 80 kilog., et 2912 kilog. de paille qui forme un excellent fourrage. La vesce de printemps est un peu moins productive.

COMPTE DE CULTURE POUR UN HECTARE DE VESCE D'HIVER CULTIVÉE APRÈS
UNE CÉRÉALE DE PRINTEMPS.

Dépense.

Un labour profond............................	25 fr.	»
Un hersage..	2	60
Semaille de la vesce à la volée...................	1	»
— du seigle..........................	1	»
Semence, 2 hectolitres de vesce, à 12 fr. l'hectolitre....	24	»
Un hectolitre de seigle........................	12	»
Un hersage...............................	2	60
Fauchage et transport........................	12	»
Battage et nettoyage du grain...................	14	»
Intérêt pendant un an, à 5 p. 100, du prix de 20,000 kil. de fumier existant dans le sol, à 10 fr. les 1000 kil., y compris les frais de transport et de répartition........	10	»
Loyer de la terre............................	70	»
Frais généraux d'exploitation....................	20	»
Intérêt pendant un an, à 5 p. 100, des frais qui précèdent.	9	71
Total.	203 fr.	91

Produit.

Paille, 2912 kil., équivalant à 1942 kil. de foin sec, à 71 fr. 50 les 1000 kil............................	138 fr.	85
Grain, 15 hectolitres, à 12 fr. l'un................	180	»
Total.	318 fr.	85

Balance.

Produit...................................	318 fr.	85
Dépense..................................	203	91
Bénéfice net.............	114 fr.	94

Bénéfice pour 100 du capital employé : 56.

DES LENTILLES. — La lentille (*ervum lens*, L.) fournit des semences très nourrissantes pour l'homme, et un excellent fourrage pour les bestiaux. Ces semences se conservent assez facilement ; mais, si elles résistent aux intempéries, elles sont souvent attaquées par la larve de la *bruche des pois*, qui les dévore, ou plutôt qui s'y loge. On les en débarrasse par une exposition au four ou à l'étuve, après quoi on les crible, ou on les vanne.

En Angleterre, on opère la décortication des semences en les faisant passer entre deux meubles convenablement espacées, puis on les crible et on les réduit en farine ; celle-ci fournit une purée très légère et très agréable : on la fait entrer quelquefois dans la composition du pain de ménage, qu'elle rend bis, mais très savoureux.

Les fanes, fauchées lorsque les gousses sont déjà formées, procurent un fourrage peu abondant, mais tellement riche en principes nutritifs, qu'on ne doit le donner aux bestiaux, même en sec, qu'avec modération.

Espèces et variétés. — Les deux espèces suivantes sont seules soumises à la grande culture :

La **lentille commune** (*ervum lens*, fig. 443), qui a produit les deux variétés suivantes :

La *grande lentille* (fig. 444). Son grain est de couleur blonde ; il est fortement comprimé, et large d'environ 0^m,007.

Fig. 444.
Grande lentille

Fig. 445.
Petite lentille.

Fig. 443. *Lentille commune.*

Fig. 446. *Lentille uniflore.*

·La *petite lentille*, *lentille à la reine*, *lentille rouge*, *lentillon* (fig. 445). Son grain est moitié plus petit que celui de la précédente ; il est aussi plus bombé et plus coloré.

La **lentille uniflore** (*ervum monanthos*, fig. 446). Les trois ou quatre grains que renferme sa gousse sont irrégulièrement sphériques. Cette espèce peut supporter les hivers du Nord.

Climat, sol et place dans la rotation. — La lentille s'accommode bien de tous les climats de la France. Elle redoute les sols compactes et argileux, et souffre moins de la sécheresse et de la chaleur que de l'humidité ; aussi préfère-t-elle les terrains légers, sableux, calcairo-argileux, granitiques ou volcaniques. Elle occupe, dans la rotation des cultures, la même place que les pois et la vesce.

Culture. — *Préparation du sol, engrais, amendements.* Un seul labour, suivi d'un hersage, suffit pour préparer le sol. Quant à la nature des engrais et des amendements, ils sont les mêmes que pour les pois et les vesces; toutefois, les lentilles aiment les engrais consommés; on répand ceux-ci avant de pratiquer le labour qui doit ameublir le sol.

Les lentilles ne sont pas, autant que les légumineuses précédentes, améliorantes pour le sol, mais elles ne l'appauvrisent pas sensiblement.

Semaille. — Dans le Nord, on sème les lentilles au printemps, et pendant l'hiver dans le Midi; la lentille uniflore peut seule être semée avant l'hiver dans le Nord. L'ensemencement est fait en lignes distantes de 0^m.50 environ. On trace les sillons à l'aide du rayonneur sur la terre hersée; puis on répand la semence dans la proportion d'un hectolitre par hectare, en se servant du semoir à brouette; enfin on recouvre en faisant passer une herse renversée. Cette récolte reçoit, pendant sa végétation, un binage et un léger buttage, à l'aide de la houe à cheval et du buttoir.

Récolte et rendement. — Aussitôt que les gousses de la lentille commencent à brunir, on procède à la récolte, même quand les tiges seraient encore vertes; car, si on les laisse trop mûrir, les gousses s'ouvrent et les graines s'échappent. On récolte en arrachant les plantes et on les laisse séjourner sur le sol pendant deux ou trois jours. On attend pour cet arrachage une suite de beaux jours; car, s'il survenait une pluie pendant que les tiges sont ainsi étendues sur le sol, et que cette pluie fut suivie d'un coup de soleil, toutes les gousses s'ouvriraient et l'on perdrait une grande partie du produit. Après deux ou trois jours d'exposition au soleil, on lie les tiges en petites bottes, dès le matin, puis on les rentre dans la journée, à l'aide d'une voiture garnie de toile. Le battage se fait au fléau.

L hectare de lentilles peut donner, en moyenne, 16 hectolitres, du poids de 85 kilog. chacun. On obtient, en outre, 1785 kilog. de très bon fourrage.

COMPTE DE CULTURE D'UN HECTARE DE LENTILLES CULTIVÉES APRÈS UNE CÉRÉALE D'ÉTÉ.

Dépense.

Un labour..	22 fr.	»
Un hersage...	2	60
A reporter........	24 fr. 60	

Report	24 fr.	60
Passage du rayonneur pour tracer les sillons..........	6	»
Répandre la semence avec le semoir à brouette........	1	»
Semence, 1 hectolitre 5 litres, à 25 fr. l'hectolitre.....	26	25
Un hersage avec la herse retournée.................	2	60
Un binage avec la houe à cheval.....................	5	»
Un buttage avec la houe à cheval...................	5	»
Arrachage et transport............................	20	»
Battage et nettoyage du grain......................	12	»
Intérêt pendant un an, à 5 p. 100, du prix de 20,000 kil. de fumier existant dans le sol, à 10 fr. les 1000 kil., y compris les frais de transport et de répartition.......	10	»
Loyer de la terre..................................	70	»
Frais généraux d'exploitation.......................	20	»
Intérêt pendant un an, à 5 p. 100, des frais qui précèdent.	9	62
Total....	212 fr.	07

Produit.

Paille, 1785 kil., équivalant à 1120 kil. de foin sec, à 71 fr. 50 fr. les 1000 kil......................	80 fr.	08
Grain, 16 hectolitres, à 25 fr. l'un...................	400	»
Total.	480 fr.	08

Balance.

Produit...	480 fr.	08
Dépense..	212	07
Bénéfice net.........	268 fr.	01

Bénéfice pour 100 du capital employé : 173.

Des pois ciches. — Le *pois ciche*, dit improprement *pois chiche*, nommé aussi *pois blanc*, *pois pointu*, *garvance* ou *cicerole* (*cicer arietinum*, fig, 447), est une plante légumineuse voisine des lentilles, dont elle se distingue surtout par ses gousses ovoïdes, renflées, vésiculeuses et renfermant une ou deux graines arrondies, parfois raboteuses, sur lesquelles la place occupée par la radicule est plus ou moins proéminente. Cette plante est le légume favori des peuples méridionaux, à cause des excellentes purées qu'on prepare avec son grain. Ses fanes sont aussi un très bon fourrage pour les moutons.

Le pois ciche préfère les terres sèches et meubles, et ne craint pas les sols pierreux, Quoiqu'il vienne bien sur les terres calcaires légères, on doit s'abstenir de le placer dans celles qui contiennent du sulfate de chaux; car elles durcissent la peau du légume, et celui-ci ne cuit pas bien.

Dans la région des orangers, on sème le pois ciche en automne ; mais, déjà plus au Nord, dans celle des oliviers, on attend jusqu'au printemps, quoiqu'il craigne peu le froid. On le répand en lignes sur un labour, et à la distance de 0^m.50. On le bine quand les plantes ont atteint 0^m,20 ou 0^m,30 de haut. Exécuté après la floraison, le binage ferait dessécher les plantes.

Dans les terrains secs et peu riches où il est placé, le pois ciche rend environ 4 hectolitres par hectare. On le regarde comme assez épuisant pour le sol.

· Des cesses. — Il y a deux espèces de *gesses*, que l'on cultive dans le Midi, l'une pour la nourriture de l'homme, l'autre pour celle des animaux domestiques.

Fig. 447. *Pois ciche (la gousse et le pois).*

La première est la *gesse cultivée*, nommée aussi *pois carré*, *lentille d'Espagne* (*lathyrus sativus*, fig. 448 à 450). On la cultive

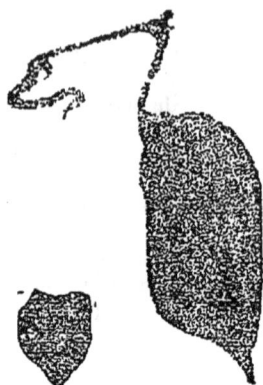

Fig. 450.
Le pois.

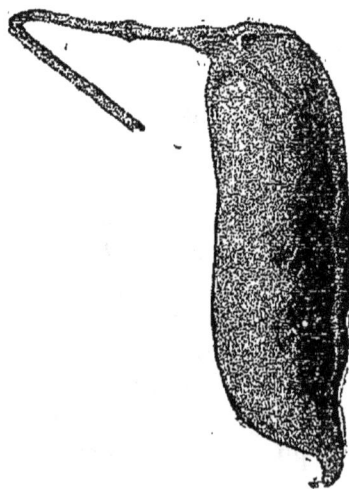

Fig. 448. *Gesse cultivée (la tige).*

Fig. 449. *La gousse.*

comme le *petit pois*, et on en mange les graines tantôt en vert, tantôt en sec sous forme de purée. Ses fleurs blanches sont remplacées par des gousses qui ont sur le dos un large sillon, ce qui les distingue de celles de l'espèce suivante, avec laquelle on la confond parfois. Ses semences sont quadrilatères, blanches, doubles en grosseur de la *jarosse*. Son fourrage est excellent pour les bestiaux.

La seconde espèce de gesse est la *jarosse*, dite aussi *gesse ciche*, *jarat*, *pois cornu* (*lathyrus cicera*, fig. 451). C'est, comme la précédente, une plante annuelle très rustique, qui est cultivée sur une grande échelle dans beaucoup de nos départements méridionaux ; elle réussit dans les terres médiocres, quelle qu'en soit la nature. Ses fleurs sont d'un blanc rose ou d'un rouge sombre ; ses semences anguleuses, d'un jaune fauve, petites, amères étant crues. Sa culture est la même que celle des pois ciches ; on la sème en automne partout où l'on n'a pas à redouter les effets de l'hiver, et au printemps lorsqu'on peut craindre les gelées. On emploie deux à trois hectolitres de semences par hectare.

Fig. 451. *Jarosse ou Gesse ciche* (*la tige*).

Ses tiges produisent un excellent fourrage, meilleur toutefois pour les moutons que pour les chevaux, qu'il échauffe trop. On regarde, en général, ses graines comme dangereuses pour l'homme et le cheval : ainsi, le pain où il entre de la farine de *jarosse* en certaine proportion, détermine des douleurs, la claudication, la paralysie, même la mort. Les chevaux qui en mangent périssent par une sorte d'axphyxie. Cependant certains auteurs nient ces propriétés toxiques de la jarosse ; et plusieurs cultivateurs affirment en avoir donné avec avantage aux bœufs, aux moutons et aux porcs. Peut-être ne s'agit-il, dans ce dernier cas, que des feuilles de la plante, tandis que les semences seules seraient vénéneuses pour l'homme et le cheval. En présence de cette incertitude, et jusqu'à ce que la question ait été éclaircie, on devra s'abstenir de mettre la farine de jarosse dans le pain et de donner ses graines aux chevaux.

FIN DU TOME PREMIER.

TABLE MÉTHODIQUE

DES MATIÈRES CONTENUES DANS LE TOME PREMIER.

DEUXIÈME PARTIE.

Paris. — Imprimerie Tolmer et Cie. — Succursale à Poitiers.